FACHKENNTNISSE LANDMASCHINENMECHANIKER

TECHNOLOGIE – TECHNISCHE MATHEMATIK – TECHNISCHES ZEICHNEN

Hermann Meiners – Walter Bucks – Rudolf Hegemann – Rainer Rempfer

16. Auflage

Mit vielen zweifarbigen Abbildungen und Übungen

HANDWERK UND TECHNIK – HAMBURG

Autoren und Verlag danken den genannten Firmen und Institutionen für die Überlassung von Vorlagen bzw. Abdruckgenehmigungen zu folgenden Bildern:

AGCO GmbH & Co. Fendt Marketing, Marktoberdorf, 134.2; 135.1 – Alcan Deutschland GmbH, Nürnberg, S. 13.2, 3; 14.1 – AMAZONEN-WERKE H. DREYER, Hasbergen-Gaste, S. 87.1; 192.4, 5; 193.2; 195.2; 196.1, 2 links; 207.3; 208.2, 3 – ARGUS Gesellschaft mbH, Ettlingen, S. 111.3 – BERU Ruprecht GmbH & Co. KG, Ludwigsburg, S. 78.1a; 304.1, 2 – BOSCH Technische Unterrichtung, Stuttgart, S. 21.1; 24.2; 59.2; 60.1; 67.2; 68.1; 71.1, 3; 73.1...3; 74.2, 3; 75.1; 76.1; 79.1...3; 80.3; 89.1...3; 90.1; 91.1 – ROBERT BOSCH GMBH, Schwieberdingen, S. 106.4, 5 – BRIGGS & STRATTON DEUTSCHLAND, Lampertheim, S. 44.1; 49.1 links; 53.1, 2 – BUSATIS-WERKE GmbH u. Co. KG, Hückeswagen, S. 216.2; 217.4; 218.3, 4.6; 320.1 – JI Case GmbH, Neuss/Rhein, S. 132.1, 2; 133.1...3; 236.4, 5 – CLAAS Vertriebsgesellschaft mbH, Harsewinkel, S. 85.2; 88.1; 107.2, 3; 152.1, 2, 3; 158.4; 219.3; 222.4, 5; 224.1; 225.1 links, 3, 7; 226.1, 2; 229.4, 5; 230.1, 2; 231.1; 232.1, 2; 233.1, 3...5; 234.2, 4, 5; 235.1, 4, 5; 237.1; 238.1; 239.1; 308.1...3; 322.1 – DEERE & COMPANY (ESPD) Mannheim, S. 12.1, 5, 6; 14.2; 15.2; 17.1, 2; 19.3; 20.1; 26.1, 2; 38.2; 93.1; 96.2; 100.2; 102.3; 104.1, 3; 108.1; 110.1, 5; 111.1; 120.1, 2; 122.4; 123.2, 3; 124.1; 127.1; 128.3; 131.2, 3; 135.2; 136.1...3; 137.1, 2; 138.1...3; 139.1, 2; 302.1, 2; 313.1, 2; 314.1; 315.2 – DEUTZ-FAHR-Erntesysteme GmbH, Lauingen, S. 235.2, 3 – DEUTZ-FAHR-Landmaschinen-Vertriebs GmbH, Gottmadingen, S. 219.1, 2 rechts, 4...6; 220.1; 221.1, 2; 222.1...3, 6, 7; 223.2...4; 227.1 – DEUTZ MOTOR Industriemotoren GmbH, Köln, S. 20.2 – DEUTZ SERVICE INTERNATIONAL GmbH, Köln, S. 117.1, 2; 223.1; 282.1; 301.1, 2 – DOLMAR GmbH, Hamburg, S. 52.1; 301.3 – Eberhardt Pflüge GmbH, Waldstetten, S. 185.5; 186.2; 188.3; 189.5 – Gerhard Eckart Maschinenbau, Landshut/Altdorf, S. 206.3 – Maschinenfabrik Esterer AG, Altötting, S. 225.6 links – XAVER FENDT & Co. Maschinen- und Schlepperfabrik, Marktoberdorf, 1. US; S. 2.1; 8.1; 57.1; 82.1, 2; 90.4 – FICHTEL & SACHS AG, Schweinfurt, S. 122.1; 155.2 – Ford New Holland, Bielefeld, S. 209.2 – Fortschritt Erntemaschinen GmbH, Neustadt/Sa., S. 228.1; 229.3; 230.3 – DEUTSCHE GOODYEAR GmbH, Köln, S. 148.4 – GREENLAND Vertrieb GmbH, S. 208.1; 231.2 – Franz Grimme GmbH & Co. KG Landmaschinenfabrik, Damme, S. 199.3; 241.2, 3; 242.1...4; 243.2, 3 – HASSIA MASCHINEN-FABRIK GmbH, Butzbach, S. 196.2 rechts; 197.3 – Gebr. Holder GmbH & Co., Metzingen, S. 213.4; 214.2, 5; 215.1 – Richard Husen GmbH, Bordesholm, S. 246.2 – Deutsche Husquarna GmbH, Schweinfurt, S. 45.1; 47.1...3; 48.1, 2; 49.1 rechts – Maschinenfabrik KEMPER GmbH, Stadtlohn/Westf., S. 204.1b; 206.2, 4 – Franz Kleine Maschinenfabrik GmbH & Co., Salzkotten, S. 198.1, 2; 245.4; 246.1, 5; 317.1; 323.1; 324.1 – Maschinenfabriken Bernard Krone GmbH, Spelle, S. 203.3; 205.1 rechts; 224.2 rechts; 319.2; 325.1 – KUHN S.A. Maschinenfabrik, Kehl/Rh., S. 223.5 – Kuratorium für Technik und Bauwesen in der Landwirtschaft e.V. (KTBL), Darmstadt, S. 197.1; 204.2 – PFLUGFABRIK LEMKEN KG, Alpen, S. 185.6; 187.3; 188.1, 2, 4; 189.1, 3, 4; 192.1; 316.1...3 – Bernard van Lengerich Maschinenfabrik GmbH & Co., Emsbüren, S. 246.7; 247.2, 3 – MANNESMANN REXROTH, Hydromatik GmbH, Ulm, S. 113.2, 141.3 – Karl Mengele und Söhne Maschinenfabriken GmbH, Günsberg/Donau, S. 225.1 rechts, 4; 239.4; 320.3 – Mercedes-Benz AG, Gaggenau, S. 9.3; 10.3; 11.2; 12.2; 15.1; 90.3; 296.1; 300.2, 3 – Michelin Reifenwerke KgaA, Karlsruhe, S. 146,1...3 – MÖRTL Schleppergerätebau GmbH, Gemünden/Main, S. 220.3 – Motoren-Werke Mannheim AG, Mannheim, S. 6.1; 11.1; 16.4; 17.2; 293.1; 296.2; 303.1 – RABEWERK Landmaschinenfabrik, Bad Essen, S. 185.2...4; 189.2; 191.4; 192.2; 193.1 unten, rechts; 317.2 – Maschinenfabrik RAU GmbH, Weilheim an der Teck, S. 183.1, 3; 191.3; 193.1 oben links + rechts, unten links; 209.1; 210.1, 3; 211.2; 212.1...3; 213.1; 214.1, 3, 4 – Rainer Rempfer, Schleiden-Gemünd, S. 125.2 links + Mitte – Schmotzer Agrartechnic GmbH, Bad Windsheim, S. 210.2; 244.1; 245.2; 246.4 – Steyr Landmaschinentechnik Ges.m.b.H., St. Valentin, S. 10.2; 17.1; 119.1; 122.2; 135.1; 259.1 – Andreas Stihl, Waiblingen, S. 48.3; 79.4; 80.2; 81.1; 297.2 – WILHELM STOLL Maschinenfabrik GmbH, Lengede/Broistedt, S. 245.1, 3, 5; 246.3, 6 – B. STRAUTMANN & SÖHNE GmbH & Co., Bad Laer, S. 224.2 Mitte; 225.2 – tecnamotor Deutschland Vertrieb GmbH, Meerbusch, S. 42.1 – A.J. Tröster Maschinenfabrik, Butzbach, S. 196.3 – Vogel Verlag und Druck KG, Würzburg (aus: Kunze: Lexikon der Landtechnik, Getreide- und Hackfruchternte, 1. Auflage 1987), S. 236.1 – Vogelsang GmbH, Essen (Oldb.), S. 205.3, 4; 206.1 – WABCO Westinghouse Fahrzeugbremsen GmbH, Hannover, S. 110.3; 160.1, 2; 161.1...3; 164.1, 2; 165.1; 166.1, 2; 167.1; 168.1, 2; 169.1, 3; 170.1; 171.1...3; 172.1...3; 173.2, 3; 174.1; 175.1, 2; 176.1, 2; 181.1 – Jean Walterscheid GmbH, Siegburg, S. 124.2...4; 125.1, 2 rechts, 3; 142.1, 2; 143.2, 3; 144.1, 2; 145.1, 2; 319.1 – Gebrüder Welger GmbH & Co. KG, Wolfenbüttel, S. 204.1a; 205.1 links, 2; 219.2 links; 220.2; 227.2...5; 228.3; 229.1; 315.3; 321.1, 2; 325.2 – Westfalia Separator AG, Oelde, S. 248.1; 249.1; 250.1, 2; 251.2; 252.1...3; 253.2, 3; 254.2; 255.2; 326.1, 2 – Zahnradfabrik Friedrichshafen AG, Friedrichshafen, S. 141.2 – Zahnradfabrik Passau GmbH, Passau, S. 92.1; 119.2; 126.1; 129.1; 130.1, 2; 131.1; 140.2; 141.1 – ZF Friedrichshafen AG, Geschäftsbereich Lenkungstechnik, Schwäbisch Gmünd, S. 107.1; 155.3; 156.1...3; 157.1

Die technischen und grafischen Zeichnungen wurden nach Vorlagen ausgeführt von Harald Kontny, Ingenieur-Team, Hamburg.

Die CAD-Zeichnungen wurden ausgeführt von Manfred Appel, CAD-Ingenieurbüro, Hamburg, SH-Construction, Lüneburg und Harald Kontny, Ingenieur-Team, Hamburg.

Umschlaggestaltung: Harro Wolter, Foto & Grafik-Design, Hamburg

Die Normblattangaben werden wiedergegeben mit Erlaubnis des DIN Deutsches Institut für Normung e.V. Maßgebend für das Anwenden der Norm ist deren Fassung mit dem neuesten Ausgabedatum, die bei der Beuth Verlag GmbH, Burggrafenstraße 4–10, 10787 Berlin, erhältlich ist.

ISBN 3.582.**03126**-8

Verlag Handwerk und Technik G.m.b.H., Lademannbogen 135, 22339 Hamburg; Postfach 63 05 00, 22331 Hamburg – 2001
E-Mail: info@handwerk-technik.de; Internet: www.handwerk-technik.de
Gesamtherstellung: Universitätsdruckerei H. Stürtz AG, Würzburg

Vorwort

Basis für die inhaltliche Gestaltung des Buches **„Fachkenntnisse Landmaschinenmechaniker"** mit den Teilen

- **Technologie,**
- **Technische Mathematik** und
- **Technische Kommunikation**

sind die Lerngebiete und Lerninhalte, die aufgrund der Neuordnung der handwerklichen Metallberufe im KMK-Rahmenlehrplan für den Ausbildungsberuf Landmaschinenmechaniker/in und in den Lehrplänen der einzelnen Bundesländer aufgeführt sind. Dazu zählen folgende Gebiete:

- Motorentechnik
- Elektrik/Elektronik
- Hydraulik/Pneumatik
- Triebwerkstechnik
- Fahrwerkstechnik
- Maschinen- und Gerätetechnik
- Fertigungs- und Installationstechnik
- Steuerungs- und Regelungstechnik
- Technische Kommunikation

Die Lerngebiete der Pneumatik, der Fertigungs- und Installationstechnik und der Steuerungs- und Regelungstechnik wurden in dem vorliegenden Buch exemplarisch einzelnen Maschinen und Geräten bzw. Systemen zugeordnet. Z. B.:

– Pneumatik	→ u.a.	Fahrwerkstechnik: Kap. 6.4.2, Druckluftbremsanlagen
– Fertigungs- und Installationstechnik	→ u.a.	Hydraulik: Kap. 4.4.8, Rohr- und Schlauchleitungen oder Kap. 8, Anlagen der Hofwirtschaft
– Steuerungs- und Regelungstechnik	→ u.a.	Elektrik und Elektronik: Kap. 3.10, Elektronische Hubwerksregelung oder Kap. 3.11, Elektronische Steuerung der Kraftübertragung oder Hydraulik: Kap. 4.5, Regelhydraulik

Im Rahmen der Maschinen- und Gerätetechnik (Kap. 7, Landmaschinensystemtechnik) haben sich die Autoren auf die exemplarische Behandlung typischer Maschinen und Geräte beschränkt, um den Umfang des Buches nicht zu erhöhen. Dabei ist es jedoch ohne weiteres möglich und erwünscht (siehe Übungen), die Ausführungen auf andere Maschinen, die für den gleichen Einsatzzweck gebaut werden, zu übertragen.

Bei allen Lerngebieten wurde durchgehend der Bezug zwischen Theorie (Aufbau und Funktion der Maschinen und Geräte bzw. deren Baugruppen) und Praxis (typische Wartungs- und Instandsetzungsarbeiten) hergestellt.

Die mathematischen Lerninhalte sind den einzelnen Lerngebieten der Technologie zugeordnet worden, sodass der Teil **Technische Mathematik** im Wesentlichen zur Anwendung und Vertiefung der jeweiligen Thematik dient.

Im Rahmen der **Technischen Kommunikation** liegt der Schwerpunkt auf den Gebieten

- Lesen von technischen Unterlagen (z. B. Schaltpläne, Zeichnungen)
- Arbeiten mit Tabellenbüchern, Werkstatt-Handbüchern usw.
- Erstellen von Arbeitsplänen für die Wartung und Reparatur von Maschinen und Geräten.

Die 16. Auflage wurde in den Kapiteln Dieselmotor, Elektrik und Elektronik, Hydraulik, Triebwerkstechnik, Fahrwerkstechnik und Anlagen der Hofwirtschaft der technischen Entwicklung angepasst.

Frühjahr 2001

Hermann Meiners

Inhaltsverzeichnis

TECHNISCHE MATHEMATIK

TECHNISCHE KOMMUNIKATION

Auszug aus der „Verordnung über die Berufsausbildung zum Landmaschinenmechaniker/zur Landmaschinenmechanikerin (Landmaschinenmechaniker – Ausbildungsverordnung – LandmAusbV)
gültig seit dem 1. August 1989

§ 9
Gesellenprüfung

(1) Die Gesellenprüfung erstreckt sich auf die in der Anlage aufgeführten Fertigkeiten und Kenntnisse sowie auf den im Berufsschulunterricht vermittelten Lehrstoff, soweit er für die Berufsausbildung wesentlich ist.

(2) Der Prüfling soll in der praktischen Prüfung in insgesamt höchstens drei Stunden zwei Arbeitsproben durchführen. Hierfür kommen insbesondere in Betracht:

1. als Prüfungsstücke:
   a) Herstellen von Bauteilen durch manuelles Spanen und Umformen, maschinelles Bearbeiten sowie Fügen durch lösbare und unlösbare Verbindungen einschließlich Planen und Vorbereiten des Arbeitsablaufes sowie Kontrollieren und Bewerten der Arbeitsergebnisse; dabei können Teile des Prüfungsstückes vorab angefertigt werden,
   b) Installieren von hydraulischen oder pneumatischen Baugruppen und Systemen nach Schaltplänen einschließlich Prüfen der Funktionen,
   c) Verbinden von elektrischen Leitungen und Anschließen von elektrischen und elektronischen Bauteilen und Baugruppen nach Schaltplänen einschließlich Prüfen der Funktionen,
   d) Prüfen und Einstellen von Systemen an Fahrzeugen, Maschinen, Geräten oder Anlagen der Land-, Forst-, Garten-, Bau- oder Kommunalwirtschaft einschließlich Erstellen eines Prüfprotokolls,
   e) Beurteilen von Schäden und Verschleißzuständen an Bauteilen und Baugruppen;
2. als Arbeitsproben:
   a) Instandsetzen von Fahrzeugen, Maschinen, Geräten oder Anlagen der Land-, Forst-, Garten-, Bau- oder Kommunalwirtschaft durch Montieren und Demontieren von Bauteilen und Baugruppen,
   b) Eingrenzen, Bestimmen und Beheben von Fehlern, Störungen und deren Ursachen durch Prüfen und Messen in mindestens zwei der nachfolgenden Bereiche: Dieselmotor, Kraftübertragung, Bremsanlage, hydraulische Anlage, pneumatische Anlage und elektrischer Anlage.

Dabei sollen die Prüfungsstücke zusammen mit 70 vom Hundert und die Arbeitsproben zusammen mit 30 vom Hundert gewichtet werden.

(3) Der Prüfling soll in der schriftlichen Prüfung in den Prüfungsfächern Technologie, Arbeitsplanung, Technische Mathematik sowie Wirtschafts- und Sozialkunde geprüft werden. Es kommen Aufgaben, die sich auf praxisbezogene Fälle beziehen sollen, insbesondere aus folgenden Gebieten in Betracht:

1. im Prüfungsfach Technologie:
   a) Arbeitssicherheit, Umweltschutz und rationelle Energieverwendung,
   b) Werk- und Hilfsstoffe, insbesondere Kraft- und Schmierstoffe,
   c) Trenn-, Umform- und Fügetechnik,
   d) Antriebsaggregate,
   e) Gemischbildung, Verbrennung und Einrichtungen zur Emissionsminderung,
   f) Kraftübertragung an Fahrzeugen, Maschinen, Geräten und Anlagen der Land-, Forst-, Garten-, Bau- oder Kommunalwirtschaft,
   g) Fahrwerk, insbesondere Brems- und Lenksysteme, Räder und Reifen,
   h) Korrosions- und Oberflächenschutz,
   i) hydraulische, pneumatische, elektrische und elektronische Bauteile, Baugruppen, Systeme und Anlagen,
   k) Armaturen und Fördereinrichtungen an Anlagen der Feld-, Hof- und Innenwirtschaft,
   l) Steuerungs- und Regelungssysteme;
2. im Prüfungsfach Arbeitsplanung:
   a) Funktionen und Funktionszusammenhänge von Systemen an Fahrzeugen, Maschinen, Geräten und Anlagen der Land-, Forst-, Garten-, Bau- oder Kommunalwirtschaft,
   b) technische Daten, Betriebswerte und Vorschriften,
   c) Vorgehensweise beim Eingrenzen und Bestimmen von Fehlern, Störungen und deren Ursachen; Prüf- und Meßgeräte, Beurteilung von Prüf- und Meßergebnissen,
   d) Instandhaltungsarbeiten an Fahrzeugen, Maschinen, Geräten und Anlagen der Land-, Forst-, Garten-, Bau- oder Kommunalwirtschaft; technische Skizzen;

   dabei sind durch Verknüpfung informationstechnischer, technologischer und mathematischer Sachverhalte fachliche Probleme zu analysieren, zu bewerten und geeignete Lösungswege darzustellen;
3. im Prüfungsfach Technische Mathematik:
   a) Länge, Winkel, Fläche, Volumen, Masse, Kraft, Druck, Drehmoment, Geschwindigkeit, Frequenz, Beschleunigung, Temperatur,
   b) Arbeit, Leistung, Wirkungsgrad,
   c) Kenngrößen von Fahrzeugen, Maschinen, Geräten und Anlagen der Land-, Forst-, Garten-, Bau- oder Kommunalwirtschaft,
   d) elektrische Größen;
4. im Prüfungsfach Wirtschafts- und Sozialkunde:
   allgemeine wirtschaftliche und gesellschaftliche Zusammenhänge der Berufs- und Arbeitswelt.

(4) Für die schriftliche Prüfung ist von folgenden zeitlichen Höchstwerten auszugehen:

1. im Prüfungsfach Technologie	120 Minuten,
2. im Prüfungsfach Arbeitsplanung	120 Minuten,
3. im Prüfungsfach Technische Mathematik	60 Minuten,
4. im Prüfungsfach Wirtschafts- und Sozialkunde	60 Minuten.

(5) Die in Absatz 4 genannte Prüfungsdauer kann insbesondere unterschritten werden, soweit die schriftliche Prüfung in programmierter Form durchgeführt wird.

(6) Die schriftliche Prüfung ist auf Antrag des Prüflings oder nach Ermessen des Prüfungsausschusses in einzelnen Fächern durch eine mündliche Prüfung zu ergänzen, wenn diese für das Bestehen der Prüfung den Ausschlag geben kann. Die schriftliche Prüfung hat gegenüber der mündlichen das doppelte Gewicht. Schriftliche Prüfung im Sinne der Absätze 7 und 8 ist auch die durch eine mündliche Prüfung ergänzte schriftliche Prüfung.

(7) Innerhalb der schriftlichen Prüfung hat das Prüfungsfach Technologie gegenüber jedem der übrigen Prüfungsfächer das doppelte Gewicht.

(8) Die Prüfung ist bestanden, wenn jeweils in der praktischen und schriftlichen Prüfung sowie innerhalb der schriftlichen Prüfung im Prüfungsfach Technologie mindestens ausreichende Leistungen erbracht sind.

1 Schlepper

Schlepper gehören zu den wichtigsten Arbeitsmaschinen eines land- oder forstwirtschaftlichen Betriebes. Sie werden für Hof-, Feld- und Transportarbeiten eingesetzt. Dabei wird ihre Motorleistung zum Ziehen, Schieben, Tragen und/oder Betätigen von Geräten, Maschinen oder Anhängern genutzt.

Entsprechend den vielfältigen Einsatzbereichen unterscheiden sich die Schlepper bzw. Traktoren hauptsächlich im Aufbau, im Gewicht, in der Motorleistung, in der Anzahl der angetriebenen Achsen, in der Fahrgeschwindigkeit und im Umfang der Zusatzausrüstungen. Dazu zählen u.a. Kabine, Frontlader, Fronthydraulik, Fahrerinformationssysteme.

Werden mit Schleppern oder anderen landwirtschaftlichen Fahrzeugen öffentliche Straßen befahren, müssen die Bestimmungen der **Straßenverkehrs-Ordnung (StVO)**, der **Straßenverkehrszulassungs-Ordnung (StVZO)** und der **Unfallverhütungsvorschriften (UVV)** eingehalten werden.

In der StVO sind die Verkehrsregeln und -zeichen aufgeführt. Die StVZO enthält Bestimmungen über das Führen bzw. die Zulassung von Kraftfahrzeugen und Bau- und Betriebsvorschriften (s. z.B. Kap. 3.2 Beleuchtungs- und Signalanlage).

Entsprechend den Vorschriften der StVZO werden bei Schleppern folgende 3 Gruppen unterschieden:

1. Schlepper, die bauartbedingt **nicht schneller als 6 km/h** fahren.
   Diese und ihre Anhänger sind zulassungsfrei, d.h. sie benötigen keine **Allgemeine Betriebserlaubnis (ABE)** und sie haben kein **amtliches Kennzeichen.** Zum Fahren auf öffentlichen Straßen ist kein Führerschein erforderlich. Der Fahrer, der mindestens 15 Jahre alt sein muss, muss die Vorschriften der StVO kennen. Das Fahrzeug muss den Bestimmungen der StVO (z.B. Beleuchtungs- und Signalanlage) entsprechen.
2. Schlepper, die bauartbedingt **nicht schneller als 32 km/h** fahren.
   Diese müssen durch Erteilung einer ABE und durch Zuteilung eines amtlichen Kennzeichnes von der Verwaltungsbehörde (Zulassungsstelle) zum Verkehr zugelassen sein. Ihre Anhänger müssen durch Erteilung einer ABE von der Verwaltungsbehörde zum Verkehr zugelassen sein und tragen das Kennzeichen des ziehenden Fahrzeuges. Zum Fahren auf öffentlichen Straßen ist der Führerschein der Klasse L erforderlich. Dabei dürfen 2 zulassungsfreie Anhänger (für land- oder forstwirtschaftliche Zwecke, Höchstgeschwindigkeit 25 km/h) mitgeführt werden. Schlepper dieser Gruppe unterliegen der Überwachung gemäß § 29 der StVZO.
3. Schlepper, die bauartbedingt **schneller als 32 km/h** fahren.
   Diese und ihre Anhänger müssen durch Erteilung einer ABE und durch Zuteilung eines amtlichen Kennzeichens von der Verwaltungsbehörde (Zulassungsstelle) zum Verkehr zugelassen sein. Zum Fahren auf öffentlichen Straßen ist der Führerschein der Klasse T erforderlich. Schlepper dieser Gruppe unterliegen der Überwachung gemäß §29 der StVZO. Wegen der Fahrgeschwindigkeit muss das Bremssystem dieser Schlepper höheren Anforderungen genügen.

Für **selbstfahrende land- oder forstwirtschaftliche Arbeitsmaschinen** gelten gemäß StVZO folgende Unterteilungen:

- Maschinen, deren bauartbedingte Höchstgeschwindigkeit nicht über 25 km/h liegt, dürfen mit dem Führerschein der Klasse L auf öffentlichen Straßen gefahren werden.
- Ein Führerschein der Klasse T ist notwendig, wenn die bauartbedingte Höchstgeschwindigkeit über 25 km/h liegt.
- Für selbstfahrende land- oder forstwirtschaftliche Arbeitsmaschinen ist eine Allgemeine Betriebserlaubnis (ABE) erforderlich. Sie unterliegen jedoch nicht der Zulassungspflicht und der Überwachung gemäß § 29 der StVZO, wenn ihre bauartbedingte Höchstgeschwindigkeit weniger als 20 km/h beträgt.
- Schlepper, Anhänger und selbstfahrende Arbeitsmaschinen müssen entsprechend § 58 der StVZO ein weißes, kreisrundes Schild mit 200 mm Durchmesser an ihrer Rückseite tragen, auf dem die zulässige Höchstgeschwindigkeit angegeben wird.

Übungen

1. Der Paragraph 29 der StVZO regelt die Untersuchung zulassungspflichtiger Kraftfahrzeuge und Anhänger. Stellen Sie die darin enthaltenen Vorschriften über die Art bzw. den Zeitabstand der Untersuchung für die verschiedenen Fahrzeuge in tabellarischer Form zusammen. Welche Bauteile bzw. Baugruppen werden bei den einzelnen Untersuchungen geprüft?
2. Welche Abmessungen gelten laut StVZO für Schlepper, Anhänger und land- oder forstwirtschaftliche Arbeitsgeräte?
3. Für welche Fahrzeugteile muss gemäß StVZO eine Bauartgenehmigung vorliegen?
4. Durch welche bautechnischen Veränderungen an einem Schlepper erlischt die Allgemeine Betriebserlaubnis?
5. Welche Folgen hat das Erlöschen der Allgemeinen Betriebserlaubnis des Schleppers?
6. Welche Bau- bzw. Betriebsvorschriften enthält die StVZO für folgende Fahrzeugteile:
   Bremsen,
   Kraftstoffbehälter und -leitungen,
   Fabrikschilder.
7. Stellen Sie fest, welche Angaben auf den Fabrikschildern von Schleppern, Anhängern bzw. selbstfahrenden Arbeitsmaschinen tatsächlich enthalten sind.

1.1 Baugruppen des Schleppers

1 Bauteile eines Standardschleppers

Bild 1 zeigt die wesentlichen Bauteile eines Standardschleppers. Diese gehören zu folgenden Baugruppen:

Verbrennungsmotor (weitere Einzelheiten s. Kap. 2)
1 Motorblock mit Kurbeltrieb und Ventilsteuerung
2 Abgasturbolader
3 Kühler
4 Schwungscheibe mit Ritzel für Anlasser

Triebwerk (weitere Einzelheiten s. Kap. 5)
5 Kupplung
6 Zapfwellenantrieb
7 Wechselgetriebe, Kegelradgetriebe, Ausgleichgetriebe
8 Antrieb Kardanwelle
9 Endantrieb Hinterachse
10 Achsantrieb, Ausgleichgetriebe Vorderachse
11 Endantrieb Vorderachse

Fahrwerk (weitere Einzelheiten s. Kap. 6)
12 Lenkung
13 vorderes Rad
14 hinteres Rad
15 Scheibenbremse für Vorderachse

Hydraulik (weitere Einzelheiten s. Kap. 4)
16 hydraulisches Hubwerk
17 Bedienpult für Hubwerksregelung
18 Hubarm (Unterlenker)

Elektrik (weitere Einzelheiten s. Kap. 3)
19 Scheinwerfer
20 Arbeitsscheinwerfer
21 Kontroll- und Anzeigeinstrumente
22 Blink- und Positionsleuchte
23 Schluss-, Brems- und Blinkleuchte

Zusätzlich ist der Schlepper (Bild 1) mit einer Kabine (24) ausgestattet. Diese übernimmt gleichzeitig die Funktion der seit 1977 vorgeschriebenen Umstürzschutzvorrichtung.

Die aufgeführten Baugruppen sind auch Bestandteil anderer selbstfahrender landwirtschaftlicher Arbeitsmaschinen, wie beispielsweise Mähdrescher und Feldhäcksler (s. Kap. 7.2).

Als Antriebsquelle für kleinere Schlepper, die nur für Hofarbeiten genutzt werden, dienen teilweise auch Elektromotoren.

1.2 Bauarten von Schleppern

Schlepper können nach der Anordnung und Gestaltung der Baugruppen Motor, Triebwerk, Fahrwerk, Fahrerplatz (Kabine) und Anbauraum (z.B. Hydraulik) in folgende Bauarten unterteilt werden:

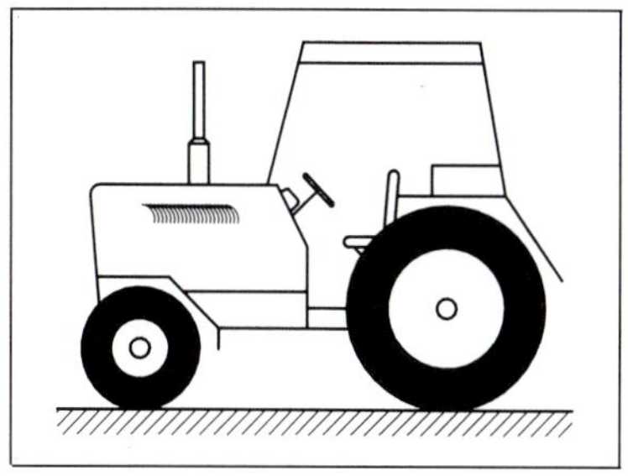

1 Standardschlepper

2 Geräteträger

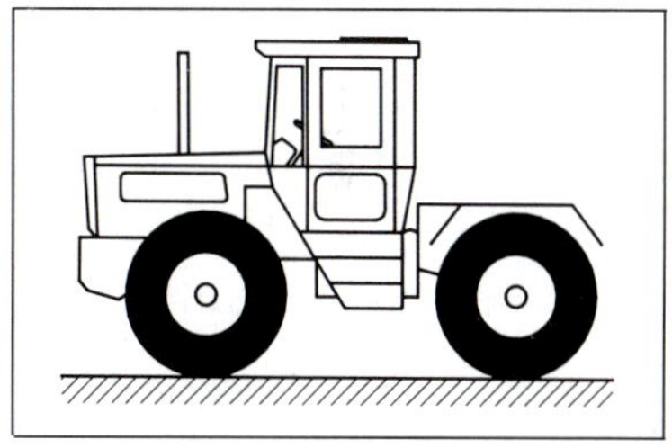

3 Mittelsitzschlepper

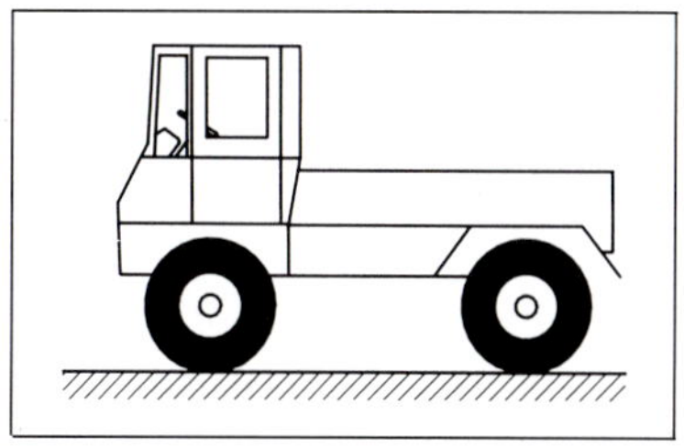

4 Frontsitzschlepper

a) Standardschlepper

Der Lagerbock der Vorderachse, der Motor, das Getriebe und die Hinterachse bilden bei dieser am häufigsten anzutreffenden Schlepperbauart (Bild 1 und Seite 2, Bild 1) eine tragende Einheit (Blockbauweise). Der Fahrerplatz befindet sich zwischen den Hinterrädern. Das Fahrwerk ist ungefedert. Arbeitsgeräte können beim **Standardschlepper** vorn (z.B. Frontlader oder Kreiselmäher in der Fronthydraulik), hinten (z.B. Bodenbearbeitungsgeräte in der Heckhydraulik) oder seitlich zwischen Vorder- und Hinterachse (z.B. Seitenmähwerk) angebracht werden.

Nach dem **Antrieb der Achsen** kann diese Schlepperbauart in drei Gruppen unterteilt werden:

- Hinterradantrieb mit kleinen Vorder- und großen Hinterrädern,
- Allradantrieb mit kleinen Vorder- und großen Hinterrädern,
- Allradantrieb mit gleichgroßen Vorder- und Hinterrädern.

Entsprechend der Antriebsart ändert sich die Gewichtsverteilung zwischen Vorder- und Hinterachse des Standardschleppers. Beim Schlepper mit Hinterradantrieb lasten ca. 60% (55%) des Fahrzeuggewichts auf der Hinterachse und 40% (45%) auf der Vorderachse. Die Zahlenwerte in Klammern gelten für Schlepper mit Allradantrieb.

Für Weinbau-, Obst- und Gartenbaubetriebe werden Standardschlepper in Schmalspurausführung und kompakter Bauweise angeboten.

b) Geräteträger

Der **Geräteträger** (Bild 2) unterscheidet sich vom Standardschlepper dadurch, dass Motor, Getriebe und Hinterachse auf engem Raum in Blockbauweise miteinander verbunden sind. Zwischen Motorblock und Vorderachse wird ein Mittelholm als tragendes Element eingesetzt, so dass ein zusätzlicher Anbauraum zwischen Vorder- und Hinterachse entsteht.

Dieser eignet sich besonders zur Anbringung von Arbeitsgeräten zur Pflanzenpflege, da diese bei ihrem Einsatz wegen der kurzen Motorabdeckung im Blickfeld des Fahrers liegen. Außerdem kann oberhalb des Mittelholms und der Vorderachse eine kippbare Ladepritsche für Transportarbeiten montiert werden.

Geräteträger haben große Hinter- und kleine Vorderräder. Sie werden mit Hinterrad- und Allradantrieb angeboten. Etwa 70% des Fahrzeuggewichts lastet bei dieser Schlepperbauart auf der Hinterachse.

c) Systemschlepper

Bei dieser Schlepperbauart befindet sich der Fahrerplatz entweder auf der Vorderachse (Frontsitzschlepper, Bild 4) oder zwischen den beiden Achsen (Mittelsitzschlepper, Bild 3). Dadurch verfügen sie über eine Ladefläche bzw. Aufbaumöglichkeit im Bereich der Hinterachse. Motor, Getriebe, Fahrwerk und Kabine sind entweder an einem Rahmen befestigt oder werden in Blockbauweise miteinander verbunden.

Die einzelnen Ausführungsformen der **Systemschlepper** unterscheiden sich außerdem in der Federung (ungefedert, Vorderachse gefedert, Vorder- und Hinterachse gefedert) und in der Größe der für die beiden Achsen verwendeten Reifen.

Neben den genannten Schlepperbauarten werden für Garten-, Obst- und Weinbaubetriebe noch **Einachsschlepper** angeboten. Als Antriebsquelle werden Diesel- bzw. Ottomotoren eingesetzt.

2 Motorentechnik

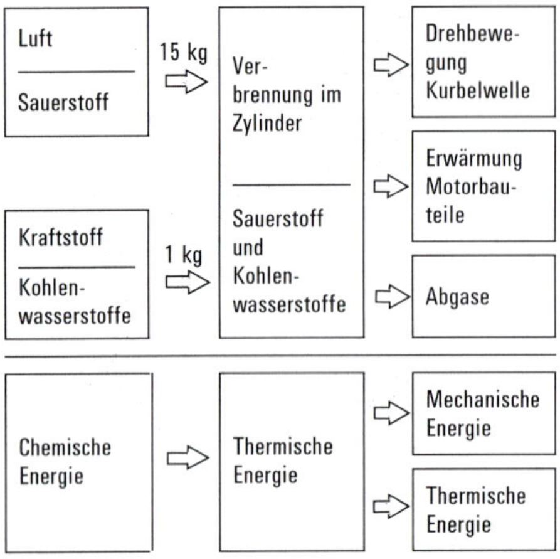

1 Energieumwandlung der Verbrennungsmotoren

Als Antriebsquelle für Schlepper, selbstfahrende Arbeitsmaschinen, Rasenmäher, Motorsägen, -sensen, -hacken usw. werden in der Landtechnik hauptsächlich **Verbrennungsmotoren** eingesetzt. Diese wandeln einen Teil der mit dem Kraftstoff zugeführten chemischen Energie in mechanische Energie um (Bild 1). Als **Brennstoffe** können Otto- bzw. Dieselkraftstoff, Alkohol, Rapsöl, Gas oder Wasserstoff benutzt werden. Für Schlepper werden hauptsächlich mit Dieselkraftstoff betriebene Reihenmotoren mit 3, 4 oder 6 Zylindern verwendet (Bilder 2 und 3, sowie Seite 5, Bild 1).

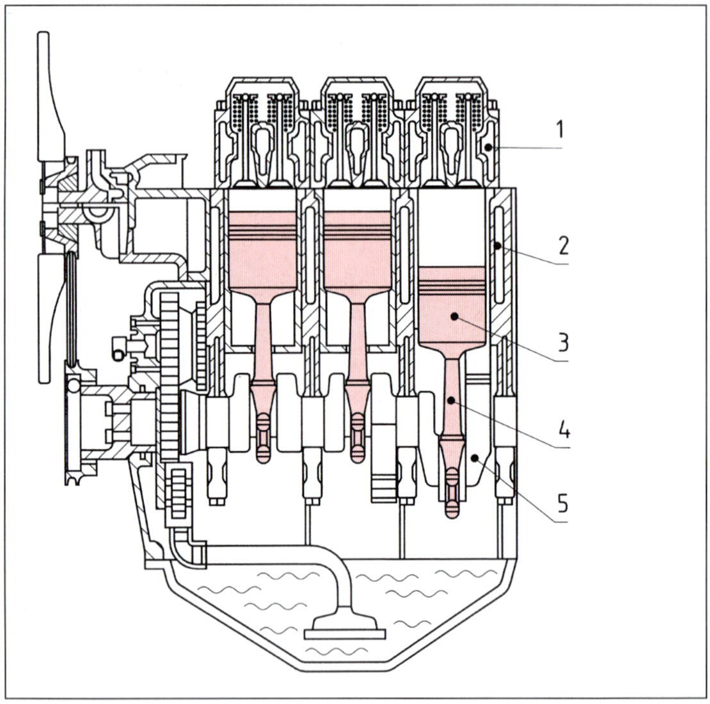

2 3-Zylinder Reihenmotor

Verbrennungsmotoren bestehen aus folgenden grundlegenden Bauelementen:

1 Zylinderkopf
2 Zylinder (Teil des Motorblocks)
3 Kolben
4 Pleuel
5 Kurbelwelle

In den **Zylindern** der Verbrennungsmotoren wird ein Kraftstoff-Luftgemisch, das vorher auf 1/8...1/30 seines ursprünglichen Volumens zusammengedrückt wurde, durch Eigen- oder Fremdzündung entflammt. Die Auslösung dieses Vorgangs erfolgt, wenn der Kolben sich kurz vor dem oberen Totpunkt (OT) befindet. Als **Totpunkte** werden die Kolbenstellungen bezeichnet, in denen eine Umkehr der Bewegungsrichtung erfolgt (Bild 2, Seite 5).

Bei der **Verbrennung** erwärmt sich das Gas im Zylinder auf ca. 2500 °C. Durch die damit verbundene Ausdehnung steigt der Druck im Zylinder rasch an. Der Kolben wird in die Richtung des unteren Totpunkts (UT) gedrückt. Pleuel und Kurbelwelle sorgen nun dafür, dass die geradlinige Bewegung des Kolbens in eine Drehbewegung umgewandelt wird.

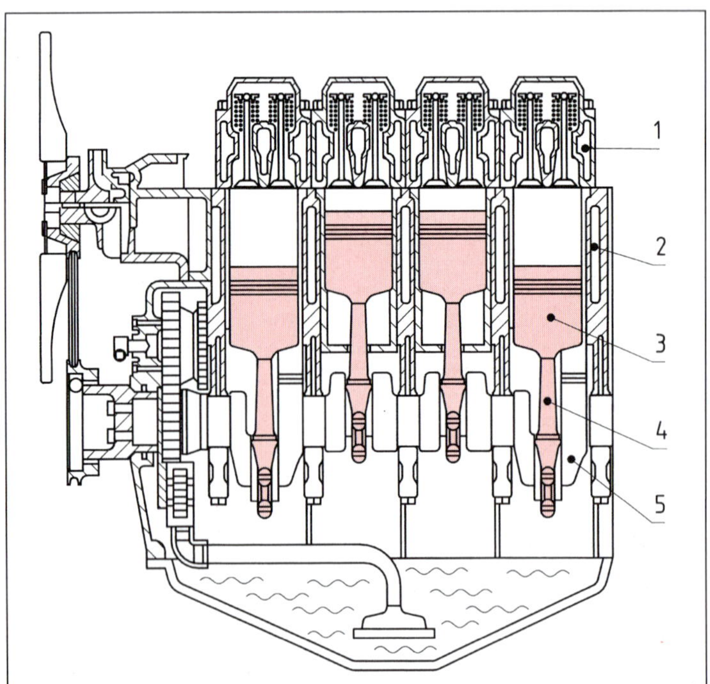

3 4-Zylinder Reihenmotor

Bei diesem Arbeitsprozess gelingt es jedoch nicht, die durch die Verbrennung erzeugte **thermische Energie** vollständig in **mechanische Energie** umzusetzen (s. Bild 3 und Seite 4, Bild 1).

Aus Bild 3 ist ersichtlich, dass Dieselmotoren etwa 32% der im Kraftstoff zugeführten chemischen Energie als mechanische Energie an der Kurbelwelle abgeben. Die restliche Wärmeenergie wird von den Motorbauteilen, der Kühlung und den Auspuffgasen aufgenommen. Die in Klammern gesetzten Zahlenwerte gelten für Ottomotoren.

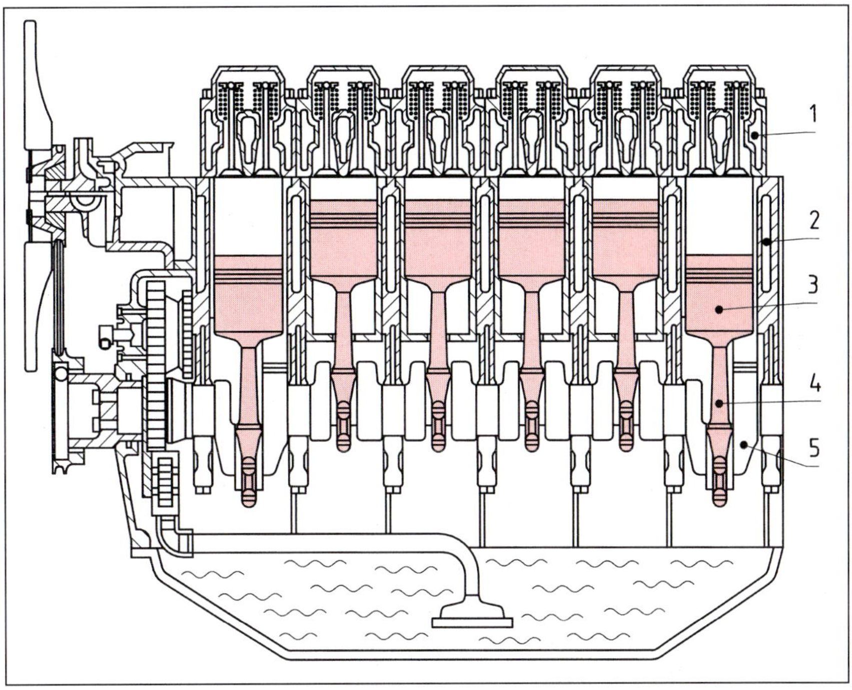

1 6-Zylinder Reihenmotor

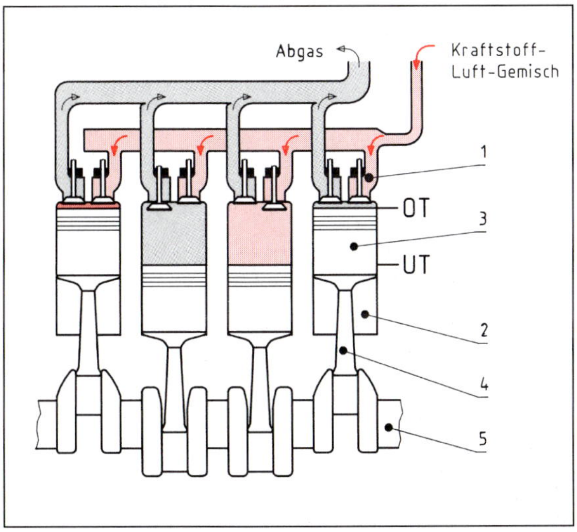

2 Arbeitsprinzip Verbrennungsmotor

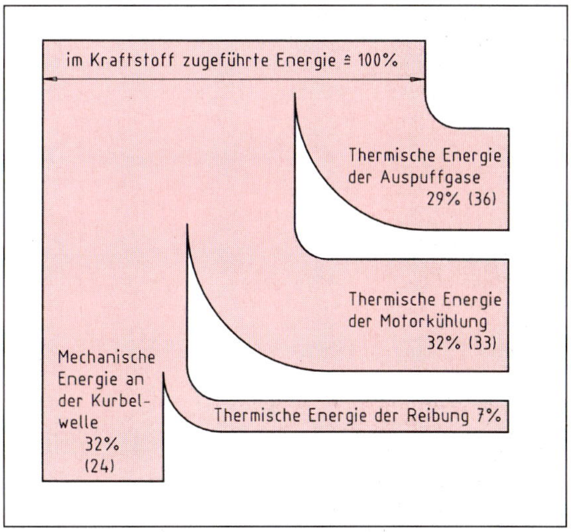

3 Energieverteilung Verbrennungsmotor

Übungen

1. Begründen Sie, warum Alkohol, Rapsöl, Gas und Wasserstoff nur selten als Kraftstoff für Verbrennungsmotoren eingesetzt werden?
2. Nach welchen Gesichtspunkten können Verbrennungsmotoren unterteilt werden?
3. Warum sind zur Verbrennung von 1 kg Kraftstoff 14 kg ... 15 kg Luft notwendig?
4. Geben Sie die Stufen der Erzeugung der mechanischen Energie in einem Verbrennungsmotor an.
5. Welche Probleme sind mit den Abgasen der Verbrennungsmotoren verbunden?

2.1 Dieselmotor

Dieselmotoren werden in der Landmaschinentechnik als Antrieb für Schlepper und selbstfahrende Arbeitsmaschinen benutzt. Diese Motorenbauart wird nach ihrem Erfinder **Rudolf Diesel** (1858–1913) benannt, der im Jahre 1893 ein Patent für einen Motor mit Selbstzündung erhielt.

2.1.1 Bauteile des Dieselmotors

Bild 1 zeigt den Quer- und Längsschnitt eines **Viertakt-Dieselmotors** mit den wesentlichen Bauelementen. Diese können folgenden Baugruppen (s. Kap. 2.1.3) zugeordnet werden:

Motorgehäuse (■)

1 Stirnwanddeckel
2 Kurbelgehäuse
3 Schwungradgehäuse
4 Zylinderlaufbuchse
5 Zylinderkopf
6 Ölwanne
7 Stirnwanddeckel

Kurbeltrieb (▲)

8 Kurbelwelle
9 Pleuelstange
10 Kolben
11 Schwungrad

Motorsteuerung (●)

12 Zahnräder
13 Nockenwelle
14 Pilzstößel
15 Stößelstange
16 Ein- und Auslassventil
17 Kipphebel

Kraftstoffanlage (+)

18 Einspritzpumpe
19 Förderpumpe
20 Einspritzventil

Schmiersystem (○)

21 Schmierölpumpe
22 Schmierölsaugleitung
23 Schmierölfilter
24 Ölmessstab
25 Spritzdüse Kolbenkühlung
26 Ölleitung Bauteil 18
27 Ölleitung von Bauteil 32
28 Ölleitung zum Bauteil 32

Kühlsystem (□)

29 Kühlmittelpumpe
30 Lüfterflügel
31 Kühlmittelleitung

Aufladung (△)

32 Abgasturbolader

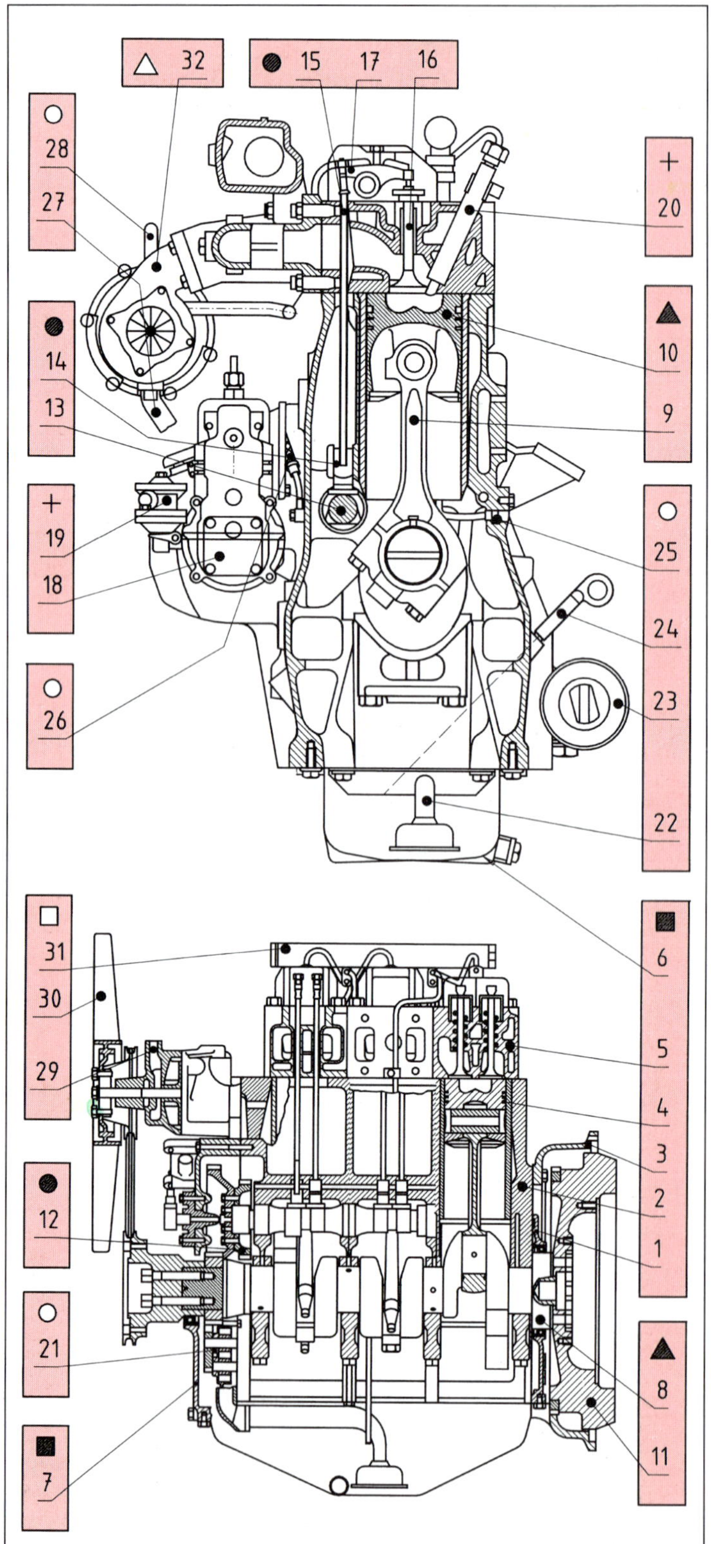

1 Bauteile Dieselmotor

2.1.2 Funktionsprinzip des Dieselmotors

2.1.2.1 Viertakt-Verfahren

Die überwiegende Mehrheit der in der Landtechnik eingesetzten Dieselmotoren arbeitet nach dem **Viertakt-Verfahren.** Diese Motorenbauart benötigt zwei Kurbelwellenumdrehungen (4 Kolbenhübe) für einen vollständigen Arbeitsablauf (1 Arbeitsspiel). Dazu gehören die **Takte** „Ansaugen", „Verdichten", „Arbeiten" und „Ausstoßen". Ein Takt entspricht etwa einem Kolbenhub bzw. einer Kolbenbewegung zwischen dem **oberen** und dem **unteren Totpunkt (OT und UT).**

Ansaugtakt

Zu Beginn dieses Taktes (Bild 1) befindet sich der Kolben im OT. Das Einlassventil des Dieselmotors öffnet etwa 10° KW...30° KW (Kurbelwinkel, Drehwinkel der Kurbelwelle) vor OT. Der Kolben wird von der Kurbelwelle und dem Pleuel in Richtung UT gezogen. Durch diese Raumvergrößerung entsteht im Zylinder ein absoluter Druck $p = 0{,}8$ bar...0,9 bar.

Aufgrund des Druckunterschiedes zur Atmosphäre ($p_{atm} = 1$ bar) strömt Luft in den Zylinder. Diese nimmt während des **Ansaugvorganges** bereits Wärme von den Ventilen, vom Kolben und vom Zylinder auf, sodass sie eine Temperatur $t = 70$ °C...100 °C hat. Das Einlassventil schließt etwa 20° KW...60° KW nach UT.

Berücksichtigt man das **Voröffnen** und **Nachschließen** des Einlassventils, so hat der Ansaugtakt des Dieselmotors etwa eine Länge von 210° KW...270° KW. Durch diese Maßnahme soll die Füllung des Motors mit Luft gesteigert werden. Die beim Arbeitstakt erzeugte Motorleistung ist abhängig vom **Füllungsgrad** des Zylinders. Neben der Ventilöffnungszeit sind die Strömungswiderstände im Ansaugtrakt und die Kühlung der Zylinder hierfür von entscheidender Bedeutung.

Verdichtungstakt

Im UT ändert der Kolben die Bewegungsrichtung (Bild 2). Der Raum oberhalb des Kolbens wird kleiner. Die angesaugte Luft wird auf 1/15...1/30 ihres ursprünglichen Volumens verdichtet. Dabei erwärmt sie sich auf etwa 700 °C...900 °C. Entsprechend steigt der Druck im Zylinder auf 30 bar...55 bar an.

Etwa 10° KW...20° KW vor OT wird der Dieselkraftstoff mit hohem Druck (150 bar...300 bar) in den Zylinder gespritzt. Dieser Druck ist notwendig, um eine möglichst gute Zerstäubung und Verteilung des Kraftstoffs zu erreichen, da beim Dieselmotor nur eine kurze Zeit für die Bildung eines **zündfähigen Gemisches** zur Verfügung steht.

Erst wenn ein Teil des Kraftstoffes gasförmig geworden ist, entzündet sich das Gemisch von selbst aufgrund der hohen Gemischtemperatur. Die Zeit zwischen Einspritzbeginn und **Selbstentzündung** des Kraftstoff-Luftgemisches bezeichnet man beim Dieselmotor als **Zündverzug.** Dieser beträgt etwa 0,001 s. Der Zündverzug ist abhängig von der Zündwilligkeit des verwendeten Kraftstoffs, von seiner Zerstäubung bzw. Verteilung im Zylinder und von der Temperatur der verdichteten Luft.

Bei einem kalten Motor beispielsweise ist der Zündverzug größer, da sich bis zur Selbstentzündung eine größere Kraftstoffmenge im Verbrennungsraum ansammelt, die dann schlagartig verbrennt. Der entsprechend härtere Motorlauf wird als **Nageln** bezeichnet.

Die Kraftstoffeinspritzung beim Dieselmotor erfolgt vor OT, damit der Verbrennungsvorgang abgeschlossen ist, wenn sich die Bewegungsrichtung des Kolbens ändert.

Arbeitstakt

Durch die Verbrennung des Kraftstoff-Luftgemisches steigt die Temperatur im Zylinder auf 2000 °C...2500 °C an. Diese bewirkt eine starke Ausdehnung der Gasmenge, die sich oberhalb des Kolbens befindet. Der Druck erhöht sich entsprechend auf 60 bar...80 bar. Auf diese Weise wird der Kolben nach UT bewegt. Pleuel und Kurbelwelle wandeln die geradlinige Bewegung des Kolbens in eine Drehbewegung um.

Ausstoßtakt

50° KW...70° KW vor UT öffnet das Auslassventil und die verbrannten Gase können in den Auspuff entweichen. Die Abgastemperatur liegt zwischen 500 °C...700 °C. Nach Überschreiten des UT werden die Abgase vom Kolben aus dem Zylinder gedrückt.

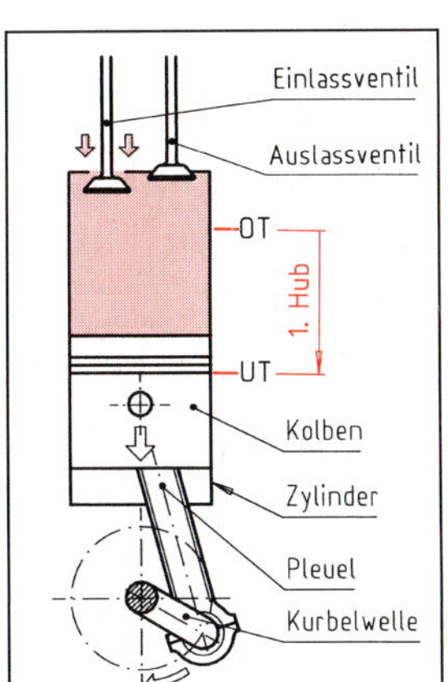

1 Ansaugtakt

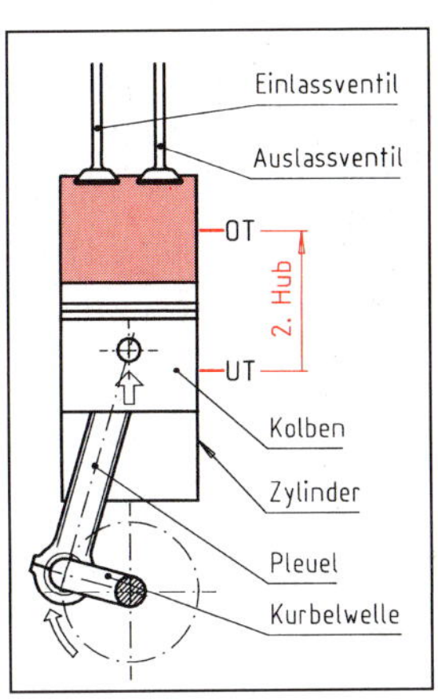

2 Verdichtungstakt

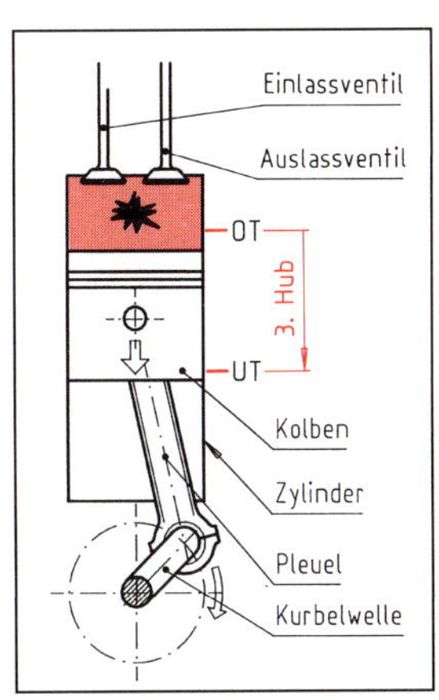

3 Arbeitstakt

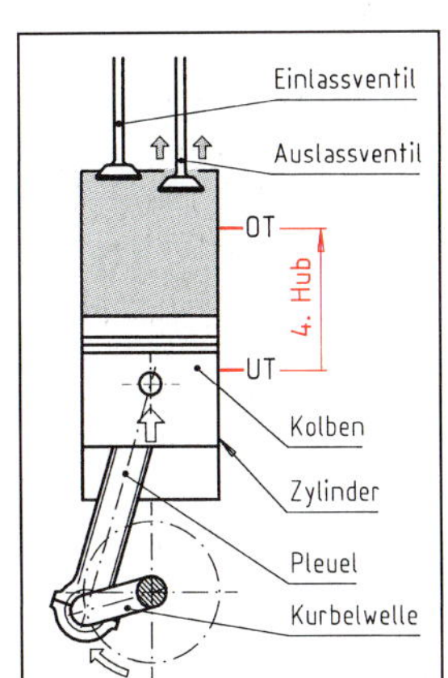

4 Ausstoßtakt

Das vorzeitige Öffnen des Auslassventils bewirkt, dass der Restdruck (absolut) der verbrannten Gase nur noch etwa 1,2 bar beträgt, wenn der Kolben sich von UT nach OT bewegt.

Das Auslassventil schließt 10° KW...20° KW nach OT. Beim Wechsel zwischen Ausstoß- und Ansaugtakt sind beide Ventile gleichzeitig geöffnet. Dieser Vorgang wird als **Ventilüberschneidung** bezeichnet. Auf diese Weise wird die Entleerung des Zylinders und gleichzeitig das Ansaugen der Frischgäse verbessert (Sogwirkung der Abgase).

Die **Abgase** des Dieselmotors enthalten Stickstoff (N), Wasser (H_2O), Kohlendioxid (CO_2), Kohlenmonoxid (CO), Kohlenwasserstoffe (HC), Schwefeldioxyd (SO_2), Stickoxide (NO_x) und Partikel (Ruß). Von diesen Bestandteilen werden CO, HC, NO_x und Ruß den Schadstoffen zugeordnet.

Für die Abgasemissionen der Dieselmotoren der neu zugelassenen Schlepper gelten ab 1.10.1996 folgende **Grenzwerte** (EURO II):

- Kohlenmonoxid 4,00 g/(kWh)
- Kohlenwasserstoffe 1,10 g/(kWh)
- Stickoxide 7,00 g/(kWh)

Die Rußmenge ist in Form eines Schwärzungsgrades der Abgase (Abgastrübung) bei verschiedenen Drehzahlen festgelegt. Die Belastung der Atmosphäre durch Kohlendioxid findet in der Abgasgesetzgebung für Kraftfahrzeuge noch keinen Niederschlag.

Der Ausstoß von Kohlenmonoxid und Kohlenwasserstoff heutiger Schleppermotoren liegt bei 50%...80% unter den Grenzwerten von 1990. Durch Verwendung von Rapsöl als Brennstoff oder den Einbau von Katalysatoren bzw. Rußfiltern, die sich noch in der Entwicklungs- und Erprobungsphase befinden, versuchen die Hersteller, den gesamten Schadstoffausstoß der Dieselmotoren zu senken. Die gleiche Wirkung haben Maßnahmen zur Minderung des Kraftstoffverbrauchs.

Werden **Pflanzenöle** als Brennstoff für Dieselmotoren verwendet, was teilweise ohne größere technische Änderungen möglich ist, enthalten die Abgase weniger Ruß, Schwefeldioxyd, Kohlenwasserstoffe und Kohlenmonoxid.

Bild 1 zeigt den Einbauort eines **Oxydationskatalysators.** Der Katalysator löst chemische Reaktionen im Abgas aus, ohne selbst daran teilzunehmen. Dieses führt gegenüber dem jetzigen Stand der Technik zu einer nochmaligen Senkung des CO-Ausstoßes um 80% und des Anteils der Kohlenwasserstoffe um 70%.

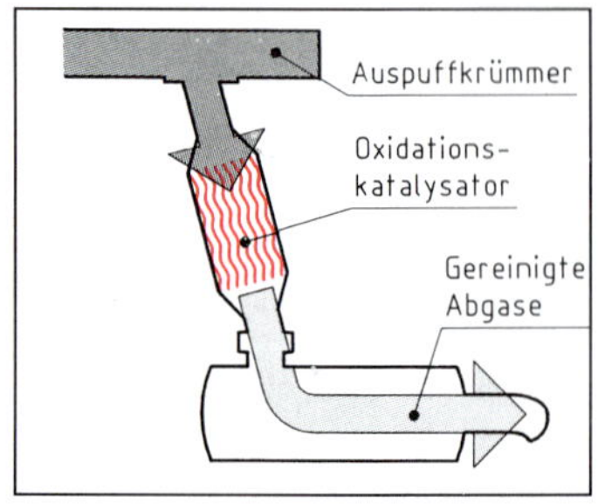

1 Oxydations-katalysator

Arbeitstaktfolgen Mehrzylindermotoren

Die Betrachtungen zum Ablauf eines Arbeitsspiels bei einem Dieselmotor, der nach dem Viertakt-Verfahren arbeitet, wurden bisher an einem Zylinder verdeutlicht. Die Bilder 2 und 3 und Seite 9, Bild 1 zeigen, dass die Arbeitstakte der anderen Zylinder versetzt ablaufen. Für die Zylindernummerierung eines Reihenmotors gilt nach DIN 73021, dass die Zählung gegenüber der kraftabgebenden Seite beginnt.

Der Beginn der Arbeitsspiele bei Mehrzylindermotoren wird festgelegt durch die **Zündreihenfolge** und den **Zündabstand.** Dieser kann ermittelt werden, indem man 720° KW durch die Anzahl der Zylinder teilt. Die Zündfolge wird konstruktiv so gewählt, dass die Kurbelwelle gleichmäßig beansprucht wird.

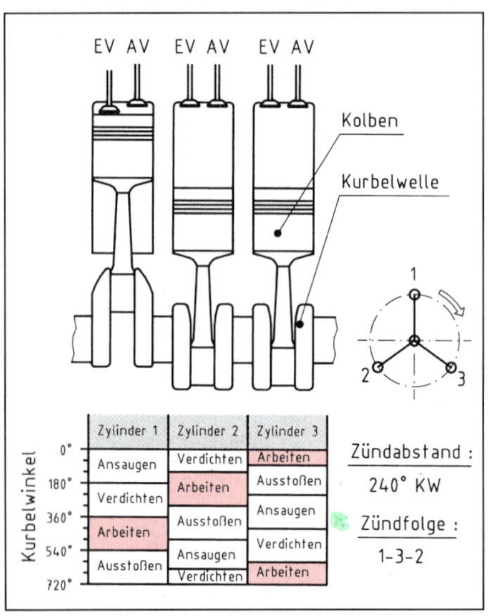

2 Arbeitsablauf 3-Zylinder-Reihenmotor

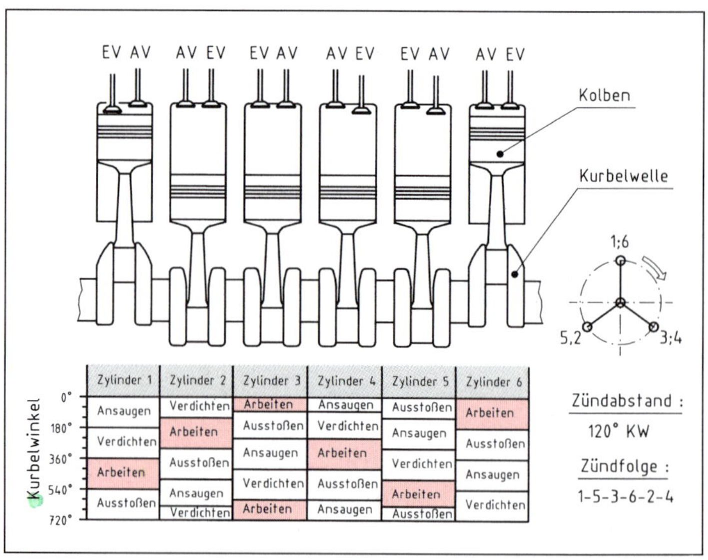

3 Arbeitsablauf 6-Zylinder-Reihenmotor

Bei der **Ventilspielkontrolle und -einstellung** ist es wichtig zu wissen, in welchem Takt sich der einzelne Zylinder bei der jeweiligen Kurbelwellenstellung befindet, da das Spiel im unbetätigten Zustand der Ventile ermittelt wird.

Dieses soll am Beispiel des 4-Zylinder-Reihenmotors (Bild 1) verdeutlicht werden. Zunächst wird die Kurbelwelle des Motors mit einem geeigneten Werkzeug so weit im Uhrzeigersinn gedreht, bis der Kolben des 1. Zylinders den OT-Punkt am Ende des Verdichtungstaktes erreicht hat.

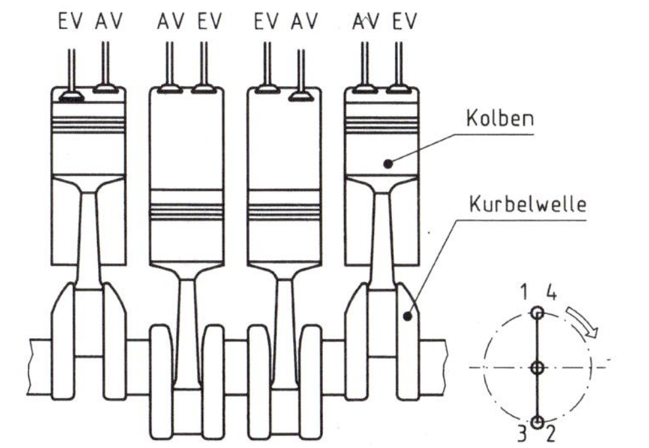

Kurbelwinkel	Zylinder 1	Zylinder 2	Zylinder 3	Zylinder 4
0°–180°	Ansaugen	Verdichten	Ausstoßen	Arbeiten
180°–360°	Verdichten	Arbeiten	Ansaugen	Ausstoßen
360°–540°	Arbeiten	Ausstoßen	Verdichten	Ansaugen
540°–720°	Ausstoßen	Ansaugen	Arbeiten	Verdichten

Zündabstand: 180° KW

Zündfolge: 1-3-4-2

1 Arbeitsablauf 4-Zylinder-Reihenmotor

Aus der Tabelle in Bild 1 ist ersichtlich, dass in der 360°-Stellung der Kurbelwelle das Ventilspiel folgender Ventile kontrolliert bzw. eingestellt werden kann:

- Einlassventile der Zylinder 1 und 2,
- Auslassventile der Zylinder 1 und 3.

Nach einer weiteren Drehung der Kurbelwelle um 360° kann die Arbeit an folgenden Ventilen fortgesetzt werden:

- Einlassventile der Zylinder 3 und 4,
- Auslassventile der Zylinder 2 und 4.

2.1.2.2 Gemischbildungsverfahren

Kraftstoff und Luft werden bei Dieselmotoren erst gegen Ende des Verdichtungstaktes im Zylinder miteinander vermischt **(innere Gemischbildung).** Für die Erzeugung eines zündfähigen Gemisches steht ein Kurbelwinkel von etwa 20° KW oder, je nach Drehzahl, eine Zeit von 0,0015 s…0,004 s zur Verfügung. Aus diesem Grunde werden bei Dieselmotoren verschiedene Brennraumformen und -anordnungen **(Gemischbildungsverfahren)** eingesetzt, um zu niedrigerem Kraftstoffverbrauch und/oder höherer Leistung, Drehzahl und Laufruhe zu gelangen.

Direkteinspritzung

Der Brennraum (s. Bild 2) befindet sich als zylindrische oder kugelförmige Mulde im Kolbenboden. Dadurch werden Wärmeverluste vermieden. Um das Material des Kolbens vor Überhitzung zu schützen, kann vom Pleuellager Öl gegen die Unterseite des Kolbenbodens gespritzt werden.

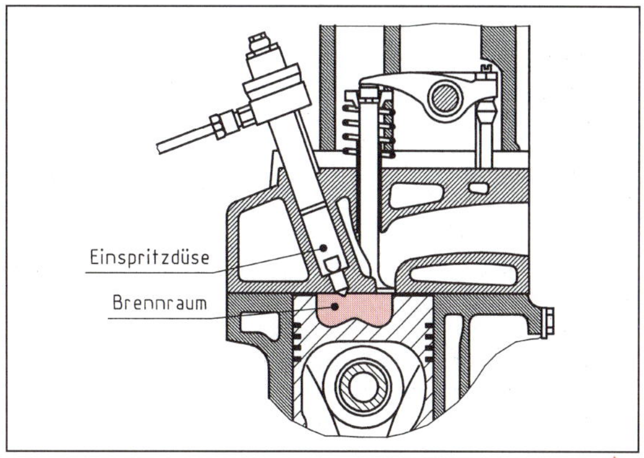

2 Direkteinspritzung

Der Kraftstoff wird durch eine Mehrlochdüse hindurch unter einem Druck von 175 bar…300 bar in den Brennraum gespritzt. Um eine gute Verteilung und eine gleichmäßige Verbrennung zu erreichen, ist eine Verwirbelung der angesaugten Luft notwendig. Dieses kann beispielsweise durch eine schraubenartig gewundene Ausgestaltung des **Einlasskanals** (Bild 3) erreicht werden.

Der zugeführte Kraftstoff verdampft am schnellsten im Bereich der Brennraumwandungen, so dass hier die Selbstentzündung und somit die Verbrennung beginnt. Dieser Prozess setzt sich dann schichtweise zur Brennraummitte hin fort. Da dieser Vorgang sehr rasch abläuft, haben Dieselmotoren mit Direkteinspritzung einen harten Motorlauf.

Die in der Landtechnik eingesetzten Dieselmotoren arbeiten hauptsächlich mit diesem Gemischbildungsverfahren. Gegenüber den anderen Verfahren zeichnet sich das Gemischbildungsverfahren durch einen um etwa 15% niedrigeren Kraftstoffverbrauch aus. Bei niedrigen Außentemperaturen sorgt eine **Anlasshilfe** im Ansaugtrakt für eine Vorwärmung der angesaugten Luft (s. Kap. 3.6).

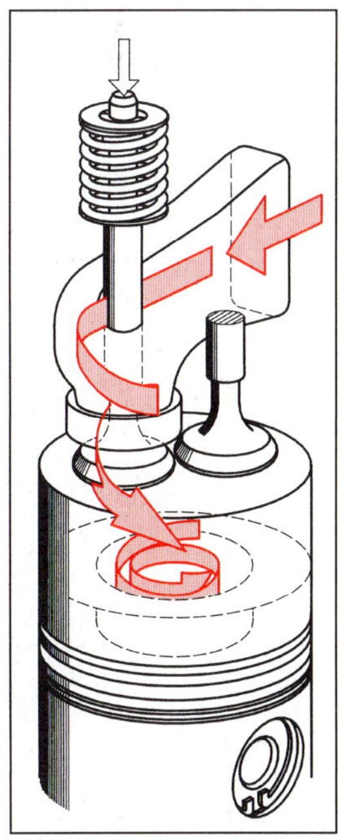

3 Einlasskanal Direkteinspritzung

Dieselmotoren, die nach dem Nebenkammerverfahren arbeiten, benötigen dagegen für jeden Zylinder eine Vorglüheinrichtung.

Indirekte Einspritzung – Nebenkammerverfahren

Beim **Wirbelkammerverfahren** (Bild 1) besteht der Brennraum aus einer fast kugelförmigen Kammer im Zylinderkopf und dem Verdichtungsraum oberhalb des Kolbens. Beide sind über einen weiten Kanal miteinander verbunden.

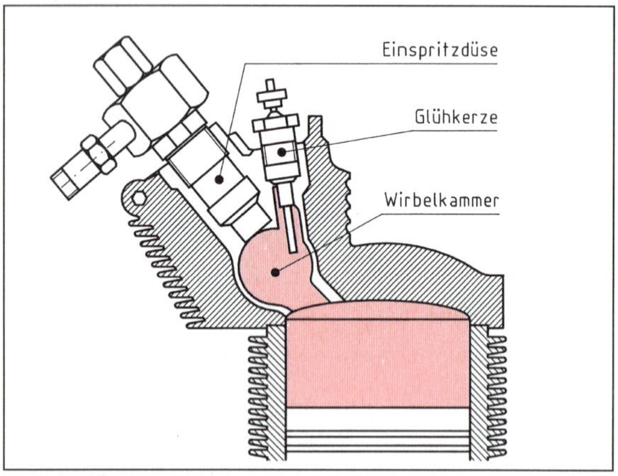

1 Wirbelkammerverfahren

Beim Verdichtungstakt des Motors drückt der Kolben Luft in die Wirbelkammer. Aufgrund des Kammeraufbaus und der Kammeranordnung wird die Luft dabei in eine Drehbewegung versetzt. Eine Zapfendüse spritzt den Kraftstoff mit einem Druck von 125 bar in die Wirbelkammer. Dort wird er vom heißen Luftwirbel aufgenommen und verdampft recht schnell. Das Gemisch entzündet sich und über den Verbindungskanal setzt sich die Verbrennung im Hauptbrennraum fort.

Dieses Verfahren zeichnet sich durch einen weicheren Verbrennungsablauf und niedrigerem Einspritzdruck aus.

Für den Kaltstart benötigt es jedoch eine **Vorglühanlage.** Dieses Verfahren wird vereinzelt für Motoren eingesetzt, die Pflanzenöl als Brennstoff benutzen.

Bei älteren Dieselmotoren für Schlepper wurde noch das **Vorkammerverfahren** eingesetzt. Der Hauptunterschied zum Wirbelkammerverfahren besteht darin, dass der Nebenbrennraum über eine kleinere Bohrung mit dem Hauptbrennraum verbunden ist. In diesem Falle läuft die Verbrennung in 2 Stufen ab. Zuerst verbrennt ein Teil des eingespritzten Kraftstoffes in der Vorkammer. Infolge von Luftmangel und der Wärmeausdehnung in der Vorkammer setzt diese sich nach einem kurzen Augenblick im Hauptbrennraum fort.

2.1.2.3 Aufladung

Die Leistung eines Dieselmotors bei gleicher Motordrehzahl kann nur durch folgende Maßnahmen gesteigert werden (s. Kap. 2.1.4):

- Vergrößerung des Hubraums (Zylindervolumens),
- durch die Zuführung der angesaugten Luft mit Überdruck.

Um letzteres zu erreichen, werden Dieselmotoren mit **Abgasturbolader** (Bild 2) ausgerüstet. Diese bestehen aus folgenden Bauteilen:

1 Verdichtergehäuse
2 Verdichterrad
3 Welle
4 Turbinengehäuse
5 Turbinenrad

Das Zusammenwirken der einzelnen Bauelemente zeigt Bild 3. Der vom Auspuffkrümmer kommende Abgasstrom (c/d) wird durch das Turbinengehäuse weiter zur Auspuffanlage (e) geleitet. Das Turbinenrad dreht sich und treibt das Verdichterrad an, das auf der gleichen Welle befestigt ist. Mit Hilfe des Verdichterrades wird die angesaugte Luft (a) vorverdichtet und dem Motor über den Ansaugkrümmer zugeführt (b).

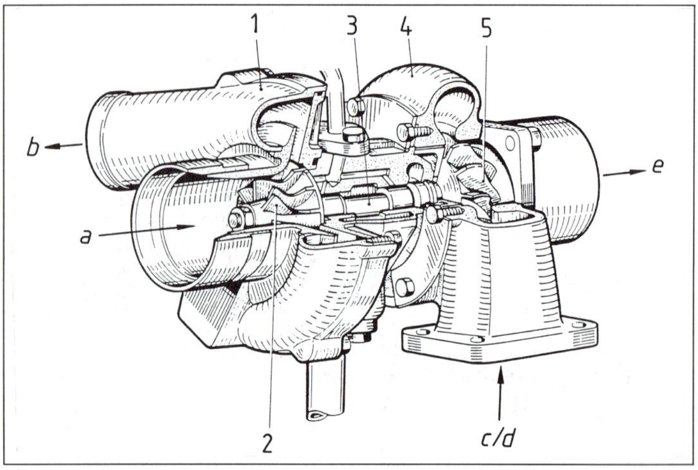

2 Bauteile Abgasturbolader

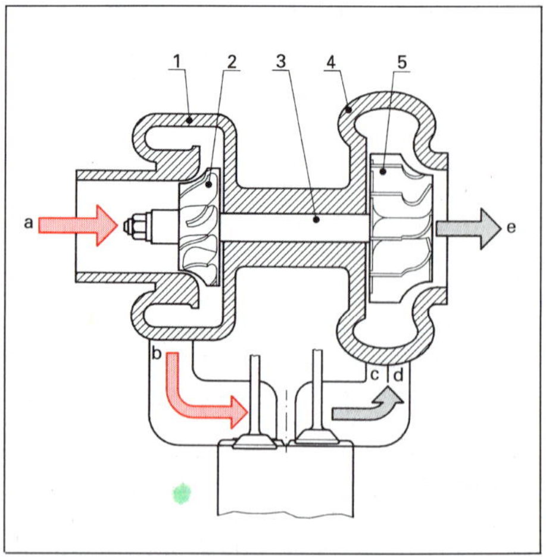

3 Schema des Luft- und Abgasflusses

Die Wirkung des Abgasturboladers, der eine maximale Drehzahl $n = 120\,000$ 1/min erreichen kann, setzt erst im Teillastbereich ein. Der Ladedruck (absolut) kann dabei bis zu einem Höchstwert von 1,8 bar ansteigen.

Durch den Abgasturbolader erwärmt sich die angesaugte Luft auf etwa 130 °C. Aus diesem Grunde wird die verdichtete Luft bei einigen Motoren anschließend über einen **Ladeluftkühler** geleitet, bevor sie in den Zylinder gelangt. Da die Temperatur der Ansaugluft durch diese Maßnahme auf 60 °C sinkt, kann die Füllung des Motors und somit auch die Leistung zusätzlich gesteigert werden.

Übungen

1. Begründen Sie, warum die Ventilöffnungszeit, Strömungswiderstände im Ansaugtrakt und die Kühlung der Zylinder den Füllungsgrad des Dieselmotors beeinflussen?
2. Warum wird der Kraftstoff beim Dieselmotor kurz vor dem oberen Totpunkt in den Zylinder gespritzt?
3. Was bezeichnet man beim Dieselmotor als Zündverzug?
4. Begründen Sie, warum der Zündverzug von der Zündwilligkeit des Kraftstoffes, von seiner Verteilung im Brennraum und von der Temperatur der verdichteten Luft abhängig ist?
5. Nennen Sie verschiedene Ursachen für das Nageln eines Dieselmotors.
6. Welche Bedeutung haben das Voröffnen bzw. Nachschließen der Ein- und Auslassventile?
7. Warum benötigen Dieselmotoren besondere Gemischbildungsverfahren?
8. Welche wesentlichen Unterschiede bestehen zwischen der Direkteinspritzung und den Nebenkammerverfahren?
9. Welche Vor- und Nachteile hat der Einsatz eines Abgasturboladers beim Dieselmotor?
10. Warum erhöht sich die Füllung eines Dieselmotors nochmals, wenn die Ladeluft nach der Vorverdichtung durch den Abgasturbolader gekühlt wird?

2.1.3 Baugruppen des Dieselmotors

2.1.3.1 Motorgehäuse

Zum Gehäuse des Dieselmotors (Bild 1) gehört der Zylinderkopf, der Motorblock mit den Zylindern und die Ölwanne.

1 Motorgehäuse eines Dieselmotors

Zylinderkopf

Der **Zylinderkopf** (Bild 2) der in der Landtechnik verwendeten Dieselmotoren besteht aus legiertem Gusseisen. Es werden entweder Gemeinschafts- oder Einzelzylinderköpfe eingesetzt.

Der Zylinderkopf bildet den oberen Abschluss des Zylinderraumes. Aus diesem Grunde enthält er neben einem Teil des Brennraumes auch die Bauteile zur Steuerung des Gaswechselvorganges. Dazu zählen die **Ein- und Auslassventile** mit den entsprechenden Gaskanälen.

Die Bauelemente zur Ventilbetätigung werden über **Ölbohrungen** im Zylinderkopf geschmiert. Sofern die Motoren über eine Flüssigkeitskühlung verfügen, befinden sich dort auch Kanäle für den Kühlmittelkreislauf.

Um die fertigungsbedingten feinen Unebenheiten an der Unterseite des Zylinderkopfes bzw. an der Oberseite des Motorblocks auszufüllen, wird zwischen den beiden Bauteilen eine **Weichstoff-Metall-Dichtung** eingesetzt. Sie hat dafür zu sorgen, dass an der Verbindungsstelle keine Gase, kein Motoröl und keine Kühlflüssigkeit entweichen.

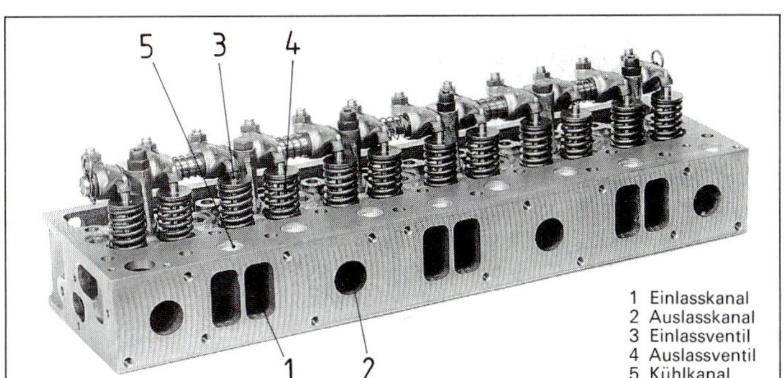

2 Zylinderkopf

Damit die Zylinderkopfdichtung ihre Aufgabe erfüllen kann, muss nach einer Demontage des Zylinderkopfes darauf geachtet werden, dass die Dichtflächen plan und sauber (z. B. frei von Dichtungsresten) sind. Außerdem müssen die Zylinderkopfschrauben von innen nach außen (siehe Bild 1) stufenweise mit dem richtigen Drehmoment nach Herstellerangabe angezogen werden. Auf diese Weise wird vermieden, dass sich die Dichtung nach dem Zusammenpressen in der Mitte wellt oder Dichtungsenden in den Zylinder ragen.

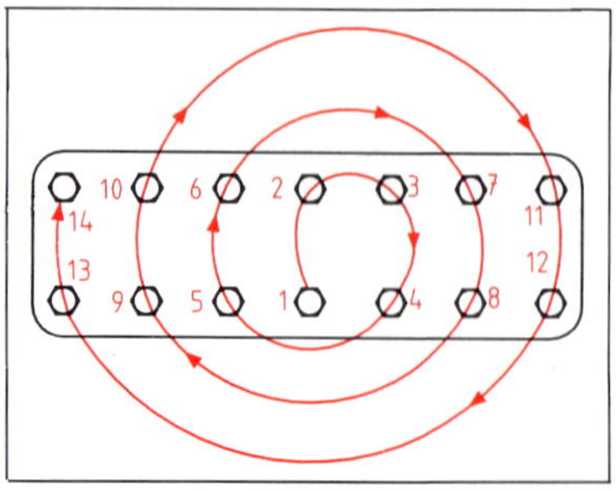

1 Beispiel für die Anziehreihenfolge der Zylinderkopfschrauben

Motorblock

Der **Motorblock** (Kurbelgehäuse mit Zylindern) der Dieselmotoren (Bild 2) besteht aus legiertem Gusseisen. In den Wandungen, die zur Erhöhung der Festigkeit und der Verwindungssteifigkeit teilweise mit Rippen versehen sind, sind Kanäle zur Kühlung der Zylinder und Bohrungen zur Schmierung der Motorbauteile enthalten.

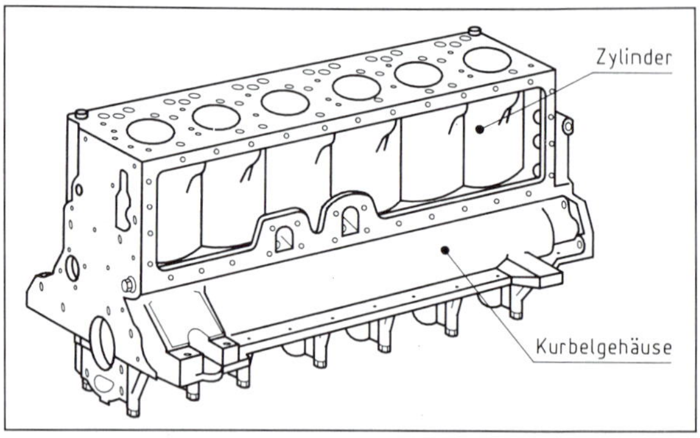

2 Motorblock

Die Zylinder bilden zusammen mit dem Zylinderkopf den Arbeitsraum des Verbrennungsmotors. Das Material hält hohe Drücke aus und besitzt einen großen Verschleißwiderstand. Außerdem wird ein Teil der Verbrennungswärme über die Zylinderwandungen an das Kühlmittel abgeführt. Die **Wandungstemperatur** erreicht etwa 200 °C.

Dieselmotoren mit Luftkühlung besitzen Einzelzylinder aus einer Leichtmetall-Legierung, die mit Kühlrippen versehen sind. Bei flüssigkeitsgekühlten Motoren sind die Zylinder entweder fester Bestandteil des Motorblocks (integriert, s. Bild 3) oder es werden auswechselbare **Laufbuchsen** (Bild 5) verwendet, die im Schleuderformguss-Verfahren hergestellt werden.

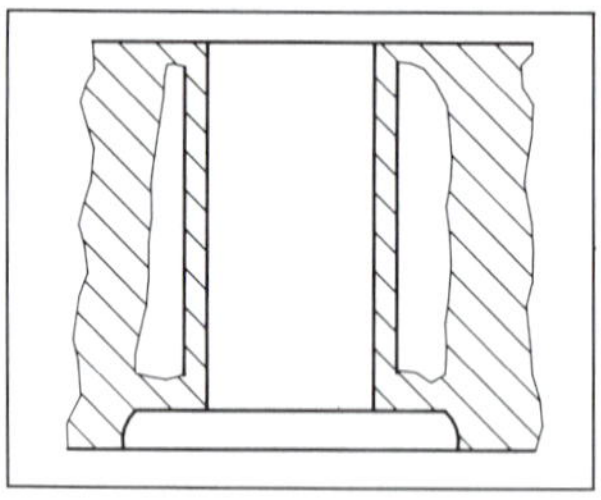

3 integrierter Zylinder

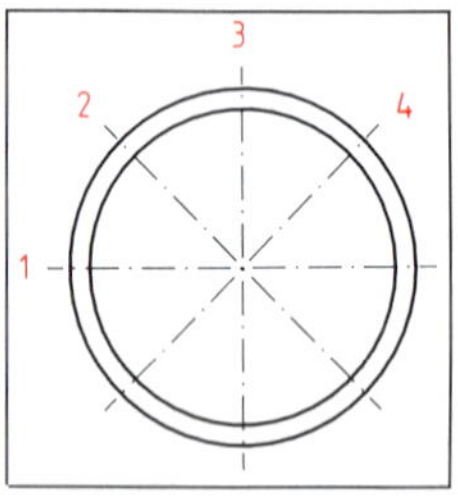

4 Messachsen Zylinderverschleiß

Trockene Laufbuchsen (Bild 5a)) sind dünnwandig und werden in eine vorhandene Zylinderbohrung gepresst. Um eine glatte, riefenfreie Lauffläche zu erhalten, werden sie erst nach dem Zusammenfügen gehont (Ziehschleifverfahren zur Feinstbearbeitung von Bohrungen). Die Bezeichnung „trocken" besagt, dass die Laufbuchse keine direkte Kühlmittelberührung hat.

Nasse Laufbuchsen (Bild 5b)) sind dickwandiger und ersetzen die integrierte Zylinderbohrung. Da sie direkt vom Kühlmittel umspült werden, besitzen sie an ihrem äußeren unteren Ende Dichtringe. Diese verhindern, dass Kühlflüssigkeit in das Kurbelgehäuse laufen kann.

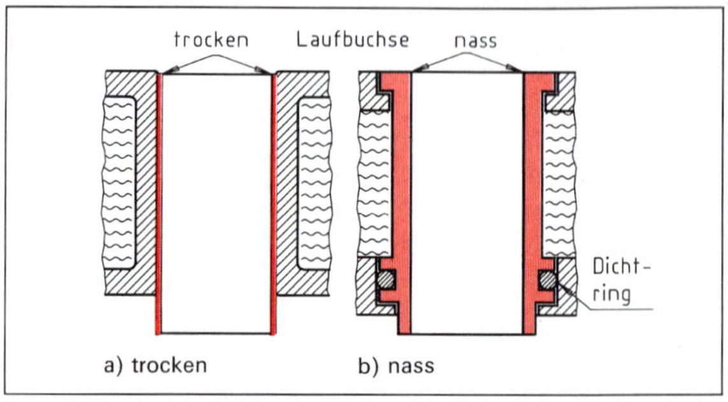

5 auswechselbare Laufbuchsen

Mangelnde Leistung eines Dieselmotors kann auf Störungen in der Kraftstoffanlage oder auf eine zu niedrige Kompression zurückzuführen sein. Letztere wird hervorgerufen durch Verschleiß der Zylinderwandungen oder Kolben bzw. Kolbenringe, undichte Ventile oder eine schadhafte Zylinderkopfdichtung.

Der **Zylinderverschleiß** kann mithilfe einer Messuhr (Bild 6) ermittelt werden. Dazu sind jeweils vier Messungen in den angegebenen Richtungen (Bild 4) im Bereich des oberen und des unteren Totpunktes erforderlich.

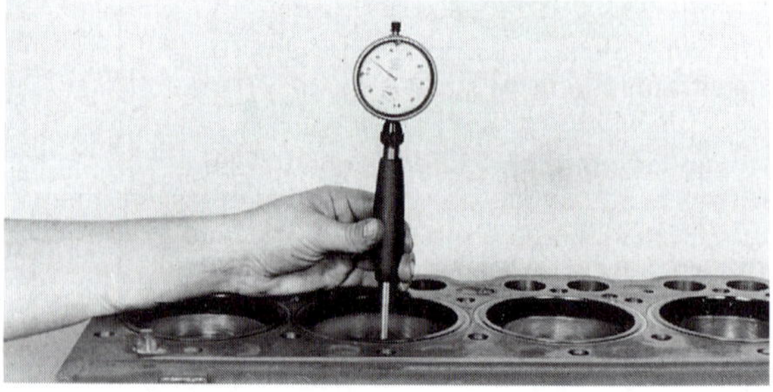

6 Ermittlung Zylinderverschleiß

Bei der Auswertung der Messergebnisse wird man grundsätzlich feststellen, dass der Zylinderverschleiß im OT-Bereich am größten ist. Dieses hat folgende Ursachen:

- schlechte Schmierung bei kaltem Motor,
- Verbrennung des Schmierfilms beim Arbeitstakt,
- Korrosion, da nicht immer ein Schutzfilm vorhanden ist.

Übungen

1. Aus welchen Gründen eignet sich Gusseisen besonders als Werkstoff für den Motorblock und den Zylinderkopf eines Dieselmotors?
2. Warum dürfen die Zylinderkopfschrauben eines Motors nicht in beliebiger Reihenfolge angezogen werden?
3. Ermitteln Sie die Anzugsreihenfolge (Skizze gemäß Bild 1, Seite 12) und die Anzugsdrehmomente der Zylinderkopfschrauben für einen Schleppertyp Ihrer Wahl aus dem Werkstatthandbuch (Reparaturleitfaden).
4. Warum sind die Kühlrippen der Zylinder luftgekühlter Motoren im OT-Bereich größer als im UT-Bereich?
5. Welche Vor- und Nachteile haben auswechselbare Laufbuchsen?
6. Beschreiben Sie den Arbeitsablauf einer Kompressionsdruckprüfung an einem Schleppermotor.
7. Ermitteln Sie anhand eines Werkstatthandbuches, in welchen Grenzen der Kompressionsdruck für einen Dieselmotor liegen muss.

2.1.3.2 Kurbeltrieb

Zum **Kurbeltrieb** (Bild 1) des Motors gehören als wesentliche Bauteile Kolben, Pleuelstange und Kurbelwelle. Die beim Arbeitstakt erzeugte Kraft, die bei einem Dieselmotor mit einem Kolbendurchmesser von $d = 100$ mm einer Masse von $m > 6$ t entspricht, wird vom Kolben über den Kolbenbolzen auf die Pleuelstange weitergeleitet. Diese gibt sie an die Kurbelwelle ab. Dabei entsteht aus der geradlinigen Bewegung des Kolbens eine Drehbewegung.

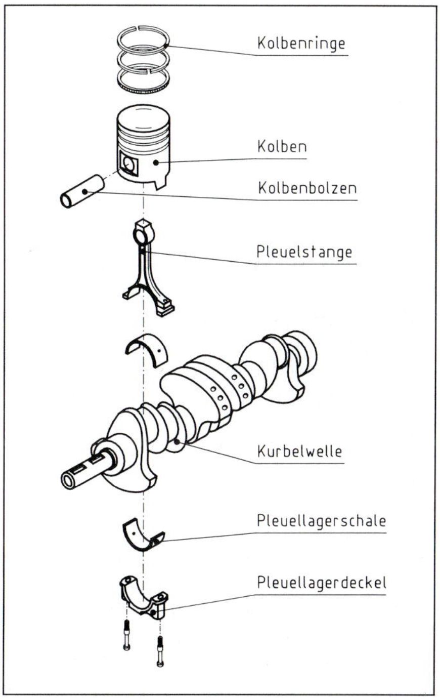

1 Bauteile Kurbeltrieb

Kolben

Der **Kolben** (Bild 2) sorgt zusammen mit den Kolbenringen für eine bewegliche Abdichtung des Brennraumes gegenüber dem Kurbelgehäuse. Bild 2 zeigt folgende Einzelteile des Kolbens:

Brennraummulde
Kolbenboden
Feuersteg
Ringzone
Kolbenschaft
Kolbenbolzenauge
Ringträger im Bereich der Nut für den obersten Kolbenring.

Die Kolben der Verbrennungsmotoren bestehen wegen der guten Wärmeleitfähigkeit und der geringen Masse aus einer Aluminium-Siliziumlegierung. Der Zusatzstoff Silizium dient zur Erhöhung des Verschleißwiderstandes und zur Minderung der Wärmeausdehnung.

Zur Verbesserung der Notlaufeigenschaften bzw. zur Minderung des Verschleißes werden die Kolben mit dünnen Schutzschichten aus Blei, Zinn, Phosphat, Graphit, Nickel oder Eisen versehen. Der **Ringträger** (Bilder 2 und 3) aus legiertem Gusswerkstoff im Bereich der Nut für den obersten Kolbenring soll den Verschleiß der Nutflanken bzw. ihre Verformung mindern. Ringträgerkolben werden nur bei Dieselmotoren eingesetzt.

Beim Motorbetrieb treten am Kolben folgende Temperaturen an den Einzelteilen (Bild 2) auf:

- Brennraummulde 300 °C ... 400 °C
- Feuersteg 250 °C ... 300 °C
- unterer Kolbenring 180 °C ... 200 °C
- Kolbenbolzenauge 150 °C ... 180 °C
- am Ende des Kolbenschaftes 100 °C ... 140 °C

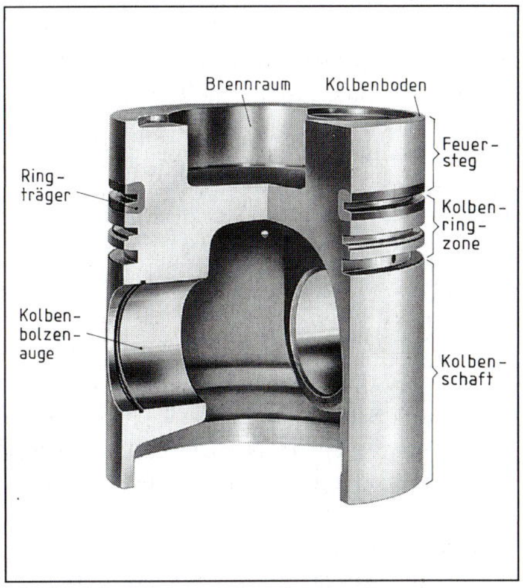

2 Einzelteile Ringträger-Kolben

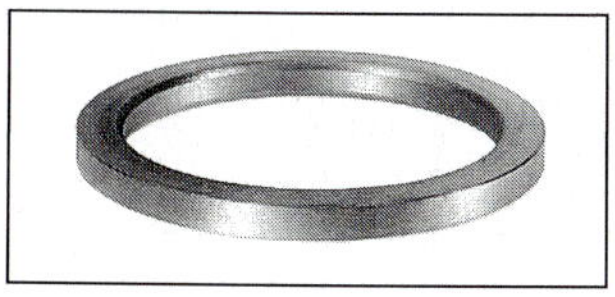

3 Eingussring für Ringträgerkolben

Aufgrund dieser recht unterschiedlichen Temperaturbelastung ist das **Einbauspiel** des Kolbens am Feuersteg größer als am Kolbenschaft. Dementsprechend ist der Kolbendurchmesser im Bereich des Feuersteges geringfügig kleiner. Dieser Unterschied wird konstruktiv so festgelegt, dass der Kolben bei der höchsten thermischen Belastung eine gleichmäßig zylindrische Form hat.

Ein weiteres Problem ergibt sich aus der unterschiedlichen Wärmeausdehnung des Kolben- und Zylinderwerkstoffes. Bei gleicher Temperatur hat Aluminium gegenüber Gusseisen etwa die doppelte Wärmeausdehnung. Dieser Differenzbetrag muss bei kaltem Motor zusätzlich als Einbauspiel vorhanden sein. Durch Eingießen von Stahlhülsen (Bild 1) oder Stahlbändern versuchen die Kolbenhersteller das Spiel möglichst klein zu halten.

Ein großes Einbauspiel führt bei kaltem Motor zu Kompressionsverlusten und erhöhter Geräuschbildung durch Kolbenkippen.

Kolbenschäden können folgende Ursachen haben:

- Überhitzung (z. B. Einspritzzeitpunkt zu früh, schlechte Kühlung),
- mangelhafte Schmierung zwischen Kolben und Zylinderwand,
- Fremdkörper.

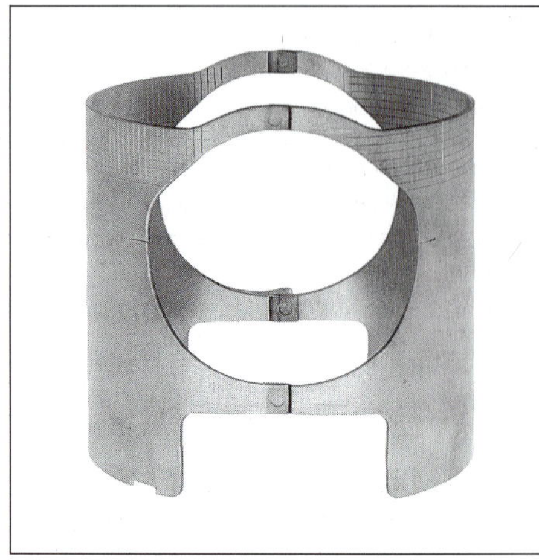

1 Regel-(Stahl-)hülse im Kolbenschaft

Kolbenringe

Die Kolben der Dieselmotoren haben in der Regel drei **Kolbenringe** (Bild 2). Die oberen beiden werden als **Verdichtungs- oder Kompressionsringe** bezeichnet. Diese haben in erster Linie die Aufgabe, für die Abdichtung zwischen Kolben und Zylinderwandung zu sorgen. Trotzdem können geringe Mengen verbrannter Gase aus dem Brennraum heraus gelangen. Diese werden über die Kurbelgehäuseentlüftung nach außen oder in den Ansaugkanal geleitet.

Zusätzlich übernehmen die Kompressionsringe die Funktion, die vom Kolbenboden aufgenommene Wärme an die Zylinderwandungen weiterzuleiten.

Kolbenringe bestehen aus einem gehärteten Gusswerkstoff oder aus Stahl. Zur Erhöhung des Verschleißwiderstandes werden die Laufflächen mit Schutzschichten (z. B. Chrom, Molybdän) versehen.

Der **Ölabstreifring** in der unteren Ringnut hat die Aufgabe, überschüssiges Öl von den Zylinderwandungen abzustreifen. Dieses wird über Schlitze im Ring (Bild 3) und Löcher in der Ringnut des Kolbens ins Kurbelgehäuse geleitet. Die Kolbenringe müssen jedoch zur Aufrechterhaltung eines gleichmäßigen Schmierfilms auf der Zylinderwandung eine geringe Menge Öl durchlassen. Dieses geschieht, wie Bild 4 zeigt, in folgenden Stufen:

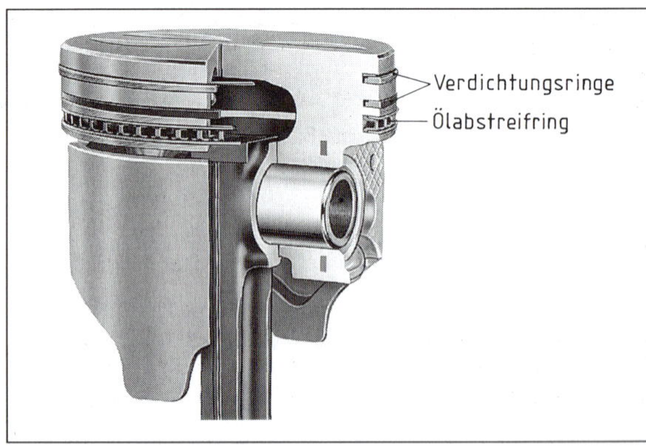

2 Kolbenringe eines herkömmlichen Kolbens

Kompressionsringe	Ölabstreifringe
Rechteckring	Ölschlitzring
Minutenring	Dachfasenring
Einseitiger Trapezring	Dachfasenring mit Schlauchfeder
(Doppel-) Trapezring	Dreiteiliger Stahl-Ölring

3 Kolbenringformen (Auswahl)

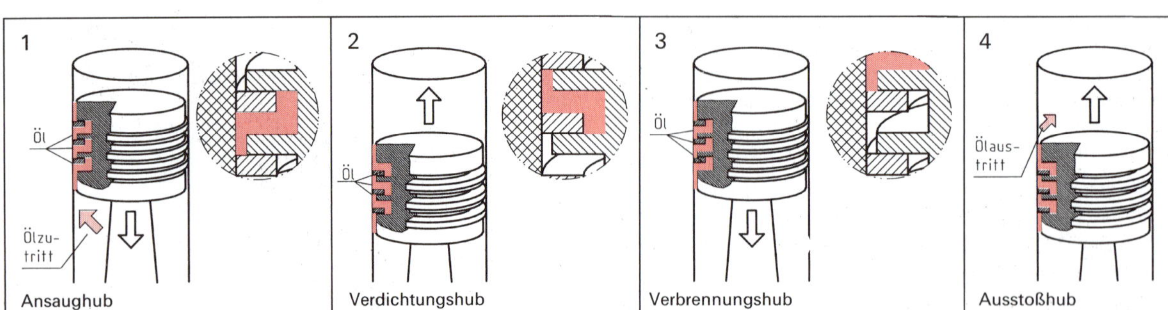

4 Ölverteilung durch die Kolbenringe

1 Beim Hub von OT nach UT wird Öl in den unteren Ringspalt gedrückt.
2 Beim Hub von UT nach OT werden die Kolbenringe auf die untere Kante der Ringspalten gedrückt und das Öl eingeschlossen.
3 Beim Hub von OT nach UT gelangt das Öl auf die Zylinderwand oberhalb des jeweiligen Kolbenrings.
4 Beim Hub von UT nach OT wird das Öl oberhalb des ersten Kolbenringes in den Brennraum gedrückt, wo es verbrennt.

Ist das Höhenspiel der Kolbenringe zu groß, so pumpen sie verstärkt Öl in den Brennraum. Der Ölverbrauch des Motors nimmt entsprechend zu.

Der **Kolbenbolzen** stellt die Verbindung zwischen Kolben und Pleuelstange her. Aus Massegründen sind sie in der Mitte hohl. Als Material wird unlegierter oder niedriglegierter Stahl verwendet.

Zur Erhöhung des Verschleißwiderstandes werden die Kolbenbolzen durch Nitrieren oberflächengehärtet. Da sie in der Regel schwimmend in Pleuel- und Bolzenauge gelagert werden, verhindern Federringe am äußeren Ende des Kolbenbolzenauges ein axiales Verschieben.

Pleuelstange

Bild 1 zeigt folgende wesentliche Einzelheiten der **Pleuelstange:**

1 Pleuelauge (-kopf)
2 Pleuelbuchse
3 Pleuelschaft
4 Pleuelfuß
5 Pleuellagerschalen
6 Pleuellagerdeckel
7 Befestigungsschraube

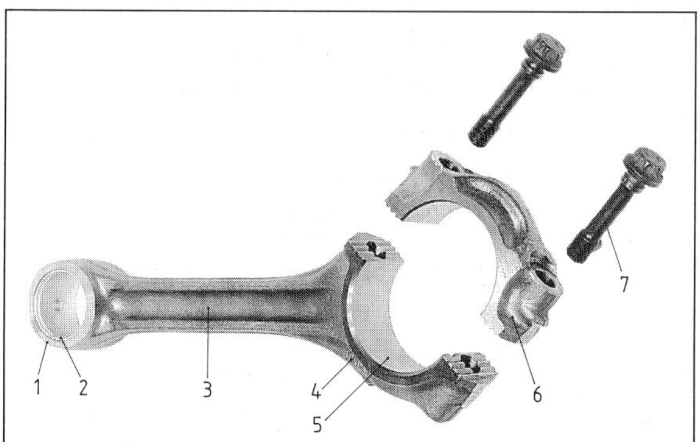

1 Einzelteile Pleuel

Da Pleuelstangen auf Zug, Druck und Biegung beansprucht werden, müssen sie eine hohe Festigkeit besitzen. Aus diesem Grunde bestehen sie aus legiertem Vergütungstahl. Ihre Form erhält die Pleuelstange durch Schmieden im Gesenk.

Die Lagerbuchsen (Teil 2 in Bild 1), die aus einer Kupfer-Blei-Zinnlegierung (Bleibronze) bestehen, werden in das Pleuelauge eingepresst. Die Schmierung der Lagerfläche des Kolbenbolzens erfolgt über eine Bohrung im oberen Teil des Pleuelauges.

Der Pleuelfuß wird mit Hilfe des Lagerdeckels und der zugehörigen Schrauben am Kurbelzapfen (Teil 5 in Bild 3) der Kurbelwelle befestigt. Die eingesetzten Lagerschalen (Bild 2) sind Dreischicht- oder Dreistofflager. Auf einer Stahlstützschale befindet sich eine Kupfer-Blei-Zinnlegierung als eigentlicher Lagerwerkstoff. Zur Erhöhung des Verschleißwiderstandes erhalten sie noch eine dünne Laufschicht aus einer Blei-Zinn- oder Kupferlegierung.

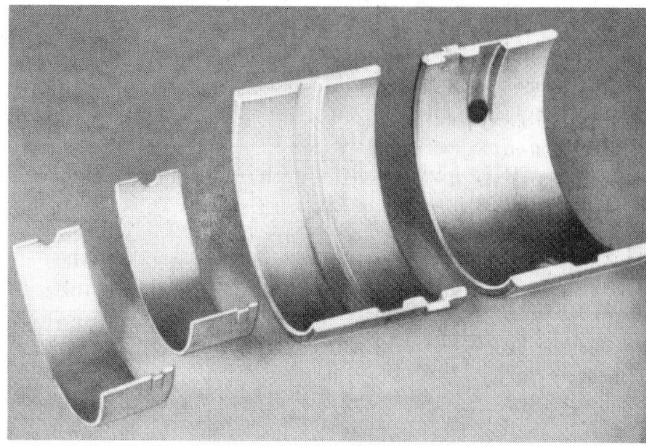

2 Lagerschalen

Kurbelwelle mit Schwungrad

Pleuelstange und **Kurbelwelle** (Bild 3) formen die Hubbewegung des Kolbens in eine Drehbewegung um. Diese wird über **Schwungrad** und Kupplung an das Getriebe weitergeleitet.

Das Schwungrad (Teil 1 in Bild 3) nimmt während der Arbeitstakte der einzelnen Zylinder kinetische Energie auf, um den Motor während der Takte „Ansaugen", „Verdichten" und „Ausstoßen" (Leertakte) in Bewegung zu halten. Einzylindermotoren brauchen für diese Aufgabe wegen des großen Zündabstandes (720° KW) eine größere Schwungmasse als Mehrzylindermotoren.

Das Schwungrad und die Kurbelwelle werden gemeinsam ausgewuchtet, um die Lagerbelastung gering zu halten.

Bild 3 zeigt folgende wesentliche Einzelheiten der Kurbelwelle:

2 Kurbelwangen (-kröpfungen)
3 Gegengewichte
4 Antrieb Motorsteuerung
5 Kurbelzapfen (Pleuellager)
6 Kurbelwellenlagerzapfen

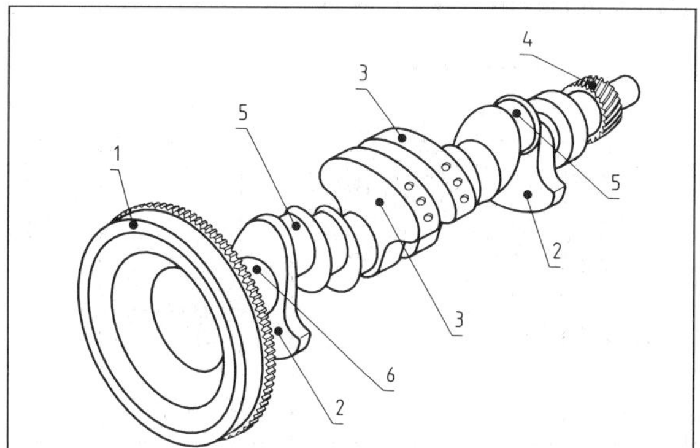

3 Schwungrad und Kurbelwelle

Kurbelwellen für Dieselmotoren werden aus vergütetem, legiertem Stahl entweder im Gesenk geschmiedet oder gegossen. Ihre Form wird bestimmt durch die Zylinderzahl, die Zylinderanordnung, die Zündfolge, den Hub und der Anzahl der Kurbelwellenlager.

Die Gegengewichte (Bild 3, Seite 15, Teil 3) dienen zum Ausgleich der von Kolben und Pleuelstangen auf die Kurbelwellenlager ausgeübten Kräfte. Als Lagerschalen für die Kurbelwelle werden ebenfalls Dreischichtlager verwendet. Die Schmierung erfolgt über Bohrungen in der Kurbelwelle (Bild 2).

Um ein axiales Verschieben der Kurbelwelle zu vermeiden, besitzt diese entweder an der Schwungradseite oder in der Mitte ein **Pass- oder Führungslager** (Bild 1). Dieses hat auch seitliche Lagerflächen, um Längskräfte aufzunehmen.

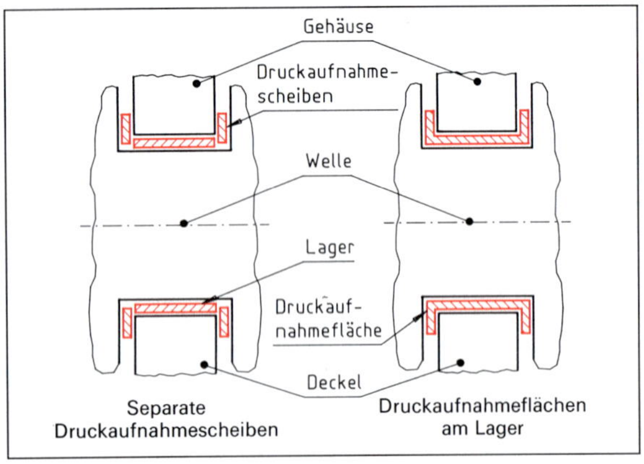

1 Kurbelwellenführungslager

Lagerschäden im Bereich der Kurbelwelle werden in erster Linie durch Schmutz oder Schmierölmangel hervorgerufen. Sie sind erkennbar an einem Abfall des Öldrucks und an einer Zunahme der Geräusche.

Bei Drei- und Vierzylinder-Viertaktmotoren treten Massenkräfte (Bild 3) an der Kurbelwelle auf, die durch die Gestaltung der Kurbelwellenkröpfungen nicht vollständig ausgeglichen werden können. Aus diesem Grunde erhalten diese Motoren einen Massenausgleich (Bild 4), der aus Ausgleichsgewichten besteht, die von der Kurbelwelle über Zahnräder angetrieben werden. Die Ausgleichsgewichte arbeiten gegenläufig zur Kolbenbewegung.

Aufgrund der unterschiedlichen Druckbelastung der Kurbelwelle entstehen bei Vier- und Sechszylindermotoren **Drehschwingungen.** Erreichen diese die Frequenz der Eigenschwingungen der Kurbelwelle (Resonanz), so können sich die Schwingungen so weit aufschaukeln, dass die Kurbelwelle bricht. Um die Drehschwingungen gering zu halten, werden häufig an der dem Schwungrad gegenüberliegenden Seite Drehschwingungsdämpfer eingebaut.

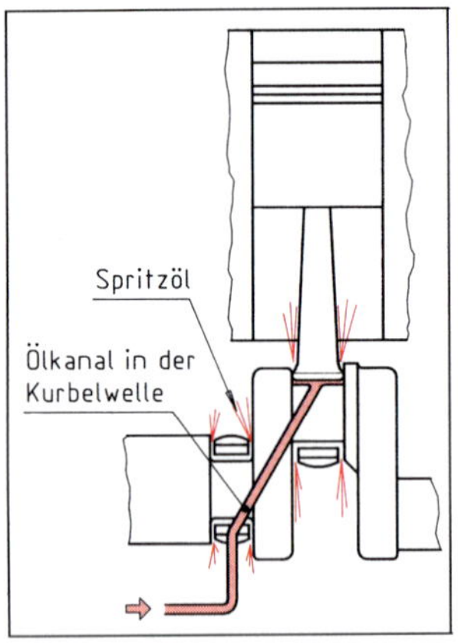

2 Schmierung der Kurbelwelle

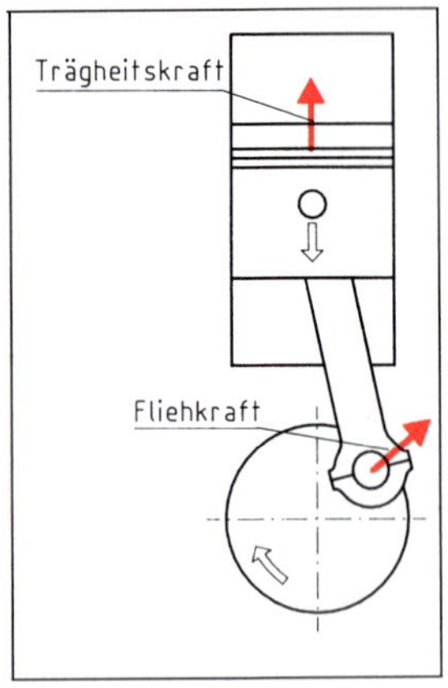

3 Unwucht verursachende Kräfte im Motor

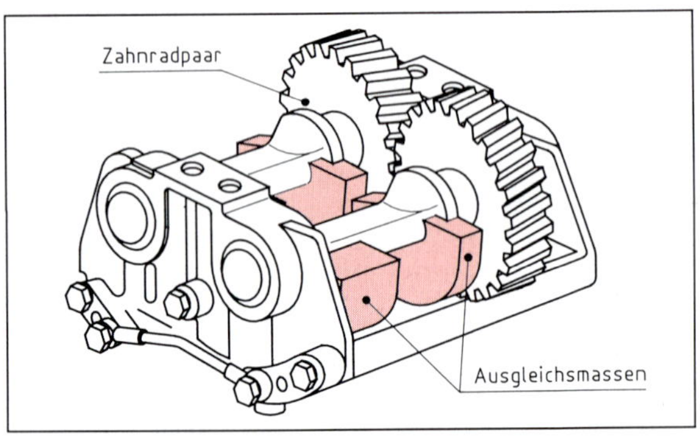

4 Massenausgleich

Übungen

1. Welche Bauteile gehören zum Kurbeltrieb eines Motors?
2. Welche Aufgabe hat der Kurbeltrieb?
3. Warum werden die Kolben aus einer Aluminium-Silizium-Legierung hergestellt?
4. Welche technischen Maßnahmen sind erforderlich, um eine gleichmäßige Wärmeausdehnung des Kolbens zu erreichen?
5. Erläutern Sie die Ursachen für Kolbenschäden anhand von Beispielen aus der Praxis.
6. Begründen Sie, warum Pleuelstangen auf Zug, Druck und Knickung beansprucht werden?
7. Warum benötigen Mehrzylindermotoren eine geringere Schwungmasse als Einzylindermotoren?
8. Begründen Sie, warum das Pass- oder Führungslager auf der Schwungradseite oder in der Mitte der Kurbelwelle eingebaut wird.
9. Erstellen Sie einen Arbeitsplan (Werkzeuge, Hilfsmittel, notwendige Arbeitsschritte) für die Erneuerung der Kurbelwellenlager eines Dieselmotors. Entnehmen Sie die dafür notwendigen Reparaturdaten einem Werkstatthandbuch.

2.1.3.3 Motorsteuerung

Der Gaswechsel des Viertakt-Dieselmotors (**Motorsteuerung**) erfolgt über Ventile, die in Abhängigkeit von der Kolben- bzw. Kurbelwellenbewegung geöffnet oder geschlossen werden (s. Kap. 2.1.2.1).

Zur Motorsteuerung (Bild 1) gehören folgende Bauteile:

1 Auslassventil (AV)
2 Einlassventil (EV)
3 Stößelstange
4 Stößel
5 Nockenwelle
6 Zwischenrad
7 Antriebsrad Motorsteuerung auf Kurbelwelle
8 Antriebsrad Nockenwelle
9 Ventilfeder
10 Kipphebelwelle
11 Kipphebel

Die **Nockenwelle** wird von der Kurbelwelle über schrägverzahnte Stirnräder (Bauteile 6, 7 und 8 in Bild 1) im Verhältnis 2:1 angetrieben. Die auf Bauteil 5 vorhandenen Nocken betätigen die Ventile über Stößel, Stößelstange und Kipphebel. Die Ventilfedern haben für ein einwandfreies Schließen der Ventile im unbetätigten Zustand zu sorgen.

Nockenwellen werden entweder aus Stahl im Gesenk geschmiedet oder aus Gusswerkstoffen hergestellt. Um eine verschleißfeste Oberfläche zu erhalten, werden die Nocken und die Lagerstellen induktionsgehärtet. Über die Nockenformen werden die Öffnungswinkel, die Öffnungshübe und die Öffnungsgeschwindigkeiten der Ventile bestimmt.

Die **Ventile** (Bild 2) werden aus hochlegierten Stählen gefertigt. Jedes Ventil besteht aus einem Ventilschaft und einem Ventilteller. Die Abdichtung erfolgt über einen kegeligen Ventilsitz. Übliche Sitzwinkel liegen zwischen 30° ... 45°. Die Sitzbreite beträgt 1,5 mm ... 2 mm. Die von den Ventilen aufgenommene Verbrennungswärme wird über den Ventilsitz und die Ventilführung an den Zylinderkopf weitergeleitet.

Aufgrund der recht unterschiedlichen thermischen Belastung (EV: ≤ 550 °C und AV: ≤ 800 °C) unterscheiden sich Ein- und Auslassventile in folgenden Punkten: Legierungsbestandteile des verwendeten Stahls, Durchmesser Ventilteller (EV größer), Ventilspiel (EV kleiner) und Ventilsitzbreite (EV kleiner).

Weitere Informationen s. Kap. 2.1.4.4.

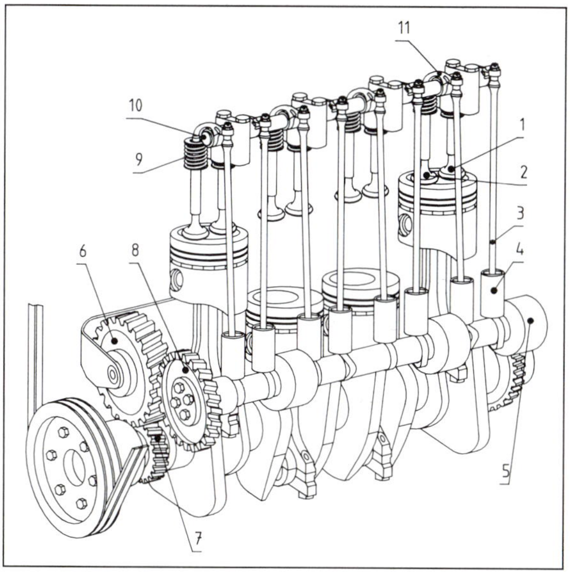

1 Bauteile Motorsteuerung

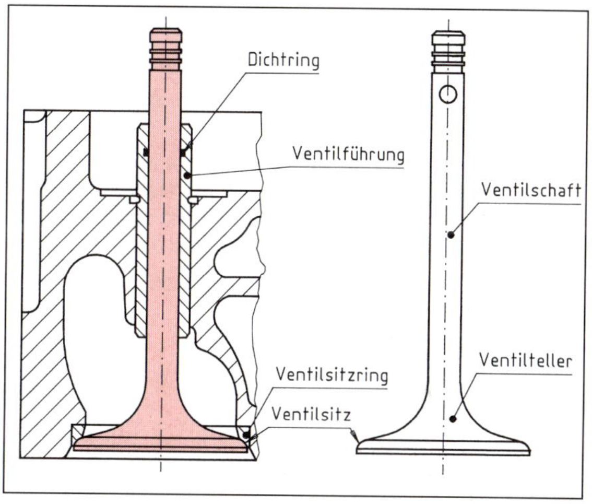

2 Einzelheiten Ventil

Übungen

1. Worauf ist beim Einbau der Nockenwelle zu achten?
2. Wonach richtet sich das vom Hersteller angegebene Ventilspiel?
3. Warum haben Auslassventile häufig einen kleineren Durchmesser der Ventilteller?
4. Warum benötigen Auslassventile einen breiteren Ventilsitz?
5. Begründen Sie, warum eine geringere Sitzbreite günstiger für die Abdichtung ist?
6. Welchen Einfluss hat ein zu großes Ventilspiel auf die Steuerzeiten der Ventile?
7. Welche Folgen kann ein zu kleines Ventilspiel haben?
8. Welchen Einfluss hat eine verschlissene Ventilführung auf den Ölverbrauch des Motors?
9. Erstellen Sie einen Arbeitsplan (Werkzeuge, Hilfsmittel, notwendige Arbeitsschritte) für die Kontrolle bzw. Einstellung des Ventilspiels für einen Schleppertyp Ihrer Wahl.
10. Erstellen Sie einen Arbeitsplan für das Einschleifen der Ventilsitze. Entnehmen Sie die dafür notwendigen Reparaturdaten einem Werkstatthandbuch.

2.1.3.4 Motorschmierung

Um trockene Reibung und den dadurch bedingten höheren Verschleiß zu vermeiden, verfügen Dieselmotoren über eine kombinierte Druckumlauf- und Schleuderschmierung. Letztere spielt beispielsweise bei der Versorgung der Zylinderlaufflächen mit Schmieröl (s. Seite 16, Bild 4 und Seite 16, Bild 2) eine wichtige Rolle.

Bild 1 veranschaulicht die Arbeitsweise der **Druckumlaufschmierung.** Das Schmieröl wird aus der Ölwanne (2) von der Ölpumpe (1) angesaugt und zum Ölfilter (7) gefördert. Von dort wird das gereinigte Öl unter Druck über Kanäle zu den Gleitstellen der Kurbelwelle (12, 13), der Nockenwelle (10, 11) und der Ventile mit ihren Betätigungseinrichtungen (8, 9) geführt. Ebenso gelangt Schmieröl zu den Antriebsrädern der Motorsteuerung, zur Einspritzpumpe und, falls vorhanden, zum Turbolader.

Als Ölpumpen werden Zahnrad- oder Rotorpumpen (Bild 2) verwendet. Die Ölfördermenge liegt bei etwa 30 l/min. Auf der Druckseite direkt hinter der Ölpumpe befindet sich ein Überdruckventil, das für einen gleichmäßigen Systemdruck (Überdruck) zwischen 2 bar bis 4,5 bar sorgt.

Als Ölfilter werden häufig Wechselfilterpatronen verwendet, die nur einmalig zu gebrauchen sind. Bei starker Verschmutzung öffnet ein Umgehungsventil im Filterkopf, sodass der Motor in diesem Falle mit ungereinigtem Öl geschmiert wird.

Zur Verstärkung der Ölreinigung wird bei einigen Motoren ein kleiner Teil des Öls hinter dem Hauptstromfilter über eine Bypassbohrung einem Nebenstromfilter zugeführt. Von dort gelangt es dann zurück in die Ölwanne.

Das Motoröl hat neben der Reibungsminderung noch folgende Aufgaben zu erfüllen:

- Schutz vor Korrosion,
- Ableitung der Wärme (das Öl erreicht an einigen Stellen Temperaturen ≤ 200 °C),
- Reinigung der Lagerstellen,
- Feinabdichtung zwischen Kolbenringen und Zylinderlaufflächen.

Damit das **Motoröl,** das in der Regel aus Erdöl hergestellt wird, diese Aufgaben auch erfüllen kann, werden ihm unterschiedliche Anteile von qualitätsverbessernden Zusätzen **(Additive)** beigemengt.

Zur Kennzeichnung der Qualität und der Verwendbarkeit von Motorölen werden folgende Normen (Klassifikationen) benutzt:

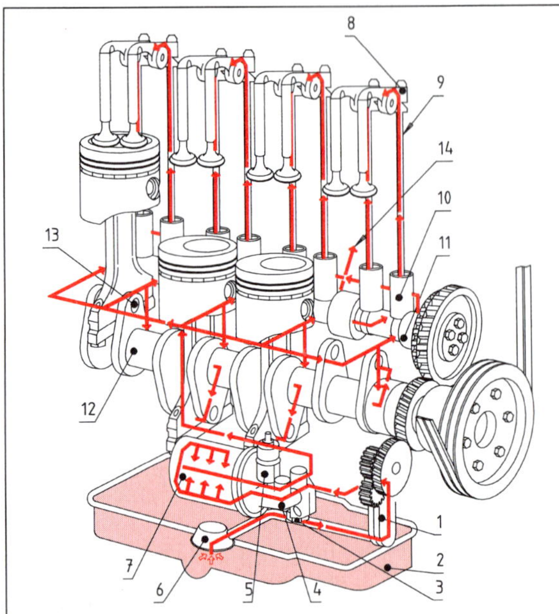

1 Schmierölpumpe
2 Ölwanne
3 Öldruckregelventil im Filterkopf
4 Filterkopf
5 Öldruckschalter (Manometeranschluss)
6 Saugrohr
7 Schmierölwechselfilter
8 Kipphebel
9 Stoßstange (hohl)
10 Stößel
11 Nockenwelle
12 Kurbelwelle
13 Pleuelzapfen
14 zur Einspritzpumpe

1 Druckumlaufschmierung

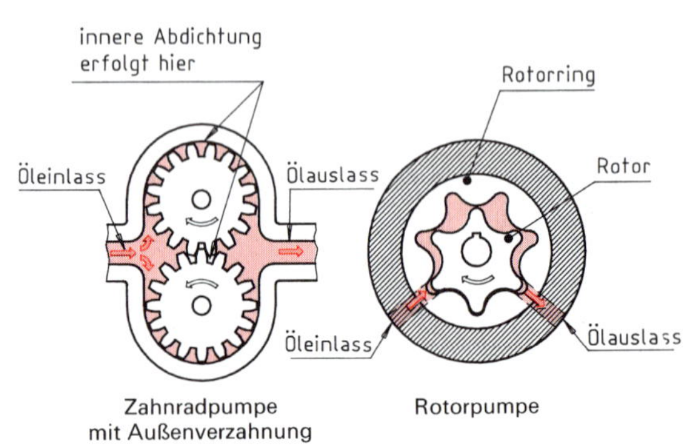

2 Bauarten Ölpumpen

SAE-Klassifikation

Als Unterscheidungsmerkmal wird die Zähflüssigkeit (Viskosität) des Öls angegeben. Da diese mit steigender Temperatur sinkt, muss bei höheren Außentemperaturen (Sommer) ein Öl mit höherer SAE-Zahl (Bild 3) verwendet werden, um einen ausreichenden Schmierfilm im Motor aufrecht zu erhalten. Bei Mehrbereichsölen, wie beispielsweise SAE 15W/40, bezieht sich die erste Zahl auf das Viskositätsverhalten bei niedrigen Temperaturen. Die zweite Zahl ist ein Maß für die Zähflüssigkeit bei höheren Temperaturen.

SAE[1]-Klasse	Verwendung (Außentemperatur)	Ein- oder Mehrbereichsöl
SAE 10 W	Winter	Einbereichsöl
SAE 20	Sommer und Winter	Einbereichsöl
SAE 30	Sommer	Einbereichsöl
SAE 15 W/40	Sommer und Winter	Mehrbereichsöl
SAE 20 W/50	Sommer	Mehrbereichsöl

[1] SAE = Society of Automotive Engineers

3 Unterscheidung Motoröle nach der Viskosität

API-Klassifikation

Als Unterscheidungsmerkmal wird die Verwendbarkeit angegeben (Bild 1). Zur Ermittlung der Klassifikation werden Versuche mit Prüfmotoren durchgeführt, wobei insbesondere folgende Punkte untersucht werden: Lagerkorrosion, Alterung des Öls, Bildung von Ablagerungen und Verschleiß an den Lagerstellen.

API[1]-Klasse	Verwendung / Belastbarkeit
SE	Ottomotoren Baujahr 1972–1979
SF	Ottomotoren Baujahr 1980–1988
SG	Ottomotoren ab Baujahr 1988
CC	Dieselmotoren
CD	Diesel- und Turbodieselmotoren
CE	Diesel- und Turbodieselmotoren (erhöhte Qualität)

[1] API = American Petroleum Institute

1 Unterscheidung der Motoröle nach Verwendbarkeit (Amerikanische Anforderungen)

ACEA-Klassifikation

Auch bei dieser Klassifikation wird die Verwendbarkeit der Motoröle angegeben (Bild 2). Neben den Prüfungen der API-Klassifikation schreibt diese Norm zusätzliche Untersuchungen in folgenden wesentlichen Punkten vor: Ölverdampfungsverluste, Schlammbildung, Hochtemperaturfestigkeit, Dichtungsverträglichkeit und Motorsauberkeit. Die ACEA-Klassifikation muss seit dem 1.1.1990 auf Ölbehältnissen vermerkt sein.

Bei Verbrennungsmotoren ist eine regelmäßige Ölstandskontrolle erforderlich, da sie aus den nachfolgend aufgeführten Gründen grundsätzlich eine geringe Menge Öl verbrauchen:

- Der Ölfilm an den Zylinderwandungen verbrennt bei jedem Arbeitstakt im Bereich des oberen Totpunkts.
- Eine geringe Menge Öl gelangt insbesondere über die Führungen der Einlassventile in den Brennraum und wird mitverbrannt.
- Öldämpfe entweichen über die Kurbelgehäuseentlüftung.

ACEA[2]-Klasse	Verwendung / Belastbarkeit
G4	Ottomotoren
G5	Ottomotoren (erhöhte Qualität)
PD2	Dieselmotoren PKW
D4	Dieselmotoren Nutzfahrzeuge
D5	Dieselmotoren Nutzfahrzeuge (erhöhte Qualität)

[2] ACEA = Association des Constructeurs Europeénne d'Automobiles (früher: CCMC)

2 Unterscheidung der Motoröle nach Verwendbarkeit (Europäische Anforderungen)

Übungen

1. Beschreiben Sie anhand Bild 2, Seite 18 die Arbeitsweise der verschiedenen Ölpumpenbauarten.
2. Nennen Sie Ursachen für einen überhöhten Ölverbrauch.

Weitere Übungen zu diesem Kapitel finden Sie im Bereich Technische Kommunikation, Kap. 1.1.

2.1.3.5 Motorkühlung

Etwa ein Drittel der bei der Verbrennung erzeugten Wärme (s. Energiebilanz zu Bild 3, Seite 7) muss über die Kühlung abgeführt werden, um eine Überhitzung der Bauteile des Motors zu vermeiden.

Bild 3 zeigt die Bauelemente und die Arbeitsweise der am häufigsten eingesetzten **Flüssigkeitskühlung.** Der Thermostat ist in der Warmlaufphase des Motors geschlossen. Das Kühlmittel wird von der Wasser- bzw. Flüssigkeitspumpe über die Nebenleitung aus den Kühlkanälen des Zylinderkopfes angesaugt. Auf der anderen Seite der Pumpe gelangt es dann unter Druck zu den Kühlkanälen der Zylinder. Dieser kleine Kühlmittelkreislauf dient dazu, die Warmlaufphase des Motors zu verkürzen.

Übersteigt die Temperatur des Kühlmittels ca. 85 °C, öffnet der Thermostat die Leitung zum Kühler und verschließt die Nebenleitung. Die Saugseite der Flüssigkeitspumpe ist jetzt mit dem Kühler verbunden (großer Kreislauf).

Der vom Motor angetriebene Lüfter (Ventilator) saugt oder drückt je nach Bauart Luft durch die Lamellen des Kühlers, sodass die Temperatur des Kühlmittels in diesem Bereich um 5 °C...7 °C abgesenkt wird. Die Lamellen dienen dazu, die Kühlfläche zu vergrößern, da die abgegebene Wärmemenge entsprechend zunimmt.

Das Kühlmittel besteht aus Wasser, dem bis zu 50% an Zusatzstoffen beigemischt werden. Diese sollen sowohl das Einfrieren des Kühlmittels als auch die Bildung von Ablagerungen in den Kühlkanälen vermeiden.

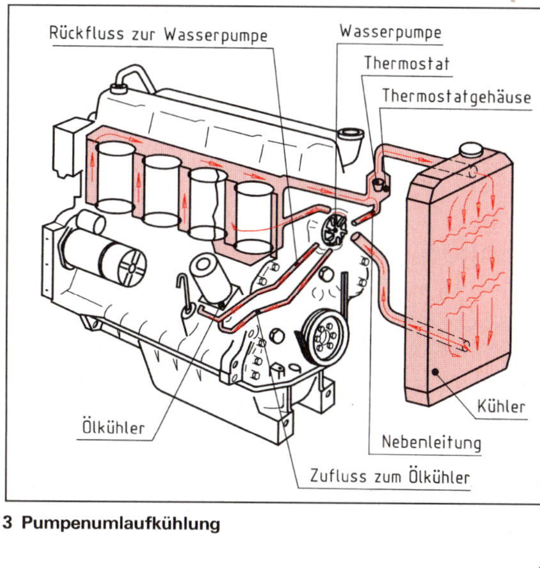

3 Pumpenumlaufkühlung

Im **Kühlerverschlussdeckel** (Bild 1) befinden sich zwei Ventile. Das Druckbegrenzungsventil (Überdruckventil) öffnet die Verbindung zum Überlaufrohr erst, wenn der durch die Wärmeausdehnung des Kühlmittels hervorgerufene Überdruck 0,2 bar ... 0,3 bar übersteigt. Durch diese Maßnahme wird der Siedepunkt der Kühlflüssigkeit auf 105 °C ... 108 °C angehoben, um die Verdampfungsverluste gering zu halten.

Damit beim Abkühlen des Kühlmittels kein Unterdruck im System entsteht, öffnet das Unterdruckventil bei einem konstruktiv festgelegten Druck die Verbindung zur Außenluft.

Als weiteres Kühlsystem wird bei Dieselmotoren die **Gebläseluftkühlung** eingesetzt. Ein vom Motor angetriebenes Gebläse drückt die Luft direkt zu den zu kühlenden Motorbauteilen. Anstelle von Kühlkanälen besitzen die Zylinder äußerlich Kühlrippen.

Kombiniertes Kühl- und Schmiersystem

Es gibt Dieselmotoren, die im Bereich des Kurbelgehäuses mit Motoröl und im Bereich des Zylinderkopfes mit Luft gekühlt werden (Bild 2).

Ein Drittel des von der Zweiwegeölpumpe geförderten Öls wird in der in Kap. 2.1.3.4 beschriebenen Form für die Motorschmierung verwendet. Die restliche Ölmenge wird mit einem Überdruck von max. 2 bar zu den Kühlkanälen der Zylinder geleitet. Je nach Temperatur fließt sie von dort entweder direkt oder über einen Ölkühler zurück zur Ölwanne. Ein Lüfter drückt Luft durch die Lamellen des Ölkühlers, um die Temperatur des Öls zu senken.

Der Wärmetauscher für die Kabinenheizung kann an diesen Kreislauf angeschlossen werden.

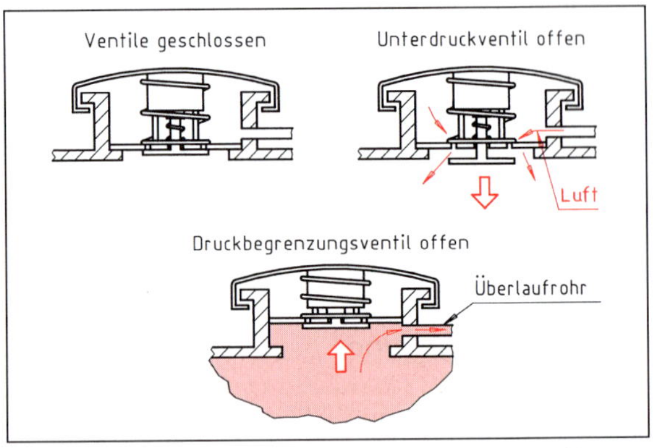

1 Kühlerverschlussdeckel mit Unterdruck- und Druckbegrenzungsventil

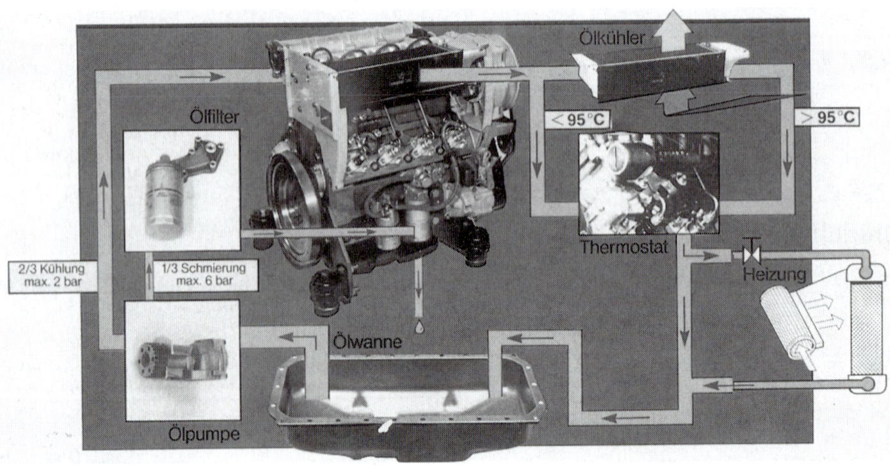

2 Kombiniertes Kühl- und Schmiersystem

Übungen

1. Welche Vor- und Nachteile hat die Luftkühlung im Vergleich zur Flüssigkeitskühlung?
2. Warum benötigen luftgekühlte Motoren Kühlrippen an den Zylinderwandungen?
3. Welche Schäden können bei der Flüssigkeitskühlung auftreten? Geben Sie die möglichen Ursachen an.
4. Welche Vor- und Nachteile hat ein kombiniertes Kühl- und Schmiersystem?

Weitere Übungen zu diesem Kap. finden Sie im Bereich Technische Kommunikation, Kap. 1.1.

2.1.3.6 Einspritzanlage

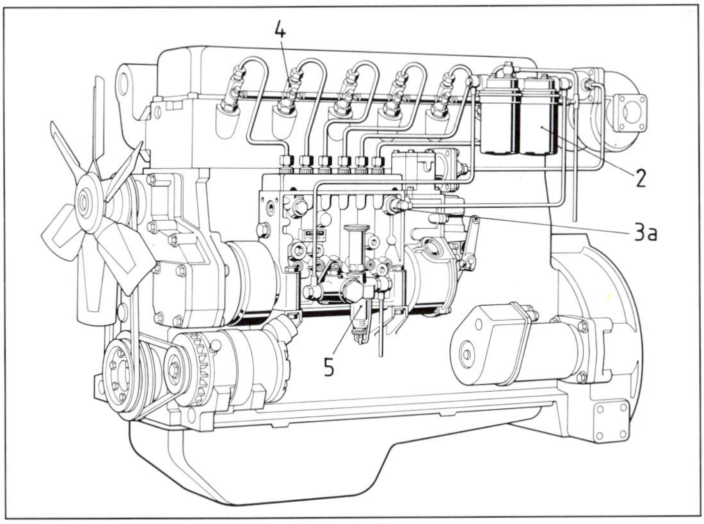

1 Bauteile der Einspritzanlage am Dieselmotor

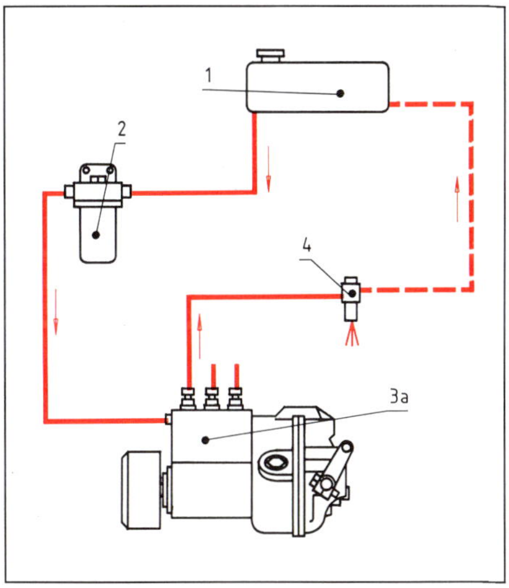

2 Einspritzanlage mit Falltankbetrieb

Bauteile der Einspritzanlage

Bei Dieselmotoren (Bilder 1 ... 4) findet die Vermischung von Kraftstoff und Luft im Brennraum statt (innere Gemischbildung). Dazu muss der Kraftstoff gegen Ende des Verdichtungstaktes unter hohem Druck von der Einspritzpumpe (3a oder 3b) über die Einspritzventile (4) in den Verdichtungsraum gespritzt werden.

Zur Erzeugung des Hockdruckes werden Reihen- oder Verteiler-Einspritzpumpen verwendet. Der wesentliche Unterschied zwischen den beiden Bauarten liegt in der Anzahl der Pumpenelemente. **Reiheneinspritzpumpen** (3a) besitzen für jeden Zylinder eine Hochdruckpumpe. Bei der **Verteilereinspritzpumpe** (3b) werden alle Zylinder von einer Hochdruckeinheit mit Kraftstoff versorgt.

Unterschiede bestehen ferner beim Weg des Kraftstoffs vom Behälter (1) zur Einspritzpumpe. Einfache Anlagen arbeiten nach dem **Falltankprinzip** (Bild 2). Da der Kraftstoffbehälter oberhalb des Motors angeordnet ist, fließt der Kraftstoff aufgrund seiner Schwerkraft über den Filter (2) zur Einspritzpumpe (3a).

Befindet sich der Kraftstoffbehälter an einer tiefer gelegenen Stelle, dann sind **Förderpumpen** (Bilder 1 und 3, Teil 5) erforderlich. Diese saugen den Kraftstoff aus dem Tank an und fördern ihn unter geringem Druck zur Einspritzpumpe.

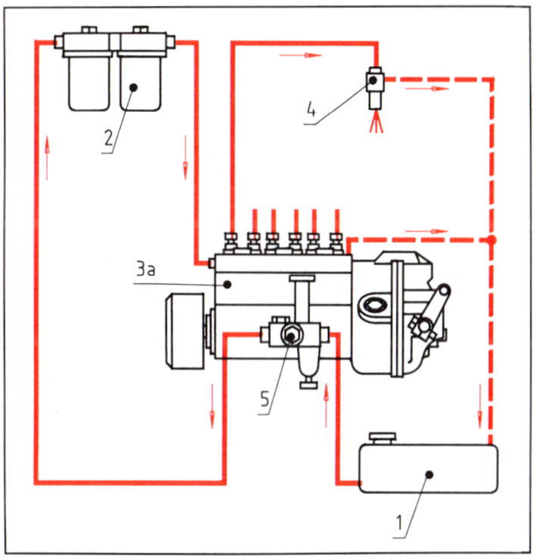

3 Einspritzanlage mit Förderpumpe

Eigenschaften des Dieselkraftstoffs

Beim Dieselmotor entzündet sich das Kraftstoff-Luftgemisch selbstständig aufgrund der hohen Gastemperatur gegen Ende des Verdichtungstaktes. Aus diesem Grunde benötigt man einen zündwilligen Kraftstoff. Die Zündwilligkeit des Dieselkraftstoffs wird in Form der **Cetanzahl** angegeben. Diese wird durch Versuche mit einem Prüfmotor ermittelt. Mit steigender Cetanzahl nimmt die Zündwilligkeit zu.

Die **Mindestqualität** von Dieselkraftstoff ist in der Norm DIN EN 590 festgelegt. Darin sind folgende wesentliche Anforderungen enthalten.

- Dichte bei 15 °C 0,82 kg/dm³ ... 0,86 kg/dm³
- Cetanzahl min. 45

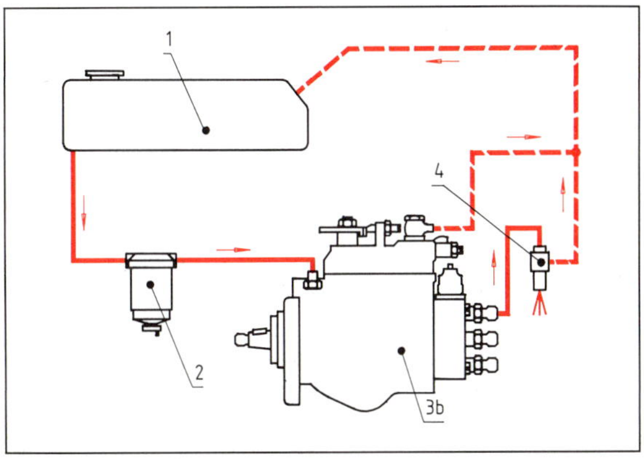

4 Einspritzanlage mit Verteilereinspritzpumpe

- Siedeverlauf:
  verdampft bis 250 °C max. 65 % des Volumens
  verdampft bis 350 °C min. 85 % des Volumens
- Schwefelgehalt max. 0,2 % der Masse
- Temperaturgrenzwert der Filtrierbarkeit:
  Sommer max. 0 °C
  Winter max. −15 °C

Besondere Bedeutung für die Praxis hat die **Filtrierbarkeit** von Dieselkraftstoff. Bei Abkühlung des Kraftstoffs unter die in DIN EN 590 genannten Grenzwerte entstehen Paraffinkristalle, die zur Verstopfung des Kraftstofffilters führen. Der Motor kann in diesem Falle nicht mehr laufen.

Diese Erscheinung kann insbesondere dann auftauchen, wenn der Landwirt aufgrund der günstigeren Einkaufspreise in den Sommermonaten bereits Dieselkraftstoff für den Winter einlagert.

Zur Lösung des Problems können dem Kraftstoff Fließverbesserer (Additive), Normalbenzin oder Petroleum beigemischt werden. Dieses muss jedoch vor Einbruch der Kälteperiode erfolgen. Die Mischung mit Normalbenzin oder Petroleum soll aus Sicherheitsgründen (Flammpunkt) nur im Kraftstofftank und nicht in den Lagerbehältern erfolgen. Normalbenzin darf 30% und Petroleum 50% Volumenanteil nicht übersteigen.

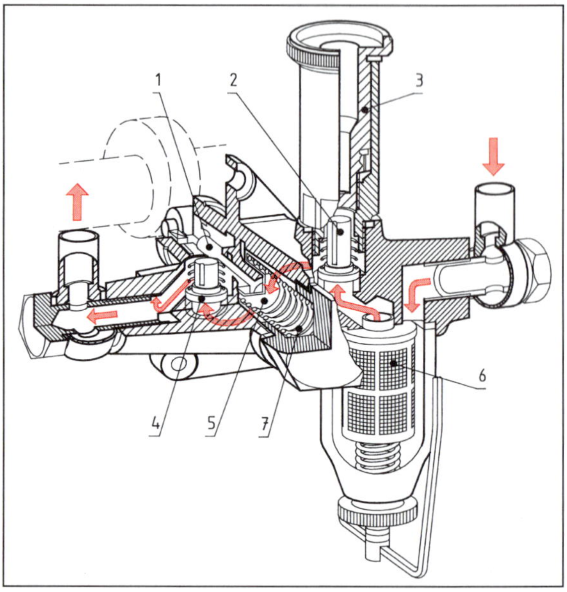

1 Bauteile der einfachwirkenden Kolbenkraftstoffförderpumpe

Während bei Sommerdieselkraftstoff der Einsatz von Fließverbesserern zur Verbesserung der Filtrierbarkeit bei niedrigen Temperaturen Vorteile bietet, ist bei Winterdieselkraftstoff die Mischung mit Petroleum oder Normalbenzin wegen der bereits enthaltenen Additive vorzuziehen.

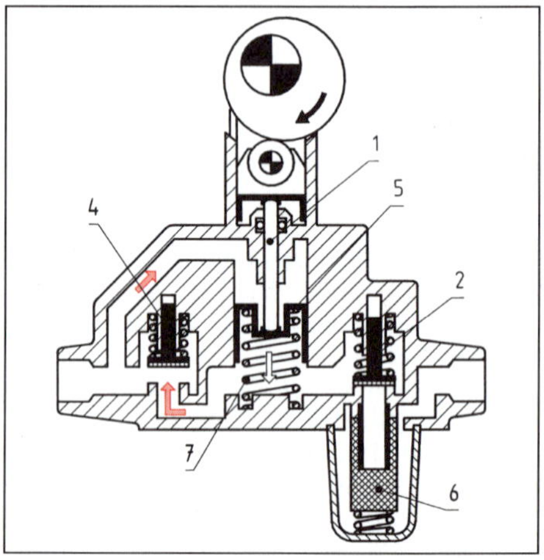

2 Arbeitsweise der Kolbenkraftstoffförderpumpe im Zwischenhub

Einspritzanlage mit Reiheneinspritzpumpe

Zur Kraftstoffförderung werden bei Reiheneinspritzpumpen seitlich angeflanschte **Kolbenpumpen** verwendet. Der Antrieb erfolgt über einen zusätzlichen Exzenter auf der Nockenwelle der Einspritzpumpe.

Die Bilder 1...3 zeigen folgende wesentliche Einzelteile und die Arbeitsweise der einfachwirkenden Kolbenpumpe:

1 Stößel
2 Saugventil
3 Handpumpe
4 Druckventil
5 Kolben
6 Vorfilter
7 Kolbenfeder

Der Kolben bewegt sich aufgrund der Rotation des Exzenters und der Federkraft auf (Förder- und Saughub) und ab (Zwischenhub). Beim Zwischenhub (Bild 2) wird der Kolben über den Stößel vom Exzenter der Nockenwelle der Einspritzpumpe in Richtung der Kolbenfeder geschoben. Im Bereich der Kolbenfeder erfolgt dadurch eine Raumverkleinerung. Das Rückschlagventil auf der Saugseite (2) schließt und das Druckventil öffnet. Der Kraftstoff fließt in den vergrößerten Raum auf der anderen Seite des Kolbens.

Bild 3 veranschaulicht den Förder- und Saughub. Die Kolbenfeder sorgt für eine umgekehrte Bewegung des Kolbens. Der Kraftstoff wird mit einem absoluten Druck von etwa 2 bar über das Kraftstofffilter zu den Pumpenelementen der Einspritzpumpe gefördert. Im Bereich der Kolbenfeder erfolgt dadurch eine Raumvergrößerung. Das Rückschlagventil auf der Druckseite (4) schließt und das Saugventil öffnet. Der Kraftstoff wird infolge des erzeugten Unterdrucks aus dem Tank angesaugt.

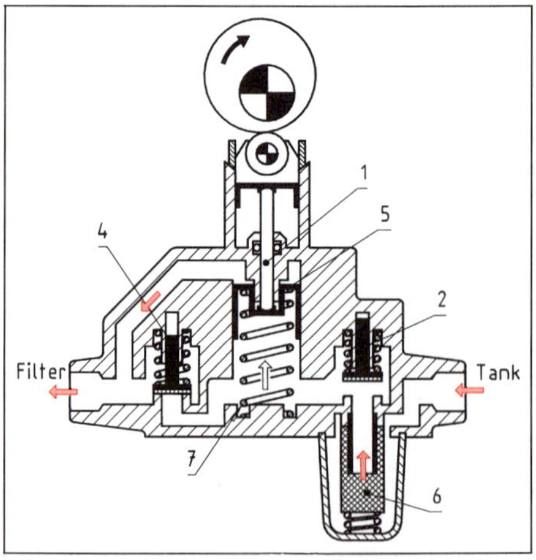

3 Arbeitsweise der Kolbenkraftstoffförderpumpe im Förder- und Saughub

Der von der Kolbenfeder erzeugte Förderhub wird durch die vom Motor jeweils benötigte Kraftstoffmenge bestimmt. Diese ist von der Drehzahl und der Belastung abhängig. Mit sinkendem Kraftstoffbedarf nimmt der Hub des Kolbens ab, da in diesem Falle der Druck in der Leitung zu den Einspritzelementen eine Kraft auf den Kolben bewirkt, die ab einem bestimmten Punkt größer ist als die Kraft der Kolbenfeder.

Mit der Handpumpe (Teil 3 in Bild 1, Seite 22) kann die Saugseite der Einspritzpumpe gefüllt und entlüftet werden.

Bild 1 zeigt die wesentlichen Einzelteile eines Pumpenelements der **Reiheneinspritzpumpe** (Teil 3a der Bilder 1 ... 3, Seite 21). Der Kolben wird zum konstruktiv festgelegten Einspritzzeitpunkt vom Exzenter der Nockenwelle angehoben. Während der Hubbewegung wird der Kraftstoff über Druckventil, Einspritzleitung und Einspritzventil unter hohem Druck in den Brennraum des Motors befördert.

Bild 2 veranschaulicht die einzelnen Phasen der Hubbewegung des Pumpenkolbens. Da der Gesamthub des Kolbens gleichbleibend ist, erfolgt die Regelung der einzuspritzenden Kraftstoffmenge über eine Veränderung des Nutzhubes. Bei diesem Vorgang wird der Kolben entsprechend der Gaspedalstellung über Regelstange, Regelhülse und Kolbenfahne im Zylinder verdreht.

Aufgrund der gewählten Kolbenstellung wird die Zulaufbohrung durch die Längs- bzw. Schrägnut (Steuerkante) früher oder später freigegeben. Durch das Öffnen der Zulaufbohrung (5) wird die Kraftstoffförderung zum Zylinder unterbrochen.

Beim Druckabfall im Pumpenelement verschließt das Druckventil die Leitung zum Einspritzventil. Durch das Eintauchen des Kolbens (Entlastungskolben) dieses Ventils in den kegeligen Ventilsitz vergrößert sich das Volumen, das dem Kraftstoff in der Druckleitung zur Verfügung steht, geringfügig.

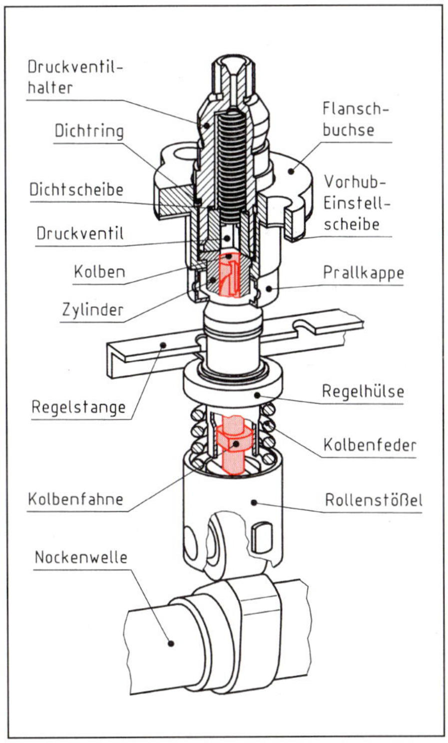

1 Bauteile des Pumpenelements der Reiheneinspritzpumpe

unterer Totpunkt Kraftstoffzulauf	Vorhub	Entlastungshub	Nutzhub	Resthub	oberer Totpunkt
		Druckventil	über Druckventil, Leitung und Einspritzdüse zum Brennraum		

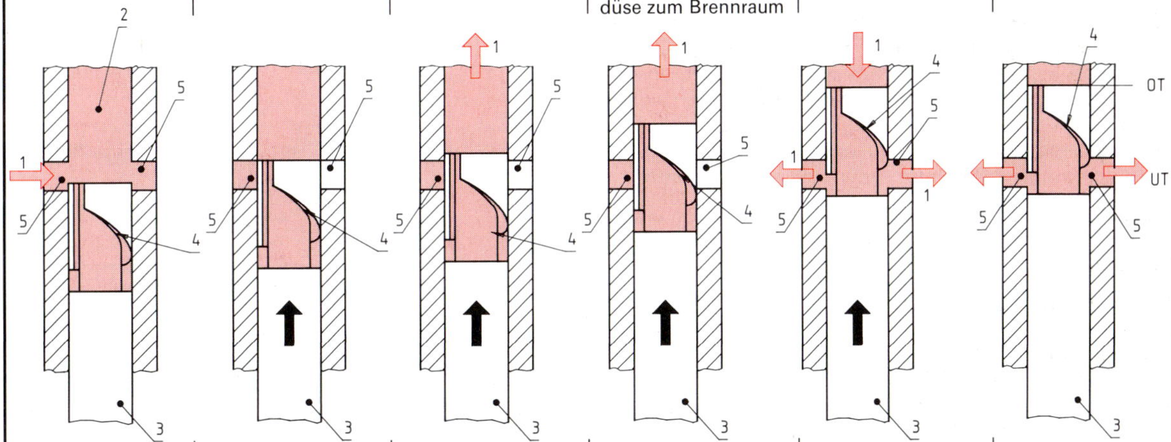

Kraftstoff (1) fließt vom Saugraum der Einspritzpumpe in den Hochdruckraum (2) des Pumpenelements	Hubbewegung des Pumpenkolbens (3) vom unteren Totpunkt bis zum Verschluss der Zulaufbohrungen durch die Kolbenoberkante	Hubbewegung des Pumpenkolbens (3) vom Ende des Vorhubes bis zum Öffnen des Druckventils (siehe Bild 1)	Hubbewegung des Pumpenkolbens (3) vom Öffnen des Druckventils bis zum Öffnen der Zulaufbohrung (5) durch die Steuerkante (4) (Überlauf)	Hubbewegung des Pumpenkolbens (3) vom Öffnen der Zulaufbohrung (5) (Förderende) bis zum oberen Totpunkt	Bewegungsumkehr des Pumpenkolbens

2 Kolbenhubphasen des Pumpenelements der Reiheneinspritzpumpe

Diese Volumenzunahme sorgt für ein rasches Schließen des Einspritzventils und verhindert ein Nachtropfen des Kraftstoffs in den Brennraum.

Das **Einspritzventil** (Bild 1) besteht aus folgenden wesentlichen Bauteilen:

1 Druckleitung
2 Anschluss Druckleitung
3 Stabfilter
4 Leckölanschluss
5 Druckfeder
6 Düsenhalter
7 Druckstück
8 Überwurfmutter
9 Düsenkörper
10 Düsennadel

Ist die während des Nutzhubes erzeugte Kraft (infolge des Kraftstoffdrucks) auf den Pumpenkolben größer als die Kraft der Druckfeder des Einspritzventils, wird die Düsennadel angehoben. Der Kraftstoff wird in den Brennraum eingespritzt. Bei Dieselmotoren mit Direkteinspritzung werden Ein- und Mehrlochdüsen verwendet.

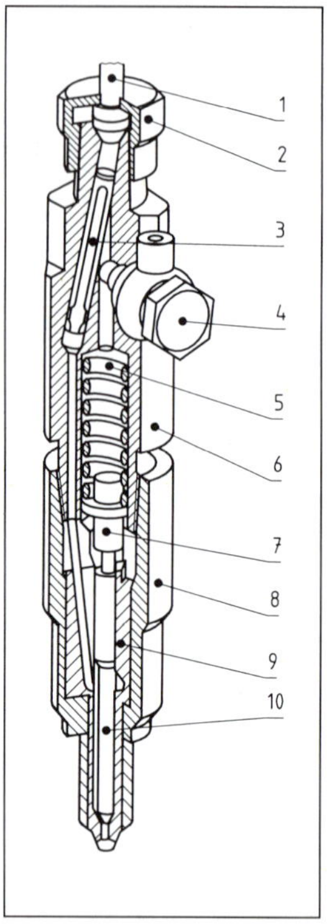

1 Bauteile Einspritzdüse

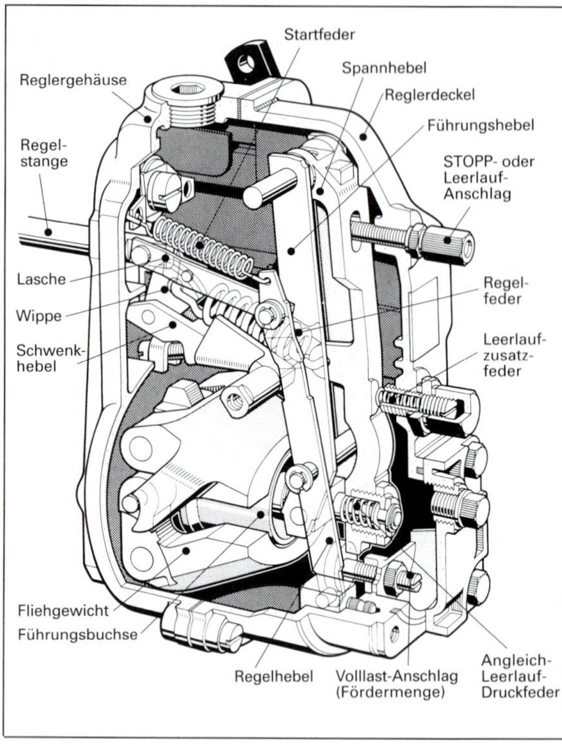

2 Bauteile Alldrehzahlregler

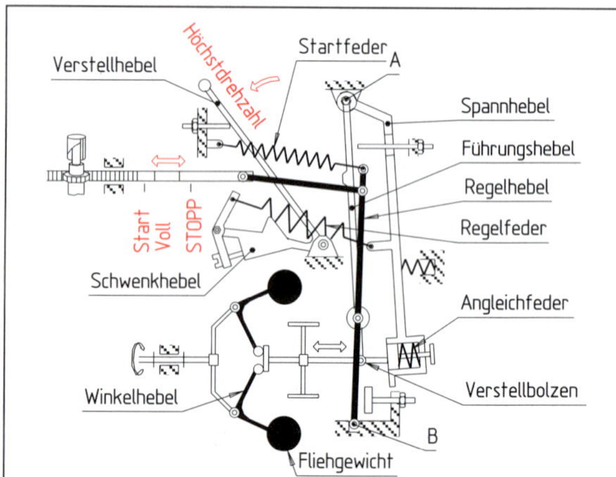

3 Schematische Darstellung Alldrehzahlregler

Die durch die Einspritzdüse erzielte Zerstäubung und Verteilung des Kraftstoffs im Brennraum ist von entscheidender Bedeutung für die Gemischbildung und somit für das Laufverhalten des Dieselmotors.

Startschwierigkeiten eines Dieselmotors können u.a. auch durch Fehler an der Einspritzdüse hervorgerufen werden. Um diese zu ermitteln, ist es erforderlich, den Sitz von Düsennadel und Düsenkörper, den Öffnungsdruck, die Dichtheit und das Strahlbild der Düse zu überprüfen. Stimmt der Öffnungsdruck nicht mit den vom Hersteller angegebenen Sollwerten überein, kann dieser mittels Einstellschraube oder Beilegscheiben, die die Vorspannung der Druckfeder verändern, eingestellt werden.

Die in der Landtechnik verwendeten Dieselmotoren werden mit Einspritzpumpen ausgerüstet, die über einen **Alldrehzahlregler** verfügen. Dieser hat die Aufgabe, die vom Fahrer über das Gaspedal oder den Handgashebel vorgewählte Drehzahl konstant zu halten, da Drehzahlschwankungen beispielsweise die Funktion von zapfwellengetriebenen Geräten beeinträchtigen könnten.

Die Bilder 2 und 3 zeigen die Bauteile und die Funktion des an der Reiheneinspritzpumpe angeflanschten Alldrehzahlreglers.

Zur Einstellung der Motordrehzahl wird die Stellung des Verstellhebels bzw. des Schwenkhebels vom Gaspedal oder vom Handgashebel über ein Übertragungsgestänge verändert. Über die damit verbundene Regelfeder wird der in Punkt A drehbar gelagerte Spannhebel im unteren Bereich nach links bewegt. Diese Bewegung wird über den Verstellbolzen auf den Regelhebel, der im Punkt B drehbar gelagert ist, übertragen. Die damit verbundene Regelstange verändert die Stellung des Pumpenkolbens so, dass die volle Kraftstoffmenge gefördert wird.

Durch die zunehmende Drehbewegung des Motors werden die von der Nockenwelle der Einspritzpumpe angetriebenen Fliehgewichte nach außen bewegt. Übersteigt die vom Winkelhebel auf den Verstellbolzen übertragene Kraft die Zugkraft der Regelfeder, wird der Regelhebel nach rechts und somit die Regelstange in Richtung STOPP bewegt. Die eingespritzte Kraftstoffmenge wird verringert. Bei diesem Vorgang stellt sich ein Gleichgewichtspunkt zwischen der Fliehkraft und der durch die Vorspannung der Regelfeder erzeugten Zugkraft ein. Die Drehzahl des Motors wird von den Bauteilen des Reglers auf dem eingestellten Wert gehalten.

Um Schäden an den Bauteilen des Dieselmotors durch Überlastung zu vermeiden, begrenzt der Regler die Motordrehzahl auf einen vom Hersteller festgelegten Höchstwert. Beim Überschreiten dieser Drehzahl wird aufgrund der auf den Verstellbolzen wirkenden Fliehkraft die Regelstange über den Regelhebel in Richtung STOP verschoben bis der Sollwert wieder erreicht wird.

Zum Abschalten des Dieselmotors wird die Regelstange vom Abstellhebel in die Stop-Stellung gebracht. In dieser Position erfolgt kein Druckaufbau in den Leitungen zu den Einspritzdüsen.

Die für den Startvorgang erforderliche größere Kraftstoffmenge wird dadurch gefördert, dass die Regelstange bei stehendem Motor und Leerlaufstellung des Verstellhebels von der Startfeder in die Position „Start" gezogen wird. Bei laufendem Motor setzt dann der Regelvorgang in der vorher beschriebenen Form ein.

Einspritzanlage mit Verteilereinspritzpumpe

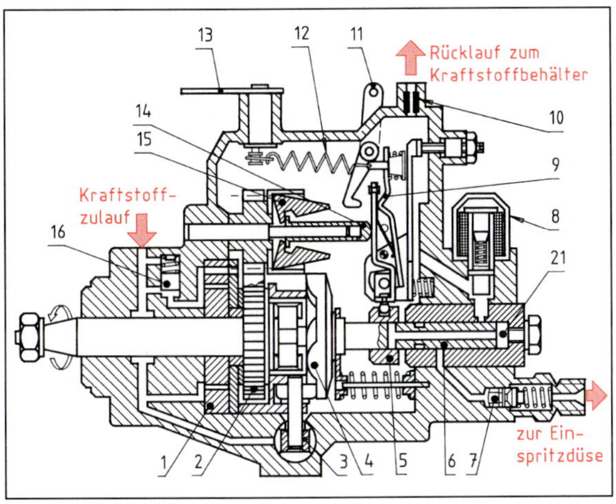

1 Bauteile Verteilereinspritzpumpe

Im Gehäuse der **Verteilereinspritzpumpe** (Bilder 1 und 2) befinden sich die Kraftstoffförderpumpe, die Hochdruckpumpe und der Alldrehzahlregler. Sie besteht aus folgenden wesentlichen Bauteilen:

1 Flügelzellenförderpumpe
2 Reglerantrieb
3 Spritzversteller
4 Hubscheibe
5 Regelschieber
6 Verteilerkolben
7 Druckventil
8 Abstellvorrichtung (elektromagnetisch)
9 Regelhebelgruppe
10 Überströmdrossel
11 Abstellvorrichtung (mechanisch)
12 Regelfeder
13 Drehzahl-Verstellhebel
14 Reglermuffe
15 Fliehgewicht
16 Druckregelventil
17 Leerlauffeder
18 Starthebel
19 Startfeder
20 Steuerbohrung des Verteilerkolbens
21 Hochdruckraum

Der Kraftstoff wird von der Flügelzellenförderpumpe aus dem Tank angesaugt und in den Innenraum der Verteilereinspritzpumpe gedrückt. Zur Verbesserung der Saugwirkung bauen manche Hersteller noch eine Membran-Vorförderpumpe in die Saugleitung ein.

Das Druckregelventil und die Überströmdrossel bewirken, dass der Druck im Innenraum der Verteilereinspritzpumpe die vom Hersteller festgelegten Grenzwerte nicht übersteigt. Der über die Drossel in den Tank zurückfließende Kraftstoff sorgt für die Kühlung und die selbsttätige Entlüftung der Einspritzpumpe im Niederdruckbereich.

Der Kraftstoff gelangt aus dem Innenraum der Pumpe über die Zulaufbohrung und den Steuerschlitz im Verteilerkolben in den Hochdruckraum (Bild 1, Pos. 21).

Die Antriebswelle überträgt die Drehbewegung über eine Kreuzscheibe auf die Hubscheibe, die fest mit dem Verteilerkolben verbunden ist. Da die Hubscheibe während der Drehung über einen Rollenring läuft, wird zusätzlich ein Kolbenhub erzeugt. Die Hubbewegung ist erforderlich um den notwendigen Einspritzdruck zu erzeugen. Durch die Drehung wird der Kraftstoff entsprechend der Zündfolge an die einzelnen Zylinder geleitet.

Der dazu jeweils erforderliche Verdrehwinkel des Verteilerkolbens und die Anzahl der Druckhübe pro Umdrehung ist abhängig von der Zylinderzahl des Motors. Dementsprechend ändern sich die Anzahl und die Anordnung der Nocken auf der Hubscheibe.

Die Druckleitungen zu den Einspritzventilen der einzelnen Zylinder werden entsprechend der Zündfolge am Kopf der Verteilereinspritzpumpe angeschlossen.

Die Hochdruckerzeugung ist immer dann beendet, wenn der Regelschieber die Steuerbohrung des Verteilerkolbens freigibt. Je nach seiner Stellung ändert sich dadurch der Nutzhub des Kolbens und somit die in den Brennraum gespritzte Kraftstoffmenge.

Mit Hilfe des Spritzverstellers wird der Einspritzzeitpunkt bei steigender Drehzahl vorverlegt.

Die Abstellvorrichtung wird entweder elektromagnetisch (Bauteil 8 in Bild 1) oder mechanisch (Bauteil 11 in Bild 1) betätigt. Bauteil 8 stellt ein Magnetventil dar, das im stromlosen Zustand die Kraftstoffzufuhr zum Hochdruckraum des Verteilerkolbens unterbricht. Bei der mechanischen Abschaltung wird der Regelschieber über Hebel so verschoben, dass bei der Hubbewegung des Verteilerkolbens kein Druck im Hochdruckraum aufgebaut wird.

Bei Verteilereinspritzpumpen werden ebenfalls über Fliehkraft gesteuerte **Alldrehzahlregler** eingesetzt.

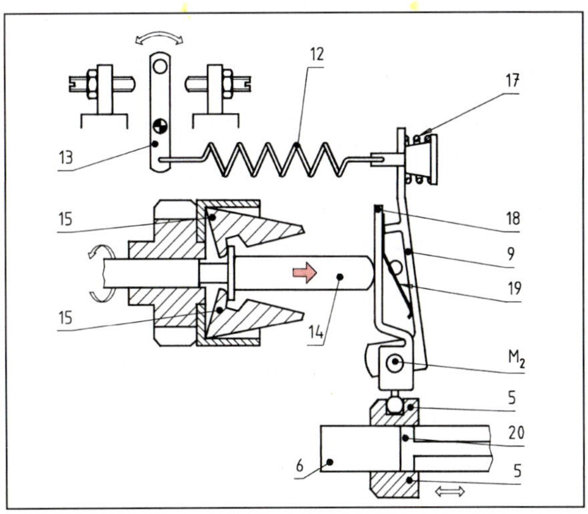

2 Alldrehzahlregler der Verteilereinspritzpumpe

Die Fliehgewichte werden von der Antriebswelle über ein Zahnradpaar angetrieben. Mit steigender Motordrehzahl bewegen sie sich nach außen und verschieben die Reglermuffe. Entsprechend der am Verstellhebel eingestellten Drehzahl stellt sich bei diesem Vorgang ein Gleichgewichtspunkt zwischen der Fliehkraft und der durch die Vorspannung der Regelfeder erzeugten Zugkraft am Regelhebel ein.

Über den Regelhebel wird der Regelschieber in die für diese Drehzahl notwendige Stellung gebracht. Aus dem eingestellten Nutzhub des Verteilerkolbens ergibt sich die einzuspritzende Kraftstoffmenge.

Einspritzanlagen mit elektronischer Regelung

Unter diesem Begriff werden zur Kraftstoffeinspritzung an Dieselmotoren unterschiedliche Systeme eingesetzt, um die Schadstoffemissionen und den Kraftstoffverbrauch zu senken.

Bild 1 zeigt den grundsätzlichen elektrischen Aufbau dieser Anlagen. Zur Erfassung des Betriebszustands des Motors dienen u.a. folgende Sensoren:

B2 Geber Drehzahl der Kurbelwelle (= Motordrehzahl)
B3 Geber Drehzahl Nockenwelle und Zylindererkennung
B4 Ladedrucksensor
B5 Kühlmitteltemperatursensor (NTC-Widerstand)
B6 Kraftstofftemperatursensor (NTC-Widerstand)

Die vom Fahrer gewünschte Motordrehzahl bzw. -leistung wird dem Steuergerät (A1) über den Fahrpedalsensor (B1) mitgeteilt.

Mithilfe der Eingabegrößen und der vom Hersteller festgelegten Kennfelder ermittelt das Steuergerät den Förderbeginn und die Förderdauer (= zeitgesteuerte Festlegung der Einspritzmenge) und betätigt entsprechende elektromagnetische Ventile (Y1...Y4) oder Stellwerke.

Der Datenaustausch zwischen dem Steuergerät (A1) und anderen Steuergeräten (z. B. Fahrerinformation, Getriebesteuerung) erfolgt über CAN-Busleitungen (CAN = Controller Area Network). Auf diese Weise wird eine doppelte Erfassung von Signalen wie z. B. der Drehzahl vermieden (siehe Seite 87).

Elektronisch geregelte Reihen- bzw. Verteilereinspritzpumpe

Der mechanische Alldrehzahlregler der Reiheneinspritzpumpe (Seite 24, Bilder 2 und 3) bzw. der Verteilereinspritzpumpe (Seite 25, Bild 2) wird in einer elektronisch geregelten Ausführungsform der Einspritzanlage durch ein elektromagnetisches Stellwerk ersetzt, das die Regelstange bzw. den Regelschieber betätigt. Die elektrische Ansteuerung erfolgt von einem Steuergerät, das die Kraftstoffmenge in erster Linie in Abhängigkeit von der Fahrpedalstellung ermittelt.

Zur Erhöhung des Wirkungsgrades von Verteilereinspritzpumpen sowohl in Axial- als auch in Radialkolbenausführung werden in neueren Ausführungen zusätzlich Magnetventile zur Steuerung des Förderbeginns und -endes eingesetzt. Mit diesen Einspritzpumpen können Einspritzdrücke von bis zu 2000 bar erzeugt werden.

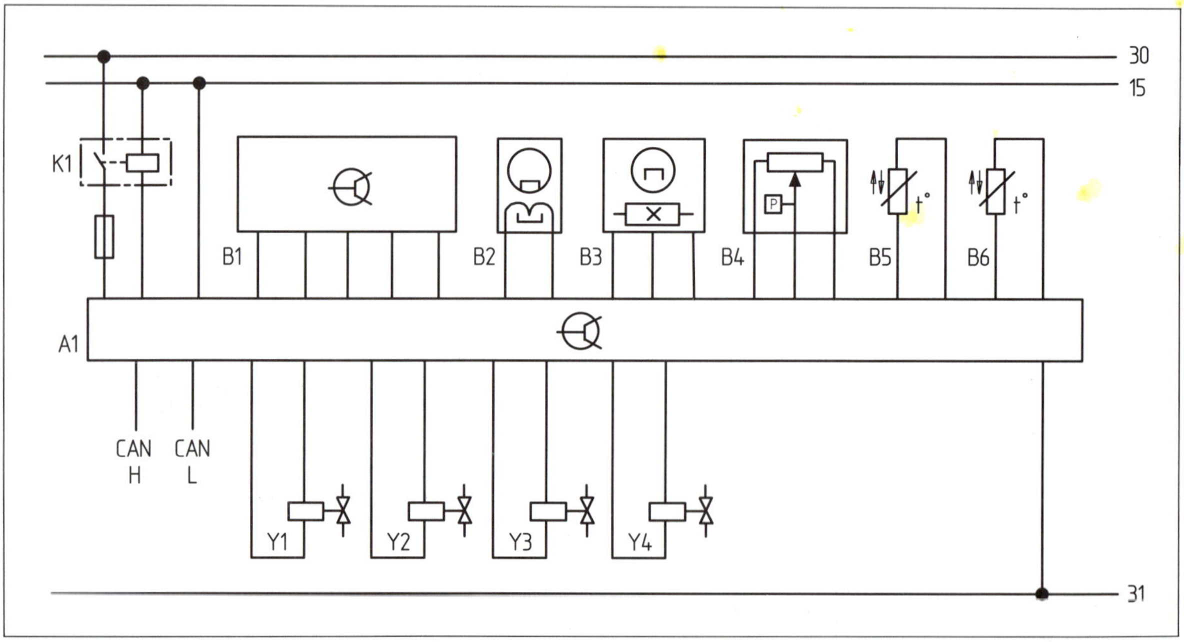

1 Stromlaufplan elektronisch geregelter Einspritzanlagen

Elektronisch gesteuerte Einzelpumpensysteme

Bild 1 zeigt die verschiedenen Ausführungsformen von Einzelpumpensystemen. Diese verfügen über eine von der Nockenwelle direkt bzw. über Kipphebel angetriebene Hochdruckpumpe (4a) mit angebautem Magnetventil (4b) für jeden Zylinder des Motors. Beim Einspritzvorgang gelangt der unter Druck stehende Kraftstoff direkt oder über eine kurze Leitung (5) von der Pumpe (4a) zum Einspritzventil (6).

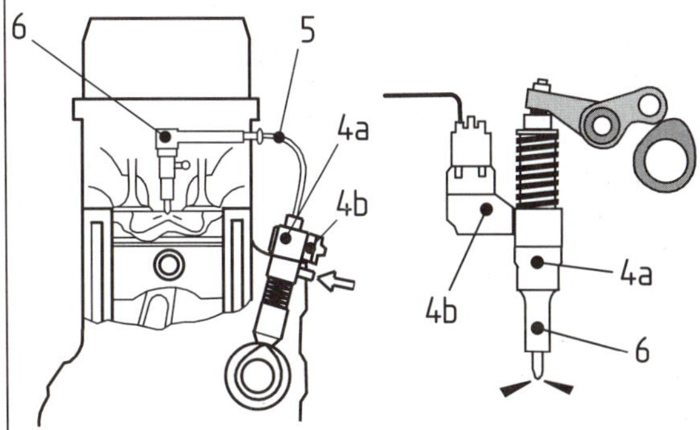

a) Pumpe-Leitung-Düse b) Pumpe-Düse

1 Einzelpumpensysteme

In Bild 2 wird der Aufbau der Kraftstoffanlage eines Einzelpumpensystems dargestellt. Sie besteht aus folgenden Bauteilen:

1 Kraftstoffbehälter
2 Kraftstofffilter
3 Vorförderpumpe
4 Pumpenelement mit Hochdruckpumpe (4a) und Magnetventil (4b)
5 Hochdruckleitung
6 Einspritzdüse
7 Kraftstoffkühler

Im Niederdruckteil wird der Kraftstoff von der Vorförderpumpe (Zahnradpumpe) über den Kraftstofffilter angesaugt. Von dort gelangt er über den Saug- bzw. Druckraum (= Elementraum) der Hochdruckpumpe und über das in Ruhestellung in Richtung Kraftstoffkühler geöffnete Magnetventil zurück zum Tank.

Während des Druckhubes der Hochdruckpumpe wird das Magnetventil vom Steuergerät betätigt, sodass die Verbindung zum Rücklauf unterbrochen ist. Der Kraftstoffdruck in der Leitung zum Einspritzventil steigt an. Dieses öffnet etwa bei einem Druck von 300 bar. Auf Grund der hohen Förderrate der Hochdruckpumpe können Einspritzdrücke bis 2000 bar erreicht werden. Zur Beendigung des Einspritzvorgangs wird die Stromzufuhr zum Magnetventil vom Steuergerät unterbrochen, sodass die Verbindung zum Niederdruckkreislauf wieder geöffnet ist.

Der vom Steuergerät gewählte Betätigungszeitpunkt und die Betätigungsdauer des Magnetventils bestimmen den Förderbeginn und die eingespritzte Kraftstoffmenge.

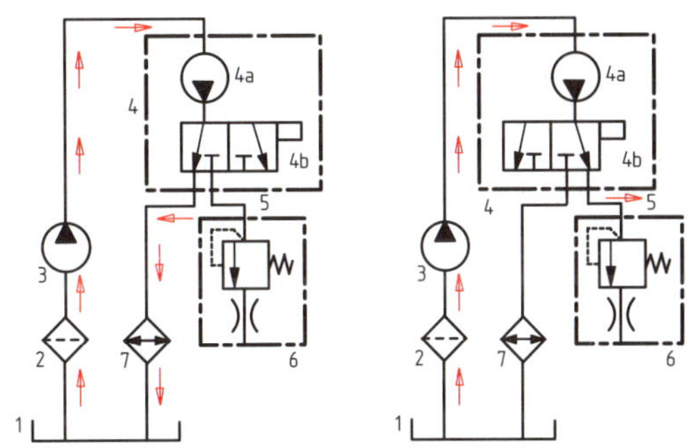

a) Niederdruckteil b) Hochdruckteil

2 Hydraulikplan Pumpe-Leitung-Düse

Common Rail

Bild 3 zeigt den Aufbau eines Common-Rail-Systems. Es besteht aus folgenden Bauteilen:

1 Kraftstoffbehälter
2 Kraftstofffilter
3 Vorförderpumpe
8 Hochdruckpumpe
9 Druckregelventil
10 Druckbegrenzungsventil
11 Injektor
12 Hochdruckspeicher (= Rail)

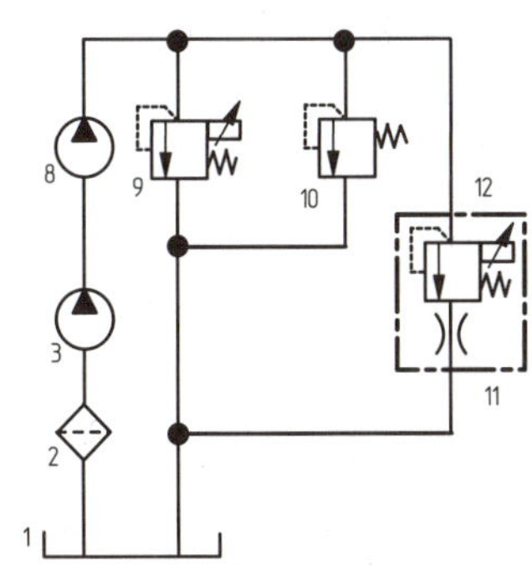

3 Hydraulikplan Common Rail

Bei diesem System wird an Stelle von Einzelpumpen eine direkt vom Motor angetriebene Hockdruckpumpe (Radialkolbenpumpe mit drei Kammern) eingesetzt, die den Kraftstoff in den Hochdruckspeicher befördert. Von dort gelangt dieser dann über die elektrisch betätigten Injektoren in die Zylinder. Das Steuergerät kann bei diesem System neben dem Förderbeginn und der Förderdauer zusätzlich über das elektrisch betätigte Druckregelventil den Druck im Hochdruckspeicher zwischen 300 und 1500 bar verändern.

Übungen

1. Nennen Sie die wesentlichen Unterschiede zwischen der Reihen- und der Verteilereinspritzpumpe.
2. Welche Unterschiede bestehen zwischen Sommer- und Winterdieselkraftstoff?
3. Welche Aufgabe hat die Kolbenfeder der in Bild 1, Seite 22 abgebildeten Kraftstoffförderpumpe?
4. Beschreiben Sie die Regelung der eingespritzten Kraftstoffmenge bei den verschiedenen Einspritzpumpenbauarten.
5. Erklären Sie den Begriff „Nutzhub".
6. Welche Reglerbauart wird für die Dieselmotoren der Landtechnik verwendet?
7. Stellen Sie die Arbeitsweise der Regler der Einspritzpumpen als Regelkreis dar. Benutzen Sie dazu die nach DIN 19226 festgelegten Begriffe.
8. Welche Funktionsstörungen des Dieselmotors können durch Fehler in der Einspritzanlage hervorgerufen werden?
   Geben Sie die möglichen Ursachen an.
   Erstellen Sie Arbeitspläne zur Ermittlung und Behebung der aufgeführten Fehler.

2.1.3.7 Auspuffanlage

Die Auspuffgase gelangen mit extrem hoher Geräuschleistung in den Auspuffkrümmer, da sie beim Öffnen der Auslassventile unter einem Druck von 3 bar...5 bar stehen. Um die in der StVZO festgelegten Grenzwerte für Außengeräusche von Kraftfahrzeugen nicht zu überschreiten, ist eine **Auspuffanlage** erforderlich, die die Geräusche der ausströmenden Gase dämpft. Dazu werden Absorptions-, Reflexions- oder kombinierte Absorptions-Reflexionsschalldämpfer eingesetzt.

Im **Absorptionsschalldämpfer** (Bild 1) wird die Schallenergie durch die Reibung der Auspuffgase an geräuschdämpfendem Material abgebaut.

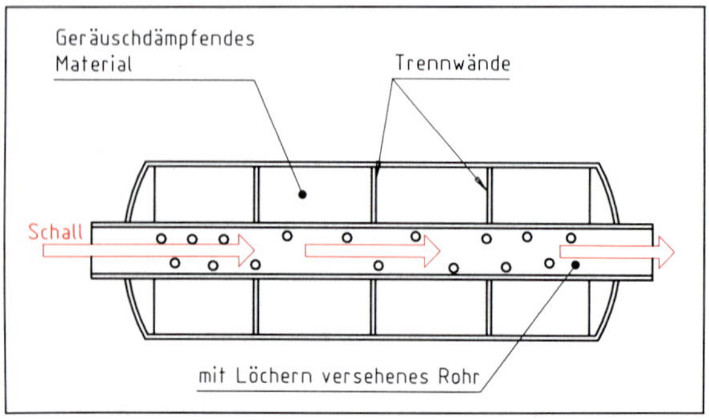

1 Absorptionsschalldämpfer

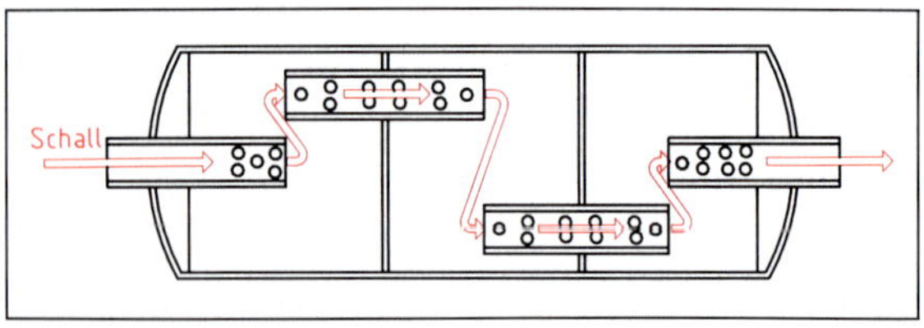

2 Reflexionsschalldämpfer

Im **Reflexionsschalldämpfer** (Bild 2) erfolgt die Minderung der Schallenergie durch Reflexion der Schallwellen an den feststehenden Wänden.

2.1.4 Berechnungen am Dieselmotor

Bild 3 enthält die Zusammenstellung der wesentlichen **Motordaten** 3er beispielhaft ausgewählter Schleppermotoren. Trotz gleicher Zylinderzahl und annähernd gleicher Motorleistung bestehen Unterschiede bei den Grundabmessungen des Motors (Bohrung und Hub), beim Verdichtungsverhältnis, beim Drehmoment und beim spezifischen Kraftstoffverbrauch.

Technische Daten	Motor 1	Motor 2	Motor 3
Bohrung d in mm	105	97,5	102
Hub s in mm	120	133	120
Zylinderzahl z	6	6	6
Hubraum V_H in cm^3	6240	5958	5883
Verdichtungsverhältnis	16,4:1	17,25:1	17:1
Leistung P_{eff} in kW bei Drehzahl n in 1/min	74 2300	75 2400	74 2200
Maximales Drehmoment M in Nm bei Drehzahl n in 1/min	384 1500	350 1500	386 1100
Drehmomentanstieg in %	25	17	20
Spezifischer Kraftstoffverbrauch b in g/kWh bei Abgabe der Leistung P_{eff}	223	242	235

3 Technische Daten verschiedener Dieselmotoren in Schleppern

In der Praxis wird oft nur das Kriterium Leistung zur Beurteilung eines Motors herangezogen. Die Bedeutung der anderen Angaben wird dabei vernachlässigt, obwohl sie beim Einsatz des Schleppers eine ebenso wichtige Rolle spielen. Dazu zählen unter anderem folgende Fragen:

- Bei welcher Drehzahl gibt der Motor seine höchste Leistung ab?
- In welchem Drehzahlbereich steht das höchste Drehmoment zur Verfügung?
- Welcher Zusammenhang besteht zwischen dem spezifischen und dem tatsächlichen Kraftstoffverbrauch?
- Welcher Zusammenhang besteht zwischen dem Hubraum und der Motorleistung?
- Wie wirken sich die unterschiedliche Gestaltung von Bohrung und Hub aus?

Neben der rechnerischen Ermittlung verschiedener Motorgrößen sollen im folgenden Kapitel die Zusammenhänge zwischen den einzelnen Motorgrößen (s. Bild 3, Seite 28) verdeutlicht werden.

2.1.4.1 Hubraum, Hubverhältnis, Verdichtungsraum und Verdichtungsverhältnis

Verbrennungsmotoren wandeln chemische Energie in mechanische Energie um. Zur Verbrennung des Kraftstoffes (chemische Energie), der beim Dieselmotor gegen Ende des Verdichtungstaktes in den Verbrennungsraum eingespritzt wird, benötigt der Motor Luft. Diese gelangt während des Ansaugtaktes in den Zylinder.

Die **Füllmenge** ist von der Dichte und der Temperatur der Luft und von der Größe des Verbrennungsraumes abhängig. Da im Ansaugtrakt Strömungswiderstände (z.B. im Luftfilter, an Ansaugrohrwandungen und -krümmungen, an Einlassventilen) auftreten und da sich mit steigender Drehzahl die für den Ansaugtakt zur Verfügung stehende Zeit verkürzt, kann dieser Raum bei einem Dieselmotor nur zu 80%...90% mit Frischgas gefüllt werden. Ebenso tragen noch im Zylinder vorhandene Altgase zur Minderung der Füllung bei (s. Füllungsgrad, Kap. 2.1.2.1).

Nach DIN 1940 wird als **Verbrennungsraum V_b** (s. Bild 1) das Volumen bezeichnet, das durch die Zylinderwandung, den Zylinderkopf und den Kolben begrenzt wird. Der größte Verbrennungsraum V_{bmax} besteht aus dem Hubraum V_h und dem Verdichtungsraum V_c, wenn der Kolben sich in UT-Stellung befindet. Durch die Kolbenbewegung zwischen dem oberen und unteren Totpunkt wird der Verbrennungsraum bei den einzelnen Takten um das Volumen des Hubraumes vergrößert bzw. verkleinert.

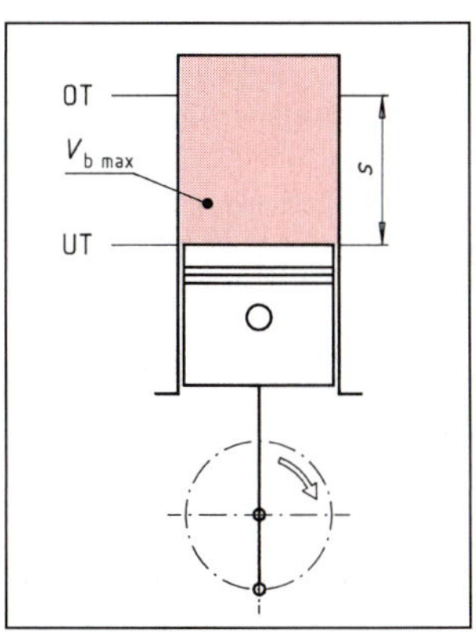

1 Verbrennungsraum V_{bmax}

Hubraum eines Zylinders (V_h)

Der Hubraum V_h eines Zylinders (Bild 2) wird durch die Bohrung d und den Hub s bestimmt. Aufgrund der zylindrischen Form kann der Hubraum wie folgt berechnet werden:

$$V_h = \frac{d^2 \cdot \pi}{4} \cdot s$$

V_h Hubraum des Zylinders
d Durchmesser der Bohrung
s Hub

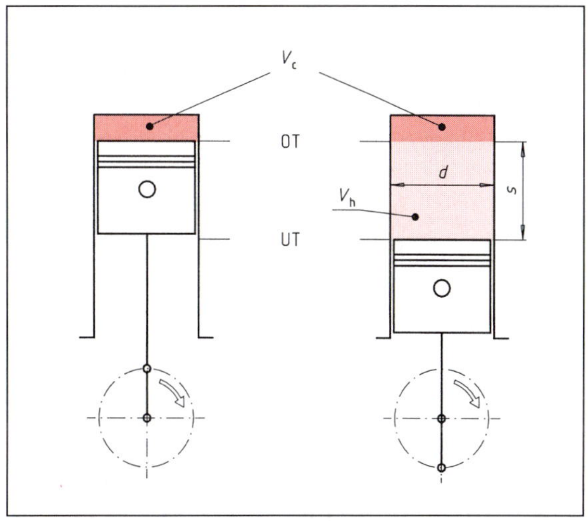

2 Bezeichnungen am Zylinder

Motor 1 in Bild 3, Seite 28 hat einen Bohrungsdurchmesser d von 105 mm und einen Hub s von 120 mm. Dementsprechend hat der Hubraum der einzelnen Zylinder folgendes Volumen:

$$\underline{\underline{V_h}} = \frac{(10{,}5\text{ cm})^2 \cdot \pi}{4} \cdot 12\text{ cm} = \underline{\underline{1039\text{ cm}^3}}$$

Der Hubraum V_h der in der Landtechnik verwendeten Dieselmotoren liegt zwischen 800 cm³...1200 cm³.

Hubverhältnis

Die bisherigen Rechnungen haben gezeigt, dass der Hubraum eines Zylinders vom Durchmesser der Bohrung und vom Hub abhängig ist. Ein bestimmter Hubraum kann also mit einer großen Bohrung und kleinem Hub oder umgekehrt mit einer kleinen Bohrung und einem großen Hub erzeugt werden.

Diesen Zusammenhang verdeutlicht das Hubverhältnis, das wie folgt ermittelt wird:

$$\text{Hubverhältnis} = \frac{s}{d}$$

s Kolbenhub
d Durchmesser der Bohrung

Entsprechend dem Hubverhältnis können Verbrennungsmotoren in 3 Gruppen unterteilt werden:

- Hubverhältnis < 1 : Kurzhubmotoren,
- Hubverhältnis = 1 : Quadrathubmotoren,
- Hubverhältnis > 1 : Langhubmotoren.

Motor 1 in Bild 3, Seite 28 hat einen Bohrungsdurchmesser $d = 105$ mm und einen Hub $s = 120$ mm. Daraus ergibt sich folgendes Hubverhältnis:

$$\underline{\underline{\text{Hubverhältnis}}} = \frac{120\ \text{mm}}{105\ \text{mm}} = \underline{\underline{1{,}14}}$$

Es handelt sich in diesem Fall um einen Langhubmotor. Beim Vergleich der technischen Daten in Bild 3, Seite 28 kann festgestellt werden, dass alle als Beispiel aufgeführten Motoren zu dieser Gruppe gehören.

Da mit steigendem Hub die mittlere Kolbengeschwindigkeit (s. Kap. 2.1.4.3) zunimmt, eignet sich diese Bauart in erster Linie nur für Motoren, die keinen hohen Drehzahlen ausgesetzt sind. Andererseits haben Langhubmotoren den Vorteil, dass sie über ein relativ hohes Drehmoment verfügen.

Gesamthubraum (V_H)

Um den Gesamthubraum des Motors zu ermitteln, wird V_h bei Mehrzylindermotoren mit der Anzahl der Zylinder z multipliziert.

$$V_H = V_h \cdot z$$

V_H Gesamthubraum in cm^3
z Anzahl der Zylinder

$\underline{\underline{V_H}} = 1039\ cm^3 \cdot 6 = \underline{\underline{6234\ cm^3}}$

Dieser Wert wird im Fahrzeugschein bzw. im Fahrzeugbrief des Schleppers angegeben. Die von den Schlepperherstellern für die verschiedenen Baureihen verwendeten Motoren werden oft nach dem „Baukastenprinzip" erstellt. Das bedeutet, dass die einzelnen Motortypen gleiche Grundabmessungen für Bohrung und Hub besitzen. Unterschiede bestehen lediglich in der Zylinderzahl (2, 3, 4 oder 6).

Verdichtungsraum (V_c)

Aufgrund der recht unterschiedlichen Ausformung des Verdichtungsraumes V_c kann sein Volumen nicht direkt berechnet werden. Seine Größe kann durch Auslitern mit Öl bestimmt werden, wenn der Kolben sich in der OT-Stellung befindet. Dazu wird Öl aus einem Messzylinder durch die Bohrung für das Einspritzventil in den Verdichtungsraum gefüllt.

Eine rechnerische Ermittlung ist nur möglich, wenn das Verdichtungsverhältnis des Motors bekannt ist.

Verdichtungsverhältnis (ε = epsilon)

Das Verdichtungsverhältnis ε gibt an, auf welchen Teil ihres ursprünglichen Volumens die Frischgasfüllung am Ende des Verdichtungstaktes zusammengedrückt wird. Da bei dieser Angabe die oben näher erläuterten Füllungsverluste unberücksichtigt bleiben, ist damit das Verhältnis von Verbrennungsraum zu Verdichtungsraum gemeint, das wie folgt bestimmt werden kann (Bild 1):

$$\varepsilon = \frac{V_h + V_c}{V_c}$$

ε Verdichtungsverhältnis
V_h Hubraum eines Zylinders
V_c Verdichtungsraum (Dazu zählen beim Dieselmotor auch Nebenkammern)

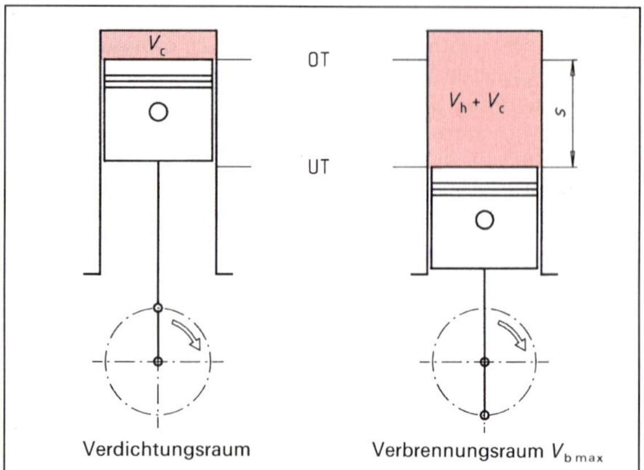

1 Verdichtungsverhältnis

Ausgangsformel:

$$\varepsilon = \frac{V_h + V_c}{V_c}$$

1. Schritt: Auflösung des gemeinsamen Nenners auf der rechten Seite.

$$\varepsilon = \frac{V_h}{V_c} + \frac{V_c}{V_c}$$

2. Schritt: Auf beiden Seiten der Gleichung 1 abziehen.

$$\varepsilon - 1 = \frac{V_h}{V_c}$$

3. Schritt: Auf beiden Seiten der Gleichung mit V_c multiplizieren.

$$(\varepsilon - 1) \cdot V_c = V_h$$

4. Schritt: Auf beiden Seiten der Gleichung durch $(\varepsilon - 1)$ teilen.

$$V_c = \frac{V_h}{(\varepsilon - 1)}$$

2 Umstellung der Formel für das Verdichtungsverhältnis nach V_c

Mit steigendem Verdichtungsverhältnis nimmt der Gasdruck im Zylinder und damit auch die Temperatur der komprimierten Frischgase (s. Kap. 2.1.4.2) zu.

Dieselmotoren haben gegenüber Ottomotoren ein höheres Verdichtungsverhältnis, damit die Zylinderinnentemperatur ausreicht, um den am Ende des Verdichtungstaktes eingespritzten Kraftstoff selbst zu entzünden.

Die in der Landmaschinentechnik verwendeten Dieselmotoren haben ein Verdichtungsverhältnis von 16:1 ... 19:1.

Ist das Verdichtungsverhältnis eines Motors (s. Technische Daten in Bild 3, Seite 28) bekannt, kann der Verdichtungsraum V_c durch Umstellung der oben aufgeführten Formel (s. Bild 2) ermittelt werden. Dieses soll am Beispiel von Motor 1 verdeutlicht werden:

$$V_c = \frac{V_h}{\varepsilon - 1} \qquad \underline{\underline{V_c}} = \frac{1039\ cm^3}{16{,}4 - 1} = \underline{\underline{67{,}5\ cm^3}}$$

Jeder Zylinder dieses Motors verfügt über einen Verdichtungsraum V_c von 67,5 cm^3.

Übungen

1. Warum liegt der Liefer- oder Füllungsgrad eines Dieselmotors zwischen 80%...90%?
2. Begründen Sie nachfolgende Aussage rechnerisch anhand eines selbstgewählten Beispiels: Ein jeweils gleich großer Hubraum kann durch eine große Bohrung und kleinen Hub oder umgekehrt durch eine kleine Bohrung und großen Hub gebildet sein.
3. Schlepperhersteller verwenden für die verschiedenen Baureihen oft Motoren, die nach dem „Baukastenprinzip" erstellt werden. Welche Vorteile hat dieses Verfahren für die Hersteller, die Werkstatt und den Landwirt?

Weitere Übungen finden Sie im Bereich Technische Mathematik im Kap. 1.1

2.1.4.2 Gasdruck im Zylinder und Kolbenkraft

Verdichtungsdruck

Beim Verdichtungstakt bewirkt die durch die Kolbenbewegung herbeigeführte Raumverkleinerung einen Anstieg des Gasdruckes im Zylinder. Wird an einem fehlerfreien Motor eine Kompressionsdruckprüfung bei Starterdrehzahl durchgeführt, zeigt das Messgerät einen Druck an, der zwischen 20 bar...28 bar liegt.

Ohne Berücksichtigung der Temperaturänderung besteht zwischen dem Volumen und dem Druck vor und nach der Verdichtung (Bild 1) folgende Beziehung:

(1) $p_1 \cdot V_1 = p_2 \cdot V_2$

p_1 absoluter Druck vor dem Verdichten
V_1 Volumen vor dem Verdichten
p_2 absoluter Druck nach dem Verdichten
V_2 Volumen nach dem Verdichten

oder nach Umstellung von Gleichung (1)

(2) $p_2 : p_1 = V_1 : V_2$

In der Gleichung (2) entspricht das Verhältnis von $V_1 : V_2$ dem Verdichtungsverhältnis (s. Kap. 2.1.4.1).

Motor 1 aus Bild 3, Seite 28 hat einen größten Verbrennungsraum $V_{b\,max} = 1106{,}5\ \text{cm}^3$, der beim Ansaugtakt mit Luft gefüllt wird. Nach der Verdichtung entspricht das Volumen der Füllmenge der Größe des Verdichtungsraumes $V_c = 67{,}5\ \text{cm}^3$. Das Verdichtungsverhältnis wird mit 16,4:1 angegeben. Beim Ansaugen herrscht im Zylinder ein absoluter Druck $p_{abs} = 0{,}8$ bar (Bild 2).

Mit diesen Angaben kann der am Ende des Verdichtungstaktes im Zylinder wirkende Druck ermittelt werden. Hierzu gibt es zwei Möglichkeiten:

1. Durch Umstellung der Gleichung (1)

$$p_2 = \frac{p_1 \cdot V_1}{V_2}$$

$$\underline{\underline{p_2}} = \frac{0{,}8\ \text{bar} \cdot 1106{,}5\ \text{cm}^3}{67{,}5\ \text{cm}^3} = \underline{\underline{13{,}1\ \text{bar}}}$$

2. Mit Hilfe des Verdichtungsverhältnisses und Gleichung (2)

$$\underline{\underline{p_2}} = p_1 \cdot \varepsilon = 0{,}8\ \text{bar} \cdot 16{,}4 = \underline{\underline{13{,}1\ \text{bar}}}$$

Die Rechnung zeigt, dass der Enddruck p_2 hauptsächlich vom Verdichtungsverhältnis bestimmt wird.

Das Rechenergebnis liegt erheblich unter dem für die Kompressionsdruckprüfung genannten Druckwert im Zylinder. Der Unterschied ist darauf zurückzuführen, dass bei den bisherigen Betrachtungen der Temperaturanstieg der verdichteten Luft unberücksichtigt blieb.

Beim Dieselmotor entzündet sich der gegen Ende des Verdichtungstaktes in den Zylinder eingespritzte Kraftstoff aufgrund der Temperatur der Luft selbstständig. Um diesen Vorgang auszulösen, muss die Temperatur der verdichteten Luft zwischen $t = 700\ °\text{C} ... 900\ °\text{C}$ liegen. Die Temperatur der angesaugten Luft liegt zwischen $t = 70\ °\text{C} ... 100\ °\text{C}$.

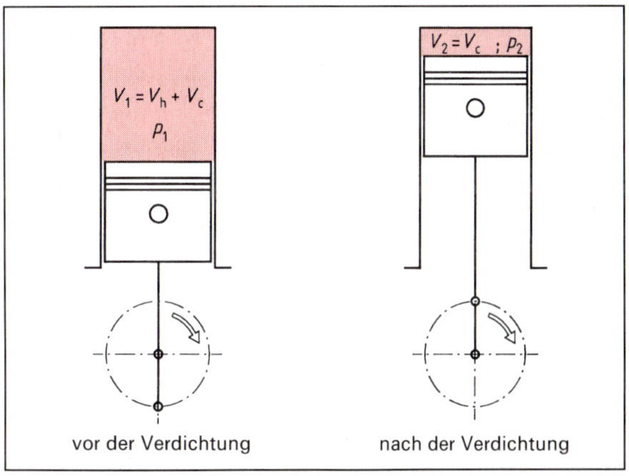

1 Volumen und Druck beim Verdichtungstakt

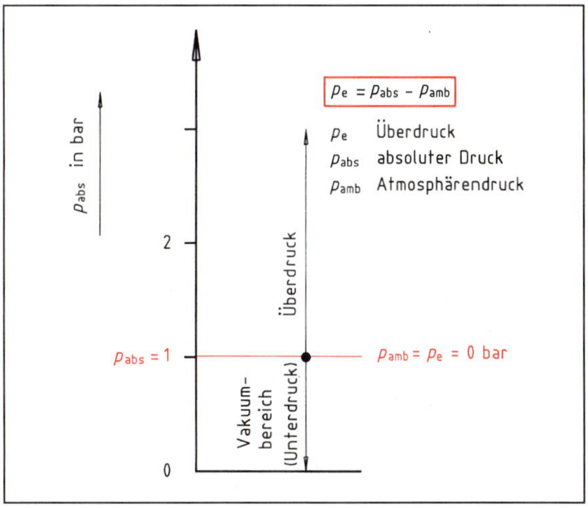

2 Angaben für den Druck von Gasen

Beim Verdichtungstakt wird mechanische Energie aufgewendet, um den Druck im Zylinder zu erhöhen. Die Druckzunahme wird durch die Raumverkleinerung infolge der Kolbenbewegung von UT nach OT und durch den Anstieg der Gastemperatur im Zylinder hervorgerufen. Die Temperaturzunahme entsteht durch Reibung zwischen den Luftmolekülen im Zylinder während des schnell ablaufenden Verdichtungsvorganges. Aufgrund der Erwärmung möchte sich das Gas ausdehnen, was durch Kolben, Zylinder und Zylinderkopf verhindert wird. Aus diesem Grunde steigt der Zylinderinnendruck noch mehr an.

Zwischen den Größen Druck, Volumen und Temperatur vor und nach dem Verdichten besteht folgender Zusammenhang (Bild 1):

$$\frac{p_1 \cdot V_1}{T_1} = \frac{p_2 \cdot V_2}{T_2}$$

$T = t + 273°$

T_1 Temperatur des Gases vor dem Verdichten in K (Kelvin)
T_2 Temperatur des Gases nach dem Verdichten in K (Kelvin)
t Temperatur in °C

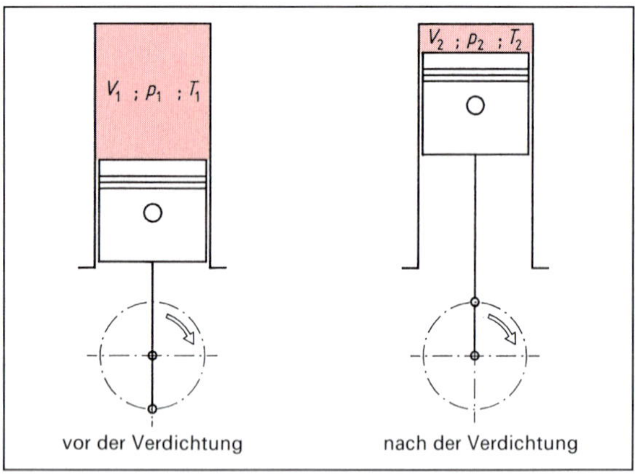

1 Volumen, Druck und Temperatur beim Verdichtungstakt

Wenn die Temperatur der angesaugten Luft $t_1 = 85$ °C und die der verdichteten Luft $t_2 = 800$ °C betragen, kann der am Ende des Verdichtungstaktes im Zylinder wirkende Druck wie folgt ermittelt werden:

$$p_2 = \frac{p_1 \cdot V_1 \cdot T_2}{V_2 \cdot T_1}$$

$$\underline{\underline{p_2}} = \frac{0{,}8 \text{ bar} \cdot 1106{,}5 \text{ cm}^3 \cdot 1073 \text{ K}}{67{,}5 \text{ cm}^3 \cdot 358 \text{ K}} = \underline{\underline{39{,}3 \text{ bar}}}$$

Das Rechenergebnis zeigt, dass der Temperaturanstieg von 715 °C eine zusätzliche Druckerhöhung von etwa 26 bar bewirkt.

Da bei laufendem Motor die Verdichtung mit höherer Geschwindigkeit und größerem Aufwand an mechanischer Energie abläuft, liegt der in der Praxis bei Starterdrehzahl ermittelte Kompressionsdruck unter diesem Wert.

Verbrennungsdruck

Durch die Verbrennung des Kraftstoff-Luftgemisches gegen Ende des Verdichtungstaktes im Verdichtungsraum steigt die Gastemperatur bei annähernd gleichbleibendem Volumen ($V_1 = V_2 = V_c = 67{,}5$ cm³) im Zylinder von 800 °C (Temperaturzustand 1) auf 2000 °C (Temperaturzustand 2) an.

Der Verdichtungsdruck ist $p_1 = 39{,}3$ bar.

Mit diesen Angaben kann der Verbrennungsdruck p_2 mit Hilfe der obigen Gleichung ermittelt werden:

$$p_2 = \frac{p_1 \cdot V_1 \cdot T_2}{V_2 \cdot T_1}$$

$$\underline{\underline{p_2}} = \frac{39{,}3 \text{ bar} \cdot 67{,}5 \text{ cm}^3 \cdot 2273 \text{ K}}{67{,}5 \text{ cm}^3 \cdot 1073 \text{ K}} = \underline{\underline{83{,}3 \text{ bar}}}$$

Das **Druck-Weg-Diagramm** (Bild 2), das den Druck im Zylinder während der einzelnen Takte in Abhängigkeit von der Kolbenbewegung veranschaulicht, zeigt, dass der errechnete Verbrennungsdruck $p_2 = 83{,}3$ bar zu Beginn des Arbeitstaktes (3) erreicht wird, wenn der Kolben den oberen Totpunkt gerade überschritten hat. Da dieser Druck den Kolben nun in Richtung UT schiebt, wird ein Teil der erzeugten Wärmeenergie in mechanische Energie umgewandelt.

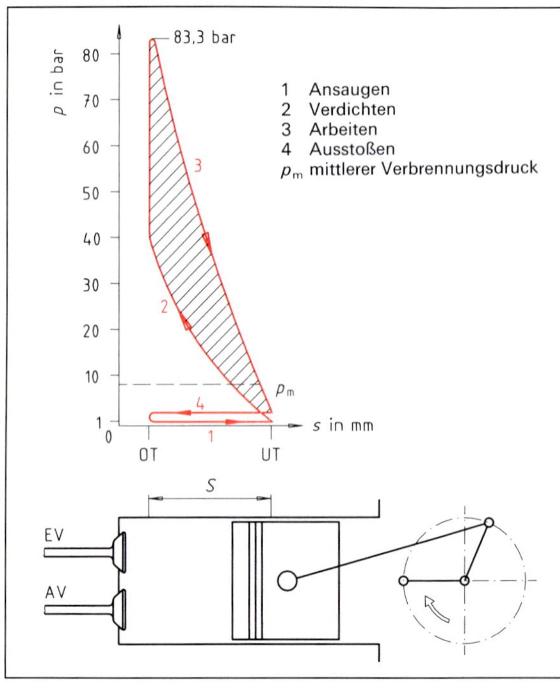

2 Druck-Weg-Diagramm (Indikator-Diagramm) eines Dieselmotors

Kolbenkraft

Durch den Verbrennungsdruck wird die Kraft erzeugt, die die Kurbelwelle während des Arbeitstaktes antreibt (Bild 1, Seite 33). Diese ist abhängig von der Höhe des Druckes und der Fläche des Kolbenbodens.

$$F_K = p \cdot A$$

F_K Kolbenkraft (1 daN = 10 N)
p Druck (1 bar = 1 daN/cm²)
A Fläche des Kolbenbodens

Motor 1 in Bild 3, Seite 28 hat bei einem Bohrungsdurchmesser von $d = 105$ mm eine Kolbenbodenfläche $A = 86{,}59$ cm². Der höchste Verbrennungsdruck beträgt 83,3 bar. Daraus ergibt sich folgende Kolbenkraft

$$\underline{\underline{F_K}} = 83{,}3 \text{ bar} \cdot 86{,}59 \text{ cm}^2 = \underline{\underline{7213 \text{ daN}}}$$

Diese größte Kolbenkraft ist maßgebend für die Beanspruchung der Bauteile des Kurbeltriebs. Sie wird bei der Dimensionierung dieser Teile berücksichtigt.

Das Druck-Weg-Diagramm (Bild 2, Seite 32) zeigt, dass während des Ablaufs eines Arbeitsspiels sowohl Unterdruck als auch Überdruck im Zylinder herrschen. Aus diesem Grunde ist für die Motorleistung nicht der höchste Verbrennungsdruck, sondern der Durchschnittswert = **mittlerer Arbeitsdruck** entscheidend. Dieser liegt bei einem Dieselmotor zwischen 6 bar ... 10 bar.

Bei einem mittleren Arbeitsdruck von 7,5 bar ergibt sich somit folgende Kolbenkraft:

$$\underline{\underline{F_K}} = 7{,}5 \text{ bar} \cdot 86{,}59 \text{ cm}^2 = \underline{\underline{649 \text{ daN}}}$$

Es wird eine durchschnittliche Kraft von 649 daN vom Kolben an den Kolbenbolzen weitergeleitet. Vom Kolbenbolzen aus wird mit Hilfe der Pleuelstange und der Kurbelwelle ein Drehmoment erzeugt (s. Kap. 2.1.4.5).

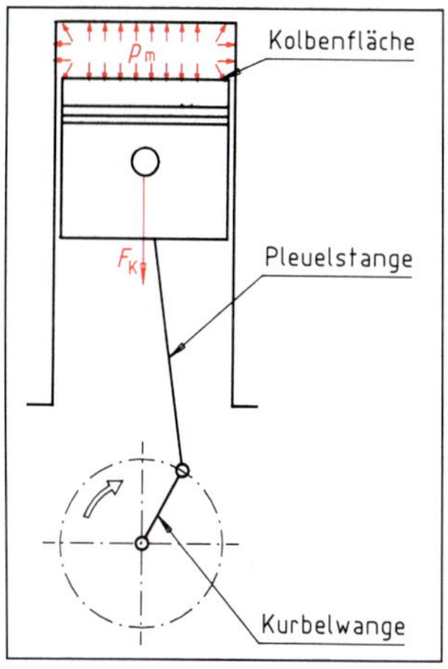

1 Kolbenkraft F_K

Übungen

1. Welche Größen bestimmen den Druck im Zylinder eines Verbrennungsmotors am Ende des Verdichtungstaktes?
   Eräutern Sie die Zusammenhänge.

2. Ohne Berücksichtigung des Temperaturanstiegs besteht bei einem Verbrennungsmotor zunächst einmal ein Zusammenhang zwischen dem Verdichtungsverhältnis und dem Druck im Zylinder.

   a) Ermitteln Sie rechnerisch den Druck für Verdichtungsverhältnisse von 8:1 ... 20:1, wenn der absolute Druck beim Ansaugen 0,85 bar beträgt.

   b) Stellen Sie den Zusammenhang zwischen Druck und Verdichtungsverhältnis graphisch in Form eines $x-y$-Diagramms (s. Technische Kommunikation Kap. 1.2) dar.
   x-Achse: Verdichtungsverhältnis
   y-Achse: Verdichtungsdruck
   Wählen Sie einen geeigneten Maßstab selbst aus.

3. Wegen Undichtheiten am Ventilsitz erreicht ein Dieselmotor nicht den vom Hersteller angegebenen Mindestdruck bei der Kompressionsdruckprüfung. Warum springt der Motor schlecht bzw. überhaupt nicht an?

4. Bei Ottomotoren wird das Kraftstoff-Luftgemisch am Ende des Verdichtungstaktes von einer Zündkerze entzündet (Wärmezufuhr von außen). Das Verdichtungsverhältnis liegt zwischen 8:1 ... 10:1. Warum dürfen bei dieser Motorenbauart keine höheren Verdichtungsverhältnisse eingesetzt werden?

5. Wie wirkt sich ein steigender Kolbendurchmesser bei gleichbleibendem Druck auf die Kolbenkraft aus? Begründen Sie Ihre Antwort rechnerisch mit einem selbst gewählten Zahlenbeispiel.

Weitere Übungen finden Sie im Bereich Technische Mathematik im Kap. 1.2.

2.1.4.3 Kolbengeschwindigkeit

Bild 1 zeigt die Geschwindigkeit des Kolbens in Abhängigkeit vom Hub. Da der Kolben im oberen und unteren Totpunkt jeweils seine Bewegungsrichtung umkehrt, ist die Geschwindigkeit Null. Zwischen diesen Punkten wird der Kolben beschleunigt und verzögert. Die höchste Geschwindigkeit v_{max} erreicht der Kolben, wenn Kurbelwange und Pleuelstange in einem Winkel von 90° zueinander stehen.

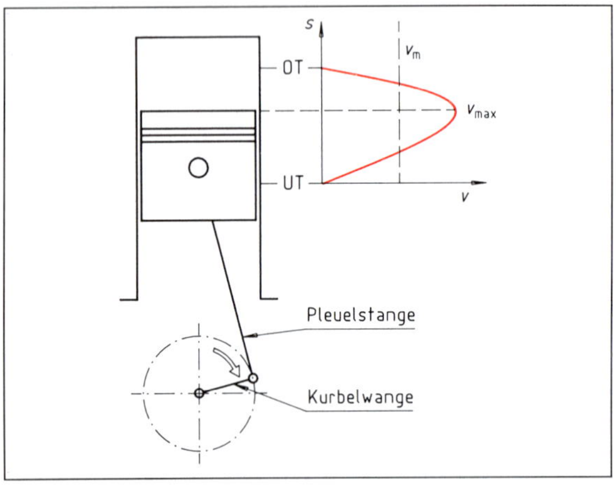

1 Geschwindigkeit des Kolbens

Rechnerisch wird jedoch die mittlere Kolbengeschwindigkeit v_m ermittelt. Bei dieser Betrachtung geht man von einer gleichförmigen Bewegung des Kolbens aus.

Allgemein kann bei gleichförmiger Bewegung die Geschwindigkeit dadurch ermittelt werden, dass der zurückgelegte Weg s durch die benötigte Zeit geteilt wird.

$$v = \frac{s}{t}$$

v Geschwindigkeit
s Weg
t Zeit

Bei einer Kurbelwellenumdrehung durchläuft der Kolben zweimal den Hub s. Die Zeit, die für das Zurücklegen dieser Wegstrecke erforderlich ist, geht aus der Drehzahl hervor. Da diese in der Praxis in Umdrehungen pro Minute (1/min) angegeben wird, muss wegen der Einheiten in der Geschwindigkeitsgleichung eine Umrechnung in Umdrehungen pro Sekunde (1/s) erfolgen.

Die **mittlere Kolbengeschwindigkeit** kann unter Berücksichtigung dieser Angaben wie folgt ermittelt werden:

$$v_m = 2 \cdot s \cdot n$$

v_m mittlere Kolbengeschwindigkeit
s Hub
n Drehzahl

In Bild 3, Seite 28 geht aus den technischen Daten für Motor 1 hervor, dass die höchste Leistung bei $n = 2300$ 1/min erreicht wird. Der Hub beträgt $s = 120$ mm. Mit diesen Angaben kann die mittlere Kolbengeschwindigkeit wie folgt berechnet werden:

$$\underline{\underline{v_m}} = \frac{2 \cdot 0{,}12\ \text{m} \cdot 2300}{60\ \text{s}} = \underline{\underline{9{,}2\ \text{m/s}}}$$

Für Motor 2 (s. Bild 3, Seite 28), der einen Hub von 133 mm hat, ergibt sich bei gleicher Drehzahl folgender Wert:

$$\underline{\underline{v_m}} = \frac{2 \cdot 0{,}133\ \text{m} \cdot 2300}{60\ \text{s}} = \underline{\underline{10{,}2\ \text{m/s}}}$$

Diese Rechnung verdeutlicht, dass mit steigendem Hub bei gleicher Drehzahl die mittlere Kolbengeschwindigkeit zunimmt (s. Hinweis Langhubmotoren in Kap. 2.1.4.1). Wegen der Massenkräfte an der Kurbelwelle, die unter anderem durch die Beschleunigung bzw. Verzögerung von Kolben und Pleuelstange hervorgerufen werden, soll die mittlere Kolbengeschwindigkeit eines Motors 20 m/s nicht überschreiten. Dieselmotoren erreichen Werte von etwa 10 m/s.

Die Bedeutung der mittleren Kolbengeschwindigkeit für die Praxis soll an einem Beispiel verdeutlicht werden. Durch einen unerlaubten Eingriff an der Einspritzpumpe wird die Nenndrehzahl von Motor 1 (s. Bild 3, Seite 28) auf 2800 1/min erhöht. Daraus ergibt sich folgende mittlere Kolbengeschwindigkeit:

$$\underline{\underline{v_m}} = \frac{2 \cdot 0{,}12\ \text{m} \cdot 2800}{60\ \text{s}} = \underline{\underline{11{,}2\ \text{m/s.}}}$$

Die Drehzahlerhöhung führt zu einem Anstieg der mittleren Kolbengeschwindigkeit des Motors um 2 m/s. Wird der Motor 1000 Betriebstunden mit dieser höheren Drehzahl betrieben, kann mit der Formel für die Geschwindigkeit bei gleichförmiger Bewegung der Weg ermittelt werden, den der Kolben zusätzlich zurücklegen muss.

$$\underline{\underline{s}} = v \cdot t = 2\ \text{m/s} \cdot 1000 \cdot 3600\ \text{s} = \underline{\underline{7\,200\,000\ \text{m}}}$$

Anders ausgedrückt bedeutet dieses, dass der Kolben den Weg zwischen OT und UT 60 Millionen mal (7200000 m : 0,12 m) zusätzlich durchlaufen muss. Da dabei grundsätzlich Reibung zwischen Kolben und Zylinderwandung entsteht, führt dieses zu einem entsprechend höheren Verschleiß.

Diese Beispielrechnung mit den aufgezeigten Folgen gilt nur für den Fall, dass nachträglich an einem Motor eine Drehzahlerhöhung vorgenommen wird. Sie erbringt jedoch keinen Beweis für die in der Praxis häufig anzutreffende Meinung, dass Motoren mit höherer mittlerer Kolbengeschwindigkeit grundsätzlich eine kürzere Lebensdauer haben. Bei der Konstruktion und Herstellung eines Motors wird diesem Problem durch entsprechend geänderte Werkstoffzusammensetzungen für Kolben und Zylinder Rechnung getragen.

Übungen finden Sie im Bereich Technische Mathematik im Kap. 1.3.

2.1.4.4 Ventilsteuerung

Steuerzeiten

Bei einem Viertakt-Dieselmotor wird das Einströmen der Frischgase und das Ausströmen der verbrannten Gase über Ventile gesteuert. Die Zeitpunkte, wo die Ein- und Auslassventile öffnen und schließen, nennt man **Steuerzeiten**. Diese Öffnungs- und Schließpunkte der Ventile werden von den Herstellern in Grad Kurbelwinkel (°KW) bezogen auf die obere Kolbenstellung (OT) bzw. untere Kolbenstellung (UT) (s. Bilder 1 und 2) angegeben, da die Ventilbetätigung passend zur Kolbenbewegung (s. Kap. 2.1.2) erfolgen muss. Dieses trifft auch für den Förderbeginn der Einspritzpumpe zu.

Da sich eine Veränderung der Öffnungs- und Schließpunkte der Ventile bzw. des Förderbeginns negativ auf die Motorleistung auswirkt, werden von den Herstellern zur Kontrolle bzw. zur Einstellung dieser Größen Markierungen auf der Schwungscheibe, den Zahnrädern des Nockenwellen- und Einspritzpumpenantriebs und/oder auf der Riemenscheibe am vorderen Ende der Kurbelwelle, die u.a. für den Antrieb des Generators sorgt, angebracht.

Zu diesem Zweck ist es erforderlich, die angegebenen Winkelgrade α beispielsweise in Bogenlänge l_b am Riemenscheibenumfang umzurechnen. Dieses kann wie folgt geschehen:

$$l_b\,(\alpha = 360°) = d \cdot \pi$$

$$l_b\,(\alpha = 1°) = \frac{d \cdot \pi}{360°}$$

$$l_b\,(\alpha) = \frac{d \cdot \pi \cdot \alpha}{360°}$$

Dementsprechend lautet die Formel für die Ermittlung der Bogenlänge:

$$l_b = \frac{d \cdot \pi \cdot \alpha}{360°}$$

d Durchmesser der Schwungscheibe, Riemenscheibe
l_b Bogenlänge
α Öffnungs- oder Schließwinkel der Ventile, Förderbeginn der Einspritzpumpe

Die Bilder 1 und 3 weisen einen Förderbeginn (F_B) der Einspritzpumpe aus, der 15° KW vor OT liegt. Bei einem Riemenscheibendurchmesser $d = 200$ mm kann der Abstand der Markierung für den Förderbeginn von OT wie folgt berechnet werden:

$$\underline{\underline{l_b}} = \frac{200\text{ mm} \cdot \pi \cdot 15°}{360°} = \underline{\underline{26{,}18\text{ mm}}}$$

Ventilöffnungszeit

Neben dem Öffnungsquerschnitt der Ventile, der Querschnittsfläche des Zylinders und der Kolbengeschwindigkeit wirkt sich die Öffnungszeit der Ventile (s. Kap. 2.1.2.1 Voröffnung und Nachschließung der Ventile) auf die Zylinderfüllung aus.

Die Öffnungszeit wird bestimmt vom Öffnungswinkel α (s. Bild 4) und der Motordrehzahl n. Sie kann wie folgt ermittelt werden:

$$t\,(\alpha = 360°) = \frac{1}{n}$$

$$t\,(\alpha = 1°) = \frac{1}{n \cdot 360°}$$

$$t\,(\alpha) = \frac{\alpha}{n \cdot 360°}$$

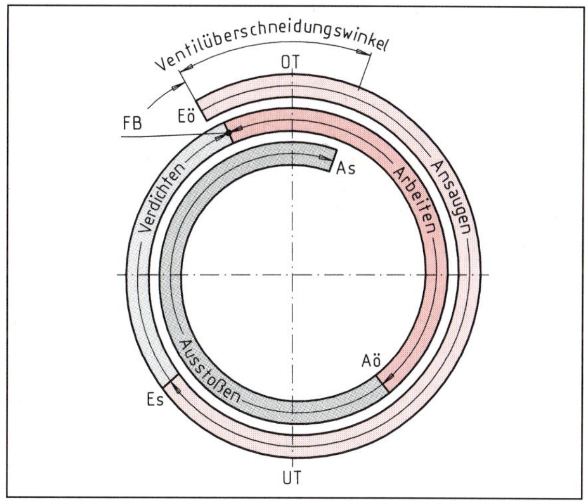

1 Steuerdiagramm Dieselmotor

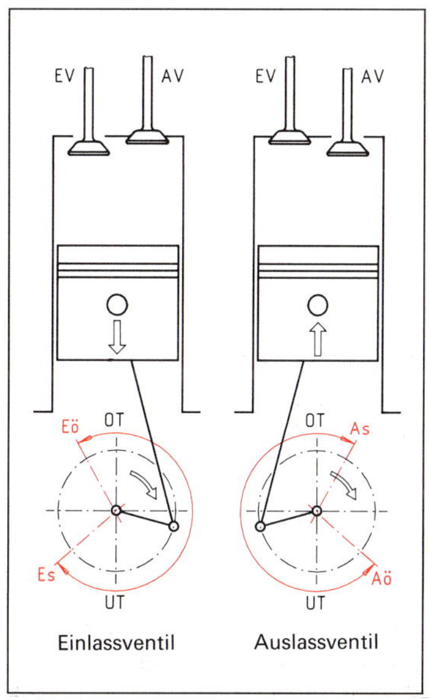

2 Öffnungswinkel der Ventile

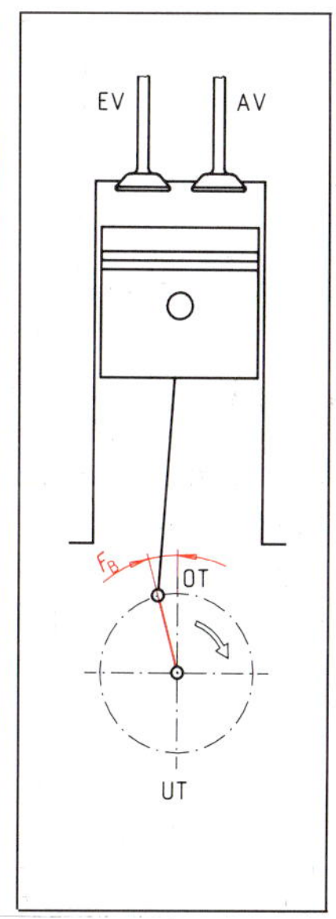

3 Förderbeginn Einspritzpumpe

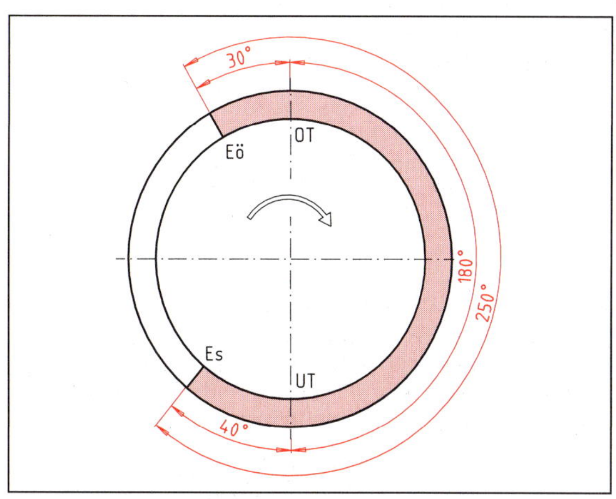

4 Ermittlung des Öffnungswinkels des Einlassventils

Daraus ergibt sich folgende Formel für die Berechnung der Ventilöffnungszeit:

$$t = \frac{\alpha}{n \cdot 360°}$$

α Öffnungswinkel der Ventile
n Motordrehzahl
t Ventilöffnungszeit

Mit dem in Bild 4, Seite 35 ermittelten Öffnungswinkel ergibt sich folgende Öffnungszeit für das Einlassventil bei einer Drehzahl von 900 1/min:

$$\underline{\underline{t}} = \frac{250°}{900\ 1/\text{min} \cdot 360°} = \frac{250° \cdot 60\ s}{900 \cdot 360°} = \underline{\underline{0{,}0463\ s}}$$

Wärmeausdehnung der Ventile

Beim Betrieb des Motors können die Ventile auf der Einlassseite Temperaturen bis 550 °C und auf der Auslassseite bis 800 °C erreichen. Ein Teil der aufgenommenen Wärme wird über den Ventilsitz und den Ventilschaft an den Zylinderkopf bzw. an das Kühlmittel abgegeben.

Zum anderen bewirkt die Erwärmung eine **Längenzunahme** der Ventile. Dies kann wie folgt berechnet werden:

$$\Delta l = l_0 \cdot \alpha_l \cdot \Delta T$$

Δl Längenzunahme
l_0 Länge bei Bezugstemperatur (meist 20 °C)
α_l Längenausdehnungskoeffizient (-zahl)
ΔT Temperaturdifferenz

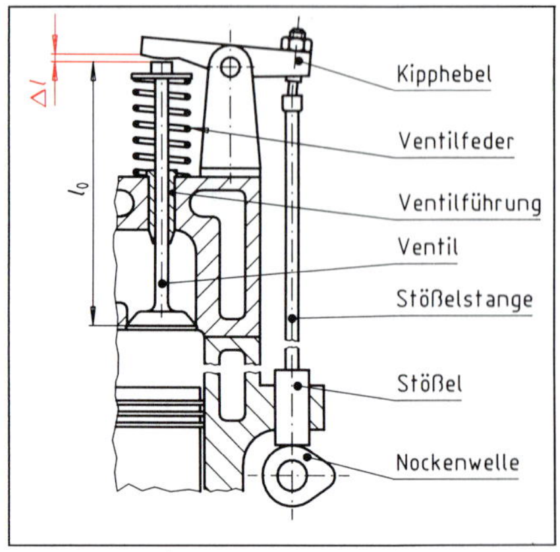

1 Wärmeausdehnung des Ventils

Ein 160 mm langes Auslassventil aus legiertem Stahl ($\alpha_l = 0{,}000011$ 1/K) hat bei einer Temperaturänderung von 20 °C auf 270 °C im Ventilschaft folgende Längenänderung:

$\underline{\underline{\Delta l}} = 160\ \text{mm} \cdot 0{,}000011\ 1/\text{K} \cdot 250\ °\text{C} = \underline{\underline{0{,}44\ \text{mm}}}$

Um zu gewährleisten, dass die Ventile bei warmem Motor einwandfrei schließen, muss zwischen dem Kipphebel und dem Ventilschaft (s. Bild 1) ein **Spiel** von 0,2 mm ... 0,6 mm (Herstellerangaben beachten) bei kaltem Motor vorhanden sein.

Übungen

1. Von welchen Größen ist die Bogenlänge abhängig?
2. a) Ermitteln Sie die Öffnungszeiten des Einlassventils für verschiedene Drehzahlen zwischen 1000 1/min und 2300 1/min.
   b) Stellen Sie die Ergebnisse graphisch in Form eines $x-y$-Diagramms (s. Technische Kommunikation Kap. 1.2) dar.
   x-Achse: n in 1/min
   y-Achse: Ventilöffnungszeit in s
   Wählen Sie einen geeigneten Maßstab selbst aus.
   c) Welcher Zusammenhang besteht zwischen der Ventilöffnungszeit und der Drehzahl?
3. Welche Größen bestimmen das Ventilspiel?

Weitere Übungen finden Sie im Bereich Technische Mathematik im Kap. 1.4.

2.1.4.5 Drehmoment, Leistung und Wirkungsgrad

Drehmoment

Die beim Arbeitstakt auf den Kolben einwirkende Kraft F_K (s. Kap. 2.1.4.2) bewirkt die Kolbenbewegung. Diese wird mit Hilfe des Kurbeltriebs in eine Drehbewegung umgewandelt, die von der Schwungscheibe über Kupplung und Getriebe an die Antriebsräder weitergeleitet wird. Die Höhe des an der Schwungscheibe zur Verfügung stehenden **Drehmoments** M wird vom Kurbelradius der Kurbelwelle ($r = s/2$) und von der Umfangskraft (Tangentialkraft) F_T bestimmt (Bild 2). Zwischen den genannten Größen besteht folgender Zusammenhang:

$$M = F_T \cdot r$$

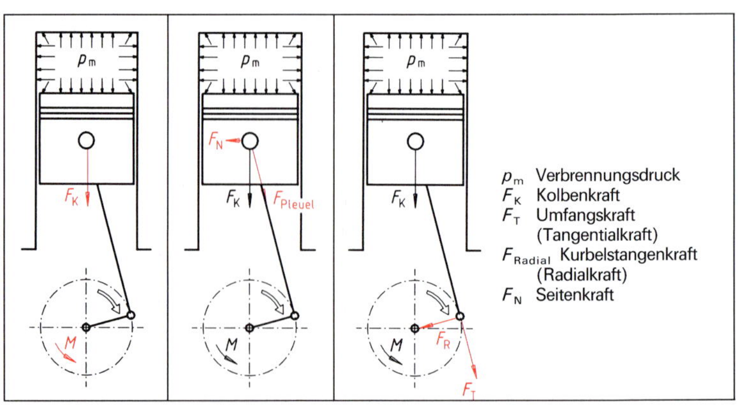

2 Kräfte am Kurbeltrieb **3 Kräfte am Kolbenbolzen** **4 Kräfte an der Kurbelwelle**

Aufgrund der unterschiedlichen Schrägstellung des Pleuels bei der Erzeugung der Drehbewegung kommt es sowohl am Kolbenbolzen als auch an der Kurbelwange zu einer Kräfteaufteilung. Bild 3, Seite 36 zeigt, dass sich die Kolbenkraft F_K zu Pleuelstangenkraft F_{Pleuel} und Seitenkraft F_N aufteilt. Letztere wirkt senkrecht in Richtung der Zylinderwandung und verursacht Reibung zwischen Kolben und Zylinder. Die Anteile der beiden Kräfte sind abhängig vom Pleuelstangenwinkel.

Bild 4, Seite 36 zeigt, dass die Pleuelstangenkraft F_{Pleuel} an der Kurbelwange in die Umfangskraft (Tangentialkraft) F_T und die Kurbelwangenkraft (Radialkraft) F_{Radial} aufgeteilt wird. Letztere wirkt in Richtung der Kurbelwange und wirkt als Druckkraft auf das Kurbellager. Die Wirkungslinie der Umfangskraft F_T bildet mit der Kurbelwange immer einen 90°-Winkel. Auch an dieser Stelle verändert sich die Größe der beiden Kräfte mit dem Pleuelstangenwinkel.

Die bisherigen Ausführungen zeigen, dass sich die Tangentialkraft F_T in Abhängigkeit des Drehwinkels α ändert. Im gleichen Maße ändert sich auch das an der Kurbelwelle angreifende Drehmoment M (denn $M = F_T \cdot r$). Deshalb ist eine direkte Berechnung anhand der Kolbenkraft nicht möglich. Die Motorenhersteller geben für das Drehmoment (s. Bild 3, Seite 28) einen Mittelwert an, der durch Prüfstandsversuche festgestellt wird (Bild 2). Es ist abhängig von der Zylinderzahl, dem Hub, dem mittleren Arbeitsdruck, der Bohrung und der Drehzahl.

Effektive Motorleistung

In den Fahrzeugpapieren (Fahrzeugbrief und Fahrzeugschein) wird jedoch nicht das Drehmoment, sondern die **effektive Motorleistung** P_{eff} in kW angegeben. Damit wird laut DIN 1940 die Leistung bezeichnet, die von einem betriebsbereiten Motor an der Schwungscheibe abgegeben wird. Dementsprechend müssen bei der Leistungsmessung die für den Motorbetrieb notwendigen Hilfseinrichtungen, wie z. B. die Einspritzpumpe, der Kühlluftventilator, die Kühlflüssigkeitspumpe oder der Lader, angebaut sein.

Die effektive Motorleistung P_{eff} (Bild 2) ist abhängig von dem Drehmoment und der Drehzahl des Motors. Zwischen diesen Größen besteht folgender Zusammenhang:

$$P_{eff} = M \cdot 2 \cdot \pi \cdot n$$

P_{eff} Effektive Motorleistung
M Drehmoment
n Drehzahl

Bild 1 zeigt die Ableitung der Formel zur Berechnung der effektiven Motorleistung (s. Schritte 1 … 4).

Motor 1 in Bild 3, Seite 28 erreicht sein maximales Drehmoment $M_{max} = 384$ Nm bei einer Drehzahl $n = 1500$ 1/min. Die effektive Motorleistung P_{eff} kann mit diesen Angaben nach Gl. (7) wie folgt berechnet werden:

$$\underline{\underline{P_{eff}}} = \frac{384\ \text{Nm} \cdot 1500 \cdot 2 \cdot \pi}{60\ \text{s} \cdot 1000} = \underline{\underline{60\ \text{kW}}}$$

Für den gleichen Motor wird eine effektive Leistung $P_{eff} = 74$ kW bei einer Drehzahl $n = 2300$ 1/min angege-

Für die Berechnung der mechanischen Leistung P in W gilt allgemein folgende Formel:

(1) $P = F \cdot v$ — F Kraft in N; v Geschwindigkeit in m/s

1. Schritt: Will man diese Formel zur Berechnung der effektiven Motorleistung P_{eff} benutzen, muss Folgendes beachtet werden:

Die Kraft F entspricht der Tangentialkraft an der Kurbelwelle, die mit der Formel

(2) $F_T = \frac{M}{r}$ — M Drehmoment in Nm; r Kurbelradius in m

ermittelt werden kann.

Für die Berechnung der Umfangsgeschwindigkeit der Kurbelwelle gilt die Formel:

(3) $v_u = d \cdot \pi \cdot n$ — d Durchmesser Kurbelkreis in m; n Drehzahl in 1/min

2. Schritt: Durch Einsetzen der Gleichungen (2) und (3) in Gleichung (1) entsteht folgende Formel:

(4) $P_{eff} = \frac{M \cdot d \cdot \pi \cdot n}{r}$

3. Schritt: d kann durch $2 \cdot r$ ersetzt werden

(5) $P_{eff} = \frac{M \cdot 2 \cdot r \cdot \pi \cdot n}{r}$

4. Schritt: durch r kürzen

(6) $P_{eff} = M \cdot 2 \cdot \pi \cdot n$

5. Schritt: Aus Gleichung (1) ist ersichtlich, dass die Leistung entweder die Einheit W oder Nm/s trägt. Da die Motordrehzahl jedoch in 1/min angegeben wird, muss das Ergebnis laut Gleichung (6) durch 60 geteilt werden. Die Motorleistung wird üblicherweise in kW angegeben, so dass zusätzlich noch durch 1000 geteilt werden muss. Daraus ergeben sich folgende Änderungen für Gleichung (6):

(7) $P_{eff} = \frac{M \cdot 2 \cdot \pi \cdot n}{60 \cdot 1000}$

6. Schritt: da $\frac{2 \cdot \pi}{60 \cdot 1000} \approx \frac{1}{9550}$, kann der entsprechende Zahlenwert in Gleichung (7) eingesetzt werden

(8) $P_{eff} = \frac{M \cdot n}{9550}$ — M Drehmoment in Nm; P_{eff} Leistung in kW; n Drehzahl in 1/min

1 Ableitung der Formel zur Berechnung der Motorleistung

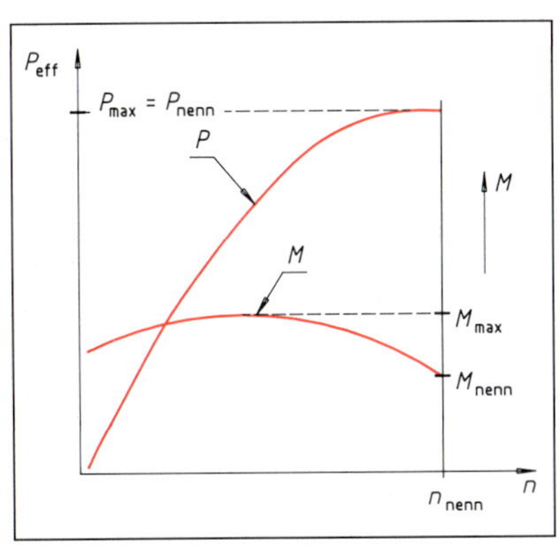

2 Drehmoment- und Leistungskennlinie eines Dieselmotors

ben. Daraus ergibt sich folgendes zur Verfügung stehende Drehmoment, wenn Gl. (8) in Bild 1, Seite 37 entsprechend umgestellt wird:

$$\underline{\underline{M}} = \frac{P_{eff} \cdot 9550}{n} = \frac{74 \cdot 9550}{2300} = \underline{\underline{307 \text{ Nm}}}$$

Da das errechnete Drehmoment $M = 307$ Nm bei der in den Fahrzeugpapieren ausgewiesenen Höchstleistung des Motors (Nennleistung) erreicht wird, bezeichnet man es auch als **Nenndrehmoment** (s. Bild 2, Seite 37).

Drehmomentverlauf

Die obige Rechnung zeigt, dass das Drehmoment des Schleppermotors bei Drehzahlen $n > 1500$ 1/min trotz steigender Motorleistung abfällt. Dieses verdeutlichen auch die graphischen Darstellungen Bild 1 und Seite 37, Bild 2.

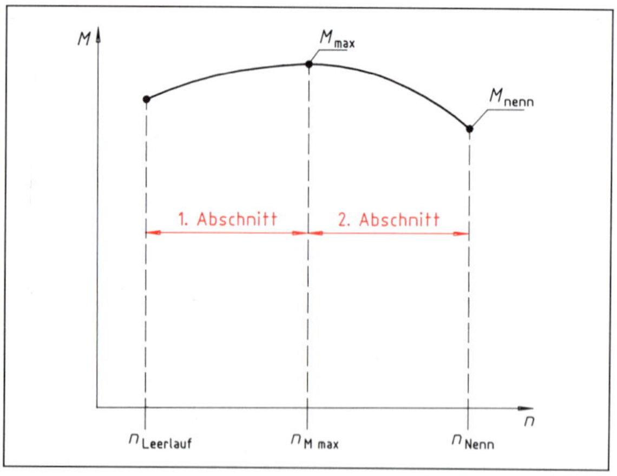

1 Drehmomentverlauf

Um Aussagen für die Praxis treffen zu können, ist es zweckmäßig, die Drehmomentkennlinie in zwei Abschnitte (s. Bild 1) zu unterteilen.

Der erste Abschnitt zeigt den Drehmomentverlauf zwischen der Leerlaufdrehzahl und der Drehzahl bei maximalem Drehmoment. Letzteres soll etwa bei 70% der Nenndrehzahl erreicht werden. Dieser Abschnitt erlaubt Aussagen über das Verhalten eines Schleppers beim Anfahren mit Last.

Steht schon von Anfang an ein hohes Drehmoment zur Verfügung, so kann kupplungsschonend mit niedriger Motordrehzahl angefahren werden. Anschließend wird durch Gasgeben beschleunigt. Im umgekehrten Fall neigt der Fahrer des Schleppers dazu, erst die Drehzahl zu erhöhen, bevor er die Kupplung loslässt. Dieses führt zu einem entsprechend höheren Verschleiß der Mitnehmerscheibe.

Die Aussagen verdeutlichen, dass ein flacher Verlauf der Drehmomentkurve im ersten Abschnitt Vorteile hat.

Den Drehmomentverlauf zwischen der Drehzahl des maximalen Drehmoments und der Nenndrehzahl zeigt der zweite Abschnitt. Er erlaubt Aussagen über das Verhalten eines Schleppers beim Arbeiten unter Vollast.

Drehmomentanstieg

Bei Feldarbeiten wird dem Schleppermotor häufig die volle Leistung (**Nennleistung**) abverlangt. Steigt der Zugkraftbedarf während der Arbeit plötzlich an, soll die Drehzahl nach Möglichkeit wenig abfallen. Dazu ist es erforderlich, dass bei sinkender Motordrehzahl ein höheres Drehmoment zur Verfügung steht.

Die Kurve in Bild 1, Abschnitt 2 verdeutlicht ein entsprechendes Verhalten, wenn man sie von der Nenndrehzahl ausgehend nach links betrachtet. Das Drehmoment steigt bei fallender Drehzahl vom Nenndrehmoment bis zum maximalen Drehmoment an.

In den Prospekten der Schlepperhersteller wird dieser Drehmomentanstieg häufig als Prozentwert angegeben. Er kann wie folgt berechnet werden:

$$\text{Drehmomentanstieg} = \frac{100\% \cdot \text{max. Drehmoment}}{\text{Nenndrehmoment}} - 100\%$$

Motor 1 (Bild 3, Seite 28) hat ein maximales Drehmoment $M_{max} = 384$ Nm und ein Nenndrehmoment $M_{nenn} = 307$ Nm (s. vorherigen Abschn.: Effektive Motorleistung). Mit diesen Angaben kann der Drehmomentanstieg wie folgt errechnet werden:

$$\underline{\underline{\text{Drehmomentanstieg}}} = \frac{100\% \cdot 384 \text{ Nm}}{307 \text{ Nm}} - 100\% = \underline{\underline{25\%}}$$

Mechanischer Wirkungsgrad

Ein Teil der durch Gasdruck beim Arbeitstakt des Dieselmotors erzeugten **Innenleistung P_i** (auch **indizierte Leistung**) wird für die Überwindung der Reibung, die zwischen Kolben und Zylinder und an den Lagerstellen des Kurbeltriebs auftritt (Bild 2), benötigt. Außerdem ist Leistung für den Antrieb der Hilfseinrichtungen des Motors erforderlich. Die für diese Zwecke benötigte Leistung wird nach DIN 1940 als **Reibleistung P_R** bezeichnet.

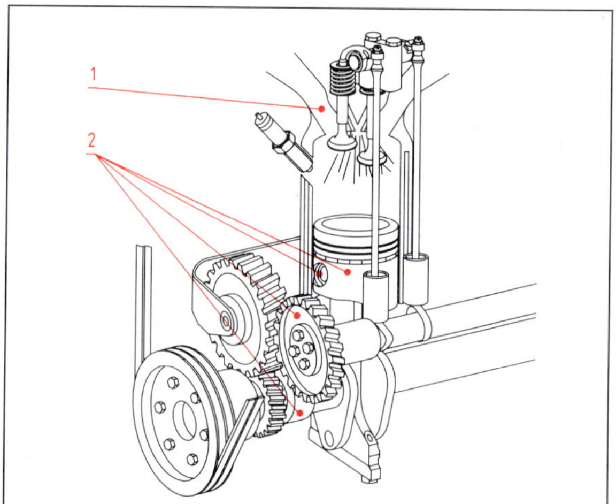

1 Innere Leistung – theoretische Leistung im Zylinder
2 Reibungsleistung – berücksichtigt diese Reibungsverluste

2 Innere Leistung und Reibungsleistung

Zwischen der Innenleistung P_i, der Reibleistung P_R und der effektiven Motorleistung P_{eff} besteht folgender Zusammenhang:

$$P_i = P_{eff} + P_R$$

Bild 1 zeigt, dass bei einem Motor, dessen Innenleistung $P_i = 100$ kW beträgt, eine Reibleistung $P_R = 28$ kW anfällt. Dementsprechend beträgt die effektive Motorleistung $P_{eff} = 72$ kW. In diesem als Beispiel gewählten Fall beträgt die Leistungsminderung zwischen Kolben und Schwungscheibe $\Delta P = 28$ kW, d.h. 28 Prozent.

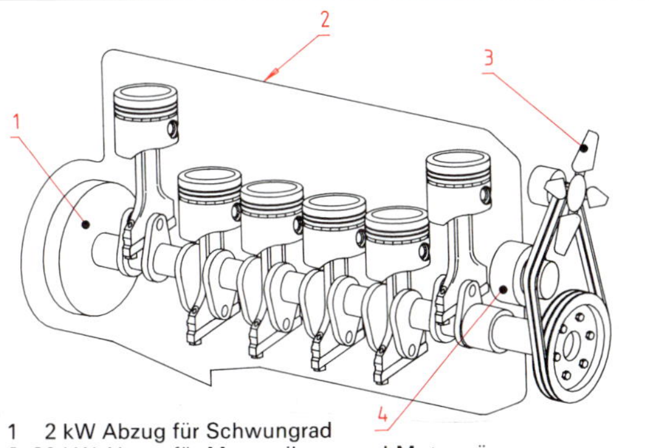

1 2 kW Abzug für Schwungrad
2 20 kW Abzug für Motorreibung und Motorwärme
3 5 kW Abzug für Lüfter und Wasserpumpe
4 1 kW Abzug für Generator (Gleich- bzw. Drehstrom)

1 Mechanischer Wirkungsgrad

Das Verhältnis von effektiver Motorleistung zu Innenleistung wird als **mechanischer Wirkungsgrad** angegeben. Die Berechnungsformel lautet:

$$\eta = \frac{P_{eff}}{P_i}$$

η mechanischer Wirkungsgrad
P_{eff} effektive Motorleistung
P_i indizierte Motorleistung

Mit obigen Zahlen ergibt sich folgende Rechnung:

$$\underline{\underline{\eta}} = \frac{72\text{ kW}}{100\text{ kW}} = \underline{\underline{0{,}72}}$$

Der mechanische Wirkungsgrad beträgt $\eta = 0{,}72$. Wird diese Zahl mit 100 multipliziert, erhält man den Wirkungsgrad in Prozent. Das Ergebnis bringt zum Ausdruck, dass 72% der Innenleistung als Leistung an der Schwungscheibe zur Verfügung stehen.

Der mechanische Wirkungsgrad von Dieselmotoren liegt bei Volllast zwischen $\eta = 0{,}7 \ldots 0{,}9$. Ein höherer Wirkungsgrad bedeutet, dass der Motor im praktischen Einsatz eine bessere Kraftstoffausnutzung und damit einen niedrigeren Kraftstoffverbrauch hat.

Neben dem mechanischen Wirkungsgrad wird beim Vergleich von Verbrennungsmotoren auch noch der **effektive Wirkungsgrad** angeführt. Er gibt das Verhältnis von Nutzarbeit (mechanische Energie an der Schwungscheibe) zur maximalen Arbeit (Wärmewert, s. Energieverteilung Bild 3, Seite 7) an, die durch die Verbrennung des Kraftstoff-Luftgemisches erzeugt wird.

Der effektive Wirkungsgrad eines Dieselmotors liegt bei 0,32. Das bedeutet, dass nur 32% der durch die Verbrennung erzeugten Wärmeenergie in mechanische Energie (Nutzleistung an der Schwungscheibe) umgewandelt wird.

Indizierte Motorleistung (Innenleistung)

Die **indizierte Motorleistung P_i** ist abhängig von folgenden Größen:

- Bohrungsdurchmesser d,
- Hub s,
- Zylinderzahl z,
- mittlerer Arbeitsdruck p_m,
- Drehzahl n.

Für einen **Viertaktmotor** kann die indizierte Leistung mit der nachfolgenden Formel (s. Gleichung (6) in Bild 1, Seite 40) berechnet werden:

$$P_i = \frac{A \cdot s \cdot z \cdot p_m \cdot n}{2}$$

P_i indizierte Motorleistung (Viertaktmotor)
A Kolbenfläche
s Hub
z Anzahl der Zylinder
p_m mittlerer Arbeitsdruck (1 bar = 10 N/cm² = 100000 N/m²)
n Drehzahl

Da ein Zweitaktmotor bei jedem 2. Hub arbeitet, entfällt die Zahl 2 unter dem Bruchstrich, wenn die indizierte Leistung errechnet werden soll.

Die Ableitung der Formel für die indizierte Leistung ist in Bild 1, Seite 40 ersichtlich.

Motor 1 in Bild 3, Seite 28 hat folgende technische Daten:

Bohrungsdurchmesser	d	= 105 mm = 0,105 m
Kolbenfläche	A	= 0,008659 m²
Hub	s	= 120 mm = 0,120 m
Zylinderzahl	z	= 6
mittlerer Arbeitsdruck	p_m	= 7,5 bar = 750000 N/m²
und Drehzahl	n	= 2300 1/min = 38,333 1/s

Mit diesen Angaben kann die indizierte Leistung wie folgt berechnet werden:

$$P_i = \frac{0{,}008659\text{ m}^2 \cdot 0{,}12\text{ m} \cdot 6 \cdot 750000\text{ N/m}^2 \cdot 38{,}333\text{ 1/s}}{2}$$

$$\underline{\underline{P_i}} = 89620\text{ W} = \underline{\underline{89{,}62\text{ kW}}}$$

Der Hersteller gibt für diesen Motor bei gleicher Drehzahl eine effektive Leistung $P_{eff} = 74$ kW an. Entsprechend beträgt die Reibleistung

$$\underline{\underline{P_R}} = 89{,}62\text{ kW} - 74\text{ kW} = \underline{\underline{15{,}62\text{ kW}}}.$$

Gleichzeitig kann mit diesen Angaben der mechanische Wirkungsgrad ermittelt werden:

$$\underline{\underline{\eta}} = \frac{74\text{ kW}}{89{,}62\text{ kW}} = \underline{\underline{0{,}826}}$$

Bei diesem Motor stehen also 82,6 Prozent der indizierten Leistung als Nutzleistung an der Schwungscheibe zur Verfügung.

Für die Berechnung der mechanischen Leistung P in W gilt allgemein folgende Formel:

(1) $P = F \cdot v$

F Kraft in N
v Geschwindigkeit in m/s

1. Schritt: Will man diese Formel zur Berechnung der indizierten Motorleistung P_i benutzen, muss Folgendes beachtet werden:
Die Kraft F entspricht der Kolbenkraft F_K (s. Kap. 2.1.4.2), die mit der nachfolgenden Formel berechnet werden kann.

(2) $F_K = p_m \cdot A$

p_m mittlerer Arbeitsdruck in bar
A Kolbenbodenfläche in cm^2
F_K Kolbenkraft in daN

Für die Berechnung der Kolbengeschwindigkeit (s. Kap. 2.1.4.3) gilt folgende Formel:

(3) $v_m = 2 \cdot s \cdot n$

s Hub in m
n Drehzahl in 1/min

2. Schritt: Durch Einsetzen der Gleichungen (2) und (3) in Gleichung (1) entsteht folgende Formel:

(4) $P_i = A \cdot p_m \cdot 2 \cdot s \cdot n$

3. Schritt: Da bei der Leistungsberechnung die Gesamtkraft aller Kolben eines Motors eine Rolle spielt, muss das Ergebnis noch mit der Zylinderzahl z multipliziert werden.

(5) $P_i = A \cdot p_m \cdot 2 \cdot s \cdot n \cdot z$

4. Schritt: Da ein Viertaktmotor erst nach jedem 4. Hub wieder arbeitet, muss das Ergebnis noch durch 4 geteilt werden. Nach dem Einsetzen und Kürzen ergeben sich folgende Änderungen für Gleichung (5)

(6) $$P_i = \frac{A \cdot p_m \cdot s \cdot n \cdot z}{2}$$

5. Schritt: Da die Kolbenkraft in Gleichung (1) in N eingesetzt wird, während sie gemäß Gleichung (2) in daN berechnet wird, muss das Ergebnis noch mit 10 multipliziert werden. In Gleichung (3) wird der Hub in m eingesetzt. Da jedoch bei der Hubraumberechnung die Einheit cm verwendet wird, muss das Ergebnis Gleichung (6) durch 100 geteilt werden. Daraus ergeben sich folgende Änderungen für Gleichung (6):

(7) $$P_i = \frac{A \cdot p_m \cdot s \cdot n \cdot z \cdot 10}{2 \cdot 100}$$

6. Schritt: Aus Gleichung (1) ist ersichtlich, dass die Leistung entweder die Einheit W oder Nm/s trägt. Da die Motordrehzahl jedoch in 1/min angegeben wird, muss das Ergebnis laut Gleichung (7) durch 60 geteilt werden. Die Motorleistung wird üblicherweise in kW angegeben, so dass zusätzlich noch durch 1000 geteilt werden muss. Daraus ergeben sich folgende Änderungen für Gleichung (7):

(8) $$P_i = \frac{A \cdot p_m \cdot s \cdot n \cdot z \cdot 10}{2 \cdot 100 \cdot 60 \cdot 1000}$$

7. Schritt: Kürzen

$$P_i = \frac{A \cdot p_m \cdot s \cdot n \cdot z}{1\,200\,000},$$

P_i indizierte Leistung in kW
A Kolbenfläche in cm^2
p_m mittlerer Arbeitsdruck in bar
s Hub in cm
n Drehzahl in 1/min

1 Ableitung der Formel zur Berechnung der indizierten Motorleistung

Übungen

1. Warum kann das Drehmoment eines Schleppermotors nicht direkt anhand der Kolbenkraft ermittelt werden?
2. Welche Größen beeinflussen das Drehmoment?
3. Unterscheiden Sie die nachfolgend aufgeführten Begriffe:
   - Effektive Motorleistung,
   - Reibleistung,
   - Indizierte Motorleistung.
4. Warum steigt die Leistung eines Schleppermotors nach Überschreiten des maximalen Drehmoments (s. Bild 5, Seite 36) weiter an?
5. Was wird bei einem Schleppermotor als Drehmomentanstieg bezeichnet?
6. Welchen Aussagewert besitzt die Größe „Drehmomentanstieg"?
7. Bestimmen Sie den mechanischen Wirkungsgrad der Motoren 2 und 3 in Bild 3, Seite 28.
8. Welchen Aussagewert besitzt die Größe „Mechanischer Wirkungsgrad"?

Weitere Übungen finden Sie im Bereich Technische Mathematik im Kap. 1.5.

2.1.4.6 Kraftstoffverbrauch

Als **Kraftstoffverbrauch** wird nach DIN 1940 die Kraftstoffmenge in kg bezeichnet, die ein Verbrennungsmotor in einer Stunde benötigt. Er kann wie folgt berechnet werden:

$$B = \frac{V \cdot \varrho}{t}$$

B Kraftstoffverbrauch
V Kraftstoffvolumen
ϱ Dichte des Kraftstoffs
t Zeit

Ein Schlepper wird 2,5 Stunden für Pflugarbeiten eingesetzt und benötigt dafür 50 l (= 50 dm³) Kraftstoff (Dichte = 0,85 kg/dm³). Der Kraftstoffverbrauch beträgt

$$\underline{\underline{B}} = \frac{50\ \text{dm}^3 \cdot 0{,}85\ \text{kg/dm}^3}{2{,}5\ \text{h}} = \underline{\underline{17\ \text{kg/h}}}$$

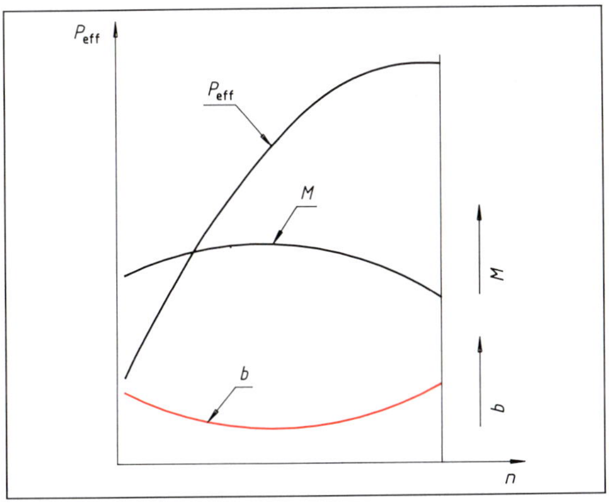

1 Spezifischer Kraftstoffverbrauch

Da der Kraftstoffverbrauch eines Schleppers sehr stark von den Einsatzbedingungen und der Leistung abhängig ist, wird als Vergleichsgröße in den Herstellerprospekten der **spezifische Kraftstoffverbrauch** angegeben, der durch Prüfstandsversuche bei verschiedenen Lastzuständen ermittelt wird. Er kann wie folgt berechnet werden:

$$b = \frac{B}{P_{eff}}$$

b spezifischer Kraftstoffverbrauch
B Kraftstoffverbrauch
P_{eff} effektive Motorleistung

Der spezifische Kraftstoffverbrauch gibt an, wieviel Gramm Kraftstoff ein Motor benötigt, um die Leistung von 1 kW eine Stunde lang zu erzeugen.

Bild 1 zeigt den spezifischen Kraftstoffverbrauch in Abhängigkeit von der Drehzahl. Dabei wird deutlich, dass der niedrigste Wert im Bereich des höchsten Drehmoments erreicht wird. Das bedeutet, dass bei diesen Drehzahlen der zugeführte Kraftstoff am besten ausgenutzt wird.

Motor 1 in Bild 3, Seite 28 hat bei einer Leistung von 74 kW einen spezifischen Kraftstoffverbrauch von 223 g/(kWh). Mit diesen Angaben kann der Kraftstoffverbrauch wie folgt ermittelt werden:

$$\underline{\underline{B}} = b \cdot P_{eff} = 223\ \text{g/kWh} \cdot 74\ \text{kW} = 16500\ \text{g/h} = \underline{\underline{16{,}5\ \text{kg/h}}}$$

Bei einer Kraftstoffdichte von 0,85 kg/dm³ hat die errechnete Kraftstoffmenge ein Volumen von 19,4 Litern.

Der tatsächliche Verbrauch (**Durchschnittsverbrauch**) dieses Motors wird jedoch erheblich niedriger liegen, da aufgrund der recht unterschiedlichen Einsatzzwecke (Bodenbearbeitung, Pflegearbeiten, Transportarbeiten usw.) im Durchschnitt nur 40% ... 60% der Motorleistung genutzt werden.

Übungen zu diesem Kapitel finden Sie im Bereich Technische Mathematik im Kap. 1.6.

2.2 Ottomotor

Ottomotoren unterscheiden sich in der Hauptsache von Dieselmotoren dadurch, dass sie im Ansaugtakt dem Zylinder ein Kraftstoff-Luftgemisch (**äußere Gemischbildung**) zuführen, das am Ende des Verdichtungstaktes von einer Zündkerze (**Fremdzündung**) entzündet wird. Diese Motorenbauart wird nach **N.A. Otto** (1832–1891) benannt, der im Jahre 1876 einen von ihm erbauten Gasmotor in Viertaktarbeitsweise der Öffentlichkeit vorstellte. In der Landmaschinentechnik werden Ottomotoren hauptsächlich als Antriebsquelle für Kleingeräte, wie beispielsweise Rasenmäher, Motorsägen usw., eingesetzt.

2.2.1 Viertakt-Ottomotor

2.2.1.1 Bauteile des Viertakt-Ottomotors

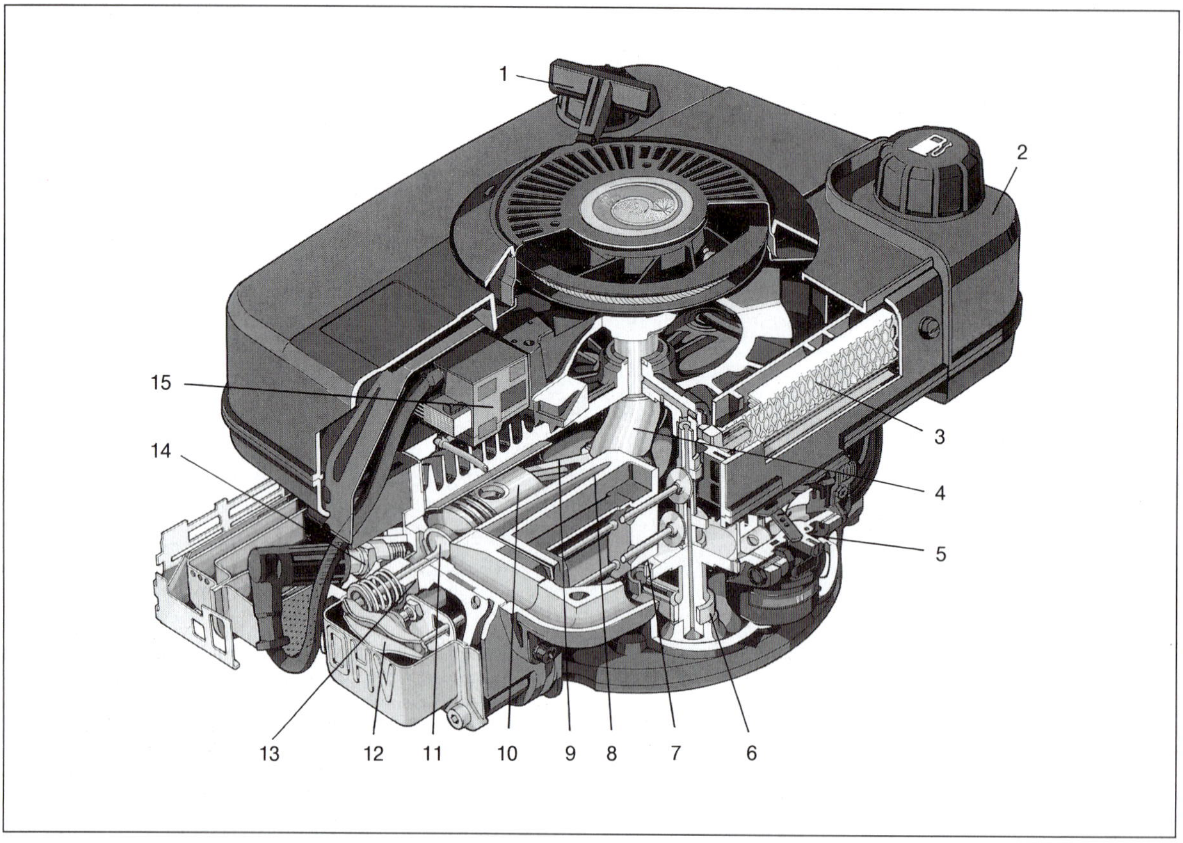

1 Bauteile eines Viertakt-Ottomotors für Rasenmäher

Bild 1 zeigt einen **Viertakt-Ottomotor** für Rasenmäher. Er besteht aus folgenden wesentlichen Bauteilen:

1 Seilzugstartvorrichtung
2 Kraftstofftank
3 Luftfilter
4 Kurbelwelle
5 Vergaser
6 Nockenwelle
7 Stößelstangen
8 Zylinder
9 Pleuel
10 Kolben
11 Ventil
12 Kipphebel
13 Zylinderkopf
14 Zündkerze
15 Zündanlage

Viertakt-Ottomotoren gleichen in ihrem Aufbau und in der Arbeitsweise weitgehend dem Viertakt-Dieselmotor. Da beim Ottomotor Kraftstoff und Luft außerhalb des Brennraumes miteinander vermischt werden, brauchen sie jedoch ein anderes Gemischbildungssystem (s. Kap. 2.2.5). Ottokraftstoffe besitzen eine hohe Klopffestigkeit, d.h. sie sind zündunwillig und ihre Verbrennung muss daher mit einem Zündfunken eingeleitet werden. Zu seiner Erzeugung ist eine Zündanlage (s. Kap. 3.7) notwendig.

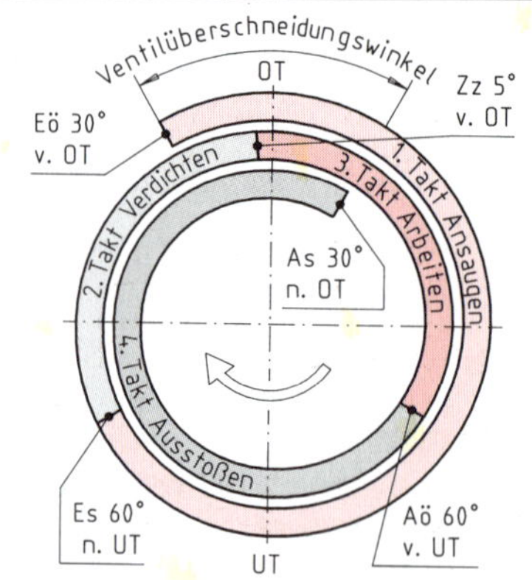

$E_ö$ Einlassventil öffnet
E_s Einlassventil schließt
Z_z Zündzeitpunkt
$A_ö$ Auslassventil öffnet
A_s Auslassventil schließt

2 Steuerdiagramm Viertakt-Ottomotor (Beispiel)

2.2.1.2 Funktionsprinzip des Viertakt-Ottomotors

Bild 1 erläutert die Arbeitsweise des Viertakt-Ottomotors in Abhängigkeit von der Kolbenbewegung.

Takt	Ansaugen	Verdichten	Arbeiten	Ausstoßen
Schematische Darstellung	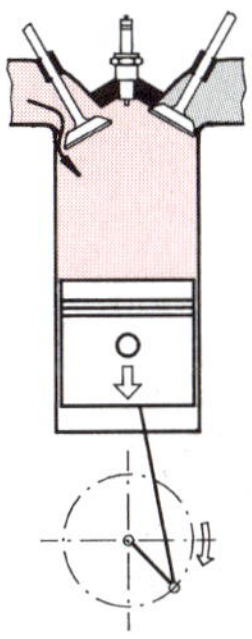	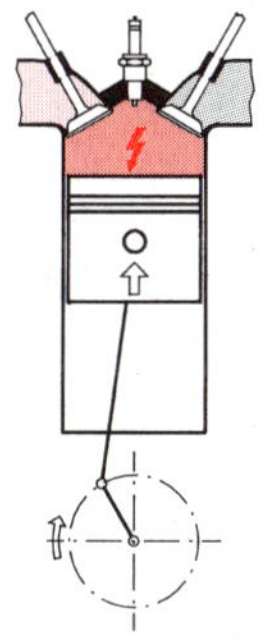	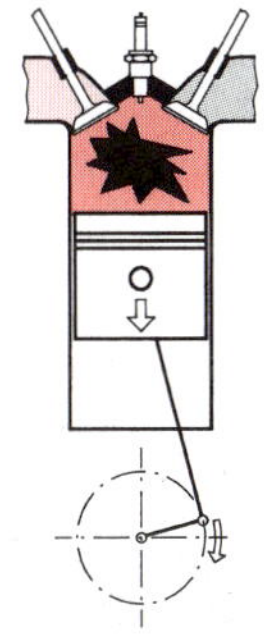	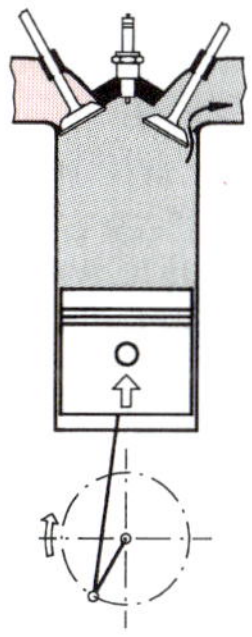
Kolbenbewegung	OT → UT	UT → OT	OT → UT	UT → OT
Ventilstellung (s. Bild 2, Seite 42)	Einlassventil auf Auslassventil zu	Einlassventil zu Auslassventil zu	Einlassventil zu Auslassventil zu	Einlassventil zu Auslassventil auf
Druck im Zylinder in bar	0,8	8 ... 15	30 ... 50	5 ... 1
Temperatur Gas in °C	<120	300 ... 600	2000 ... 2500	800 ... 900
Vorgänge im Zylinder	Durch die Abwärtsbewegung des Kolbens findet eine Raumvergrößerung statt. Der auf diese Weise erzeugte Unterdruck (absoluter Druck ca. 0,8 bar) sorgt für das Einströmen des Kraftstoffluftgemisches. Voröffnung und Nachschließung des Einlassventils (s. Bild 2, Seite 42) verbessern die Füllung.	Der aufwärtsgehende Kolben verdichtet das angesaugte Gemisch auf 1/8 ... 1/10 seines ursprünglichen Volumens. Dabei ist eine gute Vermischung von Kraftstoff und Luft sehr wichtig. Gegen Ende dieses Taktes (ca. 5° KW vor OT) leitet der Zündfunke den Verbrennungsvorgang ein.	Durch die Verbrennung steigt die Temperatur im Zylinder rasch an und die Gase dehnen sich stark aus. Der damit verbundene Druckanstieg bewirkt ein Herunterdrücken des Kolbens. Diese Bewegung wird mit Hilfe des Kurbeltriebs in Drehbewegung umgewandelt.	Der aufwärtsgehende Kolben schiebt die verbrannten Gase über das geöffnete Auslassventil in den Auspuff. Die Voröffnung des Auslassventils (s. Bild 2, Seite 42) sorgt dafür, dass der Restdruck möglichst gering ist, wenn der Kolben sich nach OT bewegt.

1 Arbeitsweise des Viertakt-Ottomotors

2.2.1.3 Bauliche Besonderheiten der Viertakt-Ottomotoren der Landtechnik

Während bei den Motoren der Automobiltechnik schon seit längerer Zeit im Zylinderkopf liegende Nockenwellen (**ohc** = overhead camshaft), die von Zahnriemen oder Steuerketten angetrieben werden, zur Betätigung der Ventile eingesetzt werden, befinden sich die Nockenwellen der für die Landtechnik verwendeten Viertakt-Ottomotoren im Kurbelgehäuse. Sie werden von der Kurbelwelle direkt über Stirnräder im Verhältnis 2:1 angetrieben.

Unterschiede bestehen bei den verwendeten Motoren in der Betätigung und Anordnung der Ventile. Bei den SV-Motoren (**sv** = side valve) werden die seitlich neben dem Zylinder angebrachten Ventile direkt von der Nockenwelle betätigt (Bild 2). Man spricht in diesem Falle von **stehenden Ventilen.**

Dieser Aufbau bietet den Vorteil, dass für die Motorsteuerung wenig Bauteile erforderlich sind. Nachteilig wirkt er sich jedoch auf die Motorfüllung und damit auf die Motorleistung aus.

Dieses wird einerseits durch die bautechnisch vorgegebene Anordnung der Zündkerze und des Brennraums her-

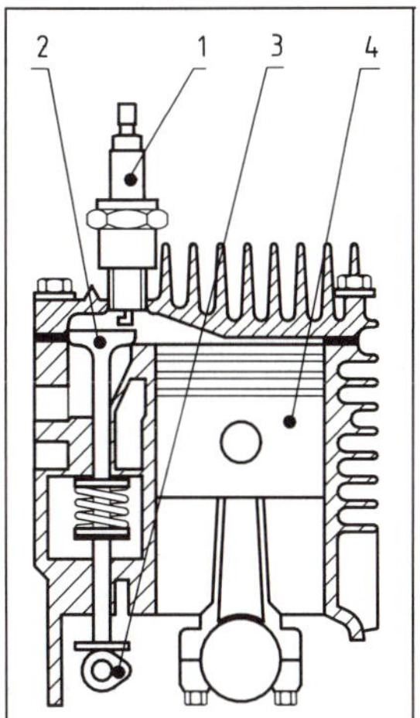

1 Zündkerze
2 Ventil
3 Nockenwelle
4 Kolben

2 SV-Motor

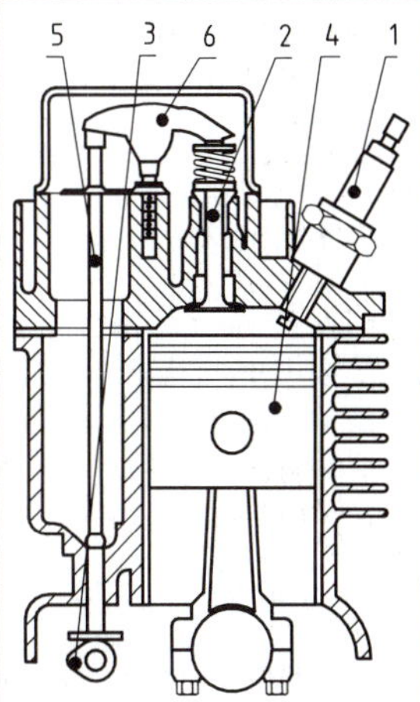

1 Zündkerze
2 Ventil
3 Nockenwelle
4 Kolben
5 Stößelstange
6 Kipphebel

3 OHV-Motor

vorgerufen. Zum Anderen muss das Kraftstoff-Luftgemisch beim Ansaugtakt entgegen seiner Gewichtskraft erst nach oben steigen, bevor es in den Zylinder einströmen kann.

Wegen dieser Nachteile werden zunehmend OHV-Motoren (**ohv** = overhead valve) verwendet (Bild 3, Seite 43). Die im Zylinderkopf hängend angeordneten Ventile werden über Stößelstangen und Kipphebel von der Nockenwelle betätigt.

Für Viertakt-Ottomotoren in Einzylinder-Bauweise wird entweder die Druckumlaufschmierung (s. Kap. 2.1.3.4) in vereinfachter Form oder die Schleuderölschmierung eingesetzt. Dabei sorgt ein von der Kurbelwelle angetriebenes Winkelblech für die Verteilung des Schmieröls im Kurbelgehäuse (Bild 1).

Über eine Verbindungsleitung zwischen Kurbelgehäuse und Luftfilter werden Kraftstoff- und Öldämpfe aus dem Kurbelgehäuse in den Ansaugtrakt geleitet, wenn der Kolben sich von OT nach UT bewegt. Ein Ventil (Entlüfter) in der Leitung sorgt dafür, dass bei Umkehr der Kolbenbewegung keine Luft in das Kurbelgehäuse fließen kann. Auf diese Weise wird verhindert, dass das Öl infolge von Überdruck an den Kolbenringen vorbei in den Brennraum gelangt oder an anderen Stellen des Motors austritt.

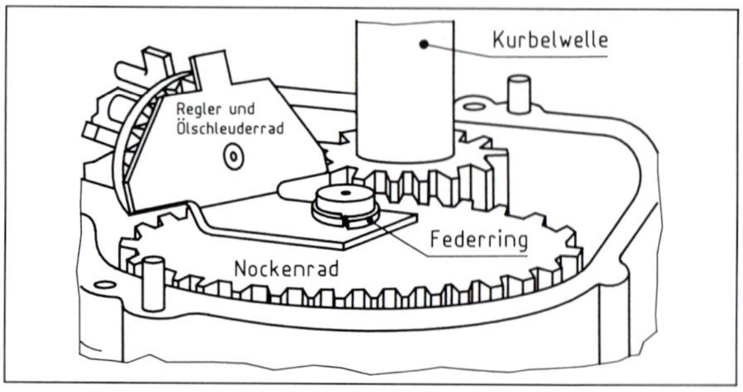

1 Spritzölschmierung

2.2.2 Vergleich Diesel- und Ottomotor

Bild 2 zeigt in Gegenüberstellung die wesentlichen Unterschiede zwischen Diesel- und Ottomotoren.

Motorbauart	Dieselmotor	Ottomotor
Frischgasfüllung	Luft	Kraftstoff-Luftgemisch
Kraftstoff	Diesel (DIN EN 590)	Ottokraftstoff (DIN EN 228)
Gemischbildung	im Zylinder (innere Gemischbildung)	im Ansaugtrakt (äußere Gemischbildung)
Verdichtungsverhältnis	16:1 ... 24:1	7:1 ... 10:1
Zündung	Selbstzündung	Fremdzündung
Steuerung der Leistungsabgabe	Einspritzmenge Kraftstoff	Menge Kraftstoff-Luftgemisch
Hubraumleistung in kW/l	18 ... 26	20 ... 50
Kraftstoffverbrauch in g/(kWh)	220 ... 340	270 ... 380
Effektiver Wirkungsgrad in %	23 ... 33	20 ... 31

2 Gegenüberstellung Diesel- und Ottomotor

Übungen

1. Geben Sie in tabellarischer Form die Aufgaben der in Bild 1, Seite 42 aufgeführten Bauteile des Viertakt-Ottomotors für Rasenmäher an.
2. Ermitteln Sie für den Viertakt-Ottomotor die Länge der einzelnen Takte eines Arbeitsspiels in Grad Kurbelwellenwinkel (° KW) anhand des Steuerdiagramms (Bild 2, Seite 42).
3. In welchen Bauteilen unterscheidet sich der Ottomotor vom Dieselmotor?
4. Stellen Sie die nachfolgend genannten Größen vom Otto- und Dieselmotor einander gegenüber: Verdichtungsdruck, Verdichtungstemperatur, Arbeitsdruck, Arbeitstemperatur, Temperatur der Abgase.
5. Interpretieren Sie die unter Frage 3 gesammelten Daten (z.B.: Auswirkungen auf die Dimensionierung von Motorbauteilen).
6. Welche Vor- und Nachteile haben OHV-Motoren gegenüber SV-Motoren? Begründen Sie die einzelnen Punkte.
7. Vergleichen Sie die Gemischbildungsphase von Otto- und Dieselmotoren.
8. Warum haben Ottomotoren ein niedrigeres Verdichtungsverhältnis als Dieselmotoren?
9. Erläutern Sie die Steuerung der Leistungsabgabe von Otto- und Dieselmotoren.
10. Welche Vor- und Nachteile haben Ottomotoren gegenüber Dieselmotoren?
11. Warum werden in Schleppern und Zugmaschinen hauptsächlich Dieselmotoren eingesetzt?

2.2.3 Zweitakt-Ottomotor

2.2.3.1 Bauteile des Zweitakt-Ottomotors

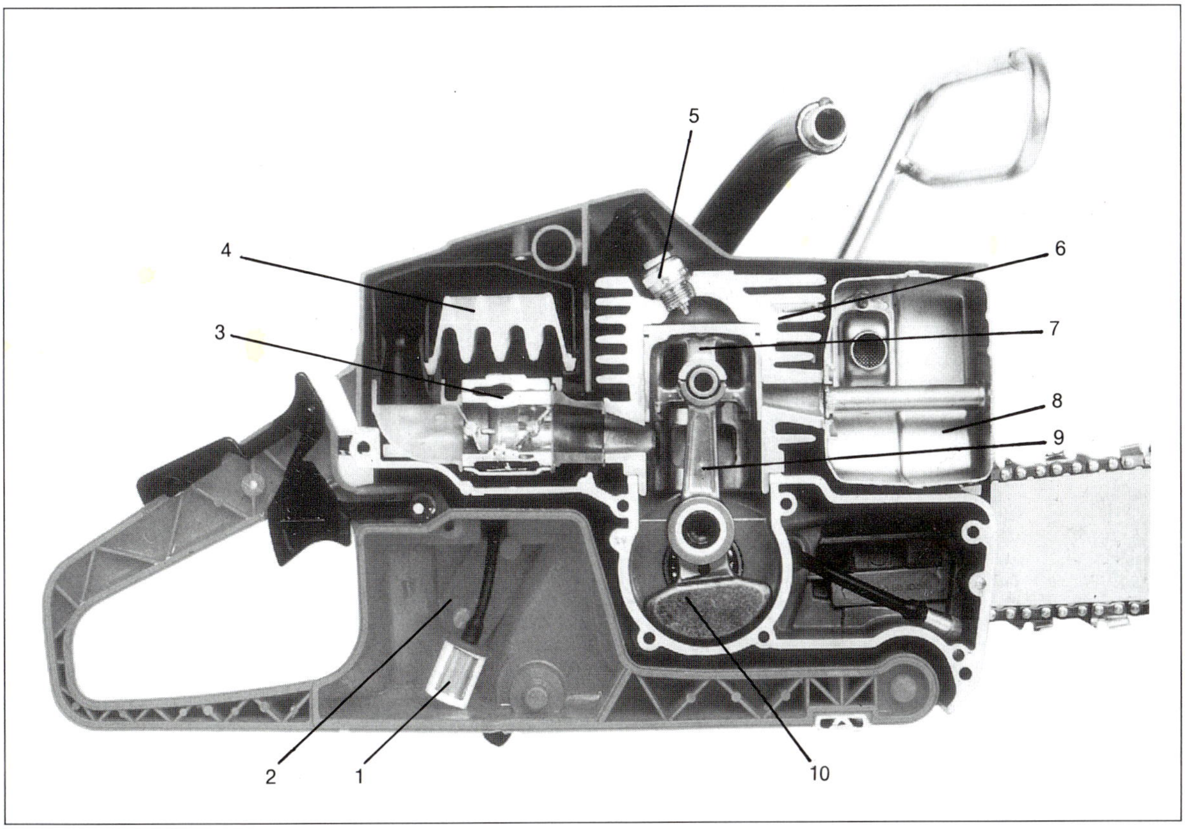

1 Bauteile eines Zweitakt-Ottomotors für Motorsägen

Bild 1 zeigt einen **Zweitakt-Ottomotor** für Motorsägen. Er besteht aus folgenden wesentlichen Bauteilen:

1 Kraftstofffilter
2 Kraftstofftank
3 Vergaser
4 Luftfilter
5 Zündkerze
6 Zylinder
7 Kolben
8 Auspuff
9 Pleuel
10 Kurbelwelle

Zweitakt-Ottomotoren weisen in ihrem Aufbau und im Ablauf eines Arbeitsspiels Unterschiede zum Viertakt-Ottomotor auf. Die Bezeichnung „Zweitakt" soll zum Ausdruck bringen, dass diese Motoren für ein Arbeitsspiel nur eine Kurbelwellenumdrehung benötigen. Entsprechend stehen für den Ablauf der vier Takte „Ansaugen", „Verdichten", „Arbeiten" und „Ausstoßen" weniger Grad Kurbelwinkel (° KW) (s. Steuerdiagramm, Bild 2) und somit weniger Zeit zur Verfügung. Die verbrannten Gase werden von den aus dem Kurbelgehäuse einströmenden Frischgasen aus dem Zylinder gedrückt. Diese Art des Gaswechselvorgangs wird beim Zweitaktmotor als **Zylinderspülung** bezeichnet.

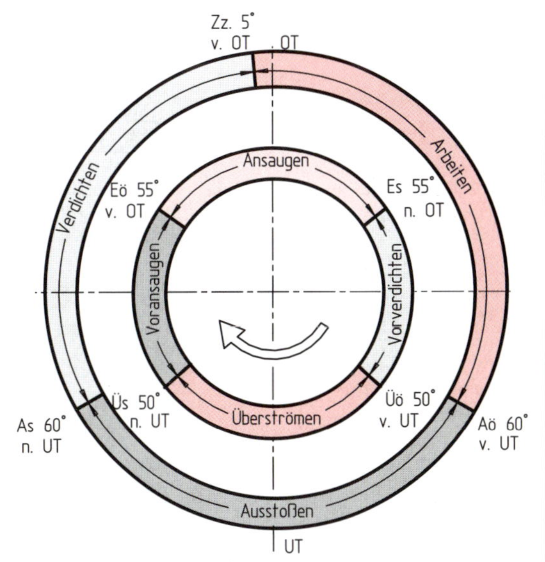

Äußerer Kreisring: Vorgänge im Zylinder
Innerer Kreisring: Vorgänge im Kurbelgehäuse

2 Steuerdiagramm Zweitakt-Ottomotor (Beispiel)

2.2.3.2 Funktionsprinzip des Zweitakt-Ottomotors

Bild 1 erläutert die Arbeitsweise des Zweitakt-Ottomotors in Abhängigkeit von der Kolbenbewegung.

Phase	Spülung	Verdichten	Zünden	Arbeiten		Spülung
Schematische Darstellung	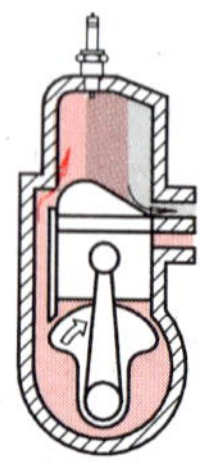	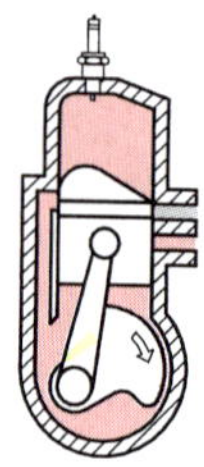	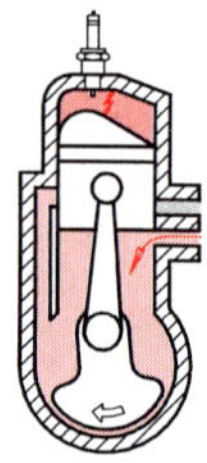	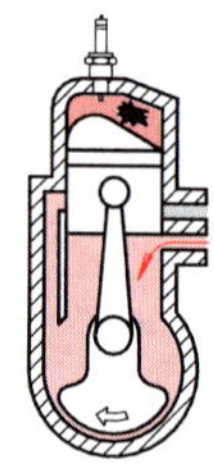	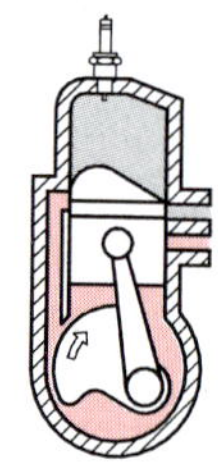	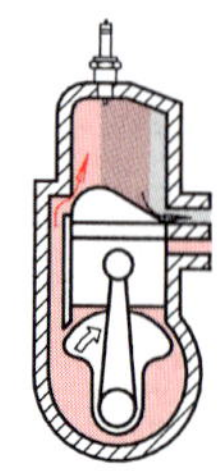
Kolbenweg	von UT Richtung OT			von OT Richtung UT		
KW-Stellung	UT	60° KW nach UT	5° KW vor OT	OT	60° KW vor UT	UT
Einlasskanal	zu	zu	auf	auf	zu	zu
Auslasskanal	auf	zu	zu	zu	zu	auf
Überströmkanal	auf	zu	zu	zu	zu	auf
Vorgänge im Zylinder	Ein großer Teil der verbrannten Gase strömt infolge des Restdruckes durch den Auslasskanal in den Auspuff. Die verbleibenden Altgase werden durch die mit Überdruck einströmenden Frischgase ausgestoßen.	Die Aufwärtsbewegung des Kolbens führt zu einer Verkleinerung des Zylinderraumes. Das Kraftstoff-Luftgemisch wird auf ca. 1/6...1/8 seines ursprünglichen Volumens zusammengedrückt. Kurz vor OT wird das verdichtete Gemisch entzündet.		Der Verbrennungsvorgang führt zu einem starken Wärmeanstieg. Die verbrannten Gase dehnen sich aus und der Druck im Brennraum nimmt erheblich zu. Der Kolben wird nach unten gedrückt und versetzt die Kurbelwelle über das Pleuel in eine Drehbewegung.		Gaswechsel (s. Spülung)
absoluter Druck im Zylinder in bar	1	5...8		15...30		3...1
Temperatur Gas in °C	Frischgas <120	200...400		2000...2800		Abgas 500...1200
Vorgänge im Kurbelgehäuse	Infolge des Überdruckes gelangen die Frischgase durch den Überströmkanal in den Zylinder.	Durch den aufwärtsgehenden Kolben wird der Rauminhalt des Kurbelgehäuses vergrößert. Da Einlass- und Überströmkanal verschlossen sind, entsteht ein Unterdruck (absoluter Druck von 0,4...0,8 bar) (s. Voransaugen, Bild 2, Seite 45).	Der Kolben gibt mit seiner Unterkante den Einlasskanal frei. Infolge des Unterdruckes strömen die Frischgase ein (s. Ansaugen, Bild 2, Seite 45).		Durch den abwärtsgehenden Kolben werden die eingeströmten Frischgase vorverdichtet. Der Überdruck beträgt ca. 0,3...0,6 bar, d.h. der absolute Druck beträgt ca. 1,3...1,6 bar.	Überströmen (s. Spülung)

1 Arbeitsweise des Zweitakt-Ottomotors

2.2.3.3 Spülverfahren für Zweitakt-Ottomotoren

Beim Zweitakt-Ottomotor muss das Leeren und Füllen des Zylinders sehr rasch erfolgen. Der Auslass und der Überströmkanal sind für die Dauer eines Wellendrehungsfortschrittes von etwa 90° KW...120° KW geöffnet. Dementsprechend dauert der Gaswechselvorgang bei einer Drehzahl von 2000 1/min die Zeit von 0,0075 s...0,01 s. Als Verfahren für den Spülvorgang werden die Umkehr- und die Querstromspülung verwendet.

Zweitakt-Ottomotoren mit **Umkehrspülung** (Bild 1) haben einen Einlasskanal, einen Auslasskanal und zwei Überströmkanäle, die tangential angeordnet sind. Die Kraftstoff-Luftgemischströme aus den Überströmkanälen treffen an der Zylinderwand auf, die dem Auslasskanal gegenüberliegt, und werden in Richtung OT abgelenkt. Am Zylinderkopf wird die Strömungsrichtung umgekehrt, so dass nun die verbrannten Gase von den Frischgasen in den Auslasskanal geschoben werden. Insbesondere bei hohen Drehzahlen ergibt dieses System eine gute Zylinderfüllung.

Zweitakt-Ottomotoren mit **Querstromspülung** (Bild 2) haben einen Einlass-, einen Auslass- und einen Überströmkanal, der gegenüber dem Auslasskanal liegt. Zusätzlich besitzen diese Motoren einen Nasenkolben. Die Nase am Kolben bewirkt ein Ablenken des überströmenden Kraftstoff-Luftgemisches in Richtung OT. Am Zylinderkopf ändern die Frischgase nun ihre Strömungsrichtung, so dass die Altgase zum Auslasskanal geschoben werden. Dieses System liefert bei niedrigen und mittleren Drehzahlen eine gute Zylinderfüllung. Der Kraftstoffverbrauch ist gegenüber der Umkehrspülung höher.

Bei den bisher beschriebenen Spülverfahren wird der Einlasskanal mithilfe des auf- bzw. abwärtsgehenden Kolbens geöffnet bzw. geschlossen. Bei der **Ventilsteuerung** (Bild 3) sitzt der Einlasskanal direkt im Kurbelgehäuse.

Das Flatterventil öffnet, wenn sich der Kolben vom unteren zum oberen Totpunkt bewegt, und lässt Kraftstoff-Luftgemisch in das Kurbelgehäuse strömen. Bei Umkehr der Bewegungsrichtung des Kolbens schließt das Ventil, sodass das Gemisch vorverdichtet wird. Im Zylinder vollzieht sich der Gaswechsel unverändert.

Mithilfe der Ventilsteuerung kann der Ansaugtakt verlängert werden. Dieses führt zu einer Verbesserung der Füllung bzw. Motorleistung.

Beim Spülvorgang kann es vorkommen, dass im unteren Drehzahlbereich Frischgase durch den Auspuff entweichen. Aufgrund der kurzen zur Verfügung stehenden Zeit werden bei hohen Drehzahlen nicht alle verbrannten Gase aus dem Zylinderraum entfernt.

Obwohl der Zweitaktmotor bei jeder Kurbelwellenumdrehung einen Arbeitstakt hat, liegt seine Leistung wegen des verkürzten Ansaugtakts und der zuvor erläuterten Spülverluste nur 30%...40% höher als bei einem Viertaktmotor mit gleichem Hubraum.

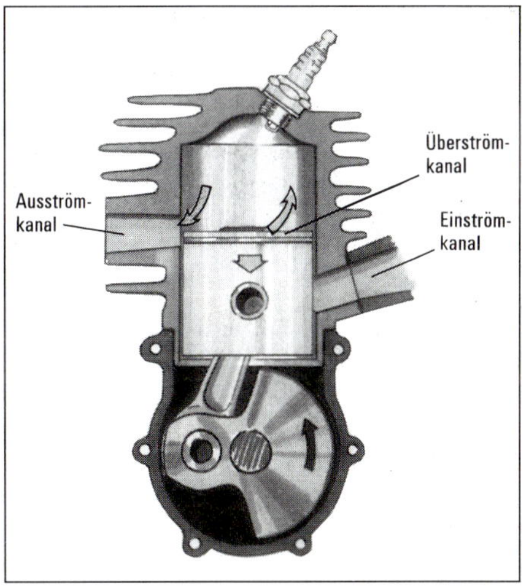

1 Umkehrspülung

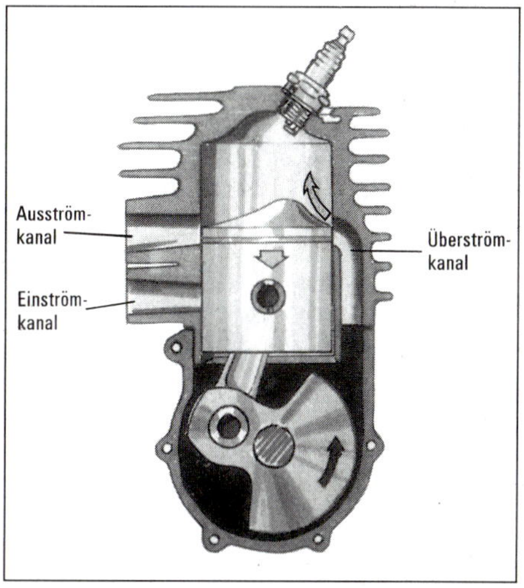

2 Querstromspülung

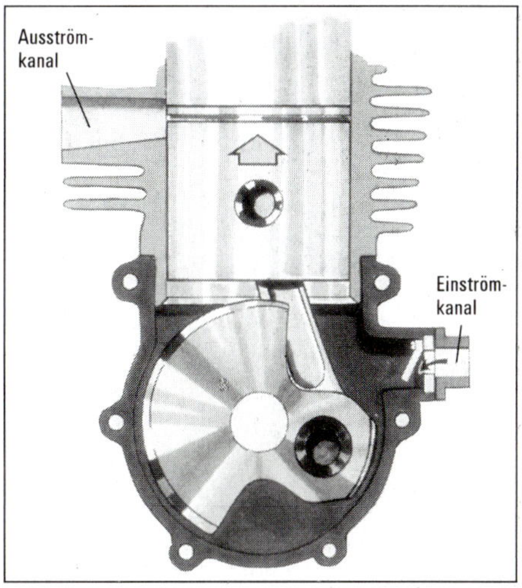

3 Ventilsteuerung, Einlasskanal

2.2.3.4 Bauliche Besonderheiten des Zweitakt-Ottomotors

Da beim Zweitakt-Ottomotor das Kurbelgehäuse zum Ansaugen und Vorverdichten des Kraftstoff-Luftgemisches und der Kolben zum Steuern des Gaswechsels benutzt werden, sind einige Bauteile gegenüber dem Viertakt-Ottomotor anders gestaltet. Diese Änderungen sehen wie folgt aus:

Kurbelgehäuse (s. Bilder 1 ... 3, Seite 47):
Die gasdichte Kammer hat das zwei- ... dreifache Volumen des Hubraums. Jeder Zylinder braucht eine eigene Kammer.

Zylinder (Bild 1):
In den Wandungen befinden sich die Gaskanäle für den Spülvorgang.

Zylinderkopf (Bild 1):
Ventile zur Motorsteuerung sind nicht vorhanden.

Kolben (Bild 1):
Es werden Nasen-, Flach- oder Fensterkolben verwendet. Meistens wird nur ein Kolbenring verwendet. Er muss gegen Verdrehen gesichert sein, damit die Stoßenden nicht in den Kanalfenstern hängenbleiben. Wegen der höheren thermischen Beanspruchung haben die Kolben ein größeres Einbauspiel.

Kurbelwelle (Bild 2):
Sie ist geteilt, damit Wälzlager montiert werden können. Diese sind notwendig, da der Zweitaktmotor über eine Mischungsschmierung verfügt.

Zündkerzen:
Die Zündkerzen des Zweitaktmotors sind thermisch höher beansprucht als die des Viertaktmotors. Aus diesem Grunde müssen sie einen höheren Wärmewert haben.

Schmierung:
Es wird eine Mischungsschmierung eingesetzt. Die Gleitflächen im Motor werden durch das Öl geschmiert, das dem Kraftstoff beim Tanken im Verhältnis 1:25...1:50 beigemischt wird. Die Ölzugabe kann aber auch aus einem separaten Behälter über eine Drosselbohrung in den Ansaugkanal erfolgen (Frischölschmierung).

Auspuff:
Um Frischgasverluste beim Spülvorgang zu vermeiden, muss die Auspuffanlage einen geringen Überdruck (Gegendruck oder Staudruck von ca. 0,1 bar) beim Ausstoßtakt bewirken.

2.2.3.5 Abgasreinigung bei Zweitakt-Ottomotoren

Um den Schadstoffausstoß (unverbrannte Kohlenwasserstoffe, Kohlenmonoxid) zu mindern, werden bei Motorsägen bereits Auspuffanlagen mit integriertem **Katalysator** (Bild 3) eingesetzt.

Dieser besteht aus dünnen Edelstahlfolien, die mit Platin beschichtet sind. Nach Erreichen der Ansprechtemperatur ermöglicht der Katalysator chemische Reaktionen, die dafür sorgen, dass die genannten Schadstoffe teilweise in Kohlendioxyd und Wasser umgewandelt werden.

Auf diese Weise werden der Anteil unverbrannter Kohlenwasserstoffe im Abgas um ca. 80% und der Anteil von Kohlenmonoxid um 20% gesenkt. Gleichzeitig bewirkt der Katalysator eine Beseitigung der für Zweitaktmotoren typischen blauen Abgasfahne, die durch das Mitverbrennen von Schmieröl normalerweise entsteht. Motoren mit Katalysator benötigen unverbleiten Kraftstoff. Blei würde sich an den Waben absetzen und die Wirksamkeit des Katalysators einschränken.

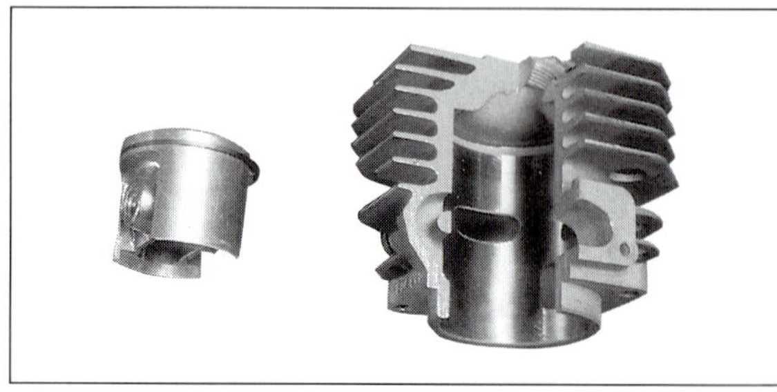

1 Kolben und Zylinder eines Zweitakt-Ottomotors

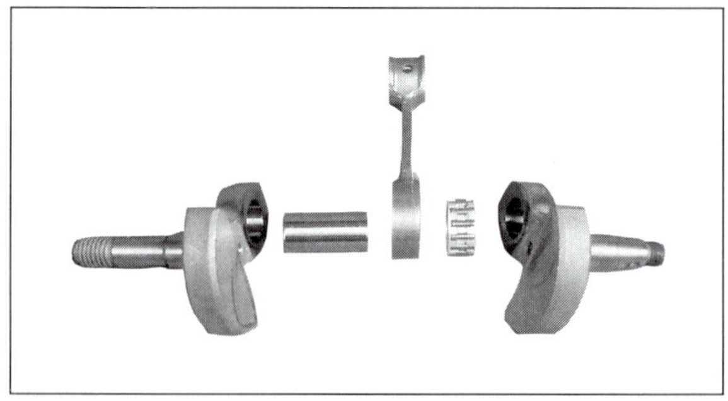

2 Kurbelwelle eines Zweitakt-Ottomotors

3 Katalysator für Zweitakt-Ottomotoren

2.2.4 Vergleich der Arbeitsverfahren für Ottomotoren

Bild 1 zeigt in Gegenüberstellung die wesentlichen Unterschiede der Arbeitsverfahren für Ottomotoren.

Verfahren	Viertakt	Zweitakt
Anzahl der Kurbelwellenumdrehungen pro Arbeitsspiel	zwei	eine
Bewegliche Bauteile	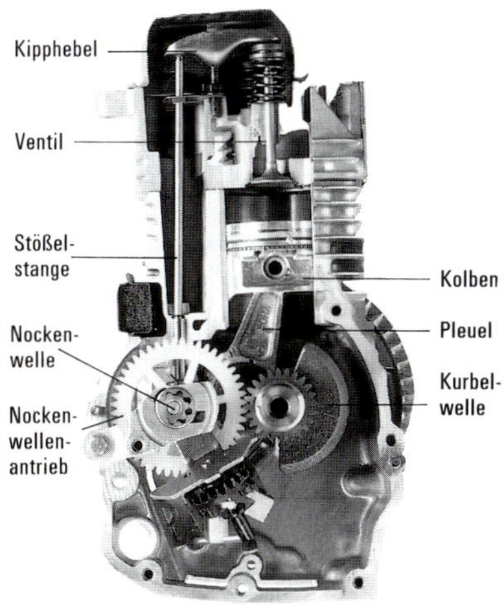	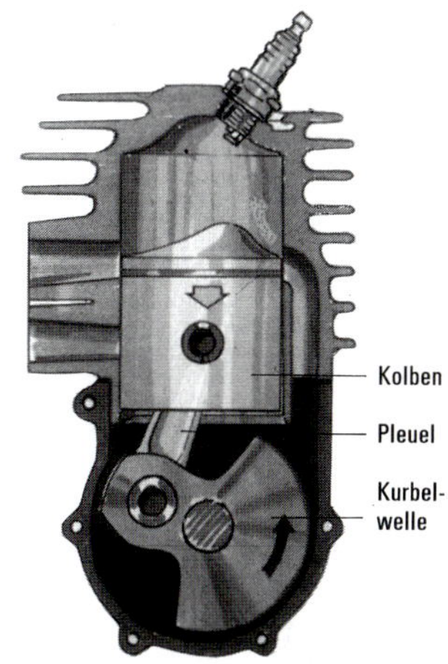
Motorsteuerung	Ventile	Schlitze in Zylinderwandung
Schmierung	Druckumlauf- oder Spritzölschmierung	Mischungsschmierung
Ölverbrauch	niedriger	höher
Zündabstand in ° KW	720	360
Hubraumleistung	niedriger	höher
Kraftstoffverbrauch in g/(kWh)	270...380	340...600
Füllungsgrad des Zylinders in %	70...90	50...70
Wirkungsgrad in %	20...31	14...18

1 Gegenüberstellung der Arbeitsverfahren von Ottomotoren

Übungen

1. Ermitteln Sie für den Zweitakt-Ottomotor die Länge der einzelnen Takte eines Arbeitsspiels in ° KW anhand des Steuerdiagramms (Bild 2, Seite 45).
2. Welche Unterschiede ergeben sich in der Taktlänge gegenüber dem Viertakt-Ottomotor?
3. Vergleichen Sie den Gaswechselvorgang der beiden Arbeitsverfahren für Ottomotoren miteinander.
4. Warum hat der Zweitakt-Ottomotor nicht die doppelte Leistung eines Viertakt-Ottomotors bei gleichem Hubraum?
5. Warum muss beim Zweitakt-Ottomotor das Kurbelkammervolumen auf den Hubraum abgestimmt sein?
6. Beschreiben Sie die Mischungsschmierung eines Zweitakt-Ottomotors.
7. Warum hat die Zündkerze eines Zweitakt-Ottomotors eine kürzere Lebensdauer?
8. Welche Vor- und Nachteile hat der Zweitakt-Ottomotor gegenüber dem Viertakt-Ottomotor?
9. Begründen Sie die unterschiedliche Höhe des Ölverbrauchs für Zweitakt- und Viertakt-Ottomotoren.
10. Begründen Sie den unterschiedlichen Wirkungs- und Füllungsgrad der beiden Arbeitsverfahren für Ottomotoren.

2.2.5 Gemischbildungssysteme für Ottomotoren

Bei den Einzylinder-Ottomotoren in der Landmaschinentechnik sorgen **Vergaser** für die Herstellung des Kraftstoff-Luftgemisches. Dabei passen sie die Gemischmenge und die Gemischzusammensetzung den jeweiligen Betriebsbedingungen des Motors an.

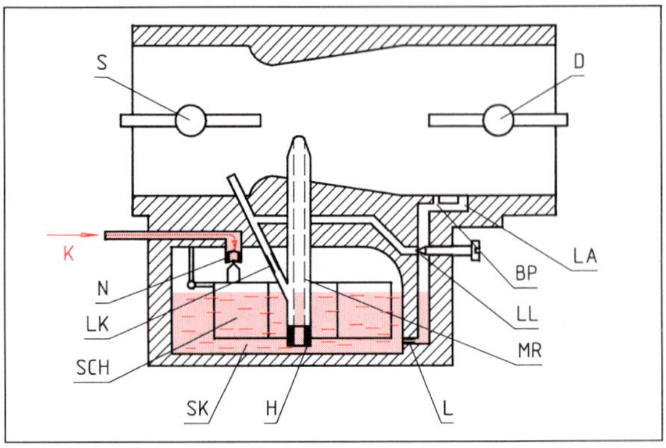

1 Drosselklappenvergaser

2.2.5.1 Vergaserbauarten

Für die Gemischbildung von Ottomotoren werden Drosselklappen-, Schieber- oder Membranvergaser eingesetzt.

Drosselklappenvergaser

Drosselklappenvergaser (Bild 1) bestehen aus folgenden wesentlichen Bauteilen:

K	Kraftstoffzulauf	MR	Mischrohr
N	Schwimmernadelventil	LL	Leerlaufluftdüse
LK	Luftkorrekturdüse	LA	Leerlauf-Austrittsbohrung
SCH	Schwimmer (ringförmig)	BP	Bypass-Bohrungen
SK	Schwimmerkammer	D	Drosselklappe
H	Hauptdüse	S	Starterklappe
L	Leerlaufdüse		

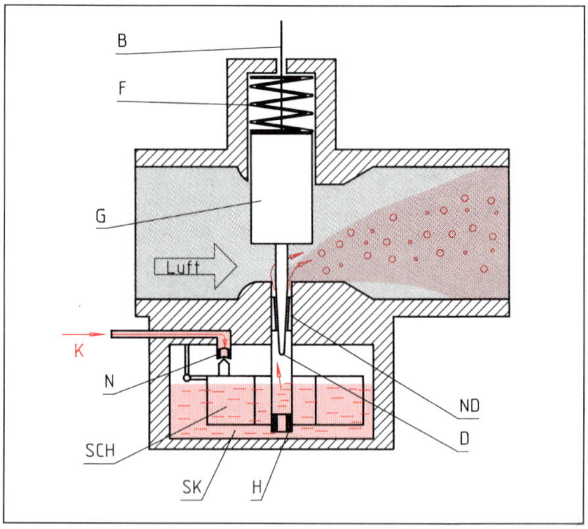

2 Schiebervergaser

Schiebervergaser

Bild 2 zeigt folgende wesentlichen Bauteile des **Schiebervergasers:**

K	Kraftstoffzulauf	B	Seilzug
N	Schwimmernadelventil	F	Rückholfeder
SCH	Schwimmer (ringförmig)	G	Gasschieber
SK	Schwimmerkammer	ND	Nadeldüse
H	Hauptdüse	D	Düsennadel (konisch)

Membranvergaser

Die schematische Darstellung in Bild 3 zeigt die wesentlichen Bauteile des **Membranvergasers:**

K	Kraftstoffzulauf	H	Hauptdüse
W	Ausgleichsgefäß	V	Rückschlagventil
E	Einlassventil	L	Leerlaufdüse
P	Kraftstoffförderpumpe	LA	Leerlauf-Austrittsbohrung
A	Auslassventil		
F	Feinfilter	BP	Bypass-Bohrungen
N	Zulaufventil	D	Drosselklappe
R	Reglerhebel	S	Starterklappe
M	Membran		

Da Motorsägen in verschiedenen Gebrauchslagen eingesetzt werden, eignet sich für ihren Antrieb besonders der Zweitakt-Ottomotor. Durch die Mischungsschmierung ist gewährleistet, dass die Bauteile immer ausreichend geschmiert werden. Zusätzlich braucht er jedoch ein Kraftstoffsystem, das ebenfalls in jeder Lage zuverlässig arbeitet. Diese Forderung wird vom Membranvergaser erfüllt.

Die Kraftstoffförderung und Gemischbildung der einzelnen Vergaserbauarten wird im Kap. 2.2.5.4 näher erläutert.

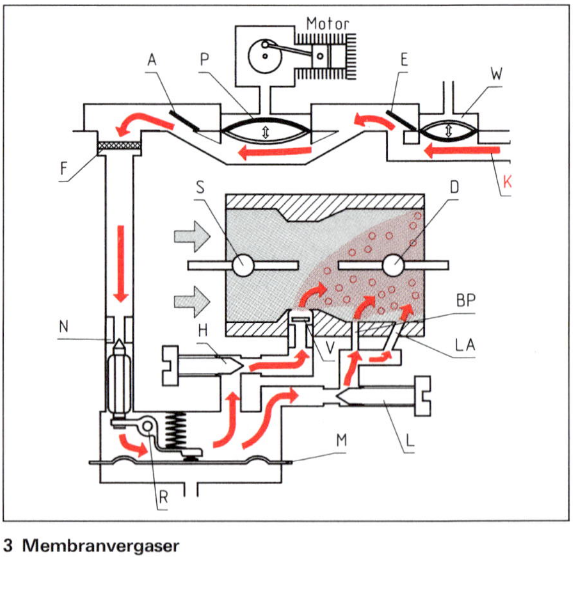

3 Membranvergaser

2.2.5.2 Grundprinzip Vergaser

Der beim Ansaugtakt eines Ottomotors im Zylinder oder im Kurbelgehäuse herrschende Unterdruck sorgt für eine Luftströmung im Vergaserdurchlass. Infolge der Strömungsgeschwindigkeit der Luft entsteht ein Unterdruck, der auch an der Mündung des Mischrohres wirksam wird. Der Kraftstoff wird aus dem Schwimmergehäuse angesaugt und von Luftströmung mitgerissen und zerstäubt (Bild 1).

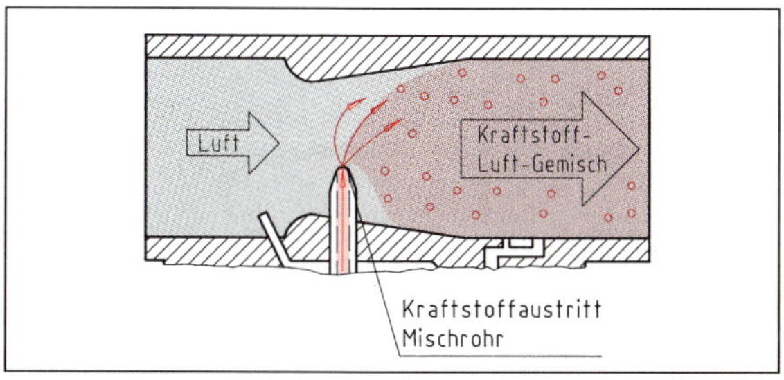

1 Grundprinzip Vergaser

Im Vergaser müssen Kraftstoff und Luft etwa im Verhältnis 1:14 gemischt werden, da zur Verbrennung von 1 kg Kraftstoff 14 kg Luft notwendig sind. Die im Vergaserdurchlass austretende Kraftstoffmenge ist dabei vom Durchmesser der Hauptdüse und der Strömungsgeschwindigkeit im Lufttrichter abhängig. Die Drosselklappe dient zur Regulierung der Gemischmenge.

Bei der Betrachtung von Vergasern stellt man fest, dass der Luftdurchlass dort verengt ist, wo das Mischrohr in den Kanal hineinragt. Die Bedeutung der Verengung für die Gemischbildung soll im Folgenden näher erläutert werden.

Die von einem Ottomotor angesaugte Kraftstoff-Luftmenge wird im Wesentlichen von der Drehzahl, der Drosselklappenstellung und dem Hubraum bestimmt. Entsprechend muss eine bestimmte Luftmenge $\dot{V}$ pro Zeiteinheit vom Luftfilter durch den Vergaser zum Motor fließen. Die sich bei diesem Vorgang im Lufttrichter des Vergasers einstellende **Strömungsgeschwindigkeit *v*** kann wie folgt ermittelt werden:

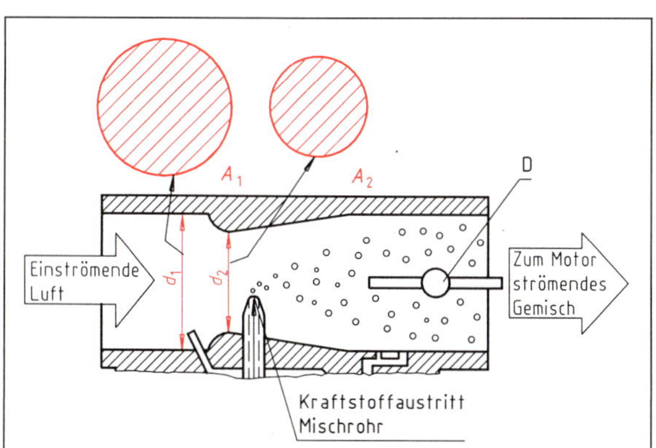

2 Strömungsverhältnisse im Vergaser

$$v = \frac{\dot{V}}{A}$$

v Strömungsgeschwindigkeit
$\dot{V}$ Luftmenge je Zeiteinheit
A Querschnittsfläche

Der abgebildete Vergaser hat beispielsweise an der Luftfilterseite einen Durchmesser $d_1 = 20$ mm (Bild 2). Die pro Sekunde vom Motor benötigte Luftmenge soll $\dot{V} = 6280\ \text{cm}^3/\text{s}$ betragen. Damit kann die Strömungsgeschwindigkeit an dieser Stelle wie folgt berechnet werden:

$$\underline{\underline{v}} = \frac{6280\ \text{cm}^3/\text{s}}{3{,}14\ \text{cm}^2} = \underline{\underline{2000\ \frac{\text{cm}}{\text{s}}}}$$

Die gleiche Luftmenge von 6280 cm^3 muss auch im Bereich des Mischrohres innerhalb 1 s vorbeifließen, obwohl der Vergaser an dieser Stelle den kleineren Durchmesser $d_2 = 16$ mm hat. Die entsprechende Strömungsgeschwindigkeit kann wie folgt ermittelt werden:

$$\underline{\underline{v}} = \frac{6280\ \text{cm}^3/\text{s}}{2{,}01\ \text{cm}^2} = \underline{\underline{3124{,}37\ \frac{\text{cm}}{\text{s}}}}$$

Die Durchmesserverkleinerung um 4 mm im Bereich des Mischrohres führt zu einer Erhöhung der Strömungsgeschwindigkeit um 1124 cm/s. Die Steigerungsrate in dem gewählten Beispiel beträgt 56 %. Die dadurch erzeugte höhere Druckdifferenz zwischen Mischrohraustrittsöffnung und Schwimmerkammer bewirkt das Austreten des Kraftstoffes.

Die am Beispiel des Vergasers erläuterte Abhängigkeit der Strömungsgeschwindigkeit vom Durchlassquerschnitt spielt auch in der Hydraulik (Kap. 4) und beim Injektor-Körner-Gebläse (Kap. 8) eine Rolle.

Eigenschaften der Ottokraftstoffe

Da bei Ottomotoren das Kraftstoff-Luftgemisch verdichtet wird, benötigen sie einen Kraftstoff, der sich bei diesem Vorgang nicht von selbst aufgrund der Gastemperatur entzündet. Ein Maß für diese Eigenschaft ist die Klopffestigkeit.

Die **Klopffestigkeit** wird in einem Prüfmotor für die unterschiedlichen Arten von Ottokraftstoff (Bild 1, Seite 52) ermittelt und als Oktanzahl (OZ) angegeben. Die Research-Oktanzahl (ROZ) wird bei niedriger Drehzahl und niedriger Gemischtemperatur im Ansaugrohr ermittelt. Die Versuche zur Bestimmung der Motor-Oktanzahl (MOZ) werden bei höherer Drehzahl und höherer Gemischtemperatur im Ansaugrohr durchgeführt. Mit steigender Oktanzahl nimmt die Klopffestigkeit des Kraftstoffes zu. Die für den einwandfreien Betrieb eines Motors ohne klopfende Verbrennung notwendige Oktanzahl wird vom Hersteller durch Versuche ermittelt. Sie kann der jeweiligen Bedienungsanleitung entnommen werden.

Als weitere Qualitätskriterien an Ottokraftstoffe sind in DIN EN 228 (Bild 1, Seite 52) die Dichte, das Siedeverhalten, der Abdampfrückstand und der Bleigehalt festgelegt.

	Anforderung nach DIN EN 228		Einfluss auf Motorbetrieb
Klopffestigkeit ROZ	Super min. 95	Normal min. 91,0	Klopfen bei niedriger u. mittlerer Drehzahl
MOZ	min. 85	min. 82,5	Klopfen bei hoher Drehzahl u. hoher Last
Dichte bei 15 °C g/ml	0,720... 0,775	0,720... 0,775	Kraftstoffverbrauch Abgasemission
Flüchtigkeit Dampfdruck bar	0,45 (0,60)... 0,60 (0,90)	0,45 (0,60)... 0,60 (0,90)	Heißstart (Kaltstart)
Übergang bei 70 °C Vol.-%	20 (22)... 48 (50)	20 (22)... 48 (50)	Kaltstart – Heißstart Fahrverhalten bei heißem Motor
Übergang bei 100 °C Vol.-%	46 (46)... 71 (71)	46 (46)... 71 (71)	Fahrverhalten bei kaltem Motor
Siedeende °C	max. 210	max. 210	Verschleiß (Kaltbetr.) Rückstandsbildung
Abdampf-rückstand mg/100 ml	max. 5	max. 5	Rückstandsbildung
Bleigehalt mg/l	max. 5	max. 5	Zerstörung von Katalysator und λ-Sonde

Werte in Klammern gelten für Winter

1 Qualitätskriterien für Ottokraftstoffe

Neben der Klopffestigkeit ist das **Siedeverhalten** des Ottokraftstoffes (Bild 2) für den Motorbetrieb von entscheidender Bedeutung. Der Siedebereich liegt zwischen 30 °C...220 °C, da Ottokraftstoffe aus einer Mischung verschiedener Kohlenwasserstoffe bestehen.

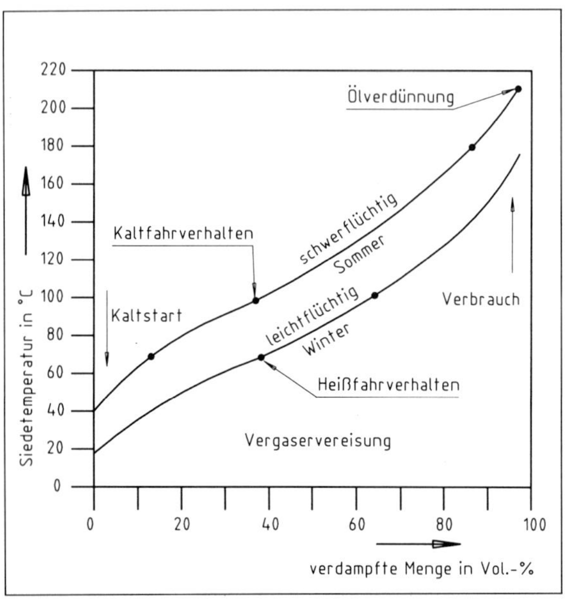

2 Siedeverhalten Ottokraftstoff

Ist der Anteil der gasförmigen Bestandteile bei niedrigen Temperaturen gering, dann springt der Motor schlecht an. Andererseits darf der Anteil des verdampften Kraftstoffes bis 70 °C auch nicht zu hoch sein, da sonst beim betriebswarmen Motor Dampfblasen die Kraftstoffzufuhr zum Vergaser behindern.

Außerdem hat der Siedeverlauf Einfluss auf den Verbrauch, die Schmierölverdünnung und die Vergaservereisung. Die Mineralölindustrie bietet aus diesen Gründen im Sommer und im Winter Ottokraftstoffe mit verändertem Siedeverlauf an.

Werden von Ottomotoren angetriebene Rasenmäher oder Motorsägen für längere Zeit nicht genutzt, so sollte der Kraftstofftank entleert werden. Da über die Belüftungsbohrungen des Tankverschlusses Luftfeuchtigkeit in den Kraftstoff gelangen kann, treten bei Wiederinbetriebnahme des Motors unter Umständen Startprobleme auf. Ähnliches gilt für Kraftstoff, der längere Zeit in Reservekanistern gelagert wurde.

Zwangsläufig anfallende Kraftstoffreste können dadurch entsorgt werden, dass sie einer Tankfüllung des Schleppers zugemischt werden. Aufgrund des geringen Anteils werden dadurch am Schleppermotor keine Schäden hervorgerufen.

Bild 3 zeigt die vorschriftsmäßige Kennzeichnung von Behältnissen, die Ottokraftstoff enthalten bzw. enthalten haben (leer und ungereinigt).

3 Kennzeichnung von Ottokraftstoff nach der Gefahrstoffverordnung

2.2.5.3 Kraftstoffförderung und Gemischbildung der Vergaser

Drosselklappenvergaser

Kraftstoffförderung:

Da bei Rasenmähern, Motorhacken usw. der Kraftstofftank oberhalb des Motors angebracht wird, ist eine Kraftstoffförderpumpe nicht erforderlich. Der Kraftstoffzulauf wird vom Schwimmer und dem Schwimmernadelventil gesteuert. Durch die zentrale Anordnung der Schwimmerkammer ist die einwandfreie Funktion auch noch bei leichter Schräglage der Arbeitsgeräte gewährleistet. Zur Absperrung der Kraftstoffzufuhr befindet sich unter dem Tank ein Kraftstoffhahn.

Gemischbildung:

Das Mischungsverhältnis von Kraftstoff und Luft kann bei den meisten Drosselklappenvergasern nur für den Leerlaufzustand an der Leerlaufluftdüse (LL) eingestellt werden. Zur Regulierung der Leerlaufdrehzahl wird über eine Anschlagschraube das Spaltmaß der Drosselklappe verändert.

Um Drehzahlschwankungen bei unterschiedlicher Belastung des Motors zu vermeiden, werden Windfahnen- oder Fliehkraftregler eingesetzt (Bilder 1 und 2).

Bei beiden Systemen versucht eine Regelfeder die Drosselklappe zu öffnen. Die Kraft der Fliehmassen bzw. die durch Luftbewegung vom Gebläserad an der Windfahne erzeugte Kraft versucht die Drosselklappe zu schließen. Bei der Regeldrehzahl stehen Federkraft und die durch die Drehung des Motors erzeugte Gegenkraft im Gleichgewicht. Daraus ergibt sich der jeweilige Öffnungswinkel der Drosselklappe, der erforderlich ist, um die Drehzahl auf den eingestellten Wert zu halten.

Bei abfallender Motordrehzahl nimmt die Kraft der Fliehmassen bzw. die der Windfahne ab. Dadurch kann die Drosselklappe solange von der Regelfeder weiter geöffnet werden, bis die eingestellte Motordrehzahl wieder erreicht wird.

Start

Beim Startvorgang muss der Vergaser Kraftstoff und Luft im Verhältnis 1 : 3 (fett) mischen, um ein zündfähiges Gemisch zu erhalten, da sich ein großer Teil des Kraftstoffes aufgrund der niedrigen Temperaturen in flüssiger Form an den Saugrohr- bzw. Zylinderwandungen absetzt.

Die Drosselklappe (D) wird halb geöffnet und die Starterklappe (S) geschlossen (s. Bild 3). Die starke Verkleinerung des Vergaserdurchlasses an der Starterklappe führt aufgrund der Sogwirkung des Motors beim Ansaugen zu einer großen Zunahme des Unterdruckes im Lufttrichter des Vergasers. Der auf diese Weise erzeugte hohe Unterdruck sorgt für einen Kraftstoffaustritt am Mischrohr. Der vorbeiströmenden Luftmenge wird ein höherer Anteil Kraftstoff zugemischt.

Einfachere Ausführungsformen der Drosselklappenvergaser besitzen anstelle der Starterklappe einen Tupfer. Bei seiner Betätigung wird der Schwimmer heruntergedrückt, so dass der Kraftstoffstand im Schwimmergehäuse ansteigt. Das Ansteigen bewirkt, dass Kraftstoff am Mischrohr austritt. Eine übermäßige Betätigung des Tupfers führt zu Startschwierigkeiten.

Leerlauf

Bei Leerlauf des Motors (Bild 4) ist die Starterklappe (S) vollständig geöffnet, während die Drosselklappe (D) annähernd geschlossen ist. Die von Drosselklappenrand und Kanalwand gebildete Luftdurchlassfläche ist sehr klein. Der untere Drosselklappenrand befindet sich unmittelbar über der Leerlauf-Austrittsbohrung LA. Daher ist der von der einströmenden Luft erzeugte Unterdruck an der Leerlauf-Austrittsbohrung am größten. Die für den Leerlauf notwendige Kraftstoffmenge wird über die Bohrungen LA und L von der Schwimmerkammer angesaugt. An den Bypass-Bohrungen BP und an der Leerlaufluftdüse (LL) tritt Luft ein und vermischt sich vorher mit dem Kraftstoff. Auf diese Weise wird die Gemischbildung im Leerlauf verbessert.

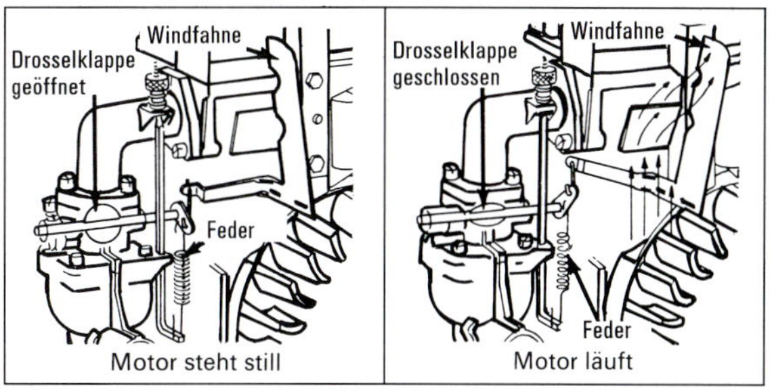

1 Windfahnenregler

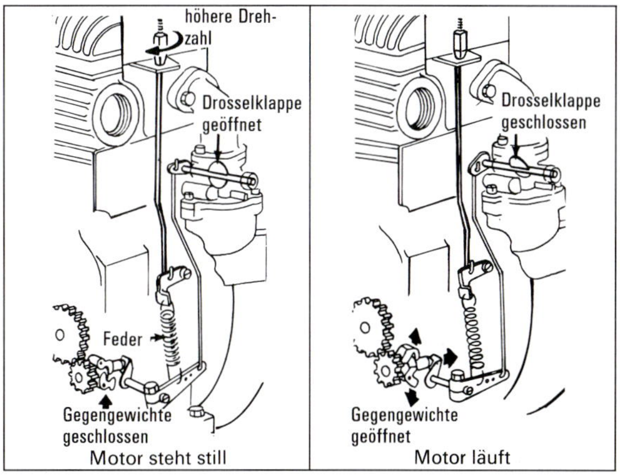

2 Fliehkraftregler

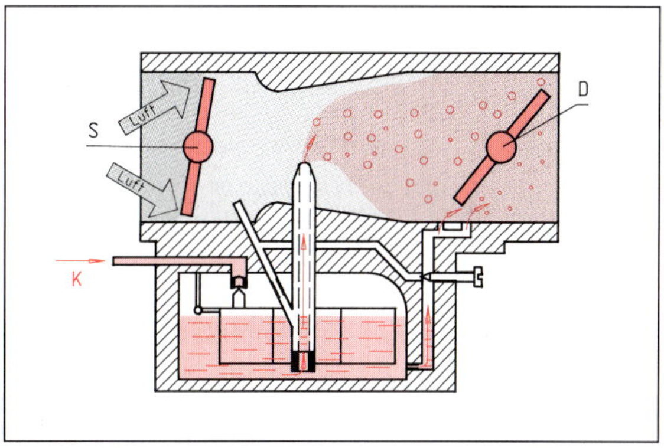

3 Funktion Drosselklappenvergaser: Start

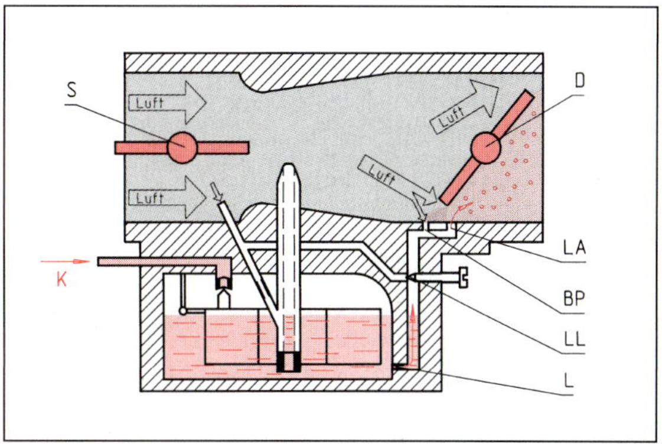

4 Funktion Drosselklappenvergaser: Leerlauf

Teillast

Beim Teillastbetrieb des Motors (Bild 1) wird die Drosselklappe nur teilweise geöffnet. Der kleinste Vergaserdurchlass liegt nun im Bereich der Bohrungen LA und BP. Der von der angesaugten Luft erzeugte Unterdruck bewirkt den Kraftstoffaustritt an den Bypass-Bohrungen und an der Leerlauf-Austrittsbohrung.

Volllast

Beim Volllastbetrieb des Motors (Bild 2) ist die Drosselklappe vollständig geöffnet. Aufgrund der hohen Motordrehzahl ist der Luftbedarf recht groß. Mit dem Anstieg der Luftmenge wird die Störmungsgeschwindigkeit und somit auch der Unterdruck im Bereich des Mischrohres größer. Der Kraftstoff wird über die Hauptdüse (H) von der Schwimmerkammer abgesaugt.

Zur Verbesserung der Zerstäubung des Kraftstoffes und zur Vermeidung einer Überfettung des Gemisches wird dem Kraftstoff über die Luftkorrekturdüse (LK) im Mischrohr Luft zugesetzt.

Aufgrund der vollen Öffnung der Drosselklappe ist die von Drosselklappenrand und Kanalwand gebildete Luftdurchlassfläche sehr groß. Daher ist der von der Luftströmung im Bereich der Bohrungen BP und LA erzeugte Unterdruck niedriger als im Teillastbetrieb, sodass an dieser Stelle kein Kraftstoff mehr austritt.

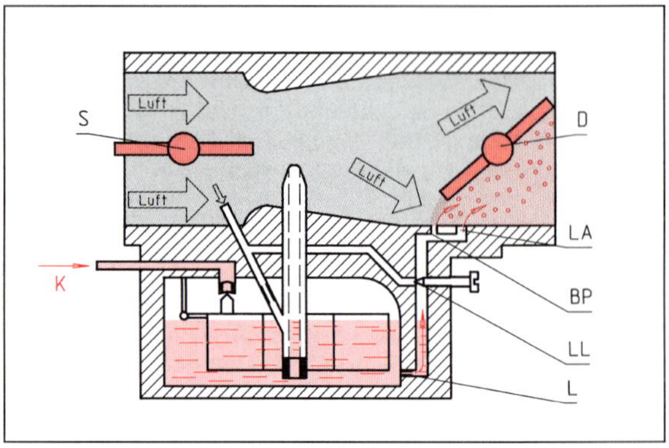

1 Funktion Drosselklappenvergaser: Übergang

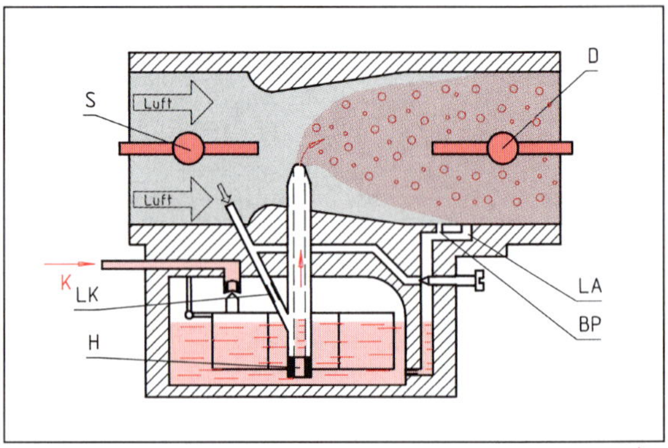

2 Funktion Drosselklappenvergaser: Volllast

Schiebervergaser

Kraftstoffförderung:

Siehe Drosselklappenvergaser.

Gemischbildung:

Schiebervergaser (Bild 3) besitzen einen veränderlichen Vergaserdurchlass im Bereich der Austrittsöffnung für den Kraftstoff. Die Größe der Öffnung wird von der Gasschieberstellung bestimmt. Am unteren Ende des Gasschiebers (G) ist eine konische Düsennadel (D) befestigt. Die Düsennadel und die zugehörige Düse (ND) bilden gemeinsam eine ringförmige Kraftstoffaustrittsöffnung. Durch die mit dem Gasschieber gekoppelte Bewegung der Düsennadel wird die Öffnung für den Kraftstoffaustritt verändert.

Zur Einstellung der Leerlaufdrehzahl wird der Gasschieber mit Hilfe einer Einstellschraube angehoben. Eine Veränderung der Gemischzusammensetzung kann mit Hilfe der Düsennadel vorgenommen werden, die in unterschiedlicher Höhe im Gasschieber eingehängt werden kann. Als Starthilfe wird ein Tupfer benutzt. Schiebervergaser besitzen kein gesondertes Leerlauf- und Teillastsystem.

Leerlauf – Teillast

Der Gasschieber gibt nur einen Teil des Vergaserquerschnittes frei. Die vom Motor angesaugte Luft besitzt im Bereich der Nadeldüse (ND) die größte Strömungsgeschwindigkeit. Der Kraftstoff wird immer über das Düsensystem zugeführt. Die austretende Kraftstoffmenge wird sowohl von der Luftgeschwindigkeit als auch vom Querschnitt der Nadeldüse, der von der Düsennadel freigegeben wird, bestimmt.

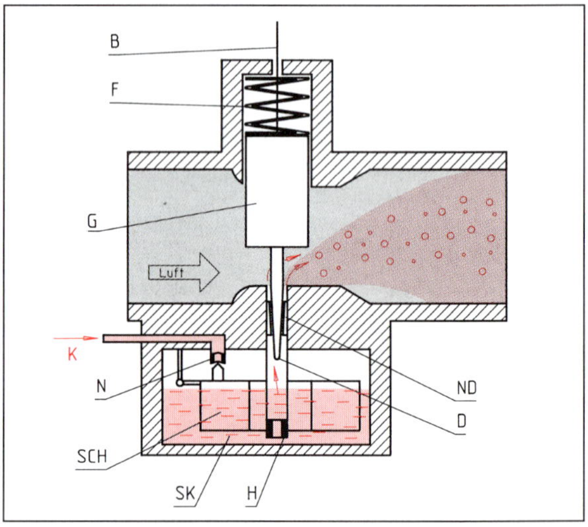

3 Funktion Schiebervergaser

Volllast

Da der Gasschieber vom Seilzug in der höchsten Stellung gehalten wird, kann die für hohe Drehzahlen notwendige Luftmenge zum Motor fließen. Gleichzeitig wird von der Düsennadel die Kraftstoffaustrittsöffnung an der Nadeldüse vergrößert, so dass an dieser Stelle mehr Kraftstoff beigemischt und zerstäubt wird.

Membranvergaser

Kraftstoffförderung:

Zur Kraftstoffförderung wird eine Membranpumpe (P) benutzt, deren oberer Raum mit dem Kurbelgehäuse des Zweitakt-Ottomotors verbunden ist.

Der beim Voransaugen im Kurbelgehäuse entstehende Unterdruck sorgt dafür, dass die Pumpenmembran nach oben bewegt wird (Bild 1). Das Auslassventil (A) schließt und über das geöffnete Einlassventil (E) wird der Kraftstoff in den Pumpenraum gesaugt.

Beim Vorverdichten entsteht im Kurbelgehäuse des Zweitakt-Ottomotors ein geringer Überdruck. Dieser wird dazu genutzt, die Pumpenmembran nach unten zu drücken. Das Einlassventil (E) schließt und das Auslassventil öffnet. Der Kraftstoff fließt nun über das Feinfilter (F) und über das Zulaufventil (N) zum Düsensystem des Membranvergasers (Bild 2).

Die durch das impulsartige Schließen und Öffnen des Einlassventils hervorgerufenen Kraftstoffschwingungen werden vom Ausgleichsgefäß (W) durch entsprechende Membranbewegungen gedämpft.

Der Öffnungsquerschnitt des Zulaufventils und die damit verbundene Kraftstoffzufuhr wird vom Druckregler gesteuert. Dazu gehören der Reglerhebel (R) mit Feder und die Membran (M). Diese wird in Abhängigkeit vom Unterdruck im Ansaugrohr, der über die abfließende Kraftstoffmenge auch in der Membrankammer wirksam wird, nach oben bewegt. Diese Bewegung wird auf den Reglerhebel übertragen, der für eine entsprechende Öffnung des Zulaufventils sorgt.

Gemischbildung:

Das Mischungsverhältnis von Kraftstoff und Luft für die nachfolgend beschriebenen Betriebszustände des Motors kann an der Leerlaufdüse (L) und an der Hauptdüse (H) eingestellt werden. Zur Regulierung der Leerlaufdrehzahl wird über eine Anschlagschraube das Spaltmaß der Drosselklappe verändert.

Start

Beim Startvorgang (Bild 3) ist die Drosselklappe (D) halb geöffnet. Die Starterklappe (S) muss geschlossen sein. Durch die Verkleinerung des Vergaserdurchlasses an der Starterklappe ist der von der angesaugten Luft erzeugte Unterdruck so groß, dass im Bereich des Rückschlagventils (V), der Bypass-Bohrungen (BP) und der Leerlauf-Austrittsbohrung (LA) Kraftstoff austritt und zerstäubt wird. Der Motor erhält auf diese Weise das für den Startvorgang notwendige fette Gemisch.

Leerlauf

Bei Leerlauf des Motors (Bild 4) ist die Starterklappe (S) vollständig geöffnet, während die Drosselklappe (D) annähernd geschlossen ist. Da der Vergaserdurchlass nun zwischen den Bohrungen BP und LA verkleinert wird, ist der von der einströmenden Luft erzeugte Unterdruck an der Leerlauf-Austrittsbohrung am größten. Die für den Leerlauf notwendige Kraftstoffmenge wird über die Bohrung LA angesaugt. An den Bypass-Bohrungen tritt Luft ein und vermischt sich mit dem Kraftstoff. Auf diese Weise wird die Gemischbildung im Leerlauf verbessert. Da das Rückschlagventil (V) geschlossen ist, kann an dieser Stelle keine Luft in das Kraftstoffsystem eindringen.

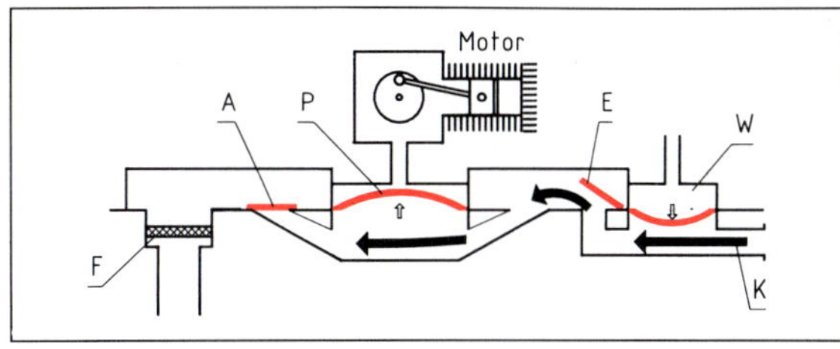

1 Kraftstoffförderpumpe: Saughub

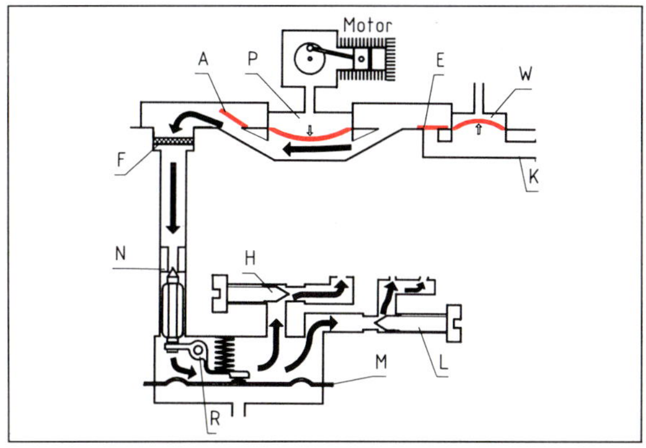

2 Kraftstoffförderpumpe: Druckhub

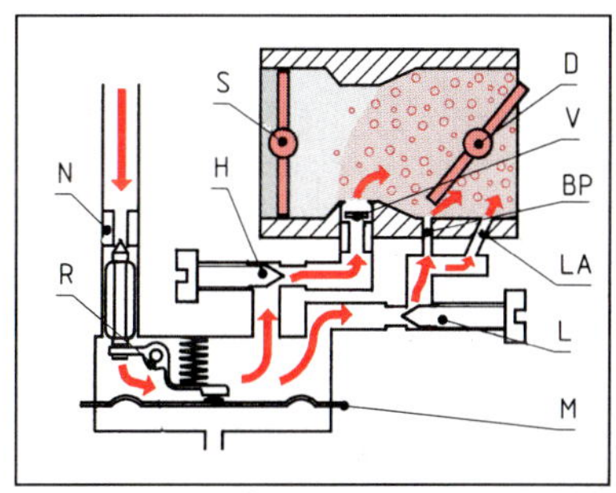

3 Funktion Membranvergaser: Start

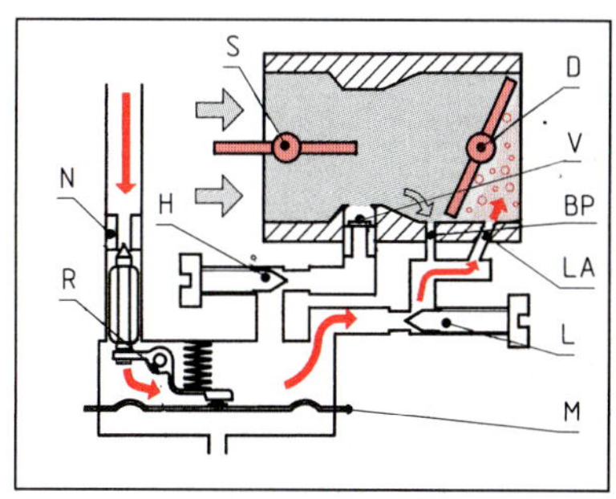

4 Funktion Membranvergaser: Leerlauf

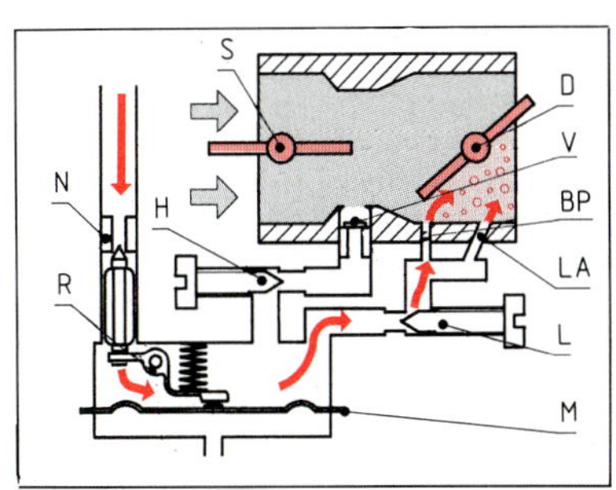

5 Funktion Membranvergaser: Teillast

Teillast

Beim Teillastbetrieb (Bild 5, Seite 55) des Motors wird die Drosselklappe nur teilweise geöffnet. Der kleinste Vergaserdurchlass liegt nun zwischen den Bohrungen V und BP. Der von der angesaugten Luft erzeugte Unterdruck bewirkt den Kraftstoffaustritt an den Bypass-Bohrungen und an der Leerlauf-Austrittsbohrung (LA). Das Rückschlagventil (V) bleibt weiterhin geschlossen.

Volllast

Beim Volllastbetrieb des Motors (Bild 1) ist die Drosselklappe vollständig geöffnet. Aufgrund der hohen Motordrehzahl ist der Luftbedarf recht groß. Mit dem Anstieg der Luftmenge wird die Strömungsgeschwindigkeit und somit auch der Unterdruck im Vergaserdurchlass größer, sodass am Rückschlagventil (V), an den Bypass-Bohrungen (BP) und aus der Leerlauf-Austrittsbohrung (LA) Kraftstoff austritt und zerstäubt wird.

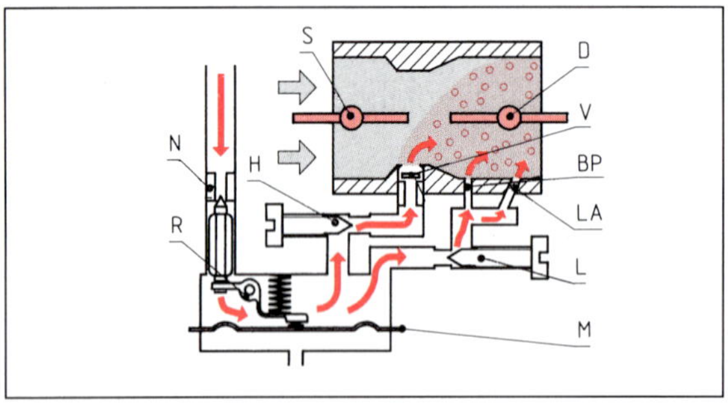

1 Funktion Membranvergaser: Volllast

2.2.5.4 Störungen am Gemischbildungssystem von Ottomotoren

Betriebstörungen bei Ottomotoren können durch Motorbauteile, durch das Zündsystem (Kap. 3.7) oder durch die Kraftstoffanlage hervorgerufen werden. Bild 2 enthält eine Zusammenstellung der auftretenden Störungen mit ihren Ursachen im Bereich der Kraftstoffversorgung.

Störung	Ursachen
Motor springt nicht an	1, 2, 3, 4, 5
Motor hat keinen Leerlauf	3, 6, 7, 8, 9, 10
Motor beschleunigt schlecht	2, 7, 10
Motor hat keine Leistung	1, 2, 3, 4, 5, 7, 9, 10
Motor dreht zu hoch	5, 6, 8
Kraftstoffverbrauch zu hoch	5, 8, 9, 10
Vergaser läuft über	2, 9, 10
Kraftstoff gelangt nicht zum Vergaser bzw. Motor	1, 2, 3, 4, 7

Nr.	Ursache
1	Verschmutzung des Luftfilters
2	Schmutz oder Verstopfung im Kraftstoffsystem
3	Kraftstoffleitungen undicht
4	Tankentlüftung verstopft
5	Drossel- oder Starterklappenwelle klemmen oder haben übermäßiges Spiel
6	Rückholfedern der Drossel- oder Starterklappe sind erlahmt, klemmen oder sind gebrochen
7	Vergaser verschmutzt
8	Falsche Einstellung des Vergasers
9	Fehlerhafter Schwimmerstand, Nadelventil undicht, Ventilsitz beschädigt (Drosselklappenvergaser)
10	Einstellung Reglerhebel, Membran oder Zulaufventil undicht (Membranvergaser)

2 Störungen in der Kraftstoffversorgung

Übungen

1. Welche Unterschiede weist ein Ottokraftstoff in Sommer- und Winterqualität auf?
2. Warum ist die Verwendung von Ottokraftstoff mit der vorgeschriebenen Oktanzahl unerlässlich?
3. Welcher Unterschied besteht zwischen verbleiten und unverbleiten Ottokraftstoffen?
4. Warum ist eine Kennzeichnung von Ottokraftstoff nach der Gefahrstoffverordnung notwendig?
5. Warum brauchen Ottomotoren für den Startvorgang ein fettes Gemisch?
6. Warum führt ein Schließen der Starterklappe des Drosselklappen- bzw. Membranvergasers beim Startvorgang zu einem Kraftstoffaustritt aus dem Hauptdüsensystem?
7. Begründen Sie, warum an den Bohrungen LA und BP des Drosselklappenvergasers kein Kraftstoff austritt, wenn die Drosselklappe vollständig geöffnet ist?
8. Welche Einstellarbeiten können bei den verschiedenen Vergaserbauarten in der Werkstatt durchgeführt werden?
9. Wie wirkt sich eine Erhöhung der Leerlaufdrehzahl bei den verschiedenen Vergaserbauarten auf die Gemischzusammensetzung aus?
10. Geben Sie die Arbeitsschritte zur Einstellung der Gemischzusammensetzung im Leerlauf bei den verschiedenen Vergaserbauarten an.

3 Elektrik und Elektronik

3.1 Die elektrische Anlage

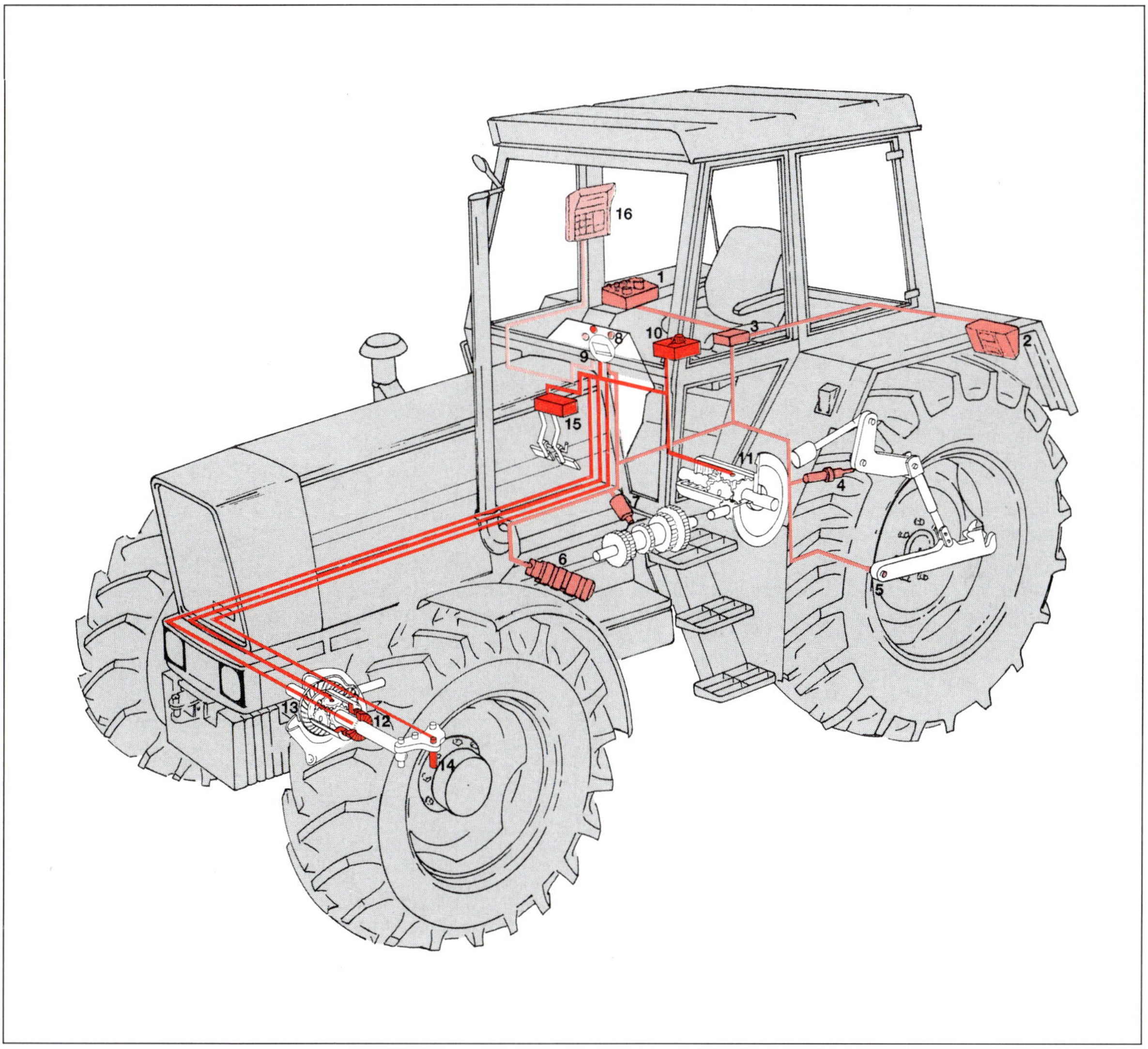

1 Elektronische Steuerungs-, Regel- und Informationssysteme im Schlepper

Schlepper, selbstfahrende und gezogene Arbeitsmaschinen werden zunehmend mit Bauelementen (Verbrauchern) ausgerüstet, die mit elektrischer Energie betrieben werden. Dazu gehören insbesondere elektronische Steuerungs-, Regelungs- und Informationssysteme.

Bild 1 zeigt eine Auswahl dieser Bauelemente. Sie können folgenden Baugruppen zugeordnet werden:

Elektronische Hubwerksregelung (EHR) (s. Kap. 3.10)

1 EHR-Bedienpult
2 Heckbetätigung
3 EHR-Steuergerät
4 Lagesensor
5 Kraftmessbolzen

Fahrerinformation (s. Kap. 3.8.3)

6 Radarsensor
7 Geschwindigkeitssensor
8 digitale Anzeige der Fahrgeschwindigkeit und verschiedener Drehzahlen
16 Bordcomputer

Elektronische Allrad- und Differentialsperrenschaltung (s. Kap. 3.11.2)

9 Steuergerät Allrad- und Differentialsperrenschaltung
10 Vorwahlschalter
11 Differentialsperre hinten
12 Differentialsperre vorn
13 Drehzahlsensoren
14 Lenkwinkelsensor
15 Bremslichtschalter

3.1.1 Stromlaufplan

Jeder elektrische Verbraucher benötigt, wie Bild 1 am Beispiel des Arbeitsscheinwerfers zeigt, einen **Stromkreis** mit folgenden Bestandteilen:

eine Spannungsquelle (Batterie)
eine stromzuführende Leitung, Hinleitung
eine Sicherung
einen Schalter
und eine Rückleitung.

Wird der Schalter geschlossen, fließt der Strom vom Pluspol der Spannungsquelle über Sicherung und Schalter zum Arbeitsscheinwerfer und von dort über die Rückleitung zum Minuspol der Spannungsquelle. Da im Kraftfahrzeug die Karosserie (Fahrzeugmasse) als Rückleitung verwendet wird, nennt man diese Ausführungsform der elektrischen Anlage **Ein-Leiter-Anlage.** Je nach Art des Verbrauchers verwendet man für die Hinleitung Kabel mit unterschiedlichem Querschnitt.

Zu hohe Ströme (z. B. infolge von Kurzschluss) können elektrische Leitungen zum Glühen bringen und somit einen Kabelbrand verursachen. Um diese Gefahr zu mindern, werden in den Stromkreis **Sicherungen** eingebaut, die bei Überlastung die Stromzufuhr unterbrechen. Ungesichert sind lediglich Batterie-, Lade- und Starterleitungen.

Die Schaltung der elektrischen Bauteile des Schleppers bzw. der Arbeitsmaschinen wird in Form von Stromlaufplänen angegeben. Bild 2 zeigt eine Auswahl von Schaltzeichen, die nach DIN EN 60617 zur Darstellung der einzelnen Komponenten benutzt werden und deren Bedeutung nicht aus dem Stromlaufplan eines Schleppers mit Dieselmotor (s. Kap. 3.1.2) ersichtlich ist.

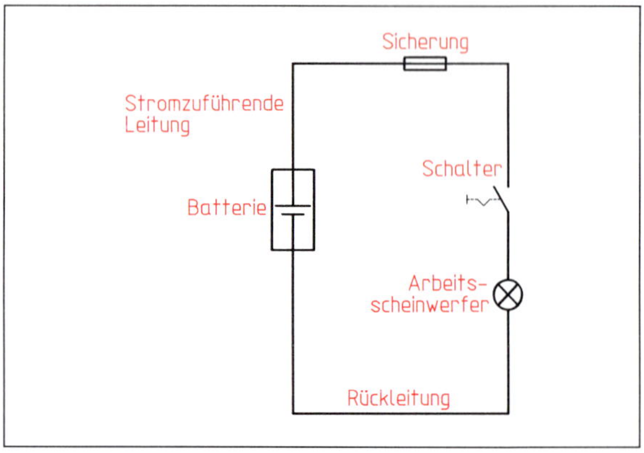

1 Stromkreis des Arbeitsscheinwerfers

Um die Fehlersuche und die Reparatur zu erleichtern, werden in den Schaltplänen der Hersteller die **Klemmenbezeichnungen** der Leitungen an den Geräten, die Kabelquerschnitte und -farben angegeben. Bild 3 und Seite 59, Bild 1 gibt die Bedeutung der wesentlichen Klemmenbezeichnungen nach DIN 72552 an. Mehrfachsteckverbindungen, wie sie beispielsweise an elektronischen Steuergeräten verwendet werden, tragen keine Klemmenbezeichnungen, sondern fortlaufende Zahlen oder Buchstaben.

Schaltzeichen	Bedeutung	Schaltzeichen	Bedeutung
	Heizelement		PNP-Transistor
	Kondensator, allgemein		NPN-Transistor
	Elektrolytkondensator, gepolt	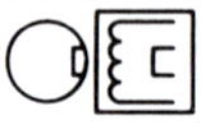	Induktiver Geber Drehende Bezugsmarke
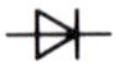	Halbleiterdiode, allgemein		Messinstrument, angezeigte Messgröße wird durch Buchstaben angegeben, z. B. V, A.
	Leuchtdiode, allgemein		Digitale Anzeige, allgemein
	Zenerdiode (Z-Diode)	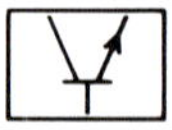	Steuergerät, Schaltgerät

2 Schaltzeichen nach DIN EN 60617 (Auswahl)

Klemmen-bezeichnung	Bedeutung	Klemmen-bezeichnung	Bedeutung
1	Zündspule, Zündverteiler Niederspannung	15	Geschaltetes Plus hinter Batterie
		17	Glühstartschalter, Starten
2	Kurzschlussklemme Magnetzündung	19	Glühstartschalter, Vorglühen
4	Zündspule, Zündverteiler Hochspannung	30	Eingang von Batterie Plus, direkt

3 Klemmenbezeichnungen nach DIN 72552 (Auswahl)

Klemmen-bezeichnung	Bedeutung	Klemmen-bezeichnung	Bedeutung
31	Rückleitung an Batterie Minus, Masse	56d	Lichthupenkontakt
49	Blinkgeber, Impulsgeber Eingang	58	Begrenzungs-, Schluss-, Kennzeichen- und Instrumentenleuchten
49a	Blinkgeber, Impulsgeber Ausgang	58L 58R	Begrenzungs- und Schlussleuchte links Begrenzungs- und Schlussleuchte rechts
C, C2, C3	Kontrolllampen Fahrtrichtungsanzeige	B+ B−	Generator: Batterie Plus Generator: Batterie Minus
L R	Blinkleuchten links Blinkleuchten rechts	D+, D−, DF	Generatorregler Dynamo: Plus, Minus, Feld
50	Startersteuerung, direkt	61	Generatorkontrolle
53	Wischermotor Eingang Plus	86 85	Schaltrelais, Steuerstromkreis Eingang Schaltrelais, Steuerstromkreis Ausgang
53a	Wischermotor Plus, Endabstellung	87	Eingang Arbeitsstromkreis Relais Öffner und Wechsler
54	Bremslicht	88	Eingang Arbeitsstromkreis Relais Schließer
54g	Druckluftventil für Dauerbremse im Anhänger, elektromagnetisch betätigt	88a, 87a	Ausgang Arbeitsstromkreis Relais Schließerseite, Öffnerseite
56	Scheinwerferlicht		
56a	Fernlicht und Fernlichtkontrolle		
56b	Abblendlicht		

1 Klemmenbezeichnungen nach DIN 72552 (Auswahl, Forsetzung v. S. 58)

3.1.2 Stromlaufplan eines Schleppers mit Dieselmotor

Die Schaltung der wesentlichen elektrischen Bauteile eines Schleppers zeigen die Bilder 2 und Seite 60, Bild 1. Aus der Abschnittskennzeichnung ist ersichtlich, dass die einzelnen Komponenten zu Baugruppen zusammengefasst sind.

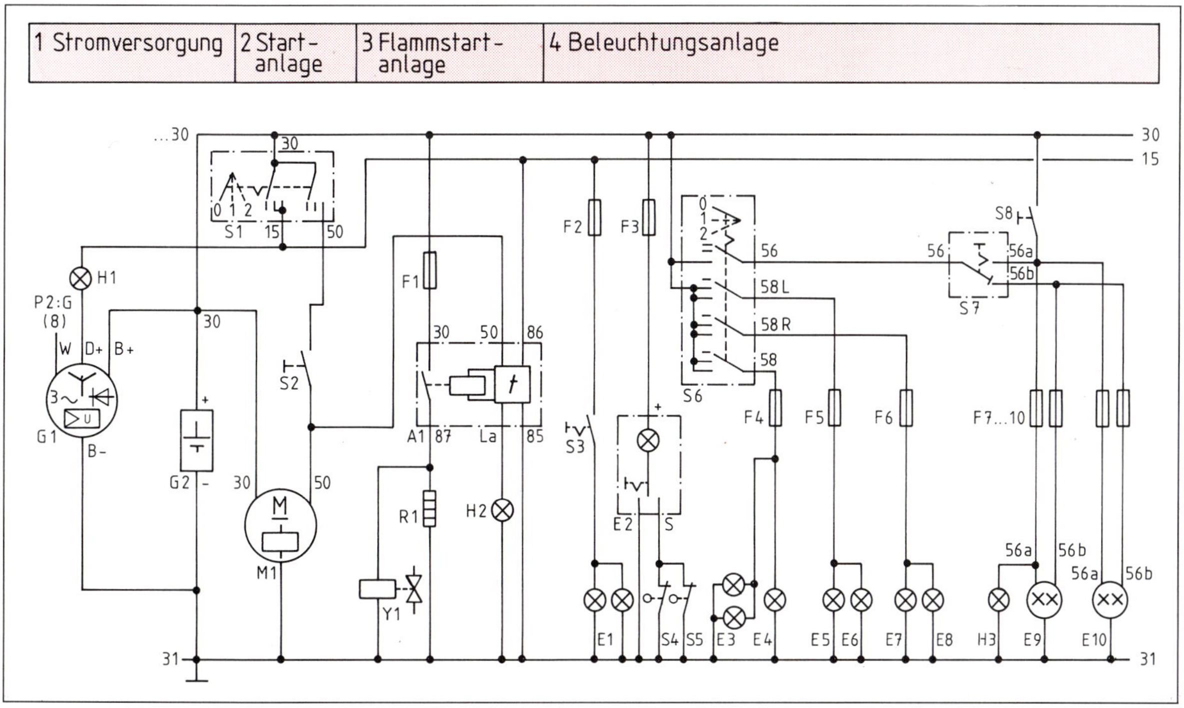

2 Stromlaufplan eines Schleppers mit Dieselmotor

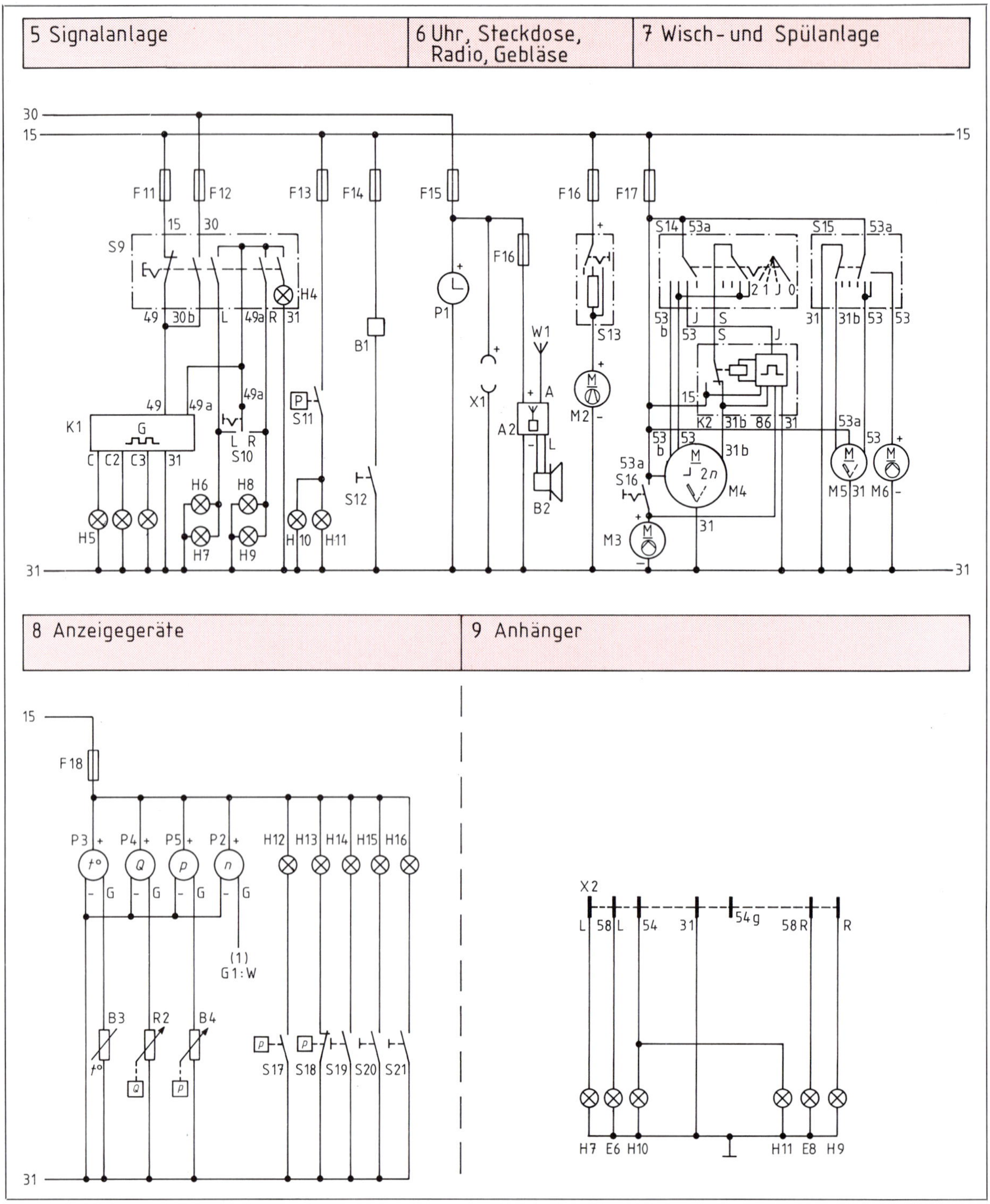

1 Stromlaufplan eines Schleppers mit Dieselmotor (Fortsetzung zu Bild 2, Seite 59)

Kennzeichen	Gerät	Abschnitt
A1 A2	Glühzeitsteuergerät Fahrzeugradio	3 6
B1 B2 B3 B4	Signalhorn Lautsprecher Fühler Kühlwasser-, Motor- temperatur Öldruckgeber	5 6 8 8
E1 E2 E3 E4 E5 E7 E8 E9 E10	Arbeitsscheinwerfer hinten Innenleuchte mit Schalter Instrumentenbeleuchtung Kennzeichenleuchte Begrenzungsleuchte L Begrenzungsleuchte R Schlussleuchte R Fern-Abblendscheinwerfer L Fern-Abblendscheinwerfer R	4 4 4 4 4 4 4, 9 4 4
F1 ...	Sicherungen	–
G1 G2	Generator mit Regler Batterie	1 1
H1 H2 H3 H4 H5 H6 H7 H8 H9 H10 H11 H12 H13 H14 H15 H16	Generatorkontrollleuchte Startbereitschafts- Anzeigeleuchte Fernlichtanzeigeleuchte Warnlicht-Anzeigeleuchte Blinkkontroll-Anzeigeleuchten Blinkleuchte L vorn Blinkleuchte L hinten Blinkleuchte R vorn Blinkleuchte R hinten Bremsleuchte L Bremsleuchte R Luftfilterwarnleuchte Öldruckwarnleuchte Warnleuchte Handbremse Warnleuchte Differentialsperre Kontrollleuchte Allradantrieb	1 3 4 5 5 5 5, 9 5 5, 9 5, 9 5, 9 8 8 8 8 8
K1 K2	Blinkgeber Wischintervallrelais	5 7
M1 M2 M3 M4 M5 M6	Startermotor Frischluftgebläsemotor Scheibenspülermotor Wischermotor Heckwischermotor Heckscheiben-Spülermotor	2 6 7 7 7 7
P1 P2 P3 P4 P5	Zeituhr Drehzahlmesser Kühlwassertemperaturanzeige Kraftstoffstandanzeige Öldruckanzeige	6 8 8 8 8
R1 R2	Flammkerze Kraftstoffstandgeber	3 8
S1 S2 S3 S4 S5 S6 S7 S8 S9 S10 S11 S12 S13 S14 S15 S16 S17 S18 S19 S20 S21	Fahrt-Startschalter Startsperrschalter Schalter Arbeitsscheinwerfer Türkontaktschalter Innen- leuchte links Türkontaktschalter Innen- leuchte rechts Lichtschalter Abblendschalter Lichthupentaster Warnlichtschalter Blinkerschalter Bremslichtschalter Horntaster Gebläseschalter Wischerschalter Heckwischer-Spülerschalter Spüler-(Wascher-)Schalter Luftfilterüberwachungsschalter Öldruckschalter Schalter Handbremse Schalter Differential Schalter Allrad	1, 2 2 4 4 4 4 4 4 5 5 5 5 6 7 7 7 8 8 8 8 8
W1	Fahrzeugantenne	6
X1 X2	Steckdose innen Anhängerstecker	6 9
Y1	Magnetventil für Flammkerze	3

1 Geräte und ihre Kennzeichen

Erläuterungen zum Lesen eines Stromlaufplans

Der zu Anfang des Kapitels 3.1.1 als Beispiel gewählte Arbeitsscheinwerfer ist als Bauteil E1 im Abschnitt 4 „Beleuchtungsanlage" des Stromlaufplans (Bild 2, Seite 59) dargestellt. Als Spannungsquelle dienen bei laufendem Motor der Generator (G1, Abschnitt 1, Seite 59) oder bei stehendem Motor die Batterie (G2, Abschnitt 1, Seite 59). Von dort fließt der Strom zur Klemme 30 des Fahrt-Startschalters (S1, Abschnitte 1, 2). In der Position 1 dieses Schalters kann der Strom zur Leitung mit der Klemmenbezeichnung 15 weiterfließen und alle Verbraucher versorgen, die hier angeschlossen werden.

In der Hinleitung zum Arbeitsscheinwerfer befinden sich noch die Sicherung (F2, Abschnitt 4) und der Schalter (S3, Abschnitt 4). Als Rückleitung zur Spannungsquelle dient bei betätigtem Schalter die Fahrzeugmasse (31).

In verkürzter Schreibweise kann der Stromkreis des Arbeitsscheinwerfers auch wie folgt angegeben werden:

G1 bzw. G2, B+ → S1, 30/15 → F2 → S3 → E1 → 31.

3.1.3 Messung der elektrischen Größen im Stromkreis

In der angegebenen Form können die Stromkreise aller elektrischen Verbraucher mit Hilfe des Stromlaufplans ermittelt werden. Das Erkennen des Stromverlaufs ist eine wesentliche Voraussetzung, um Fehler in der elektrischen Anlage finden zu können. Als weiterer Prüfschritt folgt dann das Messen der elektrischen Größen Spannung, Strom oder Widerstand mit einem Vielfachmessgerät (Multimeter) je nach Vorgabe des Herstellers.

Der **Spannungsmesser** (Voltmeter) wird immer parallel zur Spannungsquelle oder zum Verbraucher angeschlossen (Bild 1). Da im Kraftfahrzeug normalerweise nur Gleichspannung gemessen wird, ist darauf zu achten, dass der eingestellte Messbereich durch das Zeichen „—" oder „DC" gekennzeichnet ist. Lediglich zur Überprüfung bestimmter Komponenten der Elektronik wie beispielsweise Induktivgeber ist das Messen von Wechselspannung erforderlich (Messbereichskennzeichnung „≈" oder „AC").

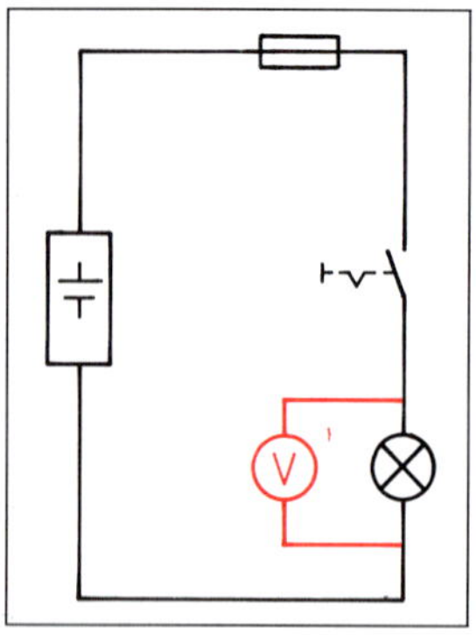

1 Messen der Spannung

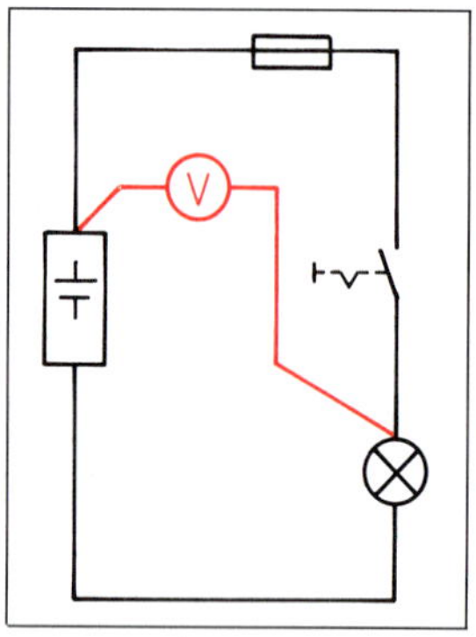

2 Messen des Spannungsfalls

Durch Korrosion an den Kontaktstellen der elektrischen Anlage werden häufig Spannungsverluste U_v verursacht, die zu verminderter Leistung oder zu Ausfällen führen. Bild 2 zeigt den Geräteanschluss zur Messung von **Spannungsverlusten.** Da durch Leitungen, Schalter und Sicherungen immer ein kleiner Spannungsfall hervorgerufen wird, sind folgende Werte bei einer 12-V-Anlage zulässig:

Starterhauptleitung	$U_{v\,max} = 0{,}5$ V,
Lichtleitung von Batterie bis Leuchten	$U_{v\,max} = 0{,}8$ V,
Ladeleitung bei Maximalstrom des Generators	$U_{v\,max} = 0{,}4$ V.

Der **Strommesser** (Amperemeter) muss zur Messung des elektrischen Stromes, wie Bild 3 zeigt, in den Stromkreis geschaltet werden, damit die Elektronen durch das Messgerät fließen. Die Wahl der Stromart erfolgt genauso wie beim Voltmeter.

Strommessungen werden hauptsächlich zur Überprüfung des Generators und des Starters durchgeführt. Wegen der Unfallgefahr durch hohe Stromstärken werden hierzu bevorzugt Messgeräte eingesetzt, die mit einer Strommesszange verbunden sind (Bild 4), so dass die Kabelverbindungen nicht mehr gelöst werden müssen.

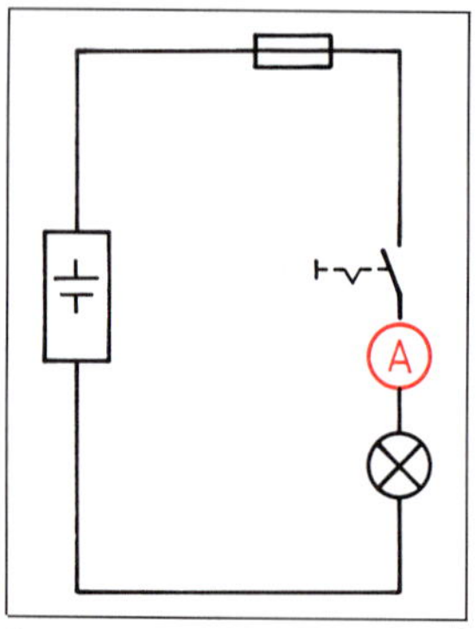

3 Messen der Stromstärke

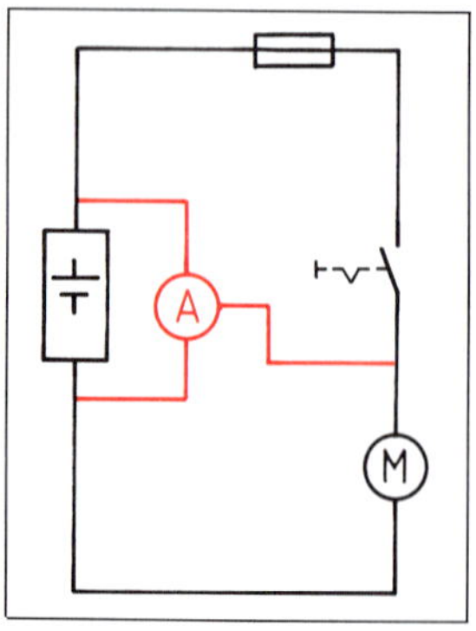

4 Messen der Stromstärke mit der Strommesszange

Der **Widerstandsmesser** (Ohmmeter) wird entsprechend Bild 5 parallel zum abgeklemmten Verbraucher angeschlossen. Bei Zeigerinstrumenten ist vorher eine Eichung (Einstellung Messwerkzeiger auf Endausschlag 0 Ω) erforderlich. Geber der Anzeigegeräte werden häufig durch Widerstandsmessungen überprüft.

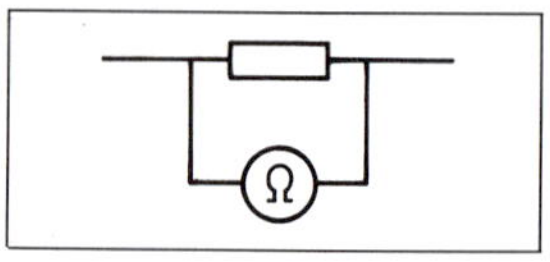

5 Messen des Widerstandes

3.1.4 Störungssuche im Stromkreis mit einem Vielfachmessgerät

Um Fehler besonders in elektronischen Systemen genau ermitteln zu können, geben die Hersteller solcher Anlagen die Arbeitsschritte für die Störungssuche häufig in Form von **Ablaufdiagrammen** vor.

Um die Systematik dieser Pläne zu verdeutlichen, zeigt Bild 1, Seite 63 einen Arbeitsplan für die **Fehlersuche,** wenn eine Glühlampe (z.B. der Arbeitsscheinwerfer) bei geschlossenen Schaltern S1 und S3 nicht oder mit verminderter Leistung leuchtet.

Dieser gilt nur unter der Bedingung, dass die Batterie geladen und der Fahrt-Startschalter funktionstüchtig ist.

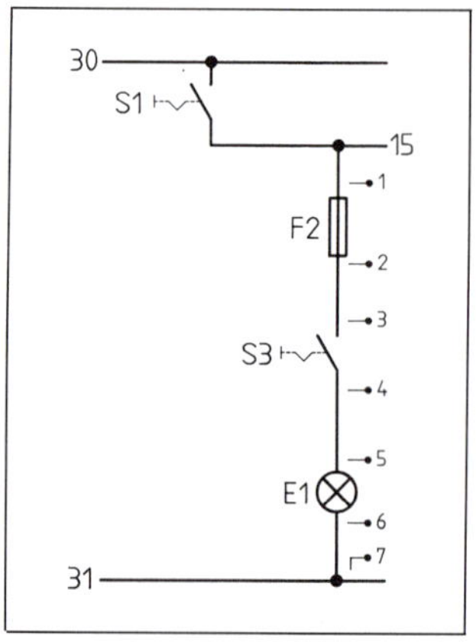

6 Stromkreis Arbeitsscheinwerfer mit Angabe der Messpunkte für die Störungssuche

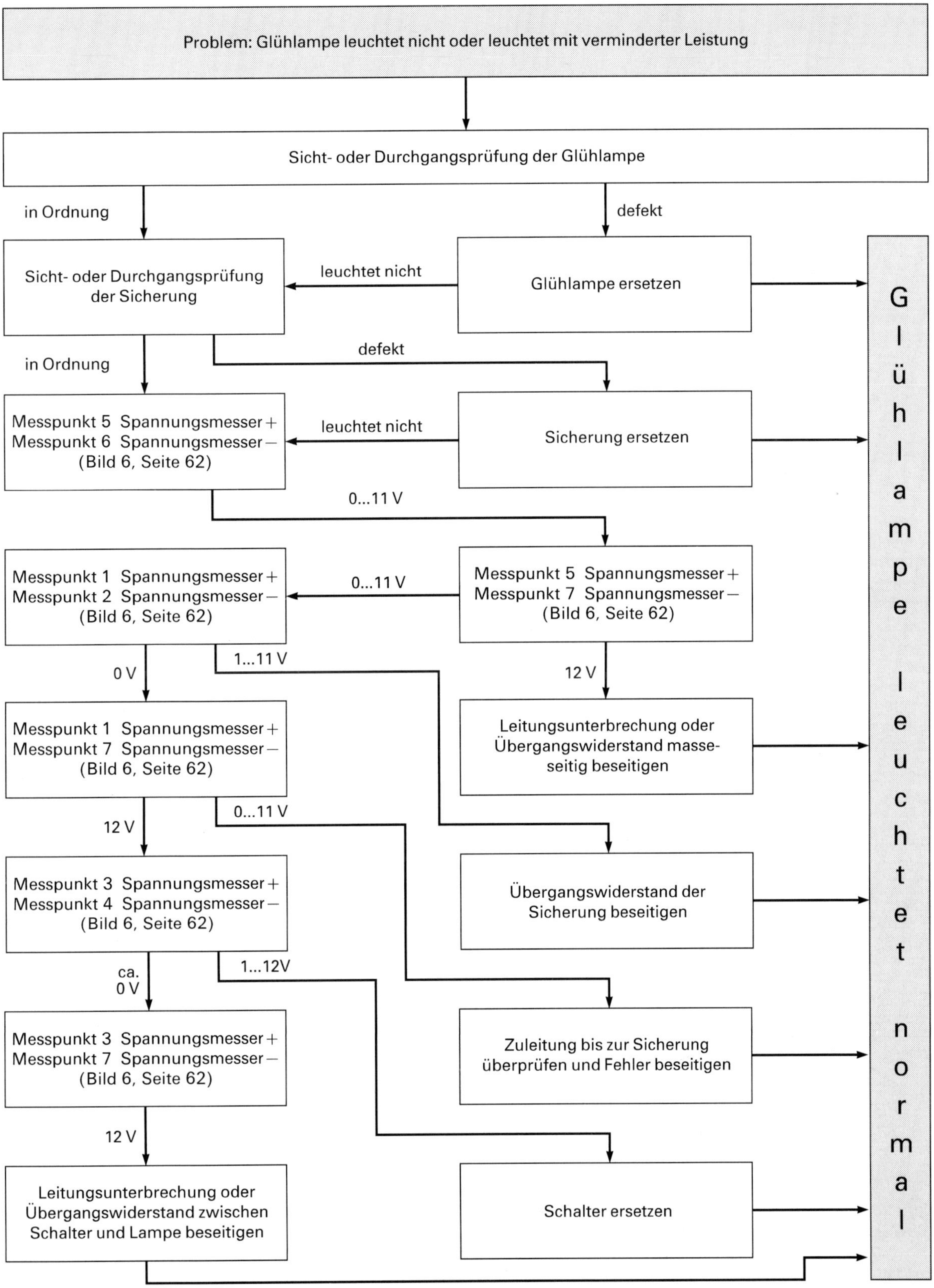

1 Arbeitsplan zur Fehlersuche

Übungen

1. Geben Sie anhand des Stromlaufplans (Kap. 3.1.2) den Stromverlauf folgender elektrischer Bauelemente an:

   Innenbeleuchtung, Zeituhr, Frischluftgebläse, Luftfilterwarnkontakt, Öldruckwarnleuchte, Warnleuchte Handbremse, Warnleuchte Differentialsperre, Kontrollleuchte Allradantrieb.

2. Warum befinden sich die Schalter für die Kontrollleuchten H12...H16 auf der Minusseite?

3. Welche Geberbauart wird für die Anzeigegeräte P3...P5 laut Schaltzeichen im Stromlaufplan des Kap. 3.1.2 benutzt?

4. Fertigen Sie gemäß Kapitel 3.1.4 eine Messwerttabelle für folgende Störungen im Stromkreis des Arbeitsscheinwerfers an:
   Unterbrechung Minusleitung,
   Schalter S3 defekt.

3.1.5 Berechnungen an Stromkreisen

3.1.5.1 Elektrische Leistung und Arbeit

Die Glühlampe für einen Arbeitsscheinwerfer trägt die Aufschrift „12 V 55 W". Die erste Zahl gibt die Betriebsspannung an. In diesem Fall beträgt sie 12 V. Wird eine Lampe mit einer niedrigeren Betriebsspannung eingesetzt, so „brennt" diese sofort „durch".

Die zweite Zahl nennt die elektrische Leistung. Sie beträgt 55 W. Auch diese Größe muss beim Ersetzen beachtet werden. Eine höhere Leistung führt zu einer stärkeren Leitungserwärmung bzw. zum „Durchbrennen" der Sicherung. Wie ist das „Durchbrennen" der Sicherung zu erklären?

Für die **elektrische Leistung** im Gleichstromkreis (Bild 1) gilt folgende Gesetzmäßigkeit:

$$P = U \cdot I$$

P elektrische Leistung
U Spannung
I Stromstärke

Durch Umstellung nach I kann mit dieser Formel der durch den Verbraucher fließende **Strom** berechnet werden. Für den Arbeitsscheinwerfer gilt dann:

$$\underline{\underline{I}} = \frac{P}{U} = \frac{55\,\text{W}}{12\,\text{V}} = \underline{\underline{4{,}58\,\text{A}}}$$

Der Strombedarf bei einem eingeschalteten Arbeitsscheinwerfer beträgt 4,58 A (Bild 2). Die eingebaute Sicherung F ist mit einer Stärke von 8 A ausreichend dimensioniert.

Der Stromlaufplan eines Schleppers mit Dieselmotor (Bilder 2, Seite 59 und 1, Seite 60) weist im Abschnitt 4 zwei Arbeitsscheinwerfer aus. Durch **Parallelschaltung** von zwei Arbeitsscheinwerfern mit einer Leistung von 55 W verdoppelt sich der Strombedarf auf 9,17 Ampere (Bild 3).

$$\underline{\underline{I}} = \frac{P_{ges}}{U} = \frac{110\,\text{W}}{12\,\text{V}} = \underline{\underline{9{,}17\,\text{A}}} \quad \underline{\underline{P_{ges}}} = 55\,\text{W} + 55\,\text{W} = \underline{\underline{110\,\text{W}}}$$

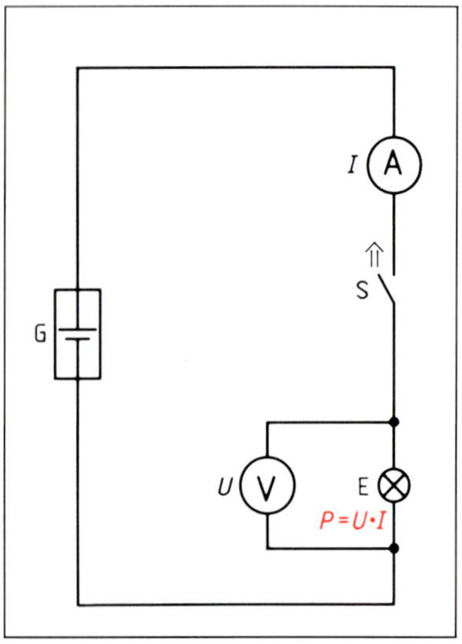

1 **Bestimmung der elektrischen Leistung im Gleichstromkreis**

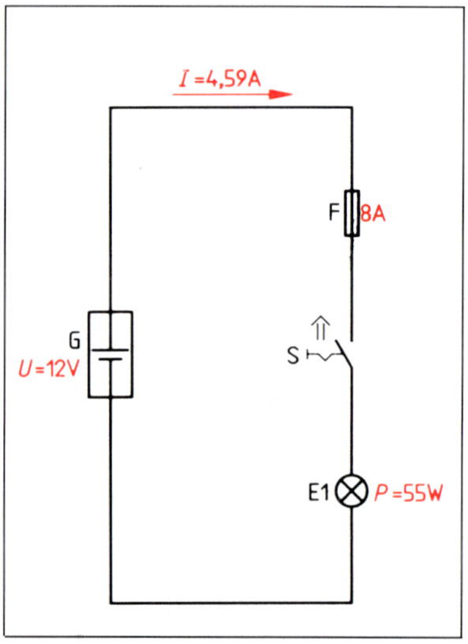

2 **Strombedarf des Arbeitsscheinwerfers**

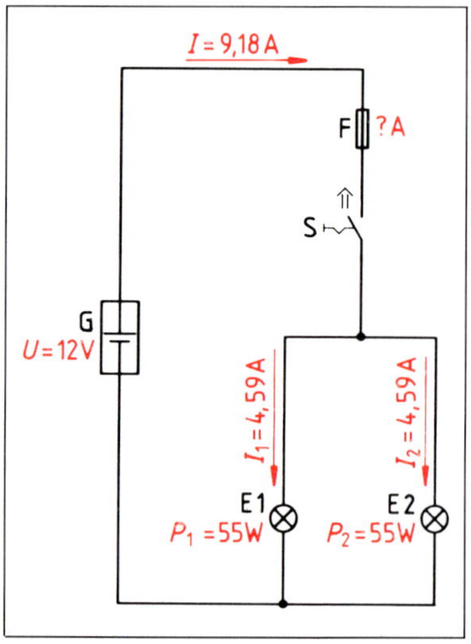

3 **Strombedarf von zwei Arbeitsscheinwerfern**

In diesem Falle würde eine 8-A-Sicherung wegen Überlastung „durchbrennen".

Die Glühlampen der Arbeitsscheinwerfer formen die zugeführte elektrische Energie in Lichtstrahlung und Wärme um. Die vom fließenden Strom verrichtete **elektrische Arbeit** ist abhängig von der elektrischen Leistung des eingeschalteten Verbrauchers und der Einschaltdauer. Zwischen den aufgeführten Größen besteht folgende Beziehung:

$$W = P \cdot t$$

W elektrische Arbeit
P elektrische Leistung
t Zeit

Bei einer Einschaltdauer von 5 Stunden verrichten die Arbeitsscheinwerfer eine elektrische Arbeit von 1 980 000 Ws oder 0,55 kWh.

$$\underline{\underline{W}} = P \cdot t = 110\ \text{W} \cdot 5 \cdot 3600\ \text{s} = \underline{\underline{1\,980\,000\ \text{Ws}}} = \underline{\underline{0{,}55\ \text{kWh}}}$$

Im Haushalt wird die elektrische Arbeit der jeweils eingeschalteten Verbraucher von einem Zähler, der in der zuführenden Leitung der elektrischen Anlage eingebaut ist, in kWh gemessen. Diese dienen als Berechnungsgrundlage für die Abrechnung der Stromversorgungsunternehmen.

Elektrische Geräte wandeln die zugeführte elektrische Energie in eine andere Energieform um. Starter oder Elektromotoren erzeugen damit mechanische Energie in Form von Drehbewegung. Aufgrund der Lagerreibung, der Leitererwärmung und der Übertragungswiderstände kann die zugeführte elektrische Energie nicht hundertprozentig in eine andere Energieform umgewandelt werden. Daraus ergibt sich, dass die abgegebene Leistung kleiner ist als die zugeführte Leistung. Der Grad der Energieumsetzung wird als **Wirkungsgrad** angegeben.

$$\eta = \frac{P_{ab}}{P_{zu}}$$

η Wirkungsgrad
P_{zu} aufgenommene Leistung
P_{ab} abgegebene Leistung
P_{ver} Verlustleistung

$$P_{ver} = P_{zu} - P_{ab}$$

Das Typenschild eines Starters weist eine abgegebene Leistung $P_{ab} = 2{,}7$ kW aus. Die Bordnetzspannung beim Startvorgang beträgt $U = 10$ V. Der Wirkungsgrad des Starters liegt bei $\eta = 0{,}5$. Mit diesen Angaben kann der Strombedarf des Starters wie folgt berechnet werden:

$$\underline{\underline{P_{zu}}} = \frac{P_{ab}}{\eta} = \frac{2700\ \text{W}}{0{,}5} = \underline{\underline{5400\ \text{W}}}$$

$$\underline{\underline{I}} = \frac{P_{zu}}{U} = \frac{5400\ \text{W}}{10\ \text{V}} = \underline{\underline{540\ \text{A}}}$$

Die Stromaufnahme des Starters beträgt $I = 540$ A.

Einen sehr kleinen Wirkungsgrad haben normale Glühlampen. Nur etwa 2% der zugeführten elektrischen Energie wird in Lichtstrahlung umgewandelt. Die restlichen 98% werden als Wärme an die Umgebung abgegeben.

3.1.5.2 Leitungswiderstand und Spannungsfall

Elektrische Leitungen setzen dem fließenden Strom einen **Widerstand** entgegen. Dieser ist abhängig von der Länge, der Querschnittsfläche, dem Material und der Temperatur des Leiters.

Leiterwerkstoff	Spezifischer Widerstand ϱ in $\frac{\Omega\text{mm}^2}{\text{m}}$
Aluminium	0,03
Eisen	0,1
Kupfer	0,01786
Wolfram	0,055
Kohle	21 ... 35

1 Spezifischer elektrischer Widerstand ausgewählter Leiterwerkstoffe

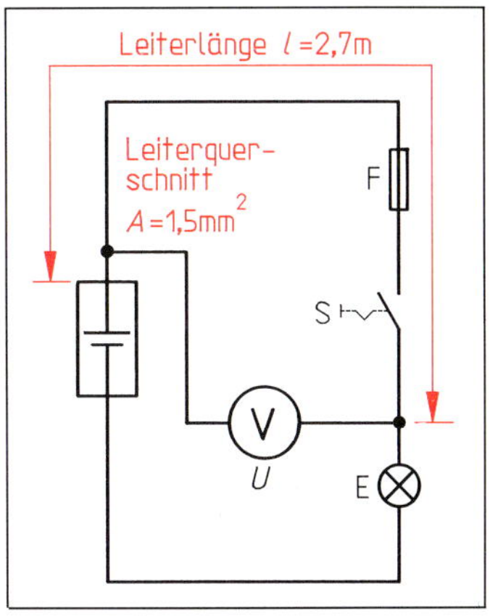

2 Leitungswiderstand und Spannungsfall des Arbeitsscheinwerfers

Jeder metallische Leiter hat einen **spezifischen Widerstand.** Dieser gibt den Widerstand an, den ein Leiter von 1 m Länge und einer Querschnittsfläche von 1 mm² bei einer Temperatur von 20 °C dem elektrischen Strom entgegensetzt. Bild 1 enthält die Werte für den spezifischen Widerstand einiger Leiterwerkstoffe.

Der Widerstand für Leiter verschiedener Länge oder mit unterschiedlichem Querschnitt kann mit folgender Gleichung bestimmt werden:

$$R = \frac{\varrho \cdot l}{A}$$

R Widerstand
ϱ spezifischer Widerstand
l Länge des Leiters
A Querschnittsfläche des Leiters

Die Zuleitung für den Arbeitsscheinwerfer aus Kupfer hat eine Länge $l = 2{,}7$ m. Die Querschnittsfläche wird im Schaltplan des Herstellers mit $A = 1{,}5$ mm² angegeben. Der Widerstand der Leitung kann wie folgt berechnet werden:

$$\underline{\underline{R}} = \frac{\varrho \cdot l}{A} = \frac{0{,}01786\ \Omega\ \text{mm}^2/\text{m} \cdot 2{,}7\ \text{m}}{1{,}5\ \text{mm}^2} = \underline{\underline{0{,}0321\ \Omega}}$$

Der Widerstand der Zuleitung für den Arbeitsscheinwerfer (Bild 2) beträgt 0,0321 Ω. Mit Hilfe des Ohmschen Gesetzes kann der durch den Leiterwiderstand hervorgerufene Spannungsfall bei einem Strombedarf von $I = 4{,}58$ A (s. Kap. 3.1.5.1) ermittelt werden:

$$\underline{\underline{U}} = R \cdot I = 0{,}0321\ \Omega \cdot 4{,}58\ \text{A} = \underline{\underline{0{,}1470\ \text{V}}}$$

Der errechnete Spannungsfall in Höhe von $U_v < 0{,}15$ V liegt unter dem höchstzulässigen Wert, der für Lichtleitungen von Batterie bis Leuchte $U_{v\,max} = 0{,}8$ V (s. Kap. 3.1.3) betragen darf. Die Leitungsquerschnitte für die einzelnen elektrischen Verbraucher werden von den Herstellern so gewählt, dass der höchstzulässige Spannungsfall bei eingeschalteten Bauelementen nicht überschritten wird. Werden bei einer Reparatur elektrische Leitungen erneuert, so müssen die in den Schaltplänen der Hersteller angegebenen Querschnittsflächen beachtet werden.

3.1.5.3 Batteriekapazität

Bei stehendem Schleppermotor und eingeschalteten Arbeitsscheinwerfern wird die notwendige elektrische Energie der Fahrzeugbatterie entnommen. Wie lange elektrische Verbraucher in dieser Form betrieben werden können, ist abhängig von der **Kapazität der Batterie.** Diese Größe ist ein Maß für die Strommenge, die der jeweiligen Batterie entnommen werden kann. Wann diese erschöpft ist, wird in erster Linie durch den Entladestrom und die Entladezeit bestimmt (Bild 1).

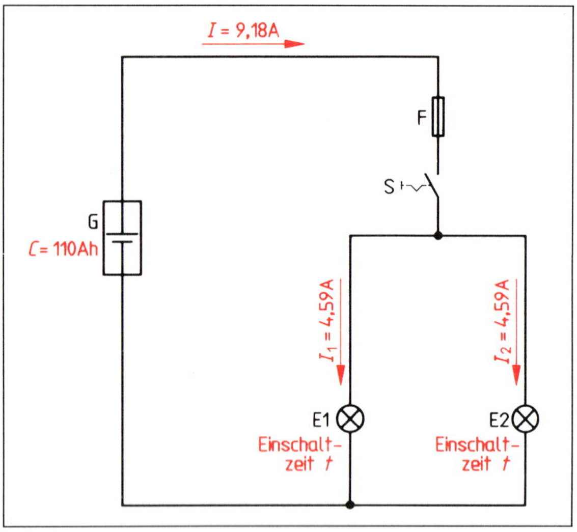

1 Bestimmungsgrößen für die Entladezeit der Batterie

Zwischen den aufgeführten Größen besteht folgende Beziehung:

$$C = I \cdot t$$

C Kapazität
I Entladestrom
t Entladezeit

Die Batterie eines Schleppers hat beispielsweise eine Kapazität $C = 110$ Ah. Durch Umstellung der aufgeführten Gleichung nach t kann errechnet werden, wie lange die vorhandene Strommenge zum Betrieb der Arbeitsscheinwerfer bei einem Strombedarf von $I = 9{,}7$ A (s. Kap. 3.1.5.1) ausreicht.

$$t = \frac{C}{I} = \frac{110\ \text{Ah}}{9{,}17\ \text{A}} = 12{,}0\ \text{h}$$

In dem gewählten Beispiel ist die Kapazität der Batterie nach 12 h erschöpft. Da normalerweise die meisten elektrischen Verbraucher erst bei laufendem Fahrzeugmotor eingeschaltet werden, liefert der Generator die für ihren Betrieb notwendige elektrische Energie. Die Höhe der erforderlichen Batteriekapazität richtet sich in erster Linie nach dem Strombedarf der Starthilfsanlage und des Starters.

Im Kap. 3.1.5.1 wurde die Stromaufnahme eines 2,7-kW-Starters berechnet. Sie beträgt unter den genannten Bedingungen 540 A. Im Augenblick des Anlaufens (Kurzschlussstrom) erreicht sie sogar etwa 1000 A bei diesem Startertyp. Mithilfe der errechneten Stromaufnahme kann die Entladezeit der als Beispiel gewählten Batterie durch den Startvorgang wie folgt bestimmt werden:

$$t = \frac{C}{I} = \frac{110\ \text{Ah}}{540\ \text{A}} = 0{,}21\ \text{h} = 12{,}6\ \text{min}$$

Durch wiederholte Startvorgänge, die beispielsweise wegen Nichtanspringen des Motors erforderlich sein können, ist die in der Batterie gespeicherte Strommenge nach etwa 12 min restlos erschöpft.

Übungen zu diesem Kap. finden Sie im Bereich Technische Mathematik, Kap. 2.3

3.2 Beleuchtungs- und Signalanlage

3.2.1 Gesetzliche Vorschriften

Die **Straßenverkehrszulassungsordnung (StVZO)** regelt die Anbringung und die Beschaffenheit der Beleuchtungs- und Signalanlage von Kraftfahrzeugen und Anhängern. Die Benutzung regelt die **Straßenverkehrsordnung (StVO).**

Folgende Beleuchtungs- und Signaleinrichtungen sind gesetzlich vorgeschrieben:

Scheinwerfer für Fern- und Abblendlicht (§ 50 StVZO),
Begrenzungsleuchten (§ 51 StVZO),
Schlussleuchten, Bremsleuchten,
Rückstrahler (§ 53 StVZO),
Warndreieck, Warnblinkanlage (§ 53a StVZO),
Fahrtrichtungsanzeiger (§ 54 StVZO),
Einrichtungen für Schallzeichen (§ 55 StVZO),
Kenntlichmachung von Anbaugeräten (§ 53b StVZO).

Zugelassen sind nach § 52 StVZO ferner Arbeitsscheinwerfer.

Alle Bauteile der Beleuchtungs- und Signalanlage unterliegen der Bauartgenehmigung. Zur Kontrolle erhalten sie ein Prüfzeichen und eine Prüfnummer. Die Beleuchtungs- und Signalanlage muss vorschriftsmäßig angebracht und ständig betriebsbereit sein. Die Scheinwerfer und Leuchten dürfen weder verdeckt noch verschmutzt sein. Paarweise angebrachte Beleuchtungseinrichtungen müssen gleichen Abstand von der Mittellinie der Fahrzeugspur, gleiche Höhe über der Fahrbahn und gleiche Farben haben.

3.2.2 Elektrische Schaltung der Beleuchtungs- und Signalanlage

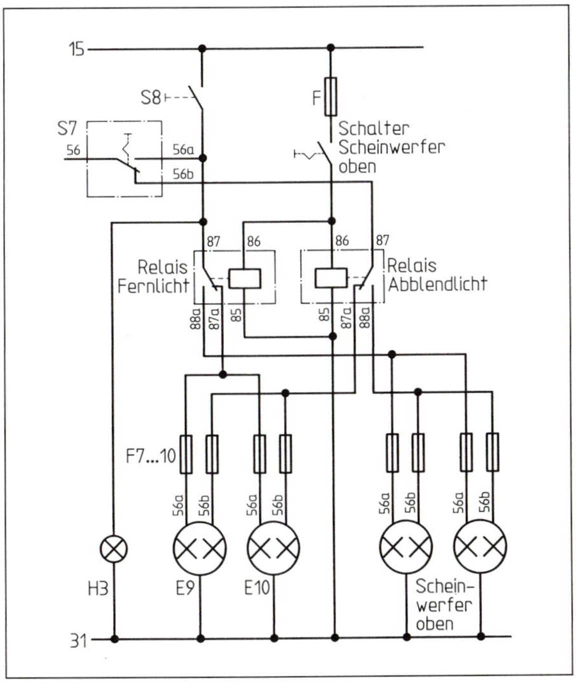

1 Scheinwerferumschaltung

Die Bilder 2, Seite 59 und 1, Seite 60 zeigen die elektrische Schaltung der Beleuchtungs- und Signalanlage mit den entsprechenden Klemmenbezeichnungen in folgenden Abschnitten:

Beleuchtungsanlage	Abschnitt 4,
Signalanlage	Abschnitt 5,
Anhängerbeleuchtung	Abschnitt 9.

Da die vorderen Scheinwerfer durch Geräte, die in der Fronthydraulik montiert werden, verdeckt sein können, besteht die Möglichkeit der Anbringung von zusätzlichen Scheinwerfern an der Kabine. Bild 1 zeigt den entsprechenden Schaltplan.

3.2.3 Blinkanlage

Die **Blinkanlage** der Kraftfahrzeuge besteht aus einem Fahrtrichtungsanzeiger und einer Warnblinkanlage. Hierbei übernimmt ein elektronischer Warnblinkgeber die Aufgabe, bei beiden Schaltungsarten dafür zu sorgen, dass die Blinkleuchten entsprechend der Forderung der StVZO zwischen 60...120 mal pro Minute ein- und ausgeschaltet werden.

Der elektronische Warnblinkgeber besteht aus folgenden wesentlichen Baugruppen (Bild 2):

1 Einschalt- bzw. Kontrollstufe für die Kontrolllampen
2 Multivibrator bzw. Impulserzeuger
3 Kontrolllampen
4 Blinkrelais
5 Kontrollwiderstand R_K

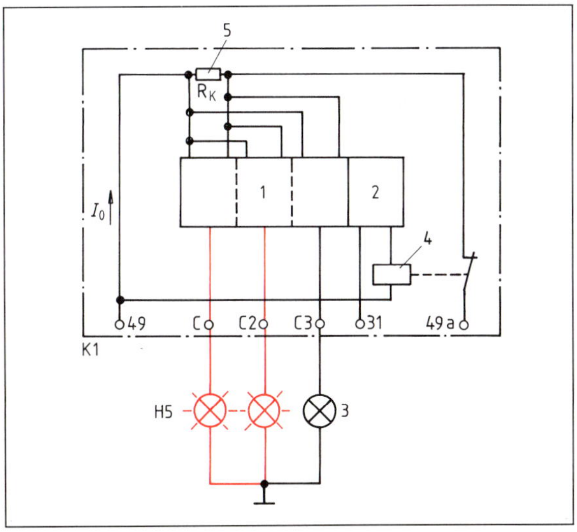

2 Warnblinkgeber für Schlepper

Der Strom für die Blinkleuchten wird vom Blinkrelais, das vom Multivibrator entsprechend angesteuert wird, in der vorgegebenen Frequenz ein- bzw. ausgeschaltet. Diese Funktion kann auch ein Leistungstransistor übernehmen. Der Kontrollwiderstand erzeugt bei geschlossenem Stromkreis zwischen Klemme 49 und 49a einen geringen

Spannungsfall (ca. 0,2 V), der als Steuerspannung für die Kontrollstufen benutzt wird. Werden beim Richtungsblinken 3 oder 4 statt 2 Blinkleuchten angeschlossen, steigt der über den Kontrollwiderstand fließende Strom an, sodass der Spannungsfall bzw. die Steuerspannung größer wird und 2 oder 3 Kontrolllampen von den Transistoren der Kontrollstufen eingeschaltet werden. Wenn eine Kontrolllampe dunkel bleibt, ist entweder kein Anhänger vorhanden oder die Blinkleuchte des Anhängers ist ausgefallen.

Fährt eine Zugmaschine ohne Anhänger, so leuchten beim ersten Blinkimpuls alle Kontrolllampen auf. Da Glühlampen im kalten Zustand einen geringen und im warmen Zustand einen hohen Widerstand haben, fließt im Einschaltmoment ein hoher Strom. Der damit verbundene höhere Spannungsfall am Kontrollwiderstand bewirkt kurzzeitig das Einschalten aller Kontrolllampen.

Beim Warnblinken wird die Kontrolleinrichtung überbrückt, sodass nur die Warnlichtanzeigeleuchte im Blinkrhythmus aufleuchtet.

Übungen

1. Geben Sie anhand des Stromlaufplans (Bilder 2, Seite 59 und 1, Seite 60) den Stromverlauf der nachfolgend aufgeführten Beleuchtungseinrichtungen an: Abblendlicht links, Scheinwerfer rechts, Standlicht links, Schlusslicht rechts.
2. Geben Sie anhand des Stromlaufplans (Bilder 2, Seite 59 und 1, Seite 60) den Stromverlauf der nachfolgend aufgeführten Blinkeinrichtungen an: Blinker rechts und links, Warnblinken.
3. Ein Schlepper soll für die Hauptuntersuchung gemäß § 29 StVZO vorbereitet werden. Welche Überprüfungs- und Einstellarbeiten sind dafür an der Beleuchtungs- und Signalanlage des Schleppers durchzuführen?

3.3 Batterie

3.3.1 Aufgabe der Batterie

Zur Speicherung elektrischer Energie, die beispielsweise für den Startvorgang vorhanden sein muss, werden in Kraftfahrzeugen **Bleiakkumulatorbatterien** (ugs. Starterbatterie od. Batterie genannt) eingebaut. Diese besitzen die Fähigkeit, elektrische Energie durch Nutzung chemischer Reaktionen aufzunehmen und durch Nutzung umgekehrt ablaufender Reaktionen wieder abzugeben.

3.3.2 Aufbau der Batterie

Die übliche Batteriespannung von 12 V wird durch Hintereinanderschaltung von 6 Zellen, die im Batteriegehäuse (Bild 1) untergebracht sind, erreicht. Die einzelnen Zellen sind galvanische Elemente, die aus einer Anzahl positiver und negativer Platten bestehen. Da die Plattensätze ineinander geschoben sind, verhindern säuredurchlässige Trennwände aus Kunststoff (Separatoren) eine gegenseitige Berührung und somit einen Kurzschluss. Zwischen den Plusplatten aus Bleidioxid (PbO_2) und den Minusplatten aus Blei (Pb) befindet sich verdünnte Schwefelsäure (H_2SO_4) als Elektrolyt (elektrisch leitende Flüssigkeit).

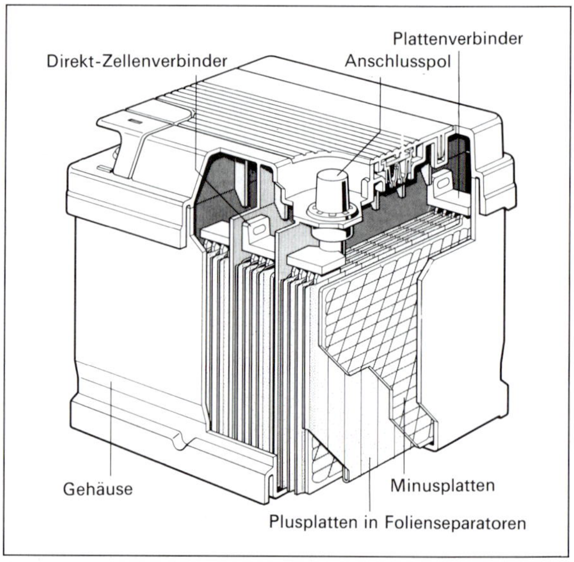

1 Aufbau einer Bleibatterie

Die elektrische Verbindung zwischen den einzelnen Zellen wird durch die Trennwand hindurch mit Direkt-Zellenverbindern hergestellt.

Der Säurestand soll 10 mm...15 mm über der Plattenoberkante liegen. Zur leichteren Kontrolle ist an der Gehäusewand häufig eine Maximum- und Minimum-Markierung vorhanden.

Bei älteren Batterien ist im Deckel für jede Zelle eine Öffnung mit Verschlussstopfen vorhanden, damit Batteriesäure eingefüllt bzw. der Säurestand mit destilliertem Wasser korrigiert werden kann. Die Elektrolytabnahme wird hervorgerufen durch Wasserzersetzung bei Überladung im normalen Fahrzeugbetrieb. Eine Bohrung im Verschlussstopfen sorgt für die Entlüftung der Zellen.

Bei **wartungsfreien** Batterien ist ein Nachfüllen von destilliertem Wasser nicht mehr erforderlich. Eine andere Zusammensetzung der Plusgitterlegierung sorgt bei diesem Batterietyp dafür, dass die Elektrolytabnahme während der gesamten Lebensdauer sehr klein ist. Aus diesem Grunde haben wartungsfreie Batterien einen verschlossenen Deckel. Eine Öffnung zur Belüftung der Zellen ist auch bei ihnen vorhanden. Die Anschlusspole der Batterie tragen zur Unterscheidung das Plus- bzw. das Minuszeichen. Außerdem ist der Pluspol dicker ausgebildet.

3.3.3 Chemische Vorgänge beim Entladen und Laden der Batterie

Bei einer geladenen Batterie herrscht, wie bei jeder Spannungsquelle, am Pluspol Elektronenmangel, während am Minuspol ein Elektronenüberschuss besteht. Wird nun ein Verbraucher, wie beispielsweise ein Arbeitsscheinwerfer, angeschlossen, so fließt der Strom vom positiven Pol der Batterie über den Verbraucher zum negativen Pol. Da in elektrischen Schaltungen und Schaltplänen von diesem Stromverlauf ausgegangen wird, hat man diese als **technische Stromrichtung** festgelegt.

Die Elektronen fließen bei diesem Entladevorgang (Bild 1) jedoch vom Minuspol der Batterie über den Verbraucher zum Pluspol **(physikalische Stromrichtung)**. Die dort zugeführten Elektronen bewirken, dass die Plusplatten Sauerstoff abgeben, der sich mit dem Wasserstoff der Schwefelsäure zu Wasser (H_2O) verbindet. Der Säurerest (SO_4) setzt sich an den Plus- und Minusplatten ab und verbindet sich dort mit dem Blei zu Bleisulfat ($PbSO_4$).

Die durch die Elektronenbewegung ausgelösten chemischen Vorgänge verursachen beim Entladen ein Sinken der Säuredichte und der Spannungsdifferenz zwischen den Plus- und Minusplatten.

Wird die entladene Batterie an eine Spannungsquelle, wie z. B. Generator (Bild 2), angeschlossen, fließt der Strom vom Pluspol des Generators zum Pluspol der Batterie. Von dort geht der Weg weiter über den Elektrolyten zum Minuspol der Batterie und zurück zum Minuspol des Generators.

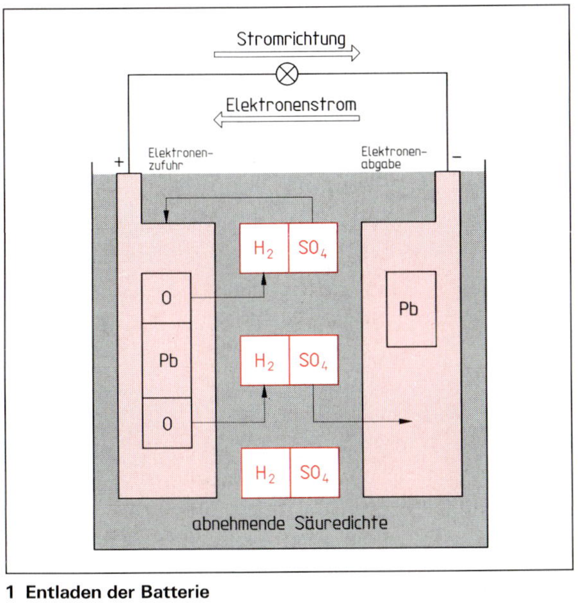

1 Entladen der Batterie

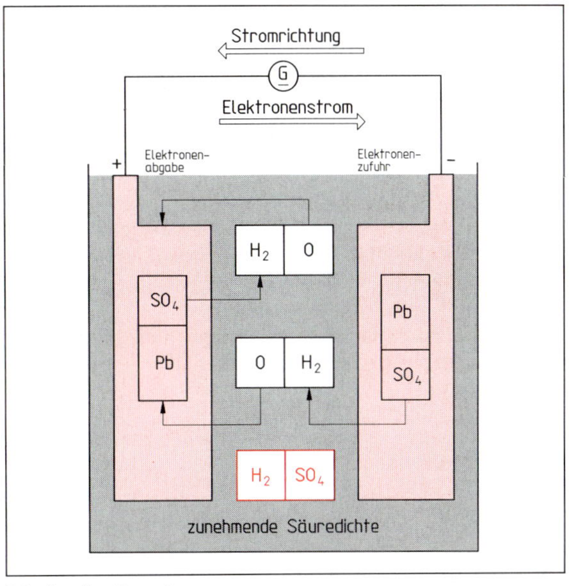

2 Laden der Batterie

Für die Auslösung der chemischen Vorgänge des Ladens ist jedoch die Elektronenbewegung entscheidend. Durch den Generator werden am Pluspol der Batterie Elektronen abgesaugt und zum Minuspol gedrückt. Diese bewirken eine Aufspaltung der Bleisulfatverbindung an den Platten. Der Pluspol nimmt nun den beim Entladen abgegebenen Sauerstoff aus dem Wasser wieder auf. Der freiwerdende Wasserstoff bildet mit dem Säurerest neue Schwefelsäure, sodass die Säuredichte ansteigt. Sie beträgt bei geladener Batterie 1,28 kg/dm³ und bei leerer Batterie 1,12 kg/dm³.

Wenn die Pole ihren ursprünglichen chemischen Zustand wieder angenommen haben, ist die Batterie geladen. Durch eine weitere Stromzufuhr wird das in der Batteriesäure enthaltene Wasser in gasförmigen Wasser- und Sauerstoff zerlegt. Man bezeichnet dieses als Gasen der Batterie. Da das austretende Gas explosionsgefährlich ist, müssen Laderäume gut belüftet sein. Außerdem sollte offenes Feuer oder Funkenbildung in der Nähe von Batterien, die an ein Ladegerät angeschlossen sind, vermieden werden.

3.3.4 Kennzeichnung von Batterien

Die Angabe 12V 84Ah 280A auf dem Typenschild einer Batterie hat folgende Bedeutung:

12 V: Nennspannung.
84 Ah: Kapazität C = Strommenge, die der Batterie entnommen werden kann. Für einen Verbraucher mit einem Strombedarf von 4,2 A reicht die Kapazität für eine Betriebszeit von 20 h. Ein höherer Stromverbrauch verkürzt diese Zeit (s. Kap. 3.1.5.3).
280 A: Kälteprüfstrom. Gilt als Maß für die Startfähigkeit einer Batterie bei niedrigen Temperaturen.

3.3.5 Wartungs- und Prüfungsarbeiten

Zu den regelmäßig an der Batterie durchzuführenden Wartungs- und Prüfungsarbeiten gehören die Kontrolle bzw. das Reinigen der Anschlussklemmen. Bei älteren Batterien ist zusätzlich das Überprüfen des Säurestandes und der Säuredichte erforderlich. Der Ladezustand wartungsfreier Batterien kann entweder an der Verfärbung der Kontrollmarkierung oder durch Spannungsmessungen ermittelt werden.

Der Betrag des Ladestromes einer Batterie beim Fremdladen soll normalerweise 1/10 des Betrages der Kapazität entsprechen. Beim Laden im Fahrzeug ist diese zum Schutz elektronischer Bauelemente vom Bordnetz abzuklemmen.

Nicht benutzte Batterien verlieren täglich 0,2%...1% ihrer Kapazität. Diese **Selbstentladung** hat folgende Ursachen:

- chemische Vorgänge in der Batterie
- Verunreinigungen der Säure
- Kriechströme an der verschmutzten Batterieoberfläche
- Kriechströme durch Bleischlammablagerungen am Boden der Batterie.

Da durch die Selbstentladung an den Polen Bleisulfat entstehen kann, das sich nicht mehr zurückbilden lässt und somit häufig eine bleibende Schädigung verursacht, sollten nicht benutzte Batterien im Abstand von 4 Wochen nachgeladen werden.

Wegen der Umkehrung der chemischen Vorgänge können Batterien nur mit Gleichstrom geladen werden.

3.3.6 Störungen an der Batterie

Der **unzureichende Ladezustand** einer Batterie macht sich hauptsächlich beim Starten bemerkbar. Dieser kann folgende Ursachen haben:

- lose oder oxidierte Batterieklemmen,
- Überlastung des Bordnetzes,
- Kurzschluss im elektrischen Leitungsnetz,
- Keilriemen des Generators zu locker,
- defekter Regler oder Generator,
- bei Stillstand des Motors versehentlich nicht ausgeschaltete Verbraucher,
- schadhafte Batterie.

Übungen

1. Aus welchen wesentlichen Bauteilen besteht die Batterie?
2. Beschreiben Sie den Stromverlauf und die Elektronenbewegung beim Laden und Entladen der Batterie.
3. Welche chemischen Vorgänge bewirken ein Sinken der Säuredichte beim Entladen?
4. Welche chemischen Vorgänge bewirken ein Steigen der Säuredichte beim Laden?
5. Wann setzt das Gasen einer Batterie ein?
6. Erläutern Sie folgende Typaufschrift einer Batterie: 12V 200Ah 630A.
7. Warum kann eine Batterie nur mit Gleichstrom geladen werden?
8. Welche wesentlichen Punkte müssen beim Laden einer Batterie beachtet werden?
9. Warum sollten nicht benutzte Batterien in regelmäßigen Abständen nachgeladen werden?

3.4 Drehstromgenerator

3.4.1 Aufgabe des Drehstromgenerators

Bei laufendem Motor liefert der Generator den Strom für die eingeschalteten elektrischen Verbraucher und sorgt dafür, dass die Batterie nach dem Startvorgang wieder aufgeladen wird.

3.4.2 Aufbau des Drehstromgenerators

In Schleppern und selbstfahrenden Arbeitsmaschinen werden **Drehstromgeneratoren** eingebaut, da sie gegenüber den früher üblichen Gleichstromgeneratoren schon bei niedrigerer Drehzahl einen stärkeren Strom liefern.

Drehstromgeneratoren bestehen aus folgenden wesentlichen Bauteilen (Bild 1):

1 Riemenscheibe
2 Lüfter
3 Läufer, bestehend aus Klauenpolmagnet und Erregerwicklung
4 Ständer mit dreiphasiger Ständerwicklung
5 Regler, Bürstenhalter und Kohlebürsten
6 Erregerdioden
7 Leistungsdioden
8 Diodenplatte (Gleichrichter)
9 Gehäuse

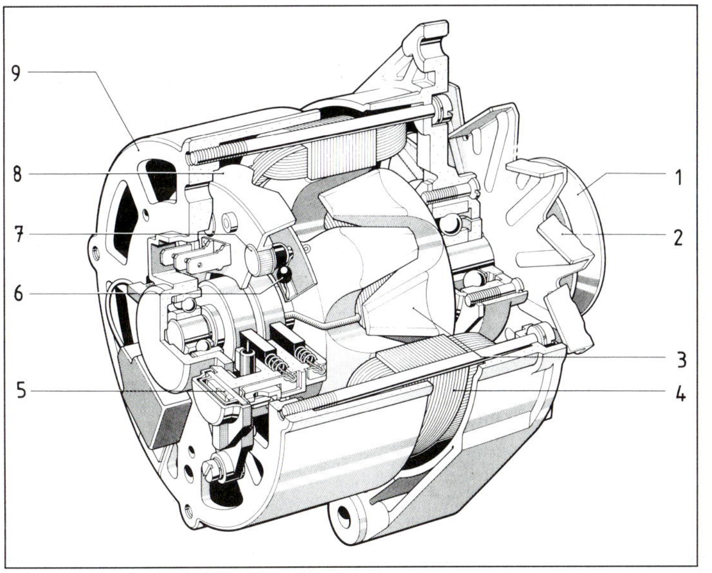

1 Aufbau des Drehstromgenerators

3.4.3 Arbeitsweise des Drehstromgenerators

Das Grundprinzip der Spannungszeugung zeigt Bild 2. Wird der Dauermagnet in die Spule geschoben, schneidet der Leiter die Kraftlinien des Magnetfeldes und erzeugt somit eine Spannung. Dieses wird am Zeigerausschlag des Spannungsmessers deutlich. Beim Herausziehen des Dauermagneten wiederholt sich der Vorgang und der Zeiger bewegt sich in die entgegengesetzte Richtung. Führt man die Bewegung des Dauermagneten schneller aus, so pendelt der Zeiger des Messgerätes hin und her. Voraussetzung für diesen Versuch ist jedoch ein Spannungsmesser, dessen Nullpunkt in der Mitte liegt.

Die Pendelbewegung des Zeigers verdeutlicht, dass durch die **elektromagnetische Induktion** eine Wechselspannung erzeugt wird. Die Größe der Induktionsspannung ist abhängig von der Anzahl der Windungen der Spule, der Stärke des Magnetfeldes und der Bewegungsgeschwindigkeit.

Zur Erzeugung des Magnetfeldes benutzt man beim Drehstromgenerator einen Klauenpolläufer (Bild 3). Fließt durch die Erregerwicklung Strom **(Erregerstrom)**, so entsteht in ihrer Umgebung ein Magnetfeld. Dieses wird auf die beiden Klauenpolhälften, die für eine weitere Verstärkung sorgen, übertragen. Durch Veränderung des Erregerstromes wird das Magnetfeld verstärkt oder abgeschwächt.

Die Spule besteht beim Drehstromgenerator aus drei voneinander unabhängigen Wicklungen, die am feststehenden Ständer untergebracht sind. Durch Drehung des Läufers wird in jeder dieser Wicklungen ein Wechselstrom erzeugt, der um 120° phasenverschoben ist. Dreiphasiger Wechselstrom trägt die Bezeichnung **Drehstrom**. Die

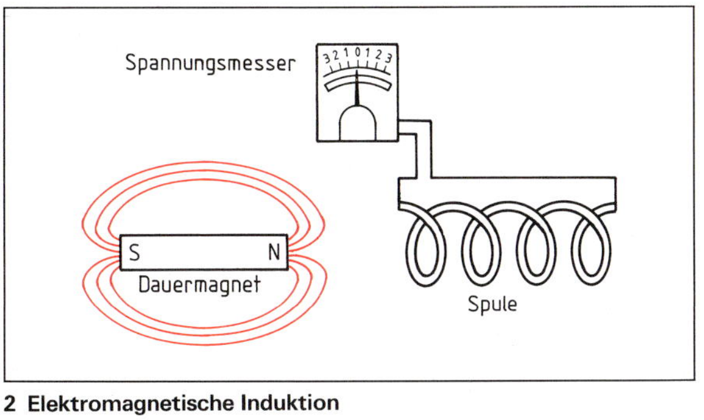

2 Elektromagnetische Induktion

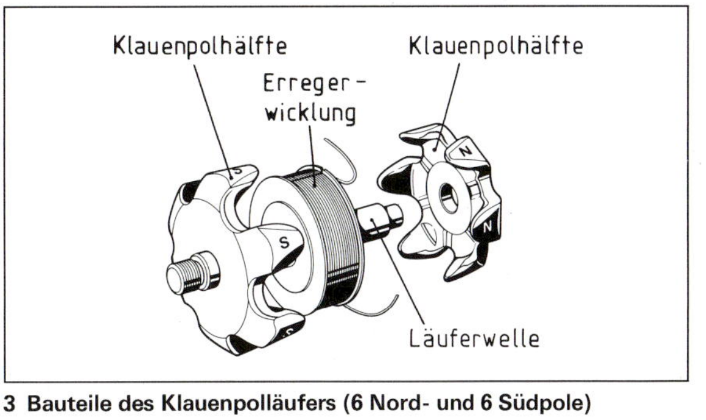

3 Bauteile des Klauenpolläufers (6 Nord- und 6 Südpole)

Wicklungsenden sind in Form einer Stern- oder Dreieckschaltung miteinander verbunden. Die übliche **Sternschaltung** bewirkt, dass die Generatorspannung um den Faktor 1,73 größer ist als die Spannung der einzelnen Wicklungen.

Da zum Laden der Batterie und zum Betrieb elektronischer Bauelemente Gleichstrom erforderlich ist, wird der erzeugte Wechselstrom mit Hilfe von Dioden gleichgerichtet.

Dioden gehören zu den Halbleiterbauelementen. Als **Halbleiter** bezeichnet man Stoffe, die im reinen Zustand den elektrischen Strom nicht leiten. Sie werden durch Hinzufügen von Fremdatomen (Dotieren) leitfähig gemacht. Mit der Wertigkeit der Atome, die zur Dotierung benutzt werden, kann man bestimmen, ob das Halbleitermaterial positiv (p) oder negativ (n) leitend ist. Eine Diode (Bild 1), deren Grundstoff aus Silicium oder Germanium besteht, hat einen p-Block und einen n-Block.

Bild 2 zeigt das Verhalten einer Diode im Gleichstromkreis. Wird der Pluspol der Spannungsquelle mit der Anode der Diode und die Katode der Diode über den Verbraucher mit dem Minuspol verbunden, so ist der Stromkreis geschlossen und die Glühlampe leuchtet. Bei umgekehrtem Einbau verhindert die Diode, dass Strom fließen kann (sie sperrt).

Im Wechselstromkreis (Bild 3) leuchtet die Glühlampe bei beiden Polungsarten der Diode mit verminderter Leistung. Dieses geänderte Verhalten hat folgende Ursachen: Ist der Punkt 1 der Wechselspannungsquelle positiv und der Punkt 2 negativ, so lässt die Diode bei Einbau in Durchlassrichtung den Strom zur Glühlampe fließen. Wird die Polung an Punkt 1 und 2 getauscht, so sperrt die Diode.

Bei umgekehrtem Einbau der Diode ist der Stromkreis immer dann geschlossen, wenn Punkt 2 der Spannungsquelle positiv ist. Aus diesem Grunde kann im Wechselstromkreis unabhängig von der Polung der Diode immer eine Halbwelle der Wechselspannung die Glühlampe erreichen. Da die zweite Halbwelle nicht genutzt wird, liegt bei dieser Form der Gleichrichtung an der Glühlampe nur ein Drittel der Ausgangsspannung an.

Bild 4 zeigt eine Schaltung, die es ermöglicht, beide Halbwellen der Wechselspannung als Gleichstrom zu nutzen. Ist Punkt 1 der Wechselspannungsquelle positiv, so fließt der Strom über die Diode V1 zum Anschluss 3 der Glühlampe. Vom Anschluss 4 geht der Weg weiter über die Diode V4 zum Punkt 2 der Spannungsquelle. Wechseln die Punkte 1 und 2 ihre Polung, dann erreicht der Strom die Glühlampe über die Diode V2 und fließt über die Diode V3 zur Spannungsquelle zurück. Bei Verfolgung der beiden Stromwege stellt man fest, dass der Anschluss 3 der Glühlampe immer positiv und der Anschluss 4 immer negativ ist.

Durch diese Form der Gleichrichtung werden 90% der Ausgangs-Wechselspannung in Gleichspannung umgewandelt. Dieses erklärt das Vorhandensein von je einer Leistungsdiode auf der Plus- und Minusseite für jede Phase des Ladestromkreises im Innern des Drehstromgenerators (s. Teil 7 in Bild 1, Seite 73).

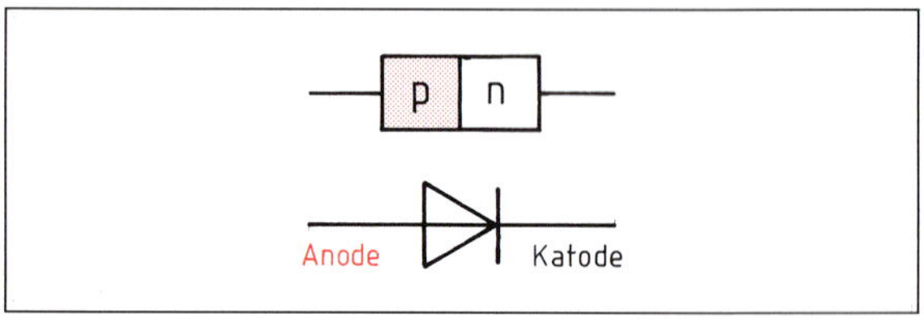

1 Aufbau der Diode

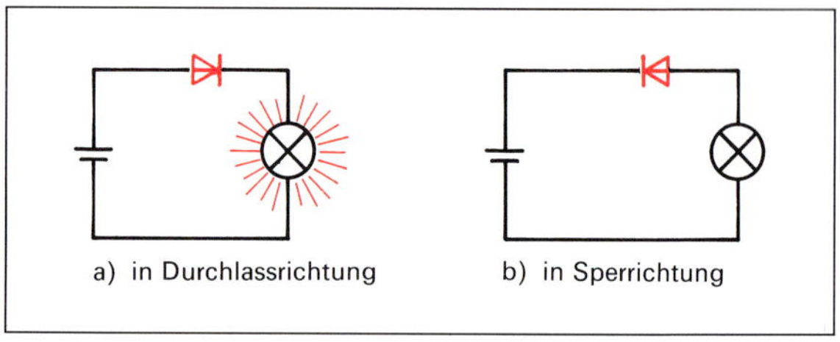

2 Verhalten der Diode im Gleichstromkreis

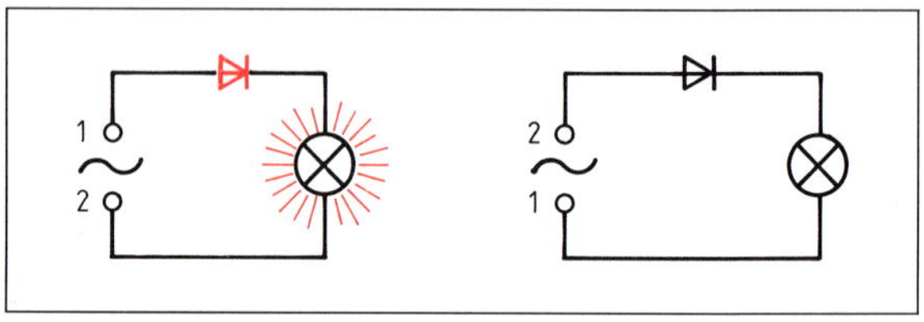

3 Verhalten der Diode im Wechselstromkreis

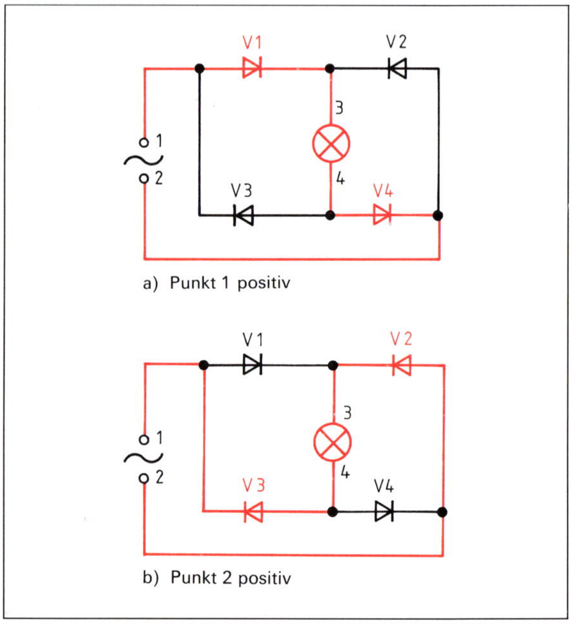

4 Zweiweg-Gleichrichtung

3.4.4 Stromkreise des Drehstromgenerators

Folgende drei Stromkreise müssen beim Drehstromgenerator unterschieden werden:

Vorerregerstromkreis (Bild 1)

Nach dem Abschalten des Motors ist der Restmagnetismus des Läufers so gering, dass dieser bei niedrigen Drehzahlen keine Spannung in den Wicklungen des Ständers (4) erzeugen kann. Aus diesem Grunde fließt in der Stellung 1 des Fahrt-Startschalters Strom von der Batterie über die Ladekontrolle H 1 zur Erregerwicklung im Läufer (3). Weiter geht der Stromverlauf über DF und D– des Reglers (5) zum Minuspol der Batterie (G 2). Damit rechtzeitig ein Magnetfeld aufgebaut wird, muss die Ladeanzeigelampe bei einer 12-V-Anlage eine Leistung von 2 W haben. Direkt nach dem Startvorgang erlischt die Ladekontrolle, da der weiterhin notwendige Erregerstrom vom Generator selbst erzeugt wird.

Erregerstromkreis (Bild 2)

Ein Teil des in den Ständerwicklungen erzeugten Wechselstromes wird von den Erregerdioden (6) gleichgerichtet und an die Erregerwicklung (3) bzw. den Regler (5) abgegeben. Der Vorerreger- und der Erregerstrom werden dem Läufer über Kohlebürsten und Schleifringe zugeführt.

Generatorstromkreis (Bild 3)

Der in den Ständerwicklungen erzeugte Wechselstrom wird von den Leistungsdioden auf der Plus- und Minusseite des Generatorstromkreises gleichgerichtet und fließt zur Batterie oder zu den Verbrauchern. Die Dioden verhindern gleichzeitig, dass die Batterie sich bei stehendem Generator über die Wicklungen des Ständers entladen kann. Treffen Spannungen $U > 100$ V auf die Dioden in Sperrrichtung, dann werden sie zerstört. Aus diesem Grunde darf die Batterie bei laufendem Motor nicht abgeklemmt werden.

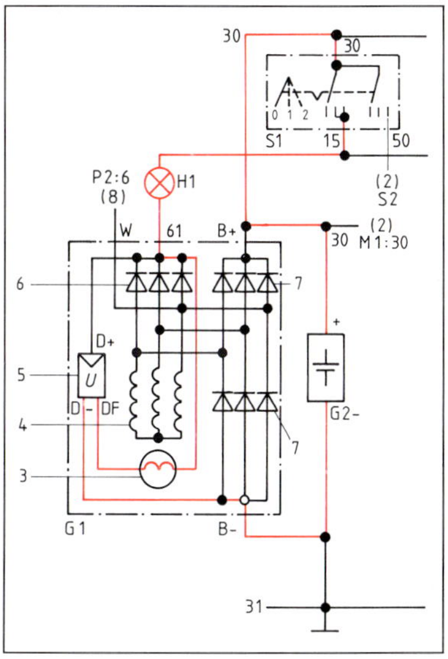

1 Vorerregerstromkreis

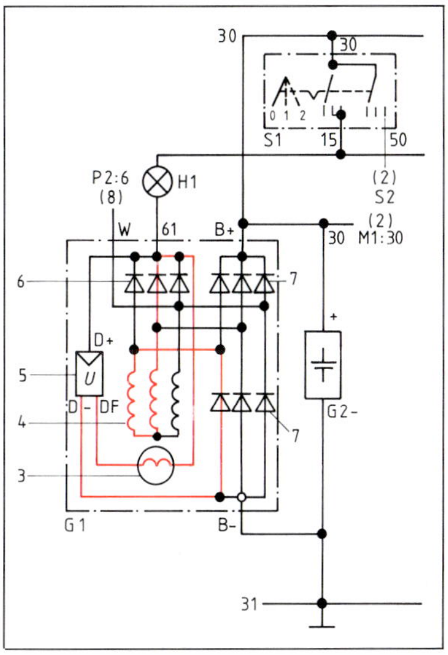

2 Erregerstromkreis

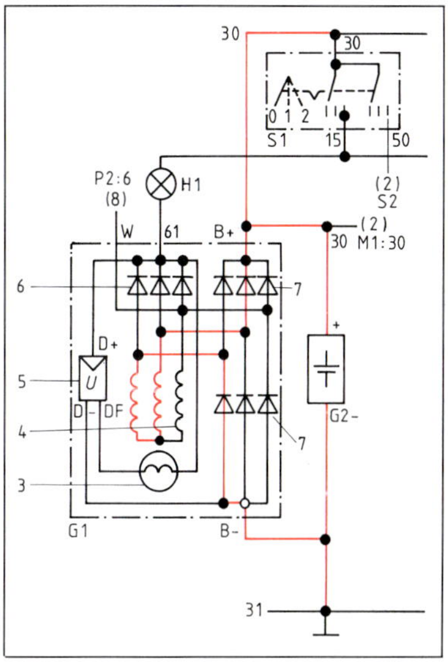

3 Generatorstromkreis

Erklärung der Bauteile in Bilder 1 ... 3:
3 Läufer, Erregerwicklung
4 Ständerwicklung
5 Regler
6 Erregerdiode
7 Leistungsdiode

3.4.5 Spannungsregelung des Drehstromgenerators

Da die erzeugte Generatorspannung von der Drehzahl des Motors und von der Anzahl der eingeschalteten elektrischen Verbraucher **(Belastung)** abhängig ist, hat der angebaute elektronische Regler die Aufgabe, diese bei einer 12-V-Anlage beispielsweise konstant auf etwa 14 V zu halten. Dieses geschieht durch schnelles Ein- und Ausschalten des Erregerstromkreises. Als Schalter werden Transistoren benutzt, die mehr als 1000 Schaltvorgänge/s trotz hoher Erregerströme (3 A ... 10 A) verschleißfrei ausführen können.

Transistoren gehören zur Gruppe der Halbleiterbauelemente und werden hauptsächlich auf Silicium-Basis er-

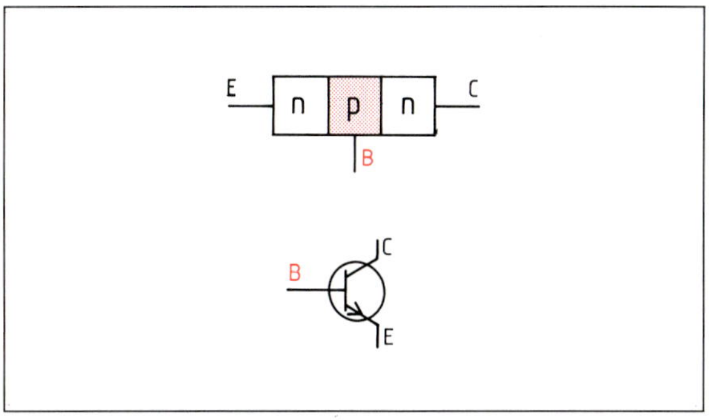

4 Aufbau eines NPN-Transistors

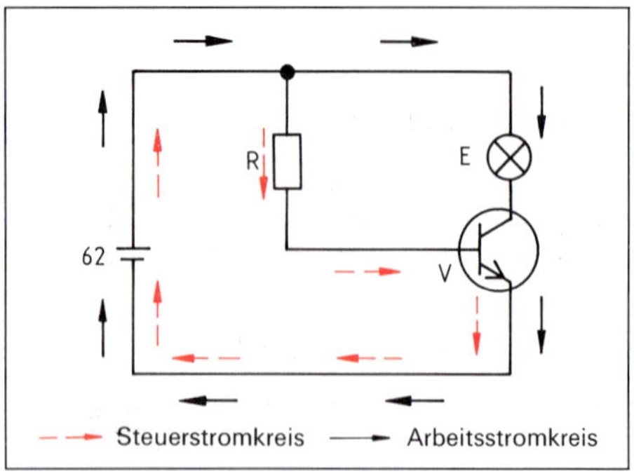

1 Stromkreis eines Transistors

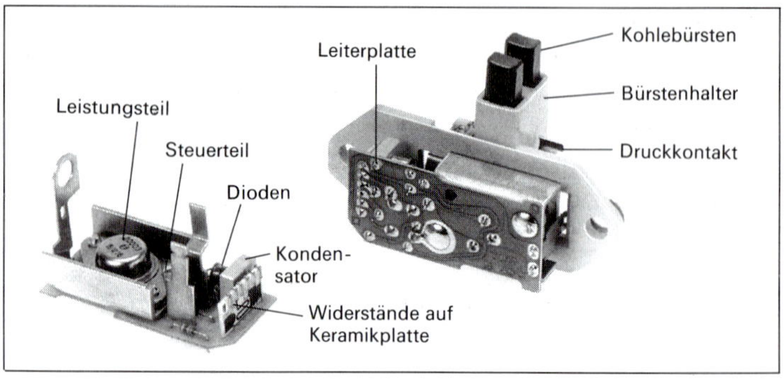

2 Bauteile eines elektronischen Spannungsreglers

stellt. Sie besitzen drei Halbleiterblöcke, die bei einem NPN-Transistor wie folgt (Bild 4, Seite 74) angeordnet sind: zwei negativ leitende Blöcke, getrennt durch einen positiv leitenden Block. Die Anschlüsse tragen die Bezeichnungen B = Basis, E = Emitter (Aussenden von Elektronen) und C = Kollektor (Sammeln von Elektronen). In seiner Arbeitsweise kann der Transistor mit einem Relais verglichen werden. Ein kleiner Basisstrom sorgt dafür, dass die Kollektor-Emitter-Strecke durchgeschaltet wird und dort ein hoher Arbeitsstrom fließen kann (Bild 1).

Bilder 2 und 3 zeigen die Bauelemente und den Stromlaufplan eines elektronischen **Spannungsreglers**. Im Stromlaufplan wird nur das Zusammenwirken der für den Regelvorgang wesentlichen Bauelemente dargestellt. Dazu gehören die Transistoren V1 und V2 und die **Zenerdiode** (Z-Diode) V3, die das Ein- bzw. Ausschalten des Erregerstromes bewirkt. Je nach Umgebungstemperatur liegt der Arbeitsbereich eines elektronischen Reglers bei einer 12-V-Anlage zwischen 13,7 V ... 14,5 V.

Die Transistoren und die Z-Diode führen folgende Regelvorgänge aus: Liegt die vom Generator erzeugte Spannung $U < 14$ V, fließt kein Strom durch die Z-Diode V3. Der Darlington-Transistor V1 lässt den Erregerstrom von der Klemme D_F zur Klemme D– fließen. Damit der Transistor V1 leitend ist, erhält er den notwendigen Basisstrom über den Widerstand R3 vom Anschluss D+. Der geschlossene Erregerstromkreis und das dadurch im Läufer erzeugte Magnetfeld sorgen für einen Anstieg der Generatorspannung.

Wird $U \geq 14$ V, fließt über den Widerstand R1 und die Z-Diode V3 Basisstrom zum Transistor V2. Da dieser nun leitend ist, wird der Basisstrom des Transistors V1 direkt zum Anschluss D– geleitet. Der über den Transistor V1 fließende Erregerstrom wird unterbrochen. Auf diese Weise wird die magnetische Kraftwirkung und somit auch die Generatorspannung geringer. Der Regelvorgang beginnt von vorn.

Damit die beim Abschalten des Erregerstromes durch Selbstinduktion entstehende hohe Spannung den Transistor V1 nicht zerstört, wird diese über die Freilaufdiode V4 zusammen mit dem abklingenden Erregerstrom über den Anschluss D+ wieder zur Läuferwicklung geführt.

Bei elektronischen Reglern neuerer Bauart sind alle Bauelemente, außer dem Darlington-Transistor und der Freilaufdiode, in Form von integrierten Schaltkreisen (IC) auf einer Keramikplatte untergebracht.

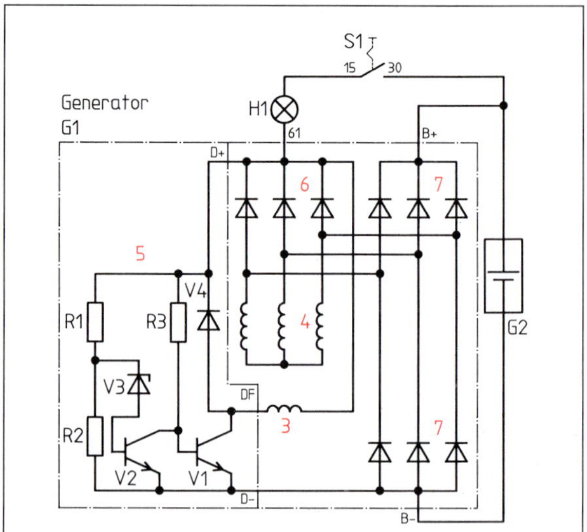

R1 ... R3	Widerstände	V1	Doppeltransistor-(Darlington)Schaltung
V2	Transistor	V4	Freilaufdiode
V3	Zener-Diode	6	Erregerdiode
3	Läufer	7	Leistungsdiode
4	Ständerwicklung		
5	Regler		

3 Stromlaufplan eines elektronischen Spannungsreglers

3.4.6 Störungen am Drehstromgenerator

Funktionsstörungen des Generators machen sich durch eine ungenügende Ladung oder Überladung der Batterie bemerkbar. Häufig macht ein verändertes Verhalten der Ladekontrolle schon darauf aufmerksam. Im Einzelnen können folgende Fehler an den Bauteilen auftreten:

Keilriemen:	zu locker oder gerissen,
Ladeanzeige:	Lampe defekt,
Regler:	Leistungstransistor defekt, Regelspannung der Z-Diode falsch, Kohlebürsten beschädigt oder abgenutzt,
Generator:	Beschädigung der Dioden, der Wicklungen und der Schleifringe,
Verkabelung:	Anschlüsse lose, Korrosion an den Verbindungsstellen, Kabelbruch.

Übungen

1. Beschreiben Sie das Prinzip der Spannungserzeugung des Generators.
2. Warum wird als Läufer ein Elektromagnet benutzt?
3. Warum werden auf der Plus- und auf der Minusseite des Generatorstromkreises Dioden eingebaut?
4. Warum darf die Batterie eines Schleppers bei laufendem Motor nicht abgeklemmt werden?
5. Welche Aufgabe hat der Regler?
6. Welche Vorteile hat ein Transistorregler?
7. Geben Sie den vollständigen Stromverlauf des Vorerreger- und des Erregerstromkreises unter Einbeziehung des vereinfachten Reglerschaltplanes (Bild 3, Seite 74) an.
8. Welche Aufgabe hat die Zenerdiode?
9. Was ist beim Austausch der Ladekontrolllampe zu beachten?

3.5 Starter

3.5.1 Aufgabe des Starters

Da Verbrennungsmotoren erst in den Zylindern ein zündfähiges Kraftstoff-Luftgemisch erzeugen müssen, bevor sie mit eigener Kraft laufen, ist es notwendig, dass der **Starter** sie auf eine Drehzahl von 100 1/min bis 150 1/min bringt. Hierbei müssen die inneren Reibungswiderstände des Motors, die zusätzlich von der Außentemperatur abhängig sind, mit überwunden werden.

3.5.2 Aufbau des Schub-Schraubtrieb-Starters

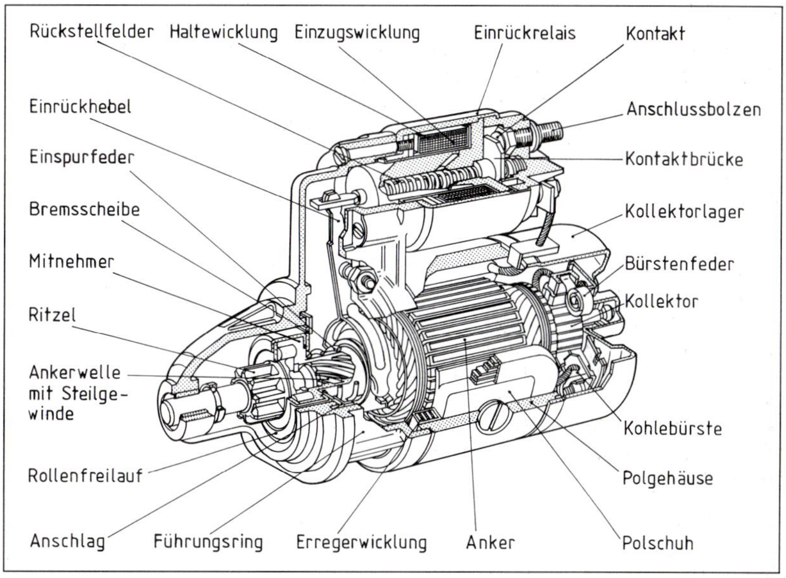

1 Bauteile des Schub-Schraubtrieb-Starters

Im Schlepper werden hauptsächlich **Schub-Schraubtrieb-Starter** eingebaut. Diese sind Elektromotoren, bei denen die Erreger- und Ankerwicklung in Reihe geschaltet sind, weshalb sie auch Reihen- oder Hauptschlussmotoren genannt werden. Die Einzelteile des Starters (Bild 1) können folgenden Hauptbaugruppen zugeordnet werden:

a) **Elektromotor** bestehend aus
Erregerwicklung, Polschuh, Kohlebürste, Bürstenfeder, Anker, Polgehäuse, Kollektor, Kollektorlager

b) **Einrückrelais** mit
Kontaktbrücke, Kontakt, Haltewicklung, Anschlussbolzen, Einzugswicklung, Rückstellfeder

c) **Einspurvorrichtung** bestehend aus
Einrückhebel, Bremsscheibe, Ritzel, Rollenfreilauf, Führungsring, Einspurfeder, Mitnehmer, Steilgewinde auf Ankerwelle, Anschlag

3.5.3 Stromkreise des Schub-Schraubtrieb-Starters

Zum Betrieb des Starters sind ein Arbeits- und ein Steuerstromkreis notwendig (Bild 1). In der Position 2 des Fahrt-Startschalters (S1) fließt der Steuerstrom von der Batterie über die Klemme 50 des Schalters zum Einrückrelais. Dies ist nur möglich, wenn der eingebaute Startsperrschalter (S2), der an der Kupplung oder am Gruppenwählhebel des Getriebes angebracht ist, betätigt wird. Durch diese Sperre soll aus Gründen des Unfallschutzes ein Anfahren des Schleppers beim Starten vermieden werden. Bild 2 zeigt eine andere Schaltungsmöglichkeit.

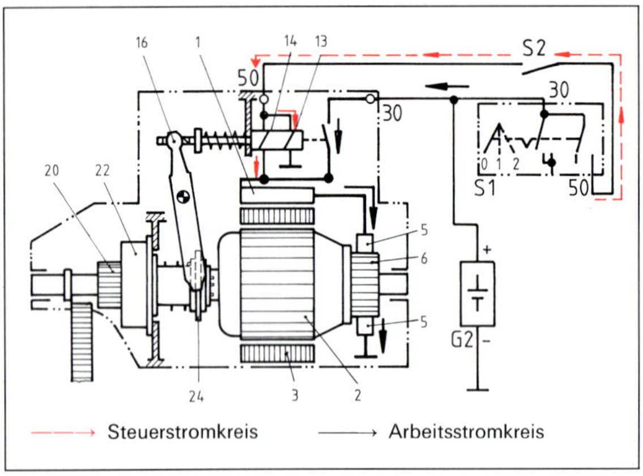

1 Stromkreise des Starters

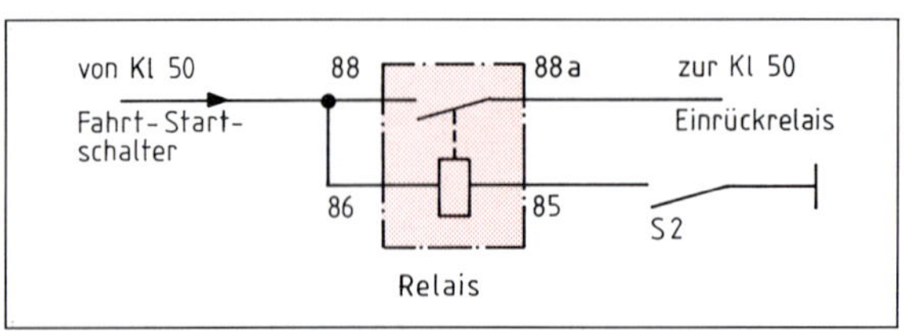

2 Startsperrschaltung mit Relais

Von Klemme 50 des Einrückrelais führt ein Weg des Stromes weiter über Einzugswicklung (14), Erregerwicklung (1), Kohlebürsten (5), Kollektor (6) und Anker (2) zur Masse. Der gleichzeitig der Haltewicklung (13) zugeführte Steuerstrom geht direkt zur Masse. Die Einzugs- und die Haltewicklung erzeugen ein Magnetfeld, mit dessen Kraft ein kleiner Anker im Einrückrelais verschoben wird. Durch diese Bewegung wird der Einspurvorgang ausgelöst und es wird die Verbindung zwischen der Kontaktbrücke (9) und dem Kontakt (11) hergestellt.

Der Arbeitsstrom wird dem Starter über eine direkte Leitungsverbindung zwischen dem Pluspol der Batterie und dem Anschlussbolzen zugeführt (s. Bild 1, Seite 76). Nach dem Einspur- und Einschaltvorgang fließt dieser Strom über die Erregerwicklung (1), die Kohlebürsten (5), den Kollektor (6) und den Anker (2) zur Masse.

3.5.4 Arbeitsweise des Starters

Beim Starter und bei jedem anderen Elektromotor wird elektrische Energie in **Drehbewegung** umgesetzt. Dazu sind die vom Generator bereits bekannten Bauelemente wie Spule und Magnet erforderlich. Bild 3 veranschaulicht ihr Zusammenwirken. Zwischen den Polschuhen eines Magneten mit Nord- und Südpol wird drehbar eine Leiterschleife aufgehängt. Wird sie an eine Gleichstromquelle angeschlossen, entsteht in ihrer Umgebung ein Magnetfeld. Da gleichnamige Magnetpole sich bekanntlich abstoßen und ungleichnamige anziehen, steht die Leiterschleife senkrecht zwischen den Polen.

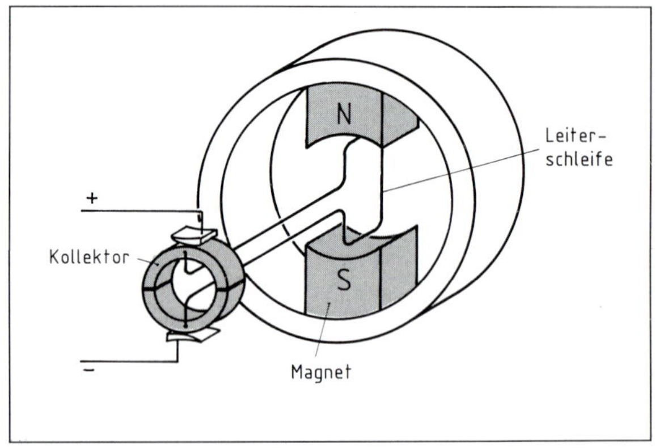

3 Grundprinzip des Elektromotors

Durch Umkehr der Stromrichtung ändert sich auch die Richtung des Magnetfeldes des Leiters. Aufgrund der oben genannten Gesetzmäßigkeit führt die Leiterschleife nun eine halbe Umdrehung aus, um die ursprüngliche Polzuordnung wieder herzustellen. Durch erneute Änderung der Stromrichtung kann die nächste halbe Drehung ausgelöst werden.

Damit die periodisch aufeinander folgende Umpolung der Stromrichtung selbsttätig erfolgt, besteht der **Kollektor** aus zwei gegeneinander isolierten Hälften, die für eine entsprechende Umpolung sorgen. Durch Verwendung von mehreren Leiterschleifen wird das Drehmoment des Elektromotors gleichmäßiger. Zur Änderung der Stromrichtung sind dann beim Kollektor eine größere Anzahl von Segmenten (zwei pro Leiterschleife) erforderlich.

Beim Startermotor wird der **Anker**, der aus einer Vielzahl von Leiterschleifen mit einem zusätzlichen Eisenkern in Lamellenform besteht, drehbar zwischen vier Polschuhen aus Stahl, deren Magnetfeld von einer Erregerwicklung gesteuert wird, im Gehäuse gelagert. Stahl gehört zu den Werkstoffen, die magnetische Feldlinien besonders gut leiten. Für die Übertragung des Arbeitsstromes zum Kollektor sorgen vier Kohlebürsten.

Da zum Losdrehen des Verbrennungsmotors ein **hohes Drehmoment** erforderlich ist, benötigt der Starter auch einen entsprechend hohen Strom (bis zu 1000 A). Da dieser beim Reihenschlussmotor erst über die Erregerwicklung fließt, bevor er den Anker erreicht, wird ein starkes Magnetfeld erzeugt, das für die entsprechende Kraft sorgt. Mit steigender Motordrehzahl führt der geringer werdende Arbeitsstrom zu einer Abschwächung des Magnetfeldes an den Polschuhen. Dadurch wird das Drehmoment geringer.

Das Drehmoment des Starters wird über das Ritzel auf die Schwungscheibe des Motors übertragen (Bild 1, Seite 76). Dazu wird dieses mit einem Mitnehmer beim Einschalten des Steuerstromes über den Einrückhebel, über den im Bild erkennbaren Führungsring und die Einspurfeder in die Verzahnung der Schwungscheibe geschoben.

Die Haltewicklung des Einrückrelais in Bild 1, Seite 76 hält das Ritzel in dieser Stellung fest. Die Einzugswicklung ist nach dem Einspurvorgang stromlos. Obwohl ihr Stromweg vorher über den Anker führte, wird dieser dadurch nicht gedreht. Der Rollenfreilauf sorgt für eine Unterbrechung der Verbindung zwischen Ankerwelle und Ritzel, wenn die Drehzahl des Motors größer als die Starterdrehzahl ist.

Nach Beendigung des Startvorgangs wird die Haltewicklung stromlos, sodass die neben dem Einrückrelais erkennbare Rückstellfeder den Anker des Einrückrelais in die Ausgangsstellung schieben kann. Der Arbeitsstromkreis wird unterbrochen und das Ritzel entsprechend zurückgezogen.

3.5.5 Störungen am Starter

Funktionsstörungen der Startanlage können folgende Ursachen haben:

Batterie:	entladen, schadhaft, Klemmen locker, Klemmen oxidiert,
Schalter:	defekt, gelöste Anschlüsse,
Einrückrelais:	Beschädigung des Ankers und der Wicklungen, gelöste Anschlüsse,
Startermotor:	abgenutzte Kohlebürsten, verschmutzter oder beschädigter Kollektor, beschädigte Erreger- und Ankerwicklungen, Spannungsfall der Starterleitung zu groß,
Einrückvorrichtung:	Beschädigung des Ritzels oder des Starterzahnkranzes der Schwungscheibe.

Übungen

1. Beschreiben Sie das Grundprinzip eines Elektromotors.
2. Welche Aufgabe hat das Einrückrelais?
3. Welche Aufgabe hat die Einspurvorrichtung?
4. Warum befindet sich zwischen Starterwelle und Ritzel ein Rollenfreilauf?
5. Aus welchen Gründen müssen Starter ein hohes Anfangsdrehmoment besitzen?
6. Auf welche Weise wird beim Schub-Schraubtrieb-Starter ein hohes Anfangsdrehmoment erreicht?
7. Warum müssen Starterhauptleitungen eine große Querschnittsfläche haben?

3.6 Starthilfsanlagen für Dieselmotoren

3.6.1 Aufgabe der Starthilfsanlagen

Zur Erleichterung der Selbstzündung des Kraftstoff-Luftgemisches sorgen **Starthilfsanlagen** beim Dieselmotor dafür, dass die angesaugte Luft während des Startvorgangs angewärmt wird.

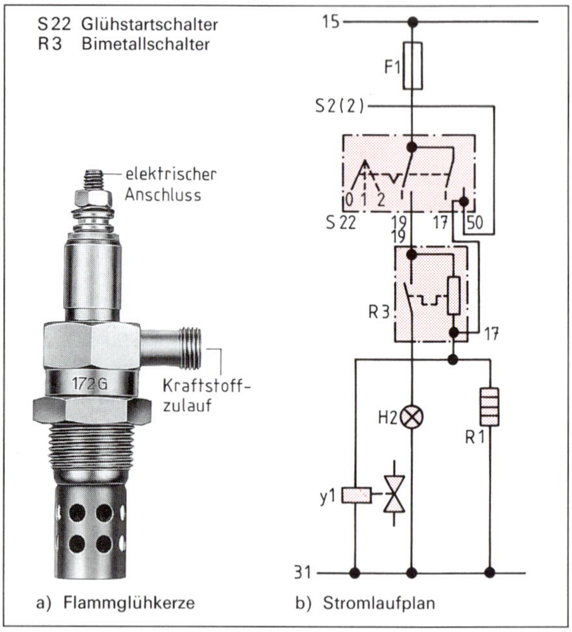

1 Flammstartanlage mit Vorschaltwiderstand

3.6.2 Aufbau und Arbeitsweise der Starthilfsanlagen

Bei Dieselmotoren mit Direkteinspritzung werden Heizdrähte oder Flammstartanlagen in den Ansaugtrakt eingebaut. Motoren mit indirekter Gemischbildung benutzen Glühkerzen zur Erwärmung der Vorkammer oder Wirbelkammer.

Flammstartanlagen (Bild 1) bestehen aus folgenden Bauteilen:
Flammglühkerze (R1),
Magnetventil (Y1),
Startbereitschafts-Anzeigeleuchte (H2),
Vorschaltwiderstand mit Bimetallschalter (R3) und
Glüh-Startschalter (S22).

In der Position 1 des Glüh-Startschalters fließt der Strom von Klemme 19 über den Vorschaltwiderstand (R3) zur Flammglühkerze (R1) und zum Magnetventil (Y1). Dadurch kann Dieselkraftstoff austreten, der von der sich erwärmenden Flammglühkerze entzündet wird. Durch die Verbrennung wird das Ansaugrohr und somit auch die beim folgenden Startvorgang angesaugte Luft erwärmt.

Der in Reihe geschaltete Vorschaltwiderstand (in R3) erzeugt einen Spannungsfall von 2,5V und damit einen Energieverlust. Da diese elektrische Energie in Wärme umgewandelt wird, schließt der Bimetallkontakt nach etwa 60s den Stromkreis der Anzeigeleuchte. Diese zeigt dem Fahrer an, dass er nun den Motor starten kann.

Dafür muss der Glüh-Startschalter in Position 2 gebracht werden. Über Klemme 50 wird das Einrückrelais des Starters betätigt. Die Stromversorgung des Magnetventils und der Flammglühkerze übernimmt der Anschluss an Klemme 17. Diese Überbrückung des Vorschaltwiderstandes ist notwendig, da beim Startvorgang die Betriebsspannung der elektrischen Anlage von 12 V auf ca. 10 V absinkt. Auf diese Weise bleibt die Versorgungsspannung der Flammglühkerze und des Magnetventils beim Vorglühen und beim Startvorgang gleich, sodass ihre Wirksamkeit nicht beeinträchtigt wird.

Bei einer anderen Ausführungsform der Flammstartanlage wird das Magnetventil parallel zur Kontrolllampe geschaltet, so dass der Flammglühkerze erst Kraftstoff zugeführt wird, wenn diese schon stark glüht. Ferner gibt es Unterschiede bei der Schaltung der Kontrolllampe. Wird der Bimetallschalter (Schließer) durch einen Öffner ersetzt, geht die Lampe beim Anzeigen der Startbereitschaft aus.

In den Flammstartanlagen größerer Schlepper wird an Stelle des Vorschaltwiderstandes ein Glühzeitsteuergerät eingesetzt. Die entsprechende elektrische Schaltung zeigt Bild 2, Seite 59 im Abschnitt 3 des Stromlaufplans. In der Position 1 des Fahrt-Startschalters (S1) wird das Glühzeitsteuergerät über Klemme 86 mit Strom versorgt, der über Klemme 85 weiter zur Fahrzeugmasse geführt wird. Dadurch wird der Arbeitsstromkreis von Anschluss 30 zum Anschluss 87 für das Magnetventil und die Flammglühkerze geschlossen. Die ausgehende Anzeigeleuchte zeigt die Startbereitschaft an. Der Startvorgang (Position 2 des Fahrt-Startschalters) wird dem Glühzeitsteuergerät über Klemme 50 mitgeteilt, damit es den Spannungsfall ausgleichen kann. Diese Flammstartanlagen zeichnen sich durch kürzere Vorglühzeiten aus. Durch Einbau von entsprechenden Fühlern wird erreicht, dass diese Zeit temperaturabhängig verändert wird.

Bei kleineren Motoren (Dreizylinder) werden Heizdrähte zur Erwärmung des Ansaugrohres eingesetzt. Der elektrische Anschluss erfolgt an Klemme 19 des Glüh-Startschalters.

Übungen

1. Warum wird der Vorschaltwiderstand der Flammstartanlage beim Starten des Motors überbrückt?
2. Wie erfolgt die Betätigung der Startbereitschafts-Anzeigeleuchte?
3. Welchen Vorteil bietet der Einsatz von Glühzeitsteuergeräten?

3.7 Zündanlagen für Ottomotoren

3.7.1 Aufgabe der Zündanlagen

Bei Ottomotoren muss das Kraftstoff-Luftgemisch gegen Ende des Verdichtungstaktes mithilfe einer **Zündkerze,** die einen kurzzeitigen Lichtbogen erzeugt, entzündet werden.

3.7.2 Aufbau und Arbeitsweise der Zündanlagen

Als Zündanlage bei Kleinmotoren werden hauptsächlich **Magnetzünder** eingesetzt, da sie zum Aufbau des Primärstromkreises keine Batterie benötigen. Sie bestehen aus einem von der Kurbelwelle des Motors angetriebenen Polrad und einer feststehenden Ankerplatte (Bilder 1 und 2). Auf dieser sind ein Zündanker mit Primär- und Sekundärwicklung, ein Unterbrecherkontakt und ein dazu parallel geschalteter Kondensator montiert.

Durch die Drehung des Polrades werden die Windungen der Primärwicklung von den Kraftlinien der Dauermagnete geschnitten (Bild 3). Es wird ein Wechselstrom erzeugt, der von einem Ende der Primärwicklung über den geschlossenen Unterbrecherkontakt zu deren anderem Ende fließen kann. Der Primärstrom und die Dauermagnete bauen ein gemeinsames Magnetfeld auf. Wenn dieses seinen Höchstwert erreicht hat, öffnet der Unterbrecherkontakt. Der Magnetfluss im Ankerkern ändert schlagartig seine Richtung und erzeugt dadurch in der Sekundärwicklung eine Hochspannung von 10 kV...20 kV. Diese bewirkt ein Überspringen des Zündfunkens an der Zündkerze. Der Kondensator unterdrückt beim Öffnen des Kontaktes die Funkenbildung und mindert entsprechend den Kontaktabbrand.

Durch Betätigung des Kurzschlussschalters (s. Bild 2) bleibt der Primärstromkreis ständig geschlossen, sodass keine Zündspannung mehr entsteht. Der Motor geht aus.

Aus bautechnischen Gründen öffnet der Unterbrecherkontakt einmal je Kurbelwellenumdrehung, sodass beim Viertakt-Ottomotor auch beim Ausstoßtakt ein Zündfunke entsteht.

Durch den Kontaktverschleiß verstellt sich der Zündzeitpunkt in Richtung spät. Um die dadurch bedingte Leistungsminderung des Motors bzw. die notwendigen Einstellarbeiten zu vermeiden, werden verstärkt **Magnet-Transistorzünder** (Bild 4) in Kleinmotoren eingebaut.

Der durch Drehung des Polrades in der Primärwicklung (L1) erzeugte Strom wird von einem Transistor V1 geschaltet. Der Stromkreis ist geschlossen, wenn dieser über den Widerstand R1 einen Basisstrom erhält. Die Diode V3 lässt nur eine Halbwelle der erzeugten Wechselspannung zwischen den Enden der Primärwicklung und dem Transistor fließen (Bild 4a).

Kurz vor dem Erreichen des Maximalstromes wird die Sperrspannung der Zenerdiode V5 überschritten. Dadurch erhält der Transistor V2 über den Widerstand R3 Basisstrom. Der über den Widerstand R1 fließende Strom steuert nun nicht mehr den Transistor V1 an, sondern geht über den Transistor V2 zur Primärwicklung zurück. Der Transistor V1 ist nicht mehr leitend und unterbricht den Primärstromkreis (Bild 4b). In der Sekundärwicklung (L2) entsteht die Zündspannung.

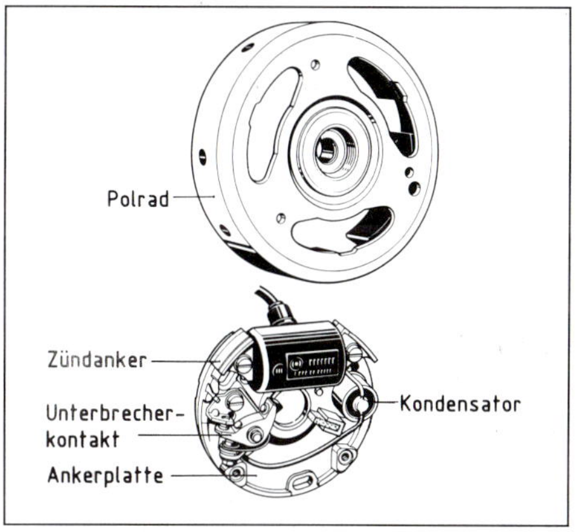

1 Bauteile des Magnetzünders

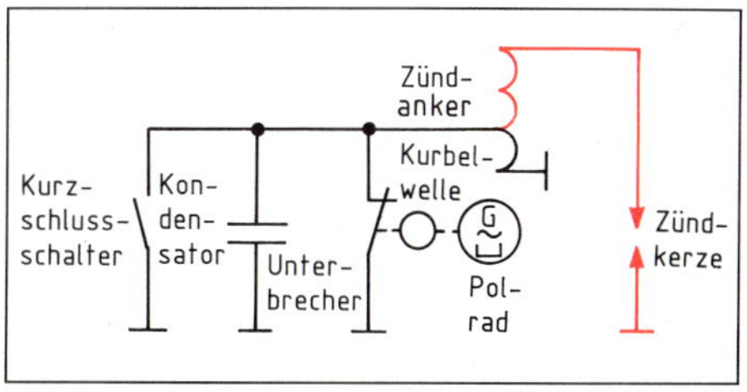

2 Stromlaufplan des Magnetzünders

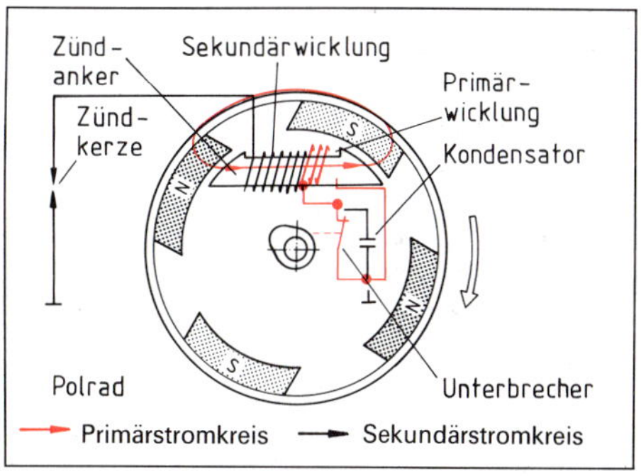

3 Stromkreise des Magnetzünders

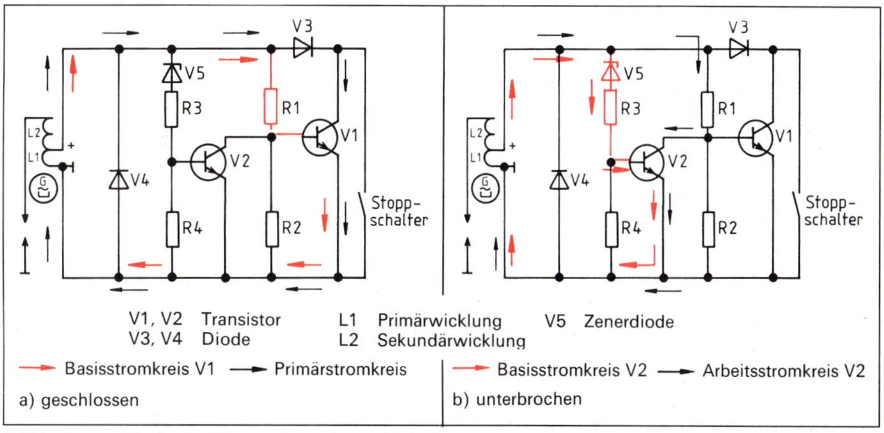

4 Primärstromkreis der Magnet-Transistorzündanlage

Durch das Abschalten des Primärstromes wird die Sperrspannung der Zenerdiode V5 unterschritten, sodass der Transistor V2 nicht mehr leitend ist. Der Transistor V1 erhält wieder Basisstrom und sorgt für ein Schließen des Primärstromkreises. Bei falscher Drehrichtung verhindert die Diode V4 ein Anspringen des Motors.

Zusätzlich kann mithilfe der Steuerelektronik eine Verstellung des Zündzeitpunktes vorgenommen werden.

Die bisher beschriebene Transistor-Magnetzündanlage wird in Analogtechnik gebaut. Sie benutzt als Auslösesignal für die Zündfunken die in der Primärspule induzierte Wechselspannung. Wenn diese einen bestimmten Wert übersteigt (s. Punkt A in Bild 1), wird der Primärstromkreis unterbrochen, und in der Sekundärwicklung entsteht der Zündfunke.

Spaltmaßveränderungen zwischen Polrad und Anker oder Fertigungstoleranzen der Bauteile beeinträchtigen die Höhe der induzierten Wechselspannung. Dieses führt aufgrund des anderen Kurvenverlaufs der Spannung zu geringfügigen Zündzeitpunktsveränderungen.

In Digitaltechnik ausgeführte Transistor-Magnetzünder benutzen den Nulldurchgang der erzeugten Wechselspannung (s. Punkt D in Bild 1) als Steuersignal. Auf diese Weise wird dem Steuergerät die Position und die Drehzahl der Kurbelwelle mitgeteilt. Die oben genannten Störgrößen haben keinen Einfluss auf den Zeitpunkt der Signalauslösung jeweils nach einer Kurbelwellenumdrehung.

Anhand der Steuersignale und der abgespeicherten Motorkenndaten errechnet die Zentrale (s. Bild 2) den für den jeweiligen Belastungszustand (Start, Leerlauf, Teillast, Volllast) optimalen Zündzeitpunkt und löst den Zündfunken durch Unterbrechung des Primärstromkreises entsprechend aus.

Eine Begrenzung der Höchstdrehzahl wird dadurch erreicht, dass nach Überschreiten des Sollwertes einzelne Zündfunken ausgesetzt werden.

Um ein Rückschlagen des Motors beim Anwerfen zu vermeiden, wird der Zündfunke erst ausgelöst, wenn die Kurbelwelle eine bestimmte Drehzahl erreicht hat. Ist die Ziehgeschwindigkeit beim Startvorgang zu niedrig, springt der Motor nicht an.

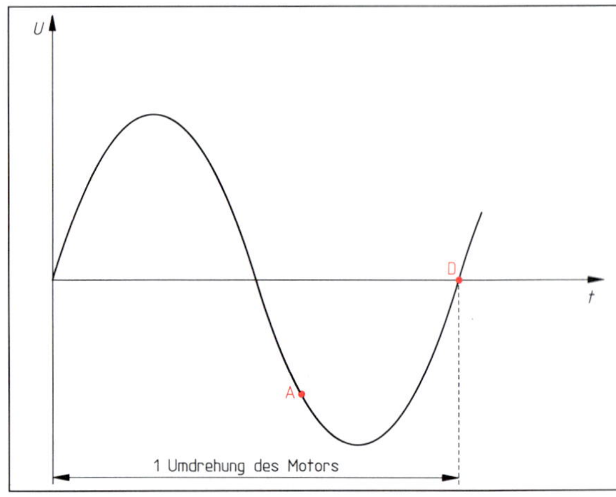

1 Steuersignal Transistor-Magnetzündanlagen

2 Zentrale einer digitalen Transistor-Magnetzündanlage

3.7.3 Zündkerze

Die **Zündkerze** (Bild 3) besteht aus folgenden wesentlichen Bestandteilen:

1 Anschlussmutter	2 Anschlussgewinde
3 Kriechstrombarriere	4 Isolator
5 elektrisch leitende Glasschmelze	6 Anschlussbolzen
7 Dichtring	8 Isolatorfußspitze
9 Mittelelektrode	10 Masseelektrode

Je nach Motortyp unterscheiden sich die Zündkerzen im Wärmewert und Elektrodenabstand. Dieser beträgt etwa 0,5 mm beim Magnetzünder und 0,7 mm bei der Spulenzündanlage. Durch Abbrand werden die Elektroden abgenutzt und der Abstand vergrößert sich.

Der Wärmewert ist aus der Zündkerzenbezeichnung ersichtlich. Diese ist jedoch nicht genormt. Die Arbeitstemperatur der Zündkerze soll zwischen 550 °C ... 880 °C liegen. Kerzen mit zu hohem Wärmewert verrußen, während ein zu niedriger Wärmewert zu Glühzündungen führt.

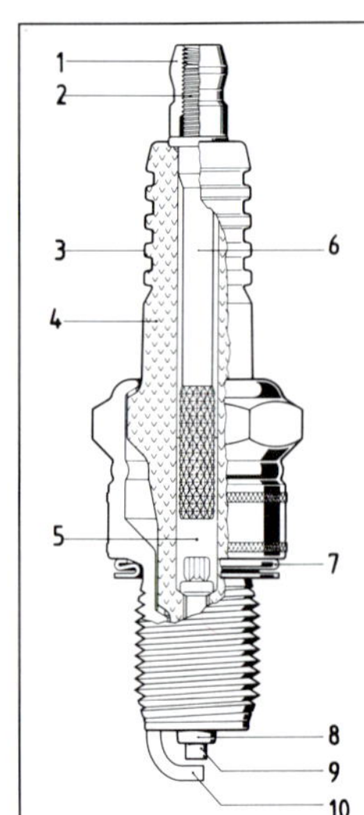

3 Zündkerze

3.7.4 Störungssuche am Beispiel der Magnet-Transistorzündanlage

Ursachen für Zündstörungen können wie folgt ermittelt werden (Bild 1):

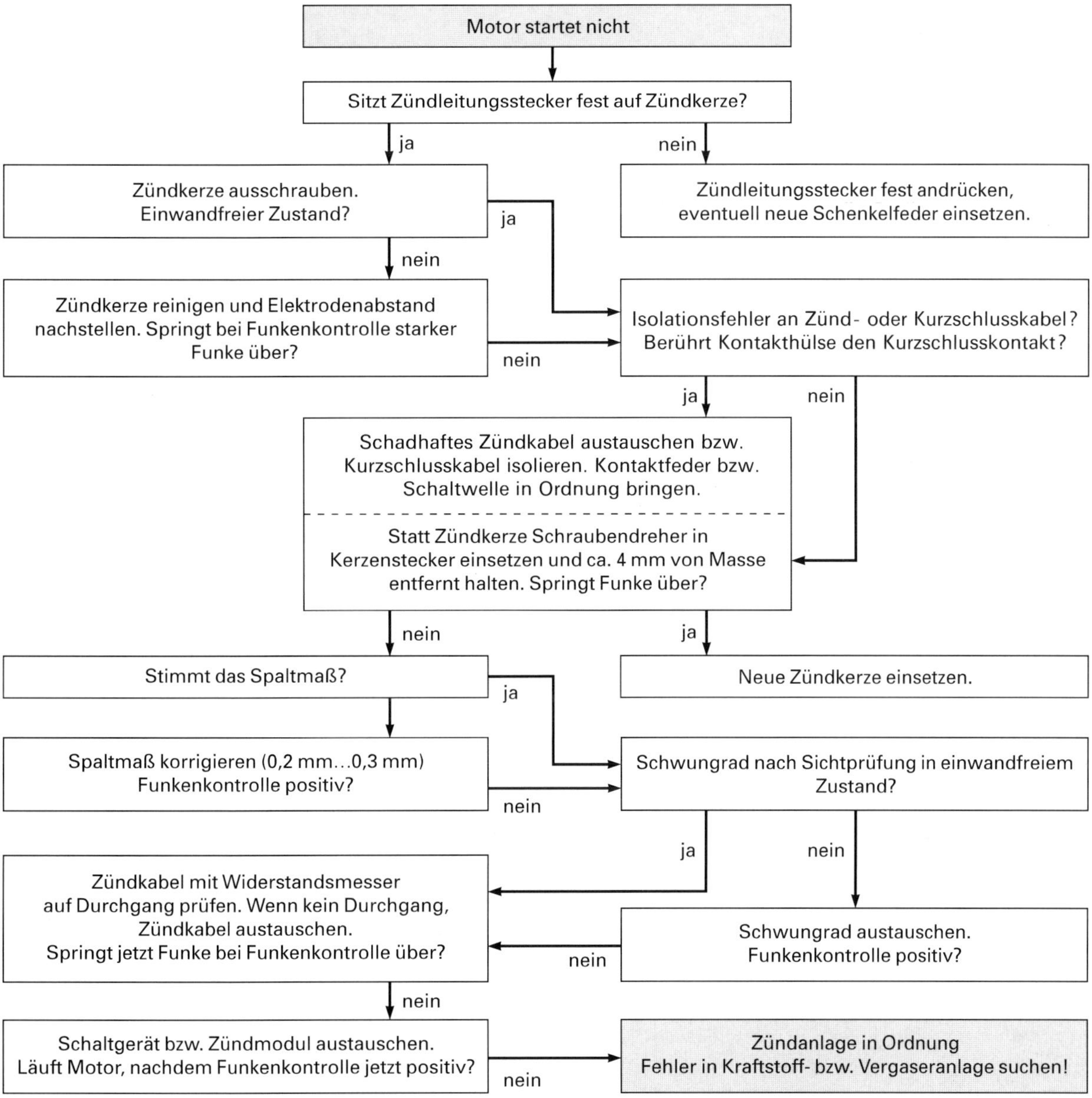

1 Störungssuche an einer Magnet-Transistorzündanlage

Übungen

1. Geben Sie den Stromverlauf im Primär- und Sekundärstromkreis der Magnetzündanlage an.
2. Welche Aufgabe hat der Kondensator?
3. Geben Sie den Lade- und den Entladestromkreis des Kondensators beim Magnetzünder an.
4. Welches Bauteil herkömmlicher Zündanlagen ersetzt der Transistor?
5. Welche Vorteile haben transistorgesteuerte Zündanlagen?
6. Welche Bauteile übernehmen bei der Magnet-Transistorzündanlage das Ein- und Ausschalten des Primärstromkreises?
7. Welche wesentlichen Unterschiede bestehen zwischen Transistorzündanlagen in Analog- und in Digitaltechnik?
8. Die Zündkerze eines Motors ist stark verrußt. Welche Ursachen kann diese Erscheinung haben? Nennen Sie mögliche Maßnahmen zur Abhilfe.
9. Die Zündkerze eines Motors ist verölt. Welche Ursachen kann diese Erscheinung haben? Nennen Sie mögliche Maßnahmen zur Abhilfe.

3.8 Anzeige- und Kontrollgeräte für Schlepper und Mähdrescher

3.8.1 Anzeige- und Kontrollgeräte für Schlepper

Das zentrale Anzeigeinstrument des Schleppers (**Traktormeter**, Bild 1) enthält folgende Bauteile:

1 Kraftstoffstandanzeige (Tank)
2 Kühlwassertemperaturanzeige
3 Generatorkontrollleuchte (KL)
4 Fernlichtanzeigeleuchte (KF)
5 Warnleuchte (KWL)
6 Blinkkontroll-Anzeigeleuchten (KB)
7 Betriebsstundenzähler (EBZ)
8 Kontrolllampe Bremsflüssigkeitsstand (KBB)
9 Kontrolllampe Belagverschleiß der Kardanwellenbremse (KS)
10 Kontrolllampe Handbremse (KHB)
11 Kontrolllampe Trockenluftfilter (KU)
12 Kontrolllampe Hydrauliköltemperatur (KöT)
13 Öldruckwarnleuchte (KÖ)
14 Geschwindigkeitsanzeige (LCD)
15 Anzeige Motor- oder Zapfwellendrehzahl (LCD)

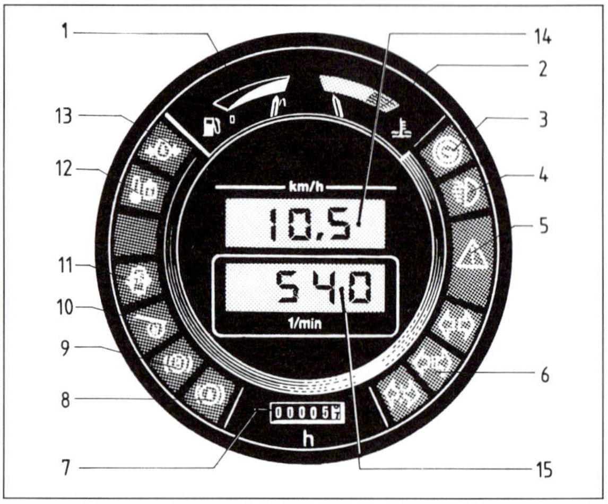

1 Traktormeter mit digitaler Anzeige

Innerhalb des Traktormeters werden die aufgeführten Bauteile über eine Leiterplatte (Bild 2) mit Strom versorgt. Den Kontrollleuchten (4) und (6) wird der Strom über die Anschlüsse 1, 2, 3, 5 im Bereich C der Leiterplatte zugeführt. Die Masseverbindung stellt der Anschluss 9 im gleichen Bereich her.

Die Fernlichtkontrolle wird auf der Plusseite vom Abblendschalter ein- bzw. ausgeschaltet. Die Betätigung der Blinkkontrolllampen erfolgt vom Blinkgeber (Bild 2, Seite 68). Der Stromverlauf der Generatorkontrollleuchte (Plus-Anschluss 9: Abschnitt A, Minus-Anschluss 4: Abschnitt C) kann der Beschreibung des Vorerregerstromkreises im Kap. 3.4.4 entnommen werden.

Den Kontrollleuchten (8) ... (13) wird der Strom über den Anschluss 9 im Bereich A der Leiterplatte zugeführt. Die Masseverbindung wird über die Anschlüsse 5, 4, 1, 7, 3, 6 im gleichen Bereich durch Schalter, die an den entsprechenden Bauteilen des Schleppers untergebracht sind, hergestellt (Bild 3b). Als Schließer werden Druckschalter, Bimetallschalter, Dehnstoffschalter oder Magnetschalter (Reedschalter) verwendet.

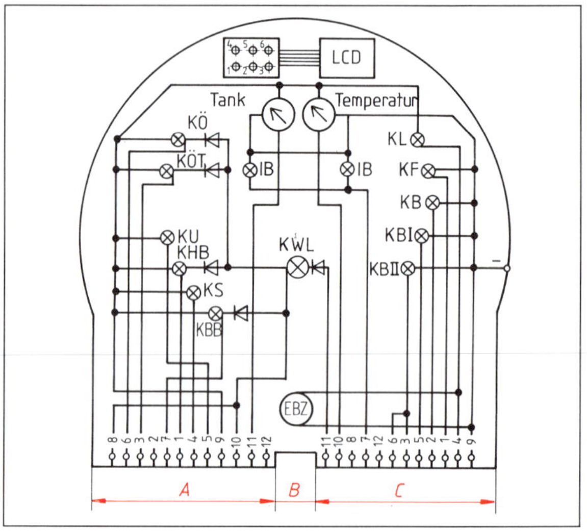

2 Leiterplatte eines Traktometers mit digitaler Anzeige

In der Armaturentafel werden von den Herstellern, je nach Schleppertyp, noch zusätzliche Kontrollleuchten eingebaut, die den Einschaltzustand der Zapfwellen, der Differentialsperre und des Allradantriebs anzeigen.

Als Öldruckschalter wird ein Öffner benutzt. Bei laufendem Motor sorgt der Öldruck dafür, dass der Stromkreis der Kontrolllampe unterbrochen wird.

Der Betriebsstundenzähler ist vom Arbeitsprinzip her eine Digitaluhr, die die Einschaltdauer des Motors misst und speichert. Die Stromzufuhr erfolgt über die Ladekontrolle bzw. über die Erregerdioden des Generators. Die Minusverbindung wird über den Anschluss 9 im Abschnitt C (Bild 2) hergestellt.

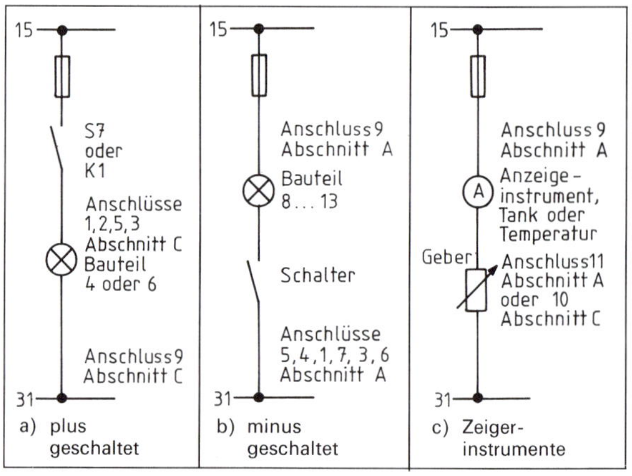

3 Stromkreise des Traktometers

Die Zeigerinstrumente für den Kraftstoffstand und die Motortemperatur arbeiten als Strommesser (Bild 3c). Die Geber auf der Minusseite der Stromkreise sind veränderliche Widerstände, die die Stärke des fließenden Stromes entsprechend senken oder erhöhen. Bei der Tankanzeige wird, je nach Schwimmerstellung, der Abgreifkontakt eines Potentiometers verschoben. Bei der Öldruckanzeige erfolgt die Veränderung über eine im Geber untergebrachte Membran, deren Stellung sich in Abhängigkeit vom Öldruck ändert. Zur Messung der Temperatur werden als Geber Widerstände aus Halbleitermaterial verwendet, deren Widerstandswert, je nach Bauart, mit steigender Temperatur zu- oder abnimmt.

Die **Stromzufuhr** für die beiden Zeigerinstrumente des Traktormeters erfolgt über den Anschluss 9 im Abschnitt A (Seite 82, Bild 2). Der Geber der Tankanzeige stellt die minusseitige Verbindung am Anschluss 11 im gleichen Abschnitt her. Der veränderliche Widerstand der Temperaturanzeige schließt über den Anschluss 10 im Abschnitt C den Stromkreis zur Fahrzeugmasse.

Unterbrechungen der Stromkreise in der Leiterplatte des Traktormeters können durch Widerstandsmessungen, wie Bild 1 am Beispiel der Tankanzeige zeigt, oder mit einem Durchgangsprüfer ermittelt werden.

Zusätzlich zu den Kontrollleuchten (Bild 1, Seite 82, Pos. (13), (12), (10), (3)) verfügt dieses Traktormeter noch über eine Warnleuchte (Bild 1, Seite 83, Pos. (5)), die blinkend auf einen zu niedrigen Öldruck, eine zu hohe Hydrauliköltemperatur, eine angezogene Handbremse und den Belagverschleiß der Kardanwellenbremse hinweist. Bild 2 zeigt den entsprechenden Stromlaufplan. Die Stromzufuhr erfolgt über einen Impulsgeber (Blinkrelais) am Anschluss 11, Abschnitt C (Bild 2, Seite 82) der Leiterplatte.

Die minusseitige Verbindung wird über den Schalter der jeweiligen Kontrollleuchte hergestellt. Bei Betätigung des Schalters S2 wird der Stromkreis der Kontrollleuchte (Bild 1, Seite 82, Pos. (10)) für die Handbremse geschlossen. Über die Diode V1 und den Schalter S2 kann nun der Strom von der Warnleuchte (KML) zur Masse fließen. Die Diode V2 hindert den an der Kontrollleuchte KÖT anliegenden Strom daran, ebenfalls über den Schalter S2 zur Masse zu fließen. Die eingebauten Dioden sind also zur Trennung der Stromkreise der einzelnen Kontrollleuchten notwendig.

Da eine zu hohe Hydrauliköltemperatur Schäden an der hydraulischen Anlage hervorrufen kann, wird in diesem Fall noch zusätzlich durch einen **Summer** darauf aufmerksam gemacht (Bild 2). Der Schalter S1 stellt bei Betätigung die minusseitige Verbindung für die Kontrollleuchte (Bild 1, Seite 82, Pos. (12)), die Warnleuchte und den Steuerstromkreis des Relais her, sodass der Summer ebenso intervallweise ertönt. Mit einer ähnlichen Schaltung kann auch auf eine zu hohe Motortemperatur aufmerksam gemacht werden.

Die digitale Anzeige der Fahrgeschwindigkeit (ohne Berücksichtigung des Schlupfes) und der Motor- bzw. Zapfwellendrehzahl erhält ihre elektrischen Größen über sechs Verbindungsleitungen von einem Steuergerät (Bild 3). Zur Erfassung der Drehzahlen von Motor (1), Getriebe (2) und Zapfwellen (3 und 4) werden Induktivgeber eingesetzt. Diese bestehen aus einer Spule mit einem Dauermagneten. Sie werden in der Nähe der rotierenden Wellen angebracht. Zahnräder oder Impulsgeber verändern das Magnetfeld des Induktivgebers so, dass in der Spule eine Wechselspannung erzeugt wird. Diese wird mit steigender Drehzahl größer. Das Steuergerät verarbeitet diesen Impuls und zeigt die Drehzahl oder Geschwindigkeit entsprechend digital an.

Zur Ermittlung der Motordrehzahl können auch **Hallgeber**, die über einen direkten Antrieb verfügen, eingesetzt werden. Ihnen wird vom Bordnetz eine Gleichspannung von 12 V zugeführt, und sie erzeugen in der Signalleitung abwechselnd einen Spannungsimpuls von 0 V und 12 V. Die Anzahl der Impulse/min ist ein Maß für die Drehzahl.

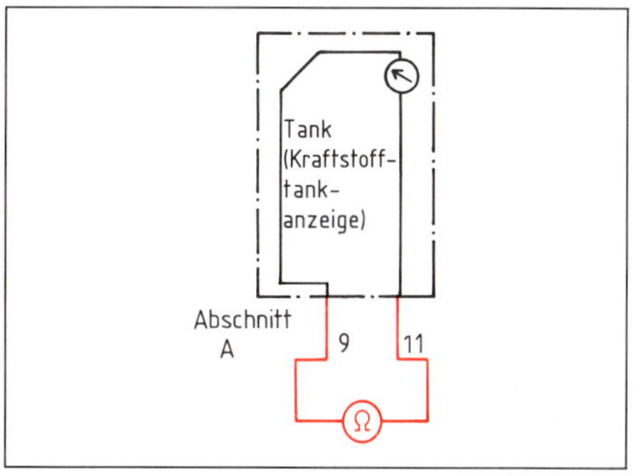

1 Überprüfung der Leiterplatte

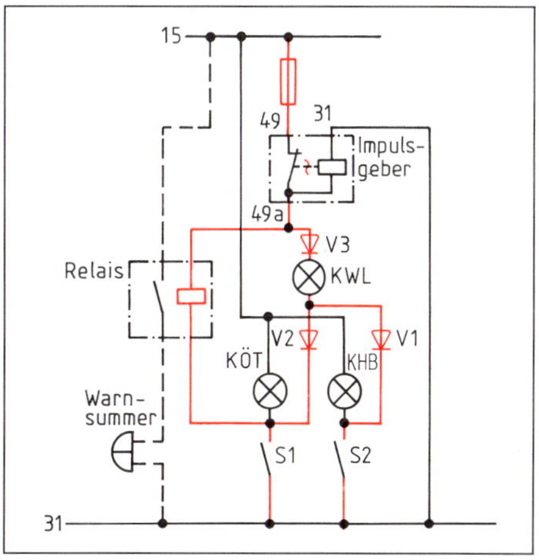

2 Stromlaufplan einer blinkenden Warnleuchte mit Summer

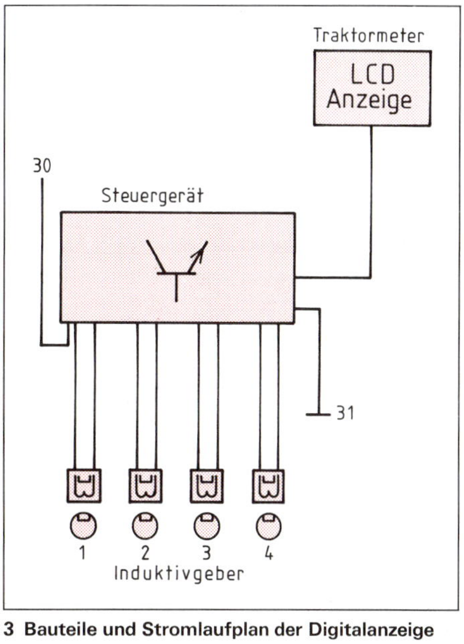

3 Bauteile und Stromlaufplan der Digitalanzeige

3.8.2 Anzeige- und Kontrollgeräte für Mähdrescher

Die elektrische Schaltung der Anzeigegeräte des Tankinhaltes, der Kühlmittel- oder Motoröltemperatur, der Fahrgeschwindigkeit und der Dreschtrommeldrehzahl (s. Zapfwellendrehzahl) stimmt mit der des Traktormeters überein. Die Kontrollleuchten für die Motor- und Dreschwerküberwachung werden recht unterschiedlich geschaltet. Dies soll am Beispiel folgender Kontrolleinrichtungen (Bilder 1 und 2) verdeutlicht werden:

Öldruck	(Kontrolllampe H1, Schalter S2)
Luftfilter	(Kontrolllampe H2, Schalter S3)
Feststellbremse	(Kontrolllampe H3, Schalter S4)
Strohausfallhaube	(Kontrolllampe H4, Schalter S5)

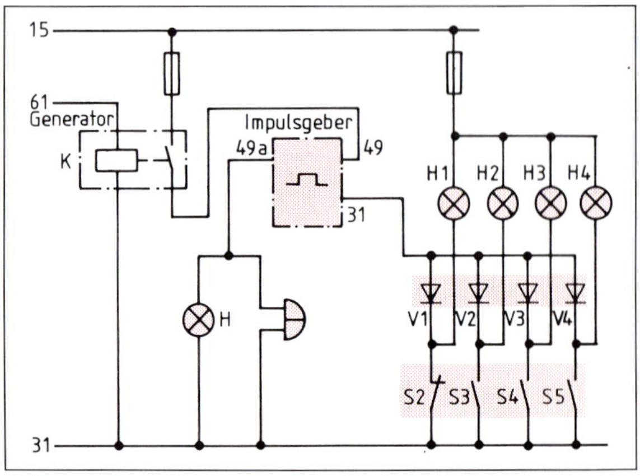

1 Überwachung mit Kontrolllampe und zentraler Warneinrichtung

In Bild 1 besteht die zentrale Warneinrichtung (H) aus einem Summer und einer Warnleuchte, die über den Impulsgeber intervallweise betätigt werden. Da das Relais K vom Anschluss 61 des Generators angesteuert wird, ist sichergestellt, dass die Überwachungseinrichtungen erst bei laufendem Motor ansprechen. Sonst wäre mit dieser Schaltung eine Kontrolle des Öldrucks nicht möglich. Bei zu niedrigem Öldruck ($p_e < 0{,}5$ bar) schließt der Schalter S2 die Stromkreise des Impulsgebers und der Kontrollleuchte H1 auf der Minusseite. Die zentrale Warneinrichtung und die Kontrolllampe machen auf diese Störung aufmerksam.

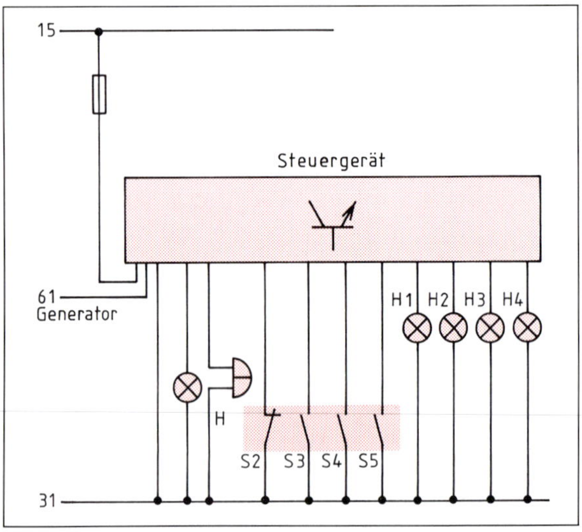

2 Überwachungselektronik

Anstelle des Relais und des Impulsgebers wird von manchen Herstellern auch ein **elektronisches Steuergerät** (Bild 2) zum Einschalten der jeweiligen Kontrollleuchte und der zentralen Warneinrichtung verwendet. Von den Schaltern S2 ... S5 werden die im Steuergerät untergebrachten **integrierten Schaltkreise (IC)** entsprechend angesteuert. Diese bestehen aus Transistoren, Dioden, Widerständen und Kondensatoren, die mit ihrer elektrischen Schaltung in kompakter Form auf Leiterplatten untergebracht werden. Aufgrund der niedrigen Ströme und Spannungen, die diese Bauelemente benötigen, kann durch eine entsprechende Schaltung der Stromkreis der Schalter direkt in die Überwachung einbezogen werden.

Dieses **Ruhestromprinzip** soll am Beispiel der Relaisschaltungen in Bild 3 verdeutlicht werden. Durch Betätigung des Schalters S1 wird der Steuerstromkreis und der Arbeitsstromkreis des Relais K1 geschlossen (Bild 3a). Die Kontrolllampe H1 leuchtet. In der Ruhestellung ist der Schalter S2 geschlossen. Der fließende Steuerstrom sorgt für eine Unterbrechung des Arbeitsstromkreises. Beim Öffnen des Schalters S2 wird die Masseverbindung der Kontrolllampe H2 geschlossen, sodass sie aufleuchtet (Bild 3b). Eine Unterbrechung der Leitung zum Schalter S2 wird bei dieser Schaltung auch als Störung angezeigt.

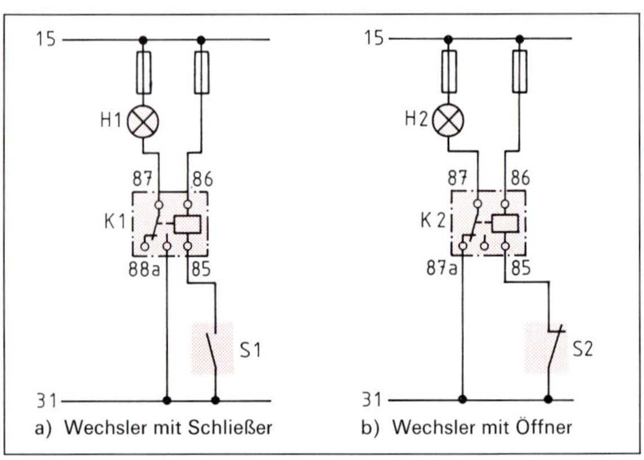

3 Relaisschaltungen

Durch zusätzliche Schalter und Kontrolllampen werden die in den verschiedenen Stromlaufplänen aufgeführten Überwachungseinrichtungen des Mähdreschers entsprechend der Ausstattung und der Preisklasse von den Herstellern erweitert.

1 Bauteile für die Drehzahlerfassung

Ferner bauen die Hersteller Kontrollgeräte für die Drehzahlen des Schüttlers, des Kornelevators, des Überkehrelevators, des Schrägförderers und des Häckslers ein. An den Antriebswellen der genannten Bauteile werden Nockenräder (Bild 1) montiert. Zusätzlich werden im Abstand von etwa 1 mm Induktivgeber angebracht. Diese erzeugen selbst ein Magnetfeld, das durch die vorbeigehenden Zähne des Nockenrades verändert wird. Ist die Anzahl der auf diese Weise erzeugten Impulse hoch genug, sorgt ein Frequenzschalter (3) in Bild 2 dafür, dass der Steuerstromkreis des Relais geschlossen ist. Die Minusverbindung der Kontrolllampe (H) und der zentralen Warneinrichtung (X) ist unterbrochen.

Liegt die Drehzahl des betreffenden Bauteils ca. 20% unter dem Sollwert, unterbricht der Frequenzschalter den Steuerstromkreis des Relais. Die Kontrolllampe leuchtet und die Warneinrichtung wird eingeschaltet (Bild 2). Für jedes der zu überwachenden Aggregate werden in dem Drehzahlkontrollgerät ein Relais (Öffner) und ein Frequenzschalter untergebracht, der von dem jeweiligen Induktivgeber angesteuert wird.

Eine weitere wichtige Information, die der Fahrer für die richtige Einstellung des Mähdreschers und der Fahrgeschwindigkeit benötigt, ist die Ausdruschqualität bzw. der Körnerverlust. Dieser kann maschinenbedingt am Schneidwerk, am Schüttler und am Siebkasten entstehen (s. Kap. 7.2.5).

Reinigungs- und Schüttlerverluste können mit Hilfe von Durchsatzkontrollgeräten ermittelt werden. Dazu werden am Ende des Siebkastens und an einem Schüttler unter einem Sensorblech Körperschallsensoren mit elektrischen Vorverstärkern (Bild 3, B1 und B2) montiert. Die auftreffenden Körner versetzen die Piezokristalle der Sensoren in Schwingungen. Diese erzeugen dadurch eine elektrische Spannung, die nach entsprechender Verstärkung zum Einschalten der Kontrollleuchten (H) benutzt wird. Aufgrund der geringeren Masse erzeugen Strohteilchen kleinere Schwingungsamplituden, die entsprechend ausgefiltert werden.

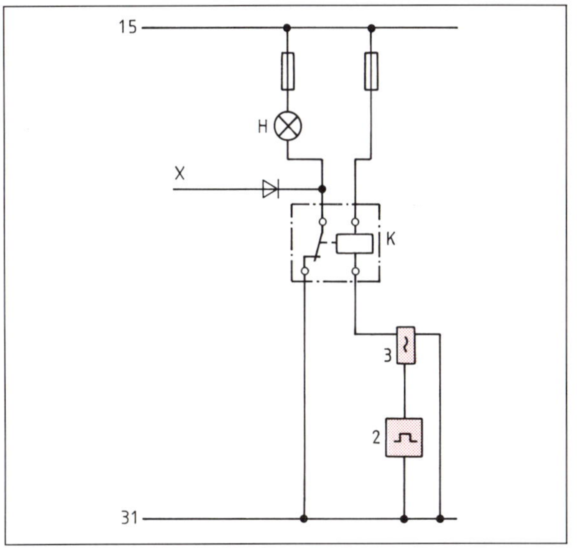

2 Stromlaufplan Drehzahlkontrolle (vereinfachte Darstellung)

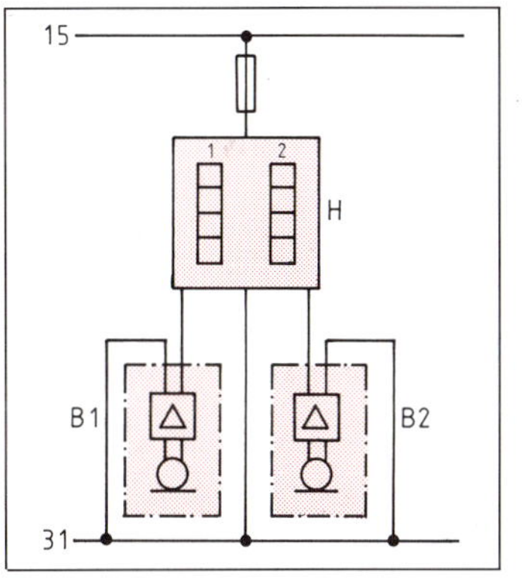

3 Stromlaufplan Durchsatzkontrolle

3.8.3 Fahrerinformationssysteme

Aufgrund der fortschreitenden Verbreitung der Computertechnik bieten die Landmaschinenhersteller Systeme an, die dem Fahrer des Schleppers oder der selbstfahrenden Arbeitsmaschinen außer der Drehzahl und der Fahrgeschwindigkeit (s. Kap. 3.8.1) noch zusätzliche Informationen (z.B. Kraftstoffverbrauch, Flächenleistung, Maschineneinstellung usw.) liefern. Die digitale Anzeige des Traktormeters, die Fahrerinformationssysteme und die in den weiteren Kapiteln näher erläuterten Steuer- und Regelsysteme der Landmaschinentechnik haben folgenden grundsätzlichen Aufbau:

Peripherie Eingabegerät		Zentraleinheit (=CPU) Verarbeitung		Peripherie Ausgabegerät
Sensoren: Umwandlung physikalischer Größen in elektrische Größen Schalter Tastatur	⇒	Prozessor: Schalt- und Rechenwerk Arbeits- und Hauptspeicher Sammelleitungen (Bussystem)	⇒	Aktoren: elektrische, hydraulische oder pneumatische Stellglieder Leuchten Monitor/Display externe Speicher

Bild 1 zeigt die wesentlichen physikalischen Größen, die von den jeweiligen Sensoren in elektrische Signale umgewandelt werden. Damit die Zentraleinheit diese Informationen verarbeiten kann, ist es häufig notwendig, Bauelemente zur Signalumformung oder -aufbereitung dazwischen zu schalten.

Schalter an der Kraftheberanlage des Schleppers oder an den Vorsatzgeräten der selbstfahrenden Arbeitsmaschinen teilen der Zentraleinheit den Einschaltzustand der Arbeitsgeräte mit. Diese Information ist wichtig für die Ermittlung der bearbeiteten Fläche bzw. Flächenleistung.

Die Tastatur dient entweder zur Anwahl bestimmter Anzeigefunktionen oder zur Eingabe der Uhrzeit, der Arbeitsbreite der eingesetzten Maschine, der auszubringenden Saatgut-, Dünger- oder Spritzmittelmenge.

Im Arbeits- und Hauptspeicher befinden sich das Betriebssystem und das erforderliche Programm mit den entsprechenden Daten. Dabei ist es wichtig zu wissen, dass die Zentraleinheit zwei verschiedene Speichertypen enthält. Der Lesespeicher (ROM) wird von den Herstellern zur Eingabe von feststehenden Daten und Programmen genutzt. Der Schreib- und Lesespeicher (RAM) nimmt die während des Betriebs gesammelten Daten auf. Mit dem Ausschalten der Anlage werden die Daten im RAM gelöscht.

Aufgrund der von der Zentraleinheit errechneten Werte können dem Fahrer die verschiedenen Informationen auf dem Monitor (Display mit Leuchtkristallanzeige) gezeigt werden. Beim Pflügen mit eingeschalteter Schlupfregelung besteht ferner die Möglichkeit, die Arbeitstiefe des Pfluges entsprechend des auftretenden Radschlupfes mithilfe eines elektromagnetischen Stellgliedes (EHR-Regelventil, s. Kap. 3.10) zu verändern.

Die Information über den Kraftstoffverbrauch bietet dem Fahrer die Möglichkeit, durch Drehzahl- oder Gangänderung zu einer energiesparenden Fahrweise zu gelangen.

Eine direkte Eingriffsmöglichkeit der Zentraleinheit zur sofortigen Veränderung der eingespritzten Kraftstoffmenge an der Kraftstoff-Einspritzpumpe oder zum Gangwechsel ist bei den meisten Fahrerinformationssystemen nicht vorhanden.

Physikalische Größe	mögliche Sensorbauart
Drehzahl	Magnetschalter Induktivgeber Hallgeber
Wegstrecke	Radar Anzahl der Impulse pro 100 m Kalibrierstrecke vom Drehzahlgeber
Volumen	Schwimmerschalter veränderl. Widerstand
Volumenstrom	Durchflussmengenmesser (Messturbine mit Induktivgeber)
Temperatur	Halbleiterwiderstand Bimetallschalter
Druck, Kraft	veränderl. Widerstand Piezokristall Dehnungsmessstreifen Kraftmessbolzen (s. Kap. 3.10)

1 Sensoren zur Umwandlung physikalischer Größen

Zusätzlich wird von einigen Herstellern dieser Systeme die Möglichkeit geboten, die während der Arbeit ermittelten Daten mittels Magnetkarte oder Zusatzmodulen zu speichern, damit sie für die Betriebsverwaltung und -abrechnung mit dem zu Hause vorhandenen Personalcomputer genutzt werden können.

Da aus Umweltschutz- und Kostengründen die genaue Regulierung der Ausbringmenge von Dünger, Spritzmittel und Saatgut sehr wichtig ist, bieten die Hersteller dieser Geräte elektronische Steuerungs- und Überwachungssysteme an, die in ihrem Aufbau und ihrer Funktion den vorher beschriebenen Fahrerinformationssystemen ähnlich sind.

Obwohl die Zentraleinheit dieser elektronischen Steuerungs- und Überwachungssysteme ebenfalls Schlepperdaten, wie z. B. Drehzahl, Fahrgeschwindigkeit, für ihre Arbeit benötigt, müssen diese bislang über gesonderte Sensoren erfasst werden. So kann in der Praxis ein großer Teil der bisher auf diesem Gebiet angebotenen Systeme nicht miteinander kombiniert werden.

Seit 1989 ist die Schnittstelle zur Signalübertragung (DIN 9684, Teil 1) genormt, so dass die von den Sensoren des Schleppers ermittelten Größen über eine Signaldose (s. Bild 2) an das Steuergerät von Spritzen, Düngerstreuern usw. weitergegeben werden können.

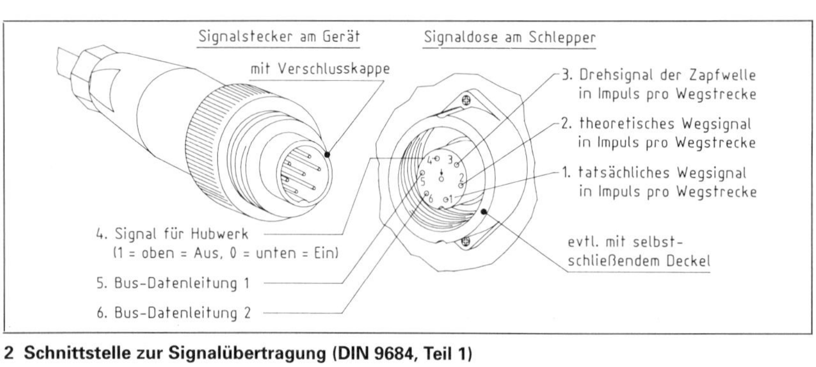

2 Schnittstelle zur Signalübertragung (DIN 9684, Teil 1)

Bild 1 zeigt das Zusammenwirken von Schlepperfahrer, Computer, Sensoren und Aktoren. Vor Beginn der Arbeit kann der Fahrer über die Tastatur folgende Werte eingeben: Arbeitsbreite, Anzahl der Impulse des Induktivgebers am Schlepperrad pro 100 m Fahrstrecke (Fahrgeschwindigkeit), Anzahl der Impulse pro 1 kg Dünger bzw. pro 1 l Spritzmittel, die die entsprechenden Sensoren erzeugen. Mit diesen Werten übernimmt die Zentraleinheit die Steuerung der Maschinen.

Während der Arbeit kann der Computer dem Fahrer Informationen über die Fahrstrecke, die Ausbringmenge und die bearbeitete Fläche liefern.

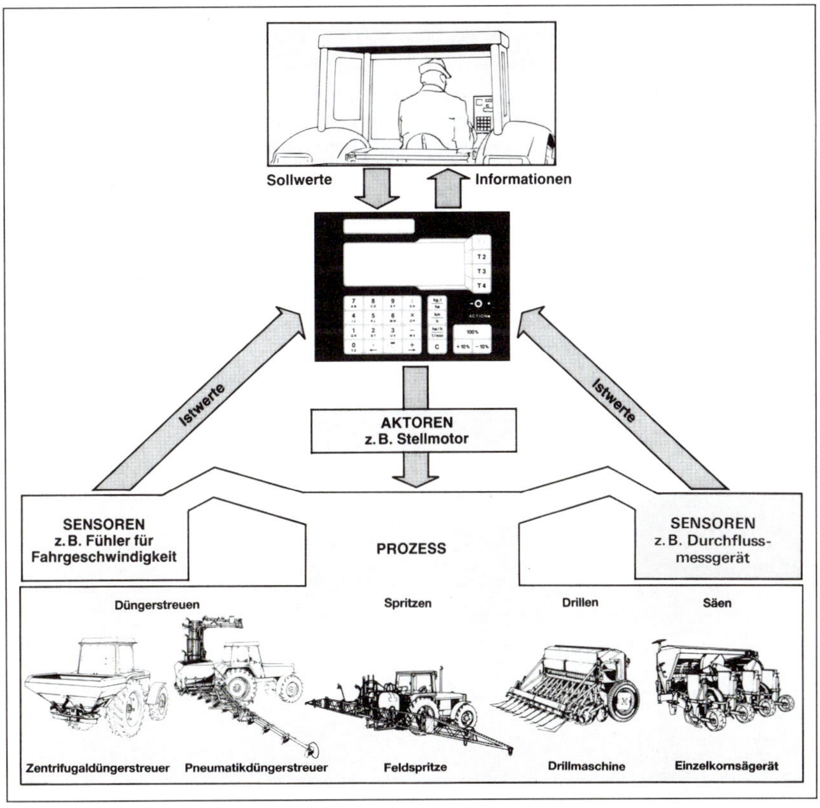

1 Schemadarstellung der rechnergestützten Steuerung von Düngerstreuern, Spritzen und Sämaschinen

Bestimmte fahrzeugspezifische Daten wie z. B. die Motordrehzahl und die Fahrgeschwindigkeit werden sowohl zur Fahrerinformation als auch zur elektronischen Steuerung bzw. Regelung der Einspritzanlage, des Getriebes, des Hubwerks oder von Anbaugeräten benötigt. Zur Vereinfachung der Datenübertragung zwischen den Steuergeräten der verschiedenen Systeme wird der CAN-Datenbus (Controller Area Network) eingesetzt. Die Bilder 2 und 3 zeigen den grundsätzlichen Aufbau und die Funktionsweise dieses Systems am Beispiel von 3 vernetzten Steuergeräten. Im Abstand von 20 Millisekunden senden die einzelnen Steuergeräte ihre codierten Daten (= Rechteckimpulse) zur Datenleitung. Während des Sendens von einem Steuergerät werden die anderen Steuergeräte auf Empfang geschaltet.

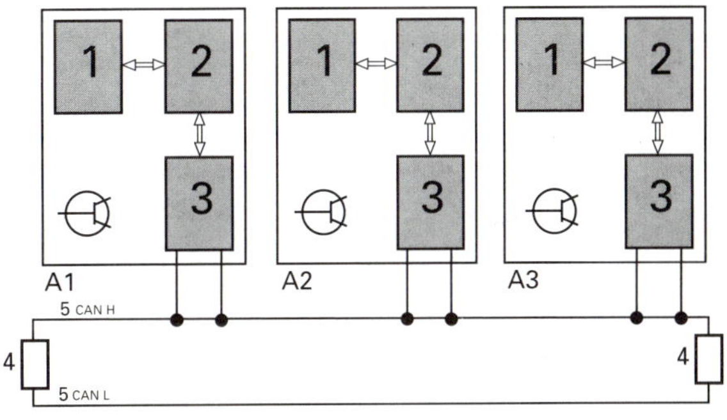

2 Grundschaltung CAN-Datenbus

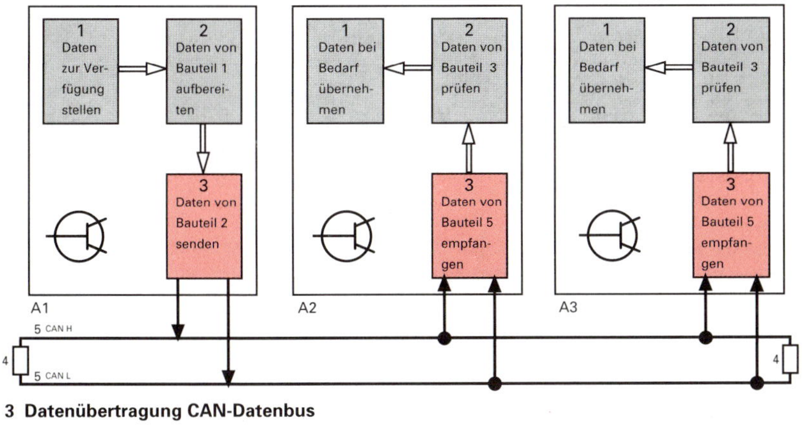

3 Datenübertragung CAN-Datenbus

1 Prozessor
2 CAN-Controller
3 CAN-Transceiver (Transmitter = Sender; Receiver = Empfänger)
4 Abschluss-Widerstand
5 Datenbusleitungen
A1 Steuergerät (z. B. Fahrerinformation)
A2 Steuergerät (z. B. Motor)
A3 Steuergerät (z. B. Getriebe)

Bauteile Bilder 2 und 3

Übungen

1. Welche Unterschiede bestehen zwischen den Stromkreisen der Kontrolllampe für den Luftfilter und der Fernlichtanzeigeleuchte des Traktormeters?
2. Beschreiben Sie den vollständigen Stromkreis der Generatorkontrollleuchte.
3. Warum erlischt die Öldruckkontrollleuchte normalerweise bei laufendem Motor?
4. Beschreiben Sie die Arbeitsweise der Tankanzeige.
5. Bild 1, Seite 84 zeigt den Stromverlauf einer blinkenden Warnleuchte mit Summer. Geben Sie den Stromverlauf an, wenn der Schalter S5 betätigt wird.
6. Beschreiben Sie die Arbeitsweise von Gebern zur Erfassung von Drehzahlen.
7. Warum kann mit den in Bild 3, Seite 83 dargestellten Bauelementen der digitalen Anzeige der Fahrgeschwindigkeit der Schlupf der Antriebsräder nicht berücksichtigt werden?
8. Welche Vorteile bieten Überwachungseinrichtungen des Mähdreschers, die nach dem Ruhestromprinzip arbeiten?
9. Warum werden diese Schaltungen bevorzugt mit elektronischen Bauelementen verwirklicht?
10. Welche Daten liefern Fahrerinformationssysteme dem Schlepperfahrer?

3.9 Lenkautomatik für Mähdrescher und selbstfahrende Feldhäcksler

Zur Erhöhung des Fahrkomforts gibt es für Mähdrescher und selbstfahrende Feldhäcksler, die zur Maisernte eingesetzt werden, automatische Lenkeinrichtungen (Bild 1). Zu den wesentlichen Bauteilen der Lenkeinrichtung gehören:

Taster links und rechts B3 und B4
Radwinkelgeber B2
Fußschalter S4
Steuergerät
Mittenversteller R1
Magnetventile Y1 und Y2.

Aus Sicherheitsgründen kann das Steuergerät des Lenkautomaten erst mit dem Fußschalter (S4) eingeschaltet werden, wenn der entsprechende Hauptschalter (S1), der Schalter für das Dreschwerk (S2) und der Türkontaktschalter (S3) den Steuer- und den Arbeitsstromkreis des Relais K1 schließen. Der Drehmelder (B1) sorgt für ein Abschalten der Lenkautomatik, wenn das Lenkrad um 90° verdreht wird.

Im Tastergehäuse befinden sich zwei Halbleiterwiderstände und ein drehbarer Eisenkern. Wird dieser von den Tastfingern bewegt, verändert sich das Magnetfeld der Widerstände. In der Mittellage beträgt die Spannung an beiden Widerständen des Tasters je 2,55 V. In der Endstellung beträgt sie an einem Widerstand 2,4 V und an den anderen 2,7 V. Diese Spannungsverschiebung um 0,3 V wird vom Steuergerät erfasst. Dieses sorgt nun dafür, dass die Masseverbindung des entsprechenden Magnetventils geschlossen wird.

Durch hydraulische Kraftübertragung wird die Kolbenstange des Lenkzylinders so lange aus- bzw. eingefahren, bis die Tastfinger wieder ihre Ruhestellung erreicht haben. Die automatische Steuerung der Geradeausfahrt übernimmt der Radwinkelgeber, der in seiner Arbeitsweise den Tastern ähnelt. Der Mittenversteller dient zur Einregulierung des Geradeauslaufs bei Seitenhanglagen, um ein Ausbrechen der Maschine zu verhindern.

Einfache Lenkautomaten für Rübenroder setzen als Taster Schalter ein, die für die elektrische Betätigung eines hydraulischen Wegeventils sorgen. Dieses steuert den für die Lenkbewegung zuständigen Hydraulikzylinder an.

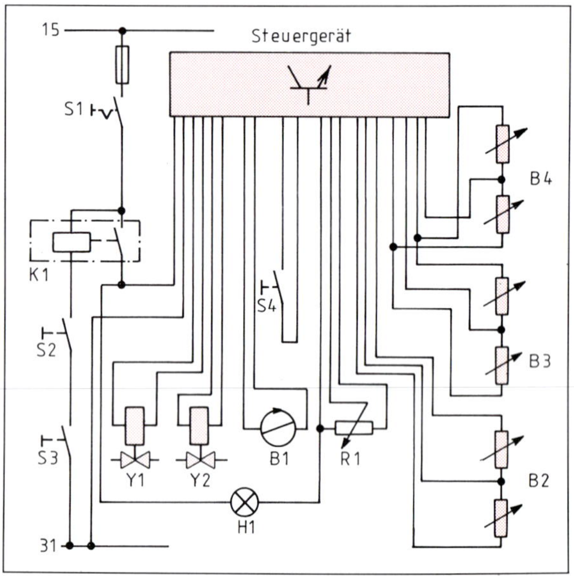

1 Bauteile und Stromlaufplan einer Lenkautomatik

Übungen

1. Ordnen Sie die Bauelemente der Lenkautomatik in tabellarischer Form den folgenden Baugruppen (s. Seite 87) zu:

   Eingabegerät Verarbeitung Ausgabegerät.

2. Warum kann diese Ausführungsform der Lenkautomatik beim Mähdrescher nicht für den Getreidedrusch eingesetzt werden?

3.10 Elektronische Hubwerksregelung (EHR)

Neben den in Kap. 4.5.3 beschriebenen mechanisch-hydraulischen Regelsystemen für die Kraftheberanlage des Schleppers werden in den letzten Jahren verstärkt **elektronisch-hydraulische** Hubwerksregelsysteme (Bilder 1 und 2) angeboten. Diese besitzen folgende elektrische bzw. elektronische Bauelemente:

Stromversorgung (Batterie bzw. Generator),
Steuergerät A1,
Bedienpult,
Regelventil Y1,
Weg- oder Lagesensor B1,
Zugkraftsensoren B2 und B3,
Heckbetätigung mit den Schaltern S1 und S2.

Zur Lage- und Zugkraftmessung werden bei diesem System **elektrische Sensoren** (s. Bild 3) eingesetzt. Der Lagesensor (1) besteht aus einer Spule, in deren Mitte durch die Nockenbahn (2) der Hubwelle (3) ein Ferritkern bis zu 13 mm verschoben wird.

Der Spule wird über zwei Versorgungsleitungen eine hochfrequente Wechselspannung von ca. 7 V zugeführt. Durch die Kernbewegung ändern sich der Widerstandswert der Spule und damit gleichzeitig die an der Spulenmitte abgegriffene Signalspannung. Ihr Wert liegt zwischen 33% ... 67% der Versorgungsspannung. Vor der Weiterverarbeitung im Steuergerät wird die Signalspannung noch gleichgerichtet.

Die Unterlenker des Krafthebers werden mit zwei **Kraftmessbolzen** (Bild 3b, Pos. 4 und Seite 91, Bilder 1 und 2) am Schlepper befestigt. In der Bohrung dieses Bolzens befindet sich ein Transformator und eine elektronische Baueinheit zur Signalumformung.

Dem Kraftmessbolzen wird eine Versorgungsspannung von 10 V Gleichstrom zugeführt. Diese wird von der elektronischen Baueinheit in eine Wechselspannung umgewandelt. Der Wechselstrom fließt anschließend zur Primärwicklung des Transformators. Aufgrund des Polaritätswechsels wird auf der Primärseite ständig ein Magnetfeld auf- und abgebaut. Dadurch wird in den Sekundärspulen durch Induktion eine Signalspannung erzeugt.

Dieses Signal wird von der elektronischen Baueinheit gleichgerichtet und aufbereitet, bevor es zum Steuergerät gelangt. Im unbelasteten Zustand der Kraftmessbolzen beträgt die Signalspannung 5 V.

Der Transformator befindet sich als Messwertaufnehmer im Bereich der Messzone. Zug- oder Druckkräfte an dieser Stelle führen aufgrund der Scherkräfte zu einer Veränderung des Magnetfeldes der Primärspule. Entsprechend verändert sich auch die Signalspannung der Sekundärspule.

Beim Auftreten von Kräften liegt die ans Steuergerät weitergeleitete Signalspannung $U < 5$ V (Zugkraft) oder $U > 5$ V (Druckkraft).

Die Signale der Sensoren und die vom Fahrer am Bedienteil eingestellten Werte werden vom Steuergerät erfasst und verarbeitet. Daraus ergibt sich dann, welches Teil des Regelventils (Heben oder Senken) elektrisch angesteuert wird (Bild 3, Seite 90). Die bei diesen Vorgängen vom jeweiligen Steuerschieber freigegebene Ölmenge ist dabei abhängig von der Stärke des Steuerstromes (Proportionalventil). EHR-Regelventile älterer Bauart (Generation I ... III) sind allerdings nicht in der Lage, den Öl-

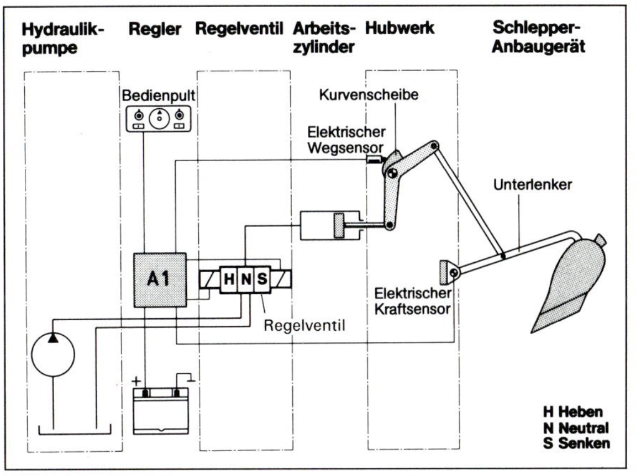

1 Elektronische Hubwerksregelung, Bauteile

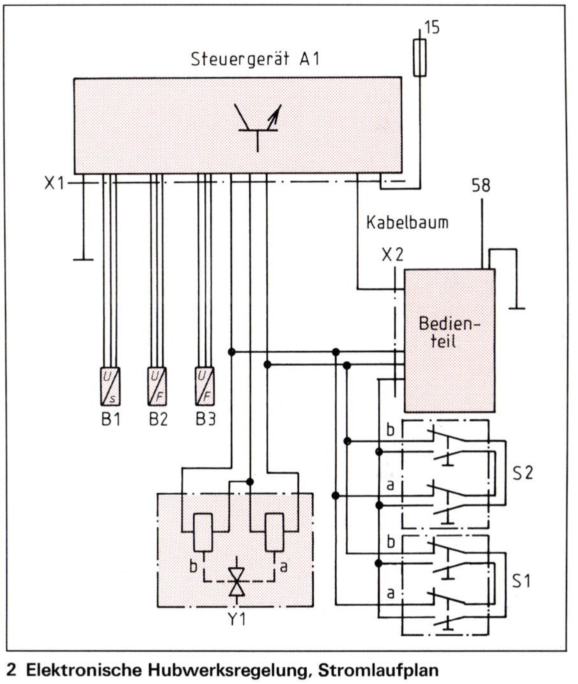

2 Elektronische Hubwerksregelung, Stromlaufplan

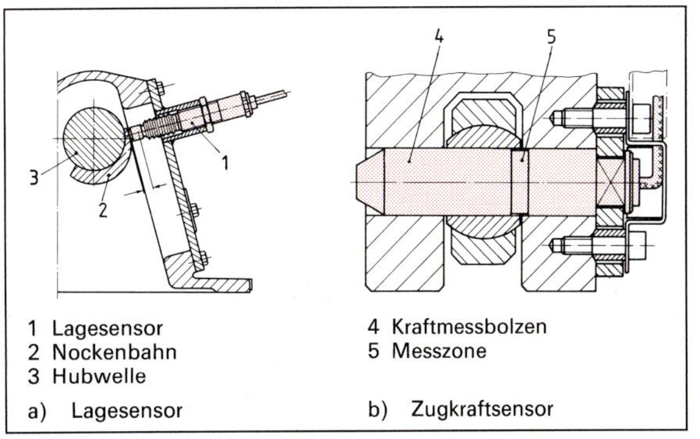

1 Lagesensor
2 Nockenbahn
3 Hubwelle
4 Kraftmessbolzen
5 Messzone

a) Lagesensor b) Zugkraftsensor

3 Elektrische Sensoren

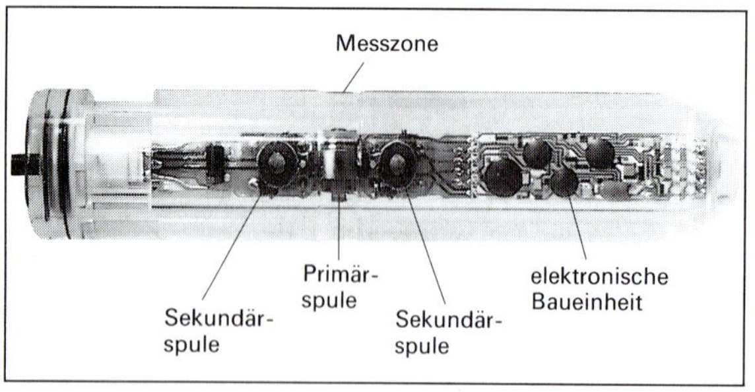

1 Bauteile Kraftmessbolzen

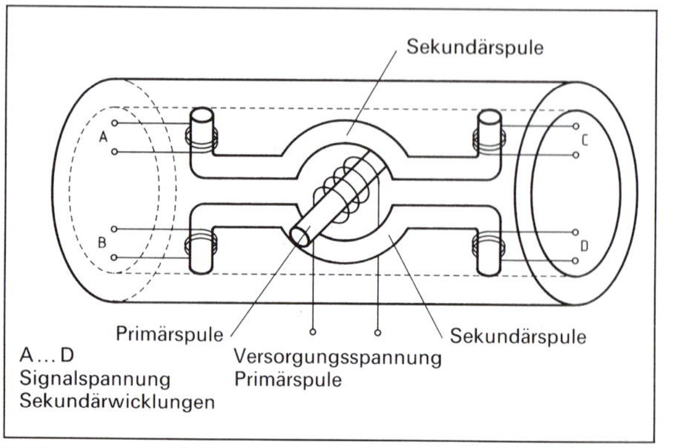

2 Messwertaufnehmer des Kraftmessbolzens

strom kontinuierlich zu verändern (Schwarz-Weiß-Ventil).

Am **Bedienteil** können folgende Größen eingestellt werden:

Betriebsart (Regelung, Transportstellung, Heckbetätigung),
Heben – Senken (ohne EHR),
Hubbegrenzung,
Regelart (Lage, Zugkraft, Mischung),
Arbeitstiefeneinstellung,
Regelempfindlichkeit und Senkgeschwindigkeit.

Mit Hilfe von Erweiterungsbausteinen kann mit der EHR auch gleichzeitig eine **Schlupfregelung** (Bild 4) verbunden werden. Dazu werden einem Steuergerät über einen Radarsensor die tatsächliche und über einen Induktivgeber am Getriebe die theoretische Geschwindigkeit mitgeteilt. Aus diesen Werten errechnet das Steuergerät den Schlupf an den Antriebsrädern. Weicht dieser von den einprogrammierten Werten ab, wird die Arbeitstiefe in festgelegten Grenzen so weit verändert, bis der Sollwert für den Schlupf wieder erreicht wird. Die Abweichungen in der Arbeitstiefe betragen max. 10%.

Die Steuergeräte der elektronischen Hubwerksregelung der ersten vier Generationen arbeiten in Analogtechnik. Ab der fünften Generation erfolgt eine Umstellung auf Digitaltechnik. Die damit verbundenen technischen Änderungen liegen in erster Linie bei der Erweiterung der Leistungsfähigkeit des Steuergeräts.

Neben der Integration der Schlupfregelung und der externen Regelfunktion (z. B. für Rübenroder) zählen dazu folgende Funktionen:

Automatische Anpassung der Regelempfindlichkeit,
Schwingungstilgung bei Transportfahrten mit Anbaugeräten auf holprigen Wegen,
Fehlerdiagnose und -anzeige.

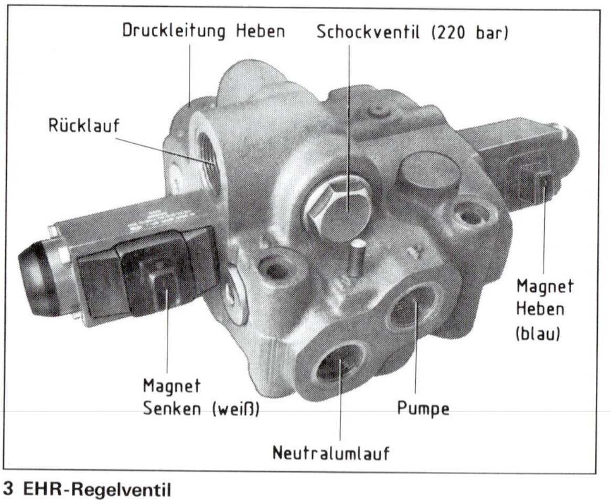

3 EHR-Regelventil

Übungen

1. Beschreiben Sie die Arbeitsweise der Zugwiderstandsregelung der EHR.
2. Wie erfolgt die Lageregelung der EHR?
3. Welche Größe wird durch die Schlupfregelung verändert?

Weitere Übungen zum elektrischen Teil der EHR finden Sie im Bereich Technische Kommunikation, Kap. 2.3.

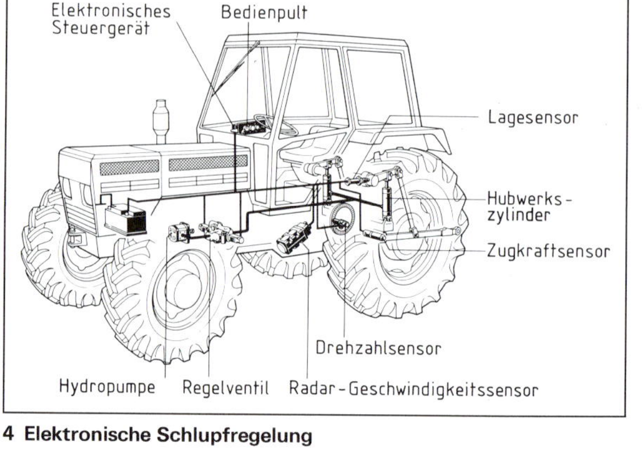

4 Elektronische Schlupfregelung

3.11 Elektronische Steuerung der Kraftübertragung

3.11.1 Wandlerüberbrückungskupplung

Drehmomentwandler haben nach Erreichen des Kupplungspunktes immer noch einen Drehzahlverlust von 2%. Dieser kann durch die Verwendung von **Wandlerüberbrükkungskupplungen** (Bild 1) ausgeglichen werden. Bei stehendem Motor ist die Überbrückungskupplung geschlossen.

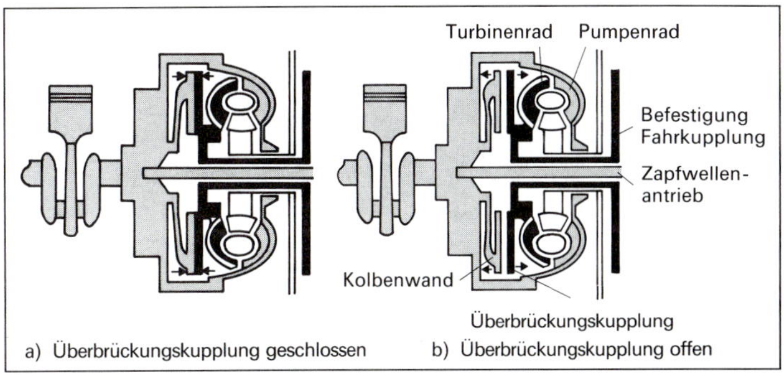

1 Drehmomentwandler mit Überbrückungskupplung

Während des Startvorganges wird von einer Hydraulikpumpe Öl in den Wandler gefördert. Der aufgebaute Öldruck $p_e = 4$ bar ... 5 bar sorgt für ein Lösen der Überbrückungskupplung. Der Wandler kann nun in der bekannten Weise arbeiten (s. Kap. 5.1.3).

Liegt die Drehzahl des Motors $n > 1600$ 1/min, unterbricht das elektronische Steuergerät (Bild 2) die Stromzufuhr zum Magnetventil Y1 und somit auch die Ölzufuhr zum Wandler. Über eine Ringfeder werden die Kupplungslamellen gegen die Kolbenwand gedrückt. Es besteht eine kraftschlüssige Verbindung zwischen Motor und Getriebe.

Die Motordrehzahl wird dem Steuergerät über den Induktivgeber B1 mitgeteilt. Mit dem Kickdown-Schalter S2 kann der Fahrer die Überbrückungskupplung bei höheren Drehzahlen ausschalten. Um eine Überhitzung des Öls bei dieser Schaltung zu vermeiden, sorgt der Temperaturschalter S1 dafür, dass die Kickdown-Funktion bei Temperaturen $t > 105$ °C unterbunden wird. Dies zeigt die Warnleuchte H2 an.

Traktoren, die mit Drehmomentwandler und integrierter Überbrückungskupplung ausgerüstet sind, können angeschleppt werden. Außerdem ist bei Stillstand des Motors ein Bremsen mit eingelegtem Gang möglich.

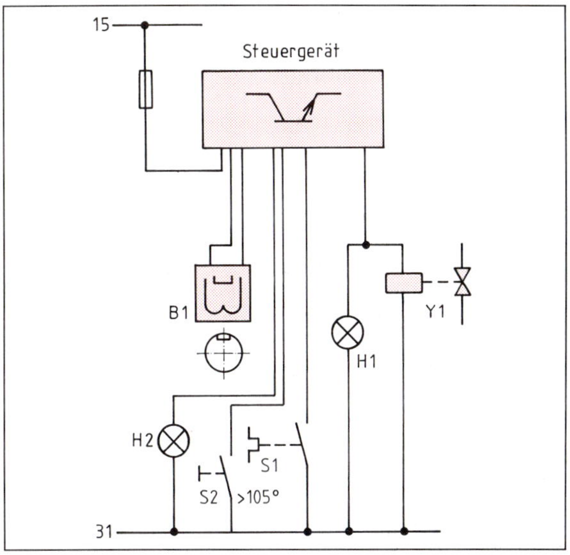

2 Stromlaufplan Wandlerüberbrückung

3.11.2 Allradschaltung und Differentialsperrenüberwachung

Neben der von einigen Herstellern angebotenen elektromagnetischen Einschaltung des Allradantriebes gibt es auch die Möglichkeit, die Differentialsperren für Vorder- und Hinterachse mit Hilfe elektronischer Bauelemente automatisch ein- bzw. auszuschalten.

Bild 3 zeigt den Stromlaufplan einer entsprechenden Anlage mit den nachfolgend aufgeführten Bauelementen:

A1 Steuergerät
B1 Induktivgeber Ausgleichskorb Vorderachse
B2 Induktivgeber Achswelle Vorderachse
B3 Lenkwinkelsensor
K1 Einschaltrelais
K2 Relais Differentialsperre vorn
K3 Relais Differentialsperre hinten
H1 Kontrollleuchte Differentialsperrenüberwachung
H2 Kontrollleuchte Fehlermeldung Überwachung
S1 Schalter Bremse
S2 Schalter Differentialsperre
S3 Magnetschalter Allradantrieb
Y1 Magnetkupplung Differentialsperre vorn
Y2 Magnetventil Differentialsperre hinten.

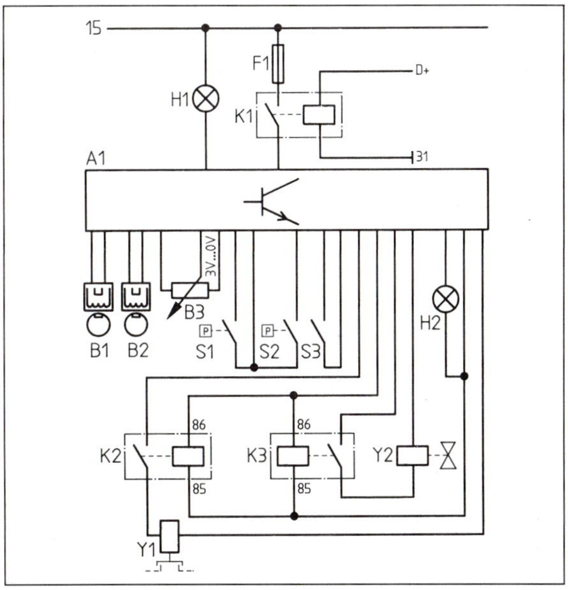

3 Automatische Differentialsperrenschaltung

Die **automatische Differentialsperrenüberwachung** wird zusammen mit dem Allradantrieb eingeschaltet. Besteht zwischen den gemeldeten Drehzahlen der Sensoren B1 und B2 im Geschwindigkeitsbereich zwischen 2 km/h ... 15 km/h ein Unterschied von mehr als 18%, wird minusseitig (Kl. 85) der Steuerstromkreis der Relais K1 und K2 geschlossen. Die Magnetkupplung Y1 und das Magnetventil Y2 sorgen für ein Einschalten der Differentialsperren. Der Arbeitsstromkreis des Relais K2 wird von elektronischen Bauelementen nach 4 s unterbrochen, wenn die Drehzahldifferenz unter 18% liegt. Die hintere Differentialsperre bleibt eingeschaltet.

Beim Betätigen der Fußbremse (S1) oder bei einem Lenkeinschlag >15° (B3) werden beide Differentialsperren gelöst. Im Falle einer Störung der Anlage erhalten die Relais K2 und K3 am Anschluss 85 ein Plussignal, sodass die Bauelemente Y1 und Y2 nicht betätigt werden können. Die Kontrollleuchte H2 macht auf diese Störung aufmerksam.

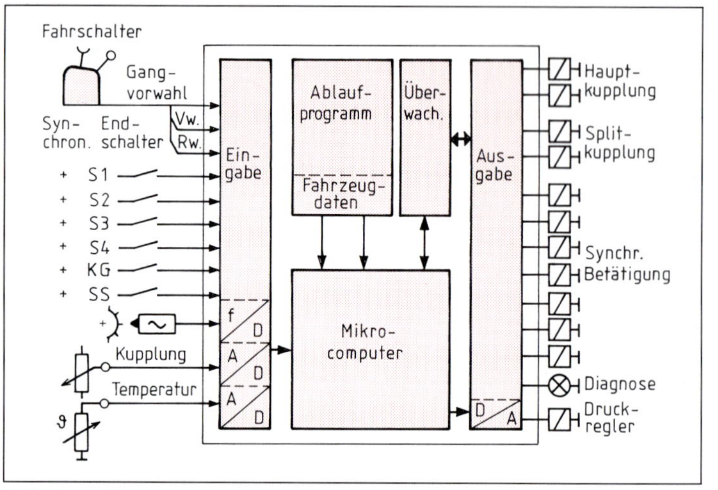

1 Blockschaltbild der elektronischen Getriebesteuerung

3.11.3 Getriebesteuerung

Einige Hersteller bieten inzwischen Schlepper an, bei denen die Steuerung der Schaltabläufe im Getriebe von Mikrocomputern (Bild 1) übernommen wird.

Der Fahrer kann mit dem elektrischen Fahrschalter acht Gänge vorwählen. Mit einem separaten Gruppenschalthebel kann die Fahrtrichtung und der Bereich „Langsam" oder „Schnell" geschaltet werden. Hierzu ist es erforderlich, die Kupplung zu betätigen, was zu einer Unterbrechung der Zugkraft führt. Zusätzlich kann bei manchen Ausführungen über einen Schalter das Schaltprogramm „Straße" bzw. „Feld" gewählt werden.

Als weitere Signale werden der elektronischen Baueinheit die Getriebeausgangsdrehzahl, der Betätigungswinkel des Kupplungspedals und die Getriebeöltemperatur mitgeteilt. Der Mikrocomputer verarbeitet diese Größen und schaltet die Stromzufuhr von Magnetventilen, die für eine hydraulische Betätigung der Kupplungen und Synchronisiereinrichtungen der Gänge sorgen. Den Schaltdruck bestimmt der Druckregler. Die Synchronisierschalter melden der elektronischen Baueinheit die Ausführung dieser Vorgänge. Der eingelegte Gang und das gewählte Programm werden dem Fahrer auf einem Display angezeigt. Bei diesem Getriebe können acht Gänge in verschiedenen Gruppen vorwärts oder rückwärts unter Last geschaltet werden.

Übungen

1. Beschreiben Sie anhand des Bildes 2, Seite 92 den Kraftverlauf bei offener und geschlossener Wandlerüberbrückungskupplung.
2. Warum können Schlepper mit Wandlerüberbrückungskupplung angeschleppt und mit dem Getriebe beim Stillstand des Motors abgebremst werden?
3. Welche Aufgabe hat das Relais K1 in Bild 3, Seite 91?

4 Hydraulik

4.1 Hydraulikanlagen in einem Schlepper

Moderne Hochleistungsgeräte der Landtechnik, wie z. B. Traktoren und Erntemaschinen, benötigen nicht nur große Zugkräfte, sondern auch Funktionseinrichtungen zum Ausheben von Arbeitsgeräten, zum Verrichten von Frontladearbeiten, zum Antrieb von Mähwerksmotoren und zur Betätigung von Lenkung, Kupplung und Bremse. Für diese Aufgaben werden in Landmaschinen **Hydraulikanlagen** eingesetzt (Bild 1).

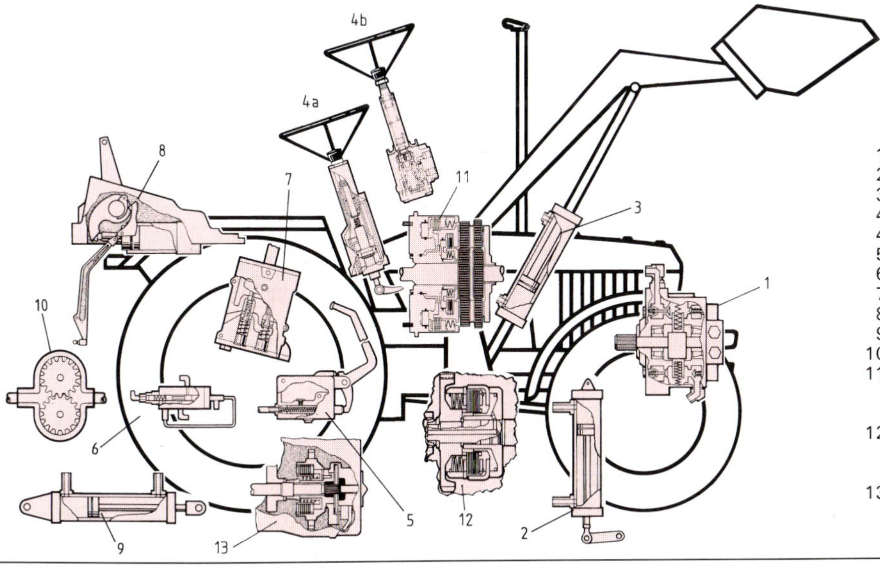

1 Hydraulikpumpe
2 Lenkzylinder
3 Hubzylinder
4a Hydraulische Lenkhilfe
4b Hydraulische Lenkung
5 Hydraulische Bremse
6 Druckbegrenzungsventil
7 Wegeventil
8 Regelhydraulik
9 Hydraulikzylinder
10 Hydraulikmotor
11 Hydraulisch geschaltetes Planetengetriebe des Fahrantriebes
12 Hydraulisch geschaltete Kupplung des Fahrantriebes
13 Hydraulisch geschaltete Kupplung des Zapfwellenantriebes

1 Bauteile der Hydraulikanlagen in Schleppern

Die zeichnerische Darstellung von Hydraulikanlagen geschieht mithilfe genormter Schaltzeichen nach **DIN ISO 1219**. Hierbei werden Leitungen durch Volllinien und Leitungsverbindungen durch Punkte dargestellt. Ganze Baugruppen werden durch Strichpunktlinien rechteckig gerahmt.

Bild 2 zeigt einen Schaltplan mit den wesentlichen Bauteilen der in Bild 1 dargestellten Hydraulikanlage eines Schleppers. Zusätzlich sind folgende Bauteile in dem Plan enthalten:

14 Stromteilventil
15 Filter
16 Behälter, offen, mit Rohrende unter dem Flüssigkeitsspiegel
17 Wärmekraftmaschine (Verbrennungsmotor).

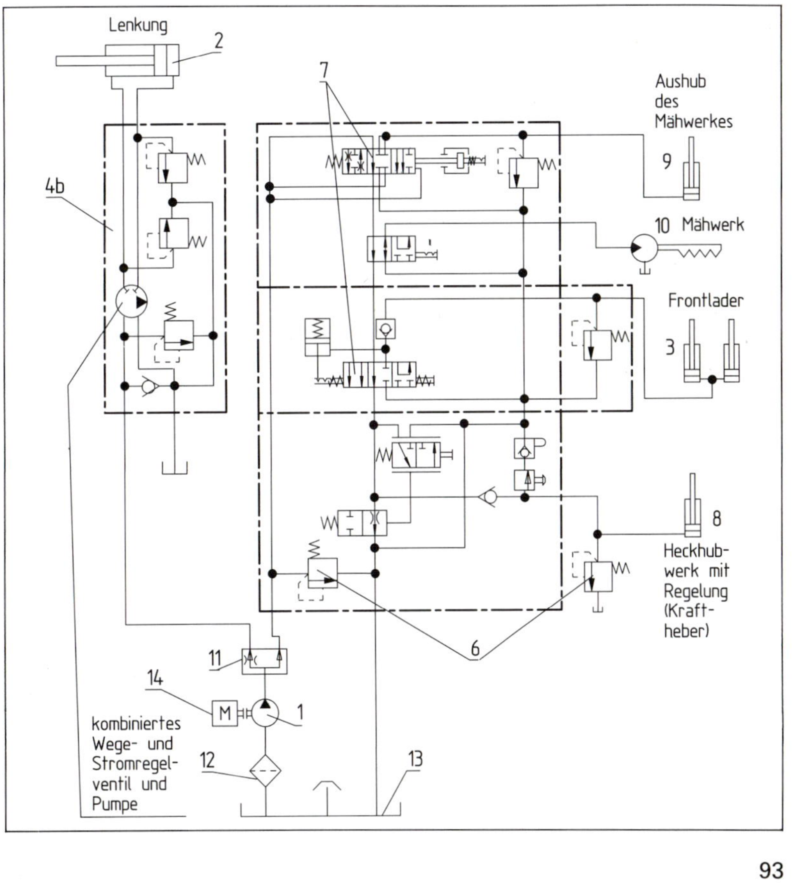

2 Schaltplan der Hydraulikanlage eines Schleppers

4.2 Grundlagen der Hydraulik

In den Hydraulikanlagen landtechnischer Maschinen und Geräte wird die **Antriebsleistung** von Verbrennungsmotoren mit Hilfe von Hydraulikpumpen in **hydraulische Leistung** umgeformt. Diese hydraulische Leistung wird über Hydraulikventile zu Hydraulikmotoren oder Hydraulikzylindern weitergeleitet und in **mechanische Leistung** zurückverwandelt (Bild 1).

Zur Übertragung der hydraulischen Leistung (griech.: Hydron = Wasser) werden in der Landtechnik **Mineralöle** und biologisch schnell abbaubare **Pflanzenöle** auf Rapsölbasis eingesetzt, die folgende Aufgaben erfüllen müssen:

- Übertragung der hydraulischen Leistung,
- Schutz der Bauteile vor Korrosion,
- Transport von Verunreinigungen zur Filteranlage,
- Transport der Systemwärme zum Kühler,
- Schmierung der beweglichen Bauteile.

Die mineralischen Öle (Hydrauliköle) sind nach DIN 51 524 genormt und werden durch eine Buchstaben-Zahlen-Kombination gekennzeichnet (Bild 2).

Da in Traktoren und Landmaschinen unterschiedliche Bauteile, wie Getriebe, hydraulische Kupplungen, hydraulische Bremsen oder hydraulische Lenkungen, mit Öl versorgt werden müssen, wurden spezielle Öle entwikkelt, die als TOU-Öle (TOU = Traktor-Öl-Universal) auf dem Markt angeboten werden. Diese TOU-Öle dürfen jedoch nicht zur Motorschmierung verwendet werden. Zur gleichzeitigen Versorgung von Motor, Getriebe und Hydraulikanlagen werden STOU-Öle (STOU = Super-Traktor-Öl-Universal) eingesetzt.

Die Versorgung der verschiedenen Maschinenbauteile mit Öl muss streng nach den Vorschriften des Maschinenherstellers erfolgen. Die **Lagerung** soll in geschlossenen Räumen erfolgen, in denen die Ölbehälter vor Witterungseinflüssen (Feuchtigkeit) und Verschmutzung geschützt sind. Trichter und Kannen zum Befüllen der Hydraulikanlagen müssen vor ihrer Verwendung sorgfältig gereinigt werden.

Merksatz:
Es sind jeweils nur die vom Fahrzeug- und Maschinenhersteller vorgeschriebenen Hydraulikflüssigkeiten zu verwenden.

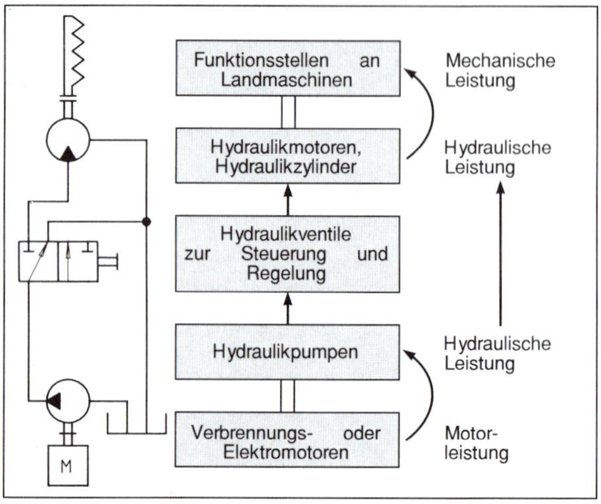

1 Leistungsumwandlung in Hydraulikanlagen

Bezeichnung der Hydrauliköle nach DIN 51 524
Hydrauliköl DIN 51 524 – HLP 46 Hydrauliköl DIN 51 524 – HLPV 68
Bedeutung der Buchstabenangabe: H Hydrauliköl L Wirkstoffe zur Verbesserung des Korrosionsschutzes sind enthalten P Wirkstoffe zur Herabsetzung von Reibung und Verschleiß sind enthalten V Wirkstoffe zur Verdünnung der Schmierstoffe (Lösungsmittel) sind enthalten
Bedeutung der Zahlenangabe: Die Zahl hinter der Buchstabenkombination gibt die kinematische Zähigkeit des Hydrauliköls in mm^2/s bei einer Temperatur von $t = 40$ °C an.

2 Bezeichnung von Hydrauliköl

4.3 Hydrauliksysteme

In allen Hydraulikanlagen fördert eine Hydraulikpumpe durch einen Filter das Hydrauliköl aus dem Vorratsbehälter durch ein Steuerventil zu einem Hydraulikmotor oder zu einem Zylinder. Über eine Rücklaufleitung wird der Ölkreislauf zurück zum Ölbehälter ermöglicht. Ein Druckbegrenzungsventil gibt den Ölrückfluss frei, wenn der Druck in der Anlage den Grenzwert überschreitet.

In der Landtechnik werden folgende unterschiedliche Hydrauliksysteme eingesetzt:

- das offene Hydrauliksystem,
- das geschlossene Hydrauliksystem.

Beim **offenen Hydrauliksystem** fördert die Hydraulikpumpe ununterbrochen **(Konstantförderpumpe)**. Das Steuerventil ist in Nullstellung offen und gibt den Ölrücklauf zum Vorratsbehälter frei. Das Hydrauliköl fließt solange drucklos durch das System, bis ein Verstellen des Steuerventils den Ölstrom zu einem Zylinder oder Hydraulikmotor leitet. Wird der Ölstrom gebremst, entsteht Druck. Das Druckbegrenzungsventil öffnet, wenn dieser den vom Hersteller festgelegten Wert übersteigt und gibt den Ölstrom zum Vorratsbehälter frei (Bild 1).

Beim **geschlossenen Hydrauliksystem** ist der Ölfluss in Nullstellung des Steuerventils unterbrochen. Der entstehende Druck schaltet automatisch die Pumpe auf Nullförderung **(Verstellförderpumpe)**. Gibt das Steuerventil den Ölfluss zum Zylinder frei, fällt der Druck ab und die Pumpe nimmt die Förderung wieder auf. Ein Druckbegrenzungsventil entfällt (Bild 2).

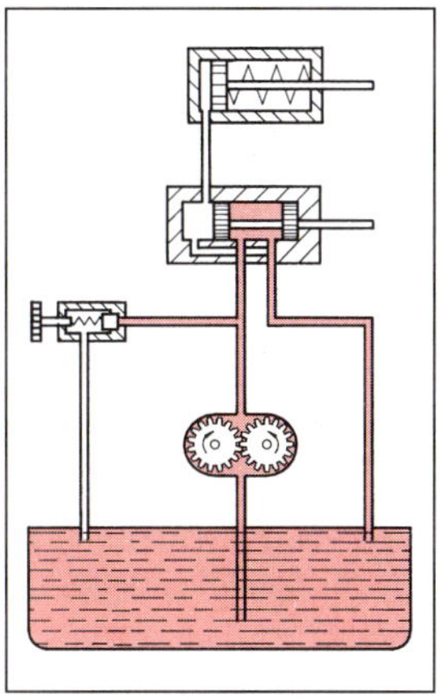

1 Offenes Hydrauliksystem

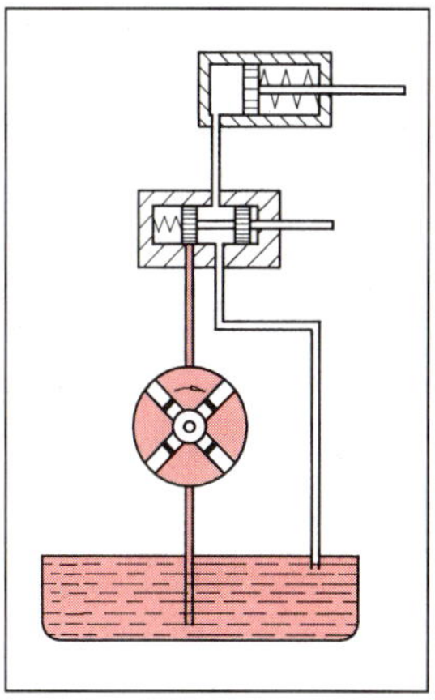

2 Geschlossenes Hydrauliksystem

Übungen

1. Geben Sie alle hydraulischen Funktionseinrichtungen für einen Schleppertyp Ihrer Wahl an.
2. Stellen Sie anhand der Betriebsanleitung eines Schleppertyps Ihrer Wahl fest, welche Hydrauliköle verwendet werden können.
3. Vergleichen Sie die Funktion von offenen und geschlossenen Hydrauliksystemen.
4. Beschreiben Sie den Vorgang der Leistungsumwandlung in Hydraulikanlagen.

4.4 Bauteile der Hydraulikanlagen

4.4.1 Hydraulikpumpen

In einer Hydraulikpumpe wird mechanische Leistung in hydraulische Leistung umgewandelt. Die kontinuierlich angetriebenen Pumpen arbeiten nach dem **Verdrängerprinzip**. Hierzu muss das Hydrauliköl angesaugt und zu den Arbeitselementen, wie Hydraulikmotoren und -zylindern, verdrängt werden.

Merksatz:
In Hydraulikpumpen wird mechanische in hydraulische Energie umgewandelt, d.h. durch mechanische Bewegung wird ein Flüssigkeitsstrom erzeugt.

Der Förderstrom der Pumpe $\dot{V}$ in l/min lässt sich aus dem Fördervolumen V der Pumpe bei einer Pumpenumdrehung und der Antriebsdrehzahl n berechnen.

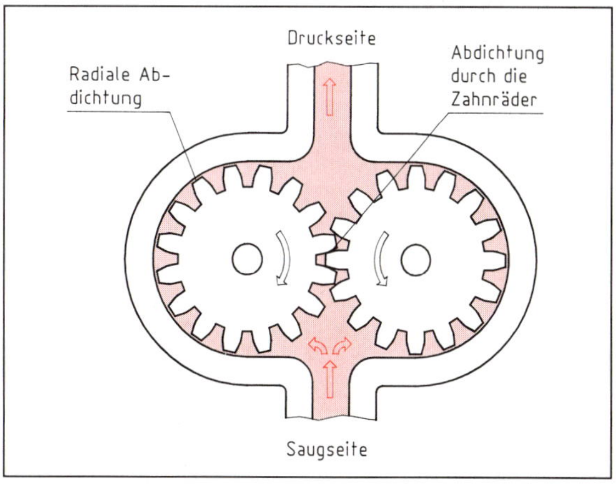

3 Zahnradpumpe

$$\dot{V} = V \cdot n$$

V Fördervolumen
n Drehzahl
$\dot{V}$ Förderstrom

Als Verdrängungselemente in den verschiedenen Pumpen werden Kolben, Flügelzellen, Schraubenspindeln oder die Zähne von Stirnrädern verwendet. Diese Verdrängungselemente üben auf einen Teil des eingeschlossenen Hydrauliköls eine nach innen gerichtete Kraft aus, die senkrecht auf die Flüssigkeitsoberfläche wirkt und einen Druck erzeugt.

$$p = \frac{F}{A}$$

F Kraft des Verdrängungselementes
A Angriffsfläche der Kraft auf die Flüssigkeit
p Druck in der Flüssigkeit

Umrechnung:
$100\,000\ \text{N/m}^2 = 100\,000\ \text{Pa}$
$= 10\ \text{N/cm}^2 = 1\ \text{bar}$

Der Druck ist innerhalb der Flüssigkeit überall gleich.

Die wichtigsten Hydraulikpumpen (s. auch Bild 1, Seite 98) in der Landtechnik sind die Zahnradpumpen in offenen Hydrauliksystemen und die Radialkolbenpumpen in geschlossenen Hydrauliksystemen.

Zahnradpumpen sind einfach gebaut und bestehen im Wesentlichen aus zwei gleichgroßen Zahnrädern und dem Gehäuse, das die Zahnräder abdichtend umgibt. Durch das Drehen der Zahnräder werden die Zahnlücken zum Saugraum hin geöffnet. Es entsteht ein Unterdruck, der den Zufluss von Hydrauliköl aus dem Vorratsbehälter durch die Krafteinwirkung des Luftdrucks ermöglicht. Zwischen den Zahnlücken und der Gehäusewand wird das Hydrauliköl eingeschlossen, zum Druckraum transportiert und durch das Ineinandergreifen der Zähne aus den Zahnlücken verdrängt. Bei jeder Umdrehung wird eine gleichgroße Ölmenge gefördert (Bild 3, Seite 96). Es gibt folgende Bauarten von Zahnradpumpen:

- Plattenpumpe,
- Buchsenpumpe,
- Brillenpumpe.

Einfache **Plattenpumpen** bestehen aus drei Gehäusebauteilen, die miteinander verschraubt werden und die Förderräder mit stets gleichem Spiel axial und radial umschließen. Bei hohen Drücken kann durch dieses Spiel ein Ölfluss von der Druck- zur Saugseite entstehen, der die Pumpenfördermenge stark herabsetzt.

Bei **Buchsen- oder Brillenpumpen** sind beidseitig der Förderräder Buchsen oder Brillen eingebaut, die durch den jeweiligen Pumpendruck gegen die Stirnseiten der Förderräder gedrückt werden und dadurch die Abdichtung verbessern. Bei diesen Pumpen sind Betriebsdrücke bis zu $p \leq 250$ bar möglich (Bild 1).

Radialkolbenpumpen besitzen bei konstantem Arbeitsdruck eine veränderbare Ölfördermenge. Wenn kein Öl von den Abnehmern benötigt wird, baut sich in der Pumpe ein Öldruck auf, der die Förderkolben von dem rotierenden Betätigungsnocken abhebt. Die Pumpe stellt die Förderung bei rotierendem Nocken ein. Wird ein Abnehmer zugeschaltet, senkt sich der Innendruck, die Förderkolben sinken auf den Nocken und fördern durch die aufgezwungene Hubbewegung (Bild 2).

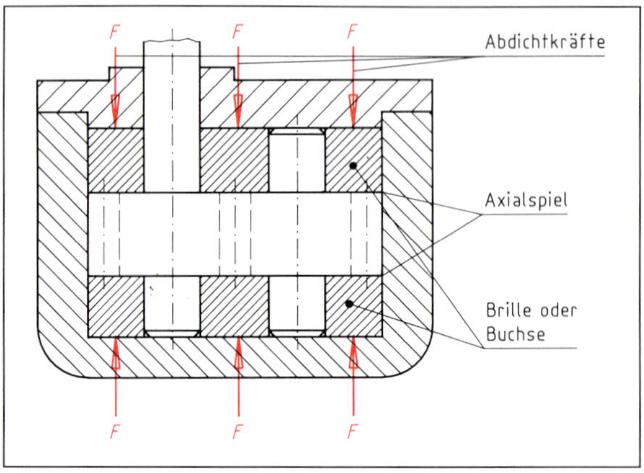

1 Abdichtung der Buchsen oder Brillenpumpe

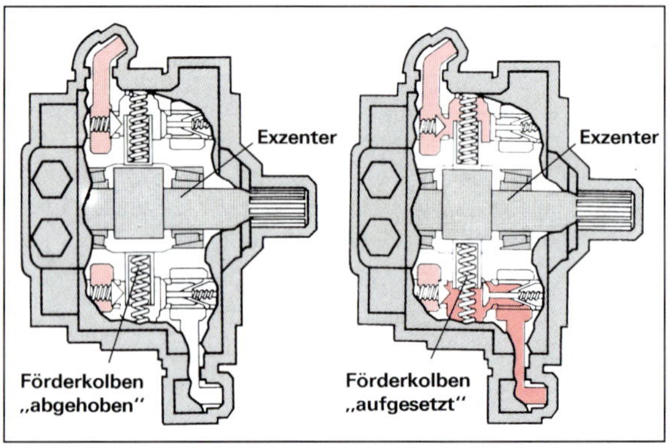

2 Funktion der Radialkolbenpumpe

Prüfen der Hydraulikpumpen

Zum Prüfen von Hydrauliksystemen und Hydraulikpumpen werden **Hydrauliktester** eingesetzt (Bild 3). Mit diesen Geräten lassen sich Durchflussmengen, Öldrücke und Öltemperaturen genau messen und somit Fehler im Hydrauliksystem feststellen.

Zur Prüfung von Hydraulikpumpen wird der Eingangsstutzen des Hydrauliktesters mit der Druckleitung am

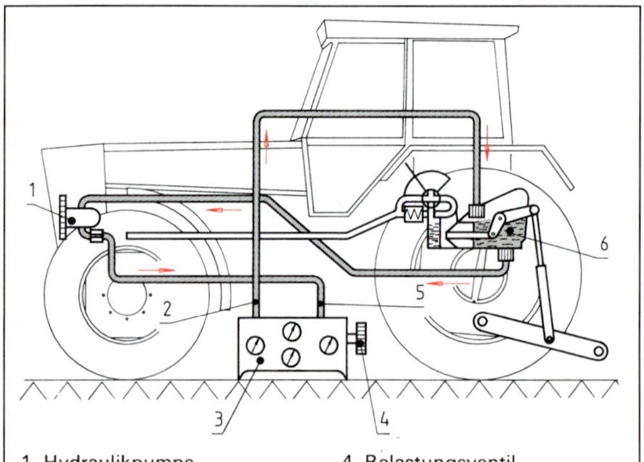

1 Hydraulikpumpe
2 Auslassstutzen
3 Hydrauliktester
4 Belastungsventil
5 Einlassstutzen
6 Ölbehälter

3 Anschluss eines Hydrauliktesters

	Funktionsskizze	Bezeichnung	Funktion der Pumpe	Einsatz in der Landtechnik
Konstant-förderpumpen Symbol DIN ISO 1219-1 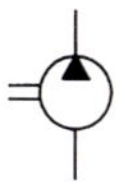	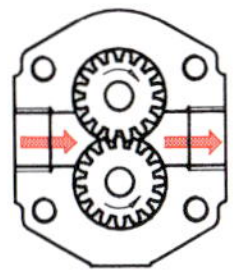	Außenzahnrad-pumpe	Die Funktion dieser Pumpe wurde in ihren verschiedenen Bauarten auf Seite 97 beschrieben.	Offene Hydrauliksysteme im Traktor und Mähdrescher
		Innenzahnrad-pumpe	Durch die Drehung des Innenzahnrades wird das Außenrad angetrieben und das Öl in den Zahnlücken über das Füllstück zum Druckraum gefördert.	Diese Pumpen ermöglichen hohe Pumpendrücke und werden daher in der Lenkhydraulik verwendet.
	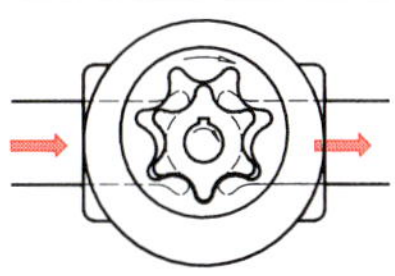	Zahnringpumpe (Gerotor)	Das Außenrad besitzt einen Zahn mehr als das Innenrad und jeder Zahn des Innenrades berührt genau einen Zahn des Außenrades. Durch Drehung des Innenrades wird das Öl in den Zahnlücken gefördert.	
	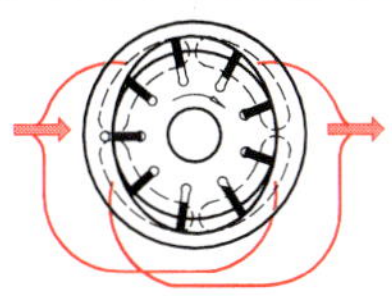	Flügelzellen-pumpe	Diese Pumpen fördern das Öl vom Saug- zum Druckraum durch symmetrisch angeordnete Flügel, die durch Fliehkräfte gegen ihre Laufflächen gepresst werden.	Diese Pumpen sind nur für geringe Drücke geeignet, große Fördermengen sind möglich. Einsatz als Förderpumpe in Verteilereinspritzpumpen
	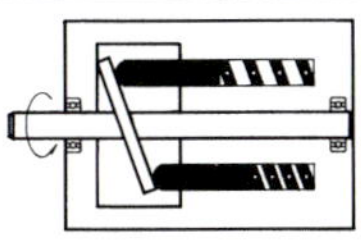	Axialkolben-pumpe	Axialkolbenpumpen fördern das Öl durch die Hubbewegung der Kolben, die durch eine rotierende Schrägscheibe bewirkt werden.	Diese Pumpen erreichen sehr hohe Drücke und werden in den hydraulischen Fahrantrieben von Erntemaschinen verwendet.
	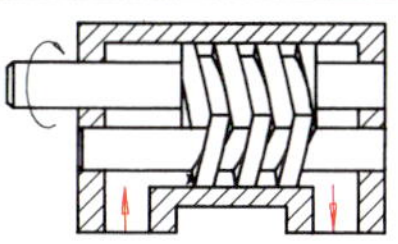	Schrauben-spindelpumpen	Diese Pumpen fördern durch zwei ineinandergreifende Schneckenräder.	Sie eignen sich zur Förderung dickflüssiger Stoffe und werden in Pumptankwagen benutzt.
	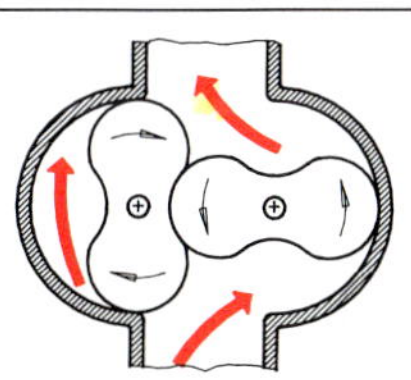	Wälzkolben-pumpe	Angetriebene Wälzkörper rollen aufeinander ab und verkleinern bzw. vergrößern ständig die Räume. Hierdurch entsteht eine Pumpwirkung.	
Verstell-pumpen Symbol DIN ISO 1219-1 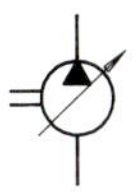	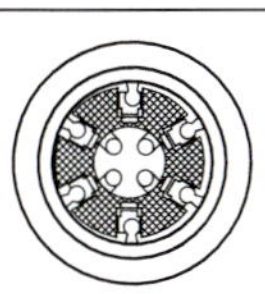	Radialkolben-pumpe	Die Funktion dieser Pumpe wurde auf der Seite 97 beschrieben.	Geschlossene Hydrauliksysteme im Traktor und Mähdrescher
	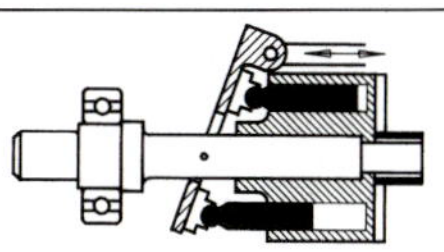	Axialkolben-pumpe (Schräg-scheibe)	Funktion siehe Axialkolbenpumpe. Die Fördermenge ist veränderbar.	Hydraulische Fahrantriebe in Erntemaschinen
	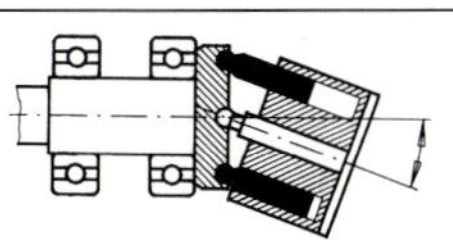	Axialkolben-pumpe (Schrägachse)		
	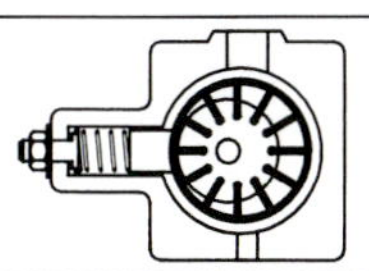	Flügelzellen-pumpe	Funktion siehe Flügelzellenpumpe (Konstantförderpumpe). Die Fördermenge ist durch Änderung der Rotorexentrizität einstellbar.	Geschlossene Hydrauliksysteme bei geringen Systemdrücken

1 Bauarten der wichtigsten Hydraulikpumpen

Pumpenausgang verbunden. Dabei ist es notwendig, dass die Hydraulikanlage drucklos ist. Der Auslassstutzen des Testgerätes wird durch eine Leitung über einen Filter mit dem Ölvorratsbehälter verbunden (Bild 3, S. 97). Vor Beginn des Prüfvorganges sind der Ölstand im Vorratsbehälter und die Öltemperatur (etwa 50 °C) zu überprüfen.

Prüfvorgang:

1. Bei vollständig geöffnetem Belastungsventil, Prüfdruck $p = 0$ bar, wird bei Pumpennenndrehzahl die maximale Pumpenfördermenge gemessen.
2. Durch Schließen des Belastungsventils steigt der Druck langsam bis zum Höchstdruck an. Die Fördermenge der Pumpe wird bei dem jeweils eingestellten Druck p abgelesen und notiert (Bild 1).
3. Beim maximalen Pumpendruck muss die Pumpe mindestens 75% des Förderstroms, der unter Punkt 1 gemessen wurde, erreichen. Ist die Pumpenfördermenge geringer, so ist die Pumpe schadhaft und muss ausgetauscht werden.

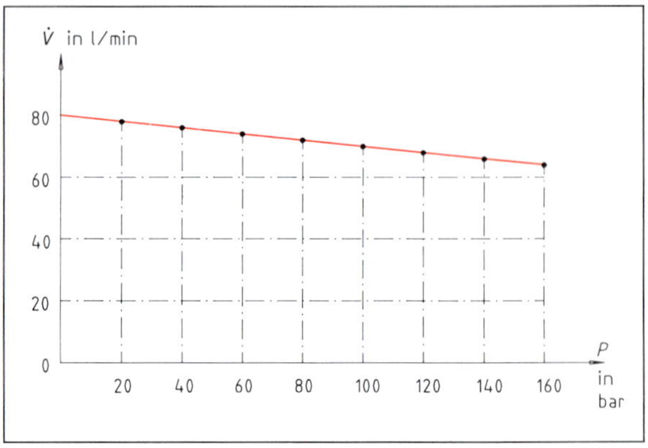

1 Messdiagramm einer Hydraulikpumpe

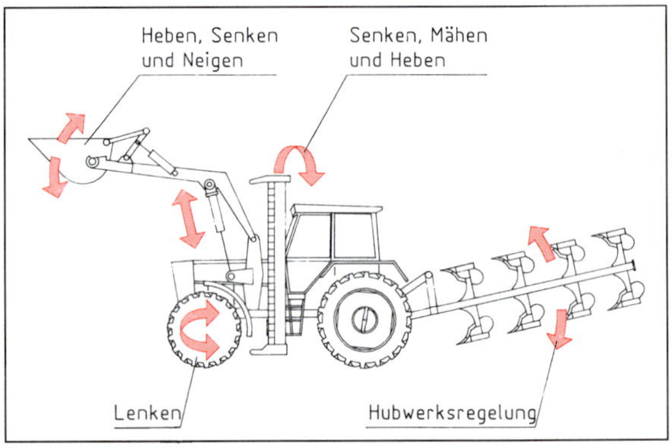

2 Funktionsstellen der hydraulischen Anlage eines Schlepper

4.4.2 Versorgung unterschiedlicher Funktionsstellen in der hydraulischen Anlage eines Schleppers

In Maschinen und Geräten der Landtechnik müssen nacheinander oder gleichzeitig verschiedene Funktionsstellen der Hydraulikanlage mit Hydrauliköl versorgt werden (Bild 2).

Die **gleichzeitige Versorgung** unterschiedlicher Funktionsstellen kann auf zwei Arten ermöglicht werden:

- durch die Verwendung von zwei hintereinandergebauten Hydraulikpumpen (Tandempumpe) mit gleicher Antriebsdrehzahl und unterschiedlicher Fördermenge (Bild 3),
- durch die Verwendung eines Stromteilventils, das die Fördermenge der Pumpe in einem bestimmten Verhältnis auf die Funktionsstellen verteilt (Bild 4).

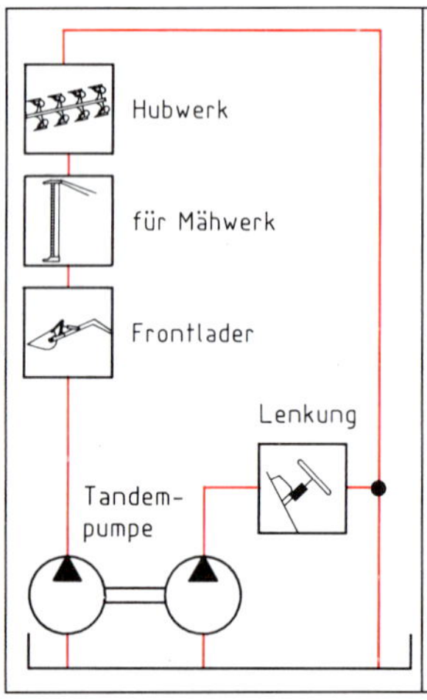

3 Tandempumpenanordnung

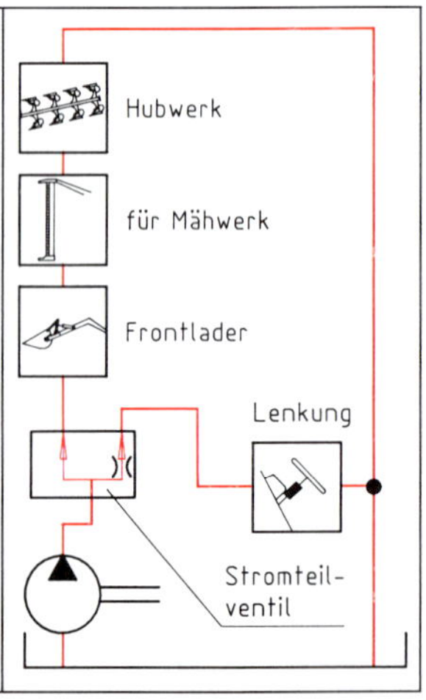

4 Stromteilventilanordnung

Übungen

1. Stellen Sie die Bauart der Hydraulikpumpe eines Schleppertyps Ihrer Wahl fest und geben Sie deren Förderstrom in l/min und deren Arbeitsdruck in bar und Pa an.
2. Warum werden Radialkolbenpumpen bevorzugt in geschlossenen Hydrauliksystemen verwendet?
3. Benennen Sie einen Schlepper, der mit einer Tandempumpe ausgerüstet ist und geben Sie die Fördermengen der Einzelpumpenelemente an.
4. Benennen Sie Landmaschinen, die mit Axialkolbenpumpen ausgerüstet sind.
5. Warum lassen sich mit Flügelzellenpumpen nur geringe Systemdrücke erreichen?

4.4.3 Stromventile

Stromventile in Hydraulikanlagen bewirken eine Änderung der Kolbengeschwindigkeit in Hydraulikzylindern, eine Drehzahländerung in Hydraulikmotoren und eine Aufteilung des Pumpenförderstromes in Volumenströmen zu verschiedenen Verbrauchern. Hierzu wird der Durchflussquerschnitt der Druckleitung und somit der Volumenstrom verändert.

Stromventile werden in folgende Bauarten unterteilt:

- Blenden und Drosseln,
- Drosselventile,
- Stromregelventile,
- Stromteiler.

Blenden und Drosseln bestehen aus einem Gehäuse mit zwei Anschlussbohrungen und einer konstanten Verengung, der Drossel oder Blende (Bild 1). Die Verengung wirkt als Widerstand. Der Volumenstrom der Pumpe $\dot{V}$ wird vor der Drossel oder Blende gestaut und baut einen Druck p_1 auf. Ein Teil des Volumenstromes durchströmt die Verengung. Durch den Widerstand vor der Blende entsteht Flüssigkeitsreibung, sodass hydraulische Energie in Wärmeenergie umgewandelt wird. Dieser Energieverlust bewirkt einen Druckabfall. Der Unterschied beider Drücke ist die **Druckdifferenz**

$$\Delta p = p_1 - p_2 .$$

Der andere Teil des Pumpenstromes fließt über das Druckbegrenzungsventil der Anlage zurück zum Ölbehälter (Bild 2).

Bei **Drosselventilen** kann der Durchflussquerschnitt der Drossel durch die Ringspaltveränderung einer Nadeldrossel oder die Verschiebung der Durchflusskerbe einer Kolbendrossel variiert werden (Bild 3). Den Einbau eines Drosselventils zeigt Bild 2.

Stromregelventile werden benutzt, um einen konstanten Volumenstrom zum Verbraucher zu gewährleisten. Beim **2-Wege-Stromventil** (2 Wege = 2 Anschlüsse) bestimmt der Durchmesser der Messblende den Volumenstrom (Bild 4). Dabei bilden die Messblende am Ende der Regelhülse und die Druckfeder eine Arbeitseinheit. Wenn die bei Anschluss P einströmende Ölmenge zu-

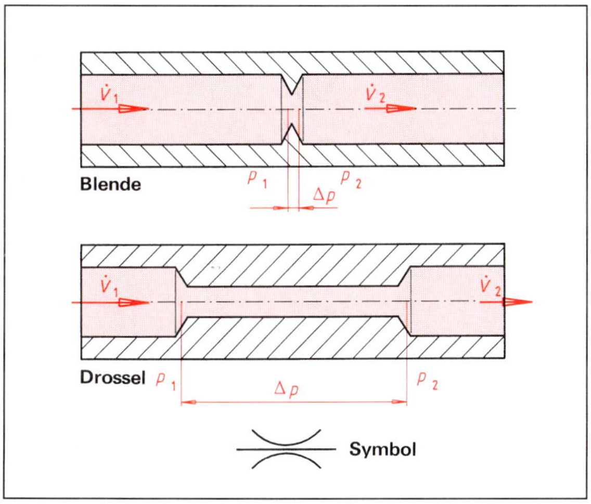

1 Blende und Drossel

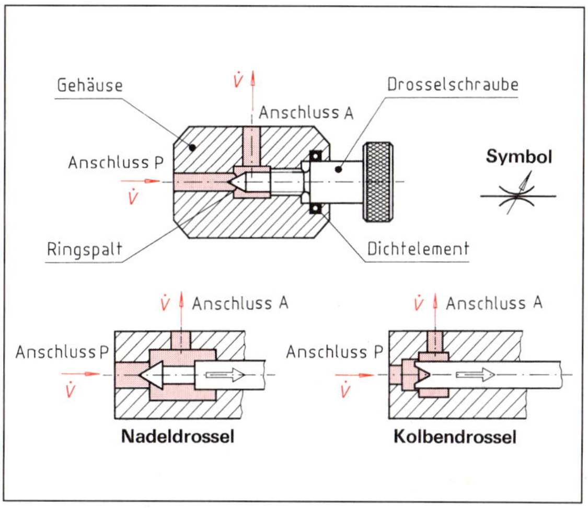

3 Drosselventil

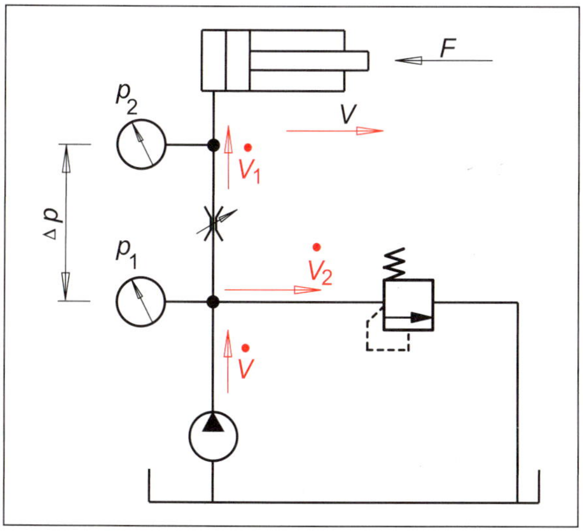

2 Hydrauliksystem mit Drosselventil

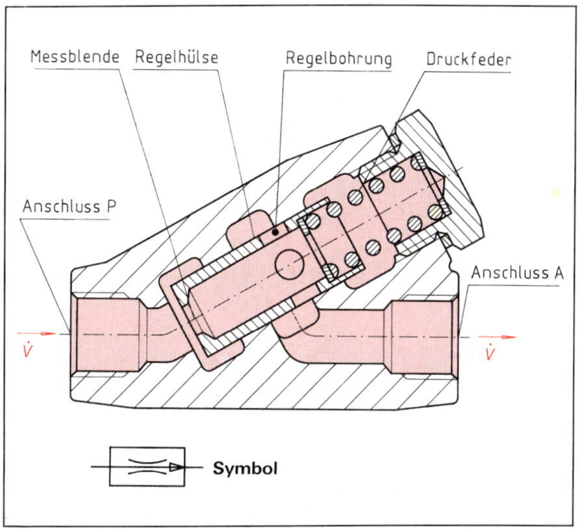

4 2-Wege-Stromregelventil

nimmt, steigt der Druck vor der Messblende und schiebt die Regelhülse gegen die Druckfeder nach rechts. Dadurch werden die Regelbohrungen in der Regelhülse teilweise geschlossen. Der Druck im Ventilinnern steigt und der Ölstrom durch die Messblende von Anschluss P nach Anschluss A wird verringert.

Das **3-Wege-Stromventil** (3 Wege = 3 Anschlüsse) hat ebenfalls eine Messblende am Ende einer Regelhülse und eine Druckfeder (Bild 1). Der Innendruck dieses Ventils wird durch den Arbeitsdruck am Anschluss A (Auslass) bestimmt. Bei steigender Zuströmmenge am Anschluss P (Einlass) erhöht sich der Druck vor der Messblende. Die Regelhülse wird nach rechts bewegt und die Nebenöffnung vergrößert. Die vom Verbraucher nicht benötigte Flüssigkeitsmenge wird auf diese Weise über den Anschluss B (Nebenweg) abgeleitet.

Eine Anwendungsmöglichkeit dieses Ventils zeigt Bild 4, Seite 99.

Stromteiler haben die Aufgabe, von einer Zuleitung zwei unterschiedliche Hydraulikkreise belastungsunabhängig mit der gleichen Ölmenge zu versorgen. Sie werden zum Beispiel in Hydraulikkippern mit zwei Kippzylindern oder im Hubwerk des Mähdrescherschneidwerkes eingesetzt. Der Stromteiler (Bild 2) besteht aus einem Gehäuse und einem frei beweglichen Regelkolben. Vom Anschluss 1 (Einlass) fließt das Öl durch die gleichgroßen Drosselbohrungen a und b in die Räume A und B und somit bei Mittelstellung des Regelkolbens gleichmäßig durch die Verbraucheranschlüsse 2 und 3 (Auslässe) zu den Verbrauchern. Steigt zum Beispiel im Verbraucher am Anschluss 3 die Belastung und somit der Arbeitsdruck, verringert sich die Durchflussmenge am Anschluss 3 und der Regelkolben wird in Richtung A verschoben, so dass sich auch die Durchflussmenge zum Verbraucher 2 verkleinert. Durch das ständige Verschieben des Regelkolbens bei unterschiedlichen Arbeitsdrücken in den einzelnen Verbrauchern, werden stets beide Verbraucheranschlüsse 2 und 3 mit der gleichen Ölmenge versorgt. Soll der Ölstrom auf die beiden Verbraucheranschlüsse nicht im Verhältnis 1 : 1 erfolgen, müssen die Drosselbohrungen a und b ungleich groß sein.

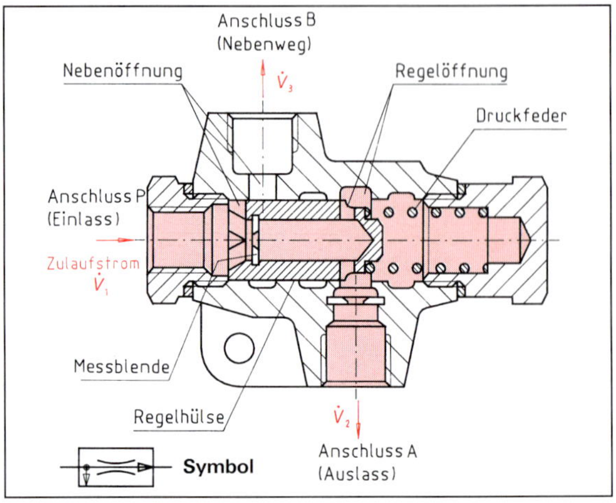

1 3-Wege-Stromregelventil

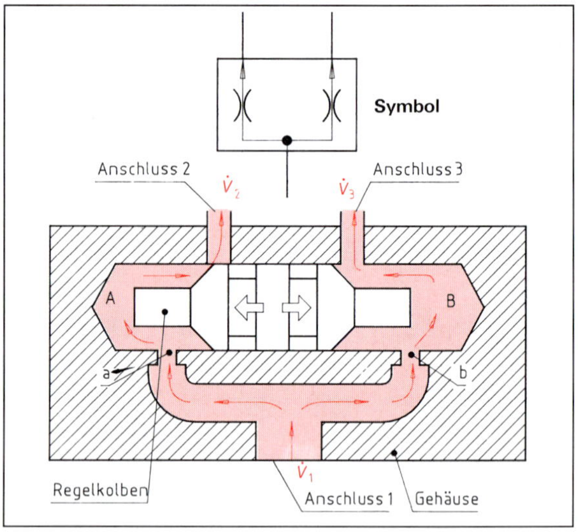

2 Stromteilventil

Übungen

1. Beschreiben Sie den Vorteil einer Blende gegenüber einer Drossel.
2. In die Druckleitung eines Hydrauliksystems soll zur Versorgung eines Hydraulikzylinders direkt hinter der Pumpe eine Drossel eingebaut werden. Ist der Einbau dieser Drossel ohne weiteres möglich oder werden zusätzlich weitere Bauteile zum Betrieb der veränderten Anlage erforderlich?
3. Beschreiben Sie die Wirkung einer Drosselventilverstellung durch Drehen der Drosselschraube auf die Verstellgeschwindigkeit eines Hydraulikzylinders bei gleichbleibendem Förderstrom der Hydraulikpumpe.
4. In einem Hydrauliksystem soll die Kolbengeschwindigkeit eines Zylinders trotz unterschiedlicher Belastungskräfte gleich bleiben. Durch welche Maßnahme kann diese Forderung erfüllt werden?
5. Das Verhalten der Drossel (s. Bild unten) wird durch ihre Kennlinie dargestellt. Beschreiben Sie die Wirkung dieser Drossel auf die Ausfahrgeschwindigkeit eines Zylinders, der an der Stelle A angeschlossen wird, bei einer Verringerung oder einer Vergrößerung der Kolbenkraft F.

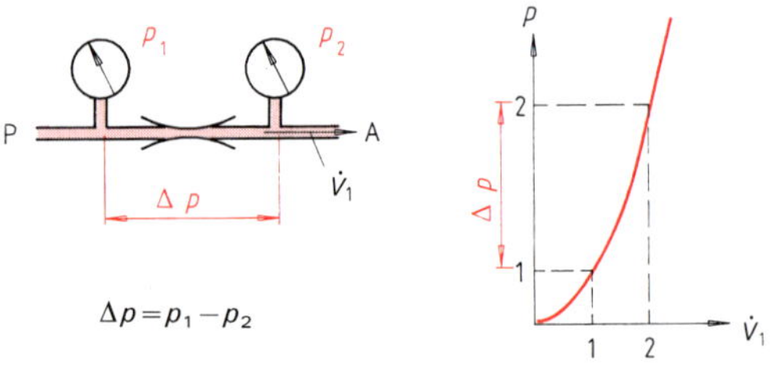

4.4.4 Druckventile

Druckventile haben in der Hydraulik folgende Aufgaben:
- Begrenzung des Betriebsdruckes,
- Verringerung des Betriebsdruckes zur Versorgung besonderer Systembauteile,
- Zu- oder Abschaltung eines Teilkreises der Anlage.

Entsprechend dieser Aufgaben gibt es Druckbegrenzungsventile, Druckminderventile, Zuschalt- oder Abschaltventile.

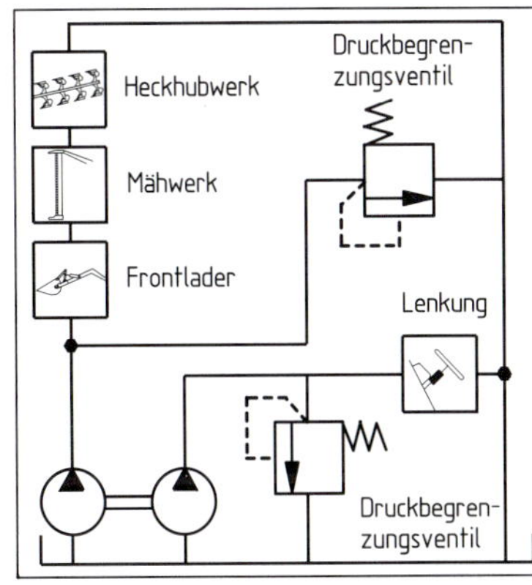

1 **Druckbegrenzungsventile im Hydrauliksystem**

Druckbegrenzungsventile haben die Aufgabe, den Druck in einer Hydraulikanlage zu begrenzen, um die einzelnen Bauteile der Anlage vor Überlastung zu schützen. Diese Ventile werden so in die Anlage eingebaut, dass sie beim Erreichen des höchstzulässigen Druckes eine Verbindung zum Tank öffnen und damit den Druck begrenzen (Bild 1).

Bei direkt gesteuerten Druckbegrenzungsventilen (Bild 2) drückt eine Feder den Kegel so lange gegen die Leitungsöffnung, bis der Öldruck p am Anschluss P die Federkraft überwindet und den Anschluss R zum Tank freigibt. Fällt der Öldruck p ab, schließt die Federkraft das Ventil. Es gibt Druckbegrenzungsventile mit fest eingestellter oder veränderlicher Federvorspannung. Letztere besitzen eine Stellschraube.

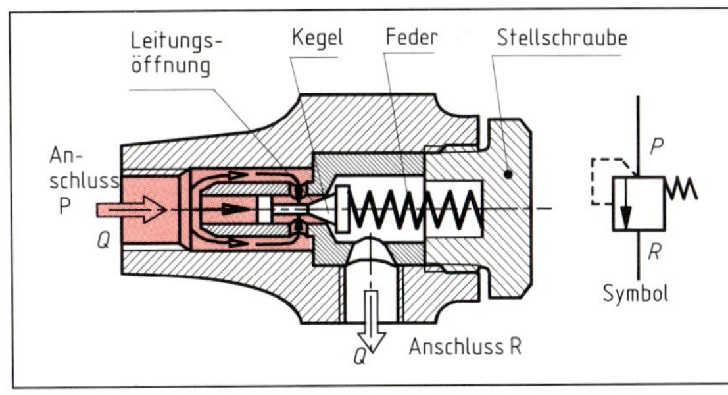

2 **Direktgesteuertes Druckbegrenzungsventil mit Einstellschraube**

Vorgesteuerte Druckbegrenzungsventile (Bild 3) werden in Hydraulikanlagen mit großen Volumenströmen eingesetzt. Sie bestehen aus einem Haupt- und einem Vorsteuerventil. Der Eingangsdruck p am Anschluss P wirkt auf das Hauptsteuerventil und über eine darin untergebrachte Drosselbohrung, aber auch auf das Vorsteuerventil. Das Hauptsteuerventil wird durch die Federkraft und den Öldruck, der über die Drossel in den Federraum gelangt, geschlossen. Steigt der Öldruck p, so öffnet zunächst das Vorsteuerventil, und der Schließdruck hinter dem Hauptsteuerventil fällt wegen der abfließenden Ölmenge ab. Das Hauptsteuerventil öffnet und gibt die Verbindung über Anschluss R zum Tank frei.

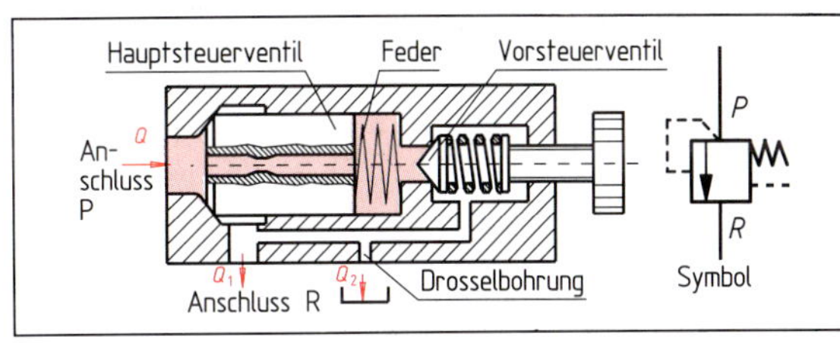

3 **Vorgesteuertes Druckbegrenzungsventil**

Druckminderventile haben die Aufgabe, den Öldruck in einem bestimmten Zweig einer Hydraulikanlage für einen speziellen Verbraucher zu reduzieren. In seiner Ausgangsstellung (Bild 4) arbeitet das Druckminder- oder Druckreduzierventil nicht. Das Öl fließt von Anschluss P nach Anschluss P_1. Steigt nun der Druck im Nebenkreis nach Anschluss P_1, wirkt eine Kraft F auf die Kolbenunterseite. Der Kolben wird entgegen der Federkraft nach rechts verschoben. Die entstehende Durchflussverengung bewirkt einen Druckabfall. Zwischen der hydraulischen Kraft F und der Federkraft stellt sich Gleichgewicht ein, sodass der Öldruck im Nebenkreis dem Sollwert entspricht.

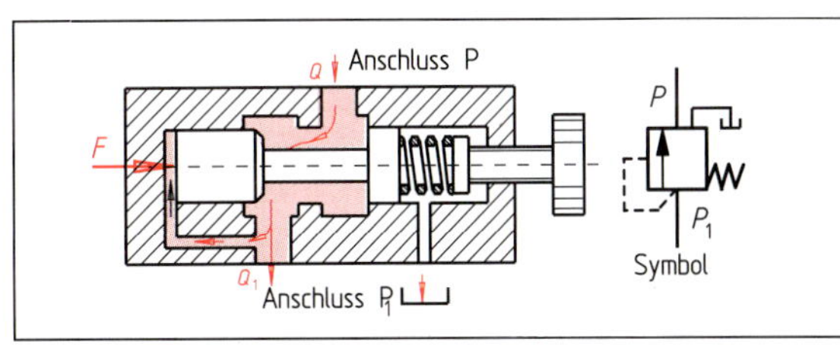

4 **Druckminderventil**

Zuschalt- oder Abschaltventile sind ähnlich aufgebaut wie Druckbegrenzungsventile.

Aufgabe eines Zuschaltventils (Bild 5) ist es, den Ölstrom $\dot{V}_1$ am Ausgang P_1 zu einem zweiten Verbraucher freizugeben, sobald der Druck p am ersten Verbraucher einen bestimmten Wert erreicht hat.

Das Abschaltventil soll in einem Hydrauliksystem, das durch zwei Pumpen gleichzeitig versorgt wird, den Ölstrom $\dot{V}_1$ am Ausgang P_1 einer Pumpe drucklos zum Tank ableiten, sobald ein bestimmter Lastdruck p überschritten ist (Bild 6).

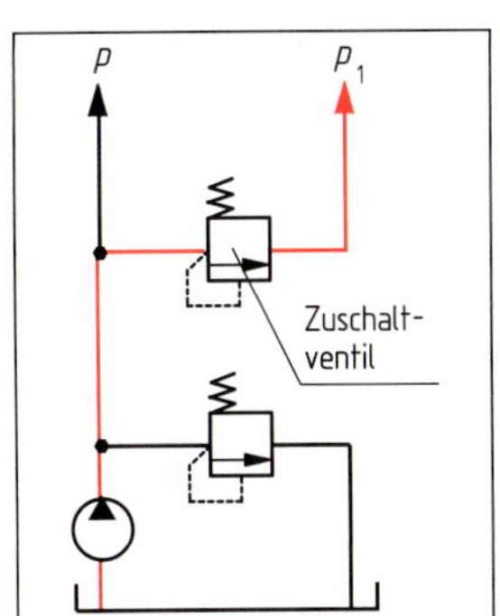

5 **Zuschaltventil**

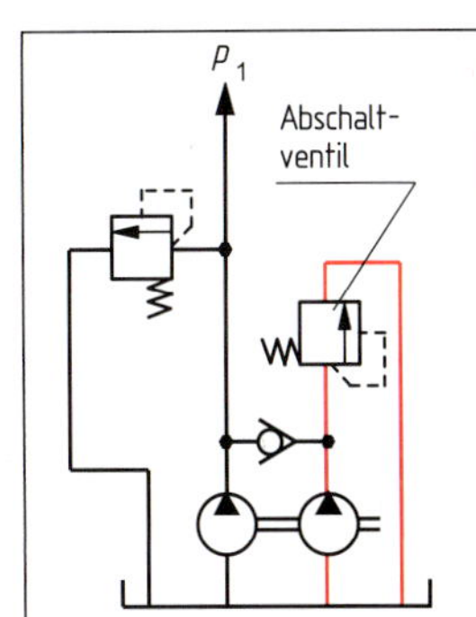

6 **Abschaltventil**

4.4.5 Verbraucher im Hydrauliksystem

Hydraulikpumpen geben ihre hydraulische Leistung über ein Leitungssystem an die Verbraucher weiter. Die Verbraucher wandeln diese hydraulische Leistung in mechanische Leistung um (Bild 1). Folgende Verbraucher werden in der Landtechnik eingesetzt:

- Hydraulikzylinder,
- Hydraulikmotoren.

Ein **Hydraulikzylinder** erzeugt geradlinige Bewegungen und wird daher auch hydraulischer Linearmotor genannt. Kräfte oder Geschwindigkeiten des Kolbens können über den gesamten Hub (Ausfahrweg) konstant gehalten oder auch beliebig verändert werden. Die räumliche Trennung von Antrieb (Pumpe) und Abtrieb (Zylinder) ermöglicht optimale Maschinenkonstruktionen.

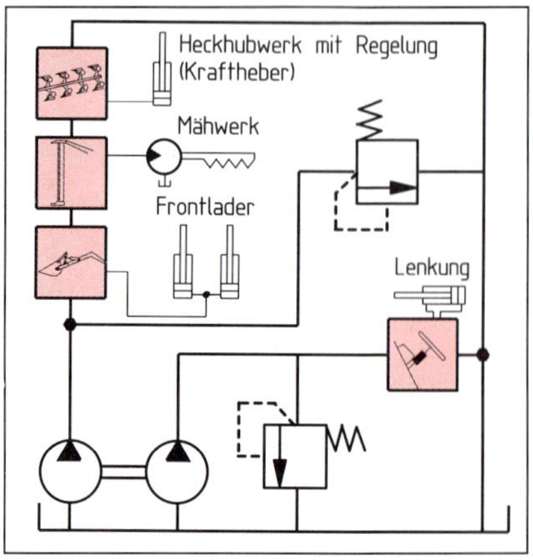

1 Verbraucher im Hydrauliksystem

Hydraulikzylinder				
einfach wirkend		Teleskopzylinder	doppelt wirkend	
Plungerzylinder	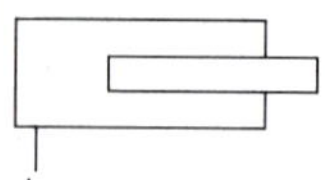	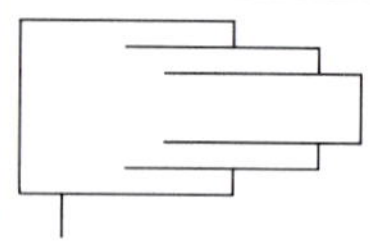 mehrstufig einfachwirkender Zylinder	Differentialzylinder	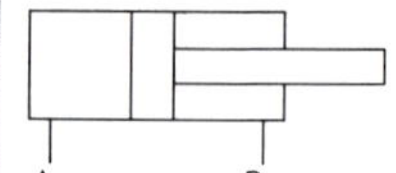
Kolbenzylinder, Rückstellung durch äußere Kräfte	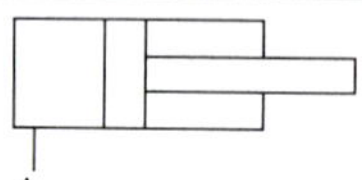			
Kolbenzylinder, Rückstellung durch Federkraft	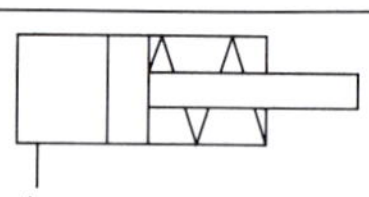		ausgeglichener Zylinder	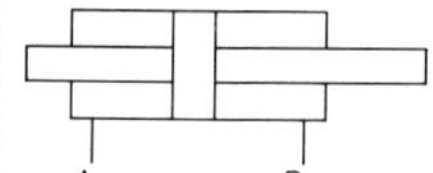

2 Hydraulikzylinderbauarten

Einfach wirkende Hydraulikzylinder (Bild 2) werden nur auf einer Kolbenseite (bei Plungerzylindern nur auf dem Kolbenstangenende) mit Drucköl versorgt und können deshalb auch nur in eine Richtung eine Kraft ausüben. Die andere Kolbenseite ist trocken. Zur Vermeidung einer Vakuumbildung beim Kolbenrücklauf muss an dieser ölfreien Zylinderseite eine Entlüftungsbohrung mit Luftfiltereinsatz vorhanden sein (Bild 3). Der Kolbenrücklauf wird entweder durch äußere Belastungskräfte oder durch die Rückstellkraft einer Feder ermöglicht. Der Filtereinsatz verhindert das Eindringen von Schmutz.

Die Kolbenkraft F berechnet sich aus dem Systemdruck p und der Kolbenfläche A.

$$p = \frac{F}{A} \Rightarrow F = p \cdot A$$

p Druck
F Kraft
A Fläche

Die Kolbengeschwindigkeit v berechnet sich aus dem Förderstrom $\dot{V}$ und der Kolbenfläche A.

$$\dot{V} = A \cdot v \Rightarrow v = \frac{\dot{V}}{A}$$

$$A = \frac{d^2 \cdot \pi}{4}$$

$\dot{V}$ Förderstrom (Volumenstrom)
A Kolbenfläche
v Kolbengeschwindigkeit
d Kolbendurchmesser

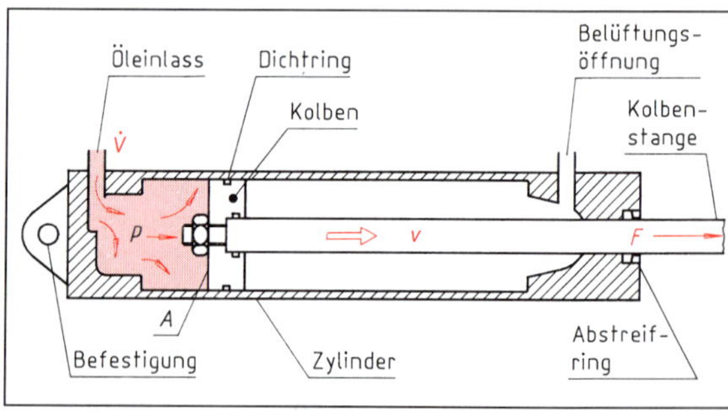

3 Einfach wirkender Hydraulikzylinder

Teleskopzylinder sind einfach wirkende Zylinder, die auf Grund ihrer großen Hubhöhe bei kleiner Bauweise z. B. im Kipper- und Staplerbau eingesetzt werden (Bild 2).

Doppelt wirkende Hydraulikzylinder (Bild 2) können auf beiden Kolbenseiten mit Drucköl beaufschlagt werden. Man unterscheidet folgende Bauarten:

- unausgeglichene Hydraulikzylinder **(Differentialzylinder),**
- ausgeglichene Zylinder.

Unausgeglichene Hydraulikzylinder sind nur einseitig mit einer Kolbenstange ausgerüstet. Die Druckangriffsflächen A_1 und A_2 sind dadurch ungleich groß. Hierdurch entstehen bei gleichgroßen Öldrücken p und gleichen Ölförderströmen $\dot{V}$ auf den beiden Kolbenseiten unterschiedliche Kräfte F_1 und F_2 und unterschiedliche Kolbengeschwindigkeiten v_1 und v_2 (Bild 1).

Ausgeglichene Hydraulikzylinder sind beidseitig mit einer Kolbenstange gleichen Durchmessers ausgerüstet. Die Kräfte F_1 und F_2 und die Kolbengeschwindigkeiten v_1 und v_2 sind bei gleich großen Drücken p und Ölförderströmen $\dot{V}$ in beide Richtungen gleich groß.

Als Kenngrößen zur Zylinderkennzeichnung (z. B. 100/60–200) werden nicht die Kolbenflächen sondern die

- Kolbendurchmesser (z. B. 100 mm),
- Stangendurchmesser (z. B. 60 mm),
- Hübe (z. B. 200 mm)

verwendet.

Die wirksame Kolbenfläche ist hier

$$\boxed{A = A_{\text{Kolben}} - A_{\text{Stange}}} = \frac{d^2_{\text{Kolben}} \cdot \pi}{4} - \frac{d^2_{\text{Stange}} \cdot \pi}{4}$$

$$= \frac{\pi}{4} \left(d^2_{\text{Kolben}} - d^2_{\text{Stange}}\right)$$

Eine weitere Kenngröße ist der **Wirkungsgrad** eines Zylinders. Der Wirkungsgrad der Flüssigkeit kann bei intakten Dichtungen mit 100% angenommen werden. Der mechanische Wirkungsgrad η_m eines Zylinders ist jedoch abhängig von der Dichtungsart, der Rauheit der Zylinderrohre und vom Betriebsdruck. Bild 2 zeigt die Veränderung des mechanischen Wirkungsgrades η_m eines Zylinders in Abhängigkeit vom Betriebsdruck (Nenndruck) p.

Hydraulikmotoren

Hydraulikmotoren wandeln hydraulische Leistung in mechanische Leistung um. Bild 3 zeigt einen Vergleich verschiedener Hydraulikmotoren. Hydraulikmotoren im engeren Sinne erzeugen Drehbewegungen. Systeme aus Hydraulikpumpen und Hydraulikmotoren nennt man auch **Hydraulikgetriebe** oder **hydrostatische Antriebe** (Bild 1, Seite 105). Hydraulikmotoren sind im Prinzip wie Hydraulikpumpen aufgebaut. Die drehbaren Innenbau-

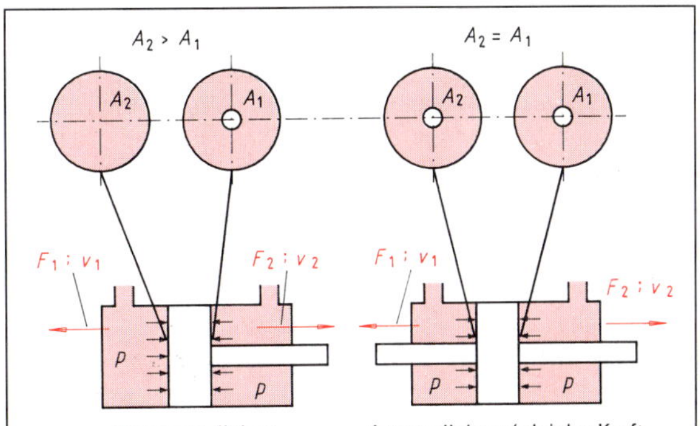

1 Doppelt wirkende Hydraulikzylinder

p in bar	20	120	160
η_m	0,85	0,90	0,92

2 Mechanischer Wirkungsgrad eines Zylinders

Hydraulik-motoren	Zahnrad-motoren	Flügelzellen-motoren	Axialkolben-motoren
Baugröße	klein	mittel	groß
Leistungsgewicht in kg/KW	0,7	0,75	1,0…2,8
Druckbereich in bar	7…140	7…175	7…350
Drehzahlbereich in 1/min	100…5000	10…3000	10…3000
Wirkungsgrad in %	80…90	85…90	95…98
Volumenstrom	konstant	konstant	veränderl.
Drehrichtungs-umkehr	möglich	möglich	sehr gut
Preis	gering	mittel	hoch
Lebensdauer	gut	besser	sehr gut

3 Vergleichstabelle für Hydraulikmotoren

		Hydraulikmotoren			
		Zellenmotor		Kolbenmotor	
Verdrängungs-volumen		konstant	veränderlich	konstant	veränderlich
Beispiel		Zahnradmotor Flügelzellenmotor	Flügelzellenmotor	Axialkolbenmotor Radialkolbenmotor	Axialkolbenmotor Radialkolbenmotor
Symbol	Motor mit 1 Strom-richtung	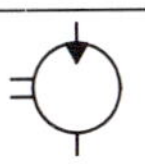	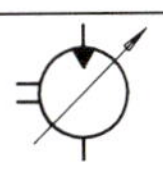	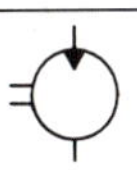	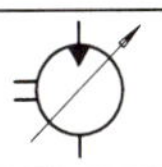
	Motor mit 2 Strom-richtungen	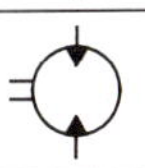	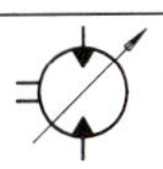	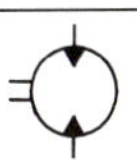	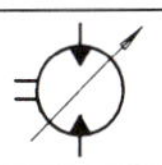

4 Hydraulikmotorarten und deren Symbole

teile der Hydraulikmotoren werden durch Drucköl in Bewegung gesetzt. Die Einteilung der Bauarten der Hydraulikmotoren (Bild 4, Seite 103) entspricht der Einteilung der Hydraulikpumpenarten (vgl. Bild 1, Seite 97).

Merksatz:

Hydraulikmotoren wandeln hydraulische in mechanische Energie, d. h., durch einen Flüssigkeitsstrom wird mechanische Bewegung erzeugt. Die Wirkungsweise des Hydraulikmotors ist der der Hydraulikpumpe entgegengesetzt.

Die Funktionsweise eines Zahnradmotors (Außenverzahnung) zeigt Bild 2. Häufig wird die Hydraulikpumpe zusammen mit dem Hydraulikmotor als eine kompakte Baueinheit (Pumpen-Motor-Kombination) angeboten (Bild 3).

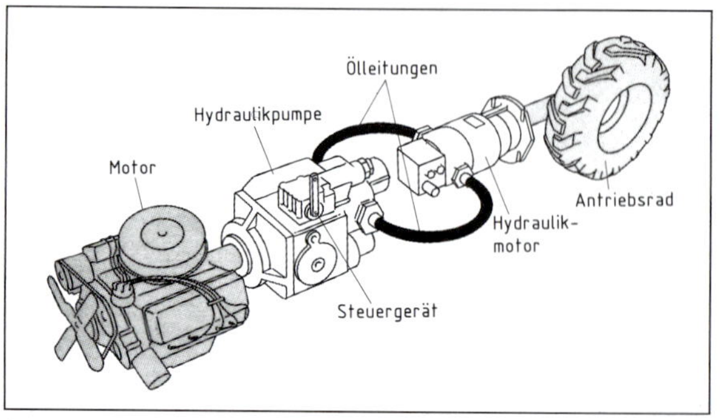

1 Hydraulikgetriebe (Hydrostatischer Antrieb)

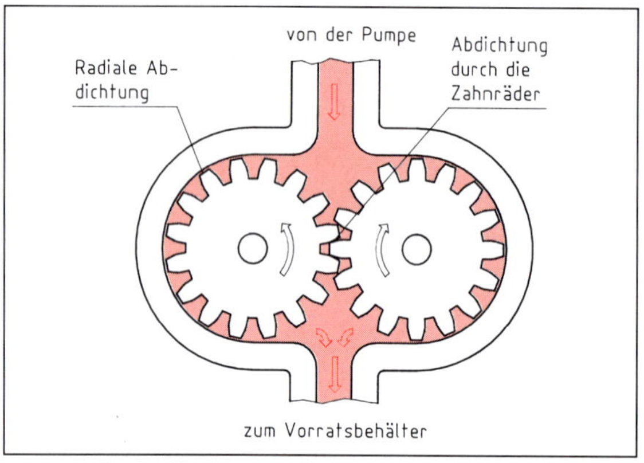

2 Zahnradhydraulikmotor

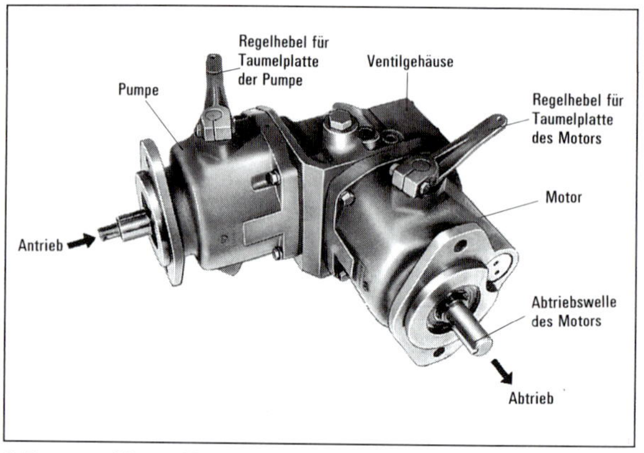

3 Pumpen-Motor-Kombination

Übungen

1. Nennen Sie die Aufgaben der Druckventile in einer Hydraulikanlage und ordnen Sie den verschiedenen Aufgaben die zugehörigen Druckventilbauarten zu.
2. Begründen Sie die Notwendigkeit des Einbaus eines Druckbegrenzungsventils in ein offenes Hydrauliksystem mit einer Konstantförderpumpe.
3. Kennzeichnen Sie alle Druckventile im Hydraulikplan eines Schleppers oder Mähdreschers und unterscheiden Sie nach Druckbegrenzungs-, Druckminder-, Zuschalt- und Abschaltventile.
4. Nebenstehender Zylinder wird beidseitig abwechselnd mit Drücköl versorgt. Die Drücke und Förderströme sind jeweils gleich groß.
   a) Unterscheiden Sie die auftretenden Kolbenkräfte F_1 und F_2. Begründen Sie Ihre Antwort.

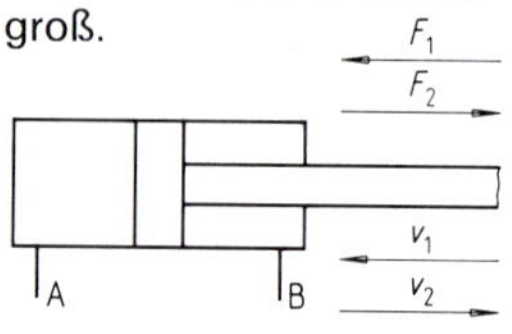

   b) Unterscheiden Sie die auftretenden Kolbengeschwindigkeiten v_1 und v_2. Begründen Sie Ihre Antwort.
5. Nebenstehender Teleskopzylinder wird mit Drucköl beaufschlagt. Geben Sie an, welches der beiden Zylinderrohre (1 oder 2) zuerst ausgefahren wird. Begründen Sie Ihre Antwort.

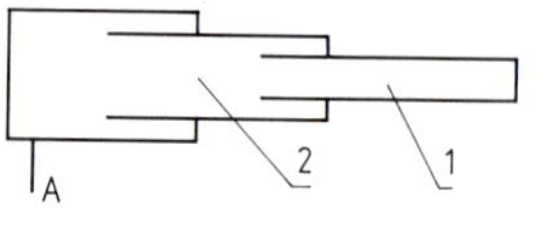

6. Die Ladefläche eines Zweiseitenkippers wird durch zwei Differentialzylinder angehoben. Trotz unregelmäßiger Beladung soll die Ladefläche gleichmäßig angehoben werden. Nennen Sie ein Bauteil, dessen Einbau in diese Hydraulikanlage diese Forderung erfüllen kann.
7. Begründen Sie den bevorzugten Einbau von Axialkolbenmotoren in den hydrostatischen Fahrantrieben von selbstfahrenden Mähdreschern.

4.4.6 Wegesteuerventile

Wegesteuerventile, kurz Wegeventile genannt, haben die Aufgabe, die Fließrichtung des Ölstromes in einer Hydraulikanlage zu verändern. Auf diese Weise lassen sich Verbraucher starten oder stoppen und Bewegungsrichtungen ändern. Die Wegesteuerventile werden in folgende Bauarten eingeteilt (s. auch Bild 2):

- Rückschlagventile,
- Drehschieberventile,
- Längsschieberventile,
- Flachschieberventile.

Rückschlagventile sind Einwegeventile, die den Ölstrom nur in eine Richtung durchlassen. Diese Ventile werden durch Überwindung der Schließfederkraft vom Systemdruck geöffnet. Sinkt der Systemdruck, schließt das Ventil durch Federkraft und verhindert den Rückfluss des Hydrauliköles. Das im Verbraucher befindliche Hydrauliköl wird durch das Rückschlagventil eingeschlossen (Bild 1).

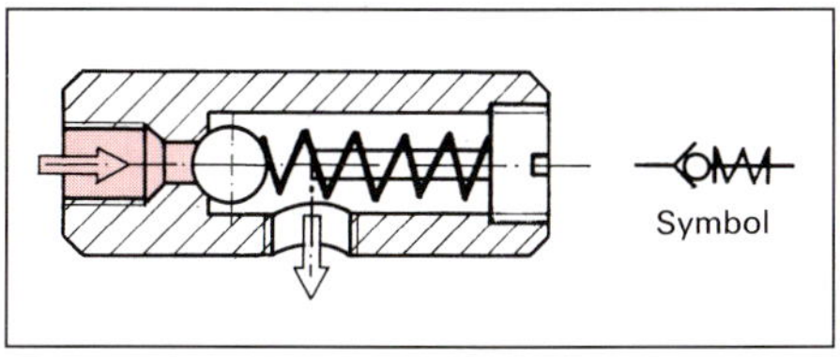

1 Rückschlagventil

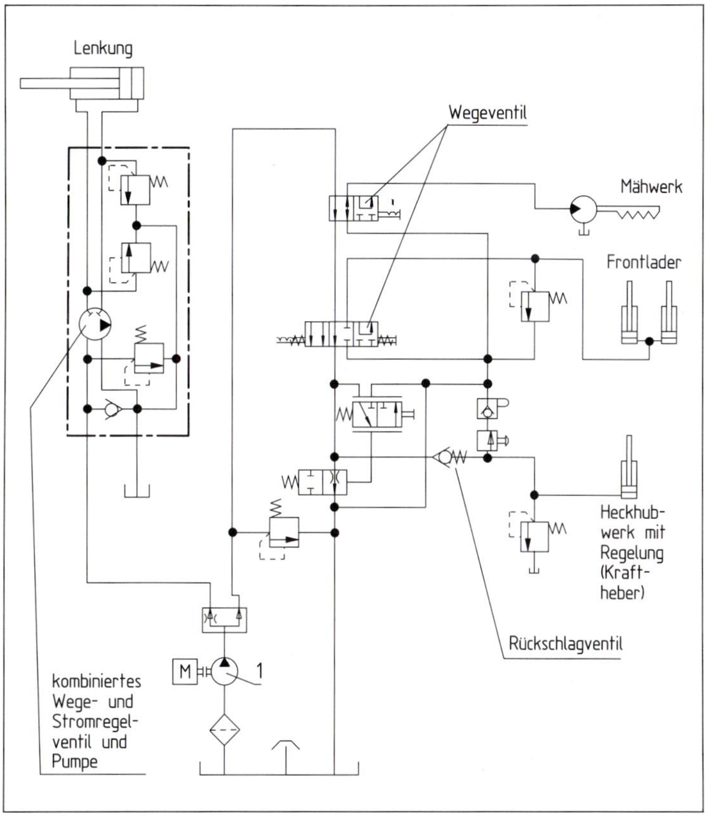

2 Wegeventile im Hydrauliksystem

Schieberventile, in der Praxis vereinfachend meist Wegeventile genannt, haben die Aufgabe, den Ölstrom auf verschiedene Wege (Anschlüsse) zu verteilen. Als Symbol werden aneinandergereihte Quadrate verwendet, deren Anzahl die möglichen Ventilstellungen angibt. Die Ventilanschlüsse werden an die Nullstellung (Ausgangsstellung) des Ventilsymbols angetragen und haben folgende Bedeutungen:

P	Ventileingang,
A; B; C; D	Anschlüsse für Arbeitsleitungen,
R; S; T	Anschlüsse für Rückleitungen,
x; y; z	Anschlüsse für Steuerleitungen.

Die Pfeile innerhalb des Symbols geben die Fließrichtung der verschiedenen Ventilstellungen an, Querstriche bedeuten Absperrungen (Bild 3).

Die Bezeichnung der Schieberventile wird nach der Anzahl der Anschlussleitungen und der Anzahl der möglichen Ventilstellungen durch eine Zahlenkombination vorgenommen.

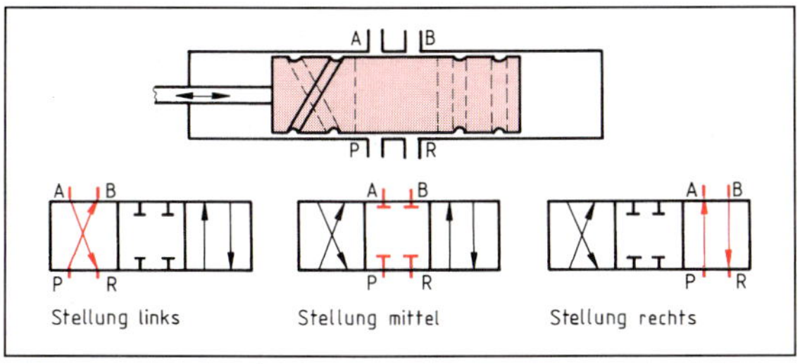

3 4/3 Wegeventil in allen Stellungen

4/3 Wegeventil bedeutet:

4 Leitungsanschlüsse des Ventils (1. Zahl = Anzahl der Anschlüsse),

3 mögliche Schaltstellungen des Ventils (2. Zahl = Anzahl der Schaltstellungen).

Drehschieberventile ermöglichen den Stromfluss in unterschiedliche Richtungen durch die Drehung eines durchbohrten Rotors (Bild 4).

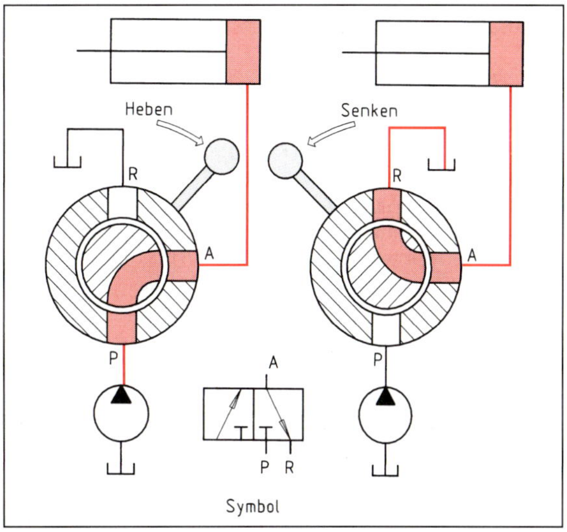

4 Drehschieberventil 3/2 Wegeventil

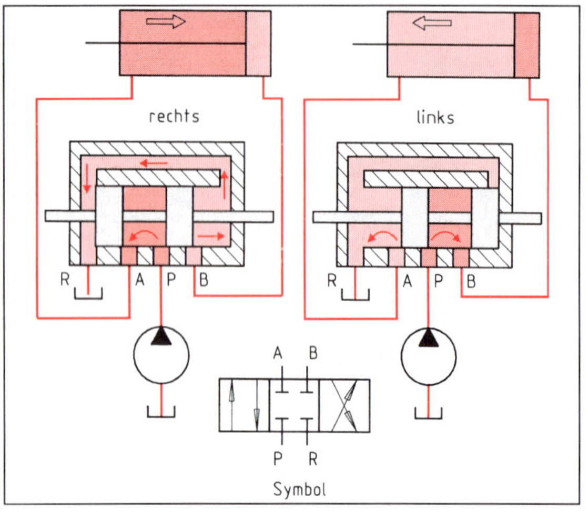

1 Längsschieberventil 4/3 Wegeventil

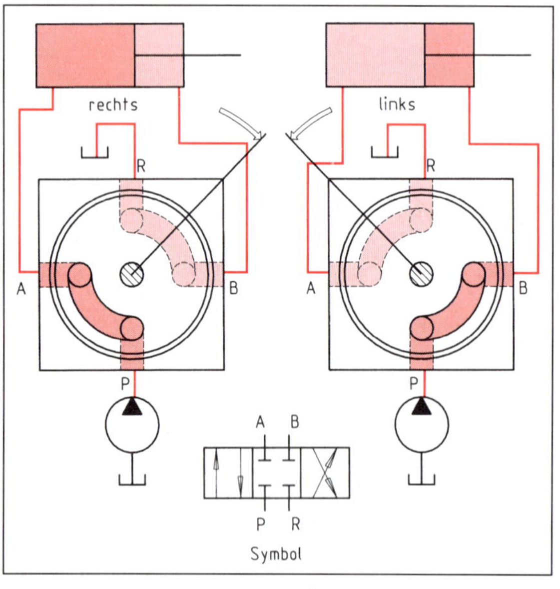

2 Flachschieberventil 4/3 Wegeventil

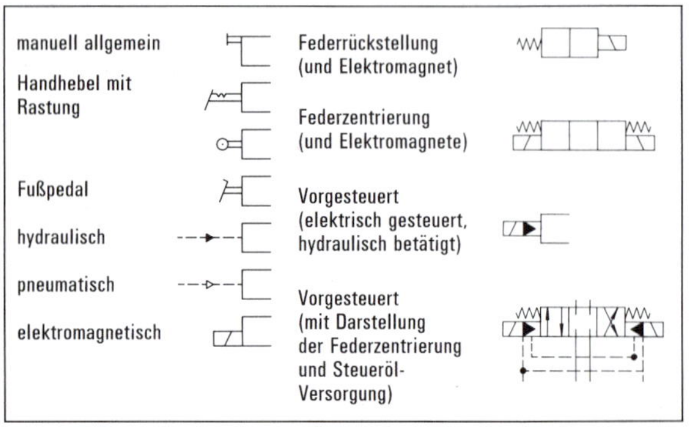

3 Symbole (nach DIN ISO 1219) verschiedener Ventilbetätigungen

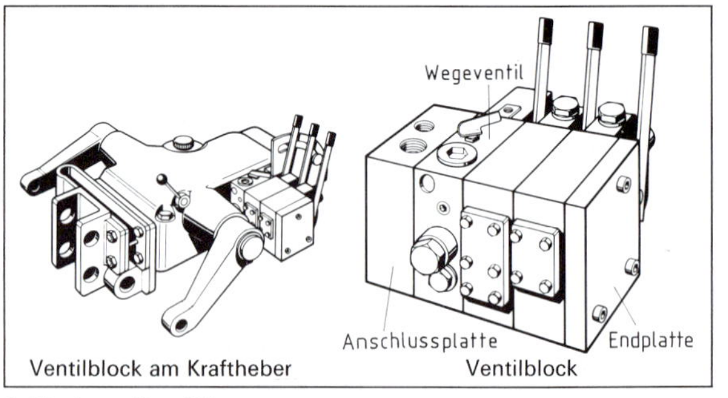

4 Blockventilausführung

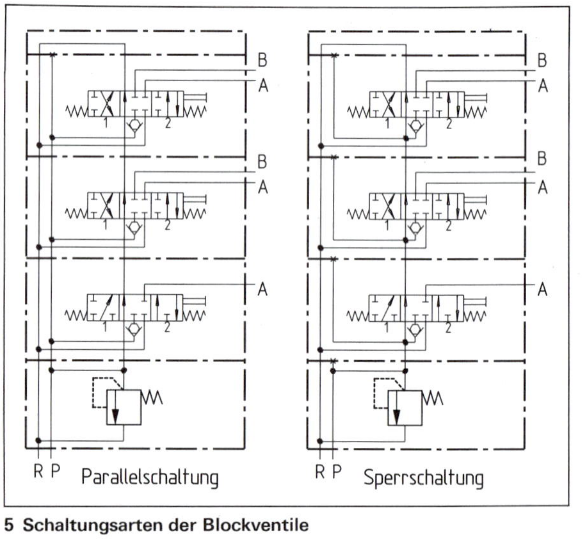

5 Schaltungsarten der Blockventile

Längsschieberventile steuern den Stromfluss mithilfe von Steuerkanten eines Steuerkolbens im Schiebergehäuse (Bild 1).

Flachschieberventile ermöglichen die Stromflussverteilung auf verschiedene Anschlüsse durch Ringsegmentnuten in der drehbaren Schieberplatte (Bild 2).

Diese Schieberventile können mechanisch, elektrisch oder hydraulisch betätigt werden. Einige Möglichkeiten und deren Symbole nach DIN ISO 1219-1 zeigt Bild 3.

Häufig sind in Landmaschinen sämtliche Schieberventile in Scheibenbauweise ausgeführt und mithilfe einer Anschluss- und Endplatte zu einem **Ventilblock** zusammengeschraubt. Diese Blockventile lassen sich im Sicht- und Armbereich des Bedienpersonals leicht anbringen. Hierdurch wird die Handhabung der vielseitigen Verbraucher im Hydrauliksystem einer Landmaschine erleichtert (Bild 4). Die Blockventile können je nach Ausführung in verschiedenen Kombinationen zusammengeflanscht werden. Grundsätzlich unterscheidet man den Zusammenbau zur Parallelschaltung und zur Sperrschaltung (Bild 5).

Bei der **Parallelschaltung** liegt der Zu- und Rücklauf zu den einzelnen Ventilen an einem Strang. Es können mehrere Ventile gleichzeitig betätigt werden. Der Zulaufstrom verteilt sich entsprechend der Belastungen der angeschlossenen Verbraucher und der Öffnungsquerschnitte der betätigten Ventile.

Bei der **Sperrschaltung** können die Schieberventile nicht gleichzeitig, sondern nur nacheinander betätigt werden. Der nachgeschaltete Verbraucher erhält erst dann Drucköl, wenn das vorgeschaltete Schieberventil in Neutralstellung (Mittelstellung) steht.

Steuerung einer hydraulischen Lenkung

Zum Betrieb einer hydraulischen Lenkung, die oft auch **hydrostatische Lenkung** genannt wird (Bild 1), wird ein Schieberventil (Wegeventil) benötigt, das den Arbeitszylinder (Lenkzylinder) rechts oder links, je nach Lenkradbewegung, mit Drucköl der Hydraulikpumpe versorgt und die Lenkbewegung einleitet.

Außerdem übernimmt dieses Ventil die Aufgabe, das sichere Lenken bei Ausfall der Hydraulikpumpe oder beim Abschleppen des Fahrzeuges zu gewährleisten.

Wegen dieser Doppelfunktion wird das Ventil auch **Steuerpumpe** genannt.

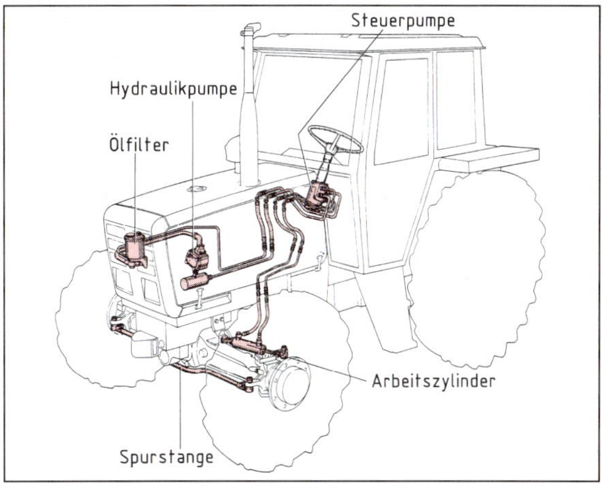

1 Hydrostatische Lenkung

Die Steuerpumpe (s. Bilder 2 und 3) der hydraulischen Lenkung besteht im Wesentlichen aus einer Zahnringpumpe und einem Drehschieberverteilerventil. Beide Bauteile sind in einem gemeinsamen Steuerpumpengehäuse untergebracht. Die Zahnringpumpe besteht aus dem Rotor und dem Rotorring. Das Drehschieberverteilerventil setzt sich aus einem inneren Drehschieber und einem äußeren Drehschieber zusammen. Beide Teile werden durch eine Feder gegeneinander zentriert. Der Rotor der Zahnringpumpe und der innere Drehschieber sind über eine Gelenkwelle mit der Spindel des Lenkrades verbunden.

Funktion der hydraulischen Lenkung

Neutralstellung:

Das Lenkrad steht in der Neutralstellung (Geradeausrichtung) und wird nicht verdreht. Die Stellung der Drehschieber zueinander wird durch eine Feder bestimmt. Die Hydraulikpumpe fördert Drucköl über die Leitung P durch beide Drehschieber zur Rückleitung R (Bild 2). Das Öl in der Zahnringpumpe und in den Leitungen a, b, A und B ist drucklos eingeschlossen.

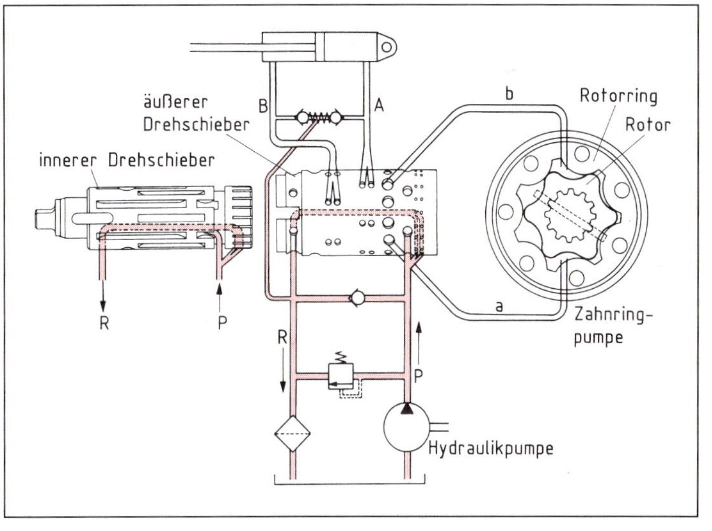

2 Steuerpumpe einer Hydrauliklenkung in Nullstellung

Rechtslenkung:

Durch eine Lenkradbewegung (Rechtsdrehung) wird der Rotor der Zahnringpumpe und gleichzeitig der innere Drehschieber gegenüber dem äußeren Drehschieber gedreht. Drucköl gelangt von der Hydraulikpumpe durch das Drehschieberventil und die Leitung a zur Zahnringpumpe. Die Zahnringpumpe fördert entsprechend der Lenkradbewegung eine bestimmte Druckölmenge durch die Leitung b, wiederum über das Drehschieberventil zum Anschluss A des Lenkzylinders (Bild 3).

Linkslenkung:

Durch eine Linksdrehbewegung des Lenkrades wird der Ölstrom der Zahnringpumpe durch die Leitung b über das linksgedrehte Drehschieberventil zum Anschluss B des Lenkzylinders gefördert (Bild 3).

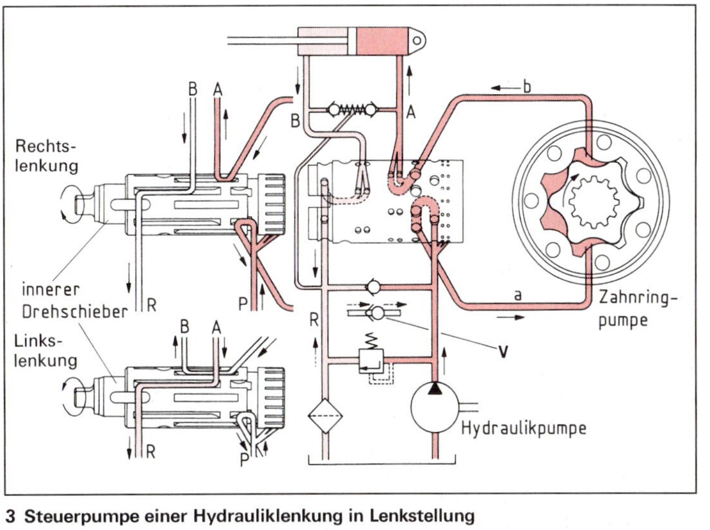

3 Steuerpumpe einer Hydrauliklenkung in Lenkstellung

Der Rückfluss vom Lenkzylinder zum Ölbehälter wird jeweils über das Drehschieberventil ermöglicht.

Notlenkung:

Sollte der Verbrennungsmotor des Fahrzeuges als Hydraulikpumpenantrieb nicht laufen (z.B. beim Abschleppen) oder die Hydraulikpumpe ausfallen, ist die Lenkung durch eine Notlenkung gewährleistet. Die Zahnringpumpe fördert durch die Lenkraddrehung und somit durch die Drehung des Zahnringpumpenrotors wie bei normaler Rechts- oder Linkslenkung Öl durch die Leitung b über das Drehschieberventil zum Lenkzylinderanschluss A oder B. Das Rücköl vom Lenkzylinder fließt ebenfalls über das Drehschieberventil durch die Leitung c zur Zahnringpumpe zurück. Das Rückschlagventil V wird hierdurch geöffnet. Außerdem kann Öl aus dem Tank über den Filter angesaugt werden (Bild 3, Seite 108). Die Notlenkung ist schwergängig, da das Pumpendrehmoment allein von Hand aufgebracht werden muss.

Das Zusammenwirken von Zahnringpumpe, Drehschieberventil und Lenksäule zeigt Bild 1.

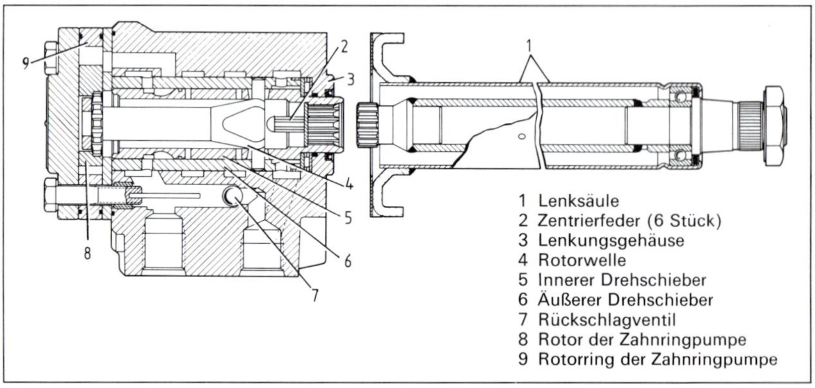

1 Hydrostatische Lenkung (Zahnringpumpe – Drehschieberventil – Lenksäule)

Übungen

1. Geben Sie die Bezeichnung der untenstehenden symbolisch dargestellten Wegeventile an. Erklären Sie die Bedeutung der Buchstaben A, B, P und R an den Symbolen.

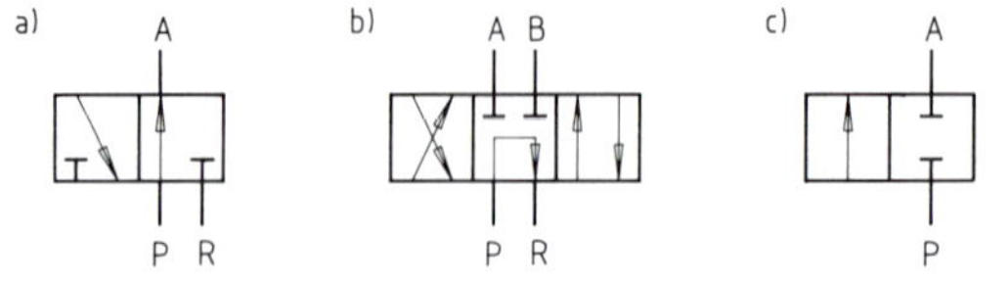

2. Beschreiben Sie die Aufgabe eines Rückschlagventils in einer Hydraulikanlage.
3. Benennen Sie die Bauteile einer hydrostatischen Lenkung an Hand des nebenstehenden Schaltplanes.
4. Nehmen Sie den Hydraulikschaltplan eines Schleppers zur Hand und geben Sie die Bezeichnung aller Wegeventile dieses Planes an. Nennen Sie außerdem die Betätigungsart dieser Ventile (Benutzen Sie dazu, falls erforderlich, ein Tabellenbuch).
5. Nennen Sie die Aufgaben eines Wegesteuerventils.
6. Nennen Sie drei unterschiedliche Schieberventilbauarten.
7. Untersuchen Sie, ob die Blockventilausführung der Hydraulikanlage eines Schleppers als Sperr- oder Parallelschaltung ausgeführt ist (Benutzen Sie hierzu den Hydraulikplan eines Schleppers).

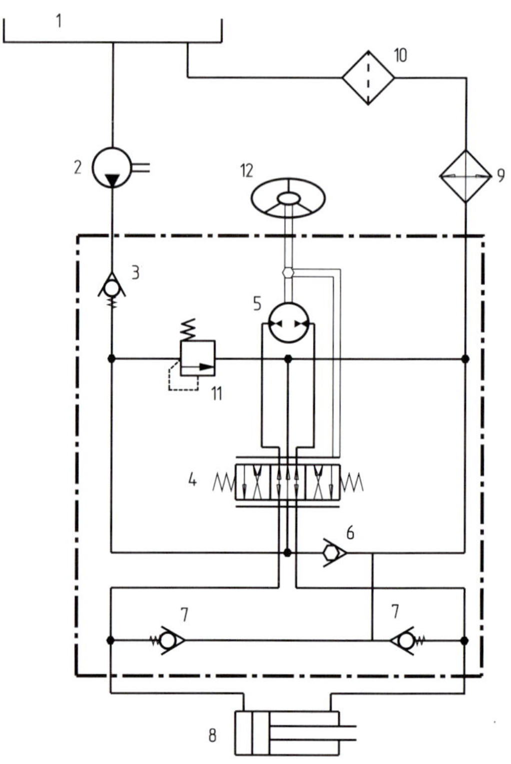

4.4.7 Spezielle Bauteile der Landmaschinenhydraulik

Entsperrbare Rückschlagventile

Bei diesen Rückschlagventilen kann die Sperrstellung durch Aufsteuern des Ventilkegels aufgehoben werden. Der Stromfluss in die zunächst gesperrte Richtung wird freigegeben. Entsperrbare Rückschlagventile werden eingesetzt, wenn ein Absinken der Last durch Kriechbewegungen eines Hydraulikzylinders (Leckölverluste im Schieberventil) unbedingt vermieden werden muss.

Soll der Hydraulikzylinder (Bild 1) ausgefahren werden, so wird der Ventilkegel gegen seine Federkraft angehoben und der Durchfluss von A nach B freigegeben. In Neutralstellung des Schieberventils schließt der Ventilkegel durch Federkraft und sperrt den Rückfluss. Soll der Zylinder abgesenkt werden, wird Drucköl durch das Schieberventil über die Leitung C zum Zylinder und gleichzeitig über die Steuerleitung Z zum Kolben gefördert. Dieser öffnet mithilfe des Stößels den Ventilkegel. Der Rückfluss von B nach A ist somit frei.

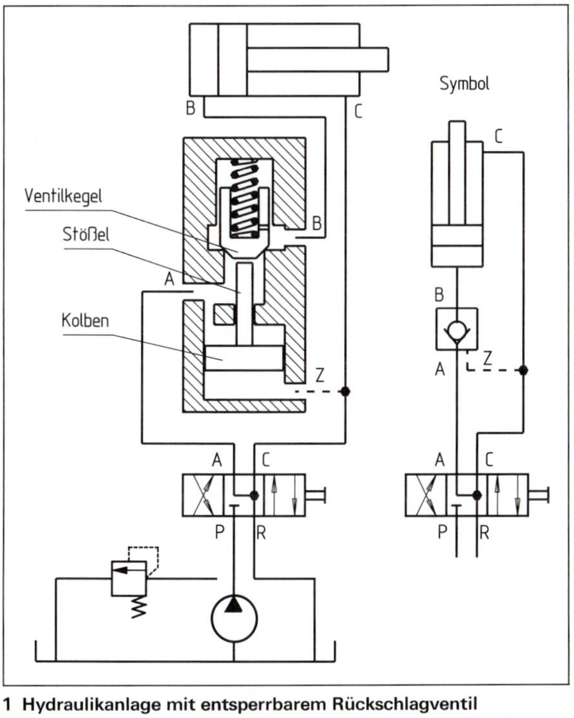

1 Hydraulikanlage mit entsperrbarem Rückschlagventil

4.4.8 Rohr- und Schlauchleitungen

Rohr- und Schlauchleitungen verbinden die Bauteile von Hydraulikanlagen miteinander, um den Transport der hydraulischen Energie sicher und störungsfrei zu ermöglichen (Bild 2).

Der Einsatz der unterschiedlichen Bauformen von Rohrleitungen, Schläuchen und Rohrverschraubungen zum Transport hydraulischer Energie wird bestimmt durch:

- den Systemdruck in den Bauteilen,
- den erforderlichen Volumenstrom in den Bauteilen,

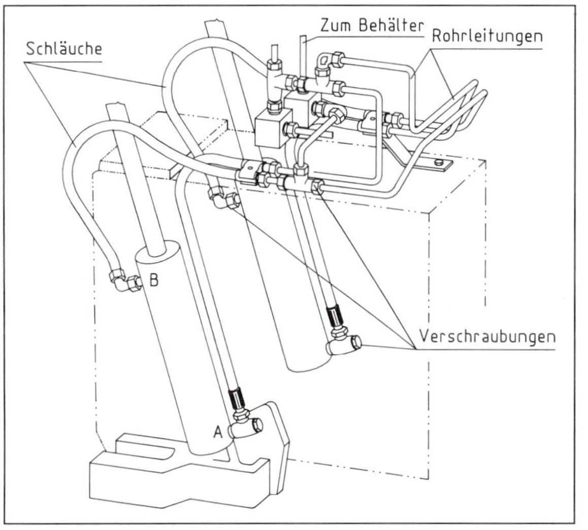

2 Verbindungen von Bauteilen einer Hydraulikanlage

- die Einbaumöglichkeit der Bauteile,
- die Einbau- und Beschaffungskosten der Bauteile.

Rohrleitungen

Für Verbindungen zwischen fest und unveränderlich angeordneten Bauteilen in Hydraulikanlagen werden vorwiegend nahtlose Präzisionsrohre nach DIN 2391 aus Stahl eingesetzt. Die Abmessungen der Rohre richten sich nach dem notwendigen Ölstrom, der Strömungsgeschwindigkeit des Öls und dem Öldruck in den Leitungen (Bild 3).

Beim Verlegen von Rohrleitungen in Hydrauliksystemen sind folgende **Montagebedingungen** zu beachten:

- lange Leitungen sind abzustützen, um Vibrationen zu vermeiden,
- mehrere parallele Leitungen sind zu bündeln, um Kontaktreibungen zu vermeiden,

Verschraubungen für Hydraulikleitungen	Erforderliche Rohrabmessungen: Außendurchmesser in mm × Wandstärke in mm, für einen Nenndruck (Anlagendruck) ND in bar			
Baureihe	ND 100	ND 160	ND 250	ND 400
LL sehr leicht	4 × 0,5 5 × 0,8 6 × 1,0 8 × 1,0			
L leicht		15 × 1,5 18 × 1,5 22 × 2,0	6 × 1,0 8 × 1,0 10 × 1,5 12 × 1,5 15 × 2,5	
S schwer			12 × 1,5 14 × 2,0 16 × 2,0 20 × 2,5	14 × 2,5 16 × 2,5 20 × 3,5

3 Tabelle für Stahlrohre und Verschraubungen als Bauelemente in Hydraulikanlagen

- direkte Leitungsverbindungen zwischen zwei fest eingebauten Hydraulikbauteilen sind zu vermeiden, eine Längenausdehnung der Rohrleitungen bei Temperaturschwankungen muss berücksichtigt werden (Bild 1),
- Biegeradien *R* der Rohrleitungen sind möglichst groß zu wählen, *R* mindestens 8 × Rohrdurchmesser,
- Rohre immer kalt biegen (Warmbiegen ermöglicht Zunderbildung im Rohr),
- möglichst wenig Biegestellen in der Leitung vorsehen (jeder Bogen erzeugt Reibungsverluste).

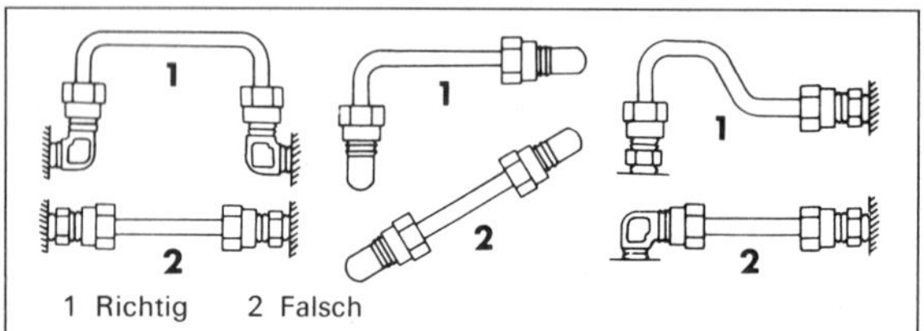

1 Verlegung von Rohrleitungen

Verschraubungen

Die Verbindung von Rohren untereinander oder von Rohren mit den Anschlussstellen der Hydraulikbauteile erfolgt durch **Verschraubungen** (Bild 2). Die Verbindung zwischen Rohr und Verschraubung wird in der Landtechnik meist durch **Schneidringe** hergestellt. Bei diesen Schneidringverschraubungen wird über eine Überwurfmutter ein Schneidring gegen den Innenkonus eines Anschlussstutzens geschoben. Die Schneidkante (sichtbarer Bund) schneidet in die Rohrwand ein und dichtet das Rohr gegen den Anschlussstutzen vollständig ab (Bild 3). Die vorgeschriebenen Anzugsdrehmomente der Überwurfmuttern müssen eingehalten werden. Die Abdichtung zwischen der Verschraubung und dem Anschlussstutzen der Hydraulikbauteile erfolgt häufig über eine ringförmige Abdichtkante, die sich durch das Einschrauben des Stutzens in den Anschlussflansch eindrückt.

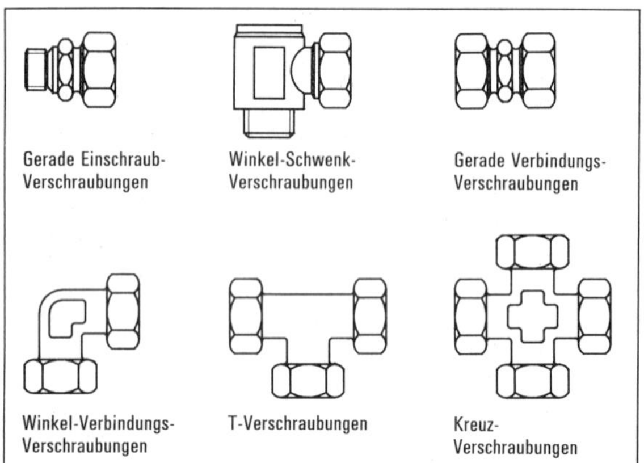

2 Bauarten von Rohrverschraubungen

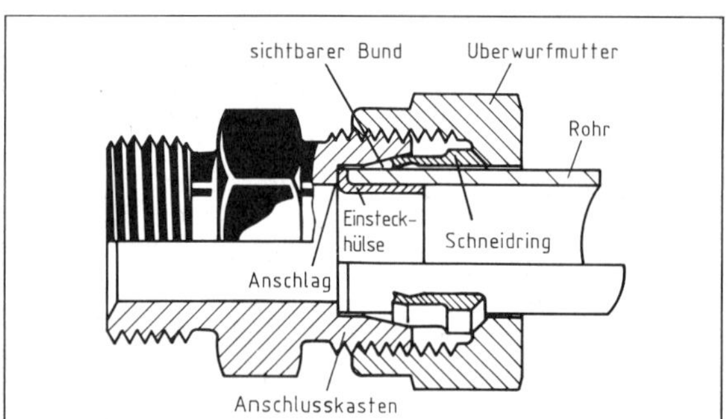

3 Schneidringrohrverschraubung

Schlauchleitungen

Eine Verbindung von starr angebrachten Hydraulikbauteilen zu beweglichen Bauteilen (z.B. Hydraulikzylindern) ist nur über Schlauchleitungen möglich. Der Einsatz dieser Schlauchleitungen bietet folgende Vorteile:

- Schläuche ermöglichen elastische Verbindungen zwischen sich bewegenden Bauteilen,
- Schläuche als Hydraulikleitungen dämmen Schwingungen und Vibrationsgeräusche,
- Schläuche ermöglichen die Aufnahme von geringen Druckstößen.

Der Volumenstrom in einer Hydraulikanlage ist entscheidend für die **Nennweite** (den Innendurchmesser) der Schlauchleitung. Der Druck in den Schlauchleitungen bestimmt den **Schlauchtyp** (Bild 4). Die Schlauchtypen unterscheidet man nach der Anzahl der Flechteinlagen aus Textilfasern oder Metall in der Schlauchwand. Dieses Geflecht ist an der Schlauchinnenseite von wärmebeständigem, synthetischem Gummi und an der Schlauchaußenseite von einer abriebfesten Gummischicht umschlossen (Bild 5).

Innendurchmesser = Nennweite in mm	Zulässiger Schlauchbetriebsdruck in bar Schlauchtyp			
	3 Textileinlagen	1 Stahleinlage	2 Stahleinlagen	4 Stahleinlagen
5	160			
6	145	230	400	
8	130	230	350	
10	110	210	330	
12	90	175	275	400
16		145	250	400
20		125	215	400

4 Daten der verwendeten Hydraulikschläuche der Landtechnik

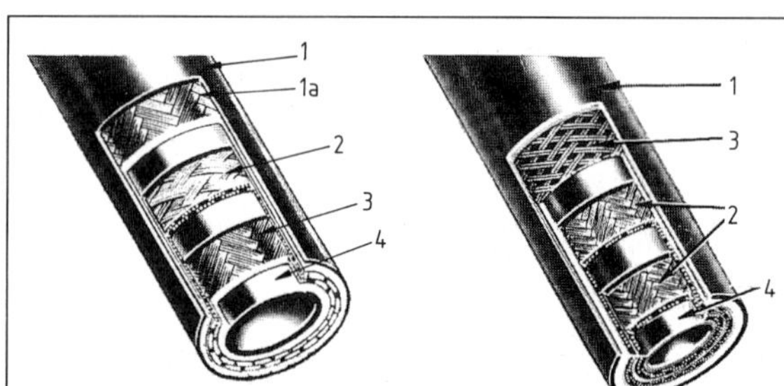

5 Aufbau verschiedener Hydraulikschläuche

Bei der **Verlegung** von Hydraulikschläuchen ist folgendes zu beachten:

- Schlauchleitungen dürfen nicht straff gespannt werden, da Längenänderungen der Schläuche unter Druck zu erwarten sind (Bild 1 A).
- Schlauchleitungen dürfen nicht an anderen Bauteilen scheuern, da hierdurch Beschädigungen der Schläuche hervorgerufen werden (Bild 1 B).
- Schläuche dürfen nicht mit heißen Bauteilen in Berührung kommen, da Schlauchverschmorungen auftreten können (Bild 1 C).
- Schlauchleitungen dürfen nicht verdreht eingebaut werden, da das Rückdrehmoment ein Lösen der Schlauchverschraubung ermöglicht (Bild 1 D).
- Schlauchleitungen dürfen nicht mit zu engen Biegeradien verlegt werden, da sonst ein Schlauchgewebebruch hervorgerufen werden kann (Bild 1 E).
- Schlauchleitungen dürfen bei der Verlegung nicht abgeknickt werden, da hierdurch Schlauchverengungen hervorgerufen werden (Bild 1 F).

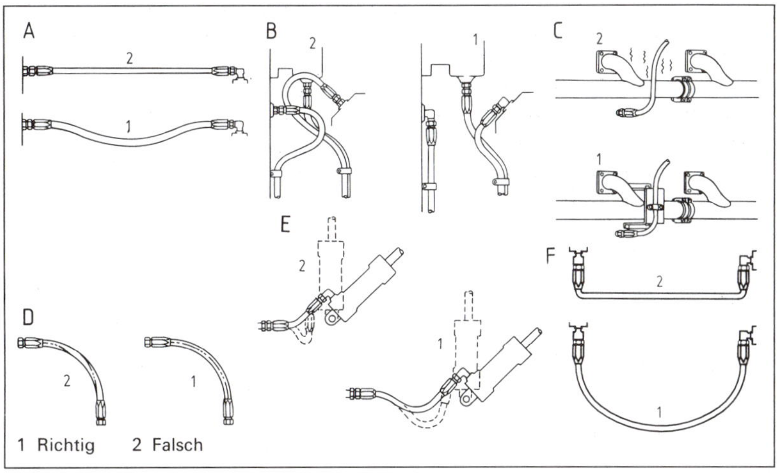

1 Verlegungsmöglichkeiten von Schlauchleitungen

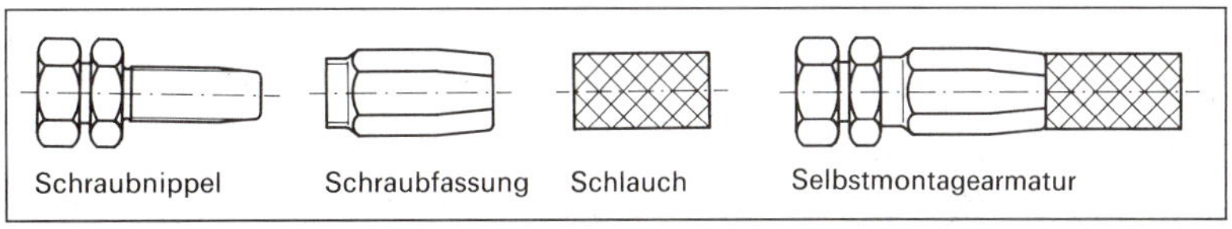

2 Bauteile und Zusammenbau einer Schlauchverschraubung

Schlauchverschraubungen

Um die Schlauchverbindungen zu den Bauteilen einer Hydraulikanlage herstellen zu können, sind die Schlauchenden mit unterschiedlichen Verschraubungen ausgerüstet. Diese werden direkt vom Schlauchhersteller oder vom Verleger der Schlauchleitungen montiert (Bild 2).

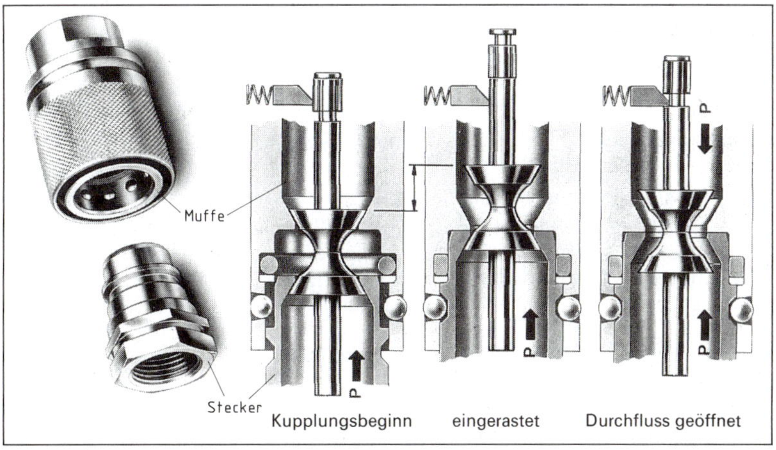

3 Aufbau und Funktion einer Schnellkupplung

Schnellkupplungen

Schnellkupplungen werden verwendet, wenn Schlauchleitungen zwischen bestimmten Aggregaten oder Baugruppen häufig getrennt und wieder angeschlossen werden müssen. Sie bestehen aus einer Muffe und einem Stecker, in denen sich jeweils ein Rückschlagkegelventil befindet. Beim Zusammenkuppeln der Kupplung öffnen sich diese Kegelventile gegenseitig. Die Ölverluste werden beim Kuppeln sehr gering gehalten (Bild 3). Der Handel bietet Schnellkupplungen in verschiedenen Ausführungen an.

Sperrblock

Soll eine leckfreie Absperrung eines Verbrauchers (Zylinders) in beide Arbeitsrichtungen erreicht werden, ist ein Sperrblock erforderlich. Er verhindert das Verschieben des Zylinders durch äußere Kräfte, solange das Schieberventil in Neutralstellung steht. Durch Zuführung von Drucköl zu einer Zylinderseite wird über eine Steuerleitung das Rückschlagventil in der Rückölleitung der anderen Zylinderseite geöffnet (Bild 4).

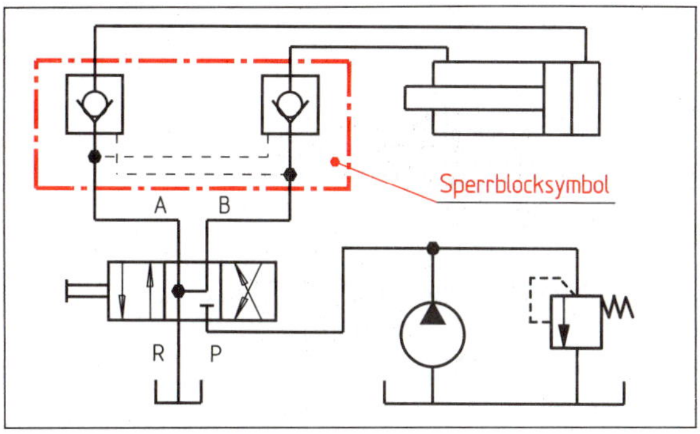

4 Hydraulikschaltplan mit Sperrblock

Gleichlaufzylinder

In der Landtechnik werden oft zwei parallel liegende Hydraulikzylinder über ein gemeinsames Wegeventil gesteuert (z. B. Frontlader, Schneidwerkstisch).

Ein Gleichlauf der Zylinder ist nicht gegeben, da der am höchsten belastete Zylinder später und langsamer ausfährt als der geringer belastete. Eine Möglichkeit zum Gleichlauf bietet die **Reihenschaltung** zweier Gleichlaufzylinder. Hierzu ist notwendig, dass die Kolbenfläche des ersten Zylinders auf der Ablaufseite der zulaufseitigen Kolbenfläche des zweiten Zylinders in der Flächengröße entspricht. Diese Forderung wird von Gleichlaufzylindern immer erfüllt (Bild 1). Unausgeglichene Zylinder können jedoch gegenläufig ebenfalls als Gleichlaufzylinder eingesetzt werden.

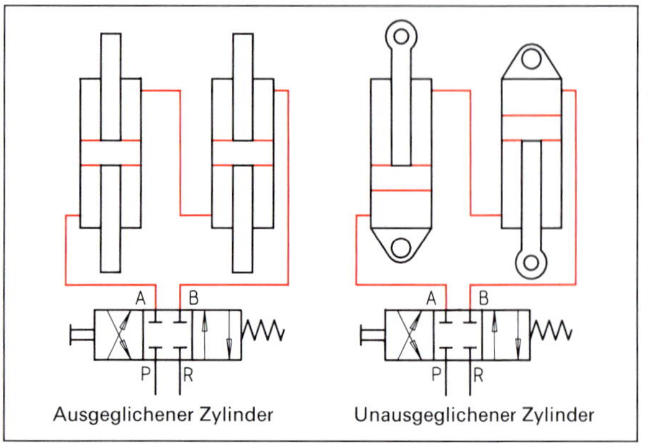

1 Schaltpläne von Gleichlaufzylindern

Druckspeicher

Gase lassen sich zusammendrücken (komprimieren), Flüssigkeiten jedoch kaum.

Um nun einen gewissen Ölvorrat unter Druck speichern zu können, wird ein neutrales Gas (Stickstoff) als **Speicherungshilfsmittel** benutzt. Den Aufbau eines Druckspeichers zeigt Bild 2. Der Druck in der Gasblase (Speicherdruck) p_1 muss auf den speziellen Einsatz des Speichers im Hydrauliksystem genau abgestimmt werden (Bild 2A). Steigt nun der Öldruck im Hydrauliksystem an, wird das Gas in der Blase durch das einströmende Öl auf einen Gasdruck p_3 zusammengedrückt (Bild 2B). Fällt der Öldruck im Hydrauliksystem wieder ab, dehnt sich das Gas in der Blase aus und drückt das Öl ins Hydrauliksystem zurück. Dabei sinkt der Druck im Gasspeicher auf p_2 ab (Bild 2C).

Druckspeicher lassen sich vielfältig einsetzen:

- als Energiespeicher zur Einsparung von Pumpenleistung bei zeitweise unterbrochener Pumpenförderung,
- als Energiereserve beim Versagen von Bauteilen einer Hydraulikanlage, z. B. beim Versagen der Hydraulikpumpe,
- zum Ausgleich von Leckverlusten im Hydrauliksystem,
- zur Bauteilsicherung gegen Überlastung,
- als Stoß- und Schwingungsdämpfer.

Den Einsatz von Druckspeichern in der Landtechnik zeigt das Beispiel „Hydraulische Steinsicherung" am Pflug (Bild 3 und vgl. Kap. 7.1.1.2).

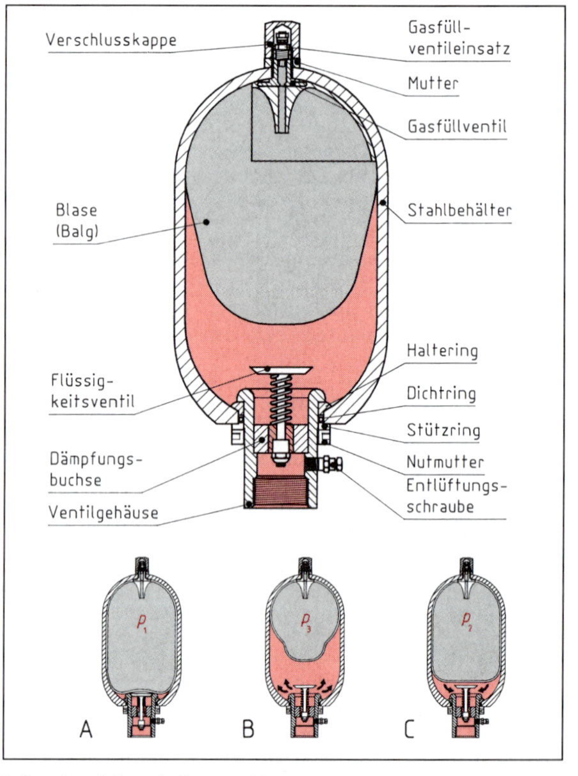

2 Druckspeicher, Aufbau und Funktion

Übungen

1. Nennen Sie Baugruppen an Landmaschinen, die durch Gleichlaufzylinder gesteuert werden.
2. Benennen Sie Geräte der Landtechnik, die mit Hydraulikspeichern ausgerüstet sind.
3. Warum dürfen Druckspeicher nicht mit Sauerstoff oder Luft gefüllt werden?

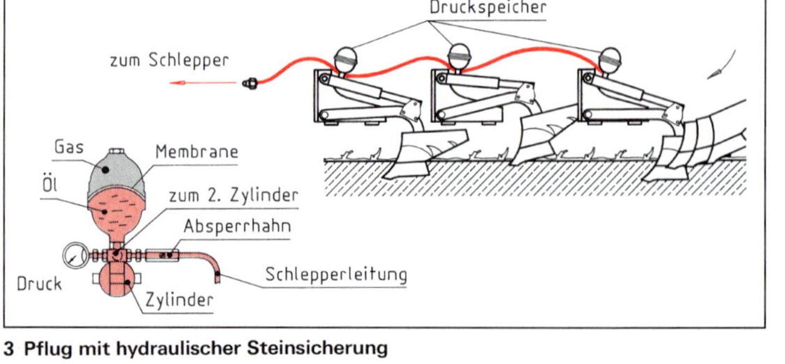

3 Pflug mit hydraulischer Steinsicherung

4.5 Lastdruckunabhängige Steuerungen

Der Volumenstrom $\dot{V}_1$ hinter einer Drossel oder Blende (siehe Seite 99, Bilder 1 und 2) ist in erster Linie abhängig vom Durchflussquerschnitt und von der Druckdifferenz Δp. Da der Ausgangsdruck p_2 (= Verbraucherdruck) normalerweise starken Schwankungen unterworfen ist, ändert sich bei unverändertem Eingangsdruck p_1 (= Pumpendruck) sowohl der für die Betätigung des Verbrauchers zur Verfügung stehende Volumenstrom $\dot{V}_1$ als auch der Volumenstromüberschuss $\dot{V}_2$, der zum Ölbehälter zurückgeführt wird. Die Veränderungen von $\dot{V}_1$ bewirken eine schwankende Betätigungsgeschwindigkeit des Verbrauchers (= lastdruckabhängige Steuerung).

Zur Erzielung eines gleichbleibenden Volumenstroms $\dot{V}_1$ und somit einer gleichbleibenden Betätigungsgeschwindigkeit des Verbrauchers ist es erforderlich, die Druckdifferenz Δp der vorgeschalteten Blende bzw. Drossel konstant zu halten. Dieses geschieht durch Veränderung des Betriebsdruckes p_1 in Abhängigkeit vom Verbraucherdruck p_2. Die entsprechenden Ausführungsformen der Hydraulikanlagen (siehe Bilder 1 und 3) werden als **lastdruckunabhängige Steuerungen** oder **Load-Sensing-Steuerungen** (= lastfühlende Steuerungen oder Steuerungen mit Lastdruckrückführung) bezeichnet.

Zur Konstanthaltung der Druckdifferenz Δp an einer Messblende werden in der Praxis 2-Wege- oder 3-Wege-Druckwaagen (Bild 2) eingesetzt.

Die Funktion der **lastdruckunabhängigen Steuerung** soll nachfolgend am Beispiel einer 3-Wege-Druckwaage (siehe Bilder 1 und 2) erläutert werden. Im Wegesteuerventil des Verbrauchers befindet sich eine Messblende bzw. Drossel mit festeingestellter Querschnittsfläche A_2. Parallel dazu befindet sich in der Druckwaage die veränderbare Regelblendenquerschnittsfläche A_2, die einen Rücklauf eines Teils des von der Pumpe geförderten Ölvolumens zum Ölbehälter ermöglicht.

Unter Vernachlässigung der Reibungs- und Strömungswiderstände stellt sich am Kolben der Druckwaage ein Kräftegleichgewicht zwischen der hydraulischen Kraft (= $\boldsymbol{p_1 \cdot A_K}$) auf der einen Seite und der durch Federkraft ergänzten hydraulischen Kraft (= $\boldsymbol{p_2 \cdot A_K + F_F}$) auf der gegenüberliegenden Seite ein. Jede Veränderung des LS-Druckes $\boldsymbol{p_2}$ bewirkt eine Verschiebung des Regelkolbens und somit eine Anpassung des Förderdruckes $\boldsymbol{p_1}$ durch Vergrößern bzw. Verkleinern der durch die Regelblende freigegebenen Öffnung zum Rücklauf.

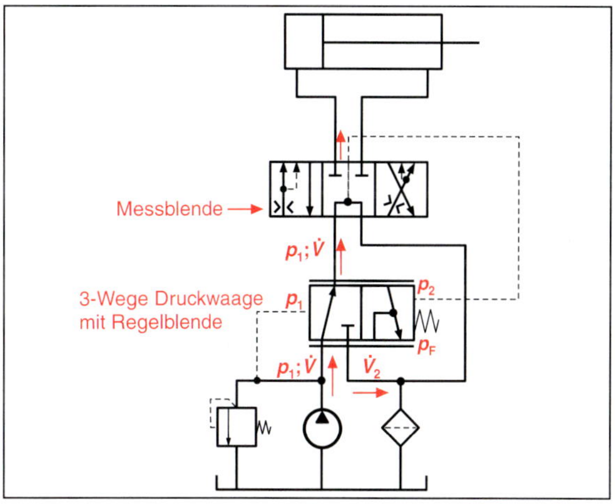

1 Hydraulikplan einer lastdruckunabhängigen Steuerung mit Konstantförderpumpe (= Load Sensing, Open Center)

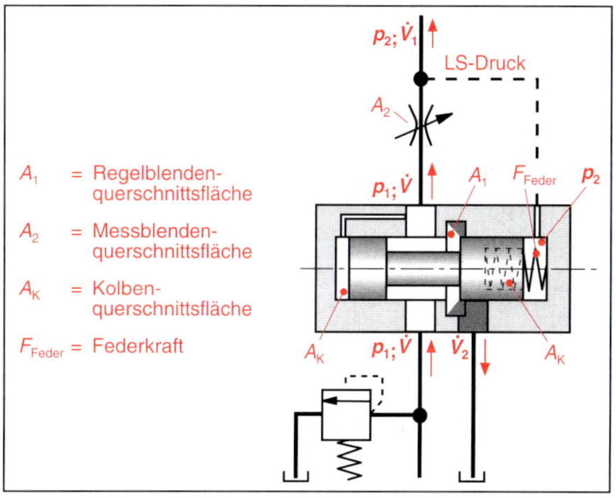

2 3-Wege-Druckwaage mit Regelblende

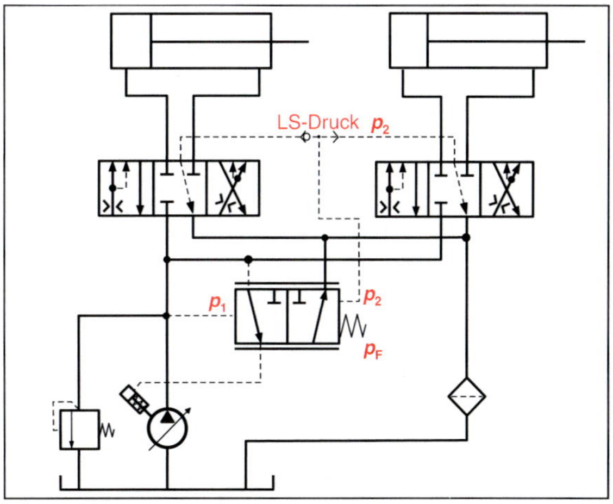

3 Hydraulikplan einer lastdruckunabhängigen Steuerung mit Verstellpumpe (= Load Sensing, Closed Center)

4.6 Regelhydraulik

Maschinen und Geräte der Landtechnik müssen den vorgegebenen Arbeitsbedingungen durch Einstellen und Steuern ihrer Funktionsbauteile angepasst werden. Die Optimierung der Geräte- und Maschinenausnutzung erfordert jedoch zusätzlich ein ständiges, genaues Einhalten der eingestellten oder gesteuerten Arbeitsbedingungen bei unterschiedlichen äußeren Störeinflüssen. Diese Überwachung der Arbeitsbedingungen und das selbsttätige Abstellen eventuell auftretender Abweichungen von den vorgegebenen Einstelldaten übernimmt die **Regelhydraulik.**

4.6.1 Funktion einer Regelhydraulik

Der Regelhydraulik wird mithilfe des Bedienpultes oder eines Stellhebels eine Führungsgröße vorgegeben, die den Regler veranlasst, über eine Stellgröße die Regelstrecke (das Arbeitsgerät) in die vorgesehene Arbeitsstellung (Sollstellung) zu bringen (Bild 1). Auf die Regelstrecke (Arbeitsgerät) wirken äußere Störgrößen ein und bewirken Abweichungen der Regelstrecke von der Solleinstellung. Die tatsächlichen Arbeitswerte der Regelstrecke werden als Regelgrößen dem Regler zugeführt und hier mit dem Sollwert der Führungsgröße verglichen. Weichen die tatsächlichen Arbeitswerte (Istwerte) von den Sollwerten ab, erfolgt eine automatische Korrektur durch Verändern der Stellgröße im Regler, bis die Ist- und Sollwerte wieder übereinstimmen. Dieses Funktionsschema (Bild 1) zeigt das Strukturbild des Regelkreises. Bild 2 zeigt die Begriffsdefinition.

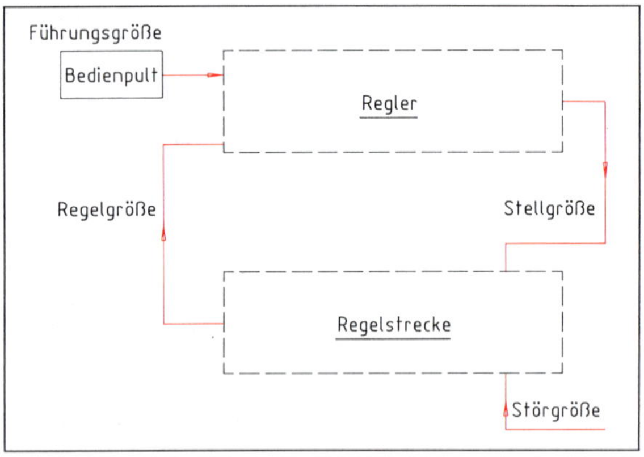

1 Strukturbild des Regelkreises

Führungsgröße:	Sollwert der Regelgröße
Regelgröße:	Diejenige Größe, die für den ordnungsgemäßen Betrieb der Regelstrecke mit der Führungsgröße übereinstimmen soll
Regelstrecke:	Die zu regelnde Anlage, in der eine Größe (ein Einstellwert) gegen unbeabsichtigte Einflüsse konstant gehalten werden soll
Regler:	Apparatur zur Bildung der Differenz zwischen Soll- und Istwert der Regelgröße und zur Betätigung der Stellgröße durch das Stellglied oder Regelventil
Stellgröße:	Einflussgröße, die die Regelgröße zu ändern versucht (Hydraulikflüssigkeit)
Stellglied:	Eingebautes Gerät zur Steuerung des Energiestromes (Regelventil)
Störgröße:	Jene Einflussgröße, die die Regelgröße zu ändern versucht

2 Begriffe der Regeltechnik

4.6.2 Regelungsarten

Eingesetzt wird die Regelhydraulik in der Landtechnik zur Einhaltung der Einstelllage von Maschinen und Geräten oder der Zugkräfte für diese Maschinen und Geräte. Wir unterscheiden daher folgende Arten der Hubwerksregelung an Schleppern:

- Lageregelung,
- Zugkraftregelung,
- Mischregelung,
- Schwimmstellung.

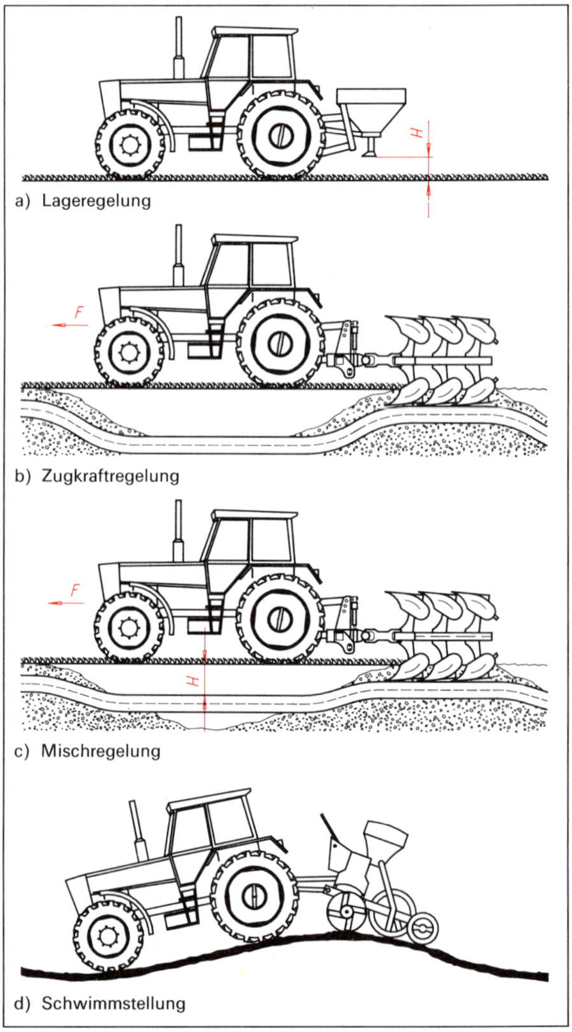

3 Regelungsarten der Hubwerksregelung

Lageregelung. Hierbei ist die Höhe *H* des Hubwerkes und die Lage der Anbaugeräte gegenüber dem Schlepper die Regelgröße (Bild 3a, S. 114). Diese Regelung ermöglicht ein direktes Ansteuern der gewünschten Arbeitshöhe über einer Zielfläche nach dem Anheben oder Absenken der Arbeitsgeräte zum Transport oder Befüllen. Eggenrahmen, Schleuderdüngerstreuer und Spritzen werden lagegeregelt.

Zugkraftregelung. Bei dieser Regelung ist die Zugkraft *F* in den Anhängepunkten der Maschinen und Geräte (Unterlenkerkraft) die Regelgröße (Bild 3b, S. 114). Diese Regelung wird hauptsächlich beim Einsatz von Maschinen und Geräten, die im Ackerboden arbeiten, verwendet. Steigt die Zugkraft infolge einer Bodenverdichtung an, hebt zum Beispiel der Pflug etwas aus. Bei nachlassender Zugkraft wird der umgekehrte Vorgang eingeleitet.

Mischregelung. Hierbei werden die Istwerte von Lage- und Zugkraftregelung in einem vorgegebenen Verhältnis kombiniert und als Regelgröße verwendet (Bild 3c, S. 114). Es lassen sich hierdurch große Arbeitstiefenänderungen auf sehr stark wechselnden Böden vermeiden.

Schwimmstellung. Hierbei ist der freie Kreislauf der Leistungshydraulik die Regelgröße. Ein freies Bewegen der rad- oder kufengestützten Maschinen und Geräte über unebenen Böden ist möglich (Bild 3d, Seite 114).

4.6.3 Regelsysteme der Kraftheberanlagen des Schleppers

Die Führungsgröße (der Sollwert) des Bedienpultes und die Regelgröße (der Istwert) kann dem Regler eines Regelkreises elektrisch, mechanisch oder hydraulisch zugeführt werden.

Die **elektronische Hubwerksregelung** wird in den letzten Jahren verstärkt im Schlepperbau eingesetzt. Die Bauteile dieser Regeleinrichtung zeigt das Bild 1. Im Bild 2 bilden die Symbole dieser Bauteile den Schaltplan des Regelkreises einer elektronischen Hubwerksregelung.

Bauteile der elektronischen Hubwerksregelung sind:

1 Bedienpult
2 Elektronikbox des Reglers
3 Lagesensor (Istwert der Regelstrecke)
4 Zugkraftsensor (Istwert der Regelstrecke)
5 Regelsteuergerät (Regelventil des Reglers)
6 Hydraulikpumpe
7 Batterie
8 Regelstrecke (Hubzylinder der Hubwerkshydraulik).

Das Zusammenwirken der elektronischen Bauteile wird in Kap. 3.10 näher erläutert.

Funktion: Durch Betätigung der Stellpultschalter 1 wird über die Elektronikbox 2 das Regelventil 5 betätigt und der Förderstrom der Hydraulikpumpe 6 zum Zylinder 8 der Regelstrecke gefördert, bis die Istwerte der Sensoren 3 und 4 mit den Sollwerten des Stellpultes übereinstimmen. Weichen durch den Einfluss äußerer Störgrößen die Istwerte der Sensoren von den Sollwerten ab, werden diese über die Regelgrößen die Elektronikbox 2 veranlassen, das Regelventil 5 zu betätigen. Die entstehende Stellgrößenänderung beeinflusst den Zylinder der Regelstrecke 8, bis der Sollwert wieder erreicht ist.

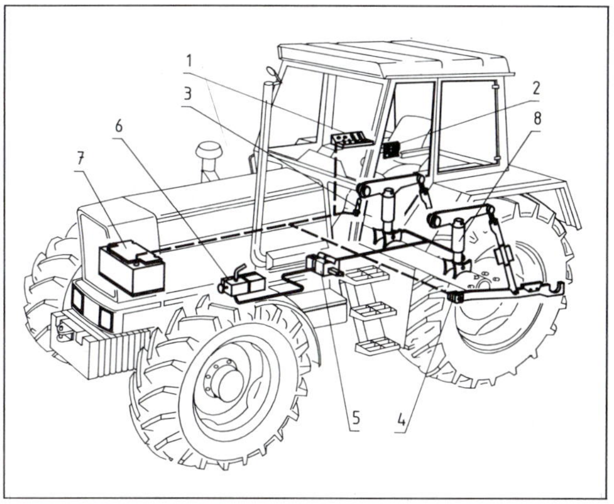

1 Bauteile der elektronischen Hubwerksregelung

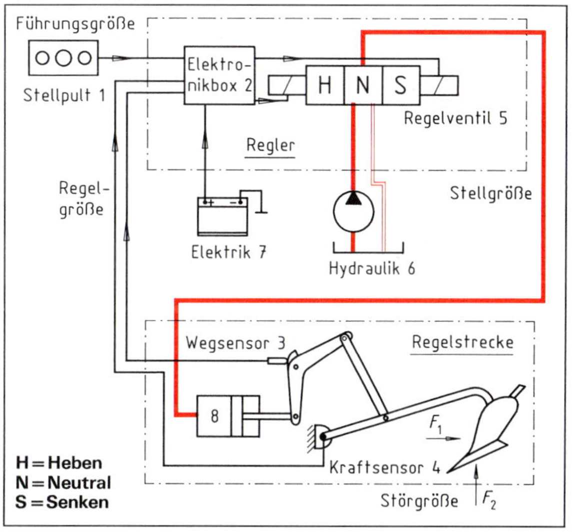

2 Schaltbild und Regelkreis der elektronischen Hubwerksregelung

Bei der **mechanischen Hubwerksregelung** wird der Sollwert über einen Stellhebel und ein Vorsteuerventil dem Regelventil manuell vorgegeben. Die Istwerte der Regelstrecke werden von der Messfeder oder der Kurvenscheibe über ein Gestänge (mechanisch) dem Vorsteuerventil zugeführt. Entstehende Abweichungen zwischen den Soll- und den Istwerten bewirken ein Heben und Senken der Regelstrecke (Hubzylinder) (Bild 1, Seite 116).

Die **Funktion des Reglers** ist in Bild 2, Seite 116 zu erkennen. In der Neutralstellung wird der Ölförderstrom am Druckbegrenzungsventil vorbei durch das Regelventil von Anschluss P nach Anschluss R gefördert. Das Regelventil wird über einen Steuerstrom durch das Vorsteuerventil und eine Drossel gegen eine Feder in Stellung gehalten.

Heben: Der Vorsteuerschieber wird durch den Stellkeil nach links gedrückt. Der Vordruck am Regelventil wird durch Schließen des Vorsteuerventils abgebaut und das Regelventil durch die Feder nach rechts verschoben. Der

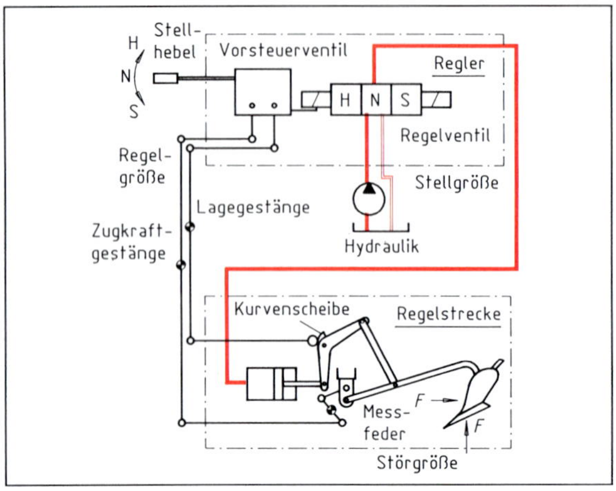

1 Bauteile der mechanischen Hubwerksregelung

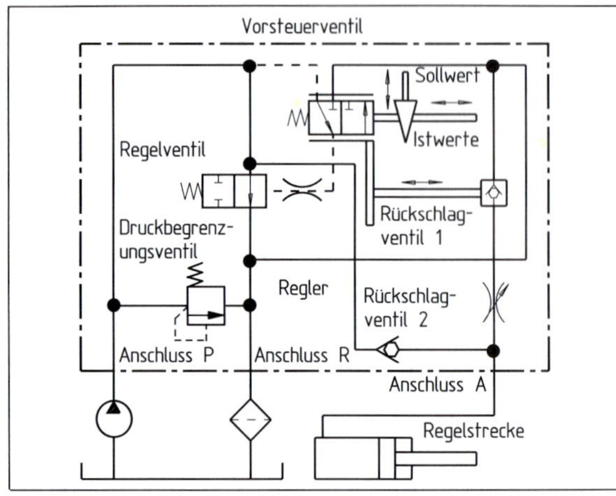

2 Schaltbild und Regelkreis einer mechanischen Hubkraftregelung

Rücklauf nach Anschluss R wird gesperrt. Die Pumpe fördert über das Rückschlagventil 2 zum Anschluss A des Arbeitszylinders.

Senken: Der Vorsteuerschieber wird über den Steuerkeil zurückgenommen. Das Regelventil erhält wieder Steuerstrom und öffnet gegen die Federkraft. Das Drucköl der Pumpe fließt in die Rückleitung Anschluss R. Das Rückschlagventil 2 schließt. Über einen Mitnehmer des Vorsteuerventils wird das Rückschlagventil 1 geöffnet. Das Öl aus dem Arbeitszylinder entweicht in den Rücklauf Anschluss R. Die Senkgeschwindigkeit kann über eine verstellbare Drossel reguliert werden.

Hydraulische Hubwerksregelung

Die hydraulische Hubwerksregelung benötigt zwei unterschiedliche Ölkreise (Bild 3). Der **Arbeitskreis** versorgt den Hubzylinder, der **Steuerkreis** das Regelsteuergerät zur Betätigung des Regelventils.

Die Soll- und Istwerte werden durch Verändern von Drosselventilstellungen im Steuerkreis der Anlage hydraulisch verglichen und zur Betätigung des Regelventils herangezogen.

Funktion: Durch Betätigung des Bedienteils wird dem hydraulischen Regelsteuergerät der Sollwert im Steuerkreis durch Einstellung der Sollwertdrossel vorgegeben (Bild 4).

Der momentane Istwert beeinflusst den Steuerkreis über die Stellung der Istwertdrossel im Regelsteuergerät. Haben die Soll- und Istwertdrossel gleiche Durchflussquerschnitte, herrscht Gleichgewicht. Die Drücke in den Leitungen 1 und 2 sind gleich (Neutralstellung N).

Verändert sich der Istwert und somit die Durchflussmenge durch die Istwertdrossel, steigt oder fällt der Druck vor dieser Drossel. In den Leitungen 1 und 2 wirken unterschiedliche Drücke, die das Regelventil in die Stellung Senken S oder Heben H des Arbeitszylinders im Arbeitskreis verschieben.

Zur Lage- oder Zugkraftregelung wird jeweils eine Lage- oder eine Zugkraftsollwertdrossel und eine Lage- oder eine Zugkraftistwertdrossel benötigt. Bei der Mischregelung werden gleichzeitig alle vier Drosseln im Regelsteuerventil verwendet.

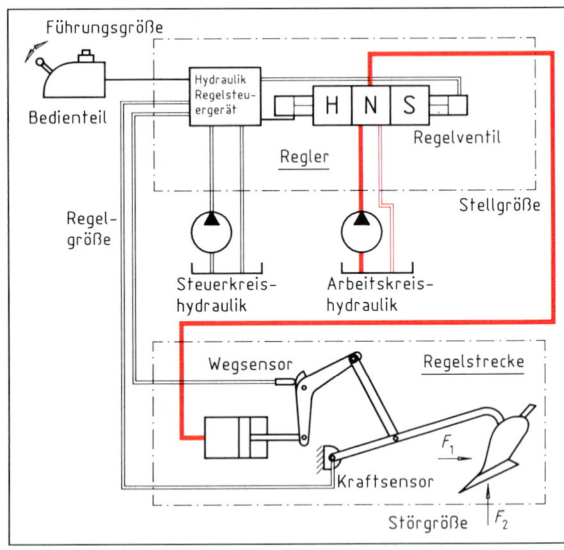

3 Schaltbild und Regelkreis der hydraulischen Hubwerksregelung

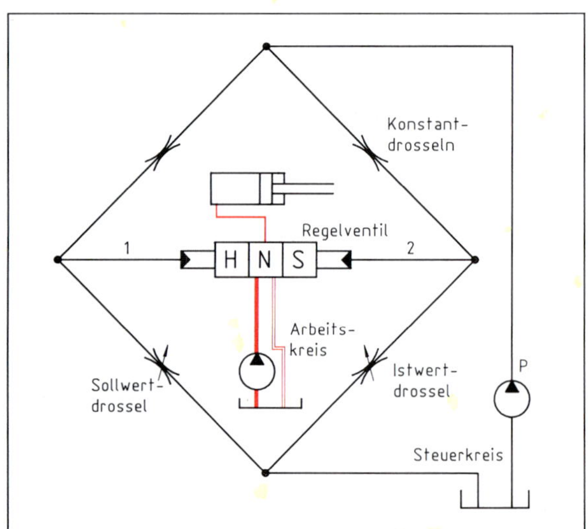

4 Prinzipskizze des hydraulischen Regelsteuergerätes

4.7 Getriebehydraulik

In der Landtechnik werden hydraulische Bauelemente neben der Versorgung äußerer Funktionsstellen wie Lenkung, Kraftheber, Fahrantrieb, Regelhydraulik usw. auch zur Betätigung innerer Funktionsstellen, z. B. zum Schalten von Getriebebauteilen, eingesetzt. Diese werden in ihrer Gesamtheit ugs. **Getriebehydraulik** genannt. Die Bauteile einer solchen Getriebehydraulik (Bild 1) sind im Schaltplan (Bild 2) funktional zusammengestellt.

Bauteile dieser Getriebehydraulik sind:

1 Filter in der Saugleitung
2 Hydraulikpumpe (Konstantförderpumpe)
3 Druckbegrenzungsventil
4 Steuergerät zur Servounterstützung der Fahrkupplung
5 Steuergerät zur Betätigung der Getriebeschaltung (Lastschaltgetriebe)
6 Ölkühler
7 Ersatzleitung bei fehlendem Ölkühler
8 Ölfilter
9 Kupplung der Getriebeschaltung (Lastschaltgetriebe)
10 Schmierölversorgung
  10a Schmierölleitung
  10b Vorgelegewelle Innenschmierung
  10c Kegelradwelle Innenschmierung
  10d Vorgelegewelle Lagerschmierung
  10e Kernwelle Schmierung
  10f Planeten Schmierung
11 Planetensätze
12 Zapfwellensteuergerät
13 Zapfwellenkupplung
14 Steuergerät für Ausgleichsgetriebesperre
15 Steuergerät für Vorderachsantrieb
16 Kupplung des Vorderachsantriebes
17 Kupplung der Ausgleichgetriebesperre
18 Abschaltventil für den Schmierölstrom zur Zapfwellenkupplung
19 elektrische Anzeige für den Verbraucherdruck
20 elektrische Anzeige für den Schmieröldruck.

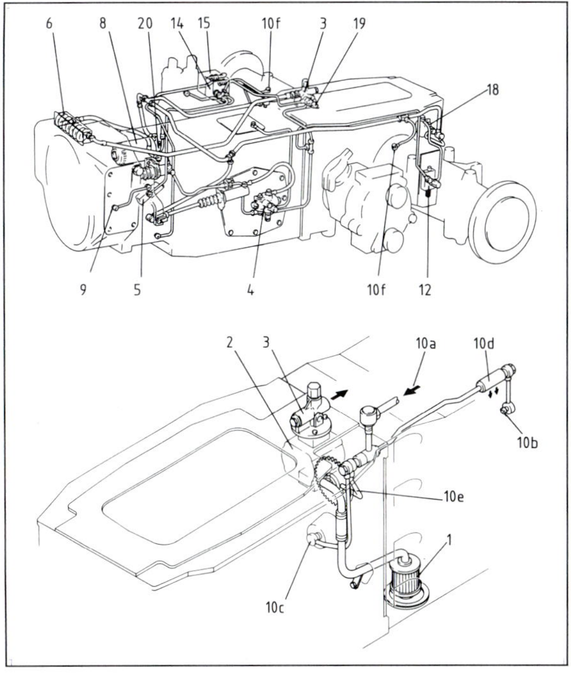

1 Bauteile einer Getriebehydraulik

Funktion: Die Hydraulikpumpe (2) hat die Aufgabe, den Druck aufzubauen, der durch das Druckbegrenzungsventil (3) abgesichert wird. Die Steuergeräte der Verbraucher Getriebekupplung (9), Servokupplung (4), Zapfwellenkupplung (13), Ausgleichgetriebesperrenkupplung (17) und Vorderachsantriebskupplung (16) sind in der Ausgangsstellung geschlossen. Das Öl wird jedoch über das Druckbegrenzungsventil (3) zu den Schmierstellen (10a) … (10f) gefördert, gekühlt und gefiltert.

Durch elektromagnetische Betätigung der Steuerschieber der Steuergeräte (14) und (15) können Vorderachsantrieb und Ausgleichgetriebesperre eingekuppelt werden.

Das Getriebe lässt sich über die Kupplung (9) mithilfe des elektromagnetisch betätigten Steuerventils (5) schalten. Die Drossel und der Zylinder im Steuergerät ermöglichen eine Druckregulierung (zunächst langsamer, dann schneller Druckaufbau zur Erreichung eines maximalen Kupplungseffektes).

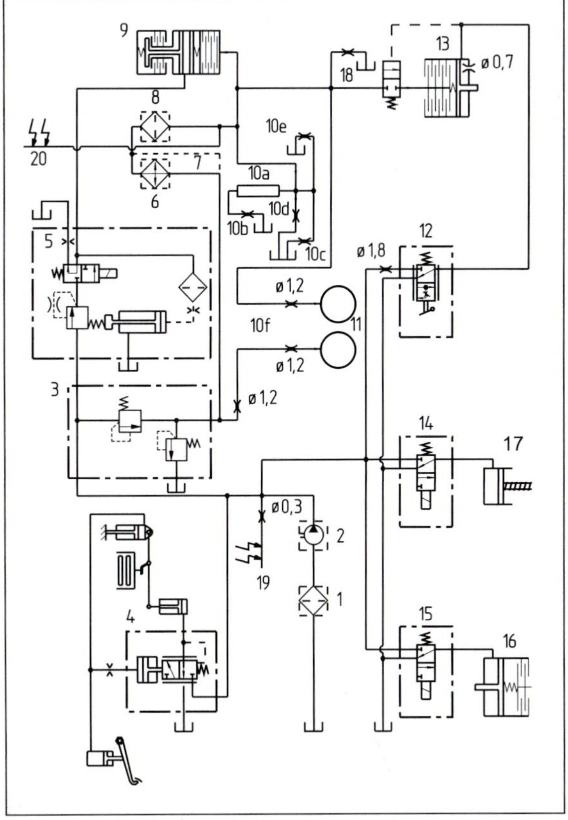

2 Schaltplan einer Getriebehydraulik

Die Zapfwelle wird über die Zapfwellenkupplung (13) mithilfe des Zapfwellensteuergerätes (12) über ein Pedal eingeschaltet. Gleichzeitig wird die Schmierölzuführ über das Ventil (18) ermöglicht. Ein Teil des Schmieröls kann über eine eingebaute, einstellbare Drossel abfließen. Hierdurch lässt sich eine feinfühlige Kupplungseinstellung vornehmen. Die Servounterstützung der Fahrkupplung erfolgt über das Steuergerät (4). Durch die Betätigung des Kupplungspedals wird der Zylinder im Steuergerät (4) und gleichzeitig der Zylinder zur Kupplungsbetätigung oberhalb der Fahrkupplung mit Drucköl versorgt. Der Zylinder im Steuergerät (4) verschiebt gleichzeitig das Steuergerät im Steuerventil (4), sodass der Ölstrom von der Hydraulikpumpe über dieses Steuerventil zum Hilfszylinder unterhalb der Fahrkupplung gelangt. Die Fahrkupplung wird also gleichzeitig durch einen zweiten Zylinder bestätigt (Servowirkung).

Übungen

1. Geben Sie die wesentlichen Kriterien an, die Material und Abmessungen von Hydraulikleitungen und Hydraulikverschraubungen bestimmen.
2. Beschreiben Sie die Herstellung einer Schneidringverschraubung mit einer Rohrleitung. Geben Sie die einzelnen Arbeitsschritte in der erforderlichen Reihenfolge an.
3. Die Schlauchleitung eines Hydrauliksystems soll mit einer Rohrleitung verbunden werden.
   a) Beschreiben Sie den Zusammenbau dieser Leitungen und benennen Sie die notwendigen Verbindungsbauteile.
   b) Nennen Sie die wesentlichen Richtlinien zum Verlegen von Rohrleitungen und Schläuchen in Hydraulikanlagen.
4. Skizzieren Sie das Strukturbild eines Regelkreises und bezeichnen Sie dessen Funktionsteile.
5. Benennen Sie Maschinen oder Geräte der Landtechnik, die folgende Regelungsarten erfordern:
   a) Lageregelung,
   b) Zugkraftregelung,
   c) Mischregelung,
   d) Schwimmstellungsanbau.
6. Ordnen Sie verschiedene Schleppertypen und Fabrikate nach ihrer Hubwerksregelart.
7. Skizzieren Sie ein 3/3 Wegeventil, das als Regelventil in der elektronischen oder hydraulischen Hubwerksregelung eingesetzt werden kann (Bilder 2, Seite 115 und 3, Seite 116). Zeichnen Sie die Fließrichtungen des Öls in den Stellungen H (Heben), S (Senken) und N (Neutral) ein.
8. Stellen Sie fest, welche Kraft- bzw. Lagesensoren zur Hubwerksregelung an Ihnen bekannten Schleppern eingesetzt werden.
9. Welchen Vorteil bietet die Mischregelung gegenüber der reinen Lage- bzw. Zugkraftregelung?

5 Triebwerkstechnik

Bild 1 zeigt das Leistungsübertragungssystem eines Schleppers. Im Bild 2 ist das Hauptgetriebe mit einer hydrodynamischen Kupplung dargestellt.

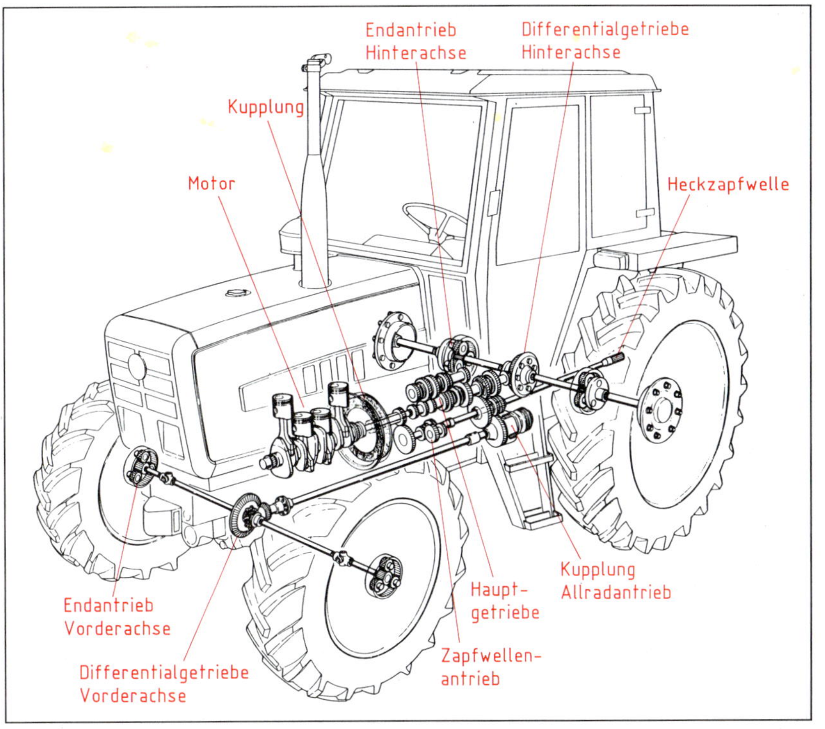

1 Leistungsübertragungssystem eines Schleppers

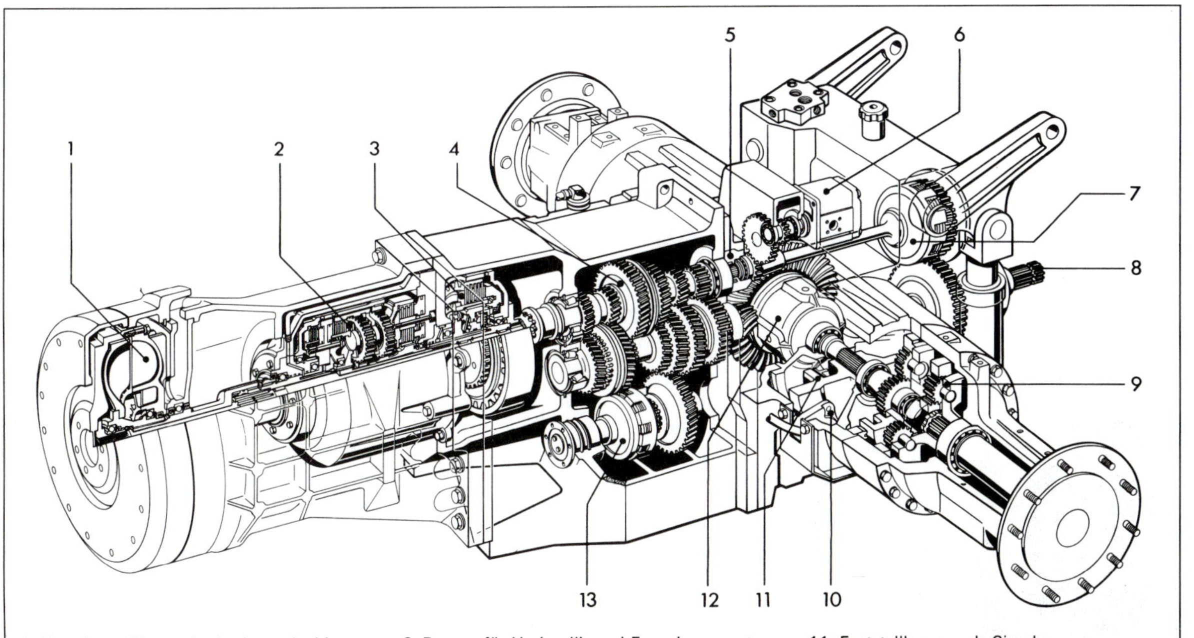

1 Kupplung (Bauart hydrodynamisch)
2 Lastschalt-Split-Getriebe
3 Integrierte, verschleißfreie, nasse Hauptkupplung
4 Synchronisiertes Schaltgetriebe
5 Schmier- und Schaltpumpe
6 Pumpe für Hydraulik und Fremdaggregate
7 Lastschalt-Lamellenkupplung für Zapfwelle
8 Zapfwelle
9 Endabtrieb (Doppel-Planetentrieb)
10 Betriebsbremse als Scheibenbremse
11 Feststellbremse als Simplex-Innenbackenbremse
12 Differential mit Lastschalt-Lamellensperre
13 Lastschalt-Lamellenkupplung für Vorderachsantrieb

2 Getriebe mit hydraulischer Kupplung

5.1 Kupplung

5.1.1 Trocken-Scheibenkupplung

Die Kupplung stellt im Leistungsübertragungssystem das Bindeglied zwischen dem Motor als Leistungsquelle und dem Getriebe als Element zur Leistungsübertragung auf Räder oder Zapfwellen dar. Sie kann die Leistungsübertragung zwischen Motor und Getriebe ermöglichen oder trennen. Mechanische Kupplungen werden bei allen Fahrzeugen eingesetzt, sofern sie nicht eine hydraulische Leistungsübertragung aufweisen. Um weitere Systeme in den Leistungsfluss einzuschalten oder sie von ihm zu trennen, werden zusätzliche Kupplungen benötigt.

Die in Bild 1 dargestellte Kupplung bezeichnet man als **Trocken-Scheibenkupplung**. Beim Einkuppeln, z. B. beim Anfahren des Fahrzeugs, entsteht durch Reibung Wärme. Sie wird bei diesem Kupplungstyp durch Luft abgeführt, die Kupplung wird durchlüftet. Ist die Erwärmung zu groß, können die Reibbeläge verbrennen, die Kupplung ist defekt.

Auf der Mitnehmerscheibe sind beidseitig Reibbeläge aufgeklebt, bei anderen Bauarten können sie auch aufgenietet sein. Die Mitnehmerscheibe greift in die Keilverzahnung der Getriebeeingangswelle ein und kann so die Motorleistung weiterleiten, wenn sie gegen das Schwungrad des Motors gedrückt wird. Die notwendige Anpresskraft wird von Federn aufgebracht, die gegen die Kupplungsdruckplatte drücken und sich am Kupplungsgehäuse (Kupplungsdeckel) abstützen.

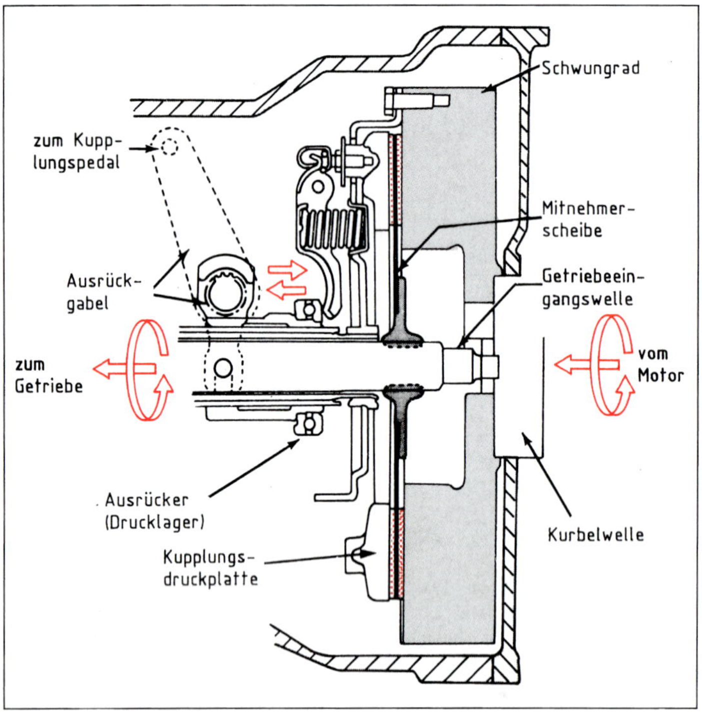

1 Trocken-Scheibenkupplung

Wird das Kupplungspedal durchgetreten, so wirkt die Fußkraft über ein Gestänge oder über ein hydraulisches Übertragungssystem und eine Gabel auf das Kupplungsdrucklager. Dieses drückt auf die Ausrückhebel, die über Bolzen die Kupplungsdruckplatte gegen die Federkraft zurückziehen und so die Kupplungsdruckplatte von der Mitnehmerscheibe lösen. Die Kupplung ist ausgerückt und überträgt keine Leistung vom Motor auf das Getriebe.

Beim Zurücknehmen der Kraft auf das Kupplungspedal werden die Ausrückgabel und der Ausrücker entlastet, die Federn drücken die Kupplungsdruckplatte gegen die Mitnehmerscheibe. Durch die resultierende Reibungskraft kann die Leistungsübertragung vom Motor auf das Getriebe erfolgen.

Bei der hier dargestellten Bauart handelt es sich um eine **Einscheiben-Trockenkupplung**. Sollen höhere Leistungen übertragen werden, müssen die Reibflächen vergrößert werden. Der Grund hierfür liegt in der Flächenpressung, deren vorgegebener Wert nicht überschritten werden darf (s. Technische Mathematik, Kap. 4.1). Um den Durchmesser der Kupplung nicht zu groß werden zu lassen, wählt man in diesen Fällen die Bauweise der Zwei- (Bild 2) oder Mehrscheibenkupplung.

Bei Schleppern werden teilweise auch **Doppel-Scheibenkupplungen** eingesetzt (Bild 1, Seite 121). Eine Mitnehmerscheibe dient zur Leistungsübertragung vom Motor zum Getriebe. Die zweite, meist kleinere Mitnehmerscheibe dient zur Leistungsübertragung auf die Zapfwelle (meist Heckzapfwelle). Beim Durchtreten des Kupplungspedals (6) wird zunächst die Verbindung Motor – Getriebe unterbrochen. Über einen Hebel (7) und ein Übertragungssystem (9) wird die Zapfwellenkupplung ausgerückt. Das Einkuppeln geschieht in umgekehrter Reihenfolge.

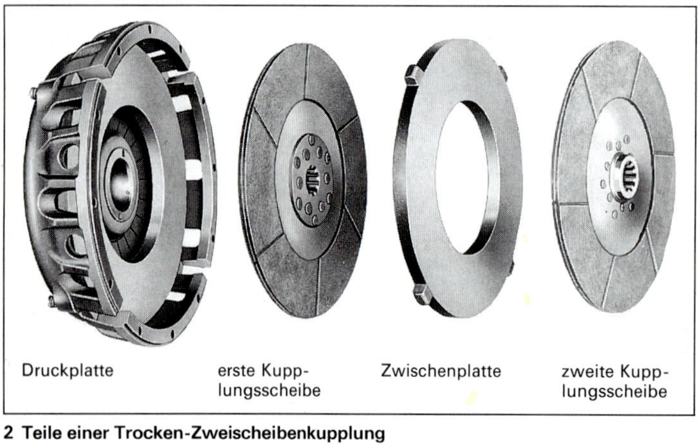

2 Teile einer Trocken-Zweischeibenkupplung

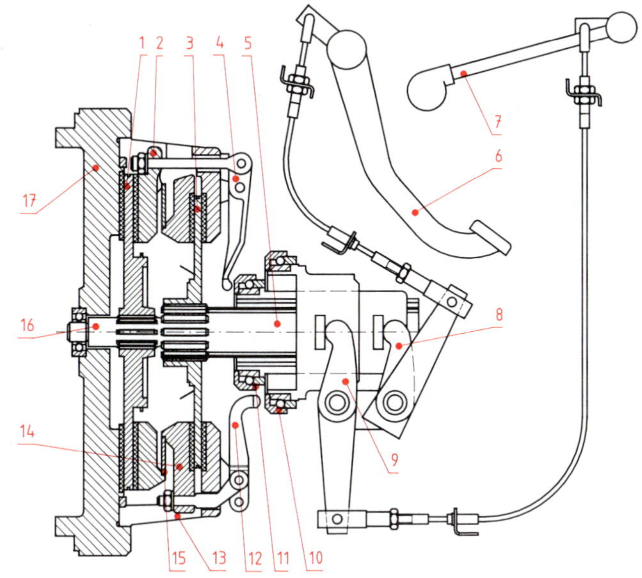

1 Kupplungsscheibe für Fahrkupplung
2 Druckplatte
3 Kupplungsscheibe für Motor-Zapfwelle
4 Druckhebel
5 Hohlwelle für Zapfwellenantrieb
6 Kupplungspedal (für Fahrkupplung)
7 Handhebel für Zapfwellenkupplung
8 Ausrückhebel für Fahrkupplung
9 Ausrückhebel für Zapfwellenkupplung
10 Kupplungs-Ausrücklager für Zapfwellenkupplung
11 Kupplungs-Ausrücklager für Fahrkupplung
12 Druckhebel
13 Kupplungsgehäuse
14 Druckplatte
15 Tellerfeder
16 Kupplungswelle
17 Schwungrad

1 Doppel-Scheibenkupplung

Die Mitnehmerscheibe der Zapfwellenkupplung ist etwas kleiner ausgeführt als die Scheibe der Fahrkupplung. Die Zapfwellenkupplung hat weniger Leistung zu übertragen als die Fahrkupplung, die auch durch die Anfahrvorgänge stärker beansprucht wird. Damit beide Kupplungsscheiben normalerweise etwa gleichmäßig verschleißen, legt man sie unterschiedlich groß aus. Die Fahrkupplung ist i. Allg. größer dimensioniert.

Kupplungsscheiben können starr oder flexibel ausgeführt sein. Bei starren Mitnehmerscheiben sind Scheiben und Naben fest miteinander verbunden.

Flexible Scheiben erkennt man an Federn, die rund um die Nabe angeordnet sind. Sie dämpfen Drehschwingungen, die vor allem beim Einkuppeln entstehen können, und ermöglichen ein „weicheres" Anfahren.

Die Kupplungswelle (Getriebeeingangswelle) ragt aus dem Getriebe heraus. An ihrem vorderen Ende weist sie meist einen Führungszapfen auf, der in einem Führungslager im Flansch der Kurbelwelle aufgenommen wird. Auf dem keilverzahnten Teil der Welle ist die Kupplungsscheibe in Längsrichtung frei beweglich, gegen Drehung jedoch starr mit der Welle verbunden angeordnet. Der anschließende, gedrehte Teil der Kupplungswelle dient als Führung des Drucklagers, das meist als Axialkugellager ausgeführt ist.

Wartung der Trocken-Scheibenkupplungen

- Die Kupplungsscheibe muss auf ihrem gesamten Umfang gleichmäßig angepresst werden. Die Enden der Ausrückhebel müssen deshalb das Drucklager gleichzeitig berühren, damit sich die Druckplatte gleichmäßig anhebt, wenn das Kupplungspedal betätigt wird.

Trocken-Scheibenkupplungen sollen nur mit dem vom Hersteller empfohlenen Werkzeug und nach dessen Vorschriften zerlegt werden.

Dabei ist auf die erheblichen Federkräfte zu achten. Die Federn müssen gleichmäßig entspannt werden.

- Nach dem Einbau der Kupplung ist das Spiel des Kupplungspedals nach Herstellervorschrift zu prüfen und ggf. einzustellen. Bei eingerückter Kupplung wird das Kupplungspedal in der Regel von einer Feder zurückgezogen. Die Ausrückgabel hebt sich vom Ausrücker ab. Eine weitere Feder zieht der Ausrücker und die Führung zurück, der Ausrücker kann die Ausrückhebel nicht mehr berühren. Der Ausrücker dreht sich also nicht, solange das Kupplungspedal nicht berührt wird. Voraussetzung ist die richtige Einstellung des Spiels des Kupplungspedals.
- Bei Wartungsarbeiten ist die Einstellung des Kupplungsspiels zu prüfen. Durch Verschleiß wird die Kupplungsscheibe immer dünner. Die Druckplatte kommt dem Schwungrad beim Anpressen immer näher, die inneren Enden der Ausrückhebel nähern sich immer mehr dem Drucklager und kommen schließlich ständig mit ihm in Kontakt. Das Drucklager läuft mit. Geht der Verschleiß weiter, so stützen sich die Hebelenden fest auf dem Drucklager ab, die Kupplung rutscht durch. Das Drucklager wird zerstört, die Kupplungsbeläge können verbrennen. Rechtzeitige Kontrolle und Einstellung des Kupplungsspiels sind unumgänglich.
- Schmierung benötigen bei Trocken-Scheibenkupplungen nur Drucklager (falls keine dauergeschmierten Lager zum Einsatz kommen) und Gelenke des Betätigungsgestänges. Beläge dürfen nicht mit überschüssigem Fett in Berührung kommen, sie würden sonst unbrauchbar werden.

Vorteil der Trocken-Scheibenkupplung ist vor allem ihre große Kraftübertragungsfläche. Muss häufig gekuppelt und mit Kupplungsschlupf gearbeitet werden, so entsteht viel Wärme. Der Hersteller wird in solchen Fällen höher belastbare Belagwerkstoffe, z.B. Sinterwerkstoffe (Bild 1) einsetzen oder sich für eine andere Bauart der Kupplung, z. B. Lamellenkupplung, entscheiden.

1 Kupplungsscheibe mit Sinterbelägen

5.1.2 Scheiben- bzw. Lamellenkupplung im Ölbad

Bild 2 zeigt eine Lamellenkupplung zum Zu- bzw. Abschalten des Frontantriebs eines Schleppers. Die Kupplung besteht aus einem Paket von Scheiben, die abwechselnd mit Außen- oder Innenverzahnung versehen sind.

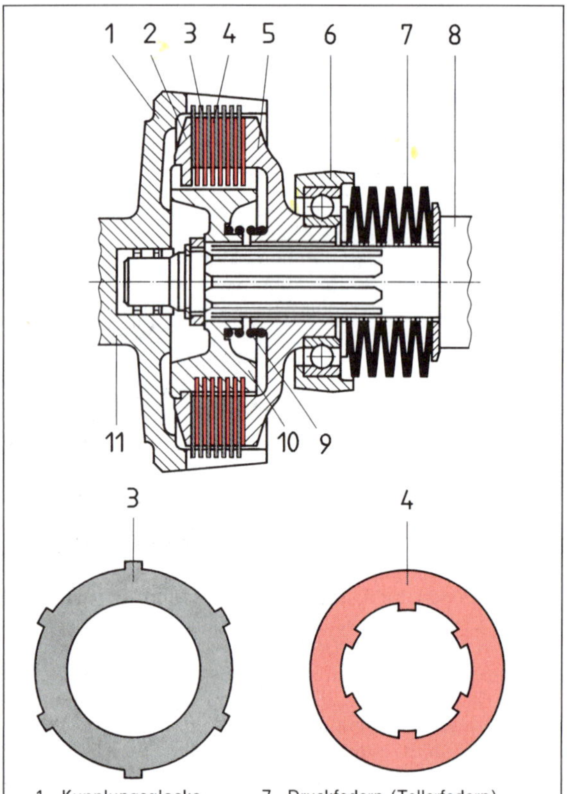

1 Kupplungsglocke
2 Druckring
3 Innenlamelle
4 Außenlamelle
5 Druckplatte
6 Ausrücklager
7 Druckfedern (Tellerfedern)
8 Abtriebswelle
9 Ausrückfeder (Schraubenfeder)
10 Lamellenträger
11 Antriebswelle

2 Lamellenkupplung

Sie sind also mit der Kupplungsglocke oder der kerbverzahnten Welle formschlüssig verbunden. Beim Einkuppeln wird über den Druckring eine Kraft auf das Scheiben-Paket ausgeübt. Je größer diese Kraft ist, desto höher ist das durch Reibung übertragbare Drehmoment der Kupplung. Es wird begrenzt durch die zulässige spezifische Flächenpressung des Belagwerkstoffs. Durch das Öl, in dem die Kupplung läuft oder von dem sie besprüht wird, können beträchtliche Wärmemengen abgeführt werden. Es ist jedoch darauf zu achten, dass stets genügend Öl der vorgeschriebenen Sorte vorhanden ist.

Beläge für Ölbadkupplungen werden aus verschiedenen Werkstoffen gefertigt. Sie weisen häufig eine Kreuzschraffierung auf, um Adhäsionserscheinungen, sog. „Kleben" der Kupplungsbeläge, zu verringern. Oft werden getriebene Scheiben für Lamellenkupplungen aus Kupfer-Zinn-Zink-Legierungen (Bronze) und treibende aus Stahl gefertigt. Lamellenkupplungen können mechanisch, pneumatisch oder hydraulisch geschaltet werden.

5.1.3 Hydrodynamische Kupplung (Flüssigkeitskupplung)

Bild 3 zeigt eine hydrodynamische Kupplung. In einem ölgefüllten Gehäuse befinden sich ein Pumpenrad und ein Turbinenrad. Treibt der Motor das Pumpenrad an, so wird das Öl durch die Zentrifugalkraft in radialer Richtung gegen die Schaufeln des Turbinenrades geschleudert. Es

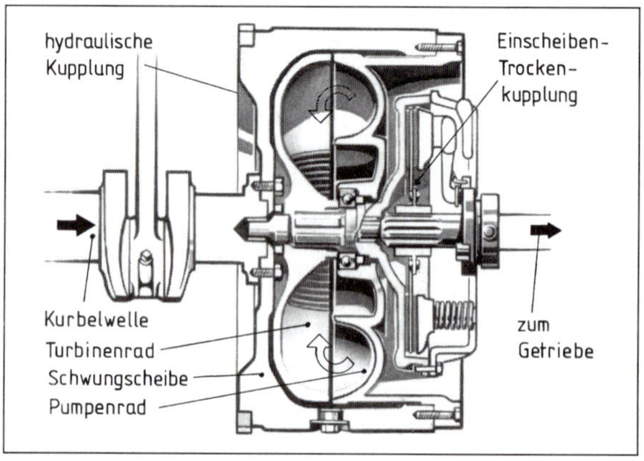

3 Hydrodynamische Kupplung

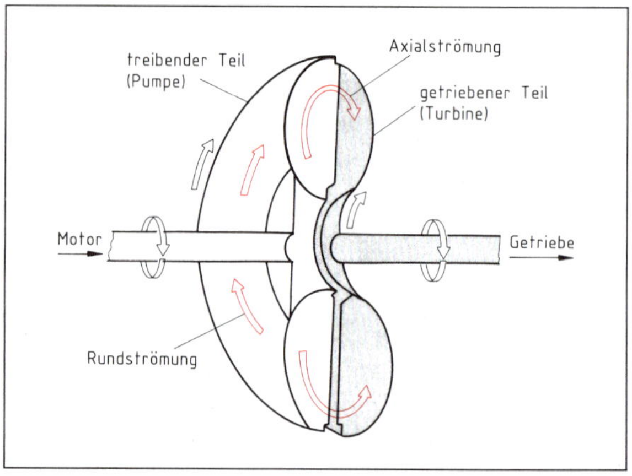

4 Axial- und Rundströmung in einer Flüssigkeitskupplung

gibt seine kinetische Energie an diese ab. Das Turbinenrad wird in der Drehrichtung des Pumpenrades mitgenommen, ein Drehmoment wird übertragen.

Axial- und Rundströmung in einer Flüssigkeitskupplung sind in Bild 4, Seite 122 dargestellt.

In der Praxis besteht zwischen Pumpen- und Turbinenrad stets ein – wenn auch geringer – Drehzahlunterschied. Der Wirkungsgrad hydrodynamischer Kupplungen liegt deswegen auch unter dem von Reibungskupplungen. Vorteile bieten Flüssigkeitskupplungen vor allem dort, wo häufig unter Last angefahren werden muss. Erwärmung und Verschleiß sind hier gering. Ferner werden Schwingungen, die vom Motor erzeugt werden, in der hydrodynamischen Kupplung gedämpft und so von Getriebe und nachfolgenden Bauteilen ferngehalten.

5.1.4 Überholkupplung (Freilauf-Kupplung)

Schlepper treiben häufig Maschinen, an denen größere Massen mit höheren Drehzahlen umlaufen. Bild 1 zeigt das Antriebssystem eines Kreiselmähers. Wird die Motordrehzahl des Schleppers plötzlich abgesenkt, z. B. durch Loslossen des Fahrpedals, so können die Bauteile des Anbaugeräts nicht schnell genug abgebremst werden und drehen ihrerseits die Leistungsübertragungselemente. Die angetriebenen Elemente werden nun zu Antriebselementen. Die Folge sind mechanisch hohe Beanspruchungen und eventuell Brüche.

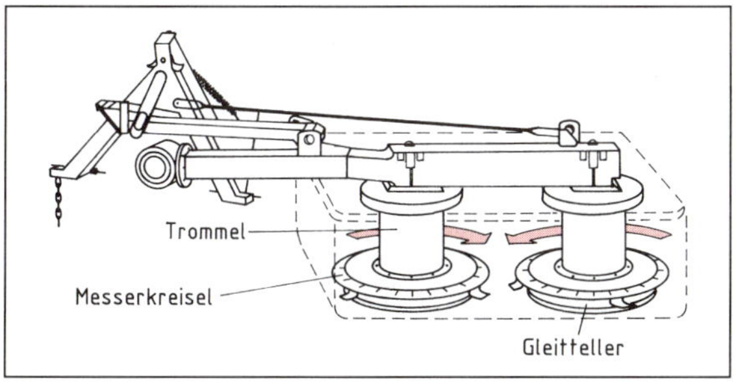

1 Antrieb eines Kreiselmähers

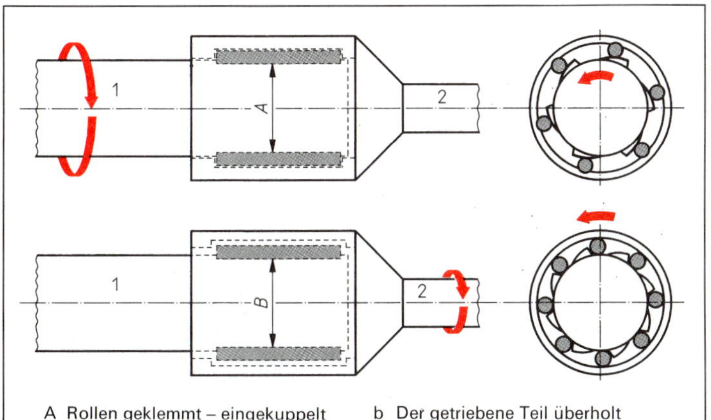

A Rollen geklemmt – eingekuppelt
B Rollen frei – Freilauf
a Beide Teile drehen gemeinsam
b Der getriebene Teil überholt
1 Treibend
2 Getrieben

2 Überholkupplung mit Rollen

In solchen Fällen werden zwischen Schlepper und Anbaugerät Überholkupplungen eingebaut. Bild 2 zeigt eine einfache Ausführung von Überholkupplungen.

Drehen treibender (Antriebswelle) und getriebener Teil als Einheit gegen den Uhrzeigersinn, so ist der Antrieb wirksam. Die Kupplung bleibt eingerückt.

Setzt jedoch der Antrieb aus (Drehzahlminderung der Antriebswelle) oder wechselt einer der beiden Teile seine Drehrichtung, so werden die beiden Kupplungsteile voneinander getrennt, es setzt ein Freilauf ein. Dieser ist im oben genannten Beispiel erwünscht, damit der Kreiselmäher „auslaufen" kann.

Eine Kraftübertragung kann erst wieder erfolgen, wenn der treibende Teil wieder gleichschnell dreht wie der getriebene.

Überholkupplungen können mit verschiedenen **Kupplungselementen** aufgebaut sein:

Rollen

Zwischen Innen- und Außenteil der Kupplung befinden sich Rollen (Bild 2). Sie haben das Bestreben, auf schrägen Bahnen nach außen zu laufen, wenn die Drehgeschwindigkeit des Innenteils größer ist als die des Außenteils. Dadurch verklemmen sie beide Teile. Drehmomente können so durch die Kupplung übertragen werden. Wird die Drehgeschwindigkeit des Innenteils gegenüber der des Außenteils verringert oder die Drehrichtung umgekehrt, so kann eine Drehmomentübertragung nicht erfolgen, da die Verklemmung der Rollen sich löst. Diese Kupplungsbauart wird deswegen auch als Klemmrollenfreilauf bezeichnet.

Spreizkörper

In Bild 3 ist eine Überholkupplung mit Spreizkörpern dargestellt. Ist die Drehgeschwindigkeit des Innenteils größer als die des Außenteils, so verklemmen sich die Spreizkörper bzw. Nocken zwischen beiden Teilen und ermöglichen so eine Drehmomentübertragung.

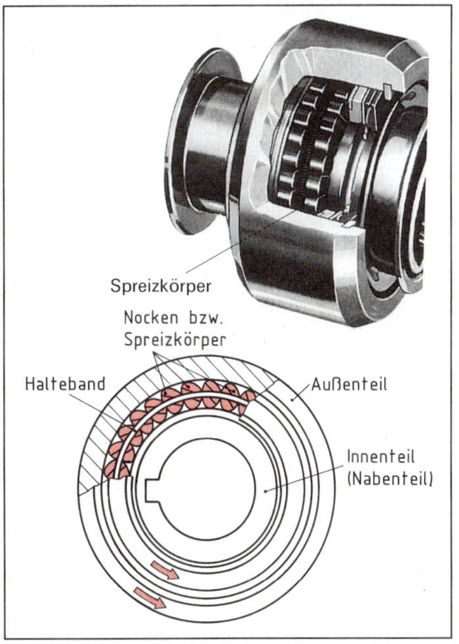

3 Überholkupplung mit Spreizkörpern

Ist die Drehgeschwindigkeit des Außenteils größer als die des Innenteils oder ändert sich die Drehrichtung des Innenteils gegenüber der des Außenteils, so wird die Kupplung gelöst. Die Spreizkörper übernehmen hier eine ähnliche Aufgabe wie die Klemmrollen bei der oben beschriebenen Kupplung.

Federn

Bild 1 zeigt eine Überholkupplung mit Feder. Um den Wellenzapfen liegt eine Schraubenfeder, die an einem Ende mit der Kupplungsglocke verbunden ist. In einer Drehrichtung spannt sich die Feder um den Zapfen und nimmt ihn mit, in der anderen Drehrichtung löst sie sich vom Zapfen ab und gibt ihn frei.

Diese Bauart hat einen vergleichsweise beschränkten Anwendungsbereich, da aufgrund der verwendeten Drahtwerkstoffe nur geringe Drehmomente übertragen werden können.

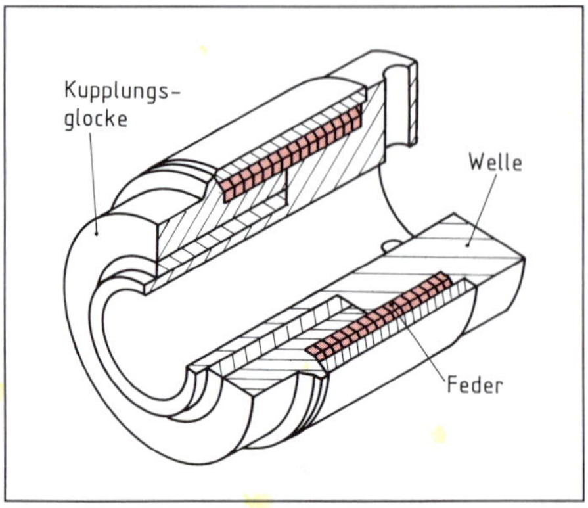

1 Überholkupplung mit Feder

Stifte

Bild 2 zeigt eine Stift-Freilaufkupplung. Die federbelasteten Stifte als Sperrkörper sitzen in Bohrungen des Kupplungsinnenteils. Mit dem Kupplungsaußenteil ist eine Platte verbunden, in der sich kreisbogenförmige, ansteigende Nuten befinden. In diese greifen die Sperrstifte ein. Ist die Drehgeschwindigkeit des Außenteils der Kupplung entgegen dem Uhrzeigersinn größer als die des Innenteils, so wird kein Drehmoment übertragen. Ist die Drehgeschwindigkeit des Innenteils größer, so rasten die Stifte an den tiefen Enden der Nuten ein, die Übertragung des Drehmoments kann erfolgen.

Wird die Drehrichtung an der Kupplung umgekehrt, so kehren sich auch die Sperrbedingungen um.

2 Stift-Freilaufkupplung F3–F4

5.1.5 Überlastkupplung

Beim Betrieb von Landmaschinen treten durch Beschleunigen, ruckartiges Anfahren oder Blockieren häufig Spitzendrehmomente – also Drehmomente, die kurzzeitig erheblich größer sind, als die Betriebsdrehmomente – auf. Überlastungen und dadurch verursachte Gefahren und Kosten können durch Überlastkupplungen vermieden werden.

Scherbolzenkupplung

Bild 3 zeigt die einfachste Bauart einer Überlastkupplung, die Scherbolzenkupplung. Wird die maximale Scherspannung im Bolzen durch eine Drehmomentspitze überschritten, so wird der Bolzen abgeschert, die Kupplung kann kein Drehmoment übertragen. Nur durch eine anschließende Reparatur wird die Kupplung wieder einsatzbereit. Wichtig ist dabei, dass ein neuer Bolzen mit den vom Hersteller vorgeschriebenen Festigkeitseigenschaften verwendet wird, damit sich das maximal übertragbare Drehmoment der Kupplung nicht ändert.

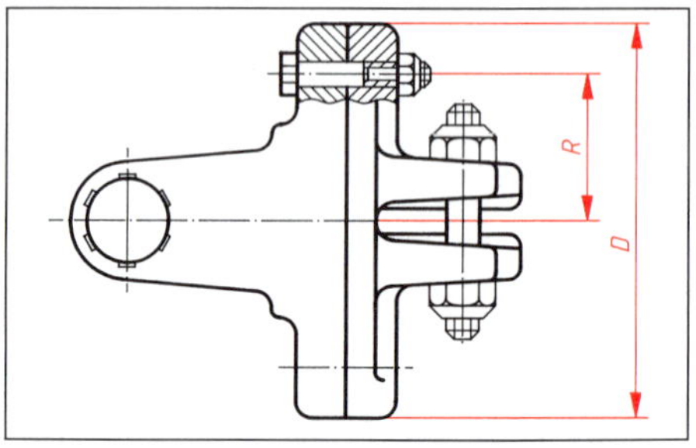

3 Scherbolzenkupplung

Sperrkörperkupplung

Bild 4 zeigt eine Sperrkörperkupplung mit radialen, federbelasteten Sperrkörpern. Die dachförmigen Oberseiten der Sperrkörper rasten in Aussparungen des Kupplungsaußenteils ein. Wird das eingestellte Nenndrehmoment überschritten, so gleiten die Sperrkörper an den schrägen Flächen des Kupplungsaußenteils ab und drücken die Sperrkörper radial gegen die Federkräfte nach innen. Nimmt das Drehmoment an der Kupplung wieder ab, so sperrt sie erneut. Diese Bauart, auch **Sternratsche** genannt, kann für eine oder beide Drehrichtungen ausgelegt werden. Durch ihre Drehelastizität kann diese Sperrkörperkupplung in vielen Fällen die Funktion von Drehschwingungsdämpfern übernehmen. Bevorzugt werden Sperrkörperkupplungen dort, wo

- die Gefahr der vollkommenen Blockierung der angetriebenen Maschine vorhanden ist, oder
- die beim Durchrutschen der Kupplung erzeugten Vibrationen eine Blockierung beseitigen soll, die durch zu starkes Beschicken der Maschine hervorgerufen wurde.

4 Sternratsche

Ähnlich wie die Sternratsche arbeitet die sog. **Kugelratsche** (Bild 1). Als Sperrkörper werden hier Kugeln verwendet, die durch Tellerfedern belastet sind. Sperrt die Kupplung, so liegen die Kugeln unter Federdruck in halbkugelförmigen Pfannen, aus denen sie sich beim Durchratschen gegen die Federkräfte herausdrücken.

Kugelratschen sind im Allgemeinen in beiden Drehrichtungen wirksam.

Reibkupplung

Diese Bauart wird meist als Scheibenkupplung ausgeführt (Bild 2). Reibkupplungen wirken in beiden Drehrichtungen. Die Kupplungsscheiben sind durch Schrauben- oder Scheibenfedern belastet. Hierdurch wird das übertragbare Drehmoment eingestellt. Wird es überschritten, rutscht die Kupplung durch. Dabei ist vorteilhaft, dass die Kupplung im Moment des Durchrutschens nicht völlig trennt, sondern das Nenndrehmoment erhält. Reib-(Scheiben-)Kupplungen werden daher auch als Anfahrkupplungen zum Beschleunigen großer Massen eingesetzt.

Als Kombination von Freilaufkupplung und Überlastkupplung werden Scheiben-Freilaufkupplungen (Bild 3) gebaut, bei denen die Freilauf-Funktion von einer Stift-Freilaufkupplung erfüllt wird.

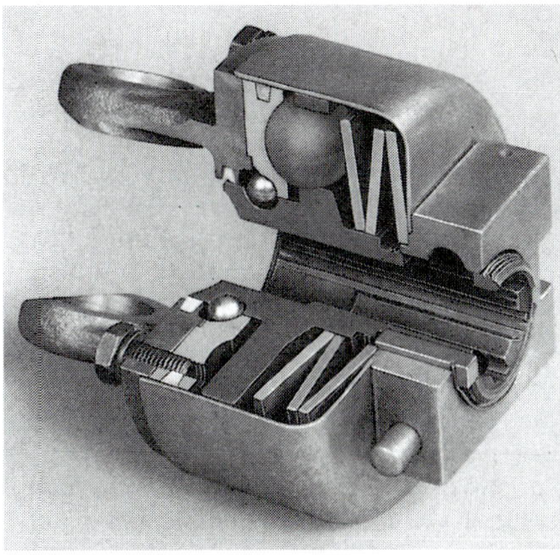

1 Kugelratsche

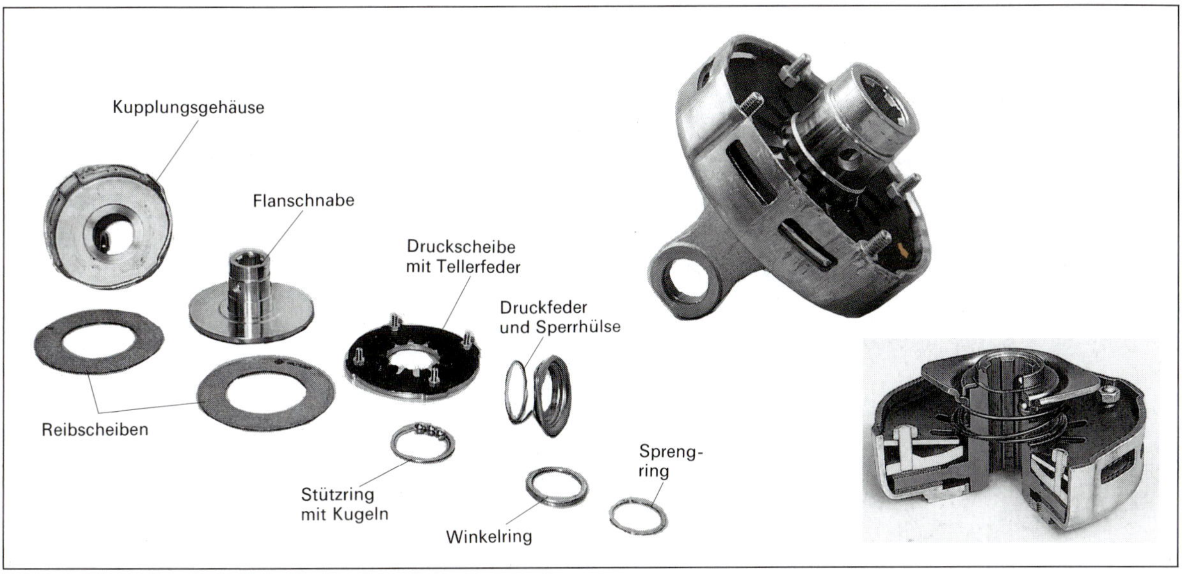

2 Scheibenkupplung

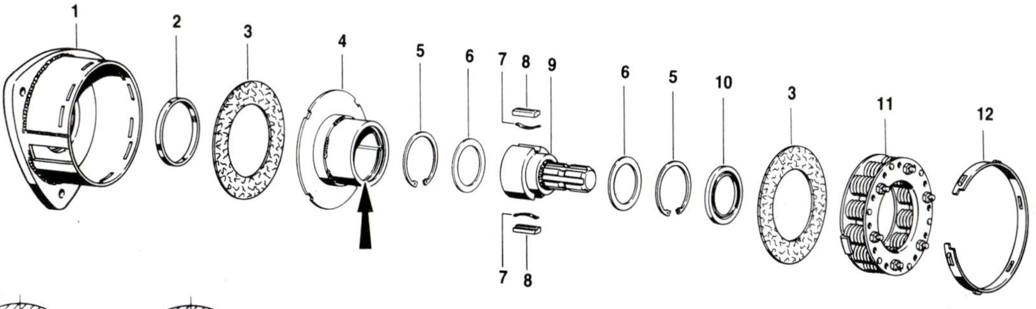

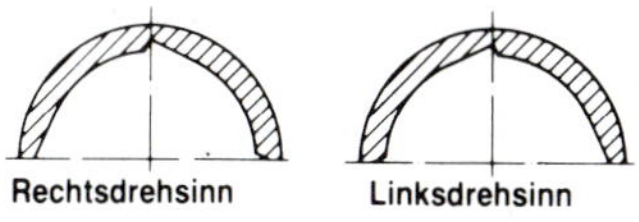

1 Kupplungsgehäuse
2 Laufring
3 Reibscheibe
4 Mitnehmer
5 Sicherungsring
6 Stützscheibe
7 Blattfeder
8 Sperrkeil
9 Nabe
10 Dichtring
11 Federpaket
12 Einstellung

3 Reib-Freilaufkupplung

5.2 Getriebe

5.2.1 Aufbau von mechanischen Getrieben

Bild 1 zeigt ein mechanisches Getriebe, wie es häufig in Schleppern eingebaut ist. Das Getriebe ermöglicht die Leistungsübertragung von der Kupplung zum Achsantrieb beim Standard- bzw. zu den Achsantrieben beim Allrad-Schlepper. Getriebe haben die Aufgabe:

- bei stehendem Fahrzeug den Leerlauf des Motors zu ermöglichen;
- die verschiedenen Fahrgeschwindigkeiten, die den unterschiedlichen Einsatzbedingungen des Schleppers – oder des sonstigen, betreffenden Fahrzeugs – entsprechen, durch Bereitstellung entsprechender Untersetzungen (oder Übersetzungen) zu verwirklichen;
- die Umkehrung der Fahrtrichtung des Schleppers bzw. Fahrzeugs zu verwirklichen;
- Leistung auf Zapfwellen- und Pumpenantriebe zu übertragen.

Das Schaltgetriebe (Bild 1) besitzt 12 Vorwärts- und 6 Rückwärtsgänge. Es kann zusätzlich mit einer Kriechgang-Gruppe ausgestattet werden. Die Anzahl der Gänge erreicht man durch

- eine Normal-, Zwischen- und Rückwärtsgang-Gruppe, sowie
- ein Sechsgang-Hauptgetriebe.

Um dem Fahrer das Schalten zu erleichtern, sind das Gruppenschaltgetriebe sowie die Gänge 3...6 sperrsynchronisiert. Die Gänge 1 und 2 sind mit Klauenschaltung versehen.

In den einzelnen Gängen können die in Bild 2 dargestellten Endgeschwindigkeiten erreicht werden.

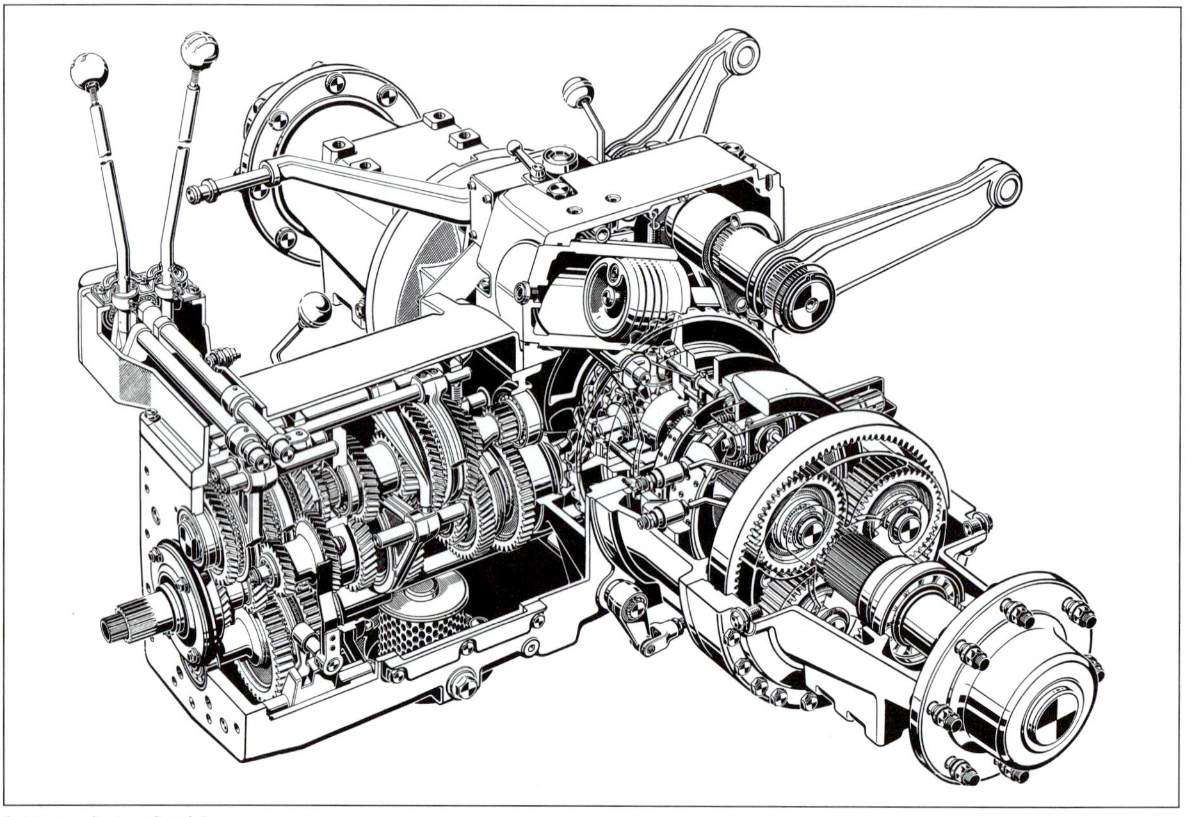

1 Mechanisches Getriebe

							Kriechgänge	
	1. Gang	2. Gang	3. Gang	4. Gang	5. Gang	6. Gang	1. Gang	2. Gang
Normalgänge	2,6	4,1	6,3	9,7	15,5	24,6	1,3	1,7
Zwischengänge	2,1	3,3	5,1	7,9	12,6	20,0	0,9	1,1
Rückwärtsgänge	2,5	4,0	6,2	9,6	15,2	24,1	1,3	1,7

2 Endgeschwindigkeiten eines Schleppers in km/h

Als Hauptarbeitsbereich des Schleppers bezeichnet man den Geschwindigkeitsbereich von ca. 4 km/h ... 16 km/h. In diesem Bereich soll der Fahrer genügend Gänge zur Verfügung haben, um, je nach Anforderungen an Zug- oder Antriebsleistung, den Motor im günstigen Drehzahlbereich betreiben zu können.

Schleppergetriebe sind so ausgelegt, dass der Stufensprung im Hauptfahrbereich $q=1{,}1 \dots 1{,}25$ beträgt. Der Stufensprung errechnet sich aus dem Quotienten der Endgeschwindigkeit in einem Gang zur Endgeschwindigkeit im nächst niedrigeren Gang

$$q=\frac{v_1}{v_2}$$

q Stufensprung
v_1 Endgeschwindigkeit in einem Gang
v_2 Endgeschwindigkeit im nächst niedrigeren Gang

Beispiel:

Endgeschwindigkeit im 4. Normalgang $v_1=9{,}7$ km/h,
Endgeschwindigkeit im 4. Zwischengang $v_2=7{,}9$ km/h

$$q=\frac{v_1}{v_2};\quad q=\frac{9{,}7\text{ km/h}}{7{,}9\text{ km/h}};\quad \underline{\underline{q=1{,}23}}$$

Der Stufensprung beträgt $q=1{,}23$. Das bedeutet, dass die Endgeschwindigkeit bei gleicher Motordrehzahl um 23% höher ist als im niedrigeren Gang. Würde der Stufensprung wesentlich größer gewählt, so könnte die Motorleistung nicht in allen Fällen voll genutzt werden. Würde der Stufensprung wesentlich kleiner gewählt, so ergäbe sich eine sehr große Zahl von Gängen. Der Preis für den Schlepper würde sich erhöhen und der Fahrer wäre bei der Wahl des richtigen Gangs überfordert.

Die Geschwindigkeit eines Schleppers oder eines anderen Fahrzeugs ergibt sich aus der Anzahl der Umdrehungen eines Rades pro Zeiteinheit (Drehzahl des Rades n_R), multipliziert mit dessen Abrollumfang. Wenn $i_{ges}=\frac{n}{n_R}$ (s. Seite 129) ist, so ergibt sich

$$v=\frac{U_R \cdot n}{i_{ges}}$$

v Geschwindigkeit des Schleppers
U_R Abrollumfang
n Motordrehzahl
i_{ges} Gesamtübersetzungsverhältnis

Der Abrollumfang eines Reifens kann einer Reifentabelle entnommen werden (s. auch Seite 151, Bild 1).

Übungen

1. Berechnen Sie die Fahrgeschwindigkeiten in den Gängen 1 ... 6 der Gruppen LL, L, M und H für einen Schlepper mit dem auf Seite 282, Bild 1 beschriebenen Getriebe, folgender Bereifung:
   Vorderachse: 13,6 R 24 121 A8 $U_R=3590$ mm
   Hinterachse: 18,4 R 34 146 A8 $U_R=4666$ mm
   und der Motordrehzahl $n=1900$ 1/min.
2. Wie groß ist die (theoretische) Voreilung der Vorderräder des Schleppers in %? Siehe hierzu Fahrwerkstechnik, Kap. 6.2.1.
3. Berechnen Sie die Stufensprünge des Getriebes im Hauptfahrbereich.

5.2.2 Bauteile von mechanischen Getrieben

Wichtigste Bestandteile aller mechanischen Getriebe sind:

- Wellen,
- Lager,
- Zahnräder,
- Getriebegehäuse,
- Schmierungssystem.

Bild 1 zeigt Wellen und Zahnräder eines synchronisierten Dreiganggetriebes, das man sich auch als Ausschnitt eines Getriebes mit einer größeren Zahl von Gängen vorstellen kann.

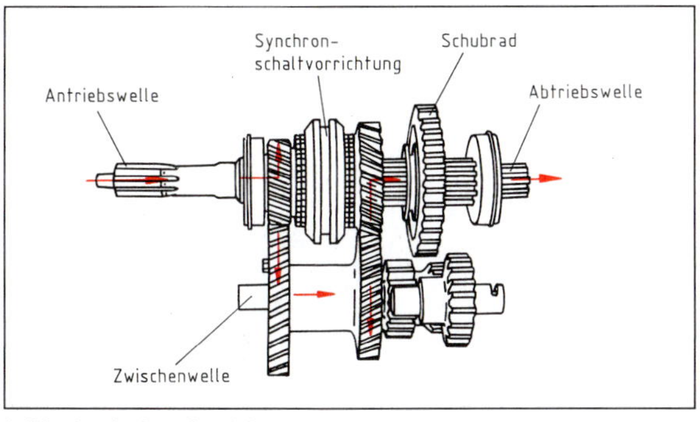

1 Mechanisches Getriebe

● Wellen

In den Getrieben fast aller Schlepper finden sich folgende Wellen:

- Antriebswelle,
- Abtriebs- oder Hauptwelle,
- Zwischen- oder Vorgelegewelle,
- Rücklaufwelle.

Da Wellen in Schlepper-Getrieben hohen Belastungen ausgesetzt sind (Stoßbelastungen, Drehschwingungen), werden sie meist aus Vergütungsstählen gefertigt.

● Lager und Wellendichtungen

Im Getriebegehäuse sind die Wellen in Rillenkugel-, Zylinder- oder Kegelrollenlagern aufgenommen.

Die Abdichtung der nach außen führenden Wellen erfolgt durch Radialdichtringe.

Zwischen Zahnrädern und Wellen ist die Drehbeweglichkeit meist durch Nadellager hergestellt.

● Zahnräder

In mechanischen Schleppergetrieben werden zur Änderung von Drehzahlen und Drehmomenten Zahnräder verwendet. Die Übertragung der Kräfte vom einen auf das andere Zahnrad erfolgt formschlüssig.

Wie allgemein im Maschinenbau, finden Zahnräder mit Evolventenverzahnung nach DIN 867 Verwendung. Die Zahnflanken weisen hierbei die Form einer Kreisevolvente auf (Bild 1). Ihre Entstehung kann man sich durch Abrollen eines Fadens auf dem Teilkreis des Zahnrades denken.

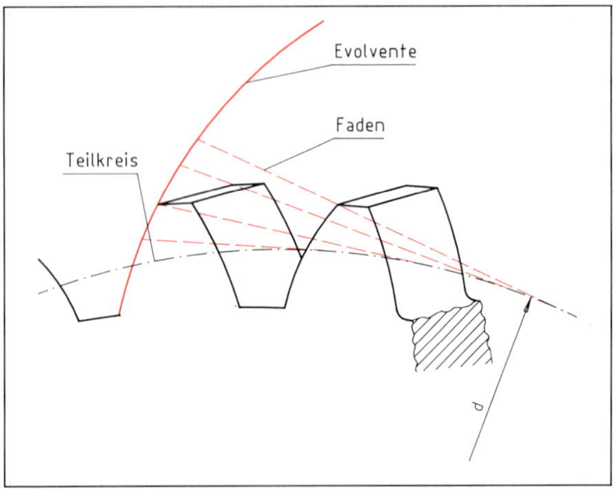

1 Zahnflanke als Evolvente

Die Abmessungen von Zahnrädern sind durch DIN 3960 festgelegt.

Als **Teilung** p bezeichnet man ein Bogenstück auf dem Teilkreis, welches die Breite eines Zahnes und einer Zahnlücke umfasst (Bild 2).

Als Basis für die Längenmaße einer Verzahnung dient der **Modul** m. Er ist der Quotient aus der **Teilung** p und der Zahl π. Die Angabe des Moduls erfolgt in mm, er ist bestimmt durch den **Teilkreisdurchmesser** d und durch die **Zähnezahl** z (Bild 2).

In mechanischen Schleppergetrieben werden Außen- und Innenverzahnungen verwendet. Die Zahnräder können Gerad-, Schräg-, Doppelschräg- oder Bogenverzahnung aufweisen (Bild 3).

Bei **Außenverzahnungen** stehen die Zähne aus dem Radkörper nach außen, bei **Innenverzahnungen** nach innen. Innenradpaare werden dort gewählt, wo man mit engen Achsabständen arbeiten muss. Die Zahnräder haben gleichen Drehsinn. Innenverzahnte Räder findet man bei Planetengetrieben, z.B. in Lastschaltgetrieben und Achsendantrieben.

Paarungen von Zahnstange und Stirnrad wandeln drehende Bewegungen in geradlinige und umgekehrt. Die **Zahnstange** kann hierbei als außerverzahntes Stirnrad mit unendlich großem Teilkreisdurchmesser angesehen werden. Die Zahnflanken von Zahnstangen sind gerade.

Geradstirnräder sind kostengünstig in der Herstellung, laufen aber vergleichsweise laut. Es stehen häufig einer oder wenige Zähne im Eingriff, was zu stoßartigen Belastungen führt.

Schrägstirnräder laufen ruhiger, weil mehrere Zähne gleichzeitig im Eingriff sind und der einzelne Zahn dadurch beim Ineinandergreifen allmählich be- und entlastet wird. Da die Zahnrichtung in einem Winkel zur Wellen- oder Achsen-Mittellinie steht, entstehen beim Lauf

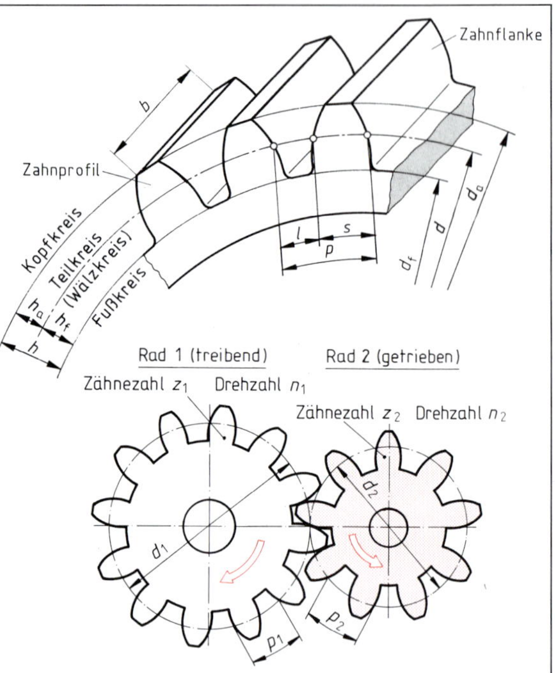

Achsabstand	a
Zahnbreite	b
Zahnlücke	l
Zahndicke	s
Teilung in mm	$p = m \cdot \pi$
Modul in mm	$m = \frac{p}{\pi}$
Teilkreis-∅ (z-Zähnezahl)	$d = m \cdot z$
Kopfkreis-∅	$d_a = d + 2\,m = m \cdot (z+2)$
Fußkreis-∅	$d_f = d - 2 \cdot (m+c)$
Zahnhöhe	$h = 2\,m + c$
Zahnkopfhöhe	$h_a = m$
Zahnfußhöhe	$h_f = m + c$

2 Abmessungen geradverzahnter Stirnräder nach DIN 3960

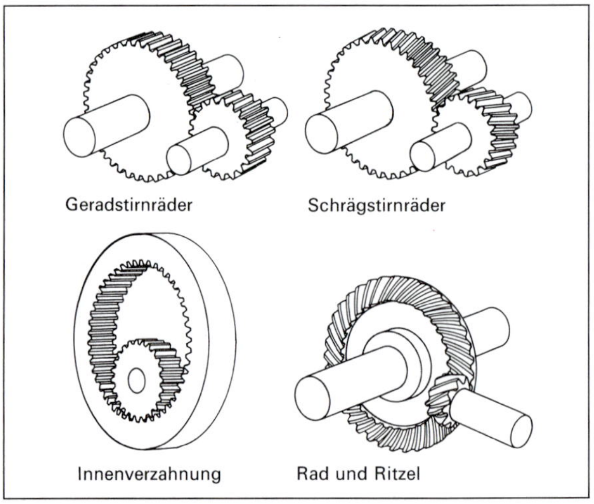

3 Verzahnungen von Zahnrädern

der Zahnradpaare Axialkräfte, die von den Lagern aufgenommen werden müssen.

Bei **Doppelschrägverzahnungen** erreicht man durch Anbringen zweier Zahnräder mit gleich großem, aber entgegengesetztem Schrägwinkel auf einer Welle, dass sich die Axialkräfte gegenseitig aufheben.

Zwei ineinandergreifende Zahnräder – Rad und Gegenrad – bezeichnet man als **Zahnradpaar**. Das kleinere der beiden Zahnräder nennt man **Ritzel**, das größere nennt man **Rad** oder **Großrad**. Wirken zwei oder mehrere Radpaare zusammen, so bezeichnet man dies als **Getriebezug**. Ein Getriebe umfasst außer den Radpaaren auch das Getriebegehäuse.

Treibende Räder in Getriebezügen werden mit dem Index 1, 3, 5 (z.B. z_1) usw. versehen, getriebene mit 2, 4, 6 (z.B. z_2) usw.

Die **Übersetzung** i einer oder mehrerer Radpaarungen ist das Verhältnis der Drehzahlen n_1 des ersten treibenden Rades zu der des letzten getriebenen Rades n_n.

Ist $i>1$, erfolgt die Übersetzung ins Langsame, ist $i<1$, ins Schnelle und $i=1$ bedeutet $n_1=n_2$.

$$i=\frac{n_1}{n_2}$$

i Übersetzung
n_1 Drehzahl des treibenden Rades
n_2 Drehzahl des getriebenen Rades

• Vor- und Nachschaltgruppen

Um die bei Schleppern benötigte Getriebeabstufung zu erreichen, wäre unter Umständen eine große Zahl von Zahnradpaaren notwendig. Um die benötigte Getriebeabstufung bei sinnvollen Stufensprüngen (s. Kap. 5.2.1) zu erreichen, baut man Getriebe mit Vor- oder Nachschaltgruppen.

Vorschaltgruppen werden dort eingesetzt, wo eine feinere Abstufung der Gänge, d.h. kleinere Übersetzungssprünge, erforderlich sind. Man bezeichnet solche Vorschaltgruppen auch als **„Split-Gruppen"** (engl.: split = teilen), denn sie teilen (halbieren) die im Getriebe vorhandenen Übersetzungssprünge (Stufensprünge). Beim direkten Durchschalten (ohne Einsatz der Vorschaltgruppe) wirken nur die Übersetzungen des Wechselgetriebes.

Wird aber zu einem Gang die Vorschaltgruppe hinzugeschaltet, so ist die Übersetzung „feiner", d.h. der Stufensprung ist kleiner als beim Schalten zum nächsten Gang des Wechselgetriebes. Wird einem Wechselgetriebe ein Vorschaltgruppengetriebe hinzugefügt, so verdoppelt sich die Anzahl der Gänge des Wechselgetriebes.

Bild 1 zeigt ein Schleppergetriebe mit Normal-, Zwischen- und Rückwärtsgang-Gruppe und einem Sechsgang-Hauptgetriebe. Auf Wunsch kann es mit einer Kriechgang-Gruppe ausgestattet werden.

Nachschaltgruppen findet man dort, wo der Übersetzungsbereich eines Wechselgetriebes wesentlich erweitert werden soll. Sie werden daher auch als „Bereichsgruppen" bezeichnet. In dem gezeichneten Beispiel werden erst die 4 Gänge des Wechselgetriebes mit der Übersetzung der Nachschaltgruppe (Gänge 1...4) benutzt. Danach wird die Nachschaltgruppe auf direkten Durchtrieb geschaltet, das Wechselgetriebe liefert die Gänge 5...8. Die Zahl der Gänge des Wechselgetriebes verdoppeln sich. Als Nachschaltgruppen findet man außer Stirnrad- auch Planetengetriebe.

Sollen Gänge feiner gestuft sowie auch der Übersetzungsbereich eines Getriebes erweitert werden, so baut man vor das Wechselgetriebe eine Vorschaltgruppe („Splitting-Gruppe"), an seinen Ausgang eine Nachschaltgruppe („Bereichsgruppe"). Ein 4-Gang-Wechselgetriebe kann so zu einem 16-Gang-Getriebe erweitert werden.

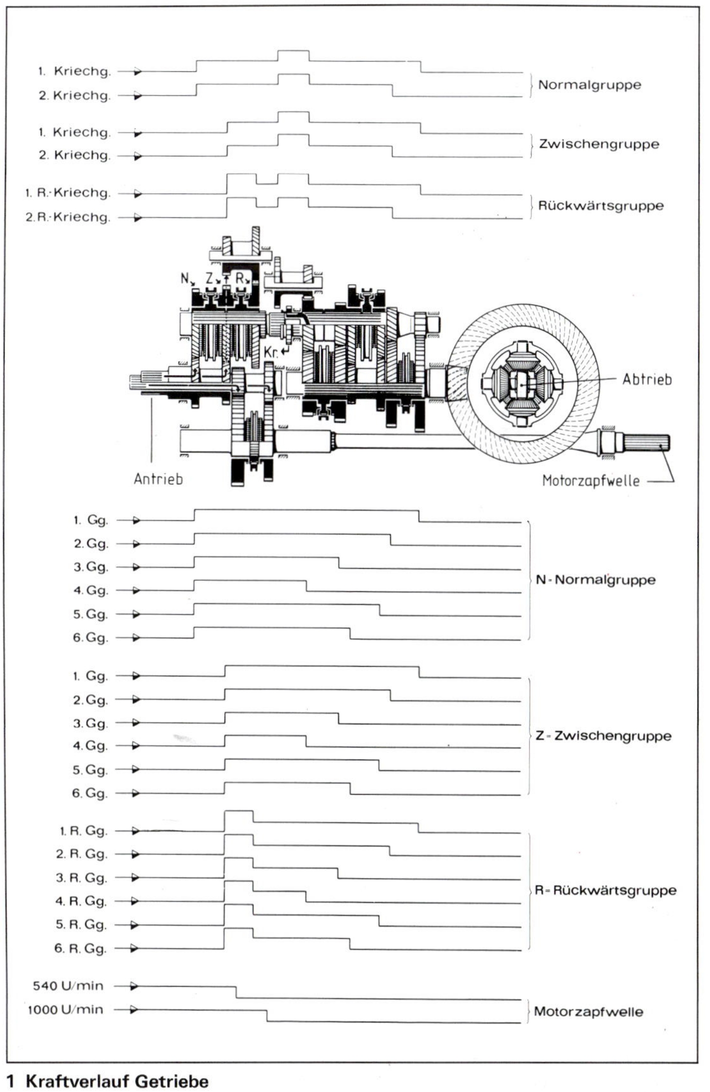

1 Kraftverlauf Getriebe

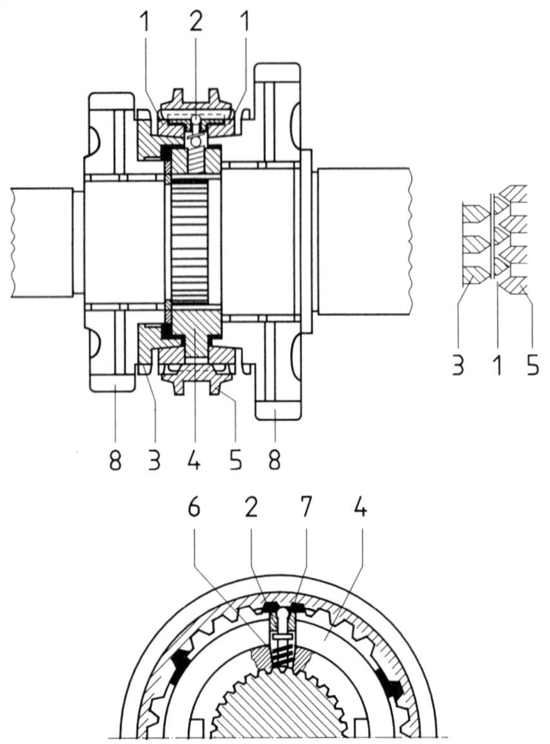

a) Leerlauf

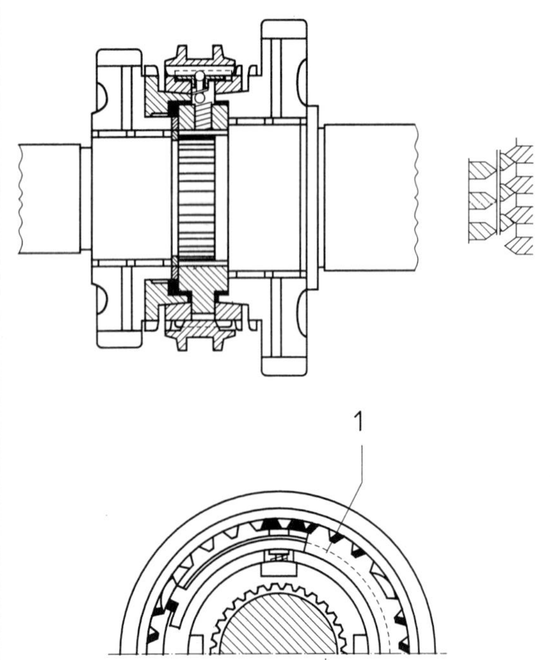

b) Sperrstellung

1 Synchronring
2 Rastenbolzen
3 Kupplungskörper
4 Synchronkörper
5 Schiebemuffe
6 Feder
7 Druckstück
8 Losrad

1 Synchroneinrichtung

- **Synchroneinrichtungen**

Einfache Getriebe, z. B. Schubrad- oder Muffen-Schaltgetriebe, können sinnvollerweise nur geschaltet werden, wenn die zu verbindenden Elemente (Zahnräder, Muffen und Muffenträger) gleich schnell laufen. Ist dies nicht der Fall, müssen sie durch Doppelkuppeln (Aufwärtsschalten) oder Doppelkuppeln und „Zwischengas" (Abwärtsschalten) zum Gleichlauf gebracht werden. Solche Schaltvorgänge korrekt auszuführen erfordert Geschicklichkeit und Erfahrung. Falsches Schalten führt dagegen in kurzer Zeit zu Getriebeschäden.

Um den Fahrzeuglenker zu entlasten, wurden Synchroneinrichtungen (Synchron = Gleichlauf) entwickelt. Sie dienen dazu, den Schaltvorgang erst zuzulassen, wenn bestehende Drehzahlunterschiede aufgehoben sind.

Bei **Leerlauf** (Bild 1 a) befindet sich die Schiebemuffe (5) in Mittelstellung. Die Federn (6) drücken die Rastenbolzen (2) in die Rasten der Schiebemuffe. Da kein Gang eingeschaltet ist, können sich die Räder (8) frei auf ihrer Welle drehen. Zwischen dem Synchronring (1) und dem Kupplungskörper (3) besteht ein Drehzahlunterschied. Er bewirkt durch die Reibung an den Reibflächen, dass der Synchronring bis zum Verdrehanschlag am Synchronkörper (4) mitgenommen wird. Schiebemuffe und Synchronring haben angeschrägte Zahnstirnflächen, die einander gegenüberstehen.

In der **Sperrstellung** (Bild 1 b) wird zunächst der Synchronring (1) über die Rastenbolzen (2) und die Druckstücke (7) gegen den Kupplungskörper (3) geschoben. Die Schaltkraft wird von der Schiebemuffe über die Zahnstirnflächen direkt an den Synchronring weitergeleitet. Solange ein Drehzahlunterschied zwischen Synchronring (1) und Kupplungskörper (3) besteht, ist das Reibmoment an den Kegelflächen größer als das Rückstellmoment, das durch die angeschrägten Zahnflächen entsteht. Damit erfolgt eine Sperrung, die Schiebemuffe kann nicht in den Kupplungskörper durchgeschaltet werden.

Der Gang kann geschaltet werden (Bild 2), wenn der Drehzahlunterschied zwischen Synchronring (1) und Kupplungskörper (3) ausgeglichen ist. Das Reibmoment ist jetzt nicht mehr vorhanden, die Schiebemuffe (5) kann somit den Synchronring (1) in die Stellung „Zahn auf Zahnlücke" entgegen der Drehrichtung zurückdrehen. Die Schiebemuffe (5) kann jetzt in die ebenfalls stirnseitig angeschrägte Verzahnung des Kupplungskörpers (3) eingeschoben werden.

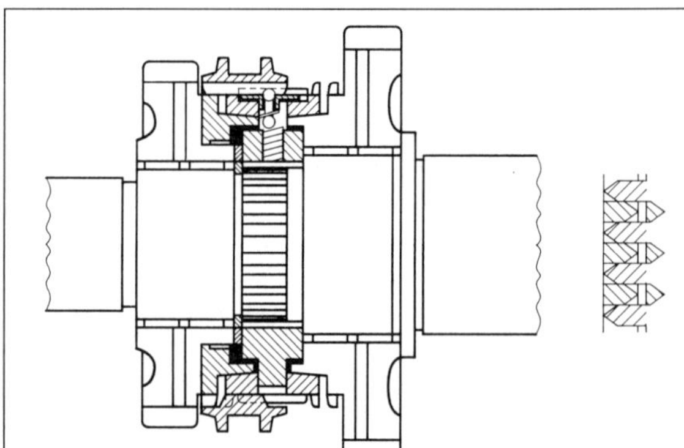

2 Synchroneinrichtung, Schaltstellung

• Schaltgestänge

Schubräder in Schubradgetrieben oder Schaltmuffen in Muffenschalt- oder Synchrongetrieben werden durch Schaltgabeln bewegt. Diese greifen in einen angedrehten Bund des Schubrads oder in eine Nut der Muffe ein. Über den Schalthebel werden die Schaltgabeln von Hand bewegt. Die Bewegungsübertragung vom Schalthebel zur Schaltgabel kann unterschiedlich erfolgen. Man unterscheidet zwischen direkter Schaltung und Kulissenschaltung.

Bei der **direkten Schaltung** ist der Schalthebel in einem Kugelgelenk oder auf einer Welle an der Oberseite des Getriebedeckels gelagert. Er kann hierdurch radiale und axiale Bewegungen ausführen. Ein Endstück ragt in Aussparungen der Schaltstangen (auch **Schaltklauen** genannt) hinein. Es kann so die entsprechende Schaltstange und die daran befestigte Schaltgabel bewegen (Bild 1). Wird der Schalthebel nach vorn bewegt, so treibt sein Endstück die Schaltstange nach hinten; der fünfte Gang ist eingelegt. Um die Schaltstangen in ihrer Lage zu halten und zu verhindern, dass mehr als eine Schaltstange die neutrale Stellung verlassen (was bedeuten würde, dass zwei Gänge gleichzeitig eingelegt sind!), ist ein Sperrsystem eingebaut (Bild 2). Die Schaltstangen besitzen Kerben, in die federbelastete Arretierkugeln einrasten. Zwischen den einzelnen Schaltstangen befinden sich Sperrkugeln.

Wird ein Gang eingelegt, verlässt eine Schaltstange die neutrale Lage. Kugeln werden aus ihrer Lage herausgedrückt, wodurch an den anderen Schaltstangen je eine Sperrkugel in eine Kerbe einrastet.

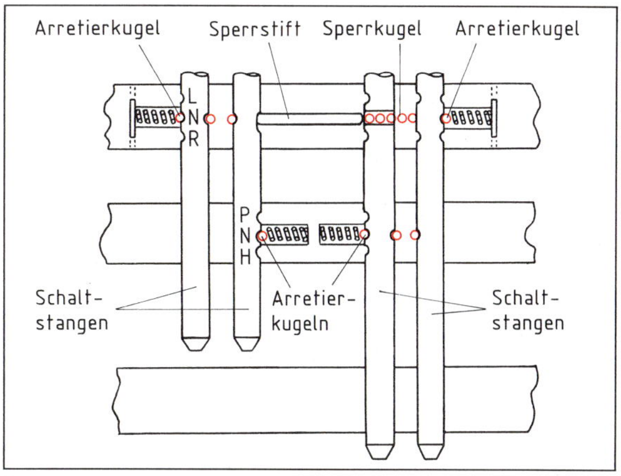

2 Sperrsystem für die Schaltstangen in mechanischen Getrieben

Diese Schaltstangen sind dann für eine Bewegung gesperrt.

Bei der **Kulissenschaltung** (Bild 3) werden über ein Hebel-Gestänge-System zwei Kulissen betätigt, deren eine die Ganggruppen, die andere die Gänge innerhalb der Gruppe schaltet. Auf den Kulissen sind Kurvenbahnen angebracht, die Rollen bewegen und dadurch Schaltgabeln verschieben. In den Schaltkulissen befinden sich Arretierkerben, in die federbelastete Kugeln einrasten. Eine unkontrollierte Bewegung der Kulissen wird dadurch verhindert.

1 Schaltgetriebe

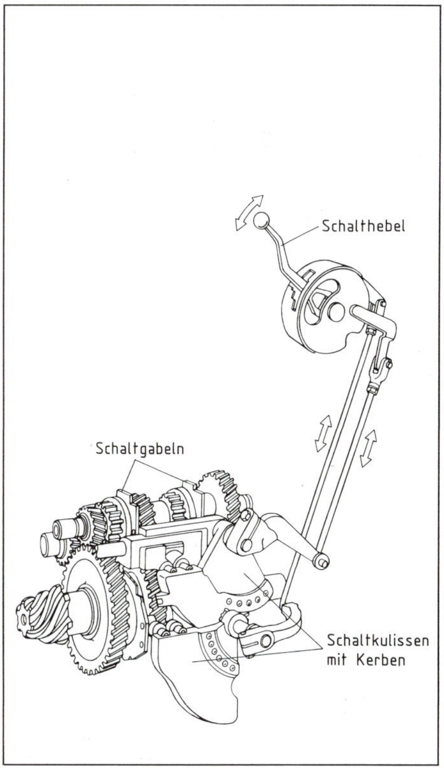

3 Kulissenschaltung

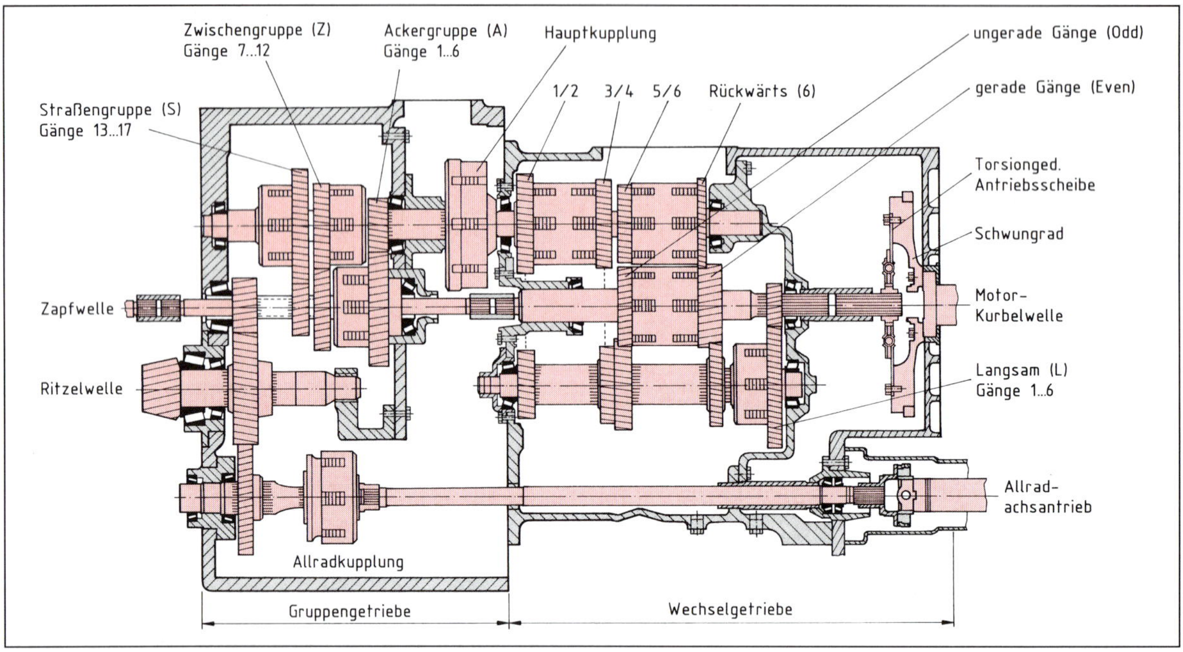

1 23+6 Voll-Powershift-Getriebe

● Lastschaltgetriebe

Bei herkömmlichen Getrieben muss, um schalten zu können, die Fahrkupplung betätigt werden. Die Leistungsübertragung vom Motor zum Getriebe wird unterbrochen. Schlepper haben aber oft geringe Fahrgeschwindigkeiten bei großem Zugkraftbedarf, z.B. beim Pflügen. Wird die Fahrkupplung betätigt, bleibt der Schlepper sofort stehen. Es muss also in dem Gang angefahren werden, in dem gearbeitet werden soll. Während der Arbeit kann sich aber zeigen, dass der gewählte Gang vorübergehend nicht geeignet ist, z.B. bei Erreichen eines Tonkopfes während der Pflugarbeit.

Lastschaltgetriebe ermöglichen Schalten ohne Auskuppeln, also ohne Unterbrechung der Leistungsübertragung. Dieses geschieht entweder durch den Einbau von Lamellenkupplungen oder von Planetengetrieben, die durch Bremsen in zwei verschiedenen Übersetzungen festgehalten werden können.

Bei den meisten Getrieben der unteren und mittleren Leistungsklassen wird nur eine Gruppe lastschaltbar eingerichtet.

Ein Beispiel für ein schweres, in allen Gängen lastschaltbares Getriebe (vgl. Bild 1) zeigt Bild 2.

Es besteht aus einem Gruppen- und einem reinen Schaltgetriebe.

Beide in Kombination ermöglichen 23 Vorwärts- und 6 Rückwärtsgänge. Gruppen- und Schaltgetriebe sind voll lastschaltbar. Hydraulisch betätigte Lamellenkupplungen ermöglichen die Auswahl der gewünschten Gangzusammenstellung.

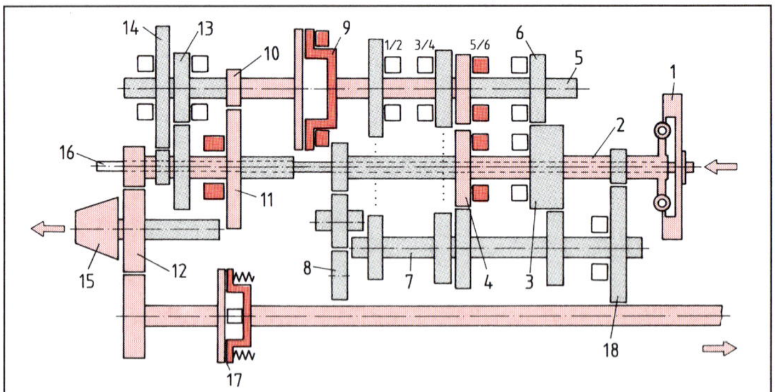

1 Antriebsscheibe
2 Hauptantriebswelle
3 „Even"-Kupplung
4 „Odd"-Kupplung
5 Abtriebswelle-Schaltgetriebe
6 Rückwärtsgang
7 Vorgelegewelle – Wechselgetriebe
8 Pumpenantriebszahnrad
9 Hauptkupplung
10 Gruppengetriebe – Eingangswelle
11 Gruppengetriebe – Vorgelegewelle
12 Ackergruppe
13 Zwischengruppe
14 Straßengruppe
15 Kegelritzel
16 Zapfwellenantrieb
17 Allradkupplung (über Federdruck eingeschaltet)
18 Langsamgang

Gelöste Kupplungen
Kraftschlüssige Kupplungen
Unbelastete Getriebeteile
Kraftübertragende Getriebeteile

2 Kraftfluss im 5. Vorwärtsgang

Der Weg der Leistungsübertragung soll hier am Beispiel des 5. Gangs, vorwärts, dargestellt werden. Auf der Motorschwungscheibe befindet sich eine torsionsgedämpfte Antriebsscheibe (1), die Motorleistung auf die Hauptantriebswelle (2) überträgt. Die Kupplung für ungerade

Gänge (4) leitet die Drehbewegung auf die Abtriebswelle des Schaltgetriebes (5) weiter. Die Hauptkupplung (9) überträgt die Leistung auf die Gruppengetriebe-Eingangswelle (10). Von da über die Zahnräder auf der Gruppengetriebe-Vorgelegewelle (11) gelangt die Leistung zum Kegelritzel (15).

Die Steuerung der verschiedenen Kupplungen erfolgt über ein Getriebe-Steuergerät (Bild 1).

Über drei Nocken werden Steuerschieber mechanisch betätigt. Bild 2 zeigt einen mechanischen Schaltnocken.

Im Steuergerät finden sich außerdem zwei weitere Schieber, die durch Bowdenzüge bewegt werden:

- zum Betätigen der Hauptkupplung über das Kupplungspedal,
- zum Schalten der Vorwärts-/Rückwärts-Fahrtrichtung, betätigt durch einen Handhebel.

Die Ölversorgung des Getriebesteuergeräts erfolgt aus dem Regeldruckkreis der Zapfwelle. Den Schaltdruck liefert das Zapfwellensteuergerät. Zwei Druckspeicher (s. Bild 1) stellen sicher, dass der Regeldruck während eines Schaltvorgangs nicht plötzlich abfallen kann.

Bild 3 zeigt den Einbau des Steuergeräts im Schlepper.

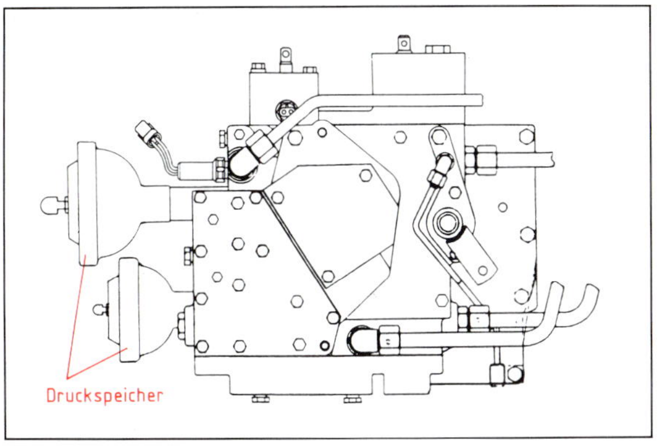

1 Getriebesteuergerät

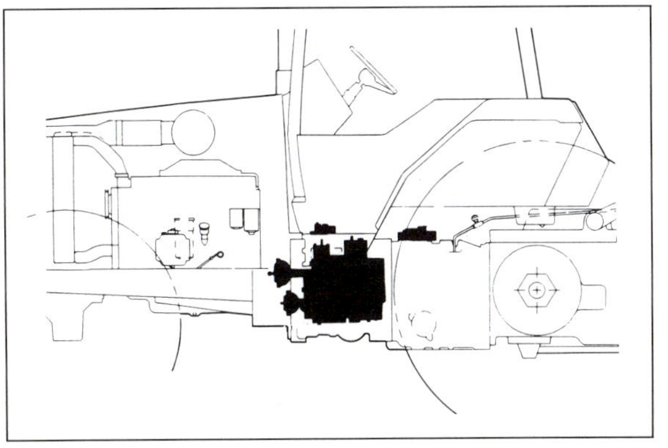

3 Anordnung des Getriebe-Steuer-Geräts am Schlepper

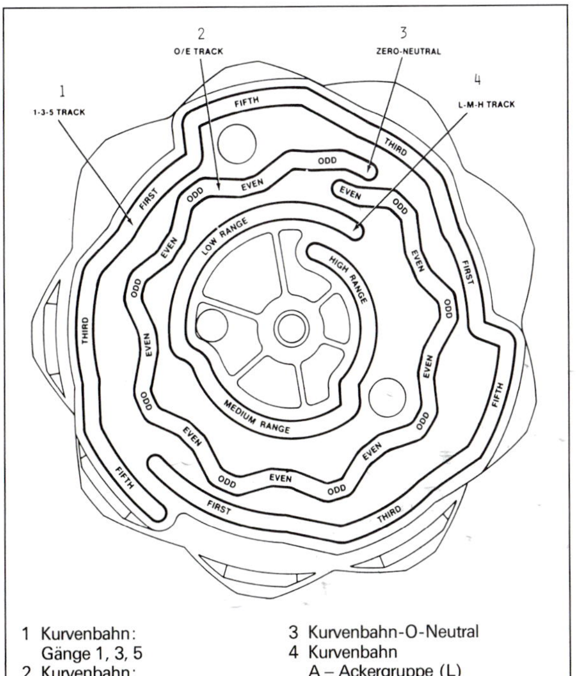

1 Kurvenbahn: Gänge 1, 3, 5
2 Kurvenbahn: ODD – ungerade Gänge (O) EVEN – gerade Gänge (E)
3 Kurvenbahn-O-Neutral
4 Kurvenbahn A – Ackergruppe (L) Z – Zwischengruppe (M) S – Straßengruppe (H)

2 Mechanischer Schaltnocken

• Zapfwellen

An Schleppern findet man verschiedene Arten von Zapfwellen:

- getriebeabhängige Zapfwellen, auch Wege-Zapfwellen genannt,
- Motor-Zapfwellen,
- unabhängige Zapfwellen.

Getriebeabhängige Zapfwellen arbeiten nur, wenn die Motorkupplung eingerückt ist. Wird ausgekuppelt, bleibt die Zapfwelle stehen.

Motor-Zapfwellen werden über eine Doppel-Scheibenkupplung (s. Kap. 5.1.1) angetrieben, deren eine Scheibe zur Leistungsübertragung auf das Getriebe, die andere auf die Zapfwelle bestimmt ist. Die Zapfwellenkupplung wird über einen Hebel und einen Bowdenzug geschaltet.

Unabhängige Zapfwellen, z. B. Frontzapfwellen, haben einen eigenen Antrieb, der von der Motorkupplung und vom Getriebe unabhängig ist. Die Leistungsübertragung erfolgt über eine eigene Kupplung und einen eigenen Antrieb. Die Zapfwelle kann somit weiterarbeiten, wenn der Schlepper angehalten wird. Umgekehrt kann auch die Zapfwelle während der Fahrt des Schleppers abgeschaltet werden.

Bild 1, Seite 135 zeigt ein Getriebeschema mit der Schaltmöglichkeit für die beiden Zapfwellendrehzahlen 540 1/min und 1000 1/min.

Bei vielen Schleppern ist die Möglichkeit einer Zapfwellendrehzahl von 750 1/min gegeben. Hierbei wird das Leistungsübertragungssystem der Zapfwellendrehzahl 1000 1/min benutzt. Während aber bei dieser die Motordrehzahl z.B. bei 2100 1/min liegt, kann sie auf 1575 1/min bei einer Zapfwellendrehzahl von 750 1/min abgesenkt werden. Der Motor läuft dann im Bereich des geringsten spezifischen Verbrauchs.

Die Lage der Zapfwellen-Endschäfte sowie ihre Abmessungen und Profile sind genormt nach DIN 9611.

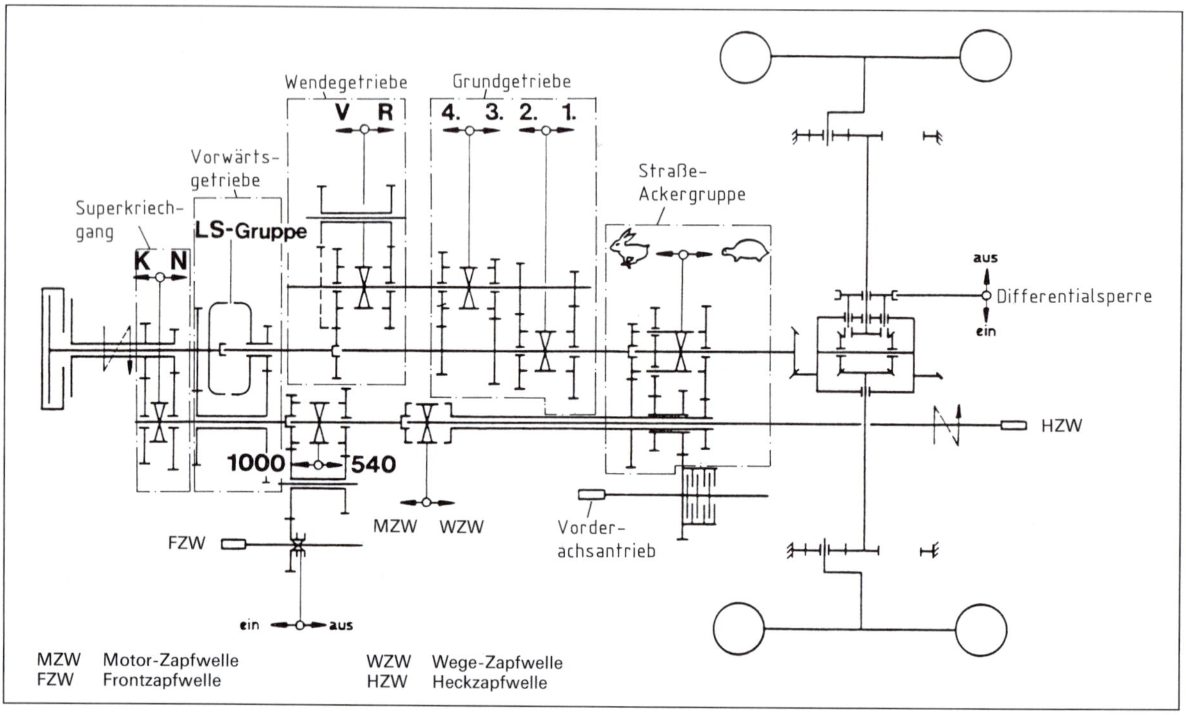

1 Getriebeschema, Zapfwellenarten

5.2.3 Stufenlose Schleppergetriebe

Um die Auslastung des Schlepper-Motors, die Flächenleistung und den Verbrauch des Schleppers pro bearbeiteter Fläche zu verbessern, werden neben lastschaltbaren Stufengetrieben auch stufenlose und automatisch geschaltete Getriebe eingesetzt.

Stufenlose Getriebe können als Kombination von Hydropumpe und Hydromotor gebaut werden. Um den Wirkungsgrad zu verbessern, wird die Motorleistung in einem Planetengetriebe (2) in einen hydrostatischen Teil und einen mechanischen Teil zerlegt, in diesen Teilen übertragen und auf einer Welle, die Summierungswelle (8) genannt wird, wieder zusammengeführt (Bild 2).

Hydrostatische Leistungsübertragung (s. Seite 135, Bild 1)
Das Hohlrad (3) des Planetengetriebes treibt eine Hochleistungs-Verstellpumpe (siehe Kapitel 4.4.1) an. Ihr Ölstrom wird auf einen – oder bei großen Schleppern zwei – Hydromotoren (7) übertragen und in Drehbewegung umgewandelt. Sie geben ihre Leistung an die Summierungswelle (8) ab. Vgl. auch Kap. 5.4.2.

Mechanische Leistungsübertragung (s. Seite 135, Bild 1)
Über das Sonnenrad des Planetensatzes (4) und einen Zahnradsatz wird der andere Teil der Motorleistung auf die Summierungswelle (8) übertragen, die beide Leistungszweige vereinigt. Von ihr aus wird die Gesamtleistung über die Fahrbereichsschaltung (9) an den Hinterachsantrieb (10) und den Vorderachsantrieb (11) weitergeleitet. Über das Sonnenrad (4) werden die Zapfwellen (12) angetrieben.

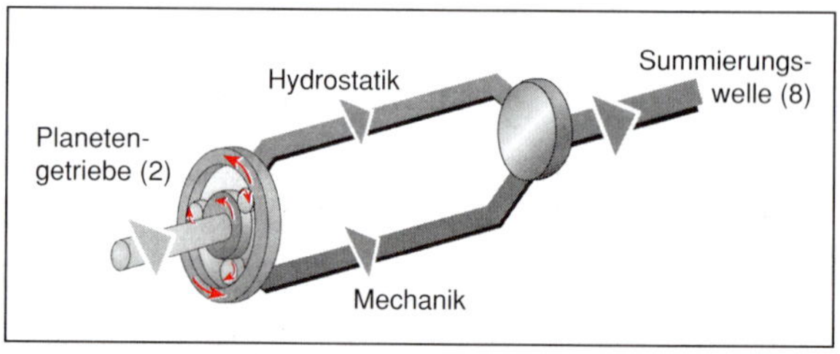

2 Beispiel eines stufenlosen Getriebes

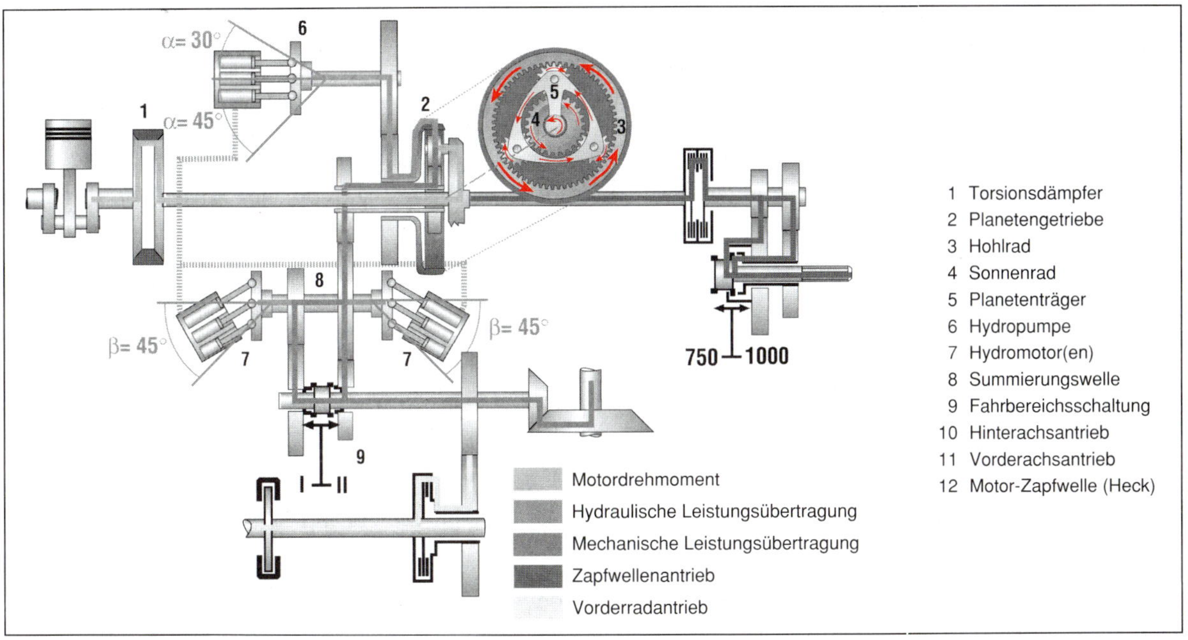

1 Aufbau eines stufenlosen Getriebes

5.2.4 Automatische Getriebeschaltungen

Zur Steigerung der Arbeitsproduktivität des Schleppers werden automatisierte Getriebeschaltungen angeboten. Für die Ermittlung des optimalen Gangs der jeweiligen Betriebssituation werden Daten von Fahrpedalstellung, Motordrehzahl, Fahrgeschwindigkeit, Drehmoment und Lastverhältnisse im Triebstrang, in der Hydraulik und an den Zapfwellen einem elektronischen Getriebe-Regler EGR zugeführt. Er ermittelt den geeignetsten Gang und bildet einen Schaltimpuls. Dieser wird auf das Getriebe übertragen (Bild 3).

Fahrpedalstellung →
Motordrehzahl →
Drehmoment →
Fahrgeschwindigkeit →
Last: -Hydraulik →
-Zapfwelle →
-Triebstrang →
EGR ▶ Getriebe

2 Sensorik einer automatischen Getriebeschaltung

5.3 Achsantrieb

5.3.1 Ausgleichsgetriebe (Differentialgetriebe)

Die meisten Achsantriebe sind so gebaut, dass der Leistungsfluss umgelenkt und gleichmäßig auf die Antriebsräder verteilt werden muss. Zusätzlich sind Unterschiede in der Drehgeschwindigkeit der Räder bei Kurvenfahrt auszugleichen. Diese Aufgabe übernehmen die Ausgleichsgetriebe. Häufig sind sie als Kegelrad-Ausgleichsgetriebe ausgeführt (Bild 3).

Das Antriebskegelrad treibt das Tellerrad an. Hierbei erfolgt eine Untersetzung und Umlenkung des Leistungsflusses um 90°.

Mit dem Kegelrad ist das Ausgleichsgehäuse verbunden, in dem zwei oder mehr Ausgleichskegelräder gelagert sind. Zwei weitere Kegelräder sind mit den Achswellen verbunden, die Achswellenräder.

Bei Geradeausfahrt drehen sich die Kegelräder auf den Achswellen gleich schnell. Die mit ihnen im Eingriff stehenden Ausgleichs-

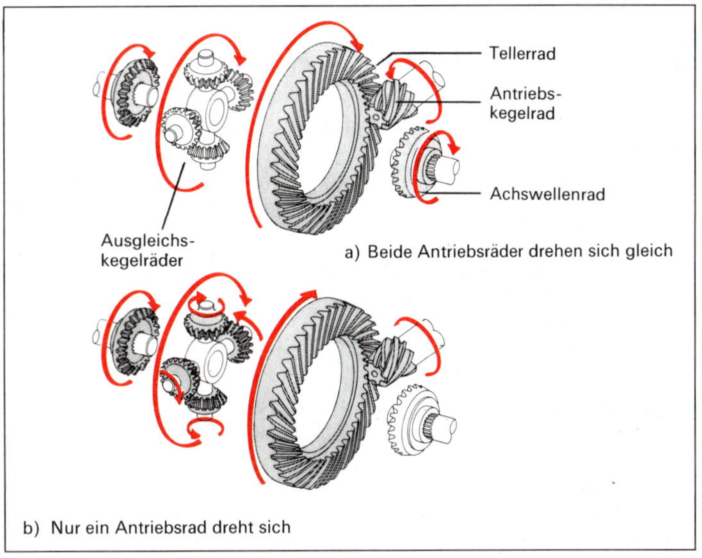

3 Wirkungsweise des Ausgleichsgetriebes

kegelräder drehen sich nicht, sondern kreisen mit dem Ausgleichsgehäuse. Sie übertragen die Antriebsleistung zu gleichen Teilen auf die Achswellenräder (Bild 2a, Seite 135).

Bei Kurvenfahrt hat das kurvenäußere Rad einen größeren Weg zurückzulegen als das kurveninnere, deswegen dreht sich das Achswellenrad auf der Achse des kurvenäußeren Rades schneller als das auf der kurveninneren Achse. Dies wird dadurch möglich, dass die Ausgleichskegelräder sich um ihre Achsen drehen, die im Ausgleichsgehäuse gelagert sind. Bei gleicher Haftung auf dem Untergrund läuft das kurveninnere Rad um den Betrag langsamer, um den das kurvenäußere Rad schneller läuft (Bild 2b, Seite 135).

Ausgleichsgetriebe wirken sich nachteilig aus, wenn z. B. beim Pflügen ein Rad des Schleppers weniger belastet ist oder auf glattem Untergrund rollt. Während auf griffigem Grund beide Räder das gleiche Drehmoment übertragen, rutscht das Rad, das weniger Haftung hat, durch. Der Schlepper kann beim völligen Durchrutschen des Rades stehenbleiben.

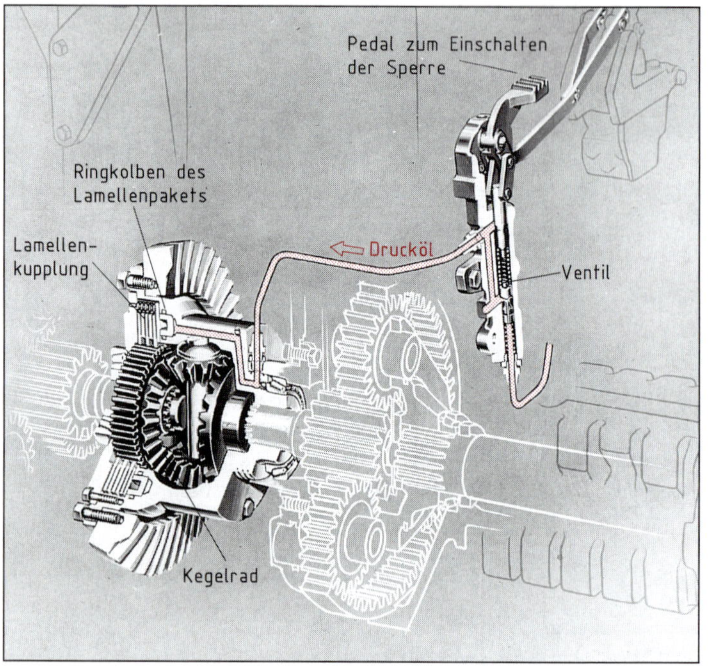

2 Hydraulisch betätigte Ausgleichssperre eines Schleppers

Ausgleichssperren (Differentialsperren) schaffen hier Abhilfe.

Man unterscheidet

- schaltbare Ausgleichssperren
- selbsttätige Ausgleichssperren (selbstsperrende Ausgleichsgetriebe).

Bild 1 zeigt eine schaltbare Ausgleichssperre. Am Differentialgehäuse und auf einer der beiden Halbachsen befinden sich Keilverzahnungen. Soll das Ausgleichsgetriebe gesperrt werden, so wird die Muffe durch den Hebel und die Schaltgabel über beide Keilverzahnungen geschoben. Es entsteht eine formschlüssige Verbindung, das Ausgleichsgetriebe ist gesperrt.

Bild 2 zeigt eine hydraulisch betätigte Ausgleichssperre. Die ölbetätigte Lamellenkupplung übernimmt hierbei die Sperrfunktion durch Kraftschluss.

Schaltbare Ausgleichssperren dürfen nur bei Geradeausfahrt auf glattem Untergrund eingesetzt werden. Bei Kurvenfahrt auf festem Untergrund wird die Antriebsachse des kurveninneren Rades überbelastet. Es kommt zum Radieren des Rades.

Selbsttätige Ausgleichssperren (Bild 3) bewirken, dass bei einem durchdrehenden Antriebsrad das andere Rad ohne Eingreifen des Fahrers noch genügend Antriebsleistung übertragen kann. Die Sperrwirkung tritt bei bestimmten Drehmoment- bzw. Drehzahlunterschieden au-

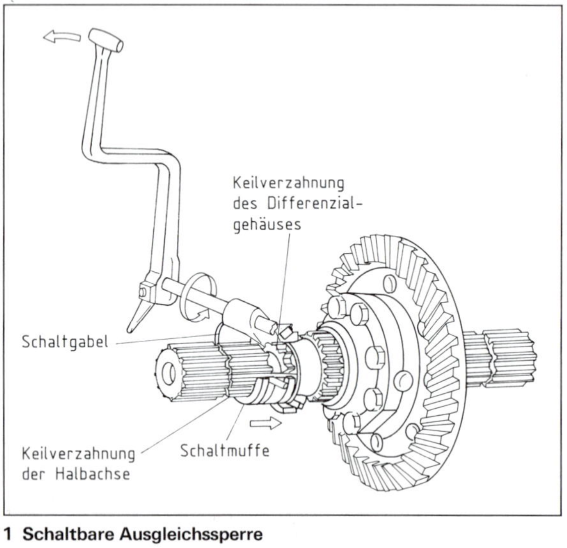

1 Schaltbare Ausgleichssperre

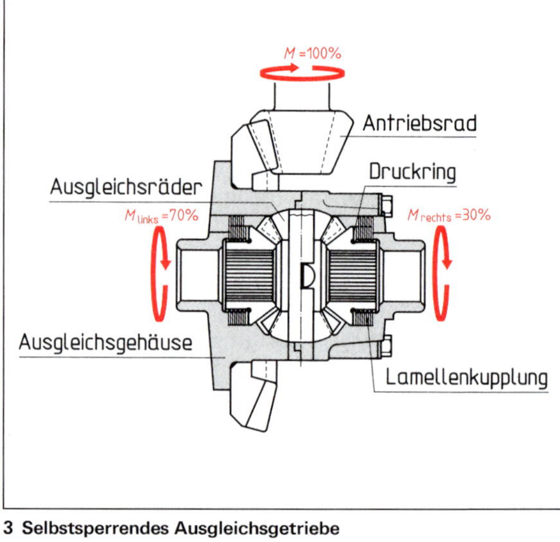

3 Selbstsperrendes Ausgleichsgetriebe

tomatisch ein. Als Sperrwert S bezeichnet man dabei die Differenz der Drehmomente an den beiden Antriebsrädern, bezogen auf das am Tellerrad wirkende Antriebsdrehmoment.

$$S = \frac{\Delta M}{\Sigma M} \cdot 100\,\%$$

Übliche Sperrwerte liegen zwischen 25 %...75 %. Das bedeutet, dass beim Erreichen dieses Wertes die Ausgleichssperre zu- bzw. abgeschaltet wird. Bild 3, Seite 136 zeigt ein selbstsperrendes Ausgleichsgetriebe mit Lamellenkupplungen. Sie werden durch die beiden Druckringe betätigt, die über ihre Mitnehmer drehfest, aber axial verschiebbar im Ausgleichsgehäuse angeordnet sind. Die Achsen der Ausgleichsräder sind in v-förmigen Ausfräsungen der Druckringe gelagert. Bei gleicher Bodenhaftung an beiden Antriebsrädern wird der Hauptanteil des Drehmoments über die Druckringe und die als Mitnehmer wirkenden Ausgleichskegelräder auf die beiden Antriebskegelräder übertragen. Das restliche Drehmoment wird über die beiden Druckringe und die Lamellenkupplungen auf die Antriebswellen geführt.

Ist die Bodenhaftung an beiden Antriebsrädern unterschiedlich groß, so drehen sich die Ausgleichsräder. Ihre Achsen drücken die Druckringe gegen die Lamellenpakete. Es wird, in Abhängigkeit von der Kraft auf die Druckringe, ein Drehmoment übertragen. Dreht z. B. das rechte Rad durch, so kann das linke Rad nach Einsetzen der Sperrwirkung Drehmoment übertragen. Bei einem Sperrwert von z. B. 40 % entfallen auf das rechte (durchdrehende) Rad 30 % (errechnet: 50 % − 40 %/2) und auf das linke Rad 70 % (errechnet: 50 % + 40 %/2) des am Tellerrad wirksamen Drehmoments.

Zu beachten ist, dass der Sperrwert sich im Lauf der Zeit durch Verschleiß der Lamellen verringern kann.

Eine andere Bauart automatischer Ausgleichssperren ist in Bild 1 gezeigt. Auf Ausgleichskegelräder und deren Achsen wird hierbei verzichtet. Kupplungsflanschträger (3) sind durch Keilverzahnung mit den beiden Achswellen verbunden. Sie werden über Klauen vom treibenden Mittelstück (1) mitgenommen. Federn (hier nicht dargestellt) halten die Klauen in eingerückter Stellung zusammen. Wird eine Linkskurve gefahren (Bild 2), so verliert der rechte Kupplungsflansch den Kraftschluss mit dem Mittelstück, da er vorauszueilen beginnt. Eine innenliegende Ratschverzahnung zwischen dem zentralen Nockenring und den Kupplungsflanschen drängt den rechten Kupplungsflansch gegen die Federkraft nach außen, bis seine Klauen mit dem Mittelstück nicht mehr im Eingriff sind. Der Kraftschluss zwischen dem Mittelstück und dem linken Kupplungsflansch bleibt dagegen bestehen, weil der Rollwiderstand des linken Antriebsrads, das sich langsamer dreht, überwunden werden muss.

Ist die Kurve durchfahren, dreht sich der rechte Kupplungsflansch wieder langsamer und gleicht seine Drehgeschwindigkeit der des Mittelstücks an. Für einen sehr kurzen Zeitraum eilt das Mittelstück vor. Hierdurch kommen die Klauen des Kupplungsflansches mit denen des Mittelstücks wieder in Eingriff. Beide Achswellen können wieder Antriebsleistung übertragen. Ausgleichssperren dieser Art, auch „Anti-Leerlauf-Differentialsperren" genannt, findet man häufig an Schlepper-Vorderachsen.

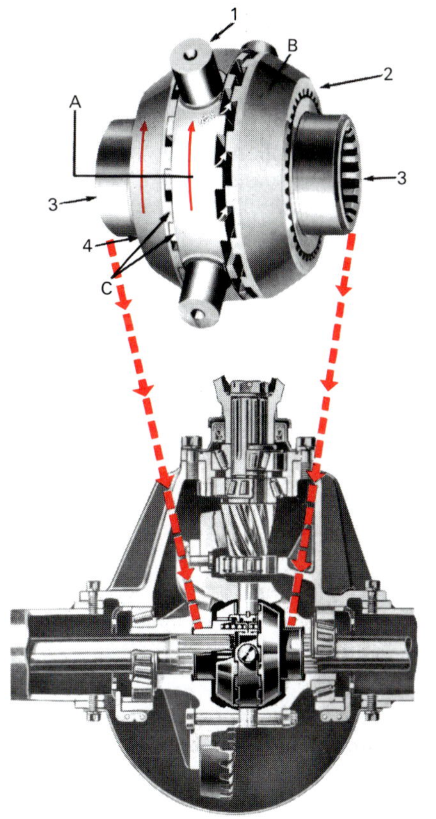

1 Mittelstück
2 Getriebener Kupplungsflansch
3 Kupplungsflanschträger mit Halbachse keilverzahnt
A Getriebener Kupplungsflansch und Mittelstück sind in Eingriff und drehen sich mit gleicher Drehzahl
B Getriebener Kupplungsflansch durch Nocken von den Klauen des Mittelstücks abgehoben und überholt letzteres
C Klauen des treibenden Mittelstücks mit den Klauen des getriebenen Flansches in Eingriff

1 Automatische Ausgleichssperre

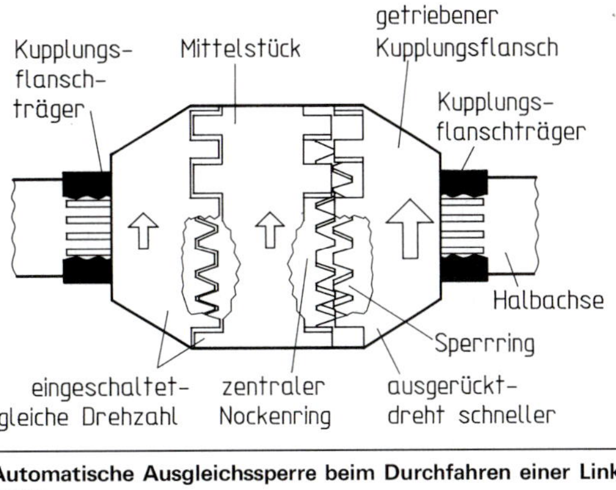

2 Automatische Ausgleichssperre beim Durchfahren einer Linkskurve

5.3.2 Endantrieb

Der Endantrieb ist die letzte Baugruppe im Leistungsübertragungssystem des Schleppers. Er untersetzt die Drehzahl und verstärkt das Drehmoment auf die für die Antriebsräder gewünschten Werte.

Bei fast allen schweren Zugmaschinen, Lkw usw. sind Endantriebe zu finden. Sie sind meist in der Nähe der Antriebsräder eingebaut, um den stark belasteten Antriebsachsen (niedrige Drehzahl – hohes Drehmoment) möglichst kurze Längen geben zu können.

Die meisten Endantriebe

- nehmen Drehmomente für die Antriebsräder auf,
- fangen Belastungsstöße während es Betriebs ab,
- tragen die Fahrzeugmasse.

Der Vorteil beim Einsatz von untersetzenden Endantrieben liegt darin, dass die Leistung vom Motor bis zum Endantrieb mit hoher Drehzahl, also kleinem Drehmoment übertragen werden kann ($P = 2\pi \cdot M \cdot n$). Leistungen mit kleinen Drehmomenten können mit Bauteilen geringer Dimension übertragen werden, sodass Schlepper, die mit Endantrieben ausgerüstet sind, leichtere und raumsparendere Getriebe besitzen als Schlepper mit direktem Endantrieb.

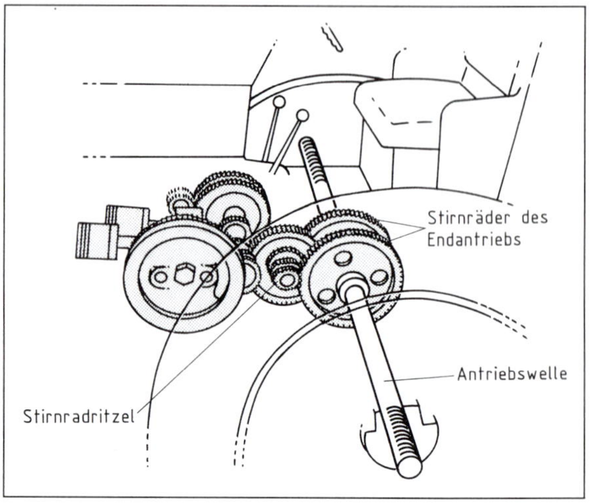

1 Stirnraduntersetzung als Endantrieb im Differentialgehäuse

Direkte Endantriebe (ohne Untersetzung) findet man bei leichten Fahrzeugen wie Kleinschleppern, leichten Lkw usw., wo die Abgabe hoher Zugkräfte oder besondere Untersetzungen wegen schwerer Transportlasten nicht gefordert wird.

Endantriebe mit Stirnrädern sind als letzte Untersetzungsstufe in vielen Schleppern und selbstfahrenden Arbeitsmaschinen eingebaut. Der Stirnradantrieb (Bild 1) kann sich dabei innerhalb des Differentialgehäuses oder am äußeren Ende des Achsgehäuses befinden. Die Auswahl der Bauweise erfolgt u.a. nach dem Gesichtspunkt der Spurweitenverstellung, die bei Schleppern für Pflegearbeiten eine wesentliche Rolle spielen.

Endantriebe mit Stirnrädern am Ende der Achsgehäuse (Bild 2) werden häufig eingebaut, wo Erhöhung der Bodenfreiheit des Fahrzeugs angestrebt wird, z.B. bei Frontsitzschleppern. Wegen der Bauform, die sich aus dieser Anordnung ergibt, werden diese Achsbrücken auch „Portalachsen" genannt. Bei hohen Drehmomenten werden wegen der begrenzten Zahnfestigkeit doppelte Stirnradritzel eingesetzt.

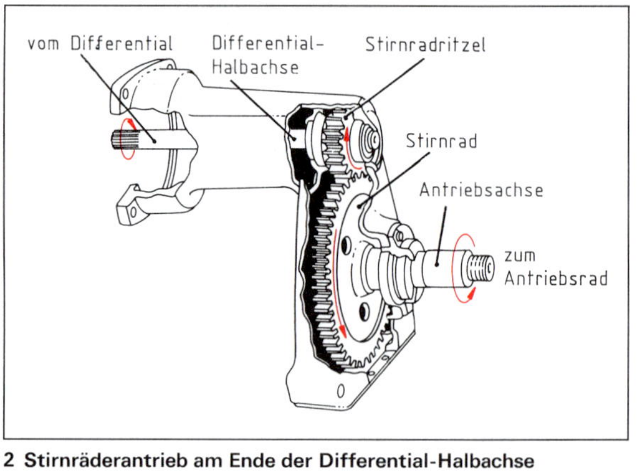

2 Stirnräderantrieb am Ende der Differential-Halbachse

Planetenrad-Endantriebe können entweder direkt am Differential angebaut sein oder sich außen an den Differential-Halbachsen befinden. Bild 3 zeigt einen innenliegenden Planetenradantrieb.

Auf der Differentialachse befindet sich das Sonnenrad. Beide haben also die gleiche Drehgeschwindigkeit. Das Sonnenrad steht mit den Planetenrädern im Eingriff, die im Planetenradträger gelagert sind. Dreht sich das Sonnenrad, so rollen die Planetenräder auf der Innenverzahnung des Außenkranzes ab. Dabei wird der Planetenradträger, der mit der Achsantriebswelle verbunden ist, in der gleichen Drehrichtung mitgenommen, die das Sonnenrad hat.

Die Antriebsräder des Schleppers erhalten so eine verringerte Drehzahl und ein höheres Drehmoment.

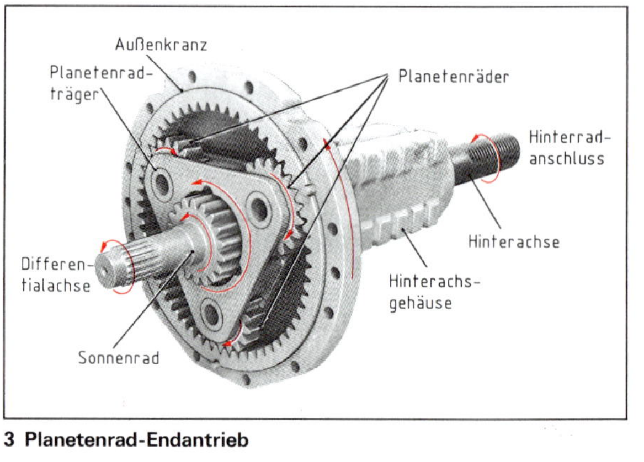

3 Planetenrad-Endantrieb

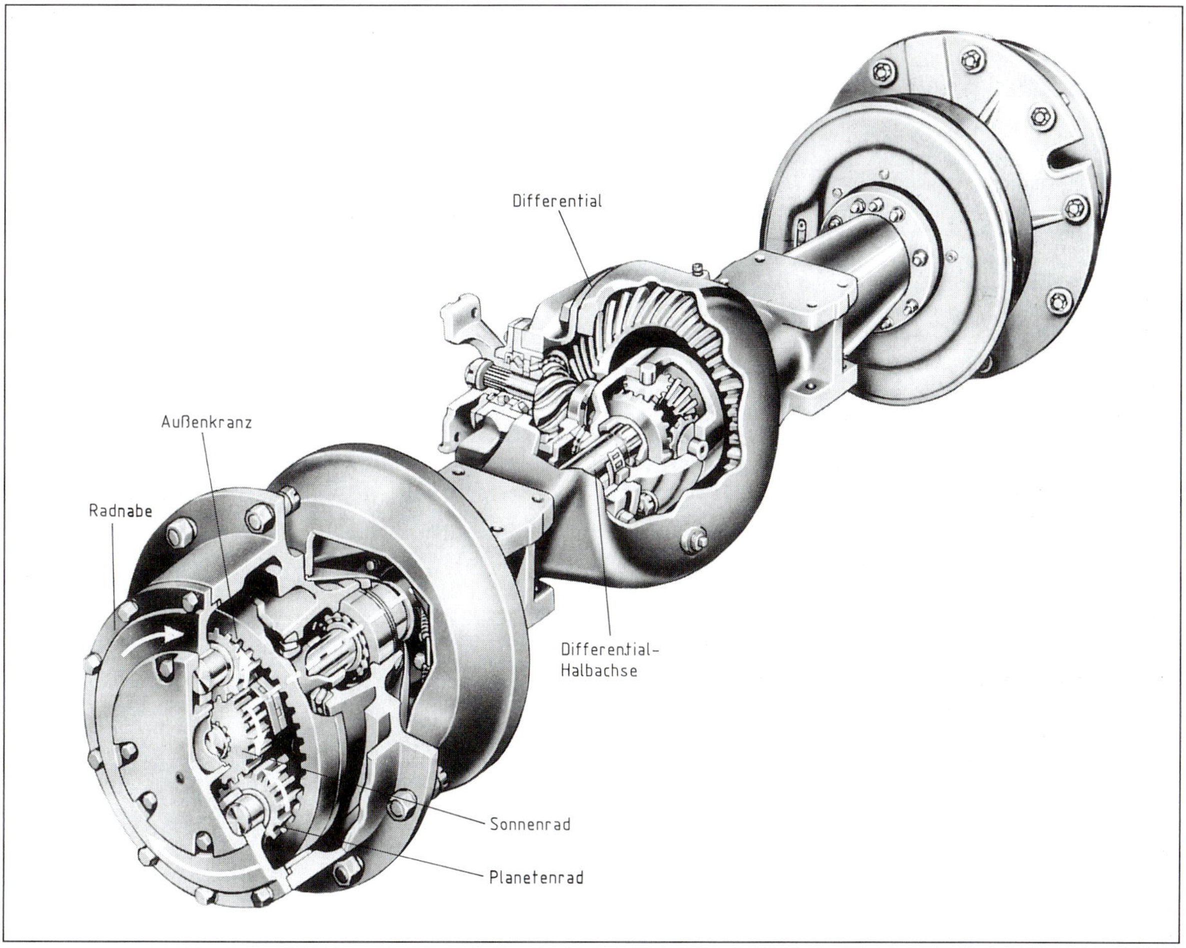

1 Außen, an den Differential-Halbachsen angeordnete Planetenradendantriebe

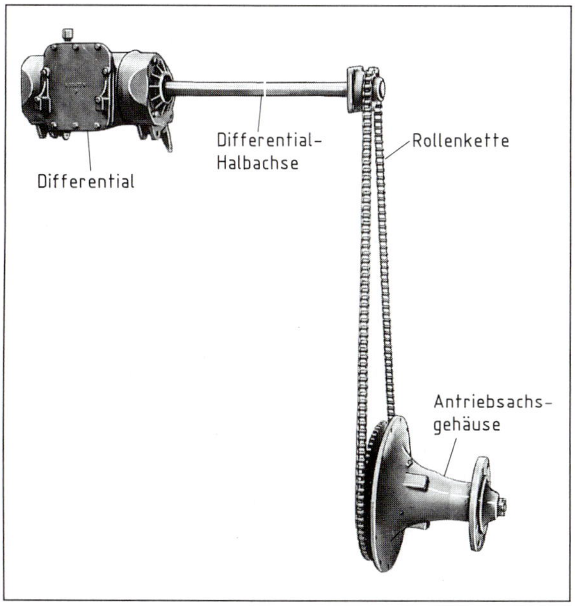

2 Endantrieb mit Kette

Bild 1 zeigt eine Schlepper-Achse mit außenliegenden Planetenrad-Endantrieben. Diese Bauart ist häufig bei Allrad-Schleppern an der Vorderachse zu finden.

Kettenrad-Endantriebe (Bild 2) werden vor allem bei Spezialschleppern, z. B. für Obst- oder Weinbau, eingesetzt. Bei diesen Fahrzeugen ist es notwendig, eine außergewöhnliche Bodenfreiheit zu erreichen.

Das Nachlassen der Kettenspannung infolge Drehung und Verschleiß führt zu einem Durchhang der Kette, der durch exzentrische Lagerflansche, Verstellmöglichkeiten des gesamten Achsgehäuses oder Spannrollen ausgeglichen wird.

Übungen

1. Vergleichen Sie verschiedene Ausgleichssperren.
2. Beschreiben Sie Stirnrad- und Planetenrad-Endantriebe.

5.4 Fahrantrieb

5.4.1 Mechanischer Fahrantrieb

Mähdrescher und andere selbstfahrende Arbeitsmaschinen werden mit mechanischen, hydrostatisch-mechanischen oder vollhydrostatischen Fahrantrieben ausgestattet. Bild 2 zeigt einen mechanischen Fahrantrieb. Zur stufenlosen Drehzahländerung dient ein Variator. Durch eine Kombination von Keilriemenscheiben, deren wirksamer Durchmesser verstellbar ist, können unterschiedliche Drehgeschwindigkeiten erreicht werden (s. Bild 1). Die Verstellung der Riemenscheiben kann mechanisch, hydraulisch oder elektrisch erfolgen.

Von der Keilriemenscheibe wird die Leistung über eine Kupplung, ein Schaltgetriebe, ein Ausgleichsgetriebe, Antriebswellen und Endantriebe auf die Räder übertragen. Backenbremsen dienen als Hilfs- oder Feststellbremsen. Das Schaltgetriebe übernimmt hierbei die Aufgabe einer Nachschaltgruppe, d.h. der Übersetzungsbereich des Variators wird wesentlich erweitert (vgl. Seite 129).

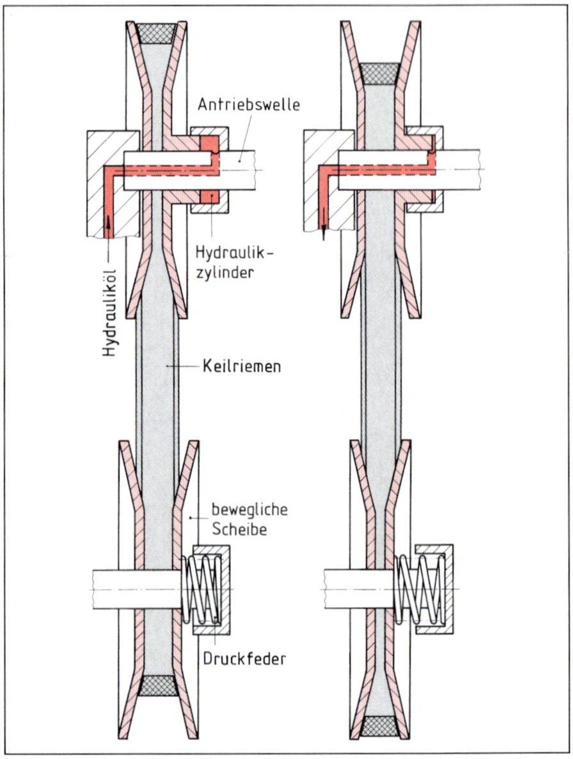

1 Variator mit zwei Regelscheibenpaaren

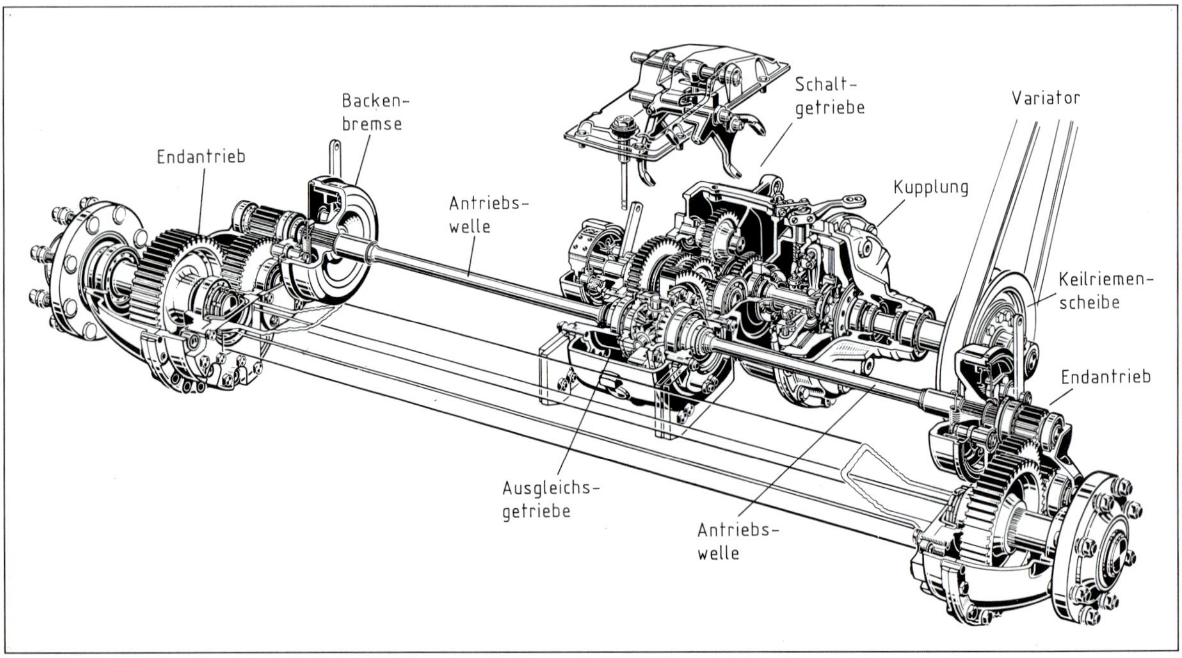

2 Mechanischer Fahrantrieb

5.4.2 Hydrostatisch-mechanischer Fahrantrieb

Bild 1 zeigt die Einbaumöglichkeit eines hydrostatischen Antriebssystems. Eine Hydro-Verstellpumpe ist über Rohr- oder Schlauchleitungen mit einem Hydro-Konstantmotor verbunden. Die weitere Leistungsübertragung erfolgt wie in Bild 2, Seite 140. Mit einem Hebel in der Fahrerkabine, der auf die Verstellpumpe wirkt, kann Vorwärts- und Rückwärtsfahrt gesteuert werden. Man kann die Maschine auch verschleißfrei bremsen. Wegen des Hydro-Konstantmotors ist ein schaltbares Untersetzungsgetriebe notwendig.

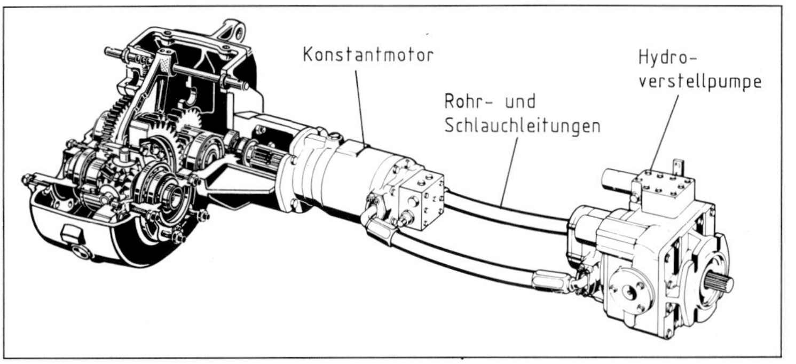

1 Hydrostatisch-mechanischer Fahrantrieb

5.4.3 Hydrostatischer Fahrantrieb

Bild 2 zeigt einen Fahrantrieb, der ohne schaltbares Untersetzungsgetriebe und ohne Ausgleichsgetriebe arbeitet. Hier ist eine Hydro-Verstellpumpe (stufenlos verstellbare Leistung) mit einem Hydro-Verstellmotor kombiniert und über Rohr- und Schlauchleitungen verbunden.

Bild 3 zeigt einen Hydro-Verstellmotor. Verstellpumpen sind ähnlich aufgebaut.

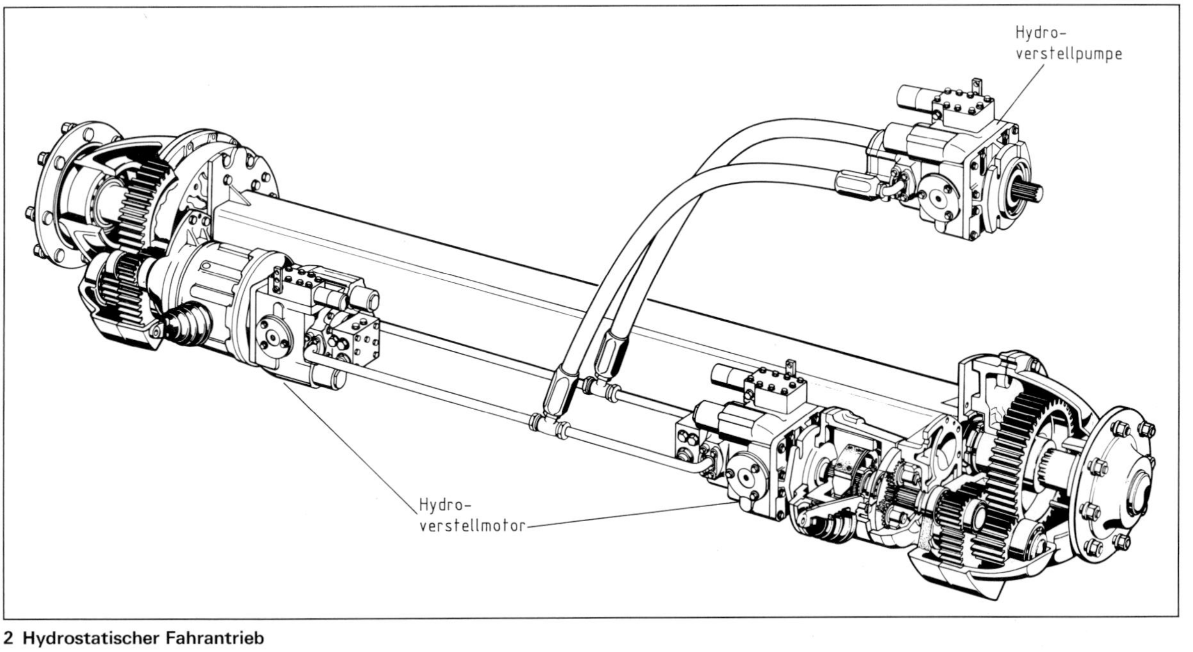

2 Hydrostatischer Fahrantrieb

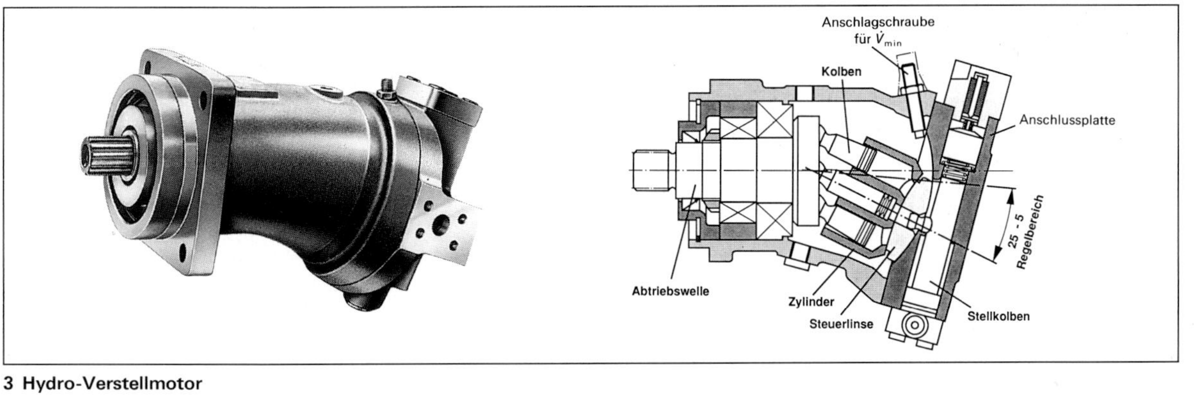

3 Hydro-Verstellmotor

5.5 Verbindung Schlepper-Gerät

Der Schlepper als universelle Arbeitsmaschine im landwirtschaftlichen Betrieb wird mit zahlreichen Geräten kombiniert. Er benötigt daher eine Reihe von Verbindungsstellen (Schnittstellen). Dabei muss sichergestellt sein, dass die Koppelung mit unterschiedlichen Geräten zuverlässig und ohne Schwierigkeiten erfolgen kann. Die Voraussetzungen hierfür schaffen zahlreiche Normen, die den sich ständig ändernden Anforderungen angepasst werden müssen.

Die wichtigsten Schnittstellen zwischen Schlepper und Gerät sind (Bild 1):

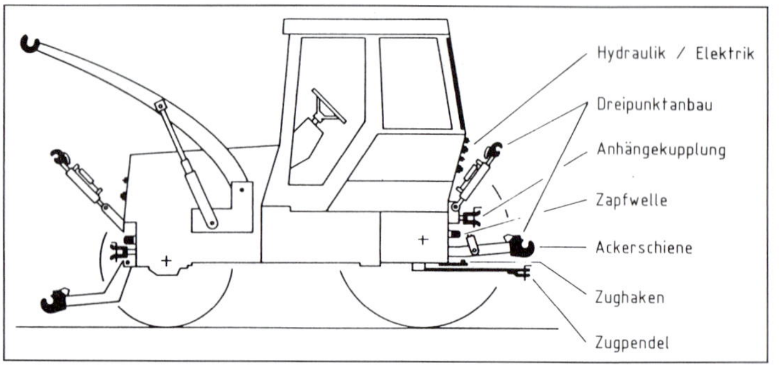

1 Schnittstelle an einem Schlepper

Schnittstelle	Aufgabe
hydraulische Steckkupplungen elektrische Steckdosen	hydraulische und elektrische Leistungsübertragung
Anhängekupplungen Ackerschienen Zughaken Zugpendel	Zugleistungs-übertragung
Zapfwellen	Drehleistungsübertragung

Zapfwellen werden meist mit den Normdrehzahlen 540 1/min und 1000 1/min angeboten. In jüngerer Zeit liefern Schlepperhersteller sogenannte Sparzapfwellen mit 750 1/min oder 1400 1/min (Bild 2).

Maschine	Leistungsbedarf an der Zapfwelle in kW
Düngerstreuer	2... 10
Spritzen	5... 35
Heuwerbegeräte	8... 15
Stalldünger-Streuer, Ladewagen, Vollerntemaschinen	15... 70
Kreiselmäher	25... 80
Bodenbearbeitungsgeräte, z. B. Kreisel- und Rütteleggen, Fräsen	25...120
Anbau-Maishäcksler	30...120

3 Leistungsbedarf verschiedener Schlepper-Anbaugeräte

2 Weitwinkel-Gelenkwelle an einer Ballenhochdruckpresse

Unterschiede in der Lage von Zapfwellenstummel am Schlepper und Geräteanschlusswelle in senkrechter, waagerechter und Längsrichtung werden mit unterschiedlichen Gelenkwellen überbrückt.

Bild 3 gibt den Leistungsbedarf an der Schlepperzapfwelle für verschiedene angebaute Maschinen an:

Um einen sicheren und wirtschaftlichen Antrieb zwischen Schlepper und Gerät sicherzustellen, müssen Zapfwellen

- die volle Leistung vom Schlepper zum Gerät übertragen,
- Änderungen der Lage zwischen Schlepper und Gerät, die durch die Form des Geländes und den Dreipunkt-Anbau hervorgerufen werden, ausgleichen,
- volle Beweglichkeit von Schlepper und Gerät in Kurven und auf Vorgewenden ermöglichen,
- die besonderen, schweren Betriebsbedingungen des landwirtschaftlichen Einsatzes erfüllen,
- Unfallsicherheit gewährleisten,
- einfache Wartung und Reparatur ermöglichen.

Gelenkwellen für den landwirtschaftlichen Einsatz weisen in der Regel zwei Gelenke auf, die in einem bestimmten Winkel zueinander stehen. Betrachtet man ein Gelenk, dessen Achsen im Winkel α zueinander stehen und dessen angetriebener Teil eine konstante Drehfrequenz ω_1 aufweist, so stellt man fest, dass beim Drehwinkel des Gelenks $\beta_1 = 0°$ die Drehfrequenz ω_2 des getriebenen Teils des Gelenks kleiner ist, also ω_1 (Bild 1, Seite 143):

Umfangsgeschwindigkeit $v_u = \omega \cdot r$

Daraus ergibt sich:

$$\omega_1 = \frac{v_u}{r_1}, \quad \omega_2 = \frac{v_u}{r_2}$$

Da $r_1 < r_2$ ist, muss $\omega_2 < \omega_1$ sein.

ω_2 ist hier die **momentane** Winkelgeschwindigkeit bei der gezeichneten Stellung des Gelenks von $\beta_1 = 0°$.

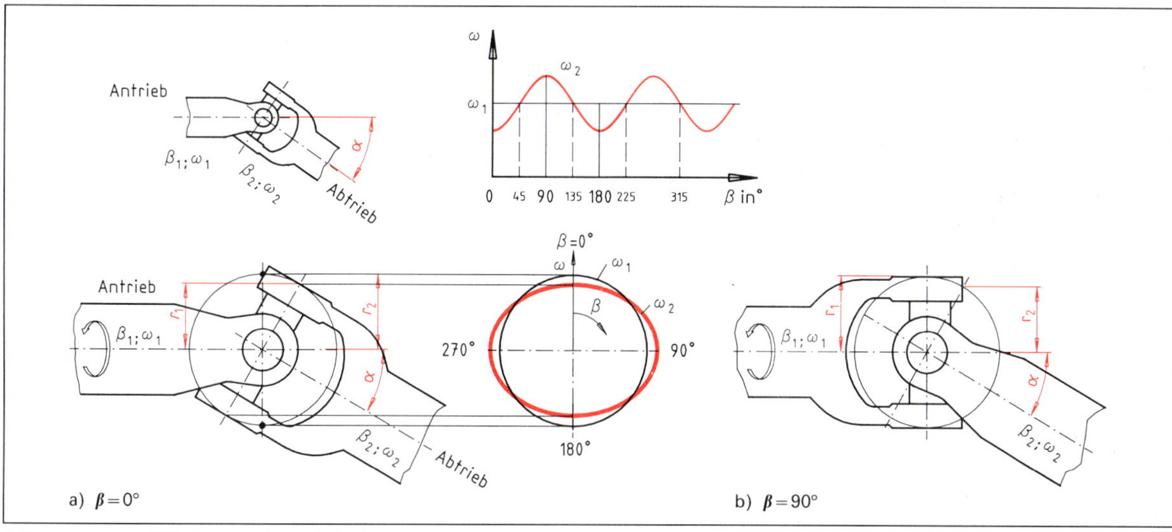

1 Bewegungsverhältnisse an einem Gelenk

Dreht man das Gelenk auf $\beta = 90°$, so ist $r_1 > r_2$.

Daraus folgt: $\omega_2 > \omega_1$

Bei den Drehwinkeln $\beta = 45°$, 135°, 225° und 315° ist

$\omega_2 = \omega_1$ (s. Bild 1).

- $\omega_2 < \omega_1$ bedeutet: Abtriebsseite des Gelenks dreht sich im Moment langsamer als Antriebsseite
- $\omega_2 = \omega_1$ Abtriebsseite des Gelenks dreht sich im Moment gleich schnell wie Antriebsseite
- $\omega_2 > \omega_1$ Abtriebsseite des Gelenks dreht sich im Moment schneller als Antriebsseite.

Man spricht von einer pulsierenden Bewegung oder Ungleichförmigkeit, die einen unrunden und daher unruhigen Lauf erzeugt. Die Drehbewegung wird abwechselnd beschleunigt und verzögert. In den Bauteilen entstehen durch die positiven oder negativen Beschleunigungen (Verzögerungen) wegen der vorhandenen Massen oft erhebliche Kräfte.

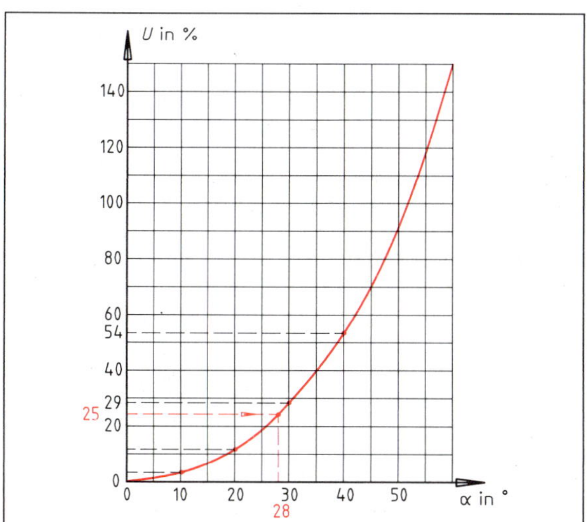

2 Ungleichförmigkeit *U* an Gelenkwellen

In Bild 2 wird gezeigt, dass die Ungleichförmigkeit um so größer wird, je größer der Winkel α (Beugewinkel) gewählt wird.

Die Ungleichförmigkeit, die aus einer gleichförmigen Bewegung durch ein erstes Gelenk einer Gelenkwelle entsteht, kann bis zum Abtrieb der gesamten Welle ausgeglichen werden, wenn ein zweites Gelenk mit dem ersten verbunden ist. Hat das zweite Gelenk den gleichen Beugewinkel α wie das erste und wird es von diesem ungleichförmig angetrieben, so wird diese Ungleichförmigkeit aufgehoben (Betrachten Sie Bild 1 von rechts nach links).

Wichtig hierbei ist, dass die Stellung der Gelenkebenen gleich ist, sonst verdoppelt sich die Ungleichförmigkeit (Bild 3 oben). Gelenkwellen sollen deswegen stets in Z- oder W-Beuge eingesetzt werden, wobei auf gleiche Beugewinkel zu achten ist (Bild 3 unten).

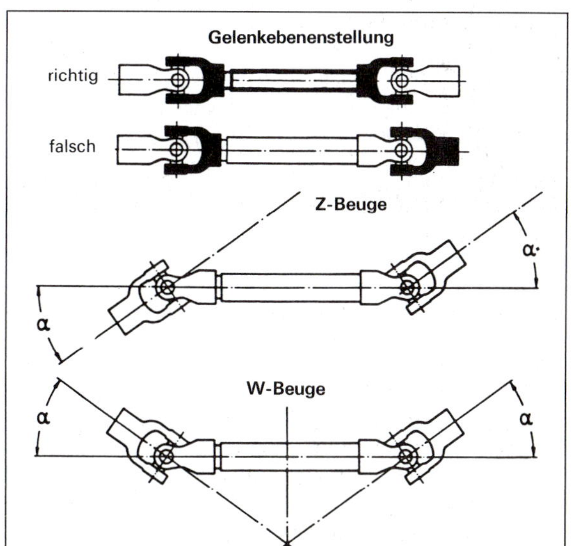

3 Anordnung zweier Gelenke

Diese Forderung lässt sich jedoch nicht in allen Fällen erfüllen. Durch die Anbaubedingungen kann es dazu kommen, dass das geräteseitig angebaute und das schlepperseitig angebaute Gelenk unterschiedlich gebeugt werden.

Hierfür ein Beispiel:

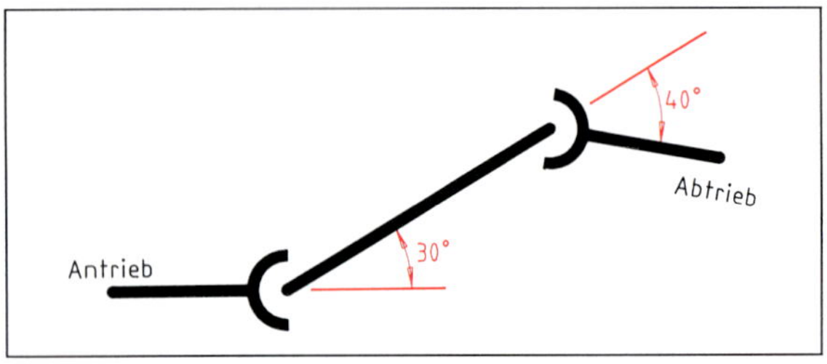

1 Gelenkwelle in Z-Beuge

Wird das schlepperseitige Gelenk mit 30° und das geräteseitige Gelenk mit 40° gebeugt (Bild 1), so entsteht nach der Darstellung in Bild 2, Seite 143 folgende Ungleichförmigkeit:

$U = 54\% - 29\%$; $\underline{\underline{U = 25\%}}$

Eine Ungleichförmigkeit von 25% entspricht der Beugung eines Einzelgelenks von 28°.

In diesem Fall entstehen starke Drehschwingungen, die, je nach Größe der nachfolgenden, angetriebenen Massen, bis zu Brüchen führen können.

Abhilfe schaffen hier Weitwinkel-Gleichlaufgelenke (Bild 2 und Seite 142, Bild 2). Die Drehverhältnisse eines Weitwinkel-Gleichlaufgelenks entsprechen denen einer Normal-Gelenkwelle mit zwei Gelenken in W-Stellung, wobei der Abstand zwischen den Gelenken sehr klein ist.

Aufsteckgabel und Rillengabel eines Weitwinkel-Gleichlaufgelenks greifen dabei mit je einer Kugel in eine Kugelpfanne auf der Führungsscheibe, die sich auf Gleitscheiben in einem durch die Flanschgabeln gebildeten Gehäuse bewegen kann. Jedes Kreuzgelenk führt dadurch lediglich den halben Betrag des Gesamt-Beugungswinkels aus.

Weitwinkel-Gleichlaufgelenke werden in Ausführungen bis etwa 80° Beugewinkel angeboten.

Wird der Beugewinkel auf der Geräteseite größer als 15°, so soll ein zweites Gleichlaufgelenk auf dieser Seite eingebaut werden.

Um vom Schlepper angetriebene Maschinen und Geräte wie auch den Schlepper selbst vor Schäden durch zu große Beschleunigungen oder Verzögerungen rotierender Massen zu schützen, können Gelenkwellen mit Überlast- oder Freilaufkupplungen ausgestattet werden (s. Kap. 5.1).

Beim Ablängen von Gelenkwellen ist besonders darauf zu achten, dass die vorgeschriebene Mindestüberdeckung der Teleskopelemente im Betrieb nicht unterschritten wird. Die Gelenkwelle staucht sonst durch Klemmen im Überdeckungsbereich und wird nicht nur selbst beschädigt, sondern verursacht auch Schäden an Schlepper und Gerät.

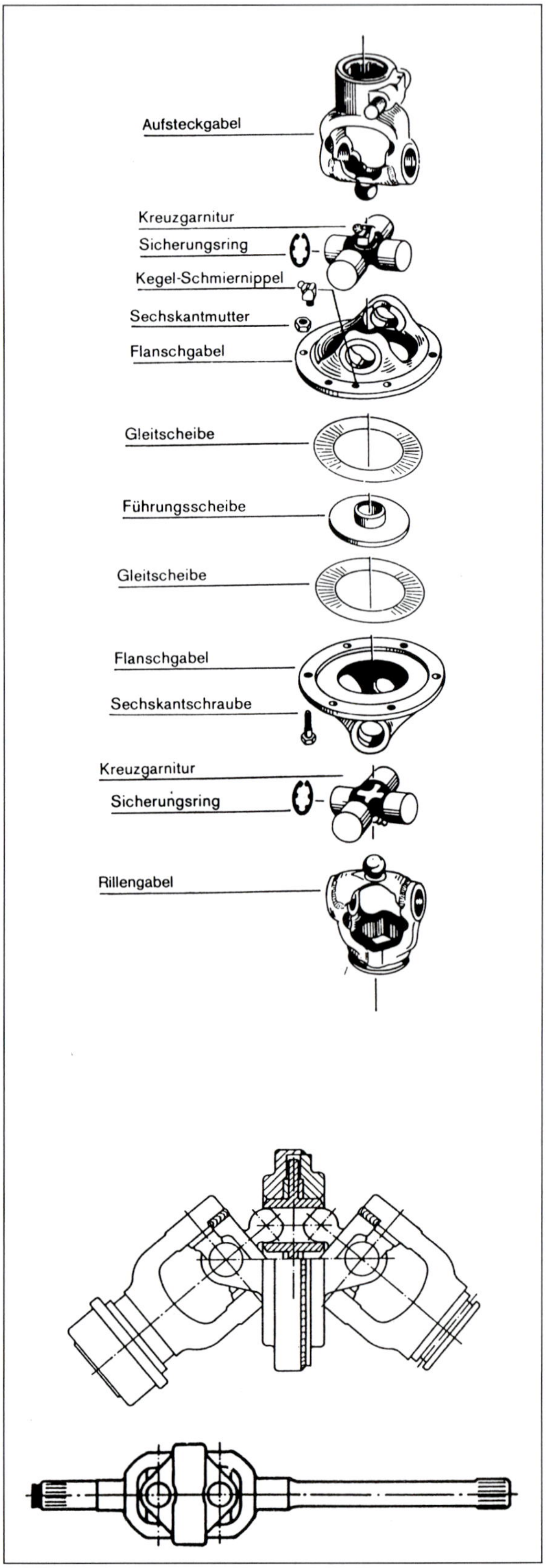

2 Weitwinkel-Gleichlaufgelenk

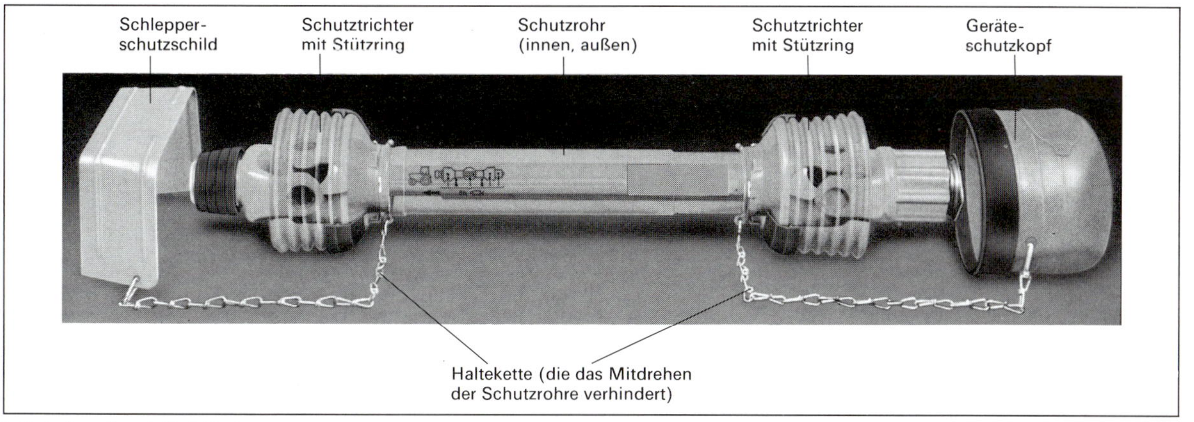

1 Gelenkwelle mit Unfallschutz

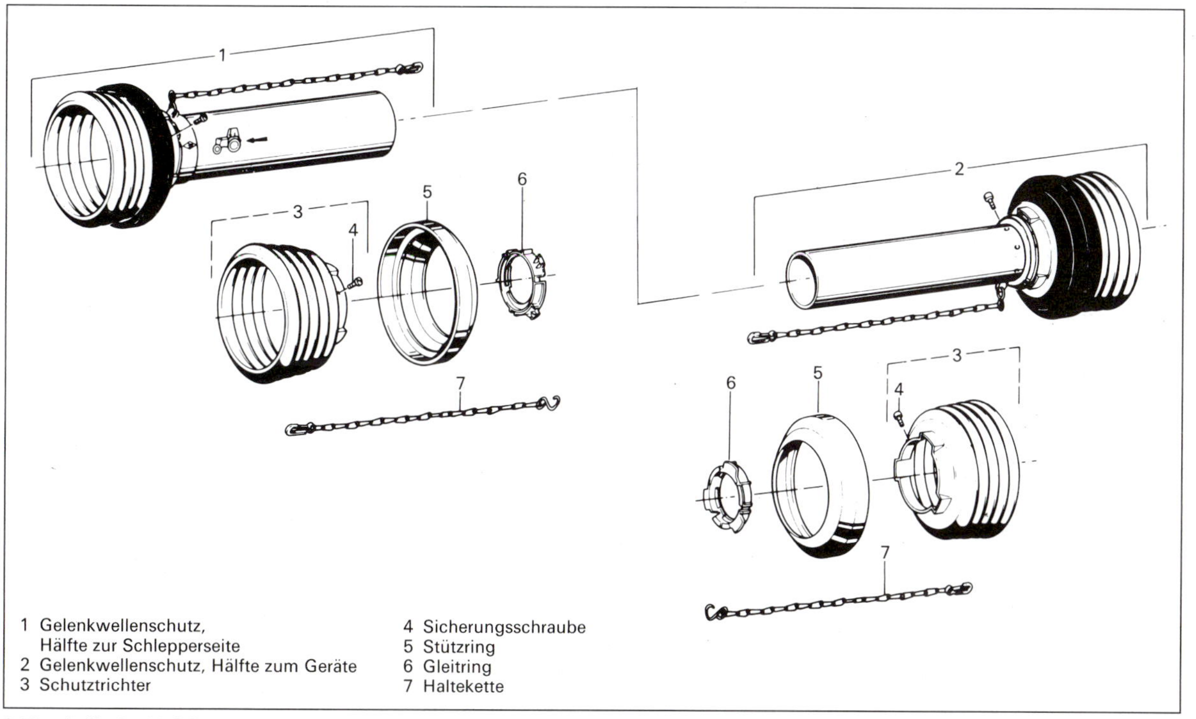

2 Einzelteile des Unfallschutzes

Umlaufende Wellen stellen besonders im landwirtschaftlichen Betrieb eine erhebliche Unfallgefahr dar. Gelenkwellen sind daher mit einem Unfallschutz versehen. Bilder 1 und 2 zeigen einen Unfallschutz.

Übungen

1. Ermitteln Sie die vorgeschriebene Überdeckung der Teleskopelemente für einen bestimmten Gelenkwellentyp.
2. Beschreiben Sie Demontage und Montage eines Kreuzgelenks und eines Weitwinkel-Gleichlaufgelenks.
3. Beschreiben Sie Demontage und Montage eines Unfallschutzes.

6 Fahrwerkstechnik

6.1 Reifen und Räder

6.1.1 Reifengröße und -bezeichnung

Ein Schlepper weist in Serienausführung folgende **Bereifung** auf:

Vorderräder: 16.9 R 28 136 A8 (Bild 1),
Hinterräder: 20.8 R 38 153 A8

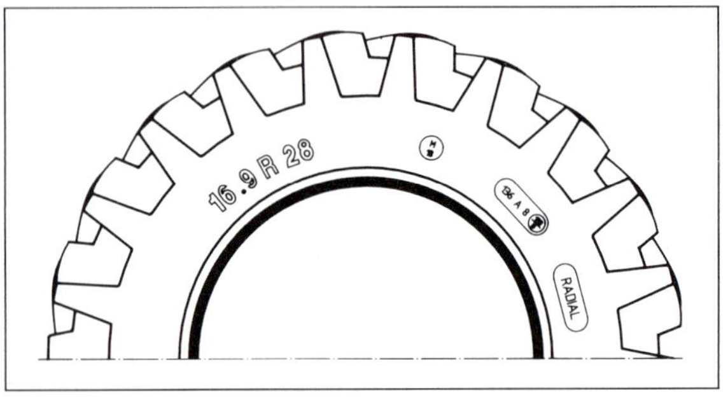

1 **Reifenbezeichnungen**

Diese Bezeichnungen geben Auskunft über Reifenmaße-, -tragfähigkeit, -verwendungszweck und -art. Die einzelnen Angaben bedeuten z. B. bei der Bereifung der Hinterräder:

20.8	Reifen-Konstruktionsbreite in Zoll
R	Radialreifen
38	Felgendurchmesser in Zoll
153	LI (= Load Index) Tragfähigkeitskennzahl
A8	Geschwindigkeitssymbol SI, SSY

Die einzelnen Größen für Reifenabmessungen zeigt Bild 2.

Weitere Angaben auf Reifen sind:

AS	Reifen für Ackerschlepper
AS-Front	Vorderradreifen für Ackerschlepper
AM	Reifen mit Treib- und Rollprofil für Landmaschinen
Implement	Reifen für Anhänger und landwirtschaftliche Arbeitsmaschinen
MPT	Mehrzweckreifen für Acker, Grünland und Straße

Nach StVZO, § 36,2b sind die Hersteller verpflichtet, außerdem das Herstellungsdatum auf dem Reifen anzugeben. Dies geschieht in verschlüsselter Form.

Breitreifen werden nach dem Verhältnis von Reifenhöhe SH zu Reifenbreite SW bezeichnet (Bild 3),

z. B.: 540/65 R 28 XM108 137 A8

Hier bedeutet

540	Reifenbreite in mm
65	Verhältnis von Reifenhöhe zu Reifenbreite (SH:SW) in %
R	Radialreifen

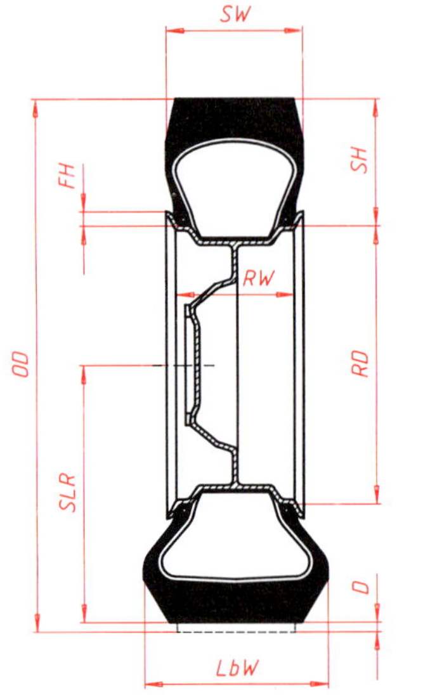

OD	**Außendurchmesser:**	Durchmesser eines unbelasteten, auf die empfohlene Felge montierten und bis zum Betriebsdruck aufgepumpten Reifens.
SW	**Reifen-Konstruktionsbreite:**	Breite des aufgepumpten Reifens ohne Schrift und Scheuerleiste.
SH	**Reifen-Konstruktionshöhe:**	Abstand zwischen Wulstsitz und der äußeren Laufflächenkontur des aufgepumpten Reifens – an der Mittellinie.
SLR	**Statischer Rollradius:**	Stehende Höhe von Fahrbahnoberfläche bis Achsmitte bei normaler Reifennennbelastung/normalem Reifendruck.
LbW	**Belastete Reifen-Konstruktionsbreite:**	Breite des belasteten Querschnitts.
RW	**Felgenbreite:**	Breite der Felge, von Sitz zu Sitz gemessen.
RD	**Felgendurchmesser:**	Durchmesser der Felge, von Horn zu Horn gemessen.
FH	**Hornhöhe:**	Höhe des Felgenhorns, zwischen Sitz und äußerer Hornkontur gemessen.
D	**Reifeneinfederung:**	Unterschied zwischen der Hälfte des Gesamtdurchmessers minus *SLR*.

2 **Reifenabmessungen**

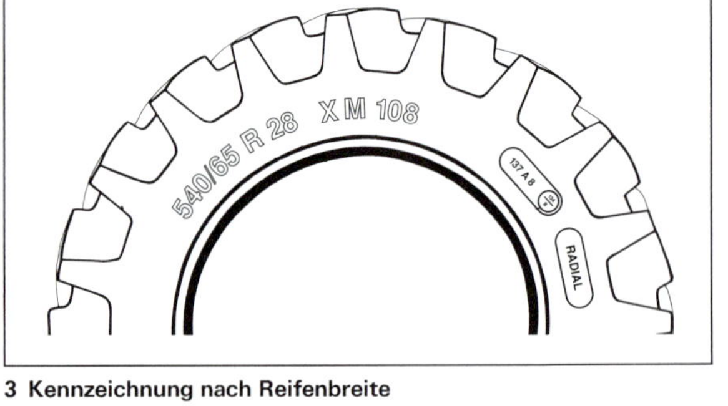

3 **Kennzeichnung nach Reifenbreite**

28	Felgendurchmesser in Zoll
M108	Profilausführung
137	Tragfähigkeitskennzahl
A8	Geschwindigkeitssymbol

6.1.2 Reifenbauarten

6.1.2.1 Radialreifen

Radialreifen bestehen aus Gummi in unterschiedlichen Mischungen, die notwendige Festigkeit erhält der Reifen durch Textil- oder meistens Stahleinlagen. Durch Werkstoffe und Anordnung der Einlagen unterscheiden sich die einzelnen Reifenbauarten.

Beim Radialreifen verlaufen Cord(Textil)gewebe- oder Stahleinlagen von Wulst zu Wulst quer zur Laufrichtung, also radial. Diesen Festigkeitsträger des Reifens nennt man Karkasse.

Um dem Reifen auch in Laufrichtung die gewünschte Festigkeit zu geben, ist über der Stahl- (oder Textil)-karkasse ein sog. „Gürtel" angeordnet, der aus mehreren Lagen in Gummi eingebetteter Stahldrähte (oder Textilfasern) besteht (s. Bild 1).

Radialreifen weisen gegenüber anderen Bauarten, z.B. Diagonalreifen, eine Reihe von Vorteilen auf:

- bis zu 25% größere Aufstandsfläche,
- bis zu 30% höhere Zugkraft durch weniger Schlupf,
- bis zu 10% weniger Kraftstoffverbrauch,
- bis zu 30% höhere Lebensdauer,
- größere Eigenfederung des Reifens („weicher").

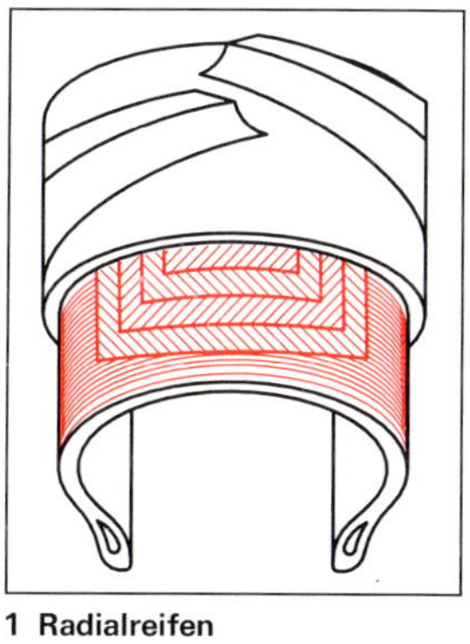

1 Radialreifen

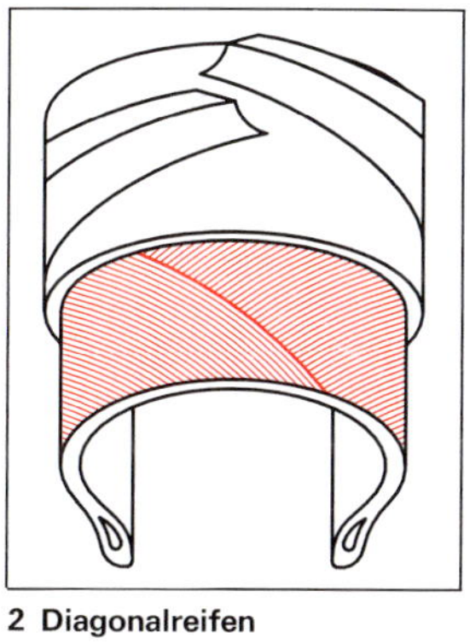

2 Diagonalreifen

6.1.2.2 Diagonalreifen

Bei dieser Reifenbauart verlaufen die Einlagen in einem bestimmten Winkel – meist ca. 40° – von Wulst zu Wulst, also diagonal. Sie bestehen aus Cord(Textil)-Fasern. Darüber liegen mehrere Gewebeeinlagen, die so angeordnet sind, dass die Fäden sich kreuzen (s. Bild 2).

Hauptvorteile der **Diagonalreifen** gegenüber den Radialreifen sind:

- größere Festigkeit der Reifenflanken gegen Beschädigungen,
- größere Standsicherheit des Fahrzeugs durch geringere Eigenfederung des Reifens.

Die Kennzeichnung von Diagonalreifen zeigt folgendes Beispiel:

15.5 – 28 AS 6 PR

15.5	Reifenbreite in Zoll
–	Diagonalreifen
28	Felgendurchmesser in Zoll
AS	landwirtschaftliches Profil
6 PR	Ply Rating, d.h. Festigkeitsklasse für Karkassenfestigkeit, muss nicht mit der tatsächlichen Zahl der Lagen übereinstimmen.

Super-Niederquerschnitt-Reifen („Terra"-Reifen) werden als Diagonalreifen ausgeführt (s. Kap. 6.1.4).

Es gibt Reifenbauarten, bei denen eine Kombination von Radial- und Diagonalbauweise angewandt wird.

6.1.3 Tragfähigkeiten und Geschwindigkeitsbereiche (Betriebskennung) von Reifen

LI	kg	LI	kg	LI	kg
80	450	120	1400	150	3350
81	462	121	1450	151	3450
82	475	122	1500	152	3550
83	487	123	1550	153	3650
84	500	124	1600	154	3750
85	515	125	1650	155	3875
86	530	126	1700	156	4000
87	545	127	1750	157	4125
88	560	128	1800	158	4250
89	580	129	1850	159	4375
90	600	130	1900	160	4500
91	615	131	1950	161	4625
92	630	132	2000	162	4750
93	650	133	2060	163	4875
94	670	134	2120	164	5000
95	690	135	2180	165	5150
96	710	136	2240	166	5300
97	730	137	2300	167	5450
98	750	138	2360	168	5600
99	775	139	2430	169	5800
100	800	140	2500	170	6000
101	825	141	2575	171	6150
102	850	142	2650	172	6300
103	875	143	2725	173	6500
104	900	144	2800	174	6700
105	925	145	2900	175	6900
106	950	146	3000	176	7100
107	975	147	3075	177	7300
108	1000	148	3150	178	7500
109	1030	149	3250	179	7750
110	1060			180	8000
111	1090				
112	1120				
113	1150				
114	1180				
115	1215				
116	1250				
117	1285				
118	1320				
119	1360				

3 Tragfähigkeitskennzahlen LI

Die **Tragfähigkeit** von Schlepperreifen hängt von verschiedenen Einflussfaktoren ab:
- Tragfähigkeits-Kennzahl (LI),
- maximale Fahrgeschwindigkeit,
- Luftdruck.

Die Tragfähigkeits-Kennzahlen (LI = Load Index) für Schlepperreifen sind in Bild 3, Seite 147, angegeben.

Geschwindigkeits-Kennbuchstaben (SI-Speed Index) SSY gibt Bild 1 an.

Luftdruck in bar		0,5	0,6	0,8	1,0	1,2	1,4	1,6	1,9
		Tragfähigkeit pro Reifen in kg							
Höchstgeschwindigkeit in km/h	50		2170		2565	2765	3065	3350	
	40		2360	2575	2790	3005	3330	3650	
	30	2170	2525	2755	2985	3215	3560	3905	
	10	2765	3215	3540	3865	4185	4510	4895	5475

3 Reifentragfähigkeit

SSY	Geschwindigkeit in km/h	SSY	Geschwindigkeit in km/h
A1	5	J	100
A2	10	K	110
A3	15	L	120
A4	20	M	130
A5	25	N	140
A6	30	P	150
A7	35	Q	160
A8	40	R	170
B	50	S	180
C	60	T	190
D	65	U	200
E	70	H	210
F	80		
G	90		

1 Geschwindigkeitssymbole SI, SSY

4 Schlepper mit Super-Niederquerschnitt-Reifen

Die Zusammenhänge von zulässiger Höchstgeschwindigkeit und Luftdruck können Bild 2 entnommen werden.

Höchstgeschwindigkeit in km/h		10	20	25	30	35	40	45	50
zulässige Tragfähigkeit in %		150	123	111	107	103	100	96	91
Basisdruck (Normaleinsatz) in bar		Luftdruck in bar							
	1,4	1,6	1,5	1,4					
	1,6	1,9	1,7	1,6					
	2,7	3,1	2,9	2,7					
	3,2	3,8	3,4	3,2					

2 Höchstgeschwindigkeit, Tragfähigkeit und Luftdruck

Beispiel zu Bild 2:

Der Reifen mit der Tragfähigkeits-Kennzahl 153 soll mit einer Höchstgeschwindigkeit von 20 km/h betrieben werden. Die zulässige Tragfähigkeit beträgt dann 123%, d.h. der Reifen darf mit $1{,}23 \times 3650\ \text{kg} = 4489{,}5\ \text{kg}$ Masse belastet werden. Der Luftdruck ist von 1,6 bar (Basisdruck) auf 1,7 bar anzuheben.

Beispiel zu Bild 3:

Reifen 20.8 R 38 153 A8

Die Tragfähigkeits-Kennzahl 153 besagt, dass der betreffende Reifen eine Masse von 3650 kg tragen kann, wobei ein Luftdruck von 1,6 bar (Basisdruck) und eine Höchstgeschwindigkeit von 40 km/h einzuhalten sind.

Soll der gleiche Reifen z. B. mit 0,8 bar betrieben werden, so darf die Belastung 2575 kg nicht überschreiten. Ein geringerer Luftdruck als 0,6 bar darf in diesem Fall nicht eingestellt werden, hier beträgt die zulässige Belastung 2360 kg.

6.1.4 Reifen-Sonderbauarten

Bild 4 zeigt einen Schlepper, der mit **Super-Niederquerschnitt-Reifen**, sog. **„Terra"-Reifen** ausgerüstet ist. Diese Reifen wurden entwickelt, um möglichst große Auflageflächen und damit möglichst geringen Bodendruck bei geringem Reifen-Innendruck ($p \leq 0{,}4$ bar) zu verwirklichen (vgl. Seite 194, Bild 2). Untersuchungen haben gezeigt, dass Schlepperreifen Bodenverdichtungen bis in Tiefen erzeugen, die beim Pflügen nicht mehr erreicht werden können. Andererseits wurden die Radlasten der Schlepper durch aufwendige Maschinen immer höher, z. B. beim Einsatz von Saatbettkombinationen (s. Kap. 7.1.1).

Die Bezeichnung für einen Hinterradreifen dieser Bauart lautet z. B.:

66 × 43.00 – 25

66	Reifen-Außendurchmesser in Zoll
43.00	Reifenbreite in Zoll
25	Felgenbreite in Zoll.

Der Reifen-Außendurchmesser wird bei dieser Reifenbauart gesondert angegeben, um Vergleiche mit der Standard-Bereifung zu erleichtern.

Pflegereifen sind Spezialreifen für die Arbeit in Reihenkulturen. Die Breite der Schlepper-Treibradreifen muss hier begrenzt werden, um Beschädigung oder Zerstörung der Pflanzen zu vermeiden.

Bild 1 zeigt übliche Abstände R ($R = 0{,}45$ m oder 0,5 m) von Pflanzenreihen und die daraus zu errechnende Spurweite der Schlepperbereifung.

Bei der Auswahl von Pflegereifen für einen Schlepper ist zu beachten:

- der Abrollumfang des Pflegereifens soll etwa dem der Standard-Bereifung entsprechen. Dadurch bleiben die wichtigen Schlepper-Daten, wie Arbeits- und Fahrgeschwindigkeiten, Drehmomente an den Antriebsrädern usw., erhalten,
- die Tragfähigkeit der Pflegereifen muss der Achsbelastung des Schleppers entsprechen,
- das Übersetzungsverhältnis zwischen Vorder- und Hinterachse (Voreilung) muss so, wie es vom Schlepperhersteller vorgegeben ist, erhalten bleiben.

Bild 2 zeigt eine Tabelle von Pflegereifen.

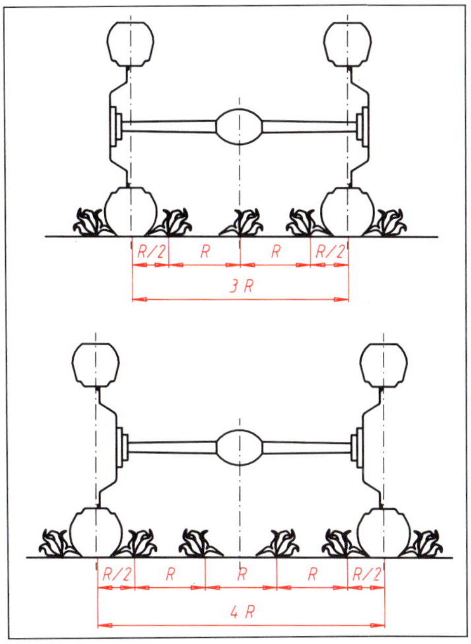

1 Reihenabstände und Schlepper-Spurweiten

Ursprüngliche Bereifung		Pflegebereifung							
Felgendurchmesser in Zoll	Dimensionen	8.3 R 32	9.5 R 32	8.3 R 36	9.5 R 36	8.3 R 44	9.5 R 44	9.5 R 48	12.4 R 46
24	12.4 R 24	●							
	13.6 R 24	●	●						
	14.9 R 24, 16.9 R 24	●	●	●					
26	14.9 R 26		●	●	●				
	16.9 R 26			●	●				
	18.4 R 26					●			
28	11.2 R 28	●							
	12.4 R 28	●	●	●					
	13.6 R 28, 14.9 R 28			●	●				
	16.9 R 28				●				
30	14.9 R 30				●				
	16.9 R 30					●			
	18.4 R 30					●	●		
32	12.4 R 32			●	●				
34	16.9 R 34					●	●		
	18.4 R 34						●	●	
36	12.4 R 36, 13.6 R 36					●	●		
38	13.6 R 38						●		
	15.5 R 38						●	●	
	16.9 R 38, 18.4 R 38, 20.8 R 38							○	○

2 Umbereifungsübersicht

6.1.5 Felgen

Für den Reifen der Größe 20.8 R 38 153 A8 (s. Kap. 6.1.1) wird nach Reifenkatalog eine Felge der Bezeichnung

W 18 Lx38

benötigt (W 16 L kann ebenfalls verwendet werden).

Hierbei bedeuten

W	Kennbuchstabe für Schlepper-Tiefbettfelge
18	Maulweite A der Felge in Zoll (s. Bild 1, S. 150)
L	Kennbuchstabe für Hornhöhe FH (L = Low)
x	Kennzeichen für ungeteilte Felge
38	Felgensitzdurchmesser RD in Zoll.

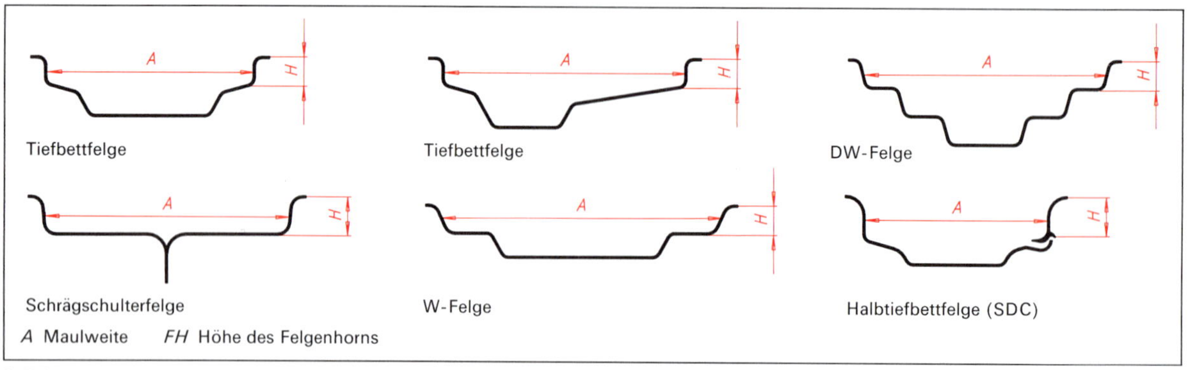

1 Felgenarten

Verschiedene Felgenarten sind in den Bildern 1 und 2 dargestellt.

Um die **Spurweite** eines Schleppers zu **verstellen**, z.B. um sie den Reihenabständen anzupassen, gibt es verschiedene Möglichkeiten:

- Verschiebeachsen,
- Stahlräder, bei denen Schüssel und Felge miteinander verschweißt sind (zwei Spurmöglichkeiten),
- Räder, bei denen die Felge stufenlos auf der Schüssel verschoben und in jeder Zwischenstellung geklemmt werden kann (alle Möglichkeiten zwischen kleinster und größter Spurweite),
- Felgen mit Halteböcken, die mit der Radschüssel verschraubt werden.

Bild 3 zeigt 8 Möglichkeiten der Spurweitenverstellung durch Felgen mit Halteböcken.

Ventile für Schlepper-, Landmaschinen- und lof-Bereifungen zeigt Bild 4 (lof = land- oder forstwirtschaftliche). Wasserfüllung ist eine Möglichkeit, die Zugkraft des Schleppers zu erhöhen. Hierbei soll die Füllung 75% des Reifenvolumens nicht überschreiten, damit der Reifen seine Flexibilität behält. Bild 1, Seite 151 gibt Werte dieses Volumens einiger Reifen an.

Felgenquerschnitt	Abmessungen in mm	
	A	*FH* + 1.2 − 0.4
W6	152.4	22.2
W7	177.8	22.2
W8	203.2	22.2
W9	228.6	25.4
W10	254.0	25.4
W11	279.4	25.4
DW11	279.4	25.4
W12	304.8	25.4
DW12	304.8	25.4
W13	330.2	25.4
DW13	330.2	25.4
W14L	355.6	28.6
DW14	355.6	25.4
W15L	381.0	25.4
W16L	406.4	25.4
DW16	406.4	28.6
W18L	457.2	25.4

2 Felgen für Schlepper-Treibradreifen

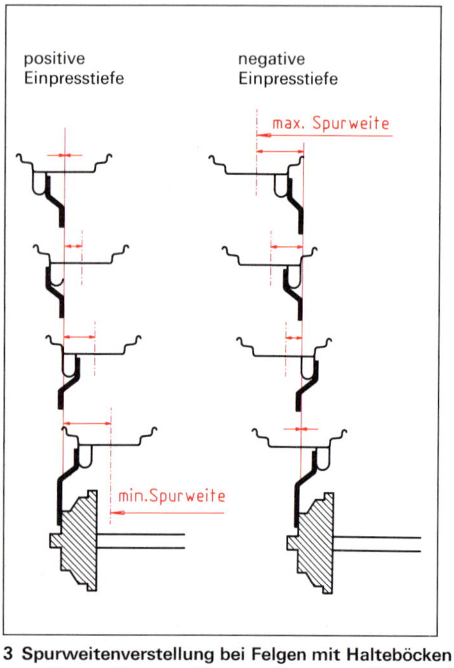

3 Spurweitenverstellung bei Felgen mit Halteböcken

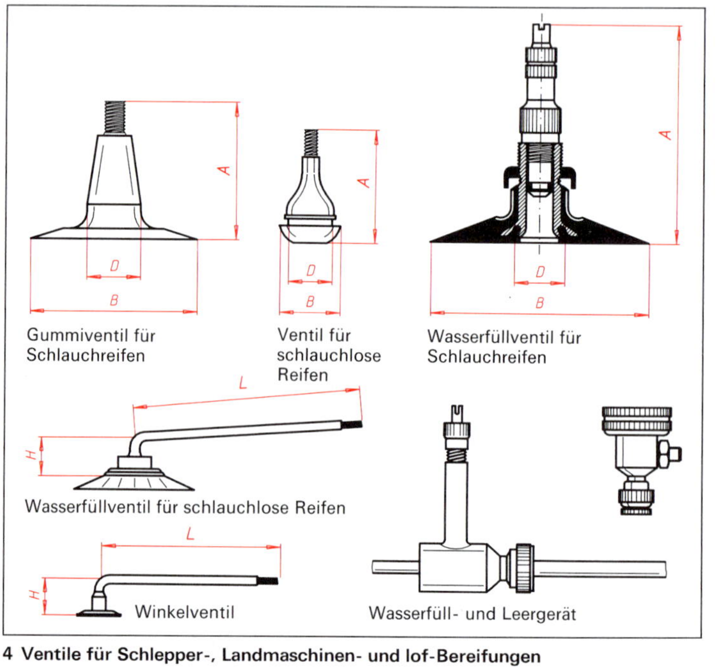

4 Ventile für Schlepper-, Landmaschinen- und lof-Bereifungen

Reifengröße/ empfohlene (mögliche) Felge(n)	Querschnittsbreite *SW* in mm	Außendurchmesser *OD* in mm	stat. Rollradius *SLR* in mm	Abrollumfang in mm	Fassungsvermögen 75% in l
12.4 R 24 W11 (W9, W10, DW10, DW11)	307	1139	523	3435	80
13.6 R 24 W12 (W11, DW11, DW12)	341	1191	542	3590	120
14.9 R 24 W13 (W11, DW11, W12, DW12, DW13)	375	1238	558	3730	150
14.9 R 28 wie 14.9 R 24	375	1345	610	4055	180
13.6 R 38 W12 (W11, DW11, DW12)	347	1559	722	4745	190
14.9 R 38 W13 (W11, DW11, W12, DW12, DW13)	380	1607	740	4865	220
16.9 R 38 W15L (W14L, DW14L, DW15L)	440	1690	775	5105	280
18.4 R 38 W16L, (W15L, DW15L,DW16L)	466	1748	805	5285	370
20.8 R 38 W18L (W16L)	525	1830	830	5525	480

1 Reifenmaße

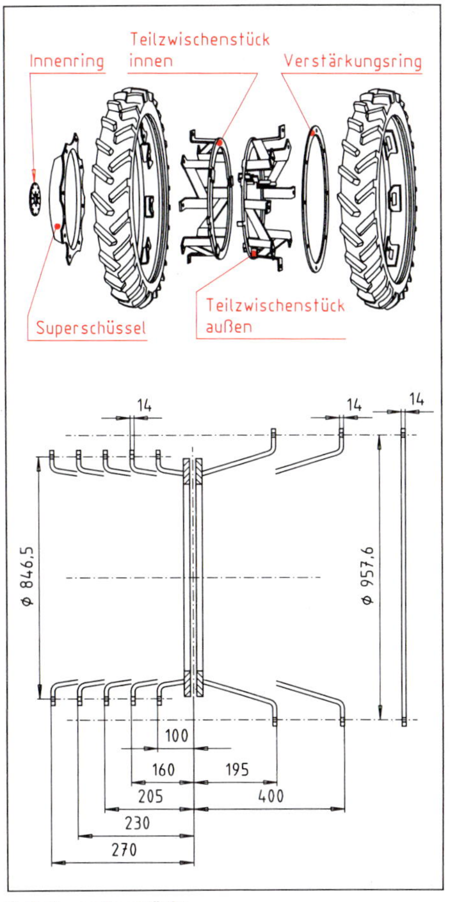

2 Teilzwischenstücke

Bild 2 zeigt **Teilzwischenstücke** verschiedener Abmessungen zur Auslegung von Zwillingsbereifungen mit Pflegereifen.

In Bild 3 ist ein Montagebeispiel für die Umrüstung auf Pflegereifen in Zwillingsausführung angegeben. Dabei wird von einem Reihenabstand von 450 mm (Zuckerrüben) ausgegangen.

Im Folgenden wird ein Rechenbeispiel nach Bild 3 angegeben. Zur Erleichterung des Rechenvorganges wird jeweils nur mit einer Achshälfte gerechnet.

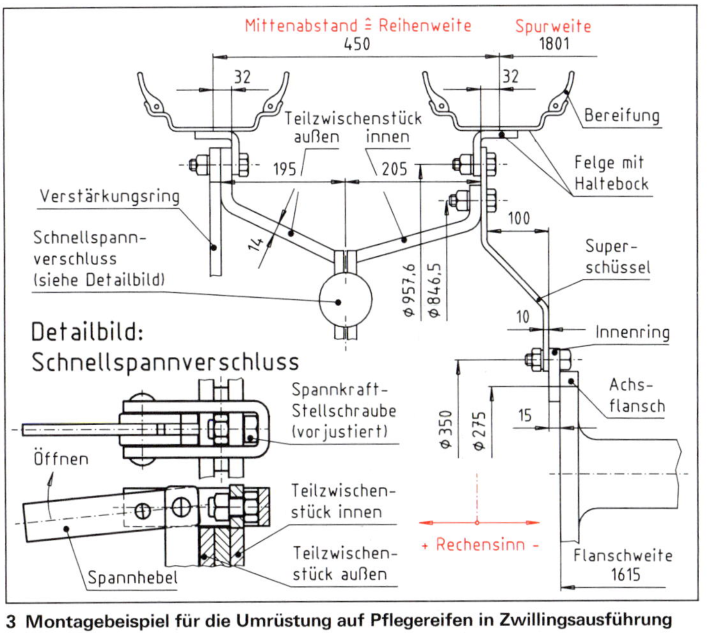

3 Montagebeispiel für die Umrüstung auf Pflegereifen in Zwillingsausführung

Ermittlung der Spurweite (Einzelbereifung):

+ halbe Flanschweite	807,5 mm
+ Dicke Innenring	15,0 mm
+ Einpresstiefe der Superschüssel	100,0 mm
+ Dicke der Superschüssel	10,0 mm
− Einpresstiefe der Felge	32,0 mm
= halbe Spurweite	900,5 mm
Spurweite *S* (entspricht 4 Reihen je 450 mm)	1801,0 mm

Ermittlung des Abstandes des Zwillingsrades (ausgehend vom inneren Rad):

+ Einpresstiefe der Felge (innen)	32 mm
+ Breite des Teilzwischenstückes innen	205 mm
+ Breite des Teilzwischenstückes außen	195 mm
− Materialstärke des Teilzwischenstückes	14 mm
+ Einpresstiefe der Felge (außen)	32 mm
= Mittelabstand *M* (entspricht der Reihenweite)	450 mm

Übungen

1. Es soll ein Schlepper auf Pflegereifen umgerüstet werden.
   a) Ermitteln Sie für einen Schlepper Ihrer Wahl die Flanschweite der Hinterachse und geeignete Pflegereifen.
   Stellen Sie den üblichen Reihenabstand für eine bestimmte Frucht, z. B. Zuckerrübe, fest.
   b) Wählen Sie geeignete Schüsseln und Teilzwischenstücke zur Einstellung des gewählten Reihenabstands für eine Einfach- und eine Zwillingsbereifung aus.
2. Reifen von Schleppern können zur Verbesserung der Traktion mit Wasser gefüllt werden. Um das Gefrieren des Füllwassers bei niedrigen Temperaturen zu vermeiden, wird ihm Kalzium-Chlorid ($CaCl_2$) zugegeben. Um eine Frostsicherheit bis −30 °C zu erreichen, gibt man 45 kg $CaCl_2$ pro 100 Liter Wasser zu. Die Dichte der Mischung beträgt dann 1,2 g/cm^3.
   a) Berechnen Sie (unter Verwendung von Bild 1, S. 151) die Masse der Wasserfüllung eines Reifens 16.9 R 38, wenn der Reifen zu 75% mit reinem Wasser gefüllt ist.
   b) Die Wasserfüllung desselben Reifens soll frostsicher gemacht werden. Berechnen Sie, wie viel Wasser und wie viel Kalzium-Chlorid die Füllung enthält.

6.1.6 Gummibandlaufwerke

Um die Leistungsübertragung vom Schlepper auf den Boden zu verbessern und Bodenverdichtungen zu verringern, wurden Gummiraupen- oder Gummibandlaufwerke entwickelt. Bild 1 zeigt einen Schlepper mit Bandlaufwerk. Bild 2: Vergleich der Bodenkontaktflächen eines Schleppers mit Bandlaufwerk und eines Allradschleppers gleicher Masse. Der Bodendruck in 10 cm Tiefe bei verschiedenen Fahrwerken ist in Bild 3 dargestellt.

1 Schlepper mit Bandlaufwerk

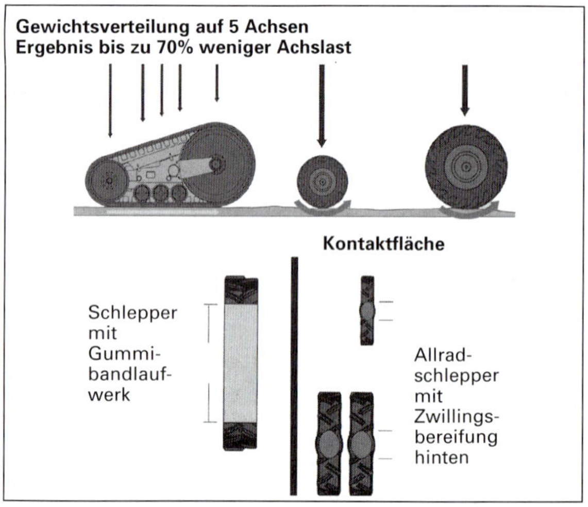

2 Bodenkontaktflächen

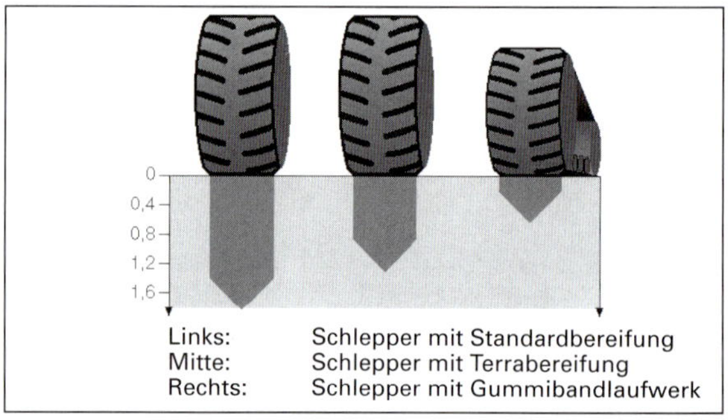

3 Bodendruck bei verschiedenen Fahrwerken

6.2 Radaufhängung

6.2.1 Stellung der gelenkten Vorderräder (Lenkgeometrie)

Sturz

Betrachtet man einen Schlepper von vorn, so fällt auf, dass die Vorderräder oben nach außen geneigt sind. Diese Neigung der Radebene nennt man Sturz. Sind die Räder oben nach außen geneigt, bezeichnet man den Sturz als positiv, sind sie nach innen geneigt, als negativ (Bild 1). Positiver Sturz bewirkt guten Geradeauslauf und einen kleinen Lenkrollhalbmesser. Der Sturzwinkel τ liegt bei Schleppern etwa im Bereich von 1°...1°30′.

Spreizung

Die Schrägstellung der Achse des Achsschenkelbolzens gegenüber einer Senkrechten auf die Fahrbahn, in Richtung der Fahrzeuglängsachse gesehen, nennt man Spreizung (Bild 1). Beim Schwenken des Rades um den Achsschenkelbolzen (Einschlagen) wird das Fahrzeug vorne leicht angehoben. Durch die Gewichtskraft, die auf die Vorderachse wirkt (Motor), entsteht ein Rückstellmoment, das die Räder wieder in Geradeausstellung zu bringen bestrebt ist.

In Zusammenwirken mit Vorspur und Sturz verhindert die Spreizung ein Flattern der Räder.

Übliche Spreizwinkel δ liegen im Bereich von 5°...10°.

Lenkrollhalbmesser

Den Abstand zwischen der Mitte der Radaufstandsfläche und dem Durchstoßpunkt der verlängerten Schwenkachse des Rades durch die Fahrbahn nennt man Lenkrollhalbmesser R_o. Man unterscheidet:

- positiven Lenkrollhalbmesser,
- negativen Lenkrollhalbmesser,
- Lenkrollhalbmesser Null.

Beim **positiven** Lenkrollhalbmesser liegt der Durchstoßpunkt der verlängerten Schwenkachse des Rades innerhalb der Mitte der Radaufstandsfläche (Bild 2). Greift am Rad eine Bremskraft oder eine Kraft aus unterschiedlichem Rollwiderstand der beiden Räder, z.B. durch unterschiedlichen Zustand der Fahrbahn, an, so entsteht ein Moment, das das Rad nach außen zu schwenken versucht. Das Fahrzeug zieht schief, es werden Kräfte in die Lenkung eingeleitet.

Beim **negativen** Lenkrollhalbmesser liegt der Durchstoßpunkt der verlängerten Schwenkachse des Rades außerhalb der Mitte der Radaufstandsfläche (Bild 3). Greift am Rad eine Bremskraft oder eine Kraft aus unterschiedlichem Rollwiderstand der beiden Räder an, so versucht das entstehende Moment das Rad nach innen, also entgegen der Widerstandskraft, zu schwenken. Dadurch entsteht ein selbsttätiges Gegenlenken, das dem Bestreben des Fahrzeugs, zu der stärker gebremsten Seite hin zu ziehen, entgegenwirkt. Das Fahrzeug verhält sich also fahrstabiler, als wenn es einen positiven Lenkrollhalbmesser hätte.

Bei Lenkrollhalbmesser Null entsteht theoretisch kein Moment um die Schwenkachse des Rades ($R_o = 0$), praktisch wird das Rad durch ein geringes Moment nach außen geschwenkt. Die Kräfte, die auf die Lenkung wirken, sind verhältnismäßig klein (Bild 4). Es werden daher bevorzugt Lenkrollhalbmesser mit dem Wert $R_o = 0$ oder R_o negativ gebaut. Zu beachten ist, dass der Lenkrollhalbmesser sich durch die Verwendung breiter Reifen und/oder anderer Räder (Einpresstiefe) verändern kann, was möglicherweise die Fahrstabilität beeinträchtig.

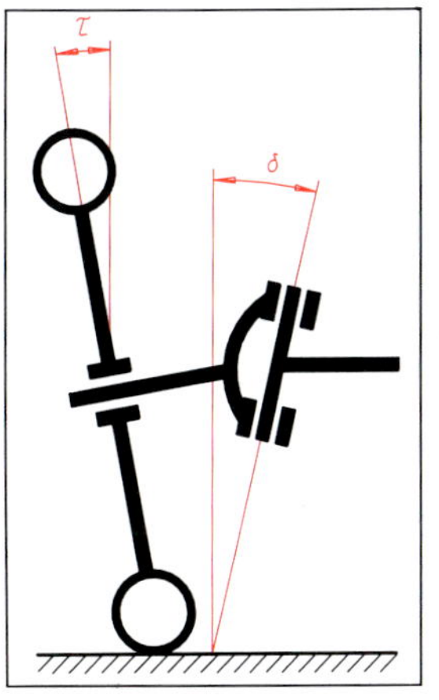

1 Sturz und Spreizung eines Vorderrades

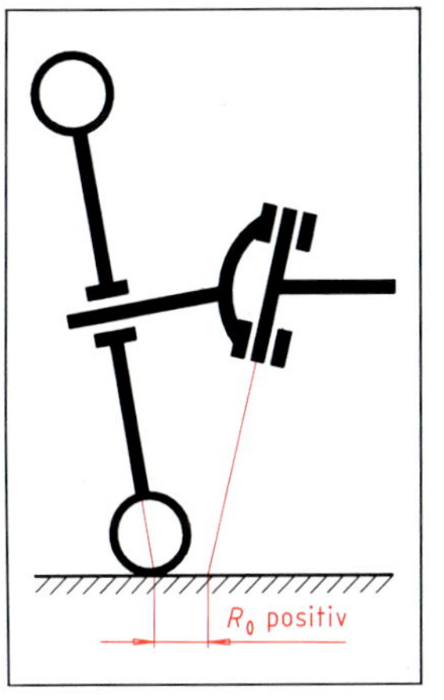

2 Positiver Lenkrollhalbmesser R_o

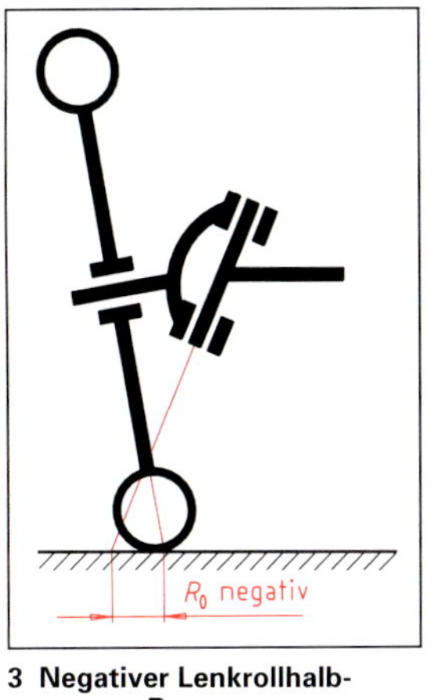

3 Negativer Lenkrollhalbmesser R_o

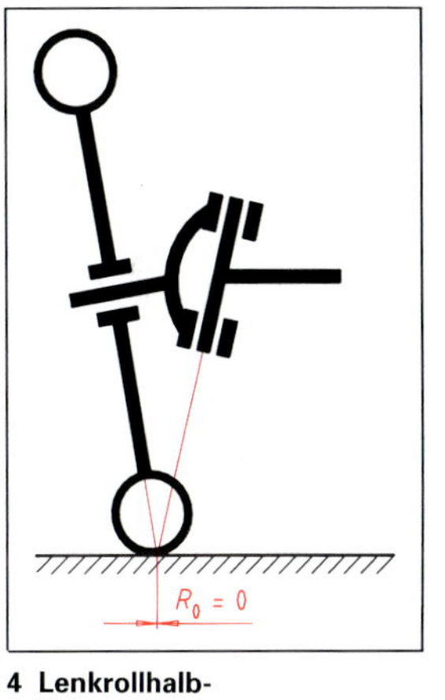

4 Lenkrollhalbmesser $R_o = 0$

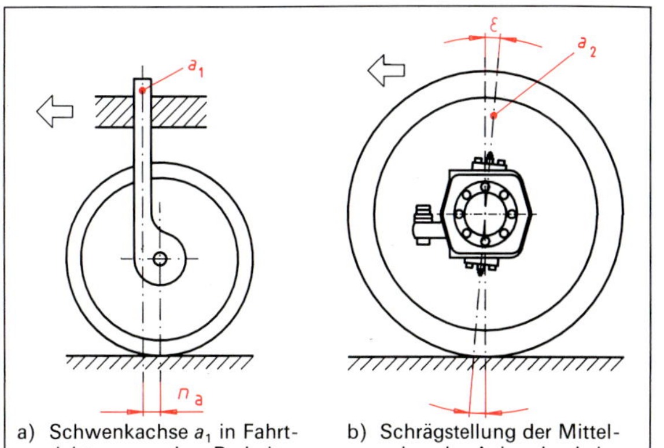

a) Schwenkachse a_1 in Fahrtrichtung vor dem Radmittelpunkt angeordnet
b) Schrägstellung der Mittelachse des Achsschenkelbolzens a_2

5 Nachlauf

Nachlauf

Rollende Räder sollen gezogen werden, damit sie flatterfrei laufen. Dies wird erreicht, indem man die Mittellinie der Schwenkachse eines Rades, von der Seite gesehen, dem Radaufstandspunkt vorauseilen lässt (Seite 153, Bild 5a). Den Abstand zwischen dem Durchstoßpunkt der Mittellinie der Schwenkachse und dem Radaufstandspunkt nennt man Nachlauf. Er kann als Winkel ε in Grad und Minuten oder als Strecke n_a angegeben werden.

Nachlauf kann erreicht werden durch

- Schrägstellen der Mittelachse des Achsschenkelbolzens (Seite 153, Bild 5b),
- Anordnen der Schwenkachse in Fahrtrichtung vor dem Radmittelpunkt (Seite 153, Bild 5a),
- eine Kombination aus den beiden Möglichkeiten.

Bei Schleppern wird der Gesamtnachlauf oft dadurch erreicht, dass zusätzlich zum Nachlauf durch Schrägstellung des Achsschenkelbolzens $\varepsilon_1 = 5°$ (Seite 153, Bild 5b) eine Schrägstellung der Achsaufhängung (Achsmittenbolzen) gegenüber der Fahrzeuglängsachse erfolgt (ε_2). Der Gesamtnachlauf beträgt dann $\varepsilon_g = \varepsilon_1 + \varepsilon_2$. Er wird von einigen Herstllern bis zu $\varepsilon_g = 35°$ gewählt. Dadurch kann ein kleiner Wendekreis erreicht werden, es kann jedoch bei bestimmten Betriebsbedingungen erhöhter Reifenverschleiß auftreten.

Nachlauf und Spreizung wirken sich gemeinsam auf die Rückstellkräfte der gelenkten Räder aus. Sie stabilisieren die Lenkung und verhindern ein Flattern der Räder, das durch Spiel in den Radlagern der Vorderachse entstehen kann.

Spur

Die Vorderräder von Fahrzeugen stehen, in Fahrtrichtung gesehen, vorn meist enger zusammen als hinten. Mögliches Flattern der Räder durch Spiel in den Radlagern und in den Kugelköpfen der Spurstange wird dadurch vermieden. Die Differenz der beiden Abstände $A - B$ nennt man Spur (Bild 1).

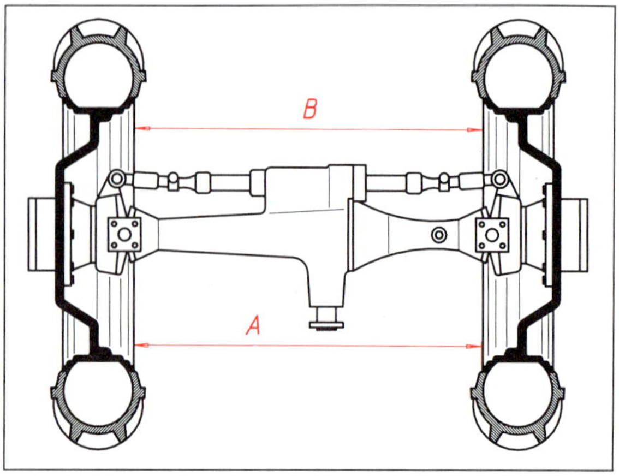

1 Spur an Schlepper-Vorderachsen

$$\text{Spur} = A - B$$

Spur > 0: Vorspur
Spur < 0: Nachspur

Bei Schleppern ohne Vorderradantrieb beträgt die Vorspur meist > 0 ... + 2 mm. Angetriebene Vorderräder „ziehen", d.h. Spiel in den Vorderradlagern und in den Kugelköpfen der Spurstange führt nicht zum Flattern der Räder. Vorspur ist hier nicht erforderlich, in einigen Fällen wird Nachspur angewandt (−2 mm...0), d.h. die Räder stehen hinten enger zusammen als vorn.

Voreilung

Um bei allradangetriebenen Fahrzeugen einen stabilen Geradeauslauf zu erzielen, wird die Übersetzung zwischen Getriebe und Vorderachsantrieb so ausgelegt, dass der Abrollweg der Vorderräder bei eingeschaltetem Allradantrieb größer ist als der der Hinterräder.

Das Verhältnis des Abrollweges der Vorderräder bei eingeschaltetem Vorderradantrieb zu dem bei abgeschaltetem Vorderradantrieb, ausgedrückt in %, bezeichnet man als Voreilung:

$$\text{Voreilung} = \frac{s_e}{s_a} \cdot 100\%$$

s_e Abrollweg der Vorderräder bei eingeschaltetem Vorderradantrieb
s_a Abrollweg der Vorderräder bei ausgeschaltetem Vorderradantrieb

Zur exakten Feststellung der Voreilung sind die Abrollumfänge der Vorderräder, die Reifendrücke und das Übersetzungsverhältnis des Vorderachsantriebs zu berücksichtigen. Ändert sich z.B. der Reifendruck der Vorderräder, so hat dies Auswirkung auf die Voreilung.

6.2.2 Federn und Stoßdämpfer

6.2.2.1 Federung

Landwirtschaftliche Arbeitsmaschinen und Schlepper sind i. Allg. nicht mit speziellen Federungssystemen ausgestattet. Erreichen sie jedoch höhere Geschwindigkeiten, so werden aus Gründen der Fahrsicherheit Federungssysteme vorgesehen. Auch Anhänger, die größere Massen transportieren, weisen Federn an den Achsen auf.

Keine Fahrbahn ist vollkommen eben, die Räder von Fahrzeugen müssen neben Drehbewegungen auch Auf- und Abwärtsbewegungen ausführen, wodurch Massen beschleunigt werden. Bei schneller Fahrt erfolgen diese Bewegungen in sehr kurzer Zeit. Es entstehen stoßartige Kräfte auf das Fahrzeug, die um so größer werden, je größer die bewegten Massen und je größer die Stoßbeschleunigungen sind.

Teilweise können die Fahrbahnstöße von den Reifen aufgenommen werden, da diese ein kompressibles (zusammendrückbares) Luftvolumen aufweisen. Das Federungsverhalten der Reifen reicht i. Allg. bei Schleppern bis zu einer Geschwindigkeit von ca. 40 km/h aus. Sollen höhere Geschwindigkeiten erreicht werden, können folgende Federsysteme vorgesehen werden:

- Blattfeder,
- Schraubenfeder,
- Drehstabfeder,
- Gasfeder,
- Gummifeder.

Federn unterscheiden sich neben ihrer Bauart vor allem durch ihre Kennlinien. Man unterscheidet Federn mit

- linearer,
- progressiver

Kennlinie (s. Bild 1, Seite 155).

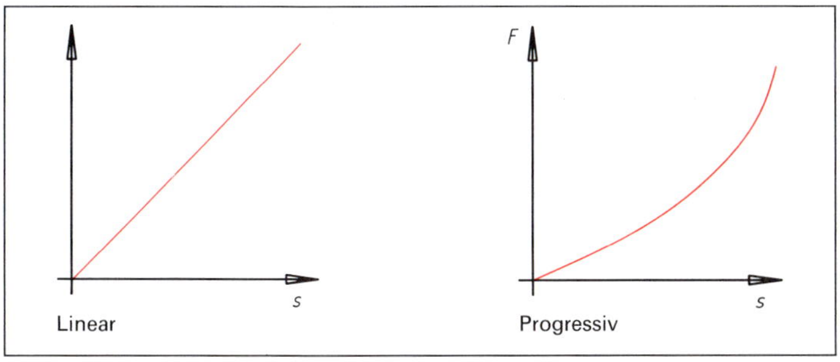

1 Federkennlinie

Federn mit progressiver Kennlinie werden mit zunehmender Belastung „härter". Diese Eigenschaft ist unter anderem bei landwirtschaftlichen Anhängern erwünscht. Sie sollen in unbeladenem und beladenem Zustand Fahrbahnstöße möglichst wirksam vom Aufbau fernhalten. Man verwendet daher häufig sog. **„Parabelfedern"**, deren Name von der ansteigenden (progressiven) Kennlinie hergeleitet wird.

6.2.2.2 Stoßdämpfer

Gefederte Fahrzeuge geraten, wenn sie Fahrbahnstößen ausgesetzt werden, in Schwingungen. Bei bestimmten Fahrzuständen, z.B. auf unbefestigten Straßen, und entsprechenden Geschwindigkeiten können sich diese Schwingungen so verstärken, dass das Fahrzeug außer Kontrolle gerät. Fahrzeugschwingungen müssen daher gedämpft werden.

Bei **Blattfedern** wird eine sogenannte Eigendämpfung durch Reibung der Federblätter aneinander wirksam. Auf gesonderte Stoßdämpfer kann daher oft verzichtet werden.

Schraubenfedern und andere Federn besitzen keine Eigendämpfung durch Reibung. Gesonderte Stoßdämpfer müssen daher vorgesehen werden. Meist werden **hydraulische Stoßdämpfer** eingesetzt (Bild 2).

In einem ölgefüllten Zylinder befindet sich ein Kolben, dessen Kolbenstange über ein Gummilager mit dem Fahrgestell des Fahrzeugs verbunden ist. Durch Ventile im Kolben und im Boden des Zylinders kann das Öl bei Bewegung des Kolbens vom Raum über dem Kolben in den Raum unter ihm und umgekehrt strömen. Dabei setzt der Strömungswiderstand der Bewegung des Kolbens eine Kraft entgegen, die die Fahrzeugschwingungen dämpft. Bedingt durch unterschiedliche Ölvolumen in den Räumen über und unter dem Kolben (Volumen der Kolbenstange) muss beim Ausziehen der Kolbenstange Öl nachgesaugt werden. Dieses befindet sich in einem Vorratsraum, der durch das äußere Rohr gebildet wird. Ein Schutzrohr verhindert Beschädigungen der Kolbenstange. Das äußere Rohr ist über ein Gummilager mit der Achse verbunden.

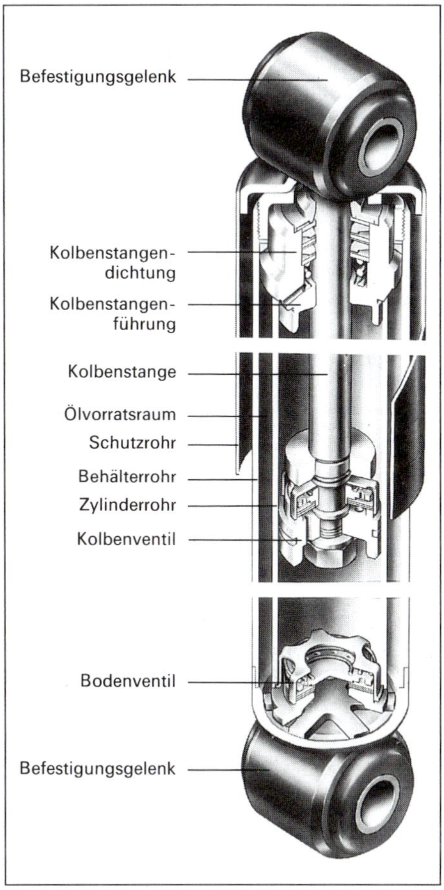

2 Zweirohrstoßdämpfer

6.3 Lenkgetriebe

6.3.1 Mechanische Lenkungen

In Schleppern und Landmaschinen, die keine hohen Lenkkräfte benötigen und daher keine hydrostatische oder hydraulisch unterstützte Lenkung erfordern, werden mechanische Lenkungen verwendet.

Ein Beispiel dafür ist die **Zahnstangenlenkung**. Bild 3 zeigt Aufbau und Funktion einer Zahnstangenlenkung mit seitlich angebrachten Spurstangen.

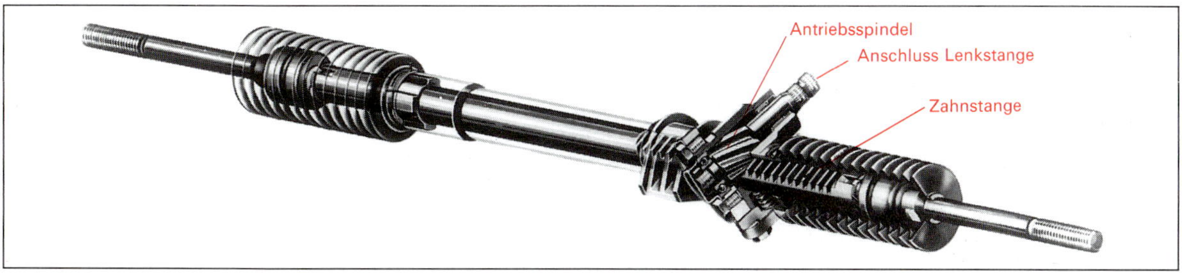

3 Zahnstangenlenkung für mechanische Lenkungen

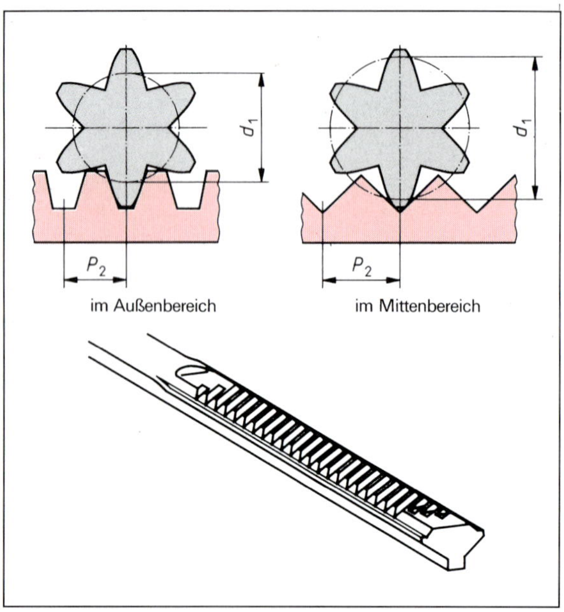

1 Zahnstange mit variabler Verzahnung, das Ritzel ist normal verzahnt

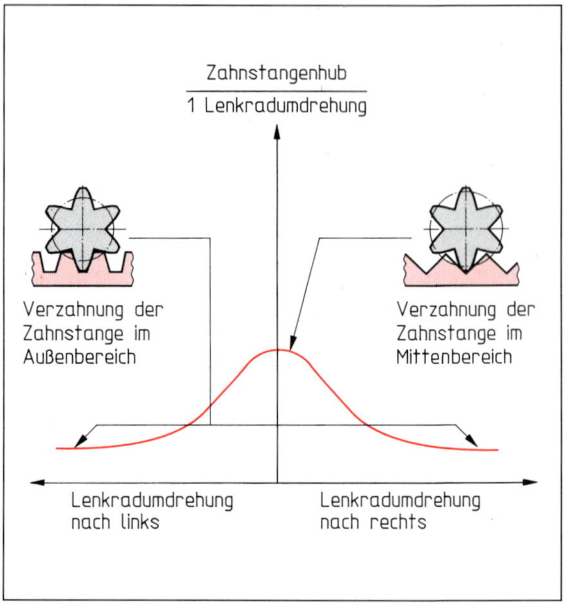

2 Übersetzung einer Zahnstangenlenkung mit variabler Übersetzung

Ein wesentlicher Vorteil dieser Bauart neben der preisgünstigen Herstellung ist die Möglichkeit, das Übersetzungsverhältnis der Lenkung veränderlich zu gestalten. Durch Verzahnung mit unterschiedlichem Modul ändern sich Teilung und Wälzkreisdurchmesser. So kann der Unterschied zwischen größter und kleinster Übersetzung bis zu 30% betragen (Bilder 1 und 2).

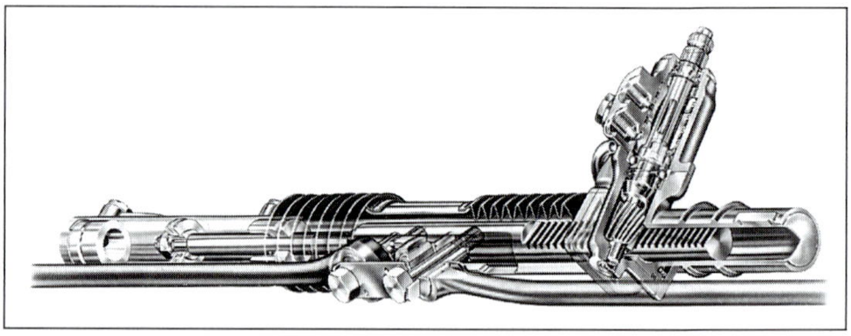

3 Zahnstangenlenkung für hydraulisch unterstützte Lenkungen

6.3.2 Hydraulisch unterstützte Lenkung

Bei dieser Bauart von Lenkungen sind, abweichend von hydrostatischen Lenkungen (siehe Kap. 4.4.6), alle Bauteile einer mechanischen Lenkung vorhanden (z. B. Zahnstangenlenkung mit mittig angebrachten Spurstangen, siehe Bild 3) und zusätzlich Ölbehälter, Hydraulikpumpe, Steuerventil, Hydraulikzylinder und Rohr- bzw. Schlauchleitungen.

Bild 1, Seite 157 zeigt die schematische Darstellung einer Kugelmutter-Hydrolenkung. Steuerventil, komplettes mechanisches Lenkgetriebe und Hydrozylinder mit Kolben sind in einem Gehäuseblock untergebracht. Die Verbindung zwischen Schnecke und Lenkmutter stellt eine Reihe von Kugeln her; die Kugeln, die aus der Mutter herauslaufen, werden von einem Umlaufrohr auf die andere Seite der Mutter geführt, wo sie in diese hineinlaufen. Zwei Wälzlager halten die Lenkmutter axial spielfrei im Kolben.

Das Steuerventil, quer im Kolben angeordnet, besteht aus einem Ventilkolben und zwei feststehenden Rückwirkungskolben.

Ein Finger an der Lenkmutter greift in eine Bohrung des Ventilkolbens ein. Durch eine Verzahnung sind Kolben und Segmentwelle formschlüssig verbunden. Die Segmentwelle weist eine besondere Verzahnung auf, durch die es ermöglicht wird, im Geradeausbereich eine spielfreie Einstellung durchzuführen.

In der Mittelstellung des Ventils ist der Öldruck im rechten und im linken Raum des Zylinders gleich. Verstellt man den Ventilkolben aus der Mittellage durch Drehen des Lenkrades (oder durch Kräfte, die von den gelenkten Rädern her wirken), so werden unterschiedliche Drücke im linken und im rechten Zylinderraum erzeugt. Der Kolben wird einseitig stärker beaufschlagt, wodurch die hydraulische Unterstützung der Lenkung entsteht.

In der Lenkmutter ist ein Biegestab (oder eine Druckfeder, je nach Ausführung) angeordnet, die die Rückstellung von Lenkmutter und Ventilkolben in die Mittelstellung bewirkt. Rückwirkkolben unterstützen diesen Vorgang. Sie sind schwimmend in Bohrungen des Ventilkolbens gelagert, durch Haltebleche aber axial gesichert. Auf ihre äußeren Stirnflächen wirkt der Druck, den die Ölpumpe erzeugt. Von den innenliegenden Stirnflächen wird in Arbeitsstellung nur eine mit Drucköl beaufschlagt.

Auch von den Bohrungen des Ventilkolbens steht nur eine unter Öldruck. Auf den Ventilkolben wirkt daher eine Kraft, die ihn in die Mittelstellung zurückzuführen versucht. Dieser Vorgang heißt **hydraulische Rückwirkung**.

In verschiedenen Fahrzeugen sind auch Hydrolenkungen eingebaut, die mit Zahnstangen arbeiten (Bild 3).

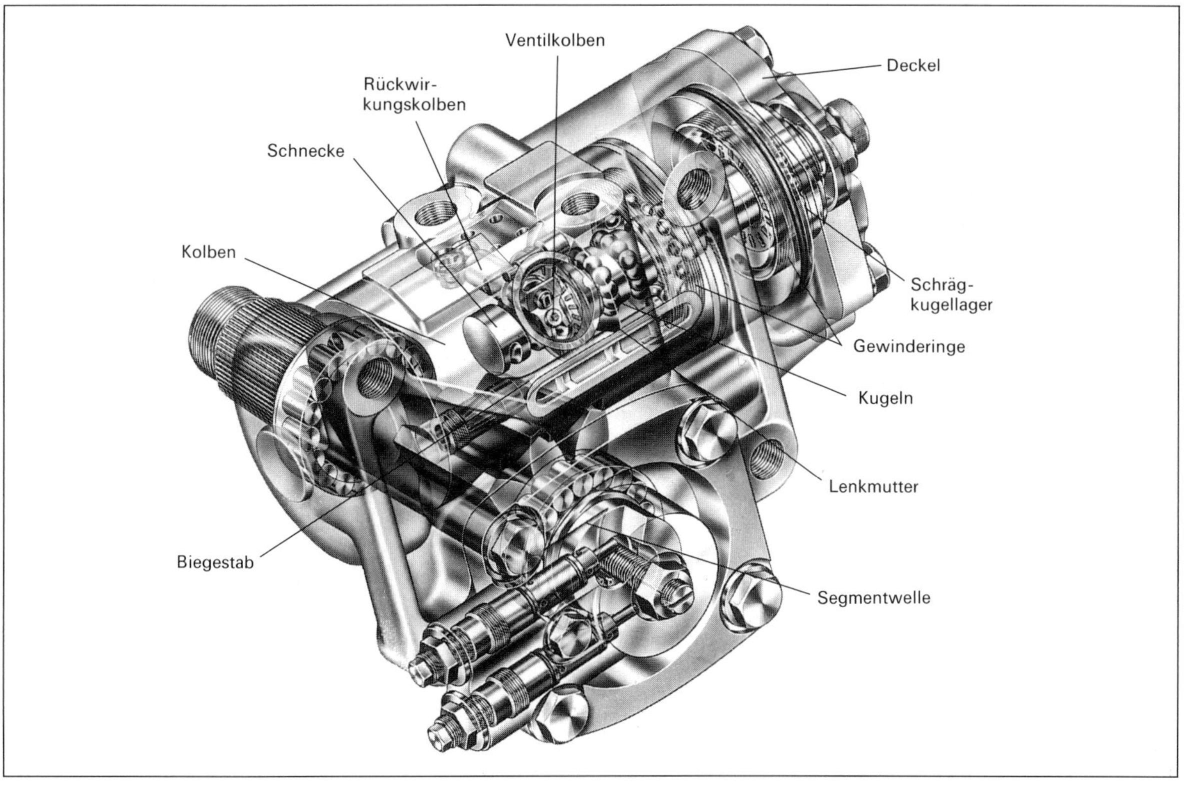

1 Kugelmutter-Hydrolenkung

6.3.3 Hydrostatische Lenkung

Der Aufbau und die Arbeitsweise von hydrostatischen Lenkungen wird in Kap. 4.4.6 beschrieben.

6.3.4 Gesetzliche Vorschriften zu Lenkungen

Damit ein Fahrzeug die Zulassung zur Teilnahme am Straßenverkehr erhält, muss u. a. seine Lenkanlage bestimmte Anforderungen erfüllen. § 38 der StVZO (Straßenverkehrs-Zulassungs-Ordnung) fordert, dass die Lenkanlage eines Fahrzeugs leichtes und sicheres Lenken gewährleisten muss. Das heißt im Einzelnen:

- Innerhalb von 6 Sekunden muss das Fahrzeug in einen 12-m-Radius zu lenken sein.
- Beträgt die Betätigungskraft am Lenkrad mehr als 250 N, so ist eine Hilfskraft erforderlich.

  Fällt die Hilfskraft aus, so darf die Betätigungskraft nicht über 600 N ansteigen.
- Von der Mittellage bis zum Endausschlag der Lenkung muss die Betätigungskraft gleichmäßig verlaufen und darf nicht abnehmen.
- Das Fahrzeug muss sich zielgenau, ohne ungewöhnliche Lenkkorrekturen, fahren lassen.
- Mechanische Teile dürfen kein Spiel aufweisen.
- Alle im Betrieb auftretenden Beanspruchungen müssen von den mechanischen Übertragungseinrichtungen schadlos aufgenommen werden können.
- Ungewöhnliche Fahrmanöver, z. B. das Überfahren von Hindernissen, unfallähnliche Ereignisse, dürfen keine Risse oder Brüche hervorrufen.

Ebenfalls nach § 38 StVZO werden drei Arten von Lenkanlagen unterschieden:

- **Muskelkraftlenkanlage**

  Die Lenkkraft wird ausschließlich vom Fahrer aufgebracht (s. Kap. 6.3.1)
- **Fremdkraftlenkanlage**

  Die Lenkkraft wird ausschließlich von einer Energiequelle aufgebracht, die am Fahrzeug vorhanden ist (s. Kap. 4.4.6, hydrostatische Lenkung). Die zulässige Höchstgeschwindigkeit für Fahrzeuge, die mit einer Fremdkraftlenkanlage ausgestattet sind, beträgt in der Bundesrepublik Deutschland 50 km/h, in mehreren europäischen Ländern 25 km/h. Beim Einbau hydrostatischer Lenkungen in Zweikreis-Bauart kann die zulässige Höchstgeschwindigkeit 62 km/h betragen, wenn die Voraussetzungen vorhanden sind (s. StVZO).
- **Hilfskraftlenkanlage**

  Die Lenkkraft wird von der Muskelkraft des Fahrers und von einer Energiequelle im Fahrzeug aufgebracht. Diese Bauart wird in schnellfahrenden Fahrzeugen eingesetzt.

Für Reparaturarbeiten an Lenkanlagen gelten bestimmte Vorschriften. So dürfen z. B. Schweiß- und Richtarbeiten an Teilen der Lenkung nicht durchgeführt werden.

6.3.5 Achsschenkellenkung

Die Hauptteile der Lenkung sind in Bild 1 dargestellt.

Bei Kurvenfahrt legen die gelenkten Räder eines Fahrzeugs verschieden lange Wege zurück. Würden beide Räder gleichmäßig eingeschlagen, so könnte sich eines auf seiner natürlichen Bahn bewegen, das andere würde es zu seitlichem Gleiten zwingen. Eine sichere Kurvenfahrt wäre nicht möglich.

Soll seitliches Gleiten vermieden werden, so muss sichergestellt sein, dass das kurveninnere Rad stärker eingeschlagen wird, als das kurvenäußere Rad. Durch die Stellung von Vorderachse, Spurstange und Spurstangenhebel in Trapezform (**Lenktrapez**) wird diese Wirkung erreicht (Bild 2).

Der Winkel zwischen Achsschenkel und Spurstangenhebel beträgt nicht 90°, dadurch steht die Spurstange bei eingeschlagenen Rädern nicht parallel zur Vorderachse.

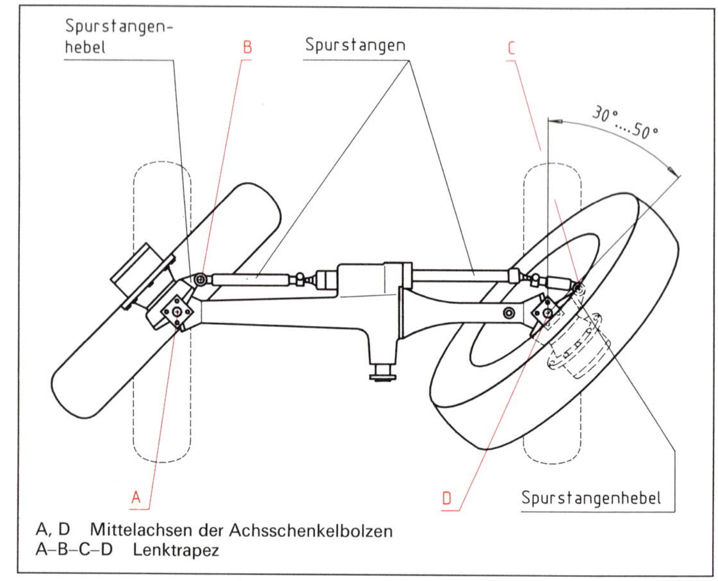

1 Hauptteile der Achsschenkellenkung

6.3.6 Drehschemellenkung

Bei mehrachsigen Anhängern findet man Drehschemellenkungen, d. h. die starre Vorderachse ist an einem Drehkranz befestigt. Dadurch werden große Lenkeinschläge erreicht, woraus sich eine gute Rangierbarkeit des Fahrzeugs (Anhängers) ergibt (Bild 3).

Nachteil der Drehschemellenkung gegenüber der Achsschenkellenkung ist die Verdreh- bzw. Kippneigung des Anhängers bei großem Lenkeinschlag.

Für Fahrten in schwerem Gelände werden Anhänger mit Achsschenkellenkung gebaut.

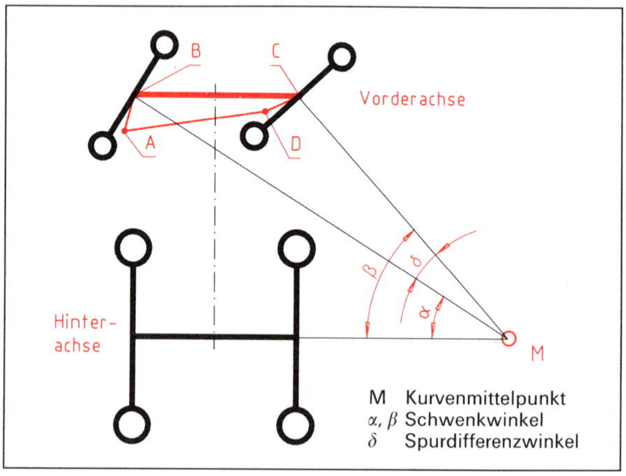

2 Achsschenkellenkung: Lenktrapez bei Kurvenfahrt

6.3.7 Lenkungen an Fahrzeugen mit Bandlaufwerk

Bild 4 zeigt eine Lenkung eines Schleppers mit Bandlaufwerk. Im Gegensatz zu Lenkungen, die mit Lenkbremsen arbeiten, wird hier durch Verwendung eines zusätzlichen Lenkmotors und durch zwei Planetenradsätze bei Kurvenfahrt erreicht, dass das eine Laufband schneller und das andere langsamer bewegt wird. Der Wirkungsgrad ist höher als bei Lenkbremsen, da keine Bewegungsenergie in Wärmeenergie umgewandelt wird.

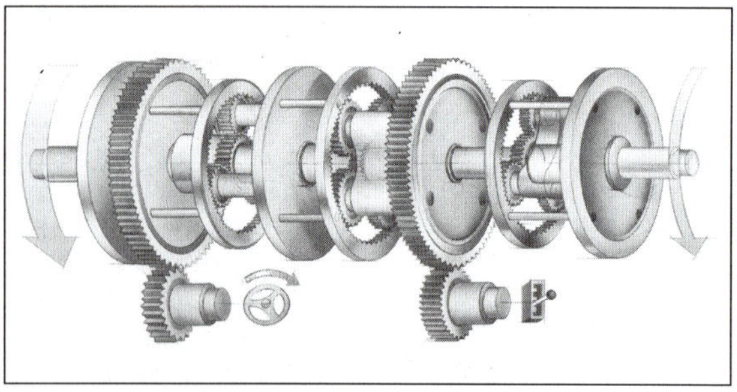

4 Lenkung eines Schleppers mit Bandlaufwerk

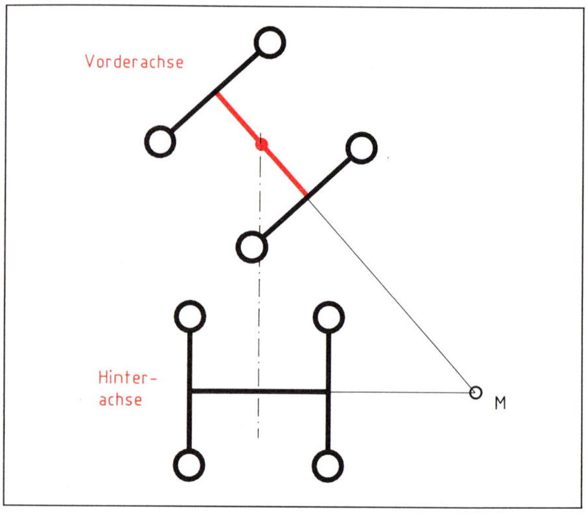

3 Drehschemellenkung

6.4 Bremsen

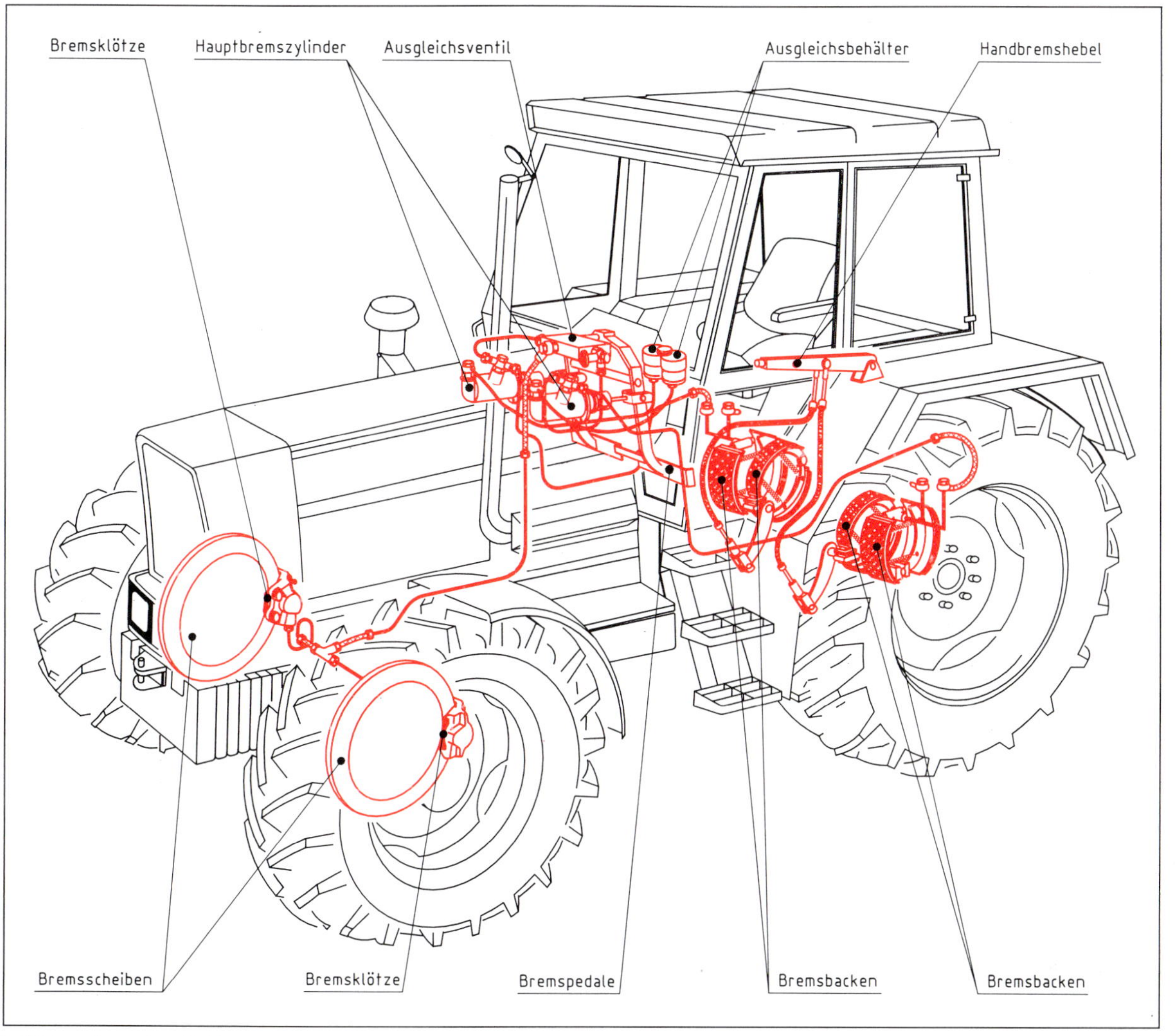

1 Bremsanlage eines Schleppers

6.4.1 Bremsanlagen an Schleppern

6.4.1.1 Bremsanlagen mit hydraulischer Übertragungseinrichtung

Bild 1 zeigt die Bremsanlage eines Schleppers.

Sie besteht aus einer Betriebsbremse und einer Feststellbremse. Die **Betriebsbremse** ist mit hydraulischer Übertragungseinrichtung ausgeführt, d. h. die Kraft, die auf das (die) Bremspedal(e) wirkt, wird durch Flüssigkeitsdruck auf die Radbremsen übertragen.

Betätigt der Fahrer die Bremspedale, so wird die Kraft, verstärkt durch Hebelwirkung, auf die Kolben in den Hauptbremszylindern geleitet. Die Bremsflüssigkeit in den Hauptbremszylindern wird dadurch unter einen Druck gesetzt, der der Höhe der Bremskraft an den Pedalen proportional ist. Über Bremsleitungen und -schläuche setzt der Druck sich bis zu den Radbremsen fort, wo er die Kolben der Radbremszylinder gegen die Bremsbacken bzw. Bremsklötze drückt. Hierdurch erfolgt die Bremsung des Fahrzeugs. Verschleißen die Bremsbeläge im Lauf des Betriebs, so muss Bremsflüssigkeit in das System nachgeführt werden. Sie wird aus dem Ausgleichsbehälter zu den Hauptbremszylindern geleitet.

Die **Feststellbremse** wirkt bei dem hier gezeigten Schlepper über Bowdenzüge auf getrennte Bremsbacken.

Bild 1, Seite 160 zeigt einen Hauptbremszylinder, hier mit aufgebautem Ausgleichsbehälter, in Fahrtstellung. Der Kolben ist unbelastet. Zwischen Kolbenstange und Kolben muss Spiel (ca. 1 mm) vorhanden sein, damit der Kolben bis zu seinem Endanschlag zurückgleiten kann und die Primärmanschette die Ausgleichsbohrung freigibt. Dies ist notwendig, damit die Bremsflüssigkeit bei Ausdehnung oder Zusammenziehung, z. B. durch Erwärmung bzw. Abkühlung, über die Ausgleichsbohrung zum Ausgleichsbehälter fließen oder von ihm abfließen kann.

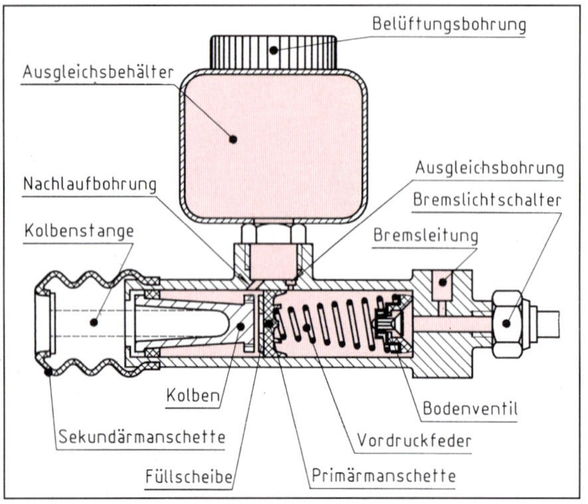

1 Hauptbremszylinder in Fahrtstellung

Das Bodenventil hat die Aufgabe, in den Bremsleitungen zu den Radbremszylindern bei Trommelbremsen einen **Vordruck** (Überdruck) aufrechtzuerhalten, der je nach Fahrzeugtyp

$p_e = 0{,}4\ \text{bar} \ldots 1{,}6\ \text{bar}$

beträgt. Jedoch darf in den Bremsleitungen der **Scheibenbremsen** nach dem Bremsvorgang kein Restdruck vorhanden sein, da sich sonst kein Lüftspiel zwischen Bremsbelag und -scheibe einstellen kann (vgl. Bild 4, Seite 161). In diesem Fall würden die Beläge ständig „schleifen" und somit einer erhöhten Abnutzung unterliegen.

Der Vordruck ist bei Trommelbremsen erforderlich, um

- Abdichtungen und Manschetten unter Vorspannung zu halten, damit keine Luft in das Hydrauliksystem eindringen kann,
- die Bremsanlage sofort (nach dem Überwinden des Lüftspiels, d.h. des Abstandes zwischen Bremsbelag und Bremstrommel im unbetätigten Zustand der Bremse) ansprechen zu lassen.

Die Vordruckfeder

- bestimmt die Höhe des Vordrucks im Bremssystem,
- hilft, den Kolben beim Lösen der Bremse an seinen Endanschlag zurückzudrücken.

Die Füllscheibe stützt die Primärmanschette während des Bremsvorgangs ab und verhindert damit, dass sie sich in die Füllbohrungen des Kolbens drückt.

Die Betätigungskraft beim Bremsen wird über den Kolben, die Füllscheibe und die Primärmanschette auf die Bremsflüssigkeit übertragen. An der Seite zur Primärmanschette besitzt der Kolben mehrere Füllbohrungen. Beim Lösevorgang fährt der Kolben so gegen die Bremsflüssigkeit (die durch die Füllbohrungen strömen kann) schnell genug zum Anschlag zurück.

Die Sekundärmanschette dichtet den Hauptbremszylinder zur Außenluft hin ab.

Während des Lösevorgangs wird der Ringraum am Kolben über die Nachlaufbohrung aufgefüllt. Eintritt von Luft in das Bremssystem wird so verhindert.

Im Deckel des Ausgleichsbehälters ist eine Belüftungsbohrung vorgesehen, die verhindert, dass im Behälter Über- oder Unterdruck entstehen kann, wenn sich der Stand der Bremsflüssigkeit ändert.

Wird das Bremspedal betätigt, wird der Kolben von der Kolbenstange (im Bild nach rechts) bewegt. Dabei ist das Spiel zwischen Kolbenstange und Kolben zu überwinden. Anschließend überfährt die Primärmanschette die Ausgleichsbohrung, im Hydrauliksystem kann sich der Bremsdruck aufbauen. Im Bodenventil befindet sich das Überströmventil, das ein entsprechendes Volumen Bremsflüssigkeit durchlässt, damit die Radbremszylinder betätigt werden können (Bild 2).

Loslassen oder Verringern der Betätigungskraft bewirkt, dass sich der Kolben in Richtung des Endanschlags bewegt. Aus dem Leitungssystem strömt ein entsprechendes Volumen Bremsflüssigkeit zurück in den Druckraum. Dies wird möglich, da das Bodenventil gegen die Kraft der Vordruckfeder von seinem Dichtsitz abgehoben wird. Ist die Primärmanschette an der Nachlaufbohrung vorbeigeglitten und hat sie freigegeben, wird der Druckraum von Überdruck entlastet, die Bremse ist gelöst. Die Druckfeder drückt das Bodenventil wieder gegen seinen Dichtsitz, dadurch bleibt der Vordruck $p_e = 0{,}4$ bar... 1,6 bar erhalten (Bild 2).

Um unterschiedliche Wege bei der Betätigung der Radbremsen auszugleichen und ein Schiefziehen des Schleppers beim Bremsen zu vermeiden, wird zwischen Hauptbremszylinder und Radbremszylinder ein **Ausgleichsventil** eingebaut (Bild 1, Seite 161).

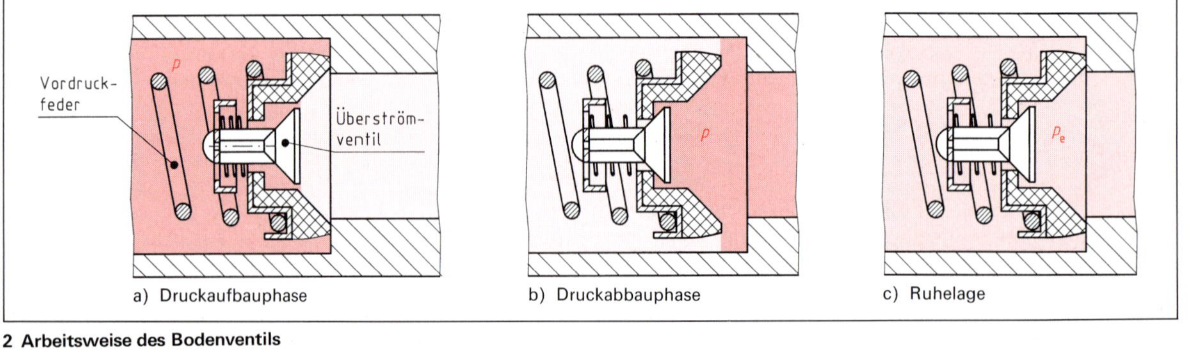

a) Druckaufbauphase b) Druckabbauphase c) Ruhelage

2 Arbeitsweise des Bodenventils

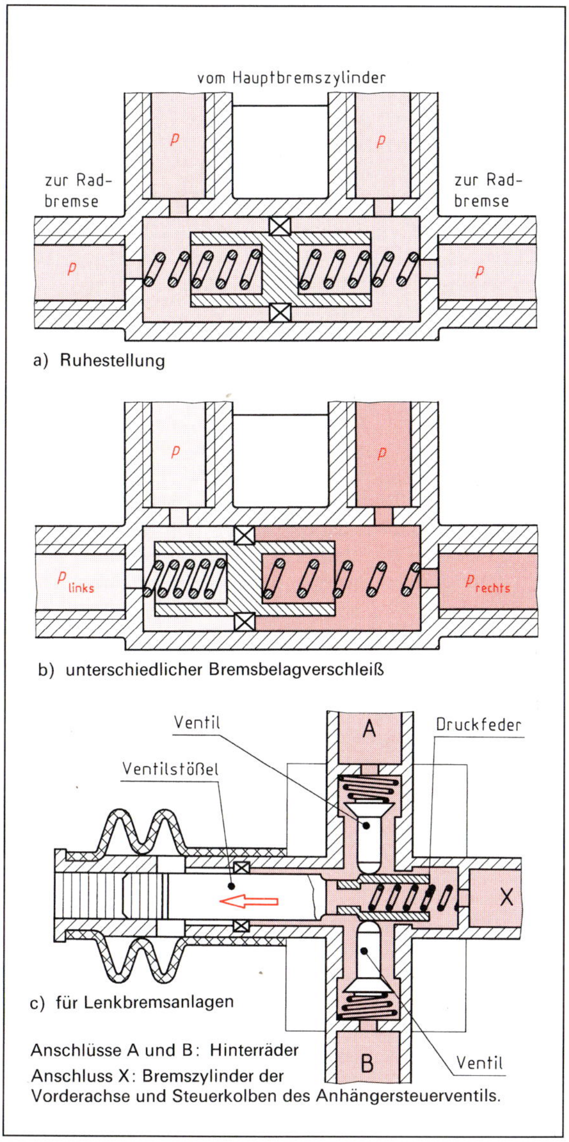

1 Ausgleichsventile

Ein Ausgleichskolben, von zwei Druckfedern in der Mittellage gehalten, trennt den linken und den rechten Bremskreis voneinander.

Hat sich z. B. durch größeren Belagverschleiß an der linken Radbremse ein größeres Lüftspiel als an der rechten Radbremse gebildet, so wird sich, da beide Hauptbremszylinder gleichmäßig betätigt werden, an der rechten Radbremse der Belag zuerst anlegen. Dadurch wird sich im rechten Bremskreis zuerst ein höherer Bremsdruck aufbauen. Dieser höhere Bremsdruck wirkt einseitig (von rechts) auf den Ausgleichskolben, der zur linken Seite ausweicht (Bild 1 b). Der Bremsdruck im Kreis mit dem kleineren Lüftspiel (rechts) wird durch die Volumenvergrößerung vorübergehend abgebaut, bis der Bremsdruck im linken Kreis die gleiche Höhe erreicht hat und somit am Ausgleichskolben ein Kräftegleichgewicht herrscht. Beide Bremsen arbeiten somit gleichmäßig.

Bild 1 c zeigt ein weiteres Ausgleichsventil. Bei Betätigung beider Bremspedale wird der Ventilstößel entlastet, die Druckfeder schiebt ihn nach links. Die Ventile öffnen, die Anschlüsse A, B und X sind miteinander verbunden. Der Bremsdruck ist ausgeglichen.

Bei Lenkbremsung hält das nichtbetätigte Ventil den Stößel in seiner rechten Endlage.

In das hydraulische System der Bremsanlage ist ein **Bremslichtschalter** (Bild 2) eingebaut. Meist wird er direkt am Hauptbremszylinder eingeschraubt. Bei Erreichen eines Bremsdrucks (Überdruck) von

$p_e = 3\ \text{bar} \ldots 6\ \text{bar}$

schaltet er die Bremsleuchten ein. Sinkt der Bremsdruck $p_e < 3$ bar, werden die Bremsleuchten ausgeschaltet. Bei Drücken $p_e < 3$ bar dürfen die Bremsleuchten nicht arbeiten (s. Kap. 6.4.2.4, Dauerbremsanlagen).

Radbremszylinder wandeln den Bremsdruck p in Kräfte F um, die die Bremsbacken gegen die Bremstrommeln bzw. die Bremsklötze gegen die Bremsscheiben drücken.

Bild 3 zeigt einen Radbremszylinder für Trommelbremsen, Bild 4 einen für Scheibenbremsen.

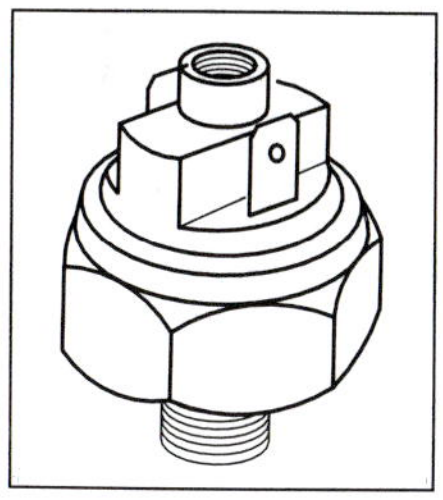

2 Bremslichtschalter

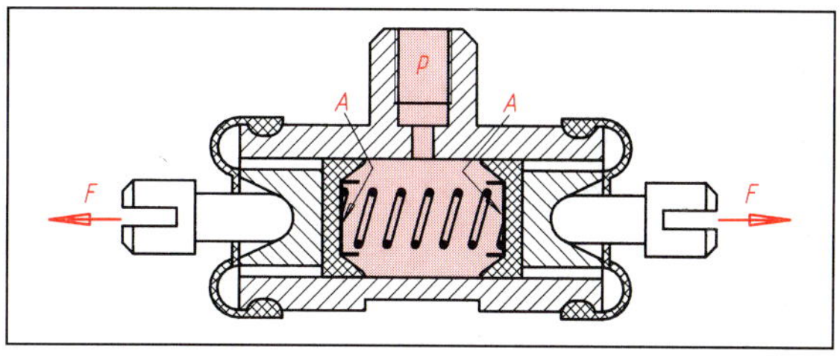

3 Radbremszylinder für Trommelbremsen

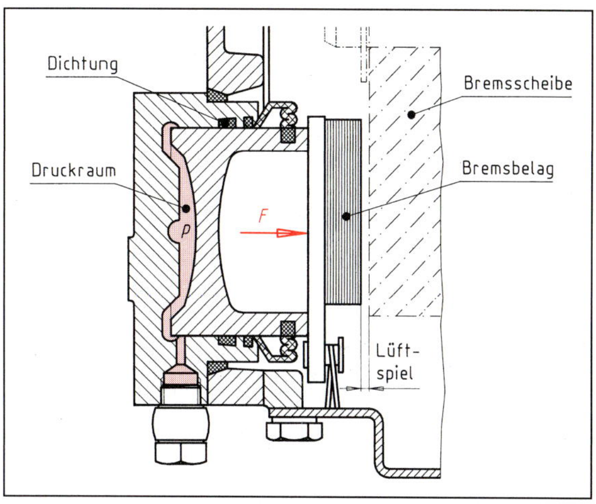

4 Radbremszylinder bei Scheibenbremsen

An der höchsten Stelle beider Ausführungen befindet sich ein Entlüftungsventil, das es ermöglicht, eingedrungene Luft, z. B. nach Reparaturen, zu entfernen.

Bremsflüssigkeiten sind nach DIN ISO 4925 genormt. Sie werden nach dem Federal Motor Vehicle Safety Standard (FMVSS) in **DOT-Gruppen** (DOT = Department of Transportation, USA) eingeteilt:

Bezeichnung	Kochpunkt in °C	Nasskochpunkt in °C
DOT 3	≥205	≥140
DOT 4	≥230	≥155

Die Kochtemperatur sinkt auf die Nasskochtemperatur ab, weil die Bremsflüssigkeit Wasser (daher Nasskochpunkt) aufnimmt. Die Wassermenge kann in zwei Jahren bis zu 3% betragen. Deshalb soll die Bremsflüssigkeit in regelmäßigen Abständen, z. B. jährlich, gewechselt werden.

6.4.1.2 Bremsanlagen mit mechanischer Übertragungseinrichtung

Radbremsen älterer Schlepper werden fast ausschließlich mechanisch betätigt. Die Fußkraft des Fahrers wird über Hebel, Wellen und Bremsgestänge auf die Radbremsen übertragen (Bild 1).

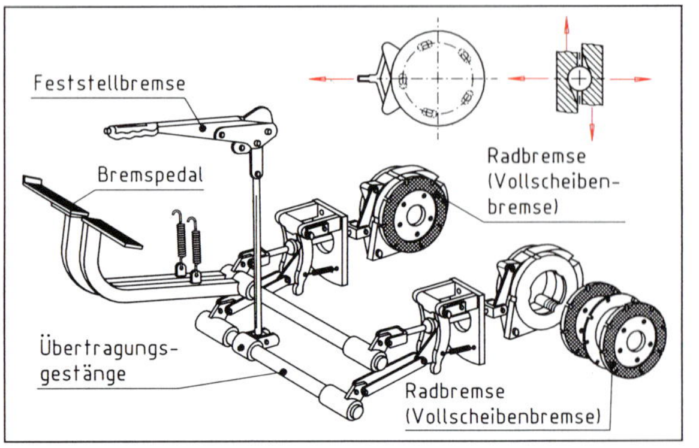

1 Bremsanlage mit mechanischer Übertragungseinrichtung

Die Übertragungsgestänge sind so gebaut, dass die linke und die rechte Radbremse getrennt oder gemeinsam betätigt werden können. Hierzu ist eine Pedalverriegelung vorgesehen. Außerhalb des öffentlichen Verkehrsraums, z. B. auf dem Feld, kann die Betriebsbremse als **Lenkbremse** mitbenutzt werden. Hierzu wird die Verriegelung geöffnet, die Bremspedale können einzeln betätigt werden.

Bedingt durch größer und schwerer werdende Fahrzeuge, die z. T. auch höhere Fahrgeschwindigkeiten erreichen, würden mechanische Übertragungssysteme zu sehr hohen Pedalkräften führen. Man findet diese Bauart deshalb nur noch bei kleineren Maschinen.

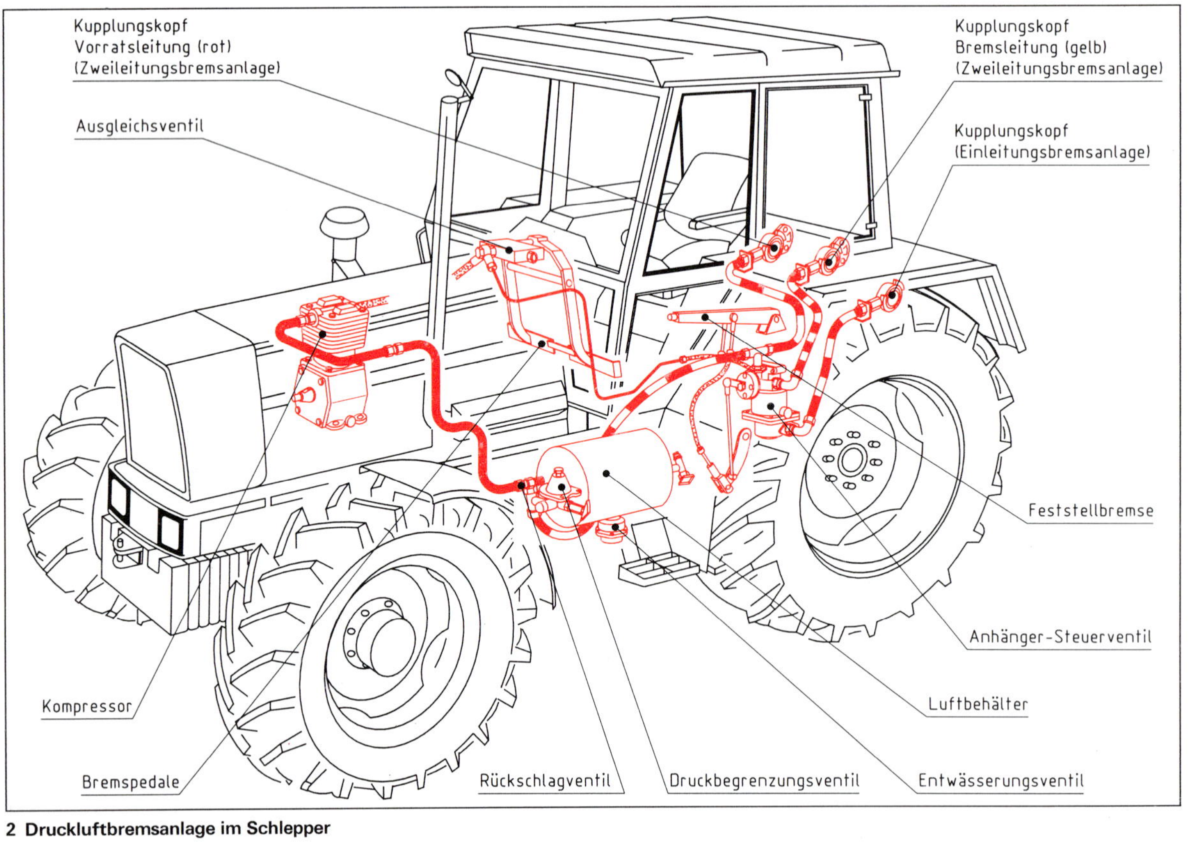

2 Druckluftbremsanlage im Schlepper

6.4.2 Bremsanlagen mit pneumatischer Übertragungseinrichtung (Druckluftbremsanlagen) an Schleppern und Anhängern

Bild 1 und Seite 162, Bild 2 zeigen die schematische Darstellung einer Druckluftbremsanlage eines Schleppers mit Anhänger. Dabei wird die pneumatische Bremse nur zum Bremsen der (des) Anhänger(s) eingesetzt. Im Schlepper befindet sich der Druckluftbeschaffungsteil. Die Bremsung des Schleppers erfolgt in der in Kap. 6.4.1.1 beschriebenen Form.

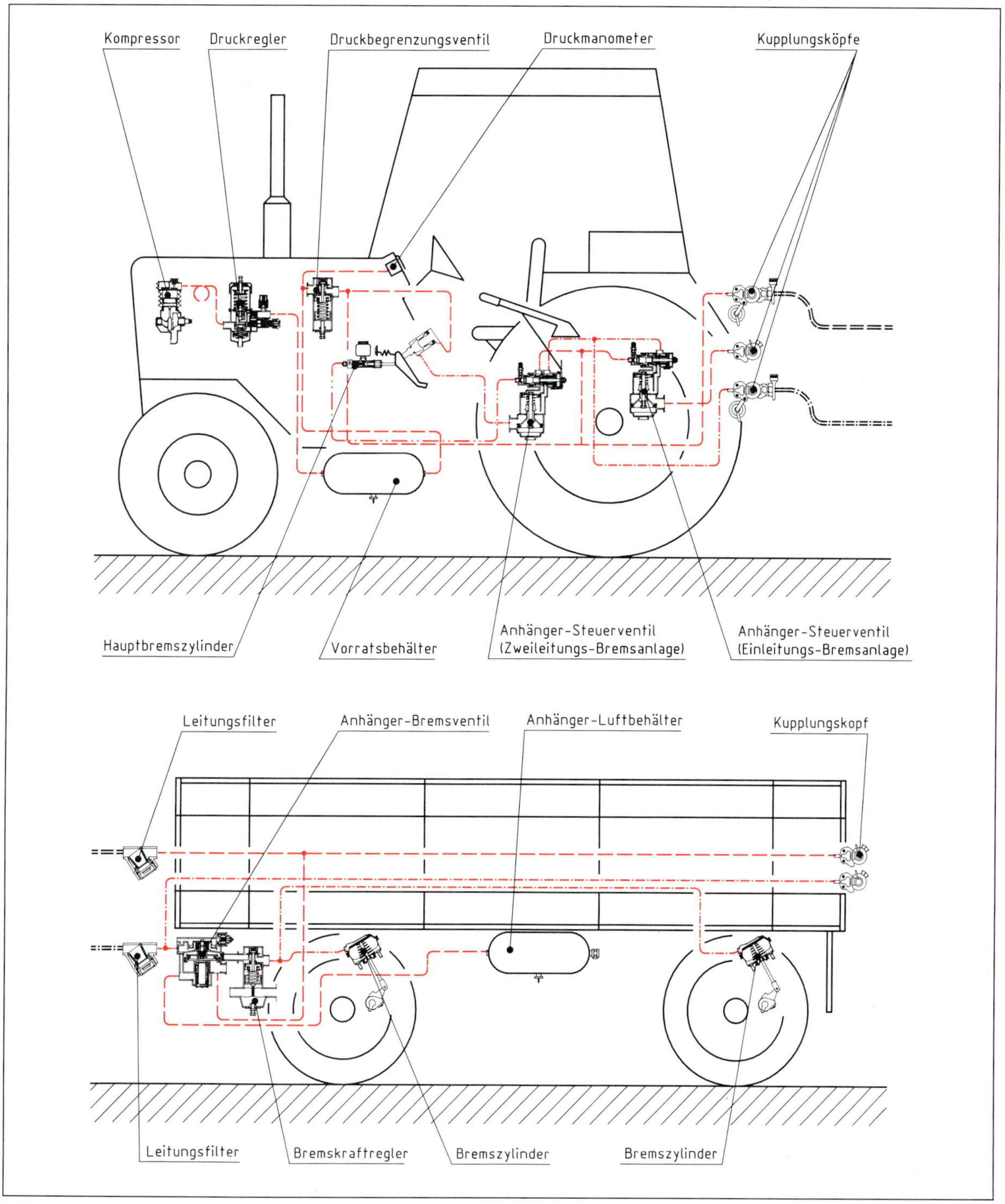

1 Druckluftbremsanlage eines Schleppers mit Anhänger

Fahrstellung

Der Kompressor fördert Druckluft über den Druckregler in den Vorratsbehälter. Zur Kontrolle des Vorratsdrucks im Luftbehälter dient ein Manometer in der Kabine. Sobald der Vorratsdruck erreicht ist, wird die Luft, die der Kompressor fördert, über den Druckregler ins Freie abgeblasen. Aus dem Vorratsbehälter gelangt die Luft zum Druckbegrenzungsventil und weiter zum Anhänger-Steuerventil für die Zweileitungs-Bremsanlage und, wenn vorhanden, zum Anhänger-Steuerventil für die Einleitungs-Bremsanlage, von dort zum Kupplungskopf.

Ist ein Anhänger angekuppelt, strömt die Druckluft über den Leitungsfilter und das Anhänger-Bremsventil zum Luftbehälter des Anhängers. Am Kupplungskopf steht ebenfalls Druckluft zur Versorgung eines zweiten Anhängers an. In Fahrstellung sind die Bremszylinder entlüftet.

Bremsstellung

Werden die Bremspedale betätigt, so baut sich im Hauptbremszylinder ein hydraulischer Druck auf, der die Radbremszylinder des Schleppers beaufschlagt (s. Kap. 6.4.1.1) und weiter geführt wird zum Anhänger-Steuerventil. Dadurch wird über den Kupplungskopf und den Leitungsfilter das Anhänger-Steuerventil mit Druckluft beaufschlagt. Aus dem Luftbehälter strömt dadurch Vorratsluft über das Anhängerbremsventil und den Bremskraftregler zu den Bremszylindern. Beim Lösen der Bremse wird der hydraulische Bremsdruck abgebaut, entsprechend verringert sich der Druck in der Steuerleitung zum Anhänger-Bremsventil und die Bremszylinder werden entlüftet.

6.4.2.1 Aufbau und Arbeitsweise der Druckluftbeschaffungsanlage des Schleppers

Folgende Übersicht zeigt die **Kennzeichnung** der Anschlüsse an Bauteilen von Druckluftanlagen nach DIN ISO 6786.

Die erste Ziffer bezeichnet:

0 Ansauganschluss
1 Energiezufluss
2 Energieabfluss (nicht in die Atmosphäre)
3 Anschluss Atmosphäre
4 Steueranschluss (Eingang am Gerät)
5 frei
6 frei
7 Gefrierschutzmittelanschluss
8 Schmierölanschluss (Kompressor)
9 Kühlflüssigkeitsanschluss (Kompressor)

Sind mehrere gleichartige Anschlüsse vorhanden, so ist eine zweite Ziffer einzuführen. Die Anschlussbezeichnungen können vom Hersteller bis auf die folgenden frei gewählt werden:

71 Gefrierschutzmittelzufluss
72 Gefrierschutzmittelabfluss
81 Schmierölzufluss
82 Schmierölabfluss
91 Kühlflüssigkeitszufluss
92 Kühlflüssigkeitsabfluss

Kommen mehrere gleiche Anschlüsse aus einer Kammer, werden sie nicht unterschieden.

Ein Anschluss, der mehrere Funktionen erfüllt, muss durch zwei (erste) Ziffern gekennzeichnet werden, die durch einen waagerechten Strich getrennt sind.

Beispiel:

1–2 bedeutet: Reifenfüllanschluss.

Bild 1 zeigt einen **Kompressor.**

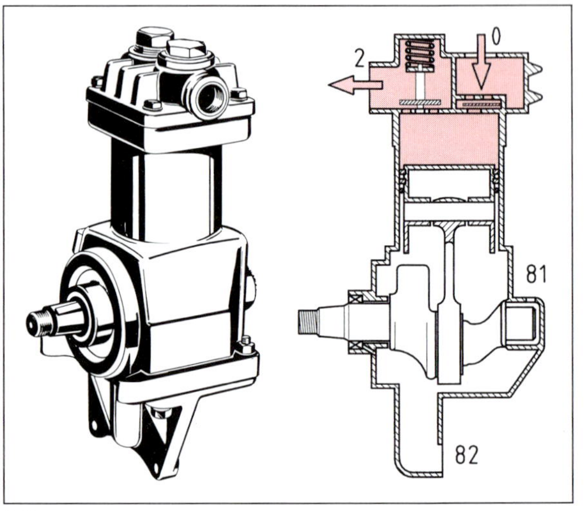

1 Kompressor

Bewegt der Kolben sich abwärts, saugt er über das Saugventil Frischluft an. Bei der Aufwärtsbewegung des Kolbens wird die Luft verdichtet. Über das Druckventil und den Energieabfluss gelangt sie in die Anlage.

Schmieröl aus dem Motor gelangt über den Schmierölanschluss (81) in den Kompressor. Über den Schmierölabfluss (82), der sich in der Flanschfläche des Kompressors befindet, wird das Öl in den Motor zurückgeführt.

Luftbehälter speichern den Vorrat an Druckluftvolumen, das zum Betrieb der Bremsanlage benötigt wird.

Um Korrosion zu verhindern, sind Luftbehälter innen grundiert und einbrennlackiert. Auf dem Typenschild sind angegeben:

- Hersteller,
- Fabrik-Nummer,
- Baujahr,
- zulässiger Betriebsdruck,
- Inhalt in Liter.

Kondenswasser, das sich im Luftbehälter ansammelt, ist regelmäßig (täglich) abzulassen. Hierzu ist an der tiefsten Stelle des Luftbehälters ein **Entwässerungsventil** vorgesehen.

Bild 2 zeigt ein manuell betätigtes Entwässerungsventil.

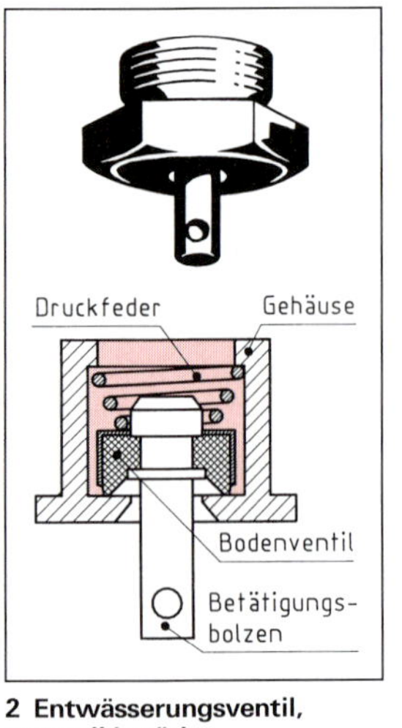

2 Entwässerungsventil, manuell betätigt

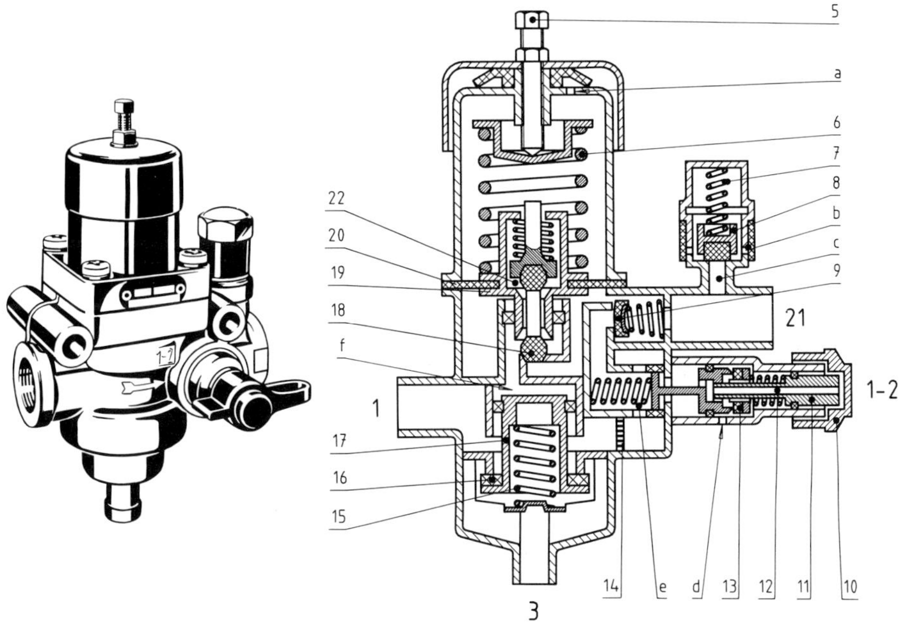

1 Druckluftzufluss
1–2 Reifenfüllanschluss
3 Auslass, Atmosphäre
5 Schraube
6 Druckfeder
7 Druckfeder
8 Ventilkörper
9 Rückschlagventil
10 Flügelmutter
11 Stößel
12 Bohrung des Stößels
13 Sicherheitsventil
14 Filter
15 Druckfeder
16 Auslass
17 Kolben
18 Einlass
19 Kolben
20 Membrane
21 Anschluss zum Luftbehälter
22 Auslass

1 Druckregler

In einem Gehäuse befindet sich ein Bodenventil, das durch Federkraft und Behälterdruck geschlossen wird. Zum Entwässern wird der Betätigungsbolzen angekippt, wodurch das Bodenventil sich öffnet und das Kondenswasser mit Druckluft aus dem Behälter entweichen kann.

Automatische Entwässerungsventile entlasten den Schlepperfahrer und stellen die vollständige Entwässerung des Luftbehälters sicher.

Der **Druckregler** (Bild 1) hat die Aufgabe, durch selbsttätiges Regeln den Betriebsdruck der Bremsanlage innerhalb der vorgegebenen Werte zu halten und die Leitungen und Ventile vor Verschmutzung zu schützen. Reifenfüllanschluss und Druckbegrenzungsventil sind angebaut.

Über den Anschluss 1 und den Filter (14) strömt die Druckluft, die vom Kompressor kommt, in den Raum e. Wird das Rückschlagventil (9) gegen die Federkraft geöffnet, gelangt sie an den Anschluss 21, der mit den Luftbehältern verbunden ist, und in den Raum g. Der Druck bewirkt den Aufbau einer Kraft, die auf die Unterseite von Kolben (19) und Membrane (20) wirkt. Wird diese Kraft größer als die Kraft der Druckfeder (6), die mit der Schraube (5) eingestellt wurde, so bewegt sich die Membrane (20) nach oben und nimmt dabei den Kolben (19) mit. Auslass (22) schließt und Einlass (18) öffnet. Die Druckluft aus Raum g kann in den Raum f strömen. Hier baut sich eine Kraft auf den Kolben (17) auf, die ihn gegen die Kraft der Druckfeder (15) nach unten drückt. Auslass (16) öffnet sich, die vom Kompressor geförderte Druckluft kann nach außen entweichen. Als Folge des Druckabfalls in Raum e schließt das Rückschlagventil (9). Der Druck in der Anlage wird gehalten.

Sinkt der Druck in der Anlage unter den Einschaltdruck des Druckreglers, so baut sich der Druck im Raum g unter dem Kolben (19) und der Membran (20) ab. Durch die Kraft der Druckfeder (6) werden beide nach unten gedrückt. Einlass (18) schließt und Auslass (22) öffnet. Die Luft im Raum f entweicht über die Entlüftungsbohrung a ins Freie. Die Kraft der Druckfeder (15) bewegt den Kolben (17) nach oben. Auslass (16) schließt. Durch den Filter (14) strömt geförderte Druckluft vom Kompressor wieder in den Raum e. Das Rückschlagventil (9) öffnet und die Anlage wird gefüllt, bis der Abschaltdruck des Druckreglers erreicht ist.

Zum Reifenfüllen wird die Flügelmutter (10) ab- und die Überwurfmutter des Reifenfüllschlauches aufgeschraubt. Der Stößel (11) bewegt sich dadurch nach links. Die Verbindung zwischen Raum e und Anschluss 21 wird unterbrochen. Die Druckluft, die der Kompressor fördert, strömt nun von Raum e durch die Bohrung (12) des Stößels (11) in den Reifenfüllschlauch. Falls der Druck im Reifenfüllschlauch über den eingestellten Abschaltdruck des Druckreglers ($p \geq 6$ bar…13 bar) ansteigt, öffnet das Sicherheitsventil (13). Die Luft entweicht über die Entlüftungsbohrung d ins Freie. Zu beachten ist, dass der Druck im Luftbehälter vor dem Reifenfüllen unter den Einschaltdruck des Druckreglers gesenkt werden muss. Dies ist erforderlich, da während des Leerlaufs des Kompressors keine Luft entnommen werden kann (Auslass (16) ist offen, die geförderte Luft entweicht ins Freie!).

Das Sicherheitsventil funktioniert, wenn sein eingestellter Öffnungsdruck erreicht wird. Der Ventilkörper (8) wird gegen die Kraft der Druckfeder (7) nach oben gedrückt. Die Druckluft strömt über die Entlüftungsbohrung b des Druckbegrenzungsventils ins Freie, bis der Druck unter dem Ventilkörper (8) niedriger als der eingestellte Öffnungsdruck des Sicherheitsventils ist.

Das **Druckbegrenzungsventil** (Bild 1) hat die Aufgabe, den Anlagendruck an seinem Ausgang (Anschluss 2) nicht über einen eingestellten Wert hinaus ansteigen zu lassen. Wenn der Druck am Anschluss 2 die an der Stellschraube einstellbare Gegenkraft der Druckfeder überwindet, bewegen sich der Kolben und beide Ventile nach unten. Der Durchgang von Anschluss 1 nach Anschluss 2 wird dadurch abgeschlossen.

Beim Bremsvorgang wird Druckluft in der Anlage verbraucht, der Druck an Anschluss 2 sinkt. Der Kolben wird durch die Kraft der Feder nach oben bewegt. Die Anschlüsse 1 und 2 sind miteinander verbunden. Eine Sicherheitsfunktion kann das Druckbegrenzungsventil erfüllen, wenn der Anlagendruck am Anschluss 1 über den eingestellten Wert ansteigen sollte. Der Kolben wird weiter nach unten gedrückt und öffnet die Verbindung zum Auslass, der über das Entlüftungsventil ins Freie führt.

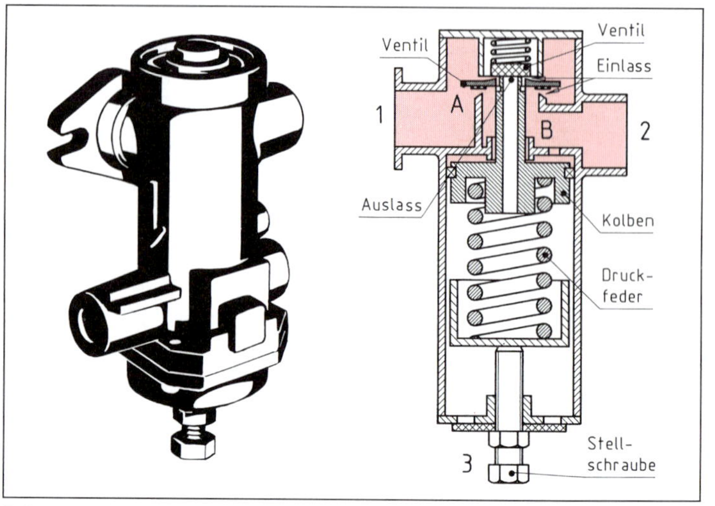

1 Druckbegrenzungsventil

Ein **Rückhalteventil** (Bild 2) im hydraulischen Teil der Bremsanlage sorgt dafür, dass der hydraulische Bremsdruck mit einer bestimmten Verzögerung (Rückhaltung) in die Schlepper-Bremsanlage gelangt.

Das ist erforderlich, damit der oder die Anhänger **vor** dem Schlepper gebremst werden (Voreilung) und somit der Zug gestreckt bleibt. Ohne Voreilung würden die Anhänger auf den Schlepper auflaufen, ein stabiler Bremsvorgang wäre nicht möglich.

Wird die Betriebsbremse betätigt, so beaufschlagt der Druck aus den Hauptbremszylindern über die Anschlüsse (P_1 und P_2) die Kolben 1 und 2. Über den Anschluss B gelangt der Bremsdruck zum Anhänger-Steuerventil, das die Abbremsung des Anhängers auslöst.

Sobald der Bremsdruck in den Anschlüssen P_1 und P_2 den Ansprechdruck des Anhänger-Steuerventils übersteigt, bewegen sich die Kolben 1 und 2 gegen die Kraft der Druckfedern nach unten. Die Kugeln in den Rückschlagventilen setzen dabei auf den Stiften auf und werden von ihrem Sitz abgehoben.

Bisher wurde nur der Anhänger abgebremst, er „eilt vor".

Durch das Öffnen der Rückschlagventile (Kugeln) erreicht der Bremsdruck nun die Anschlüsse (A_1 und A_2), die zu den Radbremszylindern des Schleppers führen. Von jetzt an wird auch der Schlepper gebremst.

Wird der hydraulische Bremsdruck an den Anschlüssen (P_1 und P_2) weggenommen, baut sich über die Rückschlagventile auch der Druck an A_1 und A_2 ab. Die Druckfedern F_1 und F_2 bewegen die Kolben wieder in ihre obere Anschlagstellung.

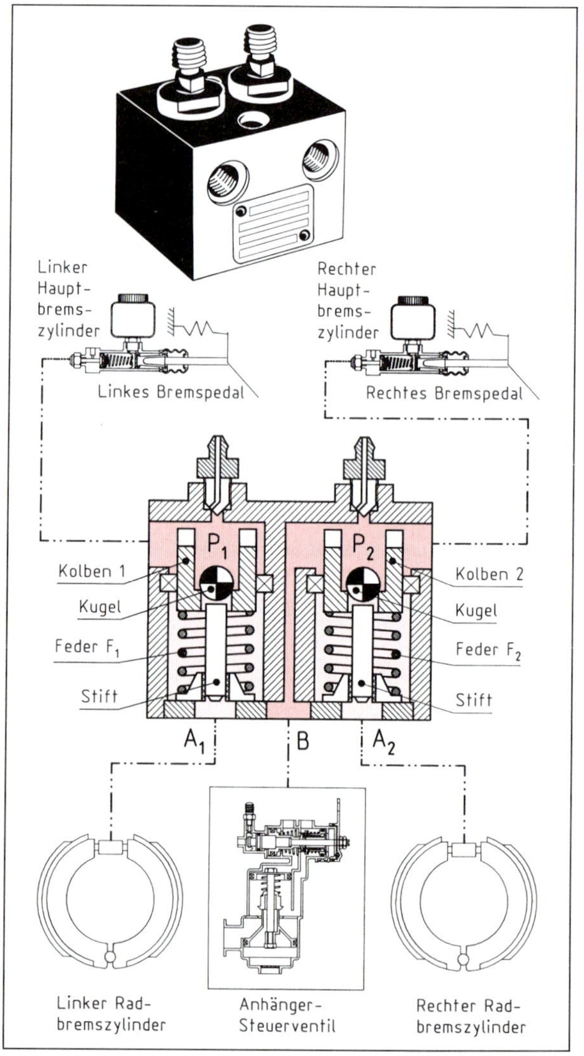

2 Rückhalteventil

Das **Anhänger-Steuerventil** (Bild 1, Seite 167) sorgt für ein fein dosierbares Abbremsen des Anhängers, indem es das Anhänger-Bremsventil, abhängig vom Bremsdruck des Schleppers, ansteuert.

In Lösestellung, wenn am Anschluss 4 kein Steuerdruck anliegt, wird die Ventilhülse (9) von der Feder (F) gegen den Anschlag gedrückt. Der Durchgang von Anschluss 1 nach Anschluss 2 ist geschlossen.

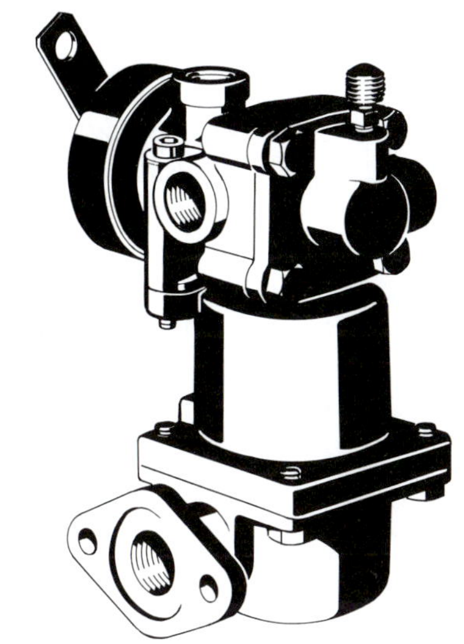

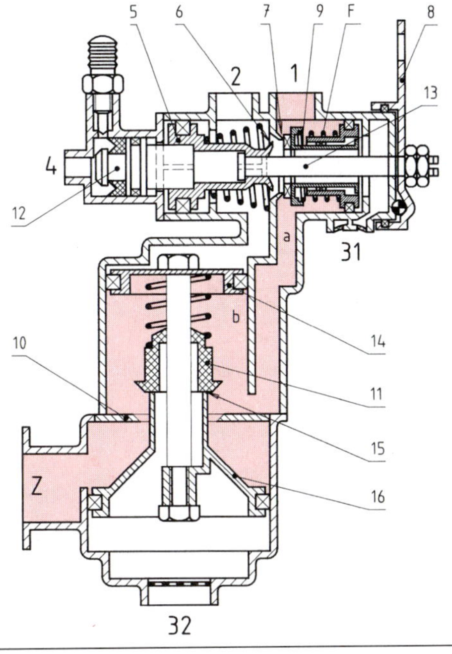

1 Anhänger-Steuerventil für Ein- oder Zweileitungsbremsanlagen

Über den Anschluss 1 gelangt die Druckluft an der Ventilhülse (9) vorbei über Raum a in den Raum b unter den Kolben (14), der sich dadurch nach oben bewegt und das Ventil (10) öffnet. Die Luft kann somit zum Anschluss Z strömen.

Sobald der Druck am Anschluss Z auf $p \geq 5{,}2$ bar ansteigt, wird der Ventilkolben (11) nach unten gedrückt und schließt den Einlass (10). Der Druck im Anschluss Z wird so auf $p < 5{,}2$ bar begrenzt.

Bremsstellung:

bei Zweileitungs-Bremsanlage

(weitere Darstellung der Zweileitungsbremsanlage im Anhänger s. Kap. 6.4.2.2 Bremsanlagen an Anhängern)

Wird die Betriebsbremse betätigt, so wirkt der hydraulische Bremsdruck am Anschluss 4 auf den Kolben (12). Dieser wird auf die Ventilhülse (9) gedrückt, beide werden nach rechts bewegt, wodurch der Durchgang von Anschluss 1 nach Anschluss 2 geöffnet wird. Am Anschluss 2 liegt die Anhänger-Bremsleitung der Zweikreis-Bremsanlage.

Der Druck in der Anhänger-Bremsleitung muss dem hydraulischen Bremsdruck proportional sein, um die geforderte feine Dosierbarkeit der Bremsanlage zu verwirklichen. Hierzu wirkt der Bremsdruck auf den Abstufungskolben (5), den er gegen den hydraulischen Steuerdruck im Anschluss 4 nach links verschiebt. Der Durchgang von Anschluss 1 nach Anschluss 2 wird wieder geschlossen. Die sog. Bremsabschlussstellung ist erreicht, d.h. der Bremsdruck an Anschluss 2 steht in einem bestimmten Verhältnis zum hydraulischen Bremsdruck an Anschluss 4. Der Anhänger mit Zweileitungs-Bremsanlage wird durch Druckaufbau (Belüftung) gebremst.

bei Einleitungsbremsanlage

(weitere Darstellung der Einleitungs-Bremsanlage s. Kap. 6.4.2.3 Bremsanlagen an Anhängern)

Wird die Betriebsbremse betätigt, so wirkt der hydraulische Bremsdruck am Anschluss 4 auf den Kolben (12). Dieser wird auf die Ventilhülse (9) gedrückt, beide werden nach rechts bewegt, wodurch der Durchgang von Anschluss 1 nach Anschluss 2 geöffnet wird. Die Druckluft beaufschlagt auch die Oberseite des Kolbens (14), der nach unten bewegt wird. Dabei spannt er die Druckfeder vor und schließt das Ventil (10).

Der Bremsdruck am Anschluss Z drückt den Kolben (16) nach unten, so kann der Druck am Anschluss Z über die Entlüftung 31 abgebaut werden. Der Anhänger mit Einleitungs-Bremsanlage wird durch diesen Druckabbau (Entlüftung) gebremst.

Beim Lösen des Bremspedals baut sich der Steuerdruck am Anschluss 4 ab. Die Druckfedern verschieben den Kolben (12) und den Abstufungskolben (5) nach links in ihre Ausgangsstellungen. Der Durchgang von Anschluss 1 nach Anschluss 2 wird verschlossen, Anschluss 2 über die Entlüftung 32 drucklos gemacht. Durch Druckabbau im Raum über dem Kolben (14) wird dieser nach oben bewegt, Einlass (10) öffnet sich, der Anschluss Z wird bis zu einem Druck von 5,2 bar mit Druckluft versorgt.

Die **Handbremse** zieht beim Betätigen über den Hebel (8) den Kolben (13) gegen die Ventilhülse (9). Dadurch wird der Durchgang von Anschluss 1 nach Anschluss 2 schlagartig geöffnet und eine Vollbremsung des Anhängers vorgenommen.

Über **Kupplungsköpfe** wird die Druckluft-Bremsanlage des Schleppers mit der des Anhängers verbunden. DIN ISO 1728 legt ihre Ausführung fest.

Merkmal	Typ A	Typ B	Typ C
Vorratsleitung, roter Deckel, Vertauschsicherung axial	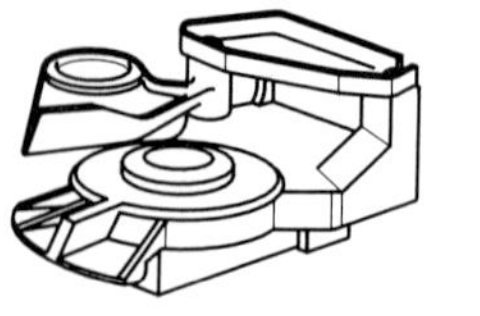 A1	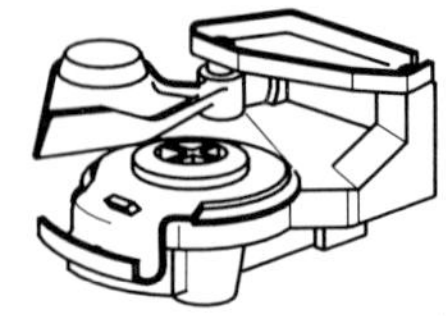 B1	 C1
Bremsleitung, gelber Deckel, Vertauschsicherung seitlich	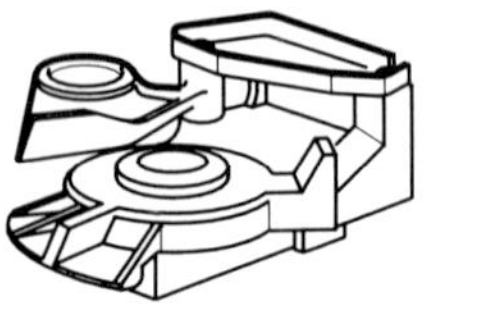 A2	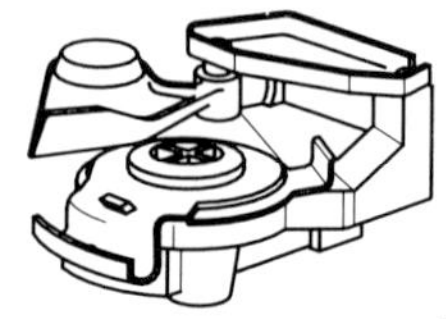 B2	
Schnittdarstellung	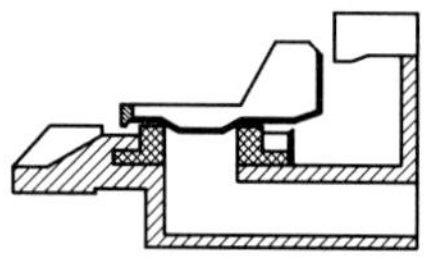	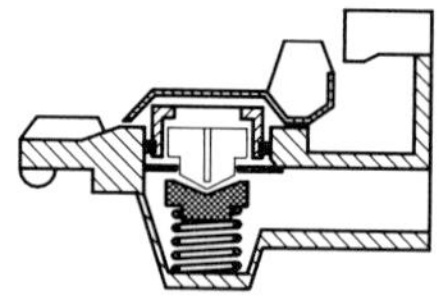	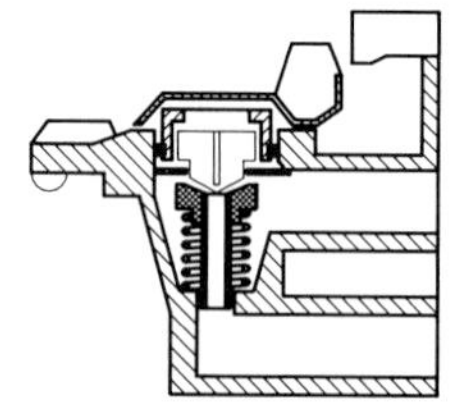

1 Kupplungsköpfe einer Zweileitungsbremsanlage

Vertauschsicherungen bewirken, dass nur zusammenpassende Kupplungsköpfe miteinander verbunden werden können.

Kupplungsköpfe für Vorratsleitungen haben einen roten Deckel und eine axiale Vertauschsicherung (Bild 1).

Kupplungsköpfe für Bremsleitungen weisen einen gelben Deckel und eine radiale Vertauschsicherung auf.

Wird ein Kupplungskopf (Bild 2) nicht benutzt, so ist der Verschlussdeckel zu schließen, um Eindringen von Schmutz zu verhindern.

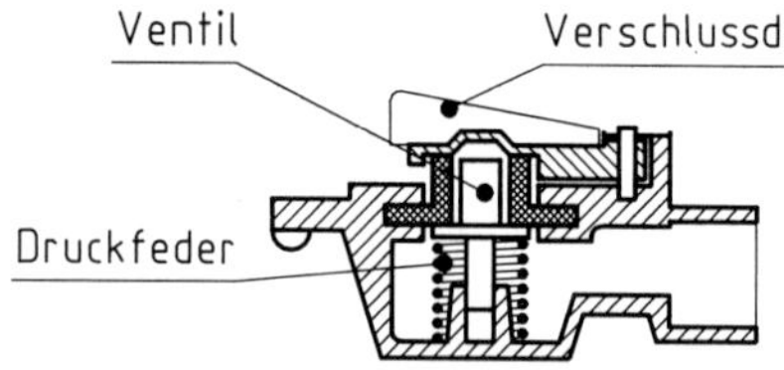

2 Kupplungskopf mit Rückschlagventil

Bei den Ausführungen B und C sperrt ein eingebautes Ventil den Durchgang für die Druckluft, wenn der Gegenkupplungskopf nicht angekuppelt ist.
Die Druckfeder hält das Ventil verschlossen.

Beim Ankuppeln des Anhängerschlauchs drückt ein Stift der Gegenkupplung das Ventil nach innen, sodass Luft vom Schlepper zum Anhänger strömen kann. Da das Ventil nur eine kleine druckbeaufschlagte Fläche besitzt, kann es auch unter Druck stehend geöffnet werden. Ein Absperrhahn zum Entlüften der angeschlossenen Leitung ist also nicht erforderlich.

Kupplungsköpfe für Einleitungs-Bremsanlagen sind ähnlich aufgebaut. Sie sind mit schwarzer Kennfarbe gezeichnet.

6.4.2.2 Aufbau und Arbeitsweise der Zweileitungsbremsanlage für Anhänger

Bild 1, Seite 169 zeigt den pneumatischen Schaltplan einer Zweileitungs-Druckluftbremsanlage für einen Zweiachs-Anhänger, deren Einzelteile in Form einer Stückliste in Bild 2, Seite 169 aufgeführt sind.

Der Kupplungskopf (1) an der Vorratsleitung ist rot gekennzeichnet und mit dem Schild „Vorrat" versehen. Der Vorratsschlauch führt zum Leitungsfilter (4), von dort wird die Vorratsluft über ein T-Stück weitergeleitet zum Kupplungskopf (14) an der Rückseite des Anhängers und zum Anschluss 1 des Anhänger-Bremsventils (5).

Der Kupplungskopf (2) an der Bremsleitung ist gelb gekennzeichnet und mit dem Schild „Bremse" versehen. Der Bremsschlauch führt zum Leitungsfilter (4), von dort wird die Bremsluft über ein T-Stück weitergeleitet zum Kupplungskopf (15) an der Rückseite des Anhängers und zum Anschluss 4 des Anhänger-Bremsventils (5).

Über den Anschluss 2–1 wird das Anhänger-Bremsventil (5) aus dem Luftbehälter (6) mit Druckluft versorgt.

Beim Bremsvorgang beaufschlagt das Anhänger-Bremsventil (5) die Bremszylinder (8 und 13) mit Druckluft.

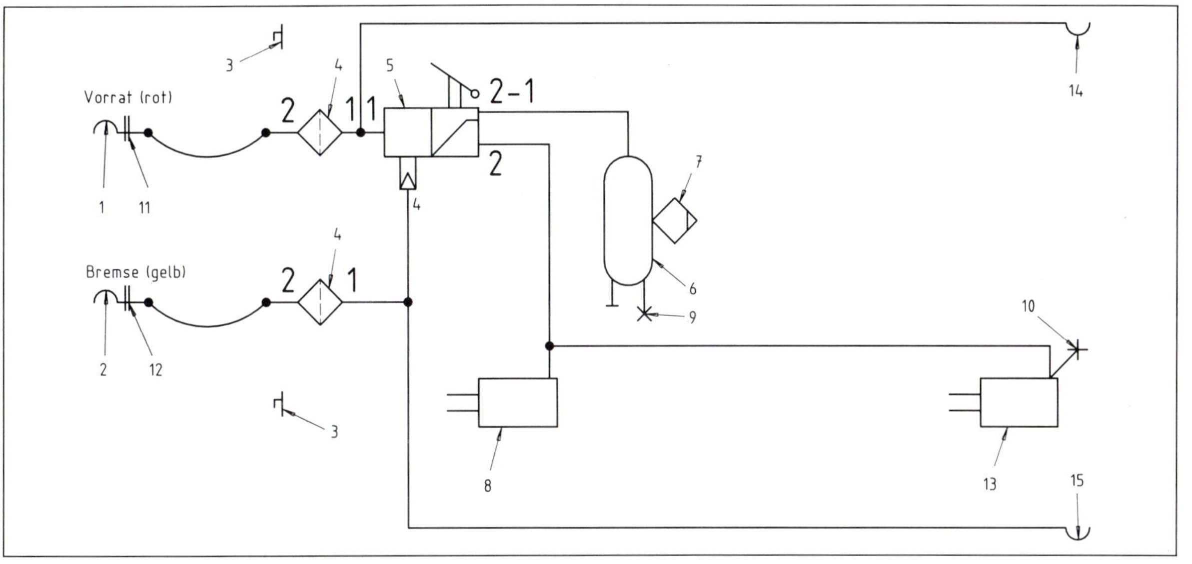

1 Pneumatischer Schaltplan einer Zweileitungs-Druckluftbremsanlage für Zweiachs-Anhänger

Pos.	St.	Benennung
1	1	Kupplungskopf
2	1	Kupplungskopf
3	2	Leerkupplung mit Befestigung
4	2	Leitungsfilter
5	1	Anhänger-Bremsventil m. Bremskr.-Regler
6	1	Luftbehälter
7	1	Entwässerungsventil
8	1	Zylinder Vorderrad
	1	Zylinder Vorderrad
9	1	Prüfanschluss
10	1	Prüfanschluss
11	1	Schild „Vorrat"
12	1	Schild „Bremse"
13	1	Zylinder Hinterrad
	1	Zylinder Hinterrad
14	1	Kupplungskopf
15	1	Kupplungskopf

2 Einzelteile einer Zweileitungs-Druckluftbremsanlage für Zweiachs-Anhänger nach Stückliste

Bei Zweileitungsbremsanlagen wird der **Filter** (Bild 3) umgekehrt eingebaut, sodass Anschluss 2 zum Kupplungskopf hin zeigt, die Luft also von Anschluss 2 zu Anschluss 1 strömt. Durch die Filterpatrone wird die zugeführte Druckluft gereinigt. Ist der Durchlass ungenügend, weil die Filterpatrone verstopft ist, so wird sie gegen die Kraft der Druckfeder nach unten gedrückt. Die Luft strömt ungereinigt durch den Leitungsfilter, die Funktion der Bremsanlage ist gewährleistet.

Bild 1, Seite 170 zeigt ein **Anhänger-Bremsventil** mit Anhänger-Löseventil.

Seine Aufgabe ist die Regelung der Anhänger-Druckluftbremsanlage. Die hier gezeigte Bauart ist für Zweileitungs- und Einleitungs-Bremsanlagen bzw. für kombinierte Ein- und Zweileitungsbremsanlagen verwendbar. Zunächst wird die Funktion beim Betrieb in einer reinen Zweileitungsbremsanlage beschrieben.

Über die Vorratsleitung strömt Luft zu Anschluss 1 des Anhänger-Bremsventils. Sie passiert den Nutring (6) und tritt über den Anschluss 1–2 in die Leitung zum Anhänger-

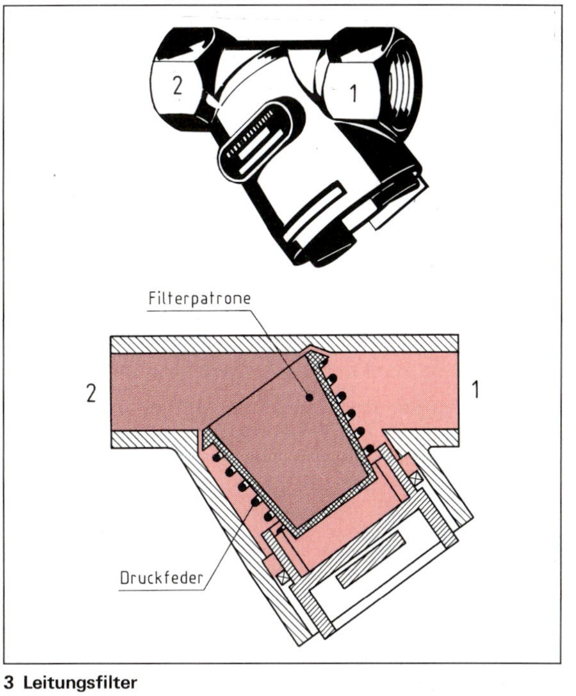

3 Leitungsfilter

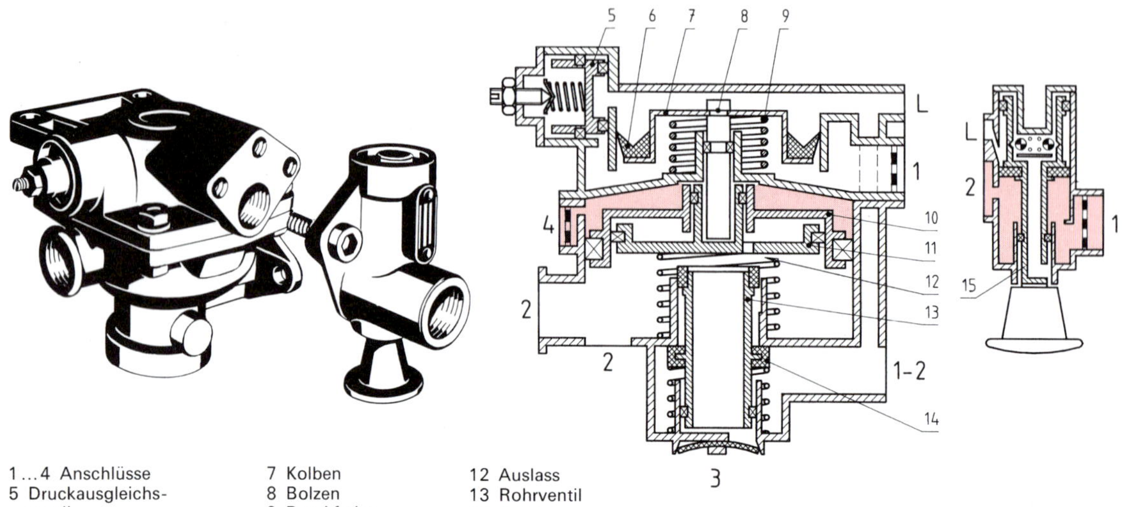

1...4 Anschlüsse
5 Druckausgleichsventil
6 Nutring
7 Kolben
8 Bolzen
9 Druckfeder
10, 11 Kolben
12 Auslass
13 Rohrventil
14 Einlass
15 Kolbenstange des Anhängerlöseventils

1 Anhänger-Bremsventil mit Anhänger-Löseventil

Vorratsbehälter ein, den sie auffüllt. Ist hier ein Überdruck von ca. 6,0 bar erreicht, öffnet das Druckausgleichsventil (5). Seine Aufgabe ist es, bei einer Drucksenkung im Zugfahrzeug einen Druckausgleich zwischen den beiden Luftbehältern (Zugfahrzeug – Anhänger) bis auf Drücke von 5,2 bar...5,4 bar zuzulassen. Kann dieser Luftausgleich nicht erfolgen, so kommt es zu einer ungewollten Abbremsung des Anhängers. Das Anhänger-Bremsventil reagiert dann auf eine Drucksenkung, ähnlich wie auf den Bruch der Anhänger-Vorratsleitung beim Abreißen des Anhängers.

Werden die Bremspedale des Zugfahrzeugs betätigt, so gelangt Druckluft über die Bremsleitung und den gelb gekennzeichneten Kupplungskopf zum Anschluss 4 und somit auf die obere Fläche des Kolbens (10). Dieser wird nach unten bewegt, schließt durch den mitgenommenen Kolben (11) den Auslass (12) und öffnet den Einlass zum Vorratsbehälter des Anhängers (14). Dadurch kann Druckluft aus dem Vorratsbehälter zu dem Bremszylindern gelangen.

Ist unterhalb der Kolben (10) und (11) ein Druck aufgebaut, der dem Steuerdruck am Anschluss 4 entspricht, so werden beide Kolben angehoben. Das Rohrventil (13), das beiden nachfolgt, schließt den Einlass (14). Der Steuervorgang ist abgeschlossen, an den Radbremszylindern liegt ein definierter Bremsdruck an.

Bei Beenden des Bremsvorgangs wird der Anschluss 4 entlüftet, dadurch bewegen sich die Kolben (10) und (11) in ihre obere Endlage. Die Entlüftung erfolgt dadurch, dass der Auslass (12) geöffnet wird und die Luft über das Rohrventil (13) und die Entlüftung 3 abströmen kann.

Reißt die Vorratsleitung am Anschluss 1 ab, so wird dieser schlagartig entlüftet. Der Anhänger wird automatisch gebremst.

Das gleiche tritt ein, wenn der Anhänger abgekuppelt wird und dabei Brems- und Vorratsschläuche gelöst werden. Wegen der automatischen Bremsung könnte der Anhänger anschließend nicht mehr bewegt werden. Um dies dennoch zu ermöglichen, wird am Anhänger-Bremsventil ein **Anhänger-Löseventil** angebaut (Bild 1). Soll der Anhänger in abgekuppeltem Zustand bewegt werden, so ist die Kolbenstange (15) des Anhänger-Löseventils bis zum Anschlag herauszuziehen. Hierdurch wird der Durchgang vom Anschluss 1 zum Anschluss 2 gesperrt und eine Verbindung zwischen den Anschlüssen 2 und L hergestellt. Am Anschluss L steht Luft unter dem Druck des Vorratsbehälters an. Sie strömt über Anschluss 2 des Anhänger-Löseventils in Anschluss 1 des Anhänger-Bremsventils und steuert es in die Lösestellung um (s. oben: Lösen der Bremse). Dadurch werden die Bremszylinder entlüftet. Bevor der Anhänger wieder an ein Zugfahrzeug angekuppelt wird, soll die Kolbenstange (15) von Hand in das Anhänger-Löseventil hineingeschoben werden. Erfolgt dies nicht, so drückt die unter Fülldruck stehende Luft, die über Anschluss 1 zugeführt wird, die Kolbenstange (15) in das Ventil. Es befindet sich danach wieder in Normalstellung, die Anschlüsse 1 und 2 sind miteinander verbunden.

Um beim Herausziehen der Kolbenstange (15) das Entstehen eines Unterdrucks bzw. beim Hineinschieben eines Luftpolsters zu verhindern, ist sie mit einer durchgehenden Entlüftungsbohrung versehen.

Bei Anhänger-Bremsventilen, die ein mechanisch verstellbares **Druckbegrenzungsventil** (früher: Bremskraftregler) besitzen, weist dieses neben Volllast-, Halblast- und Leer-Stellungen eine Lösestellung auf. In ihr ist die Luftführung die gleiche wie bei einem Löseventil.

Das Druckbegrenzungsventil ermöglicht es, durch Einstellung von Hand den Bremsdruck des Anhängers an den Beladezustand (leer, halb beladen, voll beladen) anzupassen, um so z.B. ein Blockieren der Räder bei leerem Fahrzeug einerseits zu vermeiden und andererseits die Bremsleistung bei voll beladenem Fahrzeug voll auszunutzen.

Bild 1 zeigt ein Druckbegrenzungsventil bei „Halblast" in Fahrt- und Vollbremsstellung.

In **Fahrtstellung** drückt der Schaltnocken über den Federtopf und die Steuerfeder den Steuerkolben und den Ventilteller nach oben. Die Anschlüsse 1 und 2 sind miteinander verbunden, das Anhänger-Bremsventil ist entlüftet.

In **Vollbremsstellung** (Bild 1) durchströmt die Druckluft das Druckbegrenzungsventil vom Anschluss 1 zum Anschluss 2 und beaufschlagt gleichzeitig den Steuerkolben durch die Bohrung des Steuerkolbens. Der Steuerkolben wird gegen die Kraft der Steuerfeder verschoben, bis der Einlass-Ventilsitz durch den Ventilteller geschlossen wird. Der eingestellte Bremsdruck in den Bremszylindern ist somit erreicht. Seine Höhe ist abhängig von der Höhe des Schaltnockens, der die Einstellungen Leer, Halblast, Volllast vorgibt. Anhänger mit häufig wechselnden Beladezuständen können mit zwei Druckbegrenzungsventilen für Vorder- und Hinterachse getrennt ausgerüstet werden. Es werden auch automatisch-lastabhängige Druckbegrenzungsventile eingesetzt, um Bedienungsfehler auszuschließen.

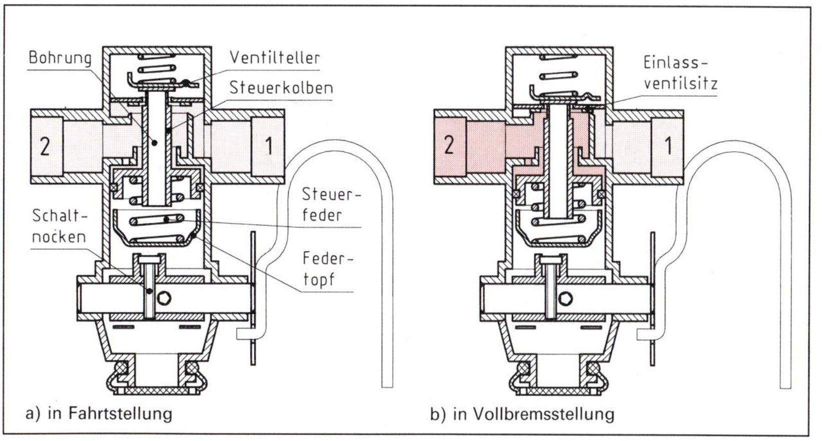

1 Druckbegrenzungsventil bei „Halblast"

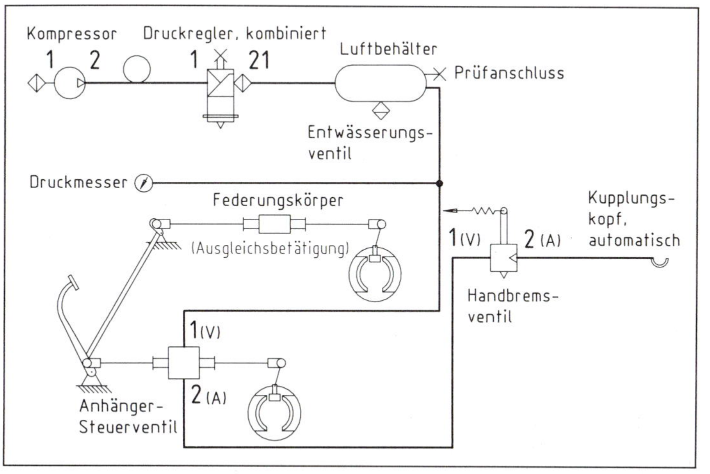

2 Pneumatischer Schaltplan einer Einleitungsanhängerbremsanlage

6.4.2.3 Aufbau und Arbeitsweise der Einleitungs-Druckluftbremsanlage für Anhänger

Einleitungs-Druckluftbremsanlagen findet man noch in älteren Anhängern. Schlepper sind daher häufig mit kombinierten Ein-Zweileitungs-Bremsanlagen ausgestattet. So können unter Beachtung der gesetzlichen Vorschriften Anhänger mit beiden Arten von Bremsanlagen mitgeführt werden.

Bild 2 zeigt einen Bremsanschluss einer **Einleitungs-Anhängerbremsanlage** für Schlepper mit mechanischer Übertragungseinrichtung. Kompressor, Druckregler, Luftbehälter mit Entwässerungsventilen, Druckmesser usw. funktionieren wie bei Zweileitungs-Bremsanlagen (Kap. 6.4.2.2).

Einleitungs-Bremsanlagen arbeiten jedoch nur mit einer Verbindungsleitung zwischen Zug- und Anhängefahrzeug, durch die die Funktionen „Füllen" und „Bremsen" ausgeführt werden. Das Bremsen geschieht bei dieser Bauweise durch Entlüften.

Ein mechanisch betätigtes Anhänger-Steuerventil ist in Bild 3 dargestellt. Es wird

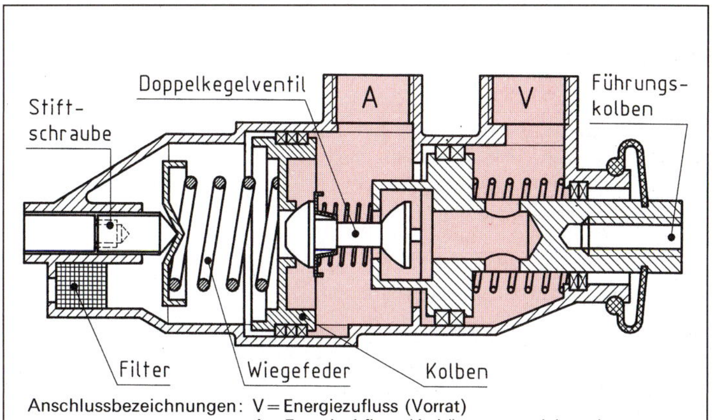

Anschlussbezeichnungen: V = Energiezufluss (Vorrat)
A = Energieabfluss (Anhängersteuerleitung)

3 Mechanisch betätigtes Anhängersteuerventil in Lösestellung

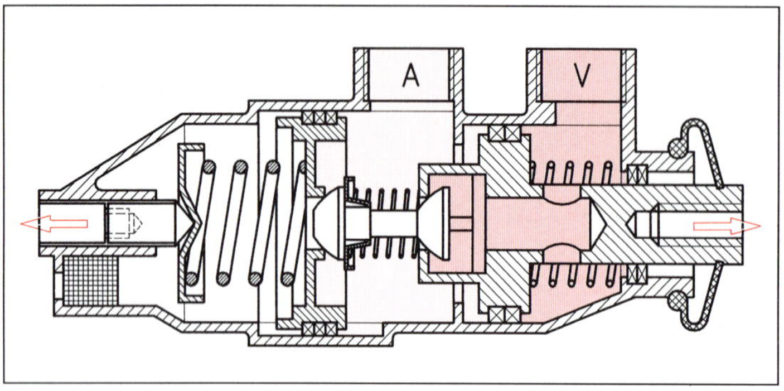

1 **Mechanisch betätigtes Anhänger-Steuerventil in Teilbremsstellung**

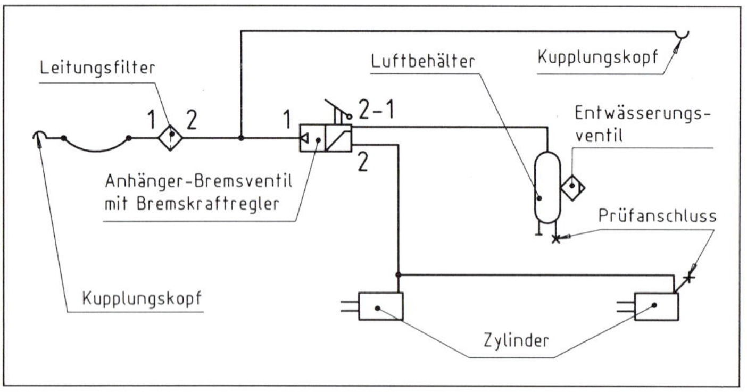

2 **Einleitungs-Bremsanlage für 2Achs-Anhänger**

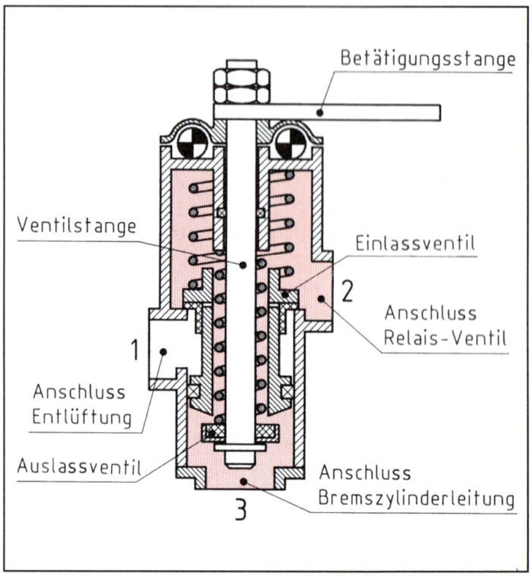

3 **Handbremsventil**

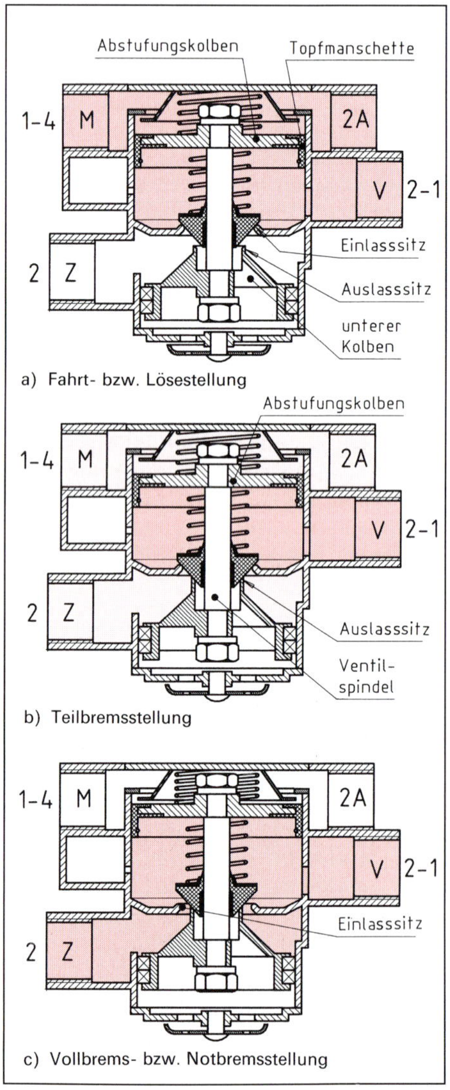

a) Fahrt- bzw. Lösestellung

b) Teilbremsstellung

c) Vollbrems- bzw. Notbremsstellung

4 **Anhänger-Bremsventil**

in das Bremsgestänge der linken oder rechten Radbremse eingebaut. Das jeweils andere Bremsgestänge muss mit einem Ausgleichskörper versehen werden, damit Bremswege und Betätigungskräfte in beiden Gestängen gleich groß sind.

In Lösestellung wird die am Anschluss V einströmende Druckluft über Bohrungen im Führungskolben und den geöffneten Einlasssitz des Doppelkegelventils zum Anschluss A geführt.

In Teilbremsstellung (Bild 1) wirken über das Bremsgestänge Zugkräfte auf Führungskolben und Doppelkegelventil, das gegen die Federkraft auseinandergezogen wird. Durch die Bewegung des Führungskolbens nach rechts wird zunächst der Einlasssitz am Doppelkegelventil geschlossen. Wird der Führungskolben weiterbewegt, öffnet sich der Auslasssitz und der Anschluss A wird über Filter entlüftet. Dadurch verringert sich der Druck auf die rechte Seite des Kolbens, der durch die Federkraft wieder gegen den Auslasssitz gedrückt wird. Die Teilbremsung ist erfolgt.

Bei **Vollbremsung** wird das Ventil auf seinen maximalen Hub auseinandergezogen. Der Einlasssitz des Doppelkegelventils bleibt geschlossen, der Auslasssitz wird voll geöffnet. Der Kolben bewegt sich bis zu einem Anschlag, sein Weg reicht nicht aus, um den Auslasssitz zu erreichen, der Anschluss A wird vollständig entlüftet.

Voreilung kann durch eine Stiftschraube eingestellt werden, die die Wiegefeder mehr oder weniger vorspannt.

Ein **Handbremsventil** (Bild 3) betätigt die Betriebsbremsanlage des Anhängefahrzeugs, wenn die mechanische Feststellbremse im Zugfahrzeug angezogen ist. Dies geschieht durch Entlüften des Anschlusses 3 über Anschluss 1.

Bild 1, Seite 163 zeigt ein kombiniertes Ein- und Zweileitungssystem mit Anhängersteuerventil.

Der Schaltplan einer **Einleitungs-Druckluftbremsanlage** für ein Anhängefahrzeug ist in Bild 2, Seite 172, dargestellt. In **ungebremstem Zustand** (Bild 4a, Seite 172) lässt das Anhänger-Bremsventil die Druckluft vom Anschluss M (1–4) über die Topfmanschette, die als Rückschlagventil wirkt, zum Anschluss V (2–1) und von dort zum Luftbehälter strömen, wenn ein Druckunterschied besteht.

Die Kräfte, die auf den Abstufungskolben wirken, sind im Gleichgewicht. Der Einlasssitz ist geschlossen, der Auslasssitz geöffnet. Über den Anschluss Z (2) stehen die Bremszylinder durch den geöffneten Auslasssitz mit der Atmosphäre in Verbindung; die Bremse ist gelöst.

Bei **Teilbremsung** (Bild 4b, Seite 172) wird der Druck am Anschluss M (1–4) abgesenkt. Am Abstufungskolben entsteht ein Druckunterschied, der mindestens 0,8 bar betragen muss aber nicht höher als 1,3 bar sein darf, bevor am Anschluss Z (2) ein Druckanstieg erfolgt. Diese Ansprechstufe ist wegen der Schaltstufe des Druckreglers erforderlich: das Anhänger-Bremsventil kann nicht unterscheiden, ob der Druckabfall in der Steuerleitung durch z.B. eine Undichtigkeit hervorgerufen wurde oder ob eine Bremsung erfolgte.

Der höhere Druck, der von unten auf den Abstufungskolben wirkt, lässt die Ventilspindel nach oben gleiten, der Auslasssitz wird dadurch geschlossen. Die Verbindung der Bremszylinder mit der Atmosphäre ist dadurch unterbrochen. Bewegt sich die Spindel weiter nach oben, öffnet sich der Einlasssitz. Der Vorratsdruck wird über den Anschluss Z (2) zu den Bremszylindern gesteuert. Dieser Druck wirkt gleichzeitig auf den unteren Kolben der Ventilspindel, wodurch eine Kraft entsteht, die nach unten wirkt.

Herrscht Gleichgewicht nach oben und nach unten wirkender Kräfte, sind Einlass- und Auslasssitz geschlossen.

Bei **Vollbremsung** (Bild 4c, Seite 172) reicht der Druck auf den unteren Kolben nicht aus, um den Einlasssitz wieder zu schließen. Der volle Vorratsdruck wird auf die Bremszylinder gesteuert. Anhänger-Löseventil und, falls eingebaut, Druckbegrenzungsventil arbeiten wie bei der Zweileitungs-Druckluftbremse (s. Kap. 6.4.2.2).

Das Ventil, das in Bild 1, Seite 170 dargestellt und beschrieben wurde, kann, außer in Zweileitungs-, auch in Einleitungs- und in kombinierten Ein- und Zweileitungs-Bremsanlagen eingebaut werden.

6.4.2.4 Dauerbremsanlagen, 3. Bremse

Dauerbremsen in Zugfahrzeugen

Kraftfahrzeuge und Anhänger mit einem zulässigen Gesamtgewicht von mehr als 9 Tonnen müssen, außer mit den vorgeschriebenen Bremsen (Betriebsbremse, Feststellbremse), mit einer Dauerbremse (Bild 1) ausgestattet sein.

An Zugfahrzeugen werden Dauerbremsen oft als Motorstaudruckbremsen ausgeführt.

Durch einen oder zwei pneumatisch betätigte Arbeitszylinder wird eine Drosselklappe in der Abgasanlage geschlossen und die Einspritzpumpe auf Nullförderung gestellt. Der Motor arbeitet dadurch wie ein Kompressor, der vom Fahrzeug angetrieben wird. Es entsteht die beabsichtigte Bremswirkung.

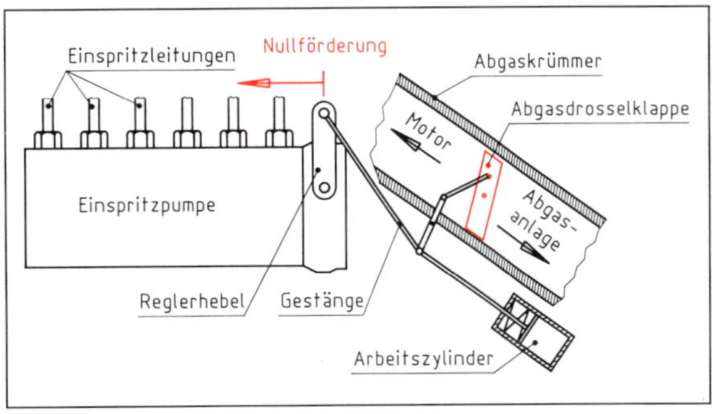

1 Dauerbremsanlage in einem Zugfahrzeug

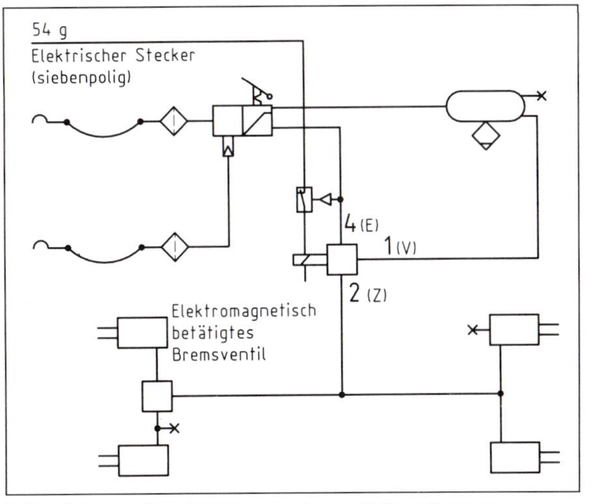

2 Zweileitungs-Druckluftbremsanlage mit Dauerbremse

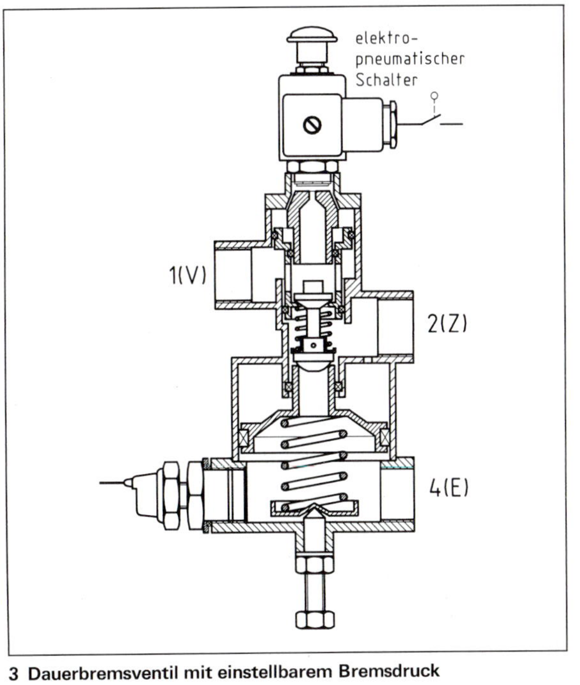

3 Dauerbremsventil mit einstellbarem Bremsdruck

Dauerbremsen in Anhängern

In Anhängern wird die Betriebsbremse durch eine besondere Betätigungseinrichtung als Dauerbremse benutzt, wenn die Achsen dauerbremsgeprüft sind.

Bild 2, Seite 173, zeigt eine Zweileitungs-Druckluftbremsanlage mit Dauerbremse. Ein elektromagnetisches Bremsventil wird vom ziehenden Fahrzeug aus über Klemme 54g der Steckverbindung angesteuert. Das Dauerbremsventil (Bild 3, Seite 173) lässt einen bestimmten, eingestellten Bremsdruck auf die Bremszylinder wirken.

Bei Betätigung der Betriebsbremse wird die Dauerbremse über einen elektropneumatischen Schalter (Öffner) ausgeschaltet. Eine Addition der Drücke von Dauerbremsanlage und Betriebsbremsanlage (Druckaufstockung), die zum Blockieren der Bremsen führen könnte, wird zuverlässig vermieden.

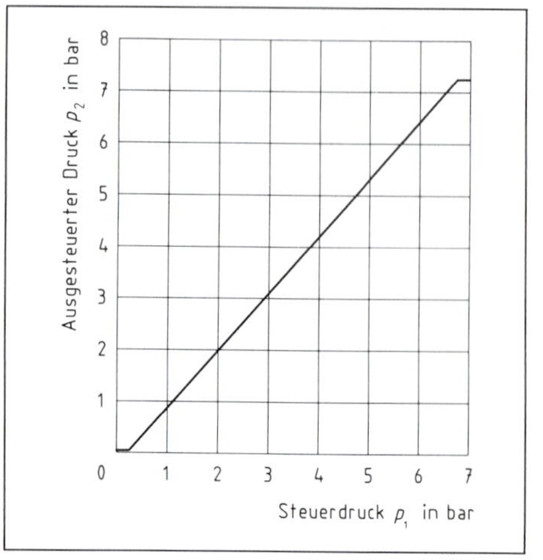

1 Arbeitsdrücke für ein Anhänger-Bremsventil einer Zweileitungs-Bremsanlage

6.4.2.5 Vergleich von Druckluftbremsanlagen

Niederdruck- und Hochdruckbremsanlagen

Bauart	Betriebsdruck p in bar des Kompressors	Volumen des Vorratsbehälter
Niederdruck-Bremsanlagen	<7,5	groß
Hochdruck-Bremsanlagen	>7,5 (ca. 10, 14, 18)	klein

Einleitungs- und Zweileitungs-Bremsanlagen

Bauart	Füllen	Bremsen	Arbeitsdrücke in bar
Zweileitungs-Bremsanlage	Vorratsleitung rot	Bremsleitung gelb	Steuerdruck: 0,5…7 Bremsdruck: 0…7,5 (s. Bild 1)
Einleitungs-Bremsanlage	Füll- und Bremsleitung schwarz		Steuerdruck: 4…0 Bremsdruck: 0…5 (s. Bild 2)

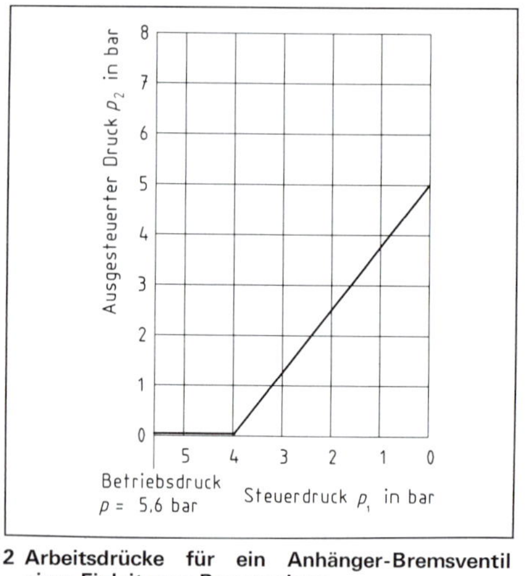

2 Arbeitsdrücke für ein Anhänger-Bremsventil einer Einleitungs-Bremsanlage

6.4.2.6 Bremszylinder zur Betätigung der Bremsen bei pneumatischen Übertragungseinrichtungen

Bremszylinder erzeugen die Kraft, die zum Betätigen der Radbremse erforderlich ist. Die Kraft entspricht dem eingesteuerten Bremsdruck.

Membranzylinder

Bild 3 zeigt einen Membranzylinder in Lösestellung und einen in Bremsstellung. In einem geteilten Gehäuse befindet sich eine Membran, die beide Gehäusehälften gegeneinander abdichtet. Das Gehäuse wird durch einen meist zweiteiligen Spannring

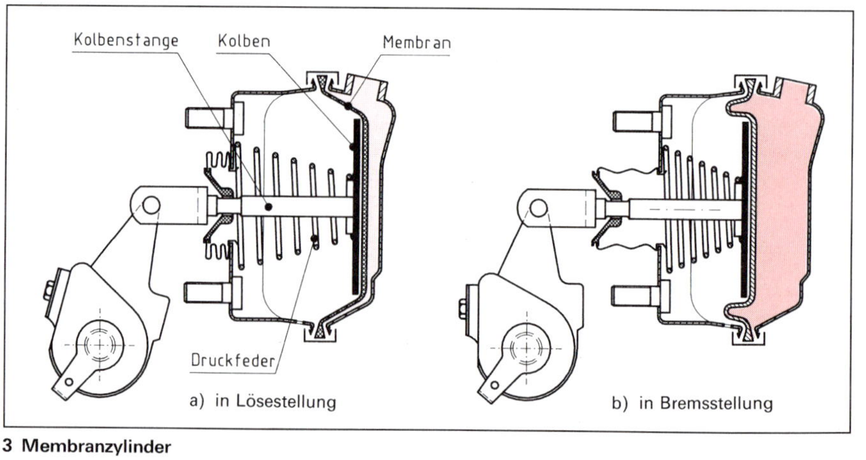

3 Membranzylinder

zusammengehalten. Wird die Bremse betätigt, so bewegt sich die Membran mit dem Kolben und der Kolbenstange hin und her. Verschleiß entsteht hierbei nicht. Allerdings ist die Kraftabgabe nur zwischen $^1/_3 \ldots ^2/_3$ des Kolbenwegs annähernd konstant. Da die Hubwege der Membranzylinder im Gegensatz zu Kolbenzylindern relativ kurz sind, werden Membranzylinder mit **Gestängestellern** eingebaut, die über eine Stellschraube nachzustellen sind (Bild 1) oder sich selbst nachstellen (Bild 2). Sobald der Weg des Bremsschlüssels zu groß wird, berührt das Stellblech den Bolzen und verdreht über die Rechteckfeder (Freilauf) die Schneckenwellen, die über die Schnecke das Schneckenrad bewegt.

Vorteile der Membranzylinder sind:

- kompakte Bauweise, dadurch besser unterzubringen,
- unempfindlich gegen Schmutz und Spritzwasser,
- geringer Verschleiß.

Nachteile sind

- kurze Kolbenwege, hoher Nachstellaufwand,
- Gestängesteller meist erforderlich,
- Kraftabgabe über den Hub nicht konstant.

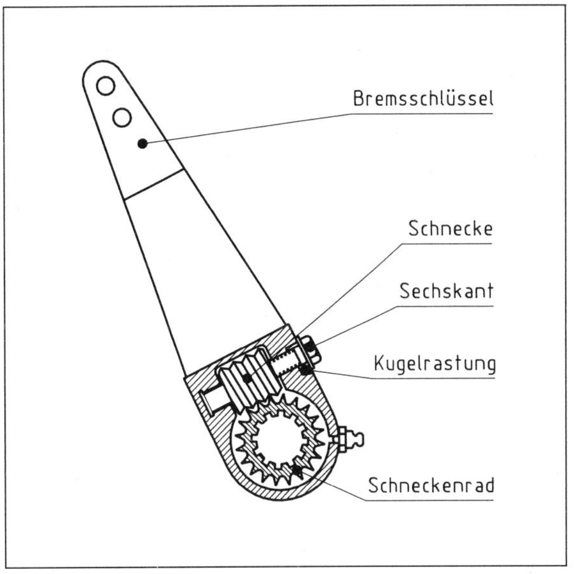

1 Gestängesteller, manuell nachstellbar

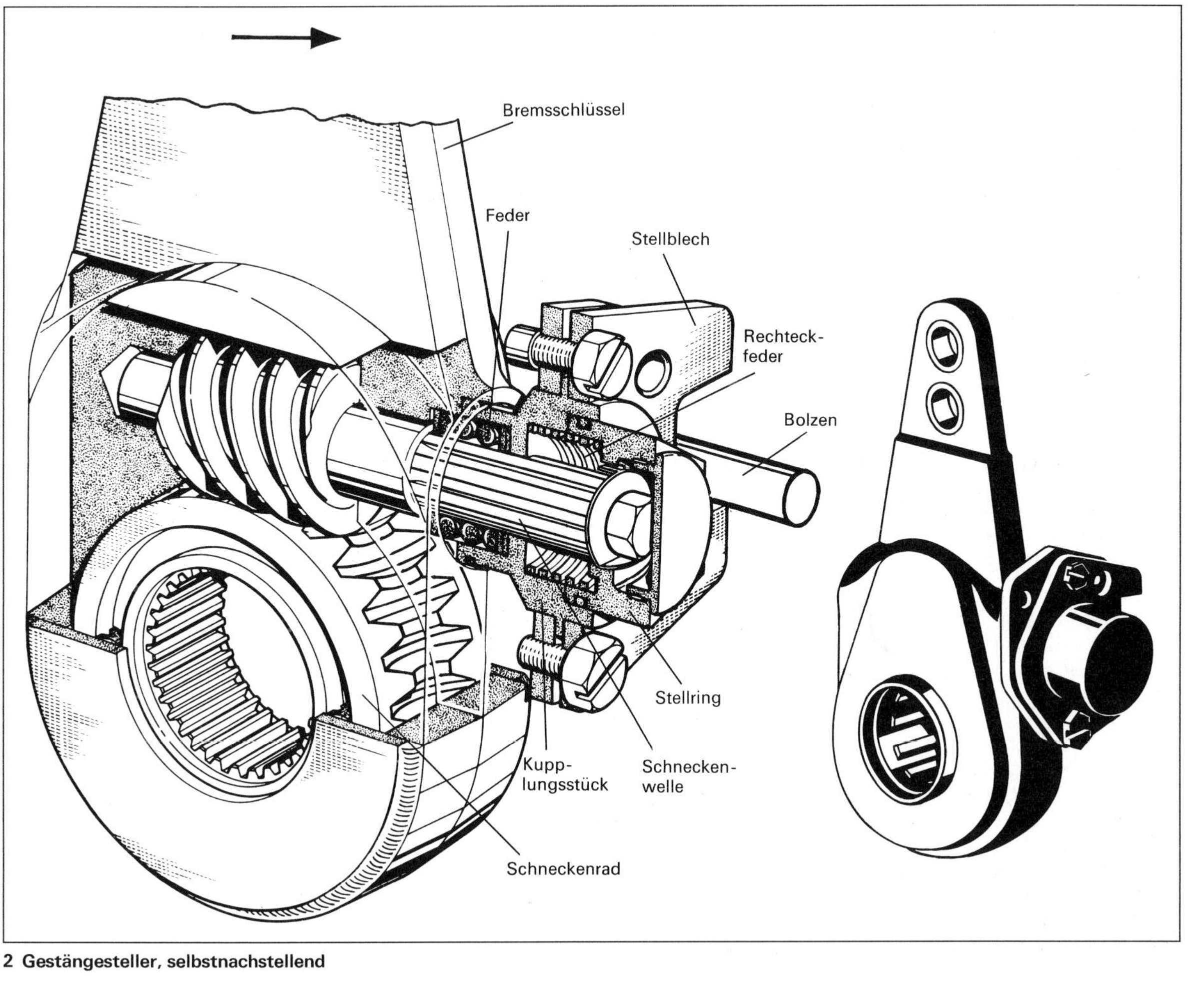

2 Gestängesteller, selbstnachstellend

Kolbenzylinder

Bild 1 zeigt einen Kolbenzylinder in Schnittdarstellung. Der Arbeitsraum ist am Kolben durch eine umlaufende Dichtung gegen die Atmosphäre abgedichtet. Ein Faltenbalg schützt das Innere des Zylinders vor Schmutz und Spritzwasser. Entlüftungsklappen im Faltenbalg ermöglichen einen Druckausgleich bei Bewegungen des Kolbens. Die Rückstellung des Kolbens wird durch eine Feder ermöglicht.

Vorteile des Kolbenzylinders sind:

- lange Hübe, geringe Nachstellhäufigkeit,
- über den Hub konstante Kraftabgabe.

Nachteile sind:

- große Einbaulänge,
- Schmutz- und Verschleißempfindlichkeit,
- häufige Kontrolle, besonders der Faltenbälge, erforderlich.

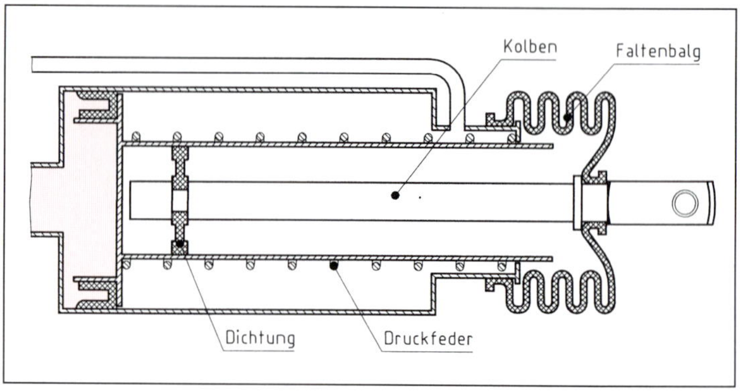

1 Kolbenzylinder

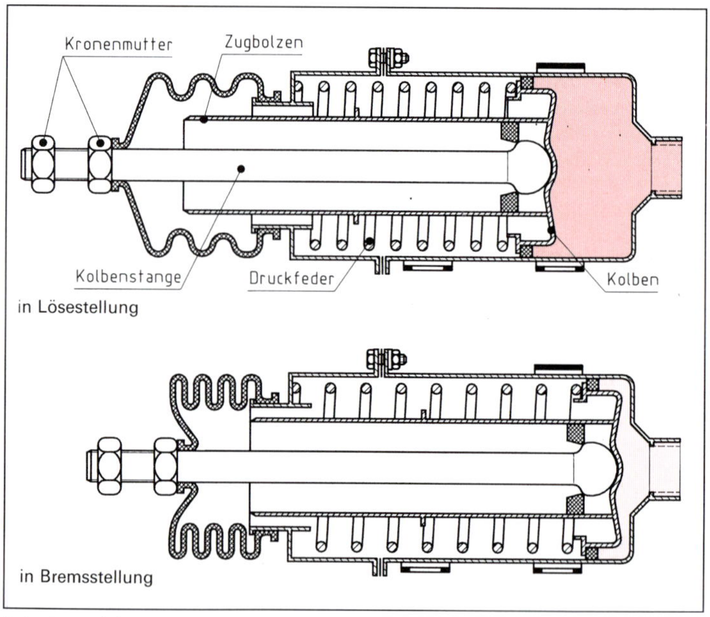

2 Federspeicherzylinder

Federspeicherzylinder

Um Bremskräfte für Hilfsbremswirkung (Druckluftausfall!) oder Feststellbremswirkung zu erzeugen, werden Federspeicherzylinder eingesetzt, Bild 2.

Federspeicherzylinder können so gebaut sein, dass beim Entlüften eine Zug- oder eine Druckwirkung entsteht. Der hier dargestellte Zylinder arbeitet auf Zugwirkung.

Durch eine starke Druckfeder wird die Betätigungskraft für die Radbremse aufgebracht. In Fahrtstellung (Lösestellung) ist der Zylinder über das Bremsventil belüftet, die Federkraft also aufgehoben.

Das Fahrzeug darf erst angefahren werden, wenn genügend Druck vorhanden ist, um die Federspeicherzylinder in Lösestellung zu bringen.

Beim Bremsen wird der Druck im belüfteten Raum gesenkt, die Druckfeder zieht die Kolbenstange entsprechend der Druckabsenkung in die Zylinder hinein, die Radbremse wird betätigt.

Steht keine Druckluft zur Verfügung (Motor läuft nicht, Defekt in der Bremsanlage u.ä.), so kann die Konterung zwischen Verlängerung und Kolbenstange gelöst werden und die Kolbenstange lässt sich aus der Verlängerung herausschrauben, bis die Bremse gelöst ist. Nach Beseitigung des Defekts ist die Kolbenstange wieder einzuschrauben und zu kontern, wobei eine Grundeinstellung der Radbremsen zu erfolgen hat.

6.4.3 Bremsanlagen mit mechanischer Übertragungseinrichtung für Anhänger

Bild 3 zeigt eine Auflaufeinrichtung mit Zugöse.

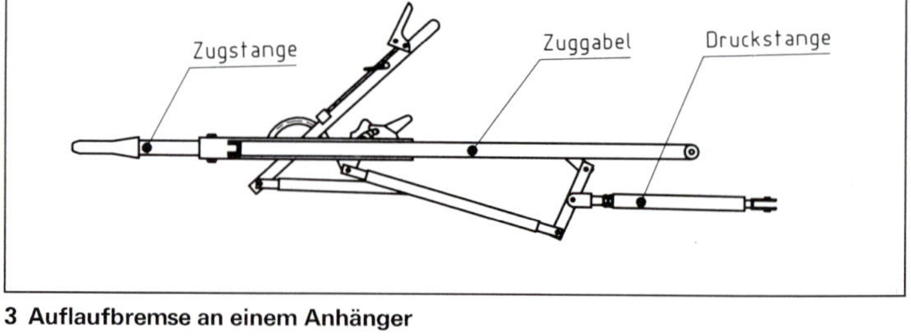

3 Auflaufbremse an einem Anhänger

Bei **Auflaufbremsen** wird die Bremskraft von einer Bewegung des Anhängers in Richtung ziehendes Fahrzeug erzeugt.

Auflaufbremsanlagen bestehen aus Auflaufeinrichtung, Übertragungseinrichtung und Radbremsen. Auflauf- und Übertragungseinrichtung werden einander in der Allgemeinen Betriebserlaubnis meist zugeordnet. Beim Bremsen des Zugfahrzeugs läuft der Anhänger aufgrund seiner Massenträgheit auf das ziehende Fahrzeug auf. Es kommt zu einer Relativbewegung zwischen Zugstange und Führung. Über ein Hebelsystem – bei kleineren Anhängern auch Seilzüge – wird die Bewegung übertragen und die Radbremsen werden betätigt. Soll rückwärts gefahren werden, ist eine Rückfahrsperre einzulegen, da sonst der Anhänger durch das Zugfahrzeug gebremst würde. Rückfahrsperren sind so konstruiert, dass sie sich bei anschließender Vorwärtsfahrt selbsttätig lösen. Auflaufbremsen sind mit einer Feststellbremse zu versehen.

Eine weitere Möglichkeit, den Anhänger zu bremsen, z. B. beim Rangieren von Hand oder im Notfall, besteht in der sog. Fallbremse, d. h. beim Absenken der Zugdeichsel wird durch deren Masse eine Bremskraft erzeugt. Die volle Bremskraft muss in der Regel erreicht sein, wenn die Zugöse sich ca. 25 cm über dem Boden befindet. Es handelt sich also um eine automatische Bremsanlage, da sie auch wirkt, wenn die Anhängerkupplung getrennt ist.

6.4.4 Reibungsbremsen

6.4.4.1 Trommelbremsen

Bild 1 zeigt eine Trommelbremse in der Bauart der **Simplex-Bremse**.

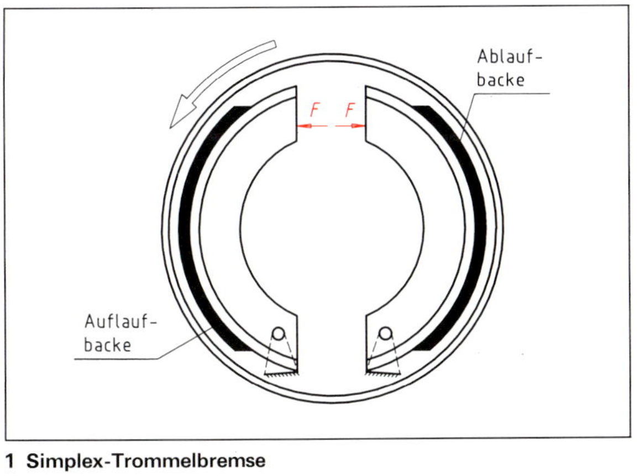

1 Simplex-Trommelbremse

An den Berührungsflächen zwischen Bremstrommel und Bremsbelägen, die auf Bremsbacken befestigt sind, entstehen Reibungskräfte. Bei der gezeigten Drehrichtung spricht man von einer auflaufenden Bremsbacke links und einer ablaufenden Bremsbacke rechts. Beide Bremsbacken sind in festen Abstütz- oder Drehpunkten gelagert und werden durch Betätigungselemente, z. B. Radbremszylinder (s. Kap. 6.4.1.1), Bremsnocken, Spreizhebel oder Spreizkeile, an die Trommel gedrückt.

Bei der Auflaufbacke wird die Spreizkraft, (auch Zuspannkraft *F* genannt) durch die Resultierende aus den Reibkräften unterstützt. Bremsbacke und Bremsbelag werden noch stärker gegen die Trommel gedrückt. Diese Wirkung nennt man **Selbstverstärkung**.

Bei der Ablaufbacke wirken Zuspannkraft *F* und Resultierende der Reibkräfte einander entgegen. Die Gesamtkraft und damit die Bremskraft dieser Backe wird verringert.

Die Simplex-Bremse weist, unabhängig von der Laufrichtung des Rades, immer eine Auflauf- und eine Ablaufbacke auf, die Bremswirkung ist daher bei Vorwärts- und bei Rückwärtsfahrt gleich.

Bei der **Duplex-Bremse** (Bild 2) wurden Abstütz- bzw. Drehpunkte so gelegt, dass sie einander gegenüberstehen. So wirken beide Bremsbacken bei Vorwärtsfahrt als Auflaufbacken. Die Selbstverstärkung kann voll ausgenutzt werden. Rückwärtsfahrt (Umkehrung der Bremstrommel-Drehrichtung) führt zur Wirkung beider Bremsbacken als Ablaufbacken, die Bremswirkung verschlechtert sich durch Verringerung der Gesamtkräfte auf die Bremsbacken.

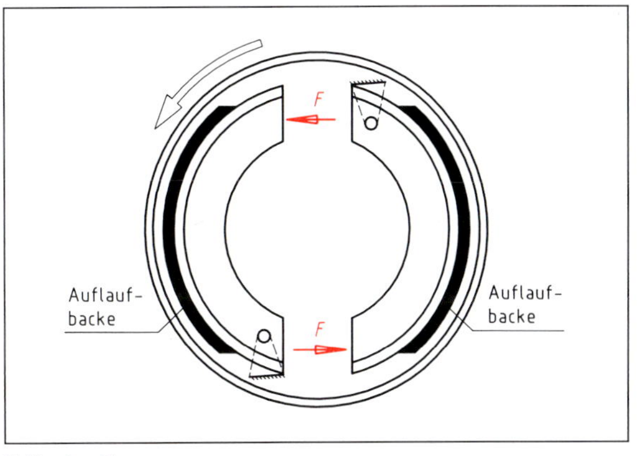

2 Duplex-Bremse

Gleichmäßige Bremswirkung bei Vorwärts- und Rückwärtsfahrt erreicht man bei der **Duo-Duplex-Bremse** (Bild 3) durch Einbau zweier doppeltwirkender Betätigungseinrichtungen. So besitzt die Bremse bei beiden Drehrichtungen zwei auflaufende Bremsbacken.

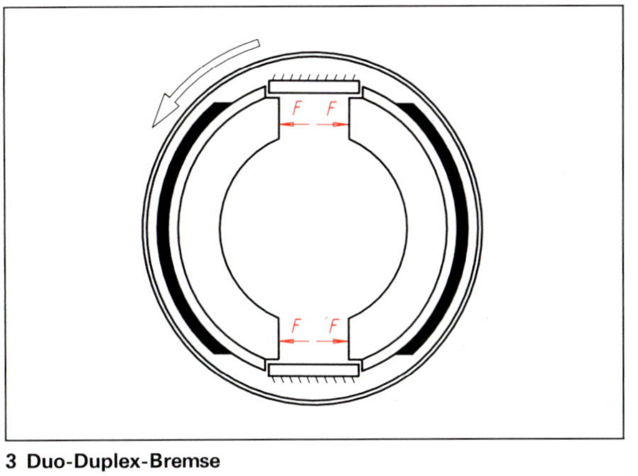

3 Duo-Duplex-Bremse

Die **Duo-Servo-Bremse** (Bild 1) ist so konstruiert, dass die auflaufende Bremsbacke über ein bewegliches Stützlager die zweite Backe zusätzlich belastet, wodurch sie ebenfalls zur auflaufenden Backe wird. Über eine doppeltwirkende Betätigungseinrichtung werden beide Backen bewegt, so dass bei Vorwärts- und Rückwärtsfahrt die gleiche Bremswirkung entsteht.

Zu beachten ist, dass Bremsen mit größerwerdender Selbstverstärkung empfindlicher werden gegen Reibwertschwankungen und Temperaturunterschiede an einer Achse, was zum sog. Schiefziehen der Bremse führen kann. Bezogen auf einen Reibwert von $\mu = 0{,}4$ und Reibwertstreuungen bis zu $\pm 10\%$ sind Änderungen der Selbstverstärkung bei Servobremsen bis zu 100% möglich, wie Bild 3 zeigt.

Unter dem **Bremsenkennwert *C**** versteht man

$$C^* = \frac{\text{Umfangskraft an der Bremstrommel}}{\text{Zuspannkraft}}$$

Der C^*-Wert ist das innere Übersetzungsverhältnis der Bremse.

Bild 4 zeigt die Verteilung der Flächenpressung an einer Simplexbremse bei verschiedenen Backenlagerungen.

Bei schweren Nutzfahrzeugen, insbesondere Anhängern, werden heute meist **S-Nockenbremsen** in Simplex-Bauweise verwendet (Bild 2). Durch die Gestaltung des Bremsnockens wird ein gleichmäßiges Übersetzungsverhältnis bei allen Spreizungen erreicht, die Betätigungskraft wirkt immer senkrecht auf die an den Bremsbacken angebrachten Rollen.

Neben dieser Bauart werden bei Nutzfahrzeugen Bremsbetätigungen mit Spreizkeilen eingesetzt.

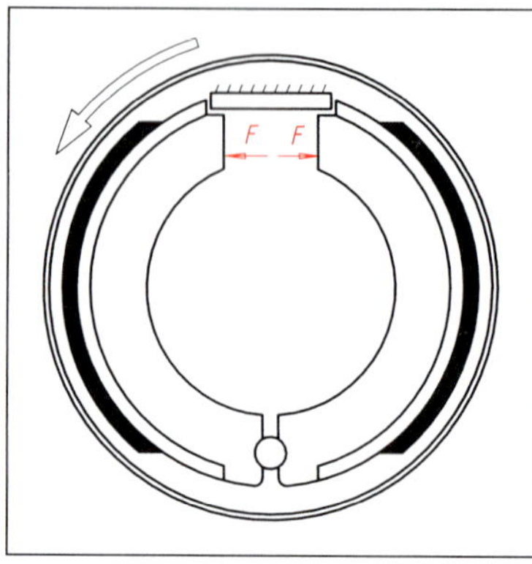

1 Duo-Servo-Bremse

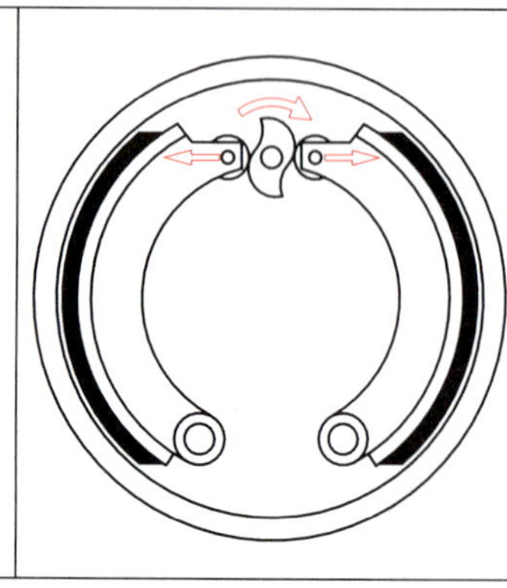

2 Simplex-S-Nocken-Bremse

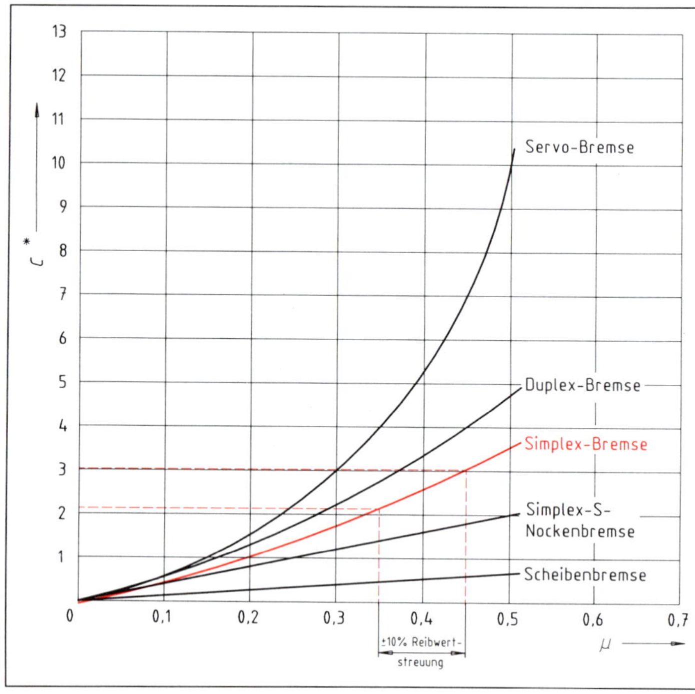

3 Kennwerte verschiedener Bremsenbauformen in Abhängigkeit vom Reibwert

6.4.4.2 Scheibenbremsen

Vollscheibenbremse

In Bild 5 ist eine Vollscheibenbremse schematisch dargestellt.

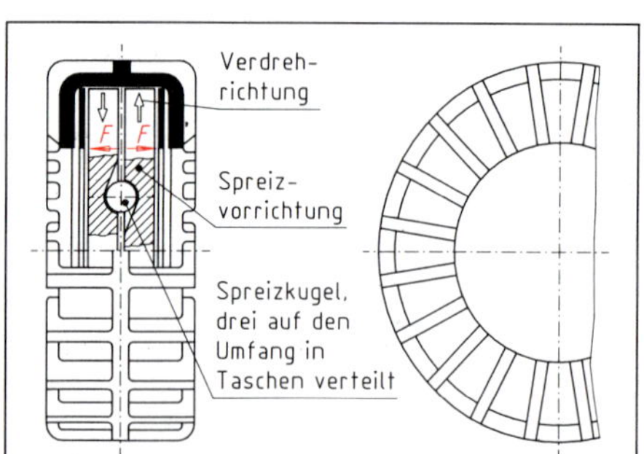

5 Vollscheibenbremse

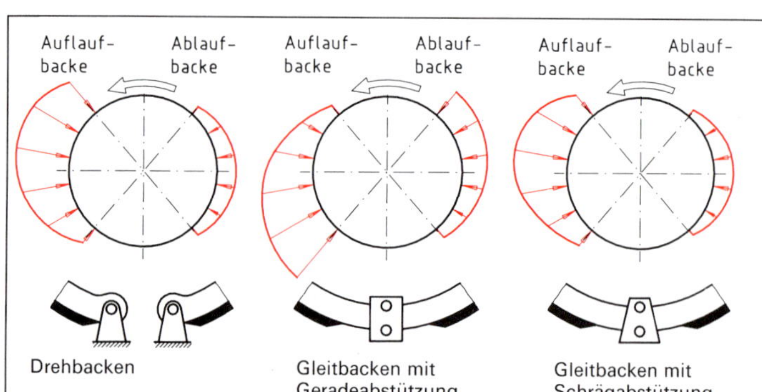

4 Flächenpressung an einer Simplex-Bremse mit verschiedenen Backenlagerungen

In einem geschlossenen Gehäuse sind die Reibflächen der Scheibe einander gegenüberliegend angeordnet. Die Bremsbeläge werden in der Regel außen auf den Bremsträgern befestigt und bilden einen Kreisring. Die Bremsbeläge haben somit die gleiche Fläche wie die Bremsscheibe.

Wird die Bremse betätigt, so drückt eine Übertragungseinrichtung die Bremsbelagträger mit der Kraft *F* axial auseinander, so dass sie an der Reibfläche der Scheibe zum Anliegen kommen (s. auch Bild 1, Seite 162).

Vorteile der Vollscheibenbremsen sind:
- die große Belagfläche (Reibfläche),
- die geringe Temperaturbelastung, da Vollscheibenbremsen bei Ackerschleppern meist im Getriebe- oder Achsantriebsgehäuse (Ölbad) laufen und Reibungswärme gut abgeführt werden kann.

Als **Nachteil** dieser Bauart gelten die unter Umständen schwierigen Reparaturen.

Teilscheibenbremse

Teilscheibenbremsen an Schleppern werden meist als Festsattel-Scheibenbremsen ausgeführt (Bild 1).

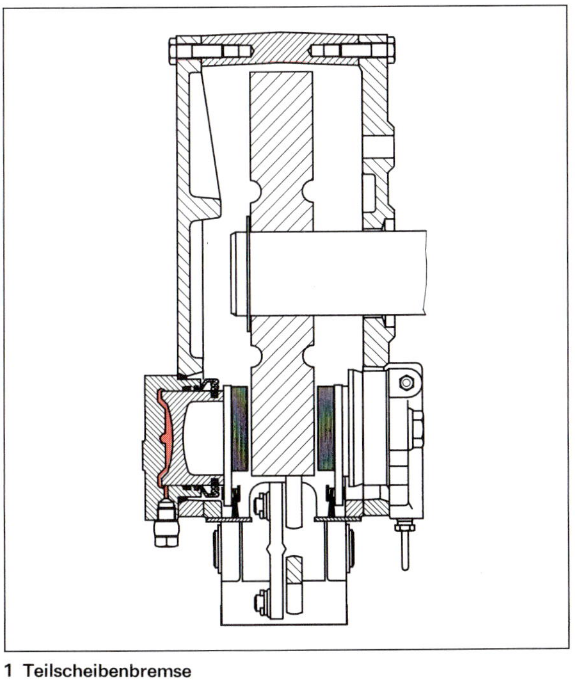

1 Teilscheibenbremse

Mit der Antriebswelle ist die Bremsscheibe fest verbunden. In einem Gehäuse, das die Bremsscheibe umfasst, sitzt auf jeder Seite je ein Bremszylinder.

Wird die Betriebsbremse betätigt, so wird im Hauptbremszylinder (s. Kap. 6.4.1.1) Bremsflüssigkeit unter Druck gesetzt, der die Kolben in den Bremszylindern beaufschlagt. Sie drücken die Bremsbelagträger mit den Bremsbelägen gegen die Bremsscheibe. Durch die entstehenden Reibungskräfte wird das Fahrzeug verzögert.

Wird die Bremse gelöst, so sinkt der Druck im Hydraulikraum (Bild 2) ab. Die Dichtung (siehe Bild 2), die beim Bremsen leicht in Richtung Bremsscheibe vorgespannt (verformt) war, bewegt sich in ihre ursprüngliche Lage zurück. Die Dichtung übernimmt aufgrund ihrer elastischen Eigenschaften die Funktion einer Rückstellfeder. Dadurch wird der Kolben ebenfalls etwas zurückgeschoben, zwischen Bremsscheibe und Bremsbelag entsteht das sog. Lüftspiel. Die Bremsscheibe kann sich frei drehen.

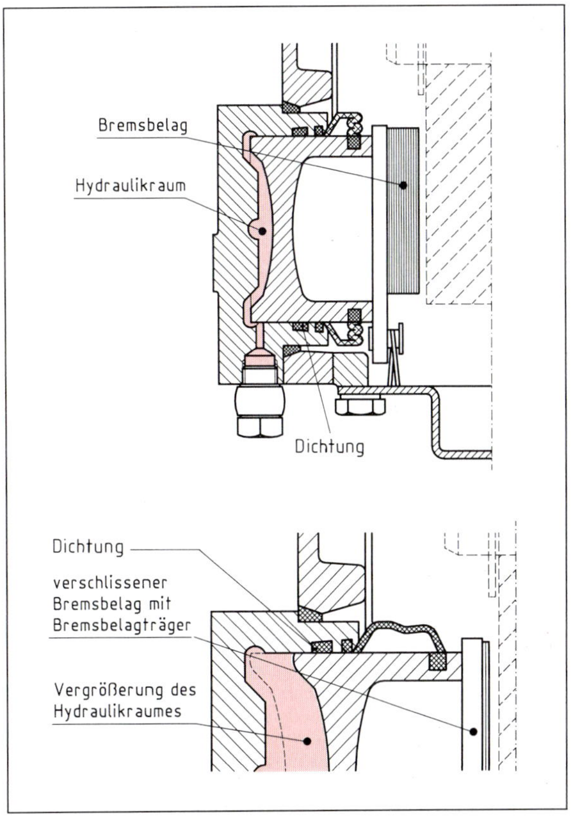

2 Bremszylinder einer Scheibenbremse

Mit zunehmender Abnutzung des Bremsbelags wandert der Kolben weiter aus dem Zylinder heraus, das Lüftspiel bleibt jedoch konstant. Der Verschleiß der Bremsbeläge ist daher nicht am Weg des Bremspedals zu erkennen, der Stand der Bremsflüssigkeit im Vorratsbehälter sinkt jedoch ab.

Teilscheibenbremsen werden in Schleppern wegen folgender **Vorteile** eingebaut:
- gute Abstufbarkeit ermöglicht „gefühlvolles" Bremsen,
- geringe Temperaturabhängigkeit (relativ konstanter C^*-Wert),
- geringe Empfindlichkeit gegen Änderung des Bremsbelag-Reibwerts,
- geringe Bremsfadingneigung (Fading = Nachlassen, Schwinden der Bremswirkung bei hohen Temperaturen),
- rasche Instandsetzung bei verschlissenen Bremsbelägen möglich.

6.4.4.3 Bremsbeläge

Bremsbeläge sind ein wichtiges Konstruktionselement der Bremse; vom Fahrzeughersteller werden sie für die vorhandene Bremse ausgewählt und erprobt. Sie sind von entscheidendem Einfluss auf die Verkehrssicherheit eines Fahrzeugs und deshalb wesentlich für die Gültigkeit der Betriebserlaubnis.

Wird ein nicht durch die Betriebserlaubnis zugelassener Bremsbelag eingebaut, erlischt diese, da eine wesentliche Änderung an der Bremsanlage vorgenommen wurde.

Die **Anforderungen** an Bremsbeläge sind umfangreich:
- möglichst geringe Schwankungen des Reibwerts bei Kälte, Hitze, Nässe, verschiedenen Gleitgeschwindigkeiten (Trommel- oder Scheibendrehzahl), verschiedenen Belag-Flächenpressungen,
- kein Wachsen oder Schrumpfen im Betrieb,
- hohe Zug-, Biege- und Abscherfestigkeit,
- nicht entflammbar und nicht brennbar,
- hohe Wärmeleitfähigkeit,
- Bremsgeräusche vermeiden,
- Umweltbelastungen durch Geruch und Abrieb gering halten,
- geringer Verschleiß von Trommel bzw. Scheibe und Belag,
- günstiger Preis.

Bremsbeläge		
aus organisch gebundenen Reibwerkstoffen		aus Sinterwerkstoffen
mit nichtoxidischen Füllstoffen – Ruß – Grafit – Bleisulfid – Metallpulver (Eisen-, Messing-, Bronzegranulat)	mit oxidischen Füllstoffen – Siliziumdioxid – Eisenoxid – Magnesiumoxid – Kalziumoxid	für Straßenfahrzeuge noch nicht serienreif

1 Werkstoff für Bremsbeläge

Eigenschaft/ Betriebswert	Belagtyp A	Belagtyp B
Reibmaterial	Asbestfrei	Asbestfaser
Bindemittel Kautschuk	Kunstharz/ Kautschuk	Kunstharz/ Kautschuk/ Metall
Gleitgeschwindigkeit in m/s	<15	<15
Flächenpressung in N/cm^2	30...200	30...150
Temperatur in °C, kurzzeitig	450	450
Temperatur in °C, dauernd	<250	<250

2 Betriebswerte für Bremsbeläge

Bremsbeläge bestehen aus einer Vielzahl von Stoffen. Jeder von ihnen beeinflusst die Eigenschaften des Bremsbelags in einer bestimmten Weise. Bild 1 zeigt eine Einteilung von Bremsbelägen.

Asbest (Magnesiumsilikat) wird wegen gesundheitlicher Risiken durch Perlon- oder Aramid-Fasern mit Bindemittel aus Kunstharz oder Kautschuk ersetzt **(asbestfreie Bremsbeläge)**.

Empfohlene Betriebswerte für zwei ausgewählte Bremsbelag-Qualitäten sind in Bild 2 dargestellt.

6.4.4.4 Gesetzliche Vorschriften für landwirtschaftliche Fahrzeuge

Begriffe:

Die **bauartbedingte Höchstgeschwindigkeit** ist die Höchstgeschwindigkeit, die ein alleinfahrender Schlepper in der Ebene nicht überschreiten kann. Die Beschaffenheit des Fahrzeugs muss die Gewähr bieten, dass diese Geschwindigkeit nicht überschritten wird. Sie ist in Kfz-Brief und -Schein eingetragen und darf durch bauliche Maßnahmen am Fahrzeug nicht verändert werden.

Die **betriebsvorschriftbedingte Höchstgeschwindigkeit** ist die Geschwindigkeit, die das Fahrzeug – ohne Rücksicht auf die bauartbedingte Höchstgeschwindigkeit – nicht überschreiten darf. Sie ist durch eine für das Fahrzeug geltende Betriebsvorschrift festgelegt und am Fahrzeug durch das weiße Geschwindigkeitsbegrenzungsschild nach § 58 StVZO angegeben.

Die **Betriebsbremsanlage** muss das Fahrzeug aus allen Geschwindigkeiten schnell und wirksam bis zum Stand abbremsen. Ihre Wirkung muss abstufbar sein und der Fahrer muss die Bremswirkung erzielen, ohne die Hände von der Lenkung zu nehmen.

Die **Hilfsbremsanlage** muss bei Versagen der Betriebsbremsanlage das Anhalten des Fahrzeugs ermöglichen. Ihre Wirkung muss abstufbar sein, und der Fahrzeugführer muss mit einer Hand die Kontrolle über das Lenkrad haben.

Die **Feststellbremsanlage** ermöglicht es, das Fahrzeug in Abwesenheit des Fahrers mit rein mechanischer Wirkung in Bremsstellung zu halten. Die Feststellbremswirkung muss der Fahrer von seinem Sitz aus erzielen können.

Eine automatische Bremsanlage (Abreißbremsanlage) müssen alle Anhänger besitzen, um bei ungewollter Zugtrennung schnellstens selbsttätig zum Stillstand zu kommen. Bei Einachsanhängern reicht die sog. **Halteschlaufe**, mit der Schlepper und Anhänger verbunden bleiben, auch wenn die normale Anhängerkupplung getrennt ist. Die Halteschlaufe betätigt in diesem Fall die mechanische Bremse.

Die **Dauerbremsanlage** soll es ermöglichen, die Fahrgeschwindigkeit auch auf längeren Gefällestrecken konstant zu halten.

	bis 25 km/h	über 25 km/h
	– Betriebsbremsanlage Abbremsung mindestens 30% – Hilfsbremsanlage Abbremsung mindestens 25% – Feststellbremsanlage (Handbremse) Abbremsung mindestens 20%	– Betriebsbremsanlage Abbremsung mindestens 45% (bis 32 km/h: mindestens 37%) – Hilfsbremsanlage Abbremsung mindestens 25% – Feststellbremsanlage (Handbremse) Abbremsung mindestens 20%
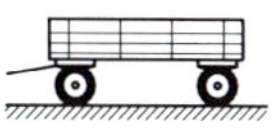	– Betriebsbremsanlage (vom Schlepper aus) Abbremsung mindestens 30% automatische Bremsanlage (Abreiß-Seil oder -Kette) Abbremsung mindestens 25% – Feststellbremsanlage (Handbremse) Abbremsung mindestens 20%	– Betriebsbremsanlage Abbremsung mindestens 45% automatische Bremsanlage Abbremsung mindestens 25% – Feststellbremsanlage (Handbremse) Abbremsung mindestens 20%
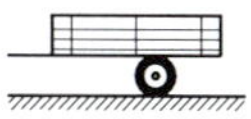	– Betriebsbremsanlage (vom Schlepper aus) Abbremsung mindestens 30% automatische Bremsanlage (Abreiß-Seil oder -Kette) Abbremsung mindestens 25% – Feststellbremsanlage (Handbremse) Abbremsung mindestens 20%	– Betriebsbremsanlage Abbremsung mindestens 45% automatische Bremsanlage Abbremsung mindestens 25% – Feststellbremsanlage (Handbremse) Abbremsung mindestens 20%
	– Betriebsbremsanlage Handhebel auf dem Schlepper Anhänger-Gesamtgewicht: 4 t	
	– Betriebsbremsanlage Auflaufbremsanlage auf eine Achse wirkend Anhänger-Gesamtgewicht: 8 t	– Betriebsbremsanlage Auflaufbremsanlage auf alle Räder wirkend Anhänger-Gesamtgewicht: 8 t
	– Betriebsbremsanlage Auflaufbremsanlage Anhänger-Gesamtgewicht: 2 × 8 t	
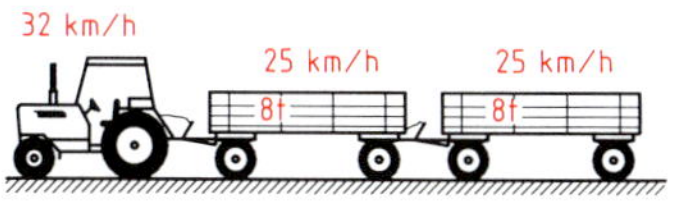	nach 28. Ausnahmeverordnung: – Betriebsbremsanlage Auflaufbremsanlage Anhänger-Gesamtgewicht: 2 × 8 t (Schlepper bauartbedingt bis 32 km/h)	
	– Betriebsbremsanlage auf eine Achse jedes Anhängers wirkend 1. Anhänger-Druckluft 2. Anhänger: Auflaufbremsanlage Anhänger-Gesamtgewicht: 1 × 16 t und 1 × 8 t	– Betriebsbremsanlage auf alle Räder jedes Anhängers wirkend 1. Anhänger-Druckluft 2. Anhänger: Auflaufbremsanlage Anhänger-Gesamtgewicht: 1 × 16 t und 1 × 8 t
	– Betriebsbremsanlage auf eine Achse jedes Anhängers wirkend 1. und 2. Anhänger: Druckluft Anhänger-Gesamtgewicht: 2 × 16 t	– Betriebsbremsanlage auf alle Räder jedes Anhängers wirkend 1. und 2. Anhänger: Druckluft Anhänger-Gesamtgewicht: 2 × 16 t

1 Bremsanlagen für Lof Fahrzeugkombinationen nach § 41 StVZO

In **„Lof Fahrzeug"** bedeutet „lof"; land- oder forstwirtschaftlich.

Anhänger mit einer durch die Bauart bestimmten Höchstgeschwindigkeit von bis 25 km/h können mit einer Einleitungs- oder einer Zweileitungsbremsanlage ausgerüstet sein.

Anhänger mit einer durch die Bauart bestimmten Höchstgeschwindigkeit über 25 km/h, die erstmalig nach dem 1.4.1974 in den Verkehr gebracht wurden, oder bei denen die Druckluftbremsanlage nachträglich eingebaut wurde, müssen mit einer Zweileitungs-Bremsanlage ausgerüstet sein.

Vorschriften über Bremsanlagen für Lof Fahrzeugkombinationen enthält §41 StVZO. Bild 1, Seite 181, gibt wichtige Vorschriften wieder.

Unter der **Abbremsung** *z* versteht man

$$z = \frac{\text{Summe der Bremskräfte am Radumfang}}{\text{zul. Gesamtgewichtskraft des Fahrzeugs}} \cdot 100\%$$

Die Bremskräfte werden in der Regel auf Rollenprüfständen gemessen. Ist dies wegen der großen Raddurchmesser bei Ackerschleppern nicht möglich, so werden schreibende Bremsmessgeräte verwendet.

Eine Auswahl vorgeschriebener Mindestabbremsungen zeigt Bild 1.

Fahrzeugklasse	Mindestabbremsung z in %		
	BBA	FBA	HBA
Zugmaschinen $v_{max} > 40$ km/h $G > 6$ t	40	15	20
Selbstfahrende Arbeitsmaschinen $G > 6$ t	40 (25)	15	20 (20) *
Anhänger $G > 6$ t	40	15	–

BBA Betriebsbremsanlage
FBA Feststellbremsanlage
HBA Hilfsbremsanlage
G zulässiges Gesamtgewicht
v_{max} durch die Bauart bedingte Höchstgeschwindigkeit
* Klammerwerte für Fahrzeuge mit $v_{max} < 25$ km/h

1 Mindestabbremsung

Die Mindestabbremsungen wurden aufgrund der lt. StVZO vorgeschriebenen Mindestverzögerungswerte ermittelt.

7 Landmaschinensystemtechnik

7.1 Maschinen und Geräte zur Bodenbearbeitung, Saat, Düngung, Pflanzenpflege und zum Pflanzenschutz

7.1.1 Maschinen und Geräte zur Bodenbearbeitung

 Der Pflug wendet, lockert, lüftet, bringt Pflanzenrückstände und Stalldung unter.	 Der Grubber lockert, mischt, lüftet, zerkleinert; zusammen mit einem Nachläufer kann er krümeln; als Kurz- oder Vorgrubber folgen ihm weitere Geräte.	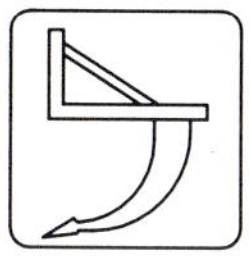 Der Tiefenlockerer bricht Pflugsohlen auf, lockert und lüftet bis zu 75 cm Tiefe.	 Die Scheibenegge lockert, lüftet, krümelt, mischt.	 Die Saatbettkombination arbeitet in gleichmäßiger Tiefe, ebnet, krümelt, mischt und rückverfestigt den Boden.	 Die Zinken-Säkombination ebnet, rückverfestigt, sät.
	Der Zinkenrotor lockert, mischt, mulcht, krümelt.	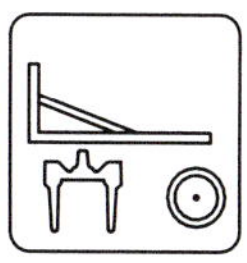	Die Kreiselegge krümelt, ebnet, rückverfestigt.		Die Fräse lockert, mischt, mulcht (rückverfestigt)

1 Maschinen und Geräte zur Bodenbearbeitung

7.1.1.1 Arbeitsverfahren und Ziele der Bodenbearbeitung

Bild 1 zeigt die wesentlichen zur Bodenbearbeitung eingesetzten Maschinen und Geräte. Aus den einzelnen Angaben ist ersichtlich, dass zur mechanischen Bodenbearbeitung folgende Arbeitsgänge gehören:

- den Boden lockern, lüften bzw. verdichten zur Schaffung einer ausgewogenen Krümelstruktur und Bildung der Bodengare. Die richtige Bodengare ist erreicht, wenn der Boden zu 50% aus einer Mischung von kleinen und großen Bodenteilchen, zu 25% aus großen luftführenden Hohlräumen und zu weiteren 25% aus feinen wasserführenden (Kapillaren) Hohlräumen besteht,
- den Boden wenden, mischen und mulchen, um Pflanzenrückstände und Düngestoffe einzuarbeiten,
- Unkrautbekämpfung,
- die Bodenoberfläche einebnen, lockern, rückverfestigen, um sie für Aussaat, Düngung und Pflege vorzubereiten.

Mit diesen Arbeitsvorgängen sollen die in Bild 2 tabellarisch zusammengestellten Ziele der Bodenbearbeitung erreicht werden. Dabei gewinnt eine umweltschonende bzw. umweltverträgliche Produktionsweise im Pflanzenbau zunehmend an Bedeutung. Diese Methode wird als **integrierter Pflanzenbau** bezeichnet.

Bild 3 zeigt die dabei zu berücksichtigenden und zusammenwirkenden Faktoren.

Mechanische Bearbeitung: Art der Umsetzung		
Physikalisch	Chemisch	Biologisch
1. Stabile Krümelstruktur mit großem Porenvolumen zur Luftzuführung und feinem Porenvolumen zur Wasserzuführung, 2. kein Bodenabtrag (Erosion).	1. Nährstoffversorgung der Pflanze, 2. Grundwasserschutz (keine Emissionen), 3. Säuregehalt des Bodens.	Kleinstlebewesen fördern zur: 1. Bodenlockerung und -krümelung, 2. Zersetzung pflanzlicher Rückstände, 3. Nährstoffumsetzung für Pflanzen.

2 Ziele mechanischer Bodenbearbeitung

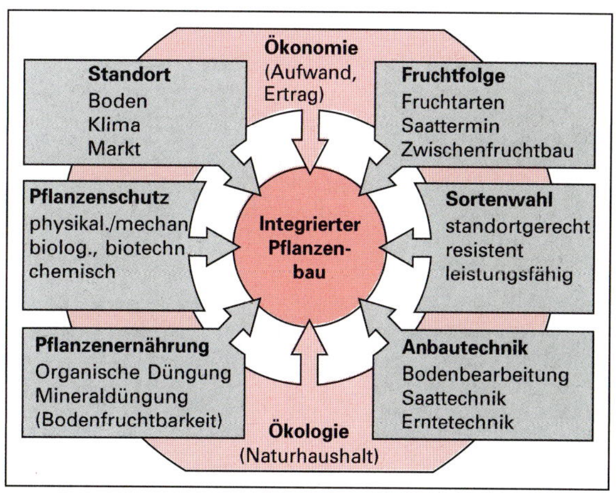

3 Integrierter Pflanzenbau

Bodenbearbeitungs-system	Arbeitsabschnitte: Grundbodenbearbeitung	Arbeitsabschnitte: Saatbettbereitung	Arbeitsabschnitte: Saat	Ablauf der Arbeitsgänge
Konventionelle Bodenbearbeitung mit Pflug	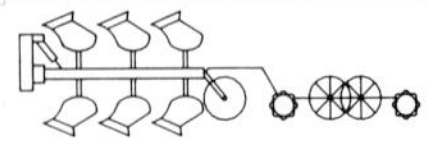			getrennt
	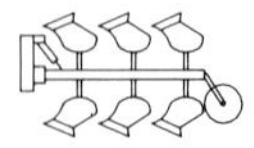	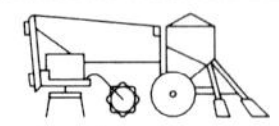 alle Zw-Eggen 	Bodenfräse oder Rotoregge	reduziert, Saatbettbereitung und Saat zusammengefasst
	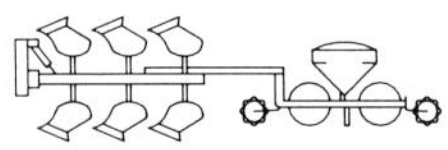			alle Arbeitsgänge zusammengefasst
Konservierende Bodenbearbeitung ohne Pflug mit Schäl-, Kurz- oder Schichtengrubber	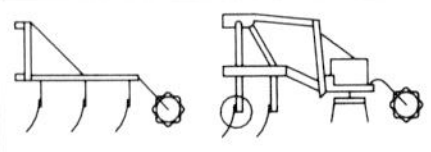	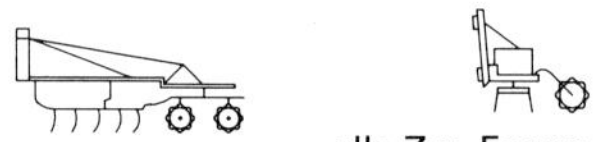 alle Zw-Eggen	Roll- oder Scheibenschare 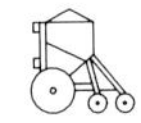	getrennt
		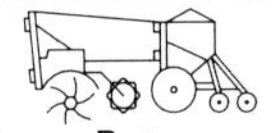 u. a. Rotoregge 	Bodenfräse oder Zw-Egge	reduziert, Saatbettbereitung und Saat zusammengefasst
				alle Arbeitsgänge zusammengefasst
ohne Grubber	–			ohne Grundbodenbearbeitung, Saatbettbereitung u. Saat zusammengefasst
Ohne Bodenbearbeitung Direktsaat	–	–	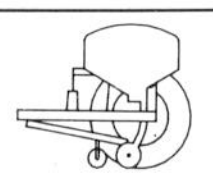	Anlegen von Säschlitzen

1 Bodenbearbeitungssysteme und Geräteauswahl für die Arbeitsabschnitte Grundbodenbearbeitung und Saatbettbereitung/Saat

Bild 1 zeigt, dass die **Bodenbearbeitungsverfahren** nach den jeweils eingesetzten Maschinen und Geräten in folgende Bereiche unterteilt werden können:

- konventionelle Bodenbearbeitung mit Pflug.
- konservierende Bodenbearbeitung ohne Pflug. Die übliche Bodenbearbeitungsintensität wird verringert. Die Saat kann als Mulchsaat (in Ernterückständen) erfolgen,
- Direktsaat ohne Bodenbearbeitung.

Eine weitere Möglichkeit der Unterteilung stellen die nachfolgend aufgeführten Arbeitsabschnitte dar:

- Grundbodenbearbeitung: Lockerung der Ackerkrume auf einer Tiefe von 150 mm ... 300 mm mit dem Pflug (Primärbodenbearbeitung),
- Saatbettbereitung: Einebnen, Lockern, Krümeln, Verdichten der Bodenoberfläche in einer Tiefe von etwa 100 mm (Sekundärbodenbearbeitung),
- Stoppelbearbeitung: Flaches Einarbeiten von Ernterückständen,
- Unterbodenlockerung: Beseitigung von Bodenverdichtungen.

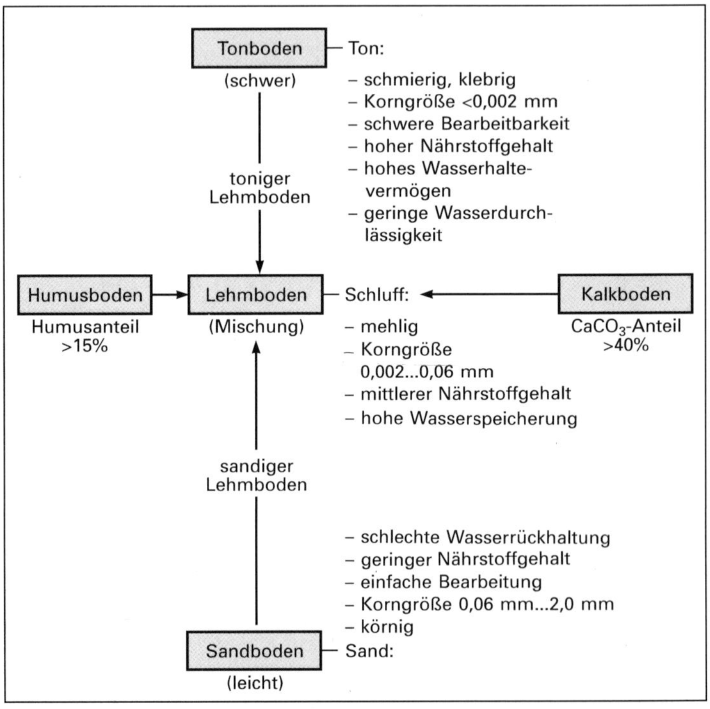

2 Bodenarten

Bei der Auswahl und der technischen Ausrüstung der Maschinen und Geräte für die Bodenbearbeitung muss die **Bodenart** berücksichtigt werden. Bild 2, Seite 184 zeigt die verschiedenen Bodenarten mit ihren wesentlichen Kennzeichen.

7.1.1.2 Pflüge

Pflugbauarten

Bild 1 enthält eine Zusammenstellung der Pflugbauarten mit ihren wesentlichen Kennzeichen.

Unterteilungsmerkmal (DIN 11 051)	Bauart	Kennzeichen
Schlepper-Anbau	Anbaupflug (Bild 6)	Pflug wird vom Schlepper getragen, 1 … 5furchig
	Aufsattelpflug (Bild 3)	Schlepper trägt nur ein Teilgewicht des Pfluges, 4 … 8furchig
Arbeitsrichtung	Drehpflug (Bild 6)	links- und rechtswendende Pflugkörper
	Beetpflug (Bild 2)	nur einseitig wendende Pflugkörper
Arbeitswerkzeug	Scharpflug (Bild 4)	Boden wird von einem Schar abgetrennt und gewendet
	Scheibenpflug (Bild 5)	Boden wird von einer freidrehenden Stahlscheibe abgetrennt und gewendet
Verwendungszweck	Saatpflug (Bild 6)	Furchentiefe 25 cm … 35 cm
	Schälpflug (Bild 2)	Furchentiefe … 22 cm
	Tiefpflug (Bild 4)	Furchentiefe 50 cm … 100 cm

1 Unterscheidungsmerkmale Pflüge

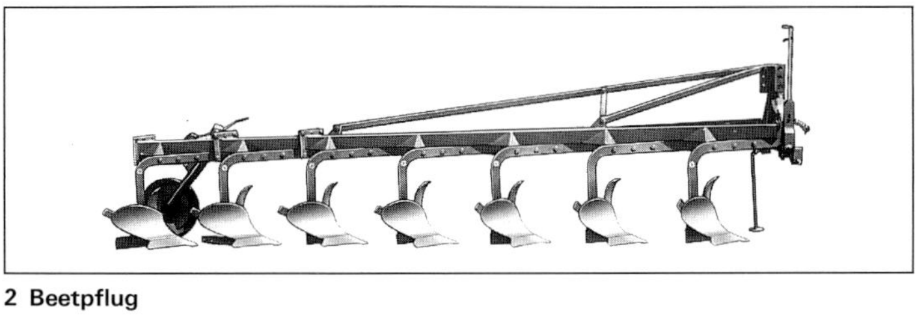

2 Beetpflug

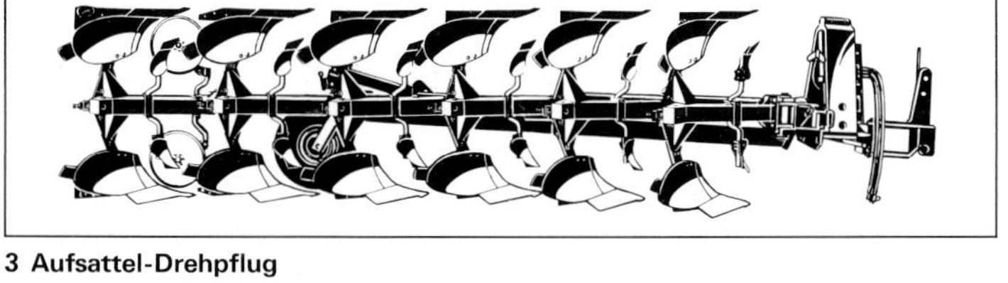

3 Aufsattel-Drehpflug

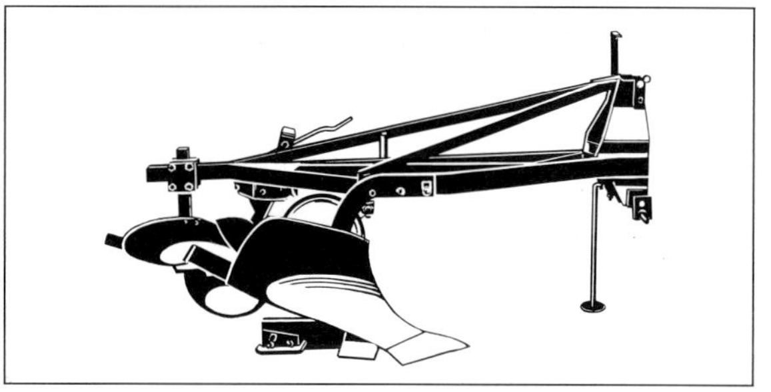

4 Tiefpflug

5 Scheibenpflug

Bauteile eines Anbau-Drehpfluges

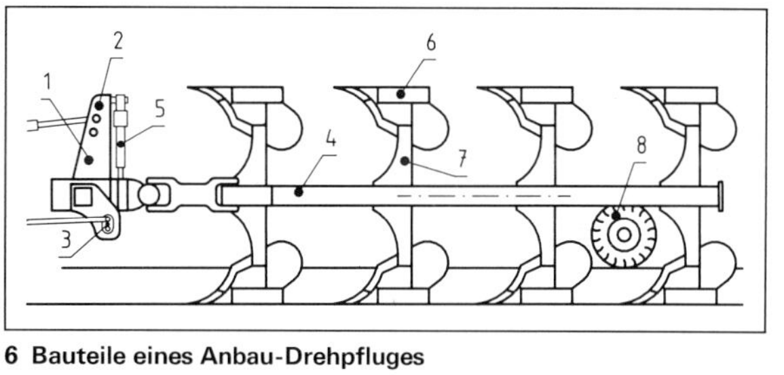

6 Bauteile eines Anbau-Drehpfluges

Zu den am häufigsten eingesetzten Pflügen gehört der Anbau-Drehpflug (Bild 6). Er besteht aus folgenden wesentlichen Bauteilen:

1 Pflugturm
2 Oberlenkeranhängepunkt
3 Unterlenkeranhängung
4 Pflugrahmen
5 Hydraulische Drehvorrichtung
6 Pflugkörper
7 Grindel
8 Stützrad

Der Einsatz des Pfluges spielt bei der konventionellen Bodenbearbeitung eine wesentliche Rolle. Dabei sind folgende Vorzüge von entscheidender Bedeutung:

- Bearbeitung und Lockerung des Bodens auf einer Krumentiefe von 250 mm … 350 mm,
- gute Wendung,
- sauberes Einarbeiten von Pflanzenrückständen,
- ebene Oberfläche für nachfolgende Bestell- und Pflegearbeiten.

Pflugkörper

Bild 1 zeigt den **Pflugkörper** beim Abtrennen des Erdbalkens. Der Trennvorgang gleicht hierbei der Keilwirkung der Werkzeugschneide.

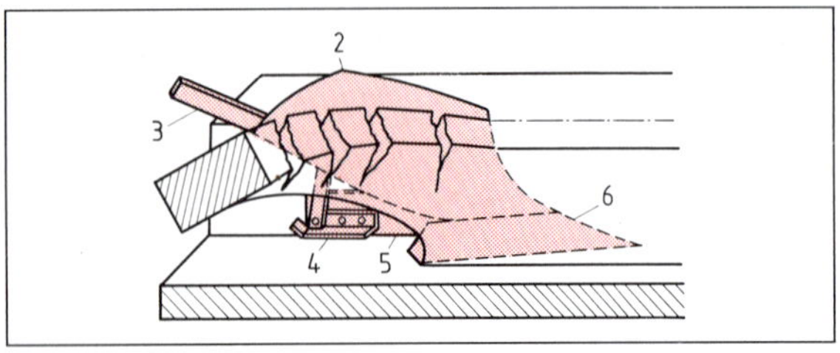

1 Arbeitsweise Pflugkörper

Der **Pflugkörper** (Bild 2) besteht aus folgenden Bauteilen:

1 Rumpf
2 Streichblech
3 Streichschiene
4 Schleifsohle
5 Anlage
6 Schar

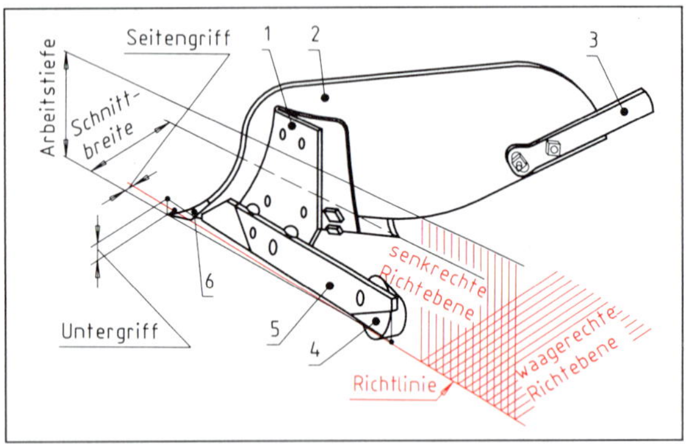

2 Bauteile und Einstellungen

Das Pflugschar schneidet den Erdbalken waagerecht ab und hebt ihn zum Streichblech hin an. Aus diesem Grunde unterliegt es größter Beanspruchung und Abnutzung. Rechtzeitiges Auswechseln bzw. Instandsetzen der Schare sind notwendig, damit Seiten- und Untergriff nicht verschlechtert werden, da sonst größere Zugkräfte erforderlich sind.

Als **Seitengriff** bezeichnet man das Hinausragen der Scharspitze (s. Bild 2) über die senkrechte Richtebene. Er soll etwa 10 mm betragen. Außerdem soll die Scharspitze etwa 30 mm unter der waagerechten Richtebene stehen. Dieses Maß wird als **Untergriff** bezeichnet.

Seiten- und Untergriff erleichtern das Eindringen des Pflugkörpers in den Boden. Ihre Einstellmaße können mit Hilfe eines Lineals überprüft werden.

Die zum Einsatz kommende Scharform (Bild 3) und der Scharwerkstoff richtet sich nach der Bodenart. Neben Scharen mit fester Spitze werden auch solche mit Wechselspitze angeboten. Diese können entweder angeschraubt oder aufgeschweißt werden.

Scharform	Einsatz	Anmerkungen
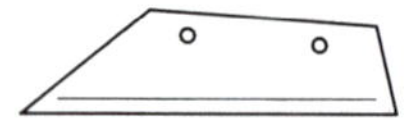 Spitzschar	leichte bis mittelschwere Böden	nachschleifbar, ausschmiedbar, oder nur austauschbar
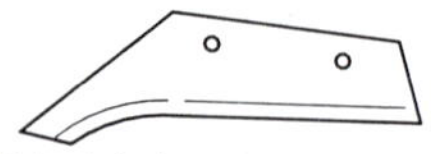 Schnabelschar	mittlere bis schwere Böden	nachschleifbar, ausschmiedbar, größerer Untergriff
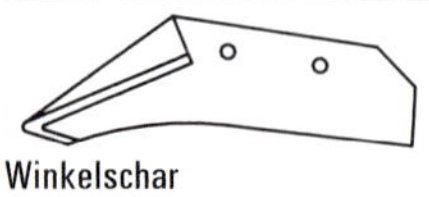 Winkelschar	schwere und steinige Böden	größere Stabilität durch Verstärkungswinkel
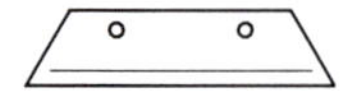 Klingenschar	leichte bis mittlere Böden	Austausch nach Verschleiß
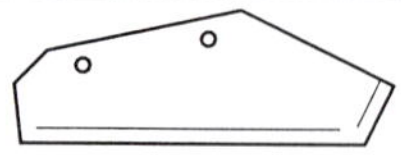 Perfektschar	leichte bis schwere Böden	selbstschärfendes Wechselschar

3 Scharformen

Körperform	Einsatz	Schnittbild
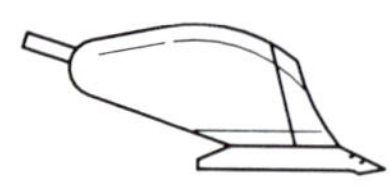 Universalkörper	leichte bis mittel-schwere Böden	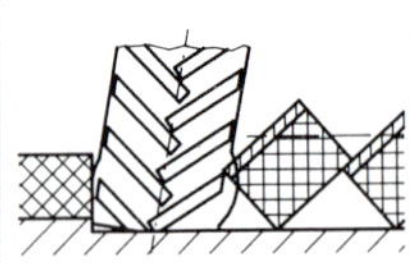 rechteckiger Erdbalken
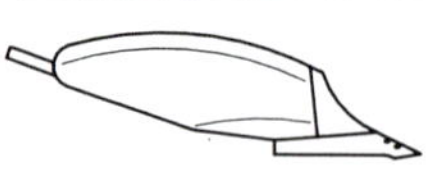 Gewundener Körper	schwere bis schwerste Böden	
 Streifenkörper	schwere klebende Böden	
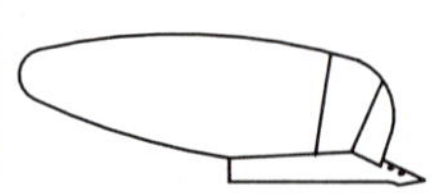 Rautenkörper	alle Böden (wegen Abschrägung Furchenwand weniger Seitenführung)	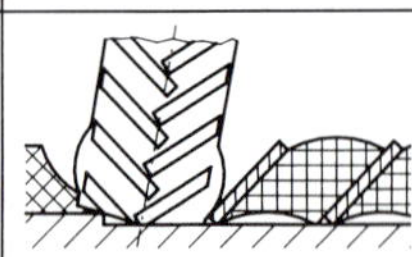 rautenförmig

4 Streichblechformen

Das Streichblech lockert den abgeschnittenen Erdbalken und legt ihn in der vorherigen Furche ab. Entsprechend der Bodenart kommen auch hier unterschiedliche Streichblechformen und -wölbungen zum Einsatz (Bild 4).

Die Anlage und die Schleifsohle sorgen für eine bessere Pflugführung und -abstützung an der Sohle und an der Wand der Furche.

Zusatzwerkzeuge

Die Pflugarbeit wird durch verschiedene Vorwerkzeuge und Zusatzausrüstungen (Bild 1) unterstützt. Sie schützen Schar und Streichblech und sorgen für ein einwandfreies Einbringen von Pflanzenresten und Stalldung.

Bodenverdichtungen unterhalb der Sohle der Furche können durch Untergrundlockerer aufgebrochen werden. Gleiches gilt für Verdichtungen, die durch das Schlepperrad hervorgerufen werden. Zum Einsatz kommen Untergrunddorne oder Untergrundschare (Bild 2). Sie sind in der Lage, den Boden bis zu 200 mm unter der Furchensohle aufzulockern.

Vorwerkzeug	Anmerkungen
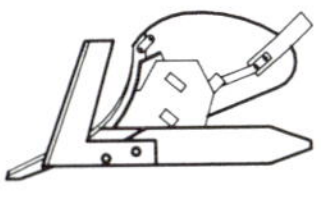 Anlagensech	Vorschneiden des Erdbalkens, schützt Anlage und Schneidkante, verbessert seitliche Führung des Pfluges
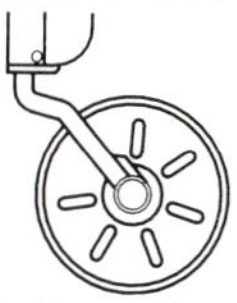 Scheibensech	Scheibendurchmesser 400 mm...500 mm, glatt oder gezahnt, trennen Erdbalken und Pflanzenreste ab
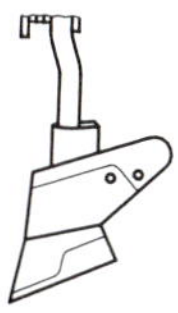 Vorschäler	verkleinerter Pflugkörper, flache Einarbeitung von Bewuchs und Pflanzenresten, verstärkt Krümelbildung
 Düngereinleger	schmaler als Vorschäler, reißen eine kleine Furche, entfernen dadurch Stalldung oder Stroh
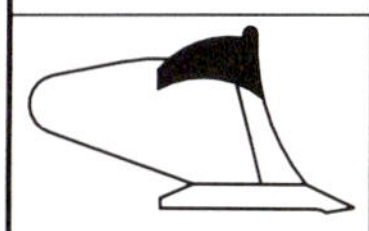 Leitblech am Streichblech	verstopfungsfreies Einlegen von Pflanzenmaterial, ersetzt oder ergänzt Düngereinleger, saubere Bodenoberfläche

1 Zusatzwerkzeuge

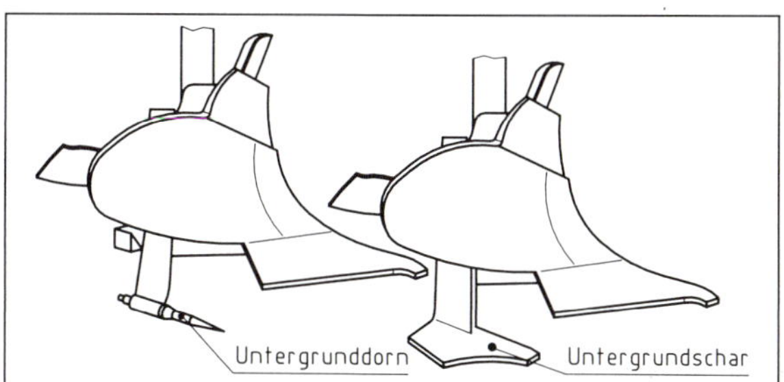

2 Untergrundlockerer

Überlastsicherungen

Für extreme Belastungen, u.a. auf steinigen Böden, werden Pflugkörper mit Überlastsicherungen (Bilder 3...5) ausgerüstet.

Bei halbautomatischen Steinsicherungen muss der Pflugkörper nach dem Ansprechen des Sicherungselementes von Hand in die Arbeitsstellung zurückgedrückt werden. Bild 3 zeigt, dass bei übermäßigem Druck gegen den Pflugkörper die Rolle über die Blattfeder abrollt und dadurch den Haken nach oben schiebt. Der betreffende Pflugkörper klappt nun nach hinten weg.

Das Bild 4 zeigt eine Steinsicherung mit einstellbaren Federn. Nach Betätigung geht der Pflugkörper wieder selbsttätig in die Pflugstellung zurück. Beim Festhaken der Scharspitze oder bei stark verhärteten Böden spricht eine zusätzliche Abschersicherung (Schraube) an.

Hydraulische Steinsicherungen (Bild 5) arbeiten mit Öldruckspeichern. Im Innern dieser Speicher befindet sich ein Öl- und ein Gasraum, die durch eine Membran voneinander getrennt sind. Beim Auslösen der Steinsicherung fließt infolge der Druckerhöhung Öl aus dem Hydraulikzylinder in den aufgesetzten Speicher. Entsprechend wird die Stickstofffüllung im Gasraum stärker zusammengedrückt. Lässt der Druck im Zylinder nach, wird das Öl durch den erhöhten Gasdruck in den Arbeitszylinder zurückgeführt (vgl. „Druckspeicher" im Kap. 4.4.8).

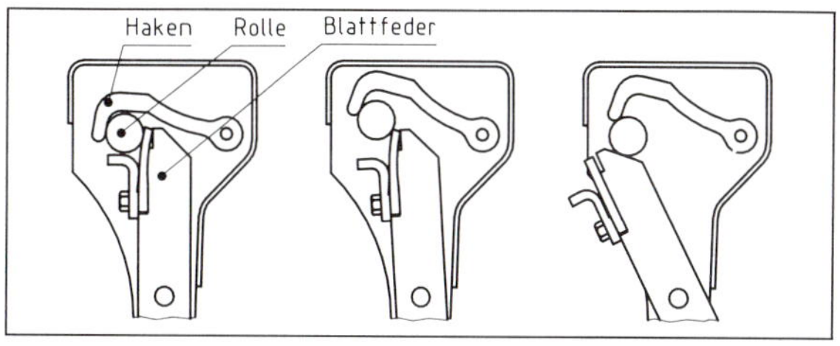

3 Halbautomatische Steinsicherung

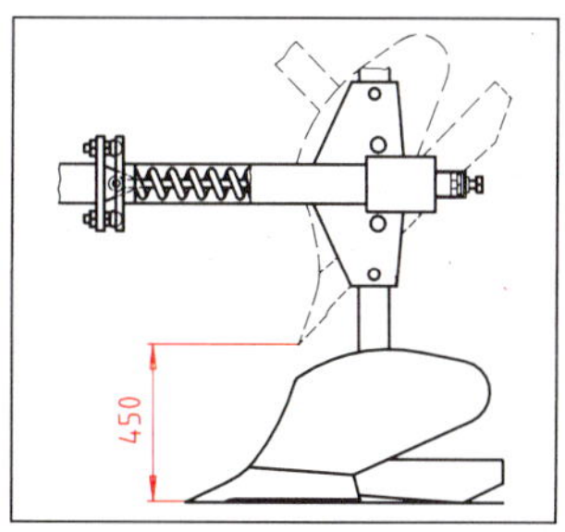

4 Feder-Steinsicherung

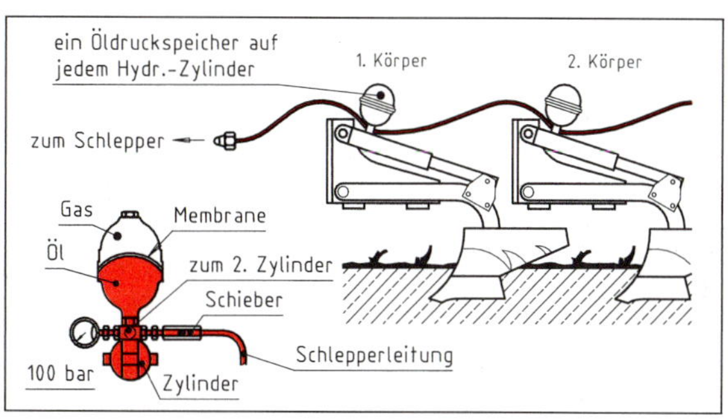

5 Hydraulische Steinsicherung

Einstellungen am Pflug

Für die Beurteilung und den Vergleich von Pflügen können folgende Maße (Bild 1) herangezogen werden:

1 Turmhöhe:	Abstand zwischen den Koppelpunkten, Richtmaß 460 mm … 620 mm
2 Koppelhöhe:	Abstand zwischen Unterlenkerkoppelpunkt und Standebene, Richtmaß 500 mm … 700 mm
3 Rahmenhöhe:	Abstand zwischen Unterkante Rahmen und Standebene, Richtmaß 650 mm … 800 mm
4 Körperabstand:	Abstand zwischen den einzelnen Scharspitzen (Durchgang), Richtmaß 85 mm … 105 mm
5 Furchentiefe:	Abstand zwischen Bodenoberkante und Sohle der Furche, Richtmaß 150 mm … 400 mm
6 Arbeitsbreite pro Schar:	Schnittbreite der einzelnen Pflugkörper, Richtmaß 300 mm … 450 mm
7 Arbeitsbreite gesamt:	Arbeitsbreite pro Schar mal Anzahl der Schare

Um eine exakte Pflugarbeit zu gewährleisten, ist eine Einstellung bzw. regelmäßige Kontrolle folgender Größen erforderlich:

- Furchentiefe,
- Querneigung,
- Vorderfurchenbreite,
- Schlepper-Pflug-Zuglinie.

Die jeweils erforderlichen Einstellarbeiten sollen nachfolgend am Beispiel eines Anbau-Volldrehpfluges erläutert werden.

Die Furchentiefe wird über das Regelsteuerventil der Schlepperhydraulik vorgewählt. Zusätzlich hat die Längeneinstellung des Oberlenkers einen Einfluss auf die gleichmäßige Arbeitstiefe aller Pflugkörper. Der Oberlenker und die Unterlenker sollen in Richtung des Pfluges leicht ansteigen (Bild 2).

Dabei soll die Belastung des Stützrades wegen der günstigeren Zugkraftübertragung gering sein. Das Stützrad soll eine zu große Arbeitstiefe verhindern, wenn der Pflug aufgrund des geringen Pflugwiderstandes zu tief geregelt wird (s. Kap. 4.5.2, Zugkraftregelung).

Die gedachten Verlängerungen der Ober- und Unterlenker schneiden sich im Punkt S (s. Bild 2). Dieser wird als **ideeller Führungspunkt** bezeichnet. Die Lage dieses Punktes kann durch eine flachere oder steilere Stellung der Oberlenker verändert werden. Aufgrund der damit verschobenen Kräfteverhältnisse ergibt sich daraus eine andere Belastung der Hinterachse.

Da der Schlepper beim Pflügen mit einem Rad in der Furche läuft und der Pflug quer zur Fahrtrichtung jedoch waagerecht arbeiten soll (s. Bild 3), muss dieser gegenüber dem Schlepper verdreht werden. Am Pflugturm (Bild 4) lassen sich über zwei Neigungsspindeln die Querneigung je Pflugseite unabhängig voneinander einstellen. Die Einstellung ist so zu wählen, dass die Pfluggrindel während der Arbeit rechtwinklig zur Bodenoberfläche stehen.

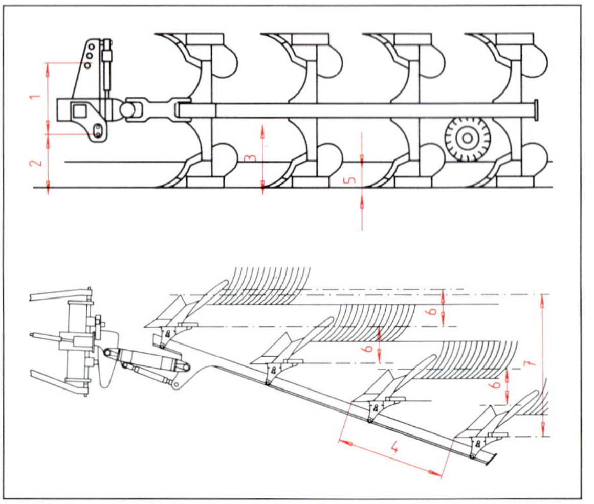

1 Maßbestimmungen am Pflug

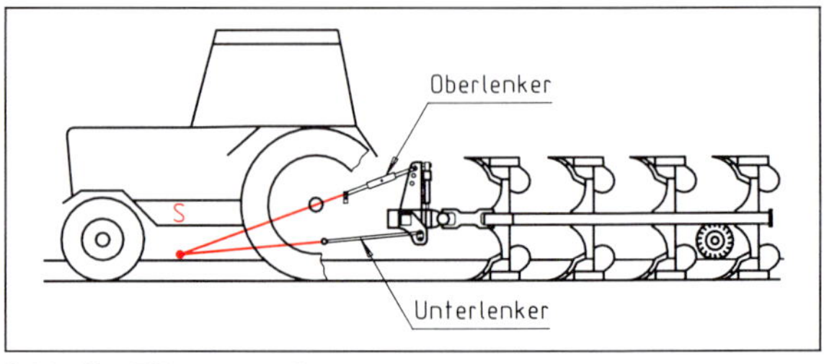

2 Ideeller Führungspunkt

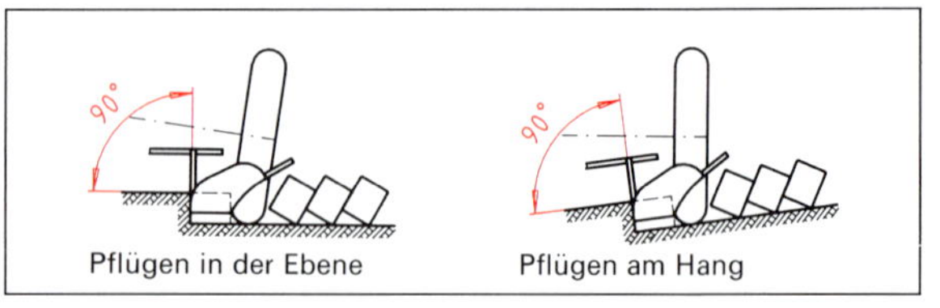

3 Querneigung

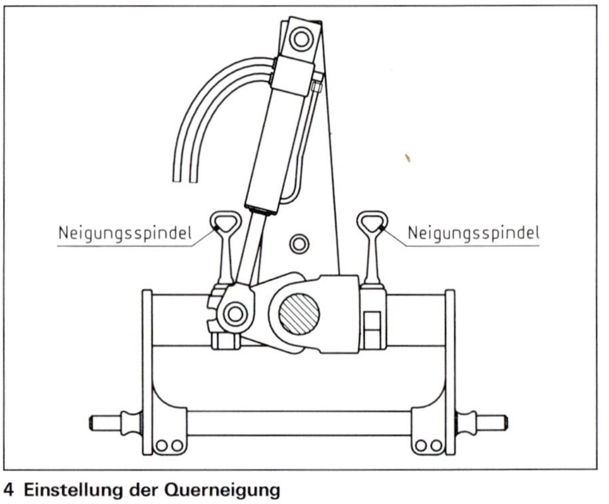

4 Einstellung der Querneigung

Da der erste Pflugkörper jeweils nach dem Wenden die Anschlussfurche erzeugt, muss die Arbeitsbreite dieses Pflugkörpers mit der der folgenden Schare übereinstimmen. Die Einstellung kann über Spindeln (Bild 1) oder durch Parallelverschiebung (Bild 2) erfolgen.

Zusätzlich besteht die Möglichkeit der Änderung der Arbeitsbreite des Pfluges bzw. der Schnittbreite der einzelnen Pflugkörper (Bild 3). Dieses kann entweder manuell über eine Spindel oder hydraulisch mittels eines doppeltwirkenden Arbeitszylinders geschehen.

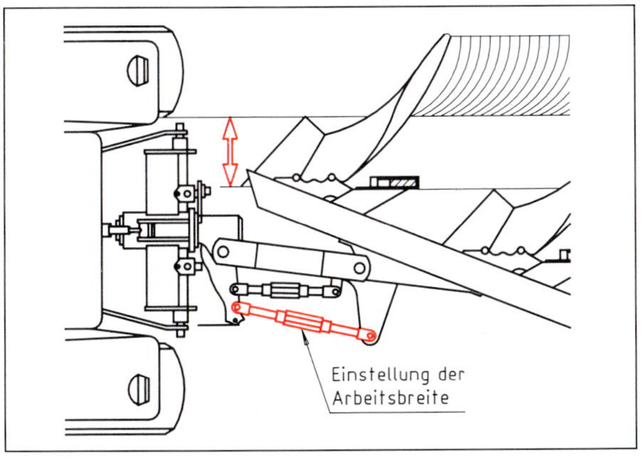

1 Einstellung der Arbeitsbreite über Schwenkvorrichtung

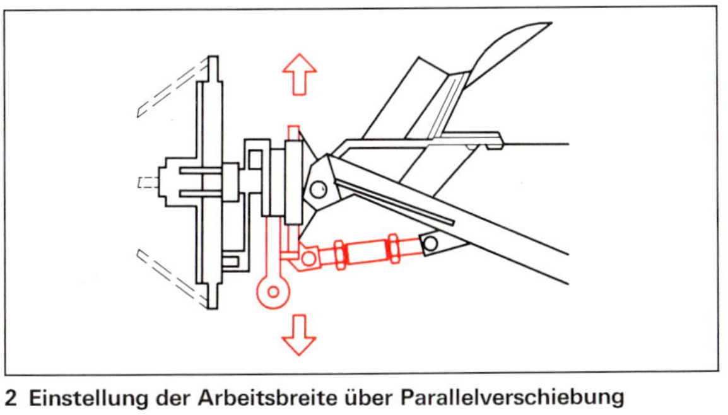

2 Einstellung der Arbeitsbreite über Parallelverschiebung

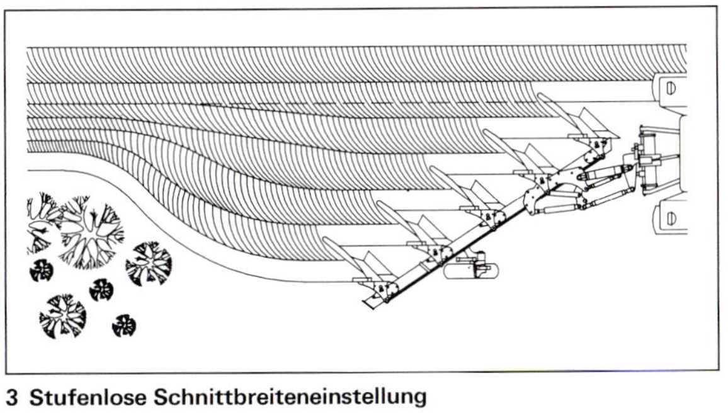

3 Stufenlose Schnittbreiteneinstellung

Neben dem ideellen Führungspunkt (s. Bild 2, Seite 188) spielt bei der Pflugarbeit noch der **ideelle Zugpunkt Z** (Bild 4) eine wesentliche Rolle. Dieser liegt im Schnittpunkt der gedachten Verlängerungen der Unterlenker in der Draufsicht. Liegt der Punkt Z nicht auf der Mittelachse

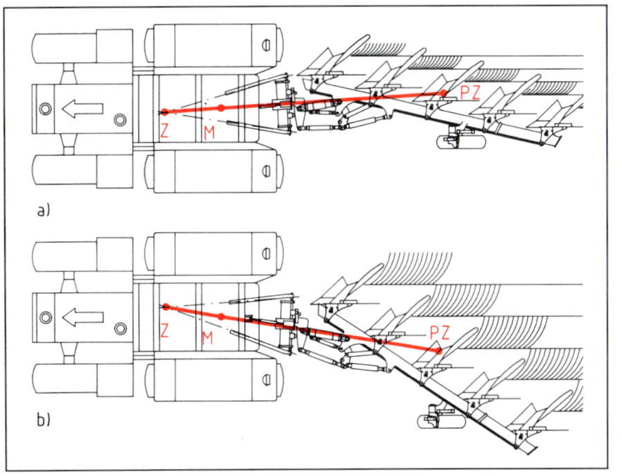

4 Ideeller Zugpunkt – Stufenlose Arbeitsbreitenverstellung

des Schleppers, so treten Seitenkräfte (Seitenzug) am Schlepper auf, sodass der Fahrer entsprechend gegenlenken muss.

Die Einstellung des ideellen Zugpunktes erfolgt über seitlich zwischen Drehachse und Pflugrahmen befestigte Spindeln, deren Länge durch Verdrehen verändert werden kann.

Bild 4 zeigt die Möglichkeit einer stufenlosen Arbeitsbreitenverstellung des Pfluges. Dabei werden die Vorderfurchenbreite und die Zuglinie automatisch den veränderten Verhältnissen angepasst. Durch die Verstellung wandert der ideelle Zugpunkt Z geringfügig nach außen (Bild 4). Da die gedachte Linie vom ideellen Zugpunkt Z zum Zugpunkt des Pfluges PZ (Zuglinie) jedoch über den Mittelpunkt M der Hinterachse des Schleppers führt, tritt trotz der Veränderung der Arbeitsbreite kein Seitenzug am Schlepper auf.

Das Drehen des Kehrpfluges am Ende des Feldes wird von der Schlepperhydraulik über einfach- oder doppeltwirkende Arbeitszylinder vorgenommen, die manuell über ein Steuerventil betätigt werden (Bild 5). Ältere Pflüge verfügen über mechanische Drehhilfen.

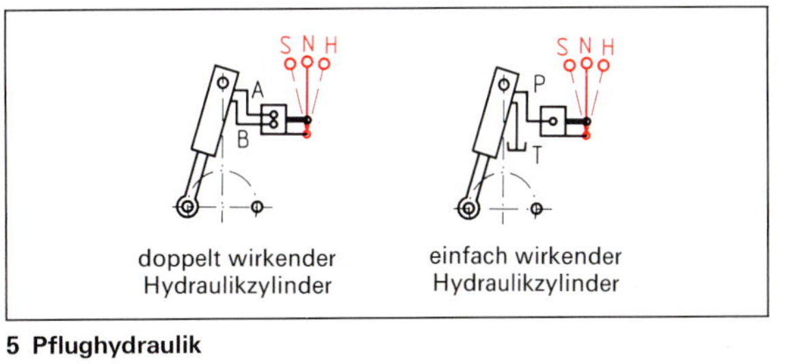

5 Pflughydraulik

Aufgrund der zunehmenden Ausrüstung der Schlepper mit Kabinen werden für die Pflugeinstellung auch hydraulische Fernbedienungen angeboten, die folgende Funktionen übernehmen können: Pflug drehen, Arbeitsbreite einstellen, Querneigung einstellen, Tiefe des Stützrades einstellen, Packer ausklinken und den Pflug in Transportstellung bringen.

Übungen

1. Nennen Sie die Bedingungen für ein gutes Pflanzenwachstum.
2. Erläutern Sie den Begriff „integrierter Pflanzenbau". Welche Ziele sollen mit dieser Methode erreicht werden?
3. Vergleichen Sie die konventionelle und die konservierende Bodenbearbeitung anhand Bild 1, Seite 184.
4. Ermitteln Sie für einen in Ihrem Betrieb vorkommenden Anbau-Drehpflug folgende Angaben anhand der zur Verfügung stehenden technischen Unterlagen: Werkstoff der wesentlichen Bauteile (s. Bild 1, Seite 186), Form der Pflugkörper, Scharform, Zusatzwerkzeuge und Maße (s. Bild 1, Seite 188).
5. Beschreiben Sie die Einstellung der Querneigung und der Vorderfurchenbreite für den gewählten Pflug.
6. Welche Wartungs-, Einstell- und Instandsetzungsarbeiten sind an dem gewählten Pflug durchzuführen?

7.1.1.3 Pflugfolge- und Pflugersatzgeräte

1 Gerätekombination zur Bodenbearbeitung

Eine zeitgemäße Bodenbearbeitung setzt voraus, dass die Saatbettbereitung für die jeweilige Fruchtart entsprechend den pflanzlichen Anforderungen und wegen der Kostenersparnis in wenigen Arbeitsgängen durchgeführt wird. Ein einzelnes Pflugfolgegerät kann dieses in der Regel nicht leisten. Entweder sind mehrere Arbeitsschritte mit verschiedenen Geräten notwendig, oder es müssen Gerätekombinationen eingesetzt werden. Diese haben jedoch einen höheren Zugkraftbedarf.

Bei der reduzierten Bodenbearbeitung ersetzen Pflugfolgegeräte den Pflug. Sie können zusätzlich mit Bestellmaschinen (Sämaschinen u.a.) kombiniert werden (Bild 1). Der Einsatzbereich der verschiedenen Pflugfolgegeräte kann Bild 1, Seite 183 entnommen werden.

Gezogene und angebaute Pflugfolge- und Pflugersatzgeräte

Grubber

Grubber (Bilder 2 und 1, Seite 191) dienen zur tiefen Lockerung des unbearbeiteten Bodens. In Verbindung mit gezogenen Nachlaufgeräten werden Grubber mit drei oder vier Zinkenreihen (-balken) eingesetzt. Ein- und zweireihige Ausführungen werden zusammen mit zapfwellengetriebenen Pflugfolgegeräten verwendet. Diese kurzen Grubber haben einen Zapfwellendurchtrieb. Sie können auch an die Fronthydraulik angebaut werden. Durch Kombination mit Rotor- oder Kreiselegge und Drillmaschine (Bild 1) ermöglichen sie die Saatbettbereitung und die Bestellung in einem Arbeitsgang.

Kultivatoren unterscheiden sich von Grubbern in erster Linie durch die Zinkenform (Federzahnzinken), die Arbeitstiefe und den Strichabstand (Bild 1, Seite 191). Die Zinken der Grubber, Kultivatoren und Garzinkeneggen können mit unterschiedlichen Scharformen bestückt sein (Bild 2, Seite 191).

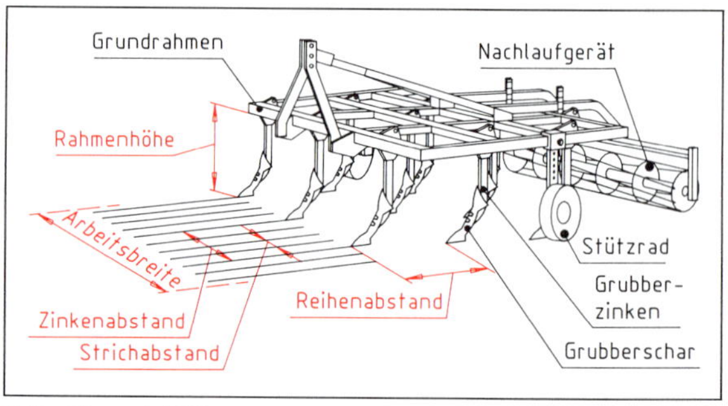

2 Grubber mit Wälzegge

Zinkengerät	Arbeitstiefe in mm	Rahmenhöhe in mm	Strichabstand in mm	Zinkenform
Grubber	150…300	600…800	200…300	starre oder Spiralfeder-zinken 
Kultivator	100…200	…420	…100	Federzahn-zinken 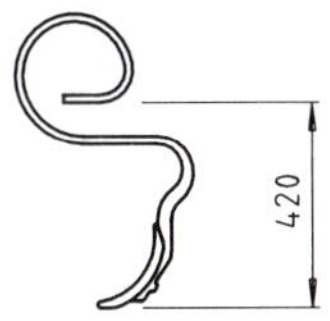
Garzinken-egge	…100	260	55	Federzahn-zinken 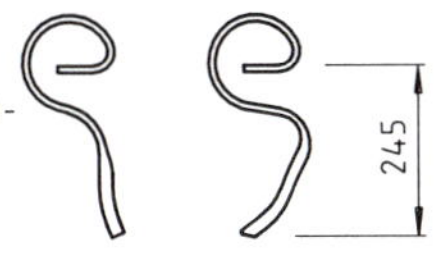
Ackeregge	…80	260	35…55	starre Zinken 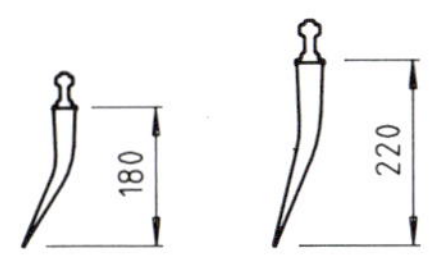

1 Technische Daten Zinkengeräte

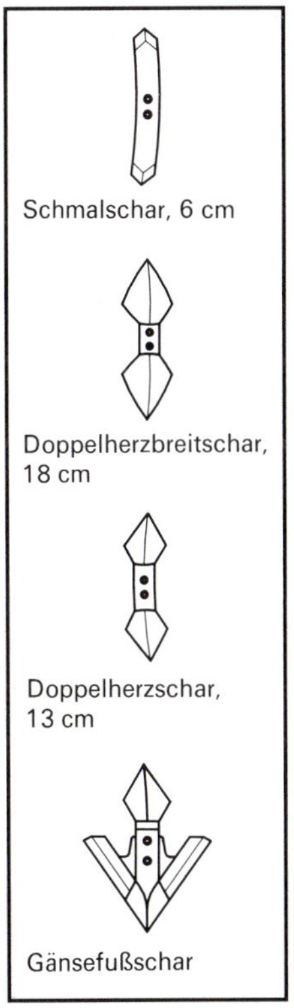

2 Scharformen

Egge

Zur Saatbettbereitung werden flacharbeitende Geräte oder Kombinationen (Bild 3) eingesetzt. Sie haben die Aufgabe, den Boden zu verdichten, zu krümeln und einzuebnen. Diese Arbeiten können in einem Arbeitsgang von Zinkenkombinationen in Verbindung mit abrollenden Geräten wie Scheibeneggen, Wälzeggen, Walzen oder Packerwalzen erledigt werden.

Unterschiede bestehen bei den **Zinkeneggen** in der Zinkenform, -länge (s. Bild 1) und in der Masse.

Die Form der Wälzkörper der **Wälzeggen** (Krümler) ist sehr unterschiedlich. Entsprechend den verschiedenen Bodenarten reicht das Angebot von leichten drahtbestückten Wälzkörpern bis zu schweren sternförmigen Profilen.

Scheibeneggen (Bild 4) ähneln in ihrer Arbeitsweise den Scheibenpflügen. Durch ihre schneidende Wirkung erreichen sie hohe Flächenleistungen. Die einzelnen Scheibensätze sind zum Ausgleich der Seitenkräfte zweireihig in V-Form oder vierreihig in X-Form (Bild 1, Seite 192) angeordnet. Durch unterschiedliche Schrägstellung der Scheiben zur Fahrtrichtung kann die Arbeitsqualität verändert werden.

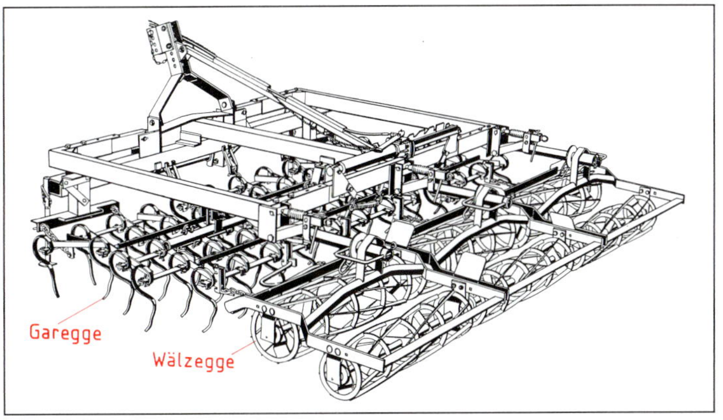

3 Saatbettkombination

4 Scheibenegge

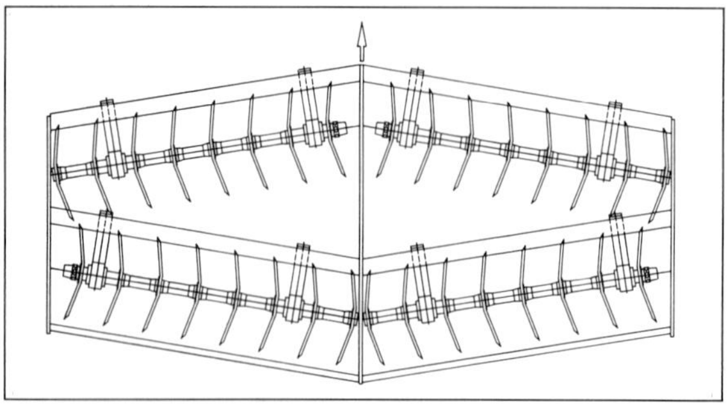

1 Scheibenegge in X-Form

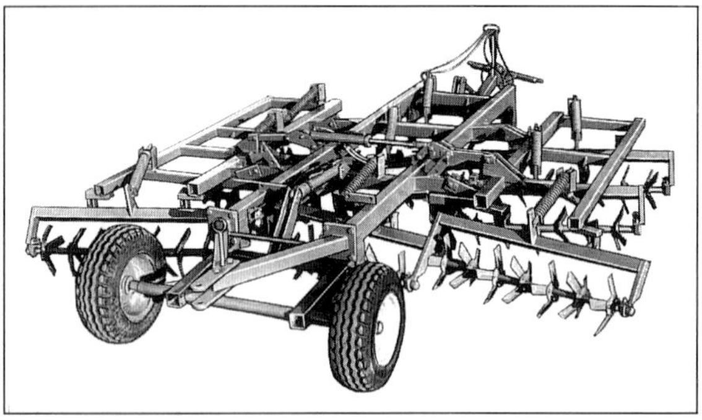

2 Spatenrollegge

Spatenrolleneggen (Bild 2) haben anstelle der Scheiben sternförmig gezackte Messerkreuze mit einem Durchmesser zwischen 300 mm ... 400 mm. Neben einer hohen Flächenleistung und relativ geringem Antriebsleistungsbedarf wird bei diesen Geräten ein guter Mischeffekt in der oberen Bodenschicht erreicht.

Zapfwellengetriebene Pflugfolge- und Pflugersatzgeräte

Zur Bodenbearbeitung werden folgende zapfwellengetriebene Geräte angeboten:

- Fräs- und Zinkenrotoren (Bild 3),
- Rütteleggen (Bild 4),
- und Kreiseleggen (Bild 5).

Rotorfräsen oder **Bodenfräsen** (Bild 3) zerschneiden mit ihren drehenden Werkzeugen den Boden und sorgen für eine gute Krümelbildung. Sie bestehen aus folgenden wesentlichen Bauteilen:

1 Gelenkwelle	6 Stützrad
2 Überlastkupplung	7 Schleifkufe
3 Getriebe	8 Oberlenkeranbaubock
4 Seitenantrieb	9 Rahmen
5 Rotor mit Winkelmesser	10 Bodenklappe

Die Antriebskraft wird vom Schlepper über die Gelenkwelle auf das Getriebe übertragen. Durch Wechseln von Zahnrädern oder Verändern von Schaltstufen kann bei unterschiedlichen Zapfwellendrehzahlen (540 1/min, 750 1/min oder 1000 1/min) eine Rotordrehzahl im Bereich zwischen 100 1/min ... 400 1/min eingestellt werden.

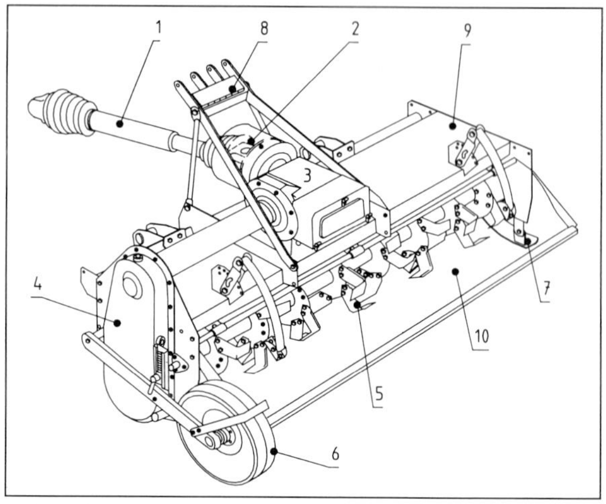

3 Bodenfräse

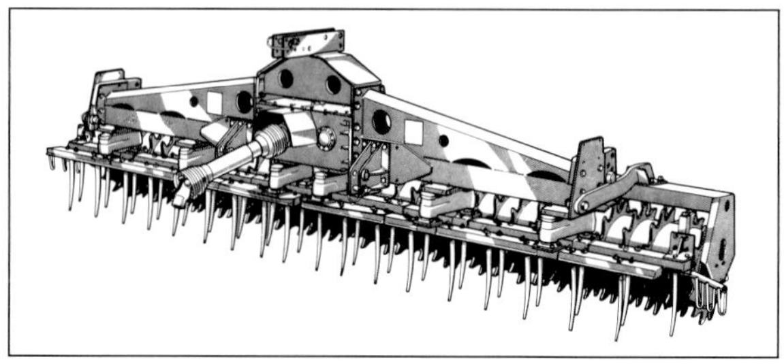

4 Rüttelegge mit Packerwalze

5 Kreiselegge mit Packerwalze

Vom Getriebe gelangt die Antriebskraft über eine Welle und den Seitenantrieb zum Rotor. Die Drehung erfolgt im Gleichlauf zur Fahrtrichtung. Dabei trennen die aufgesetzten Winkelmesser den Boden stückchenweise ab. Die Arbeitstiefe beträgt etwa 100 mm.

Die Bearbeitungsintensität kann über die Drehzahl und die Anzahl der Messer verändert werden. Je Rotorflansch werden 2, 3, 4 oder 6 Messer wendelförmig versetzt und abwechselnd in Rechts- und Linksausführung angebracht. Auf diese Weise wird erreicht, dass immer die gleiche Anzahl von Messern im Eingriff sind. Der Leistungsbedarf beträgt etwa 20 kW/m Arbeitsbreite.

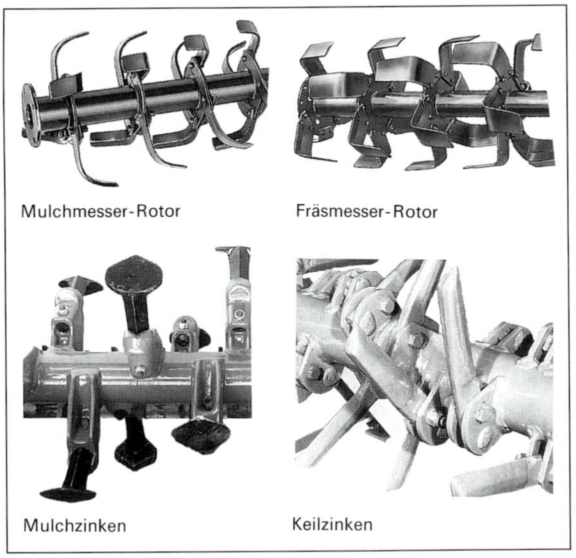

1 Messer- und Zinkenformen von Bodenfräsen

Je nach Bauart können die Rotorwellen mit verschieden geformten Messern oder Zinken bestückt sein (Bild 1).

Hauptmerkmal der **Rütteleggen** (Bild 4, Seite 192) sind die unten schräg in Arbeitsrichtung stehenden Zinken, die an zwei Zinkenbalken befestigt sind. Diese werden von der Schlepperzapfwelle über ein Getriebe quer zur Fahrtrichtung hin- und herbewegt.

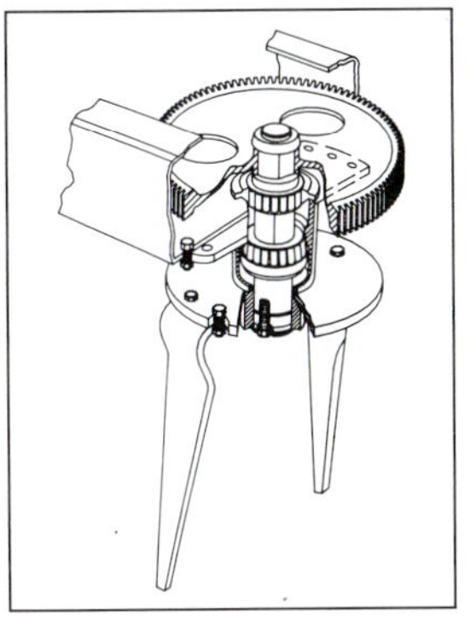

2 Antrieb-Kreiseleinheit der Kreiselegge

Die Anzahl der Schwingungen liegt, je nach Getriebeeinstellung und Zapfwellendrehzahl, zwischen 400 1/min ... 800 1/min. Dabei ist eine Leistung von etwa 12 kW/m Arbeitsbreite erforderlich.

Die Arbeitstiefe kann über Stützräder oder über einstellbare Abstützung auf der nachfolgenden Packerwalze verändert werden.

Bei der **Kreiselegge** (Bild 5, Seite 192) drehen sich Rotoren (Bild 2), die jeweils mit zwei Zinken bestückt sind, gegenläufig um eine senkrechte Achse. Die einzelnen Kreiseleinheiten (4 Stück/m Arbeitsbreite) werden durch waagerecht aneinandergereihte Stirnräder einzeln über ein Getriebe von der Schlepperzapfwelle angetrieben.

Die Drehzahl der Rotoren liegt zwischen 150 1/min und 400 1/min. Für den Antrieb ist eine Leistung von 15 kW/m Arbeitsbreite ... 20 kW/m Arbeitsbreite erforderlich.

Übungen

1. Welche Arbeitsgänge der Bodenbearbeitung können von den verschiedenen Pflugfolge- und Pflugersatzgeräten jeweils ausgeführt werden?
2. Welche Geräte können anstelle des Pfluges eingesetzt werden?
3. Ermitteln Sie anhand von Werkstattunterlagen, aus welchen Werkstoffen Geräterahmen, Zinken, Schare, Rotoren und Fräsmesser der Pflugfolge- und Pflugersatzgeräte hergestellt werden. Begründen Sie die Werkstoffauswahl.
4. Welche Überlastsicherungen werden bei den einzelnen Pflugfolge- und Pflugersatzgeräten eingesetzt? Geben Sie die Ergebnisse in tabellarischer Form an.
5. Geben Sie die notwendige Schlepperleistung der einzelnen Pflugfolge- und Pflugersatzgeräte anhand von Werkstattunterlagen in tabellarischer Form an.
6. Erstellen Sie anhand von Werkstattunterlagen Kraftflussschemata für verschiedene zapfwellengetriebene Bodenbearbeitungsgeräte.

7.1.1.4 Berechnungen zur Bodenbearbeitung

Schnittbreite des Pflugkörpers b in cm	Anzahl der Schare z	Bodenart	Masse des Pfluges G in kg	Leistungsbedarf des Schleppers in kW	Spezifischer Leistungsbedarf des Schleppers in kW/m Arbeitsbreite
25...35	2	schwer	290	30	30...50
	3	mittel	400	50	
	4	leicht	580	60	
30...40	3	schwer	600	65	50...70
	4	leicht	700	70	
35...45	3	schwer	850	90	70...90
	4	mittel	1200	140	
	5	leicht	1400	160	

3 Leistungsbedarf verschiedener Pflüge

Bild 3, Seite 193 zeigt die **Schlepperleistung**, die für das Ziehen von Pflügen in Abhängigkeit von der Schnittbreite und der Bodenart bei einer Arbeitstiefe von 250 mm … 350 mm und einer Fahrgeschwindigkeit von 5 km/h … 7 km/h erforderlich ist.

Die für das Pflügen erforderliche **Zugkraft** ist abhängig vom Bearbeitungsquerschnitt, der Anzahl der Pflugkörper und der Bodenart. Sie kann mit folgender Gleichung ermittelt werden:

$$F_{Z\,Pflug} = b \cdot t \cdot z \cdot W$$

W Spezifischer Pflugwiderstand
b Schnittbreite je Pflugkörper
t Arbeitstiefe
z Anzahl der Pflugkörper
$F_{Z\,Pflug}$ Zugkraftbedarf beim Pflügen

Bild 1 zeigt beispielsweise den spezifischen Pflugwiderstand bei einer Arbeitstiefe $t = 250$ mm und einer Fahrgeschwindigkeit $v = 5$ km/h … 7 km/h.

Bodenart	Spezifischer Pflugwiderstand W in N/dm²
Sand	300
Lehm	400
Ton	700
Ton, sehr schwer	1000…1600

1 Spezifischer Pflugwiderstand

Zum Pflügen auf Sandboden wird ein Dreischar-Volldrehpflug eingesetzt. Die Arbeitsbreite je Schar beträgt 30 cm bei einer Furchentiefe von 250 mm. Mit diesen Angaben kann der Zugkraftbedarf wie folgt ermittelt werden:

$$F_{Z\,Pflug} = 3\ \text{dm} \cdot 2{,}5\ \text{dm} \cdot 3 \cdot 300\ \text{N/dm}^2 = \underline{\underline{6750\ \text{N}}}$$

Die zum Ziehen des Pfluges erforderliche Schlepperleistung ist abhängig von der Zugkraft und der Arbeitsgeschwindigkeit. Sie kann mit Hilfe der nachfolgenden Formel ermittelt werden:

$$P = F_{Z\,Pflug} \cdot v$$

P Leistung
v Arbeitsgeschwindigkeit (tatsächliche Fahrgeschwindigkeit)

Bei einer Zugkraft von 6750 N und einer Arbeitsgeschwindigkeit von 1,7 m/s (6,12 km/h) ist eine Leistung von 11 500 W = 11,5 kW für das Ziehen erforderlich.

Aufgrund der Übertragungsverluste (z. B. durch Schlupf der Antriebsräder, Wirkungsgrad des Triebwerks) und der für die Fortbewegung des Schleppers notwendigen Kraft muss die Motorleistung 20 % … 40 % über dem errechneten Leistungsbedarf des Pfluges liegen.

Von entscheidender Bedeutung für die Umsetzung der Schlepperleistung in Zugkraft ist die auf den Antriebsrädern wirkende Masse (Achslast) und der Reibwert zwischen Reifen und Boden. Letzterer wird bestimmt von der Bodenart und dem Bodenzustand. Die wirksame Masse wird außerdem von den auf das Bodenbearbeitungsgerät wirkenden Kräften verändert (s. Bild 1, Seite 202).

Während auf der einen Seite eine höhere Schleppermasse sich vorteilhaft auf die Übertragung der Antriebskräfte auswirkt, führt diese aber auch zu einer höheren Bodenverdichtung im Bereich der Schlepperspur. Dadurch verringert sich der Anteil der Poren im Boden, was beispielsweise zu einer schlechteren Durchlässigkeit für Regenwasser führt.

Bild 2 zeigt den Flächendruck an der Aufstandsfläche des Schlepperrades bei verschiedenen Reifengrößen. Er ist abhängig von der Auflagefläche (Kontaktfläche) des Reifens und der auf dem jeweiligen Rad lastenden Masse.

Reifengröße	20.8×42	20.8×42	710/75-34	73×44.00-32
Typ	Radial Einzeln 	Radial Zwilling 	Radial Niederdruck 	Terra-Reifen 
Radlast in N	35 000	35 000	35 000	35 000
Luftdruck (Überdruck) in bar	1,2	0,8	0,8	0,4
Aufstandsfläche in mm²	230 000	440 000	316 000	513 000
Flächendruck in N/mm²	0,152	0,079	0,110	0,068
Aufstandsfläche in % 20.8×42 = 100 %	100 	190 	135 	225 

2 Flächendruck in Abhängigkeit von der Aufstandsfläche der Reifen

Übungen

1. Begründen Sie anhand der Berechnungsformel für die Rollreibungskraft (s. Technische Mathematik, Kap. 4.1 oder Tabellenbuch) die Aussage, dass mit zunehmender Belastung der Antriebsräder die übertragbare Antriebskraft zunimmt.
2. Begründen Sie anhand der Berechnungsformel für den Druck (s. Technische Mathematik, Kap. 4.2 oder Tabellenbuch) die Aussage, dass breitere Reifen bei gleichbleibender Achslast zu einer Abnahme der Bodenverdichtung führen.

Weitere Übungen zu diesem Thema finden Sie im Bereich Technische Mathematik im Kap. 6.

7.1.2 Maschinen und Geräte zur Saat

Fruchtart	Getreide u. ä.		Rüben/Mais		Kartoffeln	Jungpflanzen
Bestellgerät	Drillmaschinen		Einzelkornsämaschinen		Legemaschinen	Pflanzmaschinen
Bestellorgan	mechanisch 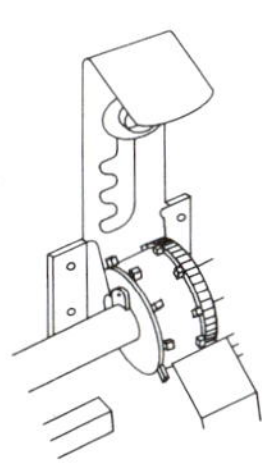 Särad	pneumatisch 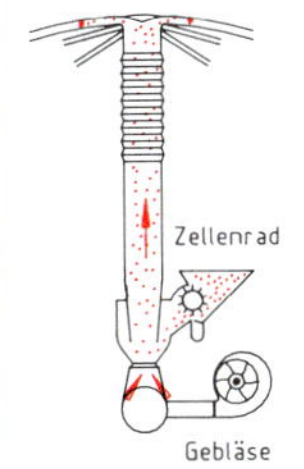 Zellenrad und Gebläse	mechanisch 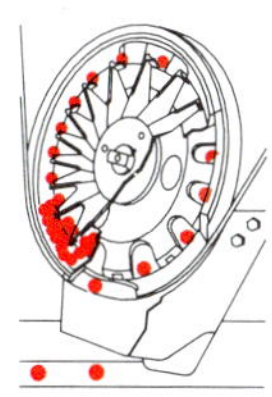 Schöpfrad Kammerrad	pneumatisch 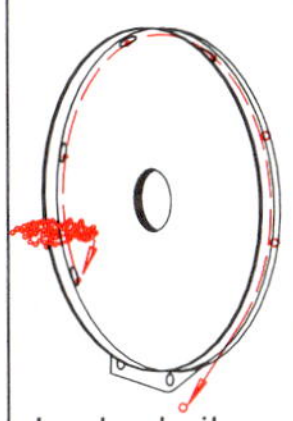 Lochscheibe	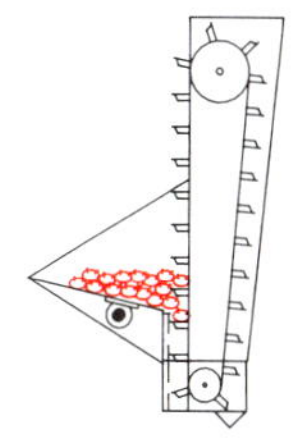 Doppel-Becher-Kette	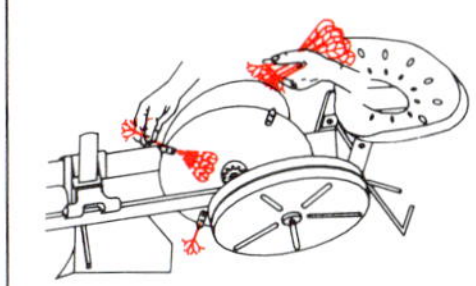 Flexible Stahl-Gummischeibe
Saatgutablage	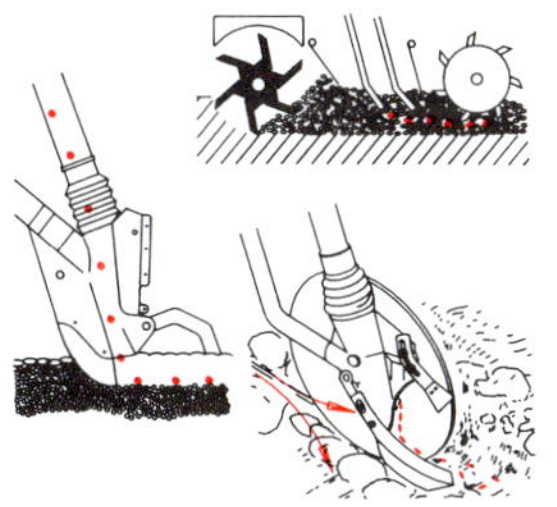 Roll-Scheibenschar		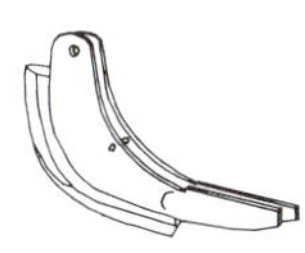 Säschar	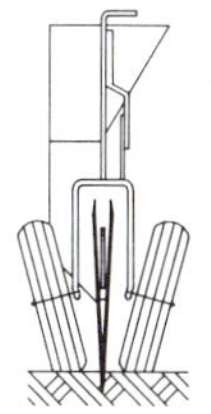 Messerscheiben	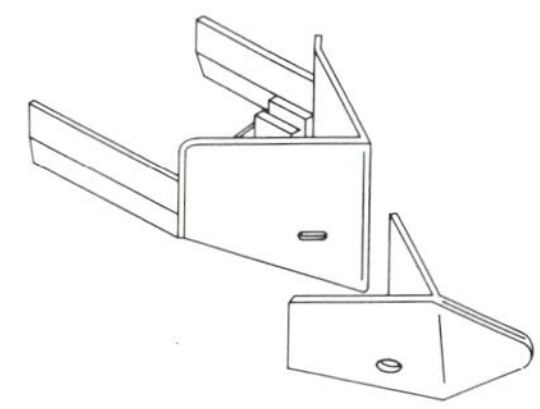 Pflanzschar	Vorschar

1 Maschinen und Geräte der Bestelltechnik

Da für die einzelnen Fruchtarten die Aussaat in unterschiedlicher Form (Körner, Knollen oder Jungpflanzen) und nach spezifischen Wachstumsbedingungen (Breitsaat, Reihensaat mit unterschiedlichen Pflanz- und Reihenabständen) erfolgen muss, sind für diese Arbeiten unterschiedliche Maschinen und Geräte erforderlich. Bild 1 zeigt eine Übersicht.

7.1.2.1 Drillmaschinen

Drillmaschinen (Bild 2) bestehen aus folgenden wesentlichen Bauteilen:

1 Saatgutbehälter
2 Sägehäuse mit Särad
3 Saatleitungen
4 Säschar (Scheibenschar)
5 Zustreicher
6 Spurreißer
7 Antriebsrad
8 Getriebe zur Drehzahländerung der Säwelle

Aus dem Vorratsbehälter der Drillmaschine wird das Saatgut durch den Sämechanismus zu den Saatleitungen geführt. Von dort fällt es dann in die vom Säschar gezogenen Rillen. Zustreicher oder Striegel bedecken das Saatgut mit einer dünnen Bodenschicht.

Der Abstand der einzelnen Saatreihen kann von 10 cm … 80 cm verändert werden. Die Ablegetiefe ist verstellbar im Bereich von 1 cm … 8 cm. Durch die Volumendosierung kann die Aussaatmenge zwischen 30 Körner/m^2 … 2000 Körner/m^2 je nach Saatgut variiert werden.

2 Anbau-Drillmaschine (mechanisch)

Der Antrieb des Sämechanismus erfolgt wegeabhängig über Bodenräder oder bei Aufsatteldrillmaschinen über Spornräder und Kettentrieb. Dabei kann die Drehzahl der Säwelle über zwischengeschaltete Getriebe gestuft oder stufenlos verändert werden, um die Aussaatmenge den jeweiligen Erfordernissen anzupassen.

Nach der Grundkonzeption der Saatgutzuteilung unterscheidet man die folgenden **Drillmaschinenbauarten**:

- Drillmaschinen mit mechanischer Dosierung und Verteilung (Bild 2),
- pneumatische Drillmaschinen mit mechanischer oder pneumatischer Dosierung und Verteilung (Bild 4, Seite 196).

Drillmaschinen mit mechanischer Dosierung und Verteilung verfügen auf der Säwelle über Sägehäuse (Bild 1) mit Särädern entsprechend der Anzahl der Säschare. Als Säräder werden Nocken- oder Schubräder (Bilder 2 und 3) verwendet.

Die Säräder (s. Bild 1) fördern das Saatgut über eine federnde Bodenklappe in das Saatleitungsrohr. Dabei kann der Auslassquerschnitt je Sägehäuse über Absperrschieber entsprechend der Korngröße verstellt bzw. geschlossen werden, wenn dies zur Erzielung von Fahrgassen oder Veränderung der Reihenabstände erforderlich ist.

Bei der Schubradsämaschine erfolgt die Einstellung der Aussaatmenge in erster Linie durch axiales Verschieben der Säwelle. Dadurch ändert sich die wirksame Arbeitsbreite der Säräder (Bild 3).

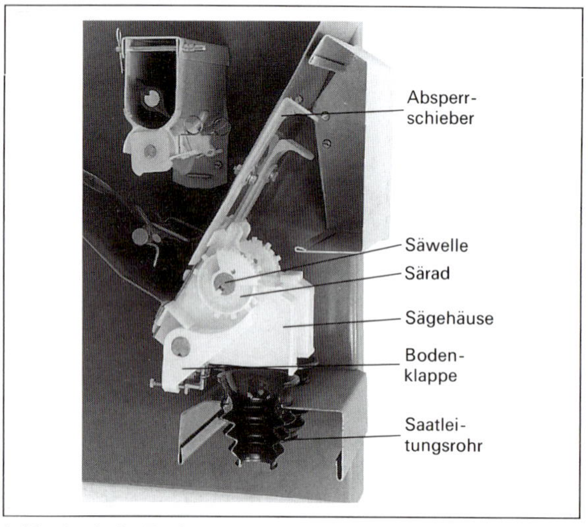

1 Mechanische Dosierung

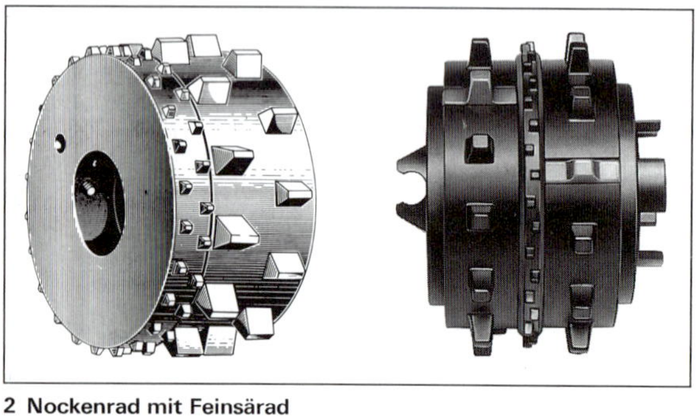

2 Nockenrad mit Feinsärad

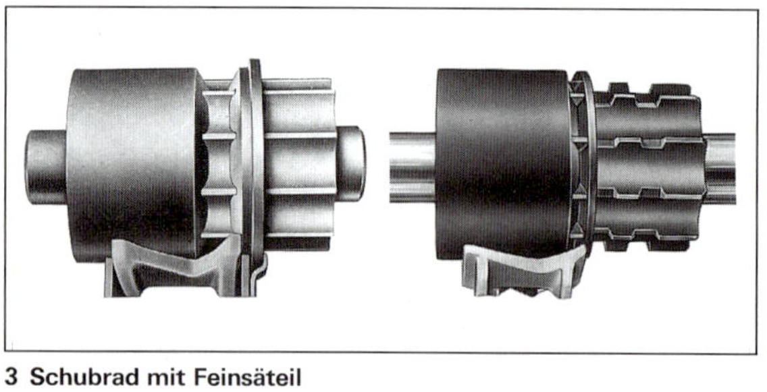

3 Schubrad mit Feinsäteil

Pneumatische Drillmaschinen (Bild 4) bestehen aus folgenden wesentlichen Bauteilen:

1 Antriebsrad
2 Saatgutbehälter
3 Zellenrad
4 Injektorschleuse
5 Gebläse
6 Wellrohr
7 Verteiler
8 flexible Saatleitung
9 Särohr
10 Striegel
11 Säschar

Bild 5 verdeutlicht die Arbeitsweise der pneumatischen Drillmaschine. Das Saatgut wird durch eine zentrale Zellenraddosierung einem Luftstrom, der vom zapfwellengetriebenen Gebläse erzeugt wird, im Bereich der Injektorschleuse zugeführt. Von dort gelangt das Saatgut über das Wellrohr zum Verteilerkopf, an dem die einzelnen Saatleitungen symmetrisch angeschlossen sind. Durch diese fällt es in die vom Säschar gezogenen Rillen. Die Zustreicher bedecken das Saatgut anschließend mit einer dünnen Bodenschicht.

Bei der abgebildeten Maschine kann die Aussaatmenge durch axiales Verschieben des Zellenrades stufenlos verstellt werden. Es kommen jedoch auch noch andere **Dosiersysteme** in der Praxis zum Einsatz.

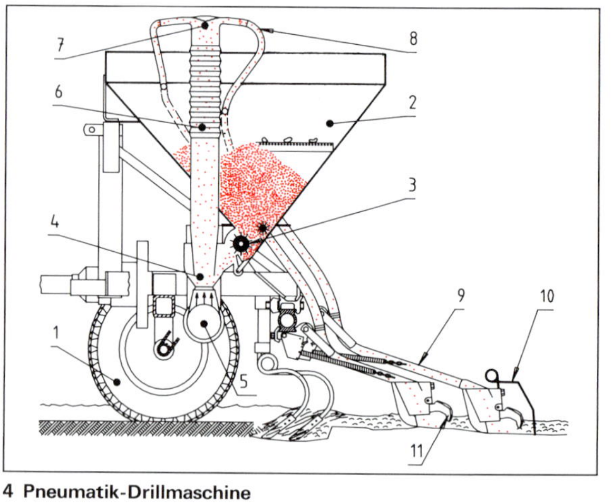

4 Pneumatik-Drillmaschine

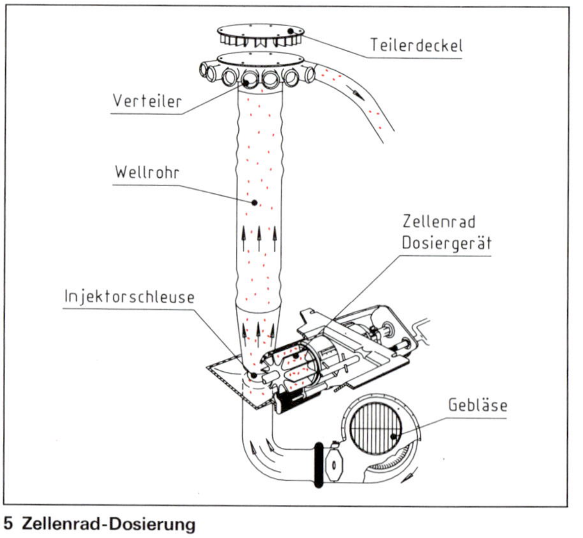

5 Zellenrad-Dosierung

Bei den beschriebenen Drillmaschinen erfolgt die Saatgutablage im Boden über Säschare. Ihre Form richtet sich nach dem Säverfahren und nach der Bodenart (Bild 1).

Säverfahren	Technik für die Samenablage		
Drillsaat	Säbelschar	Schleppschar	Säen in Packerringrillen
	Einscheibenschar	Zweischeibenschar	
Bandsaat	Einscheibenschar schräggestellt	Säleitungen im fallenden Erdstrom von Bodenbearbeitungsgeräten	
	Flügelschar	Raumschar	
Breitsaat	Säen unter Bodenwurfbahnen einer Flachfräse mittels pneumatisch beschickter Breitsäschiene		
	Einrühren durch Bodenbearbeitungsgeräte	Säleitung	

1 Technik für die Samenablage in den Boden

Fahrgassen erleichtern dem Schlepperfahrer die Arbeit für die nachfolgende Düngung und Pflege der Pflanzen. Die unbesäten Reihen (Fahrgassen) werden durch Schließen der Absperrschieber oder durch Auskuppeln einzelner Säräder angelegt.

Die Fahrgassenschaltung kann manuell, hydraulisch oder elektronisch erfolgen.

7.1.2.2 Einzelkornsämaschinen

Für viele Pflanzen (z. B. Rüben, Mais) ist es vorteilhaft, wenn das Saatgut einzeln in Reihen mit gleichen Abständen und auf genaue Tiefe im Acker abgelegt wird. Für diesen Zweck werden **Einzelkornsämaschinen** verwendet.

Bild 2 zeigt die Arbeitsgänge der Einzelkornsämaschine in der entsprechenden Reihenfolge.

In den saatfertigen Ackerboden wird ein Streifen für die Saatreihe von groben Erdschollen freigeräumt (1). Das Vorlaufrad (2) drückt den Streifen für die Saat fest und gleicht Höhenschwankungen aus. Das Säschar (3) zieht die Saatrille in der eingestellten Tiefe. Vom Sämechanismus (4) wird der Samen einzeln in genauem Abstand in die Rille gelegt. Mit der Zwischenrolle (5) wird das Saatkorn auf Bodenschluss gedrückt und über die konische Druckrolle (6) mit lockerem Boden bedeckt.

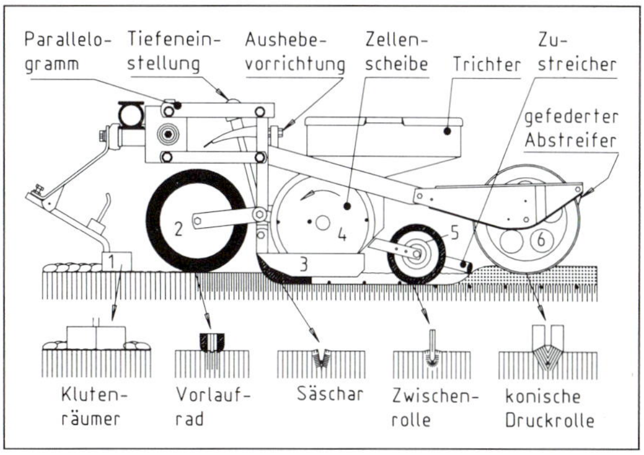

2 Mechanische Einzelkornsämaschine (Rüben-Feinsämereien)

Der Sämechanismus muss für eine exakte Kornablage auch bei hohen Arbeitsgeschwindigkeiten sorgen. Außerdem muss das Saatgut schonend (ohne Beschädigung) dem Vorratsbehälter entnommen werden.

Nach ihrem Aufbau werden die verwendeten **Säorgane** in folgende Gruppen unterteilt:

- mechanisch arbeitende Systeme,
- pneumatisch arbeitende Systeme.

Auf dem Markt werden zu jeder Gruppe eine Vielzahl unterschiedlicher technischer Ausführungen angeboten. Bild 3 verdeutlicht die Arbeitsweise einer Einzelkornsämaschine mit mechanischem Säsystem (Zellenrad mit Innenbefüllung).

In einem Gehäuse, das mit Saatkörnern befüllt ist, dreht sich ein Zellenrad. Durch diese Bewegung setzen sich in den Zellen (3) Samenkörner ab. Die Abstreifbürste (4) sorgt dafür, dass sich in jeder Zelle nur ein Samenkorn befindet. Diese fallen im Bereich der Auswurfrolle (5) in die Saatrille. Um ein exaktes Ablegen zu gewährleisten, soll die Fallhöhe nicht mehr als 5 cm betragen.

Bei diesem System müssen Korn- und Zellengröße aufeinander abgestimmt sein, um Kornbeschädigungen und Fehlstellen zu vermeiden. Für jede Fruchtart sind besondere auswechselbare Zellenräder erforderlich.

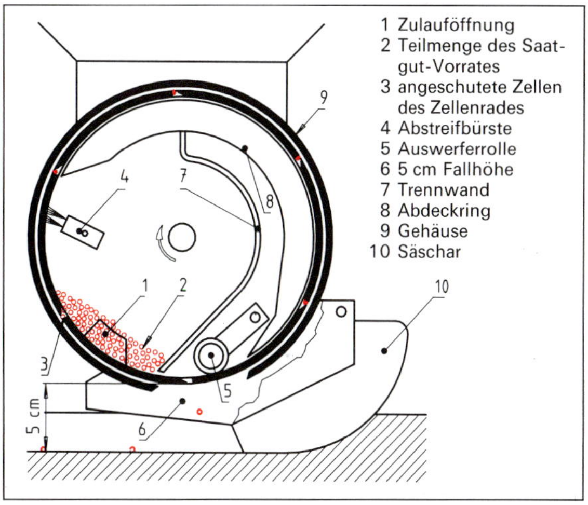

3 Mechanisches Säsystem (Rüben)

Bei pneumatischen Säsystemen werden die Saatkörner mittels Saug- oder Druckluft, die von einem zapfwellengetriebenen Gebläse erzeugt wird, auf die Zellen der sich drehenden Säräder bzw. Lochscheiben verteilt. Die Arbeitsweise soll anhand des in Bild 1 dargestellten Systems näher erläutert werden.

In einem Gehäuse, das mit Saatkörnern gefüllt ist, dreht sich die Lochscheibe (2). Diese wird von der dem Samen abgewandten Seite mit Saugluft (Unterdruck) (10), die von einem Gebläse erzeugt wird, beaufschlagt. Während der Drehbewegung der Scheibe wird in jedem Loch ein Samenkorn mittels Unterdruck festgehalten. Im Bereich des Übergebers (6) gleiten die Körner dann in die einzelnen Kammern eines Kammerrades (7). Der weitere Weg des Saatkorns gleicht dem der mechanischen Säsysteme. Ein einstellbarer Abstreifer (4) verhindert Doppelbelegungen der Löcher.

Der Antrieb des Sämechanismus der mehrreihigen Einzelkornsämaschinen kann einzeln oder zentral (Bild 2) über Laufräder (Bodenantrieb) erfolgen. Dabei kommen große profilierte Druckrollen oder Maschinenlaufräder zum Einsatz, um eine möglichst schlupffreie Übertragung der Antriebskräfte zu gewährleisten. Vom Antriebsrad wird die Kraft mittels Kettentrieben, Gelenkwellen und Getrieben zu den Säorganen geleitet. Wechselkettenräder oder -zahnräder und Getriebe dienen zur Einstellung der Legeabstände entsprechend der jeweiligen Saatsorte.

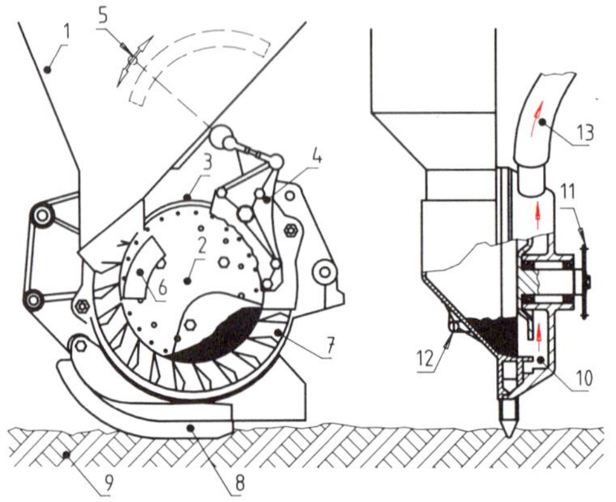

1 Saatgutbehälter
2 Lochscheibe mit speziellen Bohrungen
3 Mitnehmer
4 Abstreifer
5 Einstellung für Kornabstreifer
6 Übergeber
7 Kammerrad
8 Schar
9 Boden
10 Unterdruckraum
11 Kettenrad
12 Entleerung
13 Ansaugschlauch

1 Pneumatisches Säsystem Universal: Mais und Rüben

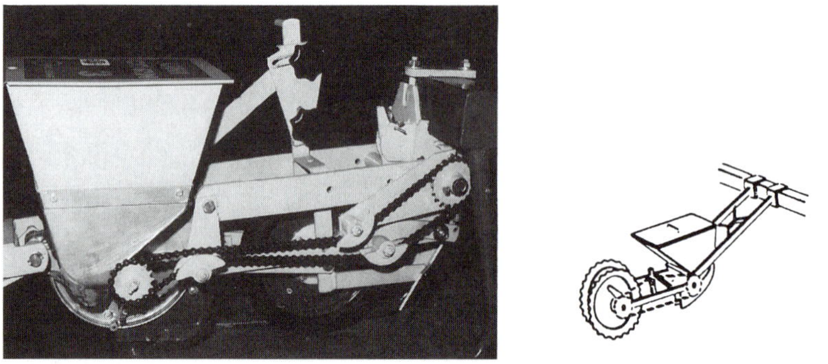

Einzelantrieb

Zentralantrieb

2 Antrieb Säsysteme

7.1.2.3 Kartoffellegemaschinen

Kartoffeln werden in Reihen abgelegt und angehäufelt (Bild 3). Dieses erleichtert die Pflege und Ernte der Knollennester mittels Maschinen ohne Beschädigung des Wurzelwerkes. Der allgemein übliche Reihenabstand von 75 cm ergibt sich aus der Spurweite der Schlepper.

Für den Kartoffelanbau werden ein- oder mehrreihige halb- oder vollautomatische **Legemaschinen** eingesetzt.

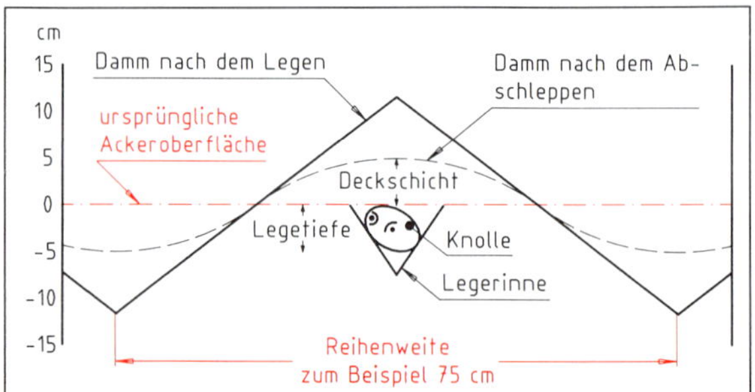

3 Lage der Kartoffelknolle im Damm

Diese bestehen, wie Bild 1 in der Querschnittdarstellung zeigt, aus folgenden wesentlichen Bauteilen:

1 Stahlkette mit Schöpflöffel
2 Vereinzelungsstrecke
3 Kettenantrieb
4 schräg stehender Legeschacht
5 Rücklauf überzähliger Kartoffeln
6 Höhenverstellung
7 Vorratsbehälter
8 Schiebewand
9 Furchenschar
10 Tastrad
11 Zudeckscheiben

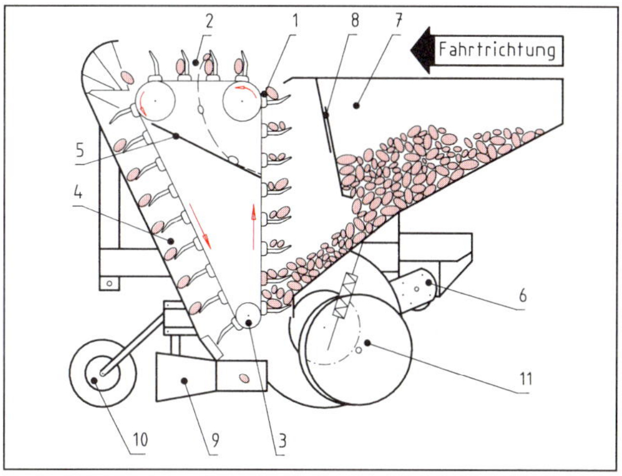

1 Kartoffellegemaschine mit Schöpflöffelverfahren und Vereinzelungsstrecke

Die Kartoffeln werden von einem Doppel-Becherband (1), das über einen Kettentrieb (3) vom Laufrad angetrieben wird, dem Saatgutbehälter (7) entnommen. Rütteleinrichtungen oder Vereinzelungsstrecken (2) sorgen dafür, dass jeder Becher nur mit einer Kartoffel belegt ist. Am linken oberen Drehpunkt der Becherkette fallen diese dann in den Legeschacht (4) auf die Rückseite des vorherigen Bechers. Am unteren Ende des Legeschachtes fallen die Kartoffeln dann durch eine Öffnung in die vom Furchenschar (9) gezogene Saatrille. Die Zudeckscheiben (11) bedecken die Kartoffeln mit Erde und formen dabei den Damm.

Um Keimbrüche bei vorgekeimten Kartoffeln zu vermeiden, erhalten die entsprechenden Legemaschinen andere Zuführorgane. Sie bestehen aus elektrisch angetriebenen Rollböden (Bild 2) oder Vibrationseinsätzen.

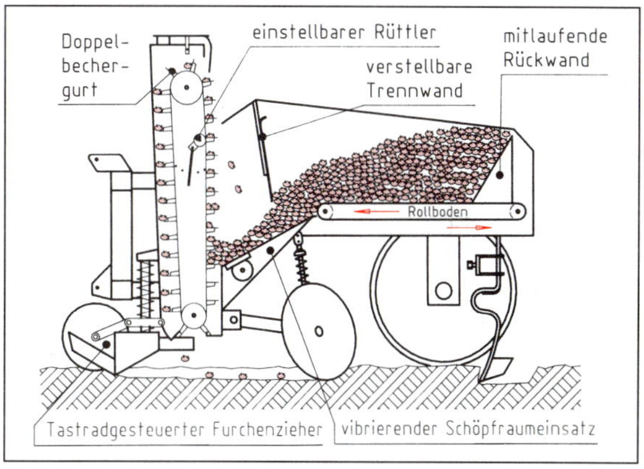

2 Kartoffellegemaschine mit Zuführautomatik für vorgekeimte Kartoffeln

An Kartoffellegemaschinen können folgende Größen eingestellt werden:

- Legeabstand durch Veränderung der Drehgeschwindigkeit der Becherkette oder Verwendung einer Becherkette mit anderen Schöpflöffelabständen,
- Tiefe der Legerille durch Veränderung der Arbeitstiefe des Furchenschars,
- Dammform über die Arbeitstiefe und Stellung der Zudeckscheiben.

In steinigen Böden kann der Kartoffelanbau auch nach dem **Beetlegeverfahren** erfolgen. Die dabei erforderlichen Arbeitsstufen werden in Bild 3 näher erläutert.

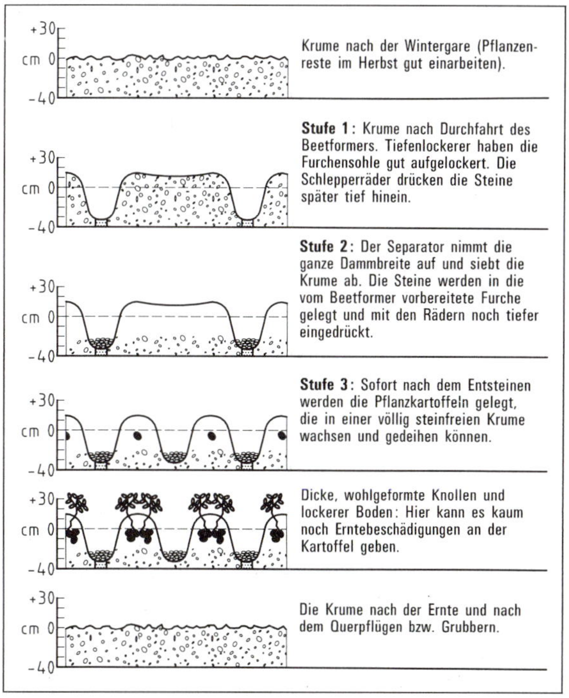

3 Kartoffelbeet-Bestellmethode

7.1.2.4 Pflanzmaschinen

Spezielle Maschinen sind für das Setzen von **Gemüsepflanzen** wie z.B. Kohl und Salat erforderlich. Dabei muss die Pflanztechnik so gestaltet sein, dass die empfindlichen Jungpflanzen ohne Beschädigungen und Umknicken der Wurzeln gerade in die Erde gesetzt, angedrückt, eventuell noch zusätzlich angegossen oder gedüngt werden.

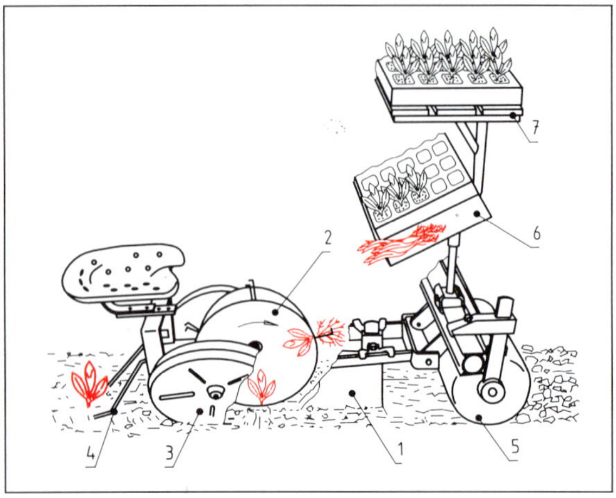

1 Pflanzensetzmaschine mit flexiblen Scheiben

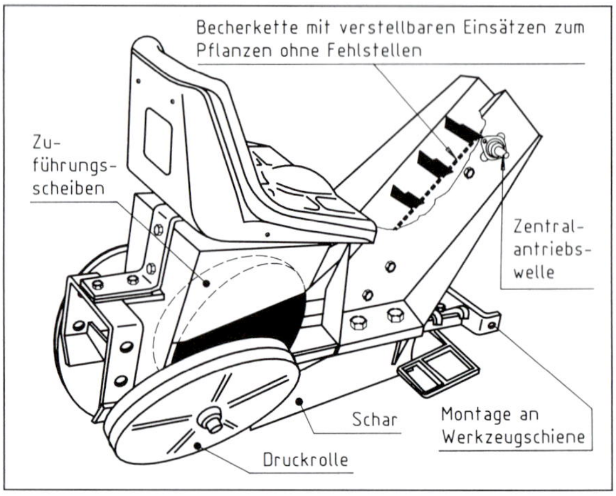

2 Pflanzensetzmaschine mit Becherkette

Pflanzensetzmaschinen mit flexiblen Scheiben (Bild 1) bestehen aus folgenden wesentlichen Bauteilen:

1 Pflanzschar
2 Zuführungsscheiben
3 Druckrollen
4 Zustreicher
5 Andrückrolle
6 Pflanzenplattform
7 Vorratsplattform

Mit einem Schar (1) wird eine Pflanzfurche in der eingestellten Tiefe gezogen. Die Pflanzen werden von Hand an den markierten Stellen zwischen die flexiblen Zuführungsscheiben (2) gelegt. Durch die Drehbewegung setzen diese dann die Pflanzen in der Furche ab. Die mit der Masse des Bedieners belasteten Druckrollen (3) übernehmen durch ihre Schrägstellung das Andrücken der Pflanzen. Anschließend wird die Furche von den Zustreichern wieder mit Erde gefüllt.

Als flexible Scheiben werden dünne Stahlblechscheiben oder gummierte Scheiben verwendet. Sie werden von den Druckrollen über Zahnräder angetrieben.

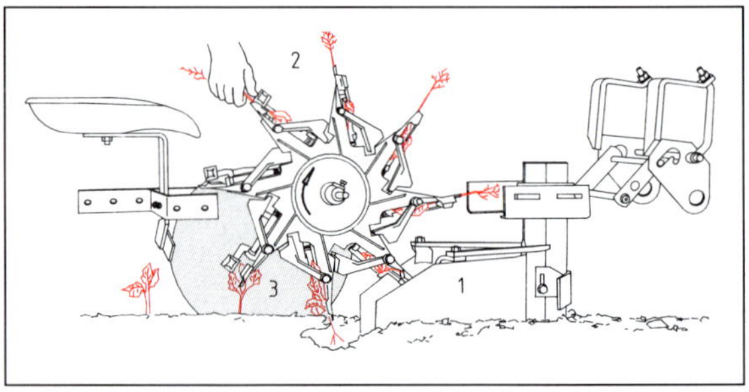

3 Pflanzensetzmaschine mit Pflanzrad und Greifer

Das Einlegen der Jungpflanzen in die Zuführungsscheiben kann entweder manuell oder über eine Becherkette (Bild 2) erfolgen.

An Stelle der Zuführungsscheiben (Teil 2, Bild 1) werden auch Pflanzräder mit Greifern (Teil 2, Bild 3) eingesetzt.

Übungen

1. Worin bestehen die Gemeinsamkeiten in der Arbeitsweise aller Maschinen und Geräte der Bestelltechnik?
2. Begründen Sie, warum unterschiedliche Maschinen und Geräte für die Bestellung erforderlich sind.
3. Beschreiben Sie anhand von Unterlagen, die im Ausbildungsbetrieb verfügbar sind, den Aufbau und die Arbeitsweise einer selbst ausgewählten Drillmaschine.
4. Wie erfolgt die Regelung der Ausbringmenge bei der gewählten Drillmaschine?
5. Welche Einstell- und Wartungsarbeiten sind bei der ausgewählten Drillmaschine erforderlich?
6. Beschreiben Sie anhand von Unterlagen, die im Ausbildungsbetrieb verfügbar sind, den Aufbau und die Arbeitsweise einer selbst ausgewählten Einzelkornsämaschine.
7. Wie erfolgt die Regelung der Ausbringmenge bei der gewählten Einzelkornsämaschine?
8. Welche Einstell- und Wartungsarbeiten sind bei der ausgewählten Einzelkornsämaschine erforderlich?
9. Beschreiben Sie anhand von Unterlagen, die im Ausbildungsbetrieb verfügbar sind, den Aufbau und die Arbeitsweise einer selbst ausgewählten Kartoffellegemaschine.
10. Wie erfolgt die Regelung der Ausbringmenge bei der gewählten Kartoffellegemaschine?
11. Welche Einstell- und Wartungsarbeiten sind bei der ausgewählten Kartoffellegemaschine erforderlich?

7.1.2.5 Berechnungen zur Bestelltechnik

Da je nach Getreideart unterschiedliche Saatmengen in kg/ha ausgebracht werden, sind folgende Einstellarbeiten an Drillmaschinen notwendig (s. Bild 1):

1. Reihenabstand R
2. Spurreißermaß Sp
3. Fahrgassenabstand
4. Grobeinstellung der Aussaatmenge nach Sätabelle. Die Angaben der Sätabelle können nur als Richtwert dienen, da in der Praxis die Korngröße, der Feuchtigkeitsgehalt und die Schüttdichte stets unterschiedlich sind.
5. Kontrolle und Feineinstellung der Aussaatmenge mittels Abdrehprobe

Bei der Abdrehprobe muss die Säwelle mittels Handkurbel oder Rad entsprechend der vom Hersteller angegebenen Zahl gedreht werden. Das Saatgut wird dabei in einer Schale aufgefangen und anschließend gewogen. Stimmt das Ergebnis mit den Angaben der Sätabelle überein, ist die Einstellung richtig. Ansonsten muss der Vorgang mit einer geänderten Einstellung wiederholt werden.

Sind in den Herstellerunterlagen keine Angaben zur Anzahl der Umdrehungen der Säwelle bzw. des Rades enthalten, so kann diese wie folgt ermittelt werden:

1. Fahrstrecke s je Regelfläche (1/40 ha $= 250\ \text{m}^2$)

$$s = \frac{250\ \text{m}^2}{\text{Arbeitsbreite der Drillmaschine}}$$

2. Radumdrehungen n je Fahrstrecke s

$$n = \frac{s}{d \cdot \pi}$$

d Raddurchmesser

3. Berücksichtigung des Schlupfes

   Wegen der Antriebsverluste (Erfahrungswert $= 7\,\%$) muss die tatsächliche Anzahl der Umdrehungen etwas kleiner sein. Sie kann unter Berücksichtigung des Erfahrungswertes wie folgt ermittelt werden:

$$n_{\text{tatsächlich}} = \frac{n \cdot 93\,\%}{100\,\%}$$

4. Erforderliche Abdrehmenge je Regelfläche Saatmenge in kg/ha mit 1/40 ha multiplizieren.

Der Rechengang soll an folgendem Beispiel verdeutlicht werden: Mit einer 3 m breiten Drillmaschine sollen 180 kg Getreide je ha ausgesät werden. Der Durchmesser des Antriebsrades beträgt 717 mm. Die für die Abdrehprobe erforderliche Anzahl der Radumdrehungen und die Abdrehmenge kann wie folgt ermittelt werden:

1. $s = \dfrac{250\ \text{m}^2}{3\ \text{m}} = \underline{83{,}34\ \text{m}}$
2. $n = \dfrac{83{,}34\ \text{m}}{0{,}717\ \text{m} \cdot \pi} = \underline{37}$
3. $n_{\text{tatsächlich}} = \dfrac{37 \cdot 93\,\%}{100\,\%} = \underline{34{,}4}$
4. Abdrehmenge $= 180\ \text{kg/ha} \cdot 1/40\ \text{ha} = \underline{\underline{4{,}5\ \text{kg}}}$

In dem gewählten Beispiel ist die Sämaschine richtig eingestellt, wenn bei 34,4 Radumdrehungen eine Abdrehmenge von 4,5 kg ermittelt wird.

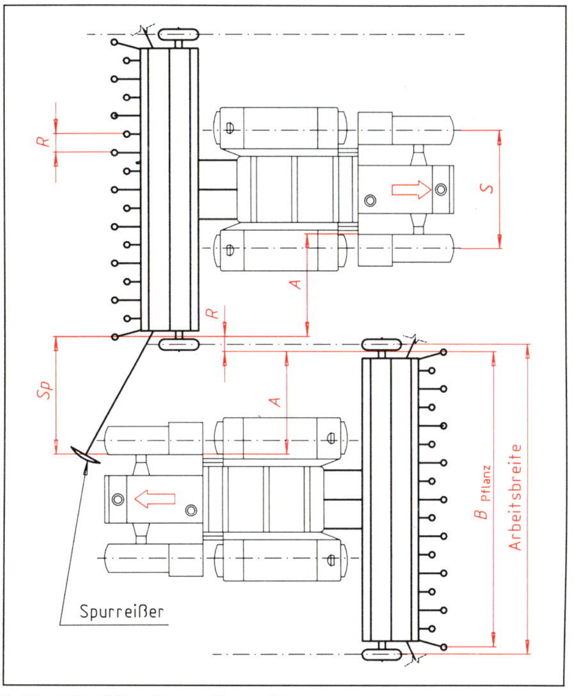

1 Einstellgrößen Spurreißermaß

Spurreißer an Bestellmaschinen markieren die Schlepperanschlussspur. Ihre Einstellung ist abhängig von der Maschinenbreite, der Weite der Schlepperspur und dem Reihenabstand der Pflanze. Der Einstellwert kann wie folgt berechnet werden:

(1) $$A = \frac{B_{\text{Pflanz}} - S}{2}$$

S Spurweite des Schleppers

A Abstand von der Innenkante des Vorderrades des Schleppers bis zur äußeren Pflanzenreihe

B_{Pflanz} Pflanzbreite, entspricht der Arbeitsbreite weniger $2 \cdot 1/2$ Reihenabstand

(2) $$Sp = A + R$$

Sp Einstellmaß Spurreißer

R Reihenabstand der Pflanzen

Der Rechengang soll an folgendem Beispiel verdeutlicht werden: Eine Sämaschine mit einer Arbeitsbreite von 3 m und 25 Saatreihen wird von einem Schlepper mit einer Spurweite von 150 cm gezogen. Das einzustellende Spurreißermaß kann wie folgt bestimmt werden:

1. $R = 300\ \text{cm} : 25 = \underline{12\ \text{cm}}$
2. $B_{\text{Pflanz}} = 300\ \text{cm} - 2 \cdot 6\ \text{cm} = \underline{288\ \text{cm}}$
3. $A = \dfrac{288\ \text{cm} - 150\ \text{cm}}{2} = \underline{69\ \text{cm}}$
4. $Sp = 69\ \text{cm} + 12\ \text{cm} = \underline{\underline{81\ \text{cm}}}$

Um eine korrekte Anschlussspur zu erhalten, muss das Spurreißermaß in dem gewählten Beispiel auf 81 cm eingestellt werden.

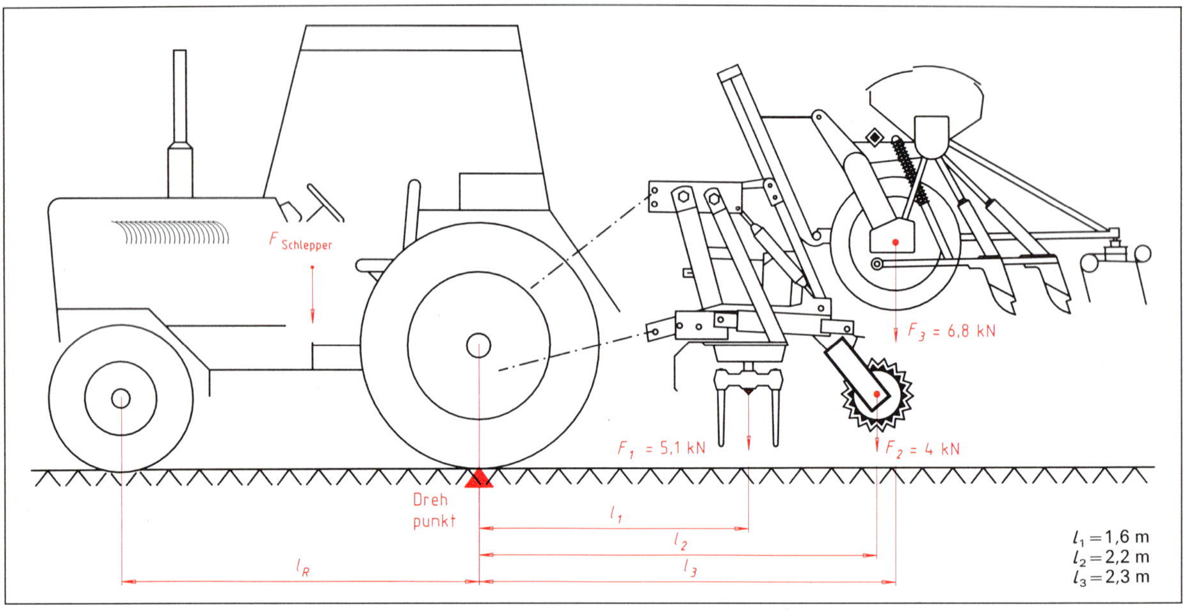

1 Lastveränderungen am Schlepper durch Bestellkombinationen

Bei allen schweren und dazu noch lang gebauten Maschinen, die von der Dreipunkthydraulik des Schleppers angehoben werden, kann die Lenkfähigkeit des Schleppers durch die Entlastung der Vorderachse verlorengehen.

Die Verkleinerung der Gewichtsbelastung der Vorderräder kann mit dem Hebelgesetz ermittelt werden.

Das an der Hinterachse des Schleppers wirkende Drehmoment (Bild 1) setzt sich zusammen aus der Summe der Einzelelemente der angehängten Maschine:

$$M = M_1 + M_2 + M_3$$

M Drehmoment an der Hinterachse,
M_1 Drehmoment der Kreiselegge, bezogen auf die Hinterachse des Schleppers,
M_2 Drehmoment der Wälzegge, bezogen auf die Hinterachse des Schleppers,
M_3 Drehmoment der Drillmaschine, bezogen auf die Hinterachse des Schleppers.

Da das jeweilige Drehmoment mit der Formel

$$M = F \cdot l$$

ermittelt werden kann, ergibt sich aus obiger Gleichung und den Werten aus Bild 1:

$$M = F_1 \cdot l_1 + F_2 \cdot l_2 + F_3 \cdot l_3$$
$$= 5100\ \text{N} \cdot 1{,}6\ \text{m} + 4000\ \text{N} \cdot 2{,}2\ \text{m} + 6800\ \text{N} \cdot 2{,}3\ \text{m}$$
$$= \underline{\underline{32600\ \text{Nm}}}$$

Beträgt der Radstand des Schleppers beispielsweise 2,3 m, kann die Entlastung der Vorderachse durch Umstellung der Drehmomentgleichung wie folgt ermittelt werden:

$$F_{\text{Entlastung}} = \frac{M}{l_R} = \frac{32600\ \text{Nm}}{2{,}3\ \text{m}} = \underline{\underline{14174\ \text{N}}}$$

Ein Bodenkontakt der Vorderräder ist in diesem Falle nur gewährleistet, wenn die vorhandene Vorderachslast diesen Wert übersteigt. Sie kann eventuell durch Zusatzgewichte an der Schlepperfront oder durch Wasserfüllungen in den Reifen erhöht werden.

Die Erhöhung der vorderen Achslast durch eine 100 kg schwere Zusatzmasse, die im Abstand von 80 cm vor der Vorderachse des Schleppers montiert wird, kann wie folgt mit dem Hebelgesetz ermittelt werden:

$$F_{\text{Erhöhung}} \cdot l_R = F_{\text{Zusatzgewicht}} \cdot l_{\text{Zusatzgewicht}}$$

$F_{\text{Erhöhung}}$ Zunahme der vorderen Achslast
l_R Radstand
$F_{\text{Zusatzgewicht}}$ Gewichtskraft des Zusatzgewichtes
$l_{\text{Zusatzgewicht}}$ Abstand des Zusatzgewichtes von der Hinterachse

Durch Umstellung und Einsetzen der jeweiligen Größen erhält man folgende Zahlenwertgleichung:

$$F_{\text{Erhöhung}} = \frac{1000\ \text{N} \cdot 3{,}1\ \text{m}}{2{,}3\ \text{m}} = \underline{\underline{1348\ \text{N}}}$$

Die Erhöhung der vorderen Achslast durch das Zusatzgewicht beträgt 1348 N.

Aus Sicherheitsgründen sollte an der Vorderachse trotz Entlastung durch angehobene Anbaugeräte mindestens noch eine Achslast von 20% der Gewichtskraft des Schleppers (Gesamtgewicht mit Anbaugerät) vorhanden sein.

Übungen zu diesem Kapitel finden Sie im Bereich Technische Mathematik, Kap. 6.

7.1.3 Maschinen und Geräte zur Düngung

Düngerart	Wirtschaftseigener Dünger (Organischer Dünger) Stalldung (Festmist)	Gülle (Flüssigmist)	Handelsdünger (Mineraldünger) gekörnt, pulverförmig
Maschinen und Geräte zum Ausbringen des Düngers	Stalldungstreuer – Normalstreuer – Breitstreuer	Schleudertankwagen Kompressortankwagen Pumpentankwagen	Zentrifugalstreuer Pneumatikstreuer Großflächenstreuer
Arbeitsbreiten	Normalstreuer 2 m ... 3 m Breitstreuer 6 m ... 8 m	3 m ... 18 m	Zentrifugalstreuer 6 m ... 15 m Pneumatikstreuer 12 m ... 24 m Großflächenstreuer 6 m ... 24 m
Ausbringmengen	5 t/ha ... 50 t/ha	10 m^3/ha ... 100 m^3/ha	40 kg/ha ... 1600 kg/ha
Behältergröße	3 m^3 ... 11 m^3	2000 l ... 12000 l	400 l ... 8500 l

1 Maschinen und Geräte zur Düngung

Über die **Düngung** erreicht der Landwirt eine Ertrags- bzw. Qualitätssteigerung bei Feldfrüchten. Er kann dieses auf zwei Wegen erreichen:

- durch Verbesserung der Bodenqualität (Humusanteil),
- durch Zufuhr fehlender Pflanzennährstoffe.

Art und Form des Düngers sind entscheidend für die Verteilungstechniken der eingesetzten Maschinen und Geräte (Bild 1). Gesetzes- und Umweltauflagen stellen zusätzliche Anforderungen an die Ausbringgenauigkeit der Maschinentechnik.

Fehlerhafte Düngung bzw. Überdüngung wirken schadhaft auf die Pflanze (Bild 2), den Boden und das Wasser (Oberflächen- und Grundwasser).

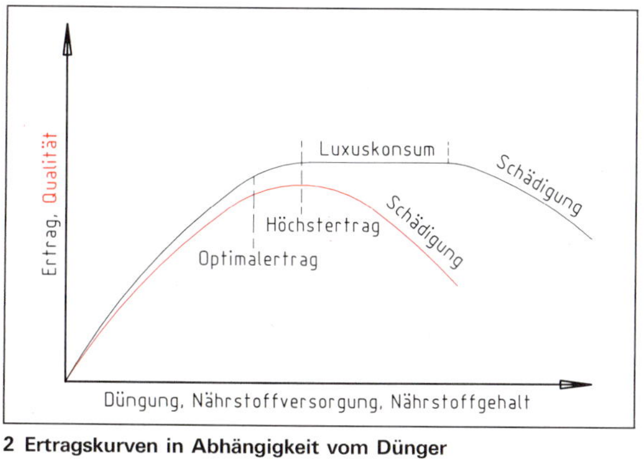

2 Ertragskurven in Abhängigkeit vom Dünger

7.1.3.1 Stalldungstreuer

Stalldungstreuer haben die Aufgabe, Festmist, Kompost u.ä. feinverteilt bei regelbarer Streudichte auf dem Acker auszubringen. Sie werden als Einachser, Tandemachser oder Zweiachser gebaut.

Stalldungstreuer bestehen aus folgenden wesentlichen Bauelementen (Bild 3):

3 Stalldungstreuer

1 Schutzgitter
2 Streuwerk
3 Kratzboden
4 Bordwände und Verschlüsse
5 Mengenverstellung und Vorschub
6 Seilzug- oder Auflaufbremse
7 Beleuchtung und Anhängekupplung
8 Getriebe und Antriebswelle
9 Bereifung und Achse
10 Rahmen
11 Stützrad
12 Gelenkwelle

Stalldungstreuer können ohne Streuwerk als Universal-Transportfahrzeug eingesetzt werden. Der Kratzboden dient dabei als Entladehilfe.

Streuwerke (Bild 1, Seite 204) bestehen aus schnelllaufenden Schnecken oder Zinkenwalzen, die liegend oder stehend den Mist abfräsen (Umfangsgeschwindigkeit 12 m/s ... 20 m/s) und gleichmäßig verteilt auf den Boden bringen.

Waagerecht liegende Streuwalzen haben die gleiche Drehrichtung, während stehende Walzen gegenläufig arbeiten. Zum Abtrennen des Mistes sind diese mit Reißzähnen bzw. -zinken oder mit beweglichen Schlegeln bestückt (Bild 2, Seite 204).

Hinsichtlich der Streu- und Arbeitsbreite, der Dosiergenauigkeit sowie der Feinheit des gestreuten Mistes werden die Streusysteme in folgende Gruppen unterteilt:

- **Normal- oder Schmalstreuer** (Bild 1a, Seite 204) verfügen über Streuwerke mit ein oder zwei waagerecht angeordneten Walzen, die den Mist auf einer

Breite von 2 m ... 3 m verteilen. Um bei einer geringen Ausbringmenge (z. B. für die Grünlanddüngung) noch eine feine gleichmäßige Verteilung zu erreichen, kann zusätzlich eine Feinstreuwelle eingebaut werden.

- **Breitstreuer** arbeiten mit einem Streuwerk, das aus 2 ... 4 senkrecht stehenden Walzen (Bild 1 b) besteht. Sie verteilen den Mist auf einer Breite von ca. 6 m. Bei den sogenannten Frässtreuern bewegen sich die Walzen etwa 30 mal pro Minute quer zur Fahrtrichtung am Streuerende hin und her. Bei diesen Systemen kann die Streubreite über Leitbleche von 2,5 m ... 8 m verändert werden.

a) Normalstreuer

b) Breitstreuer

1 Streuwerke

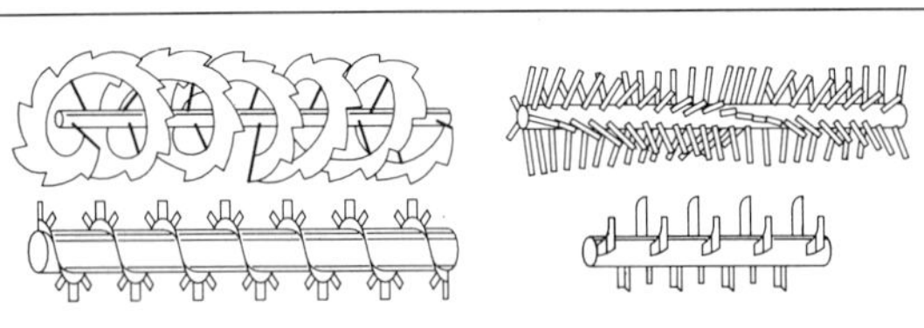

2 Streuwalzen

- **Tellerbreitstreuer** (Bild 3) verfügen über waagerechte Walzenstreuwerke, die den Mist zunächst abfräsen. Von dort fällt er dann auf 2 ... 4 Teller-Breitstreuwerke, die für eine weitere Verteilung (10 m ... 12 m Arbeitsbreite) sorgen. Durch diese Zweiteilung des Verfahrens wird eine höhere Dosier- und Verteilgenauigkeit erreicht. Wird bei dieser Stalldungstreuerbauart eine hydraulisch verstellbare Stauklappe von innen vor den Streuwalzen angebracht, dann können auch teigige bis flüssige organische Dünger damit ausgebracht werden.

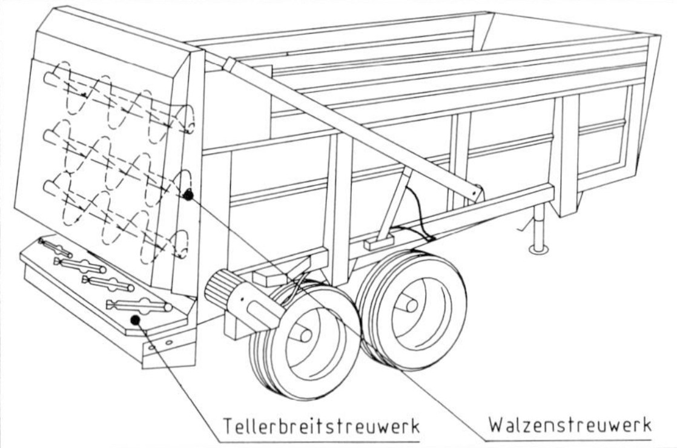

3 Tellerbreitstreuer

Umlaufende **Kratzbodenketten** (Bild 4) sorgen beim Stalldungstreuer für die Zuführung des Streugutes beim Streuwerk. Die dafür notwendigen Förderleisten (Teil 1 in Bild 4) sind an 2 ... 4 endlosen Kratzketten (Teil 2 in Bild 4), die in Längsführungen über den Kastenboden laufen, befestigt.

An den Enden der Ladepritsche werden die Ketten über Kettenräder (Teil 3 in Bild 4) unter den Wagenboden umgelenkt. Die hinteren Kettenräder dienen gleichzeitig als Kratzbodenantrieb. Über Vorschubgetriebe (Sperrklinkenantrieb, Hydromotor) lässt sich der Kratzbodenvor- und -rücklauf im Bereich von 0,25 m/min ... 12 m/min in Stufen oder stufenlos regeln.

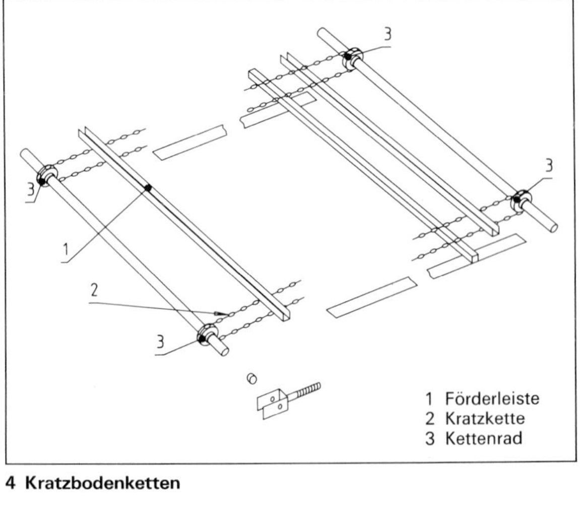

4 Kratzbodenketten

Kettenspannvorrichtungen gleichen verschleißbedingte Kettenlängenänderungen aus und sorgen gleichzeitig für die richtige Vorspannung. Bild 1 zeigt exemplarisch zwei verschiedene Möglichkeiten.

Das Streuwerk und die Fördereinrichtungen des Stalldungstreuers werden von der Schlepperzapfwelle über Gelenkwelle, Antriebswellen, Winkel- und Kettentriebe angetrieben (Bild 2).

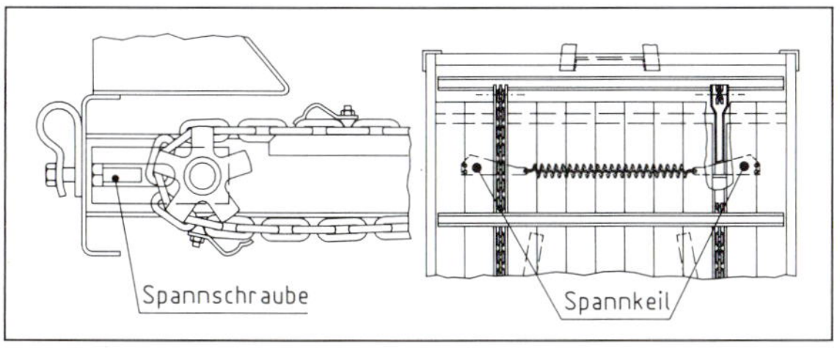

1 Kettenspannvorrichtungen

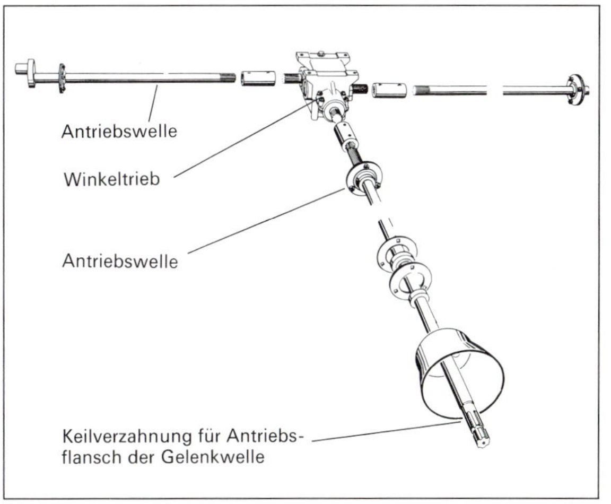

2 Antrieb Streuwerk und Kratzboden

7.1.3.2 Gülletankwagen

Das Abfallbeseitigungsgesetz (AbfG) und die Verordnung über das Aufbringen von Gülle und Jauche (Gülleverordnung) enthalten Vorschriften zur Aufbringfläche, -menge und -zeit für Flüssigmist. Bei der Aufbringung von Gülle und Jauche sollen Nährstoffeingänge ins Grundwasser verhindert und Geruchsbelästigungen durch bodennahe Aufbringung und direkte Einarbeitung reduziert werden (Bild 3). Dementsprechend werden auch höhere Anforderungen an die richtige Dosierung und Verteilgenauigkeit der eingesetzten Gülletankwagen gestellt.

Tankwagen für das mobile Ausbringen von Flüssigdünger (Gülle) bestehen aus folgenden wesentlichen Baugruppen:

- Fahrwerk mit Rahmen,
- Tank (mit Füllanzeige und Sicherheitsventil),
- Förderelement/Ausbringsystem,
- Verteileinrichtung,
- Einarbeitungsgerät.

Nach der Art des Ausbringsystems können die Gülletankwagen in folgende Gruppen unterteilt werden:

1. Wagen mit eigener Befülleinrichtung
   - Pumpentankwagen,
   - Kompressortankwagen,
2. Wagen ohne eigene Befülleinrichtung
   - Schleudertankwagen
   - Druckpumpentankwagen

Zur Befülleinrichtung bzw. zum Ausbringsystem der Pumpentankwagen (Bild 4) gehören zapfwellenbetriebene Verdrängerpumpen (Drehkolben- oder Exzenterschneckenpumpen), Mehrwegschieber, Rühr- und Saugleitungen. Die Verdrängerpumpen arbeiten selbstansaugend. Sie erreichen Drücke ≤ 10 bar. Die Fördermenge ist abhängig von der Drehzahl.

3 Gülle-Tankwagen mit Schleppschlauchverteilung

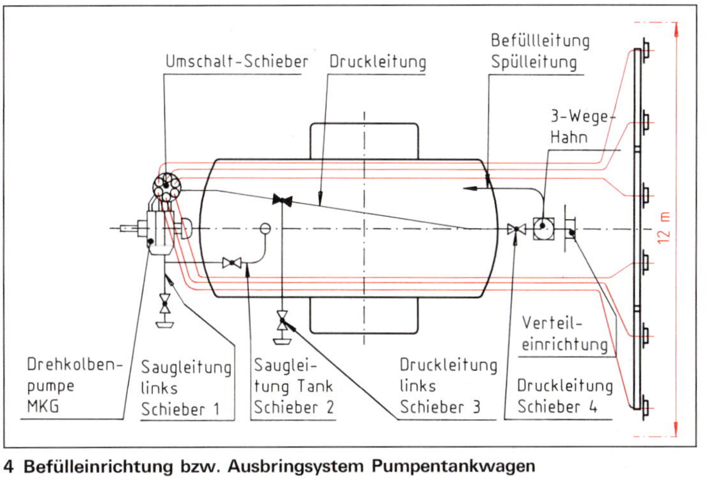

4 Befülleinrichtung bzw. Ausbringsystem Pumpentankwagen

Die Pumpen können je nach Stellung der Umschaltschieber (Teile 1 und 2 in Bild 1) für folgende Arbeiten eingesetzt werden:

- Fremdansaugen: Füllen des Tanks aus der Grube

Durchflussrichtung Teil 1 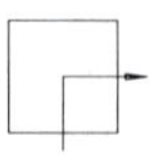 Durchflussrichtung Teil 2 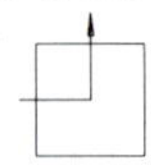

- Ausbringen: Leerpumpen des Tanks

Durchflussrichtung Teil 1 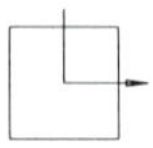 Durchflussrichtung Teil 2 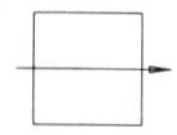

- Tank rühren: Hydraulisches Rühren mit Flüssigkeitsstrahl

Durchflussrichtung Teil 1 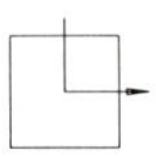 Durchflussrichtung Teil 2 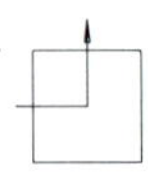

- Fremdrühren: Grubeninhalt rühren

Durchflussrichtung Teil 1 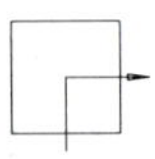 Durchflussrichtung Teil 2 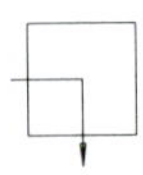

- Rückwärtspumpen bei Verstopfungen

Bild 3 zeigt die wesentlichen Bauelemente eines **Kompressortankwagens.** Der von der Schlepperzapfwelle angetriebene Kompressor (Bild 2) erzeugt zum Befüllen Unterdruck im Tank, so dass die Gülle infolge des Druckunterschiedes angesaugt wird. Zum Ausbringen wird der Kompressor umgestellt und im Tank ein Überdruck $p_e = 1$ bar erzeugt, der die Gülle herausdrückt.

Kompressortankwagen benötigen druckfeste Behälter. Da der Betriebsdruck jedoch $p_e < 1$ bar ist, unterliegen sie nicht der Überwachungspflicht durch den TÜV.

Zum Fassrühren wird ein zusätzliches Rührwerk (Düsenrohr) über den Tankboden eingebaut, durch das während der Fahrt Luft in den Tankinhalt gedrückt wird (pneumatisches Rühren).

Schleudertankwagen nehmen die Gülle, die mit einer gesonderten Pumpe aus dem Güllebehälter abgesaugt wird, in einem drucklosen Tank auf. Zum Ausbringen wird ein Schieber vor dem Schleuderverteiler geöffnet. Durch den Druck der Eigenmasse (hydrostatischer Druck) des Flüssigmistes wird dieser über die Schleuderscheibe verteilt. Mit zunehmender Tankentleerung ändert sich der hydrostatische Druck, so dass eine gleichmäßige Ausflussmenge über die ganze Ausbringzeit nicht erreichbar ist. Um ein Absetzen von in der Gülle befindlichen Feststoffen am Tankboden zu vermeiden, können Schleudertankwagen mit einem zapfwellenbetriebenen mechanischen Rührwerk ausgerüstet werden.

Bild 4 zeigt die wesentlichen Bauelemente eines **Druckpumpentankwagens.** Er unterscheidet sich im Aufbau durch die zusätzlich vor dem Verteiler in einem geschlossenen Gehäuse eingebaute Schleuderscheibe (Spezial-

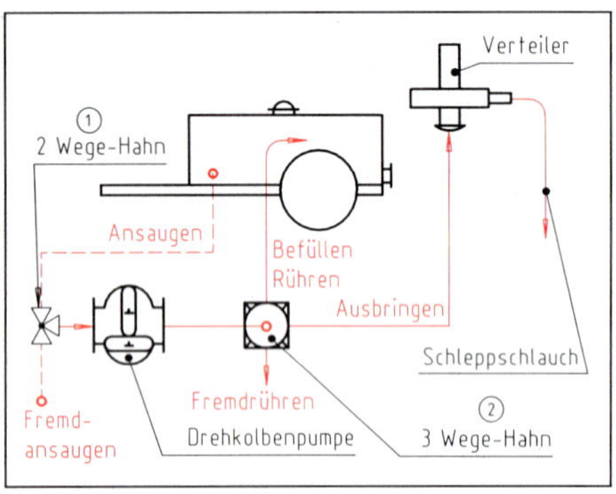

1 Arbeiten mit Pumpentankwagen

2 Kompressor (Lamellenpumpe)

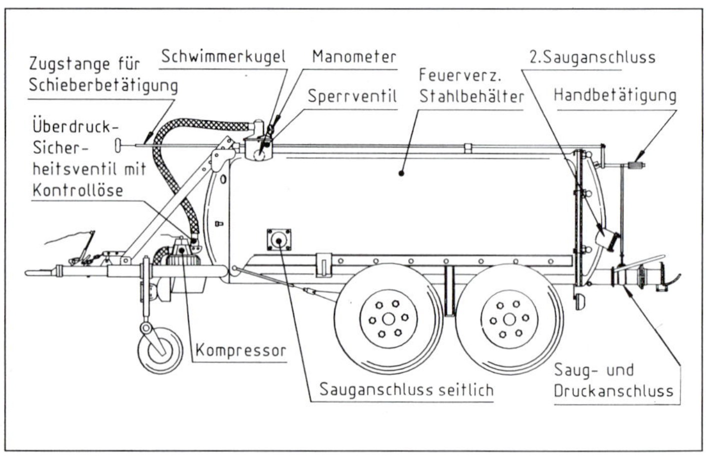

3 Kompressortankwagen

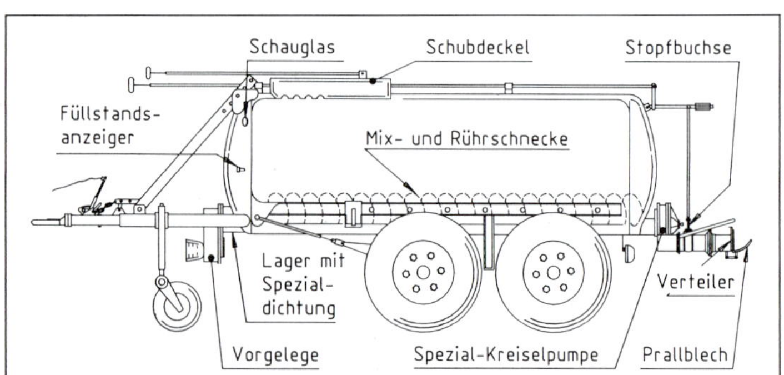

4 Druckpumpentankwagen

Kreiselpumpe). Da die Flüssigkeit erst durch dieses Bauelement fließen muss wird durch die Drehung der Scheibe am Austritt ein Überdruck $p = 1 \dots 2$ bar erzeugt. Auf diese Weise ist die Ausflussmenge weniger von der Flüssigkeitshöhe im Tank abhängig.

Hinsichtlich der Zunahme der Dosierungs- und Verteilungsgenauigkeit und der abnehmenden Windempfindlichkeit kann für die unterschiedlichen Verteilsysteme folgende Reihenfolge gelten:

- Schleuderverteiler,
- zentrale Prallkopf-Verteilerdüsen,
- zentrale Schwenkverteilerdüsen mit mechanischem, elektrischem oder hydraulischem Antrieb (Bild 1),
- dezentraler Rohrverteiler mit Pralldüsen (Reihendüngung),
- Schleppschlauchverteiler (Bild 3, Seite 205),
- Gülleinjektor (Flüssigmistdrillgeräte, Bild 2).

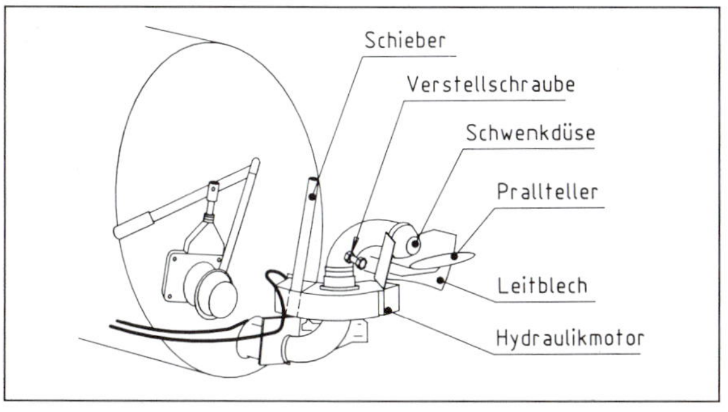

1 Pendeldüse in Verbindung mit schwenkbarem Rollteller am Vakuumtankwagen

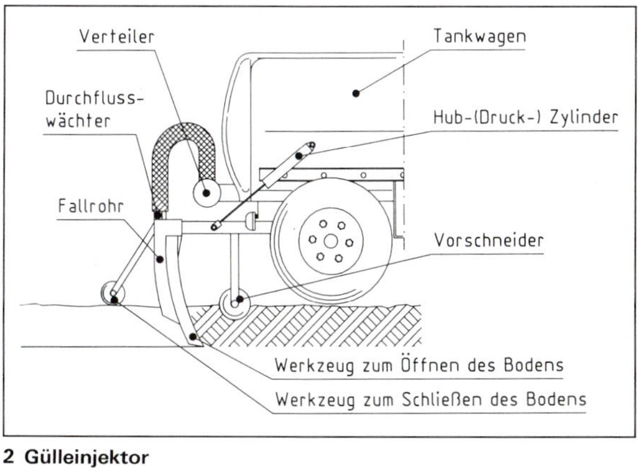

2 Gülleinjektor

7.1.3.3 Handelsdüngerstreuer

Im Unterschied zum organischen Dünger ist beim Mineraldünger die Nährstoffzusammensetzung relativ hoch und genau bekannt. Dieses setzt für eine richtige und gleichmäßige Verteilung funktionsgerechte Maschinen mit einstellbaren Streuorganen und die Anpassungsfähigkeit an unterschiedliche Mineraldüngersorten voraus. Daneben sind die richtige Bedienung unter Berücksichtigung der Boden- und Witterungsverhältnisse zur Vermeidung von Düngeschäden von besonderer Wichtigkeit.

Mineraldüngerstreuer können nach den Ausbringsystemen in folgende Baugruppen unterteilt werden:

- Zentrifugalstreuer: Einscheiben-, Zweischeiben- und Pendelstreuer,
- Auslegerstreuer: mit mechanischer oder pneumatischer Querförderung.

Diese Systeme finden sowohl bei Anbaugeräten als auch bei Großflächenstreuern (Aufsattel- oder Anhängegeräte) Anwendung.

Bild 3 zeigt folgende wesentliche Bauelemente eines **Zentrifugalstreuers** (Schleuderstreuer):

1 Behälter
2 Schleuderscheibe mit Wurfschaufeln
3 Rührfinger
4 Getriebe (Winkeltrieb)

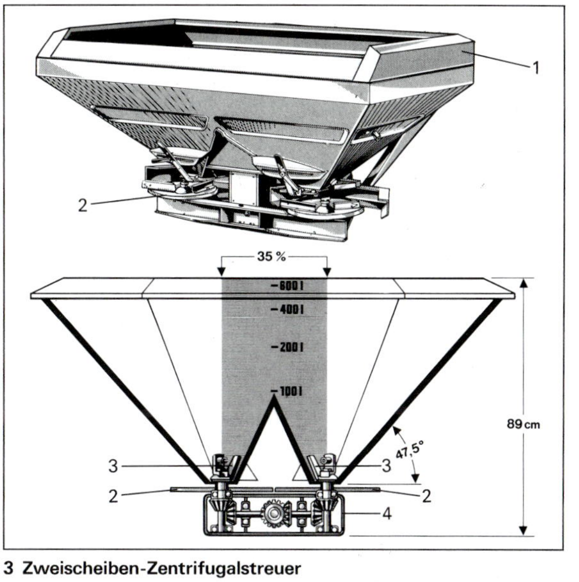

3 Zweischeiben-Zentrifugalstreuer

Die Streuscheiben und das Rührwerk werden von der Schlepperzapfwelle über das Winkelgetriebe in eine Drehbewegung versetzt. Durch verstellbare Austrittsöffnungen am Behälterboden fällt der Mineraldünger auf die Streuscheiben. Aufgrund der Drehbewegung dieser Bauteile wird er dann weitwürfig verteilt. Dabei sorgt das Rührwerk für ein gleichmäßiges Nachrutschen des Düngers (Vermeidung der Klumpenbildung).

An Stelle der Streuscheiben werden auch pendelnde Streurohre (Bild 4) zum Ausbringen des Düngers eingesetzt. Diese werden über einen Kurbeltrieb (Bild 1, Seite 208) angetrieben.

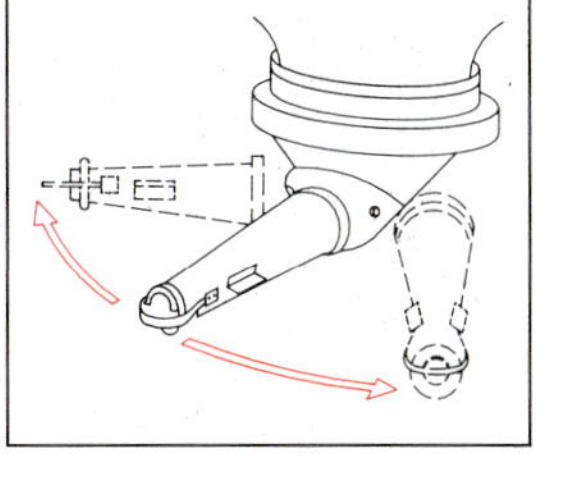

4 Pendelstreuer
Das pendelnde Streurohr wirft den Dünger aus

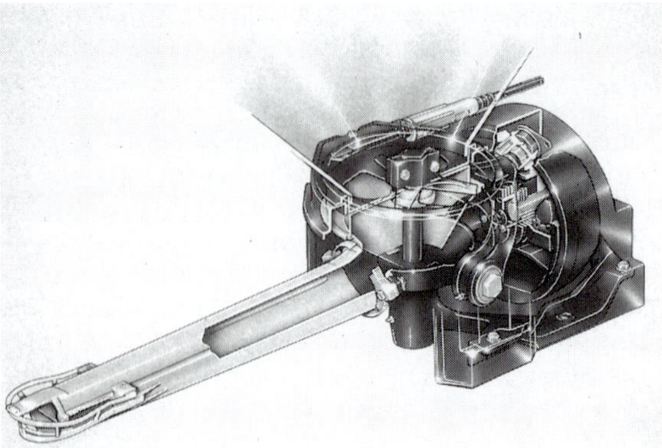

1 Pendelstreuer-Antrieb

Aufgrund der einfachen Konstruktion und der hohen Flächenleistung werden Schleuderstreuer hauptsächlich für gekörnte oder kristalline Düngemittel eingesetzt. Die Risikofaktoren für eine hohe Streugenauigkeit liegen bei diesen Geräten in der gleichmäßigen Fahrgeschwindigkeit und dem genauen Anschlussfahren (Überlappung). Zusätzlich spielt die Abdrift von Düngemittel durch Wind und der Zustand des Düngers (Feuchtigkeit, Körnung, staubförmige Anteile) noch eine wichtige Rolle.

Die Hersteller der Schleuderstreuer geben für alle gebräuchlichen Düngersorten Streutabellen (Bild 2) heraus. Diese enthalten Einstellwerte für die Streumenge in Abhängigkeit von der Anbauhöhe (Arbeitsbreite, s. Bild 2), dem Streuscheibendurchmesser, der Stellung der Wurfschaufeln, der Streuscheibendrehzahl und der Fahrgeschwindigkeit. Bei Pendelstreuern wird die Arbeitsbreite über den Pendelausschlag verändert.

Durch den Antrieb der Streuscheiben mittels Hydromotoren, deren Drehzahl von einem elektronischen Steuergerät überwacht und entsprechend den Vorgaben geregelt wird, versuchen die Hersteller die Ausbringgenauigkeit der Zentrifugalstreuer zu erhöhen. Mit Hilfe von Sensoren für die Fahrgeschwindigkeit und elektrischen Stellmotoren zur Veränderung der Drehzahl der Dosierwalzen bzw. Durchflussmenge am Regler kann dann vom Steuergerät auch eine Regelung der Ausbringmenge entsprechend den eingestellten Werten erfolgen (s. Kap. 3.8.3).

Zapfwelle: 540 1/min Hyperphos-Kali, Streumenge in kg/ha

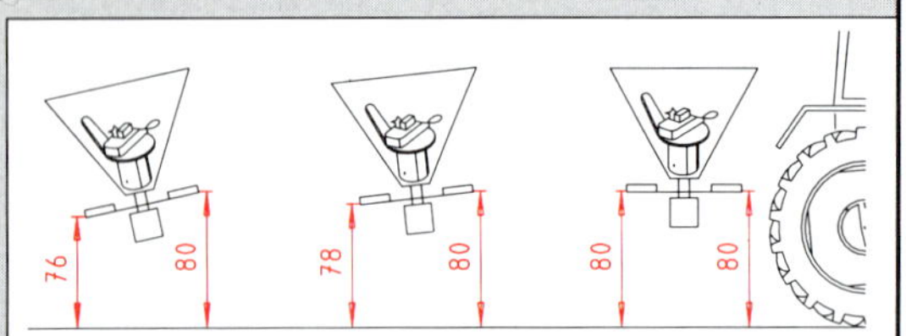

Maschineneinstellung	Wirksame Streubreite: 10 m					12 m					15 m				
	km/h					km/h					km/h				
	6	8	10	12	14	6	8	10	12	14	6	8	10	12	14
8	120	90	72	60	51	100	75	60	50	43	80	60	48	40	34
9	137	103	82	68	59	114	85	68	57	49	91	68	54	45	39
10	210	157	126	105	90	175	131	105	87	75	140	105	84	70	60
11	285	214	171	142	122	237	178	142	118	102	190	142	114	95	81
12	365	274	219	182	156	304	228	182	152	130	243	182	146	121	104

2 Streutabelle

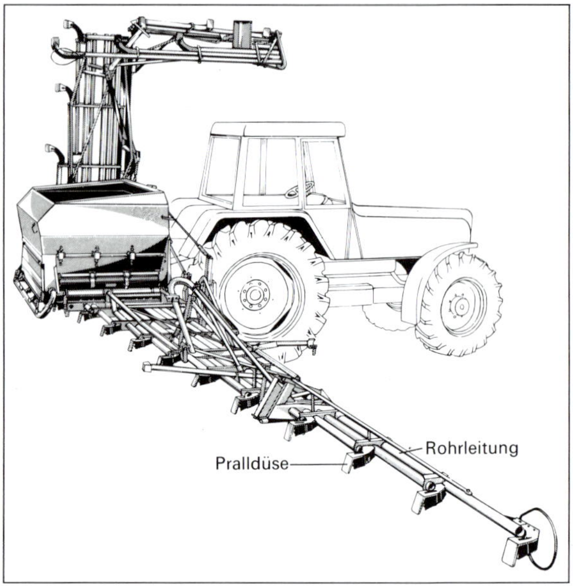

3 Pneumatikstreuer

Die Arbeitsweise der **Auslegerstreuer** wird weniger durch Windabdrift und Düngerbeschaffenheit beeinflusst. Bei Pneumatikstreuern (Auslegerstreuer mit pneumatischer Querförderung) wird der Dünger über Pralldüsen in Abständen von etwa 75 cm ausgebracht (Bild 3). Mit Hilfe eines Luftgebläses (Zapfwellen- oder Hydraulikantrieb) und einer Injektorschleuse wird der Dünger durch Rohrleitungen im Luftstrom zu den Düsen transportiert. Die gewünschte Düngermenge kann über mechanisch oder elektrohydraulisch angetriebene Nocken- oder Zellenräder stufenlos dosiert werden.

An Stelle der pneumatischen Querförderung können auch Gummibänder für den Transport und die Düngerverteilung eingesetzt werden (Bild 4).

Großflächenstreuer unterscheiden sich von den bisher beschriebenen Düngerstreuern in erster Linie durch ihre Behältergröße und ihre Anhängung am Schlepper. Sie werden auch als kombinierte Ausleger- und Zentrifugalstreuer angeboten.

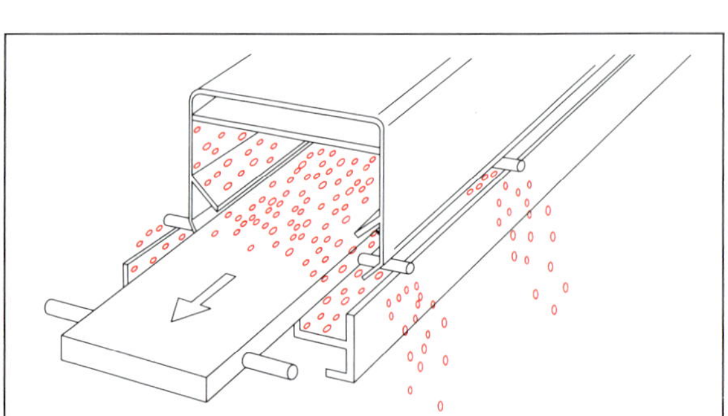

4 Gummiband mit Streufinger

Übungen

1. Warum werden hohe Anforderungen an die Ausbring- und Dosiergenauigkeit der zur Düngung eingesetzten Maschinen und Geräte gestellt?
2. Begründen Sie, warum unterschiedliche Maschinen und Geräte zur Düngung erforderlich sind.
3. Beschreiben Sie anhand von Unterlagen, die im Ausbildungsbetrieb verfügbar sind, den Aufbau und die Arbeitsweise eines selbst ausgewählten Stalldungstreuers.
4. Wie erfolgt die Regelung der Ausbringmenge bei dem gewählten Stalldungstreuer?
5. Beschreiben Sie die Kraftübertragung von der Zapfwelle bis zum Streuwerk bzw. zur Fördereinrichtung bei dem gewählten Stalldungstreuer.
6. Welche Einstell- und Wartungsarbeiten sind bei dem ausgewählten Stalldungstreuer erforderlich?
7. Beschreiben Sie anhand von Unterlagen, die im Ausbildungsbetrieb verfügbar sind, den Aufbau und die Arbeitsweise eines selbst ausgewählten Gülletankwagens.
8. Wie erfolgt die Regelung der Ausbringmenge bei dem gewählten Gülletankwagen?
9. Welche Einstell- und Wartungsarbeiten sind bei dem ausgewählten Gülletankwagen erforderlich?
10. Beschreiben Sie anhand von Unterlagen, die im Ausbildungsbetrieb verfügbar sind, den Aufbau und die Arbeitsweise eines selbst ausgewählten Mineraldüngerstreuers.
11. Wie erfolgt die Regelung der Ausbringmenge bei dem gewählten Mineraldüngerstreuer?
12. Welche Einstell- und Wartungsarbeiten sind bei dem ausgewählten Mineraldüngerstreuer erforderlich?

7.1.4 Maschinen und Geräte zur Pflanzenpflege

Ein steigendes Umweltbewusstsein, Kostenüberlegungen und geänderte Bodenbearbeitungsmethoden führen verstärkt zum Einsatz mechanischer Pflanzenpflegegeräte. Dabei können sie zur Unkrautbekämpfung, zum Aufbrechen von Bodenverkrustungen, zur Bodenlockerung und zur Bodendurchlüftung genutzt werden.

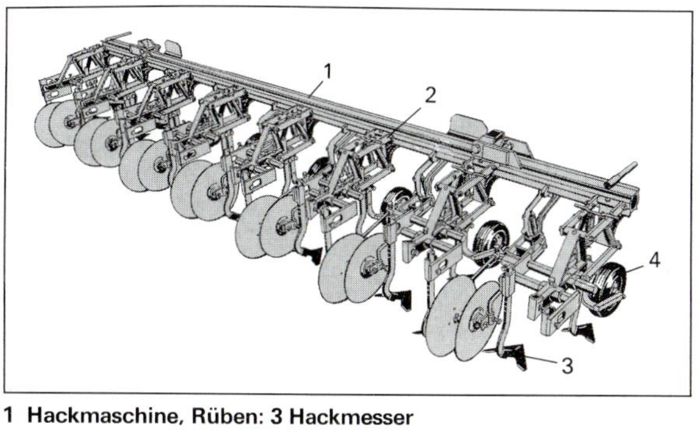

1 Hackmaschine, Rüben: 3 Hackmesser

Universal-Hackmaschinen (Bild 1), die in verschiedenen Kulturen eingesetzt werden können, bestehen aus folgenden wesentlichen Bauelementen:

1 Geräteschiene mit Schlepper-Anbauvorrichtung für Front-, Zwischenachs- oder Heckanbau
2 Mehrzweckwerkzeugführungsparallelogramme
3 Hackwerkzeuge
4 Tiefenführungsrollen

Bild 2 zeigt die wesentlichen **Hackwerkzeuge** für Rüben, Mais und Kartoffeln. Beim Umrüsten werden die Werkzeuge an den verbleibenden Werkzeugparallogrammen

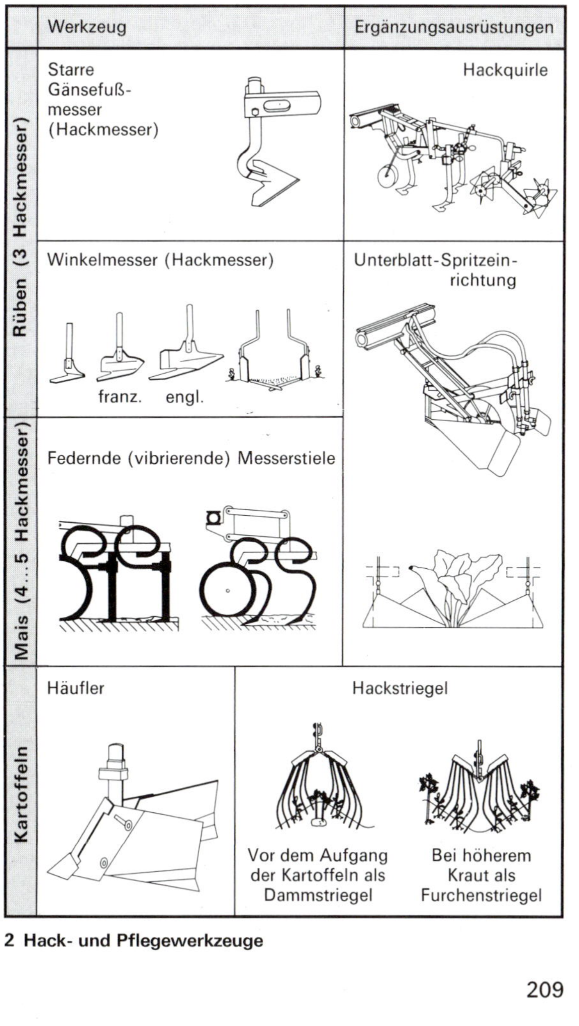

2 Hack- und Pflegewerkzeuge

gewechselt und auf den neuen Reihenabstand eingestellt. Bei manchen Systemen wird der Werkzeugträger auch komplett gewechselt. Bild 2 zeigt verschiedene Anordnungsmöglichkeiten der Hackwerkzeuge mit ihrem Einsatzzweck.

Neben den Universal-Hackmaschinen kommen auch Spezialgeräte für Rüben (Reihenweite 12 cm ... 62,5 cm), Mais oder hochwachsende Kulturen (Reihenweite 45 cm ... 80 cm, Rahmenhöhe 60 cm ... 70 cm; Bild 1) und Häufelgeräte für Kartoffeln (Reihenweite 62,5 cm ... 75 cm) zum Einsatz. Dabei entfällt der Zeitaufwand für das Umrüsten.

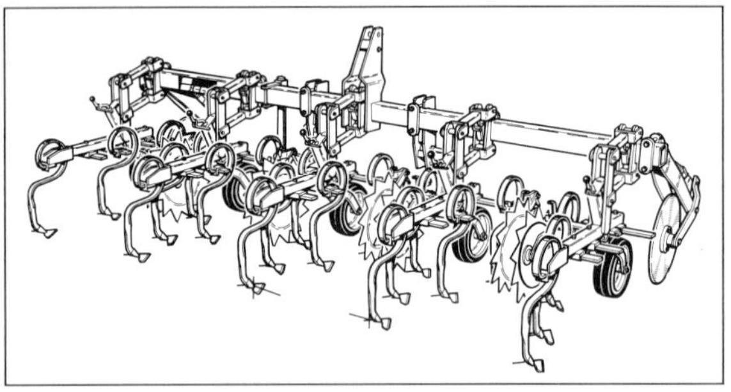

1 Hackmaschine, Mais: 5 Hackmesser

Zur Vermeidung von Hackschäden an den Pflanzenreihen bedürfen die Hackgeräte einer ständigen Beobachtung durch den Fahrer. Wegen der ungünstigen Sichtverhältnisse beim Heckanbau ist beispielsweise bei Hackarbeiten auf Feldern mit Jungpflanzen eine zusätzliche Feinsteuerung des Hackrahmens erforderlich. Diese kann entweder manuell von einer zweiten Person oder automatisch (Bild 3) erfolgen. Die Selbststeuerung wird über zwei große federbelastete Scheibenseche (Durchmesser 450 mm ... 560 mm) erreicht, deren Tiefgang und Anstellwinkel (Vorspur) einstellbar sind.

Neben den gezogenen Hackmaschinen werden insbesondere von Garten- bzw. Gemüsebaubetrieben auch zapfwellengetriebene Hack- bzw. Reihenhackfräsen und Motorhacken eingesetzt. Diese arbeiten mit rotierenden Messer- oder Zinkenwellen.

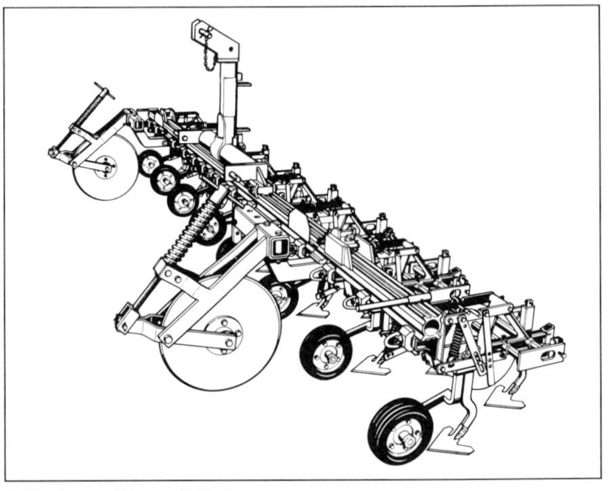

3 Hackmaschine mit Selbststeuerung

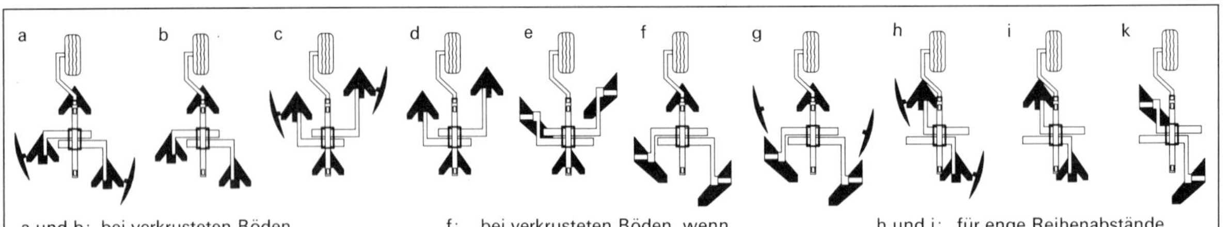

a und b: bei verkrusteten Böden
c und d: bei starkem Unkrautbesatz oder hoher Arbeitsgeschwindigkeit
e: wie c und d, wenn Pflanzen größer sind
f: bei verkrusteten Böden, wenn Pflanzen größer sind
g: sog. „französische Armierung" für verkrustete Böden, über die gesamte Hacksaison geeignet
h und i: für enge Reihenabstände
k: für enge Reihenabstände und größere Pflanzen

2 Anordnung Hackwerkzeuge

7.1.5 Maschinen und Geräte zum Pflanzenschutz

Pflanzenschutzgeräte dosieren und verteilen chemische Pflanzenschutzmittel. Die Wirkung und die Wirtschaftlichkeit hängen entscheidend von der richtigen Funktion und der Einstellung dieser Geräte ab. Unerwünschte Nebenerscheinungen, wie beispielsweise Schäden an Pflanzen, Abdrift, Abtropfverluste und Rückstände, sind bei ihrem Einsatz einzuschränken bzw. zu vermeiden.

7.1.5.1 Pflanzenschutzgesetz

Wegen der Auswirkungen des chemischen Pflanzenschutzes auf die Gesundheit von Mensch und Tier, auf das Grundwasser und auf die Natur bzw. Umwelt hat der Gesetzgeber im **Pflanzenschutzgesetz** (PflSchG) vom 15. 9. 1986 Anforderungen zu folgenden Bereichen festgelegt:

Pflanzenschutztechnik (s. Bild 1, Seite 211),
Pflanzenschutzmittel,
und Pflanzenschutzanwender.

In diesem Gesetz wird die Forderung nach einem integrierten Pflanzenschutz erhoben. Dieser beinhaltet eine „Kombination von Verfahren unter vorrangiger Berücksichtigung biologischer, biotechnischer, pflanzenzüchterischer, anbau- und kulturtechnischer Maßnahmen, die die Anwendung chemischer Pflanzenschutzmittel auf das notwendige Maß beschränken".

Im § 24 des Pflanzenschutzgesetzes werden die Anforderungen, die an Pflanzenschutzgeräte zu stellen sind, wie folgt festgelegt:

„Pflanzenschutzgeräte dürfen nur in den Verkehr gebracht werden, wenn sie so beschaffen sind, dass ihre bestimmungsgemäße und sachgerechte Verwendung beim Ausbringen von Pflanzenschutzmitteln keine schädlichen Auswirkungen auf die Gesundheit von Mensch und Tier und auf das Grundwasser sowie keine sonstigen schädlichen Auswirkungen, insbesondere auf den Naturhaushalt hat, die nach dem Stande der Technik vermeidbar sind".

Ab. 1.7.1988 besteht für neu in den Verkehr gebrachte Pflanzenschutzgeräte eine Erklärungspflicht. Dazu muss eine Erklärung mit Gebrauchsanleitung, Gerätebeschreibung und anderen Unterlagen bei der Biologischen Bundesanstalt für Land- und Forstwirtschaft (BBA) in Braunschweig vom Gerätehersteller abgegeben werden. Wenn die Richtlinien für die amtliche Prüfung von Pflanzenschutzmitteln, Teil VII Pflanzenschutzgeräte erfüllt werden, erfolgt die Eintragung in die Pflanzenschutzgeräteliste und die Veröffentlichung im Bundesanzeiger. Erst ab diesem Zeitpunkt darf der Verkauf beginnen.

In den genannten Richtlinien sind u.a. Angaben zu folgenden Punkten enthalten:

- Inhalt der Gebrauchsanleitung,
- Volumenmarkierung und Größe der Spritzbehälter,
- Durchmessergröße Einfülldorn,
- Rührwerk,
- Restmenge 3%...4% vom Behälterinhalt, Entsorgung,
- Restmengenverdünnung (1:10) und Entsorgung,
- Mindestpumpenfördervolumen 5 l/min je m Spritzleitung und Rührzuschlag 5% vom Behälterinhalt,
- Manometer der Güteklasse 2,5,
- Maschengröße der Filter,
- Höhenverstellung, Teilbreitenlänge und Pendelaufhängung der Gestänge,
- Querverteilung und Tropfstopp der Düsen.

7.1.5.2 Pflanzenschutzgeräte

Bild 2 zeigt die wesentlichen Bauelemente und die Funktionen einer **Feldspritze.** Zum Füllen des Brühebehälters aus Kunststoff (Polyäthylen oder glasfaserverstärkter Polyester) kann Wasser direkt über den Behälterdeckel eingefüllt werden. Eine andere Möglichkeit besteht durch Ansaugen des Wassers von der Pumpe über die Fassfülleinrichtung und Weiterführung über Schlauchleitungen zum Fass.

Verordnung über Pflanzenschutzmittel und Pflanzenschutzgeräte

vom 28. Juli 1987

zum § 24 PflSchG vom 15. 9. 86

Beschaffenheit der Pflanzenschutzgeräte

Pflanzenschutzgeräte müssen so beschaffen sein, dass

1. sie zuverlässig funktionieren,
2. sie sich bestimmungsgemäß und sachgerecht verwenden lassen,
3. sie ausreichend genau dosieren und verteilen,
4. bei bestimmungsgemäßer und sachgerechter Verwendung das Pflanzenschutzmittel am Zielobjekt ausreichend abgelagert wird,
5. Teile, die sich bei Gebrauch des Pflanzenschutzgerätes erhitzen, beim Befüllen oder Entleeren des Gerätes von Pflanzenschutzmitteln nicht getroffen werden,
6. sie sich sicher befüllen lassen,
7. sie gegen Verschmutzung so gesichert sind, dass ihre Funktion nicht beeinträchtigt wird,
8. Überschreitungs- und Unterschreitungsgrenzen der zu befüllenden Behälter leicht erkennbar sind,
9. ein ausreichender Sicherheitsabstand zwischen Nennvolumen und Gesamtvolumen der zu befüllenden Behälter vorhanden ist,
10. Pflanzenschutzmittel nicht unbeabsichtigt austreten können,
11. der Vorrat an Pflanzenschutzmitteln leicht erkennbar ist,
12. sie sich leicht, genügend genau und reproduzierbar einstellen lassen,
13. sie ausreichend mit genügend genau anzeigenden Betriebsmesseinrichtungen ausgestattet sind,
14. sie sich vom Arbeitsplatz sicher bedienen, kontrollieren und sofort abstellen lassen,
15. sie sich sicher, leicht und völlig entleeren lassen,
16. sie sich leicht und gründlich reinigen lassen,
17. sich Verschleißteile austauschen lassen,
18. Messgeräte zu ihrer Prüfung angeschlossen werden können.

1 Beschaffenheit Pflanzenschutzgeräte

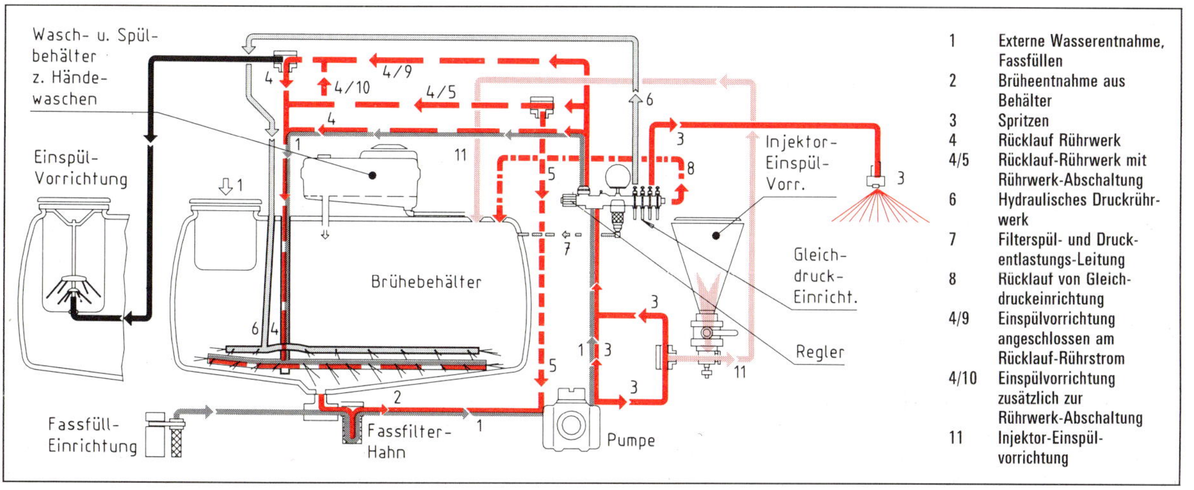

2 Funktionsschema: Füllen, Einspülen und Spritzen

Getrennte oder im Behälterdom vorhandene Einspülvorrichtungen dienen zum Einbringen des Spritzmittels in den Brühebehälter. Dieses geschieht durch einen Flüssigkeitskreislauf zwischen Brühebehälter, Pumpe und Einspülvorrichtung (s. Weg 4/9 oder 4/10 in Bild 2, Seite 211).

Um eine gleichmäßige Konzentration der Spritzbrühe zu erhalten, sind hydraulische Rührwerke, die für eine Verwirbelung im Behälter sorgen, erforderlich. Bild 1 zeigt verschiedene Bauarten. Beim Rücklaufrührwerk fließen 10%...20% des von der Pumpe erzeugten Volumenstromes nicht zur Verbraucherseite ab, sondern über Rohrleitungen (Teil 1 in Bild 1) am Boden des Brühebehälters zurück (s. Weg 4 in Bild 2, Seite 211).

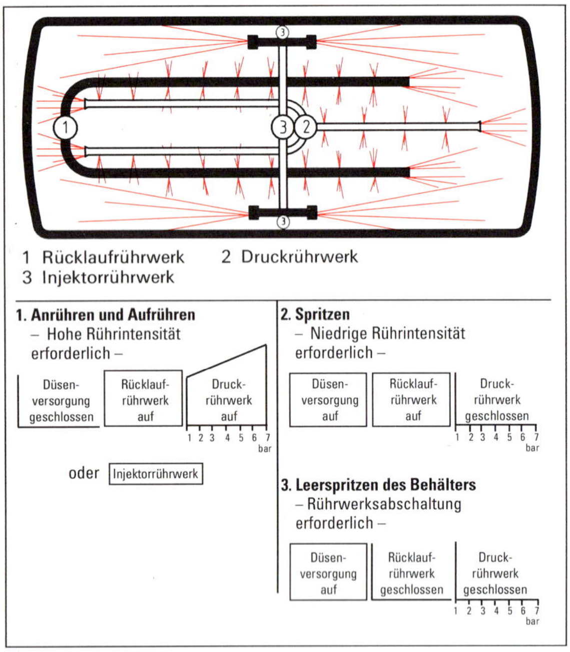

1 Rührwerksarten und ihr Einsatz

Bei zuschaltbaren Druckrührwerken wird ein Teil der Spritzbrühe mit Spritzdruck oder einem einstellbaren Druck über Rohrleitungen (Teil 2 in Bild 1) am Boden des Brühebehälters zurückgeleitet. Dagegen wird beim zusätzlichen Injektorrührwerk (Teil 3 in Bild 1) der gesamte von der Pumpe erzeugte Volumenstrom für ein schnelles Durchmischen eingesetzt.

Zur Erzeugung des jeweils erforderlichen Flüssigkeitsstromes werden bei Feldspritzen **Kolben- oder Kolbenmembranpumpen** eingesetzt. Diese haben ein Fördervolumen zwischen 50 l/min...260 l/min bei Nenndrücken von 0 bar...20 bar. Sie werden von der Zapfwelle des Schleppers über die Gelenkwelle mit einer Drehzahl von 540 1/min angetrieben. Dabei steigt die Fördermenge linear mit der Drehzahl an.

Die Bilder 2 und 3 zeigen die wesentlichen Bauelemente der Kolben- und der Kolbenmembranpumpe. Die Kolben werden durch eine Exzenterwelle hin- und herbewegt, so dass im Förderraum eine Größenänderung eintritt.

Wird der Raum größer, entsteht Unterdruck und über das geöffnete Einlassventil strömt Spritzbrühe in den Förderraum. Bei der Umkehr der Kolbenbewegung schließt das

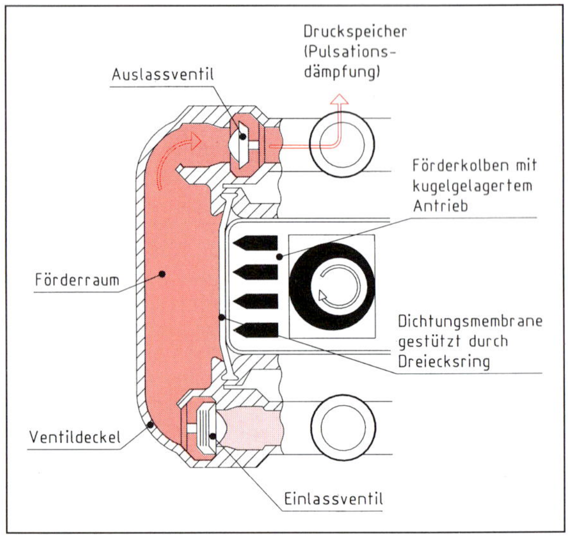

2 Kolbenmembranpumpe

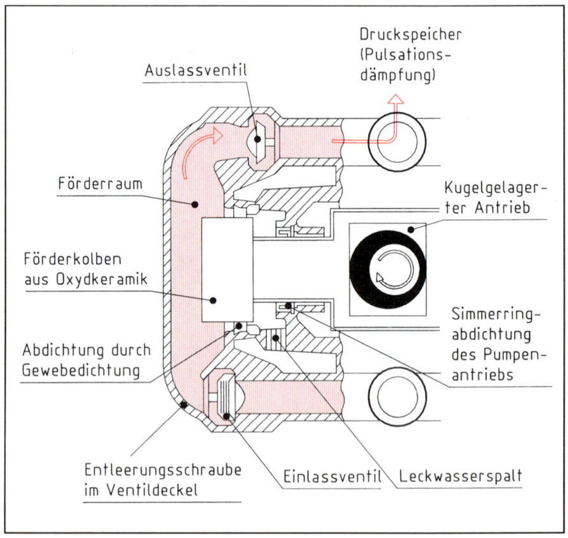

3 Kolbenpumpe

Einlassventil infolge des entstehenden Druckes und das Auslassventil öffnet. Die Spritzbrühe wird mit Druck zur Regelarmatur geleitet.

Das erforderliche Fördervolumen der Pumpen laut Anforderungen der BBA kann bei einem Spritzgestänge mit einer Länge von $l = 12$ m und einem Behältervolumen von $V = 800$ l wie folgt ermittelt werden:

1. Ausbringmenge: 12 m Spritzleitung × 5 l/min je m	= 60 l/min
2. Rührmenge: 5% von 800 l Behältervolumen/min	= 40 l/min
3. Sicherheitszuschlag wegen Drehzahlschwankungen	= 40 l/min
Fördervolumen (Summe 1 + 2 + 3)	= 140 l/min

Auf die Einhaltung dieser erforderlichen Größe ist beim Austausch von Pumpen an Feldspritzen zu achten.

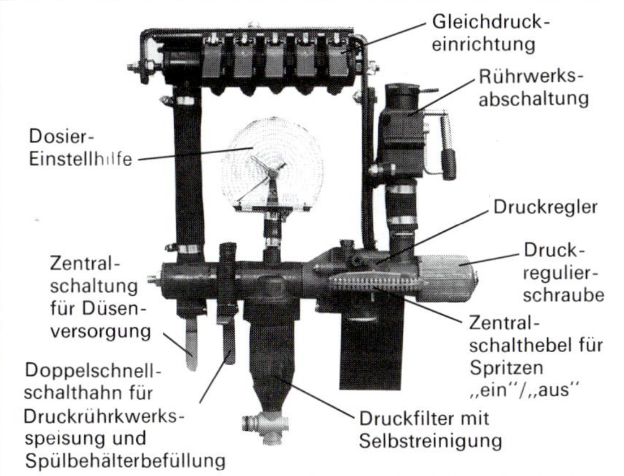

1 Regelarmatur

Düsenbauart	Druck in bar	Spritzbild
Normal-Flach-strahldüse	2...5	fein, mitteltropfig
Niederdruck-düse (LP)	1...3	grob, mitteltropfig
Mehrbereichs-düsen (LU, XR)	1...4	grobtropfig
Abdriftarme (AD, Servo-Drop)	1...5	grobtropfig abdriftarm

LP = low pressure oder Niederdruck
LU = Universal
XR = extended range oder erweiterter Bereich
AD = Anti-Drift

2 Düsentypen

Regelarmaturen (Bild 1) dienen zur Druckeinstellung, Kontrollüberwachung sowie zum Öffnen und Schließen von Teilbreiten bzw. ganzen Arbeitsbreiten. Beim Schließen von Spritzleitungen bzw. bei Mehrförderung wird die überschüssige Spritzbrühe über ein Ventil zu den Rührwerken im Behälter geleitet.

Das Manometer zeigt den Druck in den Spritzleitungen an. Über die Dosier-Einstellhilfe kann zur genaueren Einstellung die Ausbringmenge in Abhängigkeit vom Druck und der Fahrgeschwindigkeit abgelesen werden. Bei einer Änderung der Düsenbestückung muss die Dosierscheibe ebenfalls gewechselt werden.

Die Gleichdruckeinrichtung sorgt bei abgeschalteten Teilbreiten dafür, dass die überschüssige Spritzbrühe in den Rücklauf geführt wird und so der Druck an den verbleibenden Spritzdüsen stets gleichgehalten wird.

Eine Drehzahlanpassungsautomatik am Regelventil verhindert Schwankungen der Ausbringmenge, wenn die Antriebsdrehzahl der Pumpe den Sollwert unter- bzw. überschreitet.

Regelarmaturen können als Baukastensysteme mit Fernbedienungseinrichtungen, elektronischen Fahrgeschwindigkeits- und Volumenstromsensoren und Spritzcomputern mit selbstregelnder Dosierelektronik und Datenübermittlung (s. Kap. 3.8.3) aufgerüstet werden.

Die am Spritzgestänge im Abstand von etwa 50 cm befestigten **Spritzdüsen** (Bild 4) lösen die Spritzbrühe in einzelne kleine Tröpfchen auf und verteilen sie so, dass die Zielfläche möglichst gleichmäßig benetzt wird.

Die **Tropfengröße** (Bild 3) wird durch die Druckhöhe und die Art bzw. Größe der verwendeten Düse (Bild 2) bestimmt. Ihre Auswahl richtet sich nach der Arbeitsgeschwindigkeit (6 km/h...8 km/h), der Ausbringmenge (80 l/ha...600 l/ha) und nach dem absoluten Spritzdruck (1 bar...5 bar). Feldspritzen werden im Regelfall mit Niederdruck-Flachstrahldüsen ausgestattet.

Membran-Rückschlagventile (Bild 4) in Verbindung mit einer Rücksaugeinrichtung (Düsen-Zentralabschalter) verhindern beim Abschalten ein Nachtropfen der Düsen. Sie werden mit farblich gekennzeichneten Bajonett-Verschlüssen am Düsenstock befestigt.

Tropfengröße in mm	Verfahren des chemischen Pflanzenschutzes
0,15...0,6	Spritzen
0,05...0,15	Sprühen
<0,05	Nebeln

3 Tropfengröße

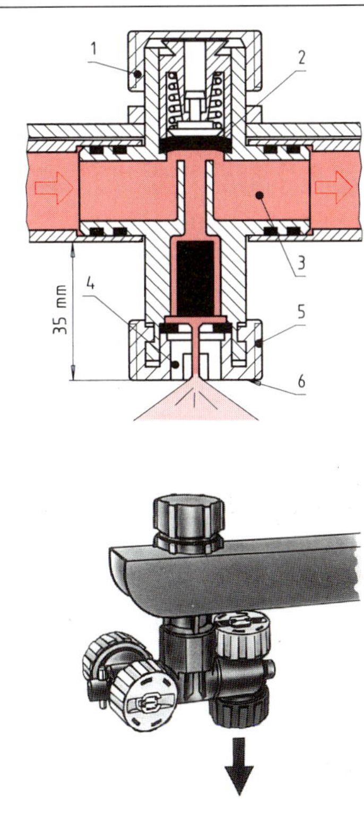

1 Membranventil
2 Membrane
3 Strömungsquerschnitt
4 Düse
5 Bajonett-Verschluss
6 Düsenmundstück

4 Membranventil mit Einzeldüsenstock

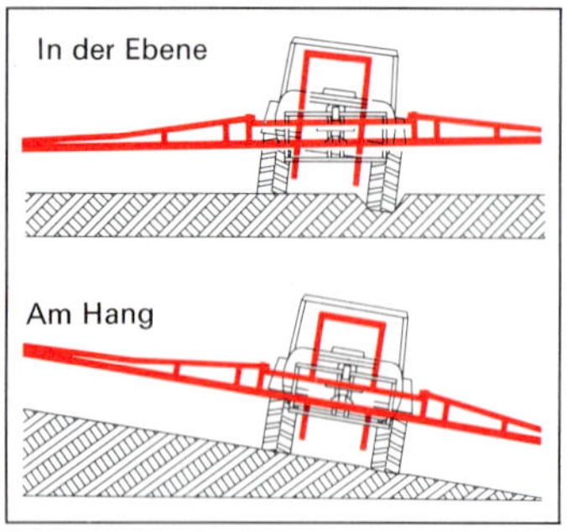

1 Pendelaufhängung Spritzgestänge

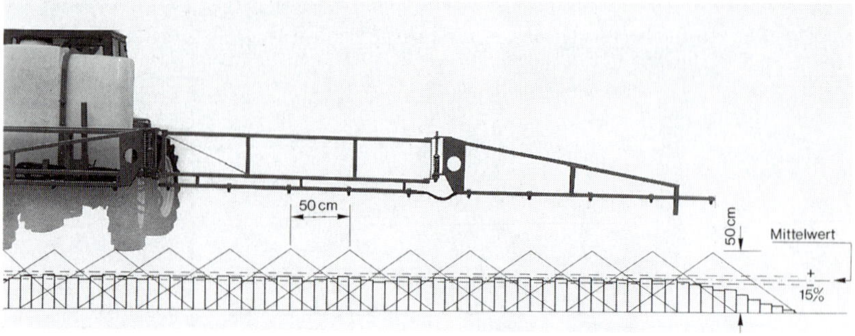

2 Ideale Düsenführung über Zielfläche

Spritzgestänge (Bild 2) können in Teilbreiten oder halbseitig ein- oder ausgeklappt werden. Sie sind so aufgehängt, dass sie Hindernissen ausweichen können und anschließend selbsttätig in die Arbeitsstellung zurückgehen. Die Klapptechnik und die Höhenverstellung sind entweder mechanisch oder elektrohydraulisch vom Schleppersitz schaltbar.

Durch folgende bautechnische Maßnahmen soll eine **ideale Düsenführung** bei unterschiedlichen Arbeitslagen (Bild 1) erreicht werden: gedämpfte Pendelaufhängung im Traggestell, selbsttätiger Hangausgleich (bis zu 12%) und horizontaler Schwingungsausgleich.

Der Wasch- und Spülbehälter enthält Wasser zum Spülen des Brühebehälters und der flüssigkeitsführenden Teile sowie zum Verdünnen der technischen Restmenge, die dann auf einer bereits behandelten Fläche ausgebracht wird. Bild 3 zeigt die entsprechenden Flüssigkeitskreisläufe.

Um Verstopfungen der Düsen zu vermeiden und um die Pumpe und die Regeleinrichtungen vor Beschädigungen zu schützen, werden Feldspritzen mit unterschiedlichen **Filtern** im Leitungssystem (Bild 4) ausgestattet.

Im Wein-, Obst- und Hopfenanbau werden häufig **Sprühgeräte** (Bild 5) zum Ausbringen chemischer Pflanzenschutzmittel verwendet. Diese bestehen aus folgenden wesentlichen Bauelementen:

1 Kolbenpumpe mit einem Fördervolumen von 40 l/min … 160 l/min bei einem absoluten Druck von 0 bar … 60 bar,
2 Brühebehälter aus Kunststoff,
3 Regelarmatur,
4 Axialgebläse mit einem Fördervolumen von 18000 m^3 … 90000 m^3 Luft pro Stunde.

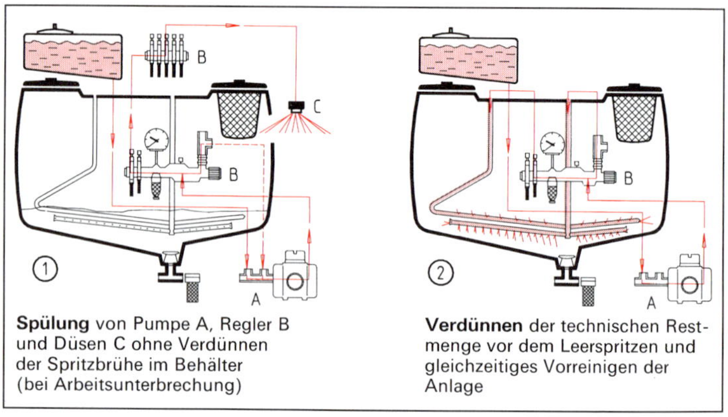

3 Spülen, Verdünnen, Entsorgen von Spritzen

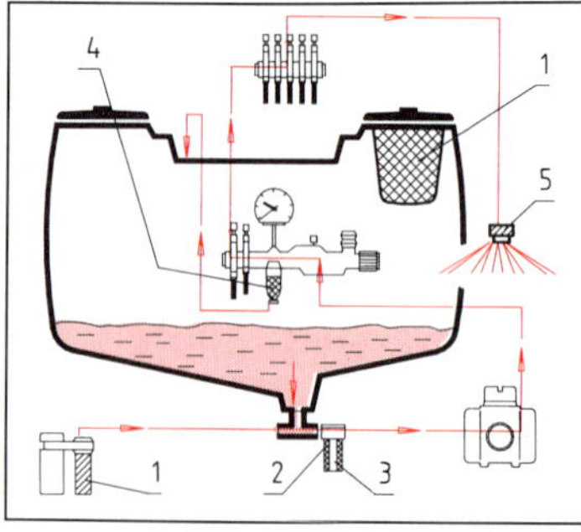

1 Grobfilterung beim Fassfüllen
2 Saugfilterung des Wassers
3 Saugfilterung der Spritzbrühe am Fassfilterhahn, 0,4 mm Maschenweite
4 Zentraler Druckfilter mit Selbstreinigung, serienmäßig 0,3 mm Maschenweite
5 Düsen-Schlitzfilter, 0,5 mm Schlitzweite

4 Filtersystem

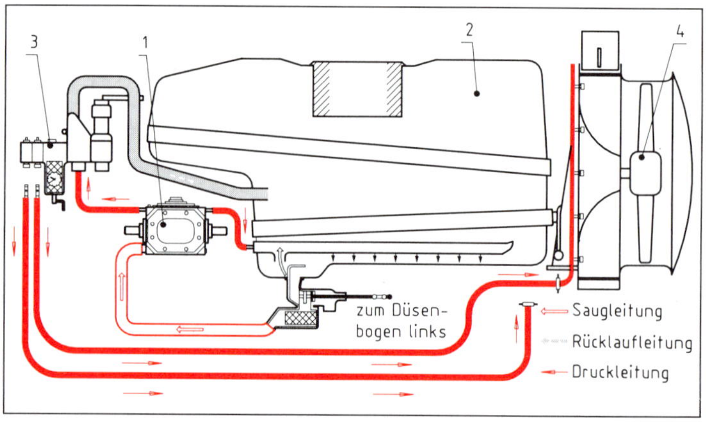

5 Funktionsschema eines Sprühgeräts

Die gegenüber der Spritztechnik stärker konzentrierte Spritzbrühe wird von der Kolbenpumpe aus dem Brühebehälter angesaugt und über die Regeleinrichtung zu Drall- oder Pralldüsen gedrückt, die im Ansaugbereich eines Gebläses liegen. Das Gebläse sorgt für eine weitere Zerstäubung und den Transport zu den Pflanzen (Bild 1).

Ein höherer Druck und eine höhere Luftgeschwindigkeit ergeben bei diesem Verfahren feinere Tröpfchen. Gleichzeitig nimmt jedoch die Abdrift- und Verdunstungsgefahr zu.

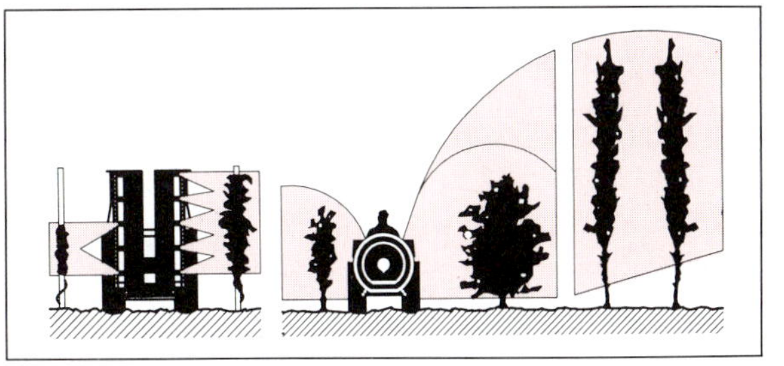

1 Verteilung von Spritzmittel mit Sprühgeräten

Übungen

1. Nennen Sie Beispiele dafür, wie durch den Einsatz biologischer, biotechnischer, pflanzenzüchterischer, anbau- und kulturtechnischer Maßnahmen die Anwendung chemischer Pflanzenschutzmittel eingeschränkt werden kann.
2. Warum werden hohe Anforderungen an die Ausbringung und Dosiergenauigkeit der zum chemischen Pflanzenschutz eingesetzten Maschinen und Geräte gestellt?
3. Beschreiben Sie anhand von Unterlagen, die im Ausbildungsbetrieb verfügbar sind, den Aufbau und die Arbeitsweise einer selbst ausgewählten Feldspritze.
4. Welche Angaben enthält die Bedienungsanleitung der gewählten Feldspritze?
5. Überprüfen Sie anhand der Unterlagen und am Objekt, durch welche bautechnischen Maßnahmen die in der Verordnung über Pflanzenschutzmittel und Pflanzenschutzgeräte vom 28. Juli 1987 (Bild 1, Seite 211) festgelegten Punkte zur Beschaffenheit dieser Geräte erreicht werden. Stellen Sie die Ergebnisse in tabellarischer Form zusammen.
6. Welche Wartungs- und Einstellarbeiten sind an der gewählten Feldspritze erforderlich?

7.2 Maschinen und Geräte zur Halmfutterernte

Ein Großteil der in der Landwirtschaft angebauten Pflanzen muss bei der Ernte abgeschnitten werden. Mit dem Mähen beginnt dann der eigentliche Wettlauf um eine gute Futterqualität.

Eine Verringerung des Wetterrisikos, neuzeitliche Futterkonservierungsmethoden, Vereinfachung der Futterbergung, Steigerung der Bergeleistung und Automation (Einmann-Ernteverfahren) führten zur Entwicklung unterschiedlicher **Ernteverfahren** für Halmfutter (Bild 2).

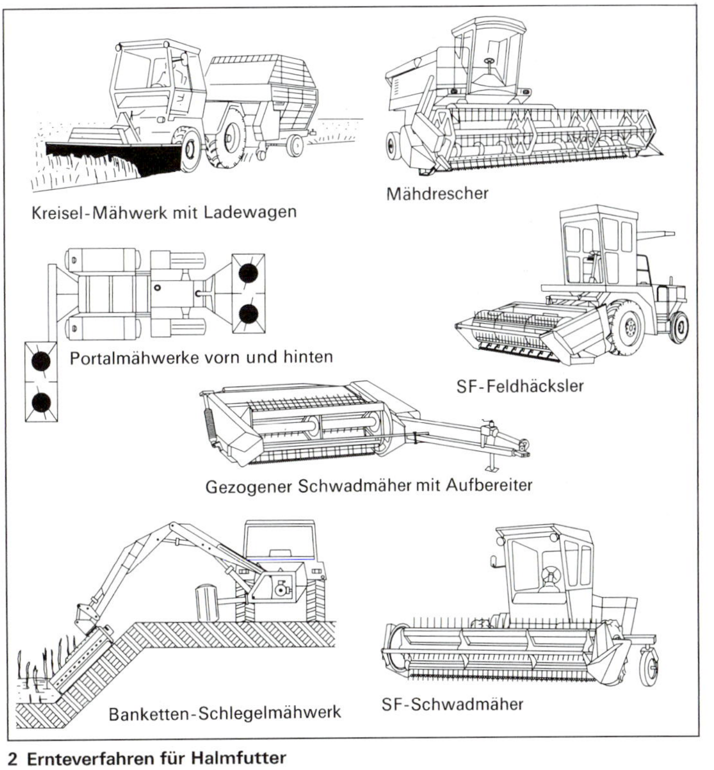

2 Ernteverfahren für Halmfutter

7.2.1 Mähwerke

Mähsystem	Oszillierende Mähwerke = Scherenschnitt Hin- und hergehende Schneidwerkzeuge		Rotierende Mähwerke = freier Schnitt Drehende Schneidwerkzeuge	
Bauarten	Fingerbalken-Mähwerke 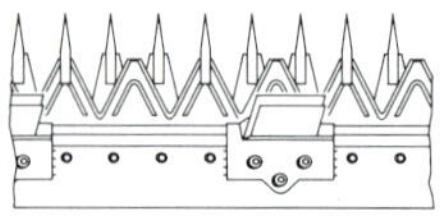	Doppelmesserbalken-Mähwerke 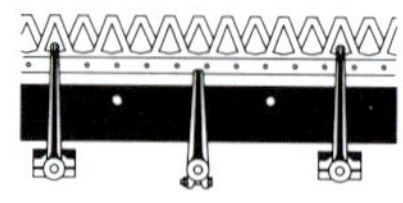	Kreiselmähwerke Trommelmäher 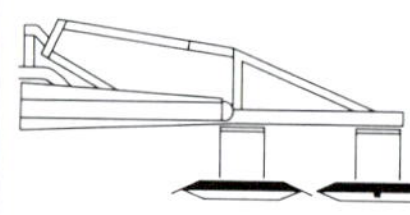	Scheibenmäher 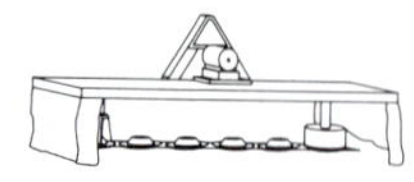
Messerhub bzw. -drehzahl	800 ... 1000 Hübe/min	1500 Hübe/min	2000 1/min ... 3000 1/min	
Messergeschwindigkeit in m/s	2 ... 3	3 ... 4	70 ... 90	
Masse bei 1,65 m Arbeitsbreite in kg	160 ... 170	150 ... 200	300 ... 400	280 ... 330
Arbeitsgeschwindigkeit in km/h	6 ... 8	8 ... 12	8 ... 15	
Leistungsbedarf Antrieb kW je m Arbeitsbreite	2,5 ... 3		9	8
Mindest-Schlepperstärke kW je m Arbeitsbreite	7 ... 8		17 ... 22	15 ... 20
Flächenleistung 1,65 m Arbeitsbreite in ha/h	0,5 ... 1	1 ... 1,6	1 ... 2,2	
Verstopfungsgefahr	mittel	gering	keine	
Schnittqualität	gleichmäßiger Schnitt, schnelles Nachwachsen		ungleichmäßiger Schnitt, höhere Futterverschmutzung	
Anschaffungspreis	niedrig	mittel	hoch	
Wartungsaufwand	mittel	hoch	niedrig	
Schneidhaltigkeit	5 h oder 3,5 ha	15 h oder 10 ha ... 15 ha	8 h ... 10 h oder 8 ha ... 12 ha	

1 Vergleich von Mähwerken

Mähwerke werden hauptsächlich zum Schneiden von Gras und Getreidehalmen, Gemüse- und Sonderkulturen wie Erbsen, Bohnen, Reis eingesetzt.

Die Mähwerke werden nach der Arbeitsweise ihrer Schneidwerkzeuge unterschieden. Es gibt sich hin- und herbewegende (oszillierende) und sich drehende (rotierende) Schneidwerkzeuge. Bild 1 zeigt eine Übersicht der verschiedenen Systeme mit den wesentlichen Vergleichsdaten.

7.2.1.1 Fingerbalken-Mähwerke

Fingerbalken-Mähwerke (Bild 2) bestehen aus folgenden wesentlichen Bauelementen (Bild 3):

1 Fingerbalken
2 Finger
3 Messerführungsplatten
4 Messerhalter
5 Messerklinge
6 Räumplatten
7 Messerrücken
8 Messerplatten
9 Ausgleichsplättchen

Der Fingerbalken dient als Traggerüst des Schneidwerkes. Finger, Messerführungsplatten und Messerhalter sind mit ihm fest verschraubt.

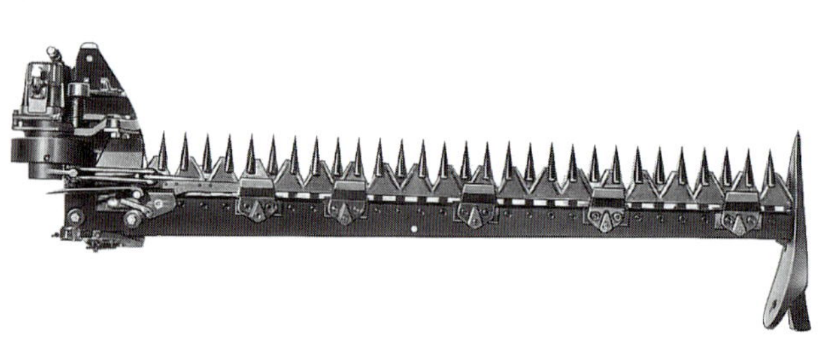

2 Fingerbalken-Mähwerk

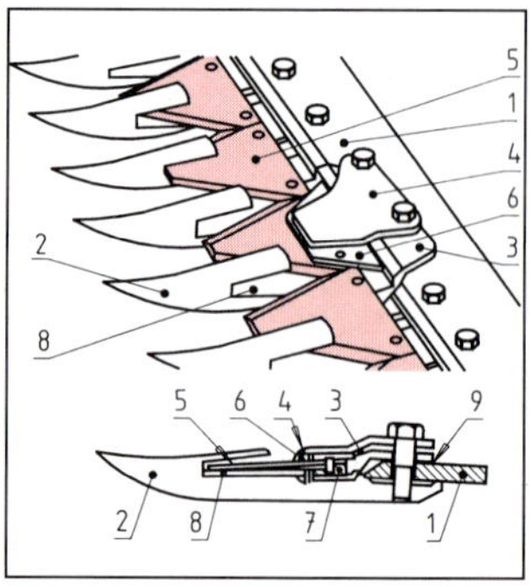

3 Bauteile eines Fingerbalken-Schneidwerks mit Parallelführung

Die trapezförmigen Messerklingen sind auf dem aus Stahl bestehenden Messerrücken aufgenietet. Das Messer gleitet mit der hinteren Kante der ebenfalls aufgenieteten Räumplatten auf den Messerführungsplatten. Die Innenseiten der Finger sind mit Messerplatten besetzt, die beim Schneidvorgang als Gegenschneide (Bild 1) wirken.

Die oszillierende Bewegung des Messers erzeugt ein Kurbeltrieb mit einem Hub von 3″ (=76,2 mm). Dabei wird das zu schneidende Erntegut zwischen der Messerklinge und der Messerplatte des Fingers eingeklemmt und abgeschnitten (Scherenschnitt). Damit ein sauberer Schnitt erzielt wird, drücken die Messerhalter das hin- und hergehende Messer von oben gegen die Messerplatten.

Entsprechend der Fingerteilung (Bild 2) unterscheidet man folgende **Mähwerksbalkenbauarten**:

- Hochschnittbalken mit einem Fingerabstand von 3″. Sie werden für die Getreideernte eingesetzt. Wesentliche Merkmale sind längere Stoppel und die Stopfsicherheit.
- Mittelschnittbalken mit einem Fingerabstand von 2″. Sie sind universell für den Getreide- und Grasschnitt verwendbar.
- Tiefschnittbalken mit einem Fingerabstand von 1,5″. Sie sind nur für den Grasschnitt verwendbar. Wesentliche Merkmale sind kürzere Stoppel und die größere Neigung zum Verstopfen.

Die Breite der Messerklingen und der Messerhub bleibt trotz der Änderung der Fingerabstände unverändert 3″.

Bild 3 zeigt eine Auswahl verschiedener **Mähfinger**, deren Form wie folgt bezeichnet wird:

1 Tempergussfinger mit aufgenieteter Messerplatte
2 Stahldoppelfinger ohne Messerplatte
3 Stahldoppelfinger für Getreideschnitt
4 Finger ohne Spitze (Mulchfinger).
Die aufgesetzten Messerplatten wirken als feststehendes Untermesser, dadurch wird die Neigung zum Verstopfen geringer. Diese Mulch-Schneidwerke werden dort eingesetzt, wo das geschnittene Gras zur Verrottung liegenbleibt.

1 Scherenschnitt eines Fingerschneidwerks

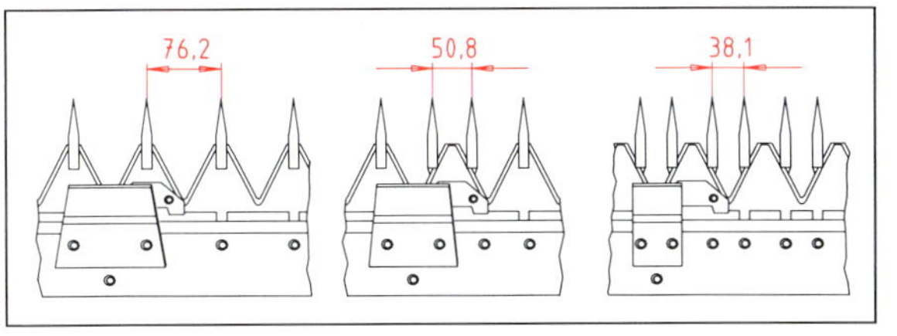

2 Fingerabstände

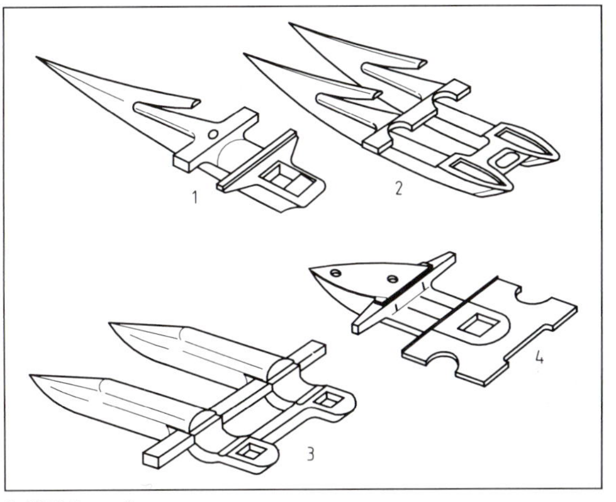

3 Mähfingerformen

7.2.1.2 Doppelmesserbalken-Mähwerk

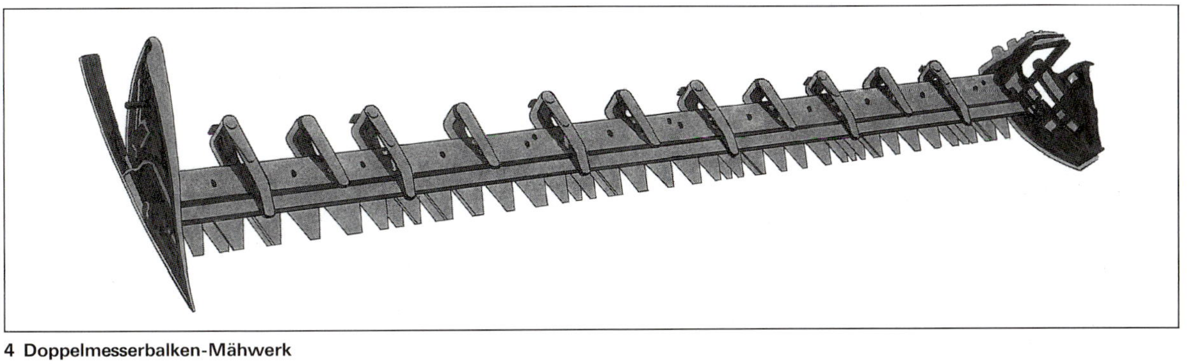

4 Doppelmesserbalken-Mähwerk

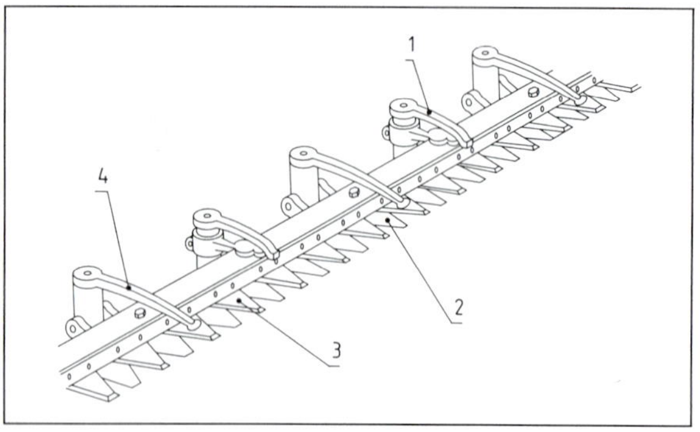

1 Führungsarme und Messer

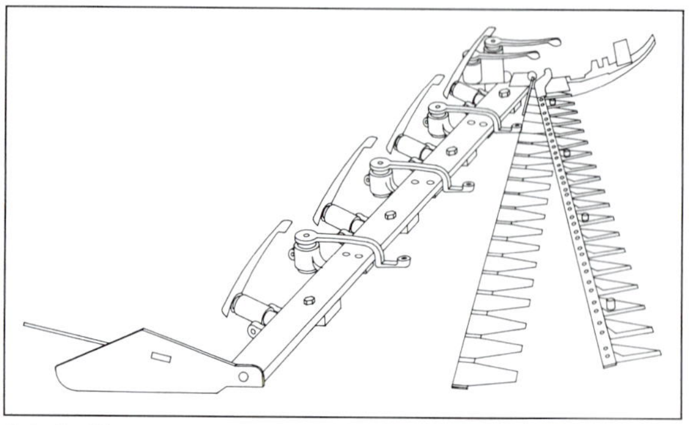

2 Aufgeklapptes Schneidwerk

Die Bilder 1...4 zeigen folgende wesentliche Bauelemente des **Doppelmesserbalken-Mähwerks** (Bild 4, Seite 217):

1 Untermesserführungsarm	6 Oberfeder
2 Untermesser	7 Unterfeder
3 Obermesser	8 Einstellschraube
4 Obermesserführungsarm	9 Messerrücken
5 Silentblock	10 Messerbalken

Anstelle der feststehenden Finger wird bei dieser Mähwerksbauart ein gegenläufig zum Obermesser bewegtes Untermesser als Gegenschneide benutzt.

Das Untermesser wird von den ungefederten, gekröpften Führungsarmen getragen. Die Lagerung erfolgt in Silentblöcken am Messerbalken.

Die Obermesserarme, die ebenfalls in Silentblöcken gelagert sind, stehen unter Federdruck und drücken das Obermesser spielfrei auf das Untermesser, um einen sauberen Schnitt zu erzielen. Der Anpressdruck kann über die Einstellschraube verändert werden.

Eine **Doppelkurbel** (Bild 5) erzeugt für beide Messer, die gegenläufig arbeiten, den Hub, so dass bei richtiger Mittelstellung die Oberführungsarme um je 7° nach rechts oder links ausschwingen (Bild 6). Daraus ergibt sich am Messer gemessen ein Hub von 2×19 mm $= 38$ mm.

Der gute Massenausgleich bewirkt einen sehr ruhigen Lauf. Es gibt kaum Verstopfungen, da keine feststehenden Teile im Schneidbereich sind. Im Erntegut liegende Steine werden weggeschleudert.

Wegen des besseren Massenausgleichs sind höhere Mähkurbeldrehzahlen und somit höhere Messergeschwindigkeiten möglich. Entsprechend kann das Doppelmessermähwerk mit höheren Arbeitsgeschwindigkeiten eingesetzt werden.

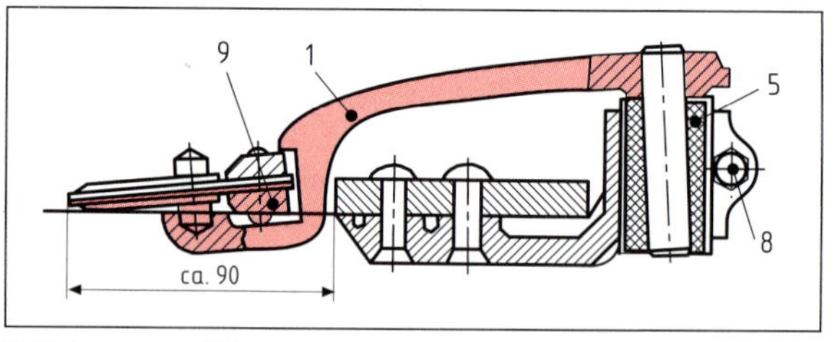

3 Untermesser-Führungsarm

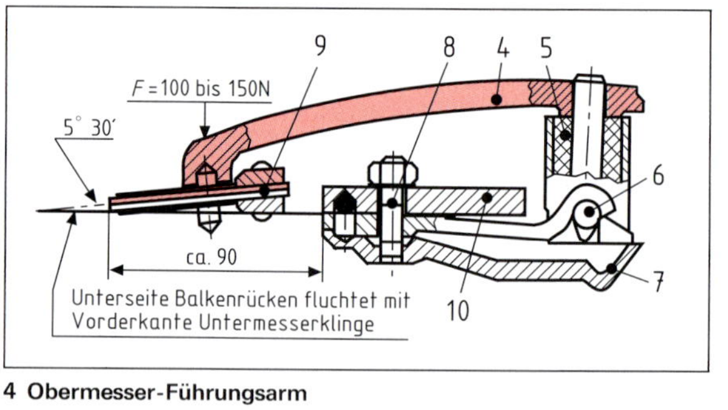

4 Obermesser-Führungsarm

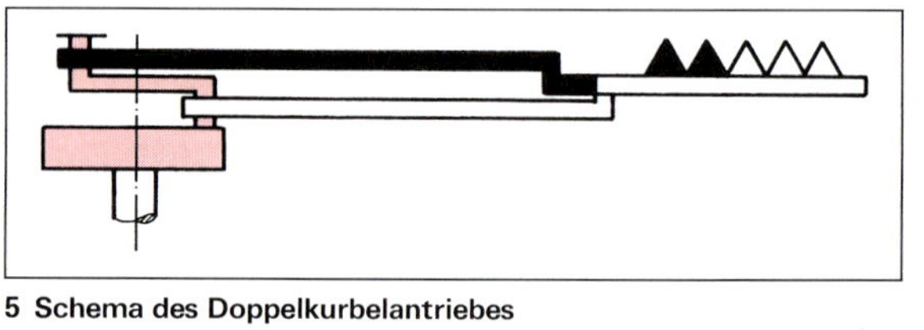

5 Schema des Doppelkurbelantriebes

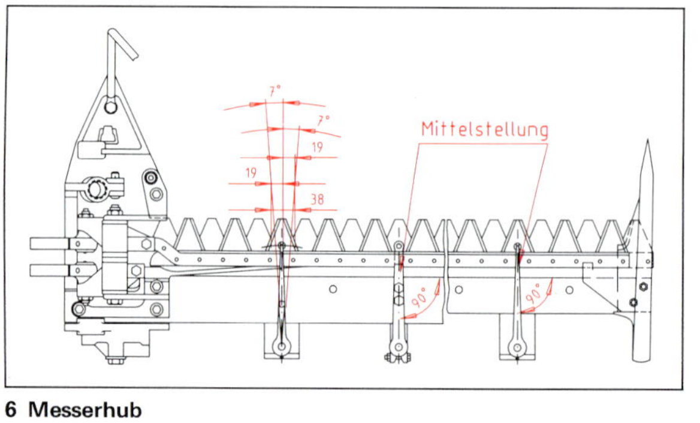

6 Messerhub

7.2.1.3 Trommel- oder Portalmähwerk

Trommel- oder Portalmähwerke arbeiten mit senkrecht stehenden Mähtrommeln, die von oben über Kegelräder angetrieben werden. Bild 1, Seite 219 zeigt folgende wesentliche Bauelemente dieser Mähwerke:

1 Stützfuß
2 Dreipunktbock
3 Keilriemenspanner
4 Aufzugstrebe
5 Keilriemenschutz
6 Sperrriegel
7 Mähbalken
8 Trennblech
9 Schutzblech
10 Seilzugverriegelung
11 Schutztuch
12 Gleitteller
13 Mähklingenaufhängung
14 Mähklingen
15 Mähteller oder -scheibe
16 Zwischenbalken
17 Arbeitsstrebe mit Überlastsicherung
18 Entlastungskette
19 Gelenkwelle mit Freilauf

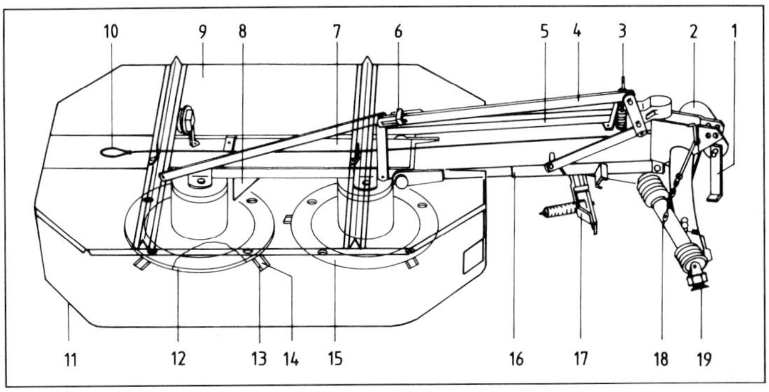

1 Bauteile eines Portal-Scheibenmähwerks

Die **Mähscheiben** tragen meist zwei, drei oder vier Klingen, die bei hoher Drehzahl ($n = 3000$ 1/min) und Messergeschwindigkeiten zwischen $v = 70$ m/s ... 90 m/s das Erntegut ohne Gegenschneide abschlagen. Die Höhenführung erfolgt über freidrehende Gleitteller, die über die Grasnarbe rutschen.

Durch eine gegenläufige Drehrichtung von jeweils zwei Mähtrommeln wird das Erntegut zwischen diesen im Schwad abgelegt. Je nach gewünschter Arbeitsbreite werden Trommelmähwerke mit 2 ... 6 Mähscheiben angeboten. Fördersegmente auf den Trommeln, verstellbare **Schwadformer** oder **Räumtrommeln** (Bild 2) dienen zur Einstellung der Schwadbreite.

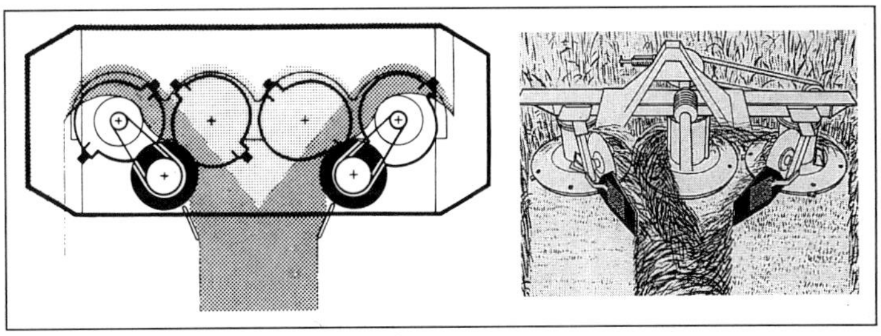
2 Schwadformer und Räumtrommeln

Die **Messer** sind durch Patentverschlüsse (Bild 3) leicht ausbaubar. Sie können nicht nachgeschliffen werden. Sie müssen meistens nach einmaligem Wenden erneuert werden.

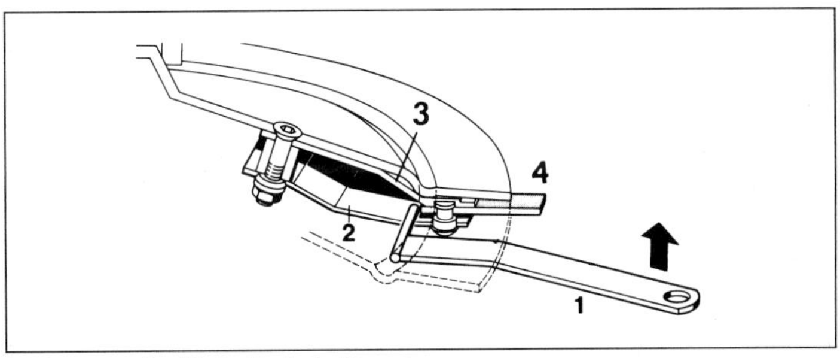

3 Messerwechsel beim Kreiselmähwerk

Aufgrund der **Unfallgefahren** durch weggeschleuderte Steine oder Messerbruchstücke müssen Trommelmähwerke mit entsprechenden Schutzvorrichtungen ausgestattet sein.

Zur Verkürzung der Trockenzeiten und zur Reduzierung von Bröckelverlusten bieten einige Hersteller die Möglichkeit, das Trommelmähwerk zusätzlich mit **Zinkenrotoren, Schlegel-** oder **Walzenaufbereiter** (Bilder 4 ... 6) auszurüsten.

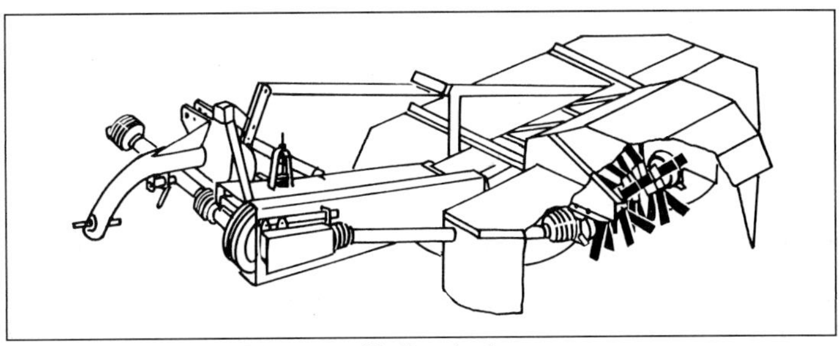
4 Trommelmäher mit Zinkenrotor (Aufbereiter)

Diese nehmen das Mähgut direkt von der Trommel auf und führen es mit Hilfe der drehenden Zinken, Schlegel oder Walzen an Reibkanten vorbei. Auf diese Weise werden die Außenschichten der Halme angeschlagen, sodass der Trockenvorgang begünstigt wird.

Die Aufbereiter können mit wenigen Handgriffen an- oder abgebaut werden.

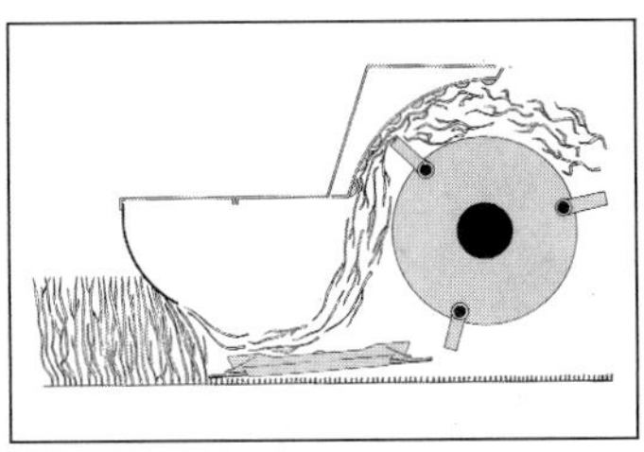
5 Scheibenmäher mit Schlegelaufbereiter

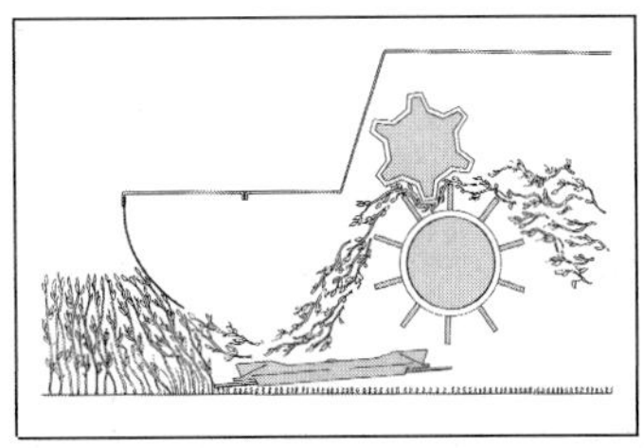
6 Scheibenmäher mit Walzenaufbereiter

7.2.1.4 Balken- oder Scheibenmähwerk

Beim **Balken- oder Scheibenmähwerk** (Bild 1) werden die einzelnen Mähscheiben von unten synchron über eine Welle und Kegelrad- oder Stirnradgetriebe angetrieben. Ansonsten gleicht der Schneidvorgang dem der Trommelmähwerke. Der flache Scheibenantrieb lässt das Erntegut ungehindert über den Balken nach hinten zu einem Schwad weggleiten. Die Höhenführung erfolgt über Gleitkufen am Balken, die über die Grasnarbe rutschen.

Bei der Drehbewegung dürfen die Klingen der einzelnen Scheiben aber nicht zusammentreffen, da sich ihre Schnittbreiten überlappen (Bild 2).

Zur Verkürzung der Trockenzeiten können Balken- oder Scheibenmähwerke ebenfalls mit Aufbereitern (s. Bild 3, sowie Bilder 5 und 6, Seite 219) kombiniert werden.

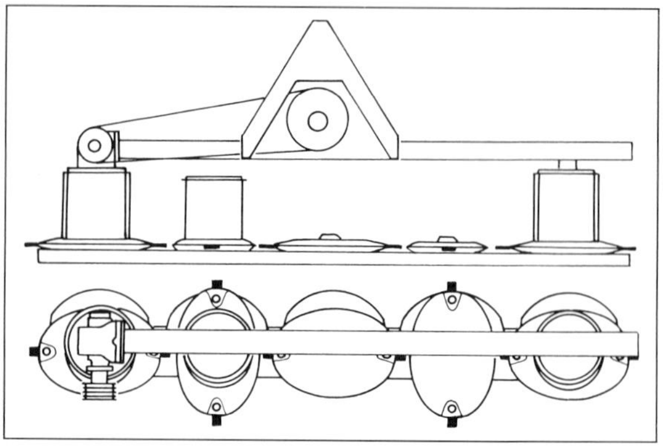

1 Scheibenmäher mit Schwadtrommeln, ovalen versetzt angeordneten Messerscheiben

2 Schraubenförmig überlappende Messerscheiben

7.2.1.5 Sonderbauformen Rotationsmäher

Schlegelmäher

Die vorwiegend im Kommunalbereich eingesetzten Schlegelmäher (Bild 4) schlagen mit den auf einer waagerechten Messerachse freipendelnd aufgehängten Messern das Gras mit hoher Geschwindigkeit ab. Sie sind unempfindlich gegen Fremdkörper und werden zur Grobpflege von Böschungen eingesetzt. In der Landwirtschaft dienen sie zum Abschlagen von Blättern oder Stengeln.

Sichelmäher

Sichel- oder Rotormäher (Bild 5) werden zum Rasenmähen eingesetzt. Am unteren Ende der senkrechten Rotationsachse befinden sich ein oder zwei Messer, die aufgrund der hohen Drehzahl und der damit verbundenen hohen Umfangsgeschwindigkeit den Rasen im freien Schnitt (d.h. ohne Gegenschneide) schneiden. Der Antrieb erfolgt über Benzin- oder Elektromotoren, die am oberen Ende der Rotationsachse angebaut werden.

Die Schnittqualität ist bei diesen Mähern von der Schärfe der Messer abhängig. Dennoch lässt es sich nicht vermeiden, dass die stehenbleibenden Grashalme am oberen Ende ausfransen. Man erkennt dieses an der bräunlichen Einfärbung der Spitzen der verbleibenden Grasnarbe.

3 Frontscheibenmähwerk mit Walzenaufbereiter

Spindelmäher

Ein sauberer und exakter Schnitt kann bei Rasenflächen mit Spindelmähern (Bild 6) erreicht werden. Die schnellrotierenden Messer am Umfang der waagerechten Messerachse werden an einer feststehenden Gegenschneide vorbeigeführt. Dabei trennen sie das Gras scherenschnittartig ab.

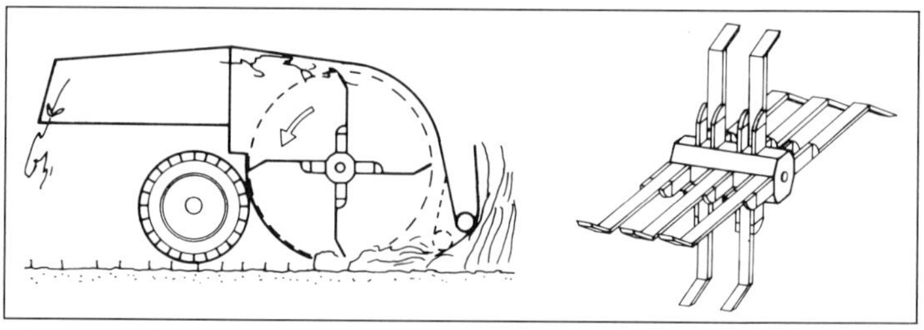

4 Schlegelmäher

7.2.1.6 Antrieb von Mähwerken

Der mechanische Antrieb der Mähwerke erfolgt über **Kurbel-** oder **Keilriementriebe** über die Zapfwelle des Schleppers.

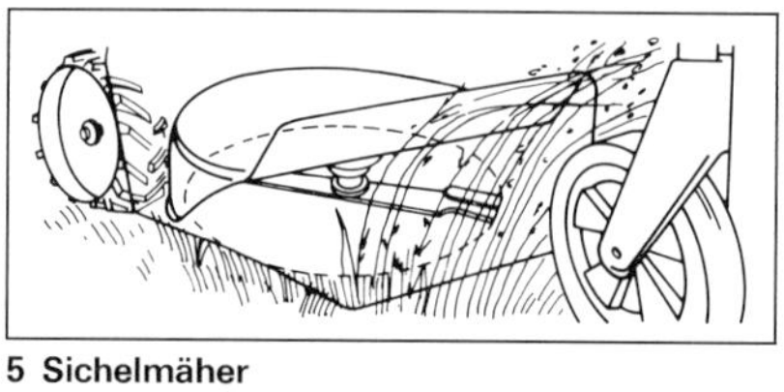

5 Sichelmäher

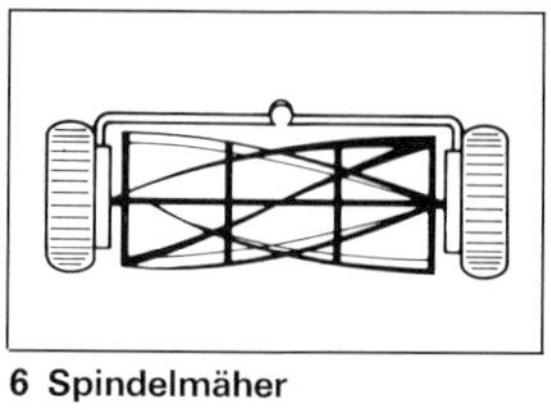

6 Spindelmäher

Als Sicherungsglieder zur Drehmomentbegrenzung werden Rutschkupplungen oder Riementriebe eingesetzt.

Für Mähwerke mit oszillierenden Schneidwerkzeugen werden als Antrieb auch **Ölmotoren** angeboten, die auf dem Innenschuh befestigt werden und von dort die Messerbewegung ausführen. Die Ölversorgung erfolgt von der Schlepperhydraulik über entsprechende Steuerventile (s. Kap. 4.1).

Übungen

1. Welcher Unterschied besteht bei den Mähwerken zwischen einem freien und einem Scherenschnitt?
2. Welche Vor- und Nachteile haben Messerbalkenmähwerke gegenüber Kreiselmäher?
3. Beschreiben Sie anhand von Unterlagen, die im Ausbildungsbetrieb verfügbar sind, den Aufbau und die Arbeitsweise eines selbst ausgewählten Mähwerks.
4. Beschreiben Sie die Kraftübertragung von der Schlepperzapfwelle bis zum Schneidwerkzeug bei dem gewählten Mähwerk.
5. Welche Wartungs- und Einstellarbeiten sind bei dem ausgewählten Mähwerk erforderlich?
6. Wie erfolgt die Schnitthöhenverstellung bei dem ausgewählten Mähwerk?

7.2.2 Heuwerbungsmaschinen

7.2.2.1 Arbeitsgänge der Heuwerbung

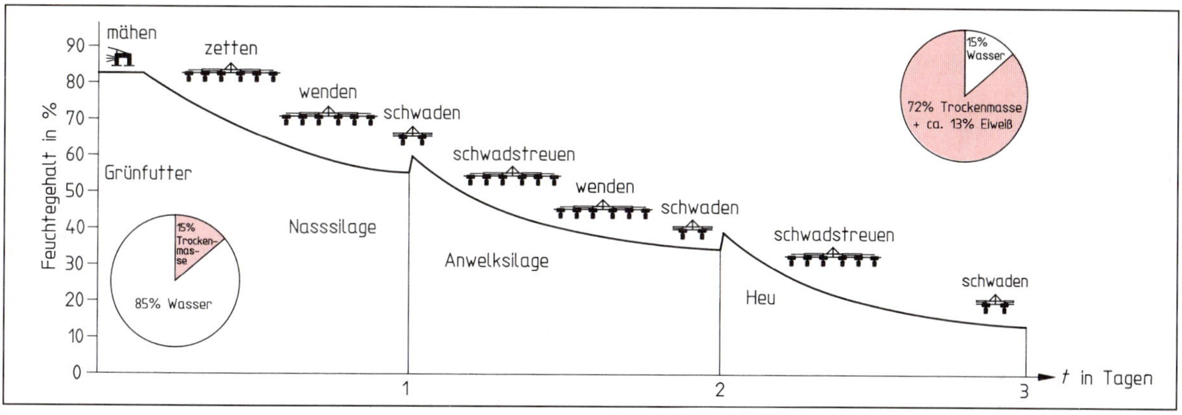

1 Feuchtigkeitskurve bei der Heugewinnung (Sommertage)

Bei der **Heuwerbung** soll das frische Grünfutter so schnell wie möglich bis zur Lagerfähigkeit getrocknet werden (Futterkonservierung). Dabei muss der **Wasseranteil** des Grases um 70% (s. Bilder 1 und 2) verringert werden.

Zu diesem Zweck sind folgende Arbeitsgänge (Bild 1) erforderlich:

- Zetten: Ausbreiten und Verstreuen des frisch gemähten Grases.
- Wenden: Ausgebreitetes und bereits angewelktes Gras wird gewendet und aufgelockert.
- Schwaden: Ausgebreitetes und bereits angewelktes Gras wird zu Schwaden zusammengerecht.
- Schwadstreuen: Schwaden werden zur weiteren Trocknung wieder breitflächig ausgestreut.
- Schwadwenden: Gegen Ende des Trocknungsprozesses werden die Schwaden nur noch gewendet (in Bild 1 nicht aufgeführt).

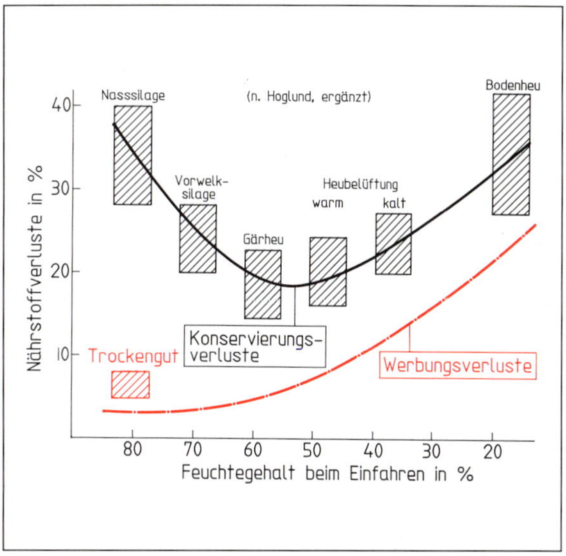

2 Nährstoffverluste von Konservierungsverfahren

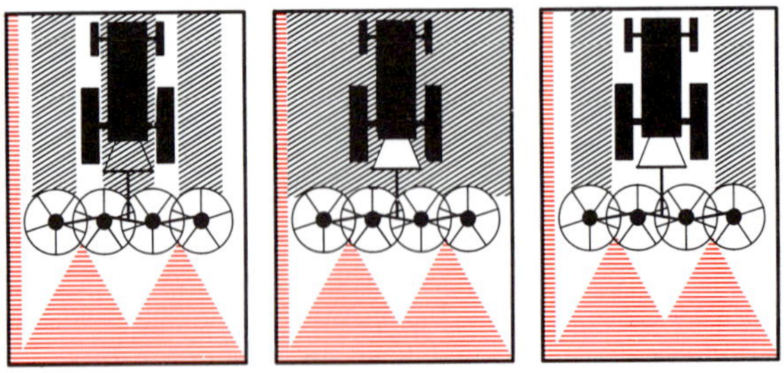

1.1 Zetten 1.2 Breitwenden 1.3 Schwadstreuen

1 Einsatzbereiche Kreiselzettwender

2.1 Zetten 2.2 Wenden 2.3 Schwaden

2 Einsatzbereiche Kreiselrechwender (Universalheuer)

Bei allen Arbeitsgängen der Heuwerbung gilt als Hauptforderung, die Nährstoff- und Bröckelverluste möglichst gering zu halten.

Nach ihrem Einsatzzweck können die Heuwerbungsmaschinen in folgende Gruppen unterteilt werden:

- Kreiselzettwender (Bild 1),
- Kreiselrechwender (Bild 2),
- Kreiselschwader (Bild 3).

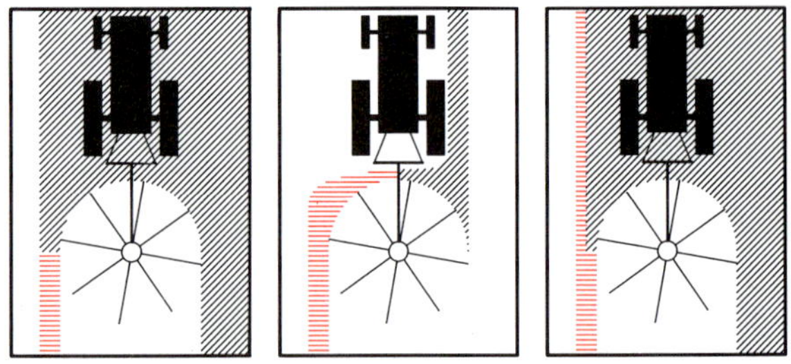

3.1 Einfachschwad 3.2 Schwadwenden 3.3 Doppelschwad

3 Einsatzbereiche Kreiselschwader

7.2.2.2 Kreiselzettwender

Kreiselzettwender (Bild 4) bestehen aus folgenden wesentlichen Bauelementen:

1 Dreipunktaufhängebock
2 Nachlaufeinrichtung
3 Zentralgetriebe
4 Tragrohr
5 Gelenkkopf
6 Klauenkupplung
7 Seitenwelle
8 Schutzbügel
9 Kreiselkopf (-teller)
10 Kreiselarme
11 Doppelfederzinken
12 Laufräder

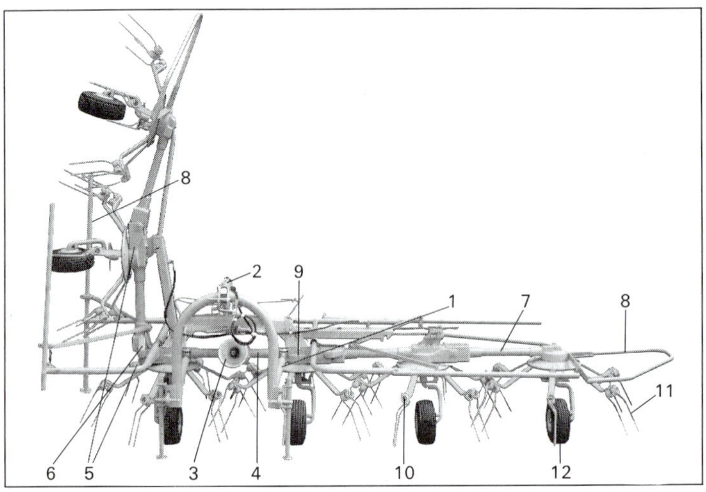

4 Bauteile eines Kreiselzettwenders

Die einzelnen Kreisel (2...6 Stück) werden von der Zapfwelle des Schleppers über Kegeltrieb (Bild 5), Wellen und Doppelkreuzgelenke angetrieben. Durch die gegenläufige Drehbewegung von jeweils 2 Kreiseln wird das Futter vom Boden aufgenommen und breitwürfig nach hinten ausgestreut.

Durch eine stufenlose Verstellung der Kreiselneigung (Bild 6: $\alpha = 15° \ldots 20°$), des Zinkenanstellwinkels (Bild 7: $\beta = 2° \ldots 9°$) und durch die Zapfwellendrehzahl kann die Arbeitsweise und die Intensität der Wende- und Zettarbeit beeinflusst werden.

Für eine gute Aufnahme beim Schwadzetten ist es wichtig, dass die Arbeitsbreite des Mähwerks und des Kreiselzettwenders aufeinander abgestimmt sind.

Feldräum- und Nachlaufeinrichtungen erweitern bzw. verbessern die Zett- und Wendearbeit dieser Maschinen. Nachlaufeinrichtungen dienen dazu, dass der Kreiselzettwender dem Schlepper bei Kurvenfahrt wie eine Anhängemaschine folgt.

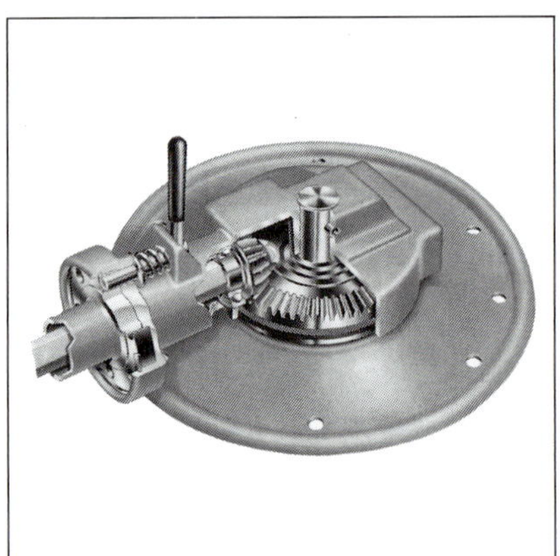

5 Kegeltrieb

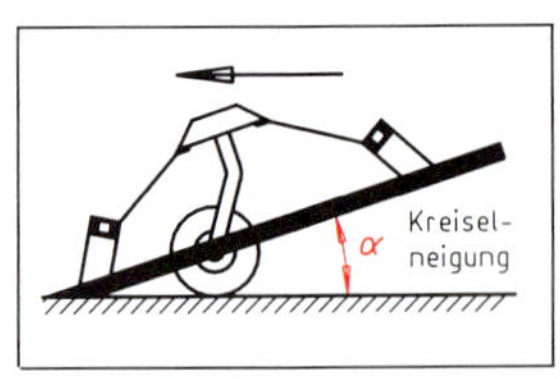

6 Kreiselneigung

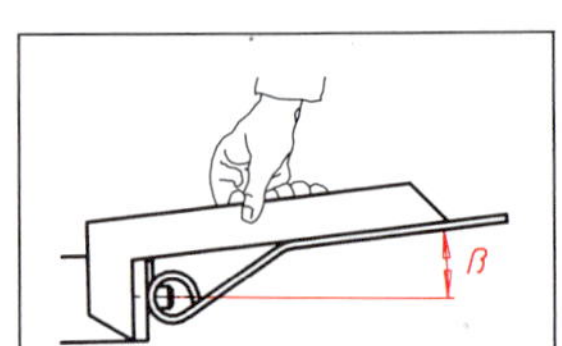

7 Zinkenanstellwinkel

Mit einem Kreiselzettwender können auch kleine Schwaden gezogen werden, wenn diese Maschinen mit einem Zusatzgetriebe ausgerüstet sind, das die Umfangsgeschwindigkeit der Zinkenkreisel von 12 m/s auf 4 m/s reduziert.

7.2.2.3 Kreiselrechwender

Kreiselrechwender sind als Mehrzweckmaschinen zum Zetten, Wenden (Bild 1) und durch Umstellung auch zum Schwadziehen (Bild 2) einsetzbar. Sie unterscheiden sich vom Kreiselzettwender in der Anordnung und der Steuerung der Zinken am Kreisel.

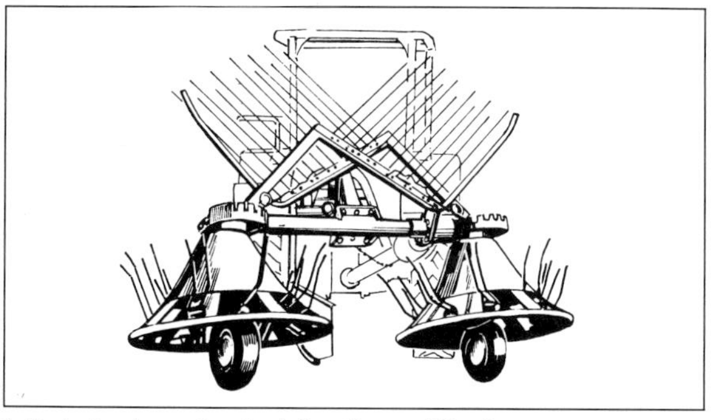

1 **Kreiselrechwender. Funktion: Zetten, Wenden**

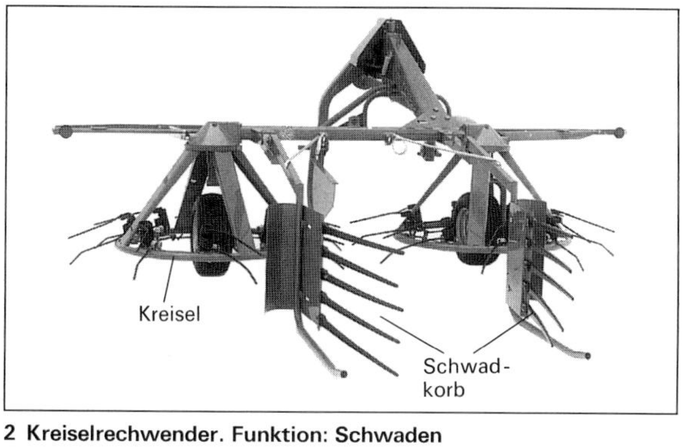

2 **Kreiselrechwender. Funktion: Schwaden**

Durch die hohe Drehzahl der gegenläufig arbeitenden Kreisel klappen die Zinken in Arbeitsstellung aus. Zum Zetten und Wenden werfen sie dabei das Futter breitwürfig nach hinten. Beim Schwaden wird es im Schwadkorb abgelegt. Der Antrieb erfolgt von der Zapfwelle des Schleppers.

Für die verschiedenen Arbeitsgänge muss die Kreiselneigung durch Änderung der Stellung der Laufräder und die Zinkenstellung verändert werden.

7.2.2.4 Kreiselschwader

Der **Kreiselschwader** (Bild 3) besteht aus folgenden wesentlichen Bauelementen:

1 Kurbelhöhenverstellung
2 Dreipunktbock
3 Gelenkwelle
4 Schutzbügel rechts
5 Kreiselarm mit Zinken
6 Laufrad
7 Fahrgestell
8 Rückstrahler
9 Schwadformer
10 Getriebekopf mit Kurvenbahn
11 Schutzbügel links

Zum Schwaden werden ein oder zwei **Zinkenkreisel** eingesetzt, die mit mehreren Zinkenarmen (6...9 Stück) bestückt sind. Die Führung der Zinkenarme in einer Kurvenbahn (Bild 4) bewirkt, dass sich die an den Zinkenstangen angebrachten Rechen bei jeder Umdrehung von der Rechstellung (senkrecht) in die Ablagestellung (waagerecht) begeben. Der Antrieb erfolgt von der Zapfwelle des Schleppers über einen Kegeltrieb (Bild 5).

Die Zinkenkämme greifen von oben in das Futter ein, nehmen es mit, schieben es gegen das seitlich angeordnete Schwadblech und formen es zu Schwaden.

Neben dem Kreiselschwader werden auch noch anders aufgebaute Maschinen für diesen Arbeitsgang der Heuwerbung angeboten.

3 **Bauteile eines Kreiselschwaders**

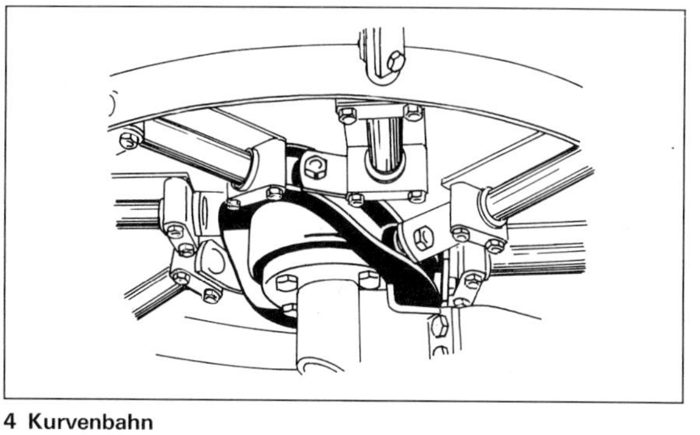

4 **Kurvenbahn**

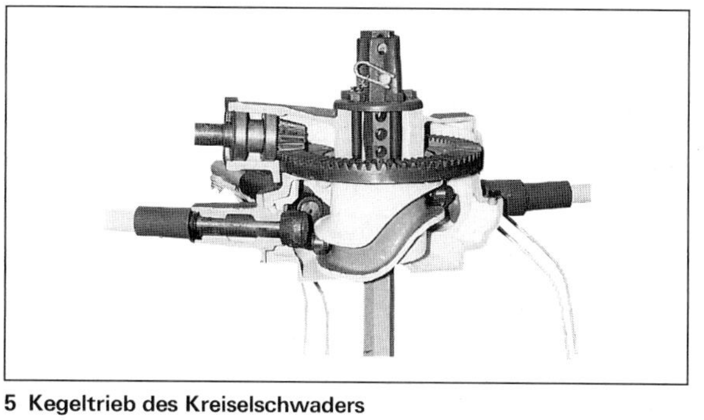

5 **Kegeltrieb des Kreiselschwaders**

Übungen

1. Welchem Zweck dienen die einzelnen Arbeitsgänge der Heuwerbung?
2. Wie können Nährstoff- und Bröckelverluste bei der Heuwerbung entstehen?
3. Beschreiben Sie anhand von Unterlagen, die im Ausbildungsbetrieb verfügbar sind, den Aufbau und die Arbeitsweise eines selbst ausgewählten Kreiselzettwenders.
4. Beschreiben Sie die Kraftübertragung von der Schlepperzapfwelle bis zum Kreisel bei dem gewählten Kreiselzettwender.
5. Welche Wartungs- und Einstellarbeiten sind bei dem ausgewählten Kreiselzettwender erforderlich?
6. Beschreiben Sie anhand von Unterlagen, die im Ausbildungsbetrieb verfügbar sind, den Aufbau und die Arbeitsweise eines selbst ausgewählten Kreiselrechwenders.
7. Beschreiben Sie die Kraftübertragung von der Schlepperzapfwelle bis zum Kreisel bei dem gewählten Kreiselrechwender.
8. Welche Wartungs- und Einstellarbeiten sind bei dem ausgewählten Kreiselrechwender erforderlich?
9. Beschreiben Sie anhand von Unterlagen, die im Ausbildungsbetrieb verfügbar sind, den Aufbau und die Arbeitsweise eines selbst ausgewählten Schwaders.
10. Beschreiben Sie die Kraftübertragung von der Schlepperzapfwelle bis zum Rotor bei dem gewählten Schwader.
11. Welche Wartungs- und Einstellarbeiten sind bei dem ausgewählten Schwader erforderlich?

7.2.3 Ladewagen

Ladewagen haben sich zu einem vielseitig einsetzbaren Transportwagen mit Be- und Entladevorrichtung für Grünfutter, Silage, Heu, Stroh und Rübenblatt entwickelt.

Sie bestehen aus folgenden wesentlichen Bauelementen (Bild 1):

1 Pick-Up
2 Ladeaggregat
3 Schneidwerk (im Bild nicht erkennbar)
4 Laderaum
5 Kratzbodenkette
6 Antriebshydraulik
7 Dosierwalzen
8 Querförderband
9 Fahrwerk

Die **Ladegutaufnahme** erfolgt über einen Aufsammler (Pick-Up) und dem nachgeordneten Förderorgan, das das Ladegut in den Laderaum drückt.

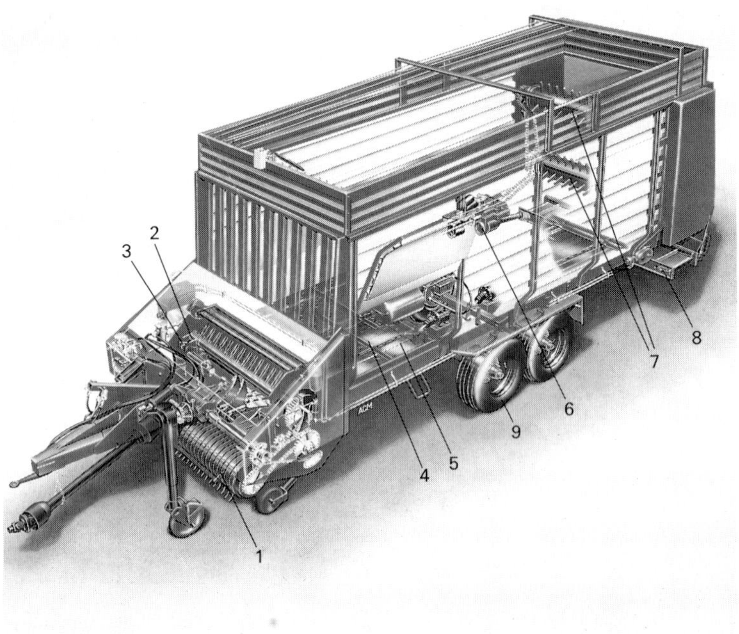

1 Baugruppen eines Ladewagens

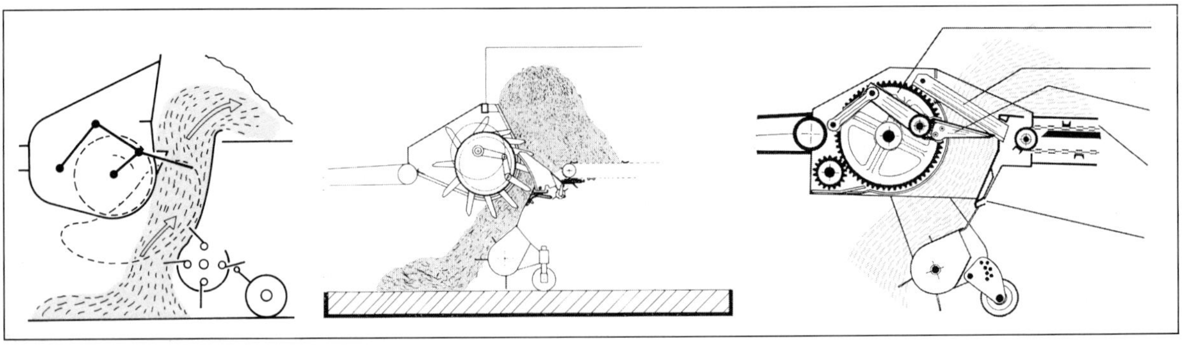

2 Förderschwingen

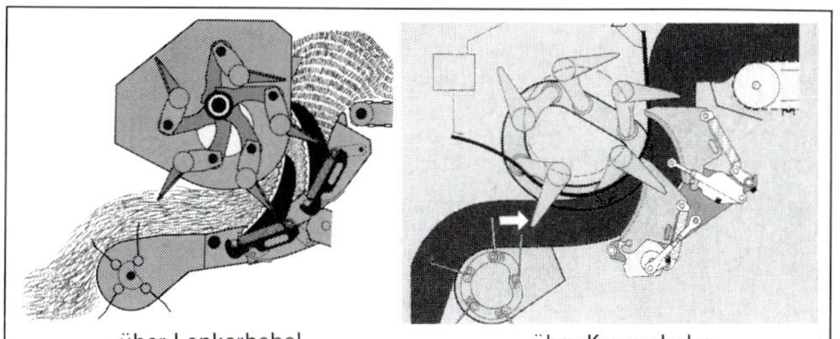

1 Zinkensteuerung

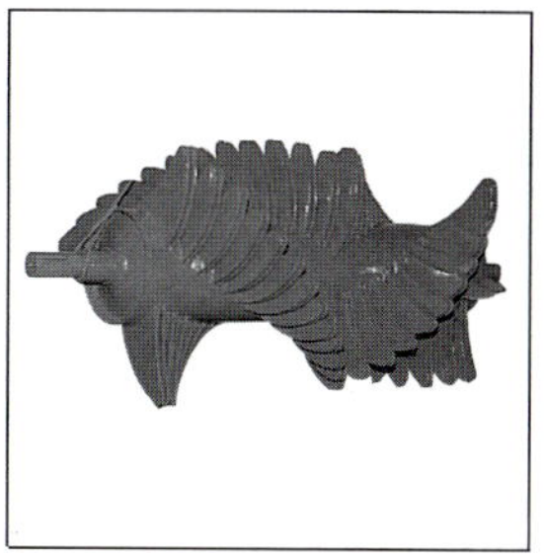

2 Förderwalze

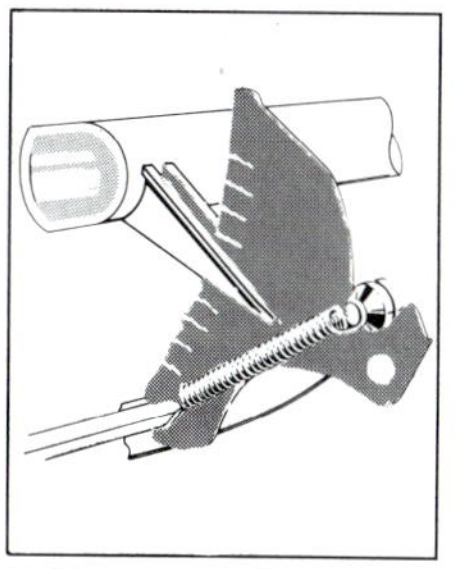

3 Messer mit Fremdkörpersicherung

Als **Förderorgane** werden Förderschwingen (Bild 2, Seite 224), Rechenketten (Bild 4) oder Trommelförderer (Bild 1 und 2) eingesetzt.

Die am Ende des Förderkanals eingebauten stehenden bzw. rotierenden Messer zerschneiden das Erntegut auf eine Länge von 38 mm ... 100 mm. Die Schnittlänge kann durch die Anzahl der verwendeten Messer verändert werden. Die Messer können einzeln ein- und ausgebaut werden. Um Beschädigungen zu vermeiden, verfügen sie in ihrer Halterung über eine Fremdkörpersicherung (Bild 3).

Über einen Kratzboden mit regulierbarem Vorschub wird beim Laden das Gut periodisch von vorn nach hinten verteilt, so dass der Wagen gleichmäßig gefüllt wird.

Beim Abladen wird das Erntegut vom Kratzboden an der Heckklappe herausgeschoben. Der Antrieb und die Einstellung der Vorschubgeschwindigkeit (0 m/s ... 12 m/s) gleicht dem des Stalldungstreuers.

Zum gleichmäßigen **Entladen** können am Fahrzeugheck Dosierwalzen (Bild 5) und eventuell zusätzlich noch Querförderer (Bild 6) angebracht sein.

Für den Laderaum werden feste Aufbauten mit einer Bespannung oben und hinten oder klappbare Dürrfutteraufbauten angeboten. Das Fassungsvermögen reicht von 15 m^3 ... 50 m^3.

Die für die Arbeit des Ladewagens notwendigen **Bedienungsarten** können entweder mechanisch, hydraulisch oder über elektrohydraulische bzw. elektronische Fernbedienung vom Schleppersitz und separater Bedienungseinheit am Wagenheck gesteuert werden.

Betätigt bzw. geschaltet werden können folgende Bauelemente (Bild 7):

- Stützradverstellung,
- Pick-Up-Betätigung,
- Ausheben Knickdeich
- Klapptechnik Dürrfutteraufbau,
- Ein- bzw. Ausschalten von Pick-Up und Ladeorgan,

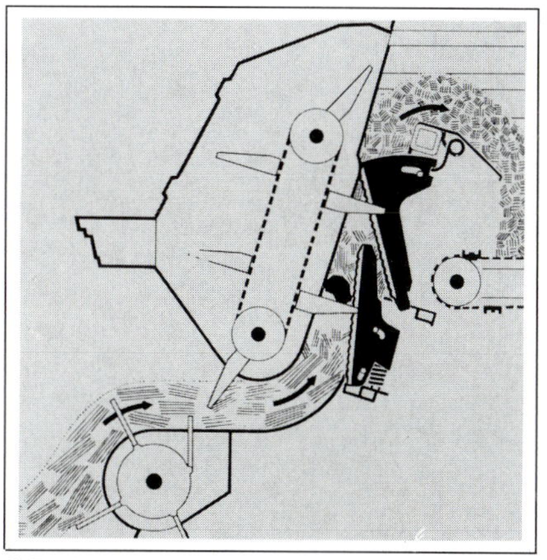

4 Rechenkette

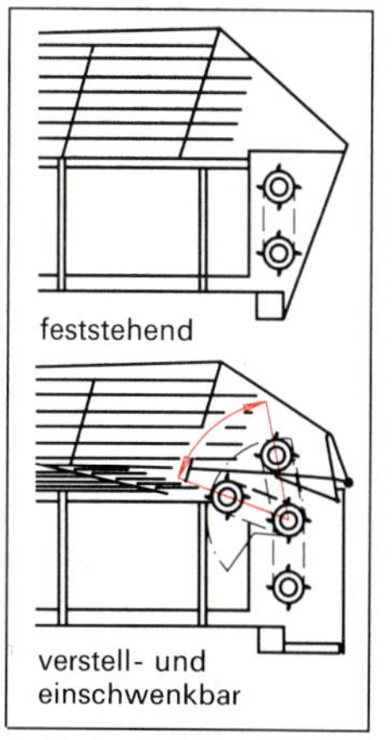

5 Dosierwalzen

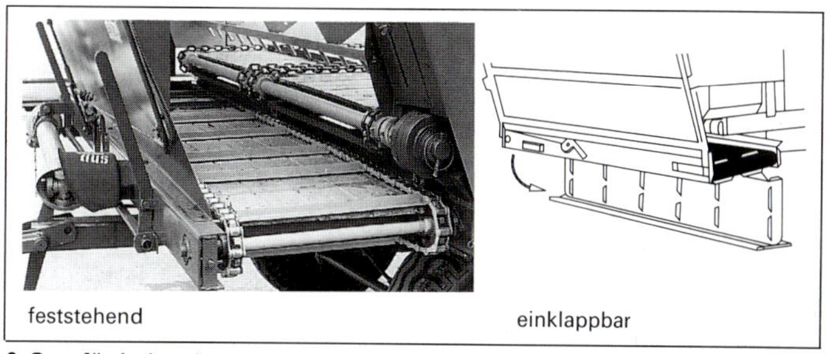

6 Querförderband

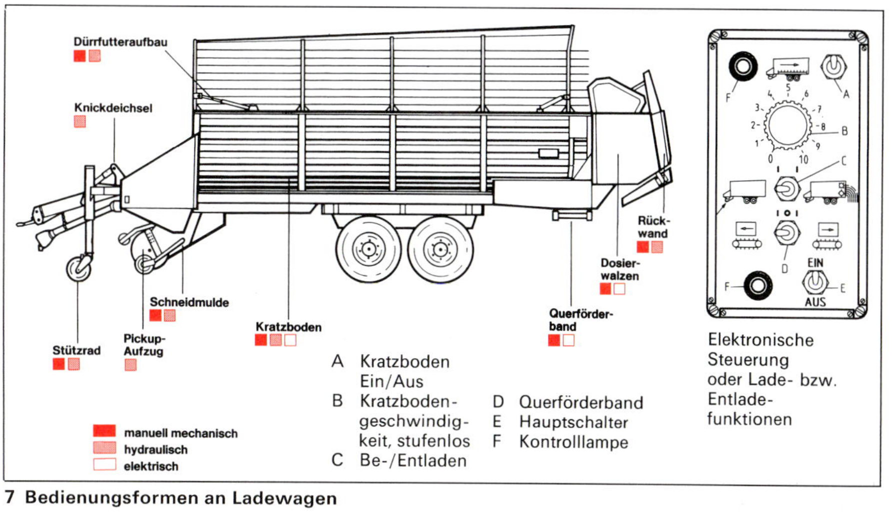

7 Bedienungsformen an Ladewagen

- Ein- bzw. Ausschwenken der Messer im Förderkanal,
- Betätigung der Rückwand,
- Steuerung der Lade- und Abladefunktionen (Kratzboden, Dosierwalzen, Querförderer).

Bild 1 verdeutlicht die **Übertragung der Antriebsleistung** von der Schlepperzapfwelle bis zu den einzelnen Bauelementen des Ladewagens. Die in der schematischen Darstellung enthaltenen Buchstaben und Zahlen haben folgende Bedeutung:

A Krafteingang vom Schlepper
B Winkelgetriebe
C Kupplung für Pick-Up und Förderorgan
D Exzenter für Kratzbodenschubstange
E Doppelklinkenantrieb für Kratzboden
F Klauenkupplung für Dosierwalzen
G Antrieb für Dosierwalzen
H Schaltmuffe für Querförderband

1 Pick-Up
2 Förderorgan
3 Kratzbodenantrieb
4 Dosierwalzen
5 Querförderband

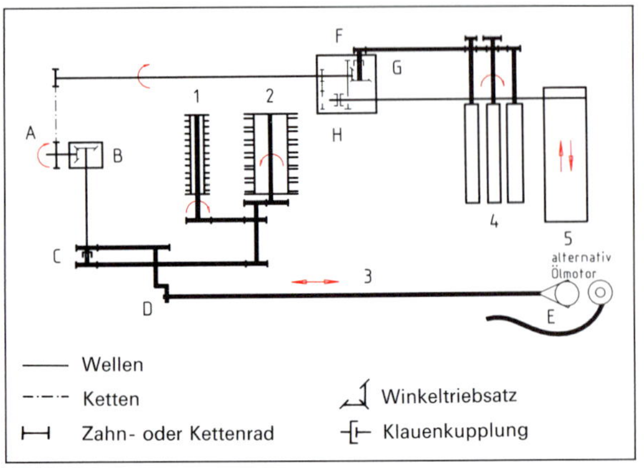

1 Antriebsschema eines Ladewagens

Übungen

1. Beschreiben Sie anhand von Unterlagen, die im Ausbildungsbetrieb verfügbar sind, den Aufbau und die Arbeitsweise eines selbst ausgewählten Ladewagens.
2. Beschreiben Sie die Kraftübertragung von der Schlepperzapfwelle bis zu den Lade- und Abladeorganen bei dem gewählten Ladewagen.
3. Wie erfolgt die Betätigung der Bedienungselemente bei dem gewählten Ladewagen?
4. Welche Wartungs- und Einstellarbeiten sind bei dem ausgewählten Ladewagen erforderlich?

7.2.4 Aufsammelpressen

Während Ladewagen oder Feldhäcksler hauptsächlich zur Grünfutterernte eingesetzt werden, erfolgt die Trockenfutterernte (Heu und Stroh) mit **Aufsammelpressen**. Diese unterteilt man nach ihrem Aufbau und ihrer Arbeitsweise in Großballen- und Kleinballenpressen (Bild 2).

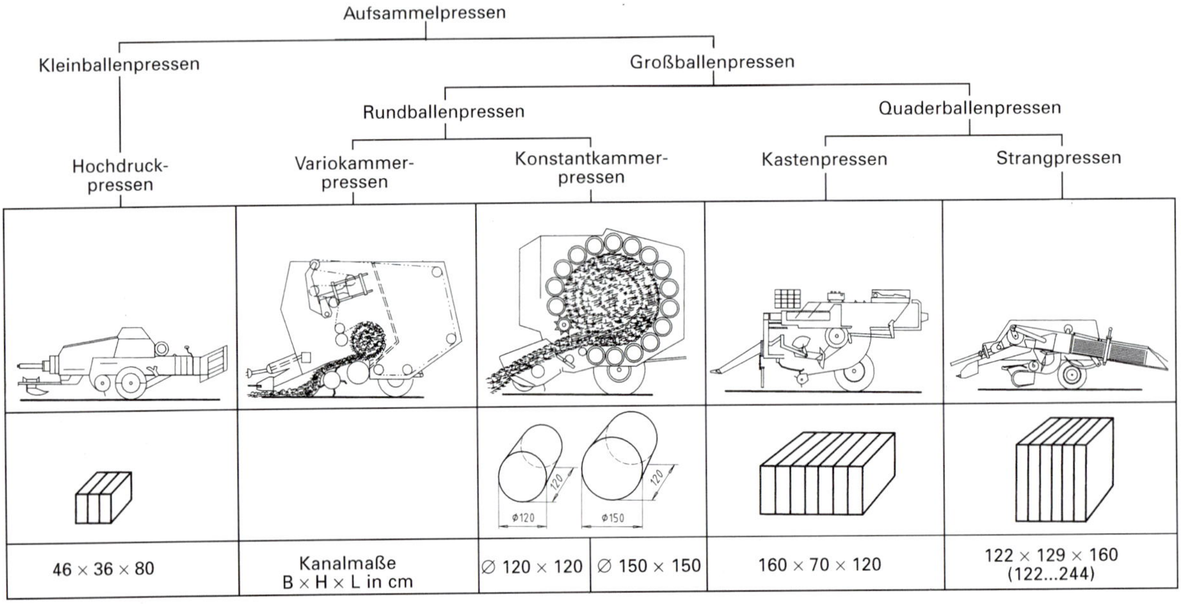

2 Bauarten Aufsammelpressen

7.2.4.1 Kleinballen-Hochdruckpresse

Die **Kleinballen-Hochdruckpresse** (Bild 1) besteht aus folgenden wesentlichen Bauelementen:

1 Pick-Up
2 Querförderschnecke
3 Zubringer
4 Presskolben
5 Gegenmesser
6 Zugspindeln
7 Schaltstange
8 Bindenadeln
9 Ablageblech

Das geschwadete Erntegut wird von der Pick-Up aufgenommen und der Querförderschnecke sowie dem Zubringer zugeführt. Diese befördern es weiter zum Presskanal. Der Kolben schneidet bei jedem Presshub das nur teilweise in den Presskanal reichende Erntegut mit Messer und Gegenmesser ab.

Die Pressdichte der quaderförmigen Ballen lässt sich an den Zugspindeln einstellen. Die Länge der Ballen wird über den Anschlag der Schaltstange verändert.

Ist die vorgewählte Ballenlänge erreicht, wird der Bindevorgang ausgelöst. Die Bindenadeln führen das Bindegarn um den Ballen herum zum Bindeapparat, wo es verknotet wird.

Der fertige Ballen wird von dem nachfolgenden aus dem Presskanal geschoben. Die Ablage erfolgt über ein Ablageblech direkt auf dem Feld oder über eine Ladeschurre bzw. Ballenschleuder auf den angehängten Wagen.

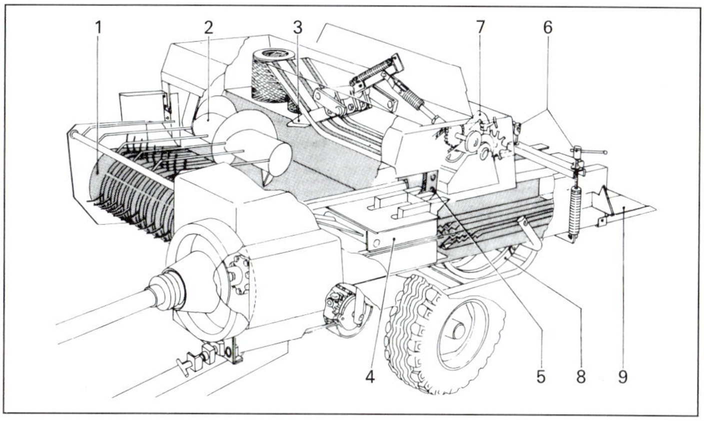

1 Hochdruckpresse (HD)

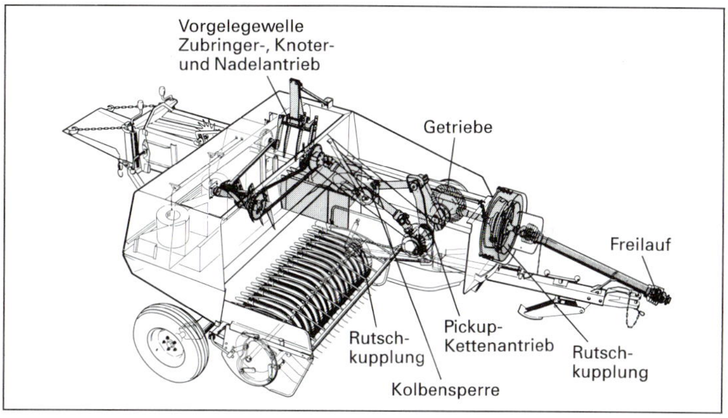

2 Antrieb und Sicherungselemente

Die Vorzüge des kleinen Hochdruckballens liegen in seiner einfachen Handhabung und seiner guten Auflösbarkeit bei der innerbetrieblichen Verwertung. Dem steht jedoch ein höherer technischer Aufwand bei der Mechanisierung der Erntekette (Aufladen auf dem Feld, Transport, Abladen und Lagerung) gegenüber.

Der **Antrieb** der Kleinballen-Hochdruckpresse (Bild 2) erfolgt von der Zapfwelle des Schleppers. Über ein Schwungrad wird die Leistung zum Getriebe geleitet. Das Schwungrad, das eine Masse von etwa 100 kg hat, liefert die erforderliche Schwungmasse für die einzelnen Pressenhübe (etwa 93 1/min), um Stoßbelastungen im Antrieb zu vermeiden.

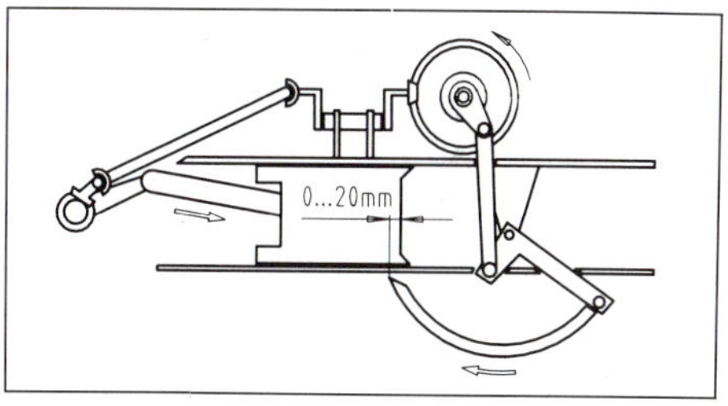

3 Wellen-Antrieb

Das hypoidverzahnte Ölbad-Winkelgetriebe dient als Antrieb für folgende Bauelemente:

- Kolben über Kurbelarm und Pleuelstange,
- Zubringer über eine Vorgelegewelle,
- Knoter und -nadel über die Knoterwelle,
- Pick-Up über Kette und Rutschkupplung.

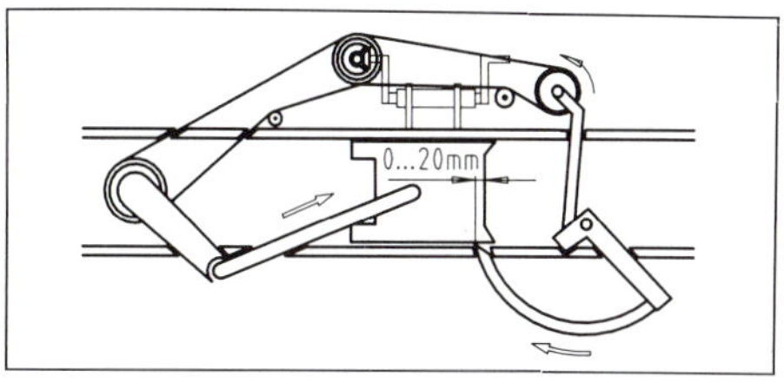

4 Kettenantrieb

Die Art der verwendeten Übertragungselemente (Zahnräder, Wellen, Ketten oder Riemen) ist dabei abhängig vom jeweiligen Hersteller der Aufsammelpresse.

Damit die in den Presskanal eintretende Knoternadel beim Bindevorgang nicht vom Kolben beschädigt wird, darf diese erst in den Kanal hineinragen, wenn der Kolben den Verdichtungstotpunkt gerade überwunden hat und wieder zurückgeht. Der daher notwendige Synchronlauf des Kolbens zu Raffer, Nadeln und Knoter kann über Zahnräder und Wellen (Bild 3) oder Ketten (Bild 4) erfolgen. Bei letzteren müssen unter Umständen automatische Kettenspanner dafür sorgen, dass die Einstellung nicht durch Kettendehnung verändert wird.

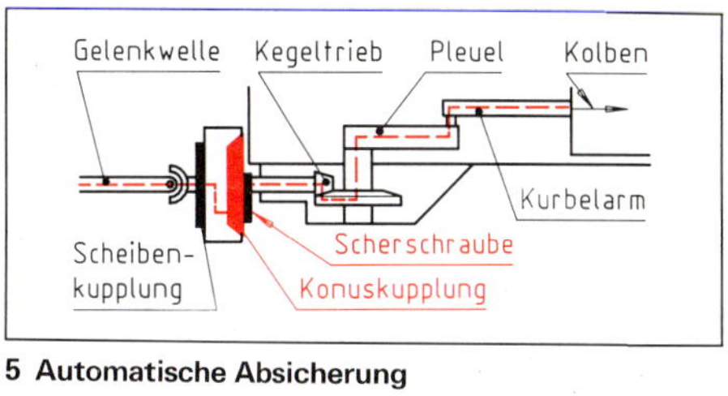

5 Automatische Absicherung

Neben dem Antrieb zeigt Bild 2, Seite 227 auch die **Sicherungselemente** der Presse. Sie dienen dem Schutz vor Beschädigungen und sollen eine schnelle Wiederaufnahme der Arbeit bei Verstopfungen ermöglichen. Art und Anzahl der Sicherungselemente sind je nach Hersteller unterschiedlich. Zum Einsatz kommen Rutschkupplungen, Scherstifte oder Keilriemen. Im Bereich des Hauptantriebes zwischen Gelenkwelle und Getriebe dienen Rutsch- oder Konuskupplungen (Bild 5, Seite 227) zum Schutz gegen sich allmählich aufbauende Überbelastungen, während Scherstifte die Kraftübertragung bei stoßartiger Überbelastung unterbrechen.

Übungen

1. Beschreiben Sie anhand von Unterlagen, die im Ausbildungsbetrieb verfügbar sind, den Aufbau und die Arbeitsweise einer selbst ausgewählten Kleinballenhochdruckpresse.
2. Beschreiben Sie die Kraftübertragung von der Schlepperzapfwelle bis zu den Pressorganen bei der gewählten Kleinballenhochdruckpresse.
3. Wie erfolgt die Betätigung der Bedienungselemente bei der gewählten Kleinballenhochdruckpresse?
4. Welche Wartungs- und Einstellarbeiten sind bei der ausgewählten Kleinballenhochdruckpresse erforderlich?
5. Erstellen Sie einen Arbeitsplan (Arbeitsschritte, Werkzeuge, Hilfsmittel, Arbeitsregeln) in tabellarischer Form über die Einstellung vom Kolben zur Knoternadel.

7.2.4.2 Rundballenpressen

Mit der Einführung der **Rundballenpressen** (Bild 1) in den 70er Jahren wurde eine einfache Vollmechanisierung der Halmfutterernte (Sammeln, Transportieren und Stapeln ohne Handarbeit – s. Bild 2) möglich. Jeder Arbeitsschritt ist dabei im **Einmannverfahren** durchführbar. Die Wetterfestigkeit der großvolumigen Ballen mit fester Außenschicht und kleiner Auflagefläche erlauben eine Freiluftlagerung ohne größere Verluste.

Das Silieren von Anwelkgut in Rundballen, die mittels einer Wickelmaschine (Bild 3) luftdicht in einer Folie verpackt werden, erweitert den Einsatzbereich dieser Sammelpressenbauart.

1 Rundballenpresse

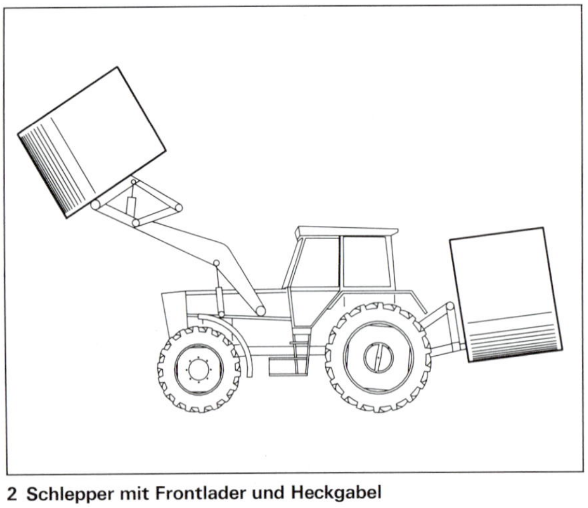

2 Schlepper mit Frontlader und Heckgabel

3 Wickelmaschine

Nach der Arbeitsweise bei der Ballenerstellung können Rundballenpressen in folgende Bauarten unterteilt werden:

- Rundballenpressen mit variablem Pressraum (Ballenvolumen),
- Rundballenpressen mit konstantem Pressraum,
- kombinierte Bauart mit einem konstanten Kernwickelraum von 90 cm Durchmesser, der sich je nach Vorwahl zu einer Rollkammer bis 165 cm Durchmesser vergrößern lässt.

Rundballenpressen mit variablem Pressraum (Bild 2) bestehen aus folgenden wesentlichen Bauelementen:

1 einstellbare Gabelkupplung
2 Zapfwellenantrieb ($n = 540$ 1/min)
3 Kegelradvorgelegegetriebe
4 Pick-Up
5 Niederhalter
6 Bodenwalze aus Stahl
7 Rollkette
8 Ballenauswurf
9 geschlossene Heckklappe
10 einziehbare Nockenrolle für Kernbildung
11 gummibeschichtete Abstreifwalze
12 Kettenspanner – Ballenluftfedern
13 Schwenkarme für Rollkettenspannung

Das Erntegut wird von der Pick-Up aufgenommen und in voller Breite der Presskammer zugeführt (Bild 3a). Aufgrund der Drehbewegung der Rollkette wird es dort verdichtet und zu einer Rolle geformt (Bilder 3b, 3c), deren Durchmesser mit der weiteren Zufuhr des Erntegutes zunimmt. Diese Erweiterung ist möglich durch die Änderung der Stellung der Schwenkarme, die in Zusammenarbeit mit den Ballenluftfedern für die Spannung der Kette zuständig sind.

Die umlaufenden Endlos-Riemen- oder Stabketten wickeln einen gleichmäßig dichten Ballen von innen nach außen. Dabei ist die Ballendichte von der Rollkettenvorspannung abhängig. Der Durchmesser kann zwischen 65 cm ... 180 cm frei gewählt werden.

Rundballenpressen mit konstantem Presskammervolumen weisen in der Arbeitsweise lediglich Unterschiede in der Verdichtung des Erntegutes auf.

Über Stahlwalzen (Bild 4), Stabketten oder Riemensegmente (Bild 1) wird das von der Pick-Up zugeführte Pressgut in eine Drehbewegung versetzt. Dabei wird der entstehende Ballen von außen nach innen immer stärker verdichtet, sodass die auf diese Weise erzeugten Ballen eine harte Außenschale und einen weichen Kern haben.

Bei Erreichen des gewünschten Enddruckes (Manometeranzeige) wird angehalten, der Bindevorgang durchgeführt und der Ballen bei geöffneter Heckklappe ausgestoßen (Bild 1, rechts).

Bei der Garnbindung (Bild 5) wird der Faden 15 ... 20 mal wendelförmig um den Bal-

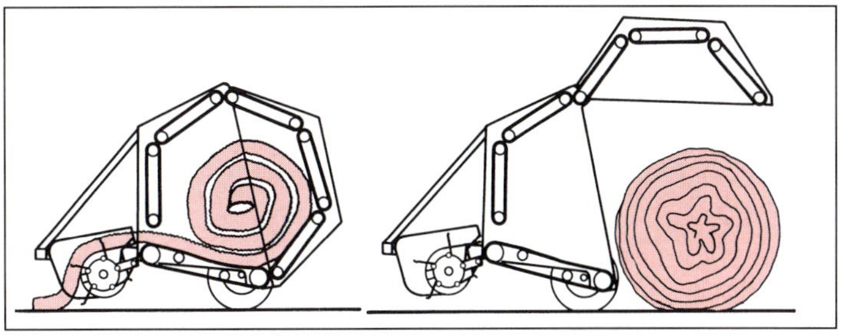

1 Konstanter Pressraum

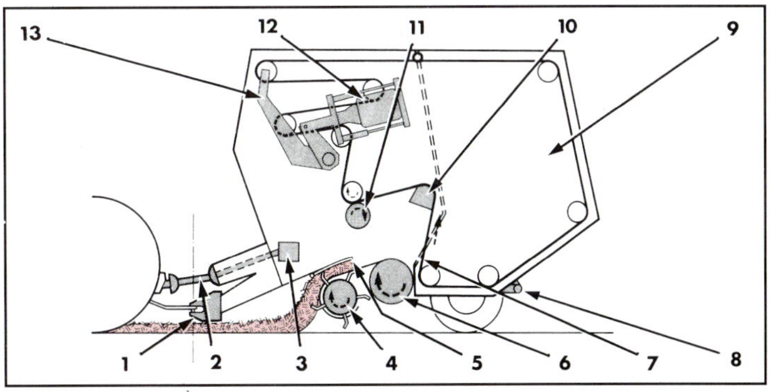

2 Rundballenpresse mit variablem Pressraum

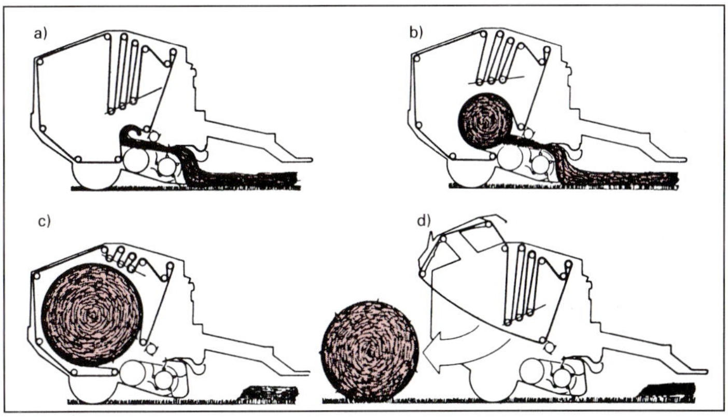

3 Arbeitsweise einer Presse mit variablem Pressraum

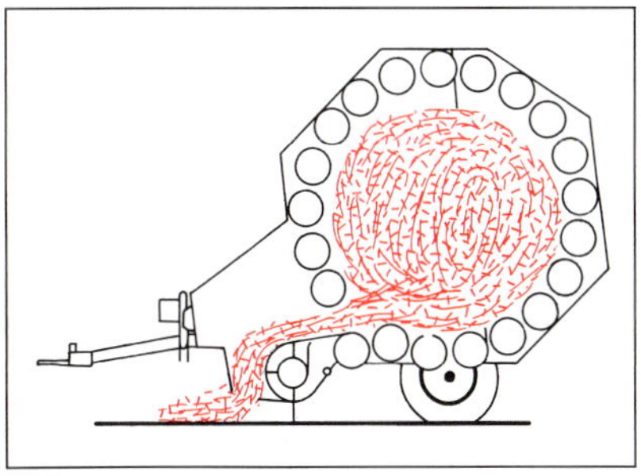

4 Rundballenpresse mit konstantem Pressraum

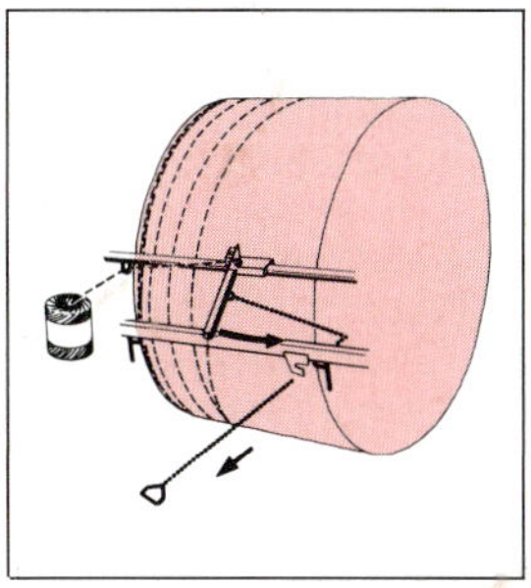

5 Einfache Bindegarnführung

a) rechte Seite

b) linke Seite

1 Antriebsschema einer Konstantkammer-Rundballenpresse

len gewickelt und abgeschnitten. Aufgrund der geringfügigen Ausdehnung der Ballen nach dem Auswerfen ist ein Verknoten der Fadenenden nicht erforderlich. Der Bindevorgang wird entweder manuell oder automatisch ausgelöst. Anstelle von Bindegarn können auch Netze zum Umwickeln der Ballen verwendet werden.

Bild 1 zeigt die Antriebselemente für die Walzen bzw. Rollketten der beschriebenen Bauarten der Rundballenpressen.

Übungen

1. Welche Vor- und Nachteile haben Rundballenpressen gegenüber Kleinballenhochdruckpressen?
2. Beschreiben Sie anhand von Unterlagen, die im Ausbildungsbetrieb verfügbar sind, den Aufbau und die Arbeitsweise einer selbst ausgewählten Rundballenpresse.
3. Beschreiben Sie die Kraftübertragung von der Schlepperzapfwelle bis zu den Pressorganen bei der gewählten Rundballenpresse.
4. Wie erfolgt die Betätigung der Bedienungselemente bei der gewählten Rundballenpresse?
5. Welche Wartungs- und Einstellarbeiten sind bei der ausgewählten Rundballenpresse erforderlich?

7.2.4.3 Rechteck-Großpackenpressen

Für den Transport auf Anhängern oder Lastkraftwagen bzw. für die Lagerung haben Rundballen eine ungünstige Form, da sie den Lade- bzw. Lagerraum nicht voll ausnutzen. Dementsprechend werden auch **Großballenpressen** angeboten, die rechteckige Ballen erzeugen. Die Ballendichte einer **Großpackenpresse** beträgt bei Stroh 160 kg/m^3 (Rundballenpresse 110 kg/m^3).

Bild 2 zeigt die wesentlichen Bauelemente einer Großpackenpresse, die nach dem **Strangpresssystem** mit einer variablen Ballenlänge von 80 cm ... 275 cm arbeitet:

1 Zapfwellenantrieb ($n = 1000$ 1/min)
2 Anhängevorrichtung
3 Pick-Up mit einer Arbeitsbreite von 2,2 m
4 Niederhalter
5 kurze Förderschnecken
6 Zuführkanal
7 Rotationszubringer
8 Nadel mit Nadelschwinge
9 verstellbare Presskanalwände
10 Pressdichteregulierreinrichtung
11 Presskanal
12 Knoter
13 Presskolben
14 Hypoidgetriebe

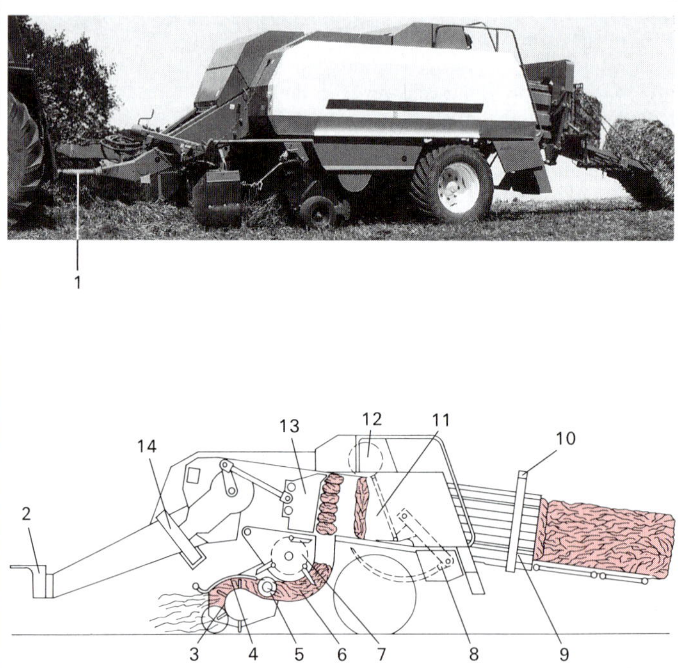

2 Bauteile einer Großpackenpresse (Strangpresssystem)

Das von der Pick-Up aufgenommene Erntegut wird von rotierenden Förderschnecken und Zubringern gegen den Kolben vorverdichtet (Bild 1 a). Gibt dieser den Weg zum Presskanal frei, kann es von den Zubringern dorthin weiterbefördert (Bild 1 b) werden. Der Kolben, der je nach Fabrikat 25 ... 70 Stöße/min bei einer Hublänge von etwa 60 cm ausführt, sorgt für die weitere Verdichtung des Pressgutes.

Ist die eingestellte Ballengröße erreicht, wird der Bindevorgang ausgeführt. Knoternadeln und der Knotapparat sorgen dafür, dass der Ballen mit 4, 5 oder 6 Fäden umspannt wird. Der Ballenauswurf erfolgt durch den nachfolgenden Ballen.

Eine andere Bauart der Großpackenpressen arbeitet nach dem **Kastenpresssystem** (Bild 2). Anstelle eines Presskanals verfügen sie über eine Presskammer, so dass immer gleichgroße Ballen erzeugt werden.

Nach der Erntegutaufnahme, -zuführung und -vorverdichtung erfolgt die weitere Verdichtung durch den Hauptkolben (8), bis der eingestellte Pressdruck von ca. 150 bar ... 300 bar in der Presskammer erreicht ist. Gebunden wird 4fach mit Bindedraht. Der Ballenauswurf erfolgt durch Öffnen der Heckklappe.

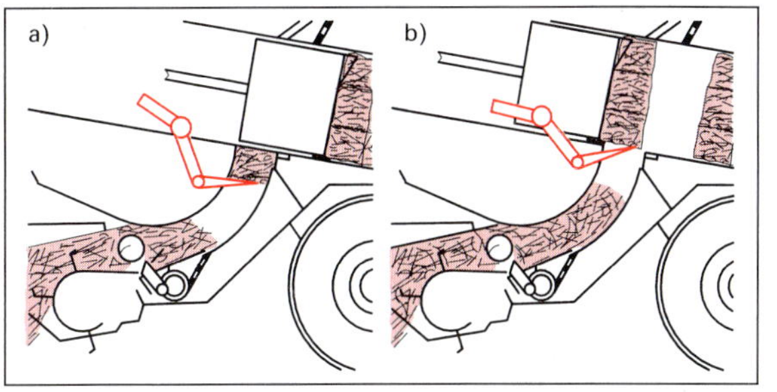

1 Drei-Phasen-Vorverdichtung des Pressgutes

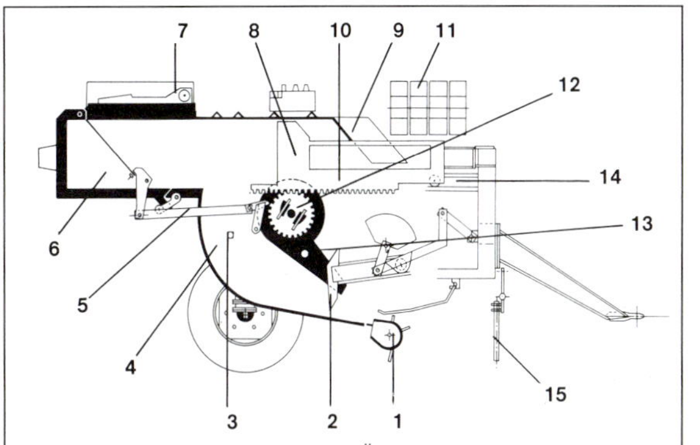

1 Pick-up Trommel
2 Staukolben
3 Fotozellen
4 Vorratskammer
5 Blockierstange
6 Auswurfklappe
7 Knüpfvorrichtung
8 Hauptkolben
9 Ölbehälter
10 Zahnleiste
11 Drahtrollen
12 Kolbenantrieb
13 Einführrechen
14 Hydraulikpumpe
15 Schwadverteiler

2 Bauteile einer Großpackenpresse (Kastenpresssystem)

Übungen

1. Stellen Sie folgende Merkmale der Strang- bzw. Kastenpresse in tabellarischer Form gegenüber: Aufbau Presskanal, Verdichtung, Ballenlänge und Ballenauswurf?
2. Beschreiben Sie anhand von Unterlagen, die im Ausbildungsbetrieb verfügbar sind, den Aufbau und die Arbeitsweise einer selbst ausgewählten Rechteck-Großpackenpresse.
3. Beschreiben Sie die Kraftübertragung von der Schlepperzapfwelle bis zu den Pressorganen bei der gewählten Rechteck-Großpackenpresse.
4. Wie erfolgt die Betätigung der Bedienungselemente bei der gewählten Rechteck-Großpackenpresse?
5. Welche Wartungs- und Einstellarbeiten sind bei der ausgewählten Rechteck-Großpackenpresse erforderlich?

7.2.5 Mähdrescher

7.2.5.1 Baugruppen und Bauteile eines Schüttler-Mähdreschers

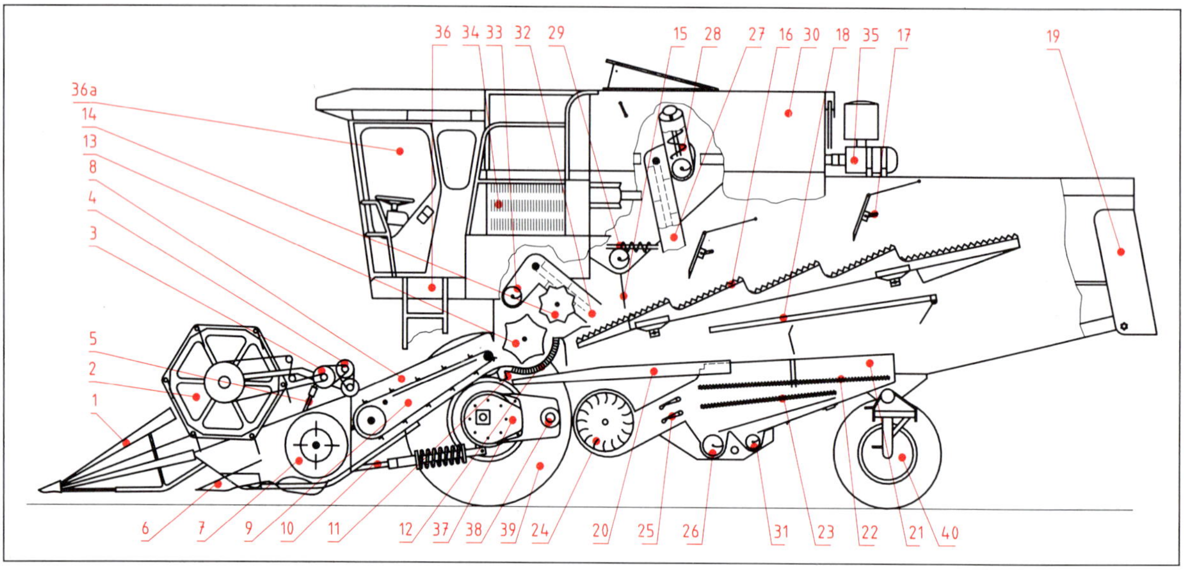

1 Bauteile eines Schüttler-Mähdreschers

Zur Getreideernte werden in erster Linie selbstfahrende **Schüttler-Mähdrescher** eingesetzt. Bild 1 zeigt die wesentlichen Bauelemente, die folgenden Baugruppen zugeordnet werden können:

I. Schneidwerk
1 Halmteiler
2 Haspel
3 Haspelvorgelege
4 Haspelregeltrieb
5 Haspelhubzylinder
6 Ährenheber
7 Einzugstrommel
8 Einzugskanal
9 Schrägförderer
10 Schneidwerkszylinder

II. Dreschwerk
11 Steinfangmulde
12 Dreschkorb
13 Dreschtrommel
14 Wendetrommel
15 Spritztuch

III. Schüttler
16 Schüttlerhorden
17 Rafferzinken
18 Schüttlerrücklaufboden
19 Strohausfallhaube

IV. Reinigung
20 Vorbereitungsboden
21 Siebkasten
22 Obersieb
23 Untersieb
24 Reinigungsgebläse
25 Windleitblech

V. Korntankbefüllung
26 Kornschnecke
27 Kornelevator
28 Korntankbefüllschnecke
29 Korntankentleerungs-schnecke
30 Korntank

VI. Überkehr
31 Überkehrschnecke
32 Überkehrelevator
33 Überkehrverteiler-schnecke

VII. Motor und Antrieb
34 Motor
35 Luftfilter
37 Seitengetriebe
38 Schaltgetriebe
39 Triebachsräder
40 Lenkachsräder

VII. Bedienung
36 Fahrerstand
36a Kabine

7.2.5.2 Arbeitsweise eines Schüttler-Mähdreschers

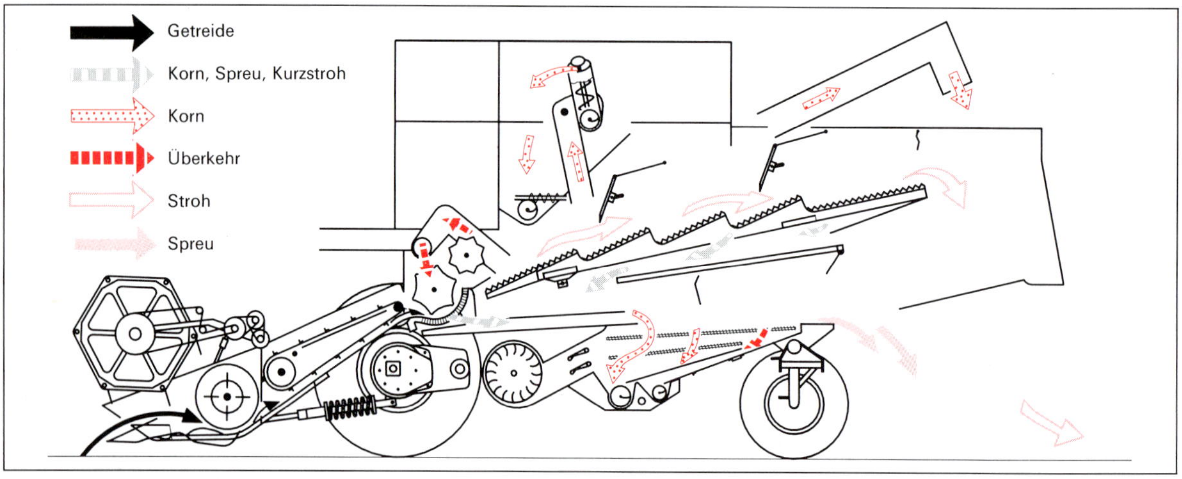

2 Arbeitsweise des Schüttler-Mähdreschers

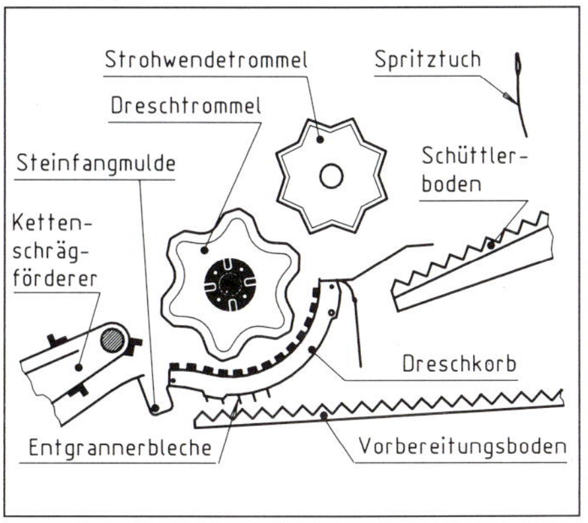

1 Bauteile des Dreschwerks

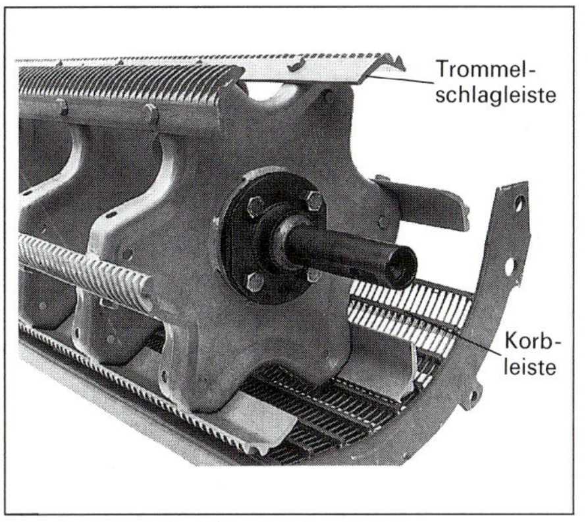

2 Dreschwerk

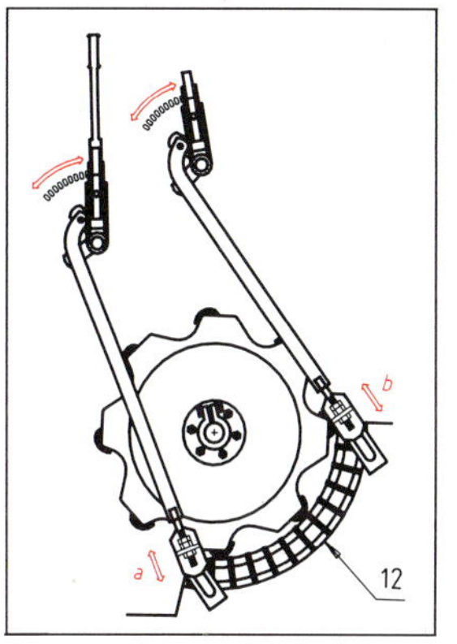

3 Dreschkorbverstellung

Bild 2, Seite 232 verdeutlicht die Arbeitsweise des Schüttler-Mähdreschers, wobei die Fließrichtung des Erntegutes bzw. seiner Bestandteile durch verschiedene Pfeile veranschaulicht werden.

Mit dem **Schneidwerk** (Baugruppe I, Bild 1, Seite 232) wird das Getreide gemäht und anschließend mit der Einzugstrommel und dem Schrägförderer zum **Dreschwerk** (Baugruppe II, Bild 1, Seite 232) geführt. Die Haspel (2), deren Drehzahl und Stellung über Betätigungseinrichtungen verändert werden kann, unterstützt dabei die Arbeit der Schneideinrichtungen und der Einzugstrommel (7). Im Getreide mitgeführte Steine fallen am Ende des Einzugkanals (8) in die Steinfangmulde (11).

Die Dreschtrommel (13) und der Dreschkorb (12) (s. auch Bild 1) übernehmen den **Ausdrusch**. Sie sind so gestaltet, dass sich aufgrund der Drehbewegung zwischen den Trommel-Schlagleisten und den Korbleisten eine Schlag- und Reibwirkung ergibt (Bild 2). Auf diese Weise werden die Körner aus der Ähre gelöst und eventuell vorhandene Grannen abgetrennt. Etwa 90% der Körner fallen zusammen mit Spreu und Kurzstroh durch den Dreschkorb (12) auf den Vorbereitungsboden (20).

Die Ausdruschqualität wird bestimmt durch die Umfangsgeschwindigkeit der Trommel (13), die je nach Getreideart über die Drehzahl verändert werden kann, und den Korbabstand (Bild 3, Einstellmaß $a = 13$ mm und Einstellmaß $b = 3$ mm in Normalstellung). Der Antrieb der Trommel erfolgt vom Motor (34) über Ketten- bzw. Riementriebe.

Als **zusätzliche Dreschhilfen**, insbesondere zum Entgrannen von Gerstenkörnern, können entweder im Korb Entgrannerbleche (Bild 1) eingesetzt oder ein Entgrannerblock vorgeschwenkt werden.

Nach dem Dreschvorgang übernehmen die **Schüttler** (Baugruppe III, Bild 1, Seite 232) die Aufgabe der **Restkornabscheidung.** Dieses erfolgt bei Schüttlerhorden (16 und Bild 4) durch Schwingsiebung bzw. Schwingförderung.

Bei diesem Vorgang erledigt der Schüttler folgende Arbeiten:

- Abbremsung der Bewegungsgeschwindigkeit des Strohs auf 0,5 m/s,
- Auflockerung des Strohs,

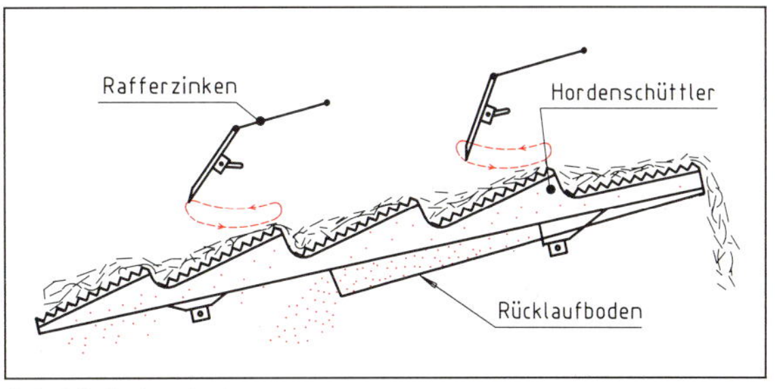

4 Schüttlerhorden

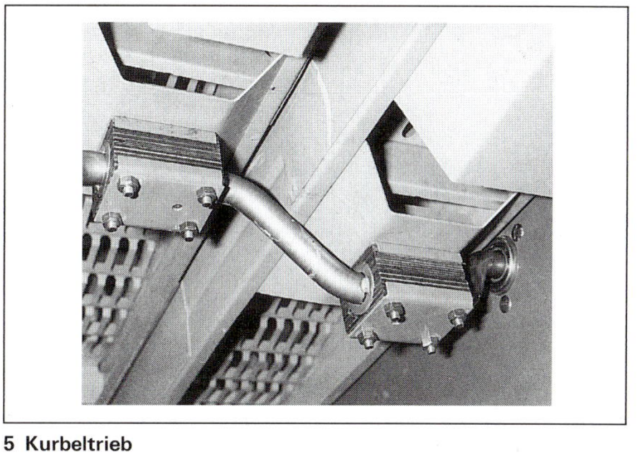

5 Kurbeltrieb

- Abscheidung der noch im Stroh befindlichen losen Körner, die dann über den Rücklaufboden (18) zur Reinigung gelangen,
- Ausstoß des Strohs aus der Maschine.

Mähdrescher verfügen über 4...6 Hordenschüttler. Die Schwingbewegung wird durch einen Kurbeltrieb (s. Bild 5) erzeugt. Die Trennwirkung von Stroh und Körnern ist abhängig von der Schüttlerwellendrehzahl, der Anzahl der Schüttlerstufen und der Größe der Abscheidefläche.

Zur Erhöhung der Trennwirkung werden im Bereich des Schüttlers noch rotierende oder schwingende Zinken (17 und Bild 4) eingebaut, so dass die Schüttlerverluste gesenkt und die Leistungsfähigkeit der Maschine (höhere Fahrgeschwindigkeit auch bei großem Strohdurchsatz) zunimmt.

Anstelle des Schüttlers werden bei anderen Mähdrescherbauarten rotierende Abscheidesysteme eingesetzt.

Nach dem Dreschvorgang (vgl. Bilder Seite 232 und 233) muss das auf den Vorbereitungsboden (20) gefallene Gemisch aus Korn, Spreu und Kurzstroh voneinander getrennt werden. Diese Aufgabe übernehmen die Bauteile der Reinigung (Baugruppe IV, Bild 1, Seite 232).

Durch die Schwingbewegungen (Bild 1) des Vorbereitungsbodens (20) wird dieses Gemisch aufgelockert und gleichzeitig zu den Sieben geführt. Der vom Reinigungsgebläse (24) erzeugte Druckwind trägt alle leichten Teile (Spreu) nach hinten aus der Maschine. Die Stärke des Luftstromes kann dabei über die Stellung der Windleitbleche (25) und über die Drehzahl des Gebläses verändert werden.

Die Körner fallen durch das ebenfalls schwingende Ober- (22) und Untersieb (23) in die Mulde der Kornschnecke (26) und werden von dort mit dem Kornelevator (Bild 2) zum Korntank transportiert. Entsprechend der jeweiligen Getreideart kann das Obersieb verstellt und das Untersieb gewechselt werden.

Nicht ausgedroschene Ähren fallen am Ende des Obersiebes in einen Schacht. Von dort werden sie je nach Bauart entweder mit Hilfe der Überkehrschnecke (Bild 2) und des Überkehrelevators zum nochmaligen Dreschen dem Dreschwerk zugeführt oder (bei anderen Bauarten) mit Hilfe eines Wurfelevators zum Nachdrusch auf den Vorbereitungsboden (20) befördert.

Damit die Körnerreinigung auch bei Hanglagen einwandfrei arbeitet, bieten die Hersteller verschiedene technische Möglichkeiten des Hangausgleichs an.

Zum Antrieb der selbstfahrenden Mähdrescher werden Dieselmotoren mit einer Leistung von 40 kW ... 200 kW eingesetzt. Die erforderliche Leistung ist dabei von der Schneidwerksbreite und der Größe der Dreschorgane abhängig.

Vom Motor wird die Antriebskraft über folgende in den Bildern 4 und 5 gezeigten Antriebselemente zu den einzelnen Baugruppen geleitet:

1 Hydraulikantrieb
2 Hauptantrieb
3 Fahrantrieb
4 Antrieb Dreschtrommel (Variator)
5 Schneidwerksantrieb
6 Antrieb des Reinigungsgebläses
7 Korntankentleerung
8 Fahrantrieb (Variator)
9 Schüttlerantrieb
10 Siebkastenantrieb

Der Antrieb der Aggregate erfolgt dabei über Riemen oder Ketten.

Der Motor des Mähdreschers muss wegen der erforderlichen Antriebsleistung immer mit Nenndrehzahl betrieben werden. Zur Abstufung der Drehzahl für einzelne Aggregate, wie beispielsweise den Fahrantrieb, die Dreschtrommel, die Haspel und das Gebläse, werden am Mähdrescher unterschiedliche technische Möglichkeiten genutzt.

Zur Anpassung der Fahrgeschwindigkeit an die unterschiedlichen Einsatzverhältnisse werden entweder mechanische oder hydrostatische Fahrantriebe eingesetzt.

Der mechanische Fahrantrieb besteht aus einem Schaltgetriebe mit 3 Vorwärtsgängen und einem Rückwärtsgang und einem hydraulisch verstellbaren Variator

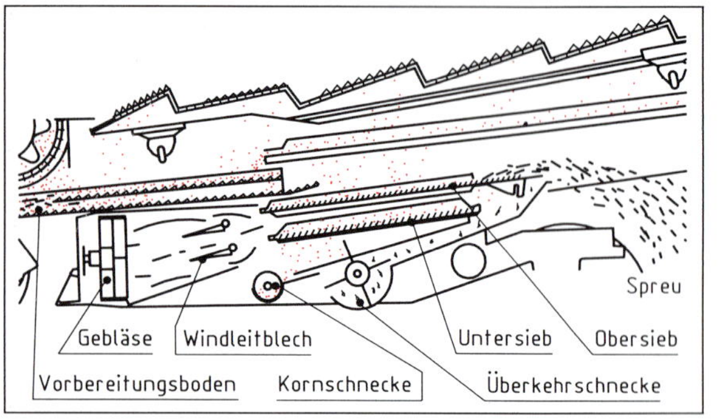

1 Körnerreinigung

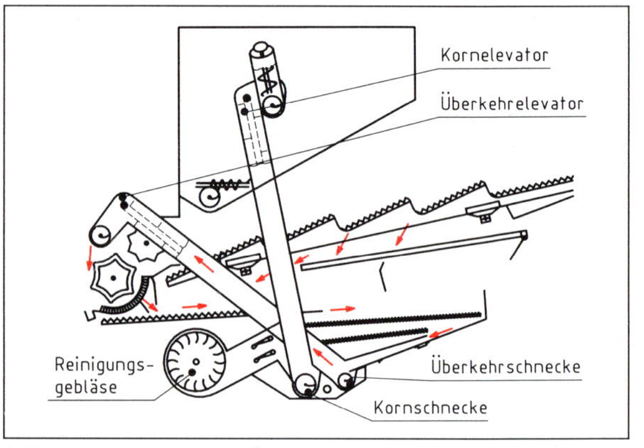

2 Korntankbefüllung mit Überkehr

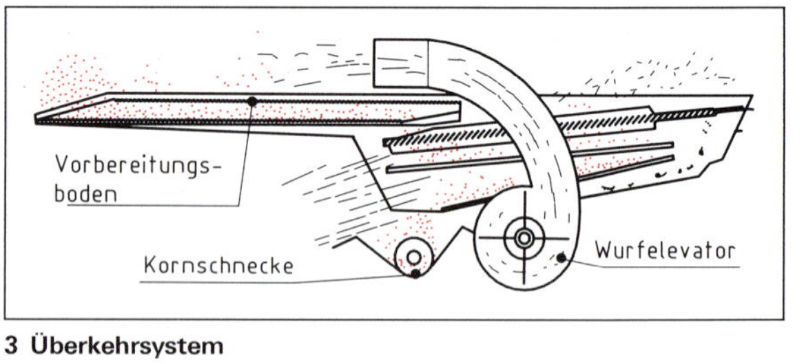

3 Überkehrsystem

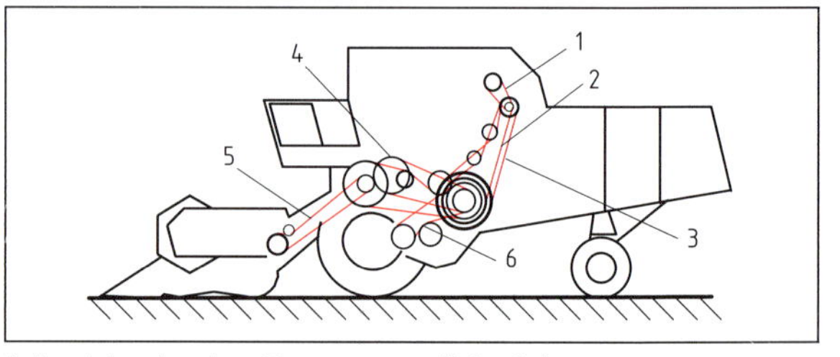

4 Antriebe einzelner Baugruppen – linke Seite

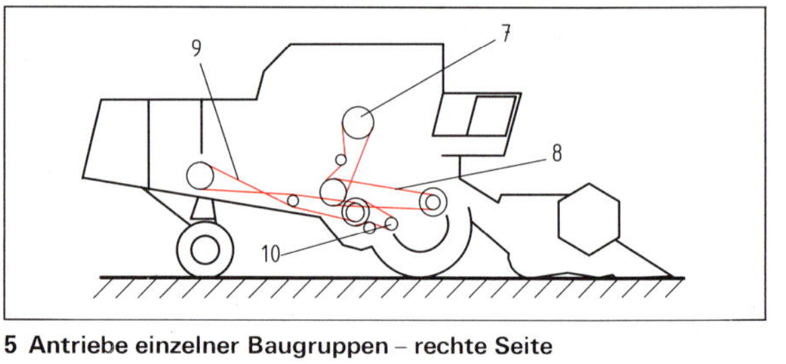

5 Antriebe einzelner Baugruppen – rechte Seite

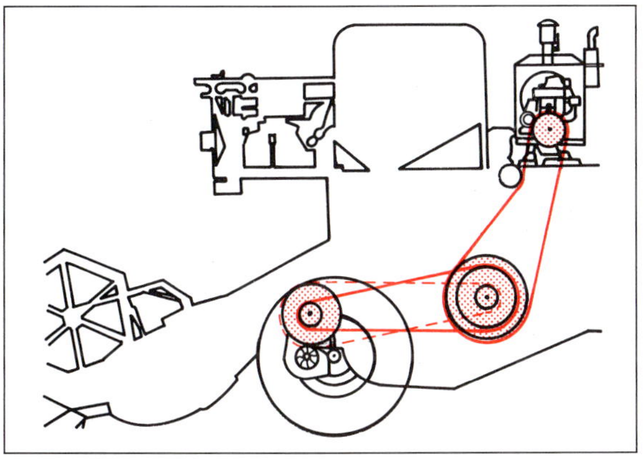

1 Fahrwerksregeltrieb (Variator)

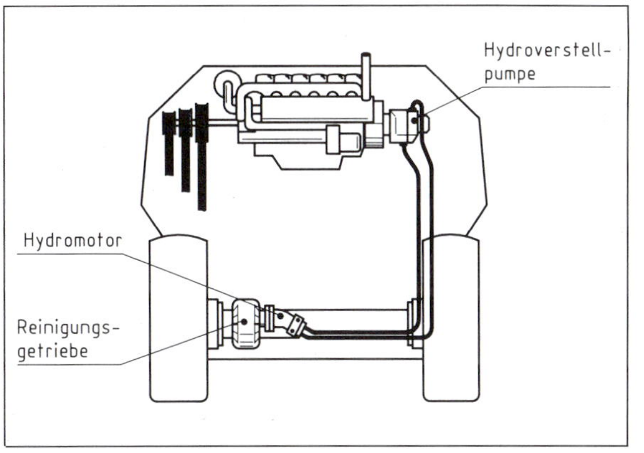

2 Hydrostatischer Antrieb

(Bild 1). Mit Hilfe dieses Bauteils kann über einen Fahrhebel die Geschwindigkeit innerhalb eines Ganges stufenlos verändert werden.

Der Variator besteht aus einem Keilriemen und geteilten Antriebs- bzw. Abtriebsscheiben, deren wirksame Durchmesser hydraulisch verändert werden können (s. Kap. 5.4.1).

Der hydrostatische Fahrantrieb (Bild 2) besteht aus einer Hydroverstellpumpe, einem Hydromotor und einem Dreiganggetriebe. Die Fahrgeschwindigkeit ist in diesem Falle von der Ölmenge abhängig, die dem Hydromotor zugeführt wird (Nähere Einzelheiten s. Kap. 4, 5.4.2 und 5.4.3).

Weitere hydraulische Bauelemente werden beim Mähdrescher hauptsächlich im Bereich des Schneidwerks zum Heben und Senken eingesetzt.

Der Antrieb der Dreschtrommel erfolgt über Keilriemen oder Ketten (Bild 3). Die erforderliche Drehzahlanpassung geschieht entweder über einen Variator oder über Stufenscheiben (s. Bilder 4 und 5).

Zur Überwachung der Funktion der einzelnen Baugruppen des Mähdreschers werden elektrische bzw. elektronische Kontrollsysteme (s. Kap. 3) eingesetzt.

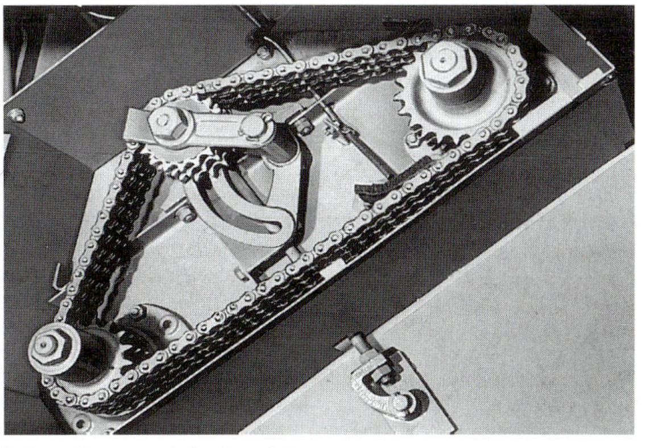

3 Dreschtrommel-Stufentrieb

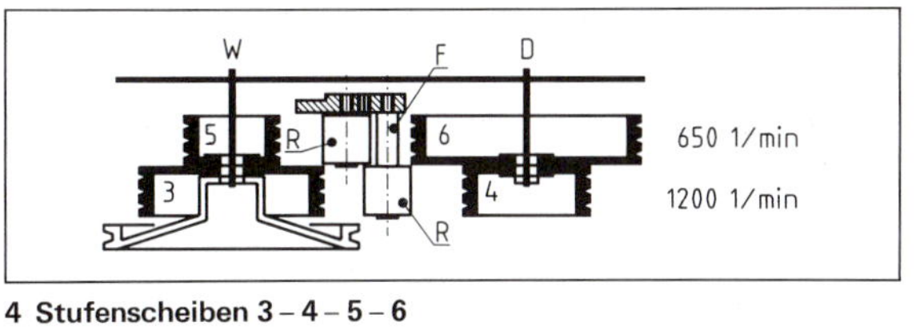

4 Stufenscheiben 3 – 4 – 5 – 6

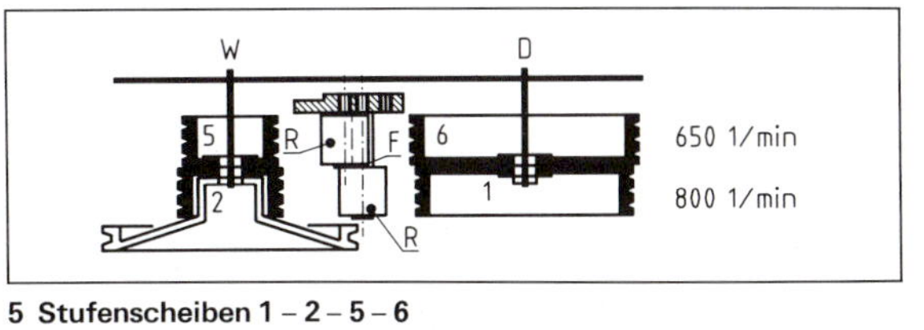

5 Stufenscheiben 1 – 2 – 5 – 6

7.2.5.3 Alternative Dresch- und Abscheidesysteme für Mähdrescher

Die Entwicklung von Mähdreschern mit höherer Leistung bedingt bei Schüttlermähdreschern eine Vergrößerung der Schüttlerfläche. Dieser Entwicklung sind in Deutschland jedoch Grenzen gesetzt durch die StVZO, die für Mähdrescher eine maximale Breite von 3 m und eine Länge von 12 m für den Betrieb auf öffentlichen Straßen vorschreibt. Diese Vorgabe war teilweise mitentscheidend für die Entwicklung alternativer Dresch- und Abscheidesysteme. Der Schneidvorgang, die Reinigung und der Körnertransport erfolgt in der bereits beim Schüttlermähdrescher beschriebenen Form.

Tangentialdreschwerk und Abscheiderotor (Twin-Flow-System)

Bei diesem System (Bild 2, Seite 236) werden die Aufgaben des Hordenschüttlers von einem **Zentrifugalabscheider** und einem **Abscheiderotor** übernommen, die hinter der Wendetrommel angeordnet sind (Bild 1, Seite 236). Zur Restkornabscheidung (ca. 10%) nach

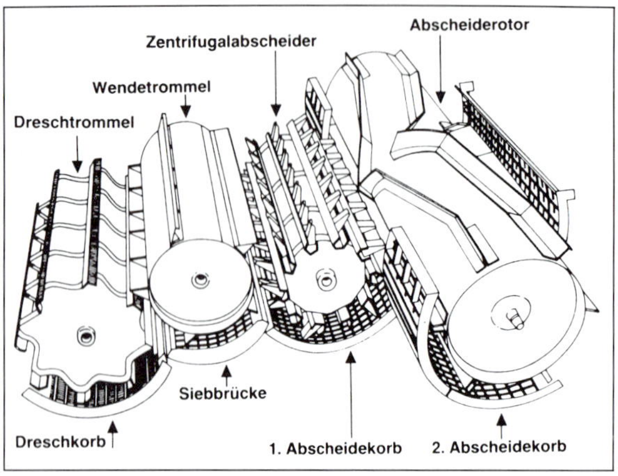

1 Mähdrescher mit Zentrifugalabscheider und Abscheiderotor

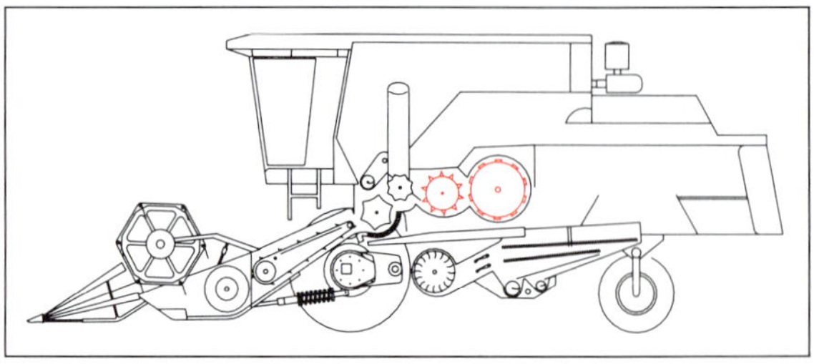

2 Mähdrescher mit Abscheiderotor

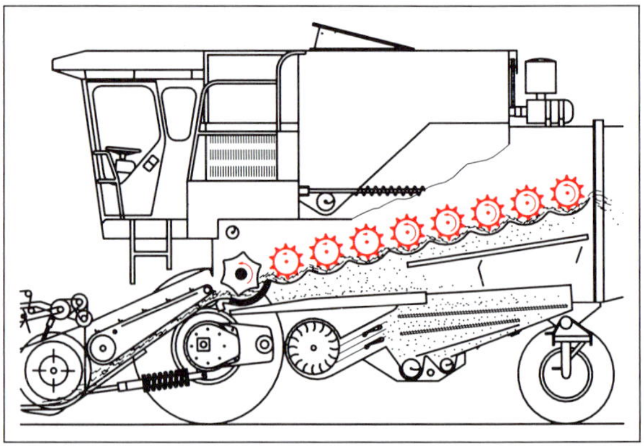

3 Mähdrescher mit Abscheidezylindern

dem Dreschvorgang wird das Stroh vom Zentrifugalabscheider aufgelockert, bevor es mittig vom Abscheiderotor aufgenommen wird. Aufgrund der Leistenbestückung wird der Strohstrom geteilt und nach eineinhalb Umdrehungen rechts und links ausgestoßen. Die bei diesem Vorgang vom Stroh getrennten Körner fallen durch den 1. und 2. Abscheidekorb auf den Vorbereitungsboden der Reinigung. Diese Art der Abscheidung erzeugt einen höheren Anteil von Kurzstroh, so dass die Reinigung durch eine Vorreinigungsstufe mit höherem Windauslass ergänzt werden muss.

Tangentialdreschwerk und mehrere Abscheidezylinder (Cylinder-System oder CS-System)

Bei diesem Verfahren (Bild 3) werden der Schüttler und die Wendetrommel des herkömmlichen Mähdreschers durch acht rotierende **Abscheidezylinder** mit entsprechenden **Abscheidekörben** ersetzt. Die Zylinder, deren Drehzahl und Abstand zum Abscheidekorb einstellbar sind, transportieren das Stroh zwangsweise zum Auswurf und sorgen auf diese Weise für die Restkornabscheidung. Die bei diesem Vorgang vom Stroh getrennten Körner fallen durch die Abscheidekörbe auf den Vorbereitungsboden der Reinigung.

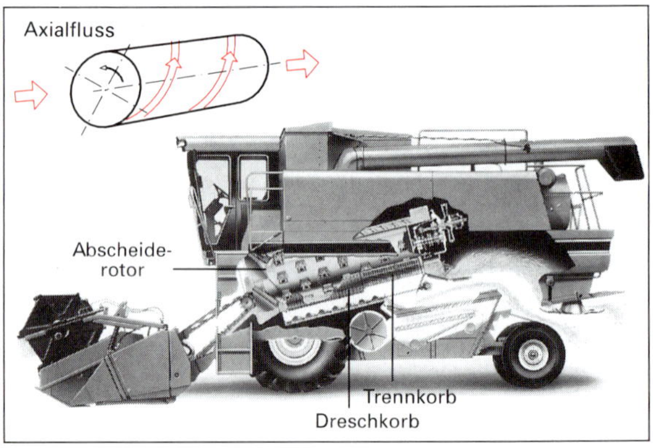

4 Axialmähdrescher

Axialdreschwerk (Axial-Flow)

Bei diesem Mähdreschertyp (Bild 4) besteht das Dresch- und Abscheidesystem aus in Fahrtrichtung schräg liegenden **Einzel- bzw. Zwillingsrotoren mit Siebzylindern** (Bild 5). Hinter dem Schrägförderer wird das Erntegut von den Schneckengängen (Wurfschaufeln) im vorderen Teil des Rotors aufgenommen. Anschließend führen die spiralförmig angeordneten Schlag- und Reibleisten das Erntegut in einer Drehbewegung zwischen Trommel und Dreschkorb zum Auswurf. Dabei erfolgt die Trennung von Stroh und Korn (Dresch- und Abscheidevorgang). Die Körner fallen durch den Dresch- und Trennkorb und werden anschließend der Reinigung zugeführt.

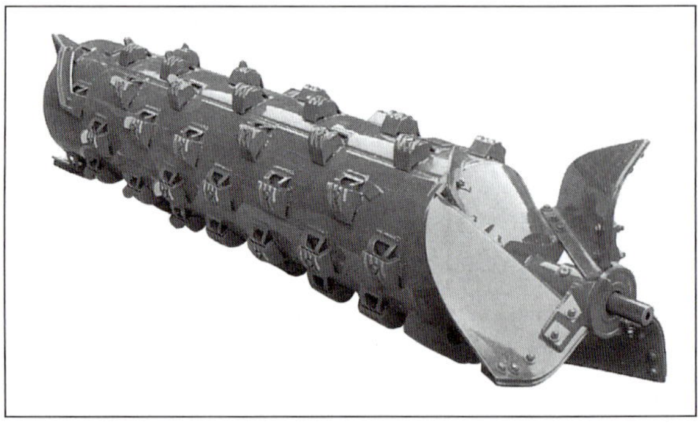

5 Abscheiderotor – neuere Bauart

Übungen

1. Beschreiben Sie anhand von Unterlagen, die im Ausbildungsbetrieb verfügbar sind, den Aufbau und die Arbeitsweise eines selbst ausgewählten Mähdreschers.
2. Beschreiben Sie die Kraftübertragung vom Antriebsmotor bis zu den Schneid-, Dresch- und Fahraggregaten des gewählten Mähdreschers. Welche Übertragungselemente (Ketten, Riemen, Hydraulik) werden dazu eingesetzt?
3. Wie erfolgt die Betätigung der wesentlichen Bedienungselemente des gewählten Mähdreschers?
4. Wie erfolgt die Drehzahlregulierung der Haspel, des Dreschwerks, des Gebläses und des Fahrantriebs des gewählten Mähdreschers?
5. Welche Wartungs- und Einstellarbeiten sind bei dem ausgewählten Mähdrescher erforderlich?

7.2.6 Feldhäcksler

Bild 1 zeigt die wesentlichen Bauelemente eines selbstfahrenden **Trommelfeldhäckslers**, die folgenden Baugruppen zugeordnet werden können:

I. Vorsatzgeräte
1 Schnellverschluss für Vorsatzgeräte

II. Häckseleinrichtung
2 Vorpressorgane mit 2 Vorpress- und 3 Einzugswalzen
3 Kunststoffeinzugswalze mit Metalldetektor
4 Abschaltkupplung für Metalldetektor
5 Kombiniertes Schalt- und Reversiergetriebe
6 Schalthebel für Einzugsgeschwindigkeiten
7 Schalthebel für 2 Zapfwellengeschwindigkeiten
8 Versorgungsleitung für Reversierschaltung und Metalldetektor
9 Trennmöglichkeit für Einzugskanal
10 Gussblock als Unterlage für Gegenschneide
11 Zweiseitig verwendbare Gegenschneide
12 Messertrommel
13 Trommelantrieb mit Verbundkeilriemen
14 hydraulische Schleifeinrichtung
15 Nachstellschraube für Trommelboden

1 Bauteile eines selbstfahrenden Trommelfeldhäckslers

III. Auswurf Häckselgut
16 Antrieb für Auswurfbeschleuniger
17 Antrieb der Trommel zum Schleifen
18 Hydraulisch schwenkbarer Auswurfkrümmer
19 auswechselbare Verschleißplatten
20 hydraulisch einstellbare Auswurfklappe

IV. Motor und Antrieb
21 Dieselmotor
22 Luftfilter
23 Kraftstofftank
24 Antriebsachse mit großer Bereifung
25 Lenkräder mit hydraulischer Lenkung

V. Bedienung
26 Kabine
27 Frischluftgebläse und Heizung
28 Lenksäule mit Zentralinformator
29 Bedienungs- und Kontrollpult

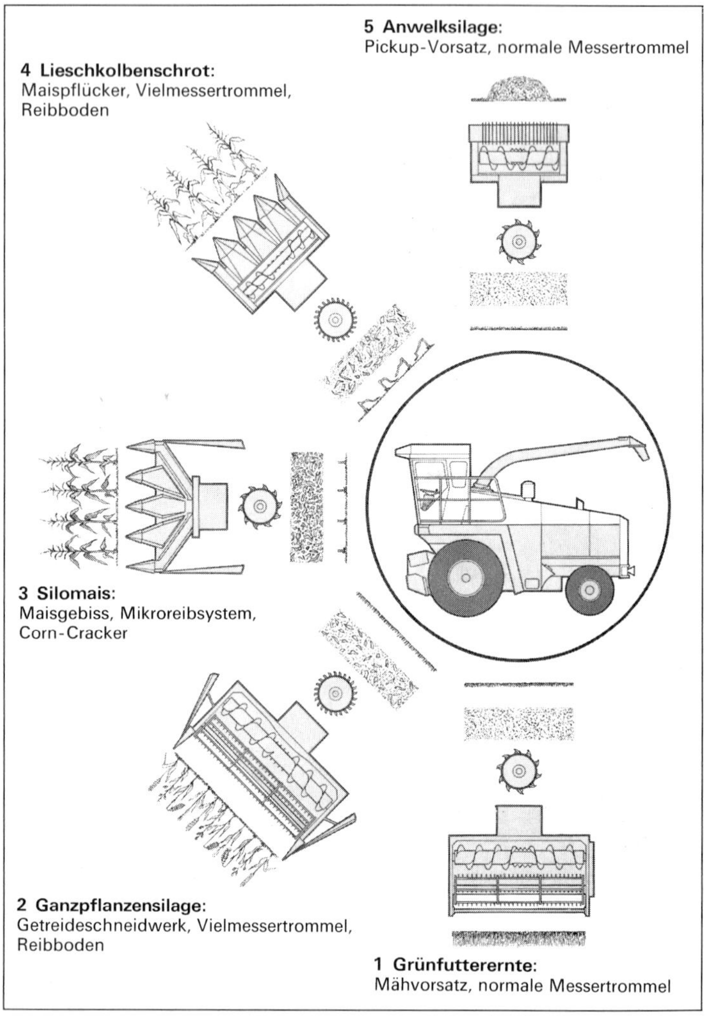

1 Erntevorsätze

Feldhäcksler mähen oder sammeln das Erntegut. Anschließend häckseln sie es und befördern es im Luftstrom auf ein Transportfahrzeug. Da bei dieser Arbeit bereits schüttfähiges Erntegut (Häcksel) auf dem Feld erzeugt wird, spricht man bei diesem Verfahren auch von einer Kurzgut- oder Häckselkette.

Bei der Weiterentwicklung des Feldhäckslers als Ernte- und Futteraufbereitungsmaschine spielen Forderungen der Landwirtschaft nach kürzesten Häcksellängen, vollständiger Verschrotung (Kornzerkleinerung) und die Vollmechanisierung der Arbeitskette eine wichtige Rolle. Die Angebotspalette reicht von einreihigen, nur für die Silomaisernte einsetzbaren Anbauhäckslern, bis zu mehrreihigen Selbstfahrern, die für die Gras- und Maisernte eingesetzt werden können.

Das vom Vorsatzgerät (Bild 1) geschnittene bzw. aufgenommene Erntegut wird zwischen den Einzugs- und Vorpresswalzen zu einem fortlaufenden Strang verdichtet und vor die Schneidtrommel geschoben. Mit Hilfe der am Trommelumfang angebrachten Messer (bis zu 12 Stück) und der Gegenschneide wird das Erntegut zerkleinert.

Die dabei erzielte Schnittlänge wird bestimmt durch die Zuführgeschwindigkeit, die Anzahl der Messer und durch die Drehzahl der Trommel. Um einen glatten Schnitt zu erzielen, müssen die Messer in regelmäßigen Abständen mit der eingebauten Schleifvorrichtung nachgeschliffen werden.

Da versehentlich aufgenommene Metallteile zur Beschädigung der Messertrommel führen, verfügen selbstfahrende, aber auch gezogene Feldhäcksler über **Metalldetektoren**, die für ein Abschalten der Maschine sorgen, wenn Fremdkörper in den Einzugskanal gelangen. Bei größeren Maschinen können diese dann mit Hilfe der Reversiereinrichtung zum Vorsatzgerät befördert und entfernt werden.

Der Schneidtrommel können zur besseren Futteraufbereitung, insbesondere beim Maisdrusch, Quetschwalzen oder Reibeinrichtungen (Bild 1, Seite 239) nachgeschaltet werden.

Von der Schneidtrommel wird das Erntegut, unterstützt durch Auswurfbeschleuniger oder Gebläse, durch den Auswurfkrümmer auf mitfahrende Transportfahrzeuge befördert.

Der Antrieb der drehenden Bauteile des Feldhäckslers erfolgt vom eingebauten Dieselmotor über Getriebe, Ketten und Riemen. Da der Motor wegen der erforderlichen Antriebsleistung immer mit Nenndrehzahl laufen muss, werden die im Kap. 7.2.5.2 bereits beschriebenen Möglichkeiten der Drehzahlregelung für den Fahrantrieb und der Häckselorgane eingesetzt.

Die zur Bedienung bzw. Überwachung eingesetzten hydraulischen und elektrisch/elektronischen Bauteile werden in den entsprechenden Kapiteln näher erläutert.

Bei **Scheibenradfeldhäckslern** (Bild 2, Seite 239) übernimmt eine vertikal zur Fahrtrichtung rotierende Scheibe, auf der speichenartig und schräg versetzt Häckselmesser angeschraubt sind, das Schneiden des Erntegutes. Die am Scheibenumfang angebrachten Wurfschaufeln befördern das Erntegut durch den Auswurfkrümmer auf mitfahrende Transportfahrzeuge.

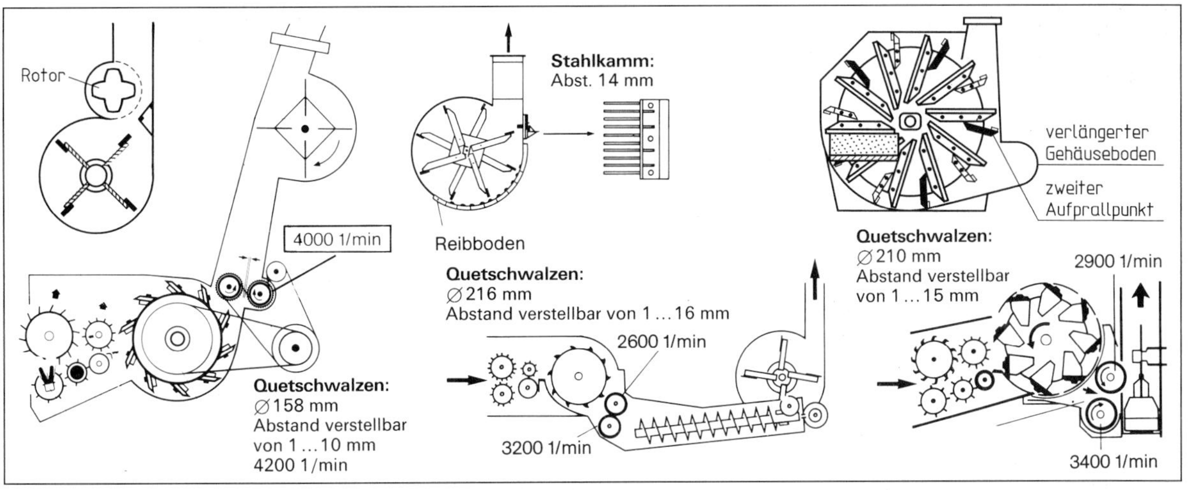

1 Körnerzerkleinerung

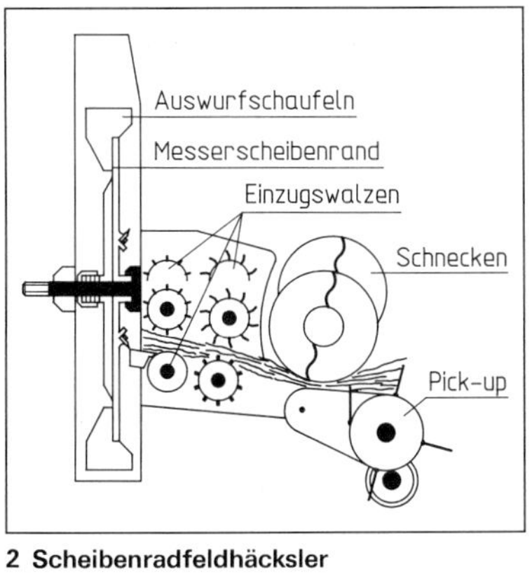

2 Scheibenradfeldhäcksler

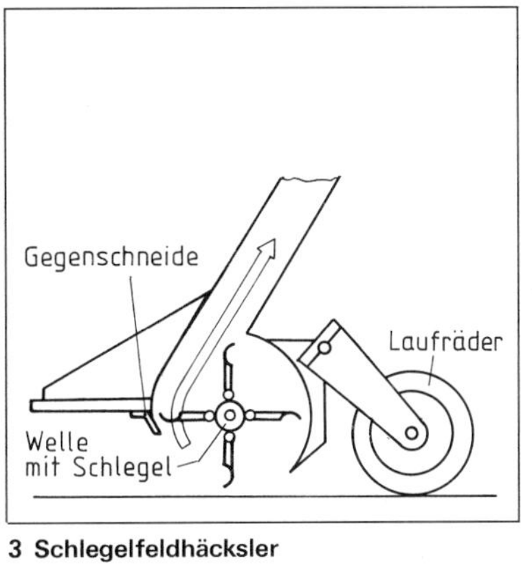

3 Schlegelfeldhäcksler

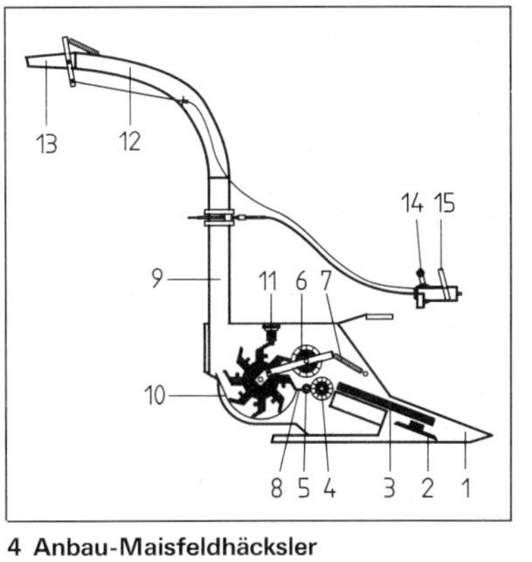

4 Anbau-Maisfeldhäcksler

Die bisher beschriebenen Feldhäcksler werden als **Exakthäcksler** bezeichnet. Diese verfügen über getrennte Aufnahme und Häckselorgane. Außerdem kann die Häcksellänge verändert werden.

Schlegelfeldhäcksler (Bild 3) mähen und häckseln das Erntegut mit pendelnd an einem Rotor angebauten Schlegeln. Anschließend wird dieses über ein Auswurfrohr auf einen Transportwagen befördert. Die Häcksellänge ist ungleichmäßig und kann nicht verändert werden. Der Antrieb des Rotors erfolgt über die Zapfwelle des Schleppers.

Nach der Antriebs- und Anbauart können Feldhäcksler in folgende Baugruppen unterteilt werden:

- selbstfahrende Feldhäcksler,
- Anhängemaschinen,
- Anbaumaschinen für kombinierten Heck- und Seitenanbau, Frontanbau.

Übungen

1. Geben Sie in tabellarischer Form die Bezeichnung und die Aufgabe bzw. Funktion der in Bild 4 gekennzeichneten Bauteile eines Anbau-Maisfeldhäckslers an.
2. Beschreiben Sie die Arbeitsweise der in Bild 4 dargestellten Maschine.
3. Beschreiben Sie anhand von Unterlagen, die im Ausbildungsbetrieb verfügbar sind, den Aufbau und die Arbeitsweise eines selbst ausgewählten Feldhäckslers.
4. Beschreiben Sie die Kraftübertragung vom Antrieb bis zu den Schneid- und Häckselaggregaten des gewählten Feldhäckslers. Welche Übertragungselemente (Ketten, Riemen, Hydraulik) werden dazu eingesetzt?
5. Wie erfolgt die Betätigung der wesentlichen Bedienungselemente des gewählten Feldhäckslers?
6. Wie erfolgt die Drehzahlregulierung der Häckselorgane und des Fahrantriebs des gewählten Feldhäckslers?
7. Welche Wartungs- und Einstellarbeiten sind bei dem ausgewählten Feldhäcksler erforderlich?
8. Beschreiben Sie den Schleifvorgang der Schneideinrichtungen des gewählten Feldhäckslers.

7.3 Hackfruchterntemaschinen

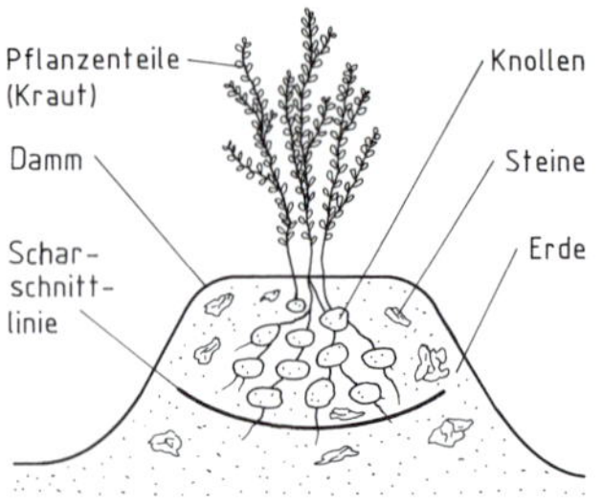

Arbeitskette Kartoffelernte
1. Kraut abschlagen/chemisch abtöten
2. Damm aufnehmen
3. Knollen aus Damm herauslösen
4. Knollen von Pflanzenteilen trennen
5. Knollen von Steinen trennen und von Erdbestandteilen reinigen
6. Knollen aufsammeln und evtl. sortieren

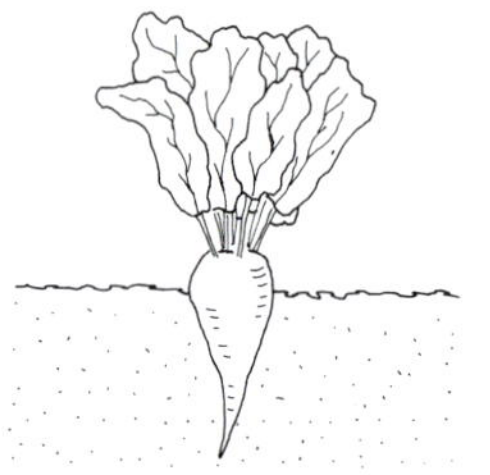

Zuckerrüben
Zuckergehalt 18%, wachsen überwiegend in der Erde

Arbeitskette Zuckerrübenernte
1. Köpfen – Entblättern der Rüben
2. Blatt fördern, ablegen bzw. aufsammeln
3. Putzen der Rübenköpfe
4. Roden der Rüben
5. Reinigen der Rüben
6. Rüben fördern, ablegen bzw. sammeln und laden

Futterrüben
Zuckergehalt 10%, wachsen über der Erde

Arbeitskette Futterrübenernte
1. Blatt heben und einklemmen, ggf. Boden lockern
2. Rüben mit Blatt aus dem Boden ziehen
3. Köpfen (entfällt bei Stoppelrüben)
4. Rüben ablegen bzw. sammeln
5. Rübenblatt ablegen bzw. sammeln

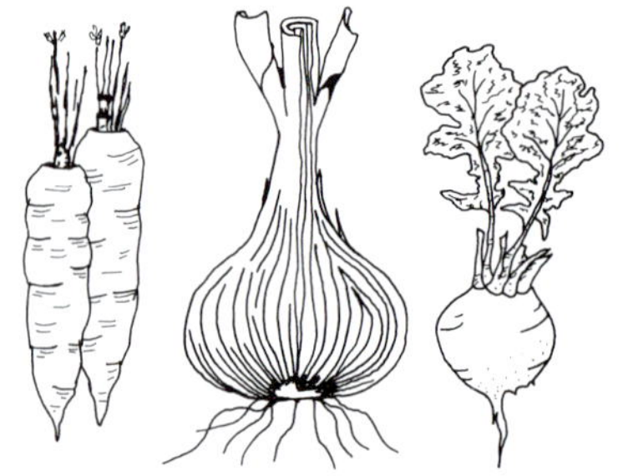

Arbeitskette Gemüseernte (z. B. Möhren)
1. Kraut heben und einklemmen
2. Boden mit Schar lockern
3. Möhre mit Kraut aus dem Boden ziehen
4. Kurz über der Frucht köpfen
5. Reinigen und von Restbeimengungen befreien
6. Möhren sammeln

1 Arbeitsketten zur Ernte verschiedener Hackfrüchte

Bei der **Hackfruchternte** sind die flach bzw. ganz im Boden sitzenden Wurzel-/Knollenfrüchte aus dem Erdreich herauszulösen, von den Pflanzen oder Blättern je nach Ernteverfahren zu trennen, zu reinigen und zu sammeln (Bild 1). Die Hauptproblematik besteht bei der Erntetechnik darin, dass teils große Mengen Erde zu bewegen sind (z. B. 30mal soviel Erde wie Kartoffeln), um die Früchte möglichst verlustlos, beschädigungsfrei und beimengenfrei zu bergen. Daher ist für jede Fruchtart eine entsprechend anders ausgestattete Erntemaschine notwendig.

Nach der Art des Erntevorganges können folgende Verfahren unterschieden werden:

Einphasige Ernteverfahren (Bild 2)
Alle Arbeitsgänge, von der Aufnahme bis zum Sammeln des Entegutes, werden von einer Maschine in einem Arbeitsgang erledigt.

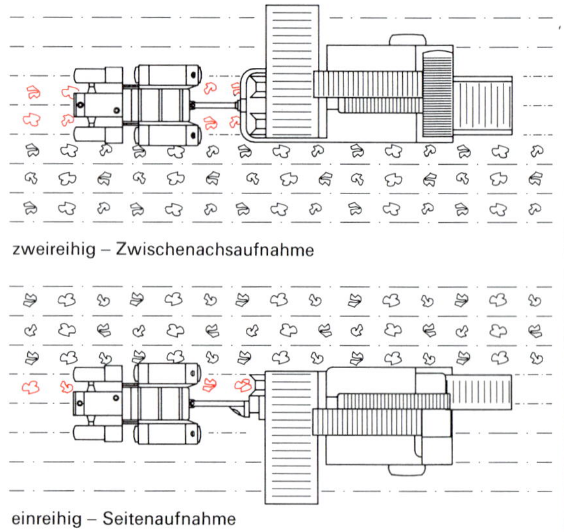

2 Einphasige Ernteverfahren

Zweiphasige Ernteverfahren (Bild 1)
Die Ernte wird in zwei Arbeitsgängen durchgeführt. Mit der ersten Maschine wird das Erntegut aufgenommen und anschließend in einem Schwad auf dem Acker abgelegt. In einem zweiten Arbeitsgang erfolgt dann das Sammeln mit entsprechenden Maschinen (Sammlern).

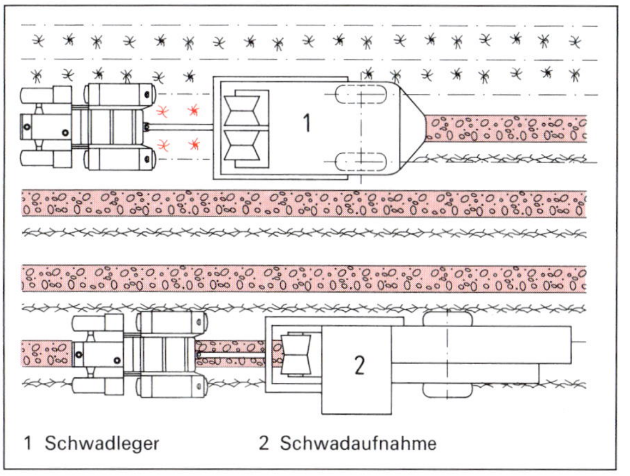

1 Zweiphasige Ernteverfahren

7.3.1 Kartoffelerntemaschinen

Bild 2 zeigt folgende wesentliche Bauteile eines einreihigen **Kartoffelsammelroders**:

1 Hydraulik-Steuergerät
2 Deichsel
3 Stützfuß
4 Dammrolle
5 Begrenzungsscheibe
6 Spatenschar
7 Siebband
8 Klopfeinrichtung für Siebband
9 Überleitwalze
10 Hubrad
11 Klopfeinrichtung für Krautband
12 Krautband
13 Trenneinrichtung
14 Beimengenband
15 Verleseband
16 Verlesestand
17 Rollbodenbunker

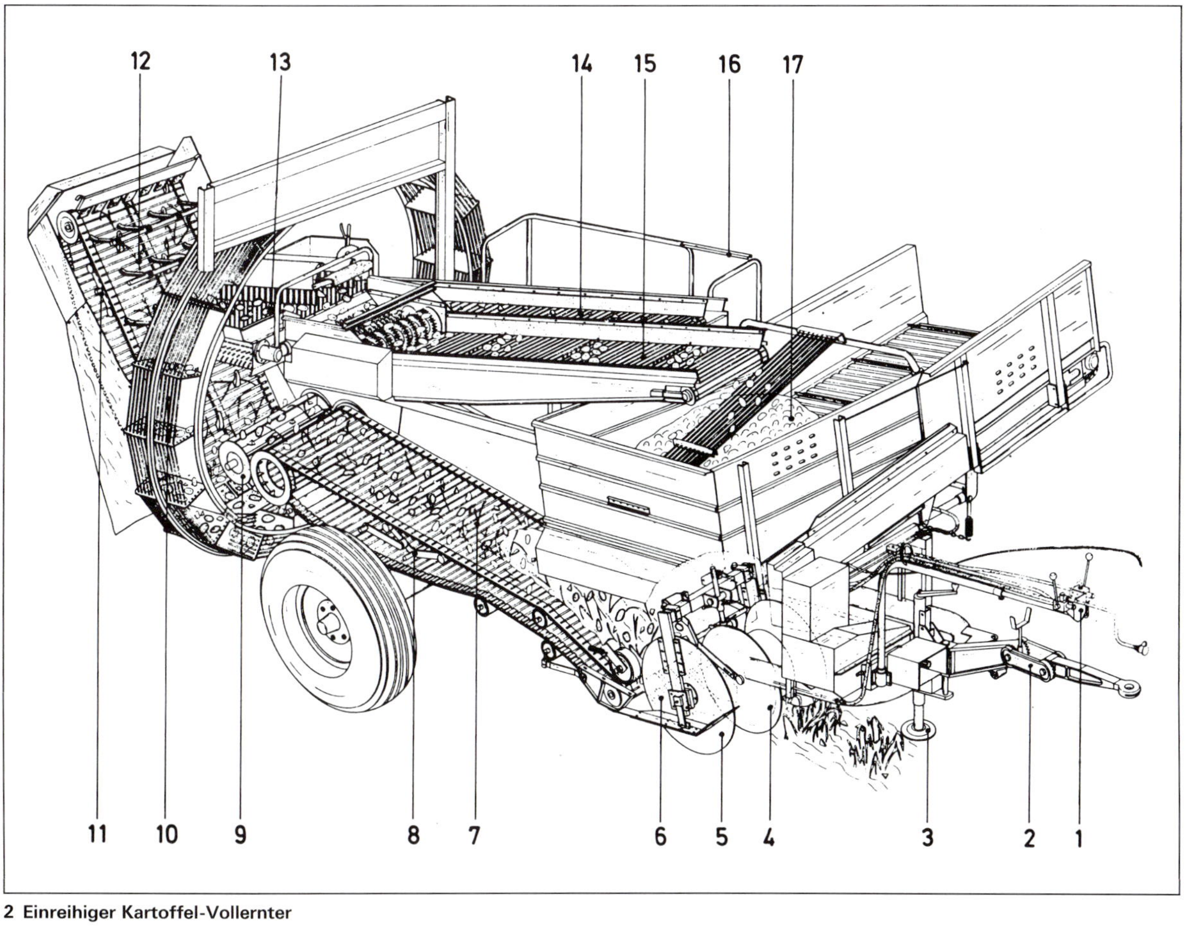

2 Einreihiger Kartoffel-Vollernter

Der Kartoffelsammelroder wird vom Schlepper angetrieben und über das Feld gezogen. Dabei nimmt das durch die Dammwalze in der Rodetiefe gesteuerte zwei- oder dreiteilige Spatenschar den durch die Schneidscheiben seitlich begrenzten Damm auf und leitet ihn auf das Siebband.

Dieses wird von der Zapfwelle des Schleppers über ein Getriebe angetrieben und hat die Aufgabe, die aufgenommene Erde abzusieben. Rüttel- und Klopfeinrichtungen oder zwei bzw. drei hintereinander angeordnete Siebketten mit Fallstufe verstärken die Siebwirkung (Bild 1, Seite 242). Veränderbare Drehzahlen der Siebkette und ein Anstiegswinkel von etwa 20°...30° sollen bewirken, dass das Erdpolster erst gegen Ende der Siebstrecke ausgesiebt ist (Bild 2). Auf diese Weise sollen Beschädigungen der Kartoffeln durch zurückrollende Knollen oder Steine eingeschränkt werden.

Die umlaufenden **Siebketten** bestehen aus Federstahlstäben, die im Abstand von 15 mm...40 mm (je nach Erntebedingungen) auf zwei oder drei Zahnriemen mit gummierten Hochnocken (Bild 3) befestigt sind.

Am Ende des Siebbandes gelangen die Kartoffeln und Pflanzenreste auf das Krautband. Dieses gleicht in seinem Aufbau dem Siebband. Jedoch sind die Federstäbe gummiummantelt (Bild 4). Außerdem befinden sich auf dem **Krautband** Mitnehmerfinger.

Auf dem Krautband erfolgt eine Trennung von Kraut und Knollen. Diese fallen zusammen mit noch vorhandenen Beimengungen (Kluten, Steine) aufgrund der Schrägstellung des Bandes in den Höhenförderer. Krautbänder verfügen ebenfalls über Klopfeinrichtungen. Je nach anfallender Krautmenge kann zur Verbesserung der Trennwirkung auch noch die Schrägstellung verändert werden.

Vom Höhenförderer (Ringelevator oder Hubrad) werden die Kartoffeln mit den Beimengungen zur Verleseebene, bestehend aus **Trennaggregat** und Verleseband, gefördert. Die Bauart der Trenneinrichtung ist abhängig vom Anteil der Steine und Kluten im Erntegut. Dabei nutzen diese Bauteile die unterschiedlichen physikalischen Eigenschaften wie Dichte, Form und Festigkeit zur Trennung.

Bild 5 zeigt ein Trennsystem, das aus einem Gumminoppenband und Walzen besteht. Das in Gegenrichtung zum Fließstrom des Erntegutes laufende Gummifingerband nimmt die schwereren Steine auf und befördert diese auf die Beimengenbahn. Kartoffeln, kleinere Kluten und Pflanzenreste gleiten auf den Walzenenterder, der für die Abtrennung von restlicher Erde und Feinkraut sorgt. Von dort gelangen die Kartoffeln über das Verleseband in den Bunker.

Beimengungen, die nicht von der Trenneinrichtung abgesondert wurden, können am Verleseband von Hand aussortiert werden. Die Wirksamkeit dieses Trennsystems lässt sich durch Veränderung der Schrägstellung des Gumminoppenbandes und des Walzenabstandes beeinflussen. Zusätzlich bringen einige Hersteller oberhalb des Gummifingerbandes noch Abstreifer (Bild 1, Seite 243) oder Bürstenbesen (Bild 3, Seite 243) an.

Die elektronische Stein- und Klutentrennung basiert auf der Erkennung der Beimengungen durch Infrarotabtastung (Bild 2, Seite 243). Das vom Sensor erzeugte Signal wird von einem Mikrocomputer ausgewertet. Dieser steuert dann Fingerreihen an, die die Kartoffeln auf das Verleseband und die Steine und Kluten auf die Beimengenbahn befördern.

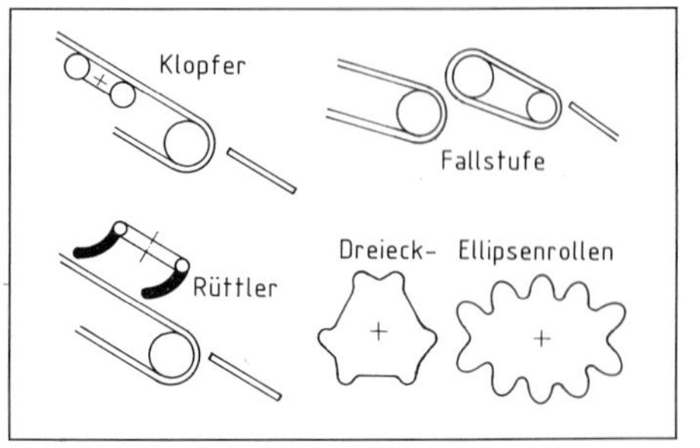

1 Absiebhilfen

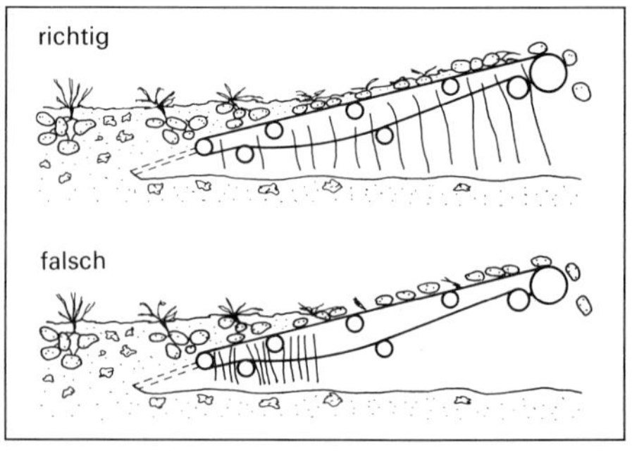

2 Erdabsiebung

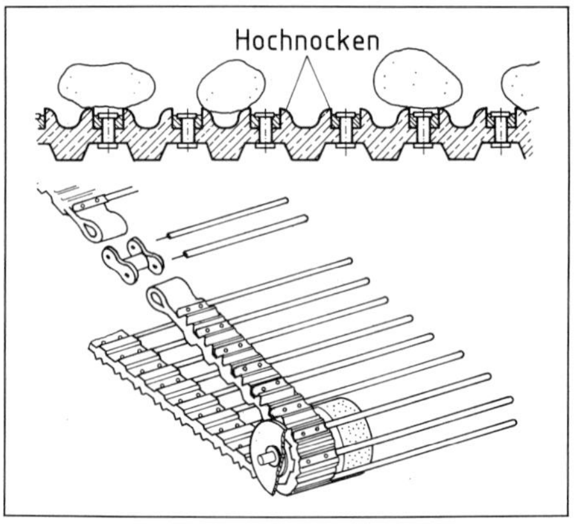

3 Siebkette

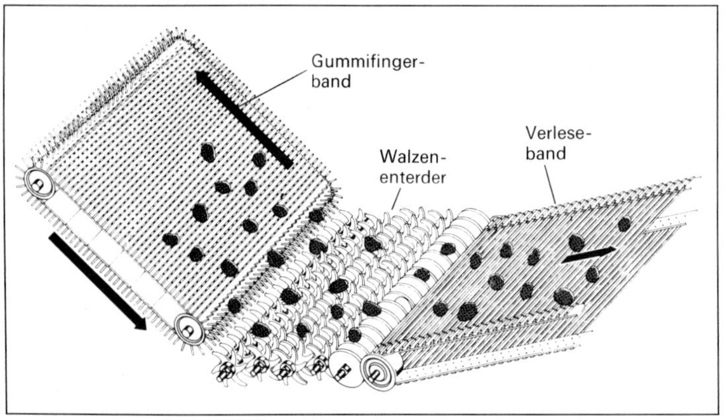

5 Trenneinrichtung

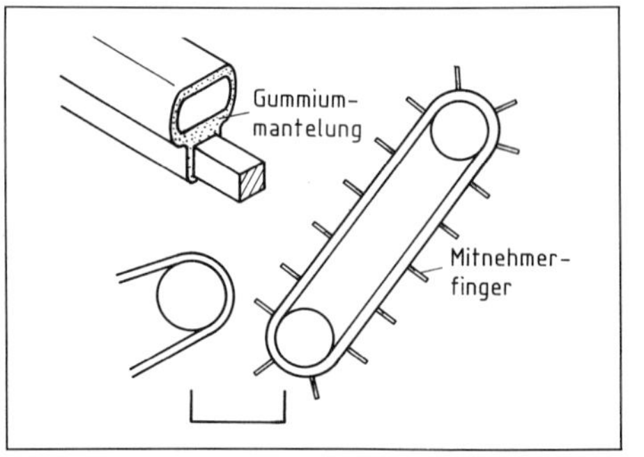

4 Krautband

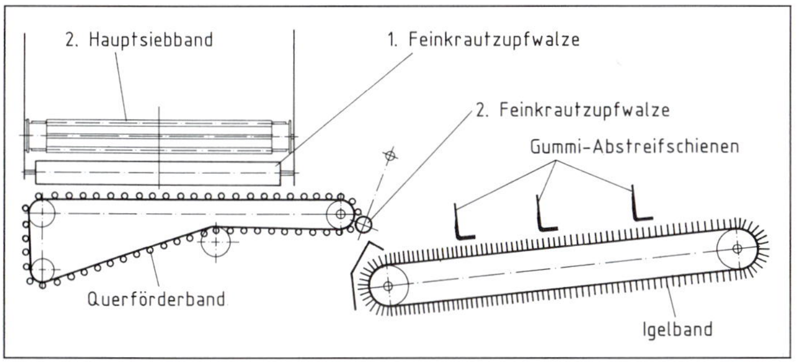

1 Trenneinrichtung mit Abstreifer

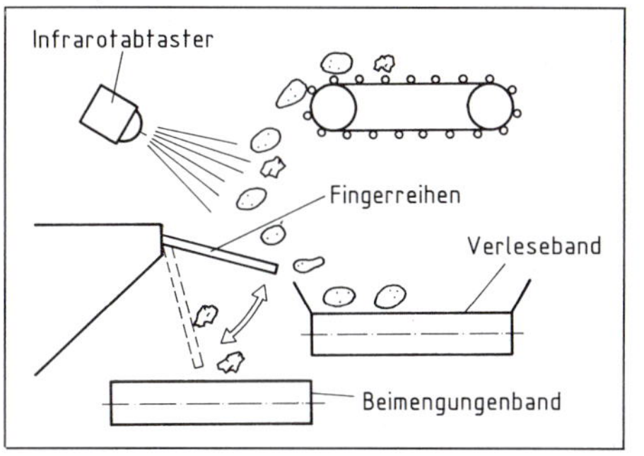

2 Elektronik-Trenngerät

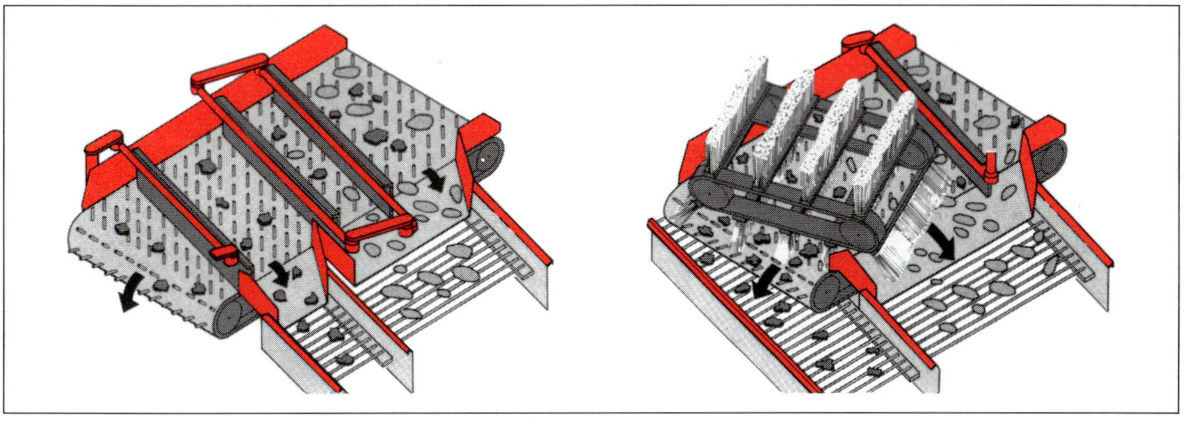
3 Trenneinrichtung mit Abstreifer oder Bürstenbesen

Von der Schlepperhydraulik oder über eine eigene Hydraulik können folgende **Maschineneinstellungen** vorgenommen werden:

- Deichsel- oder Achslenkung,
- Scharaushebung,
- Schrägstellung Krautband,
- stufenlose Verstellung der Arbeitsgeschwindigkeit der Trennorgane und des Verlesebandes,
- der Rollbodenantrieb,
- die Schrägstellung des Rollbodens.

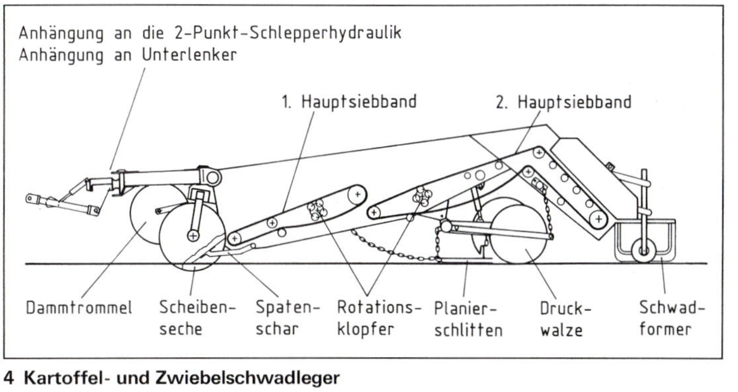

4 Kartoffel- und Zwiebelschwadleger

Übungen

1. Beschreiben Sie die Arbeitsweise des in Bild 4 dargestellten Kartoffelschwadlegers.
2. Beschreiben Sie anhand von Unterlagen, die im Ausbildungsbetrieb verfügbar sind, den Aufbau und die Arbeitsweise eines selbst gewählten Kartoffelsammelroders.
3. Beschreiben Sie die Kraftübertragung vom Antrieb bis zu den Sieb-, Trenn- und Förderorganen. Welche Übertragungselemente (Ketten, Riemen, Getriebe, Hydraulik) werden dazu eingesetzt?
4. Welche Wartungs- und Einstellarbeiten sind an dem ausgewählten Kartoffelsammelroder erforderlich?

7.3.2 Zuckerrübenerntemaschinen

Aufgabe der **Zuckerrübenerntemaschinen** ist es, die Rüben am Blattansatz zu köpfen, die Rübenblätter als Futtermittel zu bergen oder zur Düngung zerkleinert auf dem Ackerboden zu verteilen und die Zuckerrüben, die bis zu 25 cm tief im Boden verwurzelt sind, aus dem Erdreich herauszulösen, zu reinigen und zu sammeln. Die Rüben müssen dabei mit der ganzen Wurzel gerodet werden, da in der Wurzelspitze ein hoher Zuckeranteil enthalten ist. Aus den Rübenköpfen (Blattansatz) ist kein kristalliner Zucker zu gewinnen.

Beim einphasigen Verfahren werden zur Zuckerrübenernte ein- oder mehrreihige **Bunkerköpfroder** (Zuckerrüben-Sammelroder) eingesetzt. Bild 1 zeigt folgende wesentliche Bauteile eines einreihigen Bunkerköpfroders:

1 Zugpendel- oder Ackerschienenanhängung
2 Lenkzylinder
3 Köpf- und Rodeaggregate in einer Reihe
4 Tastrad
5 Köpfmesser
6 Blattwischer zur Querförderung des Blattes zum Elevator oder Häcksler
7 elektrohydraulische Lenk- und Tiefenautomatik
8 Putzer
9 Rodeschar
10 Reinigungseinrichtung
11 verstellbare Leitbahnen
12 Reifen
13 Achsschenkellenkung
14 Fallstufe vom Siebstern zum Reinigungselevator
15 Bunker
16 umlaufender Rübenelevator

1 Einreihiger Bunkerköpfroder mit Radtastköpfer und Blattbergung

Der Bunkerköpfroder, dessen Köpf-, Reinigungs- und Transportorgane von der Zapfwelle des Schleppers über Getriebe, Ketten- und Riementriebe angetrieben werden, führt bei der Erntearbeit zunächst den Köpfvorgang aus. Zum Trennen von Blatt und Knolle kommen die in Bild 1 dargestellten **Köpfeinrichtungen** zum Einsatz.

Die Köpfqualität hängt wesentlich von der **Schnitthöhe** (Bild 3) ab. Ein 1 cm tieferer Schnitt bringt Masseverluste von 7%...9%, während ein entsprechend höherer Schnitt vom abnehmenden Zuckerwerk mit Schmutzabzügen bestraft wird.

Aus den dargelegten Gründen verfügen Bunkerköpfroder über **Tasträder**, die die Köpfeinrichtung passend zur Rübenhöhe führen (Bild 2). Die nachgeschalteten Putzeinrichtungen entfernen Blattreste am Rübenkopf.

Nach dem Köpfvorgang werden die Rübenblätter mit Querfördereinrichtungen und Elevatoren zum Blattbunker, zur Schwenkrutsche oder zum Häcksler befördert.

Die geköpften Rüben werden von den **Rodeorganen** (Bild 5 und Seite 246, Bilder 1 ... 3) möglichst senkrecht aus dem Boden gehoben, um Wurzelbruch wegen der Verluste (s. Bild 3) zu vermeiden.

Damit die Rodeeinrichtungen entsprechend der Rübenreihe geführt werden, besitzen Bunkerköpfroder zur Feinsteuerung entweder seitenbewegliche Polderschare mit Parallel- oder Rollenführung (Bild 3, Seite 246) oder eine Lenk- und Tiefenautomatik (Bild 4, Seite 246). Tastbügel oder -räder erfassen dabei Abweichungen und geben diese als elektrisches Signal an die Steuerung weiter. Von der Steuerung werden mittels Elektromagneten die Steuerzylinder der Deichsel und der Tiefe hydraulisch betätigt.

Um die beim Roden mit aufgenommene Erde zu entfernen, transportieren Siebsterne die Rüben zu den **Sieb- und Förderbändern** (Bilder 5 und 6, Seite 246). Die Drehzahl der genannten Einrichtungen kann mechanisch oder elektrohydraulisch den Rodebedingungen angepasst werden.

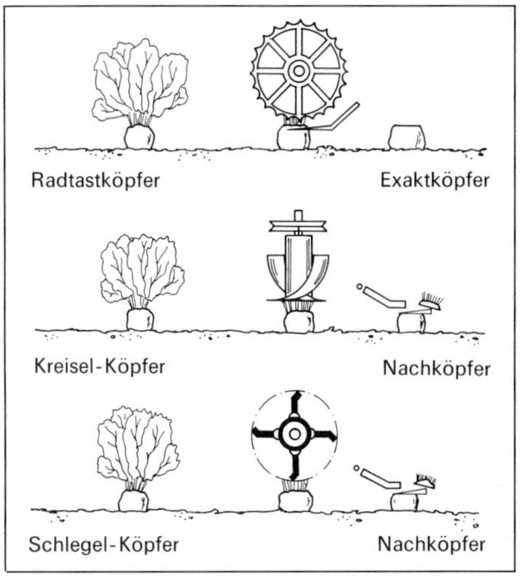

1 Köpf-Einrichtungen

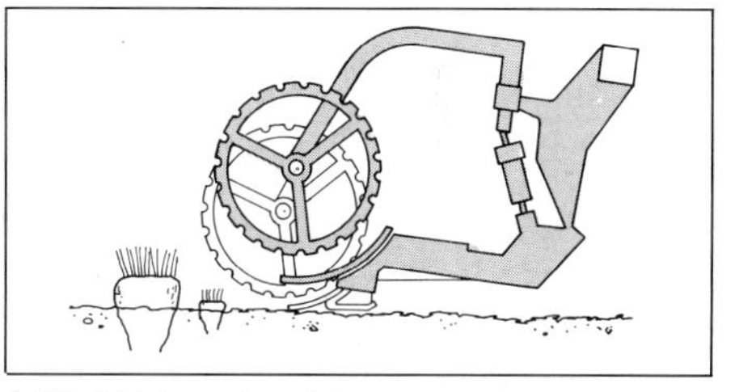

2 Köpfstärkenautomatik

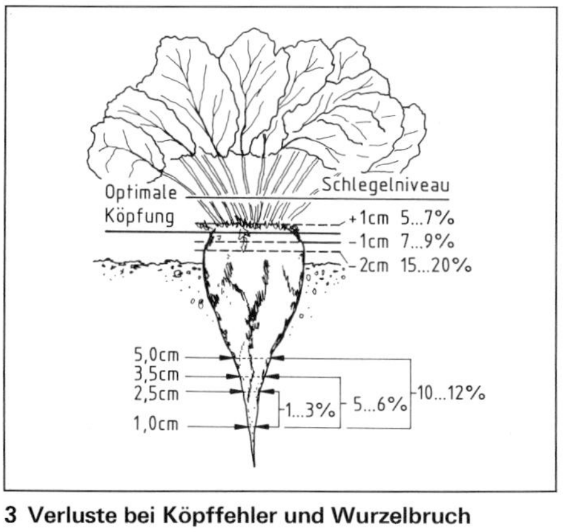

3 Verluste bei Köpffehler und Wurzelbruch

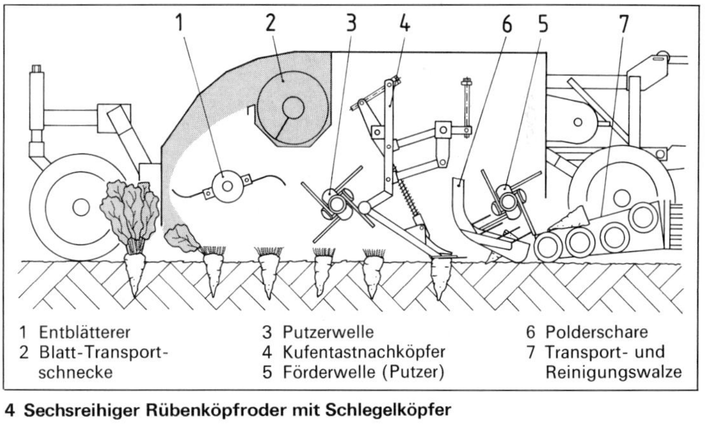

4 Sechsreihiger Rübenköpfroder mit Schlegelköpfer

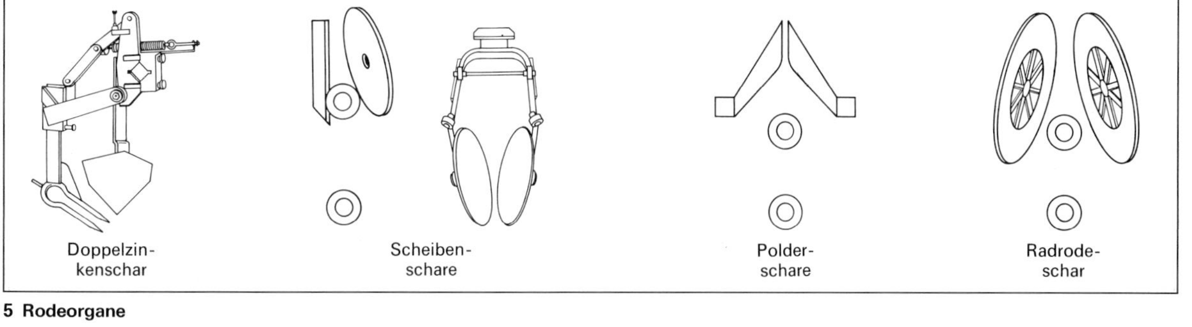

5 Rodeorgane

Lange Reinigungswege, zusätzliche verstellbare Leit- und Prallgitter, Fallstufen, Rübenbremsen mit Gummipaddel oder Gummisterne verbessern die Erdabscheidung. Dadurch ist jedoch die Gefahr der Rübenbeschädigung größer.

Am Ende des Reinigungsvorganges werden die Rüben entweder im Bunker gesammelt oder zu nebenherfahrenden Transportfahrzeugen gefördert.

Übungen

1. Beschreiben Sie die Arbeitsweise des in Bild 4, Seite 245 dargestellten 6reihigen Rübenköpfroders.
2. Beschreiben Sie anhand von Unterlagen, die im Ausbildungsbetrieb verfügbar sind, den Aufbau und die Arbeitsweise eines selbst gewählten Bunkerköpfroders.
3. Beschreiben Sie die Kraftübertragung vom Antrieb bis zu den Köpf-, Rode- und Förderorganen. Welche Übertragungselemente (Ketten, Riemen, Getriebe, Hydraulik) werden dazu eingesetzt?
4. Welche Wartungs- und Einstellarbeiten sind an dem ausgewählten Bunkerköpfroder erforderlich?

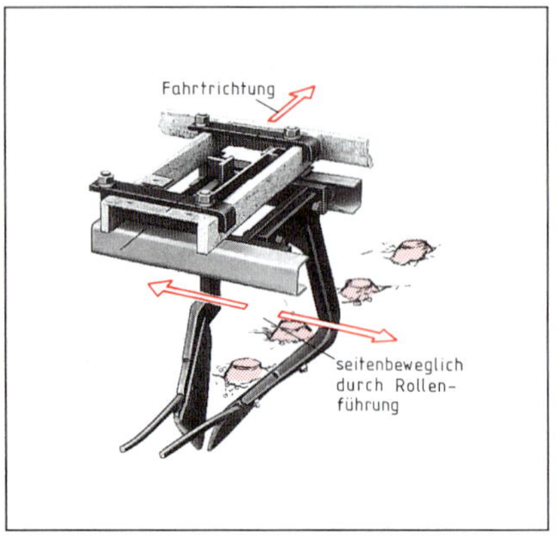

1 Selbstführendes Polderschar

2 Oppelräder

3 Polderschar mit Hubrädern

4 Lenk- und Tiefenautomatik

5 Reinigungsorgane mit Siebstern, Siebband, Walzen

6 Reinigungsorgane mit Siebrad, Rübenbremse und Elevator

7.3.3 Futterrübenerntemaschinen

Futterrüben (Massenrüben mit 10%...17% Trockenmasse) unterscheiden sich von den Zuckerrüben dadurch, dass sie zum größten Teil oberhalb des Bodens wachsen und flache Wurzeln haben. Aus diesem Grunde werden zu ihrer Ernte **Ziehmaschinen** eingesetzt, die nach dem Raufriemensystem (Bild 7 und Seite 247, Bild 1) arbeiten. Dabei führen Blattheber bzw. Reihenteiler die Rübenblätter zwischen Ziehrad und zwangsgeführten Gummiriemen, wo sie eingeklemmt werden. Die Rüben werden dabei je nach Bodenart und Sitztiefe eventuell von einem Lockerungsschar gelockert und leicht angehoben.

Während der weiteren Drehung zieht das quer zur Fahrtrichtung geneigte Ziehrad die Rüben am Blatt aus dem Boden. Bei Stoppelrüben wird dann die ganze Pflanze

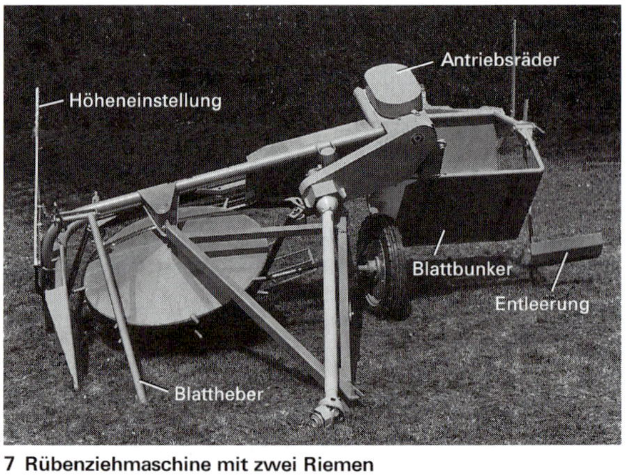

7 Rübenziehmaschine mit zwei Riemen

(Knolle und Blatt) zum Bunker transportiert, gesammelt und wenn dieser gefüllt ist, im Schwad auf dem Feld abgelegt.

Bei Runkelrüben ist eine Trennung von Blatt und Knolle erforderlich. Zu diesem Zweck kann an die Ziehriemenmaschine ein **Schneidwerk** (Bild 2) angebaut werden. Dabei wird die zwischen Ziehring und Ziehriemen eingeklemmte Rübe zwischen einem feststehenden und einem rotierenden Messer durchgeführt. Bei der Einstellung von Blattheber und Schneideinrichtungen ist bei Runkelrüben darauf zu achten, dass etwa an den Blattansatzstellen geköpft wird, da sonst durch offene Schnittstellen an den Rübenköpfen die Lagerhaltung negativ beeinträchtigt wird.

Nach dem Schneidvorgang wandern die Blätter in den **Blattbunker**. Sie werden dort gesammelt und wenn dieser gefüllt ist, als Schwad auf dem Feld abgelegt. Die geköpften Rüben werden gegebenenfalls über eine kurze Reinigungsstrecke geleitet und anschließend über einen Elevator in den Bunker (Bunkerroder, Bild 3) oder auf nebenherfahrende Wagen (Wagenroder) gefördert bzw. im Schwad abgelegt.

Der **Antrieb** der Ziehmaschinen erfolgt von der Zapfwelle des Schleppers. Dabei muss darauf geachtet werden, dass die Umfangsgeschwindigkeit des Ziehrades und des Ziehriemens annähernd der Fahrgeschwindigkeit entsprechen, damit es zu einem kontinuierlichen Zieh- und Fördervorgang kommt.

Die Arbeitsqualität der beschriebenen Futterrübenerntemaschinen ist stark von der Blattmasse, der Blatthaltung, dem Rübenwuchs, der Rübenform und dem Sitz der Rüben im Boden abhängig.

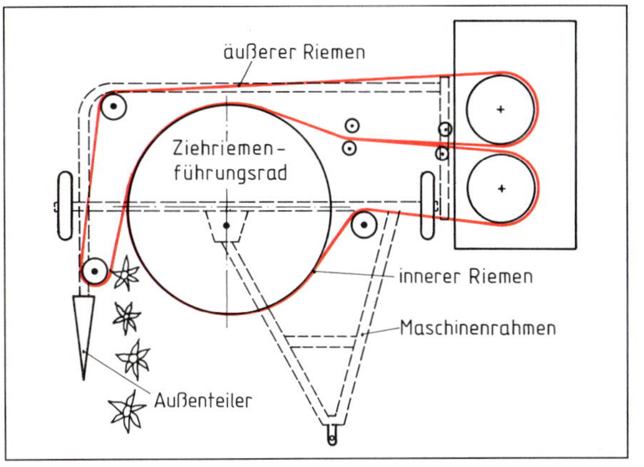

1 Schema zur Maschine mit zwei Riemen

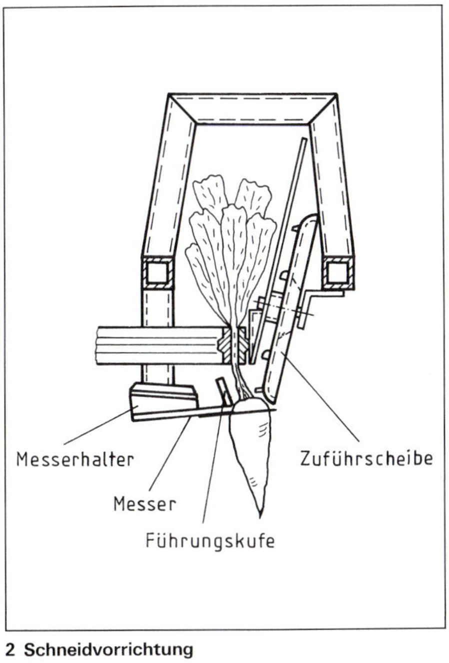

2 Schneidvorrichtung

1 Fahrgestell
2 Fahrgestell-Antrieb
3 Ziehgerätrahmen
4 Ziehriemenführungsrad
5 Förderband
6 Rübenbunker
7 äußerer Ziehriemen
8 Innenteiler
9 Außenteiler

3 Rübenvollernter (Bunkerroder)

Übungen

1. Begründen Sie die Aussage, dass die Arbeitsqualität der beschriebenen Futterrübenerntemaschinen stark von der Blattmasse, der Blatthaltung, dem Rübenwuchs, der Rübenform und dem Sitz der Rüben im Boden abhängig ist.
2. Beschreiben Sie anhand von Unterlagen, die im Ausbildungsbetrieb verfügbar sind, den Aufbau und die Arbeitsweise einer selbst gewählten Futterrübenerntemaschine.
3. Welche Wartungs- und Einstellarbeiten sind an dieser Futterrübenerntemaschine erforderlich?

8 Anlagen der Hofwirtschaft

8.1 Melkanlagen

Bild 1 zeigt einen Anbindestall mit einer Rohrmelkanlage.

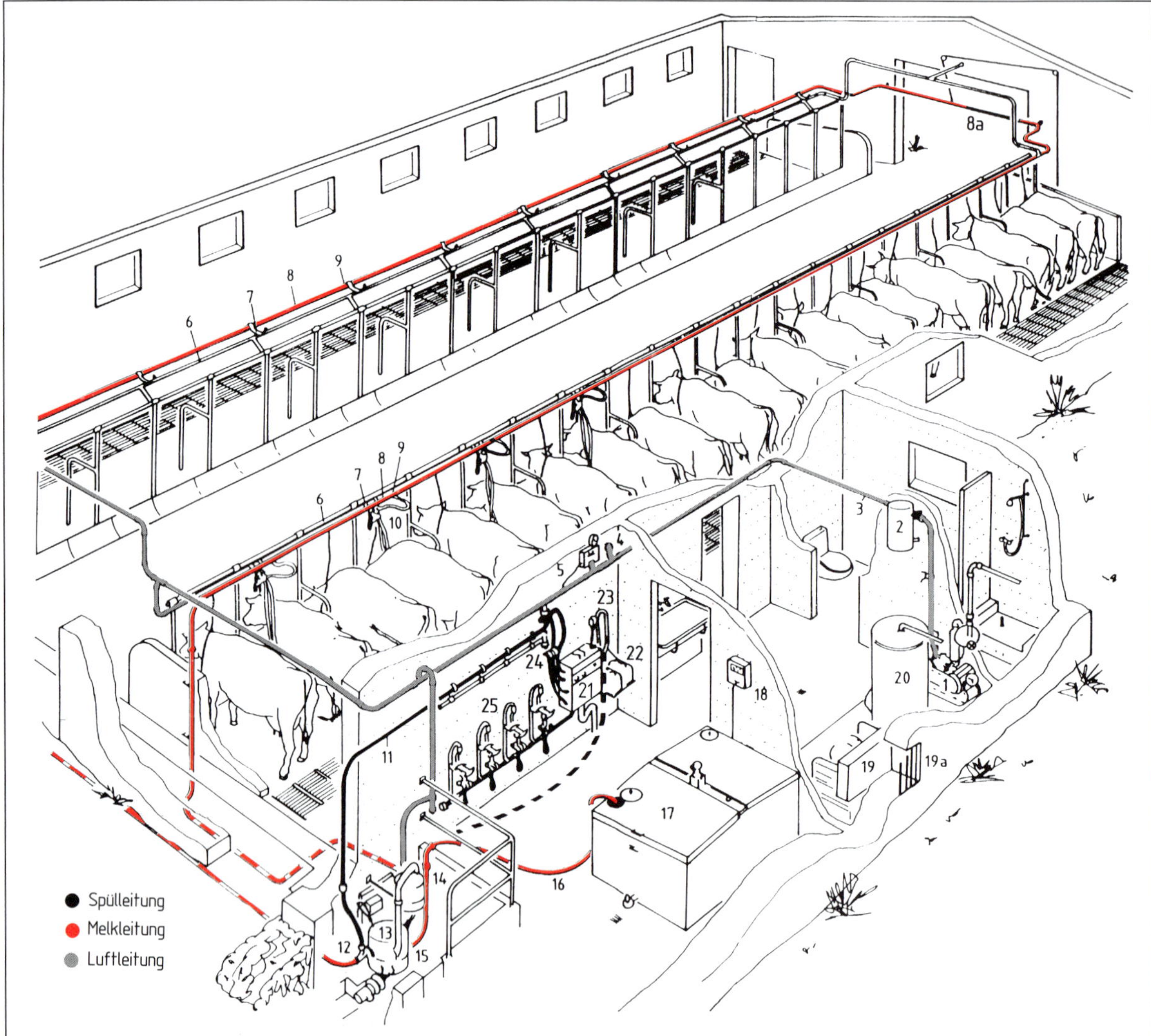

1 Maschinensatz
2 Vakuum-Ausgleichsbehälter
3 Luftleitung
4 Anschluss für Vaku-Testgerät (Messstutzen)
5 Vakuumventil mit Vakuummeter
6 Luftleitung
7 Luftanschluss
8 Melkleitung
8a Schwenkbrücke
9 Milchrohrschieber
10 Melkeinheiten
11 Spülleitung
12 Scheibenventil
13 Pumpenmilchschleuse
14 Druckfilter
15 Ablassvorrichtung
16 Druckschlauch
17 Milchkühlwanne
18 Steuerschrank für Milchkühlanlage
19 Kälteaggregat
19a Lüftungsöffnung
20 Wärmerückgewinnungsanlage
21 Spülautomaten
22 Behälter für Spülmittel
23 Wasseranschluss
24 Endschalter
25 Melkzeugaufnahme

1 Anbindestall mit Rohrmelkanlage

Der Maschinensatz (1) erzeugt in der Luftleitung (3) ein Vakuum (Unterdruck), das die Voraussetzung für den Milchentzug beim Tier ist. Als Unterdruckspeicher und zur Dämpfung von Unterdruckschwankungen dient der Ausgleichsbehälter (2), der über die Luftleitung (3) mit den einzelnen Melkeinheiten (10) in Verbindung steht. Das Vakuumventil (5) regelt den Unterdruck in der Luftleitung (3), d.h. es hält ihn in einem bestimmten Bereich – unabhängig vom Luftdurchsatz – auf gleicher Höhe. Über einen Messstutzen kann das korrekte Arbeiten des Vakuumventils mit Messgeräten überprüft werden. Die Luftleitung (6) führt über den Luftanschluss (7) zu den Pulsatoren, die die Melkzeuge abwechselnd unter Unterdruck oder atmosphärischen Druck setzen. Die ermolkene Milch wird über die Melkleitung (8), in die zum Erreichen der notwendigen Durchfahrtshöhe eine Schwenkbrücke

(8a) eingebaut sein kann, in die Pumpenmilchschleuse (13) geführt. Ist diese mit Milch gefüllt, wird eine Pumpe eingeschaltet, die die Milch durch einen Schlauch (16) in die Milchkühlwanne (17) fördert. Dort wird die Milch mit Hilfe eines Kälteaggregats (19) auf Lagertemperatur (ca. 4 °C) heruntergekühlt, ein Steuerschrank (18) enthält die zugehörigen elektrischen Einrichtungen. Gegebenenfalls kann die Wärme aus der Milch von einer Wärmerückgewinnungsanlage (20) genutzt werden, z. B. zum Anwärmen des Wassers für den Spülautomaten (21). Er steuert die Spülung der Leitungen und Melkzeuge nach Abschluss des Melkvorgangs. Dem Wasser, das über die Anschlüsse (23) zugeführt wird, setzt man dabei aus Behältern (22) ein Spülmittel zu. Während des Spülvorgangs werden die Melkzeuge in eine Melkzeugaufnahme (25) eingehängt.

8.1.1 Maschinensatz

Bild 1 zeigt die schematische Darstellung eines Maschinensatzes mit Vakuum-Regelventil. Eine Vakuumpumpe wird von einem Elektromotor angetrieben. Sie saugt Luft aus der Luftleitung über den Ausgleichsbehälter ab und drückt sie über den Schalldämpfer und den Ölabscheider in die Atmosphäre.

In ein senkrechtes Rohrleitungsstück, das Ausgleichsbehälter und Luftleitung verbindet, ist eine Isoliermuffe eingebaut, die den Übergang eines elektrischen Fehlerstroms auf die übrigen Teile der Melkanlage und damit eine Gefährdung der Menschen und Tiere verhindert. Der Rohrabstand innerhalb der Isoliermuffe muss nach Vorschrift 200 mm betragen.

8.1.2 Vakuum-Regelventil

Gleichbleibende Werte des vorgegebenen Unterdrucks in der Luftleitung ist eine wichtige Voraussetzung für die einwandfreie Funktion der Melkanlage. Nachdem gewichtskraft- oder federbelastete Vakuumventile diese Aufgabe auf Dauer unbefriedigend erfüllten, werden heute fast ausschließlich vorgesteuerte Ventile verwendet.

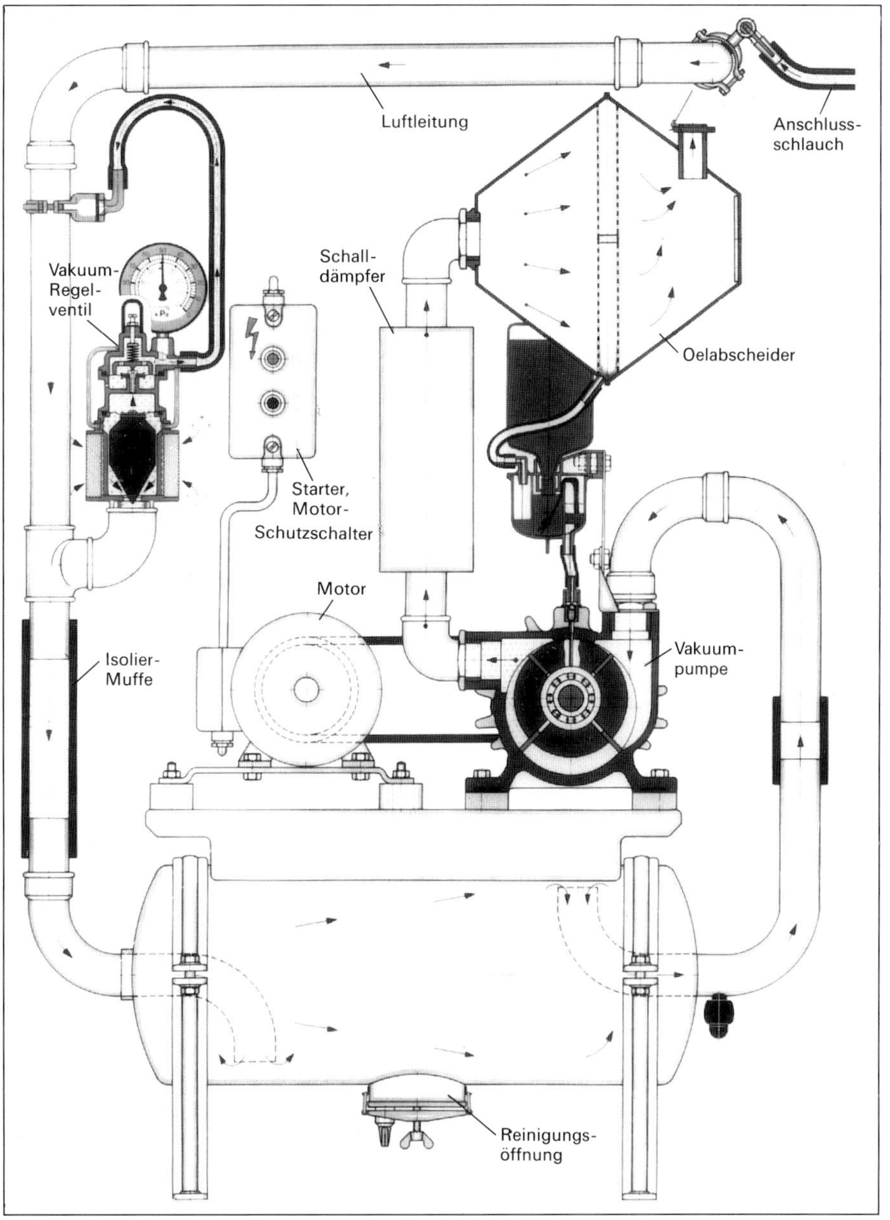

1 Maschinensatz einer Melkanlage

Bild 1 zeigt ein Vakuumventil dieser Bauart. In einem Abstand von 200 mm...400 mm vom T-Stück ist der Steuerschlauch über eine Anbohrschelle mit der Luftleitung verbunden. Er führt zur oberen Ventilkammer des Vakuumregelventils. In ihr befindet sich die Ventilkappe, die durch eine Feder belastet ist. Mit einer Einstellschraube kann die Vorspannung der Feder verändert und damit der gewünschte Wert des Unterdrucks eingestellt werden. Zur Kontrolle dient das Vakuummeter.

Auf der Unterseite der Ventilkappe befindet sich ein kleiner Ventilkegel, der gegen einen Sitz in der Ventilschraube abdichtet. Beide bilden das Zwischenventil. Die Ventilschraube ist in der Flachmembrane angeordnet, die die obere und die untere Ventilkammer voneinander trennt. Die Bohrung der Ventilschraube mündet in die Zwischenkammer. An der unteren Membrane ist der Ventilkegel befestigt, der gegen einen Sitz in der Ventilbohrung abdichtet. Eine Düse in der unteren Membrane ermöglicht kontrollierten Lufteintritt in die Zwischenkammer.

Läuft die Vakuumpumpe an, so sinkt zunächst der Druck in der oberen Ventilkammer ab. Die Flachmembran (an deren Unterseite herrscht atmosphärischer Druck) hebt die Ventilkappe an und öffnet damit das Zwischenventil. In der Zwischenkammer entsteht ebenfalls ein Unterdruck, der Ventilkegel wird angehoben. Umgebungsluft kann über den geöffneten Kegelsitz der Ventilbohrung in die Luftleitung strömen.

Damit die untere Membrane mit dem Ventilkegel nicht zu weit angehoben werden kann, wurde die Möglichkeit vorgesehen, kontrolliert durch die Düse in der unteren Membrane Luft in die Zwischenkammer einströmen zu lassen.

Mit zunehmendem Unterdruck in der Luftleitung wird die Ventilbohrung weiter geöffnet, es strömt mehr Luft aus der Atmosphäre in die Luftleitung ein. Dadurch wird der Unterdruck verringert. Die Folge ist ein Regelvorgang zum Schließen der Ventilbohrung. In der Praxis stellt sich ein Gleichgewichtszustand ein.

Ändert sich der Durchsatz in der Luftleitung, z. B. durch An- oder Abhängen von Melkzeugen, so reagiert das Vakuum-Regelventil kurzfristig.

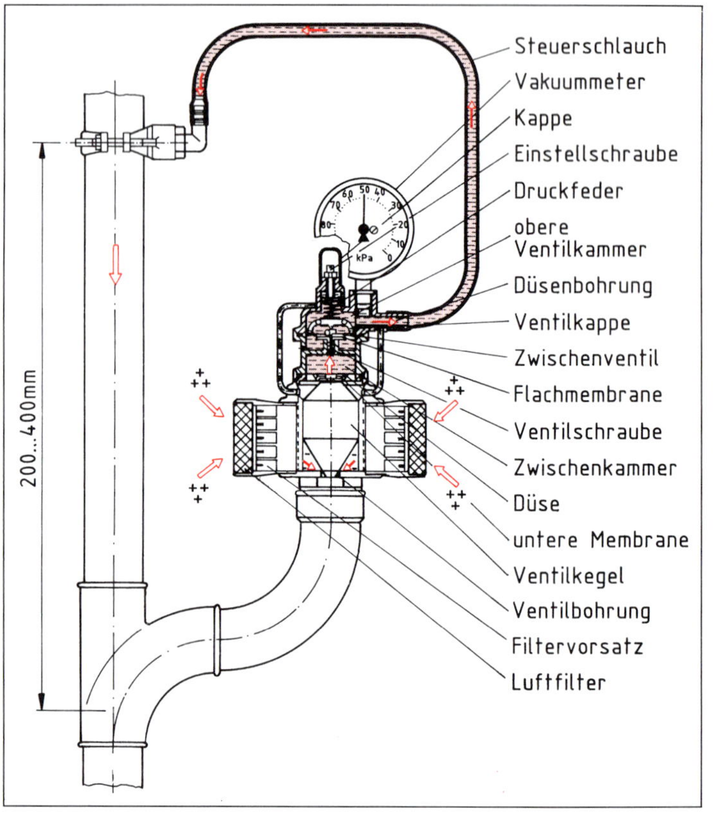

1 Vakuum-Regelventil

8.1.3 Melkzeuge

Beim maschinellen Milchentzug wird die Milch durch eine Druckdifferenz zwischen Euterinnendruck und Melkvakuum aus der Zitze herausgesaugt (Bild 2).

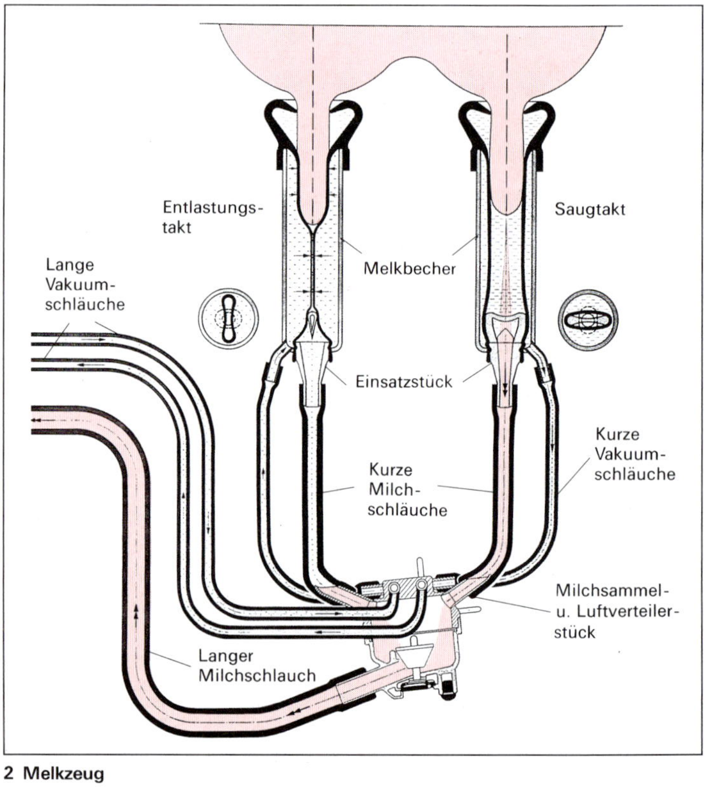

2 Melkzeug

Die Zitze wird dabei von einem Zitzengummi umschlossen, das sich in einem Melkbecher befindet. Der Raum zwischen Zitzengummi und Melkbecher wird als Pulsraum bezeichnet. Der Pulsraum wird abwechselnd entlüftet (Vakuum) und belüftet (atmosphärischer Druck), wodurch das Zitzengummi geöffnet oder geschlossen wird. Den Vorgang des Öffnens und Schließens des Zitzengummis nennt man **Pulszyklus.**

Zur Steuerung der Pulszyklen werden pneumatische oder elektronische Pulsatoren verwendet. Den Ablauf eines Pulszyklus, d.h. die Änderung des Vakuums (Unterdrucks) über der Zeit nach DIN ISO 3918 zeigt Bild 1.

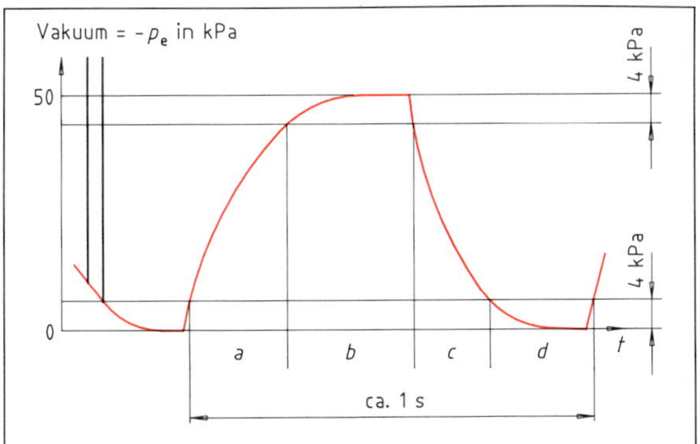

p_e atmosphärische Druckdifferenz
$p_e > 0$: Überdruck
$p_e = 0$: atmosphärischer Druck $\triangleq$ absoluten Druck $p_{abs} = 1$ bar
$p_e < 0$: Unterdruck **(Vakuum)**

Saugphase:	Entlastungsphase:
a Evakuierungsphase	*c* Belüftungsphase
b Vakuumphase	*d* Druckphase

1 Pulszyklus nach DIN ISO 3918

Vom Melkbecher gelangt die Milch in das Milchsammelstück.

Dort wird die Milch aus den Eutervierteln gesammelt und in die Melkleitung abgesaugt.

Der Zeitanteil der Saugphase am Pulszyklus wird wie folgt berechnet:

$$\text{Saugphase} = \frac{a+b}{a+b+c+d} \cdot 100\%$$

Man unterscheidet Melkzeuge (Bild 2)

- **mit kontinuierlichem Lufteinlass**
  Durch eine Bohrung im Milchsammelstück tritt kontinuierlich (dauernd) Luft ein. Auf einer Seite der Milchsäule befindet sich daher Unterdruck (Vakuum), auf der anderen atmosphärischer Druck. So kann die Milchsäule abgesaugt werden.
- **mit periodischem Lufteinlass**
  Seitlich am Melkbecher befindet sich ein unterdruckgesteuertes Ventil, das öffnet, wenn der Pulsraum belüftet wird und einen Lufteintritt in den Milchschlauch unterhalb des Melkbechers ermöglicht.

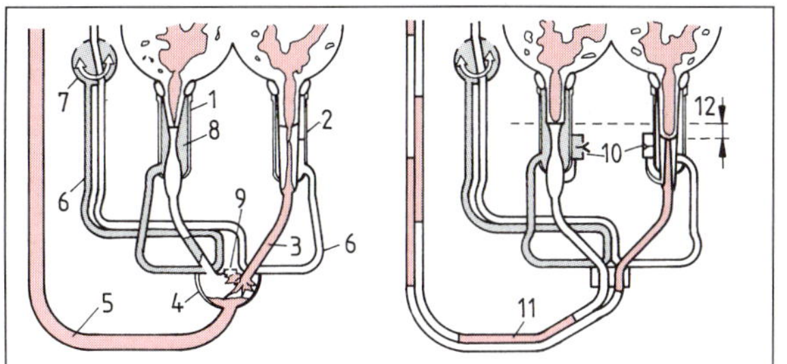

▭ **Vakuum** ▭ **Atmosphäre** ▭ **Milch**

1 Zitzenbecher
2 Zitzengummi
3 kurze Milchschläuche
4 Sammelstück
5 langer Milchschlauch
6 Pulsschläuche
7 Pulsator
8 Pulsraum
9 kontinuierlicher Lufteinlass
10 periodischer Lufteinlass
11 getrennte Ableitungswege
12 Längsbewegung der Zitze

2 Kontinuierlicher und periodischer Lufteinlass ins Melkzeug

Als Vorteile des Melkens mit periodischem Lufteinlass am Melkzeug werden genannt:

- das Vakuum in Rohrmelkanlagen kann von meist 50 kPa auf 42 kPa...44 kPa abgesenkt werden, was günstig für die Tiere ist,
- die ermolkene Milch wird ohne Gefahr des Rückflusses von den Zitzen zum Sammelstück und in den langen Milchschlauch transportiert: geringe Infektionsgefahr,
- das Vakuum unter der Spitze der Zitzen wird abgesenkt, das Zitzengewebe wird dadurch entlastet.

8.1.4 Pulsatoren

8.1.4.1 Elektronisch gesteuerte Pulsatoren

Der Einsatz moderner Melkverfahren fordert die genaue Einhaltung der Druckwechsel an den Melkzeugen. Dies wird durch den Einsatz elektronischer Steuerungen für Pulsatoren erreicht (Bild 1, Seite 252).

Die Umsteuerung von Unterdruck und atmosphärischem Druck erfolgt durch ein Wegeventil mit magnetischer Betätigung. Die Steuerimpulse liefert eine elektronische Einzelsteuerung.

Übliche Pulszyklen, d.h. Verhältnisse von Saug- zu Entlastungstakt (s. Bild 1) sind:

- bei herkömmlichen Melkanlagen 50:50
  oder 60:40
- bei Melkzeugen mit periodischem Lufteinlasss 70:30

Die Pulszahl liegt im Allgemeinen bei 60 Doppeltakten (Saug- und Entlastungstakten) pro Minute.

(Diese Werte gelten für Kühe. Für Ziegen, Schafe, Stuten usw. müssen andere Zahlen eingesetzt werden).

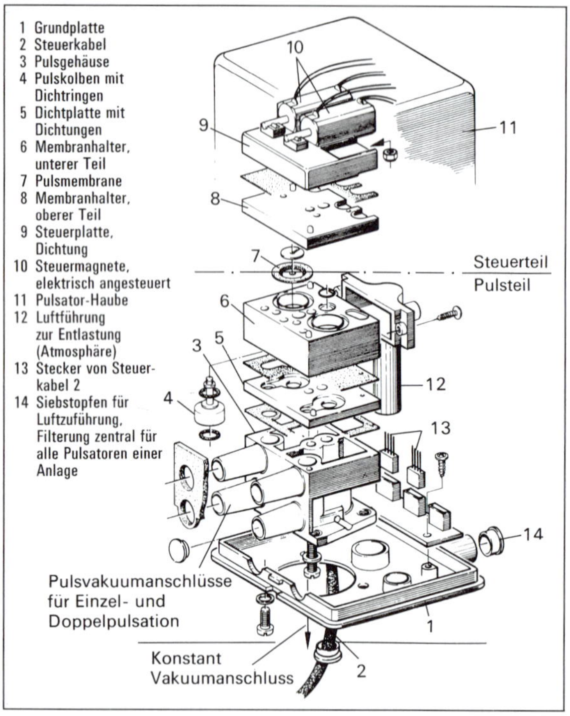

1 Elektropulsator

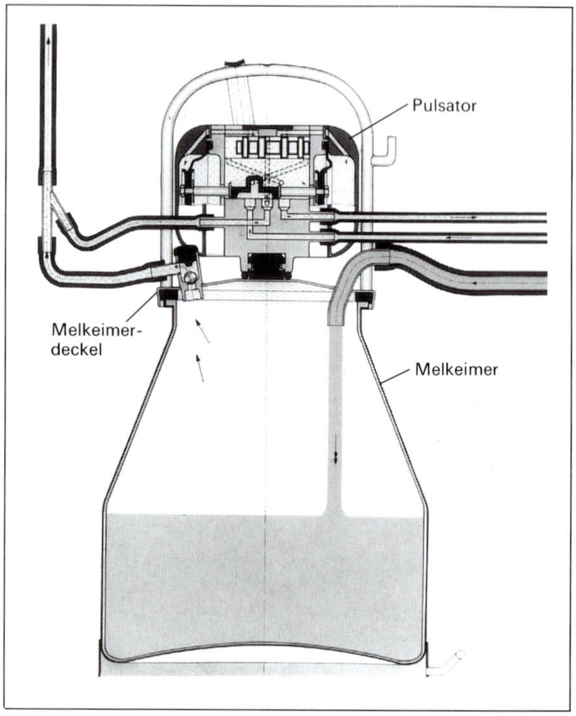

2 Eimermelkanlage

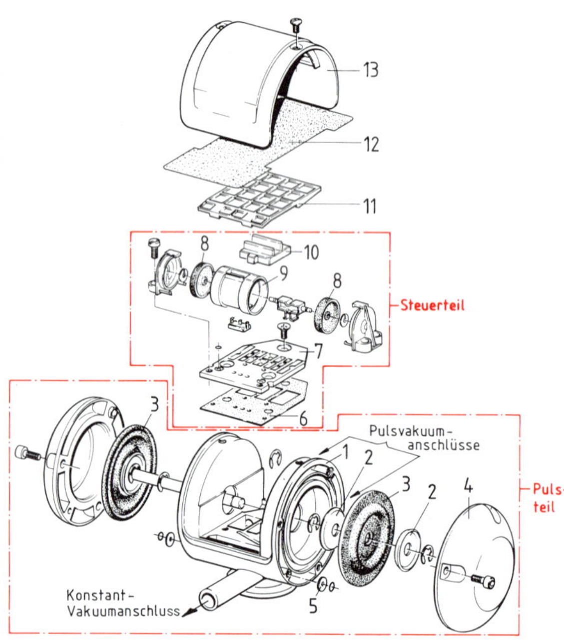

1 Pulsatorgehäuse
2 Stützscheibe
3 Pulsmembrane
4 Gehäusedeckel
5 kalibrierte Düsenscheibe (legt Pulszahl fest)
6 Dichtung
7 Schieberspiegel
8 Steuermembrane
9 Steuergehäuse
10 Steuerschieber (legt Pulsverhältnis fest)
11 Filterhalter
12 Filterscheibe
13 Schutzdeckel

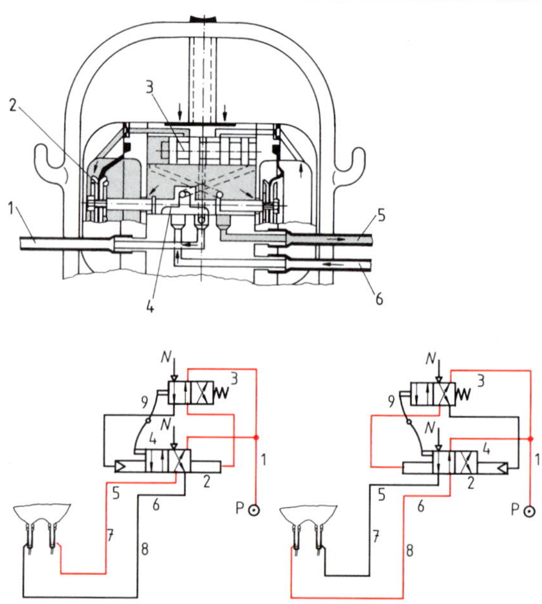

N ≙ Normaldruck, atmosphärischer Druck
P ≙ Vakuum

Zitzenbecher 7: *P*	Zitzenbecher 7: *N*
Zitzenbecher 8: *N*	Zitzenbecher 8: *P*

1 Vakuumschlauch
2 Membran
3 Steuerventil für die Membranen
4 Steuerventil des Melkzeugs
5, 6 Luftschläuche zum Melkzeug
7, 8 Zitzenbecher
9 Feder, verbindet Steuerventil für Membranen (3) und Steuerventil des Melkzeugs (4)

3 Unterdruckgesteuerter Pulsator einer Melkanlage

8.1.4.2 Unterdruckgesteuerte Pulsatoren

In Eimermelkanlagen (Bild 2, Seite 252), teilweise auch in Rohrmelkanlagen werden unterdruckgesteuerte Pulsatoren eingesetzt. In Kammern zu beiden Seiten des Pulsators befinden sich Membranen, deren Kammern abwechselnd mit Unterdruck oder mit atmosphärischem Druck beaufschlagt werden. Die Umsteuerung geschieht durch einen Steuerschieber. Bild 3, Seite 252 zeigt einen unterdruckgesteuerten Pulsator.

Die Pulszahl kann bei diesem unterdruckgesteuerten Pulsator durch eine Stellschraube in einem bestimmten Bereich verändert werden. Sie stellt eine Drossel dar, die die Menge der pro Zeiteinheit in den Pulsator eintretenden atmosphärischen Luft verändert. Durch unterschiedliche Lufttemperatur, Luftfeuchtigkeit oder Staub kann die Pulszahl verändert werden.

Es gibt Pulsatoren, bei denen eine Dämpfungsflüssigkeit (Glukol und Wasser) die Pulszahl festlegt. Bild 1 zeigt einen flüssigkeitsgedämpften Pulsator. Die beiden Flüssigkeitskammern (linke und rechte) sind durch eine Hohlwelle miteinander verbunden.

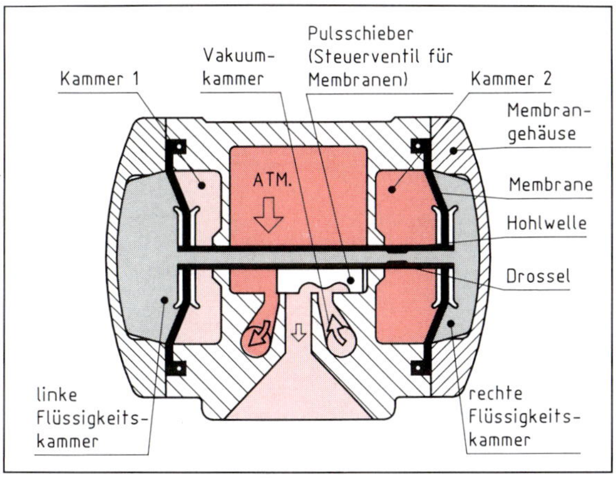

1 Flüssigkeitsgedämpfter Pulsator

Liegt an der Kammer 1 Vakuum und an der Kammer 2 atmosphärischer Druck an, so bewegen sich Membranen und Hohlwelle nach rechts. Die Dämpfungsflüssigkeit wird aus dem rechten Membrangehäuse verdrängt und strömt durch die Hohlwelle über die Drossel in die linke Flüssigkeitskammer. Der Steuermechanismus ist hermetisch abgeschlossen. Staub und Feuchtigkeit können nicht eindringen. Die Zeit, die benötigt wird, damit eine immer gleich große Flüssigkeitsmenge von einer Kammer in die andere fließen kann, ist immer gleich. Sie wird durch den Querschnitt der Drossel festgelegt.

8.1.5 Melkzeugabnahmeautomatik

Blindmelken, d.h. Fortsetzung des Melkvorgangs, ohne dass noch eine nennenswerte Milchabgabe erfolgt, ist schädlich für das Tier. In modernen Melkanlagen wird der Milchfluss überwacht und der Melkvorgang abgebrochen, bevor Blindmelken erfolgen kann.

Dies macht eine automatische Abnahme des Melkzeugs erforderlich, da es beim Abschalten des Unterdrucks abfallen würde.

Eine Melkzeugabnahmeautomatik ist in Bild 2 dargestellt.

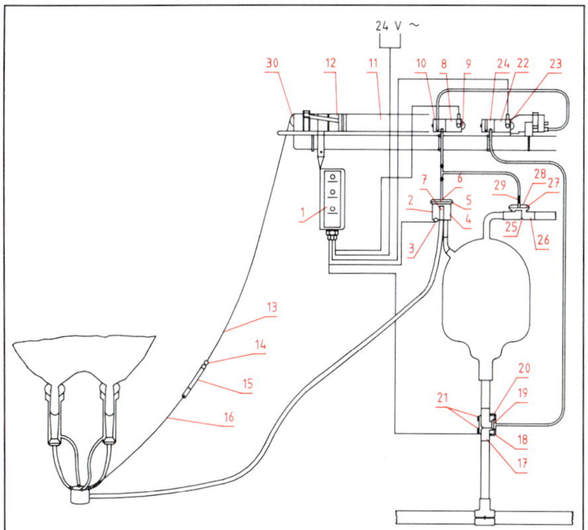

1 Elektronisches Steuergerät	16 Unteres Seil
2 Milchstromwächter	17 Ablassventil
3 Elektroden	18 Gehäuse
4 Schauglas	19 Membrane
5 Verschlusskappe	20 Verschlusskappe
6 Membrane	21 Elektroden
7 Rohr	22 Steuerventil
8 Steuerventil	23 Steuermagnet
9 Steuermagnet	24 Gehäuse
10 Gehäuse	25 Belüftungsventil
11 Hubzylinder	26 Gehäuse
12 Kolben	27 Membran
13 Oberes Seil	28 Verschlusskappe
14 Zugsicherung	29 Düse
15 Karabinerhaken	30 Seilrolle

(25–28: beim Typ MAG mit Belüftung)

2 Melkzeug-Abnahmeautomatik

8.1.6 Milchkühlung und Wärmerückgewinnung

Aus Gründen der Haltbarkeit der Milch ist es erforderlich, ihre Temperatur nach dem Melken schnell auf +4 °C abzusenken. Dabei wird der Milch eine Wärmemenge von 108 kJ/l entzogen. Aus der Abwärme von 1 Liter Milch können 0,5...0,8 Liter Warmwasser (Erwärmung des Wassers von ca. 10 °C auf ca. 35 °C) gewonnen werden.

Einen Warmwasserspeicher mit innenliegendem Wärmetauscher, schematisch dargestellt, zeigt Bild 3.

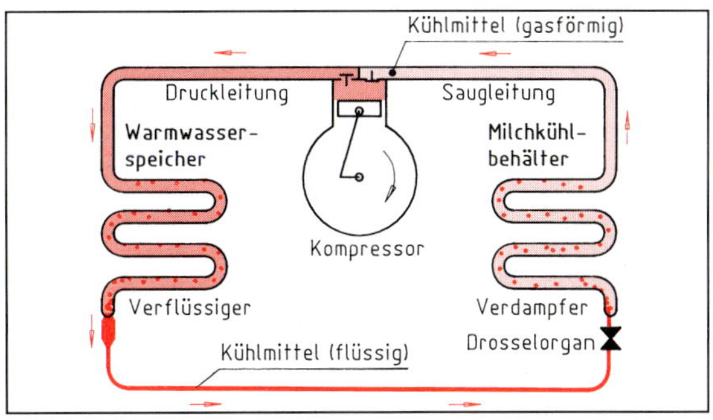

3 Wärmeentzug nach dem Kompressionsprinzip

8.1.7 Systeme zum rechnergesteuerten Füttern und Melken

Bild 1 zeigt eine Kraftfutter-Förderanlage mit Abrufautomaten.
Sie arbeitet im Verbund mit einer rechnerischen Erfassung und Verarbeitung der Daten der Tiere, wie in Bild 2 dargestellt.

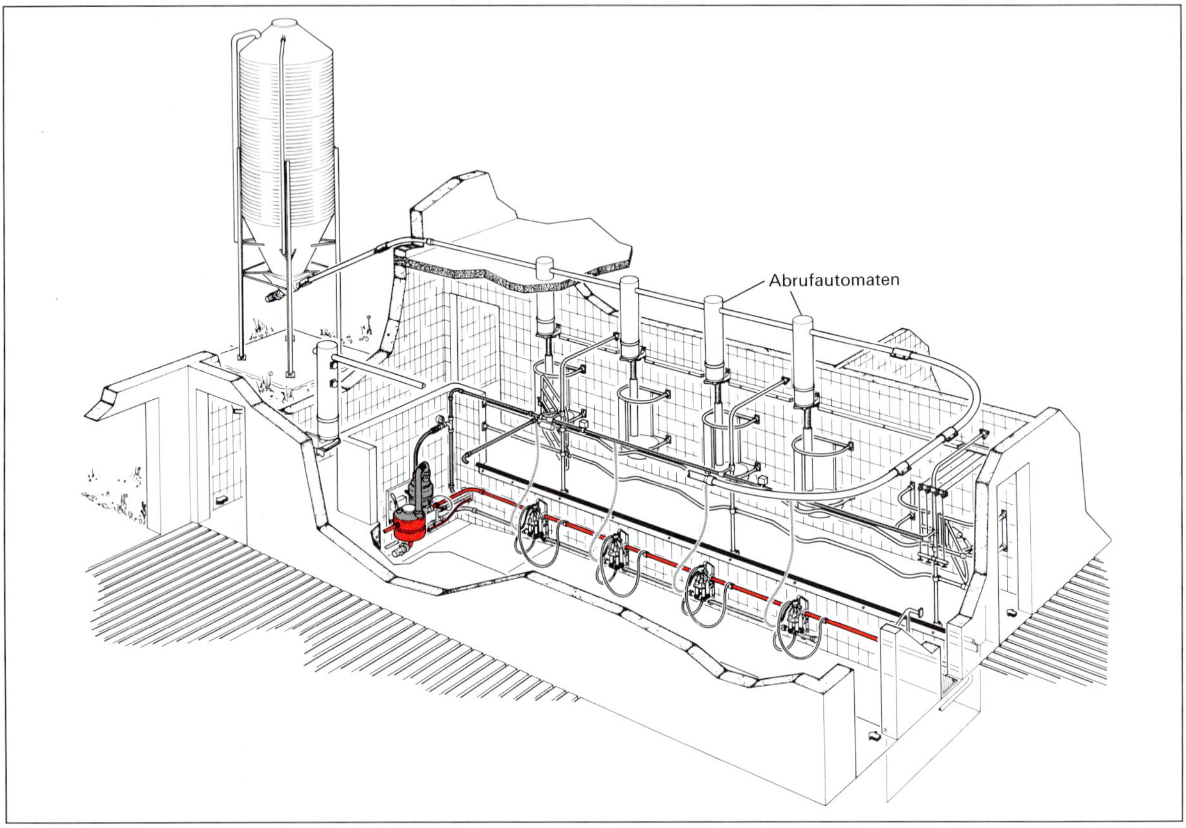

1 Kraftfutter-Förderanlage

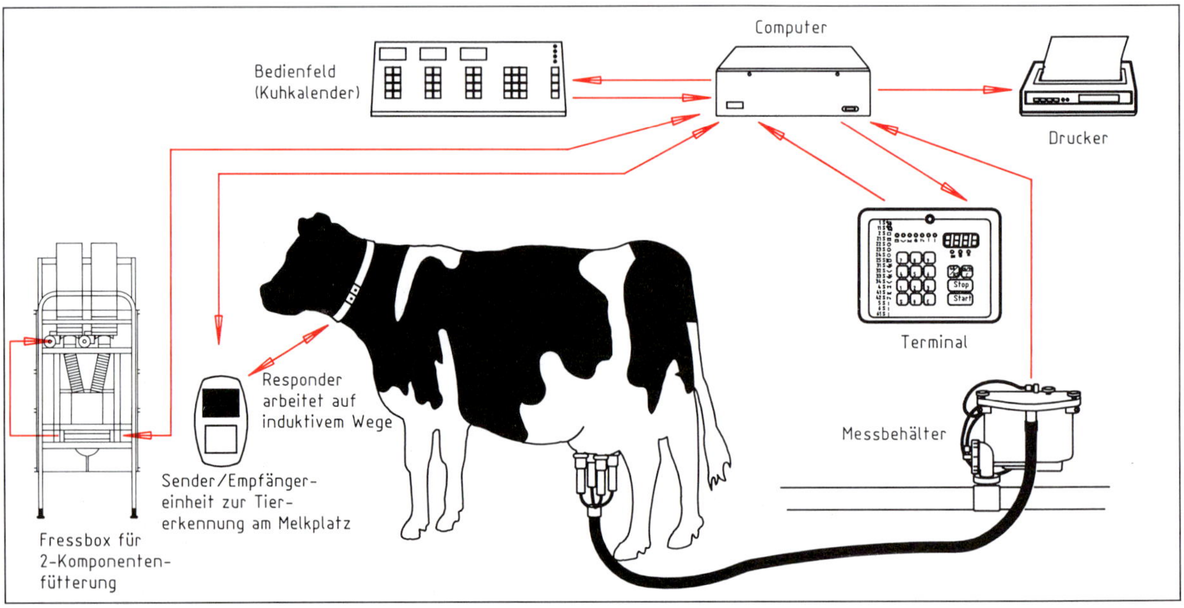

2 Rechnergestützte Melk- und Fütterungseinheit

Die Kuh trägt an einem Halsband einen Responder, in dem auf induktivem Weg die individuellen Daten des Tieres gespeichert sind. Am Melkplatz befindet sich eine Sender-Erkennereinheit, die die Erkennung des Tieres ermöglicht. Die Daten werden an einen Rechner weitergeleitet, der u.a. das Lesen der Daten an einem Terminal ermöglicht. Ein Messbehälter erfasst während des Melkens die Milchmenge, die z.B. als Gesamtmenge oder als Menge pro Zeiteinheit ausgegeben werden kann.

Die Dateneingabe oder -veränderung erfolgt über ein Bedienfeld (Kuhkalender), das ebenfalls mit dem Rechner in Verbindung steht. Über einen angeschlossenen Drucker können Daten schriftlich ausgegeben werden.

Die Fressbox steht ebenfalls mit dem Rechner in Verbindung; auch hier werden die individuellen Daten des Tieres erfasst und die Futtermenge entsprechend der gespeicherten Daten ausgegeben. Dadurch wird u.a. ermöglicht, dass das Tier öfter über den Tag verteilt Nahrung aufnehmen kann, was von günstigem Einfluss auf die Verdauung, besonders bei hohen Kraftfuttergaben, ist.

Fressboxen können auch im Melkstand installiert werden. Sie werden von einem Silo über ein Förderrohr versorgt, in dem eine Förderspirale das Futtergemisch transportiert.

Automatische Melksysteme

Ein weiterer Schritt in der Anwendung der Elektronik in der Milchviehhaltung sind automatische Melkanlagen, die auch als Melkroboter bezeichnet werden. Sie bauen auf rechnergestützten Systemen für Tiererkennung, Leistungserfassung, Herdenmanagement und Herdenüberwachung auf. Automatisierte Melksysteme verbessern nicht nur die Arbeitsproduktivität, sondern auch die Milchleistung durch mehrmaliges Melken innerhalb von 24 Stunden.

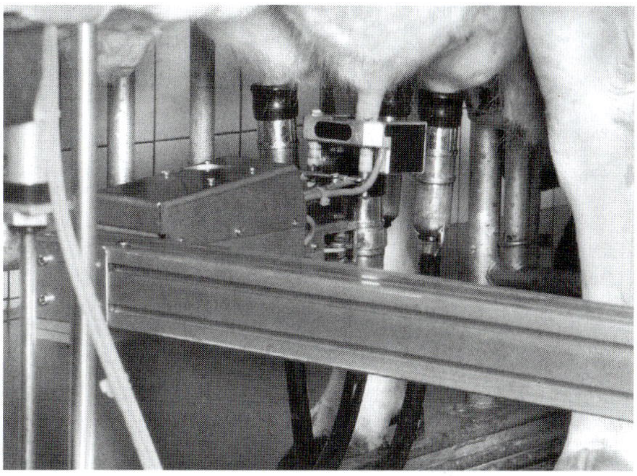

1

Merkmale automatischer Melksysteme.

Hersteller	1	2	3	4
Boxenart	Ein- und Mehrboxenanlage	Einboxenanlage	Einboxenanlage	Mehrboxenanlage
Zitzenortung Grobortung Feinortung	 Ultraschall Ultraschall	 Tastsensor Laser	 Bildverarbeitung mit Laser	 Ultraschall LED-Matrix
Melkbecher	Modul	Modul	Einzelbecher	Einzelbecher
Euterreinigung	Kombinierte Reinigungs- und Melkbecher	Reinigungsrollen	Reinigungsrollen	Separate Reinigungsbox

2

8.2 Getreideförderung

Geerntetes Getreide durchläuft auf dem Hof mehrere Bearbeitungsstationen, ehe es gelagert wird oder den Hof wieder verlässt. Bild 1, Seite 256 zeigt ein deckenlastiges Flachlager für Getreide. Weitere häufig verwendete Bauarten sind Viereck-Holzsilo (Bild 4) und Rundbehälter-Silo (Bild 2, Seite 256).

Um die einzelnen Stationen der Getreidebearbeitung miteinander zu verbinden, benötigt man Fördergeräte.

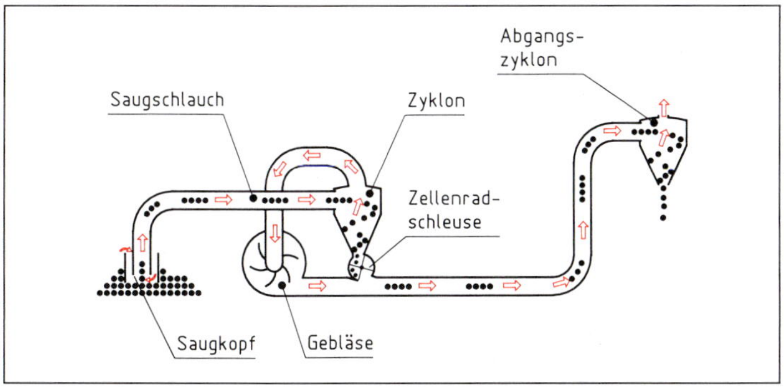

3 Saugdruckgebläse

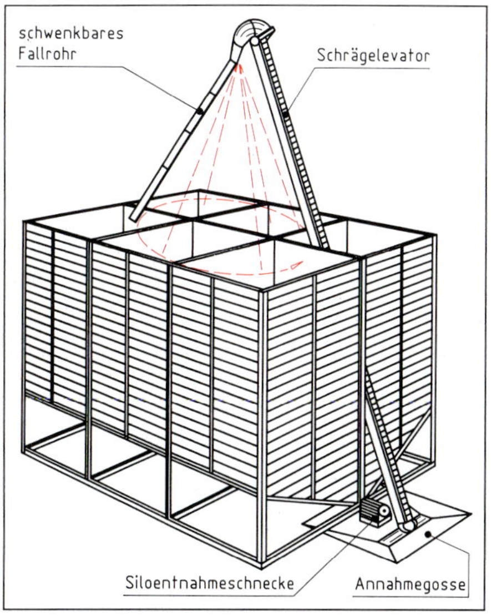

4 Viereck-Holzsilo zur Getreidelagerung

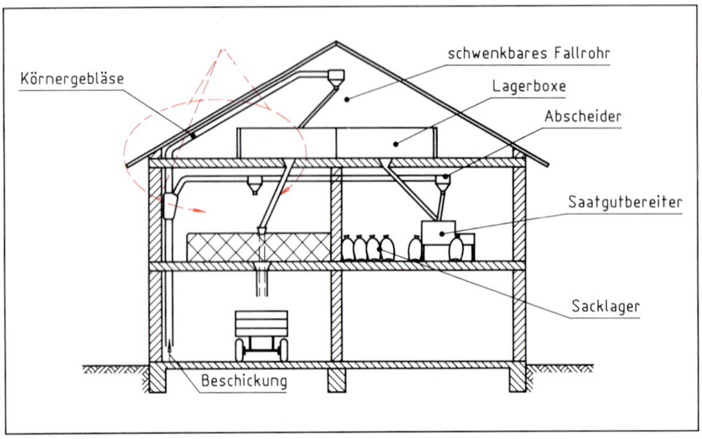

1 Deckenlastiges Flachlager für Getreide

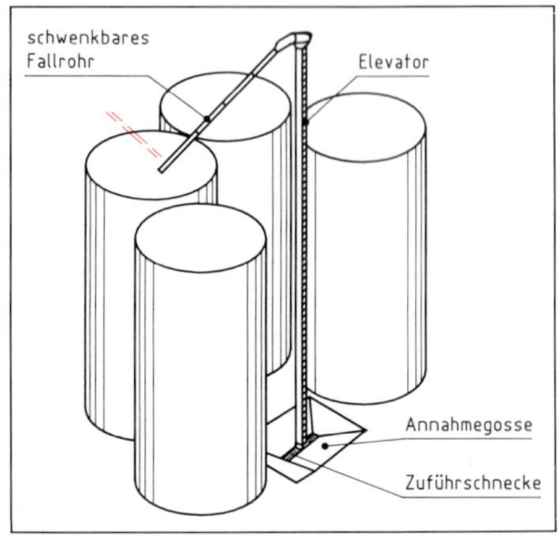

2 Rundbehälter zur Getreidelagerung

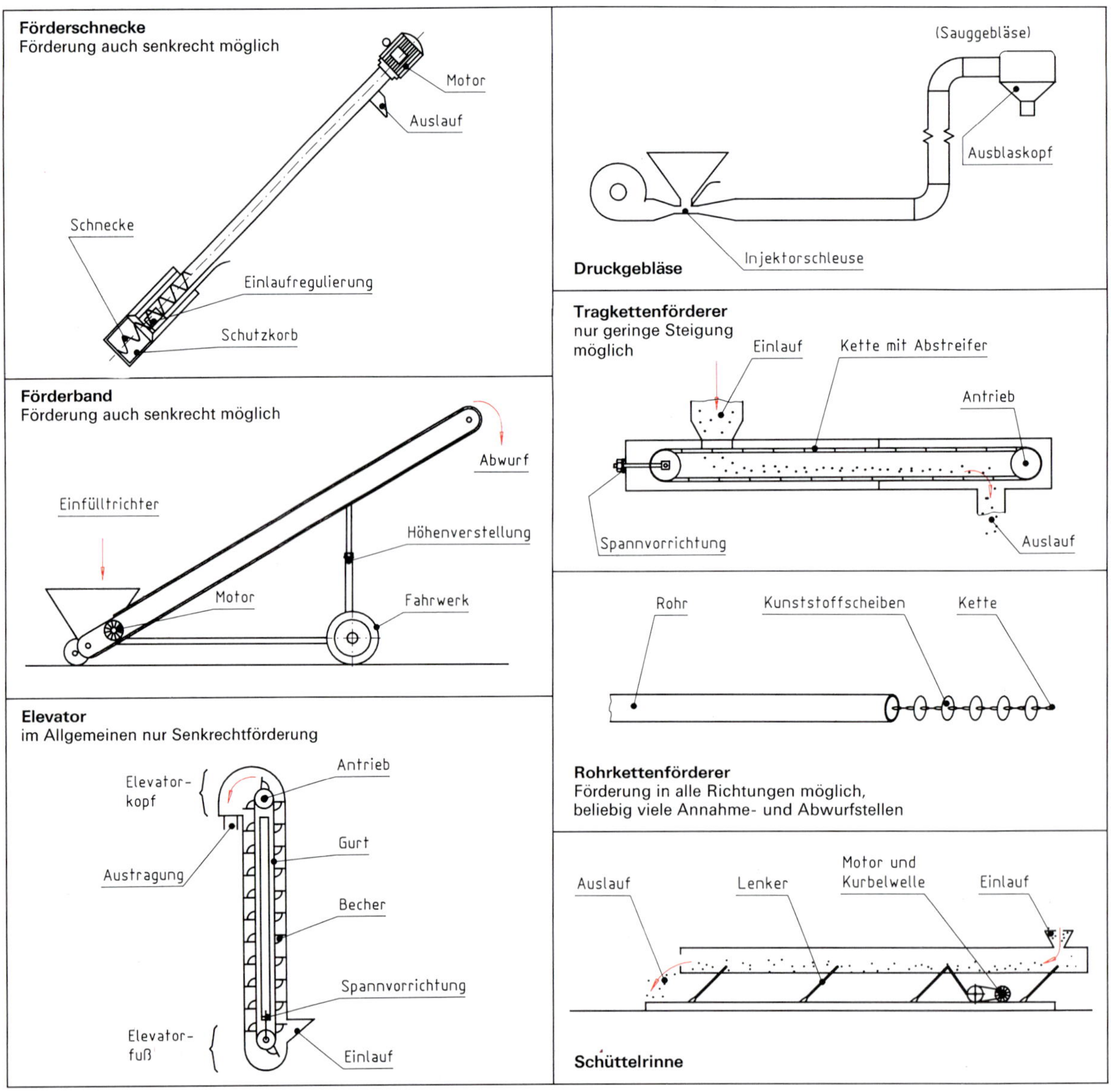

3 Getreidefördergeräte

Die einfachste Verbindung zwischen den Bearbeitungsstationen sind Fallrohre. Sie weisen meist Neigungen $\geq 45°$ auf, können aber bei Trockengetreide mit Neigungen $\geq 35°$ angestellt werden.

Soll Getreide entgegen der Erdbeschleunigung gefördert werden, benötigt man von außen zugeführte Energie. Eine häufig verwendete Bauart von Getreidefördergeräten ist das Saugdruckgebläse (Bild 3, Seite 255). Auf der Saugseite wird das Fördergut durch Saugkopf und Saugschlauch angesaugt. Der Zyklon trennt das Gut von der Förderluft, die Zellenradschleuse leitet es in die Förderleitung des Gebläses, der Luftstrom des Gebläses trägt es weiter. Im Abgangszyklon des Gebläses wird das Fördergut erneut von der Luft getrennt und entnommen.

Saugdruckgebläse fördern alle leichten, rieselfähigen Materialien wie Getreide, Grassamen, Granulate u. ä.

Je nach Antrieb und Verbindung mit der antreibenden Maschine werden unterschieden:

- elektrisch angetriebene Gebläse,
- durch Zapfwelle angetriebene Gebläse für die Dreipunktaufhängung des Schleppers,
- zapfwellengetriebene Gebläse auf einem Fahrgestell, das mit einem schwenkbaren Ladesystem versehen ist.

Eine Übersicht über weitere Getreidefördergeräte gibt Bild 3, Seite 256.

8.3 Getreidereinigung und -beizung

Getreide, das den Mähdrescher verlässt, ist meist stark mit Fremdbesatz verunreinigt und muss vor Verkauf oder Weiterverwendung gereinigt werden. Anforderungen an Keimfähigkeit, Hektolitergewicht, Korngröße und Reinheit sind je nach beabsichtigter Verwertung zu erfüllen. Bild 1 zeigt einen pneumatischen Kegelreiniger.

Durch die Lufteintrittsöffnung und den Reinigungskegel wird vom Radialgebläse, das von einem Elektromotor angetrieben wird, Luft angesaugt. An der Einfüllöffnung wird das ungereinigte Getreide zugeführt. Die Getreidekörner fallen entgegen dem Luftstrom nach unten in die Getreideauffangmulde und gelangen in den Getreideauslauf. Das Luft-Leichtteil-Gemisch wird zum Zyklon geführt. Die Luft tritt am Luftaustritt, die Leichtteile am Leichtteileaustritt aus.

Eine Nachreinigung bis zur Verkaufsqualität ist erforderlich.

Einen Saatgutbereiter zeigt Bild 1, Seite 258. Neben der Reinigung erfolgt hier ein Sortieren des Saatgutes.

Das Aufschüttgut gelangt auf ein System von Sieben, in dem durch Saugluft zunächst im Vorsichter Spreu und Staub abgezogen und zur Staubkammer geführt werden. Das Gut fällt dann auf das Obersieb, das Grobteile zurückhält. Sie werden in der Mulde gesammelt. Das Untersieb trennt Kleinkorn und Samenkörner ab, wobei Bürsten die Sieblöcher von unten her freihalten. Im Steigtrichter wird durch Lufteintritt Leichtkorn u. ä. abgesaugt und im Trichter gesammelt. Anschließend wird das gereinigte Gut in den Zellenausleser geführt, wo es, als sortiertes Saatgut vom Aushub, d. h. Bruchkorn u. ä., getrennt, abgefüllt werden kann.

Saatgut wird meist vor der Aussaat gebeizt, um anhaftende pilzliche Schädlinge zu vernichten und tierische Schädlinge fernzuhalten. Je nach eingesetzten Beizmitteln unterscheidet man

- Trockenbeizverfahren,
- Nassbeizverfahren,
- kombinierte Feucht-Trocken-Beize.

Bild 2, Seite 258 zeigt die schematische Darstellung eines Saatgut-Beizautomaten.

Über den Getreideeinlauf (6) gelangt das Gut zur Kippwaage (7). Über eine Umstellklappe (8) kann die gewo-

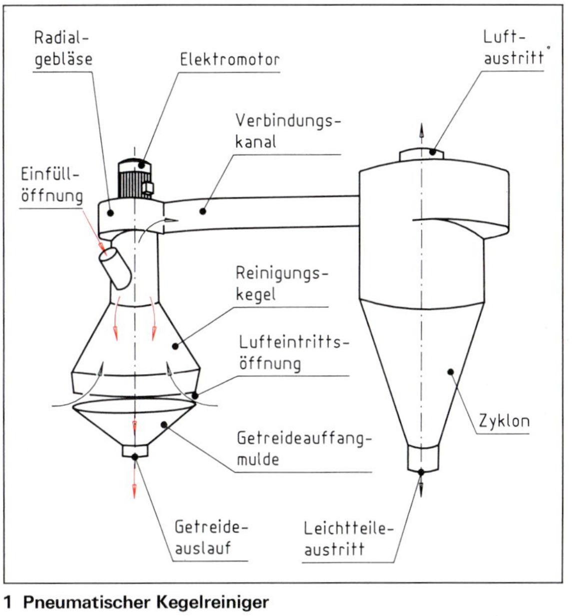

1 Pneumatischer Kegelreiniger

gene Getreidemenge zum Kontrollschacht (9) geführt werden, wo eine Probeentnahme möglich ist. Ist die Umstellklappe (8) geschlossen, gelangt das Getreide in die Mischtrommel (10), die in Stützrollen (11) und Laufrollen (12) geführt wird. Der Antrieb der Mischtrommel (10) erfolgt durch den Getriebemotor (14).

Bei Trockendosierung wird das Beizmittel aus dem Beizpulverbehälter (1) dem Getreide auf dem Weg vom Getreideeinlauf (6) zur Mischtrommel (10) zugemischt. Eine Probe hiervon kann ebenfalls am Kontrollschacht (9) entnommen werden. Im Beizpulverbehälter (1) ist ein Rührwerk (2) mit Antriebsteil (5) eingebaut, das eine korrekte Dosierung sicherstellt. Zum Abstellen der Dosiervorrichtung dient ein Magnetschalter (3), der die Entnahmeplatte (4) schließt. Feuchtdosierung erfolgt über eine Dosierpumpe (17), die die Flüssigbeize aus dem Behälter (16) über die Druckleitung (19) zu der Düse (23) führt.

Diese ist durch eine Schutzhaube (24) vor Beschädigungen geschützt. Druckluft zum Ausbringen der Flüssigbeize erzeugt ein Kompressor (25), der vom Getriebemotor (14) angetrieben wird. Ein Druckbehälter (26) dient als Luftspeicher. Die Druckluftleitung (27) führt die Luft bis vor die Düse (23), die das Beizmittel in die ausströmende Luft hineinspritzt, wodurch es gleichmäßig verteilt wird.

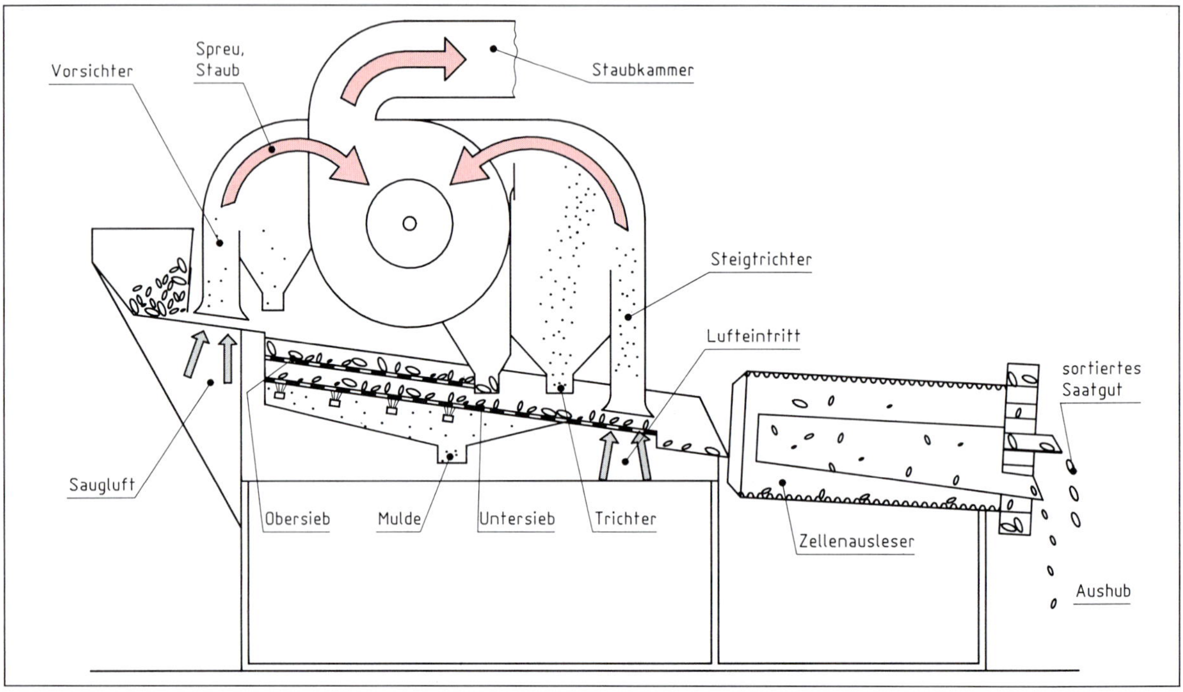

1 Saatgutbereiter

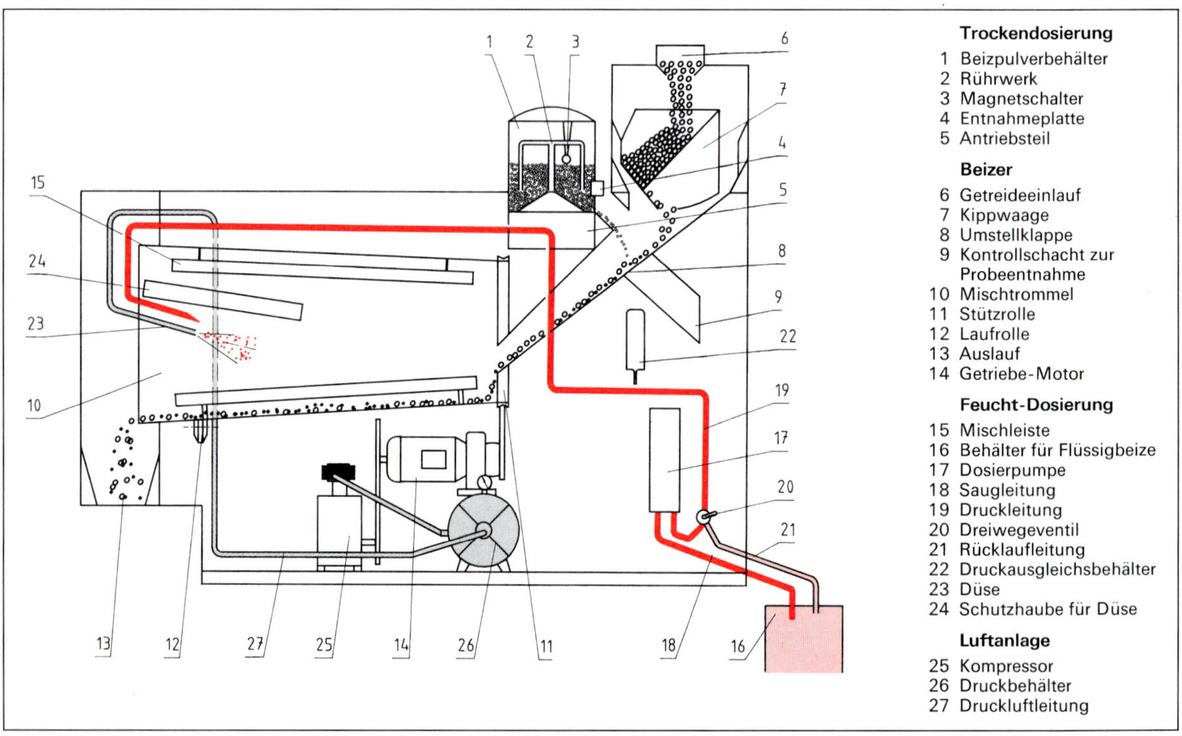

2 Saatgut-Beizautomat

Technische Mathematik

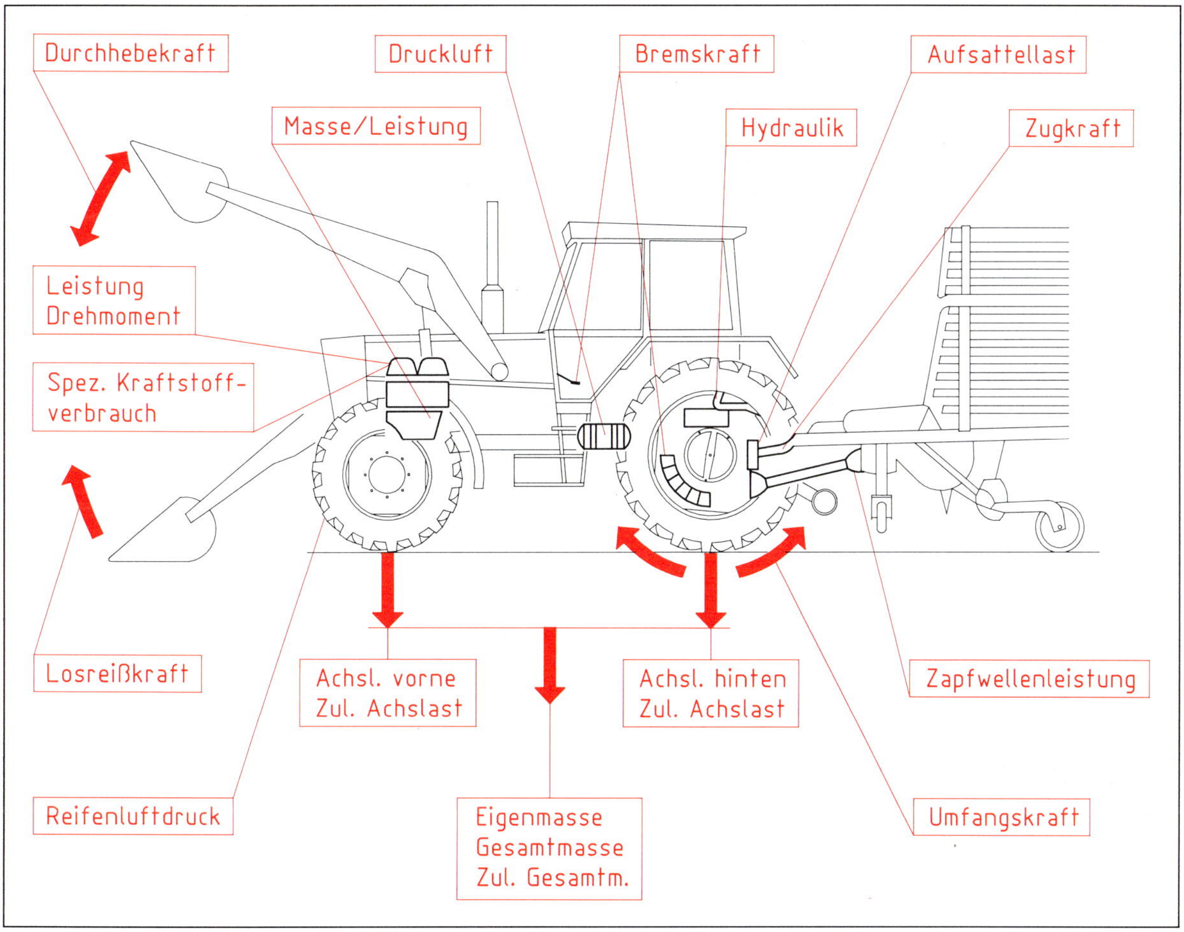

1 Motorentechnik

1.1 Hubraum, Hubverhältnis, Verdichtungsverhältnis und Verdichtungsraum

Hubraum eines Zylinders (V_h)

$$V_h = \frac{d^2 \cdot \pi}{4} \cdot s$$

V_h Hubraum eines Zylinders
d Durchmesser der Bohrung
s Hub

Hubverhältnis

$$\text{Hubverhältnis} = \frac{s}{d}$$

s Kolbenhub
d Durchmesser der Bohrung

Hubverhältnis < 1 Kurzhubmotoren
Hubverhältnis = 1 Quadrathubmotoren
Hubverhältnis > 1 Langhubmotoren

Gesamthubraum (V_H)

$$V_H = V_h \cdot z$$

V_H Gesamthubraum
z Anzahl der Zylinder

Verdichtungsverhältnis ε (= epsilon)

$$\varepsilon = \frac{V_h + V_c}{V_c}$$

ε Verdichtungsverhältnis
V_h Hubraum eines Zylinders
V_c Verdichtungsraum

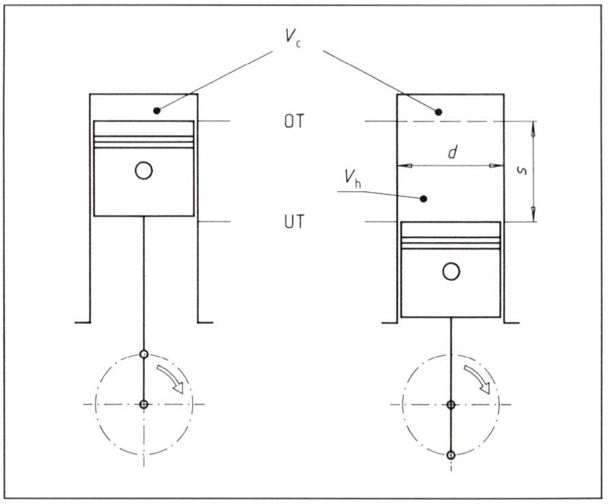

1 Bezeichnungen am Zylinder

Verdichtungsraum (V_c)

$$V_c = \frac{V_h}{(\varepsilon - 1)}$$

Weitere Erläuterungen finden Sie im Kap. 2.1.4.1 der Technologie.

Übungen

1. Der Dieselmotor eines Schleppers hat einen Bohrungsdurchmesser $d = 106{,}5$ mm und einen Hub $s = 110$ mm. Das Verdichtungsverhältnis beträgt $\varepsilon = 16{,}8:1$.
   a) Wie groß ist der Hubraum eines Zylinders?
   b) Bestimmen Sie das Hubverhältnis.
   c) Wie groß ist der Verdichtungsraum?
   d) Bestimmen Sie den Gesamthubraum des Motors, wenn dieser je nach Ausführung über 3, 4 oder 6 Zylinder verfügt.

2. Ein Vierzylinder-Dieselmotor eines Schleppers hat einen Bohrungsdurchmesser $d = 102$ mm und einen Hub $s = 120$ mm. Das Verdichtungsverhältnis beträgt $\varepsilon = 16{,}5:1$.
   a) Wie groß ist der Hubraum eines Zylinders?
   b) Bestimmen Sie das Hubverhältnis.
   c) Wie groß ist der Verdichtungsraum?
   d) Errechnen Sie den Gesamthubraum des Motors.

3. Ein Sechszylinder-Dieselmotor verfügt über einen Gesamthubraum $V_H = 5958$ cm^3. Der Hub beträgt 133 mm. Die Größe des Verdichtungsraumes wird mit $V_c = 64$ cm^3 angegeben.
   a) Wie groß ist der Durchmesser der Bohrung?
   b) Bestimmen Sie das Hubverhältnis.
   c) Wie groß ist das Verdichtungsverhältnis?

4. Für einen Dieselmotor werden folgende technische Daten genannt: $d = 100$ mm; $V_h = 895{,}4$ cm^3; $V_c = 59{,}7$ cm^3; $z = 4$.
   a) Wie groß ist der Hub?
   b) Bestimmen Sie das Hubverhältnis.
   c) Wie groß ist das Verdichtungsverhältnis?
   d) Errechnen Sie den Gesamthubraum des Motors.

5. Das Hubverhältnis eines Dreizylinder-Dieselmotors beträgt 1,033. Der Bohrungsdurchmesser beträgt $d = 106{,}5$ mm. Das Verdichtungsverhältnis wird mit $\varepsilon = 17{,}4:1$ angegeben.
   a) Wie groß ist der Hubraum eines Zylinders?
   b) Wie groß ist der Verdichtungsraum?
   c) Errechnen Sie den Gesamthubraum des Motors.

6. Für einen Dieselmotor werden folgende technische Daten angegeben: $s = 127$ mm; Hubverhältnis 1,29; $V_c = 59{,}7$ cm^3; $z = 4$.
   a) Wie groß ist der Hubraum eines Zylinders?
   b) Ermitteln Sie das Verdichtungsverhältnis.
   c) Errechnen Sie den Gesamthubraum des Motors.

7. Die Bohrung eines Sechszylinder-Dieselmotors hat einen Durchmesser $d=100$ mm. Der Hub beträgt $s=127$ mm. Die Größe des Verdichtungsraumes wird mit $V_c=63{,}1\ \text{cm}^3$ angegeben.
   a) Wie groß ist der Hubraum eines Zylinders?
   b) Bestimmen Sie das Hubverhältnis.
   c) Ermitteln Sie das Verdichtungsverhältnis.
   d) Errechnen Sie den Gesamthubraum des Motors.

8. Von einem Dieselmotor sind folgende Daten bekannt: $d=105$ mm; $s=120$ mm; $\varepsilon=16{,}4:1$; $z=4$.
   a) Wie groß ist der Gesamthubraum des Motors?
   b) Bestimmen Sie das Hubverhältnis.
   c) Berechnen Sie die Größe des Verdichtungsraumes.
   d) In einer leistungsstärkeren Version wird der ansonsten baugleiche Motor mit einem Abgasturbolader ausgerüstet. Das Verdichtungsverhältnis beträgt in dieser Ausführung 15,5:1. Durch welche technische Änderung kann dieses erreicht werden?

9. In den technischen Unterlagen sind für den Zweitakt-Ottomotor einer Motorsäge folgende Angaben enthalten: $d=48$ mm; $s=34$ mm; $\varepsilon=9{,}5:1$.
   a) Wie groß ist der Gesamthubraum des Motors?
   b) Bestimmen Sie das Hubverhältnis.
   c) Berechnen Sie die Größe des Verdichtungsraumes.

10. Die Bohrung eines Viertakt-Ottomotors hat einen Durchmesser $d=76{,}2$ mm. Der Hub beträgt $s=68{,}9$ mm. Die Größe des Verdichtungsraumes wird mit $V_c=43{,}64\ \text{cm}^3$ angegeben.
   a) Wie groß ist der Hubraum des Einzylindermotors?
   b) Bestimmen Sie das Hubverhältnis.
   c) Ermitteln Sie das Verdichtungsverhältnis.
   d) Bei Reparaturarbeiten an diesem Motor wird versehentlich eine Zylinderkopfdichtung eingebaut, die 1 mm stärker ist als das Originalteil. Welche Veränderungen ergeben sich dadurch am Verdichtungsraum und am Verdichtungsverhältnis?

1.2 Gasdruck im Zylinder und Kolbenkraft

Gasdruck im Zylinder

$$\frac{p_1 \cdot V_1}{T_1} = \frac{p_2 \cdot V_2}{T_2}$$

$T = t + 273°$

- p_1 absoluter Druck vor dem Verdichten
- V_1 Volumen vor dem Verdichten
- p_2 absoluter Druck nach dem Verdichten
- V_2 Volumen nach dem Verdichten
- T_1 Temperatur des Gases vor dem Verdichten in K (Kelvin)
- T_2 Temperatur des Gases nach dem Verdichten in K (Kelvin)
- t Temperatur in °C

Kolbenkraft

$$F_K = p \cdot A$$

- F_K Kolbenkraft
- p Druck (1 bar = 1 daN/cm²)
- A Fläche des Kolbenbodens

$$A = \frac{\pi}{4} d^2$$

- d Kolbendurchmesser
- M Motordrehmoment

Weitere Erläuterungen finden Sie im Kap. 2.1.4.2 der Technologie

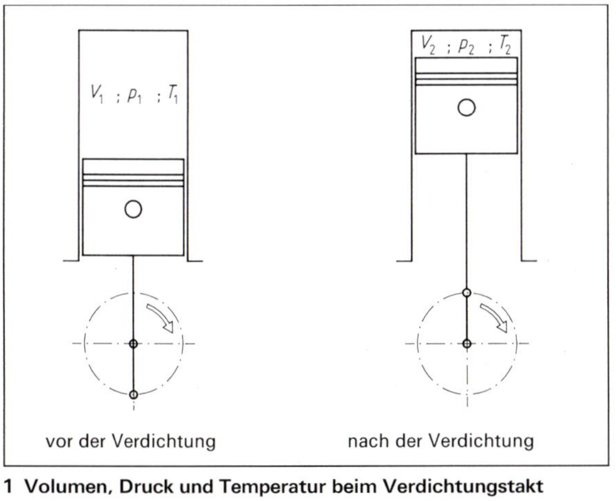

1 Volumen, Druck und Temperatur beim Verdichtungstakt

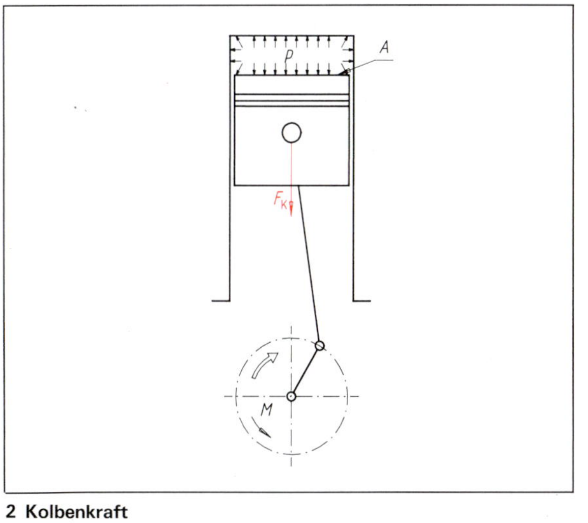

2 Kolbenkraft

Übungen

1. Der Dieselmotor eines Schleppers hat einen größten Verbrennungsraum $V_b(=V_1)=1042\ cm^3$ und einen Verdichtungsraum $V_c(=V_2)=62\ cm^3$. Vor dem Verdichten herrscht im Zylinder ein Druck $p_1=0{,}9$ bar. Die bei kaltem Motor angesaugte Luft wird mit Hilfe einer Flammstartanlage auf eine Temperatur von $t_1=120°$ C gebracht.
   a) Berechnen Sie die Temperatur im Zylinder am Ende des Verdichtungstaktes bei folgenden Kompressionsdrücken p_2: 20 bar, 24 bar, 28 bar und 32 bar.
   b) Stellen Sie die Ergebnisse graphisch in Form eines $x-y$-Diagramms (s. Technische Kommunikation, Kap. 1.2) dar.
   x-Achse: Kompressionsdruck in bar
   y-Achse: Temperatur des Gases nach dem Verdichten in °C
   Wählen Sie einen geeigneten Maßstab selbst aus.
   c) Welchen Zusammenhang zwischen dem Kompressionsdruck und der Gastemperatur nach dem Verdichten zeigt die graphische Darstellung?
   d) Welcher Kompressionsdruck darf bei diesem Motor nicht unterschritten werden, damit am Ende des Verdichtungstaktes die für die Selbstzündung des Dieselkraftstoffes erforderliche Gastemperatur von 350° C erreicht wird?

2. Der Dieselmotor eines Schleppers hat einen größten Verbrennungsraum $V_b\ (=V_1)=1042\ cm^3$ und einen Verdichtungsraum $V_c\ (=V_2)=62\ cm^3$. Vor dem Verdichten herrscht im Zylinder ein Druck $p_1=0{,}9$ bar. Bei Starterdrehzahl wird ein Kompressionsdruck $p_2=32$ bar erreicht.
   a) Berechnen Sie die Temperatur im Zylinder am Ende des Verdichtungstaktes bei folgenden Temperaturen t_1 der angesaugten Luft: $-20°$ C, 0° C, 15° C, 30° C.
   b) Stellen Sie die Ergebnisse graphisch in Form eines $x-y$-Diagramms (s. Technische Kommunikation Kap. 1.2) dar.
   x-Achse: Temperatur der angesaugten Luft in °C
   y-Achse: Temperatur des Gases nach dem Verdichten in °C
   Wählen Sie einen geeigneten Maßstab selbst aus.
   c) Welchen Zusammenhang zwischen der Temperatur der angesaugten Luft und der Gastemperatur nach dem Verdichten zeigt die graphische Darstellung.
   d) Um wie viel Grad muss die angesaugte Luft bei einer Außentemperatur $t=-10$ °C mit Hilfe einer Flammstartanlage mindestens erwärmt werden, damit am Ende des Verdichtungstaktes die für die Selbstzündung des Dieselkraftstoffes erforderliche Gastemperatur $t_2=350$ °C erreicht wird?

3. Wie groß ist der Druck im Zylinder eines Dieselmotors am Ende des Verdichtungstaktes, wenn folgende Größen bekannt sind:
   $V_1=1054\ cm^3$, $V_2=61\ cm^3$, $t_1=90$ °C, $t_2=780$ °C und $p_1=0{,}9$ bar?

4. Wie groß ist die Gastemperatur im Zylinder eines Dieselmotors am Ende des Verdichtungstaktes, wenn folgende Größen bekannt sind:
   $\varepsilon=17{,}5:1$, $t_1=80$ °C, $p_2=45$ bar und $p_1=0{,}85$ bar?

5. Welche Kolbenkraft wird in einem Dieselmotor erzeugt, wenn der mittlere Arbeitsdruck $p_m=9{,}5$ bar und der Durchmesser des Kolbens $d=105$ mm betragen?

6. Wie groß ist der mittlere Arbeitsdruck im Zylinder eines Dieselmotors ($d=106{,}5$ mm), wenn die Kolbenkraft mit $F=6060$ N angegeben wird?

7. Bei welchem Kolbendurchmesser wird bei einem mittleren Arbeitsdruck $p_m=8{,}8$ bar eine Kolbenkraft $F=719$ daN erzeugt?

8. Für einen Dieselmotor mit einem Bohrungsdurchmesser $d=105$ mm macht der Hersteller folgende Angaben zum mittleren Arbeitsdruck:
   $p_m=6{,}8$ bar bei $n=2100$ 1/min,
   $p_m=6{,}6$ bar bei $n=2500$ 1/min,
   $p_m=6{,}4$ bar bei $n=2800$ 1/min.
   Wie groß ist die jeweilige Kolbenkraft?

1.3 Kolbengeschwindigkeit

$v_m = 2 \cdot s \cdot n$

v_m mittlere Kolbengeschwindigkeit
s Hub
n Drehzahl

Weitere Erläuterungen finden Sie im Kap. 2.1.4.3 der Technologie.

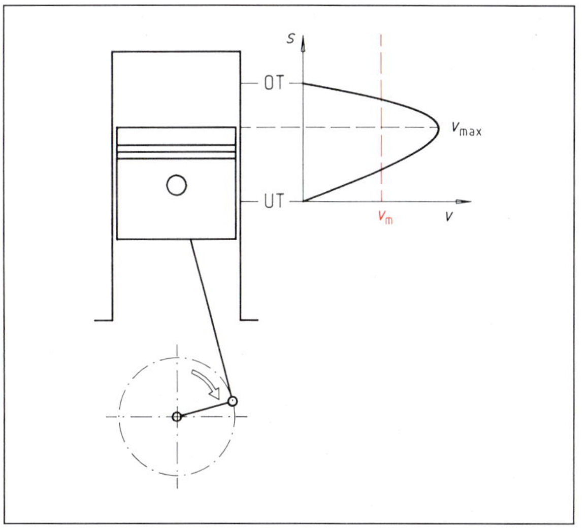

1 Geschwindigkeit des Kolbens

Übungen

1. a) Welche mittlere Kolbengeschwindigkeit erreicht ein Motor jeweils bei einer Drehzahl $n = 1500$ 1/min, wenn für den Hub s folgende Abmessungen angegeben werden: 50 mm, 70 mm, 90 mm, 110 mm und 130 mm?
   b) Stellen Sie die Ergebnisse graphisch in Form eines $x-y$-Diagramms (s. Technische Kommunikation Kap. 1.2) dar.
   x-Achse: Hub s in mm
   y-Achse: mittlere Kolbengeschwindigkeit v_m in m/s
   Wählen Sie einen geeigneten Maßstab selbst aus.
   c) Welchen Zusammenhang zwischen der mittleren Kolbengeschwindigkeit und dem Hub veranschaulicht die graphische Darstellung?
   d) Ermitteln Sie aus der graphischen Darstellung die mittlere Kolbengeschwindigkeit bei folgendem Hub: 80 mm, 100 mm und 120 mm.

2. a) Welche mittlere Kolbengeschwindigkeit erreicht ein Motor jeweils bei einem Hub $s = 125$ mm, wenn für die Drehzahl n folgende Werte angegeben werden: 900 1/min, 1200 1/min, 1500 1/min, 1750 1/min, und 2000 1/min?
   b) Stellen Sie die Ergebnisse graphisch in Form eines $x-y$-Diagramms (s. Technische Kommunikation Kap. 1.2) dar.
   x-Achse: Drehzahl n in 1/min
   y-Achse: mittlere Kolbengeschwindigkeit v_m in m/s
   Wählen Sie einen geeigneten Maßstab selbst aus.
   c) Welchen Zusammenhang zwischen der mittleren Kolbengeschwindigkeit und der Drehzahl veranschaulicht die graphische Darstellung?
   d) Ermitteln Sie aus der graphischen Darstellung die mittlere Kolbengeschwindigkeit bei folgenden Drehzahlen: 1100 1/min, 1600 1/min und 2100 1/min.

3. Welche mittlere Kolbengeschwindigkeit erreicht ein Motor, der einen Hub $s = 127$ mm hat, bei einer Drehzahl $n = 2400$ 1/min?

4. Ein Dieselmotor erreicht bei einer Drehzahl $n = 1850$ 1/min eine mittlere Kolbengeschwindigkeit 5,4 m/s. Wie groß ist der Hub?

5. Bei welcher Drehzahl erreicht ein Dieselmotor eine mittlere Kolbengeschwindigkeit $v_m = 8$ m/s, wenn der Hub $s = 130$ mm beträgt?

6. Von einem Motor sind folgende Daten bekannt: Hub $s = 133$ mm, Leerlaufdrehzahl $n_l = 850$ 1/min, Höchstdrehzahl $n_{max} = 2350$ 1/min.
   a) Berechnen Sie die mittlere Kolbengeschwindigkeit bei Leerlauf- und Höchstdrehzahl
   b) Welchen Weg legt der Kolben bei Leerlauf- und Höchstdrehzahl in einer Stunde zurück?

7. Ein Dieselmotor, der einen Hub $s = 120$ mm hat, wird vom Hersteller mit folgenden Leistungen angeboten:
   85 kW bei 2100 1/min,
   99 kW bei 2500 1/min,
   107 kW bei 2800 1/min,
   110 kW bei 3000 1/min.
   Welche mittlere Kolbengeschwindigkeit erreichen die einzelnen Motoren jeweils bei ihrer Nenndrehzahl?

8. Wie groß ist die mittlere Kolbengeschwindigkeit des Zweitakt-Ottomotors einer Motorsäge, wenn der Hub $s = 31$ mm und die Drehzahl $n = 8500$ 1/min betragen?

9. Ermitteln Sie die mittlere Kolbengeschwindigkeit des Viertakt-Ottomotors eines Rasenmähers, wenn der Hub $s = 68{,}9$ mm und die Drehzahl $n = 3600$ 1/min betragen.

1.4 Ventilsteuerung

Steuerzeiten

$$b = \frac{d \cdot \pi \cdot \alpha}{360°}$$

d Durchmesser der Schwungscheibe, Riemenscheibe
b Bogenlänge
α Öffnungs- oder Schließwinkel der Ventile, Förderbeginn der Einspritzpumpe

Ventilöffnungszeit

$$t = \frac{\alpha}{n \cdot 360°}$$

α Öffnungswinkel der Ventile
n Motordrehzahl
t Ventilöffnungszeit

Wärmeausdehnung der Ventile

$$\Delta l = l_0 \cdot \alpha_l \cdot \Delta t$$

Δl Längenzunahme
l_0 Länge bei Bezugstemperatur (meist 20 °C)
α_l Längenausdehnungskoeffizient (-zahl)
Δt Temperaturdifferenz

Weitere Erläuterungen finden Sie im Kap. 2.1.4.4 der Technologie.

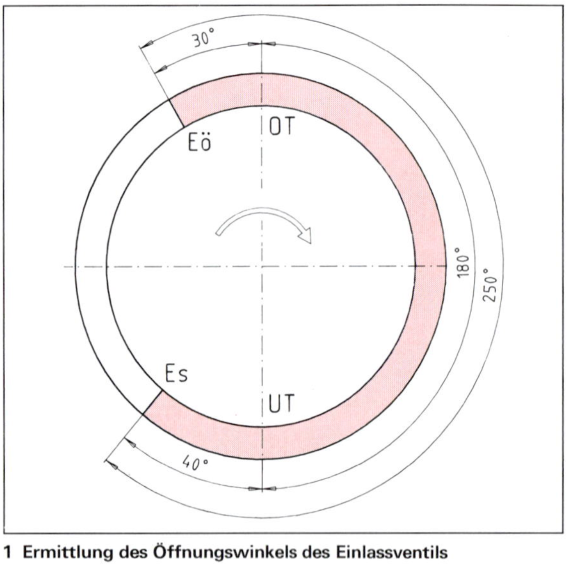

1 Ermittlung des Öffnungswinkels des Einlassventils

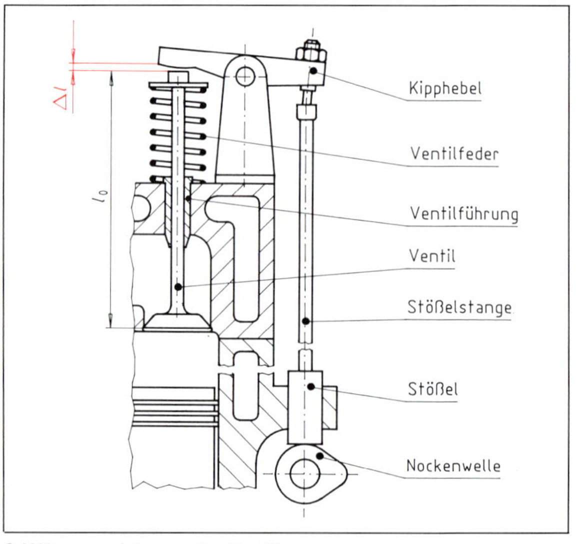

2 Wärmeausdehnung des Ventils

Übungen

1. Der Hersteller eines Dieselmotors hat auf der Schwungscheibe ($d = 325$ mm) für folgende Winkel Einstellmarkierungen angebracht: 30°, 25°, 20°, 15° und 10°, jeweils v. OT. Wie viele mm ist die jeweilige Markierung am Schwungscheibenumfang von OT entfernt?

2. Der Abstand zwischen der Markierung für den Förderbeginn der Einspritzpumpe und OT am Riemenscheibenumfang ($d = 210$ mm) beträgt 31,2 mm. Wie viele Grad vor OT beginnt die Kraftstoffeinspritzung?

3. Für die Ventile eines Dieselmotors werden folgende Steuerzeiten angegeben:

Eö	13° v. OT	Es	42° n. UT
Aö	47° v. UT	As	17° n. OT

   a) Bestimmen Sie den Öffnungswinkel der Ventile.
   b) Wie lange sind die Ventile bei einer Drehzahl $n = 1700$ 1/min geöffnet?

4. a) Ermitteln Sie die Ventilöffnungszeiten für verschiedene Öffnungswinkel zwischen 190° ... 270° bei einer Drehzahl $n = 1500$ 1/min.
   b) Stellen Sie die Ergebnisse graphisch in Form eines x–y-Diagramms (s. Technische Kommunikation Kap. 1.2) dar.
   x-Achse: Öffnungswinkel der Ventile in °KW
   y-Achse: Ventilöffnungszeit in s.
   Wählen Sie einen geeigneten Maßstab selbst aus.
   c) Welchen Zusammenhang zwischen dem Ventilöffnungswinkel und der Ventilöffnungszeit zeigt die graphische Darstellung?

5. Die Ventile eines Dieselmotors aus legiertem Stahl ($\alpha_l = 0{,}000011$ 1/K) haben bei 20 °C eine Länge $l = 150$ mm. Bei kaltem Motor soll das Einlassventil ein Spiel von 0,3 mm und das Auslassventil von 0,6 mm haben. Um wie viele Grad darf die Temperatur der Ventile zunehmen, bis kein Spiel mehr vorhanden ist? (Hinweis: Die Wärmeausdehnung aller anderen Bauteile ist zu vernachlässigen.)

1.5 Drehmoment, Leistung und Wirkungsgrad

Effektive Motorleistung

$$P_{eff} = M \cdot 2 \cdot \pi \cdot n$$

P_{eff} effektive Motorleistung
M Drehmoment
n Drehzahl

Mechanischer Wirkungsgrad

$$\eta = \frac{P_{eff}}{P_i}$$

η mechanischer Wirkungsgrad
P_{eff} effektive Motorleistung
P_i indizierte Motorleistung

Indizierte Motorleistung (Innenleistung)

$$P_i = \frac{A \cdot s \cdot z \cdot p_m \cdot n}{2}$$

P_i indizierte Motorleistung
A Kolbenfläche
s Hub
z Anzahl der Zylinder
p_m mittlerer Arbeitsdruck
n Drehzahl

Diese Formel gilt **nur** für einen Viertaktmotor. Für einen Zweitaktmotor erscheint im Nenner die Zahl 2 als Umrechnungsgröße **nicht**.

Drehmomentanstieg

$$\text{Drehmomentanstieg} = \frac{100\,\% \cdot \text{max. Drehmoment}}{\text{Nenndrehmoment}} - 100\,\%$$

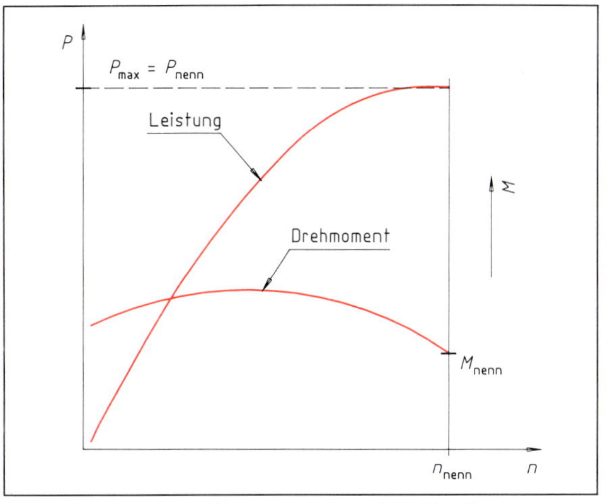

1 Drehmoment- und Leistungskennlinie eines Dieselmotors

Weitere Erläuterungen finden Sie im Kap. 2.1.4.5 der Technologie.

Übungen

1. In den technischen Unterlagen eines Schleppers sind folgende Angaben enthalten:
   Nennleistung $P_{nenn} =$ 66 kW bei $n = 2300$ 1/min,
   Max. Drehmoment $M_{max} = 320$ Nm bei $n = 1600$ 1/min.
   a) Bei wie viel Prozent der Nenndrehzahl wird das maximale Drehmoment erreicht?
   b) Welche Leistung gibt der Motor bei maximalem Drehmoment ab?
   c) Wie groß ist das Drehmoment des Motors bei Nennleistung?
   d) Wie groß ist der Drehmomentanstieg in %?
   e) Wie groß ist die Innenleistung des Motors, wenn der mechanische Wirkungsgrad 82% (0,82) beträgt?

2. Ein Scheppermotor hat ein maximales Drehmoment $M_{max} = 386$ Nm. Die Nennleistung beträgt $P_{nenn} = 74$ kW bei einer Drehzahl $n = 2200$ 1/min. Wie groß ist der Drehmomentanstieg in %?

3. Der Motor eines Schleppers hat eine Leistung von $P_{nenn} = 85$ kW bei einer Drehzahl von $n = 2400$ 1/min. Der Drehmomentanstieg beträgt 27%.
   a) Wie groß ist das Nenndrehmoment?
   b) Wie groß ist das maximale Drehmoment des Motors?

4. Ein Dieselmotor, der nach dem Viertaktverfahren arbeitet, hat folgende technische Daten:
   Bohrungsdurchmesser d = 106,5 mm
   Hub s = 110 mm
   Zylinderzahl z = 6
   mittlerer Arbeitsdruck p_m = 7,5 bar
   Drehzahl n = 2300 1/min
   effektive Motorleistung P_{eff} = 74 kW
   a) Wie groß ist die indizierte Leistung des Motors?
   b) Ermitteln Sie den mechanischen Wirkungsgrad des Motors.
   c) Wie groß ist die Reibleistung?

5. Bild 1 enthält Angaben zum Drehmoment eines Schleppermotors bei verschiedenen Drehzahlen:

Drehzahl in 1/min	Drehmoment in Nm
1200	282
1400	300
1600	308
1800	298
2000	290
2200	275
2400	260
2500	248

1 Drehmoment eines Schleppermotors

a) Errechnen Sie die jeweilige Motorleistung.
b) Stellen Sie die Motorleistung und das Drehmoment in Abhängigkeit von der Drehzahl in der Form eines $x-y$-Diagramms (s. Technische Kommunikation Kap. 1.2) graphisch dar.
x-Achse: Drehzahl in 1/min
y-Achse: Drehmoment in Nm
Leistung in kW
Wählen Sie einen geeigneten Maßstab selbst aus.
c) Kennzeichnen Sie den Drehmomentanstieg in der graphischen Darstellung.
d) Wie groß ist der Drehmomentanstieg in %?

6. Bild 2 enthält Angaben zur Motorleistung eines Schleppermotors bei verschiedenen Drehzahlen:

Drehzahl in 1/min	Leistung in kW
1000	35
1200	49
1400	60
1600	71
1800	80
2000	87
2200	90
2400	92

2 Leistung eines Schleppermotors

a) Errechnen Sie das jeweilige Motordrehmoment.
b) Stellen Sie die Motorleistung und das Drehmoment in Abhängigkeit von der Drehzahl in der Form eines $x-y$-Diagramms (s. Technische Kommunikation Kap. 1.2) graphisch dar.
x-Achse: Drehzahl in 1/min
y-Achse: Drehmoment in Nm
Leistung in kW
Wählen Sie einen geeigneten Maßstab selbst aus.
c) Kennzeichnen Sie den Drehmomentanstieg in der graphischen Darstellung.
d) Wie groß ist der Drehmomentanstieg in %?

1.6 Kraftstoffverbrauch

Kraftstoffverbrauch (DIN 1940)

$$B = \frac{V \cdot \varrho}{t}$$

B Kraftstoffverbrauch
V Kraftstoffvolumen
ϱ Dichte des Kraftstoffs
t Zeit

Spezifischer Kraftstoffverbrauch

$$b = \frac{B}{P_{eff}}$$

b spezifischer Kraftstoffverbrauch
B Kraftstoffverbrauch
P_{eff} effektive Motorleistung

Weitere Erläuterungen finden Sie im Kap. 2.1.4.6 der Technologie.

Übungen

1. Der Motor eines Schleppers hat bei einer Leistung $P_{eff}=85$ kW einen spezifischen Kraftstoffverbrauch $b=218$ g/(kWh).
   a) Wie groß ist der Kraftstoffverbrauch in kg/h?
   b) Wie viele Liter Kraftstoff ($\varrho=0{,}83$ kg/dm^3) verbraucht der Motor in einer Stunde?

2. Der spezifische Kraftstoffverbrauch eines Schleppermotors, der eine Leistung von $P_{eff}=41$ kW hat, wird vom Hersteller mit $b=235$ g/(kWh) angegeben. Das Fahrzeug wird mit einem 78-Liter-Kraftstofftank ausgeliefert. Die Dichte des verwendeten Kraftstoffs beträgt $\varrho=0{,}83$ kg/dm^3.
   a) Wie groß ist der Kraftstoffverbrauch in kg/h?
   b) Wie lange reicht die Tankfüllung, wenn der Motor mit 65% seiner Nennleistung betrieben wird?

3. Der 68-kW-Motor eines Schleppers verbraucht bei Volllast in einer Stunde 18 l Dieselkraftstoff ($\varrho=0{,}83$ kg/dm^3).
   Wie groß ist der spezifische Kraftstoffverbrauch?

4. In den technischen Daten für einen Dieselmotor stehen folgende Angaben:
Spezifischer Kraftstoffverbrauch 232 g/(kWh) bei einer Nennleistung von 60 kW (n=2300 1/min),
Spezifischer Kraftstoffverbrauch b=218 g/(kWh) bei M_{max}=286 Nm (n=1600 1/min).
   a) Wie groß ist der Kraftstoffverbrauch in kg/h bei Nennleistung?
   b) Wie groß ist der Kraftstoffverbrauch in kg/h bei maximalem Drehmoment?
   c) Wie groß ist jeweils der stündliche Kraftstoffverbrauch in l/h, wenn die Dichte des verwendeten Dieselkraftstoffs ϱ=0,83 kg/dm³ beträgt?
5. Bild 1 gibt den spezifischen Kraftstoffverbrauch und die Leistung eines Dieselmotors bei verschiedenen Drehzahlen an:
   a) Errechnen Sie den Kraftstoffverbrauch in kg/h bei den angegebenen Drehzahlen.
   b) Ermitteln Sie den jeweiligen stündlichen Kraftstoffverbrauch in l/h (ϱ=0,83 kg/dm³).
   c) Stellen Sie den Kraftstoffverbrauch in l/h in Abhängigkeit von der Drehzahl in der Form eines x–y-Diagramms (s. Technische Kommunikation Kap. 1.2) graphisch dar.
   x-Achse: Drehzahl in 1/min
   y-Achse: stündlicher Kraftstoffverbrauch in l/h.
   Wählen Sie einen geeigneten Maßstab selbst aus.
   d) Welche Aussagen über den Kraftstoffverbrauch sind aufgrund der graphischen Darstellung möglich?

Drehzahl in 1/min	Leistung in kW	Spez. Kraftstoffverbrauch in g/(kWh)
1000	35	240
1200	44	230
1400	52	228
1600	58	225
1800	65	228
2000	69	235
2200	73	240

1 Spezifischer Kraftstoffverbrauch eines Dieselmotors

1.7 Berechnungen an einem Schleppermotor

Der Dieselmotor eines Schleppers, der nach dem Viertaktverfahren arbeitet, hat folgende technische Daten:

Bohrungsdurchmesser	d =	105 mm
Hub	s =	120 mm
Zylinderzahl	z =	4
Verdichtungsverhältnis	ε =	16,4:1
Einlassventil öffnet	Eö:	13° v. OT
Einlassventil schließt	Es:	42° n. UT
Auslassventil öffnet	Aö:	47° v. UT
Auslassventil schließt	As:	17° n. OT
mittlerer Arbeitsdruck	p_m =	8 bar
Nenndrehzahl	n =	2100 1/min
Nennleistung	P_{eff} =	50 kW
Drehmomentanstieg	=	20%
spez. Kraftstoffverbrauch	b =	214 g/(kWh)

Übungen

1. Wie groß sind V_h und V_H?
2. Ermitteln Sie die Größe des Verdichtungsraumes.
3. Welche mittlere Kolbengeschwindigkeit erreicht der Motor bei Nenndrehzahl?
4. Geben Sie den Öffnungswinkel der Ventile an.
5. Berechnen Sie die Öffnungszeit der Ventile bei Nenndrehzahl.
6. Wie groß ist die Kolbenkraft?
7. Bestimmen Sie die indizierte Leistung des Motors.
8. Welchen mechanischen Wirkungsgrad hat der Motor?
9. Wie groß ist das maximale Drehmoment?
10. Ermitteln Sie den Kraftstoffverbrauch in kg/h.
11. Wie groß ist der stündliche Kraftstoffverbrauch (ϱ=0,83 kg/dm³), wenn der Motor mit 56% seiner Nennleistung betrieben wird?
12. Wie lange reichen für diesen Einsatz 80 l Kraftstoff?

2 Elektrik und Elektronik

2.1 Elektrische Leistung und Arbeit

Elektrische Leistung

$$P = U \cdot I$$

P elektrische Leistung
U Spannung
I Stromstärke

Elektrische Arbeit

$$W = P \cdot t$$

W elektrische Arbeit
t Zeit

Wirkungsgrad

$$\eta = \frac{P_{ab}}{P_{zu}}$$

η Wirkungsgrad
P_{zu} aufgenommene Leistung
P_{ab} abgegebene Leistung

$P_{ver} = P_{zu} - P_{ab}$ P_{ver} Verlustleistung

$$\frac{\text{Wirkungsgrad in \%}}{100\%} = \eta$$

Weitere Erläuterungen finden Sie im Kap. 3.1.5.1 der Technologie.

Übungen

1. Für die Beleuchtungs- und Signalanlage eines Schleppers werden Glühlampen nach Bild 1 verwendet:

Anzahl	Verwendungszweck	Bezeichnung
2	Hauptscheinwerfer, normal	12 V 45/40 W
2	Begrenzungsleuchte	12 V 4 W
4	Blinkleuchte	12 V 21 W
3	Blinkkontrollleuchte	12 V 1,2 W
1	Warnblinkkontrollleuchte	12 V 1,2 W
2	Schlussleuchte	12 V 10 W
1	Fernlichtkontrollleuchte	12 V 2 W
2	Traktormeterleuchte	12 V 2 W
2	Bremsleuchte	12 V 21 W
2	Arbeitsscheinwerfer	12 V 55 W

Die Bezeichnungen geben die maximal zulässige Leistungsaufnahme der einzelnen Glühlampen an.

1 Glühlampen an einem Schlepper

a) Errechnen Sie die maximale Stromstärke, wenn folgende Glühlampen der Beleuchtungs- und Signalanlage eingeschaltet sind:
Bremslicht
Blinklicht ohne Anhänger
Blinklicht mit 2 Anhängern
Warnblinklicht ohne Anhänger
Warnblinklicht mit einem Anhänger
Standlicht
Abblendlicht
Fernlicht
Abblendlicht mit Arbeitsscheinwerfer

b) Wie groß ist die elektrische Arbeit der Glühlampen des Abblendlichtes bei einer Einschaltdauer von 2,5 Stunden?

c) Wie groß ist der Widerstand der einzelnen Glühlampen?

d) Wie groß ist der Gesamtwiderstand der eingeschalteten Bremsleuchten?

e) Wie groß ist der Anstieg der Stromstärke bei Abblend- und Fernlicht, wenn die normalen Hauptscheinwerfer durch H4-Scheinwerfer mit der Glühlampenbezeichnung 12 V 60/55 W ersetzt werden?

f) Bei einem elektronischen Blinkgeber wird die Einschaltstufe für die Kontrolllampen über einen Kontrollwiderstand ($R = 0{,}06\ \Omega$), der im Stromkreis zwischen den Klemmen 49 und 49a eingebaut ist, angesteuert (s. Bild 70.2). Berechnen Sie den jeweiligen Spannungsfall am Kontrollwiderstand bei folgenden Blinklichtschaltungen:
Schlepper allein
Schlepper mit einem Anhänger
Schlepper mit zwei Anhängern.

g) Die Drahtwendel einer Kfz-Leuchte besitzt die Eigenschaft, dass ihr Widerstandswert mit zunehmender Erwärmung ansteigt. Der Einschaltstrom kann daher den zehnfachen Wert der Nennstromstärke erreichen. Errechnen Sie den Einschaltstrom und den Widerstand der „kalten" Blinkleuchten beim Richtungsblinken des Schleppers.

h) Wie groß ist bei „kalten" Blinkleuchten der Spannungsfall am Kontrollwiderstand des elektronischen Blinkgebers?

i) Wie groß ist die aufgenommene Leistung eines 14-V-Generators ($\eta = 0{,}72$), wenn dieser das eingeschaltete Abblendlicht und die Arbeitsscheinwerfer mit Strom versorgen muss?

2. Die Flammglühkerze eines Schleppers hat bei einer Spannung $U = 9{,}5$ V einen Widerstand $R = 0{,}475\ \Omega$. Wie groß ist die elektrische Leistung?

3. Der Heizflansch im Ansaugrohr eines Schleppermotors hat bei einer Betriebsspannung $U = 12$ V eine Leistung $P = 480$ W. Wie groß ist der Widerstand der Heizwendel?

4. Ein Generator erzeugt bei einer Betriebsspannung $U = 14$ V einen Ladestrom $I = 55$ A. Der Wirkungsgrad beträgt $\eta = 75\%$.
   a) Wie groß ist die abgegebene Leistung des Generators?
   b) Wie groß ist die aufgenommene Leistung des Generators?

5. Ein Starter nimmt bei einer Spannung $U = 10{,}5$ V einen Strom $I = 280$ A auf. Wie groß ist die abgegebene Leistung, wenn der Wirkungsgrad $\eta = 52\%$ beträgt?

6. Die Leistung eines Starters wird mit $P = 3$ kW angegeben. Der Wirkungsgrad beträgt $\eta = 55\%$. Wie groß ist die Stromaufnahme bei einer Spannung $U = 10{,}8$ V?

2.2 Leitungswiderstand und Spannungsfall

Leitungswiderstand

$$R = \frac{\varrho \cdot l}{A}$$

R Widerstand
ϱ spezifischer Widerstand (s. Bild 1)
l Länge des Leiters
A Querschnittsfläche des Leiters

Spannungsfall

Der durch den Leitungswiderstand verursachte Spannungsfall kann mit Hilfe des Ohmschen Gesetzes berechnet werden.

Folgende Werte für den Spannungsfall $U_{v\,max}$ sind bei einer 12-V-Anlage zulässig:

Starterhauptleitung	$U_{v\,max} = 0{,}5$ V
Lichtleitung von Batterie bis Leuchten	$U_{v\,max} = 0{,}8$ V
Ladeleitung bei Maximalstrom des Generators	$U_{v\,max} = 0{,}4$ V

Leiterwerkstoff	Spez. Widerstand ϱ in $\frac{\Omega \cdot mm^2}{m}$
Aluminium	0,03
Eisen	0,1
Kupfer	0,01786
Wolfram	0,055
Kohle	21 ... 35

1 Spezifischer Widerstand ausgewählter Leiterwerkstoffe

Weitere Erläuterungen finden Sie im Kap. 3.1.5.2 der Technologie.

Übungen

1. Für die elektrische Anlage eines Schleppers werden Leitungen aus Kupfer mit Länge und Querschnittsfläche nach Bild 2 verwendet:

Verwendungszweck	Querschnittsfläche in mm²	Länge in m
Hauptscheinwerfer Einzelleitung ab Sicherung	1	2,8
Hauptscheinwerfer Sammelleitung bis Sicherung	1,5	0,8
Begrenzungsleuchte	1	1,6
Bremsleuchte	1	2,0
Blinkleuchte	1	2,2
Warnleuchten	1	1,9
Flammglühkerze	2,5	2,4
Generator Ladeleitung	10	1,5
Starter Hauptleitung	50	0,9
Batterie Masseleitung	50	0,4
Batterie Fahrt-Start-Schalter Kl. 30	10	1,4

2 Elektrische Leiter eines Schleppers

a) Bestimmen Sie den jeweiligen Widerstand der angegebenen elektrischen Leitungen.

b) Errechnen Sie den Spannungsfall, den folgende Leitungen bei eingeschalteten Verbrauchern verursachen:
Scheinwerfer Einzelleitung Abblendlicht,
Scheinwerfer Sammelleitung Fernlicht,
Begrenzungsleuchte,
Blinkleuchte,
Bremsleuchte,
Warnleuchten.
Die Betriebsspannung und die Leistung der jeweiligen Glühlampe kann Bild 1, Seite 268 entnommen werden.

c) Das Fahrzeug hat einen Generator, der bei einer Spannung von 14 V eine Leistung von 770 W abgibt. Wie groß ist bei dieser Leistung der Spannungsfall in der Ladeleitung?

d) Die Flammglühkerze hat bei einer Spannung von 11 V einen Widerstand von 0,61 Ω. Wie groß ist der Spannungsfall in der Zuleitung?

e) Bei welcher Stromstärke wird in der Masseleitung der Batterie ein Spannungsfall von 0,2 V erzeugt?

f) Bei welcher Stromaufnahme des Starters wird der zulässige Spannungsfall der Starterhauptleitung überschritten?

g) Der Starter des Schleppers gibt eine Leistung von 2,7 kW bei einer Spannung von 10,5 V ab. Der Wirkungsgrad beträgt 51 %. Wie groß ist der Spannungsfall der Starterhauptleitung beim Startvorgang?

2. Ein elektrischer Verbraucher hat eine Leistungsaufnahme von 500 W bei einer Betriebsspannung von 12 V. Der Spannungsfall in der Zuleitung, die eine Länge von 4,2 m haben muss, soll 0,2 V nicht übersteigen. Welche Querschnittsfläche muss die Leitung aus Kupfer mindestens haben?

3. Die Kohlebürsten eines Drehstromgenerators haben eine Länge von 35 mm und eine Querschnittsfläche von 12 mm². Der spezifische Widerstand beträgt 25 Ω · mm²/m. Wie groß ist der Spannungsfall an den Kohlebürsten, wenn sie einen Erregerstrom von 3,5 A übertragen müssen?

4. Die Primärwicklung einer Zündspule hat einen Durchmesser von 1,06 mm. Der Widerstand soll 0,4 Ω betragen. Wie lang ist der verwendete Kupferdraht?

5. Ein Verlängerungskabel mit Kupferleitung (Querschnittsfläche 1,5 mm²) ist 50 m lang. Damit soll ein Rasenmäher, dessen Elektromotor bei einer Spannung von 230 V eine Leistung von 1200 W abgibt, an das elektrische Netz angeschlossen werden. Der Wirkungsgrad des Motors beträgt 60%.
a) Welchen Spannungsfall erzeugt das Verlängerungskabel?
b) Welchen Spannungsfall erzeugt ein 20 m langes Kabel mit gleichem Querschnitt?

2.3 Batteriekapazität

$$C = I \cdot t$$

C Kapazität
I Entladestrom
t Entladezeit

Durch **Parallelschaltung** mehrerer Batterien kann die Kapazität erhöht werden.

$C_{ges} = C_1 + C_2 + \ldots$

Weitere Erläuterungen finden Sie im Kap. 3.1.5.3 der Technologie.

Übungen

1. Eine Batterie mit der Aufschrift 12 V 135 Ah ist zu 80% entladen. Wie lange benötigt ein Ladegerät, das einen Ladestrom von $I = 8$ A abgibt, zum vollständigen Laden der Batterie?
2. Der Fahrer vergisst beim Abstellen seines Fahrzeugs um 19 Uhr das Radiogerät auszuschalten. Das Radio nimmt bei einer Spannung $U = 12$ V eine Leistung von $P = 20$ W auf. Um wie viele Ah ist die Kapazität der Batterie gesunken, wenn der Fahrer das Radio am nächsten Morgen um 8 Uhr abschaltet?
3. Ein Starter gibt bei einer Spannung $U = 10{,}5$ V eine Leistung von $P = 2{,}3$ kW ab. Der Wirkungsgrad beträgt $\eta = 52\%$.
   a) Um wie viele Ah sinkt die Kapazität der Batterie, wenn der Startvorgang 8 s dauert?
   b) Wie lange braucht ein 14 V-Generator, der eine Leistung von 700 W abgibt, um die Batterie wieder zu füllen, wenn keine anderen elektrischen Verbraucher betrieben werden?
   c) Wie lange braucht der Generator, um die Batterie wieder zu füllen, wenn gleichzeitig das Fernlicht eingeschaltet wird?
   Die Betriebsspannung und die Leistung der jeweiligen Glühlampen kann Bild 1, Seite 268 entnommen werden.
4. Der Generator eines Schleppers ist defekt. Wie lange reicht die angegebene Kapazität der Batterie von $C = 135$ Ah aus, um das Fahrzeug mit Abblendlicht weiterzufahren?
   Die Betriebsspannung und die Leistung der jeweiligen Glühlampen kann Bild 1, Seite 268 entnommen werden.
5. Der Vorglühvorgang eines Schleppers dauert $t = 30$ s. Die verwendete Flammglühkerze nimmt bei einer Spannung $U = 9{,}5$ V einen Strom von $I = 20$ A auf. Um wie viele Ah sinkt die Kapazität der Batterie während des Vorglühens?
6. Ein Schlepper ist mit 2 Batterien (12 V, 88 Ah), die parallel geschaltet sind, ausgerüstet. Der Starter hat einen Wirkungsgrad von $\eta = 54\%$ und gibt bei einer Spannung $U = 10{,}2$ V eine Leistung von $P = 3$ kW ab. Der Motor will nicht anspringen. Wie lange dürfen die Startversuche dauern, wenn bei einer Batteriekapazität von 30% nicht mehr genügend Strom für den Starter abgegeben werden kann?
7. Eine entladene Batterie wird 18 Minuten an ein Schnell-Ladegerät angeschlossen, das einen Ladestrom von $I = 80$ A liefert. Um wie viele Ah steigt die Kapazität der Batterie in dieser Zeit bei einem Wirkungsgrad von $\eta = 85\%$?
8. Ein Schlepper mit 2 Anhängern muss wegen einer Reifenpanne mit eingeschalteter Warnblinkanlage 2 Stunden am Straßenrand abgestellt werden.
   a) Um wie viele Ah sinkt die Kapazität der Batterie während dieser Zeit?
   Die Betriebsspannung und die Leistung der jeweiligen Glühlampen kann Bild 1, Seite 268 entnommen werden.
   b) Wie lange braucht ein 14 V-Generator, der einen Ladestrom von 28 A abgibt, um die Batterie wieder zu laden, wenn keine anderen elektrischen Verbraucher betrieben werden?
   c) Wie lange braucht der Generator, um die Batterie wieder zu laden, wenn gleichzeitig das Abblendlicht eingeschaltet wird?
   Die Betriebsspannung und die Leistung der jeweiligen Glühlampen kann Bild 1, Seite 268 entnommen werden.
9. Der Starter eines Schleppers gibt bei einer Spannung $U = 10$ V eine Leistung von $P = 2{,}7$ kW ab. Der Wirkungsgrad beträgt $\eta = 52\%$.
   Wie groß muss die Kapazität der Batterie mindestens sein, wenn nach Startversuchen von 8 Minuten Dauer noch 30% der Nennkapazität vorhanden sein soll?
10. Durch Selbstentladung verliert die nicht benutzte Batterie (12 V 110 Ah) eines Mähdreschers täglich 1% ihrer ursprünglichen Kapazität.
    a) Wie groß ist die Kapazitätsabnahme nach einer Standzeit von 30 Tagen?
    b) Wie lange dauert nach dieser Standzeit der vollständige Ladevorgang, wenn der Ladestrom 6 A beträgt?
    c) Nach welcher Standzeit sind nur noch 35% der Kapazität vorhanden?
    d) Wie lange dauert in diesem Fall der vollständige Ladevorgang, wenn der Ladestrom 10% der Nennkapazität beträgt?
11. Eine 84-Ah-Batterie ist zu 75% entladen. Sie soll mit einem Schnell-Ladegerät, das einen Ladestrom von $I = 75$ A liefert, geladen werden. Nach welcher Zeit muss der Ladevorgang abgebrochen werden, wenn durch das Schnellladen maximal 80% der Nennkapazität erreicht werden soll?
12. Der Vorglühvorgang eines Schleppers dauert 25 s. Die verwendete Flammglühkerze hat bei einer Spannung $U = 11$ V einen Widerstand von $R = 0{,}61\ \Omega$. Um wie viele Ah sinkt die Kapazität der Batterie während des Vorglühens?

3 Hydraulik

3.1 Druck in Flüssigkeiten (Grundgesetz der Hydromechanik)

Satz von Pascal: Wirkt über eine Fläche *A* eine Kraft *F* auf eine eingeschlossene Flüssigkeit, so entsteht ein Druck *p*, der sich über die gesamte Flüssigkeit ausbreitet. Es gilt dabei das Gesetz:

$$p = \frac{F}{A}$$

F Kraft
A Kraftangriffsfläche
p Druck (1 bar = 10 N/cm^2)

Weitere Erläuterungen finden Sie im Kap. 4.3.1 der Hydraulik und 2.1.4.2 der Motorentechnik der Technologie.

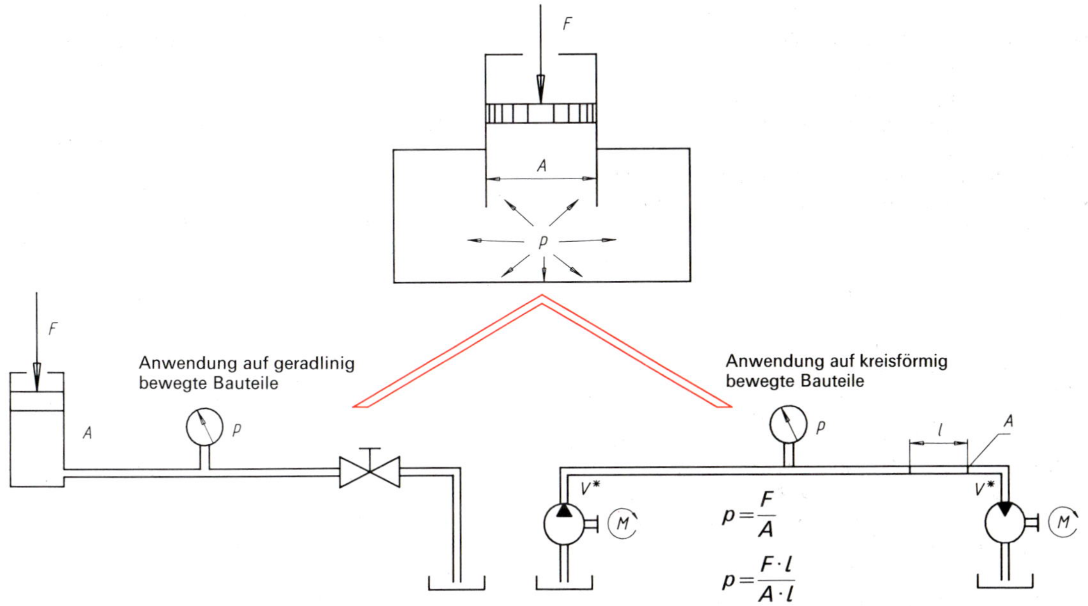

$$p = \frac{F}{A}$$

$$p = \frac{F}{A} \qquad p = \frac{F \cdot l}{A \cdot l}$$

$$p = \frac{W}{V^*}$$

$$M = \frac{W}{2 \cdot \pi}$$

$$P = 2 \cdot \pi \cdot M \cdot n$$

für 1 Motorumdrehung ist:
$F \cdot l = W$ Dreharbeit
$A \cdot l = V^*$ Volumen
l Fördermengenlänge
M Drehmoment
P Antriebsleistung
V^* Flüssigkeitsvolumen bei einer Umdrehung

Übungen

1. Auf eine eingeschlossene Flüssigkeit wird über eine Kolbenfläche $A = 24\ cm^2$ eine Kraft $F = 3360$ daN aufgebracht. Berechnen Sie den Druck *p* in der Flüssigkeit.
2. Der Kolbendurchmesser eines Hydraulikzylinders beträgt $d = 20$ mm. Im Zylinder wirkt ein Flüssigkeitsdruck $p = 80$ bar. Berechnen Sie die Kolbenkraft *F*.
3. In einer Hydraulikanlage ist ein federbelastetes Überdruckventil mit einer Federkraft $F = 3925$ N eingebaut, das erst bei einem Systemdruck $p = 125$ bar öffnen darf.
   a) Berechnen Sie die notwendige Ventilfläche *A*.
   b) Ermitteln Sie den Durchmesser *d* dieser Ventilfläche.
4. Ein dreistufiger Teleskopzylinder besitzt folgende Kolbendurchmesser:
   Stufe I: $d = 100$ mm
   Stufe II: $d = 80$ mm
   Stufe III: $d = 60$ mm
   Der Druck im Stufenzylinder beträgt $p = 150$ bar. Berechnen Sie die Kräfte des Stufenzylinders in den einzelnen Stufen.

5. Der Wasserschlauch einer Beregnungsanlage wird mit einem Stopfen an einem Ende abgedichtet. Der Schlauchinnendurchmesser beträgt $d=1''$ (1 Zoll). Wie groß ist die Kraft F auf den Stopfen, wenn ein Wasserdruck von $p=3{,}5$ bar vorhanden ist?
6. Eine Hydraulikpumpe wird mit einer Dreharbeit pro Umdrehung $W=28{,}8$ Nm angetrieben und besitzt bei einer Umdrehung ein Fördervolumen von $V^*=16\ \text{cm}^3$. Berechnen Sie den Pumpendruck p.
7. Die Steuerpumpe einer Lenkhydraulik fördert bei einer Lenkradumdrehung $V^*=96\ \text{cm}^3$. Der Lenköldruck beträgt $p=120$ bar. Berechnen Sie das erforderliche Lenkraddrehmoment in Nm und die Lenkdreharbeit W.
8. Der Hydraulikmotor zum Fahrantrieb eines Mähdreschers soll bei einem Betriebsdruck von $p=420$ bar eine Dreharbeit pro Umdrehung $W=1050$ Nm erreichen. Berechnen Sie das erforderliche Ölvolumen V^* für eine Motorumdrehung.
9. Eine Hydraulikpumpe mit einem Fördervolumen pro Umdrehung von $V^*=12\ \text{cm}^3$ und einer Antriebsdreharbeit pro Umdrehung $W=25$ Nm versorgt eine Hydraulikanlage. Ein in der Anlage eingebautes Druckbegrenzungsventil mit einem Ventildurchmesser $d=4$ mm soll beim Erreichen von 80% des möglichen Pumpendruckes öffnen. Welche Schließfederkraft F benötigt das Ventil?
10. Eine Zahnradpumpe mit $V^*=22{,}5\ \text{cm}^3$ und einem Betriebsdruck $p=180$ bar wird mit einer Drehzahl $n=2500\ 1/\text{min}$ angetrieben. Berechnen Sie die Dreharbeit pro Umdrehung, das Drehmoment M und die notwendige Antriebsleistung P in KW.
11. Berechnen Sie den erforderlichen Druck p in der Hydraulikanlage, wenn der Frontlader (Bild 1), bestehend aus zwei Zylindern, eine Masse von 180 kg halten soll.

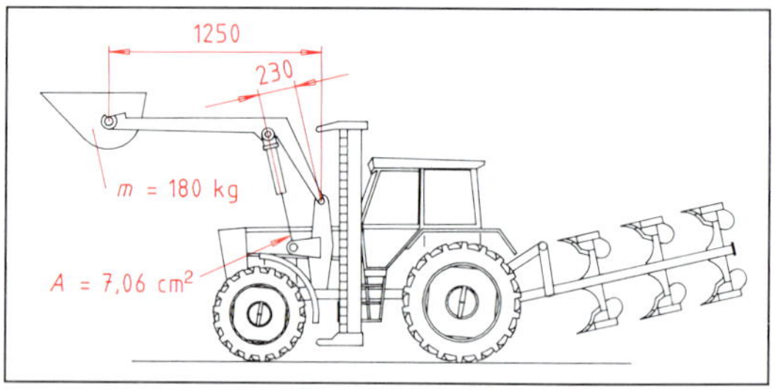

1 Frontlader

3.2 Kraft- und Wegübersetzung mit Hilfe der Hydraulik

Werden in einem Hydrauliksystem Kolben mit unterschiedlichen Kolbenflächendurchmessern angebracht, so ist eine Kraftübersetzung bei einer Kolbenweguntersetzung und umgekehrt möglich.

1. Die Kolbenkräfte verhalten sich wie die zugehörigen Kolbenflächen.

$$\frac{F_1}{F_2}=\frac{A_1}{A_2}$$

F_1 ; F_2 Kräfte
A_1 ; A_2 Kolbenflächen

2. Die Kolbenwege verhalten sich umgekehrt wie die zugehörigen Kolbenflächen.

$$\frac{s_1}{s_2}=\frac{A_2}{A_1}$$

s_1 ; s_2 Kolbenwege

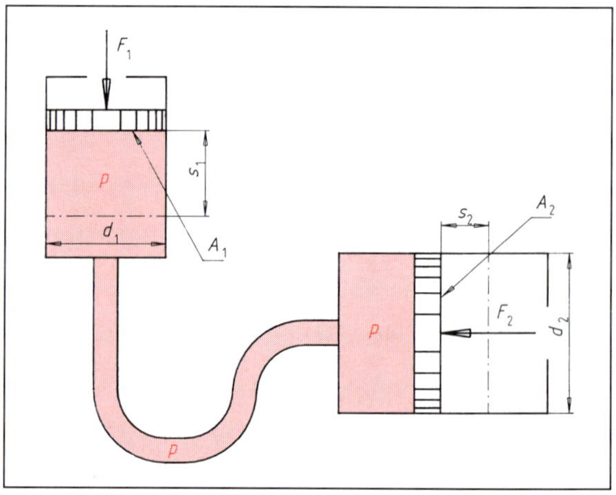

2 Kolbensystem (Hydraulische Presse)

Übungen

1. Von den zwei unterschiedlichen Zylindern in einer Hydraulikanlage (Bild 2, Seite 272) sind folgende Daten bekannt:
   $F_1 = 50$ N; $A_1 = 2$ cm² und $A_2 = 12$ cm².
   Berechnen Sie die Kolbenkraft F_2.
2. Von einer hydraulischen Presse sind folgende Daten bekannt (Bild 2, Seite 272):
   $A_1 = 2$ cm²; $A_2 = 12$ cm²; $s_2 = 0{,}4$ cm.
   Berechnen Sie den Kolbenweg s_1.
3. Eine hydraulische Presse (Bild 2, Seite 272) erzeugt mit einem Arbeitskolben von $d_2 = 350$ mm Durchmesser eine Kraft $F_2 = 60$ KN.
   Die Kolbenkraft des Druckzylinders beträgt
   $F_1 = 420$ N.
   Bestimmen Sie:
   a) den Durchmesser d_1 des Druckkolbens,
   b) den Druck p in der Hydraulikflüssigkeit.
4. Zur Betätigung einer hydraulischen Bremse wird der Kolben des Hauptbremszylinders mit einer Kraft $F_1 = 200$ N betätigt. Der Kolbendurchmesser im Hauptbremszylinder beträgt $d_1 = 16$ mm. Mit welcher Kraft F_2 werden die Bremsbacken vom Radbremszylinder angedrückt, wenn die Kolben im Radbremszylinder einen Durchmesser von $d_2 = 12{,}4$ mm aufweisen?
5. Von einer hydraulischen Presse (Bild 2, Seite 272) sind folgende Werte bekannt:
   $F_1 = 600$ N,
   $A_1 = 2$ cm²,
   $d_2 = 5$ cm,
   $s_2 = 1{,}2$ cm.
   Ermitteln Sie: F_2; A_2; s_1; d_1.
6. Eine Scheibenbremse mit einem Druckzylinderdurchmesser von $d = 45$ mm wird hydraulisch über einen Hauptbremszylinder mit einem Kolbendurchmesser von $d_1 = 18$ mm durch eine Kolbenkraft von $F_1 = 860$ N betätigt.
   Berechnen Sie:
   a) die Anpresskraft F_2 des Druckzylinderkolbens,
   b) den Druck p der Hydraulikflüssigkeit.
7. Ein Radbremszylinder mit einem Kolbendurchmesser $d_2 = 24$ mm soll eine Spannkraft von $F_2 = 1200$ N aufbringen. Der Kolben des Hauptbremszylinders wird mit einer Kraft von $F_1 = 1000$ N betätigt. Berechnen Sie den Durchmesser d_1 des Kolbens im Hauptbremszylinder.
8. Von der hydraulischen Bremsanlage eines Kraftfahrzeuges sind folgende Daten bekannt:
   Kraftarm am Bremspedal 225 mm,
   Lastarm am Bremspedal 45 mm,
   Fußkraft 320 N,
   Kolbendurchmesser des Hauptbremszylinders
   $d_1 = 26$ mm,
   Kolbendurchmesser der Vorderradbremszylinder
   $d_{2V} = 28$ mm,
   Kolbendurchmesser der Hinterradbremszylinder
   $d_{2H} = 25$ mm.
   Berechnen Sie:
   a) die Kolbenkraft F_1 des Hauptbremszylinders,
   b) den Druck p der Hydraulikflüssigkeit,
   c) die Spannkräfte der Radzylinderkolben der Vorder- (F_{2V}) und Hinterräder (F_{2H}).
9. Ein Differentialzylinder (Bild 1) wird abwechselnd rechts und links mit einem Druck von $p = 65$ bar beaufschlagt. Berechnen Sie die Kolbenkräfte F_2 und F_1.

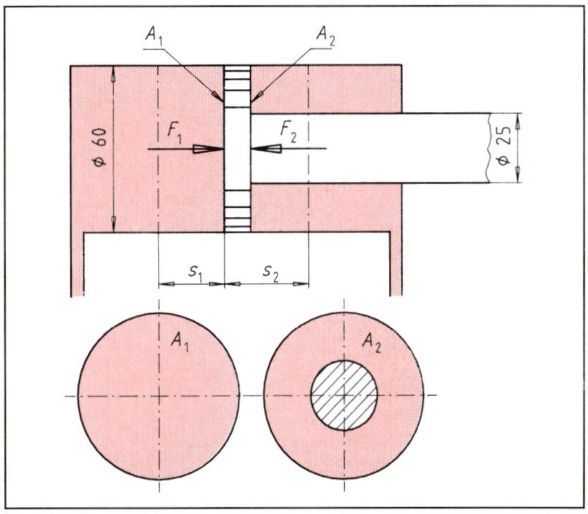

1 Differentialzylinder

10. Welchen Weg s_1 bzw. s_2 legt der Kolben des Differentialzylinders in Aufgabe 9 zurück, wenn rechts bzw. links jeweils $V = 50$ cm³ Hydrauliköl eingebracht werden?
11. Berechnen und skizzieren Sie einen Gleichlaufzylinder mit einem Kolbendurchmesser von $d = 60$ mm, der in beide Richtungen eine Kraft von $F = 14\,500$ N bei einem Druck von $p = 65$ bar ermöglicht.
12. Bestimmen Sie die erforderliche Pedalkraft F_p, damit an den Radbremszylindern (Bild 2) eine Kolbenkraft F_2 von 600 N erreicht wird.

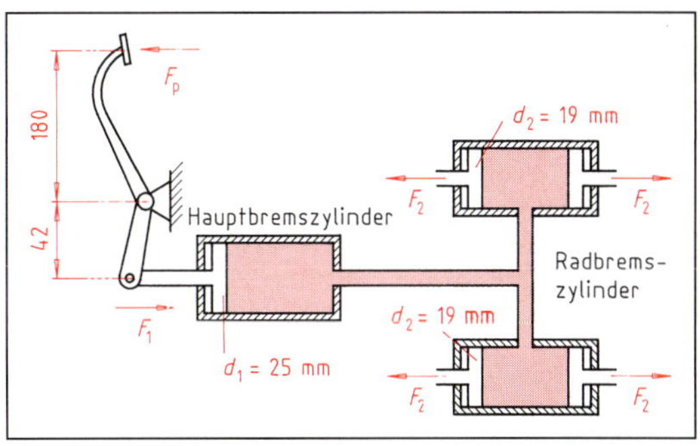

2 Hydraulische Bremsanlage

3.3 Druckübersetzung und Strömungsgeschwindigkeitsänderungen in Hydraulikanlagen

Eine hydraulische Druckübersetzung kann mithilfe eines Schwimmkolbens im Hydrauliksystem ermöglicht werden.

Aus $F_1 = F_2$ folgt:

$$\frac{p_2}{p_1} = \frac{A_1}{A_2}$$

p_1; p_2 Druck (1 bar = 10 N/cm²)
A_1; A_2 Kolbenflächen

$$p_2 = p_1 \frac{A_1}{A_2}$$

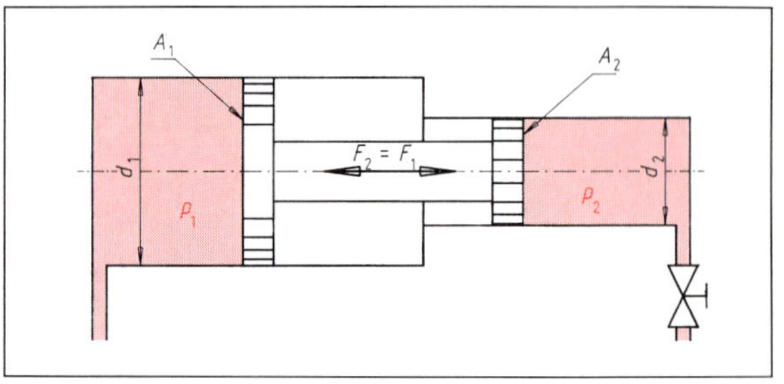

1 Hydraulische Druckübersetzung

Der Volumenstrom $\dot{V}$ in einer Hydraulikanlage lässt sich aus der Fließgeschwindigkeit v und der Querschnittsfläche A der Durchflussleitung wie folgt berechnen:

$$\dot{V} = v \cdot A$$

$\dot{V}$ Volumenstrom
v Fließgeschwindigkeit
A Leitungsquerschnitt

Strömt eine Flüssigkeit durch eine Leitung mit einer Querschnittsveränderung, so gilt:

$$\dot{V}_1 = \dot{V}_2$$
$$v_1 \cdot A_1 = v_2 \cdot A_2$$

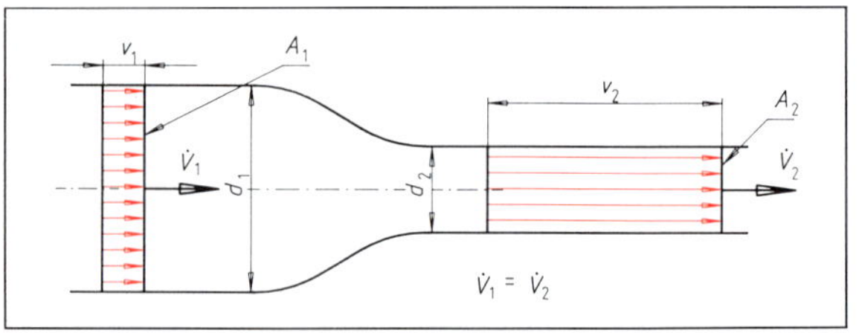

2 Volumenstrom in unterschiedlichen Leitungsquerschnitten

Übungen

1. Von einem Schwimmkolben zur hydraulischen Druckübersetzung sind folgende Daten bekannt:
$p_1 =$ 8 bar, $A_1 = 20$ cm², $A_2 =$ 5 cm².
Berechnen Sie den Druck p_2.

2. Ein hydraulischer Druckübersetzer (Bild 1) wird in einer Hydraulikanlage zur Druckverstärkung einer Teilanlage eingesetzt. Folgende Daten des Übersetzers sind bekannt:
$F_1 = F_2 = 1000$ N, $A_1 = 10$ cm², $A_2 =$ 2 cm².
Berechnen Sie den Druck p_2.

3. Von einem hydraulischen Druckübersetzer (Bild 1) sind folgende Daten bekannt:
$p_1 = 80$ bar, $d_1 = 36$ mm; $d_2 = 25$ mm.
Berechnen Sie folgende Werte: A_1; A_2; F; p_2.

4. Berechnen Sie die Kräfte F_1 und F_2 der Zylinder (Bild 3). Der Druck ist $p_1 = 125$ bar. Durch welche konstruktive Maßnahme erreicht man $F_1 = F_2$.

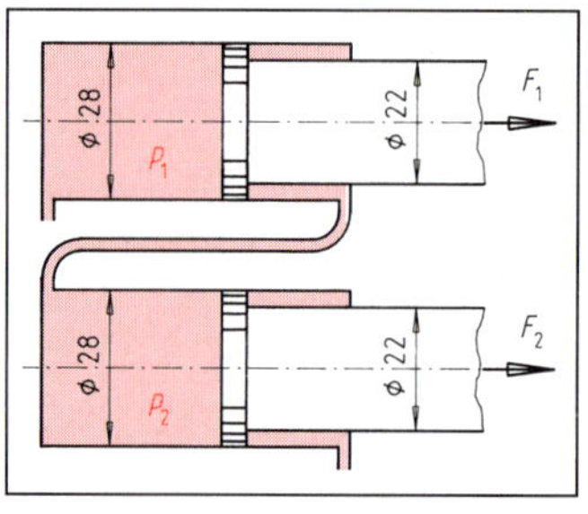

3 Reihenschaltung zweier Zylinder

5. Durch eine Rohrleitung (Bild 2) mit einem Querschnitt $A_1 = 12$ cm² fließt eine Hydraulikflüssigkeit mit einer Geschwindigkeit $v_1 = 30$ cm/s. Wie groß wird die Flüssigkeitsgeschwindigkeit v_2, wenn sich der Leitungsquerschnitt auf $A_2 = 4$ cm² verringert?

6. In der Druckleitung einer Hydraulikanlage (Bild 2) mit einem Durchmesser $d_1 = 10$ mm fließt ein Ölstrom mit einer Fließgeschwindigkeit $v_1 = 5$ m/s. Diese Fließgeschwindigkeit soll auf $v_2 = 4{,}13$ m/s durch eine Querschnittsänderung der Druckleitung reduziert werden. Berechnen Sie den hierzu erforderlichen Leitungsdurchmesser d_2 in mm.

7. Eine Rohrleitung in einem Hydrauliksystem verengt sich vor dem Verbraucher von $d_1 = 10$ mm auf $d_2 = 8{,}5$ mm. Welche Strömungsgeschwindigkeit v_1 ist im Leitungssystem erforderlich, wenn die Einströmgeschwindigkeit in den Verbraucher $v_2 = 5{,}8$ m/s betragen soll?

8. Eine Hydraulikpumpe liefert einen Volumenstrom $\dot{V} = 30$ l/min bei einem Druck von $p = 120$ bar. Berechnen Sie den erforderlichen Leitungsdurchmesser d. (Benutzen Sie Bild 4).

Leitungsart	Ölstrom-Geschwindigkeiten in m/s
Saugleitungen	0,5 … 1,5
Rücklaufleitungen	2,0 … 3,0
Druckleitungen bei p (in bar) < 50 50 … < 100 100 … < 200 ≥ 200	 4,0 4,0 … 5,0 5,0 … 6,0 6,0 … 7,0

4 Ölstrom-Geschwindigkeiten in Rohrleitungen

3.4 Volumenströme in Hydraulikanlagen

$$\dot{V} = v \cdot A$$

$\dot{V}$ Volumenstrom
v Strömungsgeschwindigkeit
A Querschnittsfläche

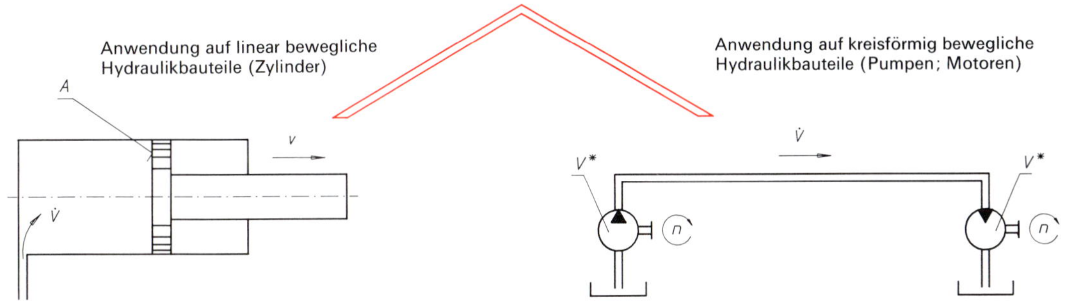

$$\dot{V} = v \cdot A \qquad A = \frac{d^2 \cdot \pi}{4}$$

$$\dot{V} = V^* \cdot n$$

V^* Fördervolumen pro Umdrehung
n Drehzahl

Weitere Erläuterungen finden Sie in Kap. 4.3.1 der Technologie.

Übungen

1. Ein Hydraulikzylinder mit einer Kolbenfläche $A = 12{,}5\ cm^2$ soll mit einer Geschwindigkeit von $v = 1{,}85$ cm/s ausgefahren werden. Berechnen Sie den erforderlichen Volumenstrom $\dot{V}$ in l/min.
2. Berechnen Sie die Ausfahrgeschwindigkeit v in m/s eines Hydraulikzylinders mit dem Kolbendurchmesser $d = 28$ mm, wenn der Volumenstrom $\dot{V} = 0{,}4\ dm^3/min$ beträgt.
3. Ein dreistufiger Teleskopzylinder hat in den einzelnen Stufen folgende Kolbendurchmesser:
   Stufe I: $d = 100$ mm,
   Stufe II: $d = 80$ mm,
   Stufe III: $d = 60$ mm
   Berechnen Sie die Kolbengeschwindigkeiten der drei Zylinderstufen bei einem Volumenstrom $\dot{V} = 1{,}2$ l/min.
4. Ein Differentialzylinder hat einen Kolbendurchmesser $d_1 = 58$ mm und einen Stangendurchmesser $d_2 = 32$ mm. Die angeschlossene Zahnradpumpe versorgt diesen Zylinder im Vor- und Rücklauf gleichmäßig mit einem Volumenstrom $\dot{V} = 6{,}5$ l/min. Berechnen Sie:
   a) die Vor- und Rücklaufgeschwindigkeit,
   b) die Zeit für den Vor- und Rücklauf, wenn der Kolben in beide Richtungen 420 mm ausgefahren wird.
5. Der Hydraulikzylinder einer Hydraulikanlage erhält von einer Zahnradpumpe Öl mit dem Volumenstrom $\dot{V} = 16{,}69$ l/min. Die Kolbengeschwindigkeit soll $v = 8{,}5$ m/min betragen.
   Ermitteln Sie den erforderlichen Zylinderdurchmesser d in mm.
6. Eine Zahnradpumpe mit einem Fördervolumen pro Umdrehung $V^* = 26\ cm^3$ wird mit einer Drehzahl $n = 1200$ 1/min angetrieben. Berechnen Sie den Förderstrom dieser Pumpe $\dot{V}$ in l/min.
7. Eine Hydraulikpumpe mit einem Fördervolumen pro Umdrehung $V^* = 22\ cm^3$ soll einen Förderstrom $\dot{V} = 40$ l/min liefern.
   Berechnen Sie die erforderliche Antriebsdrehzahl dieser Pumpe n in 1/min.
8. Die Hydraulikmotoren an den beiden Antriebsrädern eines Mähdreschers besitzen je ein Schluckvolumen pro Umdrehung $V^* = 100\ cm^3$ und werden über einen Mengenteiler gemeinsam von einer Hydraulikpumpe mit einem Volumenstrom $\dot{V} = 25$ l/min versorgt. Berechnen Sie die Drehzahl der Motoren n in 1/min.
9. Der Hydraulikmotor zum Antrieb eines Mähwerkes am Mähdrescher mit einem Schluckvolumen pro Umdrehung von $V^* = 100\ cm^3$ wird von einer Pumpe mit einem Fördervolumen pro Umdrehung $V^* = 12\ cm^3$ und einer Antriebsdrehzahl von $n = 2400$ 1/min mit Drucköl versorgt. Berechnen Sie:
   a) den Volumenstrom $\dot{V}$ der Anlage,
   b) die Drehzahl n des Hydraulikmotors.
10. Der Hydraulikzylinder einer Kraftheberhydraulik soll bei $d = 60$ mm Kolbendurchmesser eine Kraft $F = 42{,}5$ kN aufbringen.
    a) Berechnen Sie den erforderlichen Öldruck p in bar.
    b) Bestimmen Sie mit Hilfe Bild 4, Seite 274 die mögliche Ölstromgeschwindigkeit in der Druckleitung.
    c) Ermitteln Sie den Volumenstrom $\dot{V}$ in der Rohrleitung, wenn der Nenndurchmesser $d = 12$ mm beträgt.
    d) Berechnen Sie die mögliche Ausfahrgeschwindigkeit v des Zylinderkolbens in m/s.
    e) Berechnen Sie die hierzu erforderliche Drehzahl der Hydraulikpumpe, wenn diese ein Fördervolumen pro Umdrehung von $V^* = 26{,}5\ cm^3$ besitzt.

3.5 Leistung und Wirkungsgrad

Leistung (Bild 1)

p Druck
$\dot{V}$ Volumenstrom
n Drehzahl
M Drehmoment
W Dreharbeit für eine Umdrehung
F Kraft
v Geschwindigkeit
P Leistung (1 Nm/s = 1 W)

Kreisförmige, mechanische Leistung

$$P = 2 \cdot \pi \cdot M \cdot n$$

oder

$$P = W \cdot n$$

Hydraulische Leistung

$$P = p \cdot \dot{V}$$

Geradlinige, mechanische Leistung

$$P = v \cdot F$$

oder

$$P = \frac{s \cdot F}{t} = \frac{W}{t}$$

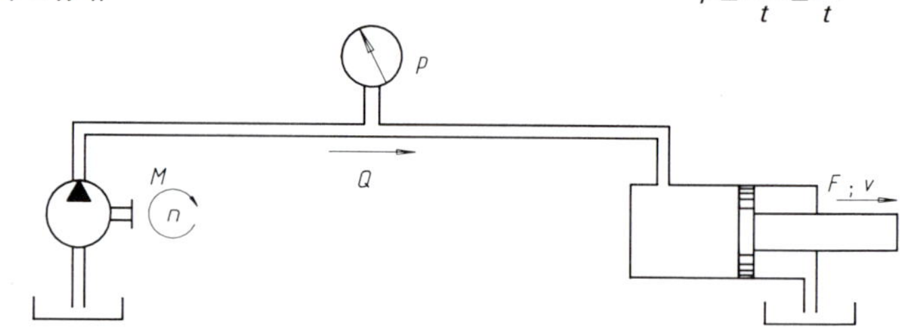

1 Hydro-mechanischer Antrieb

Wirkungsgrad

Der Gesamtwirkungsgrad η_t hydraulischer Bauteile berechnet sich aus dem volumetrischen Wirkungsgrad η_v und dem hydraulisch-mechanischen Wirkungsgrad η_{hm} wie folgt:

$$\eta_t = \eta_v \cdot \eta_{hm} \qquad \eta_t = \frac{P_{ab}}{P_{zu}}$$

Allgemein gilt: $\eta_t = 0{,}7 \ldots 0{,}92$

Diese Wirkungsgrade sind abhängig von der Bauteilkonstruktion, der Fertigungsqualität, der Betriebsdauer, vom Druck, von der Drehzahl, von der Ölviskosität und dem Fördervolumen pro Umdrehung V^* bei Verstellpumpen.

$$P_{zu\,mec} \cdot \eta_{tP} = P_{hyd} \cdot \eta_{tZ} = P_{ab\,mec}$$

P_{ab} Abtriebsleistung
P_{zu} Antriebsleistung
$P_{ab\,mec}$, $P_{zu\,mec}$ mechanische Ab-, Antriebsleistung
P_{hyd} hydraulische Leistung
η_{tP}, η_{tZ} Gesamtwirkungsgrad der Pumpe, des Zylinders

Übungen

1. In einer Hydraulikanlage soll ein Volumenstrom $\dot{V} = 32$ l/min bei einem Druck $p = 250$ bar fließen. Berechnen Sie die hydraulische Leistung in kW.
2. Die Kolben zweier parallel geschalteter Hydraulikzylinder mit einem Kolbendurchmesser von jeweils 80 mm sollen gleichzeitig mit einer Kolbengeschwindigkeit $v = 0{,}1$ m/s ausgefahren werden. Welche hydraulische Leistung in kW ist erforderlich, wenn pro Zylinder eine Kraft von 30 kN aufgebracht wird?
3. Ein Axialkolbenmotor soll bei einer Drehzahl von $n = 1600$ 1/min ein Drehmoment von $M = 450$ Nm übertragen.
   a) Berechnen Sie die Leistung des Axialkolbenmotors.
   b) Berechnen Sie die erforderliche hydraulische Leistung, wenn der Wirkungsgrad des Axialkolbenmotors $\eta_t = 0{,}82$ beträgt.
   c) Berechnen Sie den erforderlichen Volumenstrom $\dot{V}$ zum Betrieb des Axialkolbenmotors bei einem Nenndruck von 230 bar.
4. Eine Radialkolbenpumpe besitzt einen volumetrischen Wirkungsgrad $\eta_v = 0{,}95$ und einen hydraulisch-mechanischen Wirkungsgrad $\eta_{hm} = 0{,}8$.
   a) Berechnen Sie den Gesamtwirkungsgrad η_t der Pumpe.
   b) Berechnen Sie die erforderliche Antriebsleistung dieser Radialkolbenpumpe, wenn deren hydraulische Abtriebsleistung 6,84 kW beträgt.
5. Eine Zahnradpumpe hat ein Fördervolumen pro Umdrehung $V^* = 10{,}2\ \text{cm}^3$ und besitzt folgende Wirkungsgrade:
   $\eta_v = 0{,}9$
   $\eta_{hm} = 0{,}7$.
   a) Berechnen Sie den Volumenstrom $\dot{V}$ dieser Pumpe bei einer Drehzahl $n = 1450$ 1/min.
   b) Berechnen Sie die notwendige Antriebsleistung für diese Pumpe bei einem Druck von 200 bar.
6. Von einem hydrostatischen Mähdrescherantrieb (Bild 1) sind folgende Daten angegeben:
   Hydraulikmotor:
   Bauart: Konstantmotor – Axialkolbenmotor
   Abtriebsnenndrehzahl $n = 1700$ 1/min
   Nenndrehmoment $M = 500$ Nm
   Nenndruck $p = 420$ bar
   Gesamtwirkungsgrad $\eta_t = 0{,}92$
   Hydraulikpumpe:
   Bauart: Verstellförderpumpe – Axialkolbenpumpe
   Gesamtwirkungsgrad $\eta_t = 0{,}87$.
   Berechnen Sie:
   a) die Nennleistung des Hydraulikmotors,
   b) die hydraulische Antriebsleistung des Motors,
   c) den erforderlichen Volumenstrom $\dot{V}$ des Motors,
   d) die Abtriebsleistung der Pumpe.

4 Triebwerkstechnik

4.1 Reibungskraft

Zwischen zwei Bauteilen, die sich berühren, besteht Reibung. In der Technik gibt es Fälle, wo sie möglichst klein sein soll, z. B. zwischen Kolben und Zylinder eines Verbrennungsmotors. In anderen Fällen soll sie möglichst groß sein, z. B. zwischen Kupplungsscheibe, Schwungrad und Druckplatte bei einer Reibungskupplung.

Sollen zwei Bauteile gegeneinander verschoben werden, so bewirkt die Reibung eine Kraft, die dieser Verschiebung entgegen wirkt. Man nennt sie **Reibungskraft**. Somit ist die Reibungskraft eine typische Reaktionskraft. Sie wirkt nur dann, wenn Kräfte auftreten, die die Bauteile gegeneinander zu verschieben versuchen bzw. verschieben.

Die Reibung ist abhängig von

- der senkrechten Kraft, mit der ein Bauteil gegen ein anderes gedrückt wird,
- den sich berührenden Werkstoffen (Werkstoffpaarung)
- der Oberflächenbeschaffenheit
- der Schmierung
- der Temperatur
- der Reibungsart (Haft-, Gleit- oder Rollreibung)

} Diese Faktoren werden in der **Reibungszahl** μ zusammengefasst. Sie wird durch Versuche ermittelt und ist dimensionslos.

Haftreibung

Verschieben sich zwei Bauteile, die sich berühren, unter der Einwirkung von Kräften **nicht** gegeneinander, so spricht man von Haftreibung.

$$F_R = F_N \cdot \mu_H$$

F_R (Haft-)Reibungskraft
F_N Normalkraft
μ_H Haftreibungszahl

Beispiel:

Ein Baumstamm der Masse $m = 543$ kg soll auf einem mit Betonplatten ausgelegten Weg in Längsrichtung gezogen werden. Welche Mindestzugkraft muss aufgewendet werden, um die Haftreibung zu überwinden und der Baumstamm beginnt, sich zu bewegen?

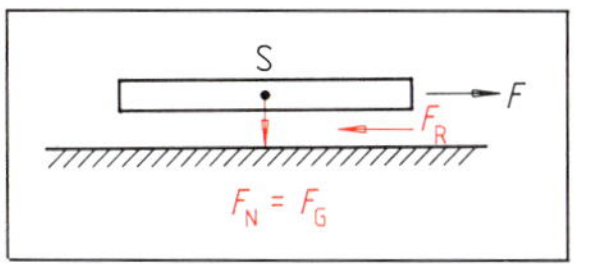

2 **Kräfte am Baumstamm**

Betrachtet man die Kräfte, die in horizontaler Richtung wirken, so ergibt sich:

wenn $F \leq F_R$ ⇒ Baumstamm bewegt sich nicht,
wenn $F > F_R$ ⇒ Baumstamm bewegt sich.

$F_R = F_N \cdot \mu_H$

$F_N = F_G = m \cdot g$

g Erdbeschleunigung, $g = 9{,}81\ \text{m/s}^2$

$F_N = 543\ \text{kg} \cdot 9{,}81\ \text{m/s}^2$

$F_N = 5327\ \text{N}$

$\mu_H = 0{,}6$ (siehe Bild 1)

$F_R = 5327\ \text{N} \cdot 0{,}6$

$\underline{\underline{F_R = 3196\ \text{N}}}$

Um den Baumstamm zu bewegen, muss die Zugkraft $F > 3196$ N betragen.

Werkstoffpaarung	Haftreibungszahl μ_H		Gleitreibungszahl μ_G	
	trocken	geschmiert	trocken	geschmiert
Stahl–Stahl	0,15	0,1	0,1	0,05
Stahl–Gusseisen	0,20	0,1	0,16	0,05
Stahl–Weißmetall			0,2	0,04
Stahl–Bronze			0,18	0,07
Stahl–Eis	0,027		0,014	
Holz–Beton	0,6		0,5	
Metall–Holz	0,55	0,1	0,35	0,05
Metall–Leder (Dichtung)	0,6	0,25	0,25	0,12
Lederriemen–Gusseisen	0,55		0,28	0,12
Lederriemen–Holz	0,47		0,27	
Stahl–Bremsbelag[1]			0,55	0,4
Gusseisen-Bronze	0,28	0,16	0,21	
Stahl–Hartgewebe			0,25 ... 0,40	0,10 ... 0,12 Fett 0,05 ... 0,08 Öl 0,03 ... 0,07 Wasser
Stahl–Polyamid			0,2 ... 0,45	0,1 ... 0,2 Fett 0,04 Öl, Wasser
Stahl–Polystyrol			0,46 ... 0,50	
Stahl–Teflon			0,04	
Polyamid-Polyamid			0,20	0,09 Fett 0,07 Ölnebel 0,04 Öl

[1] s. Kap. 5.1 und 6.4 der Technologie

1 **Durchschnittswerte von Reibungszahlen μ_H und μ_G (Auswahl)**

Gleitreibung

Verschieben sich zwei Bauteile, die sich berühren, unter der Einwirkung von Kräften gegeneinander, so spricht man von Gleitreibung.

Die Kraft, die zum Verschieben der Teile gegeneinander benötigt wird, ist kleiner als die Haftreibungskraft, da die Gleitreibungszahl μ_G kleiner als die Haftreibungszahl μ_H ist (siehe Bild 1, Seite 277).

Beispiel:

Der Baumstamm, der mit einer Normalkraft $F_N = 5327$ N auf seine Unterlage drückt, bewegt sich durch Anziehen in Längsrichtung. Wie groß ist die Kraft, die nötig ist, um den Stamm weiterzuziehen?

$F_R = F_N \cdot \mu_G$ $\mu_G = 0{,}5$ (siehe Bild 1, Seite 277)

$= 5327\ \text{N} \cdot 0{,}5$

$\underline{\underline{F_R = 2663{,}5\ \text{N}}}$

Um den Baumstamm, der mit einer Zugkraft $F > 3196$ N in Bewegung gesetzt wurde, weiter zu bewegen, ist eine Zugkraft notwendig, die größer als $F_n = 2663{,}5$ N ist.

Rollreibung

Rollt ein Bauteil auf einem anderen ab (z.B. ein Rad auf einer Unterlage, eine Kugel auf einem Lagerring), so berühren sich nur kleine Flächenstücke. Die Reibungskraft ist um so geringer, je kleiner die Berührungsflächen und je geringer deren Verformungen sind. Die Rollreibungszahlen μ_R sind daher wesentlich kleiner als Haft- und Gleitreibungszahlen.

Beispiel:

Der Baumstamm aus den vorangegangenen Berechnungen soll gerollt werden.

$F_R = F_N \cdot \mu_R$ $\mu_R = 0{,}03$ (aus einem Tabellenbuch entnommen)

$= 5327 \cdot 0{,}03$

$\underline{\underline{F_R = 159{,}8\ \text{N}}}$

Um den Baumstamm zu rollen, muss die Rollreibungskraft $F_R = 158{,}8$ N überwunden werden.

Trockene und geschmierte Reibung

Haft- und Gleitreibung können zwischen
- trockenen und
- geschmierten

Reibpaarungen auftreten.

Die Reibungszahlen für diese Verhältnisse sind aus Tabellen zu entnehmen (z.B. Bild 1, Seite 277). Bei Rollreibung sind die Unterschiede zwischen trockener und geschmierter Reibung meist gering.

Übungen

1. Eine Ersatzteilkiste mit einer Gewichtskraft $F_G = 750$ N beginnt bei einer waagerecht wirkenden Kraft $F = 520$ N sich zu verschieben. Wie groß ist die Haftreibungszahl?
2. Auf den Zapfen in einem Gleitlager wirkt eine Normalkraft $F_N = 4800$ N. Berechnen Sie die Reibungskräfte für
   - den Originalzustand des Lagers,
   - den Zustand nach Umrüstung auf ein Wälzlager.
3. Ein luftbereifter Anhänger mit einer Gesamtmasse von 750 kg soll auf einer Betonstraße bewegt werden. Wie groß ist die erforderliche Kraft in Bewegungsrichtung?

4.2 Flächenpressung

Berühren sich zwei Bauteile mit der Fläche A und wirkt auf sie eine senkrechte Kraft F, so entsteht in der Berührungsfläche eine Druckspannung, die man als Flächenpressung p bezeichnet (Bild 1).

$$p = \frac{F}{A}$$

p Flächenpressung
F Kraft
A Fläche

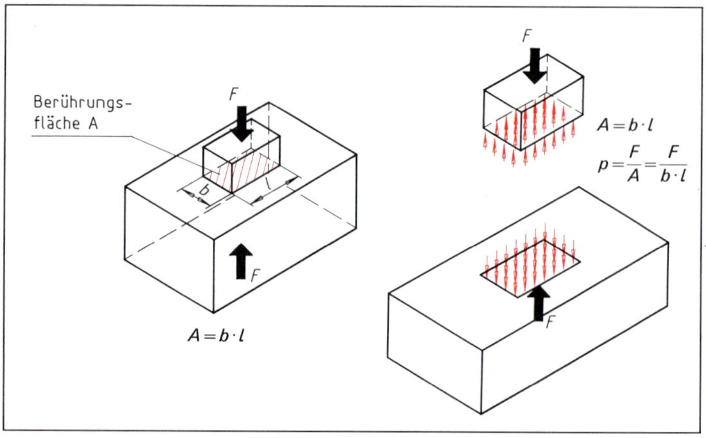

1 Flächenpressung mit ebenen Berührungsflächen

Bei zylindrischen Bauteilen wird eine Fläche senkrecht zur Kraftrichtung als Berührungsfläche (Projektionsfläche) angenommen (Bild 1).

Beispiel:

Der Zapfen eines Pleuellagers mit einem Durchmesser $d = 60$ mm und einer Länge $l = 50$ mm soll mit einer Kraft $F = 30$ kN belastet werden.

Wie groß ist die Flächenpressung p?

$p = \frac{F}{A}$ $F = 30$ kN

$A = l \cdot d = 5$ cm $\cdot$ 6 cm $= 30$ cm^2

$p = \frac{30 \text{ kN}}{30 \text{ cm}^2} = \frac{30000 \text{ N}}{30 \text{ cm}^2}$

$p = 1000$ N/cm^2

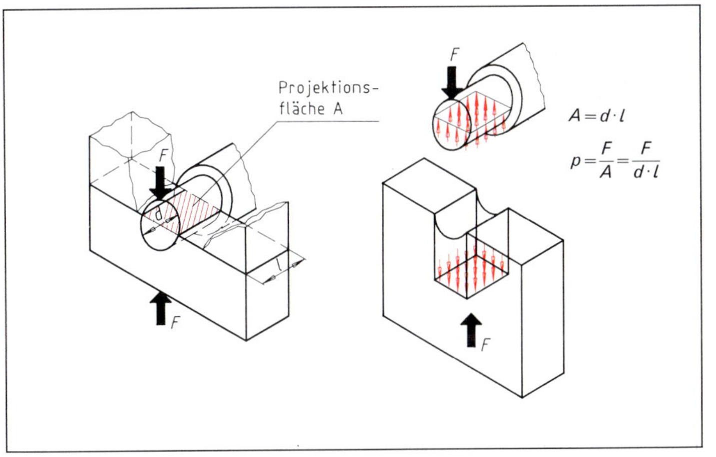

1 Flächenpressung mit zylindrischen Berührungsflächen

Übungen

1. Ermitteln Sie die zulässigen Richtwerte für die Flächenpressung p aus einem Tabellenbuch für folgende Werkstoffpaarungen bei nicht gleitendem und gleitendem Betrieb:
   - Stahl gehärtet – Stahl gehärtet,
   - Stahl gehärtet – Cu Sn Pb,
   - Stahl gehärtet – EN GJL-250 (GG),
   - Stahl–Stahl,
   - Stahl–EN AU–Al Mg Si,
   - Stahl–Kunststoff (nur gleitend).
2. Ein Lagerzapfen hat die Abmessungen $d = 40$ mm, $l = 30$ mm. Mit welcher Kraft darf der Lagerzapfen belastet werden, wenn die zulässige Flächenpressung $p_{zul} = 120$ N/cm^2 sein darf?

4.3 Kupplungsberechnungen

Das maximal übertragbare Drehmoment errechnet sich nach der Formel

$$M_{k\,zul} = F \cdot r_m \cdot \mu \cdot z$$

$M_{k\,zul}$ maximal übertragbares Drehmoment der Kupplung
F Anpresskraft der Druckplatte
r_m mittlerer Reibradius

$$r_m = \frac{2\,(r_a^3 - r_i^3)}{3\,(r_a^2 - r_i^2)}$$

r_a äußerer Radius der Reibbeläge
r_i innerer Radius der Reibbeläge

μ Reibwert der Platte, es gelten:

$\mu = 0{,}27 \ldots 0{,}3$ für organische Beläge
$\mu = 0{,}37 \ldots 0{,}4$ für Sintermetall-Beläge

z Reibflächenzahl; (1 Scheibe: $z = 2$)

Je nach Einsatzart ist das maximale Motordrehmoment mit 1,3 ... 2facher Sicherheit S zu übertragen. Als Endformel ergibt sich also

$$M_k = S \cdot M_{mot}$$

M_k zu übertragendes Drehmoment
S Sicherheitsfaktor
M_{mot} Motordrehmoment

Zur Übertragung von Drehmomenten muss gewährleistet sein, dass

$$M_{k\,zul} \geq M_k$$ gilt.

$M_{k\,zul}$ max. Drehmoment, das von der Kupplung übertragen werden **kann**
M_k Drehmoment, das von der Antriebswelle übertragen werden **soll**

Wird die Anpresskraft F der Druckplatte für ein gegebenes Drehmoment berechnet, so ist zu kontrollieren, ob die zulässige Flächenpressung p des Belagwerkstoffs nicht überschritten wird (siehe Seite 278).

$$p = \frac{F}{A}$$

p Flächenpressung des Belagwerkstoffes
zulässige Flächenpressungen für Kupplungsbeläge sind $p_{zul} = 30$ N/cm^2 für organische Beläge
$p_{zul} = 30 \ldots 50$ N/cm^2 für Sinterbeläge
F Anpresskraft
A (Reib-)Berührungsfläche

Übersetzungsverhältnis an Kupplungen

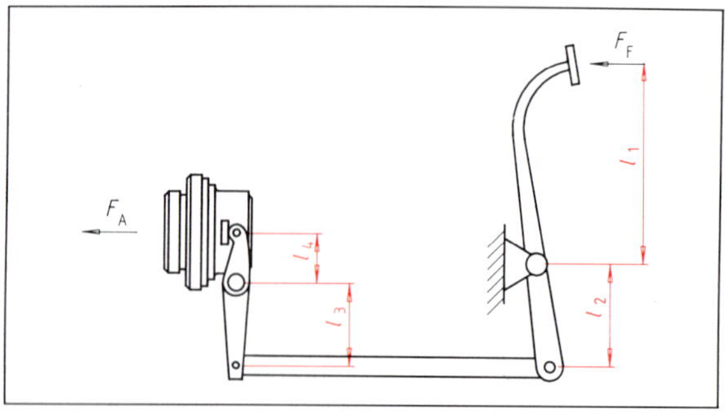

1 Kupplung

Hebelgesetz: $\frac{F_1}{F_2} = \frac{l_2}{l_1}$ bei einfacher Übersetzung

$\frac{F_1}{F_2} = \frac{l_2}{l_1} \cdot \frac{l_4}{l_3}$ bei zweifacher Übersetzung

Für die in Bild 1 skizzierte Kupplung gilt also:

$$\frac{F_F}{F_A} = \frac{l_2 \cdot l_4}{l_1 \cdot l_3}$$

$$F_A = \frac{l_1 \cdot l_3}{l_2 \cdot l_4} \cdot F_F$$

Beispiel:

$F_F = 170$ N;
$l_1 = 275$ mm; $l_2 = 50$ mm; $l_3 = 125$ mm; $l_4 = 75$ mm

$F_A = \frac{275 \text{ mm} \cdot 125 \text{ mm}}{50 \text{ mm} \cdot 75 \text{ mm}} \cdot 170$ N $\quad$ $\underline{F_A = 1558{,}3 \text{ N}}$

Die Kupplung hat 3 Druckhebel (siehe Bild 2):

$F_D \cdot l_6 = \frac{F_A}{3} \cdot l_5$ $\quad$ F_D Kraft auf Druckring

$F_D = \frac{F_A}{3} \cdot \frac{l_5}{l_6}$ $\quad$ $l_5 = 100$ mm; $l_6 = 30$ mm

$F_D = \frac{1558{,}3 \text{ N} \cdot 100 \text{ mm}}{3 \cdot 30 \text{ mm}}$

$\underline{F_D = 1731{,}4 \text{ N}}$

Die gesamte Kraft auf den Druckring beträgt

$$F_{D\,ges} = 3 \cdot F_D$$

$\underline{\underline{F_{D\,ges} = 5194{,}3 \text{ N}}}$

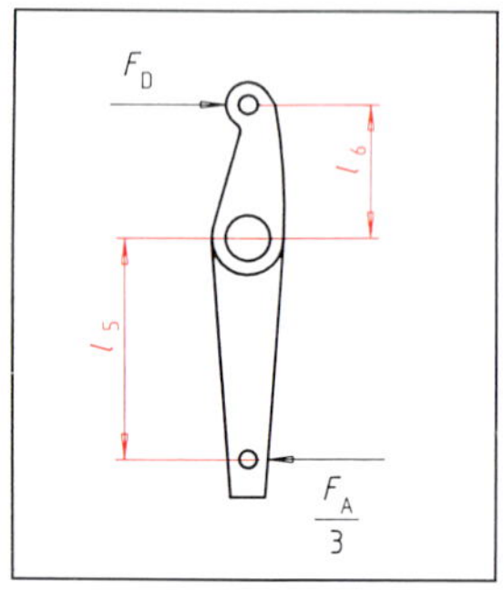

2 Druckhebel

Das gesamte Übersetzungsverhältnis der Kupplung beträgt

$i = \frac{F_1}{F_2}$; in diesem Fall

$i = \frac{F_F}{F_{D\,ges}}$

$i = \frac{170 \text{ N}}{5194{,}3 \text{ N}}$

oder

$i = \frac{l_2}{l_1} \cdot \frac{l_4}{l_3} \cdot \frac{l_6}{l_5}$

$= \frac{50 \text{ mm}}{275 \text{ mm}} \cdot \frac{75 \text{ mm}}{125 \text{ mm}} \cdot \frac{30 \text{ mm}}{100 \text{ mm}}$

$= \frac{112500 \text{ mm}^3}{3437500 \text{ mm}^3}$

$\underline{\underline{i = \frac{1}{30{,}6}}}$

Übungen

1. Eine Einscheibenkupplung hat die Abmessungen: $d_a = 350$ mm, $d_i = 220$ mm, der Reibungsbeiwert beträgt $\mu = 0{,}3$. Die maximale Flächenpressung für organische Beläge darf nicht überschritten werden.
   a) Wie groß ist die Anpresskraft der Druckfedern?
   b) Welches größtmögliche Drehmoment kann die Kupplung übertragen?
2. Eine Einscheibenkupplung hat die Abmessungen: $d_a = 330$ mm, $d_i = 180$ mm, es werden organische Beläge verwendet.
   a) Wie groß ist das übertragbare Drehmoment, wenn die Sicherheit $S = 1{,}8$ betragen soll?
   b) Bei welchem Drehmoment fängt die Kupplung an zu rutschen, wenn der Reibungsbeiwert durch Verölen der Kupplung noch $\mu = 0{,}18$ beträgt?
3. Eine Kupplung mit dem mittleren Reibradius von $r_m = 130$ mm soll ein Motordrehmoment von $M_{mot} = 360$ Nm übertragen, wobei eine Sicherheit von $S = 1{,}7$ gefordert wird.
   a) Wie groß muss die gesamte Reibfläche sein, wenn Beläge aus Sinterwerkstoff verwendet werden?
   b) Wie groß muss die Gesamtkraft der Kupplungsfedern sein?
4. Eine Überlastkupplung (Reibkupplung) hat zwei Reibscheiben von $d_a = 140$ mm und $d_i = 91$ mm. Welches Drehmoment kann die Kupplung maximal übertragen, ohne durchzurutschen?
5. Bei einer Scherbolzenkupplung beträgt der Abstand Kupplungsmittelachse – Scherbolzenmittelachse $R = 48$ mm, der Durchmesser der Scherschraube $d = 6$ mm. Die zulässige Scherspannung für Stahl ist $\tau_{zul} = 0{,}8 \cdot \sigma_{zul}$, $\sigma_{zul} = 370$ N/mm². Berechnen Sie das Drehmoment, bei dem die Scherschraube zerstört wird.
6. Die Anpresskraft der Federn einer Kupplung beträgt 5370 N. Wie groß muss die Gesamtübersetzung der Kupplung gewählt werden, wenn die Fußkraft am Kupplungspedal $F_F = 165$ N nicht überschreiten soll?
7. Wie groß ist die Ausrückkraft F_A am Ausrücklager, wenn die Fußkraft $F_F = 160$ N beträgt und die Abmessungen der Übertragungsorgane $l_1 = 250$ mm; $l_2 = 45$ mm; $l_3 = 115$ mm und $l_4 = 70$ mm betragen?
8. Berechnen Sie die Länge l_5 für folgendes Hebelsystem einer Kupplung: $F_D = 5400$ N; $F_F = 175$ N; $l_1 = 255$ mm; $l_2 = 50$ mm; $l_3 = 120$ mm; $l_4 = 75$ mm und $l_6 = 35$ mm.

4.4 Getriebeberechnungen

Zahnradabmessungen

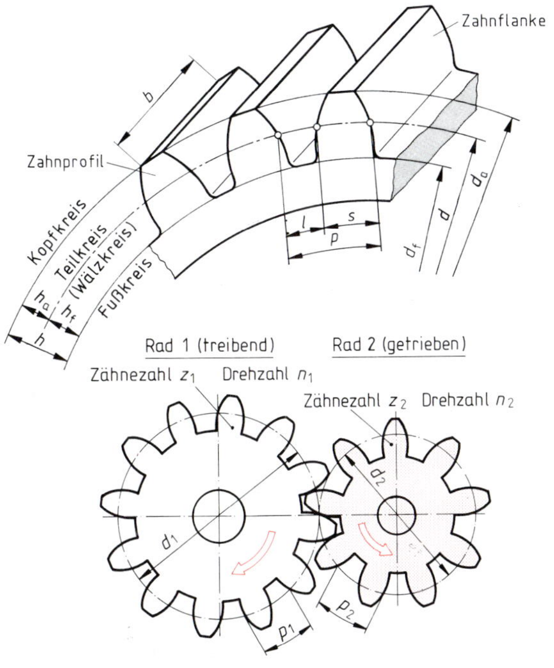

Abmessungen geradverzahnter Stirnräder

Teilung in mm	$p = m \cdot \pi$
Modul in mm	$m = \frac{p}{\pi}$
Teilkreis-∅ (z = Zähnezahl)	$d = m \cdot z$
Kopfkreis-∅	$d_a = d + 2\,m = m \cdot (z+2)$
Fußkreis-∅	$d_f = d - 2 \cdot (m + c)$
Zahnhöhe	$h = 2\,m + c$
Kopfhöhe	$h_a = m$
Fußhöhe	$h_f = m + c$
Kopfspiel	$c = (0{,}1 \ldots 0{,}3) \cdot m$
üblich:	$c = 0.167 \cdot m$ und $c = 0{,}2 \cdot m$

Achsabstand a

Außenverzahnung $a = \frac{d_1 + d_2}{2} = \frac{m \cdot (z_1 + z_2)}{2}$

Innenverzahnung $a = \frac{d_1 - d_2}{2} = \frac{m \cdot (z_1 - z_2)}{2}$

Zahnbreite $b = (6 \ldots 30) \cdot m$

$6 \cdot m < b \leq 10 \cdot m$ bei rohen, gegossenen Zähnen
$10 \cdot m < b \leq 15 \cdot m$ bei grob zerspanten Zähnen
$15 \cdot m < b \leq 30 \cdot m$ bei fein zerspanten Zähnen
$30 \cdot m < b$ bei genauester Bearbeitung

Modulreihen nach DIN 780-1:1977-05

Reihe 1																	
	0,05	0,06	0,08	0,1	0,12	0,16	0,2	0,25	0,3	0,4	0,5	0,6	0,7	0,8	0,9	1	1,25
	1,5	2	2,5	3	4	5	6	8	10	12	16	20	25	32	40	50	60

1 Geradverzahnung (m nach DIN 780-1)

Leistung

$$P = M \cdot 2 \cdot \pi \cdot n$$

Übersetzungen im Getriebe

für Zahnradgetriebe:

– mit 2 Zahnrädern

$$i = \frac{z_2}{z_1} = \frac{n_1}{n_2}$$

1 = treibendes Rad,
2 = getriebenes Rad

– mit 4 Zahnrädern

$$i = \frac{z_2 \cdot z_4}{z_1 \cdot z_3} = \frac{n_1}{n_4}$$

1, 3 = treibende Räder,
2, 4 = getriebene Räder

für Riementrieb:

$$i = \frac{d_2}{d_1} = \frac{n_1}{n_2}$$

1 = treibendes Rad,
2 = getriebenes Rad

für Planetengetriebe:

– Träger getrieben:

$$i = \frac{z_1 + z_0}{z_1} = 1 + \frac{z_0}{z_1}$$

– Träger feststehend:

$$i = -\frac{z_2}{z_1}$$

0 = feststehendes Rad
1 = treibendes Rad
2 = getriebenes Rad

– Träger treibend:

$$i = \frac{z_2}{z_2 + z_0}$$

– Zwei umlaufende Teile miteinander verbunden:

$$i = 1{,}0$$

Das Vorzeichen (–) in der Formel bedeutet Drehsinnumkehrung (Rückwärtsgang).

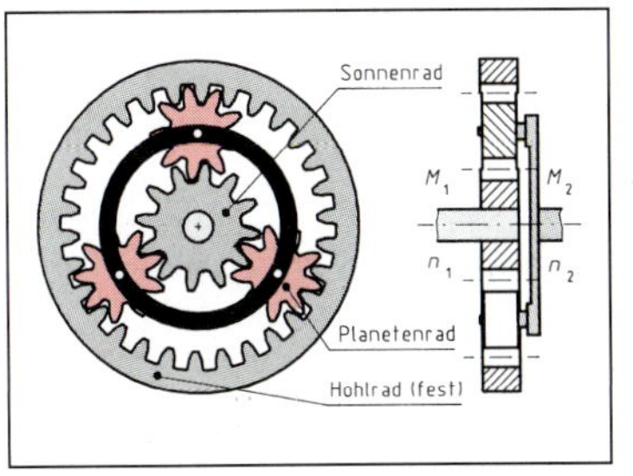

2 Planetengetriebe

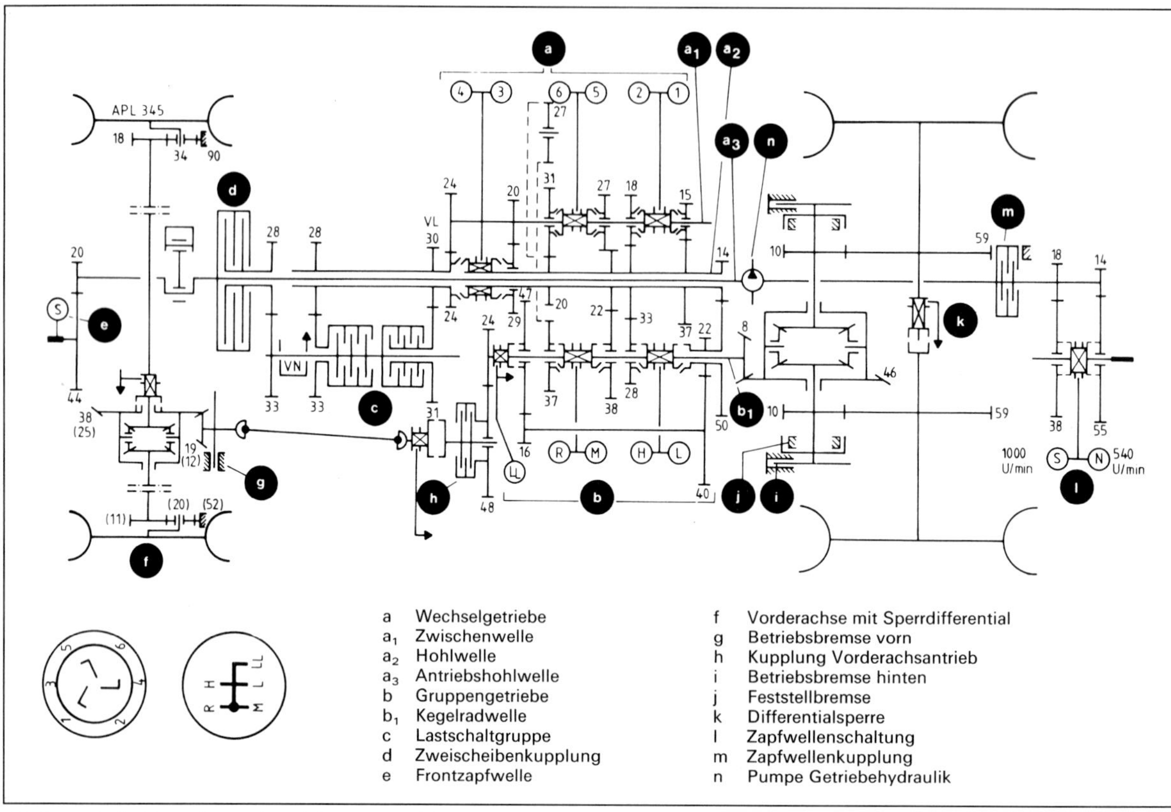

1 Schematische Darstellung eines Schleppergetriebes

Übungen

Bild 1 zeigt die schematische Darstellung eines Schleppergetriebes.

1. Berechnen Sie die nachfolgend aufgeführten Größen:
   a) die Drehzahlen der Zwischenwelle a_1 und der Hohlwelle a_2 bei einer Motordrehzahl von $n = 2300$ 1/min in den Gängen 1...6 der Gruppe *L*;
   b) die Drehzahlen der Kegelradwelle b_1 bei der gleichen Motordrehzahl in den Gängen 1...6 der Gruppe H;
   c) die Drehzahl der Antriebshohlwelle a_3 bei einer Motordrehzahl von $n = 2000$ 1/min;
   d) die Motordrehzahl, wenn die Heckzapfwelle in der Stellung S mit $n = 750$ 1/min laufen soll;
   e) die Drehzahl des Seitenabtriebs (Vorderradantrieb) im 4. Gang, Gruppe L;
   f) die Drehzahlen der Vorder- und Hinterräder bei einer Motordrehzahl $n = 1800$ 1/min im 5. Gang, Gruppe H.
2. Wählen Sie ein beliebiges Zahnrad, das Sie in einem Getriebe oder als Ersatzteil im Lager finden und ermitteln bzw. berechnen Sie:
   a) die Verzahnungsart (z. B. Gerad-, Schräg-Verzahnung),
   b) den Kopfkreisdurchmesser und die Zähnezahl,
   c) den Teilkreisdurchmesser und den Modul.
3. Überprüfen Sie, ob die Zahnräder mit den Zähnezahlen 27:22:38 und 18:33:28 auf Wellen mit den gleichen Achsabständen angeordnet werden können. Geben Sie einen technologischen Lösungsweg für den Fall an, dass sich geringfügig unterschiedliche Achsabstände für beide Radsätze ergeben und man sie doch auf den gleichen Wellen anordnen will, wie im Bild 1 gezeigt.
4. Um wieviel % kann die Drehzahl der Hohlwelle a_2 durch die Lastschaltgruppe erhöht bzw. verringert werden?
5. Wie groß ist das Gesamt-Übersetzungsverhältnis im Vorderachs-Endantrieb?
6. Berechnen Sie unter der Annahme, dass im Getriebe keine Leistung durch Umwandlung in Wärme, Reibung usw. „verloren geht" (Wirkungsgrad = 100%), die nachfolgend aufgeführten Größen:
   a) die Drehmomente an der Heckzapfwelle für 540 und 1000 1/min,
   b) die Drehmomente an den Vorder- und Hinterrädern bei einer Motordrehzahl von $n = 1800$ 1/min im 5. Gang, Gruppe *H*. Benutzen Sie hierzu die Ergebnisse aus Aufgabe 1 f).

5 Fahrwerkstechnik

5.1 Gleichmäßig beschleunigte oder verzögerte Bewegung

Beschleunigung bzw. Verzögerung ist die Änderung einer Geschwindigkeit in einer bestimmten Zeit:

$$a=\frac{v_e-v_a}{t}$$

a Beschleunigung
ist $a>0$: Geschwindigkeitserhöhung (= ugs. Beschleunigung)
$a=0$: gleichförmige Bewegung
$a<0$: Verminderung der Geschwindigkeit (= ugs. Verzögerung, Bremsen)

v_a Anfangsgeschwindigkeit

v_e Endgeschwindigkeit

t Zeit

Um bei der verzögerten Bewegung auch mit einer positiven Größe rechnen zu können, benutzt man den Wert

$$-a=a'$$

als Verzögerung. Dann gilt

$$a'=\frac{v_a-v_e}{t}$$

Beispiel:

Ein Schlepper fährt mit einer Geschwindigkeit von $v_a=32$ km/h und wird in $t=3$ s zum Stillstand abgebremst. Welche Verzögerung wird erreicht?

$$a'=\frac{v_a-v_e}{t}$$

$$v_a=32\text{ km/h}=32\cdot\frac{1000\text{ m}}{3600\ s}=\frac{32}{3{,}6}\text{ m/s}=8{,}89\text{ m/s}$$

$$v_e=0\text{ km/h}=0\text{ m/s}$$

$$t=3\text{ s}$$

$$=\frac{8{,}89\text{ m/s}-0\text{ m/s}}{3\text{ s}}$$

$$a'=2{,}96\text{ m/s}^2$$

Der Beschleunigungswert ist negativ (d.h. $a<0$), da es sich um eine Verzögerung handelt.

5.2 Beschleunigungs- bzw. Verzögerungsweg

Nach dem Weg-Zeit-Gesetz kann der Beschleunigungs- bzw. Verzögerungsweg wie folgt ermittelt werden

$$s=\frac{v_e+v_a}{2}\cdot t$$

$\frac{v_e+v_a}{2}$ Mittelwert von Anfangs- und Endgeschwindigkeit einer gleichmäßig beschleunigten Bewegung

Da $a=\frac{v_e-v_a}{t}$, ergibt sich $t=\frac{v_e-v_a}{a}$, sodass

$$s=\frac{(v_e+v_a)\cdot(v_e-v_a)}{2a}$$

$$s=\frac{v_e^2-v_a^2}{2a} \quad \text{bzw.} \quad s=\frac{v_a^2-v_e^2}{2a'}$$

s Beschleunigungs-, Verzögerungsweg
v_a Anfangsgeschwindigkeit
v_e Endgeschwindigkeit
$a\,(a')$ Beschleunigung (Verzögerung)

Beispiel:

Ein Frontsitzschlepper soll mit einer durchschnittlichen Bremsverzögerung von $a'=4$ m/s² aus den Geschwindigkeiten

$v_{a1}=20$ km/h
$v_{a2}=40$ km/h und
$v_{a3}=80$ km/h abgebremst werden.

Wie verhalten sich die Verzögerungswege (Bremswege) bei unterschiedlichen Ausgangsgeschwindigkeiten?

$$s=\frac{v_a^2-v_e^2}{2a'}$$

$$v_e=0\text{ m/s}$$

$$v_a=20\text{ km/h}=20\cdot\frac{1000\text{ m}}{3600\text{ s}}=\frac{20}{3{,}6}\text{ m/s}=5{,}56\text{ m/s};$$

11,11 m/s; 22,23 m/s

$$a'=4\text{ m/s}^2$$

$$s=\frac{(5{,}56\text{ m/s})^2-(0\text{ m/s})^2}{2\cdot 4\text{ m/s}^2}=\frac{(5{,}56)^2}{8}\text{ m}$$

$s_1=3{,}9$ m; $s_2=15{,}4$ m; $s_3=61{,}7$ m

Hieraus wird ersichtlich:

Der Bremsweg vergrößert sich mit dem Quadrat der Geschwindigkeit, d.h. bei doppelter (zweifacher) Geschwindigkeit ist ein vierfacher Bremsweg erforderlich, bis das Fahrzeug steht.

5.3 Anhalteweg

Erkennt der Fahrer eines Kraftfahrzeugs eine Gefahr, so wird bis zum Stillstand des Fahrzeugs ein größerer Weg als der Bremsweg benötigt, da

- der Fahrer eine Reaktionszeit (Schrecksekunde) benötigt, bis er die Bremse betätigt,
- eine Ansprechzeit vergeht, bis die Bremsen voll wirken (ansprechen).

Während der Reaktionszeit und der Ansprechzeit fährt das Fahrzeug mit unverminderter Geschwindigkeit weiter. Der gesamte Anhalteweg ist also größer als der Bremsweg.

$$s_A = s_R + s_B$$

s_A Anhalteweg

s_R Weg, den das Fahrzeug während der Reaktions- u. Ansprechzeit mit unverminderter Geschwindigkeit zurücklegt

s_B Bremsweg

Beispiel:

Ein Frontsitzschlepper fährt mit $v_a = 72$ km/h. Er kann mit einer durchschnittlichen Verzögerung $a' = 4{,}6$ m/s² abgebremst werden. Reaktions- und Ansprechzeit betragen zusammen $t_{ra} = 1{,}5$ s. Wie groß ist der Anhalteweg?

$s_A = s_R + s_B$

$s_R = v_a \cdot t_{ra} = 20\ \text{m/s} \cdot 1{,}5\ \text{s} = 30\ \text{m}$

$s_B = \dfrac{v_a^2 - v_e^2}{2a'}$

$v_e = 0$

$v_a = 72\ \text{km/h} = 20\ \text{m/s}$

$a' = 4{,}6\ \text{m/s}^2$

$s_B = \dfrac{(20\ \text{m/s})^2}{2 \cdot 4{,}6\ \text{m/s}^2} = \dfrac{400\ \text{m}}{9{,}2}$

$s_B = 43{,}5\ \text{m}$

$s_A = 30\ \text{m} + 43{,}5\ \text{m}$

$\underline{\underline{s_A = 73{,}5\ \text{m}}}$

Der gesamte Anhalteweg beträgt 30 m + 43,5 m = 73,5 m.

Übungen

1. Ein Fahrzeug legt in 8 Stunden und 36 Minuten 492 Kilometer zurück. Wie groß ist die Durchschnittsgeschwindigkeit?
2. Ein Schlepper mit Anhänger soll die Strecke von 64 Kilometer mit einer Durchschnittsgeschwindigkeit von 28 km/h zurücklegen. Wie lange ist die Fahrzeit in Stunden und Minuten?
3. Bei Spritzarbeiten fährt ein Schlepper 7,2 km/h. Wie groß ist die Geschwindigkeit in m/s?
4. Für einen Frontsitzschlepper wird bei gleichbleibender Geschwindigkeit auf der Strecke von 1 km eine Fahrzeit von 48 s gestoppt. Der Tachometer zeigt dabei 81 km/h an.
   a) Wie groß war die wirkliche Geschwindigkeit in km/h?
   b) Wie groß ist die Abweichung der am Tachometer angezeigten Geschwindigkeit von der wirklichen Geschwindigkeit in %?
5. Das Rad eines Anhängers hat am Ventil einen Durchmesser von 350 mm und an der Reifenoberfläche einen Durchmesser von 650 mm.
   a) Wie groß ist die Umfangsgeschwindigkeit am Ventil in m/s bei der Drehzahl des Rades von 300 1/min?
   b) Wie groß ist die Drehzahl des Rades bei einer Umfangsgeschwindigkeit von 12,6 m/s?
6. Ein Fahrzeug beschleunigt aus dem Stand mit 0,85 m/s².
   a) Wie groß ist seine Geschwindigkeit nach 33 Sekunden in m/s und km/h?
   b) Wie lang ist der Beschleunigungsweg in m?
7. Ein Schlepper mit 2 Anhängern wird aus einer Geschwindigkeit von 38,5 km/h in 4 Sekunden bis zum Stillstand abgebremst.
   a) Wie groß ist die Verzögerung? Wird der nach StVZO vorgeschriebene Mindestwert erreicht?
   b) Berechnen Sie den Verzögerungsweg in m.
8. Nach einem Unfall wird ein Bremsweg von 40 m gemessen. Das Unfallfahrzeug kann, wie später ermittelt wird, mit 4,9 m/s² verzögert werden. Der Fahrer gibt an, nicht schneller als 50 km/h gefahren zu sein. Überprüfen Sie diese Aussage!
9. Bei einer Anfangsgeschwindigkeit von 90 km/h beträgt der Anhalteweg 105 m, der Bremsweg 70 m. Wie groß sind Reaktions- und Ansprechzeit zusammen?

5.4 Bremsen

Die Umfangskraft an einer Bremstrommel wird über den Bremsenkennwert C^* berechnet (siehe Kap. 6.4.4.1).

Der Bremsenkennwert C^* ist definiert als

$$C^* = \frac{F_u}{F_s}$$

C^* Bremsenkennwert
F_u Umfangskraft an der Bremstrommel
F_s Zuspannkraft

Die Abbremsung z ist definiert als

$$z = \frac{\text{Summe der Bremskräfte am Radumfang}}{\text{Gesamtgewichtskraft des Fahrzeugs}}$$

z Abbremsung

Leitungsdruck

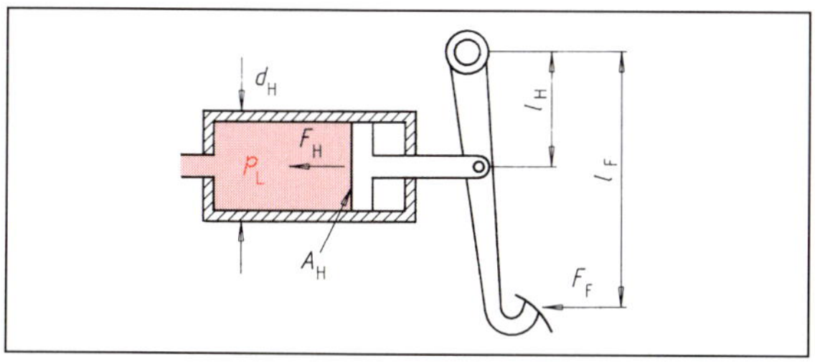

Hebelgesetz:

$F_H \cdot l_H = F_F \cdot l_F$ daraus folgt:

$$F_H = \frac{F_F \cdot l_F}{l_H}$$

p_L Flüssigkeitsdruck
F_F Fußkraft
l_F Länge des Bremspedals
F_H Kraft auf Kolben des Hauptbremszylinders
A_H Fläche des Kolbens im Hauptbremszylinder
d_H Durchmesser des Hauptbremszylinders

Flüssigkeitsdruck:

$p = \frac{F}{A}$ mit $A = \frac{\pi \cdot d^2}{4}$

$$p_L = \frac{4 F_H}{\pi \cdot d_H^2}$$

Beispiel:

$F_F = 400$ N; $l_F = 320$ mm; $l_H = 55$ mm; $d_H = 30$ mm

$F_H = ?$; $p_L = ?$

$F_H = \frac{400 \text{ N} \cdot 32 \text{ cm}}{5{,}5 \text{ cm}}$

$\underline{\underline{F_H = 2327 \text{ N}}}$

$p_L = \frac{4 \cdot 2327 \text{ N}}{\pi \cdot 3^2 \text{ cm}^2}$

$\underline{\underline{p_L = 329{,}4 \frac{\text{N}}{\text{cm}^2}}}$

$\underline{\underline{p_L = 32{,}9 \text{ bar}}}$

Spannkraft

- **Hydraulische Bremse:**
  (hier als Scheibenbremse skizziert)

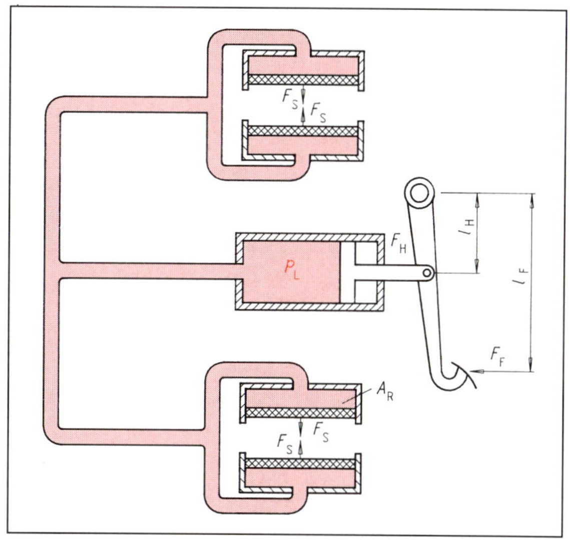

$$F_S = p_L \cdot A_R$$

F_S Spannkraft Radbremszylinder
A_R Fläche des Radbremszylinders
$A_R = \frac{\pi \cdot d_R^2}{4}$
d_R Durchmesser des Radbremszylinders

Beispiel:

$p_L = 33$ bar; $d_R = 50$ mm; $F_S = ?$

$A_R = \frac{\pi \cdot d_R^2}{4} = \frac{3{,}14 \cdot 5^2}{4} \text{ cm}^2$

$A_R = 19{,}6 \text{ cm}^2$

$F_S = 330 \frac{\text{N}}{\text{cm}^2} \cdot 19{,}6 \text{ cm}^2$

$\underline{\underline{F_S = 6468 \text{ N}}}$

- **Druckluftbremse**

Beispiel:

$A_R = 20 \text{ in}^2$; $p_L = 5$ bar; $F_S = ?$

$F_S = p_L \cdot A_R$ 1 in $= 6{,}45 \text{ cm}^2$

$A_R = 6{,}45 \cdot 20 \text{ cm}^2$

$A_R = 129 \text{ cm}^2$

$F_S = 50 \frac{\text{N}}{\text{cm}^2} \cdot 129 \text{ cm}^2$

$\underline{\underline{F_S = 6450 \text{ N}}}$

Bremskraft an einem Rad

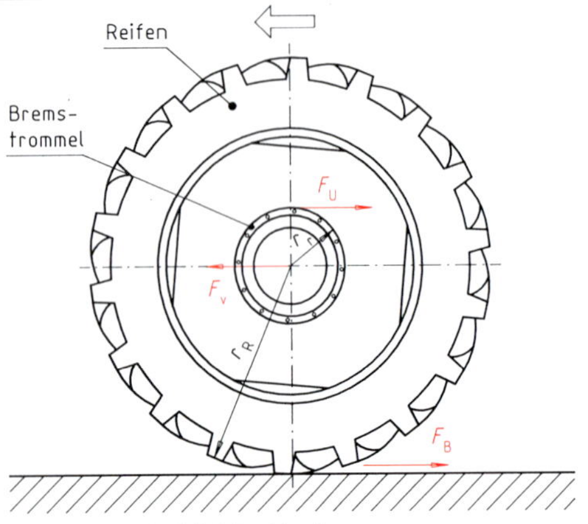

F_v Trägheitskraft infolge Verzögerung
F_u Umfangskraft an der Bremstrommel
F_B Bremskraft pro Rad
r_T Radius der Bremstrommel
r_R Radius des Reifens

$F_u \cdot r_T = F_B \cdot r_R$ daraus

$$F_B = \frac{F_u \cdot r_T}{r_R}$$

Beispiel:

$r_T = 175$ mm; $r_R = 480$ mm; $F_u = 2400$ N; $F_B = ?$

$$F_B = \frac{2400\ \text{N} \cdot 175\ \text{mm}}{480\ \text{mm}}$$

$\underline{\underline{F_B = 875\ \text{N}}}$

Bei einem Fahrzeug mit vier Rädern, z. B. einem Anhänger, ist F_B mit dem Faktor 4 zu multiplizieren.

Gesamtübersetzung einer Bremsanlage

$$i = \frac{F_F}{F_B}$$

i Übersetzungsverhältnis
F_F Fußkraft am Bremspedal

Hydraulisches Übersetzungsverhältnis

$$i = \frac{F_F}{F_S}$$

F_S Spannkraft Radbremszylinder

mit $F_B = \dfrac{F_u \cdot r_T}{r_R}$

und $F_u = C^* \cdot F_S$ C^*-Bremsenkennwert

$F_S = p_L \cdot A_R$

Für hydraulische Bremsanlagen:

$$p_L = \frac{4 \cdot F_H}{\pi \cdot d_H^2}$$

Beispiel:

$F_F = 420$ N; $C^* = 3{,}3$ (Duplex-Bremse, $\mu = 0{,}4$)
$r_T = 175$ mm; $r_R = 444$ mm; $p_L = 5{,}5$ bar;
$d_R = 28$ mm

$i = \dfrac{F_F}{F_B}$ mit $F_B = \dfrac{F_u \cdot r_T}{r_R}$ und $F_u = C^* \cdot F_S$

$F_S = p_L \cdot A_R$

$A_R = \dfrac{\pi \cdot d_R^2}{4}$

$A_R = \dfrac{\pi \cdot 28^2\ \text{mm}^2}{4}$ $A_R = 615{,}4\ \text{mm}^2$

$\underline{A_R = 6{,}15\ \text{cm}^2}$

$$F_S = p_L \cdot A_R = 5{,}5 \cdot 10\ \frac{\text{N}}{\text{cm}^2} \cdot 6{,}15\ \text{cm}^2$$

$\underline{F_S = 338{,}3\ \text{N}}$

$F_u = C^* \cdot F_S$

$F_u = 3{,}3 \cdot 338{,}3$ N $\underline{F_u = 1116{,}4\ \text{N}}$

$$F_B = \frac{F_u \cdot r_T}{r_R}$$

$F_B = \dfrac{1116{,}4\ \text{N} \cdot 175\ \text{mm}}{444\ \text{mm}}$ $\underline{F_B = 440\ \text{N}}$

$$i = \frac{F_F}{F_B}$$

$i = \dfrac{420\ \text{N}}{440\ \text{N}}$ $i = \dfrac{420\ \text{N}}{4 \cdot 440\ \text{N}}$

$i = 0{,}95$ für 1 Rad $i = 0{,}24$ für 4 Räder

$\underline{\underline{i = \dfrac{1}{1{,}05}}}$ $\underline{\underline{i = \dfrac{1}{4{,}2}}}$

Übungen

1. Ermitteln Sie aus dem Diagramm auf Seite 178, Bild 3, die Bremsenkennwerte für Simplex-, Duplex- und Servo-Bremse für die Reibwerte 0,35, 0,4 und 0,45. Berechnen Sie die prozentualen Abweichungen, wobei die Werte für den Reibwert 0,4 gleich 100% gesetzt werden sollen.
2. Berechnen Sie die Bremstrommel-Umfangskraft für eine Simplex-Bremse, bei der die Bremsbacken mit einer Zuspannkraft von 1700 N an die Bremstrommel gepresst werden. Der Bremsenkennwert beträgt $C^* = 2{,}6$.
3. Berechnen Sie die Bremstrommel-Umfangskraft für eine Bremse mit folgenden Daten:

   Duplex-Bremse, Reibwert $\mu = 0{,}4$, Durchmesser der Radbremszylinder $d_R = 22{,}4$ mm, Druck in der Bremsleitung $p_L = 26$ bar.
4. Ein Anhänger mit einem zulässigen Gesamtgewicht von 7,5 Tonnen muss eine Mindestabbremsung von 40% aufweisen. Wie groß muss die Summe aller Bremskräfte am Radumfang sein?

5. Eine hydraulische Bremsanlage wird mit einer Fußkraft $F_F = 520$ N betätigt (siehe Bild 1). Ermitteln Sie die Kraft F_H auf den Kolben des Hauptbremszylinders.

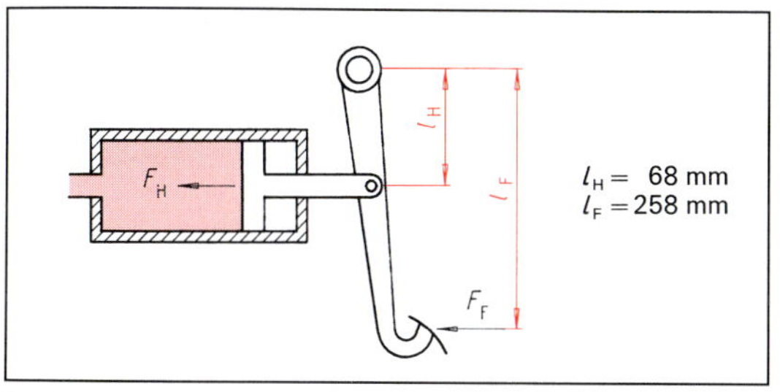

1 Hauptbremszylinder einer hydraulischen Bremsanlage

6. Berechnen Sie den Leitungsdruck, wenn der Kolbendurchmesser des Hauptbremszylinders der Bremsanlage aus Aufg. 5 $d_H = 31{,}6$ mm beträgt.

7. An einem Radbremszylinder mit dem Durchmesser von $d = 32{,}4$ mm beträgt die Spannkraft $F_S = 2600$ N. Berechnen Sie den Leitungsdruck!

8. Die Spannkraft einer Trommelbremse beträgt $F_S = 1800$ N. Wie groß ist die Umfangskraft, wenn der Bremsenkennwert mit $C^* = 2{,}1$ angegeben ist?

9. Wie groß ist die Spannkraft einer Simplexbremse, wenn die Reibungszahl $\mu = 0{,}35$ beträgt und eine Umfangskraft von $F_u = 3500$ N hervorgerufen werden soll? (Hinweis: Benutzen Sie Bild 3, Seite 178, Kennwerte verschiedener Bremsenbauformen)

10. Berechnen Sie die Umfangskraft einer Duplexbremse. Der Leitungsdruck sei $p_L = 26$ bar, der Durchmesser der Radbremszylinder $d_R = 32{,}4$ mm, die Reibungszahl $\mu = 0{,}45$.

11. An einem Fahrzeug sei der Radhalbmesser $r_R = 480$ mm, der Durchmesser der Bremstrommeln $d_T = 380$ mm, die Umfangskraft $F_u = 2450$ N. Berechnen Sie die Gesamt-Bremskraft für vier Räder.

12. An einer Scheibenbremse beträgt die Spannkraft $F_S = 2480$ N, die Reibungszahl $\mu = 0{,}4$ (siehe Bild 2). Wie groß ist die Umfangskraft F_u?

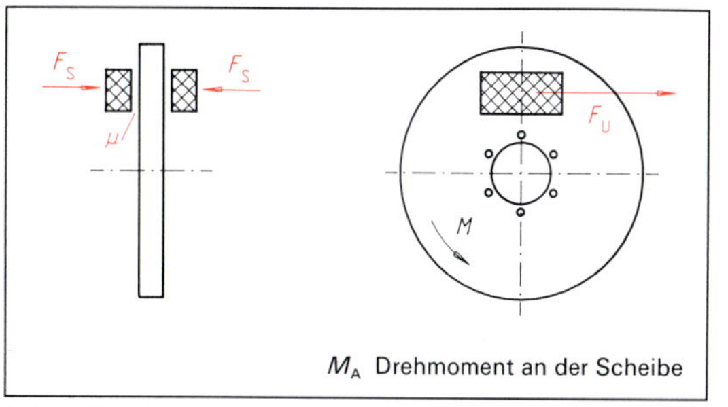

2 Scheibenbremse

13. Berechnen Sie für die skizzierte Bremse (siehe Bild 3):
   a) die Umfangskraft F_u an der Bremsscheibe,
   b) die Bremskraft für ein Rad.

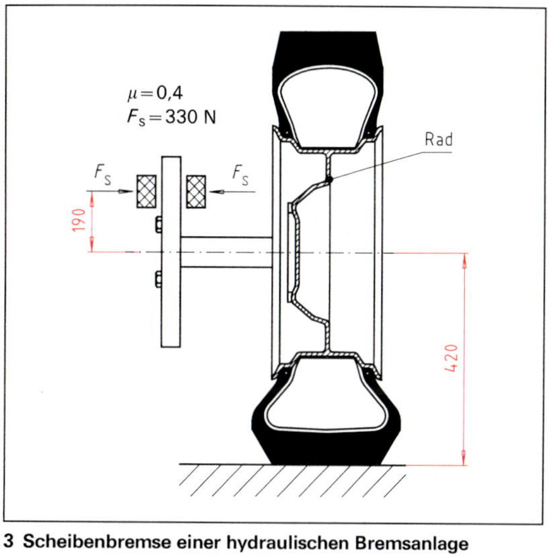

3 Scheibenbremse einer hydraulischen Bremsanlage

14. Berechnen Sie für die in Bild 3 skizzierte Bremsanlage
   a) den Leitungsdruck, wenn der Durchmesser der Radbremszylinder $d_R = 42$ mm beträgt
   b) die Bremskraft, wenn die Bremsanlage die in Aufg. 5 und 6 gegebenen Daten aufweist,
   c) die Gesamtübersetzung der Bremsanlage für ein Rad.

6 Landmaschinensystemtechnik

Für die Berechnungen innerhalb der Landmaschinensystemtechnik gibt es keine eigenen genormten Formeln. Es handelt sich lediglich um die fachbezogene Anwendung von mathematischen Zusammenhängen, die bereits in der Grundstufe und in den Kap. 1 ... 5 der technischen Mathematik behandelt wurden.

Zusätzliche Informationen enthalten folgende Kapitel der Technologie: 7.1.1.4, 7.1.2.5 und 7.1.5.2.

Im Einzelnen sollen innerhalb der Landmaschinensystemtechnik folgende Größen berechnet werden:

- Leistungs- und Zugkraftbedarf für das Arbeiten mit verschiedenen Maschinen,
- Arbeitsgeschwindigkeit und Flächenleistung für das Arbeiten mit verschiedenen Maschinen,
- Kräfteverhältnisse am System Schlepper-Anbaugerät,
- maschinenbezogene Einstellgrößen, wie z. B. Ausbringmengen, Reihenabstände und Spurreißermaß.

Übungen

1. Zum Pflügen eines Feldes (Lehmboden) setzt ein Landwirt einen Dreischar-Volldrehpflug mit einer Arbeitsbreite von 35 cm je Pflugkörper und einer Arbeitstiefe von 25 cm ein. Der spezifische Pflugwiderstand beträgt 400 N/dm^2.
   a) Wie groß ist die für das Pflügen erforderliche Zugkraft?
   b) Welche Leistung ist bei einer Arbeitsgeschwindigkeit von 6 km/h für das Ziehen des Pfluges erforderlich?
   c) Wie lange dauert das Pflügen des Feldes, wenn es eine Länge von 350 m und eine Breite von 120 m hat? Für das Wenden und das Pflügen der Enden muss ein Zeitaufschlag von 10% berücksichtigt werden.
   d) Welche Flächenleistung in ha/h erreicht der Landwirt beim Pflügen?

2. Ein Feld mit einer Länge von 420 m und einer Breite von 170 m wird mit einem Vierschar-Volldrehpflug umgepflügt. Die Arbeitsbreite je Pflugkörper beträgt 40 cm bei einer Arbeitstiefe von 25 cm.
   a) Wie groß ist die für das Pflügen erforderliche Zugkraft, wenn der Boden aus Sand, Lehm oder Ton besteht? Die Werte für den spezifischen Pflugwiderstand finden Sie in Kap. 7.1.1.4 der Technologie.
   b) Welche Leistung ist jeweils bei einer Arbeitsgeschwindigkeit von 7 km/h für das Ziehen des Pfluges erforderlich?
   c) Wie groß ist der jeweilige Leistungsbedarf je m Arbeitsbreite des Pfluges?
   d) Ermitteln Sie den jeweiligen prozentualen Anstieg des Leistungsbedarfs je m Arbeitsbreite, bezogen auf das Pflügen von Sandboden.
   e) Wie lange dauert das Pflügen des Feldes? Für das Wenden und das Pflügen der Enden muss ein Zeitaufschlag von 8% berücksichtigt werden.
   f) Welche Flächenleistung in ha/h wird beim Pflügen erreicht?

3. Den Prospektangaben eines Landmaschinenherstellers kann entnommen werden, dass für den Betrieb einer Kreiselegge ein Leistungsbedarf von 23,5 kW und für einen Zinkenrotor ein Leistungsbedarf von 13,5 kW je m Arbeitsbreite bei einer Arbeitstiefe von 10 cm erforderlich ist.
   a) Wie groß ist die jeweils erforderliche Schlepperleistung, wenn entsprechende Maschinen mit einer Arbeitsbreite von 3 m eingesetzt werden sollen?
   b) Welche Flächenleistung in ha/h kann beim Einsatz der genannten Maschinen bei einer Arbeitsgeschwindigkeit von 4,7 km/h erreicht werden, wenn die Zeiten für das Wenden am Feldende unberücksichtigt bleiben?

4. Ein Landmaschinenhersteller bietet Bodenbearbeitungsgeräte in folgenden Kombinationen an:
   1 Rüttelegge
   2 Rüttelegge und Packerwalze
   3 Rüttelegge, Drillmaschine und Saatstriegel
   4 Rüttelegge, Packerwalze, Drillmaschine und Saatstriegel

Kombination	Erforderliche Schlepperleistung in kW bei einer Arbeitsbreite von		
	2,5 m	3,33 m	4 m
1	18	26	37
2	26	33	44
3	33	44	55
4	40	51	63

   a) Wie groß ist der jeweilige Leistungsbedarf je m Arbeitsbreite der Kombination? Stellen Sie die Ergebnisse als Balkendiagramm dar (x-Achse: Kombination/Arbeitsbreite; y-Achse: Schlepperleistung).
   b) Berechnen Sie die jeweilige Flächenleistung in ha/h beim Einsatz der Kombinationen mit den aufgeführten Arbeitsbreiten bei einer Arbeitsgeschwindigkeit von 7 km/h, wenn die Zeiten für das Wenden am Feldende unberücksichtigt bleiben?
   c) Wie groß ist die bei den einzelnen Kombinationen mit den jeweils aufgeführten Arbeitsbreiten erforderliche Zugkraft des Schleppers bei einer Arbeitsgeschwindigkeit von 7 km/h? Stellen Sie die Ergebnisse in tabellarischer Form zusammen.

5. Ein Hersteller von Bodenbearbeitungsgeräten bietet diese bei einer Arbeitsbreite von 3 m in folgenden Kombinationen an:
   1 Zinkenrotor
   2 Zinkenrotor mit angebauter Drillmaschine
   3 Zinkenrotor mit aufgesattelter Drillmaschine
   4 Zinkenrotor mit aufgesattelter pneumatischer Drillmaschine
   5 Kreiselegge
   6 Kreiselegge mit angebauter Drillmaschine
   7 Kreiselegge mit aufgesattelter Drillmaschine
   8 Kreiselegge mit aufgesattelter pneumatischer Drillmaschine

Kombination	Erforderliche Hubkraft F_1 in N
1	21500
2	56700
3	47700
4	40200
5	15000
6	49000
7	43600
8	36500

a) Berechnen Sie die jeweilige Entlastung der Vorderachse des Schleppers, wenn der Radstand $l_R = 2696$ mm und $l_1 = 1150$ mm betragen (siehe Bild 1).

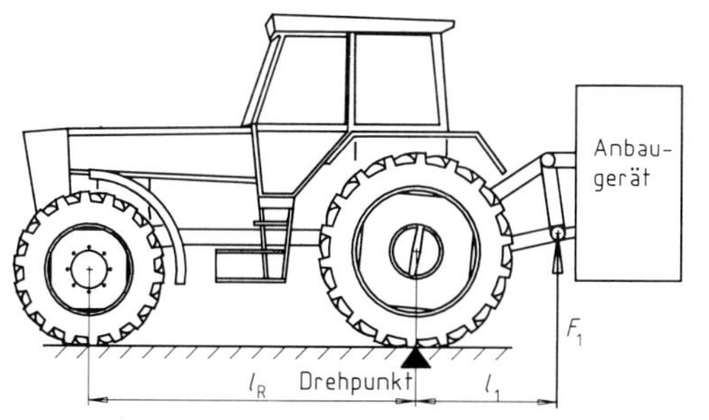

l_R Radstand
l_1 Abstand des Angriffspunktes der Hubkraft vom Drehpunkt der Hinterachse des Schleppers
F_1 Hubkraft, die für das Anheben des Anbaugerätes am Anhängepunkt des Unterlenkers des Schleppers erforderlich ist

1 Kräfte am System Schlepper – Anbaugerät

b) Stellen Sie die Ergebnisse als Balkendiagramm dar (x-Achse: Kombination; y-Achse: Entlastung der Vorderachse des Schleppers).

c) Welche Aussagen können aufgrund der Darstellung über die Entlastung der Vorderachse des Schleppers durch Anbaugeräte gemacht werden?

6. Ein Landmaschinenhersteller bietet Bodenbearbeitungsgeräte in folgenden Kombinationen an:
   1 Rüttelegge
   2 Rüttelegge und Packerwalze
   3 Rüttelegge, Drillmaschine und Saatstriegel
   4 Rüttelegge, Packerwalze, Drillmaschine und Saatstriegel

Kombination	Erforderliche Hubkraft F_1 in kN bei einer Arbeitsbreite von		
	2,5 m	3,33 m	4 m
1	4,7	5,5	6,5
2	9,3	10,7	13,1
3	16	25	30
4	25	36	43

Berechnen Sie die jeweilige Entlastung der Vorderachse des Schleppers, wenn der Radstand $l_R = 2388$ mm und $l_1 = 1030$ mm betragen (siehe Bild 1). Stellen Sie die Ergebnisse in tabellarischer Form zusammen.

7. Bild 2 zeigt die Hinterachse eines Schleppers mit angebauter Kreiselegge, Wälzegge, Drillmaschine und Saatstriegel.

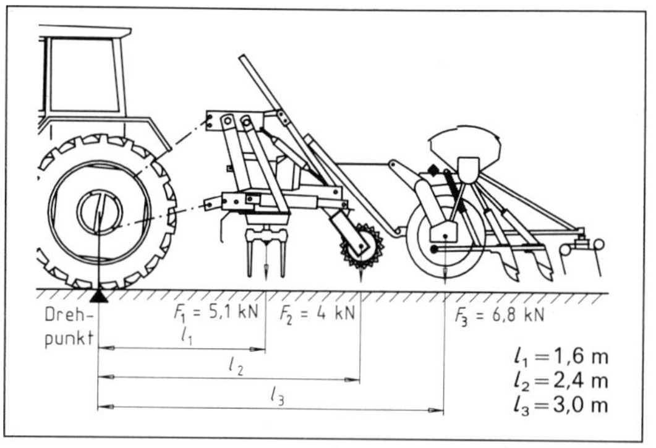

2 Kräfte auf die Hinterachse eines Schleppers infolge Anbaugeräte

a) Berechnen Sie die Entlastung der Vorderachse des Schleppers, der einen Radstand $l_R = 2300$ mm hat, wenn die Kombination in gestrecktem Zustand angehoben werden soll.

b) Wie groß ist die prozentuale Erhöhung der Entlastung der Vorderachse gegenüber den in Kap. 7.1.2.5 der Technologie durchgeführten Berechnungen, bei denen von der Annahme ausgegangen wird, dass die dargestellte Kombination in aufgesattelter Form angehoben wird?

c) Welches Zusatzgewicht muss im Abstand von 600 mm von der Vorderachse montiert werden, um die Entlastung der Vorderachse auszugleichen?

Berücksichtigen Sie bei Ihrer Rechnung die gesetzlichen Vorschriften (siehe Kap. 7.1.2.5 Technologie). Der Schlepper hat ohne Anbaugerät ein Gewicht von 4800 kg. Die vordere Achslast beträgt 2200 kg.

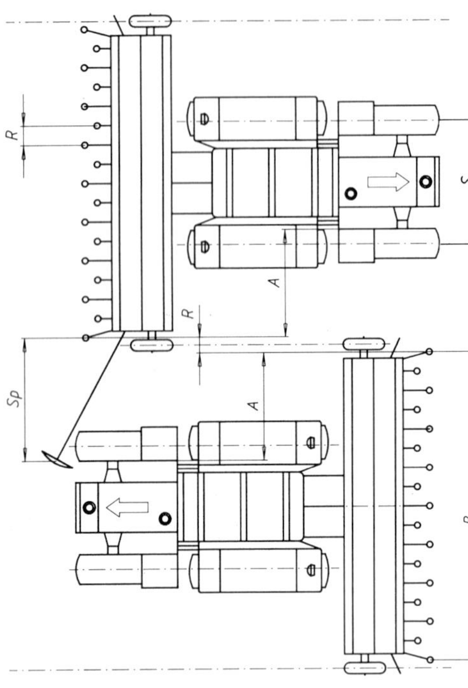

A Abstand von der Innenkante des Vorderrades des Schleppers bis zur äußeren Pflanzenreihe
B_{Pflanz} Pflanzbreite = Arbeitsbreite weniger 2 · 1/2 Reihenabstand
S Spurweite des Schleppers
R Reihenabstand der Pflanzen
Sp Einstellmaß Spurreißer

1 Maßangaben zur Einstellung des Spurreißers

8. Eine Drillmaschine (siehe Bild 1) mit einer Arbeitsbreite von 4 m wird von einem Schlepper, dessen Spurweite 1,58 m beträgt, über das Feld gezogen. Die Drillmaschine verfügt über 43 Säschare.
   a) Wie groß ist der Reihenabstand?
   b) Welches Einstellmaß ist für den Spurreißer zu wählen?

9. Eine vierreihige Maislegemaschine mit einer Arbeitsbreite von 2,5 m wird von einem Schlepper, dessen Spurweite 1,58 m beträgt, über das Feld gezogen.
   a) Wie groß ist der Reihenabstand?
   b) Welches Einstellmaß ist für den Spurreißer zu wählen?

10. In der Bedienungsanleitung einer Drillmaschine stehen folgende technische Daten:
    Arbeitsbreite 3 m, 31 Säschare, Bereifung mit einem Durchmesser von 730 mm und einer Breite von 180 mm.
    Mit der Maschine sollen 200 kg Wintergerste je ha gesät werden.
    a) Wie groß ist der Reihenabstand?
    b) Welches Einstellmaß ist für den Spurreißer zu wählen, wenn die Schlepperspur eine Weite von 1,57 m hat?
    c) Welche Menge Saatgut muss die Abdrehprobe ergeben?
    d) Wie viele Umdrehungen des Antriebsrades sind für die Abdrehprobe ohne Berücksichtigung des Schlupfes erforderlich?
    e) Wie viele Umdrehungen des Antriebsrades sind für die Abdrehprobe unter Berücksichtigung eines Schlupfes von 7% erforderlich?

11. Dem Prospekt einer Drillmaschine wurden folgende Angaben entnommen: Arbeitsbreite 6 m, Reihenabstand 8 cm, Bereifung mit einem Durchmesser von 860 mm und einer Breite von 305 mm. Mit der Maschine sollen 185 kg Hafer je ha gesät werden.
    a) Wieviel Säschare hat die Maschine?
    b) Welches Einstellmaß ist für den Spurreißer zu wählen, wenn die Schlepperspur eine Weite von 1,5 m hat?
    c) Welche Menge Saatgut muss die Abdrehprobe ergeben?
    d) Wie viele Umdrehungen des Antriebsrades sind für die Abdrehprobe ohne Berücksichtigung des Schlupfes erforderlich?
    e) Wie viele Umdrehungen des Antriebsrades sind für die Abdrehprobe unter Berücksichtigung eines Schlupfes von 7% erforderlich?
    f) Welche Flächenleistung kann mit dieser Maschine bei einer Arbeitsgeschwindigkeit von 7 km/h erzielt werden, wenn die Zeiten für das Wenden am Feldende unberücksichtigt bleiben?

12. Im Prospekt eines pneumatischen Düngerstreuers stehen folgende Angaben:

Arbeitsbreite in m	18	21	24
Fassungsvermögen in l	1600	1600	1600
Eigenmasse in kg	900	1000	1000
Anzahl der Düsen	24	21	24
Düsenabstand in m	0,75	1	1

   a) Errechnen Sie die jeweilige Entlastung der Vorderachse eines Schleppers, der einen Radstand von 2228 mm hat, durch das Anbaugerät. Der Schwerpunkt des gefüllten Düngerstreuers (Schüttdichte des Düngers = 0,95 kg/l) liegt 1750 mm von der Hinterachse entfernt.
   b) Berechnen Sie die jeweilige Flächenleistung in ha/h beim Einsatz des Düngerstreuers mit den aufgeführten Arbeitsbreiten bei einer Arbeitsgeschwindigkeit von 8 km/h, wenn die Zeiten für das Wenden am Feldende unberücksichtigt bleiben.
   c) Wie groß ist die Ausbringmenge in kg/ha je Düse beim Einsatz des Düngerstreuers mit den aufgeführten Arbeitsbreiten, wenn insgesamt 450 kg Dünger je Hektar ausgebracht werden sollen?
   d) Wie groß ist die jeweilige Durchflussmenge der Düsen in l/min beim Einsatz des Düngerstreuers mit den aufgeführten Arbeitsbreiten bei einer Arbeitsgeschwindigkeit von 8 km/h und einer Streumenge von 450 kg/ha?

13. Ermitteln Sie das Fördervolumen einer Feldspritze mit einer Arbeitsbreite von 12 m. Das Fassungsvermögen des Behälters beträgt 400 l.

14. Von einer Feldspritze sind folgende Daten bekannt: Behältervolumen 1400 l, Arbeitsbreite 21 m.
    a) Ermitteln Sie das erforderliche Mindestfördervolumen der Pumpe.
    b) Berechnen Sie die jeweilige Flächenleistung in ha/h beim Einsatz der Feldspritze bei einer Arbeitsgeschwindigkeit von 7 km/h, wenn die Zeiten für das Wenden am Feldende unberücksichtigt bleiben.

15. Dem Prospekt einer Feldspritze wurden folgende Angaben entnommen: Behältervolumen 800 l, Arbeitsbreite 15 m, 30 Düsen.
    a) Ermitteln Sie das erforderliche Mindestfördervolumen der Pumpe.
    b) Berechnen Sie die jeweilige Durchflussmenge der Düsen $\dot{V}$ in l/min beim Einsatz der Feldspritze mit Arbeitsgeschwindigkeiten von 4, 6, 8, 10 und 12 km/h und einer Ausbringmenge von 400 l/ha.
    c) Stellen Sie die Ergebnisse als Balkendiagramm dar (x-Achse: Arbeitsgeschwindigkeit; y-Achse: Durchflussmenge der Düse).
    d) Welche Aussagen können aufgrund der Darstellung über die Abhängigkeit der Durchflussmenge der Düsen von der Arbeitsgeschwindigkeit gemacht werden?
    e) Durch welche Einstellgrößen erfolgt bei einer Feldspritze die Anpassung der Ausbringmenge der Düsen an die jeweilige Fahrgeschwindigkeit.
    f) Bild 1 enthält Daten über eine Doppelflachstrahldüse. Welche Zusammenhänge können aus der Tabelle abgelesen werden? Verdeutlichen Sie diese Zusammenhänge an einem selbstgewählten Beispiel.

Ausbringmenge in l/ha	Arbeitsgeschwindigkeit in km/h						
	4	5	6	7	8	9	10
200					1,10 1,33	1,40 1,50	1,70 1,67
300			1,40 1,50	1,80 1,75	2,40 2,00	2,90 2,25	3,60 2,50
400	1,10 1,33	1,70 1,67	2,40 2,00	3,20 2,33	4,10 2,67	5,30 3,00	
500	1,70 1,67	2,40 2,00	3,60 2,50	5,00 2,92			
600	2,40 2,00	3,60 2,50	5,30 3,00				
700	3,20 2,33	5,00 2,92					

1 Pumpendruck p in bar und Fördervolumen der Düse $\dot{V}$ in l/min einer Doppelflachstrahldüse

16. Eine mit 12 Düsen ausgestattete Feldspritze soll pro Düse 2 l/min Spritzbrühe ausbringen.
    a) Berechnen Sie den erforderlichen Volumenstrom $\dot{V}$ der Förderpumpe.
    b) Berechnen Sie die erforderliche Antriebsdrehzahl n der Pumpe, wenn diese ein Fördervolumen pro Umdrehung von $V^* = 44{,}5\ \text{cm}^3$ besitzt.
    c) Berechnen Sie den Nenndurchmesser des Druckschlauches, wenn die Strömungsgeschwindigkeit im Schlauch 4 m/s nicht übersteigen darf.

17. Im Bild 1, Seite 216, finden Sie eine Gegenüberstellung der technischen Daten verschiedener Mähwerke.
    a) Ermitteln Sie die erforderliche Antriebs- und Schlepperleistung für Mähwerke mit einer Arbeitsbreite von 1,8 m.
    b) Wie groß ist die Flächenleistung, wenn bei Fingermähwerken eine Arbeitsgeschwindigkeit von 7 km/h und bei Kreiselmähern eine Arbeitsgeschwindigkeit von 12 km/h erreicht wird?
    c) Welcher Zeitaufwand ist jeweils für das Mähen einer 350 m langen und 165 m breiten Wiese erforderlich? Für das Wenden und das Mähen der Ecken muss ein Zeitaufschlag von 4% berücksichtigt werden.

18. Um die Verluste, die beim Mähdrusch durch die Dreschorgane, den Schüttler, den Siebkasten und durch Undichtigkeiten der Maschine entstehen, zu ermitteln, ist es notwendig, den Strohschwad hinter der Maschine auf der Länge von 1 m zur Seite zu legen und die Anzahl der Körner zu zählen (s. Bild 2).

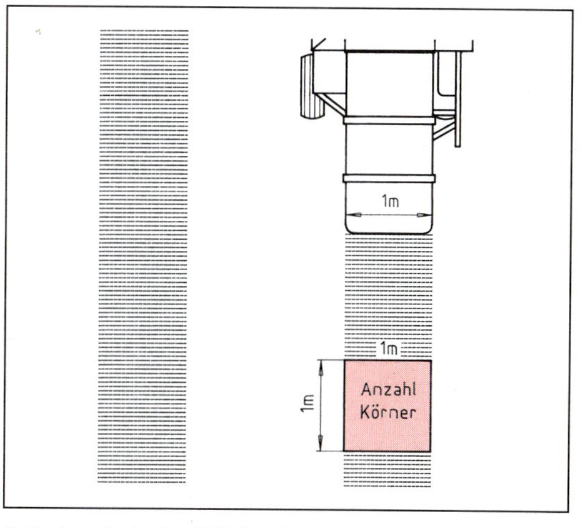

2 Ernteverluste des Mähdreschers

Bei der Auszählung werden auf einer Fläche von 1 m × 1 m im Schwad des Mähdreschers, der eine Arbeitsbreite von 3 m hat, 180 Roggenkörner gefunden. Das 1000-Korn-Gewicht beträgt bei Roggen 35 g. Der Ernteertrag liegt bei 5000 kg/ha.
a) Berechnen Sie den Körnerverlust in kg/ha.
b) Wie groß ist der prozentuale Körnerverlust bezogen auf den Gesamtertrag?
c) Ist der errechnete Verlust in seiner gesamten Höhe dem Mähdrescher zuzuschreiben? Begründen Sie Ihre Antwort.
d) Wie groß ist der prozentuale Körnerverlust, bezogen auf den Gesamtertrag, wenn je m^2 eine abgefallene Ähre mit 40 Körnern gefunden wird?

7 Anlagen der Hofwirtschaft

7.1 Berechnungen zu Melkanlagen

Daten und Verfahren zur Auslegung von Melkanlagen sind in DIN ISO 5707 und in Unterlagen verschiedener Hersteller zu finden.

$$Q = m \cdot c \cdot \Delta T$$

Q Wärmemenge
m Masse
c spezifische Wärmekapazität
ΔT Temperaturdifferenz

$$\omega = \frac{Q_h}{(Q_{ath} + Q_{el})}$$

ω Energienutzungsgrad
Q_h freiwerdende nutzbare Wärmemenge
Q_{ath} theoretisch anfallende Wärmemenge
Q_{el} aufgenommene elektrische Energie

Übungen

1. Ermitteln Sie den Luftdurchfluss der Vakuumpumpe für eine Eimermelkanlage mit einer von Ihnen festgelegten Zahl von Melkeinheiten.
2. Für eine Rohrmelkanlage mit 4 Melkeinheiten und einem Durchmesser der Melkleitung von 50 mm soll der Luftdurchfluss ermittelt werden. Rechnen Sie die von einem gewählten Hersteller angegebenen Werte für Kammermilchschleuse und Zentraleingang angegebenen Werte hinzu.
3. Legen Sie für die in Aufgabe 2 beschriebene Melkanlage den Durchmesser der Luftleitung für Pulsatoren fest. Die Leitung soll wahlweise als Ringleitung oder Stichleitung vorgesehen werden.
4. Die in Aufgabe 2 beschriebene Melkanlage soll in einer Höhenlage von 1500 m über dem Meeresspiegel betrieben werden. Berechnen Sie den Leistungsverlust und wählen Sie eine für diese Verhältnisse geeignete Vakuumpumpe aus.
5. Wählen Sie für die in Aufgabe 2 beschriebene Melkanlage eine geeignete Pumpen-Milchschleuse aus und ermitteln Sie hierfür die Abpumpmenge beim Spülen (Hauptspülen). Geben Sie die technischen Daten eines geeigneten Spülautomaten an.
6. In einer Milchkühlanlage sollen 100 Liter Milch von 30 °C auf 4 °C abgekühlt werden. Die freiwerdende Wärmemenge beträgt $Q = 10800$ kJ.
   Berechnen Sie die Masse des Wassers, das bei einer Eingangstemperatur von 10 °C auf 60 °C erwärmt wird.
7. Wie viele kWh elektrischer Energie werden gebraucht, wenn das Wasser (s. Übung 6) in einem Warmwasserbereiter erwärmt wird? Der Wirkungsgrad solcher Geräte beträgt $\eta = 88\%$.
8. Eine Milchkühlanlage setzt pro 100 Liter Milch theoretisch eine Wärmemenge von $Q_{ath} = 12570$ kJ frei. Der Antrieb des Kompressors für die Kälteanlage benötigt eine Energie von $P_{el} = 1{,}5$ kWh.
   Wie groß ist die freiwerdende nutzbare Wärmemenge Q_h, wenn mit einem Energienutzungsgrad $\omega = 76\%$ gerechnet werden kann?

7.2 Berechnungen zu Förderanlagen

$$P = \frac{F \cdot s}{t}$$

P Förderleistung
F Kraft
s Weg
t Zeit

Übungen

1. Eine Schnecke fördert 3000 kg Weizen in 100 s auf 2,5 m Höhe. Wie groß ist die Antriebsleistung in kW?
2. Ein Gebläse fördert 2,5 t/h Getreide auf eine Höhe von 8,2 m. Welche Leistung benötigt der Antriebsmotor, wenn der Wirkungsgrad des Gebläses 89% beträgt?
3. Ein Förderband wird von einem Motor mit einer Leistung von 2 kW angetrieben. Wie viele t Sand kann es in 85 min auf eine Höhe von 2,5 m fördern, wenn der Wirkungsgrad 87% beträgt?

Technische Kommunikation

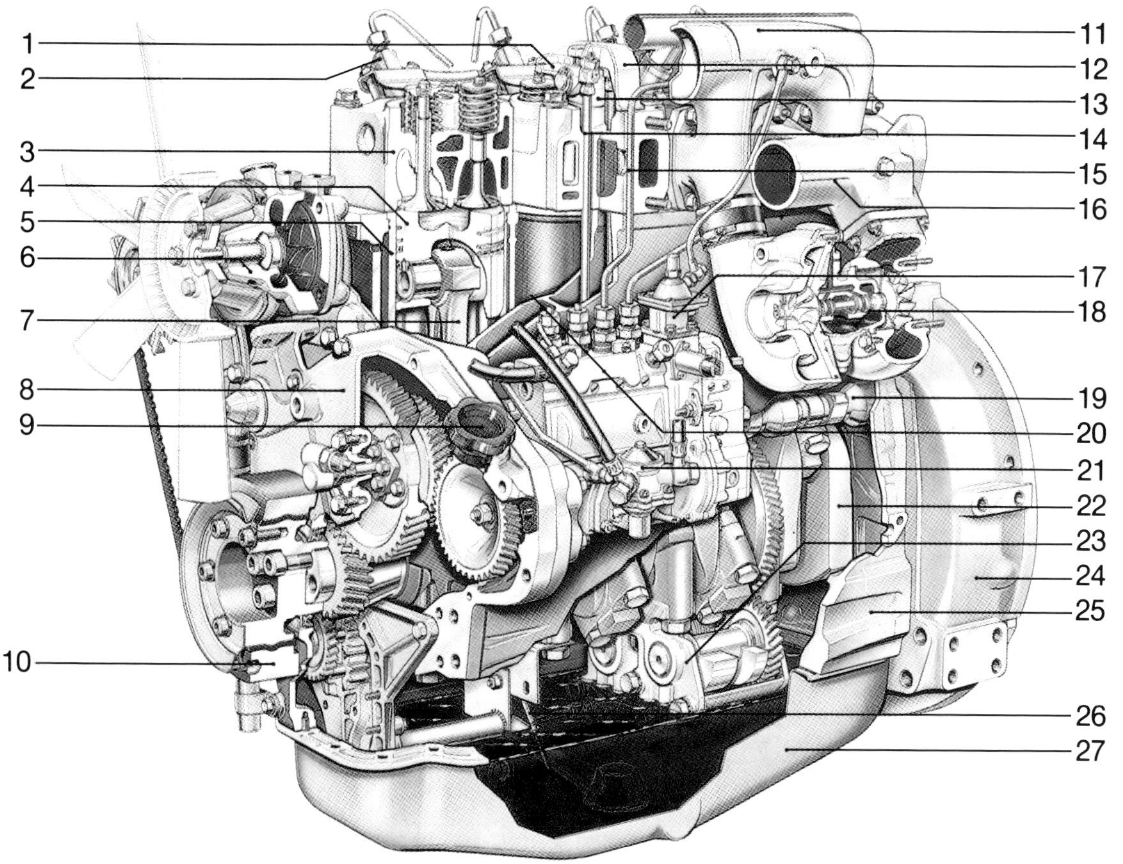

1 Kipphebel
2 Einspritzventil
3 Zylinderkopf
4 Kolben
5 Zylinderlaufbüchse
6 Wasserpumpe
7 Pleuelstange
8 Stirnwanddeckel
9 Öleinfüllstutzen
10 Drehschwingungsdämpfer
11 Ansaugrohr
12 Zylinderkopfhaube
13 Kipphebelbock
14 Stoßstange
15 Kraftstoffdruckleitung
16 Auspuffrohr
17 LDA-Gerät
18 Turbolader
19 Nockenwelle
20 Kraftstoffeinspritzpumpe
21 Kraftstoffförderpumpe
22 Kurbelwelle
23 Massenausgleichsgetriebe
24 Schwungradgehäuse
25 Kurbelgehäuse
26 Ölmessstab
27 Ölwanne

1 Rocker arm
2 Injector
3 Cylinder head
4 Piston
5 Cylinder liner
6 Water pump
7 Connecting rod
8 Front-wall cover
9 Oil filler tube
10 Torsional vibration damper
11 Intake manifold
12 Rocker chamber cover
13 Rocker-arm bracket
14 Push rod
15 Fuel pressure pipe
16 Exhaust manifold
17 Aneroid control
18 Turbocharger
19 Camshaft
20 Fuel injection pump
21 Fuel delivery pump
22 Crankshaft
23 Mass balancer
24 Flywheel housing
25 Crankcase
26 Oil dipstick
27 Oil pan

1 Culbuteur
2 Injecteur
3 Culasse
4 Piston
5 Chemise
6 Pompe à eau
7 Bielle
8 Carter de distribution
9 Tubulure de remplissage d'huile
10 Amortisseur de vibrations torsionnelles
11 Collecteur d'admission
12 Cache-culbuteurs
13 Support de culbuteur
14 Tige de culbuteur
15 Conduite de refoulement de combustible
16 Collecteur d'échappement
17 Correcteur de débit en fonction de la pression d'air de suralimentation
18 Turbocompresseur
19 Arbre à cames
20 Pompe d'injection de combustible
21 Pompe d'alimentation en combustible
22 Vilebrequin
23 Equilibreur
24 Carter de volant
25 Bloc-cylindres
26 Jauge d'huile
27 Carter d'huile

1 Motorentechnik

1.1 Schematische Darstellungen

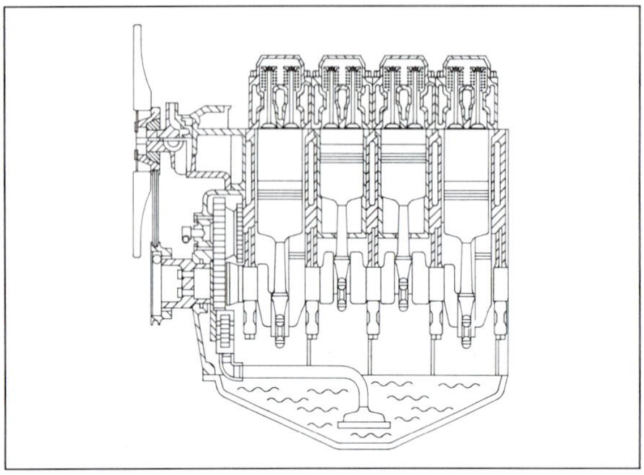

1 Schnittbild

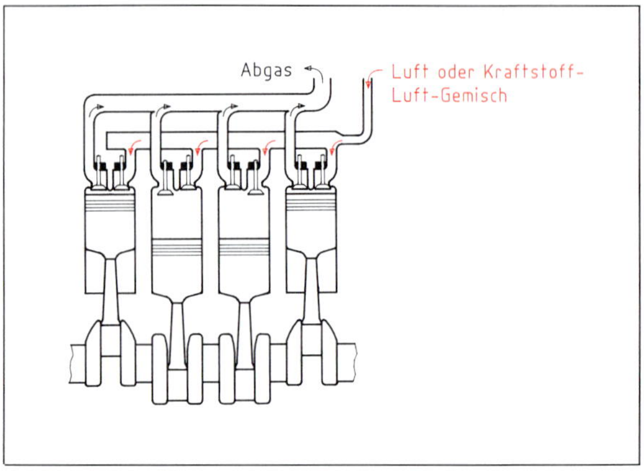

2 Vereinfachte Darstellung

Bild 1 zeigt den 4-Zylinder-Reihenmotor eines Schleppers als Schnittbild. Diese Form der Darstellung eignet sich besonders, um die inneren Einzelteile sichtbar zu machen.

Soll jedoch der Ablauf der Arbeitsspiele der einzelnen Zylinder verdeutlicht werden, sind in der Darstellung wegen der Übersichtlichkeit nur die Bauelemente (Ventile und Kurbeltrieb) erforderlich, die daran im Wesentlichen beteiligt sind. Die Bilder 2 und 3 zeigen entsprechende vereinfachte bzw. schematische Darstellungen.

Mit Hilfe von Schemazeichnungen wird in technischen Unterlagen häufig die Funktion von Bauelementen oder Baugruppen verdeutlicht.

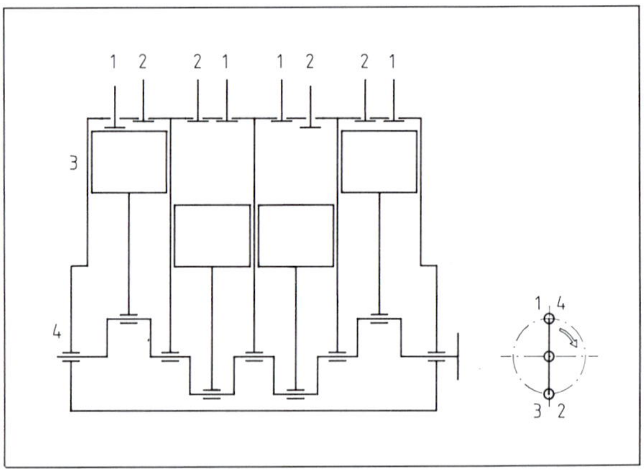

3 Schematische Darstellung

Übungen

1. a) Stellen Sie das Viertakt-Verfahren eines Dieselmotors entsprechend den untenstehenden Angaben auf einem besonderen Blatt schematisch dar.
   b) Kennzeichnen Sie die einzelnen Takte und die Bewegungsrichtung des Kolbens bzw. der Gase durch Pfeile.
   c) Geben Sie die Länge der einzelnen Takte in ° KW an.

   Hinweis: Übernehmen Sie die Zeichnungsvorgabe (Bild 4) in 2facher Vergrößerung.

   Kolbenstellungen:
   Ansaugen: 135° nach OT,
   Verdichten: 45° vor OT,
   Arbeiten: 60° nach OT,
   Ausstoßen: 105° vor OT.

   Ventilstellungen:
   Einlass öffnet: 20° vor OT,
   Einlass schließt: 40° nach UT,
   Auslass öffnet: 40° vor UT,
   Auslass schließt: 20° nach OT.

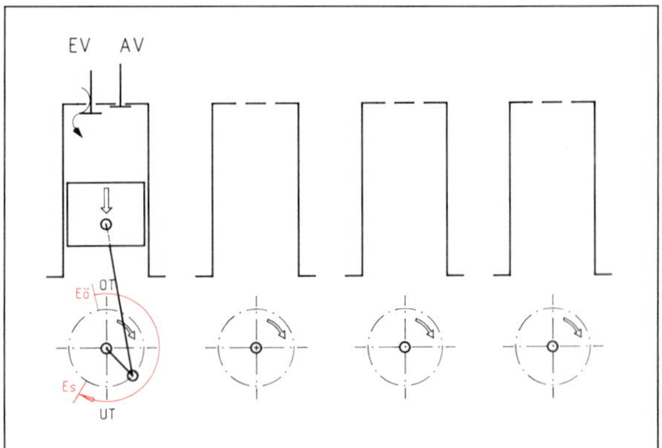

1. Ansaugen Eö → Es
2. Verdichten Es → OT
3. Arbeiten OT → Aö
4. Ausstoßen Aö → As

4 Schema Viertaktverfahren

2. a) Vervollständigen Sie nach Übertragung des Bildes 1 in doppelter Größe auf ein besonderes Blatt die Tabelle über den Ablauf der Arbeitsspiele des 3-Zylinder-Reihenmotors.
   b) Ergänzen Sie die Kurbelwelle, Pleuel, Kolben und Ventile in der schematischen Darstellung.
   c) An welchen Ventilen kann das Spiel kontrolliert bzw. eingestellt werden, wenn der Kolben des 1. Zylinders am Ende des Verdichtungshubes in OT steht?
   d) An welchen Ventilen kann das Spiel nach einer 360°-Drehung der Kurbelwelle kontrolliert bzw. eingestellt werden?

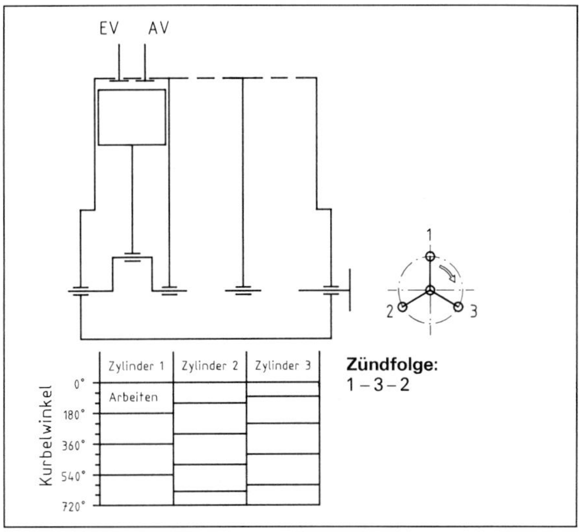

1 3-Zylinder-Reihenmotor

3. a) Vervollständigen Sie nach Übertragung des Bildes 2 in doppelter Größe auf ein besonderes Blatt die Tabelle über den Ablauf der Arbeitsspiele des 4-Zylinder-Reihenmotors.
   b) Ergänzen Sie die Kurbelwelle, Pleuel, Kolben und Ventile in der schematischen Darstellung.
   c) Welche Arbeitsmittel werden für die Ventilspielkontrolle bzw. -einstellung benötigt?
   d) Welche Einstelldaten und -anweisungen gibt der Hersteller der in ihrem Betrieb vorkommenden 4-Zylinder-Motoren für diese Arbeit an?
   e) Beschreiben Sie den Arbeitsablauf der Ventilspielkontrolle bzw. -einstellung.

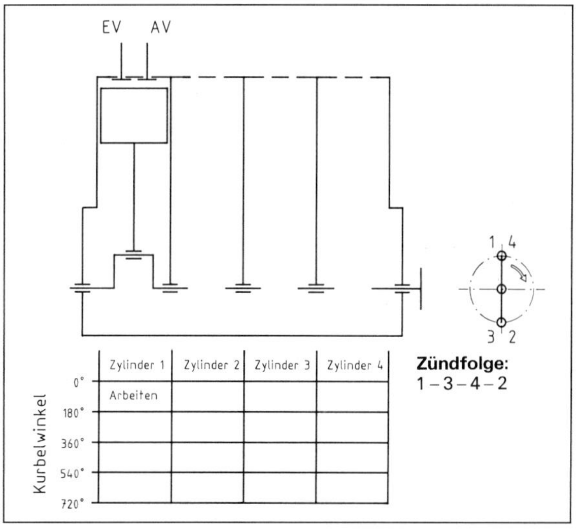

2 4-Zylinder-Reihenmotor

4. a) Vervollständigen Sie nach Übertragung des Bildes 3 in doppelter Größe auf ein besonderes Blatt die Tabelle über den Ablauf der Arbeitsspiele des 6-Zylinder-Reihenmotors.
   b) Ergänzen Sie die Kurbelwelle, Pleuel, Kolben und Ventile in der schematischen Darstellung.
   c) An welchen Ventilen kann das Spiel kontrolliert bzw. eingestellt werden, wenn der Kolben des 1. Zylinders am Ende des Verdichtungshubes in OT steht?
   d) An welchen Ventilen kann das Spiel nach einer 360°-Drehung der Kurbelwelle kontrolliert bzw. eingestellt werden?

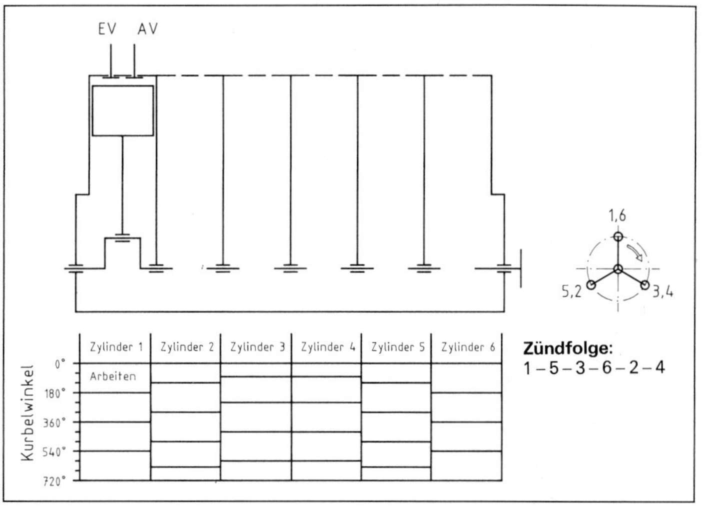

3 6-Zylinder-Reihenmotor

5. Bild 1 zeigt die Druckumlaufschmierung eines Dieselmotors in schematischer Darstellung.
   a) Benennen Sie die nummerierten Bauteile der Darstellung (10 Kolben Kompressor).
   b) Welche Aufgaben haben jeweils die Bauteile 1 ... 6?
   c) Beschreiben Sie die Funktionsweise des abgebildeten Schmiersystems.
   d) Welche Arbeits- und Hilfsmittel sind für einen Ölwechsel an einem Dieselmotor erforderlich?
   e) Beschreiben Sie den Arbeitsablauf des Ölwechsels.
6. Bild 2 verdeutlicht die Funktion der Flüssigkeitskühlung eines Dieselmotors in schematischer Form.
   a) Benennen Sie die nummerierten Bauteile der Darstellung.
   b) Welche Aufgabe hat Bauteil 4?
   c) Beschreiben Sie die Funktionsweise des abgebildeten Kühlsystems bei kaltem und warmem Motor.
   d) Welche Wartungsarbeiten sind an dem abgebildeten Kühlsystem durchzuführen?
   e) Die Kühlmittelpumpe eines Dieselmotors ist undicht. Erstellen Sie einen Arbeitsplan (notwendige Arbeits- und Hilfsmittel, Arbeitsschritte) zur Behebung des Schadens.
7. Die schematische Darstellung in Bild 3 zeigt die wesentlichen Bauteile der Einspritzanlage eines Dieselmotors in stark vereinfachter Form.
   a) Benennen Sie die nummerierten Bauteile der Darstellung.
   b) Welche Aufgaben haben jeweils die Bauteile 1 ... 6?
   c) Zeichnen Sie die fehlenden Kraftstoffleitungen ein.

   Hinweis: Übernehmen Sie die Zeichnungsvorgabe (Bild 3) in 2facher Vergrößerung.
   d) Erstellen Sie einen Arbeitsplan (notwendige Arbeits- und Hilfsmittel, Arbeitsschritte) zur Entlüftung der Kraftstoffanlage eines Dieselmotors.

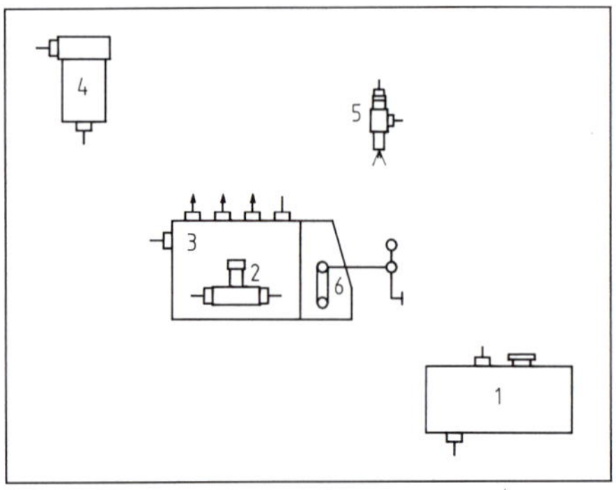

3 Einspritzanlage Dieselmotor

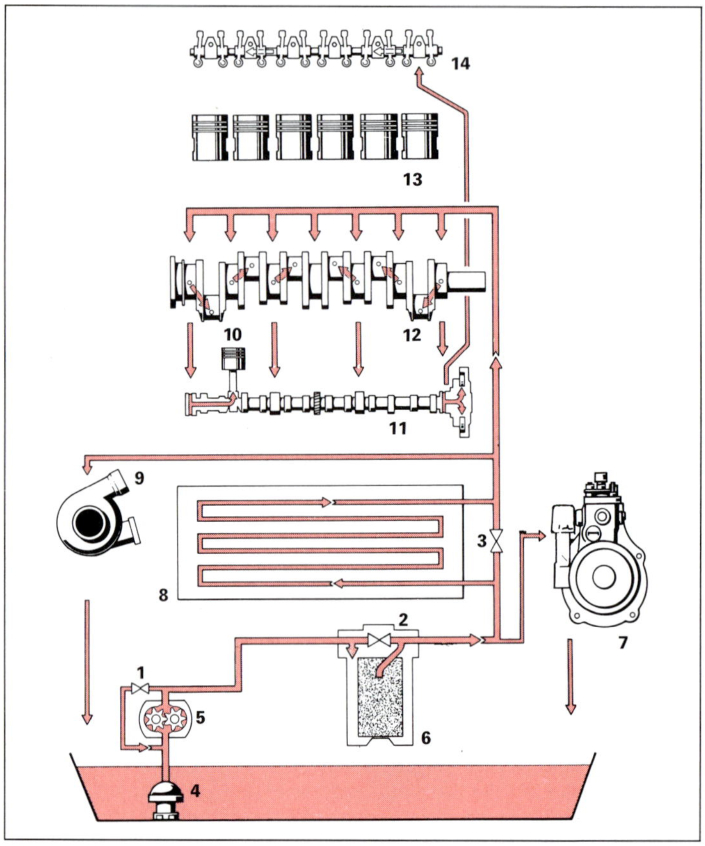

1 Druckumlaufschmierung

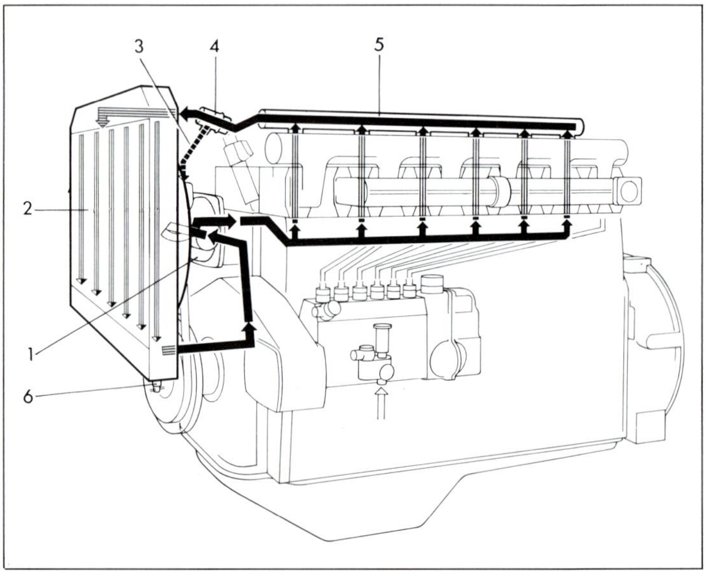

2 Flüssigkeitskühlung

8. Reiheneinspritzpumpen besitzen zur Kraftstoffförderung Kolbenpumpen. Bild 1 zeigt die Funktion dieser Pumpenbauart im Zwischenhub.
   a) Übertragen Sie die Zeichnungsvorgabe in Bild 1 in doppelter Größe auf ein besonderes Blatt.
   b) Benennen Sie die nummerierten Bauteile der Darstellung.
   c) Zeichnen Sie die abgebildete Kraftstoff-Förderpumpe im Saug-/Druckhub. Bauteil 3 wird um 180° weitergedreht.
   d) Warum besteht zwischen der Stößelstange und Bauteil 4 keine feste Verbindung?
   e) Welches Bauelement regelt die Kraftstoffzufuhr zur Einspritzpumpe?

9. Bild 2 zeigt die wesentlichen Bauelemente und die Funktionsweise des Membranvergasers in verschiedenen Lastzuständen.
   a) Benennen Sie die nummerierten Bauteile der Darstellung.
   b) Beschreiben Sie die Funktionsweise des Vergasers in folgenden Lastzuständen:
      Start,
      Leerlauf,
      Übergang,
      Volllast.
   c) Welche Einstellungen können an den Bauteilen 6 bzw. 12 vorgenommen werden?
   d) Bauteil 14 eines Membranvergasers muss erneuert werden. Erstellen Sie einen Arbeitsplan (notwendige Arbeits- und Hilfsmittel, Arbeitsschritte).

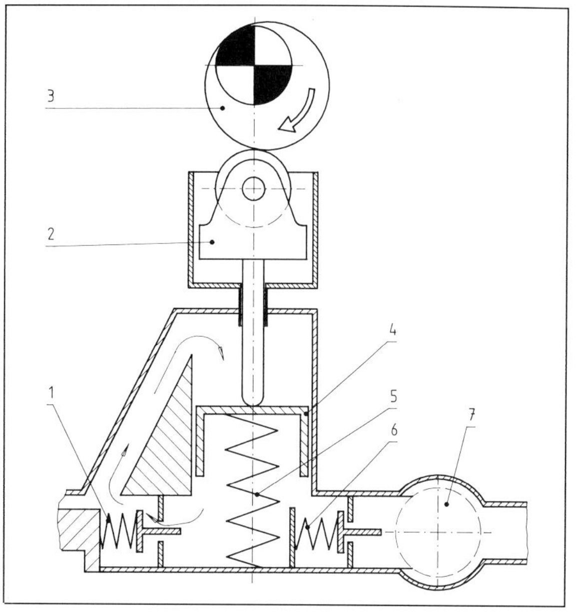

1 Kraftstoff-Förderpumpe

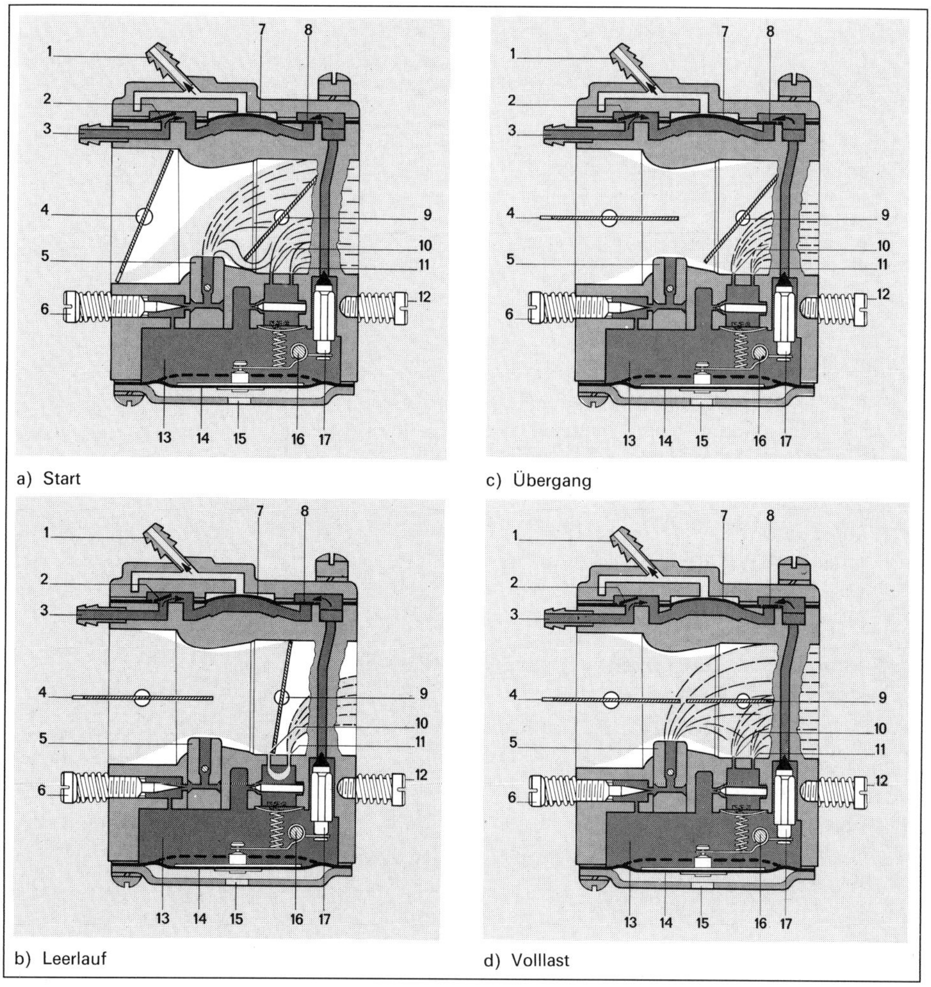

a) Start
c) Übergang
b) Leerlauf
d) Volllast

2 Aufbau und Funktion Membranvergaser

1.2 Grafische Darstellungen

Grafische Darstellungen (Diagramme) werden eingesetzt, wenn die Abhängigkeit verschiedener Größen (z.B. die Motorleistung von der Drehzahl) veranschaulicht werden soll. Dieses kann in Form von $x-y$-Darstellungen (Bild 1) oder Kreis- (Bild 2) bzw. Balkendiagrammen geschehen.

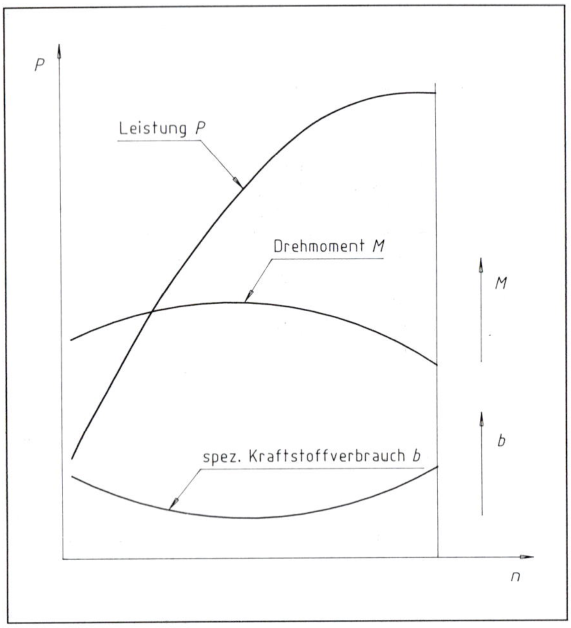

1 Motorkennlinien

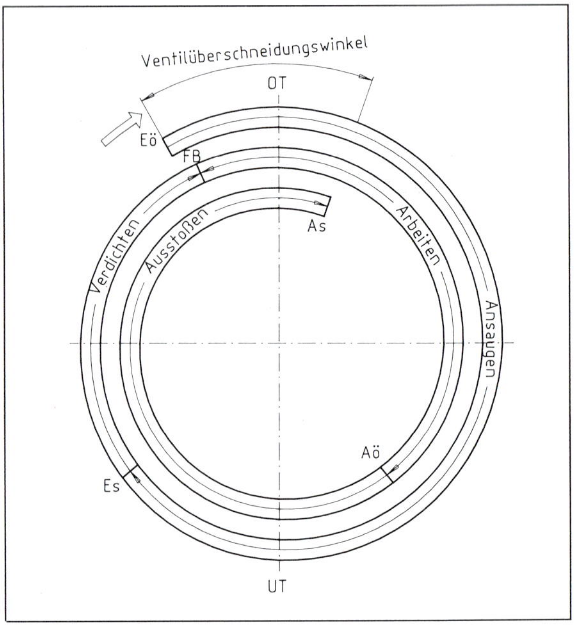

2 Steuerdiagramm

Übungen

1. a) Erstellen Sie das Steuerdiagramm für einen Viertakt-Dieselmotor (siehe Bild 2) mit folgenden Steuerzeiten:

   Einlass öffnet: 25° vor OT,
   Einlass schließt: 45° nach UT,
   Auslass öffnet: 50° vor UT,
   Auslass schließt: 18° nach OT,
   Förderbeginn: 17° vor OT.

   Hinweis: Die Darstellung soll etwa die doppelte Größe von Bild 2 haben.

   b) Kennzeichnen Sie die einzelnen Takte farbig.
   c) Wie groß ist der Ventilüberschneidungswinkel?
   d) Wie groß ist der Öffnungswinkel des Einlassventils?
   e) Wie groß ist der Öffnungswinkel des Auslassventils?
   f) Geben Sie die Winkel des Verdichtungs- und des Arbeitstaktes an.

2. Der Sensor für die Kühlmitteltemperatur eines Dieselmotors besteht aus einem veränderlichen Widerstand. Bild 3 gibt den Widerstandswert des Sensors bei verschiedenen Temperaturen an.

Temperatur t in °C	Widerstand R in Ω
37	1635
60	688
76	375
80	328
84	287
88	256
92	226
96	199
100	177
105	153
110	133
115	113

3 Widerstandswerte des Kühlmittelsensors

a) Stellen Sie die Abhängigkeit des Widerstandswertes des Kühlmittelsensors von der Kühlmitteltemperatur grafisch dar.
x-Achse: 1 cm ≙ 10° C
y-Achse: 1 cm ≙ 100 Ω.

b) Welche Aussagen gelten für das Verhalten des Temperatursensors aufgrund der grafischen Darstellung?

3. Bild 1 enthält die Kennlinien für die Leistung *P*, das Drehmoment *M* und den spezifischen Kraftstoffverbrauch *b* eines Dieselmotors.

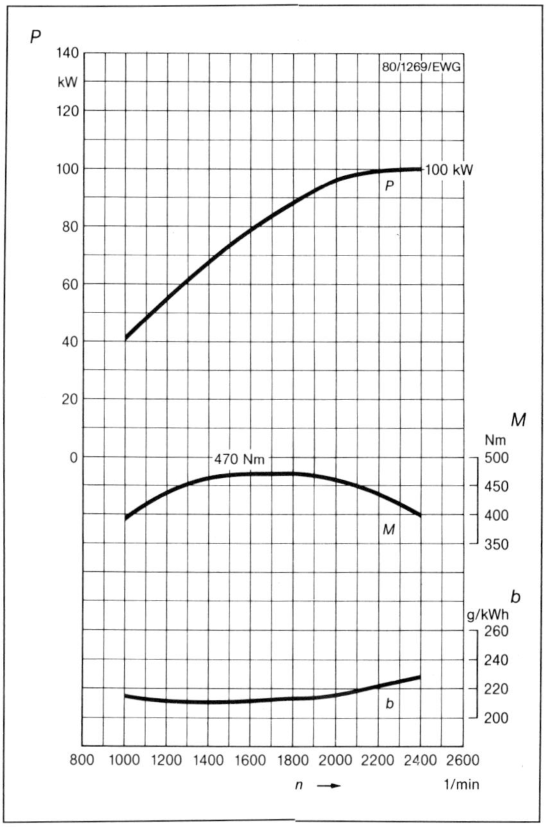

1 Kennlinien eines Dieselmotors

Drehzahl in 1/min	Drehmoment in Nm	Leistung in kW	Spez. Kraftstoffverbrauch in g/kWh
1000	315	33	218
1200	342	43	218
1400	348	51	220
1600	352	59	224
1800	350	66	225
2000	339	71	226
2200	321	74	232
2400	298	75	240

2 Kennwerte Motor 1

Drehzahl in 1/min	Drehmoment in Nm	Leistung in kW	Spez. Kraftstoffverbrauch in g/kWh
1000	334	35	240
1200	350	44	230
1400	354	52	228
1600	346	58	225
1800	345	65	228
2000	329	69	235
2200	299	73	240
2400	199	50	270

3 Kennwerte Motor 2

Drehzahl in 1/min	Drehmoment in Nm	Leistung in kW	Spez. Kraftstoffverbrauch in g/kWh
1000	325	34	220
1200	342	43	215
1400	348	51	210
1600	352	59	208
1800	345	65	208
2000	334	70	210
2200	321	74	215
2300	307	74	222

4 Kennwerte Motor 3

Ermitteln Sie anhand der grafischen Darstellung die Leistung, das Drehmoment und den spezifischen Kraftstoffverbrauch bei verschiedenen Drehzahlen (1000 1/min, 1200 1/min usw.) und tragen Sie die Zahlenwerte in eine Tabelle (vgl. Übung 4) ein.

4. Bilder 2...4 enthalten Angaben über Drehmoment, Leistung und spezifischen Kraftstoffverbrauch verschiedener Dieselmotoren in Abhängigkeit von der Drehzahl.

   a) Stellen Sie das Drehmoment, die Leistung und den spezifischen Kraftstoffverbrauch der einzelnen Motoren grafisch dar (vgl. Bild 1).

   x-Achse: 1 cm ≙ 200 1/min
   y-Achse:
   Spez. Kraftstoffverbrauch
   1 cm ≙ 10 g/kWh (Beginn 200 g/kWh; Abstand 1 cm von *x*-Achse)
   Drehmoment
   1 cm ≙ 50 Nm (Beginn 200 Nm; Abstand 9 cm von *x*-Achse)
   Leistung
   1 cm ≙ 5 kW (Beginn 30 kW; Abstand 13 cm von *x*-Achse)

   b) Vergleichen Sie die Kennlinien der einzelnen Motoren.

1.3 Sonstige Darstellungen in technischen Unterlagen

Bild 1 zeigt die Darstellung eines Motors im Schnitt in Form einer technischen Zeichnung. Diese kann zusätzlich Maßangaben enthalten und wird in erster Linie für die Konstruktion und den Bau von Maschinen und Geräten genutzt.

Bildliche Darstellungen (siehe Bild 2) dienen häufig zur Veranschaulichung von Reparatur- und Montageanweisungen in den entsprechenden Handbüchern für die Werkstätten. Dadurch soll das Auffinden von Teilen an den Maschinen oder Geräten erleichtert werden.

Muss bei der Montage von Baugruppen eine bestimmte Reihenfolge beachtet werden, so kann dem Monteur die Arbeit durch Anordnungspläne (Explosionszeichnungen, siehe Bild 3) erleichtert werden. Diese Form der Darstellung wird häufig auch für Ersatzteilkataloge benutzt.

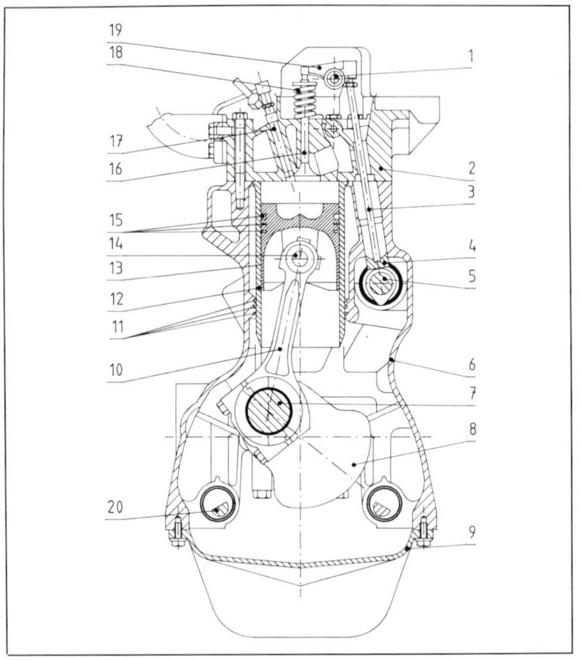

1 Technische Zeichnung

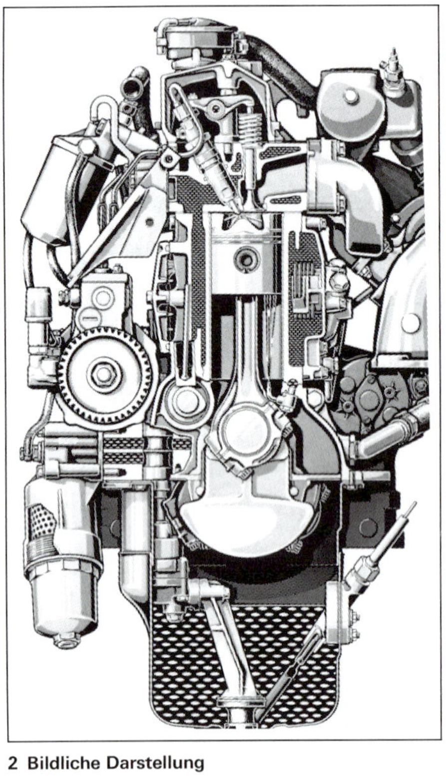

2 Bildliche Darstellung

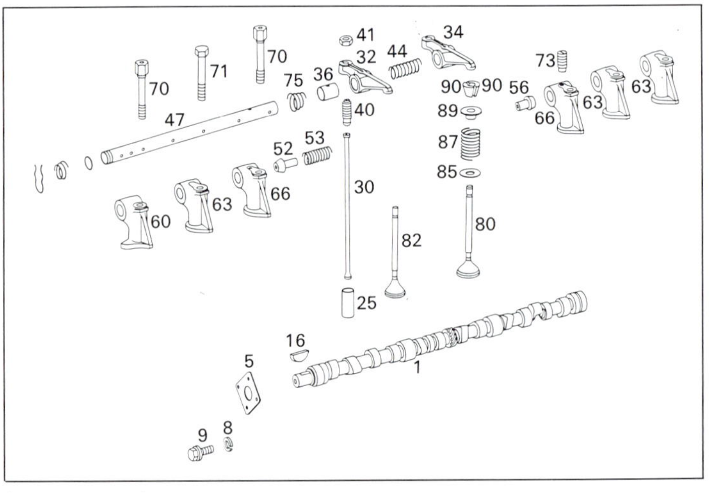

3 Anordnungsplan

Übungen

1. Bild 1 zeigt die wesentlichen Bauteile eines Dieselmotors.
   a) Benennen Sie die nummerierten Bauteile der Darstellung.
   b) Ordnen Sie die Bauelemente den einzelnen Baugruppen des Dieselmotors (siehe Technologie, Kap. 2.1.1) zu.
   c) Geben Sie zu jedem Bauteil die wesentliche Aufgabe bzw. Funktion an.

2. Der Anordnungsplan in Bild 3 zeigt Bauteile der Motorsteuerung.
   a) Benennen Sie die nummerierten Bauteile der Darstellung.
   b) Welche Aufgabe hat Bauteil 1?
   c) Wie wird Bauteil 1 betätigt?
   d) Die Ventilsitze eines Dieselmotors müssen erneuert werden. Erstellen Sie einen Arbeitsplan (notwendige Arbeits- und Hilfsmittel, Arbeitsschritte) zur Behebung des Schadens.

3. Bild 1 soll den Ausbau eines Einspritzventils verdeutlichen.
   a) Wann ist bei einem Dieselmotor der Ausbau des Einspritzventils erforderlich?
   b) Benennen Sie die nummerierten Bauteile der Darstellung.
   c) Erstellen Sie einen Arbeitsplan (notwendige Arbeits- und Hilfsmittel, Arbeitsschritte) für den Aus- und Einbau des Einspritzventils.

4. Bild 2 zeigt die Einzelteile eines Einspritzventils.
   a) Benennen Sie die nummerierten Bauteile der Darstellung.
   b) Wann ist bei einem Dieselmotor das Zerlegen des Einspritzventils erforderlich?
   c) Erstellen Sie einen Arbeitsplan (notwendige Arbeits- und Hilfsmittel, Arbeitsschritte) für das Zerlegen und den Zusammenbau des Einspritzventils.

5. Bild 3 zeigt den Anordnungsplan von Zylinder, Kolben, Kurbeltrieb und Motorgehäuse mit den notwendigen Einzelteilen einer Motorsäge.
   a) Benennen Sie die nummerierten Bauteile der Darstellung.
   b) Bauteil 17 einer Motorsäge ist defekt. Erstellen Sie einen Arbeitsplan (notwendige Arbeits- und Hilfsmittel, Arbeitsschritte) zur Behebung des Schadens.

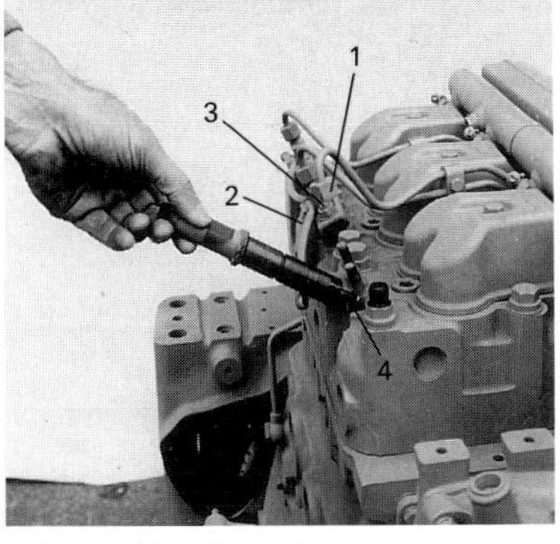

1 Ausbau Einspritzventil

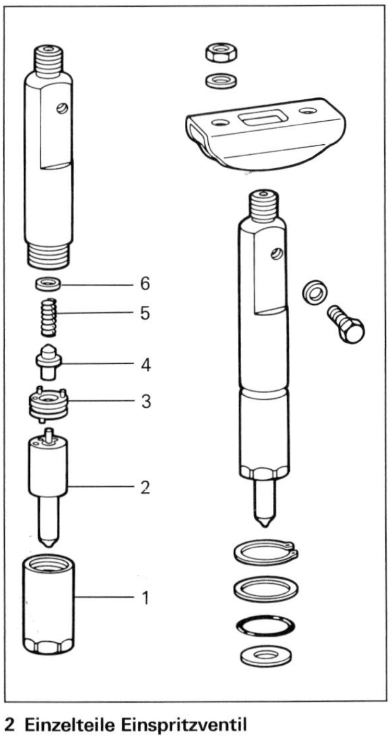

2 Einzelteile Einspritzventil

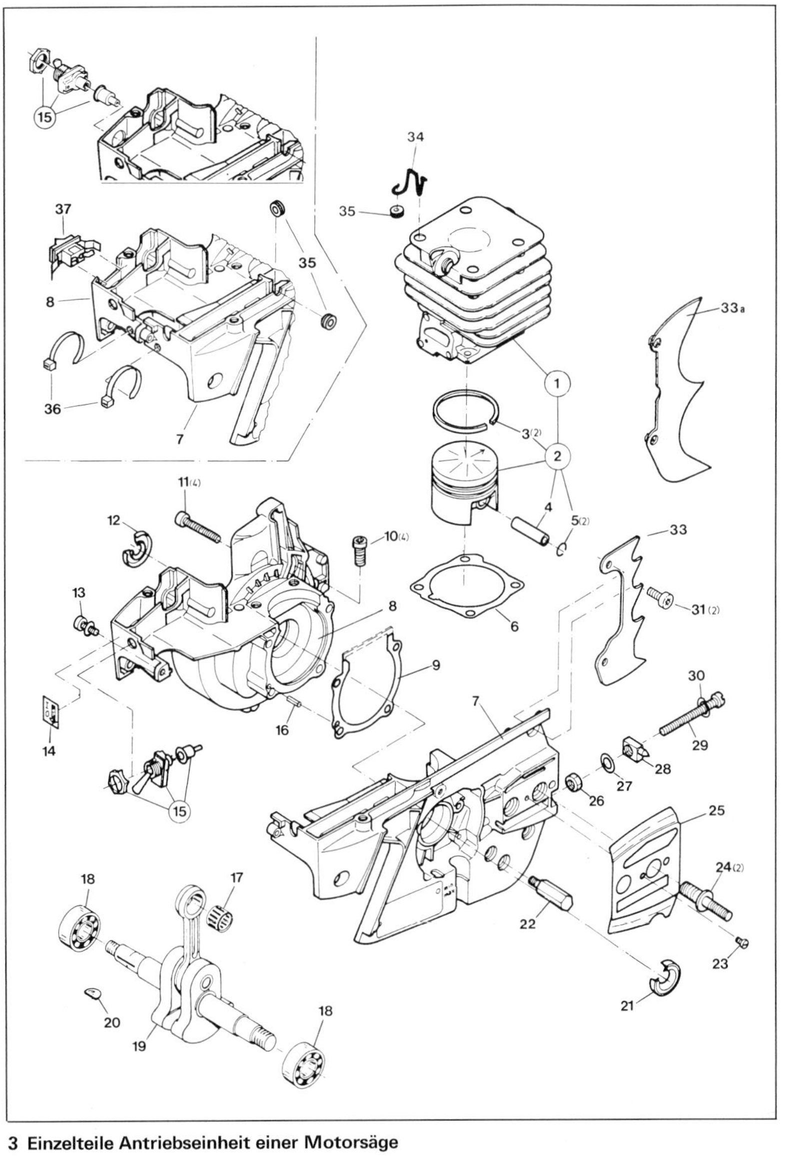

3 Einzelteile Antriebseinheit einer Motorsäge

1.4 Technische Daten

Neben Montage- und Reparaturanweisungen enthalten die von den Landmaschinenherstellern für die Werkstätten herausgegebenen Unterlagen eine Reihe von technischen Daten. Dazu zählen u.a. Anzugsdrehmomente für verschiedene Schraubverbindungen, Wartungsintervalle, Schmiermittelsorten, Einstelldaten (siehe Bild 1) und Verschleißmaße (siehe Bild 2).

VENTILSPIEL ÜBERPRÜFEN

HINWEIS: Das Ventilspiel kann bei kaltem oder warmem Motor geprüft werden.

Falls erforderlich, Ventilspiel einstellen, siehe „Ventilspiel einstellen".

Einlassventile: 0,35 mm (0.014 in.)
Auslassventile: 0,45 mm (0.018 in.)

1 Daten zur Motoreinstellung (Auszug Reparaturhandbuch)

VENTILE – REPARATURDATEN

Bei Motoren ohne Turbolader:

a – Einlassventil: 44,88 ... 45,15 mm (1.767 ... 1.777 in.)
a – Auslassventil: 39,88 ... 40,13 mm (1.570 ... 1.580 in.)
b – Ventilschaft-Durchmesser: 9,43 ... 9,46 mm (0.371 ... 0.372 in.)
c – Einlassventil: 43.5°
c – Auslassventil: 43,5°

Bei Motoren mit Turbolader:

a – Einlassventil: 46,13 ... 46,38 mm (1.816 ... 1.821 in.)
a – Auslassventil: 39,88 ... 40,13 mm (1.570 ... 1.580 in.)
b – Ventilschaft-Durchmesser: 9,43 ... 9,46 mm (0.371 ... 0.372 in.)
c – Einlassventil: 29,5°
c – Auslassventil: 43.5°

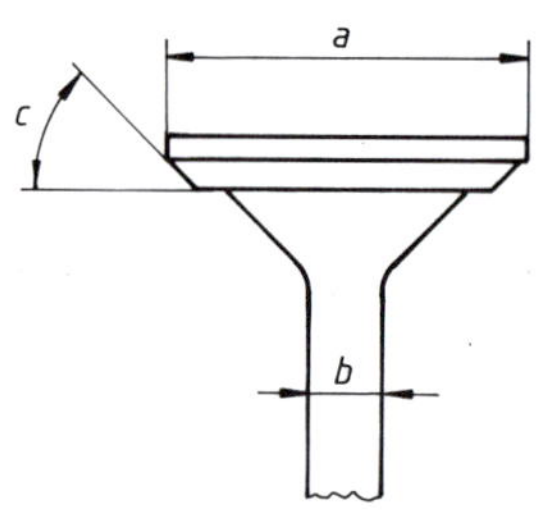

2 Daten zur Motorreparatur (Auszug Reparaturhandbuch)

Übungen

1. Ermitteln Sie für einen Schleppertyp Ihrer Wahl anhand der Werkstattunterlagen die daran durchzuführenden Wartungsarbeiten. Geben Sie die jeweiligen Zeitabstände mit an.

2. Ermitteln Sie für einen Schleppertyp Ihrer Wahl anhand der Werkstattunterlagen folgende Größen:

   Technische Daten:
   Hubraum,
   Bohrung,
   Hub,
   Zündfolge,
   Verdichtungsverhältnis,
   maximales Drehmoment,
   Motorleistung,
   Nenndrehzahl.

   Einstell- und Kontrolldaten:
   Ventilspiel,
   Kompressionsdruck,
   Förderbeginn der Einspritzpumpe,
   Einspritzdruck der Einspritzdüsen,
   Motoröldruck,
   Kühlmitteltemperatur.

   Füllmengen:
   Motoröl[1]),
   Kühlmittel,
   Getriebeöl[1]),
   Hydrauliköl[1]).

[1]) mit Angabe der vom Hersteller empfohlenen Öl-Klassifikationen.

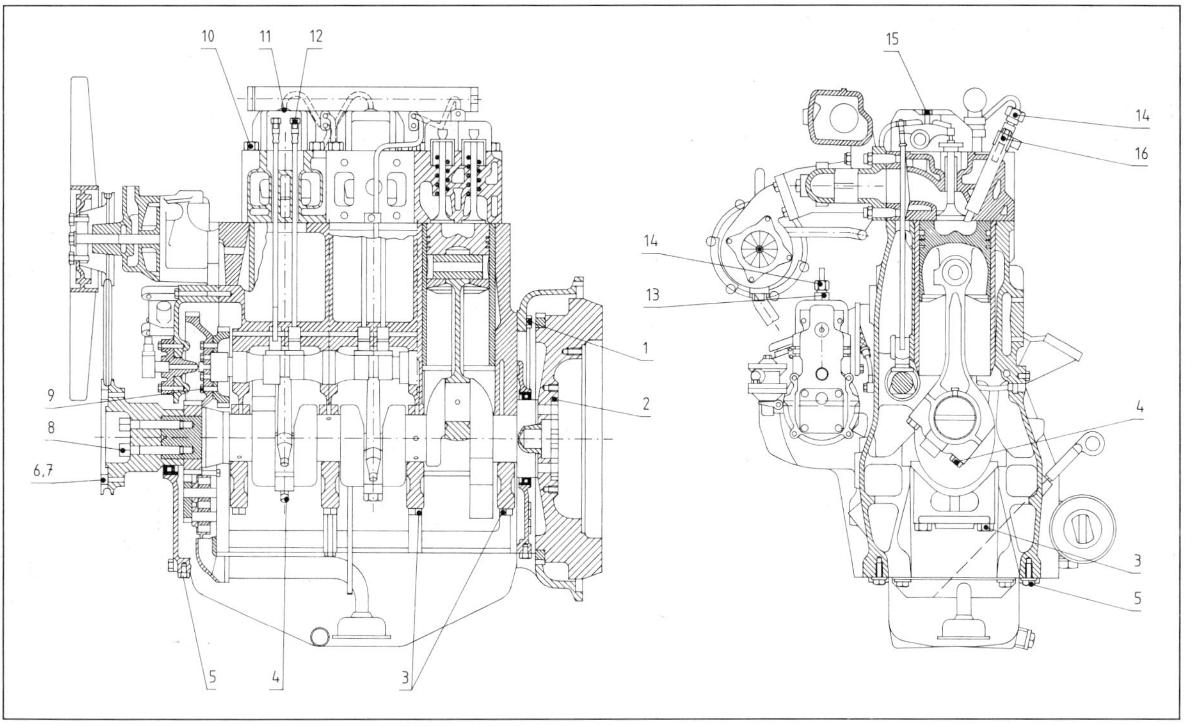

1 Lage der wesentlichen Schraubverbindungen an einem Dieselmotor

3. Die Positionsnummern in Bild 1 geben die Lage der wesentlichen Schraubverbindungen an einem in Längs- und Querschnitt dargestellten Dieselmotor an.
   a) Stellen Sie für einen Schleppertyp Ihrer Wahl anhand der Werkstattunterlagen folgende Angaben zu den einzelnen Positionsnummern in tabellarischer Form zusammen:
   Bezeichnung der Schraubverbindung,
   Gewindegröße der Schraubverbindung,
   Festigkeitsklasse der verwendeten Schrauben,
   Anzugsmoment der Schraubverbindung.
   b) Für welche Verbindungen werden Schrauben mit höherer Festigkeit eingesetzt?
   c) Begründen Sie diese Vorgabe des Herstellers.
   d) Für welche Verbindungen werden Schrauben mit niedriger Festigkeit eingesetzt?
   e) Begründen Sie diese Vorgabe des Herstellers.
   f) Warum gibt der Hersteller für die meisten der aufgeführten Schraubverbindungen bestimmte Anzugsmomente an?

4. Für Reparatur- und Instandsetzungsarbeiten benötigt der Facharbeiter Informationen darüber, welche Verschleißmaße an Motorbauteilen zulässig sind. Ermitteln Sie für einen Schleppertyp Ihrer Wahl anhand der Werkstattunterlagen folgende Größen:

Kurbelwelle:	Lagerdurchmesser Neuteil, Verschleißmaß Lagerdurchmesser.
Pleuelbuchse:	Innendurchmesser Neuteil, Verschleißmaß Innendurchmesser.
Kolbenringe:	zulässiges Stoßspiel, zulässiges Höhenspiel.
Zylinder:	Innendurchmesser Neuteil, Verschleißmaß Innendurchmesser.
Ventilschaft:	Durchmesser Neuteil, Verschleißmaß Durchmesser.
Ventilsitz:	Sitzbreite Einlassventil, Sitzbreite Auslassventil.
Nockenwelle:	Lagerdurchmesser Neuteil, Verschleißmaß Lagerdurchmesser.

5. Ermitteln Sie für einen Ottomotor (Rasenmäher, Motorsäge) Ihrer Wahl anhand der Werkstattunterlagen die daran durchzuführenden Wartungsarbeiten. Geben Sie die jeweiligen Zeitabstände mit an.

6. Ermitteln Sie für einen Ottomotor (Rasenmäher, Motorsäge) Ihrer Wahl anhand der Werkstattunterlagen folgende Größen:
   Technische Daten:
   Hubraum,
   Bohrung,
   Hub,
   Verdichtungsverhältnis,
   maximales Drehmoment,
   Motorleistung,
   Nenndrehzahl.
   Einstell- und Kontrolldaten:
   Ventilspiel,
   Kompressionsdruck.
   Füllmengen:
   Motoröl[1]),
   Kraftstoff.

[1]) mit Angabe der vom Hersteller empfohlenen Öl-Klassifikationen.

2 Elektrik und Elektronik

2.1 Lesen von Schaltplänen

Das Erkennen des Stromverlaufs ist eine wesentliche Voraussetzung für Reparaturen an der elektrischen Anlage. Aus diesem Grunde muss der Monteur in der Lage sein, die vom jeweiligen Hersteller herausgegebenen Stromlaufpläne zu lesen. Lassen Sie sich für die Übungen 1...10 von Ihrem Ausbilder eine Kopie des elektrischen Schaltplans von einem gängigen Schleppertyp geben.

Übungen

1. Ermitteln Sie mit Hilfe des Schaltplans die Kabelfarben und Kabelquerschnitte der nachfolgend aufgeführten elektrischen Bauelemente:
Arbeitsscheinwerfer, Innenbeleuchtung,
Frischluftgebläse,
Öldruckwarnleuchte,
Warnleuchte Handbremse,
Warnleuchte Differentialsperre,
Kontrollleuchte Allradantrieb.

2. Geben Sie anhand des Schaltplans den Stromverlauf der nachfolgend aufgeführten elektrischen Bauelemente an:
Arbeitsscheinwerfer, Innenbeleuchtung,
Frischluftgebläse,
Öldruckwarnleuchte,
Warnleuchte Handbremse,
Warnleuchte Differentialsperre,
Kontrollleuchte Allradantrieb.

3. Welche Glühlampenstärken, Sicherungen, Kabelquerschnitte und -farben werden für die Bauelemente der Beleuchtungsanlage verwendet?

4. Geben Sie anhand des Schaltplans den Stromverlauf der nachfolgend aufgeführten Beleuchtungseinrichtungen an:
Abblendlicht rechts, Scheinwerfer links,
Standlicht rechts, Schlusslicht links.

5. Welche Glühlampenstärken, Sicherungen, Kabelquerschnitte und -farben werden für die Bauelemente der Blinkanlage verwendet?

6. Geben Sie anhand des Schaltplans den Stromverlauf der nachfolgend aufgeführten Blinkeinrichtungen an:
Blinker links, Blinker rechts, Warnblinken.

7. Aus welchen Bauelementen besteht die Starthilfsanlage laut Schaltplan?

8. Geben Sie den Stromverlauf der Starthilfsanlage an.

9. Welche Kabelfarben und -querschnitte werden für den Steuer- und Arbeitsstromkreis des Starters benutzt?

10. Geben Sie den Stromverlauf der Starterstromkreise anhand des Schaltplans an.

11. Bild 1 zeigt die Bauelemente und die elektrische Schaltung einer Starthilfsanlage für Dieselmotoren mit Vor- oder Wirbelkammer. Hinter dem Vorschaltwiderstand R 3 ist eine der Zylinderzahl des Motors entsprechende Anzahl von Stabglühkerzen (R 4...R 7) elektrisch parallel geschaltet. Geben Sie den Stromverlauf beim Vorglühen und Starten an.

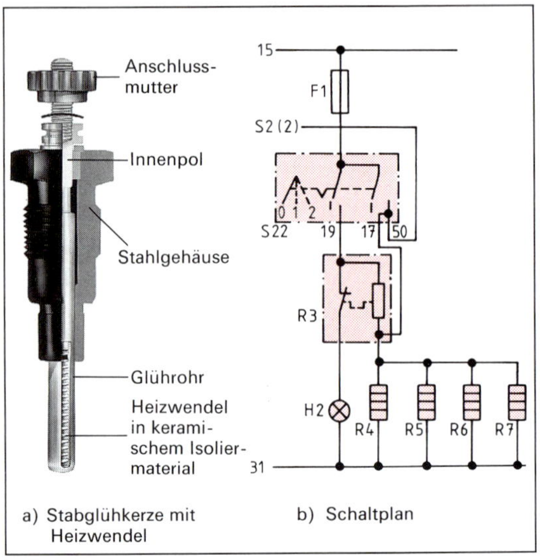

a) Stabglühkerze mit Heizwendel b) Schaltplan

1 Starthilfsanlage

12. Die Vorglühanlage, deren Bauteile und Stromlaufplan Bild 2 zeigt, besteht aus folgenden Bauteilen, die elektrisch in Reihe geschaltet sind: Drahtglühkerzen (R 5...R 8), Vorwiderstand (R 4), Glühüberwacher (R 3) und Glühstartschalter (S 22).

Beschreiben Sie die Arbeitsweise dieser Vorglühanlage, die noch in älteren Schleppern anzutreffen ist.

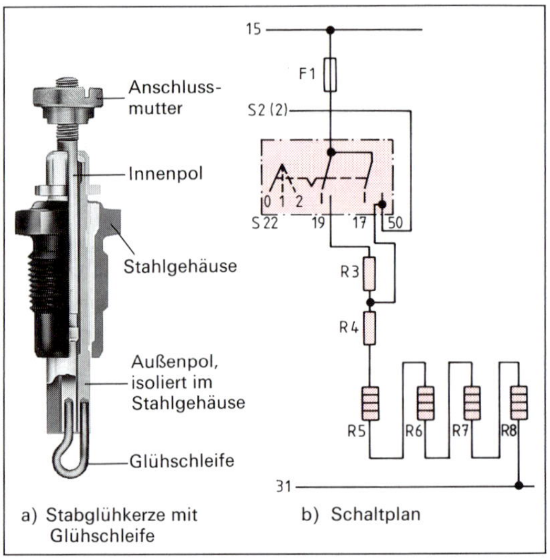

a) Stabglühkerze mit Glühschleife b) Schaltplan

2 Vorglühanlage

2.2 Erstellen elektrischer Schaltpläne

Die für die Erstellung elektrischer Schaltpläne notwendigen Klemmenbezeichnungen und Schaltzeichen werden im Kap. 3.1.1 der Technologie näher erläutert.

Übungen

1. Der Stromlaufplan eines Schleppers mit Dieselmotor in Technologie, Kap. 3.1.2 Abschnitt 5 zeigt die elektrische Schaltung der Signalanlage. Zeichnen Sie den Stromlaufplan der Blink- und Warnblinkanlage mit der Innenschaltung des elektronischen Warnblinkgebers (siehe Technologie, Kap. 3.2.3).
2. Der Stromlaufplan eines Schleppers mit Dieselmotor in Technologie, Kap. 3.1.2 Abschnitt 4 zeigt die übliche Schaltung des Scheinwerferlichts. Bei einigen Schlepperherstellern wird das Abblend- und Fernlicht jeweils über ein Relais eingeschaltet. Erstellen Sie den entsprechenden Stromlaufplan.
3. Bild 1 zeigt die 7polige Anhängersteckdose des Schleppers von Übung 2. Geben Sie die Bauelemente und die Klemmenbezeichnungen der Beleuchtungs- und Signalanlage an, die an den einzelnen Polen angeschlossen werden.

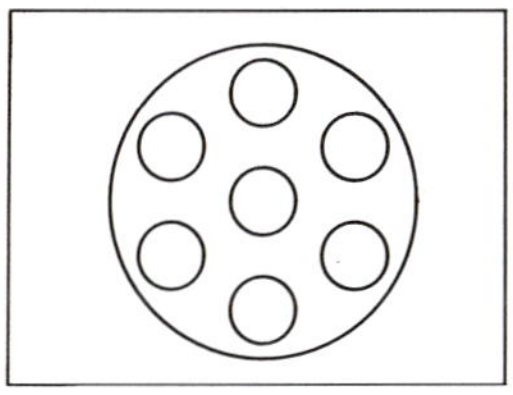

1 7polige Anhängersteckdose

4. Zeichnen und ergänzen Sie den unvollständigen Schaltplan eines Anhängers (Bild 2) mit den fehlenden Leitungen und Klemmenbezeichnungen auf ein besonderes Blatt.

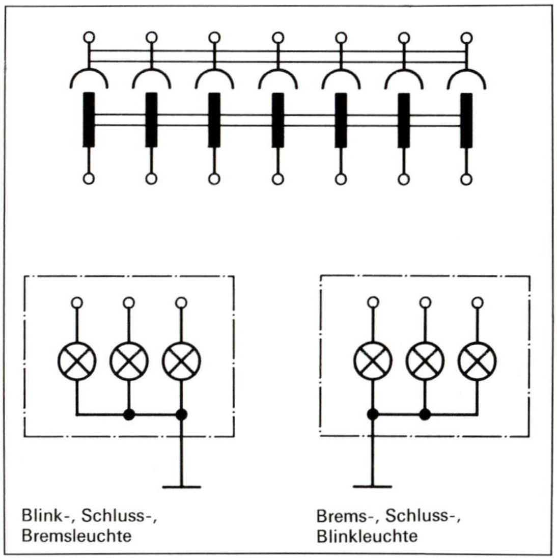

2 Unvollständiger Schaltplan eines Anhängers

5. Der Stromlaufplan eines Schleppers mit Dieselmotor in Technologie, Kap. 3.1.2 Abschnitt 5 zeigt die elektrische Schaltung des Bremslichtes. Übernehmen Sie den Stromlaufplan und zeichnen Sie folgende Messgeräteanschlüsse für Strom- und Spannungsmessungen ein:
   Spannung Bauteil H 10,
   Strom Bauteil H 10,
   Gesamtstrom Bauteil H 10 und H 11,
   Spannungsfall der Bremslichtzuleitung.
6. Entnehmen Sie dem Schaltplan der Leiterplatte des Traktormeters mit digitaler Anzeige (siehe Bild 2, Seite 83) den Stromkreis der Kontrolllampe für den Bremsflüssigkeitsstand (KBB) und zeichnen Sie die Messgeräteschaltung zur Überprüfung dieses Stromkreises mit dem Widerstandsmesser ein.
7. Das Überschreiten der Zylinderkopftemperatur eines luftgekühlten Dieselmotors soll mit Hilfe einer intervallweise arbeitenden Warneinrichtung (Summer und Warnleuchte) angezeigt werden. Erstellen Sie einen Stromlaufplan für diese Schaltung.
8. Die Öldruckkontrollleuchte H 1 mit zugehöriger akustischer Warneinrichtung eines selbstfahrenden Feldhäckslers weist folgende elektrische Schaltung auf (Bild 3):

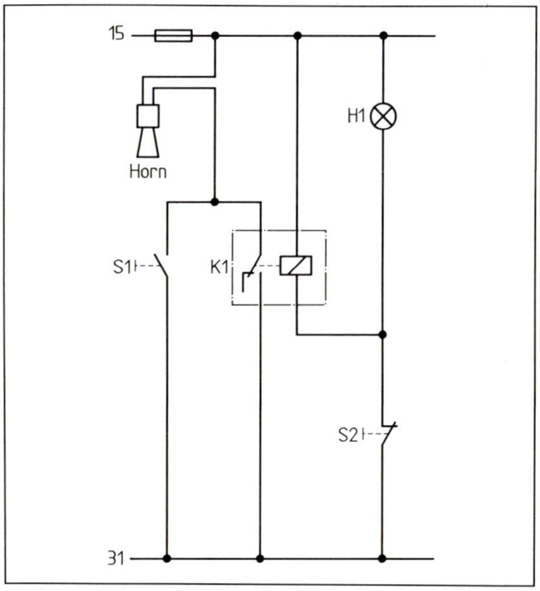

3 Öldruckkontrollleuchte mit akustischer Warneinrichtung

Welches Problem hat diese Schaltung?
Verändern Sie auf einem besonderen Blatt die Schaltung durch Einbau eines zusätzlichen Relais so, dass dieses Problem nicht mehr auftritt und die beabsichtigte Warnfunktion erhalten bleibt.

2.3 Erkennen des Aufbaus und der Funktion elektronischer Systeme

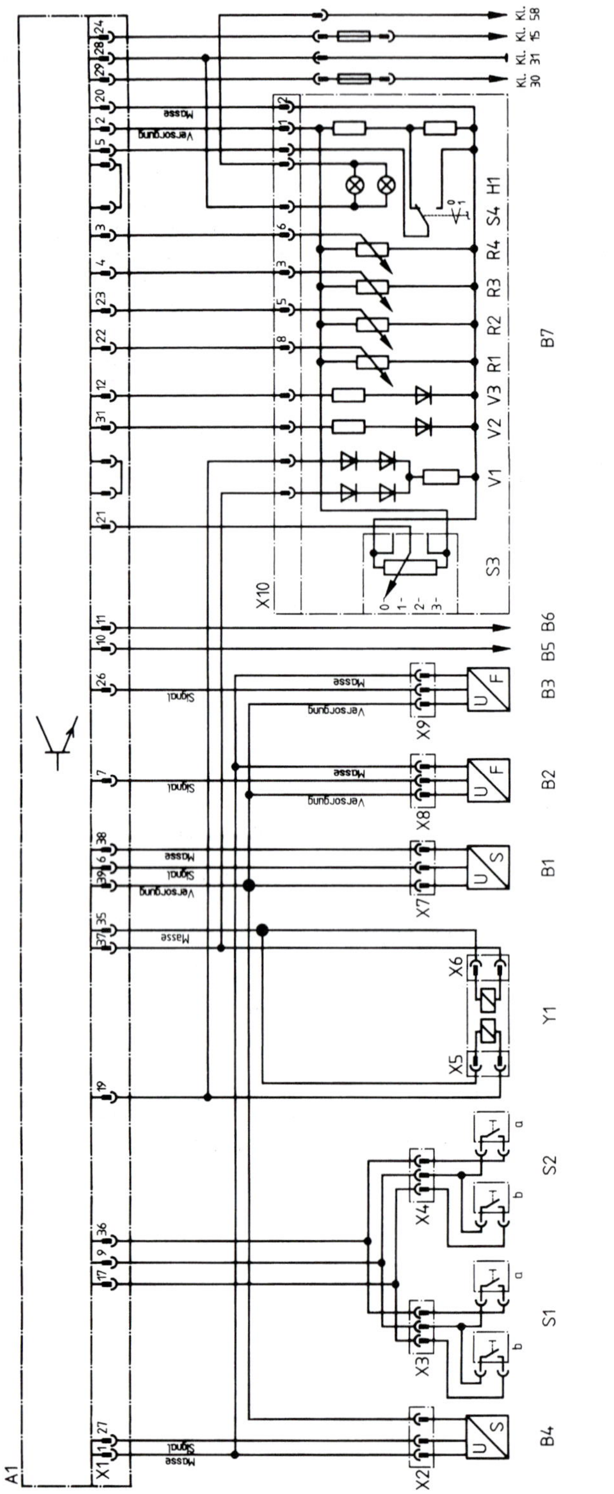

A1 Steuergerät EHR-D
B1 Lagesensor
B2 Kraftmessbolzen links
B3 Kraftmessbolzen rechts
B4 Externer Lagesensor
B5 Radarsensor ($V_{tatsächl.}$)
B6 Getriebesensor ($V_{theoret.}$)
B7 Bedienteil
H1 Beleuchtung Bedienpult
R1 Sollwertsteller
R2 Senkgeschwindigkeitssteller
R3 Systemwähler
R4 Hubhöhenbegrenzer
S1 Fernbedienung links
S2 Fernbedienung rechts
S3 Arbeitshebel 0 Schnelleinzug
1 Senken
2 Stop
3 Heben
S4 Schlupfschalter, 0 Regelung ein, 1 Regelung aus
X1 ... X10 Steckverbindungen
Y1 EHR-Regelventil, a = Senken, b = Heben
V1 Leuchtdioden Heben/Senken
V2 Leuchtdiode Diagnose
V3 Leuchtdiode Schlupfregelung

1 Stromlaufplan EHR-D

Seite 306, Bild 1 zeigt den Stromlaufplan der elektronischen Hubwerksregelung (EHR-D) in vereinfachter Form.

Übungen

1. Aus welchen wesentlichen Bauelementen besteht die dargestellte EHR-Anlage?

2. Ordnen Sie diese Bauelemente in tabellarischer Form den folgenden Baugruppen (siehe Technologie, Kap. 3.8.3) zu:

   Eingabegerät Verarbeitung Ausgabegerät

3. Welche der aufgeführten Bauelemente sind im stark vereinfachten Stromlaufplan im Bild 2, Seite 90 nicht enthalten?

4. Fertigen Sie einen Belegungsplan des Anschlusssteckers X1 nach folgendem Muster an:

Anschluss-Nr.	Angeschlossene Bauelemente
1	Masse Sensoren B2, B3, B4
2	Versorgung Bedienteil B7

5. Voraussetzung für ein einwandfreies Funktionieren des Steuergeräts der EHR-D ist das Anliegen einer Versorgungsspannung von $U = 12$ V. Geben Sie die Anschlusspunkte des Spannungsmessers (Plus/Minus) am abgezogenen Anschlussstecker X1 an.

6. Treten während des Betriebes Störungen im elektrischen Teil der EHR-Anlage auf, so werden sie von Bauteil V2 durch einen Blinkcode angezeigt. Ist die Versorgungsspannung des Bedienpultes B7 ($U = 9{,}5$ V) oder die zugehörige Masseverbindung nicht in Ordnung, so wird dieses durch den Fehlercode 16 angezeigt. Entsprechend blinkt V2 erst einmal und nach einer Pause von 1,4 s 6mal. Nach einer größeren Pause (2,8 s) wird entweder der Fehler wiederholt oder ein zweiter aufgetretener Fehler angezeigt.

   Geben Sie die Anschlusspunkte des Spannungsmessers (Plus/Minus) am abgezogenen Anschlussstecker X10 an. Durch welche Messungen können die Verbindungsleitungen (Versorgung und Masse) zwischen den Anschlusssteckern X1 und X10 überprüft werden?

7. Zeigt V2 den Fehlercode 23 an, so liegt ein Fehler im Signal des Sollwertstellers R1 vor. Dabei kann das Steuergerät nicht unterscheiden, ob der Fehler durch die Verkabelung oder durch das Bauteil R1 hervorgerufen wird. Die Leitung kann mit einem Widerstandsmesser, der an Pin 22 von X1 und Pin 8 von X10 angeschlossen wird, auf Durchgang (Widerstandswert kleiner 1 Ω) geprüft werden. Wird der Sollwert nicht erreicht, müssen die Steckverbindungen innerhalb der Leitung oder die Leitung selbst auf Beschädigungen überprüft werden. Der Widerstand des Potentiometers kann zwischen Pin 8 und Pin 2 am Anschlussstecker X10 gemessen werden. Beim Drehen des Potentiometerknopfes muss sich der angezeigte Widerstandswert zwischen 0...4,7 kΩ verändern. Wird der Sollwert nicht erreicht, muss das Potentiometer ausgetauscht werden.

   Geben Sie die Messungen und die Messpunkte für folgende Fehler an:

Fehler-code	Fehlerbeschreibung
24	Fehler im Signal Hubhöhenbegrenzer R4
34	Fehler im Signal Senkgeschwindigkeitssteller R2
36	Fehler im Signal Systemwähler R3

8. Das EHR-Regelventil Y1 wird beim Heben oder Senken vom Steuergerät A1 plusseitig (Plusseite) geschaltet. Von welchen Ausgängen des Steuergeräts wird Y1 mit Strom versorgt?

9. Die Funktion der Fernbedienung (Fehlercode 15) S1 und S2 soll mit Hilfe eines elektrischen Vielfachmessgerätes am abgezogenen Anschlussstecker X1 geprüft werden.

   Durch welche weitere Messung kann dieses geschehen?

   Geben Sie die Anschlusspunkte des Messgeräts am Anschlussstecker X1 und die Sollwerte an.

   Durch welche Messungen können Sie feststellen, ob der angezeigte Fehler durch die Anschlussleitungen oder durch S1 bzw. S2 hervorgerufen wird?

3 Hydraulik

3.1 Darstellungen von Hydraulikanlagen

Eine Hydraulikanlage, zum Beispiel ein hydrostatischer Fahrantrieb, kann in ihrer Gesamtheit als bildliche Darstellung gezeigt werden (Bild 1). In dieser zeichnerischen Darstellung sind die wesentlichen Bauteile der Anlage nach ihrer Form und Größe erkennbar und ihr Zusammenbau ersichtlich.

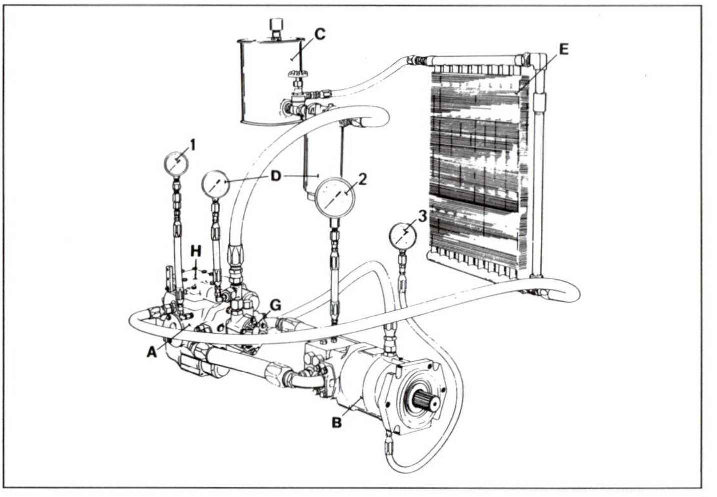

1 Bildliche Darstellung eines hydrostatischen Fahrantriebes

Funktionsplan

Der Funktionsplan einer Hydraulikanlage zeigt die wesentlichen Anlagenbauteile im Schnitt. Die Funktion und das Zusammenwirken aller Bauteile ist ersichtlich. Die Einzelteile werden durch ein Leitungsnetz zeichnerisch funktionsgerecht miteinander verbunden (Bild 2).

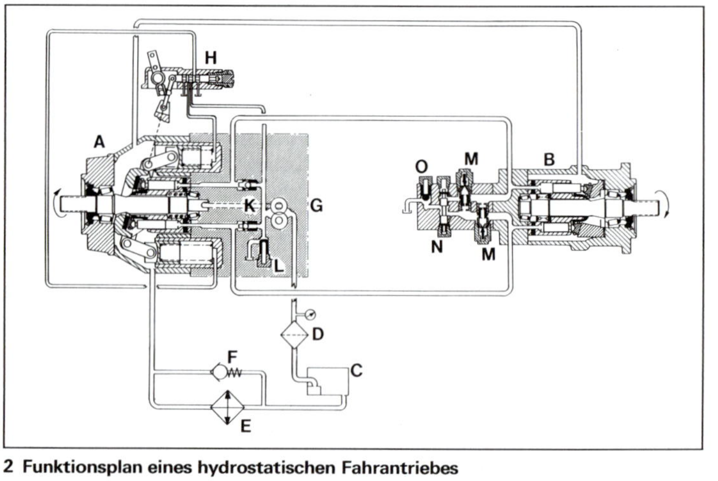

2 Funktionsplan eines hydrostatischen Fahrantriebes

Schaltplan

Im Schaltplan werden an Stelle von Schnittdarstellungen genormte Sinnbilder nach DIN ISO 1219 verwendet. Wegeventile sollen hierbei möglichst waagerecht, Leitungen geradlinig und kreuzungsfrei gezeichnet werden. Ventile werden in ihrer Ruhestellung, d.h. im drucklosen Zustand, nicht betätigt, dargestellt.

Diese Schaltpläne können durch Daten über Bauteile, Leitungsabmessungen usw. ergänzt werden.

Bedeutung der bezeichneten Teile des nebenstehenden hydrostatischen Fahrantriebes in den drei unterschiedlichen Darstellungen:

A Verstellpumpe
B Konstantmotor
C Ölbehälter
D Saugfilter mit Vakuummanometer
E Ölkühler
F Rückschlagventil
G Konstantpumpe (hier Füllpumpe)
H Servo Verstellventil
K Rückschlagventil
L Druckbegrenzungsventil
M Druckbegrenzungsventil
N Wegeventil
O Druckbegrenzungsventil
R Wegeventil
S Stromwechselventil

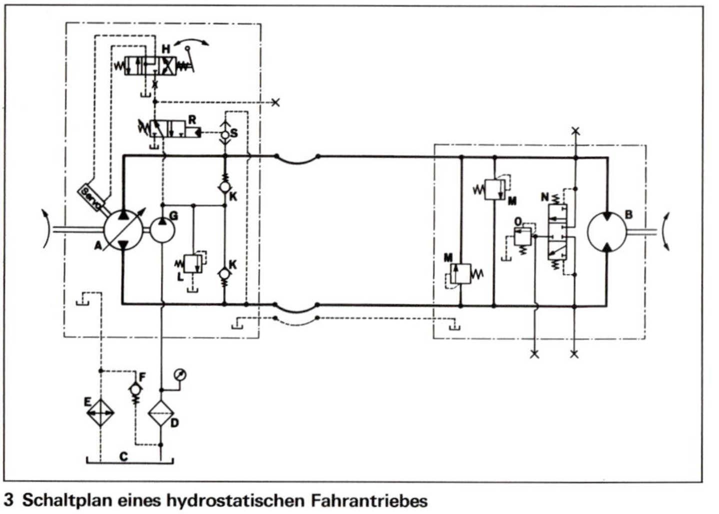

3 Schaltplan eines hydrostatischen Fahrantriebes

3.2 Schaltpläne

Schaltpläne ermöglichen die funktionsgerechte Montage und ordnungsmäßige Wartung von Hydraulikanlagen. Bei der Erstellung dieser Schaltpläne sind folgende Grundsätze zu beachten:

- Für Hydraulikbauteile werden die Symbole nach DIN ISO 1219 benutzt.
- Geräte und Ventile werden in der Ausgangs- oder Nullstellung gezeichnet.
- Wegeventile oder Zylinder sind möglichst waagerecht, Leitungen kreuzungsfrei und geradlinig zu zeichnen.
- Der Plan soll möglichst übersichtlich gestaltet werden und alle zusammengehörigen Bauteile beinhalten.
- Zur Darstellung elektrohydraulischer Anlagen sollten für die Elektrik und die Hydraulik eigene Pläne erstellt werden.

Bauteile: (Bild 1)

1 Verbrennungsmotor
2 Konstantförderpumpe mit einer Stromrichtung
3 Druckbegrenzungsventil
4 Druckmanometer
5 Differentialzylinder
6 4/3 Wegeventil, hebelbetätigt
7 Filter.

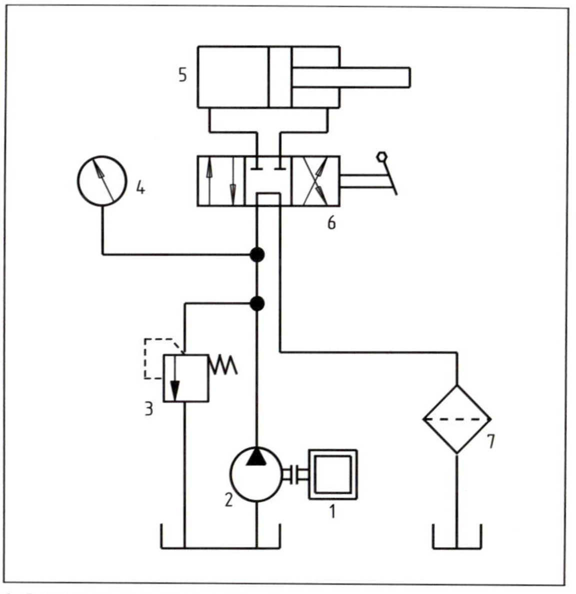

1 Schaltplan einer Hydraulikanlage

Übungen

1. Erstellen Sie den Schaltplan einer Hydraulikanlage zur Versorgung eines Differentialzylinders (ähnlich Bild 1). Ersetzen Sie den Verbrennungsmotor 1 durch einen Elektromotor, die Konstantförderpumpe 2 durch eine Verstellpumpe und verlegen Sie den Filter 7 in die Ansaugleitung der Pumpe. Die Betätigung des Wegeventils 6 soll elektromagnetisch erfolgen.

2. Gegeben sind die Funktionspläne zweier Hydraulikanlagen A und B (Bild 2).

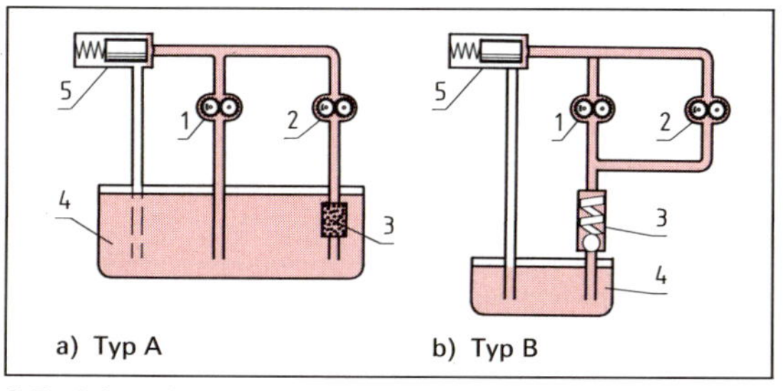

2 Funktionspläne von Hydraulikanlagen

Erstellen Sie zu den Funktionsplänen entsprechende Schaltpläne und benennen Sie die zugehörigen Bauteile der jeweiligen Hydraulikanlage. Benennen Sie die Vor- bzw. die Nachteile der beiden Hydraulikanlagen.

3. Nehmen Sie den Hydraulikschaltplan einer Schlepperhydraulik zur Hand und ermitteln Sie mit Hilfe einer Schaltzeichentabelle (DIN ISO 1219) die Bezeichnungen der wesentlichen Bauteile der Hydraulikanlage (Verwenden Sie dazu ein Tabellenbuch). Listen Sie die Teile in Tabellenform auf.

4. Zeichnen Sie den Schaltplan einer verbrennungsmotorangetriebenen Tandempumpe (Konstantförderpumpe). Jede Pumpe versorgt ein gesondertes Hydrauliksystem mit Drucköl und besitzt ein Druckbegrenzungsventil. Eine Pumpe ist mit einem Nebenstromfilter, die andere mit einem Hauptstromfilter ausgerüstet. (Verbraucher und Wegeventile werden in dieser Aufgabe vernachlässigt.)

5. Zeichnen Sie den Schaltplan der in Bild 3 dargestellten Hydraulikanlage. Bezeichnen Sie die Bauteile 1 ... 6 dieser Anlage normgerecht. Geben Sie die Filterungsart des Öles entsprechend der Filtereinbaustelle an. Geben Sie eine Möglichkeit an, die Rücklaufgeschwindigkeit des Zylinders zu beeinflussen. Zeichnen Sie den hierzu erforderlichen Schaltplan.

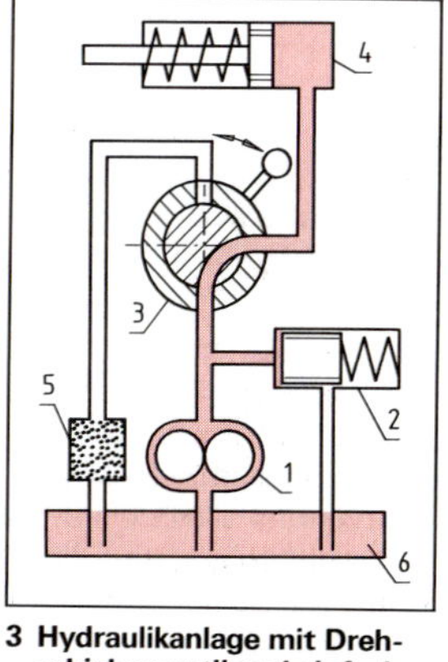

3 Hydraulikanlage mit Drehschieberventil und einfach wirkendem Zylinder

6. Mit einem Pumpenprüfstand (siehe Aufg. 7) wurden folgende Werte gemessen (Bild 1):

Druck p in bar	10	20	30	40	50	60	70	80	90
Volumen V in l (Messzeit 10 s)	2,43	2,42	2,4	2,38	2,26	2,26	2,26	2,23	2,13
Förderstrom $\dot{V}$ in l/min	14,6	14,5	14,4	14,3	13,6	13,6	13,6	13,4	12,8

1 Messwerttabelle

a) Ermitteln Sie die Pumpenkennlinie der geprüften Pumpe durch Zeichnen eines Förderstrom-Druck-Diagramms (vgl. Bild 1, Seite 99).

b) Beschreiben Sie die Kennlinie der geprüften Pumpe und geben Sie eine Begründung für das Kennlinienverhalten der Pumpe an.

7. In der Werkstatt soll ein Pumpenprüfstand erstellt werden, der die Ermittlung des Pumpenförderstromes $\dot{V}$ in l/min bei unterschiedlichen Pumpendrücken p in bar ermöglicht. Zeichnen Sie einen Schaltplan des Prüfstandes und benennen Sie die dazu benötigten Bauteile.

3.3 Weg-Schritt-Diagramm

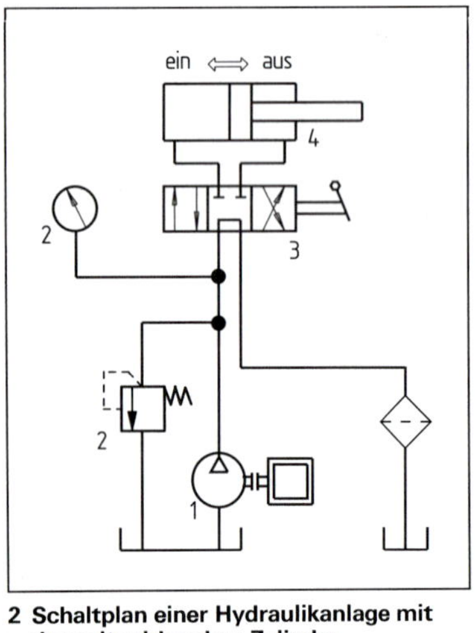

2 Schaltplan einer Hydraulikanlage mit doppelt wirkendem Zylinder

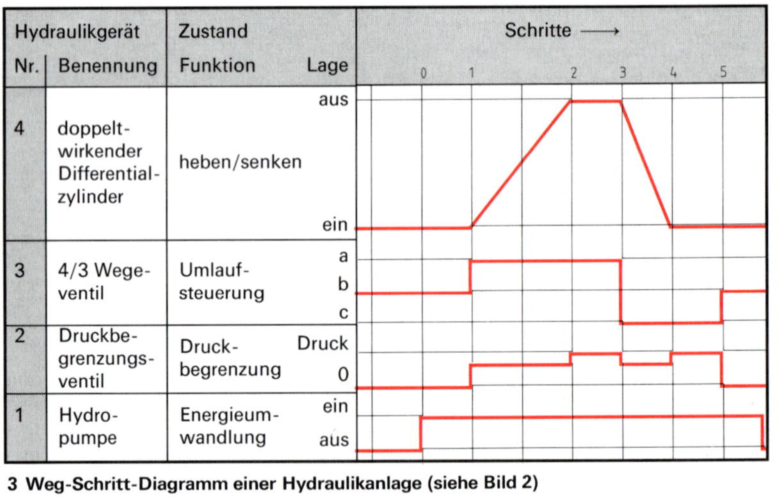

3 Weg-Schritt-Diagramm einer Hydraulikanlage (siehe Bild 2)

Das Weg-Schritt-Diagramm einer Hydraulikanlage (Bild 3) gibt Auskunft über die Bewegungsabläufe oder Funktionsabläufe in den einzelnen Bauteilen einer Hydraulikanlage (Bild 2). Auf der senkrechten Achse des Diagramms werden für das zu betrachtende Bauteil der Hydraulikanlage der Hubweg oder ein Systemzustand (ein- oder ausgefahren) dargestellt.

Auf der waagerechten Achse des Diagramms wird eine Schritteinteilung vorgenommen, die auch durch Zeitangaben ergänzt werden kann.

Waagerechte Funktionslinien bedeuten Stillstand.

Senkrechte Funktionslinien bedeuten sprunghafte Änderung. Schräg verlaufende Funktionslinien bedeuten Bewegung. Die unterschiedlichen Steigungswinkel der Funktionslinien verdeutlichen unterschiedliche Bewegungsgeschwindigkeiten.

Übungen

1. Die Hydraulikanlage zur Betätigung eines einfach wirkenden Hydraulikzylinders besteht aus folgenden Bauteilen:
   1 Elektromotor
   2 Konstantförderpumpe mit einer Förderrichtung
   3 Druckbegrenzungsventil mit Druckmanometer
   4 3/2 Wegeventil, handbetätigt mit Rückstellfeder
   5 Manometer in der Leitung zwischen Wegeventil und Zylinder
   6 einfach wirkender Zylinder mit Rückstellfeder
   a) Zeichnen Sie den Schaltplan dieser Hydraulikanlage.
   b) Zeichnen Sie ein Weg-Schritt-Diagramm für die Bauteile 2; 3; 4; 5 und 6.
2. In die Hydraulikanlage der Aufgabe 1 wird an Stelle des einfach wirkenden Zylinders ein dreistufiger Teleskopzylinder eingebaut.
   a) Zeichnen Sie den Schaltplan dieser Hydraulikanlage.
   b) Zeichnen Sie das Weg-Schritt-Diagramm für die entsprechenden Bauteile zu Aufgabe 1 (Beachten Sie das Ausfahrverhalten der einzelnen Teleskopzylinderstufen).
3. Zwei identische Differentialzylinder sind in einer Hydraulikanlage parallel geschaltet und durch unterschiedliche Kräfte belastet. Die Anlage besteht aus folgenden Bauteilen:
   1 Elektromotor
   2 Konstantförderpumpe mit einer Förderrichtung
   3 Druckbegrenzungsventil mit Druckmanometer
   4 Nebenstromfilter
   5 3/2 Wegeventil, handbetätigt
   6 Druckmanometer in der Zylinderzulaufleitung
   7 zwei gleiche Differentialzylinder mit unterschiedlicher Belastung.
   a) Zeichnen Sie den Schaltplan der Anlage.
   b) Zeichnen Sie das Weg-Schritt-Diagramm für die Bauteile 2; 3; 4; 5 und 7.
4. In der Hydraulikanlage der Aufgabe 3 soll zwischen dem Wegeventil und den Zylindern ein Mengenteiler eingebaut werden.
   a) Erstellen Sie den veränderten Schaltplan.
   b) Zeichnen Sie das geänderte Weg-Schritt-Diagramm für die gleichen Bauteile (Mengenteilung 50:50).
5. Erstellen Sie zum Schaltplan Bild 1 das Weg-Schritt-Diagramm für die Bauteile 2; 4; 5 und 7.

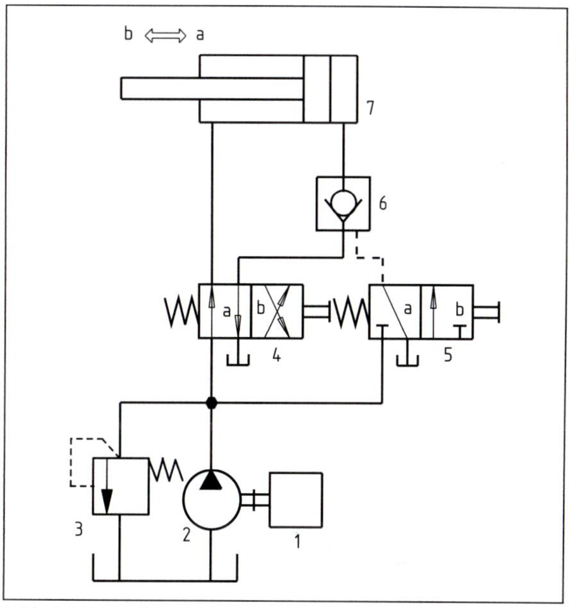

1 Hydraulische Zylindersteuerung

3.4 Schaltpläne von Hydraulikanlagen der Landtechnik

Übungen

1. Zeichnen Sie das Schaltbild der hydraulischen Steinsicherung eines Pfluges (siehe Bild 3, Seite 113).
2. Zeichnen Sie aus dem Schaltplan der Getriebehydraulik (Bild 2, Seite 117) folgende Teilschaltpläne heraus:
   a) Einschalten des Vorderachsantriebes mittels Kupplung 16,
   b) Einschalten der Ausgleichsgetriebesperre mittels Kupplung 17,
   c) Schalten des Lastschaltgetriebes mit Hilfe der Kupplung 9,
   d) Schalten der Zapfwelle mit Hilfe der Kupplung 13.
3. Zeichnen Sie nach dem Muster (Bild 1, Seite 312) Schaltpläne für folgende Arbeitsanforderungen an eine Pumptankwagenhydraulik:
   a) Füllen des Pumptankwagens aus der Grube,
   b) Ausbringen des Pumptankwageninhaltes auf den Acker,
   c) Pumpen aus der Grube in einen zusätzlichen Behälter,
   d) Rühren des Grubeninhaltes.

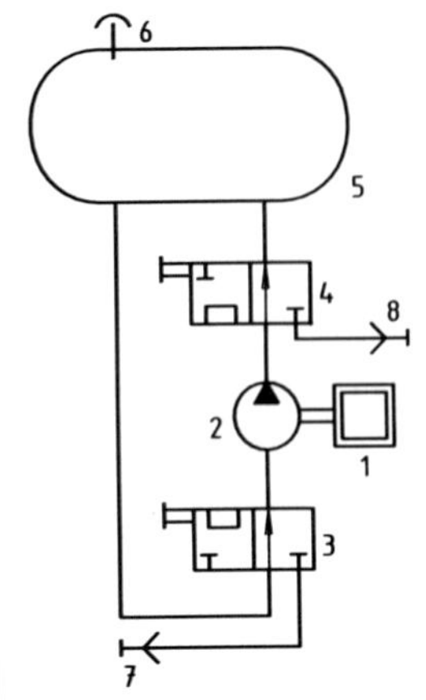

1 Verbrennungsmotor
2 Dickstoffpumpe
3 3/2 Wegeventil an der Saugseite
4 3/2 Wegeventil an der Druckseite
5 Druckloser Transportbehälter
6 Lüftungsstutzen
7 Schnellkupplung an der Saugseite
8 Schnellkupplung an der Druckseite

1 Hydraulikanlage eines Pumptankwagens in der Arbeitsstellung „Rühren des Behälterinhaltes"

4. Gegeben ist der unvollkommene Schaltplan einer Mehrzweckspritze mit den Bauteilen (Bild 2):

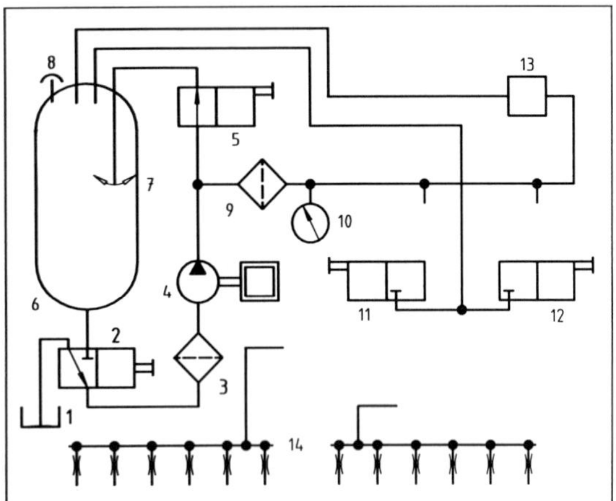

1 Wasservorrat außerhalb der Spritze
2 Wegeventil
3 Saugfilter
4 Pumpe
5 Wegeventil
6 Brühebehälter
7 Rührdüse
8 Lüftungsventil
9 Druckfilter
10 Quantometer
11 Wegeventil Teilabschaltung
12 Wegeventil Teilabschaltung
13 Druckbegrenzungsventil
14 Düsen

2 Unvollständiger Schaltplan einer Mehrzweckspritze

a) Ergänzen Sie das Schaltbild (Bild 2) durch die Vervollständigung folgender Bauteilsymbole:
- Wegeventil 2
- Wegeventil 5
- Wegeventile 11 und 12
- Druckbegrenzungsventil 13
- Druckleitungen zu den Düsen

b) Zeichnen Sie den Schaltplan der Mehrzweckspritze in der Funktion „Spritzen aus dem Brühebehälter".
c) Zeichnen Sie den Schaltplan der Mehrzweckspritze in der Funktion „Durchspülen der Düsen der Teilschaltung 11 mit Hilfe des Wasservorrates außerhalb der Spritze".
d) Zeichnen Sie den Schaltplan der Mehrzweckspritze in der Funktion „Rühren des Brühebehälterinhaltes".

5. Mit Hilfe eines 4/3 Wegeventils sollen durch eine Konstantförderpumpe zwei Differentialzylinder mit Drucköl versorgt werden. Der zweite Zylinder soll erst ausfahren, wenn der erste Zylinder gegen einen Anschlag gefahren ist und einen bestimmten Druck aufgebaut hat. Im Rücklauf ist ein Filter vorzusehen.

Zeichnen Sie den Schaltplan der Anlage und das zugehörige Weg-Schritt-Diagramm von Pumpe, Wegeventil, Zylinder 1 und Zylinder 2.

6. Bild 3 zeigt den Schaltplan eines Hydraulikmotorantriebes. Der Hydraulikmotor hat nur eine Drehrichtung. Die Drehzahl kann jedoch mit Hilfe eines Drosselrückschlagventils verändert werden.

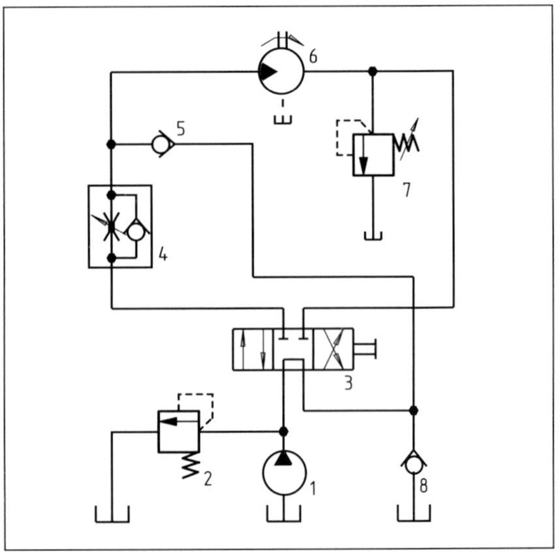

3 Schaltplan eines Hydraulikmotorantriebes

Ergänzen Sie Bild 3 so, dass folgende Bedingungen erfüllt werden:
a) der Hydraulikmotor soll zwei Drehrichtungen besitzen,
b) die Motordrehzahl soll in beiden Drehrichtungen veränderbar sein,
c) alle Bauteile des erforderlichen Schaltplanes sind zu benennen.

4 Triebwerkstechnik

Informationen zu den verschiedenen Darstellungsformen finden Sie in den Kap. 1 ... 3 der Technischen Kommunikation.

Übungen

1. Zeichnen Sie mit Hilfe eines Tabellenbuchs den Leistungsverlauf des Getriebes im 5. Vorwärtsgang in symbolischer Darstellung (siehe Bild 2, Seite 133).

2. Zeichnen Sie aus dem Getriebe (siehe Bild 1, Seite 282) den Leistungsverlauf
   a) Motor-Hinterräder im 4. Gang, Gruppe L,
   b) Motor-Heckzapfwelle für die Zapfwellendrehzahl $n = 1000$ 1/min,
   c) Motor-Vorderradantrieb.

3. Bild 1, Seite 282 zeigt die schematische Darstellung eines Schleppergetriebes. Der Momentenfluss im 1. Gang, Gruppengetriebe in Stellung H, ohne Lastschaltstufe kann in Kurzform wie folgt angegeben werden:

   Hinterrad:
   d → 28 → 33 → 33 → 28 → 24 → 24 → a_1 → 15 → 37 → a_2 → 33 → 28 → b_1 → 8 → 46 → 10 → 59 → Hinterrad

   Vorderrad:
   d → 28 → 33 → 33 → 28 → 24 → 24 → a_1 → 15 → 37 → a_2 → 33 → 28 → b_1 → 24 → 48 → h → 19 → 38 → 18 → 34 → Vorderrad

   Geben Sie entsprechend dem Beispiel den Leistungsverlauf in folgenden Gängen an:

   a) Gruppengetriebe in Stellung H, mit Lastschaltstufe, im 1. Gang
   b) Gruppengetriebe in Stellung L, ohne Lastschaltstufe im 2. Gang
   c) Gruppengetriebe in Stellung M mit Lastschaltstufe im 3. Gang
   d) Gruppengetriebe in Stellung R mit Lastschaltstufe im 4. Gang
   e) Gruppengetriebe in Stellung LL ohne Lastschaltstufe im 5. Gang

4. Bild 1 zeigt eine Doppelscheiben-Kupplung in Schnittdarstellung.
   a) Benennen Sie die mit Buchstaben gekennzeichneten Bauteile.
   b) Welche Wartungs- und Einstellarbeiten sind an der Kupplung eines Schleppers erforderlich?
   c) Erstellen Sie einen Arbeitsplan für die Erneuerung von Bauteil B.

5. Bild 2 zeigt die Einzelteile der Hauptwelle eines Getriebes.
   a) Benennen Sie die mit Buchstaben gekennzeichneten Bauteile.
   b) Bei welchen Bauteilen handelt es sich um Normteile?
   c) Finden Sie mit den Ihnen zur Verfügung stehenden Unterlagen (Tabellenbücher, Werkstattliteratur) heraus, in welcher DIN-Norm die Form der gekennzeichneten Teile festgelegt ist.
   d) Geben Sie Beispiele für entsprechende Normbezeichnungen an.

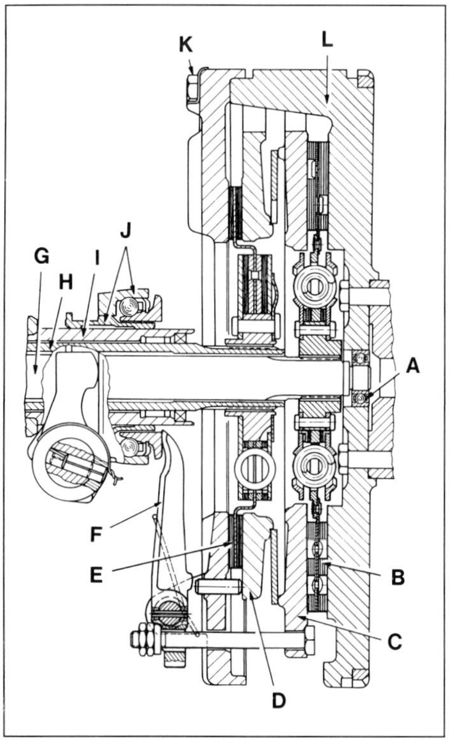

1 Doppelscheiben-Kupplung

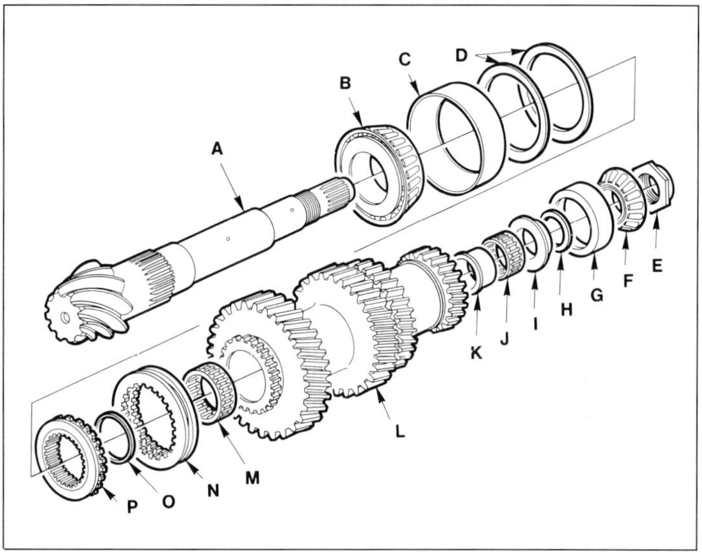

2 Hauptwelle eines Getriebes

5 Fahrwerkstechnik

Informationen zu den verschiedenen Darstellungsformen finden Sie in den Kap. 1 ... 3 der Technischen Kommunikation.

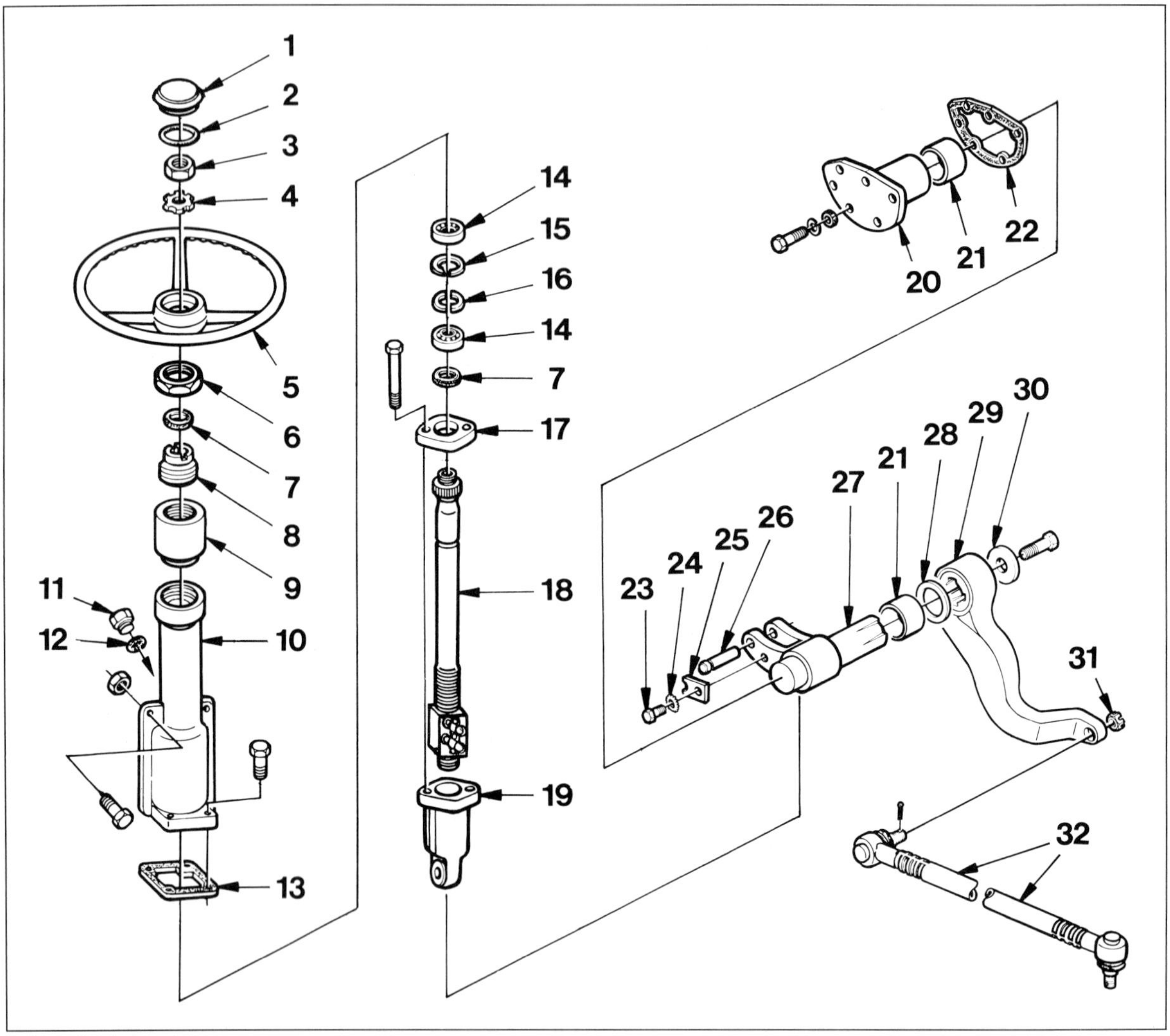

1 Mechanische Lenkung

Übungen

1. a) Benennen Sie die Einzelteile der im Bild 1 dargestellten mechanischen Lenkung.
   b) Welche Bauart von Lenkgetrieben wird hier eingesetzt?
   c) Welche Wartungs- und Einstellarbeiten sind an der mechanischen Lenkung eines Schleppers erforderlich?
   d) Erstellen Sie einen Arbeitsplan für die Erneuerung der Spurstange des Schleppers.
   e) Welche Sicherheitsvorschriften sind bei Arbeiten an der Lenkanlage eines Schleppers zu beachten?

2. Ermitteln Sie aus Reifenkatalogen zu einer serienmäßigen Schlepperbereifung Ihrer Wahl:
   a) Pflegereifen für Vorder- und Hinterräder,
   b) Super-Niederquerschnitt-Reifen für Vorder- und Hinterräder.

   Ermitteln Sie die Abweichungen in den Durchmessern bzw. Umfängen gegenüber der Serienbereifung.

3. Ermitteln Sie die Werte für Vorspur, Sturz, Nachlauf, Spreizung und Lenkeinschlag eines Schleppers Ihrer Wahl.

4. Bild 1 zeigt das Lenktrapez und die Vorderradstellung bei Geradeausfahrt.
   a) Übertragen Sie die Zeichnungsvorgabe in Bild 1 auf ein besonderes Blatt.
   b) Benennen Sie die nummerierten Bauteile der Darstellung.
   c) Zeichnen Sie das Lenktrapez bei 20° Rechtseinschlag. Geben Sie den Spurdifferenzwinkel an.
   d) Zeichnen Sie das Lenktrapez bei 15° Linkseinschlag. Geben Sie den Spurdifferenzwinkel an.
5. Bild 2 zeigt die Einzelteile einer Kardanwellenbremse.
   a) Welche Bremsenbauart wird in Bild 2 dargestellt?
   b) Benennen Sie die nummerierten Bauteile.
   c) Erstellen Sie einen Arbeitsplan für den Austausch von Bauteil 17.
   d) Welche Wartungs- und Einstellarbeiten sind an der im Ausschnitt dargestellten Bremsanlage durchzuführen?

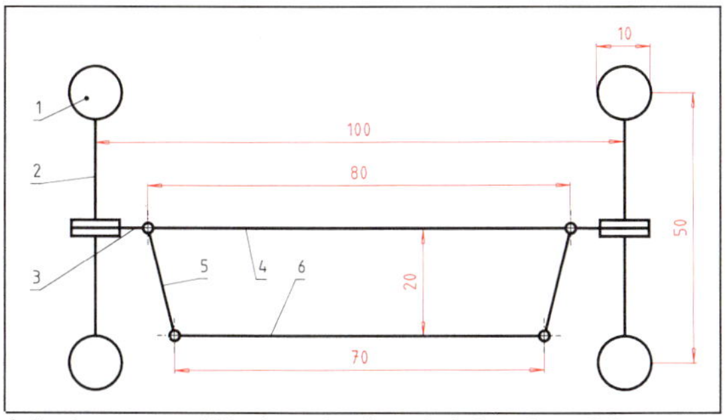

1 Lenktrapez und Vorderradstellung bei Geradeausfahrt

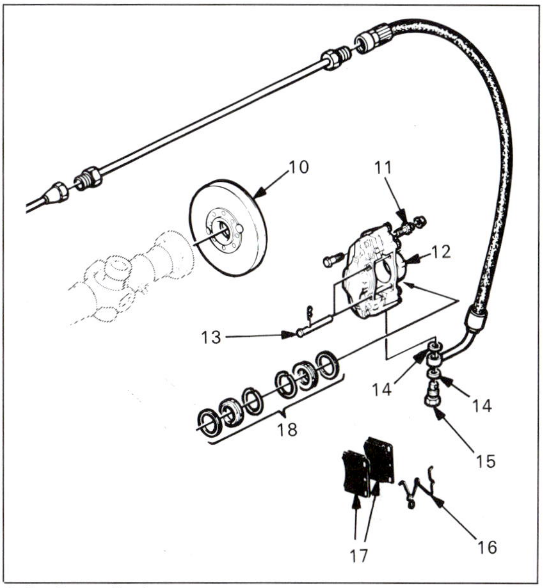

2 Kardanwellenbremse

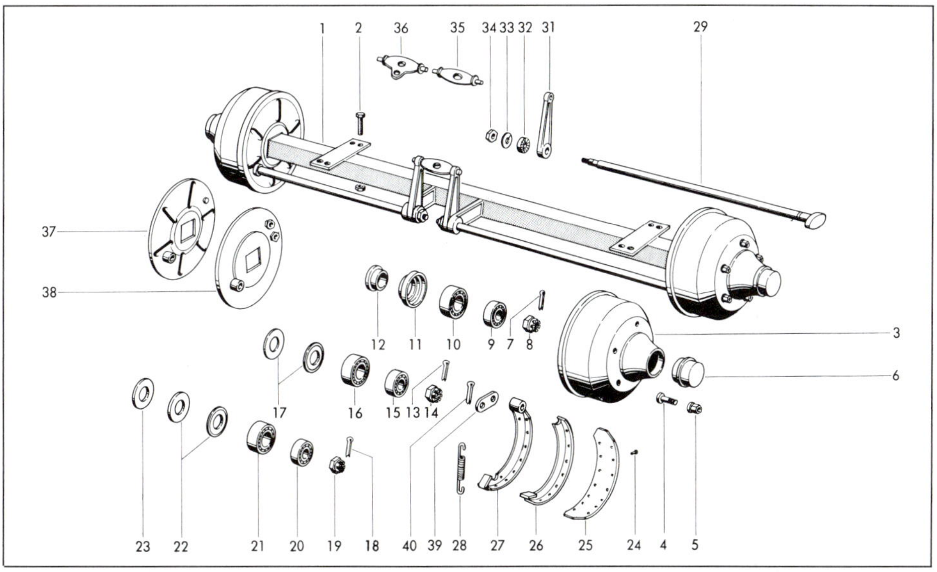

3 Bremsachse

6. Bild 3 zeigt die Einzelteile einer Bremsachse.
   a) Benennen Sie die nummerierten Bauteile.
   b) Bei welchen Bauteilen handelt es sich um Normteile?
   c) Finden Sie mit den Ihnen zur Verfügung stehenden Unterlagen (Tabellenbücher, Werkstattliteratur) heraus, in welcher DIN-Norm die Form der gekennzeichneten Bauteile festgelegt ist.
   d) Beschreiben Sie die Arbeitsweise der abgebildeten Bremse.
   e) Erstellen Sie einen Arbeitsplan für die Erneuerung der Bremsbeläge.
   f) Erstellen Sie einen Arbeitsplan für die Erneuerung der Lagerung der Bremstrommel.
   g) Welche Wartungs- und Einstellarbeiten sind an der dargestellten Bremsachse erforderlich?

6 Landmaschinensystemtechnik

Informationen zu den verschiedenen Darstellungsformen finden Sie in den Kap. 1 ... 3 der Technischen Kommunikation.

Übungen

Best.-Nr.	Bezeichnung
301 7260	Schraube
301 7280	Schraube
303 0342	Nutmutter
305 8694	Scheibe
317 2025	Einspannbuchse
317 3417	Einspannbuchse
319 9094	Kegelrollenlager
319 9104	Kegelrollenlager
323 0002	Deckel
323 0003	Halter
323 0039	Dichtscheibe
323 0040	Dichtscheibe
323 6348	Schmiernippel
323 7944	Filzring
433 8100	Wendeachse
433 9200	Anschlag

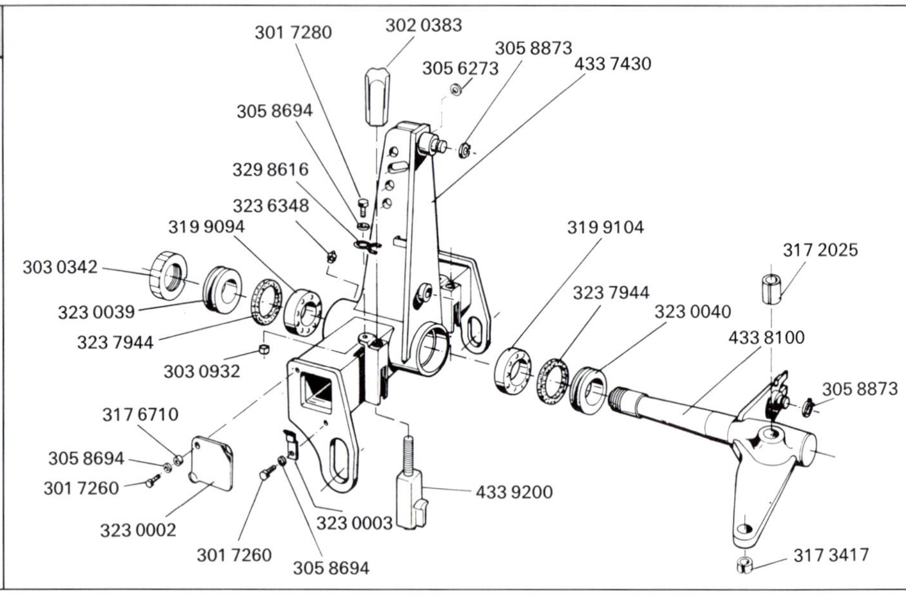

1 Ausschnitt aus der Ersatzteilliste eines Volldrehpfluges

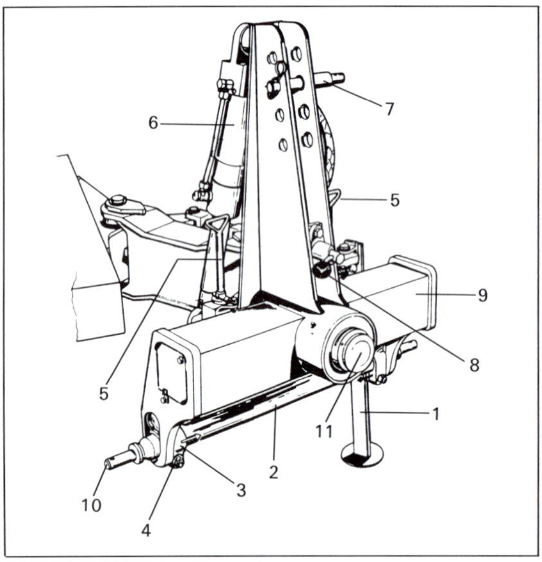

2 Drehvorrichtung eines Pfluges

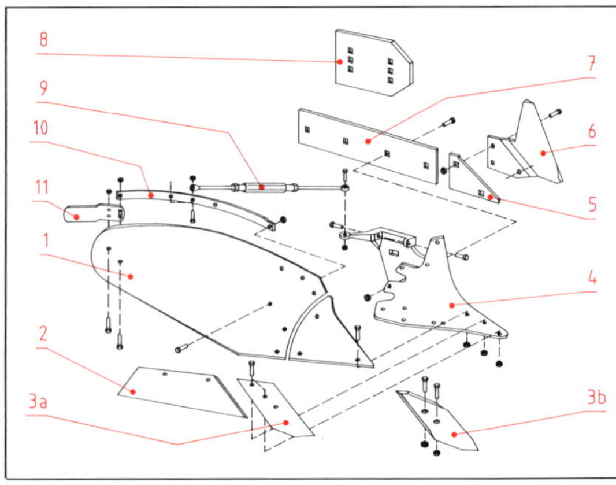

3 Einzelteile Pflugschar

1. Bild 2 zeigt die Drehvorrichtung eines Volldrehpfluges.
   a) Benennen Sie die nummerierten Bauteile.
   b) Welche Aufgabe bzw. Funktion haben die nachfolgend aufgeführten Bauteile: 5, 6, 7 und 10?
   c) Ermitteln Sie aus Bild 1 die Ersatzteilnummern für folgende in Bild 1 nummerierten Bauteile: 5 und 9.
   d) Die Wendeachse (Nr. 4338100 in Bild 1) mit den zugehörigen Lagern soll erneuert werden. Welche Ersatzteile (Best.Nr. und Bezeichnung) sind dafür notwendig?
   e) Erstellen Sie einen Arbeitsplan für die obengenannte Reparatur.
   f) Welche in der Ersatzteilliste (Bild 1) aufgeführten Bauteile sind Normteile?
   g) Begründen Sie, warum für die Lagerung der Wendeachse Kegelrollenlager eingesetzt werden?
2. Bild 3 zeigt den Pflugkörper eines Volldrehpfluges.
   a) Benennen Sie die nummerierten Bauteile.
   b) Welche Aufgabe bzw. Funktion haben die nachfolgend aufgeführten Bauteile: 1, 2, 7, 9 und 11?
   c) Erstellen Sie einen Arbeitsplan für die Erneuerung der Bauteile 2, 3 und 4.

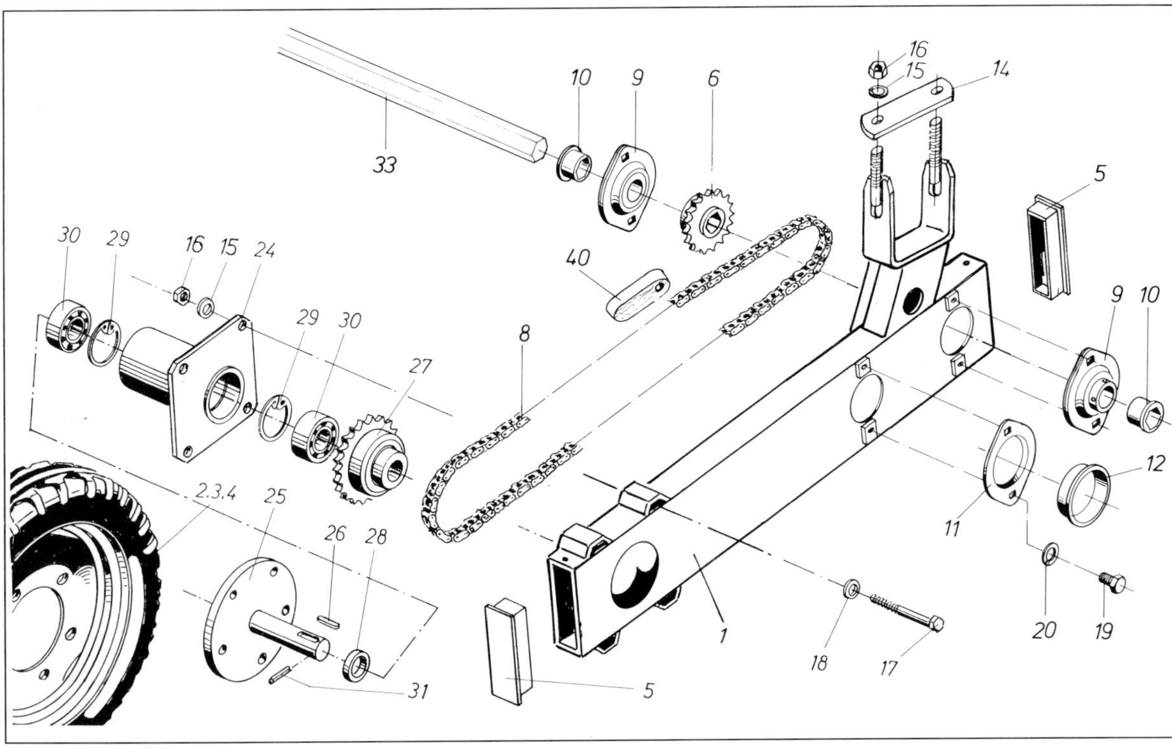

1 Antrieb Einzelkornsämaschine

3. Bild 1 zeigt die Einzelteile des Antriebs einer Einzelkornsämaschine.
   a) Stellen Sie die Benennung der Einzelteile in tabellarischer Form zusammen.
   b) Bei welchen der aufgeführten Bauteile handelt es sich um Normteile?
   c) Finden Sie mit den Ihnen zur Verfügung stehenden Unterlagen (Tabellenbücher, Werkstattliteratur) heraus, in welcher DIN-Norm die Form der gekennzeichneten Teile festgelegt ist.
   d) Erstellen Sie anhand des Bildes einen Arbeitsplan für den Zusammenbau der Antriebseinheit.
   e) Begründen Sie, warum bei dieser Maschine Kugellager für die Lagerung der Antriebsräder verwendet werden.
   f) Nennen Sie Arbeitsregeln, die bei der Montage von Kugellagern zu beachten sind.

4. Bild 2 zeigt die Einzelteile der Radlagerung einer pneumatischen Drillmaschine.
   a) Stellen Sie die Benennung der Einzelteile in tabellarischer Form zusammen.
   b) Bei welchen der aufgeführten Bauteile handelt es sich um Normteile?
   c) Finden Sie mit den Ihnen zur Verfügung stehenden Unterlagen (Tabellenbücher, Werkstattliteratur) heraus, in welcher DIN-Norm die Form der gekennzeichneten Teile festgelegt ist.
   d) Erstellen Sie anhand des Bildes einen Arbeitsplan für die Erneuerung der Radlager.
   e) Begründen Sie, warum bei dieser Maschine Kegelrollenlager für die Lagerung der Antriebsräder verwendet werden.
   f) Nennen Sie Arbeitsregeln, die bei der Montage von Kegelrollenlagern zu beachten sind.

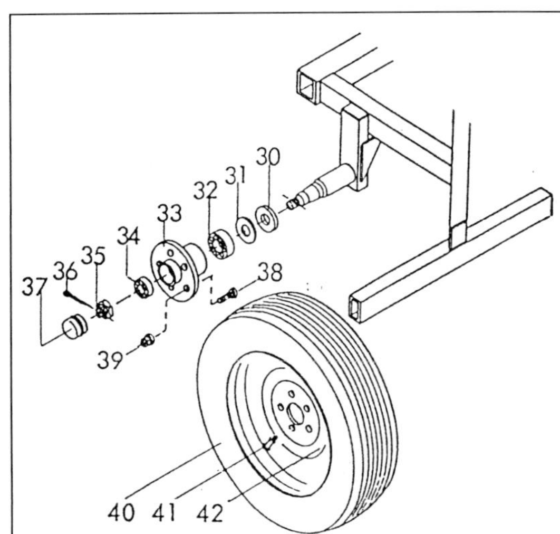

2 Radlagerung

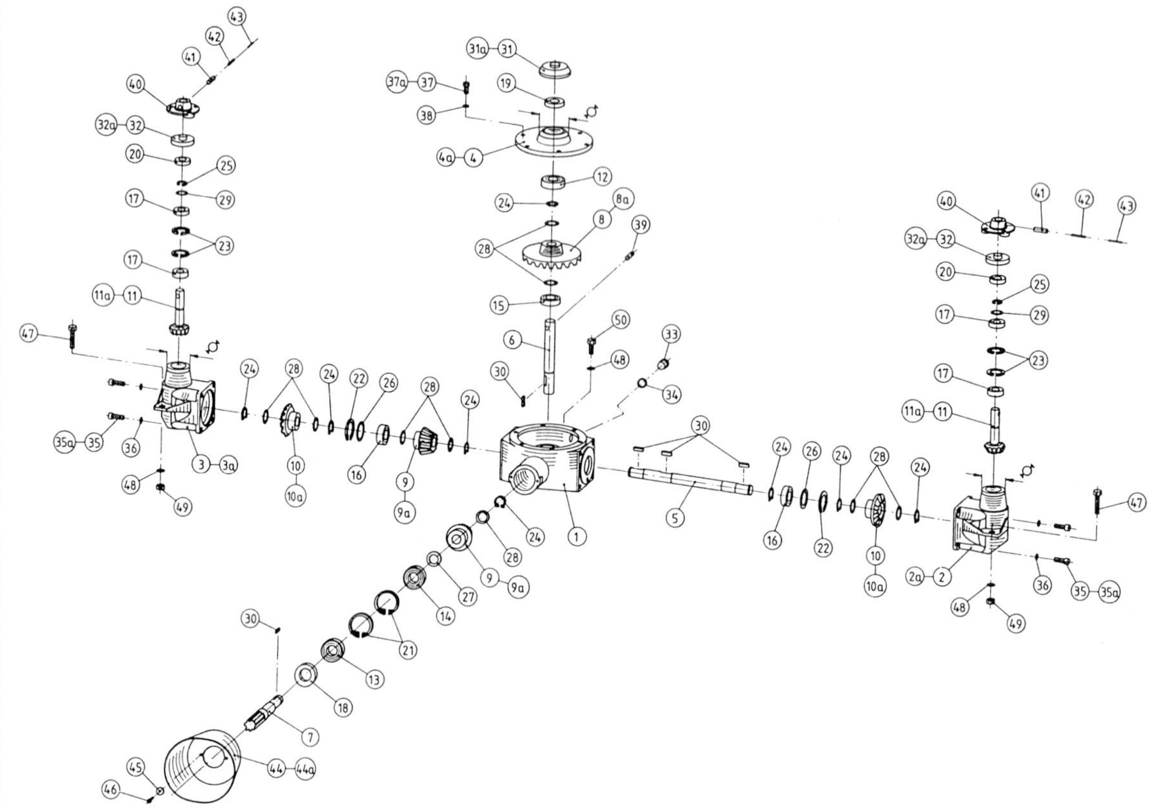

1 Bauteile der Antriebseinheit eines Schleuderdüngerstreuers

Bild-Nr.	Stck.	Bezeichnung	Bild-Nr.	Stck.	Bezeichnung
–	1	Getriebe kompl. mit Naben	28	5 Satz	Distanzscheibe ∅25/∅35 × 0,1 ... 1,0
1	1	Mittelgehäuse S 91	29	2 Satz	Distanzscheibe ∅20/∅28 × 0,1 ... 0,5
2	1	Seitengehäuse, links S 94 A, A. ∅54	30	5	Passfeder DIN 6885 – A8 × 7 × 30
3	1	Seitengehäuse, rechts S 93 A, A. ∅54	31	1	Abdeckung I. ∅78, A. ∅74
4	1	Deckel S 134 A, A. ∅74	32	2	Abdeckung I. ∅54,5, A. ∅54
5	1	Querwelle	33	1	Verschlussschraube DIN 7604 –
6	1	Rührwerkwelle			AM 18 × 1,5-Ms58
12	1	Rillenkugellager 6305 LLU	34	1	Dichtring DIN 7603 – A18 × 24 × 1,5
13	1	Rillenkugellager 6206 LLU	35 a	8	Zylinderschraube DIN EN ISO 4762
14	1	Rillenkugellager 6206			M 10 × 30-8.8-Tuflok
15	1	Rillenkugellager 6205 LLU	37 a	6	Skt.-Schraube ISO 4017 –
16	2	Rillenkugellager 6205			M 8 × 20-8.8-Tuflok
17	4	Rillenkugellager 6004 Z	39	1	Zylinderstift ISO 2338 –
18	1	Wellendichtring DIN 3760 A35 × 62 × 12 SL			C-10 × 40-8.8
19	1	Wellendichtring DIN 3760 A25 × 52 × 10 SL	40	2	Nabe S 139 3 × M 8
20	2	Wellendichtring DIN 3760 A20 × 42 × 7 SL	41	2	Spannstift ISO 8752 – 8 × 36
21	2	Sicherungsring DIN 472 62 × 2	42	2	Spannstift ISO 8752 – 5 × 36
22	2	Sicherungsring DIN 472 52 × 2	43	2	Spannstift ISO 8752 – 3 × 36
23	4	Sicherungsring DIN 472 42 × 1,75	47	2	Skt.-Schraube ISO 4016 – M 12 × 50-4.6
24	8	Sicherungsring DIN 471 25 × 2 Sd	48	3	Federring DIN 128 B12
25	2	Sicherungsring DIN 471 20 × 1,75	49	2	Skt.-Mutter ISO 4032 – M 12
26	2 Satz	Distanzscheibe ∅42/∅52 × 0,1 ... 0,5	50	1	Skt.Schraube ISO 4016 – M 12 × 30-4.6
27	1 Satz	Distanzscheibe ∅25/∅40 × 0,1 ... 1,0			

2 Stückliste zu Bild 1

5. Bild 1, Seite 318 zeigt die Einzelteile des Antriebs eines Schleuderdüngerstreuers.
   a) Benennen Sie die nachfolgend aufgeführten Bauteile: 7, 8a, 9a, 10a und 11a.
   b) Welche Aufgabe bzw. Funktion haben die Bauteile 8a/9a und 10a/11a?
   c) Nennen Sie Maschinen und Geräte der Landmaschinensystemtechnik, an denen ähnlich aufgebaute Antriebseinheiten verwendet werden.
   d) Nennen Sie Arbeitsregeln, die bei der Erneuerung der Bauteile 8a/9a und 10a/11a zu beachten sind.
   e) Nennen Sie Arbeitsregeln, die bei der Montage der Bauteile 18...20 zu beachten sind.
   f) Finden Sie mit den Ihnen zur Verfügung stehenden Unterlagen (Tabellenbücher, Werkstattliteratur) heraus, welche Angaben die bei den Normteilen angeführte DIN-Norm (Bild 2, Seite 318) zur Form enthält.
   g) Erläutern Sie die bei den Normteilen zur näheren Kennzeichnung aufgeführten Angaben.
   h) Welche Bedeutung haben die Angaben zur näheren Kennzeichnung der eingesetzten Rillenkugellager?
6. Bild 1 zeigt die Einzelteile einer Gelenkwelle.
   a) Stellen Sie die Benennung der Einzelteile in tabellarischer Form zusammen.
   b) Da der Abstand zwischen dem Schlepper und der angehängten Maschine recht unterschiedlich sein kann, muss die Länge der Gelenkwelle den jeweiligen Einsatzbedingungen angepasst werden. Erstellen Sie einen Arbeitsplan für die Längenanpassung einer Gelenkwelle.
   c) Geben Sie die für die Erneuerung von Bauteil 21 erforderlichen Arbeitsschritte mit den zu beachtenden Arbeitsregeln an.
   d) Erstellen Sie einen Arbeitsplan zur Überprüfung der Funktion (= Lüften) von Bauteil 13.
   e) Welche Aufgabe bzw. Funktion haben die Bauteile 51 und 55?
7. Bild 2 zeigt die Einzelteile der Trommel und des Stütztellers eines Trommelmähers.
   a) Stellen Sie die Benennung der Einzelteile in tabellarischer Form zusammen.
   b) Das mit der Positionsnummer 4 gekennzeichnete Kugellager trägt die Bezeichnung 6210-2 RS-C 3. Erläutern Sie diese Angaben mit Hilfe der Ihnen zur Verfügung stehenden Unterlagen (Tabellenbücher, Werkstattliteratur).
   c) Das mit der Positionsnummer 8 gekennzeichnete Kugellager trägt die Bezeichnung 6207-2 RS. Erläutern Sie diese Angaben.

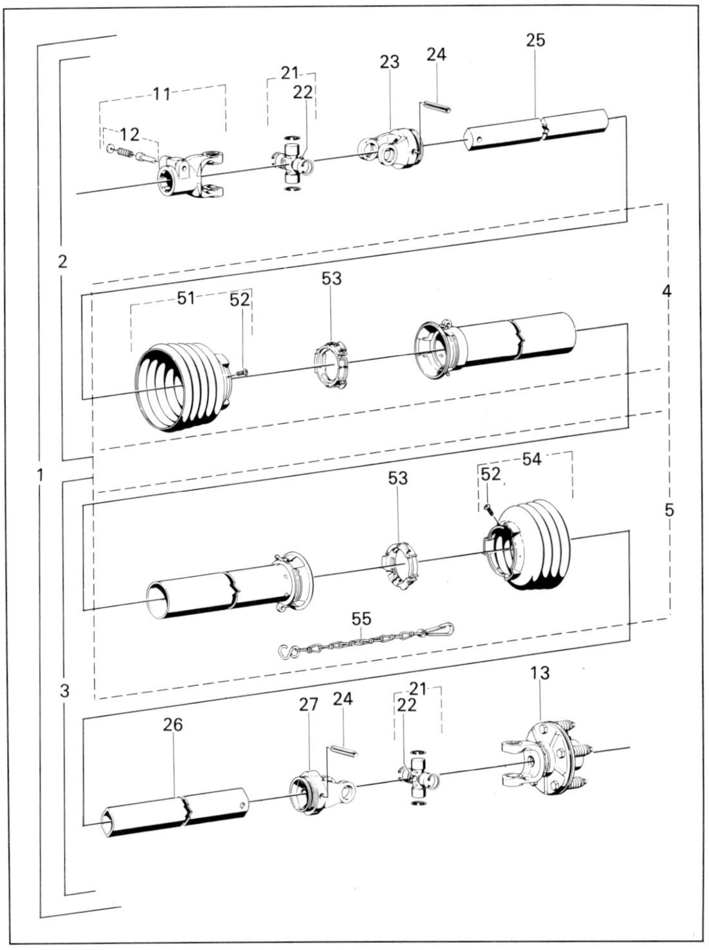

1 Gelenkwelle

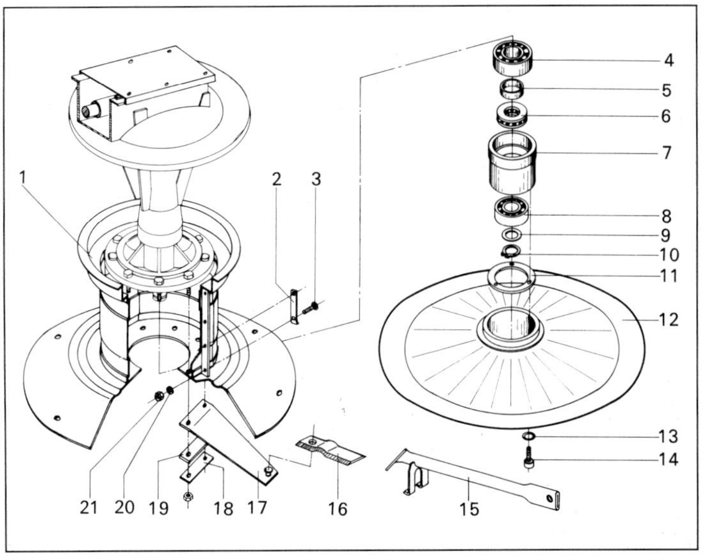

2 Trommel und Stützteller eines Trommelmähers

d) Das mit der Positionsnummer 6 gekennzeichnete Axial-Rillenkugellager trägt die Bezeichnung 51109. Erläutern Sie diese Angaben.
e) Erstellen Sie anhand des Bildes einen Arbeitsplan für die Erneuerung der Bauteile 4, 6 und 8.
f) Nennen Sie Arbeitsregeln, die bei der Montage von Bauteil 6 zu beachten sind.
g) Begründen Sie den Einsatz der Bauteile 4, 6 und 8 für die Lagerung des Stütztellers.

8. Bild 1 zeigt die Einzelteile eines Mähmessers.
   a) Stellen Sie die Benennung der Einzelteile in tabellarischer Form zusammen.
   b) Geben Sie die für das Schleifen der Messerklingen erforderlichen Arbeitsschritte mit den zu beachtenden Arbeitsregeln an.
   c) Erstellen Sie einen Arbeitsplan für die Erneuerung beschädigter Messerklingen.
   d) Geben Sie die für das Einstellen der Messerführung erforderlichen Arbeitsschritte mit den zu beachtenden Arbeitsregeln an.

9. Bild 2 zeigt die Trommel eines selbstfahrenden Feldhäckslers.
   a) Benennen Sie die nummerierten Bauteile.
   b) Begründen Sie, warum die Häckselmesser in regelmäßigen Abständen nachgeschliffen werden müssen.
   c) Warum werden die Häckselmesser schräg am Trommelumfang angeordnet?
   d) Geben Sie die für das Erneuern der Häckselmesser erforderlichen Arbeitsschritte mit den zu beachtenden Arbeitsregeln an.

10. Bild 3 zeigt einen Ausschnitt der Antriebselemente eines selbstfahrenden Feldhäckslers.
    a) Wie heißen die mit der Nr. 1 gekennzeichneten Bauelemente?
    b) Wozu dienen die mit der Nr. 1 gekennzeichneten Bauelemente?
    c) Wie heißen die mit der Nr. 2 gekennzeichneten Bauelemente?

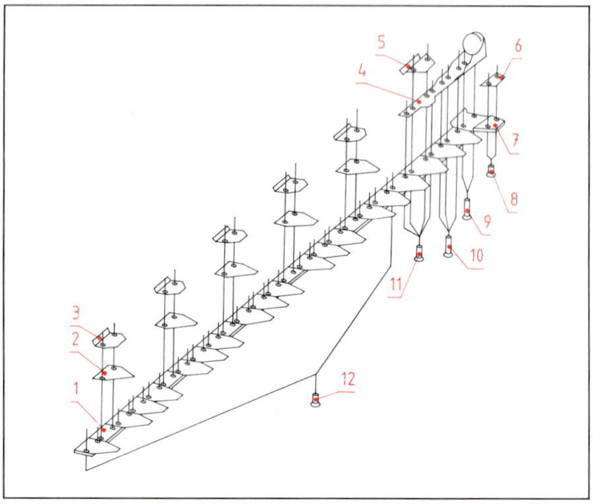

1 Mähmesser

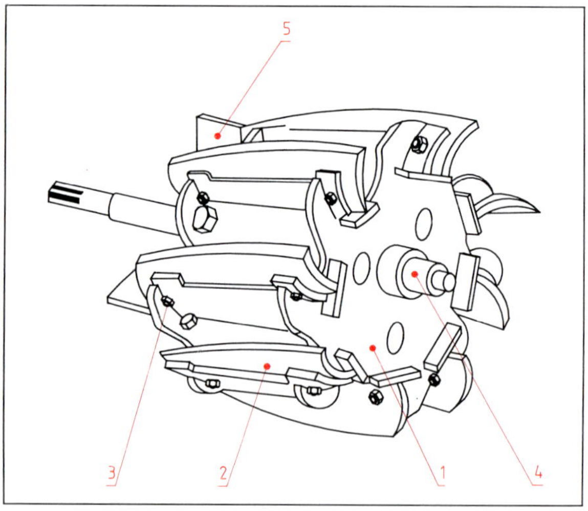

2 Messertrommel eines Feldhäckslers

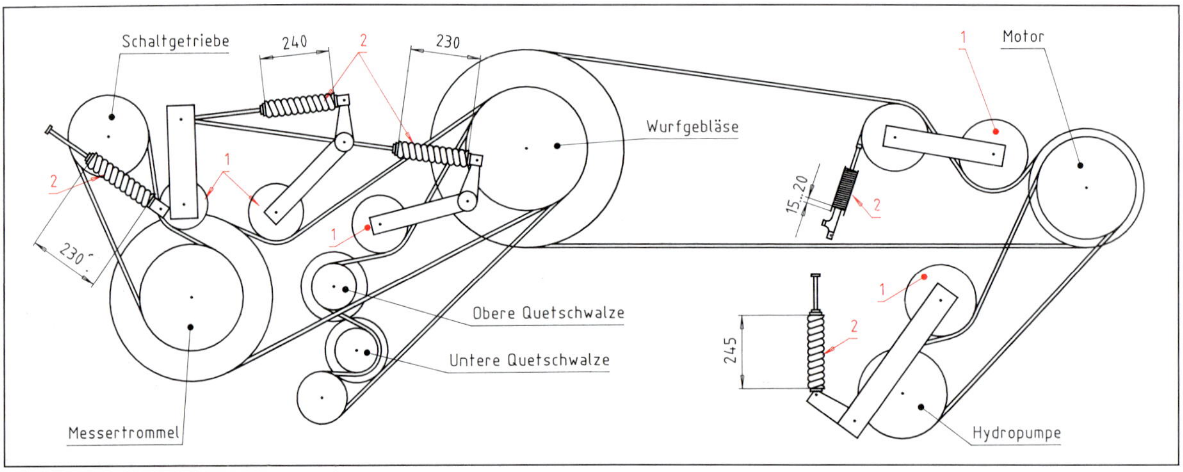

3 Antriebselemente eines selbstfahrenden Feldhäckslers

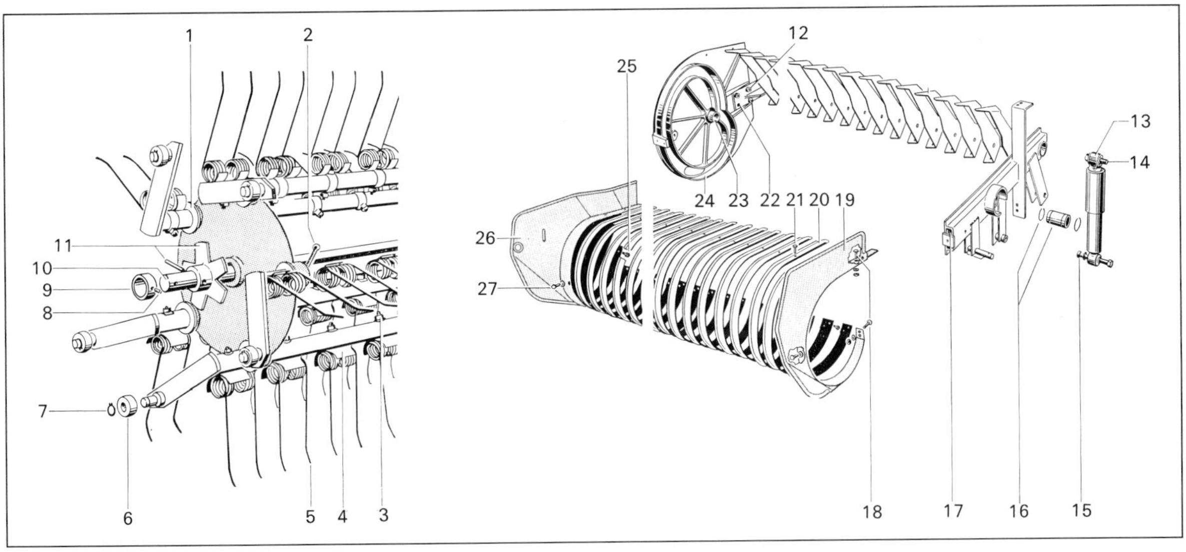

1 Aufsammler einer Sammelpresse

d) Wozu dienen die mit der Nr. 2 (in Bild 3, Seite 320) gekennzeichneten Bauelemente?
e) Welche Bedeutung haben die in Bild 3, Seite 320 enthaltenen Maßangaben?
f) Wie erfolgt die Einstellung der geforderten Maße?

11. Bild 1 zeigt die Einzelteile des Aufsammlers einer Sammelpresse.
   a) Stellen Sie die Benennung der Einzelteile in tabellarischer Form zusammen.
   b) Welche Bauteile übernehmen die Steuerung der Zinkenbewegung?
   c) Warum ist beim abgebildeten Aufsammler eine Steuerung der Zinkenbewegung erforderlich?
   d) Beschreiben Sie den Ablauf der Zinkenbewegung während einer Umdrehung von Bauteil 10.
   e) Welche Aufgabe hat Bauteil 23?
   f) Bei welchen Maschinen und Geräten der Landmaschinensystemtechnik werden ebenfalls Aufsammler, die nach dem gleichen Prinzip arbeiten, eingesetzt?

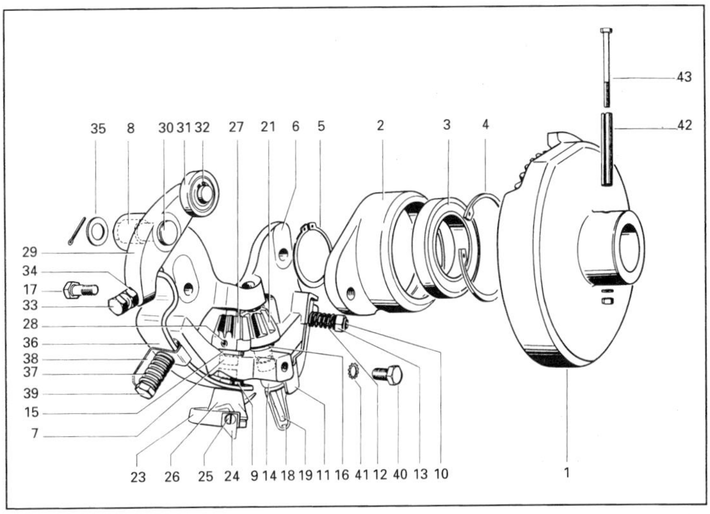

2 Knoter einer Sammelpresse

12. Bild 2 zeigt die Einzelteile des Knoters einer Sammelpresse.
   a) Stellen Sie die Benennung der Einzelteile in tabellarischer Form zusammen.
   b) Bei welchen der aufgeführten Bauteile handelt es sich um Normteile?
   c) Finden Sie mit den Ihnen zur Verfügung stehenden Unterlagen (Tabellenbücher, Werkstattliteratur) heraus, in welcher DIN-Norm die Form der gekennzeichneten Teile festgelegt ist.
   d) Wie erfolgt die Auslösung des Bindevorganges?
   e) Beschreiben Sie den Ablauf des Bindevorganges.
   f) Skizzieren Sie den vom abgebildeten Knoter erzeugten Knoten.

13. Bild 1, Seite 322 zeigt den Verlauf der Keilriemen und Ketten, die zum Antrieb der einzelnen Aggregate eines Mähdreschers eingesetzt werden.
   a) Finden Sie mit den Ihnen zur Verfügung stehenden Unterlagen (Tabellenbücher, Werkstattliteratur) heraus, in welcher DIN-Norm die Form der verwendeten Keilriemen und Stahlrollenketten festgelegt ist.
   b) Geben Sie Beispiele mit normgerechter Bezeichnung von Keilriemen und Stahlrollenketten an.
   c) Erläutern Sie die Unterscheidungsmerkmale der aufgeführten Keilriemenbauarten.
   d) Welche Verbindungsglieder gibt es für Stahlrollenketten nach DIN ISO?

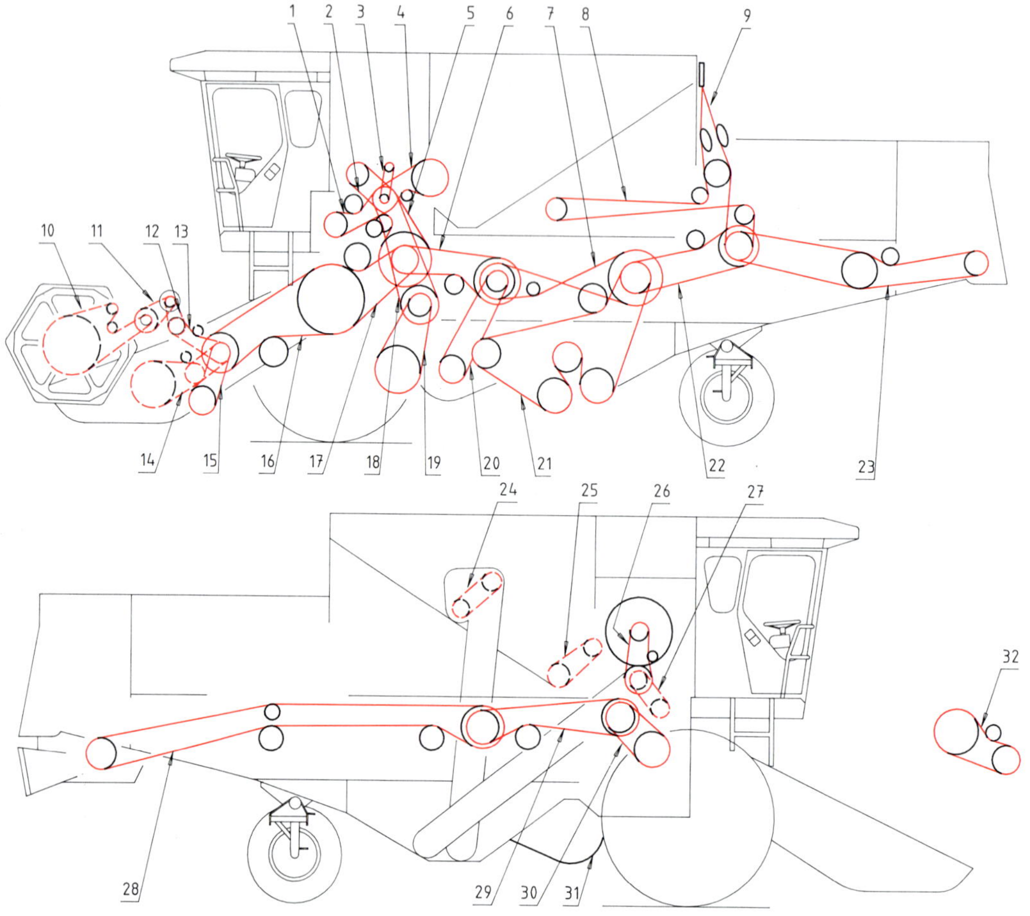

Verlauf der Keilriemen und Ketten

1 Verbundkeilriemen Hydropumpenantrieb
2 Keilriemen Hydraulikpumpenantrieb (Hebehydraulik und Lenkung)
3 Keilriemen Kompressorantrieb (Klimaanlage)
4 Verbundkeilriemen Korntankkupplung
5 Verbundkeilriemen Dreschwerkkupplung
6 Keilriemen Vorgelegeantrieb Reinigungsgebläse
7 Keilriemen Vorgelegeantrieb Siebkasten
8 Keilriemen Kurbelwellenantrieb mit Rafferzinken
9 Keilriemen Verteilerschneckenantrieb
10 Stahlrollenkette Haspelantrieb
11 Stahlrollenkette Haspelvorgelegeantrieb
12 Breitkeilriemen Haspelregeltrieb
13 Stahlrollenkette Haspelvorgelegeantrieb
14 Stahlrollenkette Einzugstrommelantrieb
15 Keilriemen Messerantrieb
16 Keilriemen Schneidwerkantrieb
17 Keilriemen Schneidwerkkupplung
18 Verbundkeilriemen Fahrantrieb
19 Breitkeilriemen Fahrregeltrieb
20 Breitkeilriemen Gebläseregeltrieb
21 Keilriemen Siebkastenantrieb
22 Keilriemen Schüttlerantrieb
23 Keilriemen Strohverteilerantrieb
24 Stahlrollenkette Korntankbefüllschneckenantrieb
25 Stahlrollenkette Korntankentleerungsschneckenantrieb
26 Keilriemen Kühlerkorbantrieb
27 Stahlrollenkette Überkehrverteilerschneckenantrieb
28 Keilriemen Anbauhäckslerantrieb
29 Keilriemen Vorgelegeantrieb Anbauhäcksler
30 Breitkeilriemen Dreschtrommelregeltrieb
31 Stahlrollenkette Dreschtrommelantrieb (langsame Trommeldrehzahl)
32 Verbundkeilriemen Dreschtrommelantrieb (Stufenantrieb)

1 Antriebselemente eines Mähdreschers

e) Wie werden Keilriemen und Stahlrollenketten normgerecht zeichnerisch dargestellt?

f) Ermitteln Sie mit Hilfe der in Ihrem Ausbildungsbetrieb zur Verfügung stehenden Unterlagen Herstellerbezeichnungen der in Bild 1 dargestellten Ketten und Keilriemen für einen Mähdrescher Ihrer Wahl.

g) Wie erfolgt das Spannen der Ketten und Keilriemen?

h) Welche Arbeitsregeln sollten beim Spannen von Ketten und Keilriemen beachtet werden?

i) Welche Formen der Überlastsicherung werden beim Antrieb mit Ketten und Keilriemen eingesetzt?

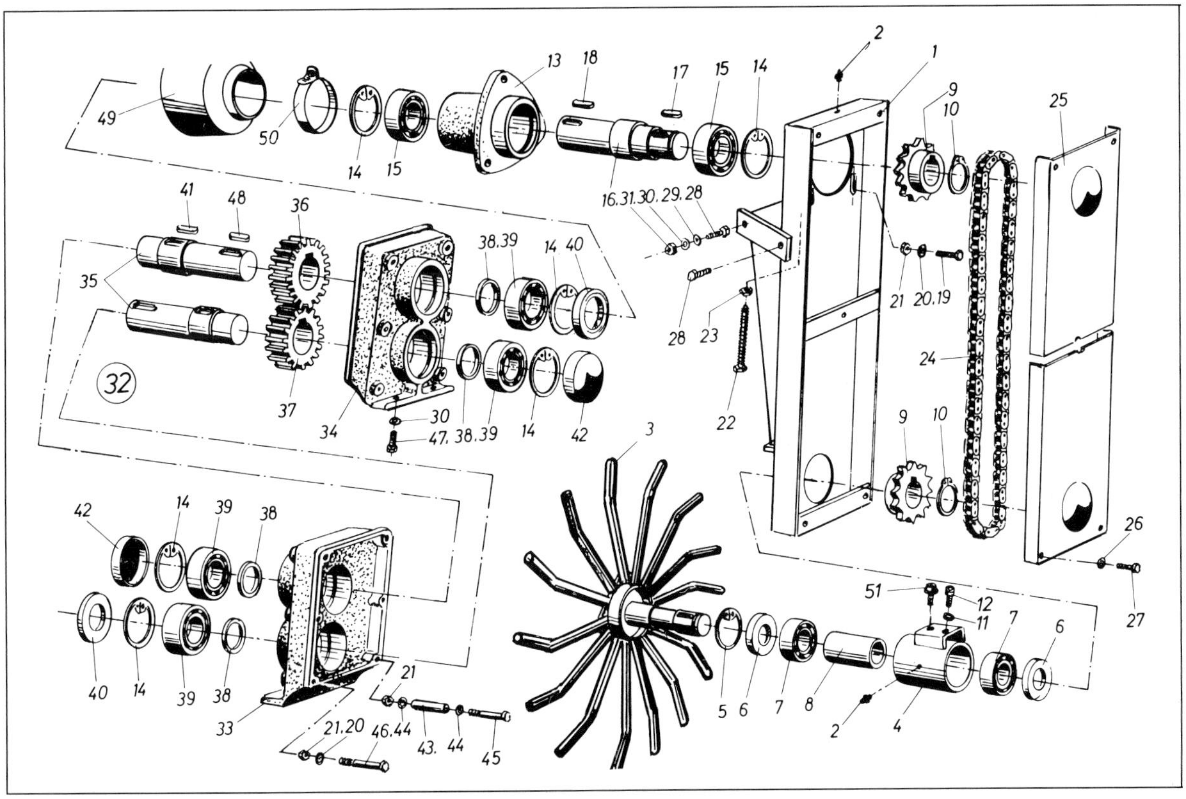

1 Siebstern mit Antrieb eines Bunkerköpfroders

Teil-Nr.	Bezeichnung	Norm	Teil-Nr.	Bezeichnung	Norm
1	Siebsternkasten	–	27	6kt-Schraube M 6 × 12	ISO 4017
2	Kegelwulstschmierkopf AM 8 × 1	DIN 71412	28	6kt-Schraube M 10 × 35	ISO 4017
3	Siebstern	–	29	Scheibe 10,5	DIN 125
4	Lagerrohr kpl.	–	30	Federring B 10	DIN 128
5	Sicherungsring 52 × 2	DIN 472	31	6kt-Mutter M 10	ISO 4032
6	Dichtungslamelle Z 205	–	32	Umkehrgetriebe (bestehend aus den Teilen 33...46; 14; 20; 21)	–
7	Rillenkugellager 6205	DIN 625			
8	Distanzrohr	–	33	Gehäusehälfte I	–
9	Kettenrad (13 Zähne)	–	34	Gehäusehälfte II	–
10	Sicherungsring 25 × 1,2	DIN 471	35	Welle	
11	Sicherungsscheibe VS 12	–	36	Zahnrad I (19 Zähne)	–
12	Zylinderschraube M 12 × 35	DIN EN ISO 4762	37	Zahnrad II (16 Zähne)	–
13	Lagerbock	–	38	Distanzring	–
14	Sicherungsring 62 × 2	DIN 472	39	Rillenkugellager 6206	DIN 625
15	Rillenkugellager 6206 RS	DIN 625	40	Radialdichtring B 2 30 × 62 × 10	DIN 6503
16	Welle	–	41	Passfeder A 8 × 7 × 22	DIN 6885
17	Passfeder A 8 × 7 × 25	DIN 6885	42	Verschlussdeckel	–
18	Passfeder A 8 × 7 × 28	DIN 6885	43	Spannhülse 11 × 50	DIN EN ISO 13337
19	Flachrundschraube M 8 × 25	DIN 603	44	Scheibe 8,4	DIN 125
20	Federring B 8	DIN 128	45	6kt-Schraube M 8 × 70	ISO 4014
21	6kt-Mutter M 8	ISO 4032	46	6kt-Schraube M 8 × 65	ISO 4014
22	6kt-Schraube M 12 × 130	ISO 4017	47	6kt-Schraube M 10 × 20	ISO 4017
23	6kt-Mutter M 12	ISO 4032	48	Passfeder A 8 × 7 × 30	DIN 6885
24	Rollenkette (69 Rollen)	–	49	Schutztrichter	–
25	Abdeckblech	–	50	Schneckengewindeschelle	–
26	Scheibe A 6,4	DIN 9021	51	Sperrzahnschr. M 12 × 30	–

2 Stückliste zu Bild 1

14. Bild 1, Seite 323 zeigt den Siebstern eines Bunkerköpfroders mit den entsprechenden Antriebselementen. Die Benennung der nummerierten Bauteile mit den ergänzenden Angaben kann Bild 2, Seite 323 entnommen werden.
    a) Finden Sie mit den Ihnen zur Verfügung stehenden Unterlagen (Tabellenbücher, Werkstattliteratur) heraus, welche Angaben die bei den Normteilen angeführte DIN-Norm (Bild 2, Seite 323) zur Form enthält.
    b) Erläutern Sie die bei den Normteilen zur näheren Kennzeichnung aufgeführten Angaben.
    c) Erstellen Sie einen Arbeitsplan für die Montage der Lagerung des Siebsterns (Teile Nr. 2...12).
    d) Erstellen Sie einen Arbeitsplan für die Montage des Umkehrgetriebes (Teil Nr. 32).
    e) Skizzieren Sie die Form eines Zahnrades und tragen Sie die in DIN 3999 festgelegten Abmessungen ein.
    f) Skizzieren Sie die Form eines Kettenrades und tragen Sie die in DIN 8196 festgelegten Abmessungen ein.
    g) Warum ist bei Ketten- und Zahnradtrieben eine Schmierung erforderlich und wie kann diese erfolgen?

15. Bild 1 zeigt das Förderband eines Blattladers mit den entsprechenden Lagerungen.
    a) Stellen Sie die Benennung der Bauteile 1...15 in tabellarischer Form zusammen.
    b) Bei welchen der aufgeführten Bauteile handelt es sich um Normteile?
    c) Finden Sie mit den Ihnen zur Verfügung stehenden Unterlagen (Tabellenbücher, Werkstattliteratur) heraus, in welcher DIN-Norm die Form der gekennzeichneten Teile festgelegt ist.
    d) Wozu dienen die Bauteile 11...13?
    e) Erstellen Sie einen Arbeitsplan für das Spannen des Gummibandes (1).
    f) Warum muss der Keilriemen (Bauteil 46) in der dargestellten Form aufgelegt werden?

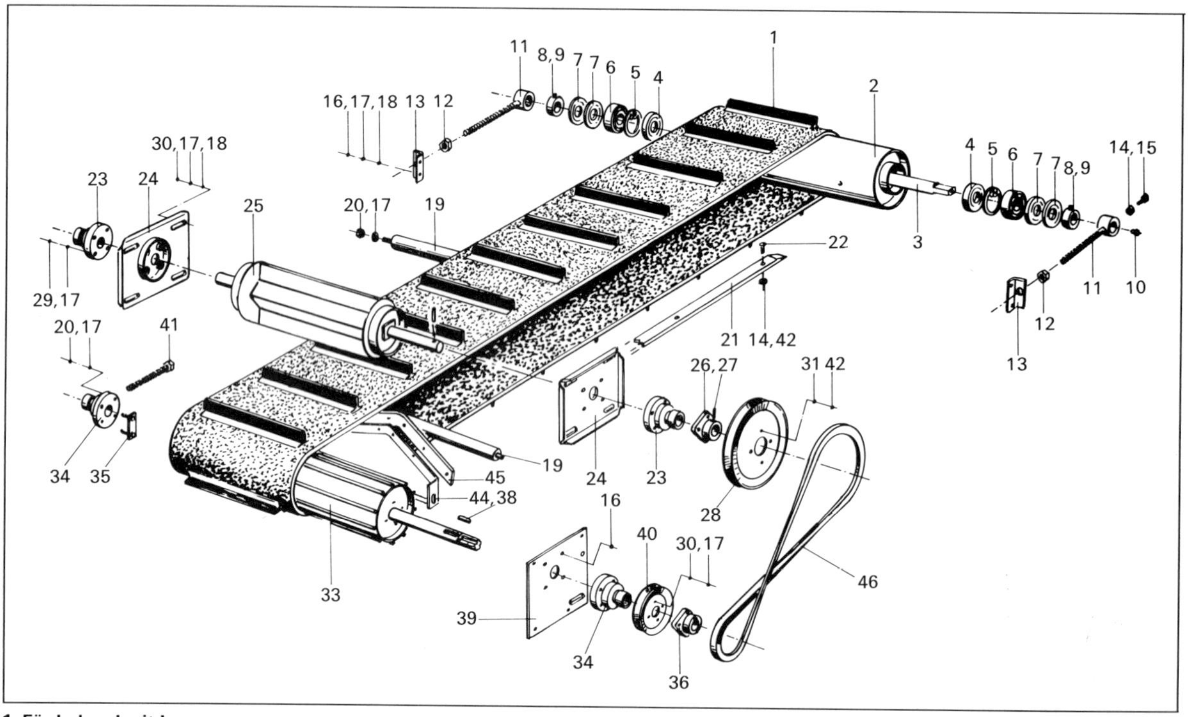

1 Förderband mit Lagerung

16. Die Bilder 1 und 2 enthalten die Ausrüstungsvorschriften gemäß StVZO für die Rückseite eines landwirtschaftlichen Anhängers und für einen Stalldungstreuer.
Stellen Sie die Benennung der nummerierten Ausrüstungsteile mit dem zugehörigen Paragraphen der StVZO in tabellarischer Form zusammen.

1 Ausrüstungsvorschriften gemäß StVZO für die Rückseite eines Anhängers

2 Ausrüstungsvorschriften gemäß StVZO für einen Stalldungstreuer

7 Anlagen der Hofwirtschaft

Informationen zu den verschiedenen Darstellungsformen finden Sie in den Kap. 1 ... 3 der Technischen Kommunikation.

Übungen

1. Zeichnen Sie den pneumatischen Schaltplan einer Eimermelkanlage.
2. Zeichnen Sie den pneumatischen Schaltplan einer Rohrmelkanlage.
3. Bild 1 zeigt den Maschinensatz einer Melkanlage.
   a) Bezeichnen Sie in tabellarischer Form die Einzelteile des dargestellten Maschinensatzes.
   b) Welche Wartungs- und Einstellarbeiten sind am Maschinensatz einer Melkanlage erforderlich?
4. In Bild 2 ist ein Vakuumregelventil dargestellt.
   a) Bezeichnen Sie die Einzelteile des gezeichneten Vakuumregelventils.
   b) Beschreiben Sie die Arbeitsweise dieses Ventils.

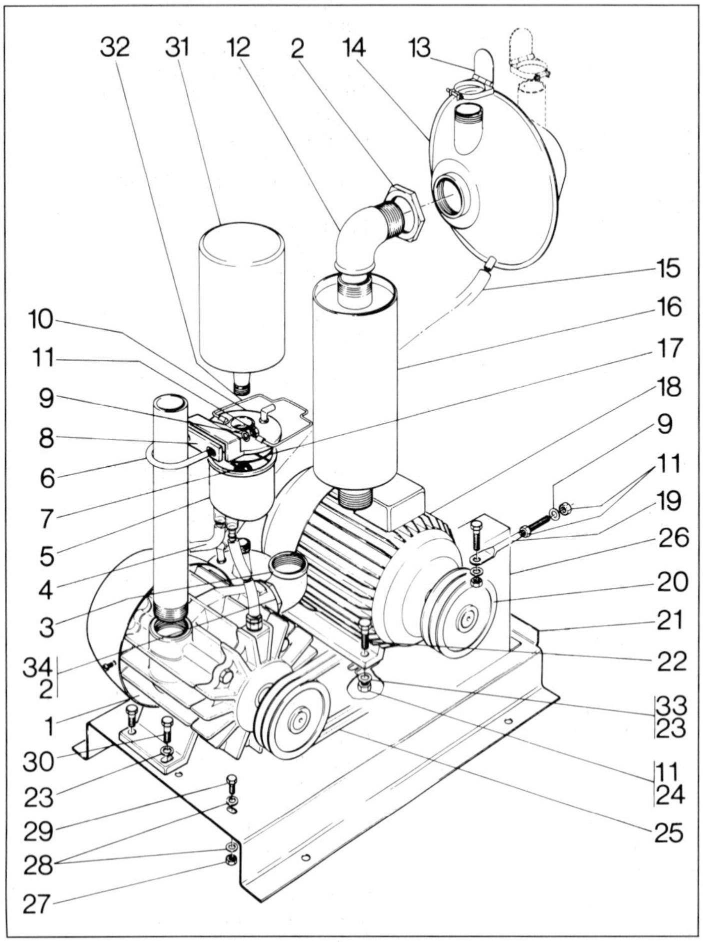

1 Maschinensatz einer Melkanlage

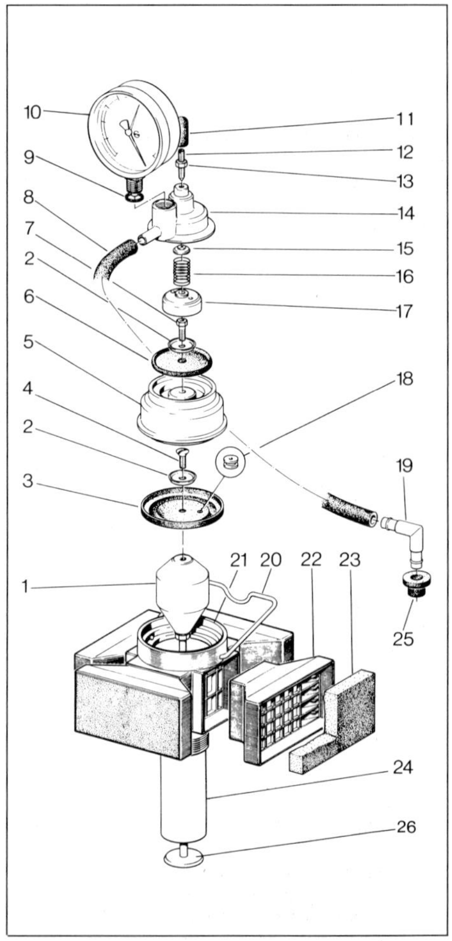

2 Vakuumregelventil

Sachwortverzeichnis

L

M

N

O

T

U

V

W